TRAITÉ

DE

BACTÉRIOLOGIE

PURE ET APPLIQUÉE

A LA MÉDECINE ET A L'HYGIÈNE

PAR

MM. P. MIQUEL et R. CAMBIER

Directeur et Sous-directeur du Laboratoire de bactériologie de la Ville de Paris.

PARIS

C. NAUD, ÉDITEUR

3, RUE RACINE, 3

1902

TRAITÉ

DE

BACTÉRIOLOGIE

PURE ET APPLIQUÉE

A LA MÉDECINE ET A L'HYGIÈNE

TRAITÉ

DE

BACTÉRIOLOGIE

PURE ET APPLIQUÉE

À LA MÉDECINE ET A L'HYGIÈNE

PAR

MM. P. MIQUEL et R. CAMBIER
Directeur et Sous-directeur du Laboratoire de bactériologie de la Ville de Paris.

PARIS
C. NAUD, ÉDITEUR
3, RUE RACINE, 3

1902

INTRODUCTION

Il y a trente ans, il eut suffi de quelques pages pour résumer les connaissances que nos devanciers possédaient en bactériologie. Effectivement, après avoir passé en revue : les travaux de Cohn, de Breslau, sur les Schizomycètes; les essais de classification dont ils furent l'objet à cette époque; les études, alors inachevées, sur la bactéridie charbonneuse, les recherches hâtives et peu fructueuses sur les microbes du choléra et d'autres affections contagieuses, on aurait pu, disons-nous, clore le chapitre relatif aux bactéries.

Cependant, dès l'année 1860, un expérimentateur habile était conduit par ses études remarquables sur les fermentations à poser les bases fondamentales de la science dont nous nous sommes efforcés de donner un bref aperçu.

Pasteur s'attacha, d'abord, à trouver des milieux de culture stériles capables de favoriser le développement des bactéries; puis, à isoler à l'état de pureté les microorganismes, objet de ses recherches, de façon à pouvoir étudier plus aisément leurs fonctions bio-chimiques. Un peu plus tard, ce savant aborda l'étude des bactéries pathogènes, de leurs vaccins et démontra par des expériences incontestables que l'air, les eaux, le sol et les substances diversement altérées, peuvent devenir le véhicule de ces multiples agents microscopiques.

De l'ensemble de ces travaux considérables naquit la *théorie des germes*, qu'accueillirent avec empressement la plupart des médecins illustres, au nombre desquels LISTER doit être mis au premier rang. Cette théorie, il faut le dire aussi, eut à son origine quelques contradicteurs, mais devant l'évidence des faits, les résistances qu'on lui avait d'abord opposées se sont évanouies et n'ont plus reparu.

PASTEUR et ses élèves en France, KOCH et ses collaborateurs en Allemagne, ont donné une impulsion si vive et si soutenue à la microbiologie que nos connaissances si modestes sur les microbes, en 1860 et même en 1870, se sont étendues avec tant de rapidité qu'il faut un certain courage pour essayer, aujourd'hui, d'en exposer les principales dans un livre qui puisse être rapidement parcouru avec fruit par les médecins, les hygiénistes et les étudiants. Le sujet devenait d'autant plus malaisé à traiter que, suivant le plan que nous nous étions tracé à l'avance, nous désirions aborder non seulement les questions de technique et de bactériologie pure, mais aussi celles de bactériologie appliquée à l'art de guérir et à l'hygiène. Ajoutons encore, qu'à la conception si naturelle qui faisait attribuer, autrefois, un processus fermentaire ou pathologique à une bactérie bien déterminée, toujours la même, on a été amené à en substituer de moins simples qui viennent, avec l'appui des faits, établir que dans bien des cas des bactéries de forme, d'activité ou de virulence différente peuvent provoquer le même phénomène suivant diverses modalités; ces notions nouvelles sont venues dans une certaine mesure compliquer notre travail.

Nous avons dû, faute de place, négliger, à notre grand regret, l'étude des Micromycètes et des Protozoaires, agents reconnus de fermentations et de maladies très répandues, nous promettant, si l'occasion s'en représente, de compléter notre Traité par une cinquième partie traitant des infusoires et des champignons inférieurs, tant pathogènes que zymogènes.

Tel qu'il est, cependant, nous estimons que le livre que nous offrons au public peut rendre quelques services, surtout à ceux qui, avec des connaissances générales sur la bactériologie, recherchent des notions précises : sur la botanique et la technique bactérienne; sur les agents microbiens des maladies, des fermentations et de la transformation de la matière organique.

La quatrième et dernière partie de l'Ouvrage est spécialement consacrée aux applications de la bactériologie à l'Hygiène; ce sujet nous a semblé, vu son importance actuelle, devoir être traité avec quelque détail. Si l'étude individuelle des bactéries, de leurs produits de sécrétion toxiques ou immunisants, de leurs diastases, a été féconde en résultats pour l'étiologie et la thérapeutique des maladies infectieuses, il ne faut pas oublier que la prophylaxie de ces mêmes maladies ne saurait être tentée sans une connaissance approfondie de l'habitat des microbes, des vecteurs qui les amènent dans l'intimité de notre organisme. Mieux vaut encore prévenir que guérir; c'est pourquoi, après avoir décrit les méthodes qui permettent d'explorer, au point de vue bactériologique, l'air, l'eau, le sol, nous avons été tout naturellement conduits à consacrer quelques pages aux procédés actuellement en usage pour épurer ou stériliser les eaux de boisson et les eaux résiduaires, pour désinfecter les objets et les locaux envahis par les bactéries pathogènes.

Enfin, ne pouvant, malheureusement, résumer les innombrables documents publiés sur les parties si diverses de la bactériologie, nous avons autant que cela était possible, multiplié, pour venir utilement en aide aux élèves, les indications bibliographiques des travaux originaux que nous avons dû, dans bien des cas, nous contenter seulement de mentionner.

Paris, ce 1er novembre 1901.

TABLE DES MATIÈRES

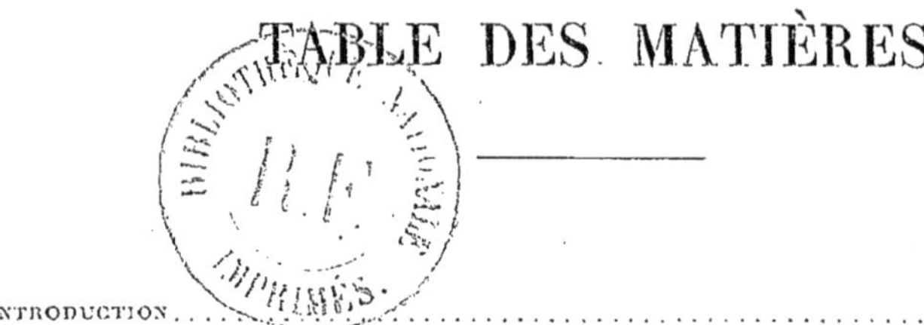

PREMIÈRE PARTIE

CONSIDÉRATIONS GÉNÉRALES SUR LES BACTÉRIES ET MÉTHODES D'INVESTIGATION

CHAPITRE I

Morphologie des bactéries.

CHAPITRE II

Biologie des bactéries.

CHAPITRE III

Résistance des bactéries à l'action des agents physiques.

CHAPITRE IV

Résistance des bactéries à l'action des agents chimiques.

CHAPITRE V

Milieux de culture liquides, gélatineux et solides. Leur préparation et leur stérilisation.

CHAPITRE VI

Culture des bactéries au contact et à l'abri de l'air. Séparation des bactéries. Leur culture à l'état de pureté et leur conservation.

CHAPITRE VII

Expérimentation sur les animaux.

CHAPITRE VIII

Préparations microscopiques. Méthodes de coloration des bactéries dans les cultures, dans les exsudats et les tissus.

CHAPITRE IX

Appareils d'optique. Photomicrographie. Cultures sous le microscope.

DEUXIÈME PARTIE

BACTÉRIES PATHOGÈNES

CHAPITRE I

Microcoques pathogènes.

CHAPITRE II

Bacilles pathogènes.

CHAPITRE III

Spirilles pathogènes.

CHAPITRE IV

Maladies à microbes incertains ou inconnus.

CHAPITRE V

Mode d'action des bactéries pathogènes. Susceptibilité et immunité.

TROISIÈME PARTIE

BACTÉRIES ZYMOGÈNES, CHROMOGÈNES ET VULGAIRES

CHAPITRE I

Bactéries zymogènes.

CHAPITRE II

Bactéries chromogènes.

CHAPITRE III

Bactéries vulgaires, saprogènes et non classées.

QUATRIÈME PARTIE

APPLICATIONS DE LA BACTÉRIOLOGIE A L'HYGIÈNE

CHAPITRE I

Analyse micrographique de l'air.

CHAPITRE II

Analyse bactériologique des eaux.

CHAPITRE III

Analyse bactériologique du sol.

CHAPITRE IV

Épuration des eaux.

CHAPITRE V

De la désinfection.

PREMIÈRE PARTIE

CONSIDÉRATIONS GÉNÉRALES SUR LES BACTÉRIES ET MÉTHODES D'INVESTIGATION

CHAPITRE PREMIER

MORPHOLOGIE DES BACTÉRIES

Les Bactéries sont des Organismes unicellulaires, de dimensions très réduites, visibles seulement aux forts grossissements du microscope, de structure simple, extrêmement répandus dans l'air, l'eau et le sol. Elles se caractérisent surtout par la diversité et la grandeur de leurs actions, apparaissant tour à tour comme agents d'hydratation, de combustion, de fermentation; comme germes de maladie, etc... Tantôt auxiliaires utiles et indispensables de l'homme à qui elles procurent bien des matériaux essentiels de sa vie et de son industrie; tantôt déterminant, chez lui ou chez les animaux, les troubles morbides les plus graves, les épidémies les plus meurtrières. Elles semblent être surtout désignées, par leur mode particulier de nutrition, pour transformer en produits simples les résidus de la vie des êtres, animaux et végétaux, plus élevés en organisation.

Ces résidus, ainsi modifiés, repris et assimilés par les plantes vertes servent, en vertu du principe de la conservation de l'énergie, à la construction de nouveaux protoplasmas, à l'édification de supports pour de nouvelles existences.

On attribue même aux bactéries un rôle dans certains phénomènes géologiques, notamment dans la formation d'importants dépôts d'oxyde de fer.

I. — Place des bactéries dans la nature ; leur polymorphisme et leur classification.

Longtemps considérées comme des animalcules, et décrites par les premiers observateurs (Leeuwenhoek (1), Muller (2), Ehrenberg (3), Dujardin (4), Pasteur) à côté des Infusoires, des Monades, etc..., qui peuplaient les liquides organiques qu'ils observaient, les Bactéries furent rattachées au Règne végétal à la suite des travaux de Ch. Robin (5), de Davaine, etc..., qui établirent leurs analogies avec certaines Algues.

Comme elles sont ordinairement dépourvues de chlorophylle et obligées, comme les champignons, de vivre soit en parasites, soit aux dépens de matériaux organiques déjà formés et très particuliers, beaucoup d'auteurs les rangent parmi les Champignons. Nägeli (6) leur donna le nom de *Schizomycètes* ou Champignons fissipares sous lequel on les désigne encore quelquefois aujourd'hui. Ce rapprochement était du reste justifié par les fermentations que les Bactéries provoquent au même titre que les Champignons.

Actuellement, les botanistes s'accordent à classer les Bactéries parmi les Algues, dans l'ordre des Cyanophycées ou Algues bleues, à côté des Nostoccacées avec lesquelles elles ont incontestablement d'étroites relations de parenté (Van Tieghem).

Mais, si la place que les Bactéries occupent dans la série des Êtres est à peu près bien établie, il n'en est pas de même de la classification de ces bactéries elles-mêmes. Les classifications ordinairement basées sur la morphologie se heurtent dans ce groupe à la grande difficulté que l'on éprouve à déterminer la forme de cellules si petites, si peu différenciées et surtout si peu variées. Nous verrons d'ailleurs dans un instant que les Bactériacées possèdent un polymorphisme assez étendu qui vient encore ajouter de nouvelles difficultés à la classification morphologique.

Il en est de même des classifications basées sur les propriétés biologiques. Ces propriétés sont, elles aussi, variables, plus encore peut-être que la forme ; elles dépendent du milieu, de la température, de l'âge des cultures, etc...

---

(1) Leeuwenhoek. Opera omnia s. arcana naturæ, etc., Lugduni Batavorum, 1722.
(2) Muller. *O. F.* Animalcula infusoria fluviatila et marina, 1786.
(3) Ehrenberg. Die infusionsthierchen als vollkommene Organismen, Leipzig, 1838.
(4) Dujardin. Histoire naturelle des Zoophytes, Paris, 1841.
(5) Ch. Robin. Histoire naturelle des végétaux parasites, Paris, 1853.
(6) Von Nägeli. Untersuchungen über niedere Pilze, Munich, 1877.

Devant l'impossibilité d'établir une classification naturelle, force a été aux bactériologistes de créer des classifications systématiques, artificielles, dont le seul but est de mettre un peu d'ordre dans la description des nombreuses espèces décrites, et de servir, en quelque sorte, de clé dichotomique permettant la diagnose et l'identification des bactéries déjà connues qu'ils rencontrent ou le classement des espèces nouvelles qu'ils découvrent.

Ehrenberg, Dujardin, etc..., avaient distingué plusieurs genres de Bactériacées (*Bacterium, Vibrio, Spirillum*), d'après leur forme et la nature de leurs mouvements.

Cohn (1), de Breslau, a donné, en 1872, une classification basée sur l'extrême simplicité des formes bactériennes et sur la constance relative de ces formes. Il divise les Bactériacées en quatre familles :

1° En Sphérobactéries, comprenant uniquement les bactéries de forme sphérique ou *Microcoques* ;

2° En Microbactéries ou *Bactériums*, comprenant les espèces en forme de bâtonnets cylindriques ou ovoïdes *courts* ;

3° En Desmodobactéries ou *Bacilles*, comprenant les espèces en forme de bâtonnets cylindriques *allongés* ;

4° En Spirobactéries ou *Spirilles*, comprenant les espèces incurvées, affectant la forme de tire-bouchons ou d'*hélices*.

Cette classification simpliste, encore adoptée aujourd'hui avec de légères modifications par les partisans de l'invariabilité des formes chez les Bactéries, fut bientôt critiquée et attaquée par Nägeli (2). Cet auteur, le chef de l'école pléomorphiste, ne voit dans les Bactéries que de courtes cellules dont la forme et les propriétés sont variables à l'infini. Toutes les formes soi-disant constantes de Cohn ne seraient, d'après lui, que les formes variées d'une seule et même espèce, laquelle pourrait aussi, selon les conditions d'existence, provoquer toutes les fermentations, toutes les maladies. Cette théorie, malgré son exagération évidente et sa complète opposition avec les idées de Pasteur sur la spécificité des bactéries, trouva des défenseurs ardents qui lui apportèrent chacun un tribut d'arguments en apparence irréfutables : Ray Lankester (3), constate chez le *Bacterium rubescens* des formes en Microcoque, en Bactérium, en Bacille et en Spirille. Cienkowsky (4), étendant aux Bactéries les observations qu'il avait

(1) Cohn. *Beiträge zur Biologie der Pflanzen*, 1872, I.
(2) Von Nägeli. Untersuchungen über niedere Pilze, Munich, 1877.
(3) Ray Lankester. *Quat. Journ. of Microsc.*, 1873, XIII. — *The Lancet*, 1888.
(4) Cienkowski. *Académie de Saint-Pétersbourg*, 1877, 7ᵉ s., XXV.

faites sur des Algues vertes, affirme que certaines espèces filamenteuses (*Leptothrix*, *Cladothrix*, etc...), peuvent donner naissance à des zooglées ou amas de cellules, rondes, cylindriques et ovales, maintenues dans une gelée glutineuse. ZOPF (1), en étudiant le *Cladothrix dichotoma* et les *Beggiatoa*, observa chez ces espèces des formes variables, dérivant les unes des autres « en rapport génétique », qu'il considéra comme étant les stades successifs et nécessaires de leur développement suivant les conditions d'existence et de milieu. Il admit, cependant, qu'il était possible de distinguer des « espèces » et en donna même une classification. De même que COHN, il divisa les Bactériacées en quatre familles :

1° En COCCACÉES, contenant uniquement des espèces sphériques, et restant telles pendant toute leur existence. Cette famille comprend, comme genres principaux, les *Micrococcus*, *Streptococcus*, *Merismopedia*, *Sarcina*, etc. ;

2° En BACTÉRIACÉES, avec les genres *Bacterium*, *Spirillum*, *Bacillus*, *Vibrio*. Chez les espèces appartenant à cette deuxième famille, il est impossible de distinguer un sommet et une partie basilaire ; on y constate un cycle évolutif produisant tour à tour des microcoques, des bacilles, des spirilles ;

3° En LEPTOTRICÉES, avec les genres *Leptothrix*, *Beggiatoa*, etc... Ces espèces présentent une extrémité basilaire, leur cycle évolutif montre aussi des formes en coccus, bacilles, spirilles ;

4° En CLADOTRICÉES, avec le genre *Cladothrix* ; les espèces appartenant à cette famille présentent aussi des coccus, des bacilles, des spirilles ; on y constate l'existence d'une partie basilaire différente du sommet ; elles se distinguent des précédentes par la disposition ramifiée que prennent les filaments.

Il n'entre pas dans le cadre de ce Manuel de passer en revue toutes les espèces de bactéries pour lesquelles on a constaté ces variations de forme. Cependant, à côté d'observations manifestement erronées, telles que celles de LISTER qui fait dériver les bactéries des moisissures, ou celles de HALLIER qui a constaté la transformation inverse ; à côté d'observations déjà anciennes, critiquables à bien des points de vue, soit que la technique des cultures fût insuffisante, soit que les auteurs aient négligé d'opérer sur des espèces pures ; à côté de ce polymorphisme extrême, constaté sur des bactéries déjà élevées en organisation et dont

---

(1) ZOPF. *Sitzungsber. d. Berl. Acad. d. Wissensch*, 1881. — Zur morphologie der Spaltpflanzen, Leipzig, 1882.

il est permis de douter à la suite des remarquables travaux de WINOGRADSKY (1) sur les sulfobactéries, il existe un certain nombre de faits intéressants qui méritent de fixer un instant l'attention.

BILLET (2) a suivi toutes les phases du développement du *Cladothrix dichotoma* et affirme, comme ZOPF l'avait déjà fait, que cet organisme peut affecter la forme de bâtonnets plus ou moins longs, de filaments, de vrilles. Il a constaté des faits analogues chez trois autres espèces ; d'après ce savant, ce n'est pas tant de la forme des articles, mais de leur mode de groupement que l'on devrait surtout tenir compte dans la diagnose des espèces. Ces modes de groupement peuvent se ramener à quatre : l'état filamenteux, l'état dissocié, l'état enchevêtré et l'état zoogleïque. Ce dernier surtout serait caractéristique pour chaque espèce.

GUIGNARD et CHARRIN (3), cultivant le *Bacillus pyocyaneus* dans des milieux chargés de doses variables d'antiseptiques divers (naphtol, acide salicylique), ont vu cet organisme prendre les aspects les plus polymorphes qu'il soit possible d'imaginer (fig. 1).

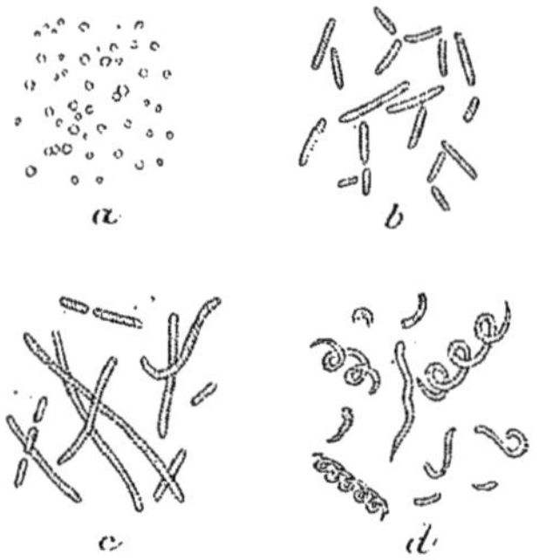

Fig. 1.
Formes diverses du *Bacillus pyocyaneus*.
a, microcoques ; — *b*, bacilles rectilignes ; — *c*, bacilles allongés et incurvés ; — *d*, spirilles.

WASSERZUG (4) a vu le *Micrococcus prodigiosus* passer de la forme de microcoque à celle de bacilles et de filaments, lorsque le milieu de culture est chauffé ou additionné de substances acides. Notons, ici, que ce ne sont pas seulement les caractères morphologiques qui sont influencés d'une façon plus ou moins durable, mais aussi les propriétés biologiques : la virulence, le pouvoir chromogène, etc... Nous reviendrons sur ce sujet.

METCHNIKOFF (5) a décrit une bactérie, le *Spirobacillus Cienkowsky*, vivant en parasite dans le corps des Daphnies. Dans un premier stade de son développement, elle a la forme de bactériums ovales volumineux qui deviennent bientôt des bactériums droits, puis

(1) WINOGRADSKY. *Botanische Zeitung*, 1887 et 1888, p. 261. — Beiträge zur morphologie und Physiologie der Schwefelbakter. Leipzig, 1888. — *Annales de l'Institut Pasteur*, 1888, II, p. 321. — *Annales de l'Institut Pasteur*, 1889, III, pp. 49 et 249.

(2) BILLET. *Bulletin scientifique de la France et de la Belgique*, 1890, XXI.

(3) GUIGNARD et CHARRIN. *Comp. rend. de l'Académie des Sciences*, 1887, CV, p. 1192.

(4) WASSERZUG. *Annales de l'Institut Pasteur*, 1888, II, pp. 75 et 153.

(5) METCHNIKOFF. *Annales de l'Institut Pasteur*, 1889, III, p. 61.

passent à l'état de bacilles courbes qui se transforment, un peu plus tard, en filaments à l'extrémité desquels peuvent apparaître des spores. Il a pu suivre sous le microscope ces transformations multiples dans le corps même des Daphnies infectées; malheureusement il n'a pas réussi à cultiver *in vitro* le spirobacille en question.

On voit, souvent, le *Bacillus anthracis* se présenter en longs filaments caractéristiques dans nos milieux artificiels, tandis que dans le sang il affecte la forme de courts bâtonnets. Le *Vibrio septicus* de PASTEUR est aussi capable de changer de forme suivant l'âge et le milieu.

METCHNIKOFF a constaté que certaines bactéries cholérigènes en forme de virgules prennent la forme de filaments quand on les cultive dans l'eau simplement peptonée. Ces filaments conservent leur forme dans les cultures successives, mais peuvent être ramenés à l'état de virgules par des passages répétés à travers l'organisme du cobaye.

Tous ces faits, et peut-être également ceux d'observation ancienne relatés plus haut, peuvent, avec quelque vraisemblance, s'expliquer de la même façon que ceux constatés par GUIGNARD et CHARRIN, WASSERZUG, etc..., par l'existence de substances bactéricides dans les tissus animaux ou par l'accumulation de produits toxiques sécrétés par les bactéries elles-mêmes et accumulés dans les milieux où elles ont vécu. Les variations notables de la forme et des fonctions chez les Bactériacées s'observent surtout dans les milieux peu nutritifs ou additionnés de substances antiseptiques; dans ces milieux, les bactéries dégénèrent, elles présentent ce que l'on appelle des *formes involutives*, véritables monstruosités; ou bien encore elles s'organisent pour la résistance en produisant des spores. Doit-on considérer ces spores comme une nouvelle manifestation du pléomorphisme? Évidemment non.

Du reste, on n'est pas arrivé à fixer définitivement une bactérie dans une forme nouvelle obtenue dans ces conditions anormales. L'une quelconque de ces formes nouvelles, placée dans les conditions ordinaires du développement, reproduit toujours le type *stable* de l'espèce considérée; le *Micrococcus prodigiosus*, transformé en filaments par la culture sur les milieux acides, redevient microcoque en milieu alcalin. Comme exemple de modification vraiment durable, on ne pourrait guère citer que la bactéridie charbonneuse asporogène; et encore, n'est-elle pas très éloignée de la bactéridie ordinaire, puisqu'elle en a conservé la virulence.

Il en est un peu, à ce point de vue, des bactéries comme des substances susceptibles de cristalliser dans plusieurs systèmes différents et incompatibles ; le soufre affecte à basse température le groupement octaédrique ; au contraire, à chaud, il cristallise en prismes hexagonaux. La calcite et l'arragonite, identiques au point de vue chimique, peuvent à volonté se transformer l'une dans l'autre ; vient-on à chauffer au rouge de l'arragonite en prismes orthorhombiques, elle passe à l'état de calcite rhomboédrique qui est la forme la plus stable du carbonate de chaux à cette température.

II. — Formes des bactéries et leurs modes de groupement.

Nous verrons bientôt que le mode le plus habituel de multiplication des Bactériacées se fait par scissiparité : la cellule se cloisonne ou s'étrangle et se sépare en deux cellules-filles qui grandissent et se divisent à leur tour. Si les cellules ainsi formées restent unies la bactérie affecte la forme d'un chapelet, d'une chaîne (*Streptococcus*) ou d'un filament indéfini.

Quelquefois le cloisonnement s'opère dans deux directions ; chaque cellule donne naissance à quatre nouvelles cellules qui, si elles restent unies dans le plan où elles se sont formées, affectent la forme de plaques (*Merismopedia*).

Enfin, si le cloisonnement s'opère dans les trois directions de l'espace, chaque cellule donne naissance par division à 8 cellules-filles dont l'agrégation forme des massifs solides plus ou moins cubiques (*Sarcina*).

Chez les Bactériacées, les cloisons intercellulaires (ou plutôt les lamelles moyennes de ces cloisons) possèdent le plus souvent, à un haut degré, la propriété de se gonfler, de se transformer en gelée plus ou moins cohérente et même de se dissoudre dans le liquide extérieur. Les cellules-filles, loin de rester unies, comme nous venons de le voir, en filaments, en chaînes, en plaques ou en massifs cubiques, vont au contraire se dissocier, s'émietter dans le milieu extérieur (Van Tieghem), ou se trouver maintenues dans la gelée sous forme d'amas plus ou moins réguliers et caractéristiques. On appelle *Zooglées* ces amas de cellules maintenues dans la gelée ; elles peuvent atteindre des dimensions considérables. Les pellicules plissées qu'on observe à la surface des infusions de foin chauffées sont des zooglées de *Bacillus subtilis*.

Capsules. — Souvent, aussi, la membrane qui enveloppe les cellules participe à la formation de gelée. Les bactéries sont alors entourées d'une capsule ou auréole hyaline assez peu visible, que l'on rend beaucoup plus apparente à l'aide de certains artifices de coloration. Ces capsules ne se forment que dans certaines conditions de milieu, comme, du reste, toutes les modifications qui sont sous la dépendance de la formation de la gelée. Le pneumocoque en présente une, très typique, quand on l'observe dans l'exsudat des bronches et s'en montre complètement dépourvu dans les cultures artificielles.

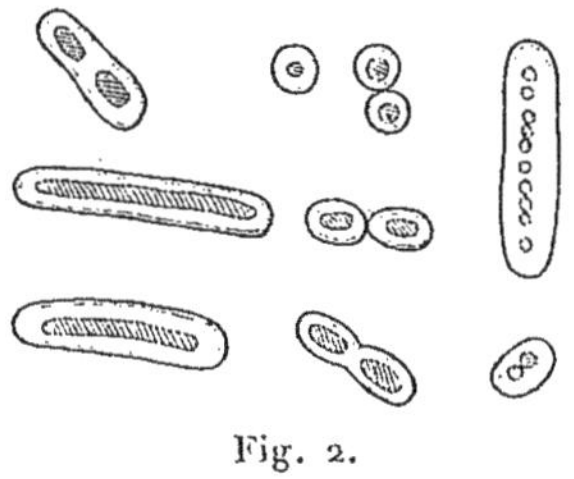
Fig. 2.
Bactéries encapsulées.

Cils vibratiles. — Un grand nombre de bactéries sont mobiles et doivent peut-être cette propriété à un détail morphologique que l'on peut surtout observer après coloration par des méthodes spéciales (voir chap. VIII, § 2), c'est la présence d'un nombre souvent très grand de cils plus ou moins longs et contournés, parfois si abondants qu'ils forment un véritable chevelu autour de chaque cellule. On n'a pas encore réussi à démontrer l'existence des cils chez toutes les bactéries mobiles, ce qui fait penser que la mobilité de ces organismes est due pour une part à la contractilité propre du protoplasma. La nature des cils est encore très contestée ; les uns les considèrent comme une dépendance de la membrane-enveloppe ; ils se produiraient aux dépens de la lamelle moyenne de la cloison qui sépare deux cellules en voie de division (Van Tieghem) (1). Cette hypothèse n'explique guère les cils si nombreux qui s'implantent sur toute la surface de certaines bactéries. Les autres en font des prolongements protoplasmiques, ce qui n'explique pas davantage pourquoi les couleurs d'aniline qui teignent le protoplasma avec tant d'intensité se fixent si difficilement sur ces appendices.

Fig. 3.
Cils vibratiles.

L'existence inconstante ou éphémère des cils vibratiles doit faire rejeter les classifications que l'on avait cherché à étayer sur leur présence, leur nombre, leur disposition (Messea) (2).

---

(1) Van Tieghem. *Bulletin de la Société botanique de France*, 1879, p. 37.
(2) Messea. *Rivista d'Igiène e sanità publica*, 1890.

Ramification. — La ramification vraie s'observe dans le genre

Fig. 4.
Bacille ramifié.

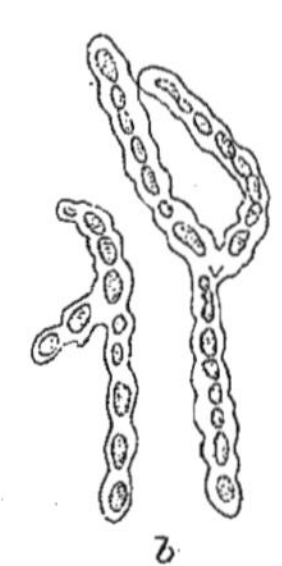

Fig. 5.
Bacterium Pasteurianum, d'après HANSEN.

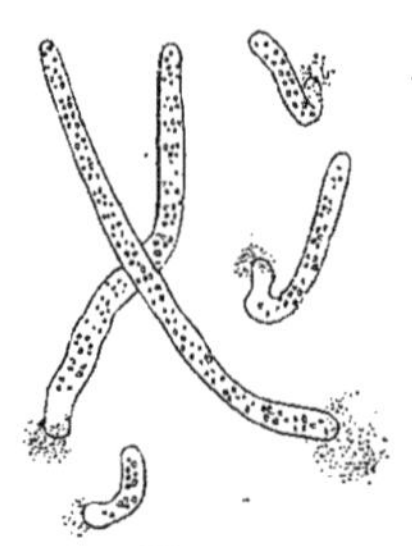

Fig. 6.
Thiothrix nivea, d'après WINOGRADSKY.

Streptothrix et chez quelques espèces bacillaires, telles que le bacille de la tuberculose et le bacille de la diphtérie. METCHNIKOFF (1) a décrit une bactérie parasite des Daphnies, *Pasteuria ramosa*, laquelle, se divisant longitudinalement d'une façon incomplète, présente des formes ramifiées disposées en éventail.

Chez certaines bactéries à gaine (Chlamydobactériacées) fort peu différentes des Nostoccacées à thalle filamenteux, il arrive qu'une portion du filament se détache, véritable hormogonie ; les deux parties de la plante restant en contact et continuant à croître chacune de son côté, il en résulte une ramification apparente dont le *Cladothrix dichotoma* est un exemple des plus typiques (fig. 7).

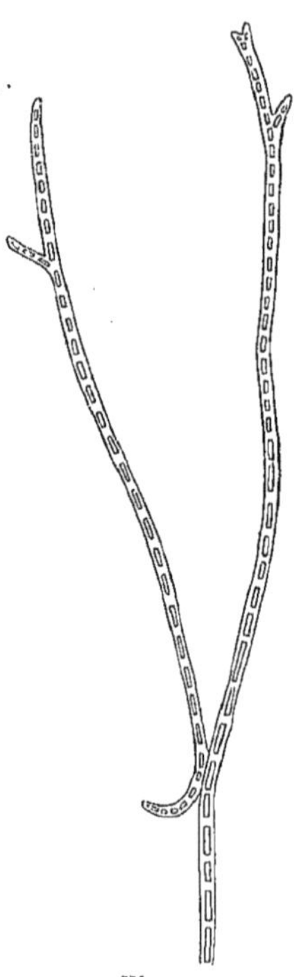

Fig. 7.
Fausse ramification du *Cladothrix dichotoma*, d'après ZOPF.

Principales formes des Bactéries. — Les bactéries dont nous aurons surtout à nous occuper affectent, à l'état isolé et adulte, trois formes principales :

1° La forme globuleuse, régulièrement sphérique (COCCACÉES) ;

2° La forme de bâtonnets cylindriques, de baguettes, rigides ou flexibles, rectilignes ou légèrement ondulés (BACILLÉES) ;

(1) METCHNIKOFF. *Annales de l'Institut Pasteur*, 1888, II, p. 165.

3° La forme de spirales, de vrilles (SPIRILLÉES).

Un certain nombre de Bactériacées très élevées en organisation, de grandes dimensions, très voisines des Oscillariées, sont classées dans des genres spéciaux ; ce sont : 4° les CHLAMYDOBACTÉRIACÉES ou bactéries à gaine (*Cladothrix*, *Thiothrix*, etc...) et 5° les BEGGIATOACÉES vivant dans les eaux sulfureuses, étudiées avec soin par WINOGRADSKY.

Coccacées.

Ce premier genre de la famille des Bactériacées comprend toutes les espèces formées de cellules sphériques ou globuleuses. Ces espèces sont généralement immobiles et dépourvues de cils, cependant quelques-unes (*Planococcus roseus* WINOGR. *Planosarcina* MIG.) font exception. Lorsqu'on examine au microscope des préparations de ces bactéries globuleuses en suspension dans une goutte de liquide, elles paraissent souvent animées d'un mouvement de trépidation sur place dit *mouvement brownien*. Elles se montrent soit isolées et séparées les unes des autres, soit groupées en amas d'aspects caractéristiques; en amas réguliers rappelant une grappe de raisin (*Staphylococcus*) ou irréguliers (*Leuconostoc*), en chaînes (*Streptococcus*), etc... Elles forment souvent des zooglées qui peuvent atteindre de très grandes dimensions. Elles se multiplient activement par division et étranglement ; on n'a pas observé chez elles la formation de spores, ce qui explique le peu de résistance qu'elles présentent en général aux agents physiques et chimiques. Chez les COCCACÉES le cloisonnement qui précède la division cellulaire peut se faire suivant une, deux ou trois directions de l'espace. Ces bactéries sont douées des fonctions les plus variées, chromogènes, zymogènes, photogènes, pathogènes, etc.

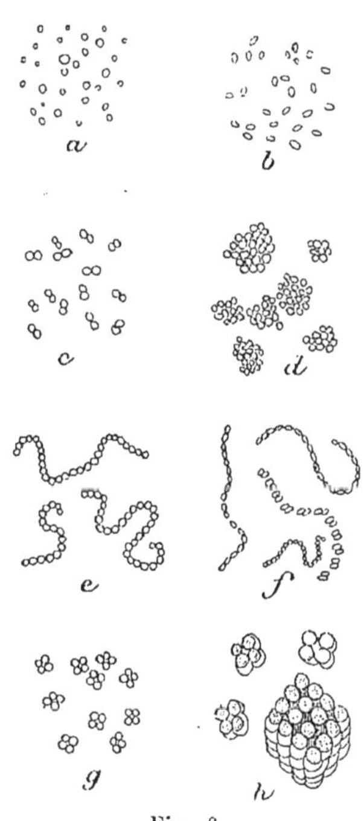

Fig. 8.
Différents modes de groupement des microcoques; — *a*, microcoques circulaires isolés; — *b*, microcoques ovales ; — *c*, diplocoques ; — *d*, staphylocoques; *e*, *f*, streptocoques ; — *g*, tétracoques ; — *h*, sarcines.

Bacillées.

Ce genre comprend les espèces dont les cellules sont plus longues que larges, et affectent la forme d'un bâtonnet (*bacillus*, baguette) cylindrique ou fusiforme. Lorsque la longueur l'emporte beaucoup sur la largeur, elles prennent l'aspect de filaments rigides ou flexibles, rectilignes ou ondulés. Leurs extrémités sont arrondies ou effilées, ou paraissent nettement taillées ; on ne peut faire aucune distinction entre ces deux extrémités. Ils se présentent dans les cultures soit isolés, soit réunis en chaînes, en amas réguliers ou irréguliers plus ou moins caractéristiques. Beaucoup d'espèces sont mobiles, les unes sont animées d'un mouvement extrêmement vif ; d'autres plus allongées, filamenteuses, flexibles, ont une sorte de mouvement de reptation (*Vibrions*). On a réussi à démontrer la présence de cils vibratiles chez la plupart des espèces mobiles ; ces cils sont variables comme nombre et comme lieu d'implantation. Les bacilles se multiplient par cloisonnement et division ; le cloisonnement se produisant le plus souvent dans une direction perpendiculaire à la plus grande dimension. Ils se reproduisent aussi par spores endogènes. Ils présentent à l'état adulte et surtout à l'état de spores, une grande résistance aux agents physiques et chimiques.

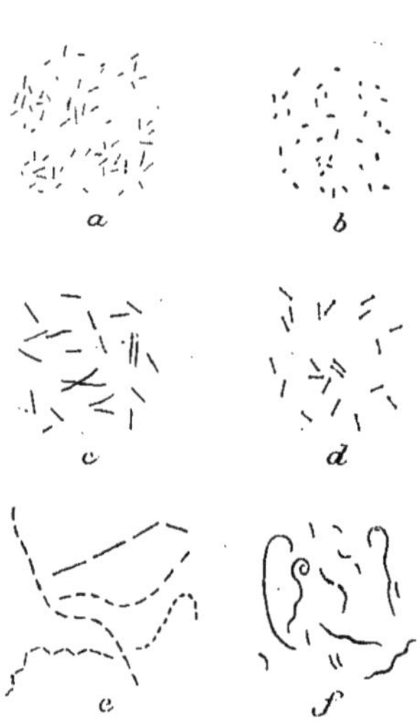

Fig. 9.
a, *b*, *c*, divers bacilles de longueur et d'épaisseur différentes ; — *d*, bacilles renflés aux extrémités ; — *e*, streptobacilles ; — *f*, bacilles courbes et bacilles virgules.

On faisait, autrefois, une distinction entre les espèces très courtes, très mobiles, assez fragiles, qu'on appelait *Bactériums*, les *Bacilles* proprement dits, les espèces renflées en fuseau (*Clostridium*), les espèces filamenteuses, rectilignes et immobiles (*Leptothrix*) et les espèces légèrement ondulées et rampantes (*Vibrïons*). Nous les considérerons toutes comme appartenant au seul genre *Bacillus* dont les caractères principaux viennent d'être donnés.

Spirillées.

Les SPIRILLÉES comprennent toutes les Bactériacées nettement incurvées, se présentant ordinairement sous l'aspect de longues vrilles ou d'hélices rigides ou flexibles, généralement mobiles.

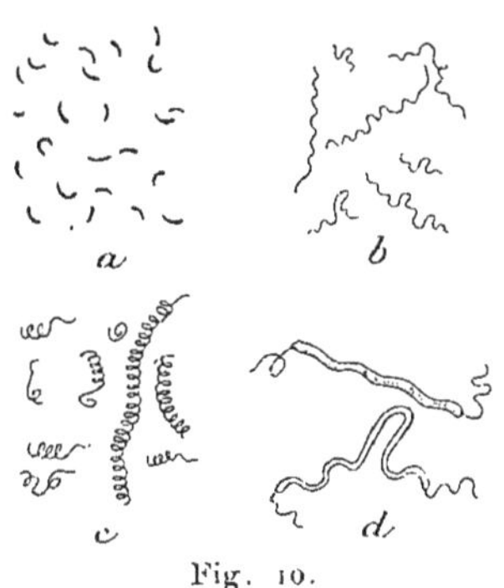

Fig. 10.
a, bacilles virgules; — *b*, spirilles; — *c*, spirochætes; — *d*, spirilles ciliés.

Lorsque les spirilles se divisent, les jeunes articles très courts affectent la forme d'une virgule (choléra). Les spirilles, outre ce mode de multiplication par segmentation, se reproduisent aussi par spores endogènes. On a décrit chez beaucoup d'espèces des cils vibratiles. Nous ne conserverons pas non plus les anciennes divisions de ce genre, *Spirochæte, Spirulina*, qui n'ont guère d'utilité pratique.

Chlamydobactériacées.

Ce genre comprend toutes les Bactériacées ordinairement filamenteuses, munies d'une gaine plus ou moins visible, chaque filament possédant une gaine propre. On peut souvent établir dans ce genre une différence entre les deux extrémités des articles, l'une de ces extrémités est libre, l'autre se fixe sur un support. Quelques espèces contiennent des grains de soufre dans leur protoplasma (*Thiothrix*); les autres, ne contenant pas de soufre, peuvent se diviser de la façon suivante :

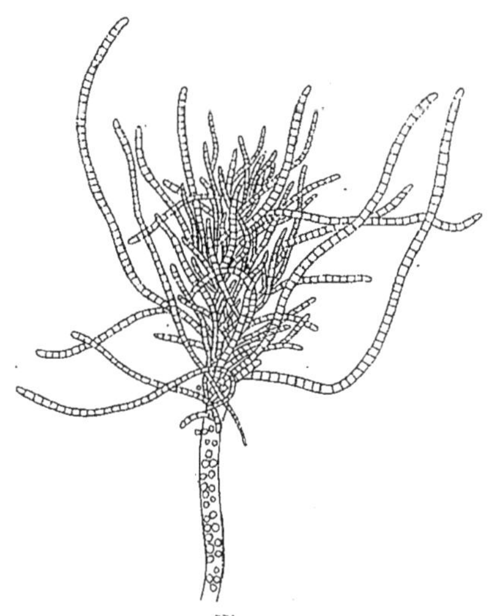

Fig. 11.
Crenothrix polyspora, d'après ZOPF.

1° Espèces à gaine très peu visible (*Crenothrix*); 2° espèces présentant la fausse ramification (*Cladothrix*); 3° espèces présentant une ramification vraie (*Streptothrix*).

Tout récemment SAUVAGEAU et RADAIS (1), qui ont fait une étude approfondie des *Streptothrix*, pensent que ces organismes seraient mieux placés parmi les champignons.

Enfin, disons un mot des BEGGIATOACÉES ; ce sont des bactéries filamenteuses contenant des grains de soufre, mobiles à la façon des Oscillaires, vivant ordinairement dans les eaux sulfureuses et ne présentant pas de gaine propre autour de chaque article.

Tableau résumé des principales formes bactériennes.

Coccacées	cellules globuleuses isolées	*Micrococcus.*
	possédant 1 direction de cloisonnement et restant unies en chaînes	*Streptococcus,*
	possédant 2 directions de cloisonnement et restant unies en plaques	*Merismopedia* ou *Tetrades.*
	possédant 3 directions de cloisonnement et restant unies en massifs	*Sarcina.*
	cellules sphériques maintenues dans la gelée en amas réguliers	*Staphylococcus.*
	cellules sphériques maintenues dans la gelée en amas irréguliers	*Ascococcus.*
Bacillées	bâtonnets rectilignes isolés	*Bacillus.*
	— — unis en chaînes	*Streptobacillus.*
	— très courts, en général très mobiles	*Bacterium.*
	cellules fusiformes	*Clostridium.*
	filaments immobiles, rectilignes	*Leptothrix.*
	— incurvés, lentement mobiles	*Vibrio.*
Spirillées	vrilles ou hélices mobiles comprenant seulement quelques tours de spires	*Spirillum.*
	longues spirales flexibles, mobiles	*Spirochæte.*
Chlamydo-bactériacées	filaments engainés contenant des graines de soufre	*Thiothrix.*
	filaments engainés ne contenant pas de grains de soufre : à gaine très peu visible	*Crenothrix.*
	— à fausse ramification	*Cladothrix.*
	— à ramification vraie	*Streptothrix.*
Beggiatoacées	filaments sans gaine, contenant des grains de soufre	*Beggiatoa.*

En se basant sur les formes des Bactéries étudiées et en tenant compte, bien entendu, des variations que peuvent présenter ces formes extérieures, on pourra, le plus souvent, déterminer à quels genres elles appartiennent. Il faudra, en même temps, en étudier les propriétés biologiques, telles que leur croissance sur les différents milieux, à l'abri ou au contact de l'air, la formation des spores,

(1) SAUVAGEAU et RADAIS. *Annales de l'Institut Pasteur*, 1892, VI, p. 242.

la mobilité, le pouvoir chromogène, la faculté qu'elles possèdent de produire ou non des fermentations, des maladies, etc..., si l'on veut pouvoir identifier les espèces que l'on étudie avec des espèces déjà connues, ou reconnaître que l'on a affaire à des bactéries nouvelles.

III. — Structure des bactéries.

L'extrême petitesse des bactéries qui complique singulièrement la détermination de leur forme, rend encore plus difficile les études sur leur structure. Pour ces recherches délicates, on est obligé de s'adresser aux espèces les plus grosses et il n'a pas été souvent possible de vérifier sur les plus petites les résultats ainsi acquis. Ces résultats sont souvent très contradictoires, et les différences constatées doivent, en grande partie, être attribuées aux méthodes d'observation.

Quand on veut distinguer quelque structure dans une cellule aussi homogène que l'est celle des bactéries, il est indispensable d'employer des fixateurs qui agissent souvent brutalement et des réactifs chimiques ou colorants qui font parfois naître une apparence de structure, là où elle n'existait pas en réalité ; qui agissent, en tous cas, physiquement ou chimiquement, déformant les cellules, coagulant le protoplasma ; de telle sorte que ce que l'on observe après tous ces traitements ne ressemble guère à la cellule initiale.

Quoi qu'il en soit, voici le bref résumé des connaissances acquises sur cette intéressante question.

Il semble, tout d'abord, prouvé qu'il existe une membrane-enveloppe autour de chaque cellule. On peut la mettre parfois en évidence en contractant le contenu cellulaire soit par la chaleur, soit par les réactifs. Selon certains auteurs, cette membrane ne serait qu'un produit de condensation du protoplasma et serait analogue, comme composition, à la *mycoproteïne* de Nencki. Pour d'autres, elle serait de nature cellulosique ; la gelée très abondante fournie par certaines espèces (*Leuconostoc mesenteroides*), et qui est un produit d'altération de cette membrane, a donné à l'analyse des nombres qui s'accordent avec la formule $(C^6H^{12}O^6)^n$ d'un hydrate de carbone. Toutefois, il n'est pas possible de la colorer en bleu par le chlorure de zinc iodé, par l'iode et l'acide sulfurique, réactifs ordinaires de la cellulose.

Le contenu cellulaire est, comme chez toutes les Cyanophycées, d'apparence tout à fait homogène. On n'y distingue pas de noyau, pas de vacuoles dans les conditions ordinaires. La matière colorante (chlorophylle ou bactériopurpurine), quand elle existe, ne se trouve pas localisée sur des leucites spéciaux (chromoleucites), mais imprègne uniformément le protoplasma. Quelques bactéries incolores, incapables d'effectuer la synthèse d'hydrates de carbone, possèdent, à certaines périodes de leur existence, notamment au moment de la formation des spores, la propriété de se colorer partiellement ou totalement par l'iode (*Bacillus amylobacter*), propriété qui paraît due à la présence d'une certaine quantité d'amidon soluble accumulé comme réserve dans le protoplasma.

Quelques bactéries présentent des granules de soufre, quelque fois cristallisés, solubles dans le sulfure de carbone.

O. Bütschli (1) a spécialement étudié, au point de vue de leur structure, de grandes formes de bactéries (*Chromatium Okenii*, *Ophidomonas genensis*, etc.). Le *Chromatium Okenii*, découvert par Winogradsky, affecte la forme d'une fève de 12 à 14 millièmes de millimètres de long, colorée en rouge et possède, inséré à l'une de ses extrémités, un flagellum émanant directement de l'enveloppe. Cette enveloppe est suffisamment résistante pour qu'on puisse assez facilement la séparer de son contenu par pression ; elle ne présente pas les réactions habituelles de la cellulose, mais se teint vivement par

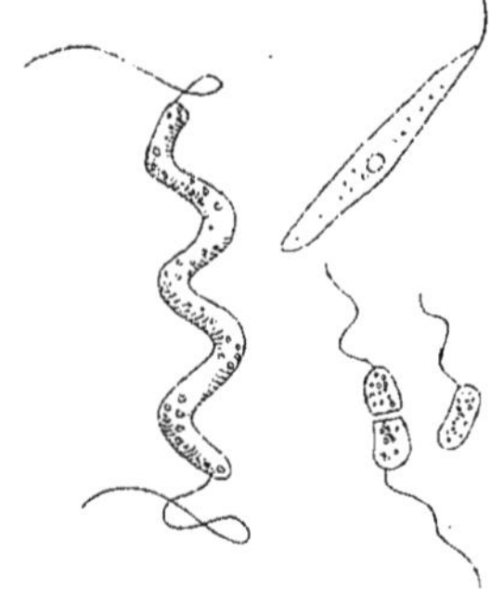

Fig. 12.
Chromatium Okenii, *Rhabdomonas rosea*, *Ophidomonas sanguinea*, d'après Cohn.

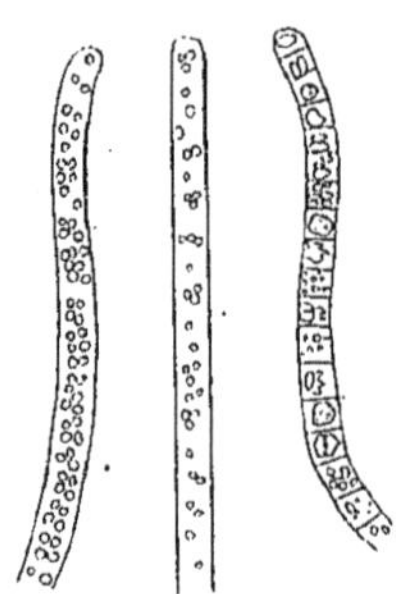

Fig. 13.
Beggiatoa alba, d'après Winogradsky.

l'hématoxyline. Bütschli la considère comme un produit de condensation protoplasmique.

Le contenu cellulaire serait constitué par deux parties différentes ; 1° une couche corticale externe, colorée en rouge par la bactério-

(1) O. Bütschli. Ueber den Bau der Bakterien und verwandeter Organismen, Leipzig, 1890.

purpurine, de structure alvéolée; 2° un corps central incolore se teignant par les colorants du noyau (carmin, vésuvine, vert méthyle acide, hématoxyline) et de structure également alvéolée. On trouve un liquide dans les alvéoles et des petites granules dans l'épaisseur des cloisons. Si l'on fait agir l'hématoxyline, les grains se colorent en rouge, les cloisons en bleu. On y trouve aussi des granules de soufre.

Ces faits ont été observés par le même auteur chez *Ophidomonas* et chez des espèces plus petites (*Bacterium lineola*, *Spirochæte serpens*, *Beggiatoa alba*).

Tantôt le corps central est volumineux et remplit presque complètement la cavité cellulaire, tantôt il est plus petit et l'ensemble formé par ce corps central, la couche périphérique et la membrane, a tout à fait l'apparence des cellules à noyau les plus nettes.

Pendant la division des bactéries qu'il a étudiées, Bütschli aurait même observé des figures karyokinétiques.

Ce savant considère les Bactériacées comme essentiellement formées d'un noyau, entouré ou non de protoplasma et d'une enveloppe. Une structure analogue s'observe chez les Spermatozoïdes formés surtout d'un noyau et dont la queue représente le seul vestige du reste de la cellule.

En 1888, Ernst avait, avant Bütschli, signalé chez les bactéries l'existence de granulations colorables par le bleu de méthylène alcalin, qu'il considérait, sous le nom de *corps sporifères*, comme devant jouer un rôle dans la production des spores. Or, ces corps sporifères ne résistent pas à l'action de l'eau bouillante; c'est pourquoi Bunge nie leur qualité qu'il attribue à d'autres granulations découvertes par lui, résistant à l'eau bouillante et bien plus difficiles à colorer que ceux de Ernst.

Schewiakoff retrouve en 1895 dans une espèce qu'il a découverte (*Achromatium oxaliferum*) les faits annoncés par O. Bütschli : couche périphérique alvéolaire, corps central réticulé, contenant dans ses cloisons des grains colorables par le bleu de méthylène et l'hématoxyline. Il considère ces grains comme formés de chromatine; pendant la division de la bactérie, ces grains augmentent de nombre en se multipliant par division et étranglement.

Protopopoff (1) a observé une bactérie chez laquelle la coloration par les solutions étendues de fuchsine et de bleu de méthylène révèle

---

(1) Protopopoff. *Annales de l'Institut Pasteur*, 1891, V, p. 332.

une structure stratifiée et montre des bandes alternativement claires et foncées, disposées perpendiculairement à l'axe longitudinal.

MITROPHANOW a mis en évidence dans le *Rhabdochromatium* une partie axiale filamenteuse ou spiralée colorable par le bleu de méthylène, rappelant la disposition du noyau chez certains infusoires. Cette partie axiale est formée de chromatine. Il admet donc, pour cette espèce, un noyau, ou mieux des éléments nucléaires diffus. Selon cet auteur et contrairement à l'opinion de BÜTSCHLI, le noyau serait un produit de différenciation du protoplasme.

En résumé, il semble que chez les Bactériacées la substance nucléaire existe, mais plus ou moins mélangée au protoplasme (HENNEGUY) (1).

IV. — MULTIPLICATION DES BACTÉRIES PAR BIPARTITION; SPORES ENDOGÈNES ET ARTHROSPORES.

Les bactéries se multiplient par bipartition avec une extrême rapidité quand elles sont placées dans des conditions favorables. DUCLAUX admet avec MARSHALL WARD qu'une chaîne de bacilles (*Bacillus ramosus*) double de longueur en 35 minutes. A ce taux, un seul bacille en produirait 4 000 000 en 12 heures. BUCHNER, LONGARD et RIEDLIN admettent des durées de temps comprises entre 19 et 40 minutes pour l'intervalle moyen entre deux générations de bacille du choléra.

Les détails du processus de division transversale ont été observés par BÜTSCHLI sur le *Chromatium Okenii* et par MIGULA sur l'*Achromatium oxaliferum*. Au milieu de la cellule se forme une sorte de cloison double qui semble tout d'abord un anneau occupant la partie périphérique. Cette cloison s'étend, peu à peu, de la périphérie vers le centre, divisant successivement la couche plus ou moins épaisse de protoplasma, puis le corps central, à la façon d'un diaphragme iris qui se fermerait progressivement. Le cloisonnement est dès lors achevé; vient ensuite le travail de division qui se fait aussi de l'extérieur vers l'intérieur. Une expansion de la membrane se glisse entre les deux lames de la cloison jusqu'à les recouvrir complètement; en même temps, les extrémités des deux cellules-filles s'arrondissent. A ce moment, la cloison est formée de trois lamelles.

---

(1) HENNEGUY. La cellule, p. 133. Paris, 1896.

Un peu avant que les deux cellules-filles se séparent, un flagellum pousse à l'extrémité de la cellule qui en était dépourvue ; l'une des cellules-filles subit donc, à ce point de vue, un renversement par rapport à la cellule-mère.

Migula attribue la formation de la cloison à une vacuole centrale extensible, laquelle, en augmentant de volume, refoule le protoplasme qui devient granuleux. Ces grains se groupent à mi-longueur de la vacuole et par leur groupement constituent la cloison transversale qui gagne ensuite peu à peu jusqu'au centre.

Souvent, lorsque deux cellules-filles se séparent à la suite de la gélification de la lamelle moyenne de la cloison, elles entraînent avec elles un reste de cette lamelle sous forme d'un filament qu'il ne faut pas confondre avec un flagellum.

Ce mode de multiplication par cloisonnement et division est général chez les Bactériacées. Chez les Coccacées, le phénomène le plus apparent consiste dans un étranglement de la cellule-mère ; les cellules-filles restent souvent unies deux à deux en forme de 8 (*Diplococcus*).

En général, le cloisonnement s'opère toujours dans une seule direction, et toujours la même, perpendiculairement à l'axe de croissance. Dans d'autres cas, dont on a déjà parlé (*Merismopedia*, *Sarcina*), le cloisonnement se fait suivant deux ou suivant trois directions, les cellules-filles se séparant ensuite ou restant unies sous forme de plaques ou de massifs.

Formation des spores. — Les spores des bactéries ont été découvertes en 1870 par Pasteur, qui les appelait *corpuscules-germes*.

Cohn les a observées chez le *Bacillus subtilis* et leur a donné le nom de *spores*, qui a prévalu.

Koch a découvert les spores de la bactéridie charbonneuse (*Bacillus anthracis*) ; il a signalé leur résistance considérable aux agents physiques et chimiques, ainsi que la difficulté qu'on éprouve pour les colorer.

Au point de vue de la formation des spores, il y a lieu de distinguer chez les Bactériacées les bactéries endosporées et les bactéries arthrosporées, suivant que les spores se forment à l'intérieur même de la cellule qui continue à vivre et à végéter au moins pendant un certain temps, ou bien qu'elles résultent de la transformation totale d'une cellule entière.

Endospores. — La reproduction par spores endogènes est de beaucoup la plus fréquente ; on l'observe surtout chez les Bacillées, lorsque la croissance est rapide ou que le milieu s'appauvrit en principes nutritifs.

Le protoplasma conserve son apparence homogène ou devient finement granuleux; peut-être à ce moment contient-il des subtances de réserve (amidon). Bientôt apparaît dans le protoplasma une petite tache claire à contour foncé, qui acquiert une réfringence considérable, en même temps que son contour devient de plus en plus net; elle continue à croître en s'entourant d'une membrane propre qui constitue ce que l'on appelle l'*exospore*. Cette membrane propre de la spore est complètement distincte de l'enveloppe de la cellule bactérienne. Elle paraît en différer comme composition chimique, et constitue une barrière, très résistante, qui protège la spore contre l'action des agents extérieurs. Il suffit de signaler, ici, l'extrême résistance que présentent les spores à la chaleur, aux antiseptiques, et la difficulté avec laquelle les matières colorantes traversent l'exospore pour pouvoir atteindre la spore elle-même.

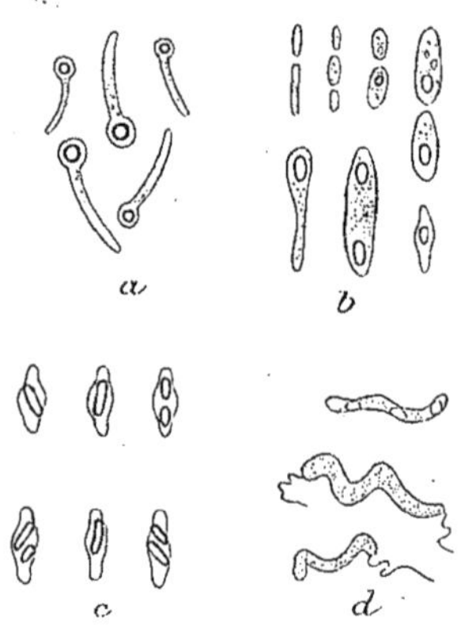

Souvent le diamètre de la spore est plus considérable que celui de la bactérie; celle-ci se renfle alors au niveau de la spore. Ce renflement, qui peut être considérable, se produit, suivant la position occupée par la spore, soit à l'extrémité de la bactérie, soit en son milieu. La bactérie prend alors des aspects que l'on a comparé à un têtard, un battant de cloche, une baguette de tambour (*Bacillus tetani*), un fuseau (*Bacillus amylobacter*).

Fig. 14.
a, *Vibrio rugula*; — *b*, *Clostridium butyricum*, d'après Prazmowski; — *c*, *Bacillus inflatus*, d'après A. Koch; — *d*, *Spirillum endoparagogicum*, d'après Sorokine.

Ordinairement il ne se forme qu'une seule spore par cellule; cependant il peut s'en former plusieurs.

Après la sporulation, la bactérie continue à végéter pendant un certain temps. Les espèces mobiles qui s'arrêtent au moment de la production des spores reprennent leurs mouvements propres dès que cette période est terminée. Puis, peu à peu, les cellules contenant des spores s'étiolent, elles deviennent granuleuses, leur membrane se gonfle et se rompt, leur protoplasme se résorbe et les spores sont mises en liberté dans le milieu extérieur.

Quoique très générale chez les Bactériacées, la formation des spores dépend de certaines conditions de milieu, d'âge, de température, etc... Le *Bacillus anthracis* ne donne pas de spores dans le sang des animaux infectés ; il n'en donne pas davantage au-dessus de 42° (PASTEUR, ROUX et CHAMBERLAND), ou en présence de substances antiseptiques telles que le bichromate de potasse et l'acide phénique (ROUX et CHAMBERLAND). A basse température, la sporulation peut encore avoir lieu, quoique très retardée.

Germination des spores. — Lorsque la spore a quitté la cellule qui lui a donné naissance et qu'elle se trouve dans des conditions favorables, elle germe et donne naissance à un nouvel individu. Au moment de la germination, la paroi de la spore, d'abord très mince, se gonfle et se gélifie, puis se rompt en un point où apparaît bientôt une hernie protoplasmique. Celle-ci s'allonge de plus en plus, s'entoure d'une membrane propre et constitue ainsi le nouvel individu. Pendant ce temps, les débris de la spore se résorbent et se dissolvent. Quand le jeune bacille a atteint une taille suffisante, il

Fig. 15. Germination d'une spore.

Fig. 16. *Bacillus megatherium*, d'après DE BARY.

Fig. 17. Germination de spores.

commence à se cloisonner, à se multiplier par division ; puis l'on voit bientôt de nouvelles spores apparaître dans les nouveaux articles. MARSHALL WARD estime que la germination des spores du *Bacillus ramosus* exige une dizaine d'heures à la température de 15 à 20 degrés. Le stade complet, partant de la spore pour aboutir à une nouvelle spore, serait d'environ 60 heures.

Ordinairement, la germination des spores se fait dans la direction même du filament qui leur a donné naissance. Dans certains cas, les spores germent avant d'avoir quitté le corps du filament-mère qui prend alors l'apparence ramifiée (fig. 17) ; dans d'autres cas, la spore, au lieu de s'ouvrir en un seul point, s'ouvre aux deux extrémités d'un même diamètre et donne deux prolongements poussant chacun dans une direction opposée.

Arthrospores. — Chez les Coccacées, on a constaté quelquefois que certaines cellules se différenciaient légèrement les unes des autres ;

soit qu'elles augmentent de volume, soit que leur contenu devienne granuleux et trouble, ou que leur membrane devienne plus épaisse. Les cellules ainsi modifiées auraient acquis la propriété de résister à la chaleur et aux antiseptiques à un degré bien plus élevé que les cellules ordinaires. DE BARY (1) les considère comme des arthrospores. VAN TIEGHEM (2) a observé la production de ces arthrospores dans les chapelets de *Leuconostoc mesenteroides* ; elles résistent à la dessiccation et au vieillissement.

Chez les Bactériacées en général filamenteuses, entourées d'une gaine, il arrive qu'une portion du filament se détache à la façon des hormogonies des Oscillaires et aille se fixer ailleurs, où il continue à croître et à se multiplier pour son propre compte (*Cladothrix*). Nous avons vu qu'il en résultait souvent une fausse apparence de ramification.

---

(1) DE BARY. Leçons sur les Bactéries, trad., Paris. 1885.
(2) VAN TIEGHEM. *Annales des sciences naturelles. Botanique*, VIe série, t. VII.

CHAPITRE II

BIOLOGIE DES BACTÉRIES

I. — Composition chimique des bactéries. — Aliments. Aérobiose et Anaérobiose. — Température eugénésique.

Les premières données sur la composition des Bactéries sont dues à Nencki et Schaffer (1) qui analysèrent des zooglées de bactéries déterminant la putréfaction de la gélatine. Pour 100 parties de zooglée, ils trouvèrent 84,81 d'eau. Le résidu sec contenait : matières albuminoïdes, 85,76 ; matières grasses, 7,89 ; cendres, 4,20, et matières indéterminées, 2,15.

Ces bactéries, débarrassées de matière grasse et séchées, ont donné à l'analyse élémentaire, déduction faite des cendres : C. 53,82 ; H. 7,76 ; Az. 13,92. Les matières albuminoïdes sont formées en grande partie par une substance spéciale, la *mycoproteïne* qui, par ses propriétés, se place entre les matières albuminoïdes vraies et les peptones ; elle ne renferme ni soufre, ni phosphore. On l'obtient en traitant les bactéries par une solution très diluée de potasse qui dissout la presque totalité de la masse ; le résidu formant environ 5 °/₀ du produit employé est constitué par une matière de nature cellulosique représentant les enveloppes des bactéries. Le liquide alcalin est neutralisé et saturé de sel marin ; le précipité filtré est lavé et purifié par dyalise. Les solutions de mycoproteïne précipitent par le tannin, l'acide picrique, le bichlorure de mercure, le ferrocyanure de potassium en présence d'acide acétique. Elles ne précipitent ni par l'alcool, ni par l'acide nitrique. La mycoproteïne est colorée en rose par le réactif de Millon, en violet par le sulfate de cuivre et la soude. Elle dévie à gauche le plan de la lumière

---

(1) Nencki et Schaffer. *Journ für prakt. Chemie* [2], XX, p. 443. — XXIII, p. 302.

polarisée $[\alpha]j = -79°$. Fondue avec les alcalis, elle donne les mêmes produits que fournissent les vrais albuminoïdes.

Brieger avait trouvé 84,2 % d'eau en analysant le bacille de Friedlander cultivé sur gélose.

Hammerschlag (1) a trouvé pour le bacille tuberculeux : eau 88,12 %; matières solides 11,18 %. Ces matières solides contiennent 22,7 % de matériaux gras solubles dans un mélange d'alcool et d'éther. Après élimination de ces corps gras, le résidu contient encore C. 51,02; H. 8,07; Az. 9,09 et 8 % de cendres minérales. C'est, vraisemblablement, à la présence de ces matières grasses que le bacille de Koch doit ses remarquables propriétés de coloration qui en rendent la recherche si aisée.

Plus récemment, Cramer (2), dans un travail ayant pour but de déterminer l'influence que peut avoir la composition du milieu nutritif sur la composition de la cellule bactérienne, donne les chiffres suivants (3) pour le bacille capsulé de Pfeiffer cultivé sur gélose à 1 % de peptone : matière grasse, 17,7 ; cendres 12,6; C. 51,4; H. 7,3 ; Az. 12,2. Sur gélose à 5 % de glucose : matière grasse, 24,7 ; C. 49,4 ; H. 6,5 ; Az. 9,4.

Pour le bacille de Friedlander (pneumobacille), il a trouvé sur gélose à 1 % de peptone : matière grasse, 10,3; cendres, 13,9; C. 50,9; H. 7,2; Az. 13,3. Sur gélose à 5 % de glucose : matière grasse, 22,7 ; C. 50,6 ; H. 6,9; Az, 11. Les bacilles cholériques cultivés sur bouillon alcalin contenaient : eau, 88,3 %; albumine, 7,6 %; cendres, 3,6 %.

L'étude de la composition des bactéries montre qu'elles renferment du carbone, de l'hydrogène, de l'azote, de l'oxygène, groupés sous forme de matières albuminoïdes, de graisses et de matières cellulosiques. Elles contiennent, aussi, d'après Nishimuro (4) de la xanthine, de la guanine, de l'adénine, etc., c'est-à-dire les leucomaïnes mêmes, découvertes par A. Gautier dans les tissus normaux de l'organisme animal. D'après Duclaux, les ferments figurés des matières albuminoïdes contiennent de l'urée. Nous voyons aussi les bactéries renfermer des métalloïdes et des métaux, du phosphore, du soufre, du chlore, du potassium, du sodium, du magnésium, etc., qui se retrouvent à l'état de sels dans les cendres.

---

(1) Hammerschlag. *Comp. rend. de la Société Helvet. des Sc. nat.*, août 1888.
(2) Cramér. *Archiv für Hygiene*, 1893, XVI, p. 151. — 1895, XXII, p. 167.
(3) Duclaux. Traité de Microbiologie, p. 167. Paris, 1898.
(4) Nishimuro. *Archiv für Hygiene*, 1893, XVIII, 318.

Pour que les bactéries prospèrent dans une culture, pour qu'elles effectuent le mieux possible leurs fonctions, il est de toute nécessité qu'elles trouvent à leur portée ces divers éléments groupés sous forme d'aliments assimilables par elles.

Quelques bactéries colorées auraient la propriété d'utiliser les radiations lumineuses pour décomposer l'acide carbonique et assimiler le carbone à la façon des plantes à chlorophylle.

Les *Nitrobactéries*, bien que dépourvues de pigment assimilateur, peuvent, même à l'obscurité, vivre dans un milieu purement minéral, ne contenant de carbone qu'à l'état de carbonate de chaux. Cependant, l'assimilation de ce carbone ne peut se faire que si les nitrobactéries trouvent à leur portée de l'acide nitreux ou de l'ammoniaque à oxyder en quantité équivalente en les transformant en acide nitrique. C'est cette oxydation concomitante qui est la source de l'énergie sans laquelle ces espèces seraient incapables de décomposer le carbonate de chaux et d'en assimiler le carbone.

En général, les bactéries sont plus difficiles dans le choix de leurs aliments. Le carbone et l'azote, qui sont les éléments essentiels de leur nutrition, doivent être engagés dans des combinaisons très particulières.

Les matières albuminoïdes contiennent ces deux éléments sous une forme directement assimilable pour beaucoup d'espèces; cependant beaucoup d'autres, ne sécrétant pas les ferments nécessaires à la solubilisation de ces albuminoïdes, s'accommoderont mieux des peptones qui constituent un stade déjà avancé de leur hydratation.

Beaucoup de matières hydrocarbonées (amidon, cellulose), de matières sucrées (glucose, lactose, saccharose, etc.), d'alcools polyatomiques (glycérine, érythrite, mannite, etc.), d'acides gras ou d'oxyacides (acétique, butyrique, lactique, tartrique) sont aussi capables de fournir du carbone aux bactéries et, par conséquent, de leur servir d'aliments.

L'azote, indépendamment des matières albuminoïdes, pourra, dans certains cas, provenir des amides ou des acides amidés (leucine, glycocolle, asparagine, urée, etc.) qui ne sont, à la vérité, que des produits d'hydratation avancée de l'albumine; il pourra aussi provenir des sels ammoniacaux, des nitrates même, et, dans quelques cas rares, être emprunté directement ou indirectement à l'atmosphère.

Quant aux autres éléments indispensables à la nutrition des bactéries, ils sont, en général, apportés par les aliments déjà cités ou bien se trouvent en quantité suffisante ou dans l'eau qui sert à préparer le milieu. Nous verrons, en étudiant les milieux de culture, que l'on se trouve bien de les additionner d'une assez forte dose de sel marin, et souvent d'y ajouter des phosphates de potasse, quelques traces de sels magnésiens, etc.

On ne sait, du reste, rien de bien précis sur la nutrition des bactéries proprement dites. La plupart des travaux publiés sur la nutrition des microbes se rapportent à des mucédinées (1) ou à des levures (Raulin, Duclaux), et sur ce sujet tout est à commencer, ou à peu près, relativement aux bactéries. On sait seulement que beaucoup d'espèces ont besoin, pour se développer, d'une grande quantité de peptone ou d'albumine; d'autres réclament impérieusement la présence de matières sucrées, de glycérine; d'autres enfin se contentent de peu et se multiplient encore activement avec les seuls aliments qu'elles peuvent trouver dans l'eau de rivière et même dans l'eau distillée (Miquel (2), Meade Bolton (3)). Certaines espèces, comme le bacille de Hansen ou le spirille d'Obermeier, n'ont jamais pu être cultivés en dehors de l'organisme vivant, sans doute parce que nous ignorons les besoins alimentaires spéciaux de ces bactéries.

La question est très compliquée, il faut le dire. Chaque bactérie a ses besoins particuliers suivant son âge, son acclimatation, suivant les conditions extérieures de son développement, à l'abri ou au contact de l'oxygène (Grimbert) (4). La nature du protoplasma spécial à chaque espèce fera qu'une même substance chimique, utilisée comme aliment par des espèces différentes, va donner naissance à des produits de fermentation très variés. Inversement, des aliments en apparence très différents, soumis à l'action d'une même bactérie, fourniront des produits de fermentation presque identiques, à la quantité près. L'influence exercée par la constitution chimique et la structure atomique des aliments n'est pas douteuse; en partant d'un bouillon de culture, n'agissant pas sur la lumière polarisée, préparé avec des substances racémiques, c'est-à-dire inactives par compensation, on voit bientôt, sous l'influence de la vie bactérienne, apparaître le pouvoir rotatoire (Pasteur). Certaines bactéries détruisant plus vite l'isomère droit feront apparaître le pouvoir rotatoire gauche et réciproquement,

(1) Raulin. *Annales des sciences naturelles*, 1870.
(2) Miquel. Manuel pratique d'analyse bactériologique des eaux. Paris, 1891.
(3) M. Bolton. *Zeitschrift für Hygiene*, 1886, p. 76.
(4) Grimbert. *Annales de l'Institut Pasteur*, 1893, VII, p. 353.

celles qui détruisent de préférence l'isomère gauche feront apparaître le pouvoir rotatoire droit. Cette remarquable propriété a permis à LEBEL de préparer un certain nombre de corps actifs inconnus jusqu'alors et d'apporter de nombreuses vérifications aux théories stéréochimiques.

PÉRÉ (1) a montré récemment que les bacilles du côlon d'origine différente, ainsi que le bacille typhique, peuvent agir comme ferments lactiques aux dépens des sucres ; tous ces organismes donnent de l'acide lævolactique avec le glucose quand le milieu ne renferme que de l'azote à l'état ammoniacal. En présence d'azote albuminoïde, les résultats sont différents ; quelques espèces continuent à fournir de l'acide lactique gauche, les autres donnent l'acide dextrogyre.

Nous pensons que ces quelques exemples suffisent pour montrer les difficultés et aussi l'intérêt qui s'attachent à l'étude de la nutrition des bactéries. Nous connaissances sur ce sujet ne s'augmenteront peu à peu qu'en refaisant, pour chacune d'elles, le travail de bénédictin entrepris par RAULIN sur l'*Aspergillus niger*.

La réaction du milieu a une grande importance ; la plupart des bactéries, à l'inverse des moisissures, se développent mieux en milieu neutre ou légèrement alcalinisé ; cependant quelques espèces, telles que les ferments acétiques et lactiques, supportent une acidité notable. Le ferment acétique paraît même avoir besoin d'une certaine acidité. Par contre, MIQUEL a étudié des ferments de l'urée incapables de se développer dans les milieux habituels, bouillon, gélatine, lorsqu'ils ne sont pas très fortement alcalins ; l'Urobacille dédié à PASTEUR supporte assez facilement l'action de l'ammoniaque provenant de l'hydratation d'une centaine de grammes d'urée par litre de culture.

Un certain nombre de bactéries changent la réaction du milieu pendant le cours de la culture. C'est ainsi que le bacille diphtérique voit ses cultures d'abord alcalines devenir acides, puis redevenir alcalines par la suite. H. SPRONCK (2) attribue ce fait à la présence d'une certaine quantité de sucre fermentescible dans les bouillons préparés avec de la viande fraîche. Les cultures de bacille diphtérique restent, en effet, toujours alcalines quand on les fait sur bouillon préparé avec de la viande préalablement fermentée. (L. MARTIN) (3).

---

(1) PÉRÉ. *Annales de l'Institut Pasteur*, 1893, VII, p. 737.
(2) H. SPRONCK. *Annales de l'Institut Pasteur*, 1895, t. IX, p. 758.
(3) L. MARTIN. *Annales de l'Institut Pasteur*, 1898, t. XII, p. 26.

Aérobiose et anaérobiose. — Les rapports de l'oxygène avec les bactéries sont des plus complexes et aussi des plus intéressants à connaître.

Beaucoup d'espèces ont un besoin absolu de ce gaz pour vivre et accomplir leur fonctions normales. En cela, elles sont semblables à tous les êtres vivants. Ce sont les *aérobies*; elles forment des voiles, des pellicules à la surface des milieux de culture, c'est-à-dire là où l'air a le plus facilement accès. Si ce fluide ne pénètre que difficilement dans le vase où se fait la culture, celle-ci devient languissante et s'arrête dès que l'oxygène libre a été consommé et transformé en acide carbonique. Vient-on à renouveler l'atmosphère du vase, la culture reprend aussitôt. ENGELMANN a réalisé une jolie expérience qui met bien en évidence l'influence que l'oxygène libre exerce sur la mobilité des bactéries. On examine au microscope une goutte d'eau contenant à la fois des bactéries et quelques filaments d'algues vertes et convenablement éclairée à l'aide d'un faisceau de lumière blanche traversant un prisme. On voit bientôt les bactéries s'agiter de vifs mouvements et se grouper le long des filaments d'algues, au niveau des bandes d'absorption de la chlorophylle, c'est-à-dire en un point où l'activité de ce pigment est maximum et la production d'oxygène plus abondante.

Dans les conditions de la vie aérobie, les microbes végètent abondamment et oxydent une grande quantité d'aliments qu'elles amènent, d'ordinaire, à l'état d'eau et d'acide carbonique. La chaleur dégagée par cette vie active est quelquefois très appréciable. Dans certains cas, l'oxydation ne va pas aussi loin; c'est ainsi que les ferments du vinaigre ne fixent d'abord que deux atomes d'oxygène sur l'alcool C^2H^6O pour le transformer en eau et acide acétique $C^2H^4O^2$.

D'autres bactéries, au contraire, se développent péniblement ou même ne se développent pas du tout en présence de l'oxygène libre. Ce sont les *anaérobies* vrais, ainsi nommés par PASTEUR qui a le premier découvert leur mode de vie si spécial. Ces bactéries ont cependant besoin d'oxygène pour vivre; elles l'empruntent à la matière organique qui les entoure. Cette matière organique va donc se transformer en produits moins oxygénés, et c'est là ce que PASTEUR désignait sous le nom de *fermentation*. Le caractère ferment apparaît chez un organisme quel qu'il soit, lorsque cet organisme est obligé d'emprunter son oxygène ailleurs que dans l'atmosphère; et de fait la plupart des bactéries anaérobies sont capables de provoquer des fermentations par réduction. Pour trouver une quantité suffisante d'oxygène, les ferments organisés sont souvent obligés de modifier une très grande quantité de substance fermentescible, c'est ce qui explique la grandeur des effets eu égard à la petitesse de la cause. Il est vrai qu'on connaît aujourd'hui des espèces anaérobies qui ne sont pas douées du caractère ferment (Liborius) (1), et que l'on sait que bien des dédoublements méritant le nom de fermentation sont produits non par la vie des bactéries elles-mêmes, mais bien par des substances chimiques, diastases ou ferments solubles, élaborées par ces microorganismes. Le mot fermentation ne doit donc plus avoir le caractère simple que lui attribuait Pasteur et ne doit plus être uniquement appliqué aux produits de la vie anaérobie.

Entre les aérobies et les anaérobies vrais il existe toute une série de bactéries, dites anaérobies facultatifs, qui s'accommodent aussi bien de la présence de l'oxygène que de son absence, qui, dans certaines conditions, sont des agents comburants et dans d'autres sont des agents de réduction.

Température eugénésique. — Les bactéries ne se développent qu'entre des limites de température assez restreintes. A part quelques espèces photogènes capables de manifestations vitales au voisinage de 0°, leur végétation est pour ainsi dire nulle au-dessous de 10°. Au-dessus de 45° la croissance cesse également, en règle générale. Cependant, Miquel a décrit des espèces thermophiles qui peuvent végéter avec force à des températures supérieures à 70° et qui, chose singulière, ne présentent qu'un développement nul ou insignifiant au-dessous de 40°. Ces organismes sont très répandus dans l'eau d'égout, dans la terre. Van Tieghem et Globig ont observé des faits semblables. A cette température de 70° les albumines de l'œuf et du sérum son coagulées, ce qui doit faire penser que ce sont des matières albuminoïdes d'une nature différente qui entrent dans la constitution du protoplasma bactérien.

Cambier a montré que ces bactéries thermophiles étaient capables d'actions physiologiques, telles que de faire fermenter le sucre avec production abondante d'acide lactique ordinaire.

D'une façon générale, les bactéries se développent bien entre 18 et 40°. On observe pour chaque espèce une température à laquelle le développement se fait le plus rapidement. Cette température optimum ou eugénésique est variable pour chaque espèce et il

(1) Liborius. *Zeitschrift für Hygiene*, 1886, I, pp. 115 et 178.

est assez difficile de la déterminer exactement. Pour y arriver, MARSHALL WARD mesurait la période de doublement de la bactérie à des températures différentes (*Bacillus ramosus*) et considérait comme température optimum celle à laquelle cette période était minimum.

La plupart des bactéries pathogènes ont leur température eugénésique placée au voisinage de 37°, température du corps humain. Lorsque la température s'élève de plus en plus, elle devient dysgénésique; les propriétés morphologiques et biologiques sont d'abord modifiées d'une façon plus ou moins profonde et durable, puis les bactéries meurent. La température mortelle est souvent extrêmement rapprochée de la température eugénésique. Nous reviendrons plus loin sur l'étude de ces faits.

II. — MODIFICATIONS APPORTÉES PAR LES BACTÉRIES DANS LES MILIEUX OU ELLES VIVENT. — PRODUITS DIVERS QU'ELLES SÉCRÈTENT : PIGMENTS, FERMENTS SOLUBLES, TOXINES ALCALOÏDIQUES ET ALBUMOSIQUES.

Lorsque les Bactériacées se trouvent dans des conditions favorables d'alimentation, de température, d'aération, etc., elles végètent et amènent des changements intéressants dans la composition du milieu qui les renferme. Parmi les substances nouvelles que l'on voit apparaître, les unes sont banales et communes à beaucoup d'espèces, les autres sont spécifiques, particulières à des espèces déterminées. Toutes, en définitive, représentent des modifications, plus ou moins profondes, des matériaux du milieu nutritif; soit qu'elles constituent des produits d'excrétion, des résidus de la vie bactérienne; soit qu'elles constituent des produits de sécrétion formés de toutes pièces par un processus de synthèse.

Gaz. — L'étude des gaz qui se dégagent d'une culture est facile. Lorsque le microbe est anaérobie, le mieux est de faire la culture dans des vases de verre scellés et purgés d'air par l'emploi du vide; les gaz produits seront à la fin de l'expérience extraits en totalité par la pompe à mercure et soumis dans des tubes appropriés à l'action absorbante de la potasse, de l'acide sulfurique, etc., autrement dit à l'analyse eudiométrique.

Dans le cas d'un microbe aérobie, le vase de culture sera traversé par un courant d'air purifié et les gaz sortants recueillis sur la cuve à eau ou à mercure. Bien entendu, si l'on voulait rechercher ou doser l'oxygène et l'azote dans une semblable expérience, il faudrait mesurer avec soin le volume de l'air qui a traversé l'appareil.

L'acide carbonique est un produit constant de la vie bactérienne ; qu'elle ait lieu à l'abri ou au contact de l'air. L'hydrogène pur ou carboné apparait surtout pendant la vie anaérobie. L'hydrogène sulfuré se produit dans les milieux albumineux ou renfermant du soufre en nature. L'azote se dégage souvent en grande abondance à l'état de pureté ou sous forme de protoxyde et de bioxyde dans les milieux contenant des nitrates.

Acides, alcools, etc. — Les acides gras se forment en quantité très variable, surtout quand le milieu renferme des hydrates de carbone. Dans ce cas, ils sont, souvent, assez abondants pour constituer une véritable préparation industrielle (acide lactique, butyrique, acétique, etc.).

On les isole en épuisant le liquide par l'éther ou bien en les transformant en sels peu solubles ou cristallisables. On les sépare par la distillation fractionnée, soit des acides libres, soit de leurs éthers, ou bien encore par cristallisation fractionnée de leurs sels.

Les alcools s'isolent par distillation. Duclaux a fondé, sur l'étude de la tension superficielle des alcools, un procédé très pratique pour la recherche de ces liquides dans les produits d'une fermentation

Parmi les autres produits résiduaires de la vie des microbes, il faut signaler les phénols, l'indol, le scatol. On a attaché une assez grande importance à la production de l'indol, qui paraît, en effet, être spécial à certaines espèces et peut, dès lors servir, utilement dans la diagnose de ces espèces (Kitasato, etc...). La culture (10^{cc}) est additionnée de 1^{cc} de nitrite de potassium très dilué (0.02 %) et de quelques gouttes d'acide sulfurique *pur*. En présence de l'indol, la culture, se colore au bout d'un temps variable, d'une nuance allant du rose clair au rouge foncé. Pour rechercher de faibles traces d'indol, il est préférable d'ajouter à la culture quelques centimètres cubes d'éther sulfurique ; le mélange est agité dans un entonnoir à boule et l'éther décanté dans une petite capsule de porcelaine. Après évaporation à froid du dissolvant, le léger résidu est repris par 2 ou 3 gouttes de nitrite à 0,02 % et additionné d'une goutte d'acide sulfurique. Le bacille du côlon donne de l'indol à l'inverse du bacille typhique qui n'en donne pas. Le bacille du choléra donne à la fois de l'indol et des nitrites ; de telle sorte que les cultures de ce bacille se colorent par la seule addition d'acide sulfurique *pur* (*cholera-roth*).

Pigments. — Très fréquemment, les bactéries sécrètent des matières colorantes qui restent localisées sur le protoplasme ou se répandent par diffusion dans le milieu extérieur qui se colore. Les bactéries de ce groupe sont appelées bactéries *chromogènes*. Lorsque la matière colorante reste localisée sur le protoplasme elle l'imprègne uniformément, comme cela s'observe pour la chlorophylle des Cyanophycées. D'après Van Tieghem, le pigment vert sécrété par un bacille de l'eau serait identique à la chlorophylle des plantes supérieures.

Ces pigments sont de nuances très variées : rouges, jaunes, violets, verts et bleus. Une même bactérie, par exemple le *Bacillus pyocyaneus*, peut sécréter plusieurs pigments; leur production paraît influencée par la composition du milieu (Gessard) et par la température.

La lumière a sur les pigments une action qui sera étudiée plus loin. Le contact de l'air semble, dans bien des cas, nécessaire à la formation des pigments; aussi, bien des auteurs ont émis cette opinion que les bactéries sécrètent non pas des matières colorantes, mais bien des matières colorables qui, à la façon de l'indigo réduit, se colorent au contact de l'oxygène atmosphérique.

Au point de vue chimique, on sait peu de chose sur leur nature. Quelques-uns ont pu être obtenus cristallisés (pyocyanine de Fordos, pigment vert du *Bacillus chlororaphis* de Guignard et Sauvageau). Leurs propriétés optiques, leurs spectres d'absorption, l'action des réactifs les rapprochent des matières colorantes dérivées du goudron de houille. Quelques-uns sont capables de teindre le coton, la laine et la soie en fournissant des nuances très jolies, mais peu stables à la lumière et au lavage.

Les pigments bactériens sont ordinairement solubles dans l'eau, l'alcool étendu, quelquefois dans le benzène, l'éther, l'alcool amylique et le chloroforme. Ces dissolvants volatils les abandonnent parfois cristallisés, avec des reflets mordorés, par évaporation lente. Pour rechercher et isoler les pigments dans les milieux de culture, on devra donc utiliser surtout leur solubilité dans ces véhicules.

Beaucoup de pigments sont toxiques et, à ce titre, se confondent avec les substances décrites plus loin sous le nom de ptomaïnes, parmi les produits toxiques solubles de la vie des microbes. L'un des pigments le mieux étudié, la *pyocyanine*, découverte en 1859 par Fordos dans le pus bleu, et que l'on extrait facilement à l'état de cristaux prismatiques bleus en agitant le pus bleu avec du chloroforme serait, d'après sa composition centésimale, très voisine des dérivés anthracéniques, tandis que ses caractères de base faible, les précipités qu'elle donne avec le chlorure de platine, le tannin, etc..., sa toxicité, la rapprochent des ptomaïnes.

La bactériopurpurine, pigment rouge pourpre ou violacé, que l'on rencontre chez les bactéries les plus différenciées, ordinairement chargées de grains de soufre, telles que les beggiatoa, possède un spectre d'absorption très intéressant; elle laisse passer, à peu près intacts, le rouge et le violet, c'est-à-dire les deux extrémités du spectre visible, mais présente trois premières bandes d'absorption au niveau des raies D, E et F. De plus, ENGELMANN a signalé l'existence d'une quatrième bande très large, absorbant dans l'infrarouge les radiations de grande longueur d'onde.

Les bactéries, généralement mobiles qui sont pourvues de ce pigment, sont très sensibles à l'action de la lumière. ENGELMANN a reconnu qu'une diminution brusque dans la quantité de lumière leur fait immédiatement rebrousser chemin; bientôt, du reste, elles se remettent à progresser, que l'on rétablisse ou non l'intensité lumineuse primitive. De telles bactéries peuvent pénétrer dans une région éclairée d'une goutte liquide, mais n'en peuvent pas sortir; elles sont en quelque sorte prises au piège et ENGELMANN a réussi à fixer ce curieux phénomène dans des préparations permanentes colorées (bactériogrammes).

La fonction chromogène des bactéries est extrêmement variable et il est bien rare que deux générations successives du même microbe chromogène aient la même teinte. C'est affaire de milieu, de température, d'aération. A ce sujet, les recherches de WASSERZUG, celles de GUIGNARD et CHARRIN, de PHISALIX, de GESSARD sur le *Bacillus pyocyaneus* peuvent servir de modèle. Il est facile de créer des races incolores de ce bacille, ne se distinguant du bacille normal par aucune autre différence morphologique appréciable.

Ferments solubles. — Les ferments solubles sécrétés par les bactéries dites *zymogènes* sont généralement des agents d'hydratation agissant surtout en milieu alcalin ou neutre, comme les ferments solubles du pancréas. On ne connaît pas encore chez les bactéries de ferments solubles oxydants analogues à la *laccase* de BERTRAND. Suivant R. DUBOIS, la propriété de luire dans l'obscurité que possèdent certaines espèces serait due à une diastase particulière qu'il désigne sous le nom de *luciférase*.

Les ferments solubles hydrolisants sécrétés par les bactéries sont très nombreux. Ils possèdent tous un certain nombre de points communs, ils sont très sensibles à l'action de la chaleur qui en exalte l'activité quand elle est modérée et les détruit dès qu'elle s'élève davantage. Leur composition les rapproche des matières albuminoïdes ; malheureusement, comme il n'existe pas de critérium de pureté pour ces substances, il est à craindre que les ferments solubles qui ont été analysés ne soient en réalité que des mélanges.

Du reste, les ferments solubles sont des corps si fragiles, que l'on s'expose, dès qu'on veut les concentrer et les isoler, à les voir disparaître. C'est pourquoi la plupart d'entre eux n'ont été étudiés qu'à l'état de dissolution, tout au plus filtrée sur porcelaine, et l'on peut dire que les ferments solubles à l'état de pureté nous sont encore totalement inconnus. A titre d'exemple, nous citerons : la sucrase, capable d'hydrater le sucre de canne et de le dédoubler en deux molécules de glucose ; l'amylase du *Bacillus amylobacter* qui hydrate la cellulose, ou plutôt certaines variétés de cellulose, et la transforme également en glucose fermentescible. L'amidon, à l'état d'empois, est fluidifié par les ferments solubles d'un grand nombre d'espèces microbiennes. D'autres ferments solubles s'attaquent surtout aux matières albuminoïdes qu'ils transforment en produits plus simples, par hydratation et dédoublement à la façon des solutions alcalines à haute température. Les produits de dédoublement des matières albuminoïdes sous l'influence des ferments solubles sont encore bien compliqués ; ce sont des corps appartenant aux groupes des hémi-albumines et des peptones. Cependant, il est probable que dans les phénomènes de putréfaction les ferments solubles se succédant les uns aux autres, comme se succèdent les différentes espèces bactériennes, et s'attaquant à des corps de plus en plus simples, arrivent enfin à donner, comme termes ultimes de la destruction des matières albuminoïdes : de l'eau, de l'acide carbonique et de l'ammoniaque.

On connaît quelques-uns de ces ferments solubles intermédiaires. Musculus a signalé celui qui transforme l'urée en carbonate d'ammoniaque. Miquel a démontré que cette diastase ammoniacale, qu'il appelle *urase*, se trouve toujours en proportion plus ou moins grande, d'activité plus ou moins considérable dans les cultures filtrées d'un grand nombre de bactéries appartenant à des groupes morphologiques très différents. Notons aussi les ferments solubles sécrétés par les *Tyrothrix*, découverts par Duclaux dans les fromages du Cantal ; les uns coagulent la caséine du lait comme la présure, les autres redissolvent la caséine coagulée en la peptonisant.

Produits solubles toxiques des cultures microbiennes. Toxines. — Sous ce nom, on comprend généralement deux groupes de substances très intéressantes, mais aussi d'une étude fort difficile, sur lesquelles l'attention a été attirée, en premier lieu, par les recherches de PANUM sur la toxicité des matières putréfiées. Ces deux groupes de substances, toutes issues des matières albuminoïdes, sont : d'une part, les toxines alcaloïdiques désignées par A. GAUTIER sous le nom de ptomaïnes ; d'autre part, les toxines proprement dites ou toxalbumines, que leur composition rapproche des nucléines et des peptones, et dont les propriétés sont, en bien des cas, à rapprocher de celles des ferments solubles.

Toxines alcaloïdiques ou ptomaïnes. — PANUM, le premier, montra que les matières animales putréfiées contenaient des poisons très actifs. FORDOS, BERGMANN et SCHMIEDEBERG, ZUELZER et SCHONNENSCHEIN, SCHWANERT, HAGER, découvrirent et étudièrent un grand nombre de ces substances toxiques. Les recherches récentes et systématiques sur ce sujet sont dues à F. SELMI et surtout à A. GAUTIER (1) à qui revient l'honneur d'avoir démontré, en 1874, que ces produits prennent naissance aux dépens des matières albuminoïdes pures soumises à l'action modificatrice des bactéries et surtout des espèces anaérobies. Ce savant chimiste a donné le nom de *ptomaïnes* à ces produits issus de la vie bactérienne. Leur formation s'accompagne toujours de celle de produits gazeux et infects, d'hydrogène, d'acide carbonique, d'azote, d'ammoniaque, d'acide sulfhydrique, etc.

Les ptomaïnes renferment toujours beaucoup d'hydrogène par rapport à l'oxygène ; elles sont souvent volatiles, douées d'une odeur âcre, vireuse ou fécaloïde, quelquefois agréable et rappelant l'odeur de l'aubépine. Elles sont ordinairement solubles dans l'alcool, l'éther, l'alcool amylique et le chloroforme. Presque toutes sont fort toxiques, et agissent comme des poisons chimiques, comme la strychnine, etc., proportionnellement à leur dose. Elles donnent des sels cristallisables ; qui s'altèrent et se résinifient en présence d'un excès d'acide. Ces sels de ptomaïnes sont très oxydables ; ils donnent des précipités caractéristiques, peu solubles, insolubles ou cristallins, avec le chlorure de platine, le chlorure d'or, le sublimé. Les ptomaïnes précipitent aussi par les réactifs de MEYER, de NESSLER, par l'iodure de bismuth et de potassium, par la liqueur de GRAM, par

(1) A. GAUTIER. Traité de chimie appliquée à la physiologie, Paris, 1874.

les réactifs phosphomolybdique et phosphotungstique, par l'acide picrique, etc.

L'acide sulfurique, légèrement étendu, les colore en rouge violacé; le mélange d'acide chlorhydrique et d'acide sulfurique agit de même. L'acide nitrique, surtout à chaud, développe une belle couleur jaune d'or, surtout si on alcalinise ensuite avec un excès de soude. Les ptomaïnes, en vertu de leur caractère oxydable, réduisent avec énergie l'acide iodique, l'acide chromique, le nitrate d'argent, etc.. Elles donnent une coloration bleue quand on les traite par un mélange très dilué de ferricyanure de potassium, de chlorure ferrique (exempt de sel ferreux) et d'acide acétique (réaction de Selmi). Malheureusement, cette réaction de Selmi, si sensible, est donnée également par un grand nombre d'alcaloïdes naturels et par la plupart des matières dites extractives.

Les ptomaïnes ont été, pour la plupart, extraites des produits de putréfaction sans qu'on se soit beaucoup préoccupé de la nature des microorganismes qui avaient présidé à cette putréfaction. Cependant, quelques expérimentateurs, surtout Brieger, Fraenkel, Griffiths, se sont attachés à déterminer la nature des ptomaïnes fournies par des espèces microbiennes déterminées, soit dans les cultures pures, soit dans l'organisme malade. On connaît aujourd'hui avec précision une centaine de ces ptomaïnes.

Ce sont des corps de constitution très variée; celles dont on a pu faire l'analyse ou étudier les fonctions sont surtout des amines grasses ou aromatiques (méthylamine, éthylène-diamine, etc...) ; des dérivés pyridiques ou hydropyridiques, quinoléiques; des corps analogues à la guanidine, des bases névriniques, des acides amidés, etc.

Telles sont : la *parvoline* $C^9H^{13}Az$ et l'*hydrocollidine* $C^8H^{13}Az$, découvertes par Gautier et Étard, liquides huileux, bouillant le premier à 200°, le second à 210°, très toxiques, se résinifiant à l'air; la *neurine* C^5H^3AzO, décrite par Brieger, dont l'action toxique a été comparée à celle du curare, elle donne un chloroplatinate cristallisé; la *choline* $C^5H^{15}AzO^2$, également découverte par Brieger, moins toxique que la neurine, elle se dédouble, aisément, en glycol et triméthylamine, etc.

Toxines albumosiques. — A côté des ptomaïnes à allure nettement alcaloïdique, les bouillons de culture renferment d'autres matières toxiques, souvent même beaucoup plus toxiques que ces ptomaïnes, agissant, dans bien des cas, à dose impondérable, comme les diastases, et que leur composition chimique place entre les matières albuminoïdes et les ptomaïnes dérivées de ces albuminoïdes.

Les cultures de la bactérie charbonneuse ont fourni à Hankin (1) et à Saint-Martin (2) une matière albumineuse douée des propriétés générales des propeptones, très toxique, apte lorsqu'on l'injecte avec précaution, à faire naître chez les animaux l'immunité contre le charbon. Brieger et Fränkel, Arloing, en précipitant par les sels neutres les cultures de microbes spécifiques, obtinrent aussi des substances de la nature des propeptones, des globulines, qu'ils purifièrent par dyalise et auxquelles ils donnèrent le nom de *toxalbumines*. La *tuberculine* de Koch, ou substance active du bacille de la tuberculose, s'obtient en précipitant les cultures sur bouillon par l'alcool ; elle donne la réaction du biuret et se colore par le réactif de Millon, elle possède les propriétés des albumines et surtout de la caseïne. Sa composition centésimale la rapprocherait des nucleïnes, elle contient, en effet, une assez notable proportion de phosphore.

Malheureusement, comme pour les ferments solubles, il n'existe pas de caractères de pureté pour les toxalbumines et il est également à craindre que les toxines étudiées ne soient que des matières albuminoïdes vulgaires, ayant entraîné, au moment de leur précipitation, une trace d'une ou de plusieurs substances véritablement toxiques, d'une puissance d'action extraordinaire, qui leur communique leurs propriétés.

Les caractères qui rapprochent les toxines albumosiques des ferments solubles sont les suivants : elles sont facilement altérées par la chaleur et par l'oxygène ; elles n'agissent avec toute leur activité que dans des conditions d'alcalinité ou d'acidité très étroites; elles sont aisément entraînées de leurs solutions par des précipités floconneux comme l'alumine ou le phosphate de chaux; elles possèdent une activité énorme sous un poids inappréciable; quelques-unes liquéfient la gélatine et l'albumine en les peptonisant.

Un fait bien digne de remarque, c'est que certaines toxalbumines, au moins celles du tétanos, ont besoin pour agir sur l'organisme d'un certain temps d'incubation. Courmont et Doyon (3) admettent que la substance toxique, qui engendre le tétanos, résulte de l'action sur les cellules de l'organisme récepteur d'un ferment soluble toxigène fabriqué par le bacille de Nicolaier.

Indépendamment des toxines albumosiques, les bouillons de

(1) Hankin. *British medical Journal*, 1889, p. 810.
(2) Saint-Martin. *Proceedings of the royal Society*, 1890.
(3) Courmont et Doyon. *Comptes rendus de la Société de Biologie*, 1893, 9e s., V, 294 ; et *Archives de physiologie*, 1896.

culture renferment parfois des substances de propriétés chimiques très voisines, capables de vacciner ou de prédisposer l'organisme. Bien souvent, par le chauffage modéré, par des précipitations fractionnées, on peut transformer une culture très toxique en vaccin, mais ce n'est pas ici le lieu d'insister sur ces phénomènes.

Nous allons maintenant donner quelques généralités sur l'analyse immédiate des bouillons de culture en vue de séparer les différentes substances solubles qui peuvent y avoir été élaborées par les microbes.

En premier lieu, il faut débarrasser la culture des microbes eux-mêmes. On y arrive par la décantation ou la filtration sur porcelaine. Ce dernier procédé va vite, mais il a l'inconvénient d'arrêter certaines substances intéressantes à étudier; aussi est-on souvent obligé de recourir à la décantation, aidée, au besoin, par l'action de la force centrifuge.

Au liquide clair, décanté ou filtré, légèrement acidulé, on ajoute du sulfate d'ammoniaque en poudre, de façon à le sursaturer. On filtre et l'on sépare ainsi : d'une part, les toxalbumines qui restent sur le filtre avec l'excès de sulfate d'ammoniaque que l'on élimine par dialyse; et, d'autre part, les ptomaïnes alcaloïdiques et les toxines peptoniques qui passent en solution à travers le filtre. Cette liqueur filtrée est évaporée à sec dans le vide à température aussi basse que possible et reprise par l'alcool à 60° qui laisse insoluble la majeure partie du sulfate d'ammoniaque; la liqueur alcoolique est distillée dans le vide, le résidu repris par l'eau est additionné de sous-acétate de plomb qui précipite les peptones; on filtre, et dans la liqueur filtrée se trouvent les ptomaïnes (1).

Une autre méthode a été proposée par A. GAUTIER. Les cultures, etc. (A), privées de matières en suspension, sont concentrées dans le vide au-dessous de 40°, à consistance sirupeuse et précipitées par l'alcool à 75° ajouté tant qu'il se produit du trouble. A ce moment, le filtre permet de séparer d'une part les toxalbumines précipitées (A_1), d'autre part, en solution, les alcaloïdes et les peptones vraies (A_2).

La solution alcoolique (A_2), additionnée d'alcool absolu, et, au besoin, d'un peu d'éther, laisse déposer les peptones qu'on sépare par le filtre; la partie non précipitée (A_3) contient les alcaloïdes.

Séparation des toxalbumines entre elles. — La partie (A_1) contenant les toxalbumines, séparée par l'un des procédés qui viennent d'être

(1) A. GAUTIER. Les Toxines, p. 70, Paris, 1896.

indiqués, est dissoute dans un peu d'eau à 30 ou 40° et filtrée. On précipite avec soin par un léger excès de sulfate d'ammoniaque pur en poudre fine ; le précipité lavé avec de l'eau saturée de sulfate d'ammoniaque est essoré et redissous dans le moins possible d'eau ; on ajoute du sulfate de magnésie à saturation, qui précipite (B) les globulines et les propeptones qu'on sépare aussitôt par le filtre. La liqueur filtrée (C) contient les albumines et les sérines proprement dites.

Le mélange (B) de globulines et de propeptones est lavé à l'eau saturée de sulfate de magnésie, essoré et traité par l'alcool à 50° qui dissout les peptones et laisse les globulines.

Le mélange (C) d'albumines et de sérines est additionné de quelques gouttes d'acide acétique qui précipite les premières et laisse les secondes en solution.

Séparation des ptomaïnes entre elles. — La liqueur alcoolique (A_3) privée des dernières traces de peptones par l'acétate de plomb, et débarrassée de l'excès de ce métal par un courant d'hydrogène sulfuré, est évaporée à sec dans le vide. Pendant cette opération, il distille une petite quantité de bases volatiles qu'on recueille dans un peu d'acide sulfurique étendu. Le résidu sirupeux de l'évaporation est épuisé par l'éther qui enlève les matières grasses, les matières extractives, les acides lactique, oxylactique, etc., et repris par l'alcool bouillant qui laisse insolubles des composés xanthiques, des acides amidés, etc. (leucomaïnes), et dissout les alcaloïdes proprements dits. Cette solution alcoolique est évaporée et le résidu, broyé avec du verre pour le diviser, est additionné d'un excès de bicarbonate de potasse. Le tout est épuisé successivement par l'éther, le chloroforme et l'alcool amylique. Ces dissolvants, évaporés ou agités avec de l'acide sulfurique étendu, abandonnent les alcaloïdes dont ils se sont chargés. Les sulfates des alcaloïdes ainsi obtenus sont additionnés de baryte et distillés pour séparer les bases volatiles ; les bases fixes restent dans l'appareil distillatoire.

Autre méthode pour la séparation des ptomaïnes. — Au lieu d'opérer par distillation, on peut, si l'on craint de voir les produits s'altérer sous l'influence de la chaleur, précipiter les bases à l'état de phosphomolybdates. Le précipité est bouilli avec de l'acétate de plomb, pour transformer les bases en acétates, la liqueur filtrée, débarrassée du plomb par l'hydrogène sulfuré, est évaporée dans le vide et le résidu repris par l'alcool à 50°. Ce résidu est ainsi partagé en deux portions. La première (A) est surtout formée de xanthine, sarcine, guanine, etc., insolubles dans l'alcool. On sépare ces bases par l'emploi combiné de l'ammoniaque et de l'acétate de plomb. La deuxième portion (B) est traitée par le chlorure mercurique qui précipite une partie (C) et laisse en solution une partie (D).

Le précipité mercuriel (C) est décomposé par l'hydrogène sulfuré, et filtré bouillant; de la liqueur, on peut séparer :

1° Des bases précipitables par l'acétate de cuivre à froid ;

2° Des bases précipitables par le même réactif à l'ébullition ;

3° Des bases non précipitables par l'acétate de cuivre.

Quant aux bases (D) non précipitées par le chlorure mercurique, on les transforme en acétates que l'on s'efforce de séparer en groupes par l'emploi rationnel des dissolvants; chacun des groupes plus simples ainsi obtenus sera à son tour séparé par cristallisations fractionnées et par précipitation au moyen de l'acide picrique, du chlorure de platine, etc. On consultera avec profit les travaux de A. GAUTIER (1), de HUGOUNENCQ, et, aussi, les recherches de L. BOUVEAULT (2) sur les produits de culture des bacilles de la tuberculose aviaire.

III. — Action modificatrice des agents physiques et chimiques sur la forme et les propriétés des bactéries.

Les agents physiques (chaleur, lumière, etc...), et les agents chimiques ont tous pour effet, lorsque leur dose et leur durée d'action sont suffisantes, d'amener la mort des bactéries sur lesquelles ils agissent. Nous les étudierons en détail à ce point de vue dans le chapitre suivant. Mais, avant de périr, les bactéries traversent une sorte de période critique, pendant laquelle elles présentent des modifications de forme et de propriétés intéressantes, sur lesquelles nous allons nous arrêter un instant.

Remarquons, d'abord, qu'il est fort difficile de fixer la part qui revient à chacun de ces agents dans les phénomènes observés, attendu qu'il est matériellement impossible de dissocier leur action. L'activité des antiseptiques chimiques est exaltée par la chaleur ; la résistance des bactéries à la dessiccation est différente suivant qu'elles sont exposées à la lumière ou maintenues à l'obscurité ; suivant qu'elles sont ou non au contact de l'air, suivant la composition du milieu qui les contient, etc.

Il faut faire intervenir l'âge des cultures ; spécifier si elles

(1) A. GAUTIER. Chimie biologique, Paris, 1897. — Les Toxines, Paris, 1896.

(2) L. BOUVEAULT. Recherches chimiques sur le bacille de la tuberculose aviaire. Thèse, Paris, 1893.

contiennent des spores. Dans ces recherches délicates, il faut opérer sur des espèces pures, cela est essentiel ; et ne pas oublier que par éducation et sélection, les bactéries d'une même espèce peuvent acquérir des propriétés individuelles très différentes.

Vieillissement. — Les modifications apportées dans les propriétés biologiques des bactéries par le vieillissement sont peu connues et l'on est en droit de supposer que la lumière et l'air atmosphérique ont bien souvent dû exercer une action simultanée dont on n'a pu tenir compte. Pasteur a montré que, au contact de l'air, la virulence des cultures de choléra des poules s'atténuait progressivement avec leur âge et finissait par disparaître. Les microbes atténués réensemencés dans des milieux neufs lui ont fourni des cultures dont la virulence était comparable à celle de la culture-mère d'où provenaient les germes ensemencés ; et cette virulence atténuée se maintenait dans les cultures successives.

La fonction chromogène est atteinte par le vieillissement ; Schottelius en réensemençant, de temps en temps, le *Micrococcus prodigiosus* conservé sur gélatine a obtenu des cultures de plus en plus pâles et finalement incolores. Sanfelice et Wasserzug ont observé des faits semblables avec le bacille du pus bleu. Sternberg a obtenu une variété incolore de son *Bacillus Havaniensis* en le conservant un an sur gélose en tube scellé ; cette modification paraît durable, car le bacille ainsi décoloré, bien qu'ayant conservé tous les autres caractères de ses générateurs, ne reprit dans aucune des cultures qu'il en fit la brillante coloration carminée qui le caractérise.

Katz a signalé l'influence défavorable du vieillissement sur la propriété qu'ont certaines bactéries d'émettre de la lumière et de sécréter des ferments peptonisant la gélatine.

Lehmann (1) a trouvé une vieille culture de *Bacillus anthracis* incapable de donner des spores, bien qu'ayant conservé la faculté de se rajeunir par division.

Température. — Les températures, très basses, produites par l'évaporation des gaz liquéfiés, n'ont que peu d'influence sur la vitalité et les propriétés des bactéries. Pictet et Yung (2) ont refroidi à — 70° pendant 108 heures, puis à — 130° pendant 100 heures, des spores charbonneuses sans les tuer et sans même affaiblir leur virulence.

---

(1) Lehmann. *Münchener med. Wochenschrift*, 1887, n° 26, p. 485.
(2) Pictet et Yung. *Comptes rendus de l'Académie des Sciences*, 1884, XCVIII, p. 747.

Cette dernière serait toujours détruite à — 200°. Les bactéries adultes sont moins résistantes que leurs spores.

Klepzoff, contrairement aux faits avancés par Pictet et Yung, a vu la virulence du *Bacillus anthracis* disparaître après 24 jours d'exposition à un froid de — 20 à — 25°.

Des modifications de forme ont été obtenues par d'Arsonval et Charrin (1) avec le bacille pyocyanique refroidi vers 80° au-dessous de zéro.

Les bactéries sont bien plus sensibles à l'élévation de la température. En ce qui concerne la variation de formes, rappelons que Wasserzug a observé la transformation du *Mirococcus prodigiosus* en articles bacillaires, lorsque les cultures des générations successives de ce microorganisme sont chauffées vers 50°, c'est-à-dire un peu au-dessous de la température mortelle. Cette modification morphologique est même assez stable, d'autant plus stable que le nombre des générations chauffées a été plus grand. Des faits analogues ont été observés sur le bacille vert de l'eau, sur la bactéridie charbonneuse, surtout quand à l'action dysgénésique de la chaleur on superpose celle d'une légère acidité du milieu.

Charrin et Phisalix, par un procédé semblable à celui de Wasserzug, ont aboli la sécrétion pigmentaire du *Bacillus pyocyaneus*. Toussaint a montré, le premier, que le sang charbonneux chauffé vers 55° pendant quelques minutes perd presque complètement sa virulence; il ne donne aux animaux, auxquels on l'inocule, qu'un malaise passager et les laisse vaccinés. Chauveau a vérifié ces résultats, et a montré de plus que la diminution graduelle de la virulence coïncidait avec un affaiblissement parallèle de la vitalité. Pasteur, Chamberland et Roux ont aussi obtenu le *Bacillus anthracis* plus ou moins atténué et même complètement dépourvu de virulence en le cultivant à 42-43°. A cette température, ce bacille cultivé dans du bouillon de poule ne donne pas de spores; et si, chaque jour, on ensemence une trace d'une telle culture dans un milieu convenable, maintenu vers 30°, on obtient toute une série de bactéridies dont la virulence décroît depuis la virulence originelle jusqu'à être nulle.

Lumière. — L'action de la lumière sur les bactéries douées de pigment protoplasmique, comme la *bactériopurpurine*, se traduit ordinairement par des phénomènes de mouvement dont nous avons

---

(1) D'Arsonval et Charrin. *Archives de physiologie*, 1894.

déjà eu l'occasion de parler (voir page 32). Les diverses radiations n'agissent pas toutes de la même façon sur ces bactéries ; si l'on éclaire une préparation avec un microspectre, on les voit se grouper surtout dans l'infra-rouge et au voisinage des raies D, E et F, c'est-à-dire à peu près là où existent des bandes d'absorption du pigment bactérien ; c'est-à-dire encore là où elles peuvent utiliser au maximum les radiations lumineuses, à supposer que la bactériopurpurine se comporte de même que la chlorophylle comme pigment assimilateur. Cette hypothèse est vraisemblable, attendu que lorsqu'elles sont convenablement éclairées, les bactéries munies de ce pigment dégagent de l'oxygène ; et il est bien permis de penser que ce gaz provient de l'acide carbonique que ces bactéries décomposeraient à la façon des plantes vertes.

Sur les bactéries incolores, la lumière possède une influence nocive manifeste ; malheureusement il est difficile de faire la part des actions concomitantes de la chaleur et des modifications chimiques du milieu.

Downes et Blunt (1) ont montré que la lumière du soleil et, même simplement, la lumière diffuse exerce sur le développement des bactéries une influence retardatrice et même stérilisante. Les radiations violettes seraient plus actives que les rouges. Duclaux (2) a établi que les spores du *Tyrothrix scaber* desséchées dans du lait résistaient au moins deux mois à l'insolation ; les microcoques seraient beaucoup moins résistants. Tous ces travaux et ceux de Arloing, Roux, Nocard, Straus, Gaillard, etc..., furent confirmés et étendus par Sergio Pansini (3) qui a précisé les conditions dans lesquelles la lumière agit comme agent retardant ou comme agent stérilisant. Cependant, dans ses conclusions, cet auteur indique que les terrains nutritifs exposés à la lumière restent appropriés à la culture des bactéries. Cette affirmation est en désaccord avec les travaux dont nous allons maintenant parler.

Arloing (4) avait cru remarquer la résistance plus grande à la lumière de la bactéridie charbonneuse adulte que de ses spores. Roux avait émis l'idée que les milieux insolés étaient oxydés et devenus, par ce fait, impropres à la germination des spores tout en restant nutritifs pour les germes adultes. Du reste, Duclaux avait déjà montré que la lumière solaire, oxydant et saponifiant les graisses,

---

(1) Downes et Blunt. *Proceedings of the Royal Society*, 1886.
(2) Duclaux. *Comp. rend. de l'Académie des Sciences*, 1885, C, p. 119 et CI, p. 395.
(3) S. Pansini. *Rivista d'Igiene*, 1889.
(4) Arloing. *Archives de physiologie normale et pathologique*, 1886, p. 209.

peut augmenter l'acidité des milieux de culture et, par conséquent, les rendre impropres à la vie des microbes. Les sucres sous l'influence de la lumière donnent de l'acide formique.

Richardson a établi et Marshall Ward a confirmé ce fait très important, que les cultures insolées se chargeaient de traces d'eau oxygénée, extrêmement antiseptique. Buchner a mis en évidence, d'une façon très élégante et très directe, l'action retardatrice et stérilisante de la lumière : de la gélose ensemencée uniformément, coulée dans une plaque de Petri est exposée à la lumière après qu'on a masqué une partie de la gélose au moyen d'un cache de papier noir représentant une lettre ou un dessin quelconque. Après une exposition suffisante à la lumière, la plaque est mise en incubation ; les bactéries se multiplient là, seulement, où la lumière n'a pas agi et l'on voit bientôt apparaître la lettre ou le dessin sur le fond clair de la plaque.

Fig. 18.
Montrant l'action infertilisante de la lumière sur une plaque de gélose.

M. Ward, par une méthode identique, est parvenu à démontrer, d'autre part, l'influence de la lumière sur le milieu de culture lui-même. Pour cela, il prend une plaque de Petri contenant de la gélose solidifiée qu'il expose à la lumière en réservant des plages non insolées au moyen d'écrans en papier noir comme le faisait Buchner. Puis il ensemence la gélose en versant sur sa surface une dilution de spores non insolées, et met le tout à l'étuve. Comme précédemment, le dessin représenté par l'écran devient visible au point où la lumière n'a pas infertilisé la gélose, c'est-à-dire là où elle n'a pas frappé.

D'après Momont, la virulence de la bactéridie charbonneuse et celle de ses spores diminue de plus en plus quand on prolonge leur exposition au soleil.

Arloing, nous l'avons vu, avait déjà indiqué ce fait et s'en servait pour transformer ses virus en vaccins.

Le pouvoir chromogène varie sous l'influence de la lumière; Gaillard l'a montré pour le *Staphylococcus aureus* et le *Bacillus prodigiosus*; Laurent (1) a fait sur ce sujet un très intéressant travail sur le bacille rouge de Kiel qui perd rapidement, sous l'influence de la lumière, la propriété de fabriquer du pigment rouge. Charrin a de

---

(1) Laurent. *Annales de l'Institut Pasteur*, 1890, t. IV, p. 465.

son côté obtenu des races incolores du *Bacillus pyocyaneus*; il pense aussi que ce sont les radiations chimiques qui interviennent surtout dans l'abolition du pouvoir chromogène.

Action des agents chimiques.

Les modifications de forme et de propriété produites par les agents chimiques sont nombreuses; nous avons déjà eu l'occasion d'en signaler plusieurs en étudiant la morphologie des schizophytes.

Tout d'abord les bactéries, vivant dans un milieu de culture non renouvelé, accumulent dans ce milieu les résidus de leur vie et bientôt se créent un milieu impropre à leurs fonctions normales. La fermentation alcoolique, par exemple, s'arrête quand la teneur en alcool atteint 14 à 15 p. 100; et encore n'arrive-t-on à ce chiffre qu'avec des levures très actives; les fermentations lactique, butyrique et, en général, toutes celles qui produisent des acides ne peuvent se prolonger quelque temps, que si le milieu contient de la craie ou tout autre corps non toxique capable de neutraliser, au fur et à mesure, la majeure partie de son acidité. Enfin, un certain nombre de bactéries sécrètent des substances éminemment antiseptiques (phénol, formaldéhyde, etc.).

L'acide carbonique, qui se produit au cours de toute vie cellulaire, n'est pas sans exercer une action défavorable sur la végétation des bactéries; PASTEUR et JOUBERT avaient vu la bactéridie périr dans l'acide carbonique et BUCHNER avait signalé que dans ce gaz le bacille du choléra refuse de croître. FRÄNKEL (1) a reconnu que l'action de l'acide carbonique est loin d'être la même pour toutes les espèces. Selon cet auteur, quelques-unes y végéteraient aussi bien que dans l'air; d'autres subissent seulement un retard ou ne se développent que dans certaines conditions de température (*Micrococcus prodigiosus*, choléra des poules, *Streptococcus* et *Staphylococcus pyogenes*, etc.); d'autres enfin, et c'est le plus grand nombre, refusent de croître. On pourrait penser que le manque d'oxygène y est pour quelque chose, mais il n'en est rien, car beaucoup de ces espèces réfractaires, sont des anaérobies facultatifs ou même obligés. Il y a donc lieu de se défier de l'emploi de l'acide carbonique lorsque l'on veut éloigner l'oxygène des cultures anaérobiennes; en passant, on peut en dire autant du gaz d'éclairage.

Les variations de forme ont été fréquemment notées chez les

---

(1) FRÄNKEL. *Zeitschrift für Hygiene*. 1888, V, p. 332.

bactéries cultivées dans des milieux contenant des antiseptiques; WASSERZUG a vu le *Micrococcus prodigiosus* perdre sa forme de coccus et se transformer en filaments dans le bouillon additionné de $0^{gr}4$ à $0^{gr}5$ d'acide tartrique par litre. Cependant, lorsque l'acidité du milieu décroît, on voit réapparaître la forme en microcoques. Par des sélections soigneuses, cet auteur a pu obtenir le *Micrococcus prodigiosus* en filaments, persistant même dans les milieux neutres.

KÜBLER (1) a pu rétablir par des cultures prolongées sur gélatine la forme normale de *cocci* chez le *Micrococcus prodigiosus*, altéré par les cultures en milieu acide. Le même résultat s'obtient plus facilement en faisant des cultures en milieu alcalin. Nous avons, déjà, signalé l'étrange polymorphisme observé par GUIGNARD et CHARRIN sur le *Bacillus pyocyaneus* cultivé dans des milieux contenant du naphtol, de l'acide borique, de l'acide salicylique, etc...; dans ces conditions, le bacille s'allonge, prend des formes extraordinaires en massues, en spirales, mais il ne s'agit toujours pas de modifications durables. Nous avons vu les modifications que subit la bactéridie charbonneuse suivant les milieux : en courts articles dans le sang, en longs filaments dans les milieux artificiels neutres ou alcalins, se segmentant et devenant de plus en plus courts dans les milieux acides; nous avons vu, enfin, que la plupart des caractères accessoires des bactéries, tels que cils, capsules, enveloppe glaireuse, etc..., étaient des caractères contingents, pouvant apparaître ou disparaître, suivant les conditions du milieu extérieur.

Les bactéries sont susceptibles d'un certain degré d'acclimatation; des résultats intéressants ont été obtenus à ce sujet par KOSSIAKOFF (2), qui a cherché si la culture, dans un milieu antiseptique, affaiblissait le microbe et le rendait incapable de supporter un nouvel ensemencement dans le même milieu, ou si, au contraire, le microbe sortait aguerri de cette épreuve et se montrait susceptible de supporter une dose plus forte d'antiseptique. Le résultat de ces recherches intéressantes sur les *Tyrothrix* de DUCLAUX, sur le *Bacillus subtilis* et sur le *Bacillus anthracis*, ont montré que les bactéries s'habituent aux antiseptiques; le *Tyrothrix tenuis*, par exemple, supporte deux fois plus de sublimé quand il est habitué que lorsqu'il est neuf (3).

Le pouvoir chromogène du *Bacillus pyocyaneus* est modifié par les

---

(1) KÜBLER. *Centralblatt für Bakteriologie*, 1889, V, p. 333.
(2) KOSSIAKOFF. *Annales de l'Institut Pasteur*, 1887, I, p. 465.
(3) DUCLAUX. Traité de Microbiologie, p. 246, Paris, 1898.

substances chimiques. Wasserzug l'a vu disparaître sous l'influence des substances les plus diverses et souvent bien longtemps avant que la vitalité du microbe soit atteinte. C'est ainsi que le tartrate d'ammoniaque anéantit la production du pigment à la dose de 5 grammes par litre, alors qu'il en faut 110 à 115 grammes pour empêcher la végétation. D'autres substances, le sel marin, et surtout les acides citrique, tartrique, etc., agissent, à peu près, à la même dose comme antichromogènes et comme infertilisants.

Gessard avait montré, auparavant, que le pouvoir chromogène de ce bacille pyocyanique est fonction du milieu nutritif et était parvenu à dissocier ce pouvoir chromogène par la culture sur des milieux appropriés. Sur un substratum albumineux, le bacille ne donne qu'une fluorescence verdâtre; dans les milieux peptonés, il donne en même temps de la pyocyanine. Gessard a cru trouver une relation entre la production des pigments et la teneur des milieux en phosphore. Lepierre n'a pu contrôler ce fait.

La virulence, la sporulation, etc., sont comme la forme, comme le pouvoir chromogène aisément influencés et modifiés d'une façon plus ou moins durable par les antiseptiques. Chamberland et Roux (1), en cultivant du sang charbonneux dans du bouillon chargé de 1 : 2.000 de bichromate de potasse, obtinrent des bactéridies incapables de donner des spores, même dans les milieux les plus favorables. Cette bactéridie *asporogène* a conservé sa virulence.

Un peu plus tard, Roux (2) obtint le même résultat en substituant au bichromate l'acide phénique à 1 pour 5.000.

La plupart de ces faits ont déjà été signalés plus haut, d'autres seront notés en détail à propos de l'histoire individuelle des bactéries; il nous suffisait d'indiquer ici sous quelles influences générales physiques et chimiques il est possible à l'expérimentateur de faire varier, dans un sens déterminé, la forme ou les propriétés biologiques des schizophytes.

---

(1) Chamberland et Roux. *Comptes rendus de l'Académie des Sciences*, 1883, XCVI, p. 1088 et 1410.

(2) Roux. *Annales de l'Institut Pasteur*, 1887, I, p. 25.

CHAPITRE III

DE LA RÉSISTANCE DES BACTÉRIES A L'ACTION DES AGENTS PHYSIQUES

Avant d'étudier l'action néfaste que les principaux agents physiques exercent sur les microorganismes, nous dirons quelques mots de leur résistance au *vieillissement* et à la *dessiccation*.

Vieillissement. — Suivant leur nature, les végétaux inférieurs possèdent la faculté de vivre pendant un temps plus ou moins long et de succomber, finalement, comme tous les êtres vivants. La mort est caractérisée chez eux par la faculté négative de se multiplier, c'est-à-dire de fournir de nouvelles générations de cellules, quand on les place dans les conditions les plus favorables à leur développement.

Plusieurs bactéries vivent à peine de quelques heures à deux ou trois jours. Le groupe des bactéries aquatiles nous donne un exemple de la vie éphémère de plusieurs microbes. La veille on les constate par millions dans un centimètre cube d'eau potable, le lendemain seulement par centaines de mille, les jours suivants par milliers. Les cultures de plusieurs espèces pathogènes, du gonocoque entre autres, périssent entre le 3e et 15e jour; certaines espèces chromogènes ne sont plus rajeunissables au bout d'une semaine, etc.

La nature des milieux exerce une influence très marquée sur la longévité des microbes; les liqueurs neutres sont en général plus propices à leur conservation que les milieux acides ou alcalins; les températures basses sont mieux supportées par eux que les températures élevées de 30 à 40°; ils résistent plus longtemps à l'abri de l'oxygène et de la lumière qu'au contact de l'air et qu'à l'exposition de radiations lumineuses trop intenses; enfin, les bactéries vivent plus longtemps dans les milieux liquides : les bouillons, les sucs, les décoctions, placés à l'abri de l'évaporation, qu'en cultures étalées sur les milieux nutritifs solides ou gélatineux.

DUCLAUX (1) a constaté que certaines levures abandonnées dans des liqueurs sucrées et des moûts divers peuvent rester vivantes pendant 16, 20 et même 23 ans et que divers bacilles *(Tyrothrix)* se rejeunissent encore aisément après 18 ans. Il est très vraisemblable que 10 et 20 ans ne sont pas les limites extrêmes du vieillissement des bactéries conservées en milieux humides et jouissant de la faculté de donner des spores. Celles qui n'en forment pas sont beaucoup plus exposées à succomber, aussi voit-on, assez rarement, les microcoques et les bacilles asporogènes conserver la faculté de se multiplier après une attente de un, deux et trois ans.

Dessiccation. — Les bactéries que l'on retire des milieux où elles vivent et se multiplient, ne tardent pas à souffrir, comme la plupart des algues, de la privation d'eau à laquelle elles sont exposées et elles périssent bientôt si leur protoplasme ne peut s'organiser pour résister à l'action destructive de la sécheresse.

Quelques heures de dessiccation sont suffisantes pour tuer le spirille du choléra et le gonocoque. D'autres espèces ne succombent qu'au bout de plusieurs jours, alors que les bacilles sporulés peuvent se multiplier plusieurs mois et même plusieurs années après avoir été privés de toute humidité à la température ambiante. Parmi ces dernières bactéries on compte : les bacilles du charbon, du tétanos, de la septicémie, les bacilles subtils, etc., en un mot, tous les microbes qui donnent visiblement des endospores et aussi quelques autres espèces chez lesquelles il reste encore à les découvrir.

Dans un travail récent, MIQUEL (2) a établi que le nombre des microbes du sol qui peuvent braver sans périr, au moins pendant 18 ans, le manque d'eau est très élevé; que parmi eux se rencontrent les bacilles de la putréfaction et du foin, les thermobactéries, plusieurs ferments ammoniacaux, etc., mais que les microcoques et les semences des mucédinées succombent totalement au bout de cette longue suite d'années. Déjà HOFFMANN et DUCLAUX avaient reconnu que les spores des moisissures se conservaient à peine durant 30 à 40 mois.

Il n'est pas sans intérêt pour la biologie des bactéries, ni sans utilité pour la prophylaxie des affections contagieuses de connaître la durée de résistance des microbes à la dessiccation. Les procédés expérimentaux employés pour y arriver sont très simples. Ils

---

(1) DUCLAUX. *Annales de l'Institut Pasteur*, 1889, III, p. 375.
(2) MIQUEL. *Annales de Micrographie*, 1897, IX, pp. 199 et 251.

consistent à déposer une faible quantité de culture sur des petits carrés de papier, de linge, des morceaux de lamelles minces de verre ou de platine stérilisés; puis à les introduire, à des époques plus ou moins éloignées, dans des milieux aptes à favoriser le développement des espèces ainsi desséchées. Pendant tout le temps que durent ces expériences, il faut, évidemment, maintenir à l'abri de toute contamination et des poussières atmosphériques ces petits supports infestés. On y parvient en les conservant, soit dans des tubes stérilisés bouchés avec de la ouate, soit sous des cloches reposant sur des plans rodés et graissés.

On peut, si on le désire, varier ces essais de plusieurs manières : mesurer la résistance des microorganismes dans une atmosphère humide ou complètement desséchée; on place alors, suivant les cas, ces objets enduits de bactéries soit dans des cloches ou des récipients contenant un peu d'eau, soit dans des exsiccateurs renfermant de l'acide sulfurique concentré ou du chlorure de calcium desséché.

On peut, encore, mélanger les cultures microbiennes à des poudres inertes (carbonate de chaux, plâtre, silice, charbon, etc.) qu'on conserve dans des vases secs et clos; puis, de temps en temps, tous les jours, toutes les semaines ou tous les mois, on ensemence une fraction de ces poudres jusqu'au moment où elles cessent d'être fécondes. Quand on expérimente sur des espèces pathogènes, les bactéries sont reprises par des liquides stérilisés et injectés à des animaux susceptibles de les cultiver et d'en établir la virulence.

La résistance des bactéries à la dessiccation est très différente pour les mêmes espèces, selon qu'on se sert pour la mesurer de cultures pures exposées directement au contact de l'air, ou mélangées à des produits albumineux, fibrineux, parties d'organes, crachats, etc., envahis pathologiquement par ces bactéries. Dans ce dernier cas, la dessiccation s'opère avec lenteur et, après la disparition de la majeure partie de l'humidité, les microorganismes restent contenus dans une sorte de gangue protectrice, quelquefois hygroscopique, qui peut leur assurer, pendant longtemps, une vitalité qu'elles perdraient promptement, si on les plaçait à nu et en surface au contact de l'atmosphère. Cette remarque explique les résultats souvent divergents publiés par divers bactériologistes sur la résistance à la sécheresse du même microbe. Le bacille de la diphtérie qui se conserve vivant, pendant plusieurs mois, au sein des exsudats fibrineux, périt au contraire rapidement quand il est exposé à l'air sec en couches minces sur des lamelles de verre ou de platine.

En résumé, les bactéries asporogènes résistent peu à la dessiccation, les spores des moisissures, les levures peuvent à l'état sec rester vivantes pendant 2 à 3 ans, comme CHR. HANSEN (1) l'a récemment démontré; quant aux spores des bacilles, la durée de leur survie à la dessiccation reste encore inconnue. DUCLAUX penche à croire qu'au bout de 20 à 25 ans les semences bactériennes sont irrévocablement mortes; nous pensons qu'elles peuvent vivre beaucoup plus longtemps; les faits seuls pourront trancher cette question intéressante.

I. — RÉSISTANCE DES BACTÉRIES A L'ACTION DE LA CHALEUR.

Suivant que la chaleur est sèche ou humide, son action sur les Bactériacées s'exerce d'une façon très différente. Quand les espèces sont sporogènes, il faut toujours pour les détruire une température beaucoup plus élevée que pour tuer les êtres adultes qui en proviennent. Une bactérie adulte tuée par un degré de chaleur, voisin de 65°, soutenu pendant quelques minutes, donne souvent naissance à des germes capables de résister pendant une heure à la chaleur de l'eau bouillante.

On a vu plus haut que les températures comprises entre 20 et 40° conviennent, généralement bien, au développement de la majeure partie des schizophytes, défalcation faite de quelques espèces thermophiles qui ne se multiplient pas encore visiblement à 40°. Quoi qu'il en soit, dès qu'on dépasse le degré de chaleur le plus favorable à la multiplication d'une bactérie, ses cultures commencent à souffrir de l'excès de calorique auquel on la soumet, si on élève plus haut la température, l'espèce cesse de croître; elle meurt si on l'augmente encore.

La détermination du degré de chaleur le plus favorable au développement d'un microorganisme ne présente aucune difficulté sérieuse. Il suffit pour cela d'observer la rapidité de sa multiplication dans des étuves chauffées à diverses températures et de noter celles où il donne le plus rapidement la plus belle culture; si cela est possible, de peser la totalité du végétal formé au bout de 2 à 3 jours, par exemple.

Quand l'espèce est zymogène, on détermine soigneusement le poids ou le volume de l'élément principal mis en liberté par l'acte fermentaire; la température qui a le mieux activé la marche de la

(1) HANSEN. *Comp. rend. des travaux du Laboratoire de Carlsberg*, 1898, VI, p. 98.

fermentation peut être considérée comme étant la plus favorable à l'évolution du microorganisme.

Résistance des bactéries adultes à la chaleur humide.

En vue du diagnostic, de la séparation des espèces, des besoins de la prophylaxie des affections contagieuses et de la détermination de leurs caractères biologiques, il est souvent nécessaire de connaître assez exactement les températures fatales aux bactéries. Cette opération, bien que très simple, peut donner des résultats peu concordants si les méthodes employées ne sont pas rigoureusement identiques. A côté des variations placées sous la dépendance du *modus faciendi*, la nature des liquides dans lesquels les bactéries sont chauffées et où l'on tente, ensuite, à les faire revivre, l'âge de la culture, le nombre des individus vivants qu'elle renferme ne sont pas sans influence sur les résultats obtenus. On n'est donc pas toujours autorisé à contester les affirmations d'un observateur dont on ignore le détail précis des expériences.

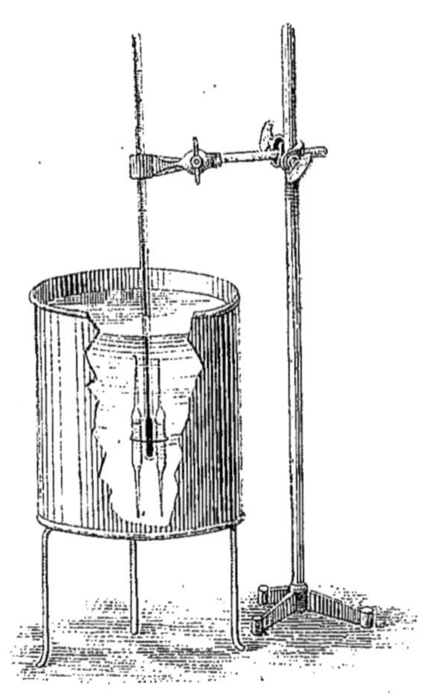

Fig. 19.
Appareil pour déterminer la résistance des bactéries à la chaleur humide.

Voici l'un des procédés qu'on peut employer pour apprécier le degré de chaleur auquel un microorganisme est tué dans des conditions de temps et de température déterminés.

Dans un bain-marie, réglé au préalable à une température invariable, on plonge brusquement, en notant l'heure de l'immersion, quelques ampoules de verres effilés en pointes contenant, dans un peu d'eau stérilisée, les bactéries sur lesquelles on désire expérimenter. Si ces ampoules sont légères et d'un faible volume, elles peuvent être fixées à la tige d'un thermomètre et le dispositif, ainsi employé, a beaucoup de ressemblance avec celui dont usent les chimistes pour prendre les points de fusion des corps solides. Pour obtenir un équilibre rapide de la température entre le bain et le liquide des ampoules, il est indispensable que la capacité de ces dernières soit aussi faible que possible.

Après une exposition à la chaleur pendant 5, 10, 20, 30 minutes ou plusieurs heures, le contenu des ampoules est versé individuellement dans des vases de liquide nutritif apte à favoriser le rajeunissement de la bactérie ; ce liquide reste stérile ou s'altère suivant que l'espèce est tuée ou non. Quand la bactérie est pathogène, le contenu des ampoules est inoculé aux animaux d'expériences susceptibles de jouer, à son égard, le rôle de réactifs.

On recommence, ainsi, ces essais jusqu'à ce qu'on ait atteint la température *critique* pour l'espèce considérée. Nous entendons, par là, le degré de chaleur qui, sans assurer la destruction absolue des bactéries de tous les échantillons de la même culture, en stérilise la moitié ou la plus grande partie. Ordinairement à quelques degrés au-dessus de cette température critique l'espèce adulte est privée de toute vitalité.

Comme cela vient d'être dit, un peu plus haut, la nature du milieu au sein duquel la bactérie est chauffée exerce une grande influence sur les résultats finals. Quand le liquide est acide, la destruction du microbe est obtenue à une température beaucoup plus basse que quand il est neutre ou légèrement alcalin, c'est pour ce motif qu'il est avantageux d'employer de l'eau pure stérilisée où la culture a été diluée au préalable. Les individus puisés dans la même culture, au même moment ou à des époques différentes, ne montrent pas toujours un égal degré de résistance à la chaleur, il importe donc de n'attacher qu'une valeur approximative aux nombres qui résultent de ces sortes de déterminations. Aussi, lorsqu'on veut tuer sûrement une espèce dont la vitalité, par exemple, est fortement compromise par la température de 65° soutenue pendant 10 minutes, il est prudent pour assurer sa destruction complète de la chauffer à 70° pendant une durée de temps double.

Pasteur, Cohn, de Breslau, et plusieurs autres auteurs, ont remarqué que la vie des microbes adultes peuplant les infusions diverses, les bouillons de culture, etc., s'éteint vers 55 à 60°, mais que leurs spores survivent à leur destruction.

Miquel (1) a publié, en 1881, un tableau sur la résistance à la chaleur des protophytes avec ou sans spores, duquel il résulte qu'après être restés, durant 2 heures, exposés à une température comprise entre 50 et 60°, les bactéries non sporulées, les moisissures

---

(1) Miquel, *Annuaire de l'Observatoire de Montsouris*, 1881, p. 453.

et les levures perdent la faculté de se reproduire dans les liquides les plus propices à leur culture.

STERNBERG (1) a, également, donné dans son traité de bactériologie, un tableau où sont indiquées les températures mortelles à 24 espèces de microbes vulgaires ou pathogènes, et d'où l'on peut déduire que les bactéries adultes asporogènes sont presque toutes tuées par un degré de chaleur, variant de 50 à 60°, seulement prolongé pendant 10 minutes.

Ces chiffres permettent au lecteur de se faire une idée générale, suffisamment exacte, du peu de résistance à la chaleur des bactéries adultes évoluant dans les cultures. Toutefois, une exception doit être faite pour les organismes thermophiles qui peuvent se multiplier aisément à 70°.

Résistance des spores des bactéries à la chaleur humide.

Quand un milieu nutritif n'est pas complètement stérilisé à la température de 80° soutenue pendant 30 à 40 minutes, il renferme certainement des spores bactériennes dont la destruction exige, parfois, un degré de chaleur supérieur à celui de l'eau en ébullition sous la pression normale.

C'est à PASTEUR (2) que sont dues les premières recherches sur la stérilisation des liqueurs altérables au delà de 100°. Ce savant ayant remarqué que le lait soumis à l'ébullition ordinaire s'altérait ultérieurement bien que maintenu à l'abri de la chute des impuretés atmosphériques, se vit dans la nécessité de le chauffer à 110° pour le préserver de toute végétation microbienne.

W. ROBERTS en 1874, et COHN, de Breslau, en 1876, reconnurent également qu'une ébullition à 100°, prolongée pendant 2 à 3 heures, ne parvenait pas toujours à purger de germes vivants les infusions de foin neutralisées ou alcalinisées.

Tous ceux qui ont répété les expériences des auteurs dont les noms viennent d'être cités, ayant reconnu la justesse de ces observations, il est, dès lors, inutile d'insister sur des travaux qui sont la confirmation pure et simple de faits établis scientifiquement à l'époque, déjà éloignée de nous, où la bactériologie commençait

(1) STERNBERG. Manual of Bacteriology, p. 147, New-York, 1892.
(2) PASTEUR. *Annales de Chimie et de Physique*, 1862, LXIV, série 3.

à prendre une place importante parmi les sciences naturelles et médicales.

Pour déterminer la température à laquelle les spores des bactéries sont tuées au-dessus de 100°, on peut se servir du procédé des ampoules scellées, indiqué plus haut (page 51); dans ce cas, on substitue au bain-marie un bain d'huile, de vaseline, de paraffine ou de tout autre substance à point d'ébullition élevé.

MIQUEL et LATTRAYE (1) ont employé dans le même but l'appareil représenté dans la figure 20. Cet appareil se compose d'une marmite

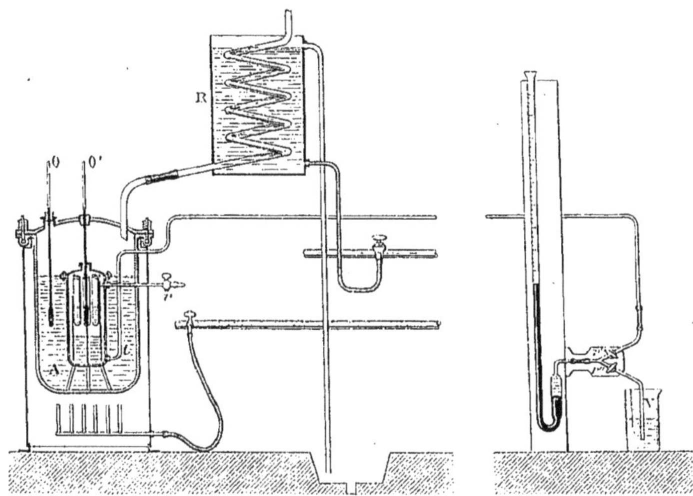

Fig. 20.
Appareil de MIQUEL et LATTRAYE pour mesurer la résistance des germes aux températures humides supérieures à 100° C.

close A, à peu près remplie d'une solution de chlorure de calcium, plus ou moins concentrée, bouillant à une température déterminée. Au milieu de ce bain se trouve un autoclave contenant une faible tranche d'eau et un diaphragme destiné à supporter les milieux divers ensemencés avec des bactéries sporulées réfractaires à la chaleur. Ce petit autoclave est purgé d'air par une chasse de vapeur prolongée pendant 10 minutes. Sa température est donnée au moment de l'expérience par un thermomètre très précis 0', plongeant dans une des cultures chauffées et par un manomètre à mercure à air libre. Un réfrigérant à reflux R s'oppose à l'évaporation de la

(1) MIQUEL et LATTRAYE, *Annales de Micrographie*, 1895, III, pp. 110, 158, 205.

solution saline bouillante, par suite à l'élévation de son degré de chaleur.

MIQUEL et LATTRAYE ont trouvé, en opérant sur des milieux nutritifs variés, qu'il fallait pour détruire les spores les plus résistantes : soit une température humide de 102°,3, soutenue pendant 2 heures ; soit une température de 104°,8 pendant 1 heure ; soit une température de 107°,5 pendant 30 minutes ou, enfin, une température de 109° pendant 15 minutes. Le chauffage *discontinu* à 100° n'a pas donné à ces expérimentateurs un résultat meilleur que le chauffage *continu* ; dans l'un et dans l'autre de ces cas, la stérilisation n'a été assurée qu'après l'action d'une chaleur humide de 100° prolongée durant 4 à 5 heures.

Si l'on soumet à l'action de la vapeur statique ou fluente les mêmes spores desséchées des bacilles subtils du sol en dehors de tout milieu liquide, autrement dit, dans la vapeur seule, il faut pour parvenir à les détruire porter la température de cette vapeur à 115° et la faire agir sur ces germes, au moins, pendant 20 minutes.

Résistance des spores des bactéries à la chaleur sèche.

Par un dispositif un peu compliqué, mais permettant d'écarter toute cause d'erreur, PASTEUR démontra, en 1863, que les semences des mucédinées supportent sans périr la chaleur sèche de 120° pendant plus de 2 heures.

Plus tard, MIQUEL (1) prouva que les bactéries vulgaires du sol restent encore fécondes après l'action d'une température sèche de 130 à 135° maintenue plus de 3 à 4 heures et qu'il fallait pour les tuer une température voisine de 150° prolongée durant 2 heures.

De leur côté, KOCH et WOLFFHÜGEL (2) arrivèrent à peu près au même résultat : ils constatèrent que les spores du charbon et des bacilles subtils ne sont détruites qu'après l'action d'une température sèche de 140° soutenue pendant 3 heures. Quant aux autres bacilles sporulés ou non, le degré de chaleur pour amener leur mort oscilla entre 78 et 128° pour une durée de chauffage d'une heure et demie.

Dans un travail plus récent, CAMBIER (3) a établi que les spores des bacilles de la terre offrent une résistance vraiment remarquable

---

(1) MIQUEL. *Annuaire de l'Observatoire de Montsouris*, 1881, p. 459. — Les organismes vivants de l'atmosphère, Paris 1883, p. 173.

(2) KOCH et WOLFFHÜGEL. *Mittheilungen aus dem K. Gesundheitsamte*, 1881, I, p. 1.

(3) CAMBIER. *Annales de Micrographie*, 1896, VIII, p. 49.

aux températures sèches très élevées. La destruction des semences expérimentées par cet observateur n'a été obtenue qu'au prix d'un chauffage à 158° pendant 2 heures ; ou à 180° pendant 1 heure, ou encore à 200° pendant 5 minutes.

La température de 200° paraît donc être la limite maximum de la résistance des spores des bacilles dans l'air sec.

Pour mesurer la température mortelle des spores à la chaleur sèche, on peut, comme l'a fait PASTEUR, les chauffer dans un tube de verre en U immergé au sein d'un bain d'huile exactement réglé ; ou, suivant le procédé de MIQUEL, mélanger les semences à du sable fin stérilisé, sécher la poudre ainsi obtenue vers 35°, l'introduire dans un tube métallique flambé, bouché avec de la laine de verre; puis, après avoir fixé ce tube au réservoir d'un thermomètre, le plonger dans un bain d'air marquant une température à peu près invariable. Le temps d'exposition à la chaleur écoulé, le contenu du tube est versé dans un vase de liquide nutritif stérilisé.

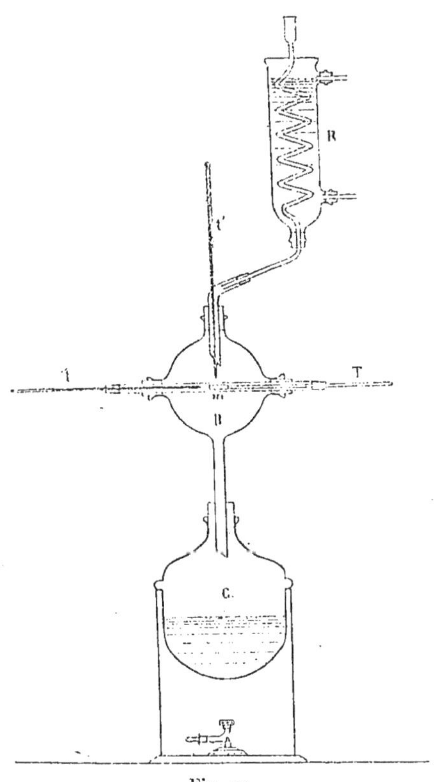

Fig. 21.
Appareil de CAMBIER pour mesurer la résistance des spores à la chaleur sèche.

Le procédé employé par CAMBIER, dans le travail qui vient d'être cité, est encore plus simple et plus pratique, car il permet de prélever aisément une partie des germes chauffés, à tous les instants de l'expérience, sans modifier la température de la source de chaleur qui reste d'une fixité remarquable.

Cet appareil, dont la figure 21 donne le dessin, consiste en un récipient métallique C destiné à recevoir des liquides bouillant à une température connue ; au-dessus de ce récipient se trouve un ballon de verre quadritubulé B, traversé horizontalement par un tube de verre mince, dans l'intérieur duquel s'engage : d'un côté, un thermomètre *t*; de l'autre, une nacelle de platine *m*, portée sur tige, destinée à contenir les germes. Un réfrigérant à reflux R ramène le liquide volatil dans la chaudière, ce qui s'oppose à l'élévation de la température de la vapeur, même quand le liquide employé ne possède pas un point d'ébullition invariable.

En somme, on peut conclure de ce qui vient d'être dit sur l'extrême résistance des spores des bactéries à la chaleur, que la stérilisation au moyen de l'air chaud n'est efficace ou absolue que si les objets à priver de germes restent pendant environ 2 heures à la température comprise entre 160 et 170° centigrades. Du reste, l'expérience journalière justifie pleinement cette pratique.

II. — Résistance des bactéries aux basses températures.

Le premier effet du froid sur les bactéries est de ralentir leur multiplication et de retarder le développement de leurs germes. Les microbes pathogènes ne croissent pas sensiblement au-dessous de 10 à 15°. Plusieurs espèces saprogènes redoutent moins les basses températures. Miquel (1) a vu les bactéries des eaux de source, maintenues à 12°, d'une teneur initiale de 350 microbes par centimètre cube, en accuser 37 800 sous le même volume après 48 heures d'attente. Un autre échantillon d'eau accusant au début 214 bactéries, abandonné à 9°,5 pendant 2 jours, en montrer 1 070 également par centimètre cube. Vers 4 à 5°, la croissance des bactéries semble suspendue dans les eaux potables habituelles; cependant, si l'on compte, comme l'a fait le même auteur, les bactéries de l'eau de mer abandonnée à 0° dans une glacière, on voit leur chiffre s'accroître et passer de 150 à 500 et 2000 au bout de quelques jours.

Forster (2) constata, également, en 1887, que les bactéries phosphorescentes peuvent se multiplier à 0°. Dans un nouveau travail publié en 1892 le même savant (3) mit en évidence leur pullulation dans la viande et dans d'autres substances alimentaires exposées au point de fusion de la glace.

Il est difficile, sinon impossible, de mesurer convenablement le degré de froid qui paralyse entièrement la vie des microorganismes se montrant encore capables de croître à 0° par la raison, bien simple, que la congélation des milieux vient opposer un obstacle

(1) Miquel. Manuel pratique d'analyse bactériologique des eaux, pp. 15 à 25. Paris, 1891.
(2) Forster. *Centralblatt für Bakteriologie*, 1887, II, p. 337.
(3) Forster. *Centralblatt für Bakteriologie*, 1892, XII, p. 431.

mécanique invincible au développement des schizophytes. C'est, même là, le motif pour lequel on fait d'abord congéler à un froid vif les viandes, le lait, d'autres aliments et les cadavres pour pouvoir sûrement les conserver longtemps à 2 ou 3° au-dessous de 0°, c'est-à-dire à une température peu éloignée du dégel.

Les expériences les plus anciennes sur la résistance des germes des bactéries aux froids intenses paraissent dues à Frisch (1) qui constata que des microcoques et des bacilles variés, soumis à — 87° centigrades pouvaient donner naissance à de belles cultures après ce refroidissement excessif.

Sept ans plus tard, R. Pictet et Yung (2), dans des recherches effectuées à Genève sur l'action du froid sur les cellules végétales et animales, soumirent, pendant 5 jours, diverses bactéries à des températures variant de — 70° à — 130° sans parvenir à détruire leur vitalité.

Plus récemment, R. Pictet (3) a montré que même à — 200°, par un froid produit par l'évaporation de l'air liquéfié, les bactéries ne perdaient pas la faculté de se rajeunir après avoir été soumises à cet abaissement prodigieux de la température.

Il résulte donc de ces essais que les basses températures ont une action destructive bien moins efficace sur les Bactériacées que les températures voisines de l'eau bouillante. Cependant, il serait peu conforme à la réalité des faits de supposer que le froid n'exerce aucune action sensible sur les microbes adultes.

Prudden (4) a démontré, au contraire, que le *Bacillus prodigiosus* et le *Proteus vulgaris* sont tués après une exposition de 40 à 50 jours à la gelée; il affirme, en outre, que le bacille typhique qui résiste pendant 3 mois à un froid continu est fortement touché par une série de congélations et de décongélations successives. Klepzoff (5) s'est convaincu que la virulence du *Bacillus anthracis* est considérablement atténuée par un froid de — 20° à — 25° soutenu durant quelques semaines. Enfin, d'Arsonval et Charrin (6) ont vu le bacille pyocyanique résister victorieusement à des froids voisins de — 95°, mais en constatant que ses caractères morphologiques et l'aspect de ses cultures étaient manifestement modifiés. La résistance des bactéries aux hautes comme aux basses températures varie certainement

(1) Frisch. *Sitzungsber. der K. Akad. der Wissensch.*, 1877, LXXV, p. 257.
(2) R. Pictet. *Comp. rend. de l'Académie des Sciences*, 1884, XCVIII, p. 747.
(3) R. Pictet. *Archives des Sciences physiques et naturelles de Genève*, 1893.
(4) Prudden. *The Medical Record*, New-York, 1887.
(5) Klepzoff. *Centralblatt für Bakteriologie*, 1895, XVII, p. 289.
(6) D'Arsonval et Charrin. *Archives de Physiologie*, 1894, p. 335.

chez les espèces non sporogènes; peu de recherches ont été faites sur ce sujet, et celles qui ont été publiées seront exposées dans les monographies qui leur sont consacrées.

III. — Influence néfaste de la lumière sur les bactéries.

Les radiations lumineuses dispensées avec excès aux Thallophytes à chlorophylle verte, bleue ou jaune, nuisent considérablement au développement de ces algues, bien que ces radiations soient non seulement utiles mais indispensables à leur nutrition. On pouvait donc supposer, *a priori*, que les végétaux inférieurs qui peuvent croître dans l'obscurité et qui se nourrissent du carbone contenu dans les molécules des substances chimiques nutritives à leur égard seraient fâcheusement impressionnées par la lumière.

Les premiers travaux qui établissent l'action défavorable qu'exerce la lumière sur les Bactériacées ont été publiés par Downes et Blunt (1) en 1877. Ces savants remarquèrent qu'en exposant à la lumière du jour des flacons contenant des liqueurs minérales putrescibles, la vie des bactéries qu'ils renfermaient était sensiblement paralysée et même tout à fait suspendue quand le soleil venait visiter ces flacons durant plusieurs heures. Downes et Blunt observèrent que les radiations les plus nuisibles aux bactéries provenaient des rayons chimiques du spectre, ils attribuèrent leur action à un puissant phénomène d'oxydation.

En 1885, Duclaux (2), en se servant des spores très résistantes des Tyrothrix placées en couches minces et sèches au fond de ballons de verre, observa, d'abord, un retard dans la germination de ces spores après exposition d'un mois à la lumière du jour et du soleil. Au bout de 2 mois, 50 pour 100 des ballons exposés étaient devenus stériles. En se servant d'espèces plus fragiles, telles que les microcoques, le même auteur les vit mourir au bout de quelques jours.

Vers la même époque, Arloing (3) fit connaître les résultats qu'il avait obtenus de son côté en opérant sur la bactéridie charbonneuse.

(1) Downes et Blunt. *Proceedings of the R. Society of London*, 1877, XXVI, p. 488. — 1878, XXVIII, p. 199.

(2) Duclaux. *Comp. rend. de l'Académie des Sciences*, 1885, C, p. 119 et CI, p. 395. — *Annales de chimie et de physique*, 1885, 6e série, V, p. 57.

(3) Arloing. *Comp. rend. de l'Académie des Sciences*, 1895, C, p. 378 et CI, pp. 501, 535. — *Archives de physiologie normale et pathologique*, 1886, VII, p. 209. — *Comp. rend. de l'Académie des Sciences*, 1887, CIV, p. 701.

Il trouva que la lumière du gaz ralentissait déjà le développement de cette espèce, alors que la lumière d'une simple lampe restait sans effet sensible; la lumière rouge lui parut beaucoup plus favorable à la multiplication de cette bactérie que la lumière jaune, et cette dernière, à son tour, plus favorable que les rayons bleus et violets. Il vit périr les spores du charbon exposées pendant 2 heures au soleil du mois de juin, tandis que les bacilles adultes résistèrent dans les mêmes conditions pendant 26 à 30 heures. Les endospores des bacilles ayant été jusque-là considérées comme plus résistantes aux agents de toutes sortes que les végétations qui en proviennent, quelques observateurs, parmi lesquels Straus (1) et surtout E. Roux (2), cherchèrent à expliquer les résultats, en apparence paradoxaux, publiés par Arloing.

Par des recherches habilement conduites, E. Roux fut amené à conclure que, dans les expériences d'Arloing, les spores charbonneuses contenues dans les milieux insolés restaient vivantes et ne perdaient la faculté de germer dans les bouillons qui les contenaient que parce que ces bouillons soumis aux radiations étaient rendus infertiles par les rayons solaires. Semées, en effet, dans des bouillons frais, non-insolés, ces spores donnaient de belles cultures. Toutefois, E. Roux dut reconnaître que les spores du *Bacillus anthracis* étaient tuées après une insolation directe variant de 30 à 54 heures. Il put apprécier, également, que ces spores tenues à l'abri de l'air offraient une plus grande résistance aux radiations lumineuses et qu'elles ne mourraient qu'au bout de 80 et quelques heures d'exposition au soleil.

Pansini (3) qui a expérimenté avec des espèces variées : les unes chromogènes comme le *Micrococcus prodigiosus*, le *Bacillus violaceus*, le *Bacillus pyocyaneus*; les autres pathogènes comme la bactéridie charbonneuse, le spirille du choléra, le bacille de la septicémie des souris, etc., a déduit de ses essais : que les milieux nutritifs exposés à la lumière solaire ne perdaient pas leur fécondité; que les spores sèches, ce qu'on savait déjà, résistaient plus longtemps aux radiations lumineuses que les spores ensevelies dans les bouillons et qu'enfin dans ces derniers milieux les spores étaient aussi rapidement tuées, sinon plus promptement, que les espèces adultes filamenteuses. Cette observation viendrait donc confirmer celle d'Arloing.

Nous estimons qu'il est bien difficile d'apprécier, d'après ces faits

(1) Straus. *Comptes rendus de la Société de Biologie*, 1886, 8e sér., III, p. 473.
(2) E. Roux. *Annales de l'Institut Pasteur*, 1887, I, p. 445.
(3) Pansini. *Rivista d'Igiene*, 1889.

contradictoires, quelles sont exactement les limites entre lesquelles s'exerce l'action bactéricide de la lumière; elles varient certainement avec les lieux où l'on opère, avec l'intensité des rayons lumineux et actiniques de la journée; et quand on n'élimine pas ces derniers, ce qui n'a pas toujours été fait, le peu de concordance dans les résultats obtenus ne saurait surprendre. Ajoutons que, en opérant sur les spores du charbon, PANSINI constata qu'elles étaient tuées au bout de 8 heures d'insolation et que, déjà, à la 4e heure les 29/30e de ces semences étaient mortes; ce qui établit combien est variable la résistance individuelle des mêmes bactéries à l'action des agents physiques et, on peut également l'affirmer, à celle des agents chimiques, car nous aurons souvent l'occasion d'insister sur ce même fait.

MOMONT (1) démontra ensuite, dans un intéressant travail, que les spores de la bactéridie soumises à l'insolation périssent plus vite dans l'air que dans le vide. Quelques années plus tard, KRUSE (2) est revenu sur l'inégalité d'action exercée sur les spores charbonneuses par les diverses radiations. Ces spores succombent au bout de 5 heures aux radiations directes du soleil de Naples; si l'on interpose entre elles et le soleil un écran d'eau ou une solution d'alun, leur mort n'est complète qu'au bout de 6 heures 1/2; si l'écran est de verre bleu, elles périssent au bout de 14 heures et seulement après 20 heures s'il est de couleur rouge.

Il serait trop long d'énumérer, dans cet aperçu général, les durées d'insolation trouvées mortelles pour les diverses bactéries sur lesquelles on a expérimenté; ces indications manqueraient d'ailleurs de rigueur puisqu'on sait que ces données numériques se trouvent sous la dépendance des conditions d'expérience, de l'état météorologique régnant, des saisons, des jours, de la transparence de l'air et, enfin, de la latitude du lieu où ces recherches ont été effectuées. Disons seulement, pour citer quelques exemples, que JANOWSKI (3) a vu le bacille de la fièvre typhoïde mourir au bout de 6 heures d'insolation; que BUCHNER et MINK (4) ont trouvé qu'il fallait 1 heure d'une semblable exposition pour tuer le bacille du côlon tenu en suspension dans l'eau; que MIGNECO (5) a constaté que la virulence du bacille de la tuberculose était amoindrie au bout de quelques heures par les radiations solaires et tué après 6 ou 7 heures.

---

(1) MOMONT. *Annales de l'Institut Pasteur*, 1892, VI, p. 21.
(2) KRUSE. *Zeitschrift für Hygiene*, 1895, XIX, p. 313.
(3) JANOWSKI. *Centralblatt für Bakteriologie*, 1890, VIII, p. 449.
(4) BUCHNER. *Centralblatt für Bakteriologie*, 1892, XI, p. 781 et XII, p. 217.
(5) MIGNECO. *Annali d'Igiene sperimentale*, 1895, V, p. 215.

Quelle est la cause de cette mort rapide des bactéries sous l'influence des radiations lumineuses et surtout des rayons chimiques du spectre ? Il semble prudent de ne pas se prononcer encore. Pour plusieurs auteurs, les phénomènes d'oxydation déterminés par ces rayons n'y seraient pas étrangers, mais alors comment expliquer la mort des bactéries exposées au soleil à l'abri de l'oxygène. Il paraît donc sage de réserver son opinion à ce sujet et d'attendre que de nouvelles expériences viennent nous donner une explication rationnelle de ces faits, tout aussi curieux que les phénomènes de réduction que subissent les composés métalliques sous l'action des radiations lumineuses les plus faibles.

Retenons, seulement, de l'exposé qui précède, que la lumière est un agent de destruction très puissant des Bactériacées ; que c'est à elle que paraît due la purification rapide des eaux circulant à ciel ouvert, l'affaiblissement et la mort des microbes atmosphériques et, aussi, de ceux qui tendraient à s'accumuler sans cesse à la surface du sol.

IV. — Action de l'électricité et du magnétisme sur les bactéries.

C'est vers 1879 que Cohn et Mendelsohn (1) tentèrent d'étudier l'action de l'électricité sur les Bactériacées. Leurs premières expériences consistaient à faire traverser par un courant galvanique peu intense une solution minérale nutritive peuplée de bactéries, contenue dans un tube en U. Pour juger de l'effet obtenu, le liquide était ensuite abandonné à lui-même ou fractionné dans des milieux neufs aptes à favoriser le développement des microorganismes soumis à l'action électrique. Les courants faibles se montrèrent inactifs. Les courants intenses, prolongés pendant 24 heures, purent amener la stérilisation du liquide bactérifère ; mais, alors, il fut aisé de constater que ce liquide était devenu fortement ammoniacal au pôle positif et acide au pôle opposé ; il est donc bien difficile de délimiter dans cette expérience les effets microbicides dus à l'électricité de ceux des corps chimiques mis en liberté par le courant.

En plongeant de larges électrodes dans une tranche de pomme de terre recouverte d'une culture de *Micrococcus prodigiosus*, les mêmes auteurs purent encore constater que les actions galvaniques

(1) Cohn et Mendelsohn. *Beiträge zur Biologie der Pflanzen*, 1879, III, p. 141.

faibles n'avaient aucun effet sur cette espèce; avec des courants puissants le microcoque chromogène fut tué. La partie des cultures voisine du pôle positif parut toujours souffrir davantage que celle avoisinant l'électrode négative. Mais ici, comme dans l'expérience précédente, il n'est pas possible de séparer et de mettre en évidence l'action destructive du courant de celle due aux actions calorifiques et toxiques.

Les expériences d'APOSTOLI et DELAQUERRIÈRE (1), de BURCI-FRASCANI (2) présentent les mêmes défauts. SPILKER et GOTTSTEIN (3) ont affirmé avoir constaté la mort rapide des bactéries contenues dans un tube soumis à l'action des courants d'induction. FRIEDENTHAL (4), qui reprit de semblables essais, arriva à des résultats négatifs en opérant sur le *Micrococcus prodigiosus*. Antérieurement, D'ARSONVAL et CHARRIN (5) avaient observé qu'en plaçant des cultures de *Bacillus pyocyaneus* au centre d'un sélénoïde parcouru par des courants à haute fréquence (600 000 oscillations par seconde), ce bacille n'était pas sensiblement atteint dans sa vitalité, que seule la couleur du pigment qu'il sécrète avait été modifiée.

En résumé, par suite de la difficulté, encore non vaincue, de faire agir sur les microbes l'électricité en dehors de toute action chimique et calorifique, on reste à l'heure actuelle sans indications précises sur les effets que peut exercer cet agent sur les Schizophytes. On ne connaît pas de travaux relatifs à l'action de l'électricité statique sur les mêmes végétaux inférieurs, et très peu concernant l'influence du magnétisme sur les bactéries. Toutefois, DUBOIS (6) a annoncé que les forts aimants avaient une action sur l'orientation des colonies du *Micrococcus prodigiosus* et D'ARSONVAL (7) aurait pu apprécier que les fermentations des liqueurs sucrées par les levures étaient retardées quand elles avaient lieu dans l'intérieur d'un champ magnétique très puissant.

Enfin, MINK (8) et WITTLIN (9) ont constaté que les rayons RŒNTGEN sont sans action sur le bacille typhique, le bacille du côlon, le staphylocoque doré, le spirille du choléra, etc.

---

(1) APOSTOLI et DELAQUERRIÈRE. *Comp. rend. de l'Académie des Sciences*, 1890, CX, p. 918.
(2) BURCI-FRASCANI. *Archives italiennes de Biologie*, 1893, XX, p. 227.
(3) SPILKER et GOTTSTEIN. *Centralblatt für Bakteriologie*, 1891, IX, p. 77.
(4) FRIEDENTHAL. *Centralblatt für Bakteriologie*, 1891, XIX, p. 319.
(5) D'ARSONVAL et CHARRIN. *Société de Biologie*, 1893, Sér. 9, V, p. 467.
(6) DUBOIS. *Comp. rend. de la Société de Biologie*, 1886, Sér. 8, III, p. 127.
(7) D'ARSONVAL. *Comp. rend. de la Société de Biologie*, 1886, Sér. 8, III, p. 128.
(8) MINK. *Münchner medicin Wochenschrift*, 1896, n° 5, p. 101.
(9) WITTLIN. *Annales de micrographie*, 1896, VIII, p. 514.

V. — Action de quelques agents mécaniques sur les bactéries.

On a surtout étudié l'influence de la pression et du mouvement sur les Bactériacées. Mais les résultats obtenus par les expérimentateurs qui ont abordé ces recherches sont souvent contradictoires; cependant, ils tendent, en général, à établir que les agents mécaniques ont une faible action sur la vie et la multiplication des micro-organismes.

Pression. — En 1875, Paul Bert (1) annonça à l'Académie des Sciences que l'oxygène, comprimé à 8 ou 10 atmosphères, tuait la bactéridie charbonneuse en très peu de temps. Peu après, il fut reconnu que si les bactéridies adultes du sang charbonneux périssaient dans ces conditions, assez rapidement, il en était autrement de leurs spores qui survivaient à ce traitement sans perdre sensiblement de leur virulence. Il est de toute évidence que dans les expériences de Paul Bert la mort des bacilles est due à l'action toxique de l'oxygène comprimé.

D'après Certes (2), quand on opère avec l'air on ne parvient pas à suspendre la putréfaction des infusions alors même qu'on fait agir cet élément sous la pression de 450 à 500 atmosphères; suivant le même auteur, les cultures du *Bacillus anthracis* conservent leur virulence après avoir été soumises pendant 24 heures à l'action de l'air comprimé à 600 atmosphères.

En opérant comme Paul Bert, au moyen de l'oxygène pur comprimé à 10 à 12 atmosphères, Chauveau (3) est arrivé d'abord à atténuer, ensuite à faire disparaître complètement la virulence du charbon. L'oxygène ayant été substitué à l'air, ces dernières expériences cessent d'être comparables avec celles de Certes. Il en est de même de celles de d'Arsonval et de Charrin (4) où le gaz comprimant était de l'acide carbonique. A 50 atmosphères, ces deux savants virent le bacille pyocyanique perdre au bout de 5 à 6 heures sa faculté chromogène et souvent sa vitalité.

Schaffer et de Freudenreich (5) furent moins heureux dans leurs

(1) Paul Bert. *Comp. rend. de l'Académie des Sciences*, 1875, LXXX, pp. 1579 et 1897, LXXXIV, p. 1130.

(2) Certes. *Comp. rend. de l'Académie des Sciences*, 1884, XCVIII, p. 385.

(3) Chauveau. *Comp. rend. de l'Académie des Sciences*, 1884, XCVIII, p. 1332 et 1885, C, p. 420.

(4) D'Arsonval et Charrin. *Société de Biologie*, Sér. 9, V, 1893, p. 532.

(5) Schaffer et de Freudenreich. *Annales de Micrographie*, 1892, IV, p. 105.

essais pour stériliser le lait sous l'action du gaz acide carbonique, bien qu'ils aient opéré vers 65° et à des pressions variant de 60 à 90 atmosphères, les germes des bacilles vulgaires, le charbon, résistèrent à ce mode de stérilisation. Dans une expérience ayant duré 7 jours consécutifs, le bacille typhique fut trouvé vivant, bien que le gaz comprimant fut, dans ce cas, l'oxygène à 21 atmosphères.

En supprimant la compression des cultures par l'intermédiaire de corps gazeux, Roger (1) s'est rapproché des conditions expérimentales qu'il était désirable de voir adopter dès le principe. Il constata dans ses essais que, sous les pressions formidables de 1000 à 3000 atmosphères, le staphylocoque doré était peu touché; que le charbon sporulé était légèrement atténué à 3000 atmosphères, que, dépourvu de spores, sa virulence disparaissait assez promptement à 1000 atmosphères, ainsi que celle du streptocoque de l'érysipèle. Des expériences effectuées par Certes, Schaffer et de Freudenreich, où l'action antiseptique du gaz comprimant n'est pas négligeable et de celles de Roger, on peut conclure que les hautes pressions ont un effet nocif médiocre sur la vitalité des bactéries et de leurs germes. Les essais de d'Arsonval et de Charrin, qui n'ont porté que sur une espèce non sporulée, assez fragile, démontrent simplement que l'acide carbonique comprimé, au voisinage de son point de liquéfaction, est toxique pour le *Bacillus pyocyaneus*.

Agitation. — Les quelques observateurs qui ont soumis à l'agitation les milieux liquides peuplés de bactéries sont arrivés à des résultats très discordants. Ainsi Horvath (2), en soumettant des liqueurs nutritives infectées à 100 secousses par minute, vit ces milieux rester d'une parfaite limpidité, tandis que les mêmes milieux, laissés au repos, étaient troublés et fourmillaient de microbes. Toutefois, les milieux agités, restés limpides, n'étaient pas stérilisés, car, placés à l'étuve, ils s'altérèrent promptement.

De son côté, Reinke (3) observa que les bouillons ensemencés avec des bactéries, soumis à l'action des vibrations d'un barreau métallique, ne subissaient, pendant tout ce temps, aucune altération. Hansen (4) trouva, au contraire, que l'agitation favorisait le développement de plusieurs microorganismes. Miquel (5) vit les bac-

---

(1) Roger. *Comp. rend. de l'Académie des Sciences*, CXIX, 1894, p. 963.
(2) Horvath. *Pflüger's Archiv*, 1878, XXI, p. 125 et 129.
(3) Reinke. *Pflüger's Archiv*, 1880, XXIII, p. 434.
(4) Hansen. *Comp. rend. des travaux du Laboratoire de Carlsberg*, 1879.
(5) Miquel. *Annuaire de l'Observatoire de Montsouris*, 1888, p. 569.

téries se multiplier avec autant de rapidité dans les eaux agitées que dans celles abandonnées à l'abri de toute secousse.

Roser (1) et Buchner (2) arrivèrent à de semblables résultats.

Pohl (3) nota, dans des conditions analogues, une diminution de bactéries. Schmidt (4) mit tout le monde d'accord en constatant que l'agitation a une action nuisible sur le développement de certaines bactéries et une action favorable sur la culture d'autres espèces. Russel observa une augmentation de microorganismes dans les milieux secoués. Metzger (5) a affirmé catégoriquement que cette action mécanique leur était préjudiciable. Il vit le *Bacillus megatherium* et le *Bacillus subtilis* périr dans des vases secoués durant 10 à 12 heures (il faut croire que cet auteur avait pris soin de les séparer de leurs spores), alors que le *Micrococcus radiatus* et le *Bacillus albus* résistèrent plus longtemps. Le *Bacillus fluorescens liquefaciens,* plus difficile à détruire, supporta victorieusement une agitation ininterrompue prolongée pendant plusieurs jours. Il découlerait donc, des expériences de ce dernier observateur, que le mouvement imprimé aux liquides peuplés de microorganismes engendre une action microbicide fort sensible.

Les résultats si divergents qu'on vient de lire tiennent, sans doute, à ce que l'agitation ne produit pas le même effet chez toutes les bactéries, que les unes se trouvent gênées par une oxygénation exagérée, tandis que d'autres s'en accommodent très bien. Pour démontrer que les agents mécaniques sont doués d'un pouvoir microbicide réel, il faudrait les appliquer en dehors des causes d'erreurs secondaires qu'il est si difficile d'éliminer dans la pratique. Il faudrait, dans ces sortes d'expériences, supprimer tout contact avec l'oxygène de l'air ; opérer dans l'obscurité, à une température invariable ; tenir compte du nombre des bactéries disparues par mort naturelle ; tenir compte des effets du barattage sur les corpuscules tenus en suspension dans les liquides, etc. Par conséquent, il semble que les études ayant pour but de déterminer l'influence de l'agitation sur les Bactériacées, demandent à être reprises en détail avec des procédés d'investigation beaucoup plus parfaits que ceux qui ont été employés jusqu'ici.

---

(1) Roser. Beiträge zur Biologie d. nied. Organismen, Marbourg, 1881.

(2) Buchner. *Sitzungsb. der K. bay. Akad. des Wissensch.*, II, 3 part., pp. 382-406.

(3) Pohl. Recherches chimique et bactériologique sur l'alimentation d'eaux à Saint-Pétersbourg, 1884.

(4) Schmidt. *Archiv für Hygiene*, 1891, XIII, p. 247.

(5) Metzger. *Zeitschrift für Biologie*, 1894, XII, p. 5.

CHAPITRE IV

RÉSISTANCE DES BACTÉRIES AUX AGENTS CHIMIQUES

Une substance est dite *antiseptique* quand elle exerce sur les microorganismes une action nuisible caractérisée soit par une gène dans leur multiplication, soit par un arrêt dans leur développement, soit, enfin, par une intoxication mortelle.

Dans le premier cas, le milieu altérable, où se trouvent ces microorganismes, est *incomplètement* antiseptisé ; dans le second, il est *parfaitement* antiseptisé ; dans le dernier, il est *stérilisé.*

Il est important de spécifier, dès le début de ce chapitre, les divers degrés d'action des substances chimiques sur les bactéries et de définir avec précision la valeur des termes qui vont nous servir dans cette étude. Nous rejetons, comme trop général et équivoque, le mot *désinfectant*, souvent donné aux agents chimiques employés pour assainir les objets et les locaux, pour rendre inoffensives les sécrétions morbides, les déjections, etc., et qui comprend implicitement la faculté de *désodoriser*, propriété qui n'a rien de commun avec l'antisepsie et la stérilisation.

L'antiseptie incomplète se traduisant par une gène dans le développement des bactéries, par des modifications de leurs caractères morphologiques et biologiques, a été étudiée dans un chapitre précédent (page 44) ; il ne nous reste, par conséquent, ici, qu'à envisager : 1° l'action des substances chimiques en tant qu'elles suspendent seulement la vie des bactéries dans les milieux de culture ; 2° l'action de ces mêmes corps en tant qu'ils la détruisent radicalement ; d'où cette division naturelle en substances antiseptiques *infertilisantes* et substances antiseptiques *stérilisantes* que l'on peut aussi appeler, simplement, substances *bactéricides* ou, avec Sternberg et d'autres auteurs, substances *germicides.*

En effet, plusieurs corps chimiques peuvent antiseptiser parfaitement un milieu altérable, le rendre indéfiniment imputrescible sans pour cela tuer les bactéries qui le peuplent et principalement leurs spores; de ce nombre on peut citer le sulfate de cuivre et l'acide phénique qui laissent intactes les spores des bacilles subtils; le sel marin qui laisse subsister pendant de longs mois les spores de la bactéridie charbonneuse, etc., tandis que d'autres substances, comme les mercuriaux, l'aldéhyde formique, les hypochlorites alcalins, etc., les tuent aisément. Remarquons, toutefois, que ces puissants antiseptiques demandent à être employés à des doses assez élevées en dehors desquelles ils sont simplement infertilisants. Le sublimé, par exemple, peut dans certains cas se montrer un parfait infertilisant à 1 : 10 000 et même à 1 : 100 000, alors que pour être bactéricide il demande à être employé sous un poids 100 fois plus élevé, soit à 1 : 100, Il en est, d'ailleurs, souvent ainsi des agents de la classe à laquelle appartient le sublimé, qui commencent tous à se montrer purement infertilisants avant de devenir sûrement bactéricides.

Nous sommes donc amenés à étudier les corps chimiques au double point de vue de l'infertilisation et de la stérilisation.

I. — Infertilisation des milieux putrescibles.

Pour déterminer le pouvoir infertilisant d'un corps chimique, il suffit de calculer sous quel poids il doit être ajouté à un volume connu d'un milieu de culture, très altérable, pour le conserver efficacement et indéfiniment inaltéré.

Cette conservation indéfinie est due à un arrêt dans la multiplication des bactéries de la putréfaction ou des fermentations variées qui seront décrites plus loin. Cet arrêt peut tenir à deux causes principales :

1° A une action toxique permanente qui s'oppose à l'évolution des microbes adultes ou de leurs germes ;

2° A une modification du milieu de culture qui le rend impropre à nourrir les bactéries.

Pour donner l'exemple d'une antiseptie parfaite obtenue par l'action permanente d'une substance toxique, il nous suffit de rappeler qu'en acidifiant ou en alcalinisant un milieu nutritif, largement ensemencé par des Schizophytes, rien ne se développe dans ce milieu, mais qu'il suffit de neutraliser, à peu près complètement, l'acide ou l'alcali, pour le voir promptement s'altérer.

Si, au contraire, on ajoute au même milieu nutritif quelques gouttes de teinture d'iode, d'eau bromée ou chlorée, d'eau de Javel, on peut aisément constater que l'iode, le brome, le chlore, l'hypochlorite alcalin restent peu de temps à l'état de liberté et que cependant les bactéries ne se développent plus, bien que leurs germes ne soient pas tous tués. On doit donc déduire de ce fait, que les substances nutritives pour les microbes ont été profondément modifiées et rendues impropres à favoriser leur végétation.

Pour déterminer expérimentalement le pouvoir infertilisant d'une substance chimique à l'égard d'une bactérie semée dans un milieu donné, on introduit dans une série de vases contenant sous un égal volume le liquide nutritif choisi stérilisé (bouillon, lait, urine, gélatine fondue, etc.), des doses décroissantes d'antiseptique : 1 : 10, 1 : 100, 1 : 1000; puis, après mélange, on introduit dans ces vases la bactérie à l'état de culture pure. Au bout d'un temps d'incubation jugé suffisant (20 à 30 jours), on note les vases où le développement du microbe a pu s'effectuer. Si ceux qui ont reçu 1 : 10 et 1 : 100 de la substance toxique sont inaltérés et si celui qui en a reçu 1 : 1000 est en voie d'altération, on recommence un essai semblable en recherchant entre 1 : 100 et 1 : 1000 le point où l'antiseptie est complète.

En opérant, dans des conditions identiques, avec des cultures récentes et des milieux toujours préparés de la même manière, on détermine, avec une approximation bien suffisante, le poids sous lequel un corps chimique s'oppose efficacement au développement de tel ou tel microbe.

De semblables déterminations ne peuvent, aucunement, fixer l'expérimentateur sur la dose d'antiseptique capable de tuer les germes, souvent si résistants de plusieurs microorganismes; doit-on pour cette raison négliger ces sortes de recherches? Nous ne le pensons pas, car il existe des cas où il est difficile de tuer les spores bactériennes et où on a cependant intérêt, du moins pendant un certain temps, à empêcher ces germes de pulluler. C'est alors que les substances infertilisantes peuvent rendre service. Leur utilité est également bien reconnue dans le pansement des plaies, dans le traitement des muqueuses enflammées dont l'épithélium ne résisterait pas à la médication brutalement microbicide, tandis qu'il supporte aisément la médication antiseptique. La médecine et l'hygiène peuvent donc avoir intérêt à connaître les doses infertilisantes des substances chimiques et tirer, par conséquent, quelque profit des recherches qui viennent d'être indiquées.

Nous ne pouvons songer à donner, ici, même un court aperçu des premiers travaux faits sur cette question; rappelons cependant que

Angus Smith (1), A. Petit (2), O'Nial (3), Bucholz (4), Sternberg (5), Jalan de la Croix (6), Wernich (7), Koch (8), Miquel (9), Vallin (10) sont les auteurs qui ont abordé, plus spécialement, ces recherches par leur côté le plus général. Les travaux plus récents seront mentionnés quelques pages plus loin.

II. — Stérilisation par les agents chimiques.

Si, comme on vient de le voir, l'antiseptie rigoureuse des milieux altérables peut offrir quelques avantages en s'opposant momentanément au développement des bactéries malfaisantes dont la conséquence est la multiplication des causes de contagion, la production de gaz putrides ou d'émanations dangereuses, la destruction absolue des germes des microbes donne seule une sécurité parfaite.

Un simple fait fera saisir la justesse de cette affirmation. Immergeons dans une solution aqueuse de chlorure de zinc à 5 ou 10 p. 100, un morceau de viande charbonneuse où la bactéridie a pu donner d'abondantes spores. Laissons-y séjourner pendant un mois. Au bout de ce temps la viande n'offrira aucune trace d'altération, tout au plus dégagera-t-elle une faible odeur de suif. Exprimons-en alors une partie de son jus que nous inoculons à des animaux et que nous introduisons, à dose impondérable, dans des vases de bouillon stérilisé. Les animaux périront tous du charbon et les vases de bouillon se rempliront de beaux flocons de bactéridie charbonneuse.

Répétons la même expérience avec une solution de sublimé à 5 p. 1 000, salée à 5 p. 100, nous constaterons au bout de quelques jours que la bactéridie et ses spores sont irrévocablement détruites.

Ainsi, dans le premier cas, l'antiseptie aura simplement prévenu le développement de la bactérie pathogène; dans le second, cet avantage sera accompagné de la destruction complète de toutes les spores et l'on n'aura pas à redouter que, après avoir été immobilisées pendant un temps plus ou moins long, elles puissent semer ultérieurement l'infection et la mort comme ce fait s'observe, encore trop fréquem-

---

(1) Angus Smith. Disinfectants and Disinfection, Edimbourg, 1869.
(2) A. Petit. *Comp. rend. de l'Académie des Sciences*, 1872.
(3) O'Nial. *Army medical Report for* 1871, Londres, 1872.
(4) Bucholz. *Archiv für experim. Pathologie*, 1875, IV.
(5) Sternberg. *Nat. Board of Health Bull.*, Washington, I, 1879-80, pp. 219, 223, 287 et 365.
(6) Jalan de la Croix. *Archiv für experim. Pathologie*, 1881, XIII.
(7) Wernich. Grundriss der Desinfektionlehre, Vienne et Leipzig, 1880.
(8) Koch. *Mitth. aus dem K. Gesundheitsamte*, 1881, I.
(9) Miquel. *Annuaires de l'Observatoire de Montsouris*, Paris, 1883 et 1884.
(10) Vallin. Traité des Désinfectants et de la Désinfection, Paris, 1883.

ment, chez les ouvriers qui manipulent les dépouilles des animaux morts du charbon, venues des pays étrangers, après avoir été traitées par le sel marin ou tout autre antiseptique insuffisamment actif. Par conséquent, l'antiseptie simple ne doit être utilisée que quand la stérilisation par les substances chimiques n'est pas praticable.

On peut employer plusieurs méthodes pour déterminer approximativement le pouvoir microbicide des agents chimiques à l'égard des bactéries.

Premier procédé. — De petits morceaux de papier, d'étoffe, des bouts de fil de soie, de platine ou des lamelles de même métal, ou de verre, sont enduits de cultures pures des espèces à éprouver. Ces petits supports séchés à la température ordinaire, à l'abri des poussières de l'air, sont portés avec des pinces stérilisées dans des solutions du corps antiseptique, de concentrations variées, où on les abandonne de quelques minutes à plusieurs jours, suivant le degré d'activité de la substance choisie ou la résistance des germes à détruire. L'expérience terminée, ces objets chargés de bactéries sont repris à la pince flambée, lavés dans l'eau stérilisée pour les débarrasser de l'excès d'antiseptique qu'ils pourraient entraîner avec eux, et finalement introduits dans des milieux nutritifs aptes à favoriser le développement des microbes sur lesquels on pratique ces essais. Cette méthode a été, dès 1881, appliquée par Koch et, plus tard, par de nombreux bactériologistes.

Si les substances que l'on fait agir sur les bactéries sont gazeuses ou à l'état de vapeur, les objets contaminés par les cultures sont suspendus soit au centre d'un flacon, soit au milieu d'une cloche hermétiquement close, où les gaz et les vapeurs sont introduits dans des proportions exactement calculées.

Deuxième procédé. — Sternberg et Miquel estiment qu'il est tout aussi précis d'ajouter directement les cultures à doses massives aux solutions antiseptiques préparées au préalable, au besoin stérilisées par la chaleur; puis, au bout d'espaces de temps variables, de prélever des traces de ces mélanges qu'on ensemence dans des milieux de culture neufs, d'un grand volume, de façon à annihiler le pouvoir infertilisant de l'agent chimique entraîné dans cet ensemencement. Cet agent ne doit pas se trouver dans ces nouvelles cultures sous un poids supérieur à quelques dix millionièmes. Du reste, on doit toujours pratiquer des cultures-témoin en ajoutant aux milieux nutritifs, avec une trace de la culture non traitée, une quantité double ou triple de l'antiseptique qu'on suppose avoir été introduit dans les vases au moment des ensemencements.

Ce second procédé abrège et simplifie les manipulations et facilite les inoculations aux espèces animales quand on opère avec des bactéries pathogènes.

Mais, quel que soit le procédé employé, il est bien rare que les chiffres publiés par les différents auteurs, qui se sont adonnés à des recherches sur le même microbe, soient exactement concordants; cela tient, le plus souvent, à ce qu'ils n'ont pas opéré dans les mêmes conditions. L'âge des cultures, le nombre d'individus soumis à l'action des antiseptiques, les milieux dans lesquels on tente de les rajeunir, la pureté plus ou moins parfaite des produits chimiques employés, la température ambiante, etc., ne sont pas sans exercer une influence très sensible sur les résultats de semblables essais. Du reste, une précision absolue, difficile à atteindre, n'est pas indispensable pour permettre de juger du pouvoir microbicide de telle ou telle substance; des chiffres approximatifs suffisent, car, dans la pratique de la désinfection, on exagère toujours la dose des antiseptiques et leur durée d'action, de façon à obtenir plus sûrement la destruction des germes morbides ou malfaisants.

Le grand nombre d'expériences effectuées sur les antiseptiques rend singulièrement laborieuse l'exposition brève et même incomplète des faits observés. Nous devons donc nous contenter de rapporter les principales recherches sur ce sujet. Ce qui vient encore compliquer ce travail, c'est le peu d'entente qui a régné entre les expérimentateurs pour rendre leurs résultats comparables. Les uns se sont servis de solutions faibles qu'ils ont fait agir longuement sur les bactéries; les autres ont employé des solutions fortes qu'ils ont fait agir très peu de temps sur les mêmes microorganismes. STERNBERG et BOER ont choisi une durée d'action de 2 heures; KITASATO un temps d'action de 4 à 5 heures; KOCH a prolongé la durée d'immersion dans les solutions antiseptiques pendant des semaines et des mois; nous ne parlerons pas des essais qui ont été limités à quelques secondes ou à quelques minutes, car ces expériences, si rapides, nous semblent perdre beaucoup de leur précision.

III. — Du pouvoir infertilisant et microbicide de quelques substances chimiques solubles.

Nous diviserons les substances chimiques antiseptiques en quatre grandes classes, suivant leur puissance d'action sur les bactéries : en substances, très fortement, fortement, modérément et faiblement antiseptiques.

Les substances capables d'infertiliser les milieux de culture à 1 : 1000, au moins, seront dites *très fortement* antiseptiques ; elles seront considérées comme *fortement* antiseptiques quand la dose infertilisante sera, au moins, égale à 1 : 100 ; seulement comme *modérément* antiseptiques si elles s'opposent au développement des bactéries sous le poids maximum de 1 : 10 et au-dessous de ce poids, jusqu'à 1 : 5, comme *faiblement* antiseptiques. Les substances qui demandent à être employées à une dose supérieure à plus de 20 p. 100 ne nous paraissent pas devoir mériter le qualificatif d'antiseptique.

Substances fortement antiseptiques.

Dans ce groupe, on doit ranger les combinaisons solubles des métaux précieux : de l'*or*, de l'*argent*, du *platine* ; les *mercuriaux*, le *chlore*, le *brome* et l'*iode* ; quelques acides métalliques, tels que les *acides osmique* et *chromique* ; les *acides cyanhydrique*, *sulfureux* et *formique* ; l'*aldéhyde formique*, les *hypochlorites solubles* et l'*eau oxygénée*.

Sels d'argent. — Miquel (1) a trouvé que le pouvoir infertilisant du *nitrate d'argent* s'exerçait à 1 : 12 500 et que l'iodure du même métal dissout dans les iodures alcalins, bien qu'il se précipitât partiellement dans les bouillons employés, prévenait les putréfactions sous le poids de 1 : 30 000.

Behring (2) place le *nitrate d'argent* à côté du sublimé et le considère comme supérieur à ce dernier, quand la désinfection doit porter sur des liqueurs contenant des substances albuminoïdes. D'après le même auteur, le *nitrate d'argent* prévient le développement

(1) Miquel. *Annuaire de l'Observatoire de Montsouris*, 1884, pp. 559 et 566.
(2) Behring. *Deutsche med. Wochenschrift*, 1887, n°s 37 et 38.

de la bactéridie charbonneuse à 1 : 80 000 et tue ses spores sous le poids de 1 : 10 000.

Boer (1) a trouvé que ce sel est infertilisant à l'égard des bacilles du charbon, de la diphtérie, de la morve, de la dothiénentérie et du spirille du choléra à des doses variant de 1 : 50 000 à 1 : 70 000, et qu'il tue : les spores du charbon à 1 : 20 000, le bacille de la diphtérie à 1 : 2 500, les bacilles de la morve, de la fièvre typhoïde et du choléra à 1 : 4 000.

Plus récemment, Schaffer, Judasohn et Blumberg (2) ont étudié l'action sur les bactéries du *citrate d'argent* (ictrol), du *lactate d'argent* (actol), de l'*argentamine*, de l'*argonine*, du *protargol* (combinaisons organiques de l'argent) qu'ils affirment être, encore, plus énergiques que le nitrate d'argent en solution aqueuse.

Sels de mercure. — Il est peu d'antiseptiques qui aient fait l'objet d'autant de recherches que le *sublimé*. Tour à tour prôné et déconseillé, il n'en reste pas moins, quand on sait l'employer, l'un des microbicides les plus sûrs et les plus fidèles.

Koch (3) a reconnu que le *bichlorure de mercure* à 1 : 1000 tue en quelques minutes les spores du charbon et qu'il agit, de même, à 1 : 10 000, quand l'action de ce sel est prolongée. Sternberg (4) a constaté qu'à 1 : 10 000 et en 2 heures, le sublimé anéantit les spores des bacilles subtils et de la bactéridie charbonneuse. Miquel (5) déclare le *sublimé* infertilisant à 1 : 14 000 ; plus récemment, il a vu les solutions de cette substance toxique ne suspendre la putréfaction du bouillon, mélangé avec beaucoup de poussières, qu'à la dose de 1 : 1500. Fränkel (6) a trouvé qu'une solution de *bichlorure de mercure* à 1 : 1 000 tue en une demi-heure le bacille de la fièvre typhoïde, du choléra et de la septicémie des souris, que le même effet peut être produit au bout de 2 heures avec une solution à 1 : 10 000. En opérant sur le spirille du choléra, Van Ermengem (7) a constaté que le *sublimé* à 1 : 60 000 le détruisait en 1 heure quand ce spirille était en culture dans le bouillon, mais que, cultivé dans le sérum du sang, il fallait, pour obtenir le même résultat, porter la dose du *sublimé* à 1 : 1 000.

---

(1) Boer. *Zeitschrift für Hygiene*, 1890, IX, p. 479.
(2) Blumberg. *Zeitschrift für Hygiene*, 1898, p. 201.
(3) Koch. *Mitth. aus dem K. Gesundheitsamte*, 1881, I.
(4) Sternberg. *Americ. Journ. Med. Scien.*, 1883, LXXXIV, pp. 321-343.
(5) Miquel. *Annuaire de l'Observatoire de Montsouris*, 1883, p. 559.
(6) Fränkel. *Zeitschrift für Hygiene*, 1889, VI, p. 521.
(7) Van Ermengem. Le Microbe du choléra asiatique, 1885.

SCHILL et FISCHER (1) ont pu stériliser des crachats de phtisiques en faisant agir sur eux, pendant 24 heures, une solution de *sublimé* à 1 : 2000. BEHRING (2) a établi que le spirille du choléra et la bactéridie charbonneuse sont tués en 1 heure à 36° par le *sublimé* à 1 : 100 000 et que, pour agir aussi efficacement pendant le même temps et à 3°, cette solution devait être rendue 4 fois plus forte, c'est-à-dire portée à 1 : 25 000. D'après le même savant, le staphylocoque pyogène doré est détruit au bout de 25 minutes par une solution à 1 : 1000.

YERSIN (3) affirme, d'autre part, que le bacille de la tuberculose perd sa vitalité, en une minute, quand on le plonge dans une eau chargée de 1 : 1000 de *chlorure mercurique*. TARNIER et VIGNAL (4) ont vu le streptocoque pyogène succomber, au bout de 2 minutes, à l'action du *sublimé* à 1 : 1000; le *biiodure de mercure*, au même titre, réclamerait 9 minutes et l'acide phénique à 1 : 20, 18 minutes.

Dans une série d'essais bien conduits, VIQUERAT (5) a reconnu que le *sublimé* à 1 : 1000 tue le bacille typhique, la bactéridie charbonneuse, le bacille subtil et le staphylocoque pyogène en 15 minutes; le bacille pyocyanique en 5 minutes et le staphylocoque doré en moins de 1 minute.

Beaucoup plus récemment, BOKHROFF (6) est arrivé à des résultats à peu près identiques : le *sublimé* à 1 : 1000 s'est montré capable d'anéantir les spores charbonneuses au bout de 9 à 10 heures, le staphylocoque doré en 3 heures, le bacille de LÖFFLER en 1 heure 1/2, le bacille du charbon sans spores et le spirille du choléra en 15 à 20 minutes.

Parmi les autres mercuriaux employés pour détruire les bactéries, il importe de citer le *cyanure* et l'*oxycyanure de mercure* que CHIBRET (7) a vu détruire, sous le poids de 1 : 100, le staphylocoque en 1 minute; en 1 heure sous le poids de 1 : 1000 et en 1 heure 1/2 quand la solution était de 1 : 1500. BEHRING (8) a trouvé, de son côté, que, sous le poids de 1 : 25 000, le *cyanure de mercure* infertilise complètement les milieux peuplés de bacilles du charbon et qu'il faut 1 : 16 000 *d'oxycyanure de mercure* pour produire un effet équivalent.

BOER (9) qui trouve, en général, des doses stérilisantes et inferti-

---

(1) SCHILL et FISCHER. *Mitth. aus dem K. Gesundheitsamte*, 1884, II, pp. 131 et 146.
(2) BEHRING. *Centralblatt für Bakteriologie*, 1888, III, p. 27.
(3) YERSIN. *Annales de l'Institut Pasteur*, 1888, II, p. 60.
(4) TARNIER et VIGNAL. *Archives de médecine expérimentale*, II, 1890, p. 469.
(5) VIQUERAT. *Annales de Micrographie*, 1889, I, p. 219.
(6) BOKHROFF. Thèse de Saint-Pétersbourg, 1897.
(7) CHIBRET. Congrès d'ophtalmologie d'Heidelberg, 1888
(8) BEHRING. *Centralblatt für Bakteriologie*, 1888, III, p. 64.
(9) BOER. *Zeitschrift für Hygiene*, 1890, IX, p. 479.

lisantes beaucoup plus faibles que la plupart des expérimentateurs, affirme qu'au bout de 2 heures les bacilles du charbon, de la diphtérie, de la morve, du typhus et du choléra, sont tués par des doses *d'oxycyanure de mercure* variant de 1 : 30 000 à 1 : 60 000.

Il paraît donc bien établi que les mercuriaux font partie de la classe des antiseptiques les plus puissants. STERNBERG (1) estime que pour détruire les spores, on doit employer dans la pratique de la désinfection des solutions d'une teneur variant de 1 : 500 à 1 : 1 000 de *sublimé* et seulement des solutions plus faibles de 1 : 2 000 à 1 : 5 000 quand il s'agit de tuer des bactéries pathogènes asporulées. Cette opinion est basée sur les faits les mieux observés et doit être acceptée comme conforme à la vérité quand les milieux, sur lesquels on fait agir les mercuriaux, sont dépourvus de substances albuminoïdes précipitables par ce métal. Pour empêcher ou atténuer, dans une large mesure, cette précipitation, MIQUEL a employé, dès 1883, des solutions mercurielles contenant 1 p. 100 de sel marin ou 1 p. 100 d'iodure de potassium quand il s'agissait du biiodure de mercure. BEHRING a reconnu que 5 p. 1000 de sel marin rendaient également des services. MIQUEL estime, aujourd'hui, que la quantité de sel marin des solutions mercurielles doit toujours s'élever à 10 fois le poids du sublimé dissous. Ainsi préparées, ces liqueurs ne précipitent plus le sérum du sang, quelle que soit la durée du contact.

Dans ses recherches sur la vitalité des spores de la bactéridie charbonneuse, GEPPERT (2) a publié que ces germes pathogènes, plongés dans des solutions mercurielles et se refusant à croître quand elles étaient simplement lavées à l'eau, revenaient à la vie quand on les traitait par le sulfhydrate d'ammoniaque. Cette observation démontre qu'en insolubilisant le mercure fixé par l'enveloppe de la spore, on la sauve d'une destruction qui serait arrivée quelque temps plus tard et n'a pas d'autre signification. Tous les antiseptiques (formol, sels d'argent, d'or, etc.) sont dans le même cas, en s'opposant à leur action ultérieure sur le protoplasme des cellules, en contrecarrant leur action par divers réactifs (ammoniaque, sel marin, hydrogène sulfuré, etc.), on affaiblit nécessairement leur action et, alors, il est évident que pour amener la destruction des cellules il faut que la durée du contact avec la substance stérilisante soit augmentée. GEPPERT a trouvé, en effet, que les spores charbonneuses maintenues pendant 1 heure dans une solution de sublimé à 1 : 1000, puis passées au sulfhydrate, étaient toujours détruites.

(1) STERNBERG. A manual of Bacteriology, p. 187, New-York, 1892.
(2) GEPPERT. *Berliner klinische Wochenschrift*, 1889, n°s 36 et 37.

Nos travaux personnels sur cette question nous permettent de signaler des spores de bacilles de la terre de jardin que le *sublimé* à 1 : 200, convenablement salé, n'arrive à tuer qu'au bout de plusieurs jours de contact ; ce sont ces mêmes spores qui résistent plus d'une demi-heure à l'autoclave à 110° ; doit-on conclure de là que la chaleur humide est un agent médiocre de désinfection ? nous pensons tout à fait le contraire, car nous savons que plusieurs bactéries, du reste dépourvues de tout pouvoir pathogène, sont difficilement privées de leur vitalité par les agents physiques et chimiques qui nous servent tous les jours. Dans ces cas, la stérilisation absolue réclame des précautions spéciales et l'application d'énergies exceptionnellement puissantes contre lesquelles les spores les plus réfractaires finissent néanmoins par céder.

Sels d'or et de platine. — Peu de recherches ont été faites avec les sels de ces métaux précieux, dont l'usage ne pouvait se vulgariser. Miquel (1) a trouvé que le *chlorure d'or* était un infertilisant fidèle à 1 : 4 000. Boer (2) a reconnu, de son côté, qu'au bout de 2 heures d'immersion dans une solution de *chlorure double d'or et de sodium* à 1 : 8 000 le bacille du charbon était irrévocablement détruit, que les bacilles de la diphtérie et du choléra succombaient, dans le même temps, sous l'action d'une solution à 1 : 1 000 et qu'il fallait 1 : 400 et 1 : 500 de ce même chlorure double pour priver de toute vitalité les bacilles de la morve et de la fièvre typhoïde.

Le *bichlorure de platine* a un pouvoir infertilisant se rapprochant beaucoup de celui du chlorure d'or (1 : 3 300).

Chlore et ses dérivés. — Jalan de la Croix (3) a trouvé que le pouvoir infertilisant du *chlore*, dissous dans l'eau, était voisin de 1 : 15 000. Miquel (4) a pu suspendre la putréfaction du bouillon de bœuf en y ajoutant le même corps sous le poids de 1 : 4 000. Geppert a rendu inactives, pour le cobaye, les spores charbonneuses en faisant agir sur elles, pendant 15 secondes, une solution aqueuse de *chlore* à 1 : 500.

Les essais pratiqués avec le *chloroforme* sont plus nombreux ; ils amènent tous à conclure que ce corps n'exerce pas d'action nuisible sur les spores bactériennes. Koch (5) a vu les spores du charbon

(1) Miquel. *Annuaire de l'Observatoire de Montsouris*, 1884, p. 559.
(2) Boer. *Zeitschrift für Hygiene*, 1890, IX, p. 550.
(3) Jalan de la Croix. *Archiv für experim. Pathol. und Pharm.*, 1881, XIII, pp. 175-225.
(4) Miquel. *Annuaire de l'Observatoire de Montsouris*, 1884, p. 559.
(5) Koch. *Mitth. aus dem K. Gesundheitsamte*, 1881, I.

rester vivantes après une immersion de 100 jours dans ce liquide. ARLOING, CORNEVIN et THOMAS (1) l'ont trouvé également sans effet sur le bacille du charbon symptomatique. Il résulte, au contraire, des expériences de SALKOWSKI (2) et de KIRCHNER (3) que l'*eau chloroformée*, même à faible dose, tue le charbon asporogène et le spirille du choléra, après une action d'une demi-heure à une heure. MIQUEL (4) a reconnu que le *chloroforme* était, de même que le *bromoforme*, infertilisant sous le poids de 1 : 1250, mais qu'il suffisait de laisser évaporer ces substances volatiles pour voir le bouillon se putréfier promptement.

Autrement actifs sont les hypochlorites alcalins et alcalino-terreux, dont le pouvoir antiseptique, comme celui du chlore, est connu depuis la fin du siècle dernier. KOCH (5) a trouvé qu'il fallait plusieurs jours aux solutions d'*hypochlorite de chaux* pour tuer les spores de la bactérie charbonneuse. On s'explique assez mal ces résultats qui ont été, jusqu'à ce jour, contredits par tous les expérimentateurs qui ont étudié l'action microbicide, si remarquable, des sels solubles de l'acide hyperchloreux.

WONOROFF, WINOGRADSKY et KOLESSNIKOFF (6) ont trouvé, au contraire, qu'une solution de *chlorure de chaux* à 5 p. 100 tue ces spores en une minute. STERNBERG (7) qu'une solution du même sel à 1 p. 100 produit le même effet en 2 minutes. MARTENS (8) a constaté que l'*eau de Javel* à 1 : 1000 détruit les microbes du pus en 45 secondes. NISSEN (9) déclare, de son côté, que le *chlorure de chaux* tue aisément la plupart des bacilles et leurs spores; que le bacille typhique et le spirille du choléra meurent en 5 minutes dans les bouillons qui renferment 1 : 800 de ce sel; que le *Bacillus anthracis* et le *Staphylococcus pyogenes aureus* y périssent en moins d'une minute. BOLTON (10) rapporte que les spores du charbon sont tuées en 2 heures par le *chlorure de chaux* à 1 : 330 et que les bacilles du typhus et les spirilles du choléra succombent dans le même temps à l'action d'une solution à 1 : 2000. Enfin CHAMBERLAND (11) a pu se convaincre que le *chlo-*

(1) ARLOING, CORNEVIN et THOMAS. Le charbon symptomatique du bœuf, p. 149, 2e édit. Paris, 1887.
(2) SALKOWSKI. *Deutsche med. Wochenschrift*, 1888, n° 16. — *Zeitschrift für physiologische Chemie*, XIII, 1889, n° 6.
(3) KIRCHNER. *Zeitschrift für Hygiene*, 1890, VIII, p. 465.
(4) MIQUEL. *Annuaire de l'Observatoire de Montsouris*, 1884, p. 571.
(5) KOCH. *Mitth. aus dem K. Gesundheitsamte*, 1881, II.
(6) WONOROFF, WINOGRADSKY et KOLESSNIKOFF. *Russkaia medicina*. 1886.
(7) STERNBERG. *Amer. Journ. Med. Scien.* LXXXIV, 1883, pp. 321-343.
(8) MARTENS. *Virchow's Archiv*, 1888, CXII, n° 2.
(9) NISSEN. *Zeitschrift für Hygiene*, 1890, VIII, p. 26.
(10) BOLTON. *Rep. of Com. on Desinf.*, Am. Publ. Health. Assoc., n° 153.
(11) CHAMBERLAND. *Annales de l'Institut Pasteur*, 1893, VII, p. 433.

rure de chaux à 1 : 120 était plus actif que le sublimé à 1 : 1000.

Il résulte donc des expériences qui viennent d'être résumées que les hypochlorites ont leur place marquée parmi les antiseptiques les plus puissants et, on peut ajouter, parmi les moins coûteux.

Brome. — Koch (1) a vu l'*eau bromée* tuer les germes du charbon au bout de 24 heures. Miquel (2) a trouvé que ce corps, un peu moins actif que le chlore, infertilisait les bouillons avec le poids de 1 : 1700.

Iode et ses composés. — L'*iode* pur est assez peu employé dans la pratique de l'antisepsie vraisemblablement pour le motif qu'il tache fortement la peau et les objets de pansement. Il a une vogue beaucoup plus soutenue comme rubéfiant, comme dépuratif et agent modificateur; cependant, on l'emploie, encore, en injections chez l'homme pour limiter et circonscrire l'accident primaire du charbon; on s'en sert aussi pour modifier les toxines *in vitro* et dans l'économie animale.

L'iode a une action nettement bactéricide. Sternberg (3) a vu le pneumocoque périr au bout de 2 heures sous l'action d'une solution d'*iode* à 1 : 1000; au bout du même temps, le staphylocoque succombe dans la solution à 1 : 500. Koch (4) a constaté qu'après un séjour de 24 heures dans une solution d'*iode* à 2 pour 100, les spores charbonneuses étaient privées de toute vitalité.

Schill et Fischer (5) ont pu détruire la virulence du bacille de la tuberculose en le mettant en contact, pendant 20 heures, avec une solution d'*iode* à 1 : 500. Miquel (6) range ce corps parmi les substances capables d'infertiliser les bouillons sous le poids de 1 : 4000. Plus récemment, Podgorny (7) a démontré qu'à la dose moyenne de 1 : 900 l'*iode* tue facilement la bactéridie charbonneuse, le bacille de Löffler, le spirille du choléra et l'actinomyces.

Le *trichlorure d'iode*, autrefois employé dans le traitement de la diphtérie, a également fait l'objet de quelques recherches. Riedel (8) a constaté qu'il détruit, en quelques minutes, les spores du charbon sous le poids de 1 : 500 et, presque instantanément, les mêmes

---

(1) Koch. *Mitth. aus dem K. Gesundheitsamte*, 1881, II.
(2) Miquel. *Annuaire de l'Observatoire de Montsouris*, 1883, p. 429.
(3) Sternberg. *Nat. Board of Health Bull.*, I, 1879-80, pp. 219-365.
(4) Koch. *Mitth. aus dem K. Gesundheitsamte*, 1881, pp. 1-49.
(5) Schill et Fischer. *Mitth. aus dem K. Gesundheitsamte*, 1884, II, pp. 131-146.
(6) Miquel. *Annuaire de l'Observatoire de Montsouris*, 1883, p. 429 et 1884, p. 568.
(7) Podgorny. Thèse de Saint-Pétersbourg, 1897.
(8) Riedel. *Arbeit. aus dem K. Gesundheitsamte*, 1887.

germes en solution 5 fois plus forte. BEHRING (1) a observé la destruction en 40 minutes des mêmes germes portés dans du sérum contenant 1 : 100 de ce *trichlorure;* enfin, LAGENBUCH a trouvé que ce corps était stérilisant à 1 : 1 200.

L'*iodoforme*, considéré comme à peu près insoluble dans l'eau, émet à la température ordinaire des vapeurs dont le pouvoir microbicide a fait l'objet de quelques essais peu encourageants. Cependant, YERSIN (2) a vu les solutions éthérées de ce corps à 1 : 100 détruire en 5 minutes le bacille de la tuberculose.

Acides métalliques. — KOCH (3) a constaté que l'*acide osmique* à 1 : 100 détruit les spores de la bactéridie charbonneuse en 24 heures. Il semble rationnel d'admettre que cette durée d'un jour est une limite maximum. MIQUEL (5) déclare que le même corps se montre un infertilisant énergique à 1 : 6 700.

D'après KOCH (3), l'*acide chromique* à 1 pour 100 demanderait 2 jours pour tuer les mêmes spores. MIQUEL (4) trouve qu'il suffit qu'un bouillon en renferme la 1 : 5 000 partie de son poids pour rester définitivement inaltéré par les bactéries. Les combinaisons potassiques de l'acide chromique perdent beaucoup du pouvoir antiseptique de l'acide qui entre dans leur constitution. Ainsi, d'après KOCH (3), le *chromate de potasse* à 1 : 20 ne tue pas les spores du charbon après un contact de 5 jours. MIQUEL (5) a trouvé que les chromates sont pourvus d'un pouvoir infertilisant environ 6 fois plus faible que l'acide chromique pur.

Acide cyanhydrique et cyanures. — L'*acide cyanhydrique* infertilise, assez bien, les bouillons à la dose de 1 : 2 500, mais se montre incapable de détruire les germes très résistants des bacilles subtils. Quant aux *cyanures* et aux *sulfocyanures*, ils se montrent beaucoup moins actifs; le *cyanure de potassium* n'est déjà plus infertilisant qu'à 1 : 900 et le *sulfocyanate de potassium* à 1 : 8 (MIQUEL) (6).

Acide formique. — KITASATO (7) a vu le bacille typhique périr en 5 heures dans un milieu chargé de 1 : 300 d'*acide formique* et le

---

(1) BEHRING. *Deutsche med. Wochenschrift*, 1887, n° 20 et 1889, n° 41 et 42.
(2) YERSIN. *Annales de l'Institut Pasteur*, 1888, II, p. 60.
(3) KOCH. *Mitth. aus dem K. Gesundheitsamte*, 1881, I.
(4) MIQUEL. *Annuaire de l'Observatoire de Montsouris*, 1884, p. 559.
(5) MIQUEL. Des organismes vivants de l'atmosphère, 1883, p. 293.
(6) MIQUEL. *Annuaire de l'Observatoire de Montsouris*, 1884, pp. 550 et 570.
(7) KITASATO. *Zeitschrift für Hygiene*, III, 1888, p. 404.

spirille du choléra subir le même sort dans une culture contenant la 1 : 500 partie de cet acide.

Duclaux (1), qui a étudié avec soin le pouvoir infertilisant du même corps, a trouvé : que les Tyrothrix, notamment le *tenuis*, ne poussent pas dans les milieux contenant 1 : 1250 d'*acide formique*; que la bactéridie charbonneuse et le bacille pyocyanique ne peuvent se développer que si la quantité de cet acide est inférieure à 1 : 16600 ; que le streptocoque reste inerte dans les milieux qui en renferment environ 1 : 8300, et qu'enfin le microbe du choléra des poules est arrêté dans sa croissance par la dose infime de 1 : 66 700 d'*acide formique*. Plus bas, on verra que les vapeurs émises par ce corps sont également puissamment germicides.

Aldéhyde formique. — Il ne sera ici question que de l'action qu'exerce ce corps en solution aqueuse sur les microorganismes. Le pouvoir microbicide de l'*aldéhyde formique*, signalé, en 1888, par Loew et reconnu comme très puissant par plusieurs autres auteurs, est remarquablement élevé à l'état gazeux. Miquel (2) a établi que l'*aldéhyde formique*, portée à la dose de 1 : 2000 dans du bouillon, largement ensemencé avec des poussières d'appartement, se conserve indéfiniment limpide ; qu'avec le même bouillon ensemencé avec de l'eau d'égout, la dose efficace est 1 : 7000 pour les bactéries, et 1 : 4000 pour les moisissures. En comparant, dans les mêmes conditions, le pouvoir infertilisant du sublimé chloruré et de l'*aldéhyde formique*, le même auteur a trouvé que ces pouvoirs s'équivalent à peu de chose près.

Pottevin (3) arrive dans ses essais sur les solutions de formaldéhyde à conclure que les organismes non sporulés sont tués de 15 minutes à quelques heures par une solution à 1 : 1000.

D'après Walter (4), le bacille du charbon, le spirille du choléra, les bacilles de la fièvre typhoïde, de la diphtérie et les microorganismes du pus sont immobilisés dans les liquides de culture par 1 : 10000 d'*aldéhyde formique* et détruits au bout d'une heure par une dose 100 fois plus forte, soit par 1 : 100.

Acide sulfureux. — Sternberg (5) a constaté, en 1885, que les microcoques étaient détruits au bout de 2 heures par 1 : 2000 d'*acide*

(1) Duclaux. *Annales de l'Institut Pasteur*, 1892, IV, p. 598.
(2) Miquel. *Annales de Micrographie*, VI, 1894, p. 353.
(3) Pottevin. *Annales de l'Institut Pasteur*, 1894, VIII, p. 796.
(4) Walter. *Zeitschrift für Hygiene*, 1896, XXI, p. 421.
(5) Sternberg. *Report of the Committee on disinfectants*, 1885, p. 68.

sulfureux et que les microbes du pus ne pouvaient résister dans un milieu renfermant 1 : 5000 de ce gaz dissout. JALAN DE LA CROIX (1) était déjà arrivé aux mêmes résultats, le bouillon se montra infertilisé par 1 : 2000 d'anhydride sulfureux.

De son côté, KITASATO (2) a vu le bacille de la fièvre typhoïde périr en quelques heures dans une solution chargée de 1 : 350 d'*acide sulfureux* et le spirille du choléra perdre sa vitalité dans une solution à 1 : 650.

MIQUEL (3), qui a fait une longue étude sur les propriétés des solutions du gaz acide sulfureux, a été amené à conclure : que cette substance occupe une bonne place parmi les substances antiseptiques, qu'elle s'oppose à la multiplication de la bactéridie charbonneuse à la dose de 1 : 1000, du bacille typhique et du spirille de KOCH à celle de 1 : 1500, mais qu'il faut des quantités beaucoup plus élevées de ce corps pour détruire les spores. Les germes du charbon ne sont sûrement anéantis qu'après un contact de 6 à 7 jours avec des solutions d'*acide sulfureux* à 1 : 100 et les spores répandues dans les matières de vidanges qu'après un contact de 2 à 3 jours avec des solutions à 1 : 20.

Eau oxygénée. — KINGZETT (4) remarqua, en 1876, que l'*eau oxygénée* s'opposait à la marche des fermentations. Deux années plus tard, GUTTMANN (5) put, avec un centimètre cube d'eau oxygénée à 10 volumes, empêcher 10 volumes d'urine de se putréfier pendant une période de temps de 9 mois. PAUL BERT et REGNARD (6) établirent que le lait, les œufs, l'eau de levure, etc., sont préservés de la putréfaction par le même corps chimique. NOCARD et MOLLEREAU (7) sont parvenus à atténuer le virus du charbon symptomatique avec le même antiseptique. Comme GUTTMANN, EBELL (8) a vu l'*eau oxygénée* à 10 volumes suspendre les putréfactions et les fermentations à doses variables. Vers la même époque, MIQUEL (9) trouva que cette eau infertilisait le bouillon de bœuf sous le poids de 1 : 20000. STERNBERG (10), qui s'est également occupé de cet antiseptique, a constaté :

---

(1) JALAN DE LA CROIX. *Archiv für experim. Path. und Pharm.*, 1880-81, pp. 175-225.
(2) KITASATO. *Zeitschrift für Hygiene*, 1888, III, p. 404.
(3) MIQUEL. *Annales de Micrographie*. 1894, VI, p. 324.
(4) KINGZETT. *Comm. to the Brith. Assoc. Meeting*, 1876.
(5) GUTTMANN. *Virchow's Archiv*, mai 1878.
(6) P. BERT et REGNARD. *Comp. rend. de l'Académie des Sciences*, 1882, XCIV, p. 1383.
(7) NOCARD et MOLLEREAU. *Comp. rend. de l'Académie de médecine*, 1883.
(8) EBELL. *Moniteur scientifique*, mars, 1883.
(9) MIQUEL. *Annuaire de l'Observatoire de Montsouris*, 1883, p. 429.
(10) STERNBERG. *Report of the Comm. on disinfectants*, Ass. P. H. A., 1885, p. 21.

qu'à 1,2 p. 100 de H^2O^2 la vitalité des organismes de la putréfaction était détruite en 2 heures; que les spores du charbon ne résistaient pas, durant le même temps, à l'action de 1 : 125 d'H^2O^2 et que les organismes du pus, placés dans les mêmes conditions, succombaient au contact de 1 : 250 d'H^2O^2. PRIEN (1) a publié : que l'*eau oxygénée* à 1 : 10 000 suspend la fermentation alcoolique, qu'à 1 : 6000 elle arrête le développement des bactéries, mais qu'à 1 : 1000 elle se montre encore sans action sur les spores du bacille subtil.

ALTEHOFER (2) a remarqué qu'à 1 : 1000, l'*eau oxygénée* détruit aisément le bacille typhique en 24 heures, mais que la stérilisation des cultures du spirille du choléra n'était pas absolue avec la même dose et après la même période de temps. GIBIER (3) rapporte qu'à 1,5 p. 100, l'*eau oxygénée* stérilise en quelques instants les cultures du bacille typhique, du spirille du choléra, du bacille pyocyanique, du *Bacillus megatherium*, etc.

De son côté, CHAMBERLAND (4) a établi qu'à la température de 15° le même agent chimique n'agit qu'au bout de quelques heures sur le bacille subtil, mais qu'il tue très rapidement les germes du charbon et les bacilles non sporulés après 5 à 15 minutes d'action.

Ces faits nombreux établissent donc que l'*eau oxygénée* est un excellent antiseptique, actif à faible dose; toutefois, il reste à bien connaître comment ce corps se comporterait dans la pratique de la désinfection au contact des substances qui passent pour le décomposer rapidement ou s'oxyder facilement sous son action.

Substances fortement antiseptiques.

Ces substances chimiques se distinguent des précédentes en ce qu'elles ne déterminent l'infertilisation des milieux nutritifs qu'à des doses plus fortes variant de 1 : 1000 à 1 : 100. De plus, elles ne peuvent habituellement tuer les spores des bacilles que sous un poids relativement élevé, souvent même, quelle que soit la quantité employée et la durée du contact, ces spores ne peuvent être mortellement atteintes.

Ces agents, plus nombreux que ceux de la classe précédente, peuvent être divisés :

---

(1) PRIEN. *Arbeit. der russ. Hyg. Gesellschaft*, 1885, IV, p. 141.
(2) ALTEHOFER. *Centralblatt für Bakteriologie*, 1890, VIII, p. 129.
(3) GIBIER. *Medical Times*, 1890.
(4) CHAMBERLAND. *Annales de l'Institut Pasteur*, 1893, VII, p. 441.

En composés de la série aromatique, parmi lesquels l'*acide salicylique* et les *phénols* occupent le premier rang;

En sels métalliques, où se rencontrent les combinaisons solubles du *cuivre*, du *zinc*, de l'*aluminium*, du *nickel*, etc.;

En *acides minéraux*, en *acides gras* ou autres et en substances si différentes de composition que tout groupement devient impossible.

Acides salicylique et benzoïque. — Sternberg (1) a prouvé qu'en faisant agir sur les microbes du pus, une solution aqueuse d'*acide salicylique* dans le biborate de soude à 1 : 200, ces derniers sont tués au bout de 2 heures. Les solutions à 1 : 100 du même acide détruisent le pneumocoque en une demi-heure.

Koch (2) n'a pu parvenir à enlever la vitalité aux spores du charbon en faisant agir sur elles une solution alcoolique du même corps à 1 : 20. Abbott (3) a trouvé, au contraire, que la plupart des micro-organismes ne résistent pas à l'action de l'*acide salicylique* à 1 : 400. Avec des solutions titrées à 1 : 300, Van Ermengem (4) a tué le spirille du choléra en une heure. Yersin (5) affirme que le bacille de la tuberculose périt, au bout de 6 heures, sous l'action de 1 : 40 d'*acide salicylique*. Kitasato (6) a vu le bacille typhique et le spirille du choléra périr en 5 heures dans des bouillons respectivement additionnés de 1 : 60 et de 1 : 80 de cet antiseptique. En 1883, Miquel (7) avait déjà déclaré que le pouvoir infertilisant de l'*acide salicylique* s'exerçait à 1 : 1000, tandis que celui du *salicylate de soude* n'était effectif qu'à une dose 10 fois plus forte (1 : 100).

D'après Koch (8), les spores du charbon sont entravées dans leur développement par 1 : 1000 d'*acide benzoïque*; Miquel (7) a trouvé que cet acide infertilisait le bouillon de bœuf sous le poids de 1 : 910.

Avant de quitter cette classe de substances organiques, rappelons que ce dernier auteur a constaté que l'*essence d'amandes amères* (hydrure de benzoïle) s'oppose au développement des bactéries quand elle y est employée dans la proportion de 1 : 330.

Phénols. — Si le benzène, le toluène et le xylène se montrent incapables de prévenir la putréfaction des liquides altérables

(1) Sternberg. *Amer. Journ. Med. Scien.*, 1883, LXXXIV, p. 321.
(2) Koch. *Mitth. aus dem K. Gesundheitsamte*, 1881, I, pp. 1-49.
(3) Abbott. *Medical news*, 1886, XLVIII, p. 120.
(4) Van Ermengem. Le Microbe du choléra asiatique, 1885.
(5) Yersin, *Annales de l'Institut Pasteur*, 1888, II, p. 60.
(6) Kitasato. *Zeitschrift für Hygiene*, 1888, III, p. 404.
(7) Miquel. Les organismes vivants de l'atmosphère, p. 293, Paris, 1883.
(8) Koch. *Mitth. aus dem K. Gesundheitsamte*, 1881, I, pp. 1-49.

(Miquel) (1), les dérivés oxygénés de ces hydrocarbures, le *phénol*, le *toluol*, le *crésol* ou *crésylol*, jouissent au contraire de propriétés antiseptiques précieuses qui les ont fait adopter dans la pratique de la désinfection, bien qu'ils soient souvent incapables d'exercer à l'égard des spores de plusieurs bacilles une action microbicide radicale. Le *phénol* ou *acide phénique* est de ces trois composés celui qui a été le mieux étudié.

Koch (2) déclare : qu'une solution d'*acide phénique* à 1 : 100 se montre sans action sur les germes de la bactéridie charbonneuse, mais qu'une solution à 1 : 50 parvient à les détruire au bout de 7 jours, et au bout de 48 heures si la solution phéniquée est portée à 1 : 33. D'après le même auteur, les solutions alcooliques sont beaucoup moins actives, les spores du charbon ont même été trouvées vivantes au bout de 70 jours dans une solution alcoolique de phénol à 5 p. 100. Miquel a constaté qu'une solution alcoolique de phénol à 40 p. 100 peut respecter pendant 2 mois et davantage les germes de quelques bacilles subtils, ce qui ne saurait surprendre, puisque l'*acide phénique* sirupeux, lui-même, ne peut parvenir à détruire les spores de plusieurs bactéries très répandues dans la poussière des appartements et dans le sol (3); toutefois l'auteur de ces essais a trouvé que le phénol infertilise le bouillon qui le reçoit sous le poids de 1 : 330.

Sternberg (4) a établi que l'*acide phénique* à 1 : 200 tue le pneumocoque en 2 heures et à 1 : 125 les micrococques du pus. Davaine (5) avait déjà publié, depuis 10 ans, que les bâtonnets adultes de la bactéridie succombaient au bout d'une heure à l'action d'une solution *phéniquée* à 1 : 100.

Arloing, Cornevin et Thomas (6) sont parvenus à détruire le virus du charbon symptomatique en faisant agir sur lui l'*acide phénique* à 1 : 50. Schill et Fischer (7) ont trouvé que les solutions *phéniquées* à 1 : 33 tuent, en 24 heures, le bacille de la tuberculose et que la plupart des microbes pyogènes ne résistent pas plus de quelques heures aux solutions à 1 : 100 du même corps.

Suivant Van Ermengem (8), le spirille du choléra meurt en une demi-heure dans une solution *phéniquée* à 1 : 600; d'après Nicati et

---

(1) Miquel. *Annuaire de l'Observatoire de Montsouris*, 1884, p. 562.
(2) Koch. *Mitth. aus dem K. Gesundheitsamte*, 1881, pp. 1-49.
(3) Miquel. *Annales de Micrographie*, VI, 1894, p. 528.
(4) Sternberg. *Amer. Journ. Med. Sc.*, 1883, LXXXIV, p. 320.
(5) Davaine. *Comp. rend. de l'Académie des Sciences*, LXXVII, 13 oct. 1873.
(6) Arloing, Cornevin et Thomas. *Compt. rend. de la Société de Biologie*, 1883, IV, p. 121.
(7) Schill et Fischer. *Mitth. aus dem K. Gesundheitsamte*, II, p. 131.
(8) Van Ermengem. Le Microbe du choléra asiatique, 1885.

RIETSCH (1), une solution 3 fois plus forte, à 1:200, tue ce spirille en 10 minutes.

BOER (2), dont les chiffres, nous le répétons, semblent toujours trop favorables à l'activité des antiseptiques, affirme que les doses infertilisantes d'*acide phénique* pour les bacilles du charbon, de la morve, de la fièvre typhoïde, de la diphtérie et du spirille du choléra asiatique varient de 1:400 à 1:750, et que le même agent chimique détruit les bacilles du charbon sous le poids de 1:300; ceux de la diphtérie et de la morve sous celui de 1 : 300; le bacille d'EBERTH à la dose de 1 : 200, et enfin le bacille-virgule à celle de 1 : 400.

NOCHT (3) a constaté qu'à la température ordinaire, les solutions *phéniquées* à 1 : 20 respectent pendant plusieurs jours les spores du charbon, mais qu'en les faisant agir à 37°,5, ces spores périssent au bout de 3 heures.

Pour terminer cette énumération, encore bien incomplète, des recherches effectuées avec le *phénol*, rappelons que YERSIN (4) a vu périr le bacille de la tuberculose en 30 secondes dans l'*acide phénique* à 5 p. 100 et en 60 secondes dans une solution 5 fois plus faible, c'est-à-dire à 1:100.

Le pouvoir antiseptique du *crésol*, étudié par FRÄNKEL, STERNBERG, BEHRING, JÄGER et, plus récemment, par HAMMERL (5), n'est pas supérieur à celui de l'acide phénique. Cette substance, ordinairement formée par un mélange de *méta*, *ortho* et *paracrésol*, tue, d'après ce dernier observateur, le bacille typhique, le bacille pyocyanique, le staphylocoque, à la dose de 1 : 100 au bout d'une heure et les spores du bacille du charbon en 20 jours dans les solutions *crésolées* à 1 : 50.

Suivant KOCH (6), l'*acide thymique*, en solution alcoolique à 1 : 20, ne détruit pas les spores charbonneuses, même après 15 jours d'attente; par contre, en solution aqueuse, il retarde leur développement à 1 : 8000. MIQUEL (7) trouve que ce corps a un pouvoir infertilisant sous le poids de 1 : 500, supérieur par conséquent à celui de l'acide phénique. YERSIN (8) affirme que le bacille de la tuberculose est détruit en 3 heures par son contact avec le *thymol*; enfin, pour

---

(1) NICATI et RIETSCH. *Revue scientifique*, nov. 1884.
(2) BOER. *Zeitschrift für Hygiene*, 1890, IX, p. 479.
(3) NOCHT. *Zeitschrift für Hygiene*, 1890, VII, p. 521.
(4) YERSIN. *Annales de l'Institut Pasteur*, 1888, II, p. 60.
(5) HAMMERL. *Archiv für Hygiene*, 1898, XXI, p. 198.
(6) KOCH. *Mitth. aus dem K. Gesundheitsamte* 1881.
(7) MIQUEL. Les organismes vivants de l'atmosphère, p. 293, Paris, 1883.
(8) YERSIN. *Annales de l'Institut Pasteur*, 1888, II. p. 60.

BEHRING (1), l'*acide thymique* serait 4 fois moins microbicide que le phénol.

Nous ne parlerons pas ici des *lysols*, des *créolines*, des *désinfectols*, etc..., qui sont souvent des spécialités de composition variable, mal déterminées et, par suite, difficiles à soumettre à une étude théorique précise. D'ailleurs, tous ces produits dérivés des goudrons de la houille ou des goudrons de bois, comme la *créosote*, ont une valeur désinfectante se rapprochant beaucoup de celle des phénols.

Aniline, nitrobenzine, couleurs d'aniline, acide picrique. — MIQUEL (2) a démontré, en 1884, que l'*aniline* pure exerçait un pouvoir antiseptique très manifeste à l'égard des bactéries et qu'elle infertilisait le bouillon de bœuf à la dose de 1 : 250. Trois ans plus tard, RIEDLIN (3) a confirmé ce résultat et a trouvé, de son côté, que cette substance s'opposait au développement des bactéries sous le poids, un peu plus fort, de 1 : 160.

D'après MIQUEL (4), la *nitrobenzine* ou *essence de mirbane*, suspend la putréfaction du bouillon à 1 : 390 ; l'*acide picrique*, plus actif, produit le même effet à 1 : 770, tandis que le *picrate de potasse*, dissous à saturation dans ce liquide nutritif, n'exerce pas de pouvoir antiseptique appréciable.

Le pouvoir infertilisant et microbicide des *couleurs d'aniline* mérite de nous arrêter un instant. STILLING (5) a constaté le premier que le *violet de méthyle* à 1 : 30 000 s'oppose victorieusement au développement des bactéries de la putréfaction et peut détruire leurs germes à des doses variant de 1 : 2 000 à 1 : 1000. JÄNIKE (6) est arrivé à des résultats encore plus surprenants : la même couleur a manifestement gêné le développement du staphylocoque pyogène à 1 : 2 000 000, arrêté la multiplication de la bactéridie charbonneuse à 1 : 1 000 000 et du spirille du choléra à 1 : 62 500 ; quant à la dose stérilisante du *violet de méthyle*, elle a été trouvée voisine de 1 : 1000.

BOER (7), qui a essayé le pouvoir antiseptique du même violet, a été amené à conclure qu'au bout de 2 heures, le bacille du charbon cesse de se développer quand le poids de cette couleur est

(1) BEHRING. *Deutsche Militärärztl. Zeitschrift*, 1888, XVII.
(2) MIQUEL. *Annuaire de l'Observatoire de Montsouris*, 1884, p. 560.
(3) RIEDLIN. Thèse inaugurale, 1887, Munich.
(4) MIQUEL. *Annuaire de l'Observatoire de Montsouris*, 1884, p. 560.
(5) STILLING. Anilinfarbstoff als Antiseptica, etc., 1890, Strasbourg.
(6) JÄNIKE. *Fortschritte der Medicin*, 1890, VIII, n°s 11 et 12.
(7) BOER. *Zeitschrift für Hygiene*, 1891, XI, p. 154.

porté à 1 : 5000 ; que le bacille de LÖFFLER ne croît plus là où la dose du violet atteint 1 : 10000 et qu'il meurt quand elle est 5 fois plus forte (1 : 2000); que les bacilles de la fièvre typhoïde et de la morve sont immobilisés par 1 : 2500 de *violet de méthyle* et 1 : 150 de la même substance ; quant au spirille du choléra, son développement s'arrête si le poids de cette matière colorante est égal à 1 : 30000 et cette bactérie meurt s'il atteint 1 : 1000.

En opérant avec des solutions de *vert malachite*, BOER a trouvé des résultats encore plus favorables. Il a fallu, environ, un poids 2 fois moindre de cette couleur pour produire les effets désinfectants observés avec le violet qui vient d'être indiqué.

Les *couleurs d'aniline* appartiennent donc à la classe des antiseptiques de premier ordre, il est regrettable que leur emploi dans la prophylaxie des maladies contagieuses doive rester nécessairement très limité.

Ammoniaque, potasse et soude. — MIQUEL (1) a constaté que le *gaz ammoniac* (AzH^3) empêche le bouillon de se putréfier quand on l'y dissout sous le poids de 1 : 710 et se montre beaucoup plus activement infertilisant que la soude (1 : 56). KITASATO (2) est parvenu à détruire les bacilles d'EBERTH et du choléra en 5 heures, en faisant agir sur ces mêmes microorganismes le *gaz ammoniac* sous des poids variant de 1 : 200 à 1 : 350.

BOER (3) est parvenu à tuer le bacille du charbon avec 1 : 300 de ce corps ; les bacilles de la diphtérie et de la morve avec 1 : 200 ; le spirille du choléra avec la dose de 1 : 350 ; la croissance des bacilles du charbon et de la diphtérie a été suspendue par 1 : 650 de ce gaz.

Pour KITASATO (4), le *carbonate d'ammoniaque* est moins actif que le gaz ammoniac ; d'après ses essais, il suspend le développement du bacille d'EBERTH à la dose de 1 : 125 et ne le tue, au bout de 5 heures, que si le poids de ce carbonate est égal à 1 : 100 ; d'après le même auteur, il faut employer 1 : 77 de ce sel pour détruire le spirille du choléra dans le même temps.

Il y a lieu d'admettre que ces doses, suffisantes pour tuer ces bacilles fragiles, ne peuvent donner une idée bien exacte du pouvoir

---

(1) MIQUEL. Les organismes vivants de l'atmosphère, p. 293, Paris, 1883.
(2) KITASATO. *Zeitschrift für Hygiene*, 1888, III, p. 404.
(3) BOER. *Zeitschrift für Hygiene*, 1890, IX, p. 479.
(4) KITASATO. *Zeitschrift für Hygiene*, 1888, III, p. 404.

antiseptique qu'exerce le *carbonate d'ammoniaque* sur des bactéries d'une autre nature. On sait, en effet, que les fermentations ammoniacales se poursuivent dans des milieux liquides contenant jusqu'à 20 p. 100 de ce sel et que les germes de bon nombre de bacilles subtils restent vivants, à côté des espèces urophages, dans les fermentations alcalines les plus avancées (MIQUEL).

La *potasse* (KHO), dont l'action sur les bactéries a été étudiée par STERNBERG (1), n'est fatale aux microbes du pus qu'à la dose de 1 : 10 après 2 heures d'action. SCHILL et FISCHER (2) n'ont pu tuer le bacille de la tuberculose après avoir fait agir sur lui une solution de *potasse caustique* à 1 : 10 pendant 24 heures. JÄGER (3), au contraire, la trouve microbicide pour ce bacille à 1 : 100.

D'après les recherches de KITASATO (4), le bacille typhique est tué au bout de 5 heures par la *potasse* à 1 : 555 et le spirille du choléra par des solutions à 1 : 410. Si on emploie le *carbonate de potasse*, KITASATO (4) déclare que la dose infertilisante pour ces deux microbes n'est obtenue que par des solutions à 1 : 130 et à 1 : 125, et que leur mort ne survient, au bout de 5 à 6 heures, que si le poids de ce carbonate est porté à 1 : 100.

La *soude* (NaHO), d'après les auteurs qui ont étudié ses qualités antiseptiques, se comporte moins bien que la potasse à l'égard des bactéries. MIQUEL (5) lui attribue un pouvoir infertilisant relativement faible (1 : 56) qui doit la faire ranger parmi les substances modérément antiseptiques. BOER (6) la trouve un peu moins active que la potasse et les expériences de KITASATO pratiquées avec le *carbonate de soude* conduisent aux résultats suivants : le bacille typhique n'est détruit que par une solution de ce sel à 1 : 40 et le spirille du choléra que par une dissolution à 1 : 28, chiffre notablement moins faible que celui (1 : 100) que cet auteur avait trouvé pour le carbonate de potassium.

La *chaux* ou oxyde de calcium n'est, en général, efficace qu'à l'état de lait de chaux vive; cependant KITASATO (7) a vu les solutions d'*hydrate de calcium* à 1 : 1 000 tuer assez aisément le spirille du choléra asiatique.

Quoi qu'il en soit, il résulte de ce qui précède que les solutions

---

(1) STERNBERG. *Amer. Journ. Med. Scien.*, 1883, LXXXIV, p. 321.
(2) SCHILL et FISCHER. *Mitth. aus dem K. Gesundheitsamte*, 1884, II, p. 131.
(3) JÄGER. *Arbeiten aus dem K. Gesundheitsamte*, 1889, V, p. 247.
(4) KITASATO. *Zeitschrift für Hygiene*, 1888, III, p. 404.
(5) MIQUEL. *Annuaire de l'Observatoire de Montsouris*, 1884, p. 561.
(6) BOER. *Zeitschrift für Hygiene*, 1891, XI, p. 154.
(7) KITASATO. *Zeitschrift für Hygiene*, 1888, III, p. 404.

alcalines sont, habituellement, des antiseptiques faibles et infidèles dont on ne peut conseiller l'emploi dans la prophylaxie des affections contagieuses. Nous allons voir que les acides leur sont, dans quelques cas, de beaucoup préférables.

Oxacides minéraux. — Miquel (1) attribue aux acides *phosphorique*, *sulfurique* et *nitrique* un pouvoir infertilisant très réel sous le poids variant de 1 : 200 à 1 : 330, quand on les introduit dans des bouillons neutres placés à l'abri des moisissures; dans le cas où des champignons croissent dans ces liqueurs, l'acide est, peu à peu, détruit ou neutralisé et, quand le titre de l'acidité de la liqueur est arrivé au-dessous de 1 : 330, les germes des bactéries qui ont été simplement immobilisés éclosent et putréfient les bouillons.

Kitasato (2) a trouvé qu'au bout de 5 à 6 heures l'*acide phosphorique* détruit le bacille d'Eberth sous le poids de 1 : 330 et le spirille du choléra sous celui de 1 : 500 environ.

D'après Koch (3), l'*acide sulfurique* à 1 : 100 ne tue pas les spores du charbon après un contact prolongé pendant 10 jours. Sternberg (4) déclare que le bacille subtil est anéanti en 4 heures par l'*acide sulfurique* à 1 : 25 et les organismes du pus au bout de 2 heures par le même acide à 1 : 200. Suivant le même observateur, le pouvoir infertilisant de ce corps, vis-à-vis des organismes de la putréfaction, s'exerce déjà à 1 : 800. Boer (5) trouve que les doses stérilisantes de ces oxacides sont comprises entre 1 : 200 et 1 : 1 300.

L'*acide nitrique* essayé par Sternberg (4), fait périr les bacilles sporulés quand il se trouve dans la proportion de 8 p. 100 et cesse d'avoir sur eux une action stérilisante à 5 p. 100.

Hydracides. — Dans les expériences de Koch (3), l'*acide chlorhydrique* s'est montré capable de détruire les spores du charbon à la dose de 1 : 50 et dans une période de temps variant de 5 à 10 jours. Miquel (6) ne sépare pas le pouvoir infertilisant de cet hydracide des oxacides énergiques. Boer (5) déclare qu'au bout de 2 heures la bactéridie charbonneuse est tuée par 1 : 100 d'*acide chlorhydrique*; le

---

(1) Miquel. *Annuaire de l'Observatoire de Montsouris*, 1884, p. 560.
(2) Kitasato. *Zeitschrift für Hygiene*, 1888, III, p. 404.
(3) Koch. *Mitth. aus dem K. Gesundheitsamte*, 1881, I, pp. 1-49.
(4) Sternberg. *Amer. Journ. Med. Sc.*, 1883, LXXXIV, p. 329.
(5) Boer. *Zeitschrift fur Hygiene*, 1890, IX, p. 479.
(6) Miquel. Les organismes vivants de l'atmosphère, p. 293, Paris, 1883.

spirille du choléra par 1 : 350; le bacille de la diphtérie par 1 : 700; celui de la morve par 1 : 200 et le bacille de la fièvre typhoïde par 1 : 300.

On avait pensé que l'*acide fluorhydrique* exerçait sur les microbes une action des plus puissantes, mais il résulte des expériences de Grancher et de Chartier que cette supposition n'est pas entièrement justifiée.

Acides arsénieux et borique. — Koch (1) a trouvé que l'*acide arsénieux* à 1 : 100 détruit la vitalité des spores du charbon au bout de 6 à 10 jours. Miquel (2) assigne à ce corps un pouvoir infertilisant voisin de 1 : 166 et ajoute que l'*arsénite de soude* exerce le même effet à une dose un peu plus élevée (1 : 143). Sternberg (3) a trouvé que le même sel tuait les micrococques, au bout de 2 heures, sous le poids de 1 : 25.

Koch (1) a pu se convaincre que l'*acide borique* à 1 : 20 ne détruit pas les spores du charbon après une action prolongée pendant 20 jours. Miquel (2) lui attribue un pouvoir infertilisant assez fidèle à la dose de 1 : 143, alors que le *borate de soude* ne produit le même effet qu'à dose 10 fois plus forte (1 : 14). Pour Sternberg (3), l'*acide borique* à saturation, environ à 4 p. 100, ne tue pas, au bout de 2 heures, les microorganismes du pus. Kitasato (4) a trouvé, au contraire, qu'au bout de 5 heures le bacille d'Eberth est tué par 1 : 370 d'*acide borique* et le spirille du choléra par 1 : 670 de la même substance. En somme, les propriétés antiseptiques de l'*acide borique* et surtout des borates solubles n'ont rien de remarquable et leur vertu désinfectante a été beaucoup trop exagérée.

Sels de cuivre. — A côté des combinaisons des métaux nobles que nous avons tout d'abord passées en revue, il existe une classe de métaux vulgaires dont le pouvoir désinfectant des sels est assez élevé pour attirer l'attention des hygiénistes. Commençons par le *cuivre* le plus important d'entre eux.

Dans ses recherches, Miquel (5) a constaté que le *chlorure de cuivre* est infertilisant à 1 : 1430 et le *sulfate de cuivre* à 1 : 1100; il semblerait donc rationnel de comprendre les composés cuivriques dans la première catégorie des substances antiseptiques; mais, si

---

(1) Koch. *Mittheil. aus dem K. Gesundheitsamte*, 1881, pp. 1-29.
(2) Miquel. *Annuaire de l'Observatoire de Montsouris*, 1884, p. 561.
(3) Sternberg. *Report of Committee on disinfectants*, A. P. H. Ass., p. 51.
(4) Kitasato. *Zeitschrift für Hygiene*, 1888, III, p. 404.
(5) Miquel. Les organismes vivants de l'atmosphère, p. 292, Paris, 1883.

ces composés sont de puissants infertilisants, ils sont, malheureusement, beaucoup plus difficilement bactéricides.

Koch (1) nous dit que les solutions de *sulfate de cuivre* à 1 : 20, laissent subsister au bout de 10 jours les spores du bacille du charbon. Sternberg (2) a constaté que les solutions du même sel à 20 p. 100 se montrent, au bout de 2 heures, sans action sur les spores du bacille subtil et de la bactéridie charbonneuse.

Le *sulfate de cuivre* exerce une action beaucoup plus meurtrière sur les bactéries adultes non sporulées : Nicati et Rietsch (3) ont pu détruire, en 10 minutes, le spirille du choléra avec des solutions *cupriques* à 1 : 3 000. Van Ermengem (4) trouve, de son côté, des doses fatales moins élevées; il faudrait 4 heures à une solution à 1 : 1 000, pour tuer le même spirille. Seitz (5) a vu le microbe du choléra mourir au bout de 10 minutes sous l'action d'une solution de *sulfate de cuivre* à 5 p. 100.

Sternberg (2) a observé que les microbes du pus périssent au bout de 2 heures sous l'influence des solutions du même sel à 1 : 200. Enfin, Bolton (6) affirme que le *sulfate de cuivre* à 1 : 200 tue le bacille de la fièvre typhoïde en 2 heures et, dans des périodes de temps identiques, le spirille du choléra à la dose de 1 : 500, le staphylocoque pyogène sous des poids variant de 1 : 200 à 1 : 100 et le streptocoque à 1 : 500.

Sels de plomb, d'étain, de cobalt, de nickel et d'urane. — Miquel (7) a publié que le *chlorure de plomb* est infertilisant sous le poids de 1 : 500 et le *nitrate de plomb* sous celui de 1 : 277; que le *chlorure* et l'*azotate de cobalt* s'opposent au développement des bactéries à 1 : 475; que les bouillons contenant 1 : 285 de *sulfate de nickel* et 1 : 355 d'*azotate d'urane* restent indéfiniment inaltérés.

De son côté, Abbott (8) a remarqué que le *protochlorure d'étain* à 1 : 100 tue les organismes de la putréfaction au bout de 2 heures.

Sels d'aluminium et de zinc. — Miquel (7) a montré que le *chlorure d'aluminium* infertilise le bouillon sous le poids de 1 : 710 et que les

(1) Koch. *Mittheilungen aus dem K. Gesundheitsamte*, 1881, pp. 1-49.
(2) Sternberg. *Report of the Committee on disinfectants*, 1885, pp. 46-49.
(3) Nicati et Rietsch. *Revue Scientifique*, nov. 1884.
(4) Van Ermengem. Le Microbe du choléra asiatique, 1885.
(5) Seitz. Bakteriologische Studien über Typhus Ætiologie, 1886.
(6) Bolton. *Report of the Committee on disinfectants*, A. P. H. Ass., p. 153.
(7) Miquel. *Annuaire de l'Observatoire de Montsouris*, 1884, p. 560.
(8) Abbott. *Medical News*, 1886, XLVIII, p. 120.

aluns de potasse et de *chrome* sont 3 fois moins actifs. JALAN DE LA CROIX et KÜHNE ont trouvé que l'*acétate d'alumine* possède un pouvoir infertilisant très élevé, variant de la dose de 1 : 6300 à celle de 1 : 5250.

Le *chlorure de zinc* infertilise, d'après MIQUEL (1), le bouillon de bœuf sous le poids de 1 : 525, mais, fait remarquer cet auteur, ce sel à 10 p. 100 ne peut tuer les spores du charbon, même après une attente de 30 jours. KOCH (2) déclare, également, que le *chlorure de zinc* à 5 p. 100 n'exerce aucune action destructive sur les spores de la bactéridie après un contact prolongé pendant un mois.

STERNBERG (3) a pu, cependant, détruire le pneumocoque au bout de 2 heures, avec des solutions de *chlorure de zinc* à 1 : 200; il a constaté que, durant le même temps, une dose 4 fois plus forte (1 : 50) n'a pas d'action appréciable sur les microcoques du pus, et il reconnaît que les spores du charbon ne peuvent être détruites en 120 minutes par une solution à 10 p. 100 de ce sel, mais que les germes du bacille subtil meurent au bout de 120 minutes, sous l'influence d'une solution de *chlorure de zinc* à 5 p. 100.

On voit que si ce sel, toujours acide, peut être considéré comme un infertilisant précieux, il est loin d'être toujours un germicide pourvu d'une action suffisamment rapide; nous devons ajouter que le *chlorure de zinc* peut être employé avec succès, toutes les fois qu'il est utile de prévenir la putréfaction de la viande et des substances animales.

D'après STERNBERG (4), le *sulfate de zinc* offre des propriétés antiseptiques beaucoup plus faibles que le sel de zinc précédent, à 10 et même à 20 p. 100 ce sulfate ne peut détruire les microbes du pus des abcès chauds, bien qu'il se soit montré capable de tuer le tétragène. Du reste, KOCH (2) avait déjà remarqué que les spores du charbon restaient encore vivantes après avoir séjourné pendant 10 jours dans une solution de *sulfate de zinc* à 1 : 20.

Acides organiques. — Selon MIQUEL (5), les acides organiques infertilisent ordinairement les bouillons à des doses variant de 1 : 330 à 1 : 200; ils se montrent donc un peu moins actifs que les acides de la chimie minérale et favorisent, également mieux qu'eux, le

---

(1) MIQUEL. Les organismes vivants de l'atmosphère, p. 293, Paris, 1883.
(2) KOCH. *Mitth. aus dem K. Gesundheitsamte*, 1881.
(3) et (4) STERNBERG. *Report of the Committee on disinfectants*, A. P. H. Ass., p. 41.
(5) MIQUEL. *Annuaire de l'Observatoire de Montsouris*, 1884, p. 560.

développement des moisissures qui les acceptent volontiers comme des éléments nutritifs hydrocarbonés (acides tartrique et citrique). L'acide une fois brûlé ou assimilé, les bactéries apparaissent dans les bouillons et s'y développent comme si ces liqueurs n'avaient fait l'objet d'aucune antiseptisation.

KOCH a trouvé que l'*acide acétique* à 5 p. 100 ne tue pas le bacille du charbon au bout de 5 jours; d'après VAN ERMENGEM (1), le spirille du choléra périt en une demi-heure sous l'action de 1 : 300 de ce corps. KITASATO (2) affirme que cette dose peut être affaiblie et portée à 1 : 500 et avoir la même efficacité que la précédente si on prolonge l'action pendant 5 à 6 heures. Rappelons que si l'*acide acétique* est toxique pour le spirille du choléra à 2 p. 1000, il existe, par contre, des bactéries mycodermiques qui vivent, encore, dans des milieux de culture qui renferment 10 à 15 pour 100 de cet acide.

KOCH (3) a constaté que l'*acide butyrique* et l'*acide valérianique*, en solution éthérée, à 5 p. 100, ne peuvent détruire les spores charbonneuses.

KITASATO (2) a vu le bacille d'EBERTH périr, au bout de 5 heures, sous l'action de l'*acide oxalique* à 1 : 290; le spirille du choléra subir le même sort quand la proportion du même acide était abaissée à 1 : 350. Suivant MIQUEL (4), l'*acide oxalique* infertilise le bouillon de bœuf à la dose de 1 : 250 et se montre beaucoup plus difficilement attaquable par les mucédinées que les bouillons ayant reçu les acides tartrique et citrique.

L'*acide lactique*, d'après les essais de KITASATO (2), fait mourir en 5 heures le bacille de la fièvre typhoïde sous le poids de 1 : 250 et le spirille du choléra à la dose de 1 : 330.

MIQUEL (4) a reconnu que l'*acide tartrique* était un infertilisant assez fidèle à 1 : 200. ABBOTT (5) a déduit de ses expériences que le même acide à 20 p. 100 ne tue pas les spores du charbon, ni celles du bacille subtil qu'on y immerge pendant 2 heures, mais que les microcoques sont tués au bout du même temps par une solution de cette substance à 1 : 400.

KITASATO (2) a reconnu que l'*acide citrique* tue, après 5 heures de contact, le bacille d'EBERTH sous le poids de 1 : 230 et le spirille du

(1) VAN ERMENGEM. Le Microbe du choléra asiatique, 1885.
(2) KITASATO. *Zeitschrift für Hygiene*, 1888, III, p. 404.
(3) KOCH. *Mittheilungen aus dem K. Gesundheitsamte*, 1881, I, pp. 1-49.
(4) MIQUEL. *Annuaire de l'Observatoire de Montsouris*, 1884, p. 560.
(5) ABBOTT. *Medical News*, 1866, XLVIII. p. 120.

choléra sous celui, plus faible, de 1 : 330. VAN ERMENGEM (1) a pu détruire le même spirille par l'action de solution d'*acide citrique* à 1 : 200, prolongée pendant une demi-heure.

KITASATO (7), qui a essayé l'*acide malique*, lui attribue un pouvoir antiseptique, à peu de chose près, identique à celui qu'exerce l'acide citrique.

L'acide tannique ou *tannin* a fait l'objet d'un assez grand nombre d'essais.

D'après KOCH (2), le *tannin* à 5 p. 100 laisse intactes les spores du charbon après un contact prolongé pendant 10 jours. STERNBERG (3) a vu le pneumocoque périr en une demi-heure sous l'action d'une solution à 1 : 100 de cette substance. ABBOTT (4) lui attribue un pouvoir microbicide plus actif; s'il trouve, il est vrai, qu'une solution de *tannin* à 20 p. 100 ne peut tuer en 2 heures ni les spores du charbon, ni celles des bacilles subtils, les microcoques ne résistent pas, pendant le même temps, dans des solutions contenant 1 : 400 de cette substance astringente. MIQUEL (5) a déclaré que le bouillon de bœuf était infertilisé par une dose de *tannin* voisine de 1 : 200.

ARLOING, CORNEVIN et THOMAS (6) ont constaté qu'une solution de *tannin* à 20 p. 100 n'était pas mortelle pour le bacille du charbon symptomatique. D'après KITASATO (7) le bacille d'EBERTH et le spirille du choléra sont tués en 5 heures par une solution d'*acide tannique* à 1 : 580.

Suivant les essais d'ABBOTT (4), l'*acide gallique* en solution à 1 : 40 est incapable de tuer, au bout de 24 heures, les spores charbonneuses, tandis que, dans le même temps, les microcoques sont tués par une solution du même corps à 1 : 140.

On peut faire entrer dans le groupe des agents chimiques fortement antiseptiques quelques autres substances difficiles à ranger à côté des précédentes et dont voici l'énumération abrégée.

Permanganate de potasse. — Ce sel agit, surtout, par la toxicité que lui imprime l'acide permanganique qui est l'un de ses éléments constitutifs. Suivant KOCH (2), les solutions de *permanganate de potasse*

---

(1) VAN ERMENGEM. Le Microbe du choléra asiatique, 1885.
(2) KOCH. *Mittheilungen aus dem K. Gesundheitsamte*, 1881, I, pp. 1-49.
(3) STERNBERG. *Report of the Committee on disinfectants*, A, P. H. Ass.
(4) ABBOTT. *Medical News*, 1866, XLVIII, p. 120.
(5) MIQUEL. *Annuaire de l'Observatoire de Montsouris*, 1884, p. 560.
(6) ARLOING, CORNEVIN et THOMAS. Le charbon symptomatique du bœuf, p. 148, Paris, 1887.
(7) KITASATO. *Zeitschrift für Hygiene*, 1888, III, p. 404.

à 5 p. 100 tuent en un jour les spores du charbon. Sternberg (1) a constaté que ce sel à 2 p. 100 enlevait, en 2 heures, toute vitalité au pneumocoque dans le sang du lapin et que la plupart des microcoques ne résistaient pas à son action à la dose de 1 : 833. Miquel (2) a reconnu que ce sel infertilisait le bouillon sous le poids de 1 : 280.

D'autre part, Löffler (3) affirme que le bacille de la morve est tué, en 2 minutes, par une solution du même corps à 1 : 100 et Jäger (4) a trouvé que les solutions de *permanganate de potasse* à 5 p. 100 ont une action microbicide très nette sur les bactéries pathogènes, y comprise la bactéridie charbonneuse, mais que le bacille de la tuberculose peut leur résister.

Hydrogène sulfuré et sulfhydrates. — Miquel (5) a reconnu que l'*hydrogène sulfuré* suspend le développement des bactéries, même de celles qui le produisent, à la dose de 1 : 2000, les *sulfhydrates d'ammonium* et de *sodium* ne se montrent infertilisants que sous les poids beaucoup plus forts de 1 : 100 à 1 : 300.

Sels de quinine. — Koch (6) a pu se convaincre que le *chlorhydrate de quinine* en solution chlorhydrique peut, en 10 jours et à la dose de 1 : 100, tuer les spores du charbon.

Miquel (7) a trouvé que le *bromhydrate de quinine* est un assez bon infertilisant sous le poids de 1 : 180.

Sternberg (1), en opérant avec le *sulfate de quinine*, a reconnu que ce sel était infertilisant à la dose de 1 : 800. Arloing, Cornevin et Thomas (8) l'ont trouvé à 1 : 10 sans effet sur le bacille du charbon symptomatique.

Autres alcaloïdes. — Le *sulfate de strychnine*, essayé par Miquel (2), n'a pu arrêter la putréfaction des bouillons qu'à la dose de 1 : 140 et le *chlorhydrate de morphine* n'a pu produire un effet semblable que sous un poids 10 fois plus fort (1 : 14), ce qui range cette dernière

---

(1) Sternberg. *Report of the Committee on disinfectants*, A. P. H. Ass., p. 18.
(2) Miquel. *Annuaire de l'Observatoire de Montsouris*, 1883, p. 429.
(3) Löffler. *Arbeiten aus dem K. Gesundheitsamte*, Berlin, 1886.
(4) Jäger. *Arbeiten aus dem K. Gesundheitsamte*, 1889, V, p. 247.
(5) Miquel. *Annales de Micrographie*, 1889, II, pp. 323 et 364, et *Annuaire de l'Observatoire de Montsouris*, 1884, p. 560.
(6) Koch. *Mittheilungen aus dem K. Gesundheitsamte*, 1881, I.
(7) Miquel. Les organismes vivants de l'atmosphère, p. 293, Paris, 1883.
(8) Arloing, Cornevin et Thomas. Le charbon symptomatique du bœuf, p. 148, Paris, 1887.

substance dans la longue liste des substances modérément antiseptiques.

L'*hydrate de chloral*, employé pendant longtemps comme antiseptique, ne s'oppose, d'après le même auteur, à l'altération du bouillon de bœuf que sous le poids de 1 : 100.

Substances modérément antiseptiques.

Dans le groupe des substances modérément antiseptiques, c'est-à-dire incapables de suspendre la vie des bactéries dans les bouillons de culture à des doses inférieures à 1 p. 100 et capables de s'opposer à leur développement à des doses supérieures à 10 p. 100, on peut comprendre : les sels de quelques métaux proprement dits ; les combinaisons solubles des métaux alcalino-terreux ; les alcools de la série grasse ; l'éther sulfurique, etc.

Sels de fer, de manganèse, d'antimoine. — Koch (1) a trouvé que les solutions, ordinairement acides, du *chlorure ferrique* tuent en 5 jours le bacille du charbon sporulé. Sternberg (2) a constaté que le *sulfate ferreux* à 1 : 10 anéantit au bout de 2 heures les microcoques pyogènes et le tétragène. D'après Koch (1), le même sel à 1 : 20 est sans action sur les spores du charbon au bout de 6 jours. Arloing, Cornevin et Thomas (3) ont pu se convaincre qu'à 20 p. 100 le *sulfate de fer* est sans action sur le charbon symptomatique.

Sternberg (2) attribue au *sulfate de fer* au minimum un pouvoir infertilisant égal à 1 : 200 ; Miquel (5) le trouve voisin de 1 : 90 ; enfin, Seitz (4) a calculé qu'il fallait 3 jours à une solution du même corps pour arriver à détruire le bacille typhique.

Les combinaisons solubles du fer sont surtout désodorisantes et il est prudent de ne leur attribuer qu'un pouvoir stérilisant très limité, d'ailleurs, manifestement nul dans beaucoup de cas.

Suivant Miquel (5), le *protochlorure de manganèse* infertilise le bouillon à 1 : 40 et l'émétique (*tartrate double d'antimoine et de potasse*) jouit du même pouvoir à 1 : 14.

---

(1) Koch. *Mitth. aus dem K. Gesundheitsamte*, 1881, I.
(2) Sternberg. *Report of the Com. on disinfectants*, A. P. H. Ass., 1886, p. 46.
(3) Arloing, Cornevin et Thomas. Le charbon symptomatique du bœuf, p. 148, Paris, 1887.
(4) Seitz. Bacteriologische Studien über Typhus-Ætiologie, Munich, 1886.
(5) Miquel. *Annuaire de l'Observatoire de Montsouris*, 1884, p. 561.

Alcools. — D'après les essais du même observateur (1), l'*alcool éthylique* infertilise le bouillon à 1 : 10, l'*alcool propylique* à 1 : 16, l'*alcool butylique* à 1 : 28 et l'*alcool amylique* à 1 : 70.

Il découle, de là, que plus un alcool occupe un rang élevé dans la série grasse, plus est grand son pouvoir antiseptique. Mais comme la solubilité dans l'eau de ces corps diminue avec la condensation de leur carbone, on constate, par exemple, que l'*alcool caprylique*, ajouté en excès dans les milieux nutritifs, n'a plus d'action sur les bactéries qu'ils renferment.

En opérant sur l'*alcool éthylique absolu*, Koch (2) a montré que les spores du charbon résistent 110 jours à son action. Sternberg (3) a constaté que l'alcool à 90° ne pouvait pas détruire en 48 heures les bactéries sporulées, mais que le gonocoque est tué dans le même temps par l'alcool à 20° et les microcoques du pus par l'alcool à 40°.

Schill et Fischer (4), en faisant agir, à volume égal, pendant 24 heures, l'*alcool absolu* sur les crachats tuberculeux à l'état frais, ont acquis la certitude que le bacille de Koch n'est pas entièrement détruit. Yersin (5), en opérant sur des cultures pures de ce même bacille, a constaté qu'elles étaient stérilisées en 5 minutes par le même liquide.

Epstein (6) déclare que si l'*alcool absolu* n'offre pas de pouvoir microbicide bien sensible, ses mélanges avec l'eau présentent, au contraire, une action désinfectante évidente. Ce serait avec des solutions alcooliques à 50 p. 100 que se manifesterait le pouvoir antiseptique le plus puissant.

Minervini (7), qui a repris cette étude, a vu, à la température normale, le tétragène, le staphylocoque pyogène, le *Micrococcus prodigiosus*, les bacilles du côlon et pyocyanique périr en 30 à 60 minutes sous l'action d'une eau *alcoolisée* à 50 et 70 p. 100 ; mais il a constaté, également, que les bacilles du charbon et subtils résistaient à l'alcool à tous les degrés de concentration.

Le pouvoir infertilisant de l'*éther sulfurique* a été fixé par Miquel (1) à 1 : 45. Koch (2) a trouvé que ce corps n'empêchait pas de germer les spores du charbon qui étaient restées 8 jours en

---

(1) Miquel. *Annuaire de l'Observatoire de Montsouris*, 1884, p. 561.
(2) Koch. *Mitth. aus dem K. Gesundheitsamte*, 1881.
(3) Sternberg. *Report of the Committee on disinfectants*, 1888, pp. 118-136.
(4) Schill et Fischer. *Mitth. aus dem K. Gesundheitsamte*, 1884, II, pp. 131-146.
(5) Yersin. *Annales de l'Institut Pasteur*, 1888, II, p. 60.
(6) Epstein. *Zeitschrift für Hygiene*, 1897, XXIV, p. 1.
(7) Minervini. *Zeitschrift für Hygiene*, 1898, XXIX, p. 117.

contact avec lui. YERSIN (1) affirme que le bacille de la tuberculose ne résiste pas 5 minutes à l'action de l'*éther sulfurique*.

Baryum. Strontium. Calcium. — D'après MIQUEL (3), le *chlorure de baryum* infertilise les bouillons sous le poids de 1 : 10 ; le *chlorure de strontium* sous celui de 1 : 12 ; le *chlorure de calcium* à la dose de 1 : 15. Le pouvoir antiseptique des métaux alcalino-terreux paraît se trouver en raison inverse de leurs poids atomiques (137, 87, 40), ce qui est ordinairement le contraire pour les autres corps simples de la chimie. KOCH (2) note que le *chlorure de calcium* dissous à saturation dans l'eau ne peut tuer les bacilles sporulés du charbon au bout de plusieurs jours.

Substances faiblement antiseptiques.

Les substances qui rentrent dans ce groupe sont assez nombreuses, mais en général peu employées. Nous avons dit que nous comprenons parmi elles celles qui peuvent s'opposer au développement des bactéries dans les bouillons quand elles s'y trouvent dissoutes dans des proportions variant de 1 : 10 à 1 : 5 ; en d'autres termes, dans les proportions de 10 à 20 p. 100. Au nombre de ces corps chimiques, on compte les sels des métaux alcalins : de potasse, de soude, d'ammoniaque et de lithine.

Sels de potassium. — MIQUEL (3) a observé que par ordre de toxicité décroissante pour les microbes se rangent : le *sulfocyanate de potassium*, l'*arséniate de potassium*, le *chlorure de potassium*, le *prussiate de potasse* dont les pouvoirs infertilisants descendent de 1 : 8 à 1 : 5.

KITASATO (4) affirme que l'*iodure de potassium* tue en 5 heures le bacille typhique et le spirille du choléra à des doses comprises entre 9 à 10 p. 100 ; le même savant a trouvé qu'il fallait 10 à 12 p. 100 de *bromure de potassium* pour détruire ces espèces relativement fragiles. MIQUEL (3) n'arrive avec ce bromure à infertiliser le bouillon de bœuf que sous le poids de 25 p. 100, ce qui, par conséquent, le range parmi les substances considérées comme non antiseptiques, d'après la classification que nous avons adoptée.

---

(1) YERSIN. *Annales de l'Institut Pasteur*, 1888, II, p. 60.
(2) KOCH. *Mitth. aus dem K. Gesundheitsamte*, 1881, I.
(3) MIQUEL. *Annuaire de l'Observatoire de Montsouris*, 1884, p. 559.
(4) KITASATO. *Zeitschrift für Hygiene*, 1888, III, p. 404.

Sels de sodium. — Le *chlorure de sodium* est un des rares sels de soude qui soit possesseur d'un pouvoir antiseptique sensible quand on l'emploie à fortes doses. Il joue, comme on sait, le rôle d'un antiputréfacteur précieux dans l'industrie, mais malheureusement il est loin d'être suffisamment bactéricide.

Koch (1) a trouvé qu'une solution saturée de *sel marin* ne tue pas les spores du charbon après un contact prolongé durant 40 jours. Arloing, Cornevin et Thomas (2) ont montré qu'une solution également saturée de ce sel ne pouvait détruire en deux jours le bacille du charbon symptomatique. Schill et Fischer (3) ont prouvé qu'une solution semblable ne détruisait pas les bacilles de la tuberculose contenus dans des crachats frais de phtisiques après 20 heures de contact. Sternberg (4) n'a pu détruire le pneumocoque avec une solution salée à 5 p. 100. Forster (5) a constaté qu'une solution concentrée de *chlorure de sodium* était incapable d'enlever la vitalité après 20 jours d'action aux bacilles typhique, du rouget, au streptocoque pyogène; toutefois, cependant, le spirille du choléra a été mortellement atteint en peu d'heures par la même solution.

De Freytag affirme que les bacilles adultes du charbon sont tués par une solution saturée de *sel marin*, mais que leurs spores peuvent y survivre pendant 6 mois, le bacille typhique 5 mois, le streptocoque de l'érysipèle 2 mois; le spirille du choléra y perd, au contraire, sa vitalité au bout de 6 à 8 heures ainsi que Forster l'avait déjà annoncé; mais, par contre, le bacille de la tuberculose peut s'y conserver indemne durant 3 mois; les staphylocoques du pus pendant 5 mois et enfin le bacille de la diphtérie pendant 3 semaines, limite de sa vitalité dans l'eau pure, si on en croit les expériences de quelques auteurs. Petri (6) avait, du reste, trouvé que la viande de porc envahie par le bacille du rouget contenait encore ces bacilles vivants après une immersion prolongée pendant un mois dans la saumure. Forster (5), cité plus haut, a reconnu, de son côté, que le bacille de la tuberculose conserve pendant 2 mois toutes ses propriétés pathogènes dans les solutions saturées de sel marin. Donc, si la salaison est un moyen, très efficace, de préserver la viande

(1) Koch. *Mitth. aus dem K. Gesundheitsamte*, 1881, I, p. 1.
(2) Arloing, Cornevin et Thomas. Le charbon symptomatique du bœuf, Paris, 1887, p. 148.
(3) Schill et Fischer. *Mitth. aus dem K. Gesundheitsamte*, 1884, II, p. 131.
(4) Sternberg. *American Journal med. Scien.*, 1883, LXXXIV, pp. 321-343.
(5) Forster. *Münchener med. Wochenschrift*, 1889, n° 29.
(6) Petri. *Arbeiten aus dem K. Gesundheitsamte*, 1890, VI.

d'une prompte putréfaction, elle est impuissante à la désinfecter quand elle a été envahie par des microbes pathogènes. Ces faits, bien acquis, méritent d'être portés à la connaissance du public.

MIQUEL (1), qui a étudié de très près le pouvoir infertilisant du sel marin, lui attribue la faculté de s'opposer à la multiplication des bactéries quand il se trouve dissous dans les bouillons à 16,5 p. 100. En mesurant le pouvoir fécondant du *chlorure de sodium*, vis-à-vis

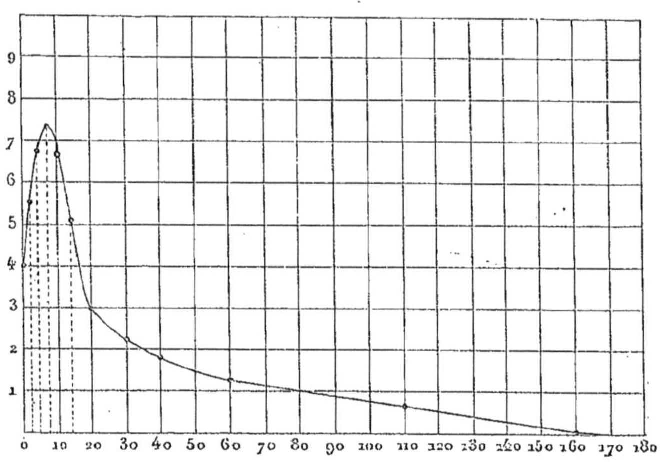

Fig. 22.
De l'action du sel marin sur la putrescibilité du bouillon de bœuf.

des germes atmosphériques, il a trouvé, comme l'indique la courbe de la figure 21, que son pouvoir fertilisant croît de 0 à 8 p. 1 000 et décroît de 8 à 20 p. 1 000, et qu'au delà de cette limite il manifeste une action toxique allant en augmentant jusqu'à 165 p. 1 000. Si bien que le bouillon de bœuf non salé ou salé à 18 p. 1 000 est également apte à rajeunir un même nombre de semences bactériennes de l'air.

Le *chlorure de lithium* a paru au même observateur plus antiseptique que les autres chlorures alcalins, son pouvoir infertilisant ayant été trouvé voisin de 1 : 11.

Sels d'ammonium. — D'après MIQUEL (1), le *chlorure d'ammonium* infertilise complètement le bouillon à la dose de 11.5 p. 100; le *bromure d'ammonium* à celle de 16 p. 100. KOCH (2) n'a pu détruire

(1) MIQUEL. Les organismes vivants de l'atmosphère, p. 193, Paris, 1883.
(2) KOCH. *Mittheilungen aus dem K. Gesundheitsamte*, 1881, I, pp. 1-49.

les spores du charbon avec des solutions de *sel ammoniac* à 5 p. 100 ni par le *sulfate d'ammoniaque* que son faible pouvoir infertilisant range parmi les substances non antiseptiques.

Il n'y a guère, en effet, que les *cyanhydrates*, les *chromates*, les *fluosilicates d'ammoniaque* qui puissent être considérés comme de bons antiseptiques, mais la pratique de la désinfection n'a aucun intérêt à y recourir.

Substances non antiseptiques.

Au nombre des corps qu'on ne peut, à véritablement parler, considérer comme antiseptiques, les uns n'exercent un pouvoir infertilisant réel qu'à doses massives, les autres se montrent sans effet alors même que les bouillons en sont saturés.

Parmi les substances de la première catégorie citons : la *glycérine* qui infertilise le bouillon à 22,5 p. 100 ; le *sulfate d'ammoniaque* qui atteint le même but à 25 p. 100 ; l'*hyposulfite de soude* qui agit à 27,7 p. 100 ; l'*urée pure* et le *chlorure de magnésium* qui préviennent la putréfaction sous le poids de 28 p. 100 ; le *chlorate de soude* qui produit un semblable effet à 40 p. 100, etc. (Miquel) (1).

Au nombre des substances non infertilisantes à saturation on compte : le *chlorate de potasse*, le *sulfate de soude*, le *picrate de potasse*, etc.

Enfin, il existe une troisième catégorie de substances non antiseptiques par suite de leur insolubilité dans l'eau, ce sont : parmi les hydrocarbures : la *benzine*, le *toluène*, le *xylène*, les *pétroles* lourds et légers, la *naphtaline* et parmi les huiles essentielles : les *essences de térébenthine*, de *citron*, d'*anis*, de *thym*, de *wintergreen* et le *camphre*.

De ce que ces derniers corps, accumulés en grande quantité dans le bouillon, se montrent incapables d'en prévenir la putréfaction, il ne s'ensuit pas que leur action soit nulle sur les bactéries quand on les fait agir sur elles à l'état de vapeur, ou en y plongeant leurs germes desséchés. Cependant, il ne paraît pas résulter des expériences de Cadéac et Meunier (2) que les essences soient des liquides microbicides pourvus d'une grande activité. En opérant sur deux bacilles qu'on s'accorde à trouver peu résistants à l'action des agents chimiques et physiques, les deux auteurs précités on trouvé : que le

(1) Miquel. *Annuaire de l'Observatoire de Montsouris*, 1883 et 1884.
(2) Cadéac et Meunier. *Annales de l'Institut Pasteur*, 1889, III, p. 317.

bacille typhique était tué 12 minutes après son immersion dans l'*essence de cannelle*, 30 minutes après son contact avec l'*essence de thym*, 4 heures après un bain dans l'*essence d'absinthe* et 12 heures après un semblable traitement par l'*essence de santal*. Le bacille de la morve fut détruit en moins de 15 minutes par l'*essence de cannelle*, en moins d'une heure par les *essences de thym*, de *girofle*, de *verveine*, de *patchouli*, etc. D'autres huiles essentielles n'eurent une action néfaste sur les mêmes bacilles qu'après plusieurs jours de contact. Ces études, purement théoriques, ne sont pas, sans doute, dénuées d'intérêt, mais elles ne semblent guère devoir guider l'hygiéniste dans l'application rationnelle et pratique de ces produits aromatiques dans la désinfection. Il n'en est pas tout à fait de même des essais faits dans le même but avec quelques essences, peu coûteuses et vulgaires, dont les vapeurs sont loin d'avoir un pouvoir stérilisant négligeable ; nous allons en parler dans le paragraphe qui suit.

IV. — Du pouvoir microbicide de quelques gaz et substances volatiles.

Plusieurs substances gazeuses ou émettant des vapeurs à la température ordinaire ont été employées pour détruire les germes des poussières répandues dans l'intérieur des appartements et déposées sur les planchers, les murs, les meubles, etc. La force élastique de ces vapeurs leur permettant de visiter les lieux les moins accessibles, de pénétrer dans les fentes des parquets, etc., on comprend que l'étude de ces agents ait paru importante aux hygiénistes et à tous ceux qu'intéressent les questions relatives à la désinfection.

Malheureusement, beaucoup de ces corps, gazeux ou volatils, détériorent profondément les objets qu'ils atteignent et souvent la tension des vapeurs de beaucoup d'entre eux est trop faible, à la température ordinaire, pour permettre leur accumulation dans l'atmosphère des locaux à purifier. Plus bas, nous reparlerons de ces questions importantes (IVe partie, chap. v) nous n'envisageons ici que leur côté théorique.

Pour mesurer le pouvoir stérilisant d'une substance gazeuse, on l'introduit sous un poids connu dans une cloche ou un récipient de volume déterminé, où se trouvent placés les microbes à détruire. Il importe que les parois des récipients ne puissent absorber ces gaz et ces vapeurs ou être attaquées par elles. Aussi, peut-on considérer comme remplissant la plupart des conditions désirables l'appareil que nous allons décrire.

Cet appareil est formé d'une cloche, tubulée à sa partie supérieure, d'une capacité pouvant varier de 5 à 20 litres, à bords rodés reposant sur un plateau dressé et suifé de façon à produire une fermeture hermétique.

Quand on veut essayer l'action microbicide des corps gazeux, on adapte à la tubulure de la cloche un robinet de verre à 3 voies de façon à pouvoir pratiquer, aisément, les manipulations exigées par l'introduction d'un volume déterminé de gaz préparé à part et contenu dans une éprouvette graduée. Le robinet étant dans une position convenable, on fait un léger vide dans la cloche. Cela fait, le robinet étant fermé, on joint la tubulure au robinet de l'éprouvette; puis l'air du tube de caoutchouc, chassé par un lent écoulement du gaz à essayer, on laisse s'écouler dans la cloche le volume de gaz qu'on désire employer dans l'expérience. Ce transvasement terminé on ramène le robinet à 3 voies dans la position qui permet de rétablir la pression atmosphérique dans la cloche.

Si le gaz attaque le mercure, comme le chlore par exemple, on l'introduit dans de grosses ampoules de verre mince qu'on brise en les laissant tomber de l'ouverture supérieure sur le plateau de la cloche, ou au moyen d'une tige longue et rigide.

Quand la substance consiste en un liquide très volatil à la température ordinaire (acide cyanhydrique), on le pèse dans de petites ampoules scellées qu'on brise de même sous la cloche. Si le liquide bout au-dessus de 40°, on peut aisément en introduire dans l'appareil un volume connu, au moyen d'une pipette jaugée ou graduée. Si, enfin, la substance est solide (camphre, naphtaline, acide thymique) ou liquide et peu volatil (alcool, essences, etc.) son introduction sous la cloche n'offre plus aucune difficulté. Ces substances sont encore répandues sur du papier joseph, un morceau de linge, ou mieux elles sont placées dans de petits cristallisoirs qui, pesés avant et après l'expérience, donnent exactement le poids de la substance passée à l'état de vapeur.

Les microbes sur lesquels on désire opérer peuvent être soit à l'état de culture sur milieux gélatineux ou solides, soit à l'état sec déposés sur des morceaux de papier, d'étoffe, de lamelles de verres, de fils de soie ou de platine, soit encore mélangés avec des matières pulvérisées inertes. Souvent, et c'est là un moyen excellent d'apprécier l'efficacité des antiseptiques gazeux, on prend pour type d'épreuve de la poussière d'appartement ou de la terre de jardin finement pulvérisées et placées sous des épaisseurs variables.

Ici encore, nous divisons les substances gazeuses ou volatiles en quatre groupes basés sur leur pouvoir stérilisant vis-à-vis des microbes des poussières et des spores réputées les plus résistantes.

Celles qui se montreront radicalement bactéricides après une action de 24 heures seront qualifiées de *très fortement* antiseptiques;

Celles qui, après ce laps de temps, n'auront pas détruit tous les germes des poussières, mais en auront anéanti 99 p. 100, seront dites *fortement* antiseptiques;

Celles qui, au bout de 24 heures, n'auront pu diminuer leur nombre que dans la proportion de 95 p. 100 seront considérées comme *modérément* antiseptiques;

Enfin, nous réservons l'appellation de *faiblement* antiseptiques aux corps gazeux ou volatils qui n'auront pu tuer que 90 p. 100 des germes des poussières et qui se seront montrés inactifs sur les bacilles sporulés.

La température et le poids des substances agissantes ont une grande influence sur les résultats obtenus. Dans l'exposé qui suit, à moins d'avis contraire, les expériences sont considérées comme ayant été effectuées entre 15 et 20°; quant à la quantité des corps antiseptiques, elle sera indiquée toutes les fois que cela sera possible, ce qui permettra de classer ceux de chaque groupe suivant leur activité réelle.

Substances gazeuses très fortement antiseptiques.

Nous retrouvons dans ce groupe le chlore, le brome et l'iode, auxquels viennent s'ajouter l'aldéhyde formique, les vapeurs de plusieurs acides et de quelques autres composés.

Chlore, brome et iode. — Le *chlore*, quand il est bien *sec*, agit avec difficulté sur les germes des bactéries. Miquel (1) a pu trouver des spores encore vivantes dans des poussières qui avaient été soumises pendant 8 jours à son action corrosive; mais le *chlore humide*, à la dose de 4 et de 5 grammes par mètre cube d'air, enlève au bout de 24 heures toute fécondité aux germes des mêmes pous-

(1) Miquel. *Annuaire de l'Observatoire de Montsouris*, 1883, p. 437, et *Annales de Micrographie*, VI, 1894, p. 627.

sières et aux spores de la bactéridie charbonneuse. Les expériences de FISCHER et de PROSKAUER (2) ont confirmé ces résultats. Ces observateurs ont trouvé, qu'en 24 heures, 1 : 2500 de *chlore humide* tue aisément les spores du charbon, et que le streptocoque de l'érysipèle et le microbe du choléra des poules succombent dans le même temps sous l'action du même gaz à 1 : 25 000.

Les vapeurs de *brome humide*, étudiées d'abord par MIQUEL (1), qui les a trouvées radicalement microbicides en 24 heures pour toutes les spores, à la dose de 4 à 5 grammes par mètre cube d'air, ont paru à FISCHER et PROSKAUER (2) détruire, au bout du même temps, les bacilles de la tuberculose des crachats sous le poids de 1 : 3500.

Les vapeurs que peut dégager l'*iode* à la température ordinaire sont également puissamment microbicides. MIQUEL (1) a constaté que, au bout de 2 jours, elles arrivaient à détruire tous les germes des poussières et, plus récemment (3), le même auteur les a trouvées capables de produire le même effet en 24 heures sous un poids ne dépassant pas 1 à 2 grammes par mètre cube d'air. DE FREUDENREICH (4) a observé, de son côté, que les cultures des bacilles du charbon, de la tuberculose et du spirille du choléra ne résistent pas 48 heures à l'action des vapeurs du même corps aux températures comprises entre 30 et 35°.

Vapeurs d'acides. — En faisant agir sur des poussières d'appartement des vapeurs d'*acide chlorhydrique* et d'*acide hypoazotique* à la dose de quelques grammes par mètre cube, MIQUEL (3) a constaté que les spores de bactéries qu'elles renferment sont tuées en moins de 24 heures. Si on substitue à ces vapeurs un gramme d'*acide osmique* volatilisé par mètre cube, l'effet stérilisant est encore plus prompt et tous les germes des microorganismes se trouvent anéantis en moins de 24 heures.

Aldéhyde formique. — L'action antiseptique de l'*aldéhyde formique* à l'état gazeux a été d'abord signalée par TRILLAT (5), puis contrôlée par BERLIOZ (6), qui a trouvé que les vapeurs dégagées par la *formaline* (solution aqueuse d'aldéhyde formique de 35 à 40 p. 100) tuaient

---

(1) MIQUEL. *Annuaire de l'Observatoire de Montsouris*, 1883, p. 437.
(2) FISCHER et PROSKAUER. *Mitth. aus dem K. Gesundheitsamte*, 1884, II, p. 228.
(3) MIQUEL. *Annales de Micrographie*, 1894, VI, p. 630.
(4) DE FREUDENREICH. *Annales de Micrographie*, 1889, I, p. 497.
(5) TRILLAT. *Bulletin de la Société de Thérapeutique*, 1892.
(6) BERLIOZ. *Comptes rendus de l'Académie des Sciences*, 1892, CXV, p. 290.

en 20 ou 25 minutes le bacille typhique et les spores charbonneuses. Vers la même époque, ARONSOHN (1) a affirmé que le bacille diphtérique succombait rapidement dans l'air contenant à peine 1 : 100 d'*aldéhyde formique*. STAHL (2) observait, de son côté, que divers microorganismes pathogènes : les bacilles d'EBERTH et du charbon, le staphylocoque et les bactéries sporulées de la terre de jardin, étaient tués après un séjour peu prolongé dans une atmosphère titrant 2,5 p. 100 de *formaldéhyde*.

LEHMANN a confirmé le pouvoir bactéricide de l'*aldéhyde formique* sur les spores du charbon, et GEGNER a trouvé qu'un quart de goutte de *formaline* évaporée dans une cloche de 2500 centimètres cubes de capacité détruit les spores sèches du charbon en 3 à 6 jours.

D'après ses recherches sur le même antiseptique, MIQUEL arrive à conclure que tous les germes des bactéries sont tués, y compris ceux de la bactéridie charbonneuse mélangés à des poudres sèches, au bout de 24 heures d'action d'une atmosphère humide contenant 2gr,5 d'*aldéhyde formique* par mètre cube. Vers la même époque, VAN ERMENGEM fit avec le même corps de nombreuses expériences qui ne laissèrent plus de doutes sur la puissance microbicide, si remarquable, de la *formaldéhyde*, jadis découverte par HOFFMANN.

CAMBIER et BROCHET, VAILLARD, G. ROUX, et bien d'autres expérimentateurs se sont appliqués à rendre pratique, au moyen de ce corps, la désinfection des locaux contaminés par les malades atteints d'affections contagieuses ; le côté très important de leurs recherches se trouve résumé dans le chapitre de cet ouvrage traitant des procédés employés dans les désinfections publiques et privées.

Hypochlorite de soude. — CHAMBERLAND (3) a attiré l'attention sur le pouvoir microbicide des vapeurs qui s'échappent des solutions des hypochlorites, et a trouvé, qu'en 72 heures, les spores charbonneuses et de la terre de jardin étaient totalement privées de leur vitalité. MIQUEL (4) a observé que les vapeurs émanant de 50 centimètres cubes d'*hypochlorite de soude* commercial, répandues dans 1 mètre cube d'air, stérilisent les germes du charbon et des poussières au bout de 24 heures.

Ici se clôture la courte liste des substances gazeuses ou volatiles

---

(1) ARONSOHN. *Berl. Klin. Wochenschrift*, 1892, n° 30.
(2) STAHL. *Pharm. Zeitung*, 1893, n° 23.
(3) CHAMBERLAND. *Annales de l'Institut Pasteur*, 1893, VII, p. 433.
(4) MIQUEL. *Annales de Micrographie*, 1895, VII, p. 19.

très fortement antiseptiques; celles qui suivent ne peuvent leur être comparées en promptitude d'action; quelques-unes d'entre elles, cependant, peuvent encore arriver à stériliser totalement les germes des poussières quand leur contact est longtemps prolongé.

Subtances gazeuses fortement antiseptiques.

Pour mériter le nom de *fortement* antiseptiques, les gaz et les vapeurs doivent détruire aisément en 24 heures 99 p. 100 des germes des poussières qu'on soumet à leur action; généralement, ce n'est qu'avec la plus grande difficulté que les substances de ce groupe parviennent, exceptionnellement, à tuer les spores du charbon et des bacilles du sol après un contact prolongé pendant 3 et 4 jours.

Acide sulfureux. — STERNBERG (1), qui s'est beaucoup occupé du pouvoir antiseptique de ce corps gazeux, a trouvé : que les micro-coques du pus étaient tués au bout de 18 heures d'exposition dans une atmosphère sèche contenant 20 p. 100 de gaz *acide sulfureux*; que l'humidité en augmentait le pouvoir microbicide sur les espèces adultes et fragiles, mais que les spores résistaient énergiquement à son action, et il cite ce fait que l'*acide sulfureux* liquide, à la pression qui le maintient liquéfié, ne peut enlever la vitalité aux spores du charbon, ni à celles des bacilles subtils.

En 1883, MIQUEL (2) a établi que les poussières des appartements pouvaient rester en contact pendant 20 jours avec une atmosphère dont tout l'oxygène avait été combiné au soufre pour former de l'acide sulfureux sans qu'elles fussent stérilisées; plus récemment, le même auteur (2) a publié que dans une atmosphère saturée de vapeur d'eau et chargée de 25, 50, 75 et 100 grammes d'acide sulfureux par mètre cube d'air, on parvenait à détruire 99 p. 100 des germes des poussières, mais que jamais les spores du bacille du charbon et des bacilles de la terre de jardin n'étaient entièrement détruites.

Parmi les corps volatils jouissant d'un pouvoir antiseptique voisin de l'*anhydride sulfureux*, citons :

L'*alcool méthylique* qui, en 24 heures et à 19°, tue 99,5 p. 100 des germes des poussières à la dose, très élevée, de 800 centimètres cubes par mètre cube d'air;

---

(1) STERNBERG. *Rep. of Committee on disinfectants* A. P. H. Ass., 1885, pp. 52-65.
(2) MIQUEL. *Annuaire de l'Observatoire de Montsouris*, 1883, p. 437, et *Annales de Micrographie*, 1894, VI, p. 321.

L'alcoolat composé, dit *eau de Cologne*, qui produit le même effet entre 17 et 18° à raison de l'évaporation de 330 centimètres cubes de cette eau de senteur par mètre cube ;

Le *nitrate d'amyle* qui montre un pouvoir microbicide identique, mais sous le volume, beaucoup plus faible, de 67 centimètres cubes par mètre cube ;

Le *chlorure de benzyle* qui peut détruire, à 14° et en 48 heures, 98 p. 100 des germes des poussières, 99,7 p. 100 en 2 jours si la température est de 18°,5 et les spores du bacille du charbon quelle que soit leur quantité. Cet antiseptique remarquable n'agit malheureusement qu'avec lenteur à cause de sa faible volatilité. Dans les essais de MIQUEL, c'est à peine si la dose évaporée par mètre cube d'air s'est élevée, au bout de 4 jours, à 30 centimètres cubes.

Nous plaçons provisoirement ici l'*ozone*, dont le pouvoir microbicide est encore mal connu. En plaçant des poussières sur le trajet d'un faible courant d'air sec ozonisé par l'appareil à effluve de BERTHELOT, MIQUEL (1) a pu constater que tous les germes de ces poussières n'étaient pas tués.

DE CHRISTMAS (2) a reconnu, de son côté, que ce gaz n'a aucune valeur désinfectante au-dessous de 0,05 p. 100, soit au-dessous de 1 : 2000. LUKASCHEWITCH a constaté qu'un gramme de ce corps, par mètre cube d'air, ne tue pas les spores du charbon au bout de 24 heures. SONNTAG (3) en arrive aux mêmes résultats non seulement avec les spores de la bactéridie charbonneuse, mais avec d'autres microorganismes beaucoup plus fragiles.

Substances volatiles modérément antiseptiques.

Nous avons dit que nous comprenions dans ce groupe toutes celles qui peuvent, à la température ordinaire, détruire 95 à 99 p. 100 des germes des poussières. Parmi elles, on compte quelques *vapeurs acides*, le *gaz ammoniac*, l'*alcool éthylique* et plusieurs *essences*.

L'*acide acétique* à 20 p. 100 détruit en 24 heures un peu moins de 99 p. 100 des germes des poussières sous le poids de 11 grammes par mètre cube d'air. L'*acide acétique cristallisable* est beaucoup moins actif, à 15° il détruit à peine 95 p. 100 des mêmes germes alors que

---

(1) MIQUEL. *Annuaire de l'Observatoire de Montsouris*, 1883, p. 437.
(2) DE CHRISTMAS. *Annales de l'Institut Pasteur*, VII, p. 776.
(3) SONNTAG. *Zeitschrift für Hygiene*, 1890, VIII, p. 95.

la dose agissante s'élève à 90 centimètres cubes par mètre cube d'air, les spores du charbon restent indemnes même après un contact prolongé pendant 4 jours.

Le gaz *acide cyanhydrique* humide tue en 48 heures 97 p. 100 des germes des poussières sous le poids de 13 gr. 5 par mètre cube d'air.

L'*acide phénique* ajouté en excès dans une atmosphère limitée, maintenue à 15°, exige un contact de 2 jours pour priver de vitalité 97 p. 100 des bactéries des poussières.

L'*ammoniaque* commerciale, à 22°, ne donne pas de meilleurs résultats.

L'*alcool éthylique* à 50 et 90 degrés centésimaux, sous les volumes respectifs de 175 et 400 centimètres cubes par mètre cube d'air, sont doués de pouvoirs antiseptiques analogues et tuent de 97 à 98 p. 100 des germes des poussières en 24 heures; tandis que l'*alcool absolu*, à la dose beaucoup plus élevée de 540 centimètres cubes par mètre cube d'air, n'en détruit en moyenne que 70 p. 100.

Les vapeurs d'*hydrate de chloral* en excès détruisent en 24 heures 98 p. 100 des mêmes germes.

Au nombre des essences qui font partie de ce groupe signalons l'*essence d'amandes amères* qui, sous le volume de 22 centimètres cubes par mètre cube d'air, parvient à détruire les bactéries des poussières, dans la proportion de 90 p. 100, et l'*essence de fleurs de thym* qui, à 28 centimètres cubes par mètre cube, se montre un peu moins efficace (MIQUEL) (1).

Substances volatiles faiblement antiseptiques.

La liste des substances de cette catégorie est longue, aussi nous n'en mentionnerons que quelques-unes, d'un intérêt pratique d'ailleurs, à peu près nul :

L'*éther sulfurique* qui, à la dose de 4400 centimètres cubes par mètre cube d'air, ne tue à 14° que 95 p. 100 des bactéries disséminées dans les poussières;

Le *chloroforme* qui, en 48 heures, arrive, sous le volume de 2650 centimètres cubes, à peu près, au même résultat;

La *benzine cristallisable* qui détruit, en 24 heures, 90 p. 100 des germes des sédiments atmosphériques sous le volume de 190 centimètres cubes par mètre cube d'air, tandis que son homologue, le *xylène*, ne parvient à en tuer que 70 p. 100.

---

(1) MIQUEL. *Annales de Micrographie*, 1894, VI, p. 411.

Parmi les huiles essentielles dont les vapeurs ont pu tuer, en 24 heures, de 90 à 95 p. 100 des bactéries des poussières, nommons les *essences de cumin*, de *girofle* et de *menthe* (MIQUEL) (1).

Substances volatiles peu antiseptiques.

Parmi elles se groupent la plupart des essences. MIQUEL a trouvé qu'en 24 heures la quantité de germes tués par leurs vapeurs était la suivante :

90 % par *l'essence de néroli.*
88 % par *l'essence de citron.*
81 % par *l'essence de lavande.*
75 % par *l'essence de cannelle.*
74 % par *l'essence d'aspic.*
74 % par *l'essence d'eucalyptus.*
73 % par *l'essence de romarin.*
66 % par *l'essence de térébenthine.*
66 % par le *camphre.*

La *nitrobenzine* (essence de mirbane) et *l'acide thymique*, qui détruisent 75 p. 100 de germes de bactéries; *l'hypochlorite de chaux* sec (69 à 70 p. 100); le pétrole (22 p. 100); *l'iodoforme* (14 à 16 p. 100) et, enfin, la *naphtaline*, qui n'exerce, à la température des appartements, qu'une action à peine sensible sur les germes des poussières.

Il est sans doute regrettable que les espérances qu'avaient fait naître les travaux de CHAMBERLAND (2), de CADÉAC et MEUNIER (3), de DE FREUDENREICH (4), de BLAISOT et CALDAGUÉS (5), etc., sur la possibilité d'utiliser les essences dans la désinfection des locaux contaminés se trouvent quelque peu ébranlées par l'essai de notre classification, qui, bien qu'arbitraire, n'en est pas moins naturelle et basée sur des faits incontestables. D'ailleurs, depuis les travaux de JALAN DE LA CROIX sur *l'eucalyptol*, il n'est pas ressorti des expériences mises en relief que les huiles essentielles aient pu tuer des spores résistantes analogues à celles des bacilles subtils, alors même que leur action ait été très longtemps prolongée. Laissons donc aux essences leurs qualités thérapeutiques, mais ne songeons pas à les employer comme de puissants microbicides à la place de substances qui, comme l'aldéhyde formique, méritent d'attirer fortement l'attention.

---

(1) MIQUEL. *Annales de Micrographie*, 1894, VI, p. 396.
(2) CHAMBERLAND. *Annales de l'Institut Pasteur*, 1887, I, p. 153.
(3) CADÉAC et MEUNIER. *Annales de l'Institut Pasteur*, 1889, III, p. 317.
(4) DE FREUDENREICH. *Annales de Micrographie*, 1889, I, p. 497.
(5) BLAISOT et CALDAGUÉS. *Comp. rend. de la Société de Biologie*, 1893, sér. 9, V, p. 1001.

CHAPITRE V

MILIEUX DE CULTURE LIQUIDES, GÉLATINEUX ET SOLIDES LEUR PRÉPARATION ET LEUR STÉRILISATION

On emploie, pour cultiver les bactéries, des milieux dont la nature et la composition peuvent être très variées. Les uns sont *liquides*, d'autres *gélatineux* et d'autres *solides*. Ces différents terrains de culture offrant des qualités spéciales, il est très utile aux bactériologistes de savoir convenablement les préparer. Il serait dépourvu d'intérêt de donner ici la liste et la composition d'un grand nombre de ces milieux, chaque expérimentateur pouvant, au gré de ses recherches, les modifier de façon à les rendre propres à favoriser, le mieux possible, la multiplication des bactéries qu'il étudie. Toutefois, pour guider l'élève, il importe d'exposer brièvement le mode d'obtention des plus importants d'entre eux. Cette technique apprise, il n'éprouvera aucun embarras pour en préparer de nouveaux ne différant, habituellement, les uns des autres que par l'addition raisonnée de telle ou telle substance.

Ainsi, au bouillon de bœuf on ajoute souvent de la peptone, des sucres, de la glycérine, des acides, des bases alcalines, de l'urée, des antiseptiques, etc., pour constituer autant de milieux nutritifs liquides doués de propriétés déterminées. Du reste, la composition de ces milieux sera donnée à la place où il est intéressant et utile de la trouver, c'est-à-dire au moment de la description des espèces qui peuvent y vivre aisément, s'y complaire ou les modifier d'une façon caractéristique.

I. — Milieux de culture liquides.

Ces milieux peuvent être *naturels* comme le sérum du sang, la lymphe, le lait, l'urine, les sucs d'origine végétale, etc., ou artificiels comme les liqueurs purement minérales, les décoctions de viandes, les décoctions végétales, les moûts de bière, etc. Commençons par décrire ceux dont la préparation est la plus aisée.

Liqueurs artificielles minérales.

C'est PASTEUR qui, le premier, a donné la composition d'une de ces liqueurs et s'en est servi pour démontrer que les fermentations pouvaient se produire en l'absence des substances albuminoïdes. Parmi celles que ce savant a utilisées dans ses mémorables recherches, nous indiquerons les deux suivantes :

Eau distillée pure	300gr.00
Sucre candi	20gr.00
Bitartrate de potasse	0gr.10
Bitartrate d'ammoniaque	0gr.05
Sulfate d'ammoniaque	0gr.15
Cendres de levure	0gr.15

Cette solution minérale peut favoriser le développement de la levure et fermenter alcooliquement. Cette seconde se prête bien à la multiplication du ferment butyrique :

Eau distillée pure	1000gr.00
Lactate de chaux pur	22gr.50
Phosphate d'ammoniaque	0gr.075
— de potasse	0gr.04
Sulfate de magnésie	0gr.04
— d'ammoniaque	0gr.02

COHN, de Breslau, a indiqué pour la culture d'autres bactéries un milieu où le sucre de la *liqueur de Pasteur* se trouve remplacé par du tartrate d'ammoniaque :

Eau	200gr.00
Tartrate d'ammoniaque	2gr.00
Phosphate de potasse	1gr.00
Sulfate de magnésie	1gr.00
Phosphate tribasique de chaux	0gr.10

Vers 1870, RAULIN a donné la composition d'un liquide minéral sucré plus complexe, capable de favoriser à un haut degré la croissance des moisissures vulgaires; en outre des éléments du liquide de PASTEUR, il contient une assez forte proportion d'acide tartrique (3 p. 1000) et des traces de sulfate de zinc.

Si on en excepte les milieux minéraux destinés à la culture des

Nitrobactéries, ces liquides sont aujourd'hui très peu usités dans les laboratoires de bactériologie ; on leur substitue, avec avantage, les bouillons ou les moûts chargés de la substance appelée à fermenter.

Quant à leur préparation, elle est des plus simples : il suffit de faire dissoudre à chaud, dans le volume d'eau indiqué, les sels exactement pesés, de filtrer au papier et de stériliser finalement à l'autoclave. Quelquefois, au sortir de cet appareil, ces liqueurs sont troubles, mais elles se clarifient spontanément en se refroidissant. Plusieurs abandonnent des cristaux, plus ou moins volumineux, au fond des vases où on les conserve.

L'ébullition et même les températures de 70 à 80° semblent souvent suffire pour priver de germes les liqueurs nutritives minérales ; en effet, après ce traitement, on les voit rester indéfiniment limpides, si on les soustrait à toute cause de contamination directe. Mais c'est là une illusion. Les germes qui ont été respectés par les températures inférieures ou égales à 100° sommeillent, seulement, dans ces liqueurs et, lorsqu'on y sème des levures pures ou des spores de moisissures, les substances albuminoïdes que ces microphytes sécrètent dans la liqueur favorisent l'éclosion des germes simplement endormis et le milieu minéral se remplit de bactéries. Par conséquent, les liqueurs minérales nutritives doivent être stérilisées aussi rigoureusement que les substances réputées les plus difficiles à débarrasser des spores des bacilles.

Milieux nutritifs artificiels d'origine animale.

Ces milieux s'obtiennent en faisant décocter le tissu musculaire des animaux dans 2 à 3 fois leur poids d'eau. Les viandes de bœuf, de cheval, de veau, de poule sont choisies de préférence. Pour quelques cultures spéciales, on emploie la chair des poissons et la substance parenchymateuse de quelques viscères. Il suffit d'indiquer la préparation de l'un de ces bouillons pour ne pas avoir à insister sur la confection des autres.

Bouillon de bœuf. — Le bouillon de bœuf, qui est une des liqueurs nutritives les plus fréquemment employées, s'obtient en faisant digérer, vers 100°, pendant 4 à 5 heures, un kilogramme de chair maigre de bœuf dans 2 à 3 litres d'eau salée de 5 à 10 p. 1000.

Quelques auteurs recommandent de hacher la viande et de la faire macérer à froid, au préalable, pendant 24 heures dans le même volume d'eau. Cette précaution n'est pas indispensable. La digestion achevée, on enlève la viande cuite et le bouillon est laissé en repos dans un lieu frais jusqu'au lendemain. Alors on le passe au travers d'un linge mouillé qui retient complètement les particules graisseuses. Puis, le liquide obtenu est porté à l'ébullition, neutralisé avec une solution de soude ou de carbonate de soude jusqu'à ce qu'il présente une légère réaction alcaline. On le fait encore bouillir fortement pendant 5 à 6 minutes, finalement on le filtre au papier; il passe d'une magnifique limpidité.

Les bouillons de poumons, de rate, de foie et de pancréas sont parfois très troubles; pour les rendre limpides il est indispensable de les clarifier à chaud au blanc d'œuf.

On additionne souvent les bouillons de viande de 1 à 2 p. 100 de peptone, afin d'en exalter la nutritivité à l'égard de quelques bactéries qu'on désire voir se multiplier en grand nombre et fournir des sécrétions diastasiques ou autres résultant de la vie intensément entretenue de ces microbes.

Bouillon de peptone. — Pour les usages courants du laboratoire, on se dispense souvent d'employer le bouillon de bœuf dont la préparation est toujours longue et coûteuse; on lui substitue une eau de peptone qui convient, également bien, au développement de la plus grande partie des espèces pathogènes et vulgaires. Une des formules qui donne un bouillon artificiel suffisamment nutritif est la suivante :

Eau	1000gr.00
Peptone	20gr.00
Sel marin	5gr.00
Cendres de bois	0gr.10

On fait dissoudre dans l'eau, placée sur le feu, le sel et la peptone, on ajoute les cendres de bois et on porte le tout à l'ébullition pendant quelques minutes. On s'assure si le milieu obtenu présente une réaction légèrement alcaline, dans le cas contraire, on ajoutera quelques gouttes d'une solution de soude. Enfin, on filtre au papier. Cette eau de peptone se prépare en très peu de temps; elle a, en outre, l'avantage de présenter une composition constante, ce qui est précieux pour les recherches comparatives.

Autrefois, on fabriquait des bouillons avec divers extraits de viande, mais ces milieux étaient doués d'une nutritivité assez obtuse vis-à-vis des bactéries, aussi, ne sont-ils plus que très rarement utilisés.

Liqueurs nutritives artificielles d'origine végétale.

Ces liquides, bien moins employés que les précédents, peuvent cependant, quelquefois, servir à l'étude des bactéries. Les décoctions de levure, d'orge, de foin, de paille, etc., se préparent en faisant bouillir avec de l'eau, pendant une ou plusieurs heures, ces champignons, graines ou plantes herbacées; la paille et le foin doivent être hachés menus. La liqueur filtrée, après neutralisation à chaud et refroidissement, est ensuite débarrassée de ses germes à l'autoclave.

Tyndall s'est servi dans ses expériences de bouillons de choux, de navets, de carottes, etc., qui conviennent de même à la culture de plusieurs espèces vulgaires.

On utilise fréquemment, pour l'étude des fermentations, l'eau de levure, le moût de raisin, les décoctions et les jus cuits de plusieurs fruits sucrés. Hansen se sert, presque constamment, dans ses études sur les ferments alcooliques, de décoctions d'orge houblonnées et de moûts de bière. L'observateur peut donc varier à sa guise ces différents milieux selon les exigences de ses travaux. La préparation de l'eau de levure offrant quelque difficulté, nous allons l'indiquer d'après la recette donnée par Duclaux (1).

Eau de levure. — « On prend de la levure fraîche non additionnée d'amidon. On met cette levure en suspension dans l'eau et on la passe au travers d'un tamis de soie à mailles serrées, pour la débarrasser de ses plus grosses impuretés. On laisse reposer quelques minutes le liquide tamisé; on le décante pour le séparer des poussières fines plus lourdes qui ont traversé le tamis, et on l'abandonne pendant 24 heures à lui-même. La levure se sépare en laissant au-dessus d'elle un liquide de lavage trouble qu'on jette. On délaye le liquide dans l'eau, à raison de 40 à 50 grammes de levure humide par litre, et on fait bouillir en agitant constamment avec une spatule. Quand le liquide bout, on le jette sur un filtre. La décoction est limpide quand la levure est fraîche. Quand elle est un peu louche, on réussit d'ordinaire à l'éclaircir en y déterminant un léger

---

(1) Duclaux. Traité de Microbiologie, p. 106, Paris, 1898.

précipité de phosphate de chaux, au moyen de quelques gouttes d'acide phosphorique qu'on sature ensuite avec de l'eau de chaux. La liqueur ainsi traitée devient neutre, tandis qu'elle est légèrement acide quand elle provient d'une simple décoction. »

Liquides nutritifs d'origine animale.

On peut diviser ce groupe de liquides en deux classes :

En liquides stérilisables par la chaleur, tels que les urines et le lait ;

En liquides incapables de supporter les températures stérilisantes sans s'altérer profondément et sans devenir inutilisables. Tels sont : les sérums divers, les liquides albumineux et plusieurs sécrétions normales et pathologiques de l'économie.

Urines. — Les urines de l'homme et des herbivores ont été employées pour l'étude de quelques fermentations. Aujourd'hui on ne s'en sert presque plus. A l'époque des discussions sur l'hétérogénie, elles étaient, au contraire, fréquemment mises en expérience. Il s'attache même à ces liquides, alors considérés comme très altérables, un souvenir qu'il est instructif de rappeler ici.

Bastian (1) ayant prétendu que l'urine stérilisée, exactement neutralisée par une solution de soude, également stérilisée, ne tardait pas à fourmiller de bactéries, bien que tenue à l'abri de toute cause de contamination, Pasteur (2) n'eut aucune peine à démontrer que l'urine chauffée, restée limpide et considérée comme stérilisée par Bastian, ne l'était pas réellement et que, en la privant sûrement de germes au delà de 100°, sa neutralisation par la soude ne lui conférait aucun pouvoir procréateur de microbes.

Dans quelques liquides organiques, de même que dans les solutions minérales, les germes peuvent continuer à vivre sans se développer, jusqu'au moment où ces milieux, insuffisamment stérilisés, subissent une modification heureuse capable de favoriser leur éclosion. Ces stérilisations *apparentes* sont à redouter des bactériologistes, car elles peuvent entraver longtemps leurs recherches et les induire en erreur en troublant la pureté des cultures.

Pour obtenir d'une belle limpidité les urines stérilisées par la

---

(1) Bastian. *Compte rend. de l'Académie des Sciences*, 1876, LXXXIII, pp. 159, 362, 488 et 1877 ; LXXXIV, pp. 187 et 366.

(2) Pasteur. *Compt. rend. de l'Académie des Sciences*, 1877, LXXXIV, pp. 64, 206 et 307.

chaleur, il est indispensable de les chauffer, d'abord, à 100 ou 105° pendant quelque temps, de les filtrer après refroidissement, puis de les purger définitivement de germes dans les vases où l'on doit s'en servir ou les conserver. Ces urines stérilisées à chaud sont toujours alcalines par suite de la décomposition d'un peu d'urée à la température de l'autoclave.

Lait. — Le lait, privé de bactéries par la chaleur, sert à cultiver les ferments lactiques, les microorganismes capables de faire fermenter la lactose et à caractériser plusieurs espèces qui ont la propriété de le coaguler. Comme l'urine, il subit un commencement de décomposition sous l'action de la chaleur : plusieurs substances albuminoïdes qu'il renferme sont assez fortement modifiées à 100° et au delà. A la température de 110°, le sucre de lait commence déjà à se caraméliser; il est donc indispensable de le stériliser à une température aussi basse que possible, au plus, entre 105 et 110 degrés. Le lait employé pour les cultures doit être écrémé.

Si le lait est impossible à purger de germes par filtration, les globules de beurre qu'il contient s'opposant à son passage à travers la porcelaine, il n'en est pas de même des urines qui traversent très bien les bougies filtrantes; aussi, doit-on recourir, pour ce liquide, à ce mode rapide et certain de stérilisation à moins qu'on ait une raison spéciale pour agir différemment.

Petit-lait. — Pour l'obtenir clair et limpide on porte à l'ébullition du lait de vache pur auquel on ajoute, par petites portions, une quantité suffisante d'une solution d'acide citrique ou tartrique au dixième. Quand le coagulum est formé, on jette le tout sur une étamine et l'on passe sans expression. Le liquide, ainsi obtenu, est mélangé avec un blanc d'œuf, puis porté de nouveau à l'ébullition. Dès qu'il se montre éclairci, on le filtre au papier.

Le petit-lait peut remplacer, avantageusement, le lait pour la recherche des bacilles du côlon et en général de toutes les bactéries qui manifestent une action sur la lactose.

Sérum de sang. — On obtient le sang et, par suite, le sérum de sang stérile en suivant la méthode indiquée par Pasteur (1) en 1863 : « S'agit-il de l'étude du sang, on le prendra sur un animal vivant,

---

(1) Pasteur. *Comp. rend. de l'Académie des Sciences*, 1863, LVI. — Études sur la Bière, p. 49. Paris, 1876.

un chien par exemple : On met à nu une veine ou une artère de l'animal, on pratique une incision dans laquelle est introduite l'extrémité de la branche libre du robinet, préalablement chauffée et refroidie, qu'on fixe par une ligature dans la veine ou l'artère, puis on ouvre le robinet : le sang coule dans le ballon (stérilisé au préalable) ; on referme le robinet et on porte le ballon dans une étuve à une température déterminée. J'ai pu mener à bien ces manipulations, grâce au concours obligeant de mon illustre confrère et ami M. CLAUDE BERNARD. »

Depuis les premières expériences de PASTEUR, on a un peu simplifié le prélèvement du sang chez les animaux vivants. Ordinairement, on introduit, au moyen d'un trocart, une canule métallique dans la jugulaire d'un cheval ou d'un bœuf ; la partie de la peau où doit être pratiquée la ponction du vaisseau doit être rasée, lavée et antiseptisée, puis incisée. La canule, le trocart et le bistouri doivent être, bien entendu, purgés de germes par la chaleur. La canule maintenue en place, on dirige au moyen d'un tube de caoutchouc passé à l'autoclave, muni d'une pièce métallique s'engageant à frottement dans la partie postérieure de la canule, le sang dans des vases flambés, préservés de l'accès des impuretés atmosphériques. Plus tard, au bout d'un ou deux jours, quand le sérum a quitté le caillot sanguin rétracté, on le recueille avec les précautions réclamées par l'aseptie, dans des appareils distributeurs flambés, d'où on le conduit dans les vases qui doivent le recevoir définitivement. Tel est le procédé usité pour recueillir les sérums antitoxiques par la saignée pratiquée sur les animaux vivants.

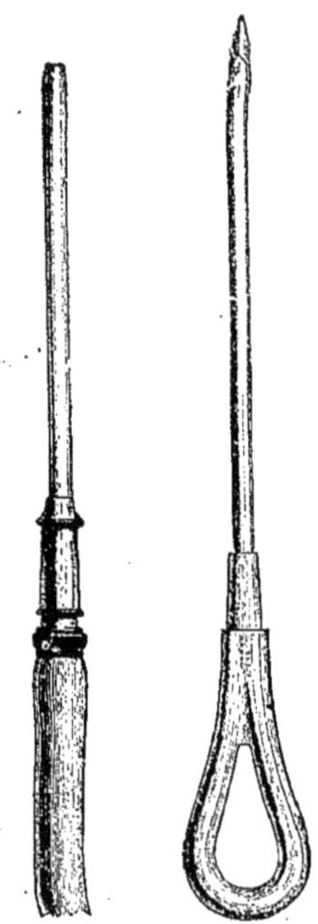

Fig. 23.
Trocart de NOCARD et ROUX.

Pour préparer le sérum de sang destiné aux cultures, les précautions qui viennent d'être indiquées ne sont pas indispensables : le sang des animaux abattus est recueilli, au moment de la saignée, dans des vases propres qu'on transporte au centre d'une caisse pleine de glace, où ils sont fortement inclinés. Quand le caillot est bien pris, c'est-à-dire 3 ou 4 heures plus tard, les récipients sont inclinés en sens inverse, et on incise peu profondément la surface du caillot, afin de favoriser l'écoulement du sérum qui se rend dans la partie la plus déclive des récipients. Après une attente de 24 à 48 heures, le sérum est siphoné dans des vases stérilisés et porté des abattoirs au laboratoire où il est stérilisé par filtration au moyen des bougies CHAMBERLAND, suivant la technique exposée plus bas, page 131.

La filtration achevée, le sérum est distribué de la façon suivante : avec une pipette à boule, d'une capacité de 300 à 400 centimètres cubes (fig. 24), on aspire le sérum des vases où il a été recueilli après son passage à travers la bougie. Cette pipette, stérilisée à l'avance, munie d'une pointe mobile soutenue par un tube de caoutchouc, porte une pince de MOHR pouvant fortement écraser le tube flexible entre la pointe et la boule. Pour plus de commodité, la pipette est placée sur un support à entonnoir, puis on engage la pointe de verre mobile, flambée, dans le tube ou dans le vase destiné à recevoir le sérum, alors on desserre la pince jusqu'à ce que le vase ait reçu la quantité voulue de liquide. Pour les cultures en plan incliné, on verse dans les tubes à essais, flambés, une quantité de sérum s'élevant au tiers, environ de leur hauteur.

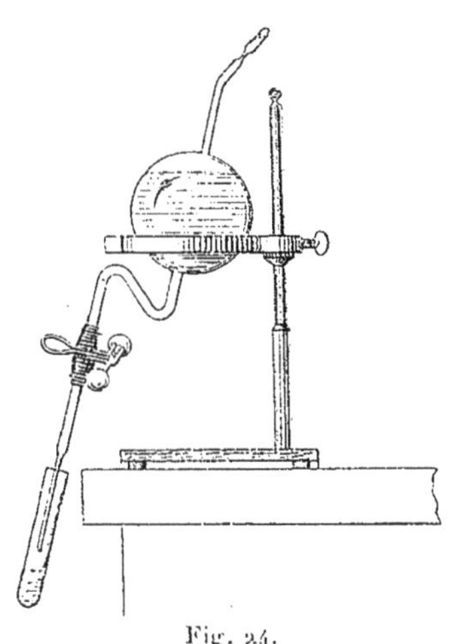

Fig. 24.
Pipette distributrice.

Le sérum de sang est quelquefois employé à l'état liquide pour la culture de certaines bactéries ; généralement, on préfère l'employer gélatinisé, c'est-à-dire coagulé à une température aussi peu élevée que possible, de façon à l'obtenir transparent (voir page 124).

Liquides séreux de l'économie animale. — La lymphe s'extrait du corps des animaux au moyen de canules engagées dans les gros vaisseaux lymphatiques. Les liquides pleurétiques, ascitiques, hydrocéliques, s'obtiennent par des ponctions dont la technique n'a pas besoin d'être exposée ici, on la trouvera indiquée dans les manuels de petite chirurgie.

Comme le sérum de sang, ces liquides albumineux se stérilisent par filtration à travers le biscuit.

Jus de viande. — Ces milieux éminemment altérables sont encore moins employés que les précédents, bien qu'ils méritent d'attirer l'attention des bactériologistes. Par leur exquise nutritivité, ils se prêteraient, peut-être, au développement des microorganismes pathogènes restés jusqu'à ce jour incultivables.

La façon la plus simple d'obtenir les jus de viande consiste à enfermer de la chair musculaire hachée dans un linge de toile très forte, dont on fait une sorte de sac solidement lié. Ce sac est placé entre les plateaux d'une forte presse et serré progressivement avec lenteur. Le jus obtenu, filtré au papier après avoir été neutralisé et passé à l'étamine, est stérilisé comme le sérum de sang et les autres liquides albumineux.

Il resterait à parler des solutions aqueuses d'albumine d'œuf, mais ce liquide, comme l'a démontré MIQUEL (1), est si peu nutritif à l'égard des bactéries qu'il ne mérite guère d'entrer dans la pratique des laboratoires. HUEPPE (2) a préconisé les œufs comme milieu de culture, mais, outre qu'il est peu aisé de voir ce qui s'y passe après l'ensemencement, les œufs, comme l'a établi GAYON (3), ne sont pas toujours parfaitement aseptiques et quand ils pourrissent spontanément cela est, habituellement, dû aux bactéries qui ont pu y pénétrer dans l'oviducte, au moment où leurs enveloppes sont molles et moins imperméables qu'à leur maturité.

Milieux nutritifs d'origine végétale.

Dans cette classe de liquides viennent se ranger naturellement les jus des fruits et les sucs des plantes herbacées.

Jus des fruits. — Parmi ceux qui sont utilisés par les bactériologistes, ou plutôt par les zymotechnologues, on peut indiquer les moûts de raisins, de groseilles, de mûres; les jus de poires, de pommes et d'oranges. On obtient ces milieux sucrés en soumettant ces divers fruits à la presse après avoir divisé ceux qui présentent un trop gros volume. Ces jus bruts, neutralisés ou non, sont filtrés au papier avant d'être stérilisés au moyen des bougies en porcelaine. Cette filtration marche souvent avec lenteur. En été, il est utile de refroidir ces jus si on veut prévenir leur fermentation ordinairement prompte à survenir.

(1) MIQUEL. Les organismes vivants de l'atmosphère, Paris, 1883, p. 194.
(2) HUEPPE. Die Methoden der Bacterien-Forschung. 3e éd., 1886.
(3) GAYON. La pourriture spontanée des œufs, thèse, Paris, 1875.

Sucs des végétaux. — Les sucs des plantes herbacées se préparent comme les jus des fruits, avec cette différence que les feuilles, les tiges et les racines des végétaux sont coupées en morceaux et contusées dans un mortier de fer ou de marbre, puis, quand le tissu cellulaire est réduit en pulpe, on l'exprime à la presse, on le filtre au papier et finalement à la bougie de biscuit.

II. — Milieux nutritifs gélatineux.

Ces milieux demi-solides, préparés et vulgarisés par Koch (1), ont acquis une très grande importance en raison des services nombreux qu'ils rendent journellement à l'expérimentateur. Les milieux gélatineux le plus fréquemment employés sont : la *gélatine*, dont le point de fusion se trouve situé entre 23 et 24° ; la *gélose* ou *agar*, qui commence à fondre vers 70-75°, et le *sérum de sang* qui ne fond pas du tout et durcit, au contraire, à mesure que la température s'élève. Quelques lignes vont suffire pour donner une description suffisamment exacte de la préparation de chacun de ces terrains nutritifs.

Gélatine nutritive. — De même que les bouillons, la gélatine peut être additionnée de substances diverses : sucres, glycérine, sels divers, etc., destinées à lui donner des qualités spéciales de nutritivité. La gélatine à l'eau simple est peu usitée, on la fabrique d'habitude soit avec des décoctions de viande ou de l'eau de peptone, soit avec des infusions végétales, des moûts, etc... Quelle que soit la nature du liquide choisi, voici la façon d'obtenir une gélatine suffisamment ferme et parfaitement transparente.

Le liquide est d'abord porté au voisinage de l'ébullition, puis après l'avoir retiré du feu, on y ajoute la dixième partie de son poids (10 p. 100) de gélatine en feuilles de bonne qualité. Cette dernière dissoute et le liquide revenu à 60°, on y verse en agitant de l'albumine d'œuf délayée dans un peu d'eau ; deux blancs d'œufs par 100 grammes de gélatine en feuilles. On place ce mélange dans un vase étamé spacieux et l'on porte le tout à l'autoclave entre 105 et 110° pendant 15 à 20 minutes. L'albumine en se coagulant entraîne les impuretés et clarifie le liquide qu'on jette, encore très chaud, sur un filtre en papier Chardin. La liqueur obtenue parfaitement limpide

---

(1) Koch. *Mittheilungen aus dem K. Gesundheitsamte*, 1881 et 1884.

est distribuée dans les vases à culture destinés à la recevoir. Il ne reste plus qu'à stériliser ces vases à 110° dans la vapeur sous pression pendant une demi-heure.

Pour la répartition de la gélatine encore chaude dans les vases à culture, on se sert d'un simple entonnoir de verre terminé par une pointe mobile, au-dessus de laquelle se trouve une pince de Mohr ou un robinet de verre (voir figure 25).

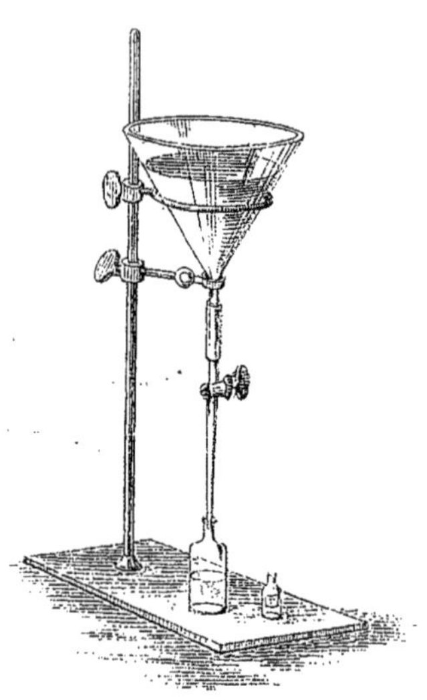

Fig. 25.
Entonnoir distributeur.

Gélose nutritive. — La gélose se prépare aussi aisément que la gélatine. On fait dissoudre à l'ébullition 20 grammes d'agar commercial dans un litre de l'excipient adopté. L'agar, bien que coupé en petits morceaux, met souvent plus de 30 à 40 minutes pour fondre. La clarification s'obtient avec deux blancs d'œufs par litre, comme pour la gélatine, à la température de 105 à 110°. Si la température ambiante est basse, il importe de distribuer rapidement le liquide filtré afin d'éviter qu'il ne fasse prise avant d'avoir été réparti dans les vases à cultures où l'on veut l'introduire. Pendant l'hiver, on remédie, en grande partie, aux inconvénients dus à la prompte solidification de la gélose, en filtrant cette dernière dans l'intérieur de l'autoclave simplement chauffé à l'ébullition. Ce tour de main, indiqué par de Freudenreich, supprime l'usage, assez mal commode, des entonnoirs à filtration chaude et permet de maintenir dans un état de fluidité désirable, aussi bien le liquide de l'entonnoir que celui déjà filtré. Une stérilisation à 110° termine l'opération.

Les gelées d'agar n'ont pas la limpidité magnifique de la gélatine bien préparée ; elles sont toujours un peu opalescentes ; mais néanmoins assez translucides pour ne gêner en rien l'examen des végétations qui s'y développent.

Sérum de sang gélatinisé. — La gélatinisation du sérum de sang, stérilisé au préalable, s'opère d'ordinaire dans une étuve à eau de forme basse suivant un modèle donné par Koch. Cette étuve est munie d'un régulateur de la température et d'un couvercle vitré, permettant à l'opérateur de surveiller la marche de la coagulation (fig. 26). Cette étuve est inclinée de façon à ce que le sérum contenu dans les tubes occupe une grande partie de leur longueur et donne une section elliptique, très allongée, destinée à la culture en surface des microorganismes.

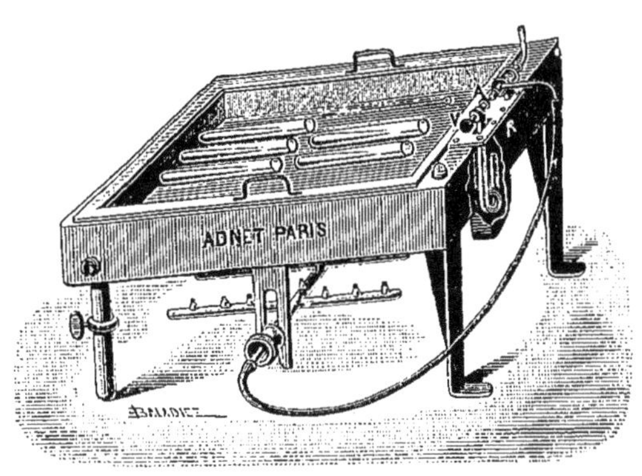

Fig. 26.
Étuve pour coaguler le sérum de sang.

L'étuve est portée, très lentement, de 60 à 68°. Avec certains sérums, il est nécessaire d'atteindre 70°, mais au delà de ce degré de chaleur, le sérum coagulé perd beaucoup de sa transparence et tend à devenir opaque comme le blanc d'œuf cuit. On juge, approximativement, de la température qui règne dans le coagulateur par la lecture d'un thermomètre couché à côté des tubes de sérum. La gélatinisation dure, environ, de une heure et demie à deux heures.

On peut, également, employer pour cette opération des étuves à air chaud bien réglées vers 69°, où les tubes de sérum, convenablement inclinés, sont disposés sur des étagères.

Quand, pendant sa préparation, le sérum liquide a dissout une certaine quantité d'hémoglobine, cette dernière se décompose par la chaleur et la gelée obtenue est colorée en vert grisâtre fluorescent qui lui communique un vilain aspect sans amoindrir ses propriétés nutritives. Le sérum de sang, additionné avant sa solidification de sucre, de glycérine ou de peptone, se prête mieux que le sérum pur à la culture de plusieurs bactéries pathogènes. C'est là une qualité précieuse que n'offrent pas, au même degré, les géloses simplement peptonisées.

Gelées diverses. — On a fabriqué, en vue de recherches particulières, la gelée de lichen qui s'obtient, à peu de chose près, comme la gélose, en faisant digérer à chaud dans du bouillon des frondes de *Fucus crispus*. Cette gelée, dont le point de fusion n'est pas très éloigné de 40°, filtre, malheureusement, très difficilement à travers le papier, aussi doit-on se contenter de la passer une ou deux fois à l'étamine.

Quelques bactériologistes ont préparé des milieux gélatineux : soit avec les mucilages des graines de coing ; soit avec la gomme adragante ; d'autres, se sont servis de gelées d'empois et même de silice pure. Il n'est pas utile d'insister sur ces derniers milieux d'un usage très restreint et dont s'accommodent seulement un faible nombre de bactéries.

III. — Milieux de culture solides.

La pomme de terre, employée par Schroeter et Koch, ainsi que divers fruits, auxquels ont eu recours depuis longtemps les micro-botanistes, sont les milieux nutritifs solides les plus usuels. Les fruits comme les poires, les pommes, les oranges, les citrons, etc., peuvent être utilisés crus ; la pomme de terre, au contraire, doit toujours être cuite.

Fruits. — La première précaution à prendre pour effectuer des cultures pures sur la masse charnue des fruits crus consiste : d'abord à les laver avec soin après avoir constaté l'intégrité de leur peau ; ensuite, à les plonger, durant quelques heures, dans une solution chlorurée de sublimé à 2 p. 1000. Les fruits essuyés à leur sortie du liquide antiseptique avec du papier buvard stérilisé, on les divise avec un scalpel ou un couteau flambé, et les morceaux obtenus sont introduits dans des cristallisoirs fermés par une plaque de verre rodée ou dans des tubes stérilisés à la partie inférieure desquels se trouve un peu d'eau, purgée de tout germe, destinée à prévenir la dessiccation des surfaces appelées à être ensemencées.

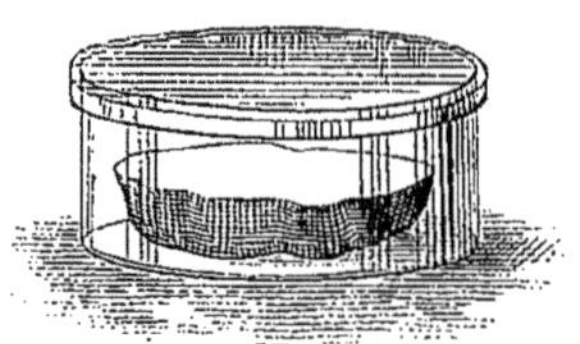

Fig. 27.
Boite en cristal pour la culture sur tranches de fruits.

Ces fruits servent d'habitude à nourrir des champignons inférieurs, des bactéries chromogènes et d'autres parasites microscopiques du règne végétal.

Pomme de terre. — Ce tubercule est, encore assez souvent, employé pour caractériser certaines bactéries par l'aspect macroscopique des végétations qu'elles y donnent et pour la culture de beaucoup d'espèces chromogènes. On a obtenu sur la pomme de terre de très belles cultures de bacille de la tuberculose, mais, généralement, on substitue la gélose glycérinée ou le sérum de sang gélatinisé à ce milieu solide.

Koch, qui s'est beaucoup servi de la pomme de terre, prescrit de la laver d'abord dans l'eau avec une brosse pour la débarrasser de la terre et des autres impuretés adhérentes à sa peau; cela fait, de la plonger pendant une demi-heure dans une solution de bichlorure de mercure à 1 p. 1000; de la partager en deux moitiés après l'avoir essuyée et d'introduire, séparément, chacun des morceaux dans des cristallisoirs fermés; puis enfin de stériliser le tout à la vapeur fluente à 100°.

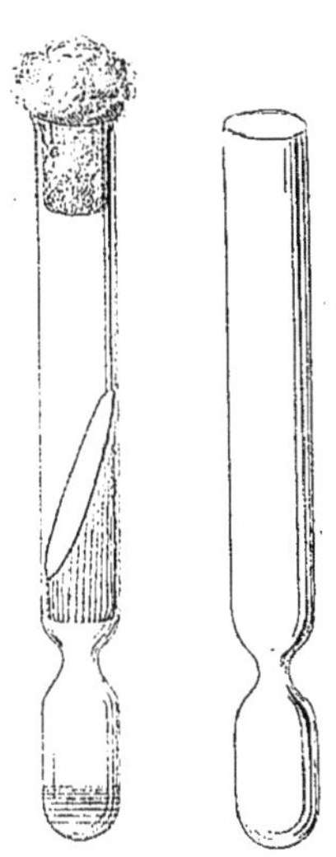

Fig. 28.
Tubes de Roux pour la culture sur la pomme de terre.

Quand on cuit la pomme de terre à l'autoclave à 110°, cette stérilisation préalable au sublimé, qui a pour but de tuer les germes très résistants répandus à la surface de ce tubercule, devient superflue, ces germes étant plus sûrement tués par la vapeur sous pression prolongée pendant une demi-heure. Aussi, le dispositif imaginé par E. Roux est-il beaucoup plus pratique.

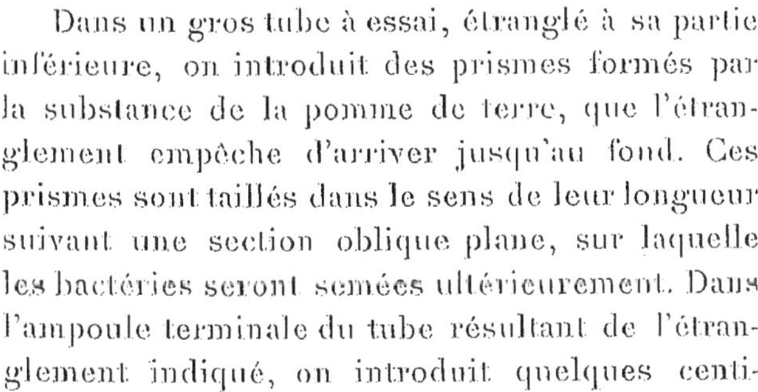

Dans un gros tube à essai, étranglé à sa partie inférieure, on introduit des prismes formés par la substance de la pomme de terre, que l'étranglement empêche d'arriver jusqu'au fond. Ces prismes sont taillés dans le sens de leur longueur suivant une section oblique plane, sur laquelle les bactéries seront semées ultérieurement. Dans l'ampoule terminale du tube résultant de l'étranglement indiqué, on introduit quelques centimètres cubes d'eau afin d'obtenir un degré constant d'humidité qui s'oppose au dessèchement de la substance et des cultures. L'ouverture du tube à essai ainsi préparé reçoit une bourre de ouate et l'appareil est porté à l'autoclave à 110° pendant une demi-heure.

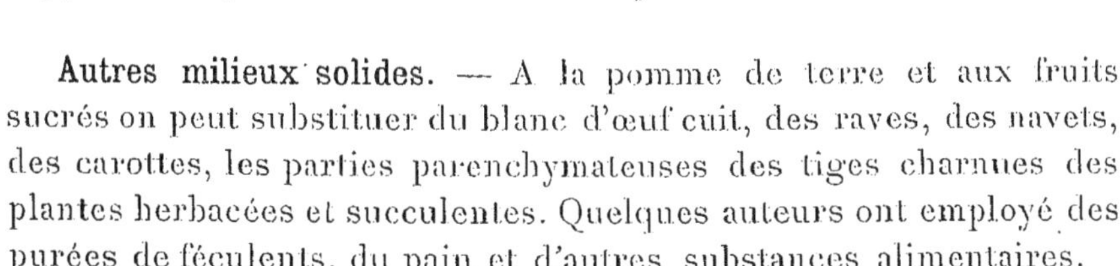

Autres milieux solides. — A la pomme de terre et aux fruits sucrés on peut substituer du blanc d'œuf cuit, des raves, des navets, des carottes, les parties parenchymateuses des tiges charnues des plantes herbacées et succulentes. Quelques auteurs ont employé des purées de féculents, du pain et d'autres substances alimentaires.

Engel, Hansen et Schionnig se sont servis, comme substratum solide, de blocs, de cônes ou de cylindres de plâtre stérilisés et humidifiés pour favoriser la formation des ascospores chez les Saccharomycètes (voir V^e partie).

IV. — Milieux de culture mixtes.

On peut donner le nom de milieux de culture *mixtes* aux terrains nutritifs résultant de l'association de milieux dissemblables tels que : les mélanges des bouillons et des sucs végétaux, de la gélatine et des jus de viande, de la gélose et du sérum de sang, etc.

Le plus souvent on se trouve dans la nécessité de confectionner à part ou de stériliser séparément ces divers milieux avant leur mélange. Quelquefois, aussi, quand ils sont liquides à la température ordinaire ou au-dessous de 40°, on peut les stériliser en même temps.

Le *sérum gélosé* qui s'obtient en mélangeant du sérum de sang liquide stérile avec de la gélose, privée de germes, maintenue en surfusion entre 45-50°, est l'exemple d'un milieu mixte exigeant cinq opérations distinctes : deux préparations tout à fait différentes ; deux sortes de stérilisation et un mélange opéré dans des conditions parfaites d'asepție. Le *sérum gélatiné* n'en réclame que trois : deux préparations particulières et, après un mélange sans précautions spéciales, une filtration unique à la bougie Chamberland opérée vers 40°.

On peut, de même, préparer des bouillons et des liqueurs minérales chargées de sérum, de liquides albumineux, de jus de fruits dans des proportions déterminées.

Ces terrains de culture mixtes peuvent varier de composition à l'infini ; déjà, quelques-uns d'entre eux (sérum gélosé) sont utilisés avec succès pour favoriser le développement d'espèces (gonocoque) se multipliant mal sur les milieux nutritifs employés habituellement en bactériologie.

V. — Stérilisation des milieux de culture.

Stériliser un milieu de culture, c'est le débarrasser totalement des germes des microphytes qui peuvent encore s'y trouver après sa préparation. Ces germes proviennent, presque toujours, soit de l'eau et des substances qui ont servi à le préparer, soit encore des vases destinés à le contenir et des poussières atmosphériques.

On peut stériliser un milieu nutritif de plusieurs manières :

1° En le chauffant à une température suffisamment élevée

pour détruire tous les microbes qu'il renferme ; c'est le procédé de *stérilisation par la chaleur* ;

2° En le filtrant au travers d'une substance poreuse capable de retenir les germes les plus ténus, c'est le procédé de *stérilisation par filtration*, dans ce cas, l'opération peut être effectuée à la température de la chambre ;

3° En faisant agir sur lui des substances antiseptiques qui peuvent détruire les germes sans le dénaturer et qui, une fois leur action microbicide accomplie, peuvent être aisément éliminées afin de permettre le développement des bactéries qu'on y ensemence. C'est la *stérilisation par les antiseptiques*, qui n'a pu encore donner des résultats certains et qui véritablement ne saurait être encore adoptée dans la pratique courante des laboratoires.

Stérilisation par la chaleur. — Autrefois on pensait que la chaleur de l'ébullition de l'eau, soutenue durant quelques instants, était capable de détruire tous les germes vivants. PASTEUR démontra le premier, comme on l'a vu plus haut (page 53), que le lait est rarement privé de tous ses germes par le simple chauffage à 100°, mais qu'on parvient, sûrement, à le préserver d'une altération ultérieure en le faisant bouillir au-dessus de la pression normale. Dans le chapitre qui précède on a vu, également, qu'il existe des spores de bacilles résistant plusieurs heures à la température de l'ébullition de l'eau sous la pression de 760^{mm} ; par conséquent, pour soustraire les milieux nutritifs à l'action de certaines bactéries très répandues autour de nous dans les eaux, dans les poussières et dans le sol, il est nécessaire de les maintenir pendant quelque temps au-dessus de la température d'ébullition de l'eau.

KOCH et plusieurs autres auteurs estiment que la température de 100° est presque toujours suffisante pour anéantir les germes les plus résistants. Partant de cette idée, on se sert encore de stérilisateurs à vapeur fluente, sans pression, qui peuvent, effectivement, en l'absence d'autoclaves, donner d'assez bons résultats, mais à la condition de soumettre la verrerie, surtout celle qui a déjà servi, à un flambage préalable et de maintenir la température de 100° pendant plusieurs heures.

Pour détruire sûrement et dans un court espace de temps les germes des bactéries les plus réfractaires à la température de 100°, TYNDALL (1) préconisa, en 1877, le *chauffage discontinu*, c'est-à-dire

---

(1) TYNDALL. *Proceedings of the Royal Society*, 1877, n° 178.

plusieurs chauffages successifs à 100° et à 24 heures d'intervalle.

Koch adopta cette méthode, non seulement pour stériliser les bouillons et les milieux gélatineux à 100°, mais encore le sérum de sang liquide vers la température de 60°. La théorie de ce mode de stérilisation exposée par Tyndall consiste à supposer que les germes des bactéries qui ne sont pas détruits par le premier chauffage à 100° ou à 60°, quittent leur *vie latente* dans les 24 heures qui suivent, passent de l'état de spores à l'état de bacilles adultes, et qu'alors le chauffage suivant les tue aisément. Un troisième chauffage, en tuant les germes retardataires, vient encore mieux assurer le succès de cette opération.

Cette théorie séduisante n'est malheureusement pas confirmée par l'expérience. Les spores des bactéries maltraitées par la chaleur peuvent n'abandonner leur vie latente que 4, 5, 6 jours et même plusieurs semaines après le chauffage initial. Si on parvient, dans de semblables conditions, à stériliser les milieux de culture, comme Koch et d'autres expérimentateurs, y ont réussi, c'est par la raison que toutes les précautions étaient prises pour écarter les germes réfractaires à 100 ou à 60°. Du reste, le procédé par le chauffage discontinu, très fastidieux à appliquer, est à peu près abandonné dans tous les laboratoires de bactériologie. Bref, il est toujours plus prudent, plus commode et plus rapide de se servir de l'autoclave pour stériliser par la chaleur les milieux nutritifs.

Fig. 29.
Autoclave de Chamberland.

L'autoclave dont on se sert pour purger de germes au delà de 100° les objets et les milieux de culture, consiste en une marmite de Papin, munie d'un manomètre métallique, d'une soupape de sûreté et d'un robinet permettant l'expulsion de l'air, par une chasse préalable de vapeur, et le rétablissement de la pression atmosphérique dans l'intérieur de l'appareil à la fin de l'opération.

Les terrains nutritifs destinés à être privés de germes au moyen de la vapeur sous pression, contenus dans les vases où ils doivent être définitivement conservés et employés, sont disposés sur des supports ou dans des paniers construits à cet effet. Après s'être assuré que le fond de l'autoclave possède une couche d'eau d'une hauteur suffisante, on met en place le couvercle, on le boulonne et on chauffe rapidement l'eau jusqu'à l'ébullition. La vapeur s'échappe bientôt en sifflant par le robinet laissé ouvert. On maintient ce jet de vapeur pendant 10 minutes environ. Au bout de ce temps, la majeure partie de l'air se trouve entraînée au dehors. Le robinet est alors fermé et on règle la source de chaleur de façon que l'aiguille du manomètre se fixe sur la division qui marque une demi-atmosphère de pression. On comprend aisément que, si l'air n'était pas expulsé, les indications thermiques seraient inexactes, et que pour avoir les températures réelles de l'autoclave, il faudrait déduire de la pression indiquée la force élastique de l'air dilaté mélangé à la vapeur d'eau. Après une chasse de vapeur de 10 minutes, effectuée sous une pression de quelques centimètres de mercure, il reste très peu d'air dans l'appareil et les indications manométriques correspondent, à quelques dixièmes de degré près, aux températures de la vapeur contenue dans l'autoclave.

Généralement, la température de 110 à 111°, maintenue pendant une demi-heure, est suffisante pour détruire les germes contenus dans les milieux nutritifs, surtout si ces derniers sont contenus dans des vases de faible volume et si ces vases, ces flacons, ou ces tubes ne sont pas trop serrés les uns contre les autres, auquel cas la chaleur pénètre et se répartit plus lentement; dans de semblables conditions, la température stérilisante peut ne pas être atteinte. Si les milieux à purger de germes sont renfermés dans des matras ou des ballons de plusieurs litres de capacité, il est évident qu'on doit leur donner le temps de s'échauffer et de rester à 110° au moins pendant un quart d'heure; ce qu'on réalise, facilement, en prolongeant pendant une heure l'action de la vapeur sous pression.

Quand les milieux nutritifs supportent mal la chaleur de 110°, on a la ressource de les stériliser par filtration à la température ambiante; mais, ordinairement, la gélatine, la gélose, les gelées diverses et autres milieux sortent de l'autoclave sans avoir perdu sensiblement de leur nutritivité à l'égard des bactéries et la faculté de faire prise en se refroidissant.

L'autoclave sert également à stériliser l'eau réclamée par plusieurs opérations de bactériologie ; à tuer les cultures pathogènes dont on veut se débarrasser; à purifier les divers objets qu'elles ont souillé;

enfin, à aseptiser rigoureusement les seringues, les trocarts, les tubes divers, les vases, etc., qui doivent servir à pratiquer des expériences à l'abri de toute contamination bactérienne et qui ne peuvent être stérilisés à l'air sec dans le four à flamber.

Stérilisation par filtration. — Les milieux nutritifs justiciables de ce procédé sont ceux qui ne peuvent être soumis à une température élevée sans subir des modifications ou des altérations qui leur enlèvent leur faculté fertilisante. De ce nombre sont : les sérums de sang, les divers liquides albumineux retirés de l'économie animale ou végétale ; les milieux chargés de substances volatiles ou aisément décomposables au voisinage de 100° ; les diastases et les toxines destructibles à un degré de chaleur bien inférieur au point d'ébullition de l'eau, etc...

Les premiers essais de stérilisation par filtration ont été tentés et réussis par PASTEUR et GAUTIER, puis perfectionnés par CHAMBERLAND. Les matières filtrantes d'abord employées ont été le plâtre, l'amiante et, peu de temps après, la porcelaine biscuite. Aujourd'hui l'industrie fournit des vases filtrants de formes variées en porcelaine ordinaire ou d'amiante et en terre d'infusoires. Les filtres les plus recommandables sont évidemment ceux qui peuvent être stérilisés au préalable sans dommage, et, plus tard, régénérés dans des fourneaux à moufles quand leurs pores sont obstrués par des particules d'origine organique.

Le dispositif que l'on peut adopter pour stériliser par filtration de grandes quantités de liquides est assez fidèlement représenté par la figure 30. C'est celui qu'emploie MIQUEL pour débarrasser le sérum de sang, les jus de viande, les sucs de fruits, les diastases, des bactéries qu'ils renferment.

Le flacon F qui reçoit le liquide à filtrer possède une tubulure inférieure, garnie d'un robinet, qui amène ce liquide dans l'éprouvette où plonge la bougie filtrante. Un bain-marie à eau B peut recevoir cette éprouvette, ce qui permet d'effectuer la filtration à une température supérieure à celle du laboratoire. Cela est parfois utile pour augmenter la fluidité de quelques milieux ou les maintenir à l'état liquide comme, par exemple, la gélatine. Si le liquide à filtrer est éminemment putrescible ou fermentescible, l'eau chaude est remplacée par de la glace, et l'on peut dans ce cas, en prenant la précaution de refroidir le flacon F, prolonger pendant longtemps la filtration, ordinairement lente, des jus de viande ou de fruits.

Sous l'effort du vide produit par la trompe T, le liquide traverse la bougie et se rend dans le vase V destiné à le recevoir. Quand la filtration est achevée ou doit être interrompue, le robinet à 3 voies R, sert à rétablir la pression atmosphérique dans le système.

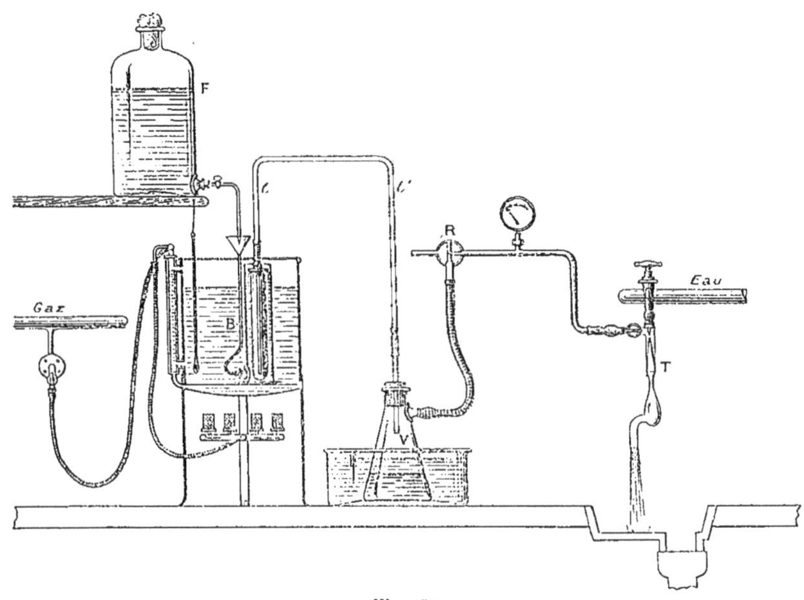

Fig. 30.
Appareil pour stériliser les liquides au moyen des bougies en porcelaine.

Les parties de cet appareil qui doivent être stérilisées au préalable à l'autoclave sont : la bougie, le tube abducteur et le récipient V. On stérilise conjointement la bougie et le tube abducteur *tt'* et, à part, le récipient V, en ayant soin de garnir toutes les ouvertures d'un petit tampon d'ouate.

Fig. 31.
Récipient pour recueillir les liquides filtrés.

Si la quantité de liquide à filtrer est considérable, on substitue très aisément au récipient V de nouveaux récipients purgés de germes, en s'entourant des précautions d'aseptie réclamées par cette manipulation. Ces précautions consistent en de simples flambages pratiqués au bec Bunsen ou à la lampe à alcool.

Pour filtrer rapidement les sérums de sang sous la pression de quelques décimètres de mercure, on se servira, avantageusement, de la bougie Chamberland, portant la marque F. Les bougies à pâte plus dense rendent cette filtration très pénible et, souvent, à peu près impossible.

La rapidité avec laquelle passent les liquides est sous la dépendance d'un grand nombre de facteurs dont les principaux sont : la porosité de la porcelaine, parfois variable chez les bougies de même marque ; la viscosité des milieux et la présence dans les liquides de globules blancs ou graisseux, d'hématies, de cellules de levures, de bactéries, de dépôts organiques ou de précipités d'origine minérale. Afin de ne pas être pris au dépourvu dans le cours d'une filtration, il est prudent d'avoir à sa disposition quelques bougies stérilisées à l'avance de façon à remplacer celles auxquelles il arriverait un accident.

D'Arsonval a imaginé un appareil à haute pression pour stériliser les liquides animaux d'une filtration difficile ; d'autres en ont préconisés de plus simples, en apparence, que celui dont la description précède, mais qui comportent comme lui : une bougie pour filtrer, un récipient pour recueillir le liquide stérilisé, et une trompe à vide ou une pompe à pression pour forcer le liquide à traverser la porcelaine poreuse. En dehors de ces trois éléments indispensables, les dispositifs accessoires adoptés par les divers expérimentateurs n'ont qu'une importance très secondaire.

Les liquides, ainsi stérilisés à la température ordinaire, sont conservés dans les vases qui les ont directement reçus, ou mieux répartis immédiatement dans des flacons ou des tubes, d'après la technique indiquée plus haut, page 120. Avant d'être mis en expérience, ces milieux doivent toujours rester quelque temps à l'étuve, de façon à s'assurer qu'ils sont bien réellement privés de tout germe. Pour les milieux chauffés à l'autoclave on a pour ainsi dire la certitude, à peu près absolue, que toutes les bactéries ont été détruites ; à l'égard des liquides stérilisés par filtration, cette certitude se change en simple probabilité, par la raison que pendant les diverses manipulations qui ont eu lieu, les milieux filtrés ont été plusieurs fois en contact direct avec l'atmosphère sans cesse chargée de spores vivantes d'origine diverse. Plus rarement, une fêlure ou un défaut dans la bougie peut avoir été la cause d'une contamination malaisée à découvrir.

Stérilisation par les antiseptiques. — La stérilisation des milieux de culture par des antiseptiques ne paraît pas devoir être conseillée, car, pendant que ces substances exercent leur pouvoir noscif sur les bactéries, elles sont loin de rester inactives sur les matières organiques ou autres appelées à jouer un rôle dans la nutrition de ces microphytes. On aura beau neutraliser exactement et enlever complètement les antiseptiques après leur action, les milieux de culture resteront modifiés, souvent si profondément qu'ils seront devenus infertiles. Si c'est l'ozone qu'on emploie, la matière organique sera partiellement oxydée, si ce sont des gaz comme l'acide carbonique et l'oxygène sous pression, leur action sera dans beaucoup de cas inefficace. Quant aux microbicides proprement dits, étudiés dans le chapitre précédent, on ne doit pas, évidemment, songer à les utiliser dans ce but.

D'ailleurs, il est bien peu de cas où les procédés de stérilisation par la chaleur et la filtration ne puissent être appliqués. Le lait est une des rares substances difficile à recueillir aseptiquement sur l'animal vivant, infiltrable par les bougies et modifiable par les températures supérieures à 100°; il gagnerait, sans doute, à être privé de ses germes par des agents physiques ou chimiques sans action sur lui, mais ces agents ne sont pas trouvés et tout ce qu'on peut souhaiter aujourd'hui, c'est de voir de semblables recherches couronnées de bons résultats.

Au contraire, on emploie fréquemment les antiseptiques pour stériliser le linge, les instruments de chirurgie, les mains, les surfaces cutanées, la peau des fruits, les éponges, etc... Mais, si dans de nombreux cas la stérilisation absolue des objets n'est pas toujours assurée, le chiffre des germes pathogènes est si considérablement diminué que cette mesure d'antiseptie s'impose en l'absence d'une stérilisation radicale.

Nous aurions pu réserver pour le chapitre suivant la description des procédés usités pour flamber les vases à cultures et les autres instruments dont se servent les bactériologistes, mais comme on distribue ordinairement dans des vases flambés, au préalable, les milieux de culture stérilisés par les bougies en porcelaine, ou recueillis à l'abri des germes, il semble rationnel de dire ici un mot de cette opération pratiquée journellement dans les laboratoires.

VI. — Stérilisation par la chaleur sèche.

Par opposition à la stérilisation par la chaleur humide, qui se pratique dans une atmosphère de vapeur d'eau à son maximum de tension, on désigne sous le nom de stérilisation par la chaleur sèche l'opération qui a pour but de détruire au moyen de l'air chaud les germes déposés sur les objets qu'on désire aseptiser entièrement.

Les objets qu'on stérilise de cette manière sont habituellement : la verrerie, le coton, le papier, les instruments métalliques, des sels, du sable, d'autres substances minérales réfractaires à l'action de la chaleur, en général tous les corps qui ne souffrent pas trop de la température de 170° maintenue pendant plusieurs heures.

Pour les stérilisations à sec, on se sert d'un appareil imaginé depuis longtemps par PASTEUR, appelé four à flamber. Comme le représente la figure 32, ce poêle complètement construit en tôle se compose : d'une chambre centrale cylindrique, où sont placés les objets à débarrasser de microbes. Cette chambre est entourée d'un double manchon, formé par deux cylindres concentriques, dans les espaces annulaires desquels circulent l'air chaud et les produits de combustion. Cet appareil est ordinairement chauffé par le gaz. Pour éviter le rayonnement de cette sorte de bain à air chaud, pénible à supporter en été, on peut, comme on le fait dans les laboratoires de Montsouris, l'entourer d'un bâti de maçonnerie qui régularise en même temps l'action de la température et diminue la perte de chaleur (fig. 33).

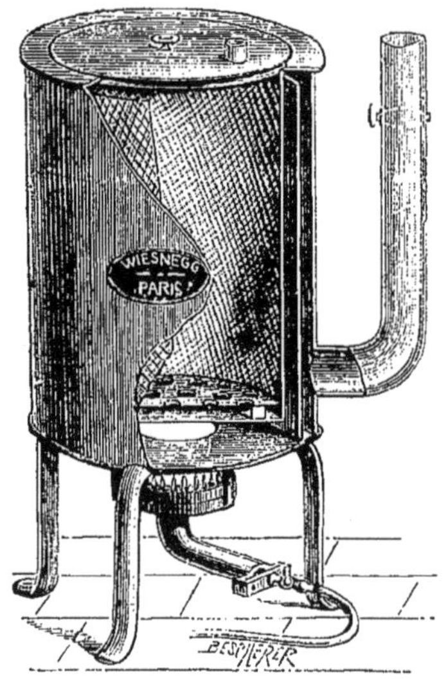

Fig. 32.
Four à flamber de PASTEUR.

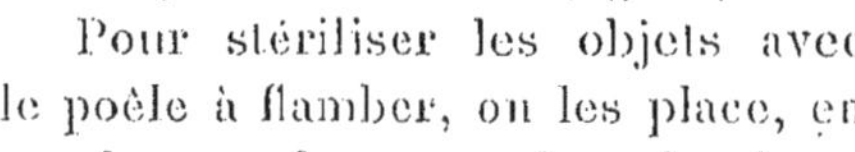

Pour stériliser les objets avec le poêle à flamber, on les place, en nombre quelconque, dans la chambre centrale de l'appareil; on la ferme avec son couvercle et on fixe dans la tubulure traversant ce couvercle un thermomètre à mercure dont l'échelle s'élève jusqu'à 200°.

Le poêle est d'abord chauffé très doucement, puis, en ouvrant graduellement le robinet à gaz, on élève sa température à 165°. A partir de ce moment, on règle la chaleur du foyer de façon à ce que la température de l'air de la chambre centrale ne dépasse pas 170°. On maintient ce degré de chaleur pendant 2 à 3 heures. Puis, on éteint le brûleur et on retire les objets du poêle quand ce dernier est refroidi.

Sous l'action de la chaleur sèche comprise entre 165 et 170°, prolongée pendant le temps qui vient d'être indiqué, tous les germes vivants sont détruits, le papier et les bourres de ouate sont à peine jaunis. La ténacité des fibres du coton, si fortement compromise par la température de 200°, est relativement bien

Fig. 33.
Grand four à flamber des laboratoires de Montsouris.

conservée. Il vaut donc mieux chauffer les objets à priver de germes pendant 2 heures entre 165 et 170° que de les porter pendant une demi-heure à 200°.

D'ailleurs, on observe dans le four à flamber le phénomène qui a déjà été signalé dans les autoclaves : les tubes et les flacons pleins d'air, serrés les uns contre les autres, s'échauffent difficilement et il faut très longtemps pour que la température donnée par le thermomètre plongeant dans le four soit atteinte par la verrerie tassée dans les paniers qui la contiennent.

Il est inutile d'ajouter que toutes les ouvertures des tubes ou des flacons mis à stériliser au bain d'air doivent être bouchées avec des tampons de coton; que les boîtes de Petri, les cristallisoirs, les objets métalliques ou autres doivent être soigneusement entourés de papier, afin que les germes des poussières ne puissent venir les contaminer à partir du moment où ils se refroidissent jusqu'à l'instant où l'on s'en sert.

Quand il s'agit de stériliser des instruments d'un faible volume, comme des pipettes, des canules métalliques, etc., le flambage peut être effectué extemporanément en passant l'objet dans la flamme d'une lampe à alcool ou d'un bec Bunsen, mais alors on porte les objets à un degré de chaleur voisin de 300° pendant 1 à 2 minutes. Si ces objets comportent des tampons ou des bourres filtrantes, il est indispensable de remplacer le coton par de l'amiante ou de la laine de verre.

Dans un assez grand nombre de cas, on peut substituer au flambage au bain d'air chaud la stérilisation par la vapeur sous pression; si les objets qui sortent de l'autoclave sont trop chargés d'humidité, on les fait sécher rapidement dans une étuve portée vers 35 à 40°. Les tubes de caoutchouc ne supportent pas la stérilisation au bain d'air, ils devront être toujours purgés de germes à l'autoclave.

CHAPITRE VI

CULTURE DES BACTÉRIES AU CONTACT ET A L'ABRI DE L'AIR, SÉPARATION DES BACTÉRIES, LEUR CULTURE A L'ÉTAT DE PURETÉ, LEUR CONSERVATION

Cultiver une bactérie c'est l'amener à se multiplier dans un terrain placé dans des conditions favorables à sa germination et à son entier développement.

Il est indispensable de bien connaître les opérations réclamées par la culture des microorganismes, car on ne saurait entreprendre fructueusement la moindre recherche bactériologique sans être appelé à pratiquer journellement les manipulations que ces cultures réclament. Le premier soin de l'élève est donc de se familiariser avec cette technique spéciale de la microbiologie.

Dans le chapitre précédent, il a vu comment on prépare les milieux nutritifs favorables à la vie des bactéries, dans celui-ci il va apprendre comment on les utilise, mais avant d'aborder cette étude, il faut évidemment connaître les formes assez multiples des vases où ces milieux sont habituellement introduits et conservés.

I. — Cultures aérobiennes.

La forme de ces vases diffère selon que l'on veut cultiver les bactéries au contact ou à l'abri de l'air et suivant que les milieux nutritifs employés sont liquides, gélatiniformes ou solides.

Vases à cultures aérobiennes.

Pour pratiquer la culture des bactéries dans les liquides et au contact de l'air, on se sert de matras et de flacons de toutes dimensions dont le volume varie d'une dizaine de centimètres cubes à 3 à 4 litres. Le col de ces vases est bouché avec un fort tampon de coton, ou avec un capuchon de verre rodé et tubulé, comme les matras de Pasteur (fig. 35) et les flacons de de Freudenreich (fig. 36).

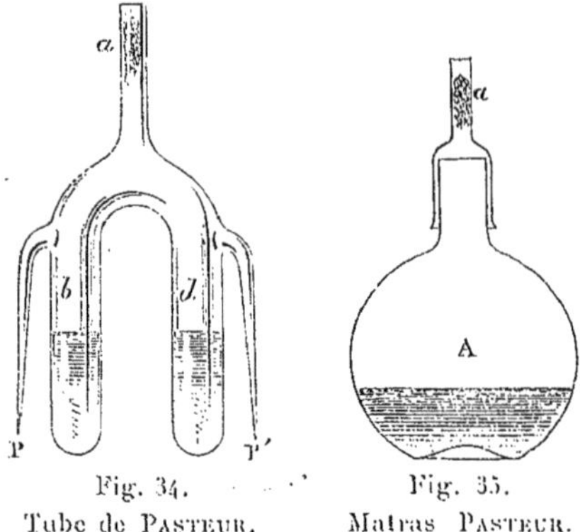

Fig. 34. Tube de Pasteur.

Fig. 35. Matras Pasteur.

Pour opérer les cultures au contact d'un excès d'air et en couche mince de liquide, on choisit de préférence les fioles d'Erlenmeyer (fig. 37); si l'afflux de l'air doit être encore plus considérable, on se sert des matras tubulés de Fernbach qui permettent de renouveler sans cesse l'air à la surface des cultures. L'air, introduit dans les matras par le jeu d'une trompe aspirante ou soufflante, est filtré par plusieurs bourres successives de coton cardé et saturé d'humidité, par le barbotement dans un flacon d'eau stérilisée, ce qui s'oppose

Fig. 36.
Flacons et matras à capuchon rodé.
F, F', F'', flacons dits de de Freudenreich.

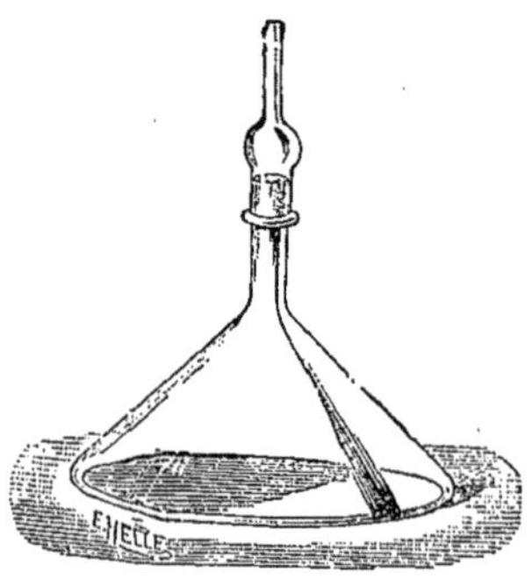

Fig. 37.
Flacon d'Erlenmeyer à capuchon rodé.

à l'évaporation rapide de la culture, surtout si elle est opérée entre 35 et 40°. Le flacon à toxine diphtérique, représenté par la figure 38, n'est qu'une modification heureuse du matras tritubulé de Fernbach.

Quelques expérimentateurs emploient également des tubes à essais pour les cultures liquides d'un faible volume. L'usage de ces tubes ne nous paraît pas devoir être conseillé en raison de leur instabilité et des occasions, trop nombreuses, qu'on a de les renverser involontairement et, par suite, d'en perdre le contenu ou de mouiller les bourres de ouate qui en ferment l'ouverture.

On se sert, au contraire, des tubes à essais pour conserver le

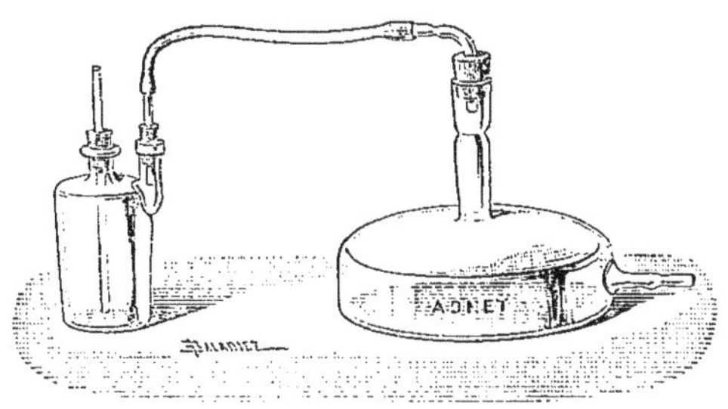

Fig. 38.
Matras à toxine parcouru par un courant d'air.

sérum de sang coagulé, la gélatine et la gélose nutritives, dans lesquels ces substances sont solidifiées dans une position très oblique, de façon à obtenir une surface elliptique de grande section, ce qui est commode pour effectuer les cultures en stries. On peut encore employer les flacons de DE FREUDENREICH pour les cultures par piqûres et les fioles coniques à large base pour cultures dites en plaques.

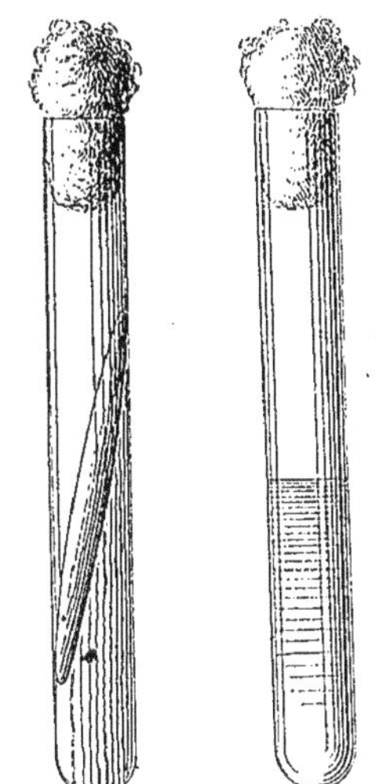

Fig. 39 et 40.
Tubes à culture bouchés avec de la ouate.

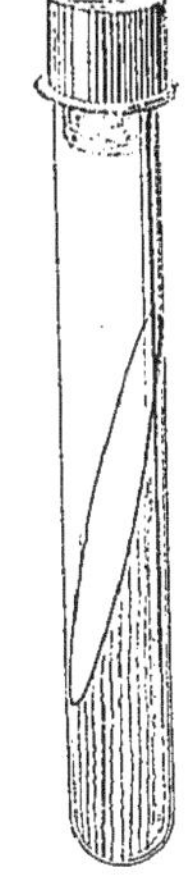

Fig. 41.
Tube à culture bouché à la ouate avec capuchon en caoutchouc.

Les milieux nutritifs contenus dans les tubes à essais doivent être protégés contre une dessiccation trop prompte ; on y parvient facilement en les recouvrant, par-dessus la bourre, d'un capuchon de caoutchouc aseptisé par l'eau bouillante ou des solutions de sublimé. La bourre de coton doit être toujours passée par la flamme avant la pose du capuchon afin de brûler les spores cryptogamiques et autres qui s'y sont déposées spontanément ou que les doigts ont pu y apporter, sinon on est exposé à voir surtout les spores des champignons germer dans le coton, grâce à l'humidité que la culture y entretient, donner des filaments mycéliens qui peuvent traverser la ouate, fructifier dans le tube et infecter rapidement les milieux neufs ou ceux sur lesquels on a pratiqué des ensemencements.

Avec la fermeture, au moyen d'un capuchon rodé et tubulé, imaginé par Pasteur, l'inconvénient qui vient d'être signalé disparait entièrement; jamais les moisissures ne pénètrent dans les vases à culture de Pasteur, de de Freudenreich et d'Hansen au travers de la bourre peu volumineuse de la cheminée du capuchon ; de plus, les liquides et les milieux nutritifs ou gélatineux s'évaporent ou sèchent avec une extrême lenteur, 30 à 40 fois moins vite que dans les tubes à essais non capuchonnés; enfin, l'air pénètre par

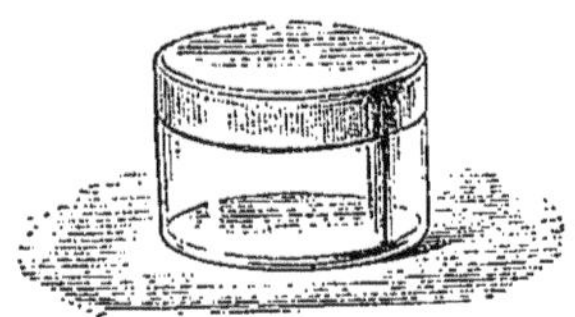

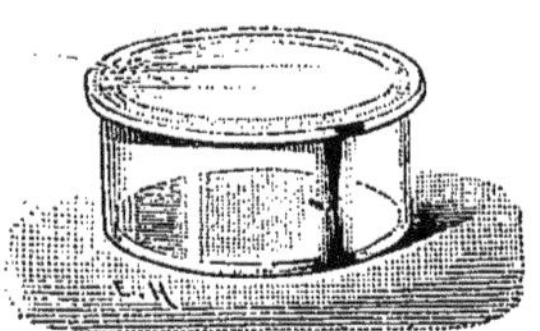

Fig. 42 et 43.
Boites de cristal pour cultures sur substances solides.

diffusion dans les flacons et facilite la multiplication des espèces aérobies. Il faut le dire aussi, les opérations du prélèvement des

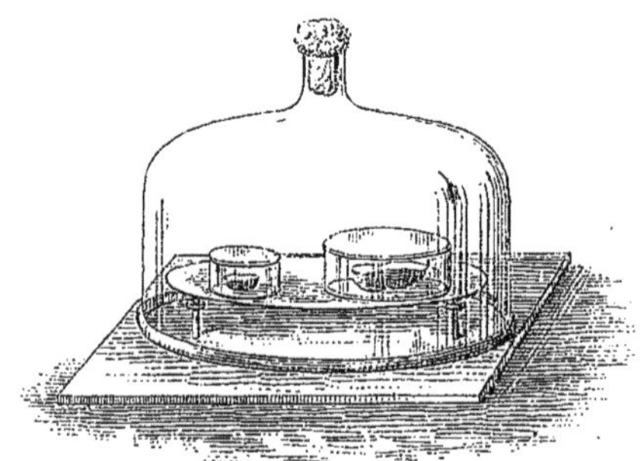

Fig. 44.
Cultures solides sous cloche de verre.

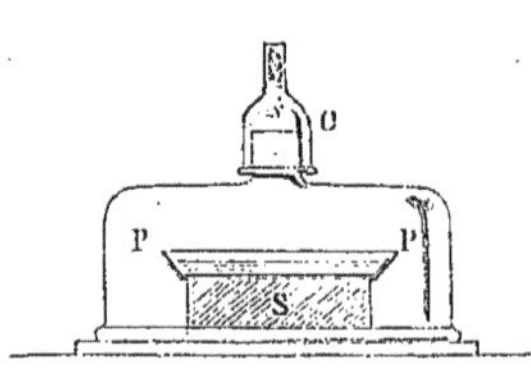

Fig. 45.
Cultures sous cloche avec des milieux gélatineux, purée de pomme de terre, empois d'amidon, etc.

cultures et les ensemencements sont extrêmement abrégés et facilités par ce mode de fermeture qui réduit, en outre, au minimum les causes d'erreurs possibles de contamination par les poussières atmosphériques.

Pour cultiver les bactéries sur la pomme de terre ou sur d'autres substances solides, on a recours, comme cela a déjà été dit, soit à des cristallisoirs ou boîtes de cristal fermés par des couvercles, soit aux tubes de E. Roux. Si on a cuit et stérilisé à part ces milieux solides, on peut les déposer sur un support de verre flambé placé au centre d'une cloche tubulée, dont les bords reposent sur une plaque rodée; afin de s'opposer à la dessiccation du substratum par l'évaporation s'effectuant au travers de la bourre de la tubulure, on place au-dessous de la culture un disque de carton d'amiante imbibé d'une solution aqueuse de sublimé.

II. — Cultures anaérobiennes.

Les vases destinés à contenir des cultures d'espèces anaérobiennes doivent être construits de façon à ce qu'on puisse les priver d'oxygène après leur stérilisation et l'ensemencement des bactéries qu'on désire y cultiver.

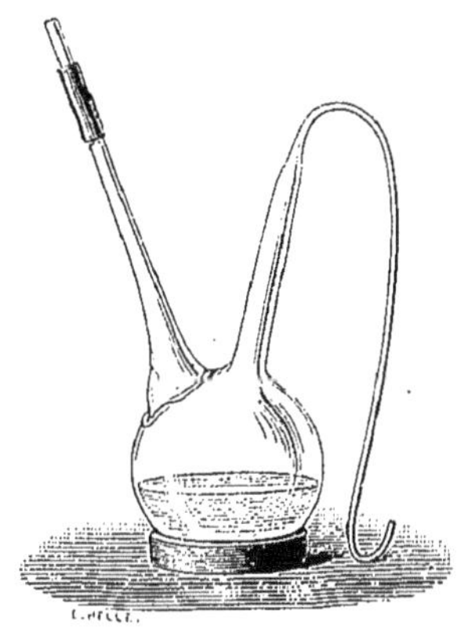

Fig. 46.
Ballon Pasteur.

Depuis Pasteur, qui employa dans ses études sur les fermentations butyrique et alcoolique le ballon à 2 tubulures, entièrement plein de liquide (fig. 46), on a multiplié les dispositifs à l'effet d'obtenir des enceintes complètement privées d'air.

On peut grouper ces dispositifs en trois classes :

1° Ceux où l'air est enlevé mécaniquement au moyen des appareils à faire le vide ;

2° Ceux où l'oxygène est absorbé ou remplacé par un gaz inerte ;

3° Ceux où l'on se contente simplement de chasser l'air et de soustraire ultérieurement les milieux nutritifs à son contact.

Procédé par le vide. — Quand on possède un laboratoire convenablement outillé et les instruments nécessaires pour produire la raréfaction des gaz, il est très aisé d'effectuer les cultures des bactéries dans le vide. Pour éviter d'entrer dans de trop longs détails, nous donnons dans la figure 48 le dessin demi-schématique d'une installation de ce genre se prêtant à toutes les exigences :

V est le récipient de verre contenant le liquide stérilisé ensemencé avec l'espèce microbienne à cultiver. Sur la tubulure étroite et unique de ce vase se trouve un étranglement destiné à faciliter le scellement du récipient quand le vide voulu aura été obtenu. Une bourre placée au-dessus de cet étranglement s'oppose à toute cause d'infection venue de l'extérieur. Elle doit avoir, évidemment, été enlevée un instant au moment de l'ensemencement, puis remise après avoir été flambée. La tubulure du récipient V est en communication au moyen d'un caoutchouc à vide avec un tube métallique en T porteur d'un robinet à trois voies ou de deux robinets ordinaires R, R'. L'une des branches de ce tube en T est en rapport avec un appareil destiné à faire le vide, l'autre

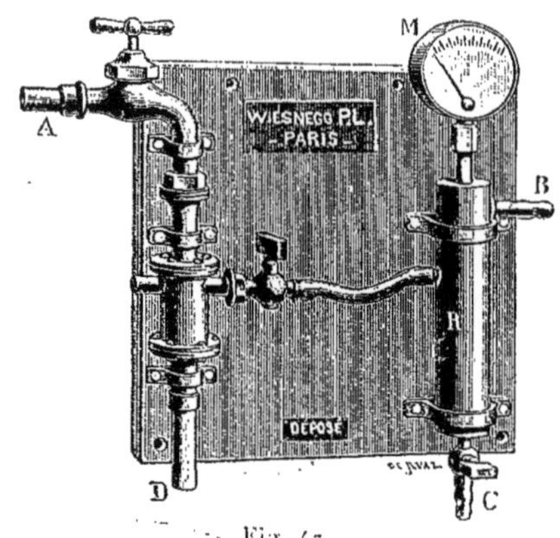

Fig. 47.
Trompe de laboratoire à faire le vide.
A, robinet d'eau sous pression; — D, écoulement de l'eau; — M, manomètre; — C, robinet de décharge; — B, téton-seau en caoutchouc à vide.

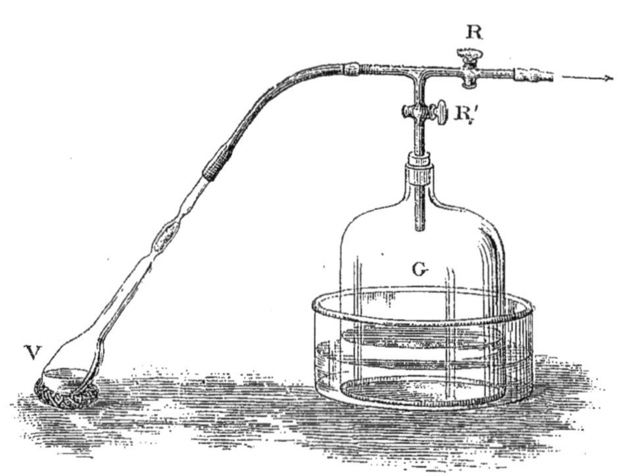

Fig. 48.
Appareil pour vider d'air les vases destinés aux cultures à l'abri de l'oxygène gazeux et encore pour les remplir d'un gaz inerte.

avec un gazomètre G renfermant un gaz inerte, comme l'hydrogène ou l'azote pur.

Quand le vide a été fait dans le vase V, on ferme le robinet R et on ouvre le robinet R'. Le gaz se précipite dans le récipient contenant la culture ; on ferme le robinet R' et on agite le liquide de façon à mélanger avec ce gaz les traces d'air qui peuvent encore y rester dissoutes. On recommence 2 à 3 fois la même opération. Puis, finalement, le vide est fait une dernière fois d'une manière aussi parfaite que possible et l'on scelle la tubulure du vase V. La raréfaction de l'air peut être pratiquée avec une trompe à eau (fig. 47) ou encore avec une pompe de SPRENGEL.

Si la culture anaérobienne est volumineuse, on choisit des ballons ou des matras très résistants, et si ces cultures doivent donner lieu

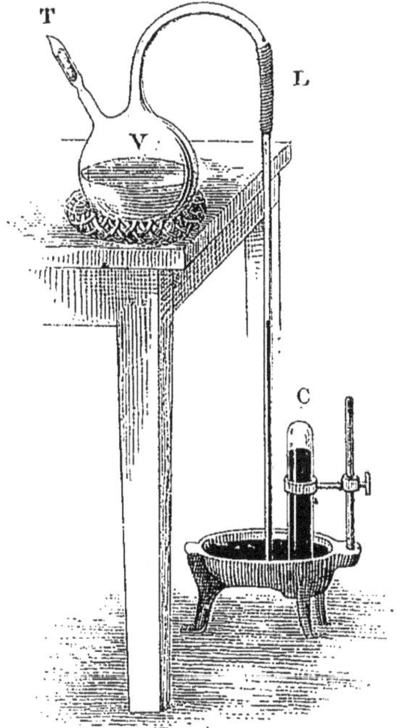

Fig. 49.
Appareil pour les cultures anaérobiennes volumineuses.
V, ballon à 2 tubulures ; — T, tubulure par laquelle on fait le vide ; — L, tube abducteur ; — C, éprouvette sur le mercure pour recueillir les gaz.

Fig. 50.
Tube pour cultures anaérobiennes dans le vide ou les gaz inertes.

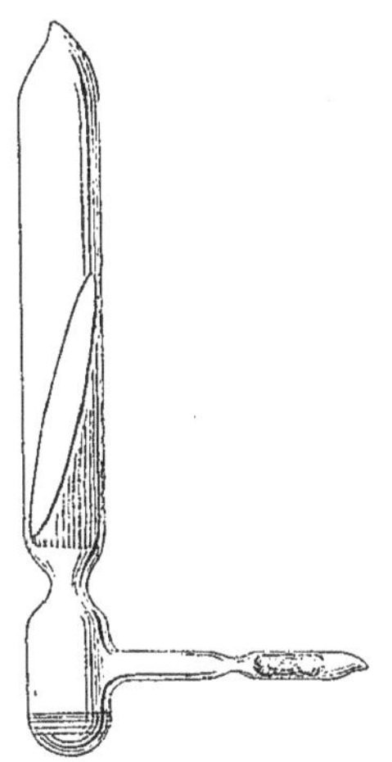

Fig. 51.
Tube de ROUX pour cultures anaérobiennes sur pomme de terre.

à un dégagement de gaz abondant, il est indispensable qu'un tube abducteur spécial permette de recueillir les gaz ou, tout ou moins, de leur livrer une issue facile quand on n'a pas intérêt à les analyser. La figure 49 donne une idée précise d'un semblable dispositif :

le ballon vidé V est ultérieurement scellé; L est un tube de 80 centimètres de hauteur plongeant par son extrémité inférieure recourbée dans une cuve à mercure et relié à la tubulure latérale du ballon par un caoutchouc à vide fortement ligaturé, luté par mesure de précaution avec une solution de caoutchouc dans la benzine. On peut substituer à ce système des flacons munis de tubes de verre diversement disposés, mais on ne doit pas perdre de vue que le vide est très difficile à conserver dans les récipients fermés avec des bouchons de caoutchouc.

Pour effectuer dans le vide des cultures sur les substances gélatineuses, on emploie des tubes où les gelées sont solidifiées horizontalement après leur stérilisation. La figure 50 représente un modèle de ces vases. Après avoir reçu une quantité convenable de substances nutritives gélatiniformes fondues, on les stérilise, on les laisse refroidir, on les ensemence avec un long fil de platine et, finalement, on les scelle après les avoir purgés d'air.

Pour les cultures sur pomme de terre, E. Roux se sert d'un gros tube à essai dont le dessin est donné par la figure 51. Le prisme de pomme de terre biseauté placé sur l'étranglement, on stérilise, on ensemence, on ferme le tube à la lampe à émailleur, on le vide par la tubulure latérale, enfin on scelle cette dernière quand l'air a été enlevé.

Procédés par absorption ou élimination de l'oxygène. — En l'absence d'appareils pour produire le vide, on peut se contenter d'absorber l'oxygène des vases à culture par des substances chimiques, ou de l'en chasser par un courant soutenu d'un gaz inerte, c'est-à-dire sans action sur le milieu nutritif et le microbe qu'on veut cultiver. Les dispositifs qui viennent d'être décrits subissent alors des modifications assez profondes.

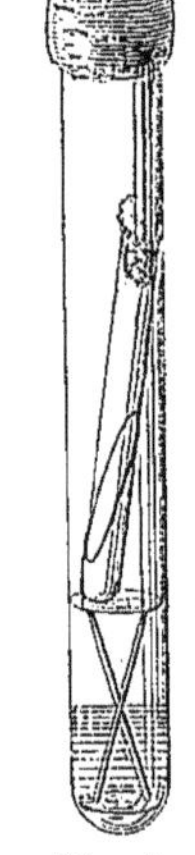

Fig. 52. Tube clos disposé pour l'absorption de l'oxygène par les réactifs.

Pour absorber l'oxygène, on emploie les pyrogallates alcalins ou l'hydrosulfite de soude qui sont placés en excès dans une enceinte hermétiquement close contenant également les cultures ensemencées. Cette enceinte peut consister en un tube à essai bien bouché et soigneusement luté, ou en une cloche plongeant dans le mercure, dans laquelle le réactif introduit ne laisse plus subsister que l'azote atmosphérique. On peut, encore, faire appel à quelques bactéries comburantes qui brûlent, en peu de temps, l'oxygène gazeux et le remplacent par un égal volume d'acide carbonique. Pour aussi ingénieux que soient ces procédés, ils n'ont qu'une faible valeur pratique; il est de beaucoup préférable de chasser l'air par l'hydrogène ou l'azote.

On y parvient en dirigeant pendant quelque temps dans une culture liquide un courant rapide de l'un de ces gaz. Si le milieu de culture est gélatineux ou solide, il retiendra certainement un peu d'oxygène, mais ces traces d'air vital, à défaut duquel tant de bactéries ne pourraient pas se développer, nuisent en général assez peu aux espèces qui n'ont aucun besoin d'oxygène libre pour se développer. On devra rejeter, pour chasser l'air des vases à culture, le gaz à l'éclairage et même l'acide carbonique dont le pouvoir antiseptique n'est pas nul vis-à-vis d'un assez grand nombre de bactéries anaérobiennes.

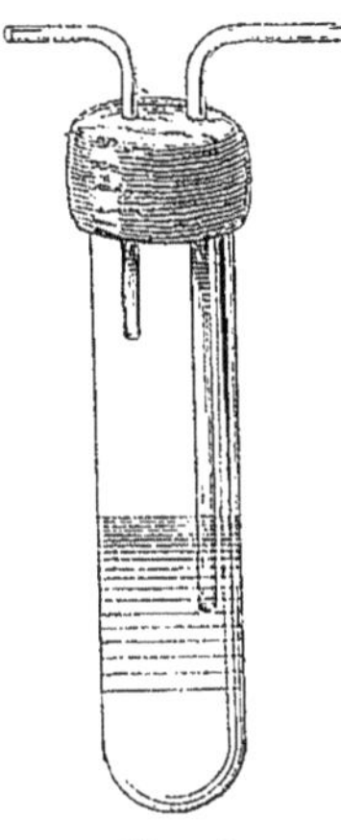

Fig. 53.
Tube disposé pour le passage des gaz inertes.

Quant à la forme des vases à adopter pour pratiquer ces sortes de cultures, elle varie suivant la nature des expériences qu'on désire effectuer, depuis le simple tube à essai bien bouché, muni de deux tubes abducteurs jusqu'aux matras et flacons volumineux pareillement disposés. Les figures 54 et 55 reproduisent les dessins d'appareils ayant le mérite de pouvoir être scellés, ce qui est une grande qualité lorsqu'on emploie l'hydrogène dont le pouvoir diffusif est si élevé.

Procédés permettant de soustraire les milieux nutritifs à l'action de l'air. — Les manipulations qui permettent de soustraire les cultures à l'afflux de l'air atmosphérique sont encore plus simples que les précédentes, malheureusement ces procédés sont d'une application très limitée et conviennent mal aux cultures pratiquées sur les milieux solides.

Pour obtenir ce troisième genre de cultures anaérobiennes, on verse dans les vases contenant les milieux nutritifs des substances liquides ou aisément fusibles, de faible densité, non miscibles avec eux et sans action nuisible sur les bactéries qu'on désire cultiver. A cet effet, on choisit habituellement des huiles grasses, des pétroles lourds, liquides, pâteux ou solides bien purifiés, qui sont employés purs ou mélangés avec du suif, de la cire, etc. Ces diverses substances doivent jouir de la propriété d'adhérer fortement au verre, de ne point se fendiller, de ne pas quitter les parois du verre en se retractant, de permettre la dilatation des liquides sans leur donner

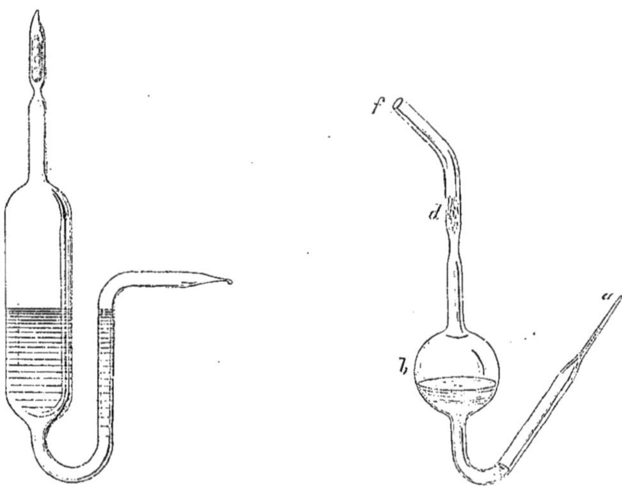

Fig. 54.
Tubes pouvant être parcourus par un courant de gaz inerte et faciles à sceller après l'expulsion de l'air.

issue et leur contraction sans favoriser la rentrée de la moindre bulle d'air. Si ces conditions se trouvent réalisées naturellement quand on se sert des hydrocarbures liquides et des huiles grasses fluides, elles sont beaucoup plus difficiles à obtenir avec les hydrocarbures solides à moins qu'ils n'aient une grande plasticité et une

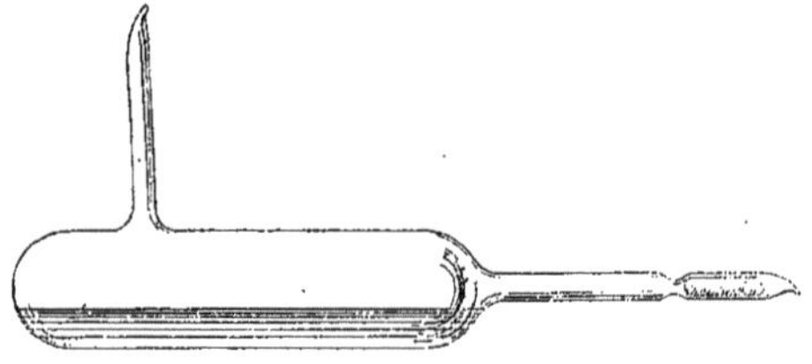

Fig. 55.
Tube à culture anaérobienne sur milieux gélatineux à courant de gaz inerte, pouvant être ensemencé dans l'atmosphère de ce gaz et finalement scellé.

forte viscosité. Voici, cependant, la formule d'un mélange qui nous a donné de bons résultats.

Vaseline blanche très pure....................	90	parties.
Cire blanche d'abeille........................	8	—
Paraffine solide..............................	2	—

Cette préparation est fusible vers 45°, elle est assez ferme pour sou-

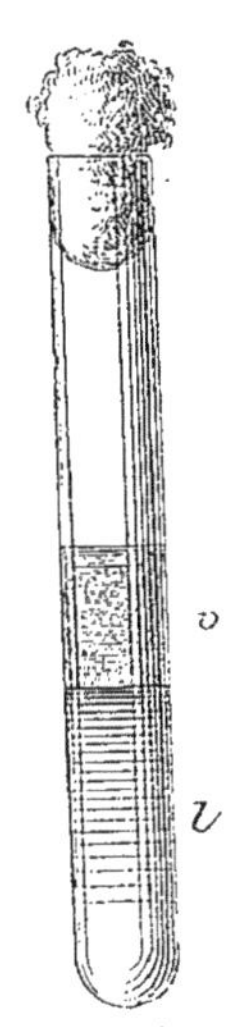

Fig. 56.
Tube à culture anaérobienne. v, couche d'huile ou d'hydrocarbure; — l, milieu nutritif liquide ou gélatineux.

Fig. 57.
Tube à culture anaérobienne. v, couche d'hydrocarbure solide; — l, milieu nutritif liquide ou gélatineux.

Fig. 58.
Tube à culture anaérobienne. l, milieu nutritif; — v hydrocarbure solide; — m, couche de mercure.

tenir une colonne mercurielle de plusieurs centimètres de hauteur.

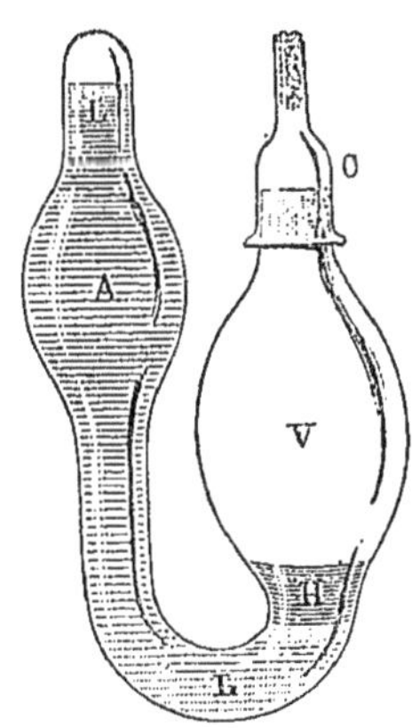

Fig. 59.
C, capuchon rodé; — V, grande ampoule; — H, couche préservatrice d'huile ou d'hydrocarbure liquide ou solide; — LL, milieu nutritif maintenu à l'abri de l'air; — A, petite ampoule.

Les vases employés pour les cultures qui nous occupent sont, ordinairement, des tubes à essai, des flacons de forme haute, des tubes étranglés, de façon à ce que la surface du milieu nutritif gélatineux ou liquide ait un contact de très faible étendue avec la matière isolante (fig. 56 à 58).

En stérilisant ces vases à l'autoclave, vers 110°, on les prive de l'air qu'ils peuvent contenir et qui s'échappe en traversant la couche protectrice toujours fondue à cette température. Cet air dissous, les milieux nutritifs ne peuvent plus tard arriver à le récupérer, surtout si la substance isolante est solide à la température ordinaire. Dans ce dernier cas, les ensemencements et les prélèvements des cultures se font après avoir fait fondre, à la flamme d'un bec, le corps gras ou l'hydrocarbure qui se reprend en masse au bout de quelques instants.

Cette méthode de culture par protection des milieux contre l'air atmosphérique se prête mal à l'étude des fermentations donnant naissance à des produits gazeux abondants. Le petit appareil représenté figure 59 permet, dans une certaine mesure, de recueillir les gaz quand la substance isolante est fluide; mais il offre, comme les dispositifs de même genre, les inconvénients qui doivent leur faire préférer les cultures dans le vide, d'abord décrites, présentant, à notre avis, plus de garanties que toutes celles qui ont été mentionnées après elles.

III. — Étuves et régulateurs.

Les étuves employées en bactériologie sont formées de chambres ou d'armoires de taille très variable, ordinairement chauffées au gaz d'éclairage, dans lesquelles on place les cultures pour en activer le développement. La température de ces enceintes closes doit pouvoir être élevée ou abaissée suivant la nature des espèces qu'on désire y faire croître. On sait, en effet, que si quelques bactéries s'accommodent d'un degré de chaleur peu élevé, compris entre 15 et 20°, il en est d'autres qui ne peuvent se multiplier, sensiblement, qu'au-dessus de 30° et même de 40°. Les cultures liquides, sur gélose, sur sérum de sang et sur pomme de terre, peuvent être portées aisément entre 50 et 60° quand on prévient leur dessiccation; il n'en est pas de même des cultures sur gélatine qui fondent rapidement au-dessus de 24°. Il faut donc, dans ce cas, que la tempéra-

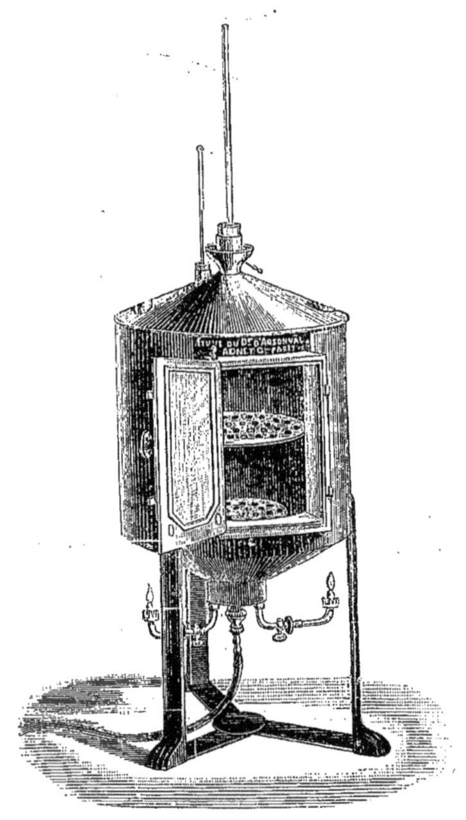

Fig. 60.
Étuve de d'Arsonval.

ture de l'air des appareils à incubation ne dépasse pas 22 à 23°. Pour éviter, en été, la fusion de ce substratum nutritif, on se voit souvent obligé de placer les cultures sur gélatine dans des lieux frais, par exemple, dans des caves possédant des armoires dont la température de 22° ne puisse être atteinte quelles que soient les conditions météorologiques extérieures.

On connaît aujourd'hui de nombreux modèles d'étuves de laboratoire : les unes sont chauffées par le gaz à éclairage ou l'eau chaude,

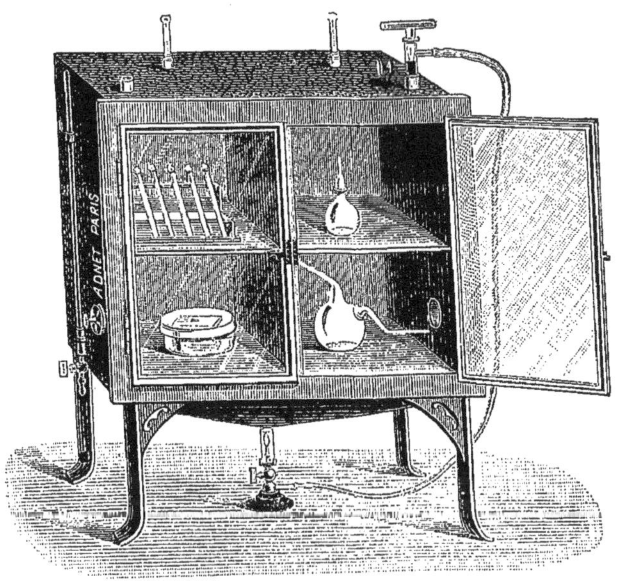

Fig. 61.
Étuve de Babès.

d'autres par des lampes à pétrole, des veilleuses à huile ou à essence, des brûleurs à alcool, etc. La source de chaleur la moins inconstante, la plus facile à diriger et à appliquer est encore le gaz à éclairage qui devra être choisi toutes les fois que cela sera possible. En son absence, le gaz acétylène et l'air carburé seront d'un précieux secours.

Parmi les bonnes étuves mises en vente chez les constructeurs, on doit citer : les étuves dont toutes les parois, sauf la porte, sont chauffées par l'eau chaude ; à ce type appartiennent les couveuses de d'Arsonval, avec autorégulateur à membrane de caoutchouc ou de métal, et l'étuve de Babès à régulateur indépendant. Une étuve à circulation d'eau chaude porte le nom de Pasteur. Il semble, aujourd'hui, qu'on doive préférer pour les incubateurs de grande dimension ceux qui sont basés sur la circulation de l'air chaud, comme l'étuve de Schribeaux en offre un spécimen bien compris.

Les qualités les plus importantes à rechercher dans ces appareils sont relatives à l'égale répartition de la température dans les divers

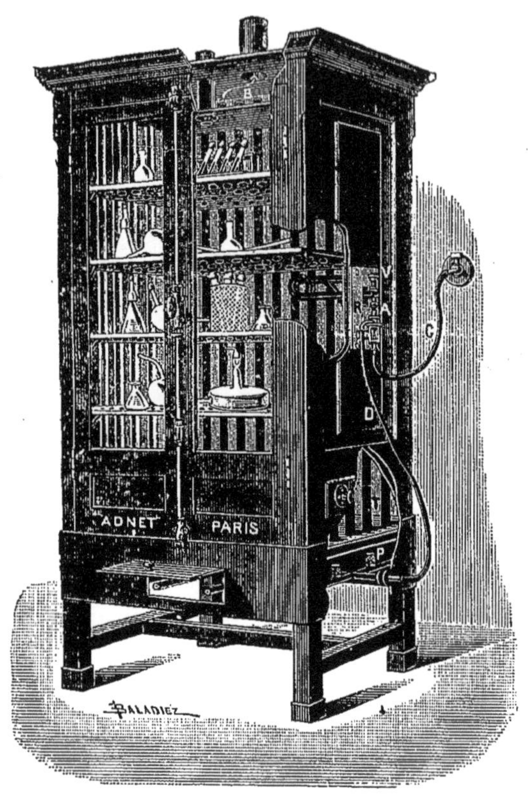

Fig. 62.
Étuve de Schribeaux avec régulateur de Roux.

points de l'enceinte et à sa fixité. Ces problèmes sont actuellement résolus d'une manière assez satisfaisante ; mais le prix d'une bonne étuve est toujours élevé ; quoi qu'il en soit, on regrette rarement de l'avoir choisie commode et spacieuse.

Les limites dans lesquelles nous devons nous maintenir ne nous permettent pas de nous étendre sur la description des appareils employés pour régler automatiquement la température des étuves. Il en a été créé de toute sorte, à air, à eau, à mercure, à liquides plus ou moins volatils, à métaux, etc... Ces régulateurs sont tous basés sur la même propriété physique des corps, sur leur dilatation et leur

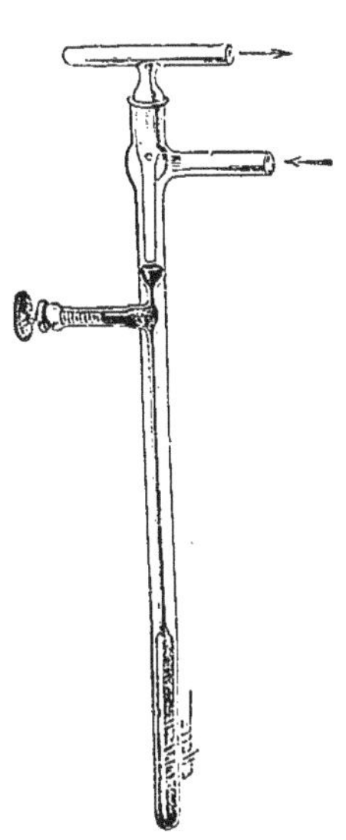

Fig. 63.
Régulateur de REICHERT.

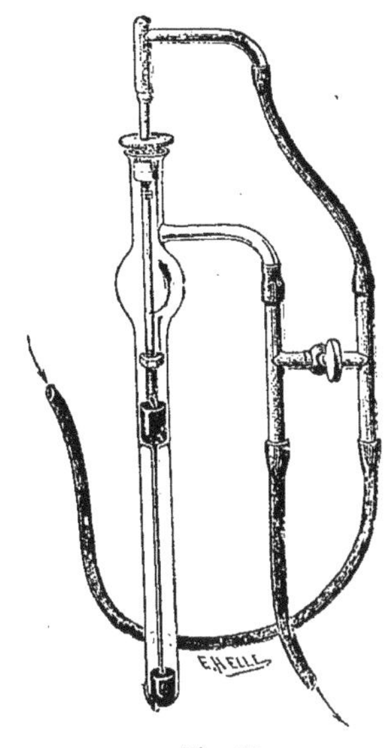

Fig. 64.
Régulateur de ROHRBECK.

contraction sous l'influence de la chaleur et du froid. Le travail

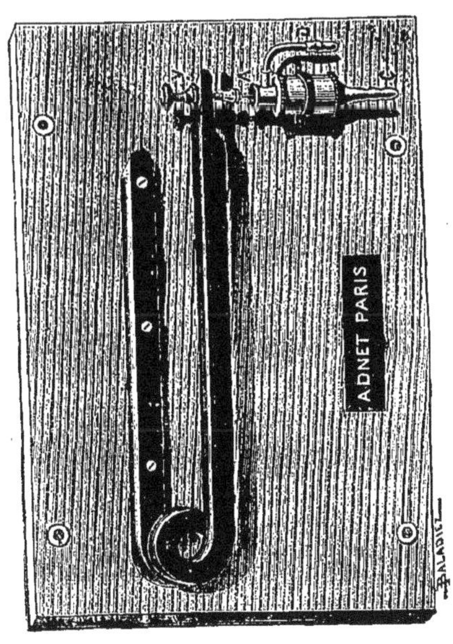

Fig. 65.
Régulateur métallique de ROUX.

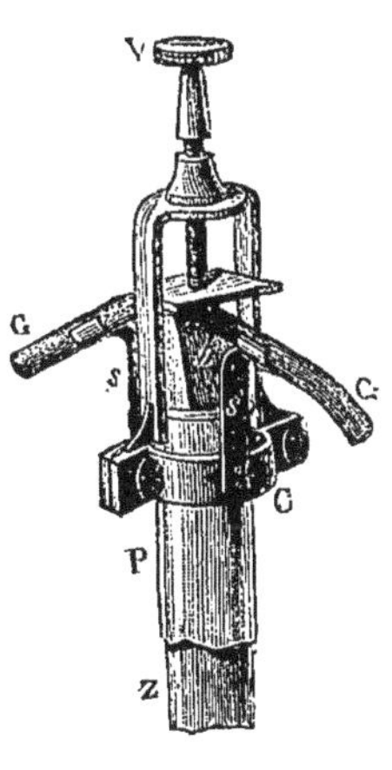

Fig. 66.
Régulateur de MIQUEL.

produit par ce phénomène est utilisé pour ouvrir ou fermer, pour agrandir ou rétrécir l'ouverture qui amène le produit combustible destiné à alimenter les brûleurs des étuves. La température de celles-ci vient-elle à s'élever sous une influence quelconque? l'ouverture en question diminue et la source de chaleur décroît d'intensité; si cette température s'abaisse, l'ouverture s'agrandit et le combustible arrive en plus grande abondance. Il se produit souvent quelques oscillations dues aux refroidissements brusques suivis de surchauffes; toutefois, dans les bons appareils, ces oscillations doivent être de courte durée et de faible amplitude.

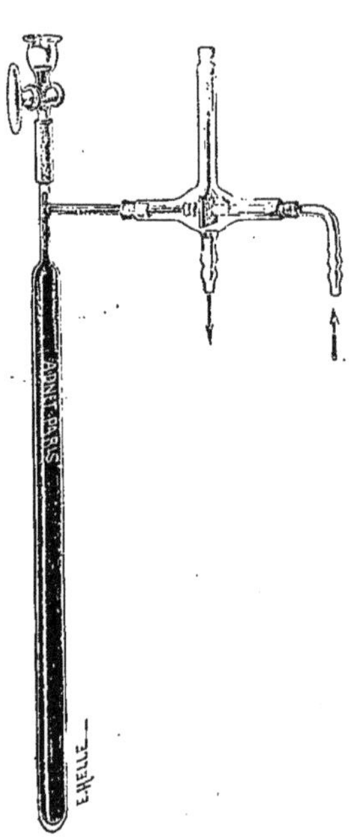

Fig. 67.
Régulateur de SCHLŒSING.

Dans les villes où la pression du gaz d'éclairage est inconstante et double presque à la tombée de la nuit, les autorégulateurs ne peuvent pas s'opposer à une élévation sensible de la température des étuves. En effet, le débit du gaz étant proportionnel à la pression, à la section de l'ouverture qui donnait tout à l'heure une quantité de gaz produisant un degré de chaleur déterminé, doit s'en substituer une autre qui, sous une pression plus forte, fournisse une quantité identique de gaz; pour qu'il puisse en être ainsi, cette section doit nécessairement diminuer; or cela n'est possible qu'à la condition que la température de l'étuve soit plus élevée, c'est-à-dire le régulateur plus fortement chauffé.

Les régulateurs des enceintes à température invariable doivent, par conséquent, être précédés d'un régulateur de la pression du gaz qu'on peut choisir parmi ceux qu'ont imaginés CAVAILLÉ-COL, MOITESSIER ou GIROUD.

Parmi les autorégulateurs des étuves, ceux de REICHERT, de CHANCEL, de ROHRBECK, de BOHR, basés sur l'obturation des orifices destinés au passage du gaz par le mercure, sont le plus employés. Les régulateurs métalliques de E. ROUX et de MIQUEL, basés sur l'inégale dilatation des métaux ou d'autres substances solides, conviennent particulièrement aux étuves de grande dimension et peuvent fonctionner pendant plusieurs années sans se déranger, tandis que le mercure, exposé constamment au contact du gaz d'éclairage, se sulfure, se salit rapidement, ce qui entrave leur bon fonctionnement; mieux vaut, dans ce dernier cas, revenir au régulateur de Schlœsing, qui date de près de 40 ans et sur lequel ont été, plus ou moins, copiés les régulateurs à mercure.

Il est inutile d'ajouter qu'une étuve cesse d'être réglable si la température du laboratoire est très voisine ou supérieure à celle qu'elle doit marquer; si elle est placée au soleil ou à côté de foyers émettant des rayons calorifiques capables de la surchauffer et si la source de chaleur maximum est insuffisante pour combattre les refroidissements auxquels elle peut être exposée.

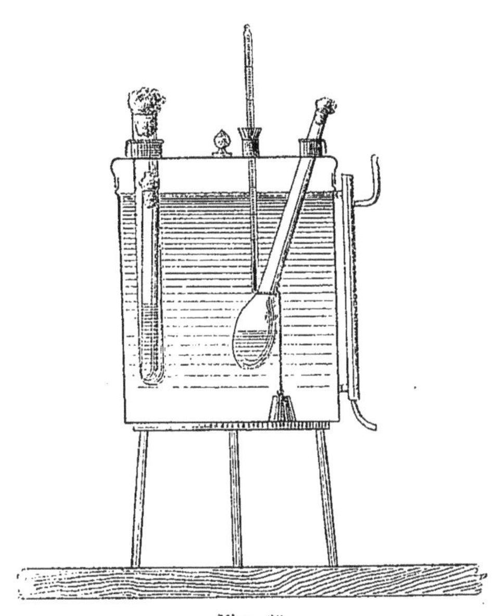

Fig. 68.
Bain-marie pour cultures à haute température.

Pour les cultures réclamant un degré de chaleur supérieur à 60°, Miquel se sert de bains-marie, couverts, à niveau constant, d'un volume de 15 à 20 litres dans l'intérieur desquels les vases à cultures sont tenus immergés par des poids de plomb. Ces vases à cultures sont formés par des matras à essayeur dont le col long, garni d'ouate, vient chercher l'air nécessaire à la vie des bactéries au-dessus du bain. S'il s'agit de cultures sur milieux gélatineux ou solides, on les enferme bien capuchonnées dans un gros tube à essai plongeant au centre du bain.

Ce dispositif s'applique, surtout, à l'étude de la limite de la vitabilité des bactéries adultes aux températures voisines de 70° et de 72° centigrades.

Les étuves froides employées dans les laboratoires ont reçu le nom de glacières. Elles servent à préserver, momentanément, les substances altérables d'un envahissement rapide par les bactéries ou à effectuer quelques expériences sur la vie des microbes à des températures voisines de 0°.

IV. — Séparation des bactéries, cultures a l'état de pureté.

Pour étudier avec exactitude les propriétés des bactéries, il est indispensable de les isoler à l'état de pureté des milieux divers où elles vivent dans la nature et où on les trouve, presque toujours, mélangées à une foule d'espèces souvent très voisines de forme, mais pourvues de fonctions très dissemblables. La sélection des microorganismes est une des opérations les plus importantes de la bactériologie et une de celles qui réclament tous les soins de l'observateur.

Les procédés de séparation des bactéries peuvent être divisés en deux groupes : en procédés *généraux* et en procédés *particuliers;* ces derniers sont très utiles à connaître, car ils permettent, fréquemment, d'abréger le temps qu'exige l'isolement des espèces bactériennes par les méthodes générales qu'on utilise principalement pour analyser les eaux, l'air, les terres et d'autres substances très riches en microbes variés. Les méthodes particulières empruntent, d'ailleurs, leur technique aux procédés généraux de séparation et ne doivent leur qualification qu'aux conditions spéciales qui président à leur application.

Par exemple, pour séparer les bacilles du foin des autres bacilles ne donnant pas de spores réfractaires à la chaleur, on supprime d'un seul coup toutes les bactéries dont les germes ne résistent pas à 100°, en faisant bouillir l'eau contenant ces bacilles du foin. Grâce à cet artifice, la séparation des bacilles se trouve circonscrite entre les bacilles pouvant supporter sans périr, pendant quelque temps, des températures égales ou supérieures à 100°.

Si on veut isoler le *Bacterium aceti* des levures et d'autres variétés de microorganismes présents dans le vin, ce n'est pas aux bouillons ni aux gélatines ordinaires qu'on doit avoir recours, mais à des milieux alcoolisés, déjà additionnés d'acide acétique, où peu de bactéries peuvent vivre en dehors des mycodermes de l'acétification.

Si le problème qui se pose est l'isolement du bacille de la tuberculose des poussières des appartements ou des crachats, on inocule d'abord ces substances dans la cavité péritonéale de quelques cobayes, puis on isole le bacille de Koch de la substance des ganglions mésentériques.

En employant, dans ces trois cas et dans un grand nombre d'autres, les méthodes générales qui vont être exposées, le succès serait très problématique.

Méthodes générales de séparation des bactéries.

Ces méthodes sont au nombre de deux :

La première consiste à diluer convenablement les substances bactérifères dans de l'eau stérilisée et à ensemencer, par petites fractions, la dilution ainsi obtenue dans de nombreux vases contenant des milieux nutritifs liquides.

La seconde diffère de la première en ce que les dilutions, au lieu d'être fractionnées dans des milieux liquides, sont introduites dans des milieux nutritifs gélatineux.

Méthode du fractionnement dans les liquides nutritifs. — Ce procédé de séparation des bactéries employé par KLEBS (1), LISTER (2) et MIQUEL (3) est basé, comme on vient de le dire, sur une opération préalable appelée *dilution*, à laquelle le bactériologiste a besoin de recourir journellement. Cette opération consiste à introduire dans un volume connu d'eau stérilisée un poids connu de substance bactérifère ; puis à répartir par agitation, aussi également que possible, les bactéries dans la masse liquide. Rien ne s'oppose à ce que cette dilution soit poussée aussi loin qu'on le désire. Elle sera dite à 1 : 10, à 1 : 100, à 1 : 1 000 et à 1 : 1 000 000 quand le poids de la substance chargée de bactéries ajoutée à l'eau se trouvera dans les rapports qui viennent d'être indiqués. On réalise pratiquement les dilutions à 1 : 1 000 000 en transportant 1 centimètre cube d'une dilution à 1 : 1 000 dans un litre d'eau stérilisée. Par conséquent, l'usage de deux matras, contenant chacun un simple litre d'eau, rend possible une opération qui, pour être faite en un seul temps, exigerait un mètre cube d'eau stérilisée. On comprend, sans qu'il soit utile d'y insister, que toutes les dilutions sont aisées à exécuter et qu'il suffit uniquement pour cela d'avoir à sa disposition des volumes connus et variables d'eau privée de germes.

En prélevant par fractions minimes, par centimètres cubes ou par gouttes, une dilution de substance bactérifère portée assez loin pour que les microbes se trouvent suffisamment éloignés les uns des autres dans l'eau stérile, on conçoit que dans 2, 3, 4 portions de cette eau, il ne puisse se trouver qu'une seule bactérie et que

(1) KLEBS. *Arch. f. exp. Path. und Phar.*, 1873, I.
(2) LISTER. *Trans. Path. Soc. of London*, 1878, XXIX.
(3) MIQUEL. *Annuaire de l'Observatoire de Montsouris*, 1880, p. 475.

par conséquent sur 2, 3, 4 vases de bouillon stérilisé, ensemencés chacun par une de ces portions, un seul soit ultérieurement altéré. Cette altération, l'examen microscopique la montre ordinairement due à une espèce pure, en tout cas, s'il n'en était pas ainsi, une seconde dilution opérée avec le bouillon altéré permettrait d'isoler la bactérie avec autant de certitude qu'avec les procédés les plus récemment imaginés.

Miquel (1) a démontré, en opérant comparativement avec les milieux nutritifs liquides et gélatineux, que quand le nombre de vases de bouillon altérés n'excède pas 15 à 20 p. 100, les bactéries qui les peuplent sont dans un état de pureté aussi grand que les bactéries isolées des colonies formées sur la gélatine.

Malgré la rigueur que peut atteindre la méthode des dilutions combinée aux ensemencements fractionnés, elle est aujourd'hui peu appliquée; les motifs de cet abandon sont d'ailleurs justifiés par les longues manipulations qu'elle exige et la difficulté où se trouve l'expérimentateur d'estimer à l'avance, avec une précision suffisante, le degré des dilutions pouvant fournir un chiffre satisfaisant de cas d'altération, moins de 20 p. 100. En opérant avec des dilutions de titres divers, on pallie, dans une certaine mesure, à ce dernier inconvénient, mais c'est au détriment du temps et au prix de la mise en œuvre d'un chiffre de flacons de bouillon très élevé.

Toutefois, on ne doit pas oublier qu'avec les défauts qu'elle présente, la méthode des ensemencements fractionnés a permis de résoudre de nombreux problèmes relatifs à la bactériologie; d'obtenir des cultures pures de bactéries, aussi souvent qu'on l'a souhaité et de pratiquer des analyses bactériologiques de l'air, du sol et des eaux quatre ou cinq ans avant la découverte des procédés de séparation par les milieux gélatineux.

Méthode de séparation par les milieux gélatineux. — Si, au lieu d'introduire dans de nombreux flacons de bouillon les dilutions chargées de bactéries, on les verse dans de la gélatine nutritive fondue à une douce chaleur, vers 35°, et qu'on laisse cette gélatine se solidifier après l'avoir inclinée en divers sens de façon à faire avec l'eau ajoutée et la gélatine un milieu homogène, sans bulles d'air ou de mousse, il arrive qu'au moment de la prise les germes des microbes se trouvent immobilisés en divers points et qu'ils sont contraints d'éclore et de commencer à se multiplier dans une

(1) Miquel. *Annuaire de l'Observatoire de Montsouris*, 1888, p. 413.

zone très limitée. En donnant naissance à un grand nombre d'individus adultes, ces germes développés forment une sphérule d'abord visible à la loupe, puis à l'œil nu. Ces sphérules souvent irrégulières, translucides ou opaques, ont reçu le nom de *colonies.*

Dans les milieux gélatineux employés pour la séparation ou la numération des bactéries, on distingue autant de colonies qu'il y a de germes de bactéries ou de particules bactérifères capables de se développer. Alors, il est aisé de prélever, au moyen d'un fil de platine flambé, une partie des microorganismes des colonies ainsi obtenues et de les cultiver individuellement dans des vases distincts. Telle est, en quelques mots, la méthode de triage des bactéries due à KOCH (1). Elle est des plus utiles et des plus faciles à appliquer et l'on peut affirmer qu'elle a contribué dans une part très large à vulgariser les études de microbiologie.

Dans les premiers temps, le mélange des dilutions et de la gélatine fondue se faisait dans un tube à essai dont le contenu était versé sur une plaque de verre flambée placée sur un support trian-

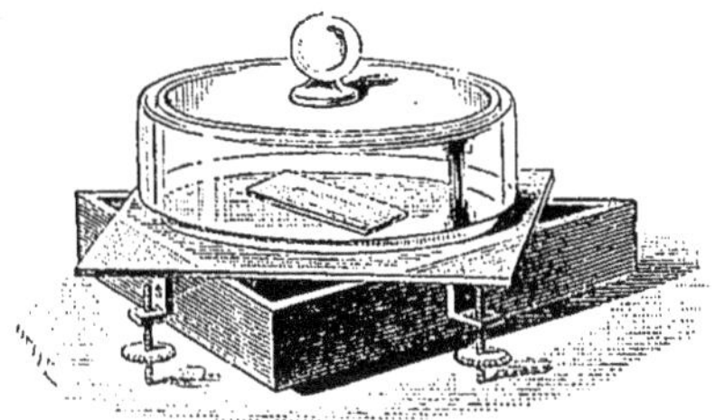

Fig. 69.
Appareil de KOCH.

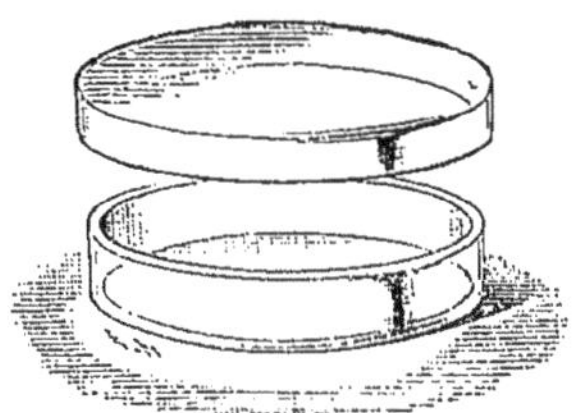

Fig. 70.
Boîte de PETRI.

gulaire muni de vis calantes de façon à s'opposer par une horizontalité parfaite à l'écoulement du mélange hors de la plaque ; le tout était alors mis sous une cloche de verre à l'abri des poussières de l'air. Actuellement, les plaques de gélatine se font d'une manière beaucoup plus simple : on verse de la gélatine fondue dans des boîtes de PETRI (2) stérilisées, puis une fraction de la dilution, enfin par un mouvement de flux et de reflux produit dans diverses directions on opère le mélange de l'eau et de la gélatine.

Les boîtes de PETRI (fig. 70) sont en verre de Bohême et très surbaissées ; l'industrie en fabrique de toute dimension, depuis quelques centimètres de diamètre jusqu'à 20 centimètres. On les

---

(1) KOCH, *Mitth. aus dem K. Gesundheitsamte*, 1884, II.
(2) PETRI, *Centralblatt für Bakteriologie*, III, 1887, I, p. 279.

stérilise à l'autoclave ou au four à flamber après les avoir entourées d'une enveloppe de papier joseph. Dans les expériences, très précises, où l'on redoute la contamination par les microbes atmosphériques, on se sert de flacons coniques à capuchons rodés et tubulés (fig. 71) contenant la gélatine nutritive stérilisée à l'avance, qu'on fait fondre vers 35° et à laquelle on ajoute la dilution tenant en suspension les bactéries à isoler. Ces dernières plaques sont donc soustraites à la rentrée de toute impureté et le peu de temps pendant lequel ces flacons restent ouverts rend improbable toute contamination étrangère.

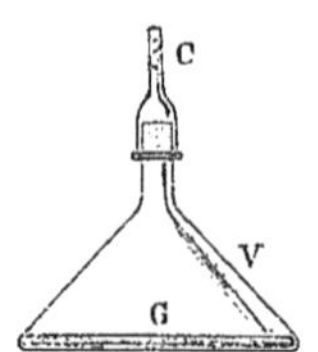

Fig 71.
Plaque de gélatine en flacons coniques.

Plus tard, quand les colonies se sont formées, on va à leur recherche au moyen d'un fil de platine flambé et recourbé si les colonies se trouvent placées très en dehors du centre de la plaque.

Citons encore, comme mode opératoire très voisin de ce dernier, le procédé d'Esmarch (1) consistant à enduire l'intérieur de tubes à essais d'une couche épaisse de gélatine fondue, additionnée d'une dilution, en roulant ces tubes fermés soit sous un courant d'eau froide, soit sur un bloc de glace. Quand les colonies se sont développées sur les parois voisines du fond du tube, il faut une certaine habileté pour aller les y prélever sans accident; cet inconvénient, joint à la difficulté qu'on éprouve de compter, aisément, les colonies écloses, restreignent beaucoup les applications du procédé d'Esmarch; on peut, tout au plus, l'utiliser pour la séparation des espèces à l'abri de l'oxygène de l'air, sujet sur lequel nous reviendrons un peu plus bas.

Il est indispensable de prendre quelques précautions pour mener à bien la séparation des bactéries par la méthode de Koch. En dehors des fautes contre l'asepsie que le bactériologiste ne doit jamais commettre dans le cours des manipulations, il faut aussi que l'eau des dilutions mélangée aux gelées nutritives soit peu chargée de microbes et que chaque plaque n'en renferme pas plus de 8 à 10. Il vaut mieux multiplier le nombre des plaques que d'en fabriquer une seule très chargée de colonies. On devine aisément pourquoi il doit en être ainsi. Parmi les colonies qui naissent dans la gélatine, plusieurs d'entre elles peuvent être liquéfiantes et alors il arrive, parfois, qu'au bout de quelques jours, elles ont fluidifié, de proche

---

(1) Esmarch. *Zeitschrift für Hygiene*, 1886, I, p. 293.

en proche, une partie ou la totalité du substratum, ce qui met fin à l'essai de séparation des bactéries avant que le but désiré ait pu être atteint. En faisant, au contraire, plusieurs plaques où les colonies sont très espacées, on prévient ces empiétements fâcheux, et on peut, sans compromettre le succès de l'expérience, éliminer les vases où les bactéries liquéfiantes ont pris trop d'empire et laisser aux espèces lentes à se rajeunir le loisir d'incuber à l'aise pendant 8, 10 ou 15 jours, si ce temps est nécessaire pour leur permettre de former des colonies nettement visibles.

Par conséquent, la méthode créée par Koch rend surtout de véritables services quand on opère avec des dilutions très étendues et quand on fractionne ces dilutions dans de nombreux flacons coniques de gélatine.

L'usage de la gélatine convient à la séparation des bactéries capables de se multiplier sensiblement au-dessous de 24°. Si les microbes qu'on veut isoler ne croissent qu'au-dessus de cette température, on doit substituer à la gélatine d'autres milieux moins fusibles, la gélose, par exemple, qui reste encore très ferme dans les étuves chauffées à 40 et même à 50°. Toutefois la température, relativement élevée, à laquelle la gélose commence à faire prise, est un inconvénient sérieux pour séparer certains microbes fragiles déjà assez malmenés par la température de 45°. Dans ce cas, on se sert du procédé indiqué par de Freudenreich.

Pour faire les plaques de gélose, on utilise la propriété commune à beaucoup de substances colloïdes, liquéfiables par la chaleur de rester quelque temps en surfusion. L'agar, qui fond entre 70 et 80°, est refroidi dans un bain maintenu à 45°; on le mélange aux dilutions amenées à ce même degré de chaleur, puis le tout est coulé en plaques.

Variantes des procédés généraux.

1re Méthode de Koch. — Avant de publier, en 1883, le procédé de triage des bactéries dont la description précède, Koch employait, dès 1881, un mode d'isolement des microorganismes beaucoup moins précis, mais dont on peut encore souvent retirer quelques services.

Sur une lame de verre porte-objet ou sur une plaque de verre, tenue horizontale, on verse un peu de gélatine fondue, privée de germes, puis après solidification de ce milieu, on charge l'extrémité d'un fil de platine flambé de la substance contenant les bactéries à isoler. Avec l'extrémité contaminée de ce fil, on trace sur cette plaque de gélatine une série de traits parallèles assez rapprochés. Pendant cette opération, le fil de platine se débarrasse des microbes qui le souillent, il arrive à se nettoyer complètement au contact de la gélatine stérilisée, aussi le nombre des bactéries abandonnées, ainsi progressivement, va-t-il sans cesse en diminuant, si bien que les dernières stries ne montrent plus sur leur trajet que de fort rares colonies. Ces colonies solitaires sont, généralement, à peu près pures et, en recommençant avec elles l'opération qui vient d'être indiquée, on arrive souvent à obtenir des espèces pures.

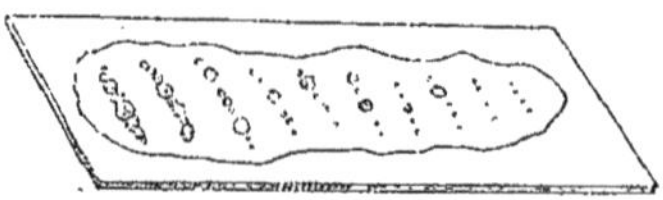

Fig. 72.
Plaque de Koch; isolement par la méthode des stries.

Ce sont, ordinairement, les microbes qui dominent dans la substance bactérifère qui sont isolés les premiers; les autres, si leur croissance est peu rapide, risquent beaucoup à passer inaperçus. Aussi citons-nous cette méthode, bien moins employée, aujourd'hui qu'autrefois, parce qu'elle a marqué un pas heureux dans la technique bactériologique; on s'en sert encore, assez souvent, pour isoler les bactéries des sécrétions pathologiques qu'on va quérir sur le vivant ou sur le cadavre au moyen d'une petite spatule de platine passée, au préalable, dans la flamme d'une lampe.

2me Méthode de Koch. — Par un artifice ingénieux Koch est arrivé à supprimer l'opération de la dilution indirecte dans la séparation des espèces bactériennes. Ce procédé consiste à porter une partie de la substance bactérifère dans un tube ou un flacon de gélatine fondue; puis, après mélange intime, à prélever au moyen d'une boucle de platine ou d'une pipette stérilisée, une faible quantité de cette gélatine qu'on dilue dans un nouveau vase contenant de la gélatine fondue; après mélange, ce nouveau milieu contaminé est introduit et mêlé à la gélatine d'un troisième flacon, puis d'un quatrième, si on le juge utile. Ultérieurement, on va à la recherche des colonies dans le vase où elles se trouvent le plus grandement espacées les unes des autres. Cette méthode, très simple, supprime toutes les opérations relatives aux dilutions préalables et n'exige, le plus souvent, que le sacrifice du premier ou du second vase de gélatine.

Méthode de Hansen. — Le procédé décrit par ce savant danois (1) est surtout applicable à la séparation des levures ou des microorga-

(1) E.-Chr. Hansen. *Comp. rend. des travaux du Laboratoire de Carlsberg*, 1882 à 1886.

nismes immobiles dépassant la taille moyenne si exiguë des Schizophytes. HANSEN l'a employé avec succès, au moins un an avant que KOCH eût fait connaître sa méthode de séparation consistant à incorporer les bactéries avec la gélatine fondue. A l'origine, la technique de HANSEN consistait à déterminer la formation des colonies dans l'intérieur même des liquides nutritifs.

Voici comment HANSEN opérait :

Il comptait d'abord au microscope au moyen d'une plaque quadrillée, semblable à celles des hématimètres, le nombre de cellules de levures contenues dans une goutte de liquide empruntée à une culture vivement agitée ; ce chiffre connu approximativement, il pratiquait une dilution renfermant, au plus, une cellule par un ou deux centimètres cubes; puis, quelques centimètres cubes de ce liquide étaient, après une vive agitation, introduits dans un vase de verre contenant un liquide nourricier pouvant favoriser la multiplication de la levure. Ce vase secoué, on l'abandonnait au repos et les rares cellules nageant dans le liquide venaient se déposer, par suite de leur plus grande densité, sur la paroi inférieure du vase. Après quelques jours d'attente, on voyait apparaître au fond du récipient, deux ou trois taches, sortes de colonies de levure, dont on prélevait une partie avec des pipettes stérilisées; enfin, au moyen de ces jeunes cellules de levure, on effectuait des cultures dans des vases de moût de bière ou de liqueurs sucrées parfaitement stérilisés. Par ce moyen de séparation, HANSEN a pu étudier, bien mieux qu'on ne l'avait fait avant lui, les fonctions biologiques et la morphologie des Saccharomycètes et des espèces avoisinantes.

En 1886, le même auteur a perfectionné sa méthode et lui a donné un degré d'exactitude que rien ne peut dépasser. Au lieu de verser les dilutions dans les milieux liquides, HANSEN les mélange à de la gélatine fondue qu'il dépose sur les lames minces d'une chambre humide. On cherche au microscope les cellules uniques éloignées de toutes autres ; on détermine leur position topographique avec les verniers de la platine mobile du microscope, et, quand ces cellules ont germé et fourni de petites colonies, on les prélève avec soin, au moyen d'un fil de platine, pour en faire des cultures qui sont *rigoureusement pures* puisqu'elles ont pour point de départ une cellule *unique*.

Il est à regretter que les bactéries ne puissent, à cause de leur petitesse, se prêter aussi facilement que les champignons au mode de sélection si précis imaginé par HANSEN ; nous pensons, cependant, que cela n'a rien d'impossible et que les bactéries filamenteuses, les sarcines et les grosses espèces microbiennes peuvent être séparées par la méthode de Hansen; on y parviendra en y consacrant le temps voulu et la patience que réclament, toujours, les manipulations délicates exécutées sous le microscope.

Avec le procédé de Hansen on peut affirmer que les cultures obtenues sont d'une pureté absolue, avec la méthode des dilutions fractionnées et celle de Koch, cela n'est pas toujours possible : les particules des substances fécondantes utilisées dans le triage des microbes étant souvent formées de plusieurs germes soudés entre eux par la dessiccation ou des matières agglutinantes, et que l'agitation avec l'eau, servant aux dilutions, ne parvient pas toujours à séparer les uns des autres. Il reste donc évident qu'au moment de leur prise les gelées peuvent emprisonner, au même point, plusieurs espèces de microorganismes. Les colonies qui naîtront de ces particules pourront ainsi, dès l'origine, être formées par un mélange d'espèces, et le mélange se perpétuera dans les cultures ayant pour point de départ ces colonies impures. Miquel (1) a trouvé que 100 colonies, provenant de l'ensemencement des poussières atmosphériques, très éloignées les unes des autres, accusaient, au seul examen microscopique, 130 espèces distinctes. Plus tard, Holm (2) est arrivé à des constatations moins décevantes; toutefois, en opérant sur les cultures impures de levures humides, 100 colonies eurent pour point de départ 108 cellules. Aussi est-il imprudent de considérer comme pure une culture issue d'une colonie obtenue d'emblée par la méthode Koch; pour arriver dans ce cas à purifier l'espèce, sans employer la méthode de Hansen, il convient d'amener une parcelle de la colonie ou une faible partie des cultures qui en proviennent dans un milieu nutritif liquide et de faire, avec des traces de cette nouvelle culture, de nouvelles plaques qui donnent des colonies constituées, le plus souvent, par une seule espèce de bactérie.

Procédé de de Freudenreich (3). — Ce procédé est beaucoup plus simple que les précédents. Il consiste à verser des dilutions sur les milieux stérilisés, coulés en plaques et déjà solidifiés. Après quelques instants de contact, on enlève l'eau et on incline la plaque de façon à ce que sa surface puisse s'égoutter et sécher légèrement

(1) Miquel. *Annuaire de l'Observatoire de Montsouris*, 1888, p. 432; et *Centralblatt für Bakteriologie*, 1888, IV, p. 278.

(2) Holm. *Comp. rend. des travaux du Laboratoire de Carlsberg*, 1891, III, p. 1.

(3) De Freudenreich. *Centralblatt für Bakteriologie*, 1894, XV, p. 643.

par évaporation. Les germes restés à la surface des gelées se développent en donnant des colonies très espacées si l'eau des dilutions contient peu de germes. Le mode d'opérer employé par DE FREUDENREICH n'a, il est vrai, de la valeur qu'au point de vue qualitatif, mais il paraît, en tout cas, bien supérieur aux badigeonnages au pinceau de ces mêmes milieux nutritifs préconisés par KRUSE (1). Enfin, la technique de DE FREUDENREICH permet de se passer de la fusion préalable des milieux qui n'est pas toujours possible (sérum de sang coagulé) ou qui n'est pas sans inconvénients sur les microbes, quand la fluidification du milieu exige une température élevée.

Procédé de Lindner. — Ce procédé diffère peu de ceux de DE FREUDENREICH et de KRUSE ; tandis que dans ces derniers les dilutions sont répandues en couches minces et uniformes sur les gelées, dans celui de LINDNER (2) l'eau, très peu chargée de microorganismes, est déposée en gouttelettes, au moyen d'une pipette à pointe très fine, sur les terrains nutritifs. Les colonies n'apparaissent évidemment qu'aux points où les petites gouttes d'eau recelaient un ou plusieurs germes. Ce procédé nous ramène aux premières méthodes d'isolement des bactéries par les ensemencements fractionnés, avec cette différence que le milieu, au lieu d'être liquide et contenu dans des vases distincts, est ici solide et enfermé dans une large boîte de PETRI.

Méthodes spéciales de séparation des bactéries.

Ces méthodes seront décrites dans les monographies des espèces auxquelles elles sont applicables et nous ne mentionnerons à cette place que les principes généraux sur lesquels elles reposent. Elles consistent pour la plupart à favoriser le développement des bactéries qu'on veut isoler au détriment des espèces vulgaires ou autres qu'on n'a pas intérêt à se procurer. Quelques exemples en feront saisir aisément l'économie.

Pour isoler les bactéries douées de propriétés fermentaires déterminées, on fera un premier ensemencement de matériaux

(1) KRUSE. *Centralblatt für Bakteriologie*, 1894, XV, p. 419.
(2) LINDNER. Mikroskopische Betribscontrole in den Gärungsgewerben. Berlin, 1895.

bactérifères dans des milieux appropriés à la culture des agents figurés des fermentations qu'on veut provoquer : les ferments lactiques seront recherchés avec le lait ou les bouillons sucrés, additionnés de carbonate de chaux; les ferments butyriques avec des solutions nutritives de lactate de chaux; les ferments nitriques avec des milieux exclusivement minéraux additionnés de sels ammoniacaux; les ferments acétiques avec du vin ou des liqueurs alcoolisées; les ferments ammoniacaux avec des milieux chargés d'urée, etc... Dès que la fermentation attendue se sera produite dans le liquide mis en expérience, on aura la certitude de posséder l'une des espèces qu'on recherche et l'isolement définitif du ferment réclamera simplement la fabrication d'une ou de plusieurs plaques. Pour se guider dans cette séparation, la gélatine ou l'agar qui servent à faire ces plaques peuvent être chargés d'indicateurs capables d'accuser la formation des composés acides ou basiques; de sels métalliques pouvant donner lieu à des colorations diverses; de sucre et d'autres substances capables de donner naissance à des dégagements gazeux, à des substances cristallisées, etc., qui indiquent à l'observateur les colonies qu'il doit choisir pour faire ses cultures et celles qu'il peut négliger de recueillir.

Pour rechercher les bactéries pathogènes dans le sol, les poussières atmosphériques, les eaux ou les tissus des animaux, on inocule aux lapins, aux cobayes, parfois aux grands mammifères, à des doses plus ou moins élevées, ces terres, ces poussières, ces eaux, ces tissus. Si l'animal tombe malade ou succombe, les symptômes de la maladie et les lésions anatomiques observées permettent souvent de porter un diagnostic donnant des indications précises sur la nature de l'agent pathogène. On recherche alors cet agent dans les exsudats, le sang, les sérosités diverses, les sécrétions multiples de l'animal malade et, plus tard, quand il meurt, ou quand on le sacrifie avant l'évolution complète de la maladie, dans le foie, la rate, les ganglions mésentériques, le tube digestif, les poumons et les autres viscères du cadavre promptement autopsié. Ici, encore, ces isolements de microphytes se font au moyen de cultures et de plaques de gelées appropriées. En opérant de cette façon, on parvient à mettre en évidence, dans les sols infestés, la présence de la bactéridie charbonneuse, des espèces septiques, du bacille du tétanos, etc.; l'inoculation de la poussière des appartements permet, parfois, d'y décéler le bacille de la tuberculose, le streptocoque de l'érysipèle, plusieurs microcoques pyogènes, etc.

On isolera, à coup sûr, les espèces thermophiles des espèces vulgaires, en introduisant de la terre ou des excréments dans des vases de bouillon maintenus entre 65 et 70°. Inversement, d'autres bactéries jouissant de la faculté de croître à de basses températures, à l'exclusion de la plupart des Schizophytes, seront isolées grâce à leur faculté de croître dans l'eau ordinaire, l'eau de mer, le lait, le bouillon, etc., refroidis entre 0 et 4°.

On recherchera les bacilles à endospores, très résistantes à l'action de la chaleur, dans les eaux et autres matériaux soumis pendant quelque temps à l'action de températures supérieures à 100°. Les bacilles à spores plus fragiles seront isolés des eaux et autres substances seulement portées durant quelques minutes entre 80 et 90°. D'autre part, les ressources qu'offrent les milieux légèrement antiseptisés ou déjà vaccinés par des cultures préalables sont également employées pour se débarrasser de plusieurs catégories d'espèces qu'on veut tout d'abord éliminer. Enfin, la connaissance préalable des propriétés biologiques des bactéries à isoler vient, d'ailleurs, dicter à l'expérimentateur la marche à suivre dans tous ces cas particuliers et lui suggérer les artifices de laboratoire les plus propres à le conduire promptement et sûrement au but qu'il poursuit.

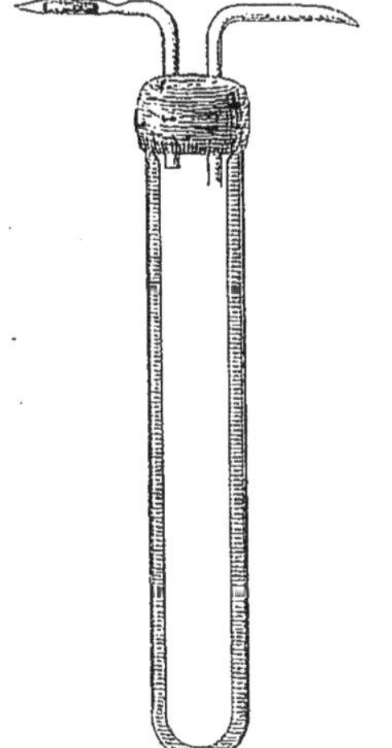

Fig. 73.
Plaque d'ESMARCH pour séparation d'espèces anaérobiennes.

Séparation des espèces anaérobies.

La séparation des bactéries anaérobies n'offre pas plus de difficultés que la séparation des bactéries vivant au contact de l'air, les manipulations que cette opération réclame sont un peu plus longues à exécuter en raison de l'obligation où l'on est de soustraire les plaques de gelées et les autres milieux employés à l'action de l'oxygène atmosphérique; mais tout se réduit, en somme, à l'adoption de vases à culture de forme appropriée.

Les plaques d'ESMARCH, roulées dans des tubes à essais fermés par un bouchon porteur de deux tubes de verre permettant de chasser l'air par un courant d'azote ou d'hydrogène, puis finalement scellés, peuvent être utilisés avec profit (fig. 73).

Les récipients cylindriques, coniques ou plats, suffisamment résistants, munis d'une seule tubulure par laquelle on fait le vide et qu'on scelle à la fin de l'opération, permettent également ces séparations (fig. 74).

Les boîtes de Petri placées ouvertes sous des cloches dont les bords plongent dans une rigole pleine de mercure, et dont l'atmos-

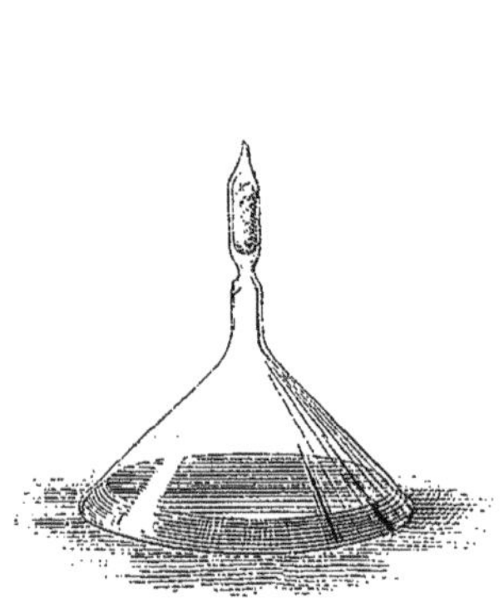

Fig. 74.
Plaque en vase conique pour séparations anaérobiennes.

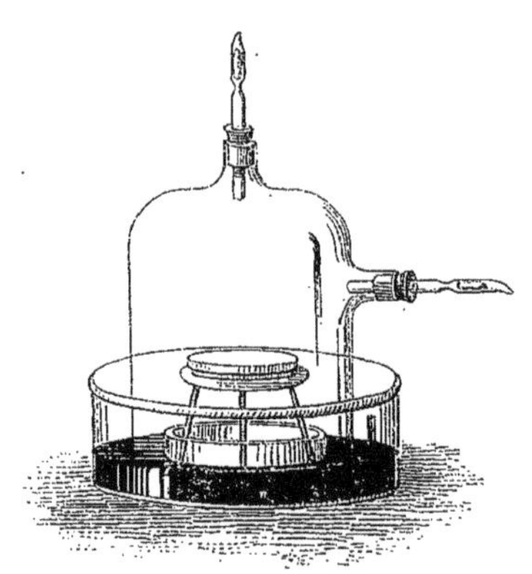

Fig. 75.
Plaque pour séparations anaérobiennes contenue dans une cloche pleine d'un gaz inerte.

phère ordinaire a été remplacée par de l'azote pur, peuvent servir concurremment avec les dispositifs précédents (fig. 75).

Les tubes entièrement pleins de gélatine, séparés de l'air par une couche épaisse d'un hydrocarbure plastique, stérilisés à l'autoclave avant l'usage, se prêtent de même à ces expériences. Il est vrai qu'on est souvent obligé de sacrifier un appareil pour récolter les colonies nées dans l'intérieur du cylindre de gélatine, mais ces tubes sont d'une très faible valeur et peuvent être aisément fabriqués par l'opérateur.

En un mot, pour la séparation des microbes anaérobies, on a recours aux procédés usités pour leur culture à l'état de colonies; la manière d'ensemencer seule diffère, on se sert toujours de dilutions, le point essentiel est de ne pas perdre de vue que les colonies nées sur le substratum nutritif doivent être toujours très espacées les unes des autres.

V. — Ensemencements.

On appelle *ensemencement* l'opération bactériologique qui a pour but de transporter une bactérie d'un milieu où elle vit dans un autre milieu où on désire la voir croître et se multiplier.

Quand ce transport s'effectue sur l'animal vivant, cette opération reçoit le nom d'*inoculation*, la technique des inoculations sera traitée dans cette première partie au chapitre VII, consacré aux expériences sur les animaux vivants.

Les ensemencements se pratiquent au moyen d'instruments très simples et peu nombreux consistant en pipettes flambées et en

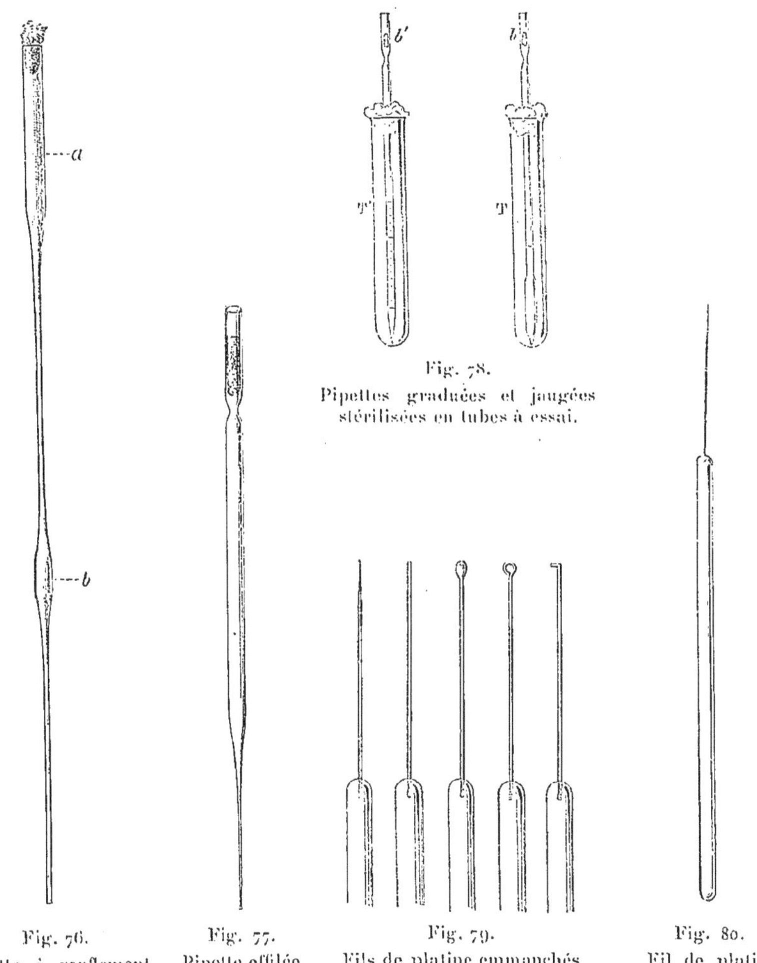

Fig. 76. Pipette à renflement ampulaire de HANSEN.

Fig. 77. Pipette effilée ordinaire.

Fig. 78. Pipettes graduées et jaugées stérilisées en tubes à essai.

Fig. 79. Fils de platine emmanchés sur tiges de verre.

Fig. 80. Fil de platine emmanché.

fils de platine de longueur et de grosseur diverses, quelquefois emmanchés ou montés à l'extrémité d'agitateurs de verre. L'extrémité de ces fils est, suivant les besoins, sectionnée carrément, aiguisée en pointe, légèrement aplatie en spatule ou terminée par une petite boucle (voir fig. 79).

Les cultures liquides sont souvent prélevées avec le secours d'une pipette formée d'un tube étroit dont une extrémité est effilée et dont l'autre reçoit un léger étranglement sur lequel repose une bourre de coton ou de laine de verre (fig. 77). Ces pipettes sont stérilisées à l'avance dans le four à flamber de Pasteur. Elles doivent être jaugées ou graduées si on veut opérer sur une quantité exactement déterminée de liquide; dans ce cas, on les stérilise dans un tube à essai bouché avec de la ouate (fig. 78).

Au moment de l'ensemencement, les pipettes ordinaires sont passées dans la flamme pour être débarrassées des poussières qui ont pu s'y déposer extérieurement; puis, au moyen d'une pince à mors fortement chauffée, on brise la pointe de la pipette, on ouvre avec précaution le vase contenant le bouillon de culture, on aspire le liquide renfermant les bactéries et on le porte dans le milieu neuf qu'il s'agit d'ensemencer. Nous passons sous silence les flambages méthodiques dont les cols, les bouchons, les tampons de coton doivent être l'objet avant l'ouverture et la fermeture des vases. Ces manipulations élémentaires sont les premières que doit apprendre l'élève dont l'intention est d'aborder l'étude de la bactériologie.

Dans les cas habituels, toutes les fois que l'on pratique un ensemencement, on se trouve dans la nécessité de découvrir le milieu de culture, c'est-à-dire de le laisser pendant quelques secondes au contact direct de l'air atmosphérique, toujours plus ou moins peuplé de germes errants de bactéries et de moisissures; à ce moment, quelle que soit la position dans laquelle on tienne les vases, un de ces germes peut s'y introduire, s'y développer et contaminer les cultures. L'expérience établit que la chance d'infecter ainsi une culture est d'autant plus faible que le col des vases est plus étroit et que le lieu où l'on opère possède une atmosphère plus pure. Dans l'intérieur des grandes villes et des laboratoires où un personnel nombreux soulève beaucoup de poussière, il est prudent de s'entourer à cet égard d'un excès de précautions : d'incliner le col des vases de manière à les soustraire à la chute naturelle de sédiments atmosphériques un peu lourds ou volumineux, et pour plus de sûreté, d'effectuer les ensemencements en double de façon à pouvoir, le cas échéant, abandonner sans regret une culture fortuitement altérée.

A Paris, les plaques coulées dans les cristallisoirs de Petri sont ordinairement infestées par des microbes étrangers, mais il est vrai de dire qu'il existe peu d'opérations bactériologiques où les milieux de culture soient si largement exposés à la contamination par les impuretés de l'air ambiant.

Pour transporter les bactéries d'une culture liquide dans un autre liquide stérilisé, on peut employer le fil de platine terminé par une boucle ou un œillet que plusieurs auteurs appellent, si improprement en français, *anse de platine*. Ce fil, rougi à la flamme d'un bec ou d'une lampe, est plongé dans la culture, puis quand il est refroidi, on le retire et on le plonge dans la culture à ensemencer. Ce qui peut tenir de liquide dans la lame mince formée dans l'intérieur de la boucle suffit toujours pour provoquer une infection prompte et certaine si la culture est trouble ou rendue trouble par l'agitation.

Parfois, il n'en est pas ainsi quand le fil de platine est rectiligne, on peut alors observer qu'il ressort des liquides où on l'a introduit sans être mouillé, et dans ce cas l'ensemencement n'est pas toujours assuré.

Pour le transport des colonies ou des végétations développées sur les milieux gélatineux ou solides, on se sert, presque toujours, du fil ou de la spatule de platine rougis au préalable et complètement refroidis de façon que les microbes prélevés soient soustraits à l'action d'une chaleur qui pourrait leur être fatale. Le fil chargé de bactéries est alors plongé dans les bouillons, piqué ou promené sur les gelées, d'où l'origine des expressions fréquemment employées d'ensemencement par piqûres, par stries et par frottis. Le bacille de la diphtérie est simplement déposé à la surface du sérum au moyen d'une légère friction ; le bacille de la tuberculose, au contraire, doit être ensemencé avec plus de force et sans redouter d'érailler la surface de ce même terrain nutritif.

Fig. 81. Spatule emmanchée.

VI. — Caractères de pureté des cultures.

Avant d'aborder l'étude d'une bactérie, il est indispensable de s'assurer, avant tout, si ses cultures sont *pures*, c'est-à-dire non contaminées par d'autres espèces. Ce point est très important à établir si on veut avoir la certitude que les observations subséquentes sur la morphologie, la physiologie et la pathologie du microbe considéré sont exactes et incontestables. Les recherches entreprises avec des espèces impures ne mènent à rien, ou plutôt conduisent à des déductions inexactes.

Il est malaisé de s'assurer si une espèce microscopique obtenue par les méthodes de séparation qui viennent d'être décrites est d'une pureté absolue, autrement dit, si elle n'est pas accompagnée de microbes très voisins de forme, vivant à côté d'elle, sans gêner sensiblement son développement. Aussi, pour se convaincre qu'une espèce est pure, doit-on rechercher pour chacune d'entre elles un groupe de caractères distinctifs, sinon caractéristiques, du moins assez probants, pour donner une quasi-certitude.

Ces caractères peuvent être divisés en trois classes :

En caractères tirés de l'aspect des cultures et appelés pour ce motif *macroscopiques* ;

En caractères fournis par l'examen direct des cultures à de forts grossissements et nommés *microscopiques* ;

En caractères basés sur les propriétés *biologiques* et *pathologiques* des espèces considérées.

On pourrait, en outre, envisager un quatrième groupe de caractères : les *caractères négatifs* qui sont surtout d'un grand secours pour apprécier si les bactéries sont à l'état de mélange. Ainsi un bacille qui se développera plantureusement, du jour au lendemain, sur le sérum du sang ne sera certainement pas le bacille de Koch ; un bacille qui croîtra aisément sur la gélatine à 20°, n'aura rien de commun avec le bacille de la diphtérie ; une bactérie qui se multipliera aisément au-dessous de 40°, sera rarement un bacille thermophile ; une espèce qui résistera à 100° et fera fermenter la lactose, différera totalement du bacille de la fièvre typhoïde ; un diplocoque qui prendra bien le Gram, ne sera pas le gonocoque de Neisser, etc. Si les caractères négatifs n'indiquent pas à l'observateur la nature d'une espèce, ils lui montrent, du moins, qu'il fait fausse route en tenant pour pures des bactéries qui présentent des propriétés qui doivent faire entièrement défaut chez celles qu'il veut isoler.

Caractères macroscopiques.

Ces caractères sont très différents suivant que les cultures sont effectuées dans des milieux liquides, gélatineux ou solides.

Dans les milieux liquides, les bactéries peuvent provoquer des troubles d'une intensité très variable ; des troubles uniformes et persistants comme ceux que déterminent les bacilles du côlon et d'Eberth; des troubles légers et passagers comme ceux qu'occasionnent certains bacilles subtils ou quelques ferments ammoniacaux; des troubles boueux dus à plusieurs espèces comburantes et putréfiantes très actives.

Parfois, les bactéries ensemencées n'altèrent pas la limpidité du liquide nutritif, à l'exemple de plusieurs microcoques, de plusieurs sarcines, de quelques bacilles et streptothrix qui, comme la bactéridie charbonneuse, donnent souvent d'emblée des dépôts plus ou moins floconneux.

Les dépôts que forment les microorganismes sur le fond des vases à culture peuvent être diversement colorés : blanchâtres, jaunes, rouges, violets. Leur aspect et leur manière d'être sont très variés : les uns sont adhérents à la paroi du verre, les autres pulvérulents et miscibles au liquide par la plus légère agitation; quelquefois, au contraire, ces dépôts sont muqueux, grumeleux ou caillebotés.

Les cultures liquides se clarifient souvent *per ascensum*, et alors on voit leur surface se recouvrir d'îlots ou de voiles d'aspect divers. Les uns semblent constitués par une sorte de membrane grasse, épaisse, ridée (bacilles du foin et de la tuberculose); les autres sont légers et unis; il semble souvent, dans ce cas, que le liquide ait été saupoudré par une substance finement pulvérisée incapable d'être mouillée par les bouillons (bactériums vulgaires, bacille-virgule). La formation des voiles n'est pas toujours suivie de la clarification du liquide de la culture, elle indique seulement que l'espèce cultivée est très avide d'air et que, à la manière du *Mycoderma vini* et des bactéries de l'acétification, elle vient respirer à la surface du milieu, là où l'oxygène abonde.

Les bouillons de viande et de peptone peuvent, en cultivant les bactéries, contracter des couleurs diverses : soit se foncer, soit se décolorer; parfois bleuir, rougir, verdir, devenir jaunâtres ou fluorescents. Mais, en général, ces colorations sont bien moins accusées que sur les gélatines et les géloses qui peuvent être envahies dans toute leur masse par des pigments solubles diffusibles analogues à ceux des bacilles fluorescents et pyocyanique.

Les cultures liquides sont souvent altérées dans leur fluidité. Elles peuvent devenir filantes ou plus ou moins visqueuses. Enfin, à côté de ce changement de consistance on peut signaler l'apparition de caractères organoleptiques d'un autre ordre : l'odeur, la phosphorescence, etc.

La plupart des cultures liquides des bactéries pathogènes aérobiennes ne sont pas ou sont très peu odorantes; il en est tout autrement des cultures de plusieurs microbes, très répandus autour de nous, sous l'influence desquels les bouillons contractent les odeurs désagréables de l'hydrogène sulfuré, du sulfure de carbone, de l'hydrogène phosphoré et les odeurs, beaucoup plus repoussantes, des matières de vidanges, des ammoniaques composées et des ptomaïnes cadavériques; c'est sans doute ce motif qui a porté plusieurs observateurs à joindre au terme spécifique de plusieurs microbes le qualificatif, bien mérité, de *fœtidus*. D'autres odeurs moins écœurantes, rappellent celles du lait aigri, des acides gras, de l'ammoniaque; il existe, même, quelques microorganismes qui communiquent aux bouillons des odeurs aromatiques n'ayant rien de déplaisant.

Les caractères macroscopiques que présentent les cultures effectuées sur les milieux gélatineux ou solides sont tout aussi variés, les pigments colorés s'y produisent, comme nous venons de le dire, avec une intensité particulière et des nuances incomparablement plus belles que celles qui s'observent au sein des milieux liquides. (voir troisième partie, chapitre II).

La faculté que possède la gélatine de se liquéfier sous l'influence de beaucoup d'espèces microscopiques est un caractère important

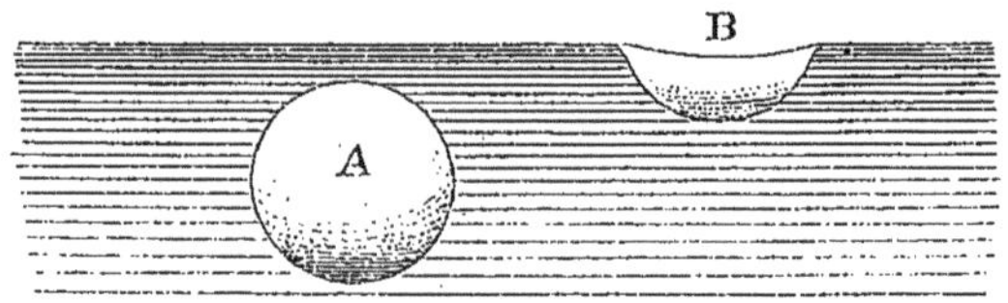

Fig. 82.
Colonie liquéfiante.
A, en profondeur; — B, en surface.

d'une assez grande constance. Tantôt cette liquéfaction est lente, tantôt elle est rapide; elle peut demander un mois pour être complète et parfois n'exiger que 24 heures. Dans la profondeur de la gélatine, la liquéfaction se manifeste par l'apparition d'une sphérule liquide dont le diamètre va en augmentant plus ou moins rapidement. Si la colonie peptonisante est à la surface, il se forme une cupule de forme hémisphérique; si la culture a été faite au trait, la partie liquéfiée affecte l'aspect d'une nacelle; si l'ensemencement a été fait par piqûre, la portion qui se liquéfie peut adopter la forme d'un puits, d'une tête de pavot, d'un entonnoir; enfin si l'espèce est aérobie et fortement liquéfiante, la gélatine est liquéfiée par tranches horizontales jusqu'au fond du vase (fig. 83).

La forme des colonies profondes et superficielles, qu'on décrit peut-être trop minutieusement aujourd'hui, est cependant utile à noter. Les colonies profondément situées dans l'intérieur des milieux gélatineux, peuvent consister : en sphérules translucides ou opaques, régulièrement arrondies ou granuleuses et mamelonnées; en masses discoïdes, ellipsoïdales; en amas irréguliers en forme de rognons et de concrétions lisses et sans aspérités, ou hérissées de prolongements ayant l'apparence des pseudopodes des radiolaires, ou encore de filaments mycéliens lourds et robustes, etc., Assez souvent, d'une colonie centrale partent des filaments ténus qui se terminent chacun par une colonie assez grosse et dont la forme radiée représente l'image employée par les dessinateurs pour indiquer l'éclatement d'un projectile (fig. 84).

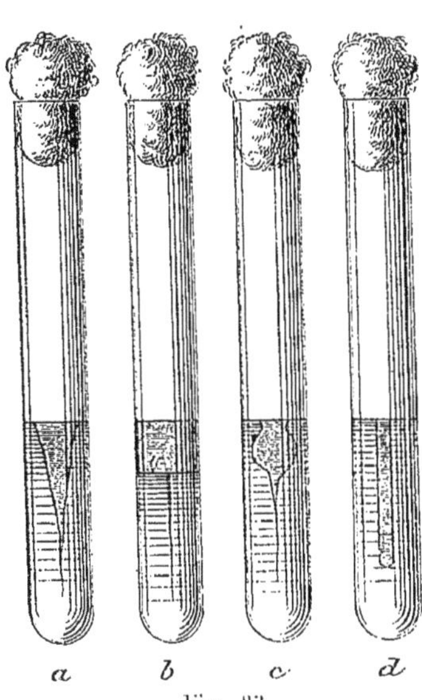

Fig. 83.
a, liquéfaction en entonnoir ; — *b*, liquéfaction par tranches horizontales : — *c*, liquéfaction en tête de pavot ; — *d*, liquéfaction en puits.

En surface, les colonies peuvent être bombées, plates, concaves

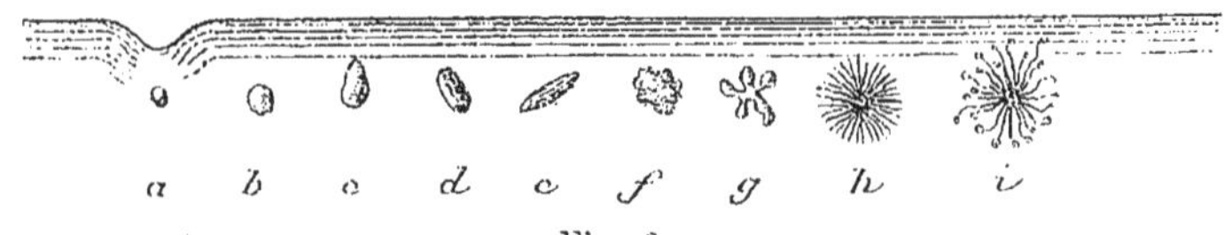

Fig. 84.
Colonies profondes.
a, *b*, *c*, *d*, colonies arrondies ; — *e*, lenticulaire ; — *f*, mamelonnée ; — *g*, *h*, *i*, radiées.

ou ombiliquées, rester toujours saillantes ou s'enfoncer dans la gé-

Fig. 85.
a, *b*, colonies superficielles ; — *c*, colonie déprimante ; — *d*, colonie digitiforme.

latine ; elles peuvent s'étendre en pellicules ou gazons soit épais, soit minces ou rester très circonscrites et se montrer en taches régulièrement circulaires ou à bords festonnés, découpés, frangés, dentelés, étoilés, diffus, etc. (fig. 85 et 86).

Les cultures effectuées par stries sur la gélatine, la gélose, le sérum de sang, la pomme de terre, le blanc d'œuf et sur d'autres

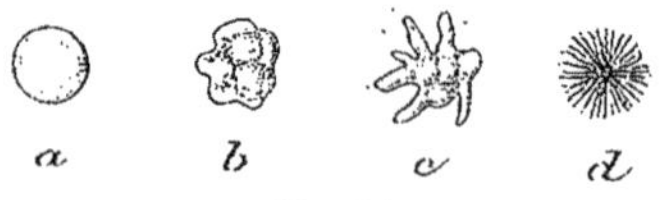

Fig. 86.
Colonies superficielles vues d'en haut.
a, circulaire; — *b*, mamelonnée; — *c*, amœbiforme; — *d*, rayonnée.

terrains nutritifs solides possèdent un aspect se rapprochant de celui des colonies superficielles avec cette différence que les stries donnent naissance à des agrégats, plus ou moins confluents de colonies, qui finissent ordinairement par se souder et donner des enduits. Ces stries restent en bandes étroites ou acquièrent plus ou moins de largeur à gauche et à droite de la ligne d'ensemencement. Elles sont, comme les colonies, tantôt translucides, tantôt opaques, elles peuvent ressembler à des traînées de suif, de paraffine, de cire; quelquefois leur aspect est poudreux, écailleux, irisé, porcellanique, crémeux, etc. Il n'est pas rare de voir se former, à gauche et à droite de la ligne d'ensemencement, des végétations barbelées donnant à la culture la configuration d'une plume d'oiseau. Enfin ces productions microbiennes, en outre des nombreuses teintes colorées qu'elles peuvent contracter, ont quelquefois un aspect chatoyant, velouté, mat, humide, sec, brillant, vernissé, etc. (fig. 87).

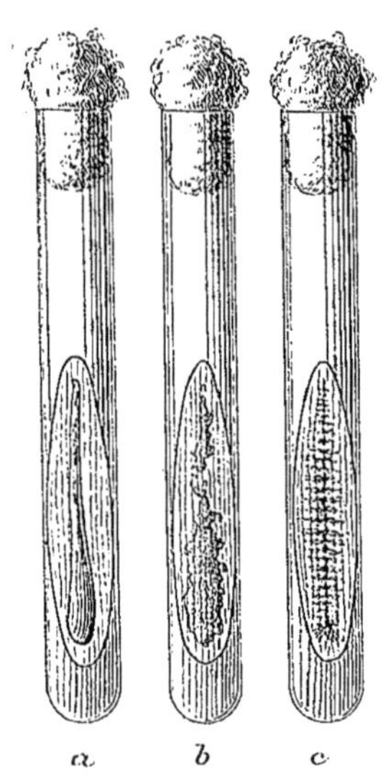

Fig. 87.
Cultures en plan incliné et par stries.

Les cultures pratiquées en plongeant le fil de platine dans la masse des milieux gélatineux présentent des aspects intéressants à observer. Les végétations obtenues sont formées assez souvent par des traits droits, maigres ou bien fournis, de grosseur généralement inégale, allant en diminuant de la surface à l'intérieur du milieu si l'espèce est aérobie, et en augmentant de grosseur de la surface à la profondeur si l'espèce n'a pas besoin d'oxygène libre pour se multiplier. Ces stalactites et stalagmites en miniature sont parfois colorés, mamelonnés ou lisses sur leur surface extérieure; quelques bactéries, surtout celles qui sont filamenteuses, fournissent des traits d'où s'échappent horizontalement des prolongements nombreux qui donnent à la culture l'aspect d'un écouvillon plus ou moins touffu (fig. 88).

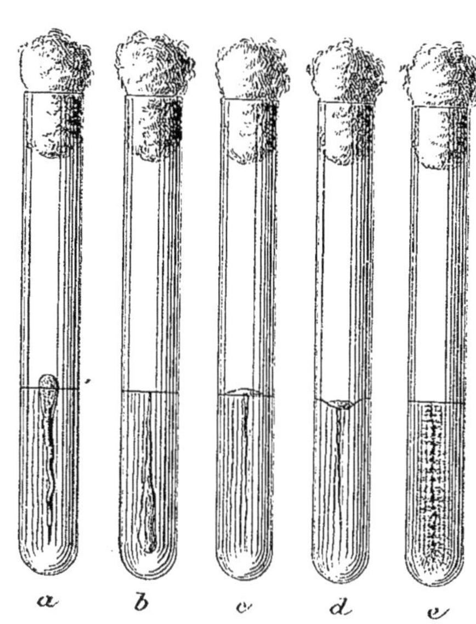

Fig. 88.
Cultures par piqûres sur milieu gélatineux.

Dans les cas où les colonies jouissent de la faculté de liquéfier la gélatine, les microbes produits chutent au fond des cupules ou des entonnoirs, à l'état de dépôts pulvérulents, caséeux, pelliculaires, où ils peuvent adopter une forme étoilée plus ou moins régulière. Si une colonie liquéfiante est emprisonnée dans la gélatine, on la voit se transformer en une sphère pleine d'un liquide louche ou clair dans la partie la plus déclive de laquelle vient se former un dépôt de bactéries (fig. 82, page 173).

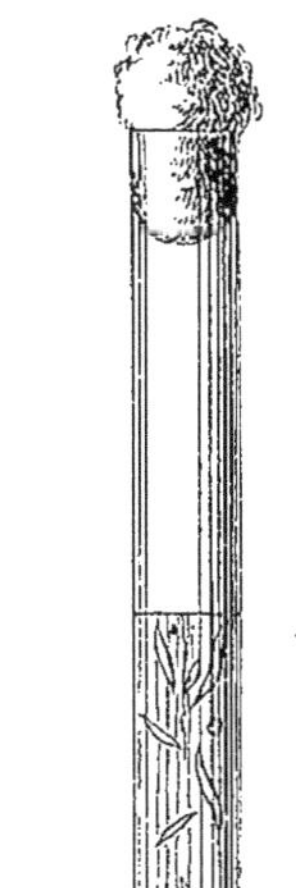
Fig. 89.
Culture sur gélatine avec dégagement gazeux.

Quand les espèces semées dans la gélatine sont susceptibles de donner naissance à un dégagement gazeux (acide carbonique, azote, hydrogène), la gélatine montre des bulles qui semblent soufflées dans sa masse; le plus souvent ces bulles sont lenticulaires ou lamellaires; elles sont de petite ou de grande dimension. Dans ce dernier cas, si la production de gaz est active, elles entaillent le substratum et le soulèvent partiellement pour s'échapper dans des directions ordinairement obliques (fig. 89). Il serait beaucoup trop long de signaler, dans ce court aperçu général, tous les aspects que peuvent revêtir les cultures sur les milieux gélatineux ou solides. Le lecteur lira avec plus de profit ces descriptions dans la partie de l'histoire individuelle des bactéries qui traite de leur morphologie et de leur culture.

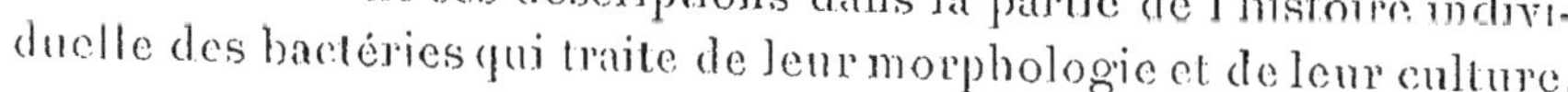

Caractères microscopiques.

Une culture pure ne doit évidemment présenter à l'examen microscopique que des cellules homogènes ou seulement variées dans les limites que comporte leur cycle évolutif. Si l'observateur découvre dans une culture *jeune* des bâtonnets parmi des bactéries qui doivent se présenter sous la forme de microcoques, la culture doit être tenue pour impure, et, réciproquement, si parmi des bâtonnets on distingue des microcoques, les bacilles sont certainement contaminés.

D'autre part, quand l'examen le plus attentif n'a pu montrer qu'une espèce de microorganisme, on n'est pas pour cela autorisé à conclure à la pureté d'une culture par la raison que si la bactérie contaminante est rare, on n'a que peu de chance de la découvrir; souvent, aussi, des espèces douées de propriétés différentes peuvent posséder des formes très voisines. Les procédés de coloration, la méthode de Gram, de Weigert, d'Ehrlich et autres, usités en bactériologie, peuvent, sans doute, nous aider à caractériser quelques microbes, mais ils ne sauraient nous donner une certitude quelconque quand il s'agit d'affirmer qu'une espèce donnée est sans mélange. En résumé, si l'examen microscopique direct d'une bactérie permet d'en établir les caractères morphologiques et nous signale quelquefois l'impureté manifeste d'une culture, on ne saurait invoquer les résultats négatifs d'un semblable examen pour se prononcer sur la pureté absolue d'une culture; dès lors son utilité est d'un faible secours dans le cas qui nous occupe.

Caractères biologiques et pathogéniques.

Ces caractères sont beaucoup plus importants que ceux qui précèdent. En effet, les cultures de plusieurs bactéries peuvent posséder les mêmes caractères macroscopiques tout en différant complètement au point de vue de leurs propriétés biologiques et pathogéniques. Quand une espèce est pure, les fermentations ou les maladies qu'elle engendre suivent une marche régulière prompte ou lente, suivant l'activité ou la virulence des microbes qui les déterminent. Si les cultures obtenues sont impures, on voit apparaître des irrégularités ou des arrêts dans les actes fermentaires, ou l'on constate qu'à une maladie bien caractérisée s'en substitue une toute différente, ou, encore, l'on assiste à une évolution morbide compliquée d'infections secondaires que ne comporte jamais l'inoculation de l'espèce isolée à l'état de pureté.

Il est des cas, heureusement très rares, observés principalement dans l'étude des fermentations, où les cultures obtenues contiennent des microbes de même forme, doués de fonctions biologiques identiques, mais d'inégale puissance. Très souvent, alors, l'attention de l'expérimentateur peut être mise en éveil par l'apparition d'irrégularités dans les fermentations qui s'accomplissent avec des rapidités inconstantes, suivant que telle ou telle espèce a ou non la prépondérance dans le milieu. Quand il s'agit de bactéries pathogènes, la difficulté est plus grande, car, en dehors de l'inégale réceptivité individuelle des animaux d'expérience, on doit surtout redouter d'être induit en erreur par l'affaiblissement ou la disparition complète de la virulence des cultures obtenues. Il ne faudrait donc pas se hâter de conclure à la contamination de ces cultures par la raison qu'elles sont inoffensives ou peu meurtrières à l'égard des animaux choisis. On doit, dans ce cas, tenter de leur restituer leurs propriétés pathogènes en les faisant passer dans le corps de certains animaux désignés à cet effet. Si la bactéridie charbonneuse, pour donner un seul exemple, peut se montrer sans effet quand on l'inocule mélangée à des bacilles subtils (Pasteur) ou semble tuer par septicémie quand on la recueille sur un cadavre mort depuis quelque temps, il existe des cas où, tout en étant parfaitement pure, elle se montre sans action sur les cobayes et les lapins, âgés de plusieurs mois, tandis qu'elle possède encore assez de virulence pour tuer les souris et les cochons d'Inde nés seulement depuis quelques jours.

A côté de l'inoculation des cultures aux animaux vivants, on peut faire produire aux bactéries des diastases ou des toxines dont l'injection dans l'économie, après une parfaite filtration, détermine les symptômes et parfois les lésions que produisent les microbes eux-mêmes. Avec ces poisons organiques, convenablement concentrés, on arrive à tuer les animaux avec une rapidité foudroyante et avec une précision que comportent seules les intoxications calculées par les substances vénéneuses. Lorsque les espèces sont impures, ces diastases peuvent ne pas se produire et c'est là un indice certain que les opérations au moyen desquelles on a poursuivi la séparation d'une espèce pathogène toxinogène n'ont pas réussi.

Il existe encore plusieurs autres manières moins générales de caractériser une bactérie, et basées sur l'influence qu'exerce un micro-organisme sur des milieux où quelques substances chimiques ont été introduites à dessein. La peptone ajoutée en excès ou même à dose normale fournira de l'indol, du phénol, de la trypsine, du lab-ferment de la tyrosine, etc. L'urée, la glycérine, la lactose, les sucres divers, les nitrates, en donnant naissance au carbonate d'ammoniaque, à des alcools, à des acides divers, à des nitrites, à de l'azote, offriront quelques réactions biochimiques qu'on peut noter pour augmenter le nombre des caractères distinctifs des bactéries. Mais, en accumulant ainsi ces faits d'ordre chimique, on complique évidemment beaucoup l'étude individuelle des espèces et on n'assure pas toujours leur diagnostic exact. Ces efforts sont sans doute louables, ils sont loin d'être inutiles, mais nous préférerions pouvoir enregistrer pour chaque espèce trois ou quatre caractères bien tranchés plutôt qu'une vingtaine de propriétés biologiques, à peu près, communes à une centaine d'espèces.

Quoi qu'il en soit, quand une bactérie et ses cultures présentent à la fois et avec constance les caractères macroscopiques, microscopiques, biologiques ou pathologiques que leur assignent les auteurs qui en ont fait une étude exacte et consciencieuse, il est bien rare que le but cherché, c'est-à-dire l'isolement d'une bactérie déterminée à l'état de culture pure, n'ait pas été atteint.

VII. — Conservation des cultures.

Il existe plusieurs bactéries qui restent vivantes pendant plusieurs années, sinon à l'état adulte, du moins à l'état de germes, et on peut oublier de les rajeunir pendant longtemps sans courir le risque de les perdre. En les ensemençant, au bout de 5, 10 et 20 ans on les voit revivre, infecter rapidement les bouillons de culture où on les introduit, puis retomber dans la vie latente des germes jusqu'à ce qu'elles aient une nouvelle occasion d'en sortir. Beaucoup d'autres microbes, comme on l'a déjà vu page 47, sont loin de posséder une aussi grande longévité et il est indispensable de les repiquer fréquemment sur des milieux neufs si on ne veut pas perdre le fruit de séparations parfois longues et laborieuses.

Quelques espèces doivent être transplantées tous les 2 à 3 jours, d'autres peuvent attendre 1, 2 ou 3 semaines; d'autres 3 à 4 mois et même un an.

D'après les essais faits jusqu'ici, les milieux qui se prêtent le mieux à la conservation des bactéries, en apparence ou en réalité asporogènes, sont les bouillons neutres ou légèrement alcalinisés.

Il faut éviter de conserver une espèce zymogène dans les milieux qu'elle a fait fermenter et où ont pu se produire des acides, des alcalis et d'autres substances plus ou moins rapidement toxiques pour l'espèce qui en a provoqué la formation (acides gras, carbonate d'ammonium, etc.). DUCLAUX et HANSEN citent, cependant, quelques cas où des levures abandonnées dans des liquides contenant 10 p. 100 de sucre, c'est-à-dire, environ, 5 p. 100 d'alcool après fermentation, ont été retrouvées encore vivantes au bout de 10 ans.

Les cultures bactériennes seront placées dans des vases de verre à peu près pleins et scellés, maintenus à la température ordinaire des appartements, dans un lieu peu éclairé, à l'abri des visites des rayons solaires.

L'action de l'oxygène de l'air, habituellement redoutable pour les bactéries, même peu fragiles, développées à la surface des milieux gélatineux ou solides, est bien atténuée dans les cultures liquides n'ayant qu'une très faible communication avec l'air atmosphérique ou se trouvant seulement en contact avec quelques bulles d'air qui ne peuvent se renouveler. Dans ces conditions, DUCLAUX (1) a vu les nombreux Tyrothrix, qu'il a isolés et étudiés, vivre pendant 15 et 20 ans; des sarcines et des micrococques chromogènes et zymogènes résister, en tubes scellés, à un vieillissement prolongé pendant plus de 10 ans.

En résumé, les bactéries se conservent vivantes d'autant plus longtemps qu'elles sont mieux soustraites à la dessiccation, à la lumière, à l'oxygène de l'air et à l'influence néfaste qu'exercent sur elles les produits divers qu'elles peuvent élaborer.

Quand les bactéries dont on désire garder des spécimens vivants fournissent des spores, les précautions à prendre peuvent être moins rigoureuses. Cependant, si on a l'intention d'abandonner ces spores à elles-mêmes pendant 20, 30 ou 40 ans, il sera prudent de les conserver de même, en tubes scellés, afin de les soustraire à une dessiccation trop prolongée. Si l'on a jugé utile de les mélanger à des poudres inertes (sable fin, terre d'infusoires, talc, craie précipitée, etc.), stérilisées, ces poudres, séchées à basse température, sont, comme les bouillons de culture, introduites dans des tubes de verre qu'on scelle à la lampe et qu'on conserve à la lumière diffuse ou dans l'obscurité. Les spores de nombreux microorganismes : des bacilles du foin, du charbon, du tétanos, etc., persistent à l'état sec plus de 18 ans, et il ne serait pas surprenant que certaines d'entre

(1) DUCLAUX. Traité de Microbiologie, Paris, 1898, I, p. 360.

elles pussent, ainsi, rester vivantes pendant 25 ans et même un demi-siècle.

On a souvent besoin, dans un but de démonstration, de posséder des cultures bactériennes soit après leur développement complet, soit aux diverses phases de leur croissance. La photographie a été employée à cet effet, mais elle ne donne qu'une image très éloignée de la réalité. Actuellement on peut faire beaucoup mieux en immobilisant les cultures, surtout celles qui sont sur milieux gélatineux ou solides, au moment où elles s'offrent avec les caractères les plus intéressants.

Pour atteindre ce but, KRÜCKMANN (1) a préconisé l'action directe sur les cultures des acides, du sublimé et des solutions d'aldéhyde formique. MIQUEL (2) rejette tout composé liquide et emploie, à cet effet, les vapeurs d'aldéhyde formique dégagées à la température ordinaire par les solutions commerciales concentrées de formaldéhyde (environ à 40 p. 100), ou le mélange des produits polymérisés contenus dans cette solution avec du chlorure de calcium. Ces vapeurs respectent la forme des colonies, des cultures en stries et en piqûres bien mieux que les liquides fixateurs qui souvent les endommagent et les dissocient. De plus, la formaldéhyde n'altère pas la transparence des milieux gélatineux qui sont en outre rendus complètement infusibles.

Ces opérations se pratiquent commodément sous une cloche de verre reposant sur une plaque rodée. A côté d'un petit cristallisoir qui reçoit la substance formogène on place les cultures à fixer d'une façon définitive. Les vases qui renferment ces cultures doivent être débouchés ou débarrassés des tampons qui les protègent ordinairement contre les poussières extérieures. Selon la forme des vases, l'insolubilisation des gelées marche avec plus ou moins de rapidité. Les plaques de PETRI peuvent être convenablement fixées en 4 à 5 jours; les tubes à essais ordinaires contenant une couche de gélatine inclinée réclament, suivant la température ambiante, de 2 à 3 semaines, les vases de DE FREUDENREICH à ouverture étroite de 20 jours à un mois. Ultérieurement, il ne reste plus qu'à fermer hermétiquement ces divers récipients à la lampe avec un bouchon qu'on recouvre de cire, ou à les sceller de tout autre manière, afin de soustraire les colonies et les cultures à la dessiccation. Avant de clore définitivement les vases contenant les milieux formés par de

(1) KRÜCKMANN. *Centralblatt für Bakteriologie*, 1894, XV, p. 851.
(2) MIQUEL. *Annales de Micrographie*, 1894, VI, p. 423.

la gélatine, il est bon d'attendre quelques jours afin de pouvoir évacuer, avant la fermeture définitive, l'eau que cette substance rejette en s'insolubilisant. Il va sans dire que l'espèce a toujours succombé sous l'action des vapeurs antiseptiques, mais remarquons que la limpidité du milieu reste parfaite et que les moindres détails des cultures, comme très fréquemment aussi leur couleur, sont admirablement fixés.

CHAPITRE VII

EXPÉRIMENTATION SUR LES ANIMAUX

Pour s'assurer si une bactérie est pathogène, c'est-à-dire capable d'engendrer une affection plus ou moins grave, on l'inocule aux animaux vivants. Dans le cas où cette bactérie est nocive, les animaux ne tardent pas à présenter des symptômes morbides spéciaux accompagnés de lésions que l'autopsie révèle après la mort, ou durant la maladie si le sujet est sacrifié avant sa mort ou son parfait rétablissement.

I. — Animaux de laboratoire.

Pour exécuter les cultures sur les êtres vivants, on choisit soit les rongeurs, soit des oiseaux. Quelquefois les besoins de l'expérimentation réclament des mammifères de forte taille, des moutons, des bovidés, des solipèdes; dans ce cas, les recherches que l'on entreprend deviennent très coûteuses et ne peuvent être poursuivies avec facilité que dans les Instituts bactériologiques annexés aux Écoles vétérinaires ou dans les Laboratoires largement dotés.

Les souris, les rats, les lapins, les cobayes, les chiens et les chats, les oiseaux de basse-cour et de volière sont ordinairement utilisés pour les expériences sur les bactéries. Les petits rongeurs jouissant à l'égard des microbes pathogènes d'une grande réceptivité, c'est à eux que l'on a le plus souvent recours pour les inoculations courantes.

Ces animaux faciles à nourrir avec des légumes frais, des grains divers, du son, du pain humide, etc., doivent être placés dans un lieu sec, communiquant avec l'extérieur si cela est possible, en tout cas bien aéré et bien éclairé ; ils doivent être entretenus dans le plus grand état de propreté. L'industrie construit pour conserver les animaux de faible taille, pouvant aisément s'évader, des cages grillagées, entièrement métalliques, à fonds mobiles; des bocaux et des cuves de verre garnis de couvercles perforés, d'un nettoyage et d'une désinfection aisée.

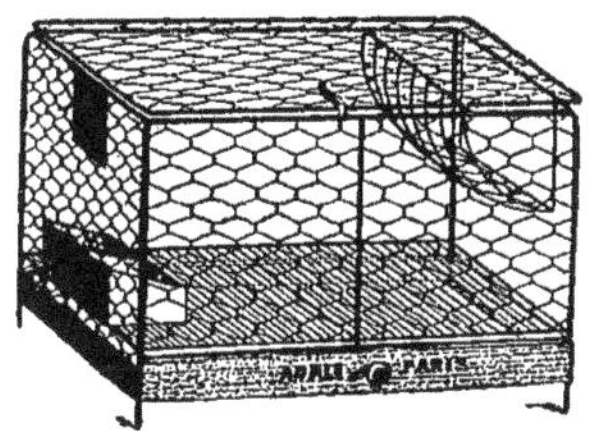

Fig. 90.
Cage pour lapins et cobayes.

Les animaux sur lesquels on expérimente doivent être rigoureusement séparés de ceux qui sont appelés à servir à des recherches ultérieures. On évitera d'employer des animaux qui ont déjà pu être contaminés par des inoculations antérieures; et pour avoir la certitude qu'ils n'ont jamais servi, il faut soi-même les avoir vus naître et les avoir élevés. Pour beaucoup de recherches sur le pouvoir toxique des sécrétions bactériennes cette condition est absolument indispensable.

En dehors des instruments de chirurgie dont il sera dit un mot plus bas, l'expérimentation sur les animaux réclame quelques appareils de contention, très simples, permettant de les immobiliser durant les opérations délicates ou d'une certaine durée.

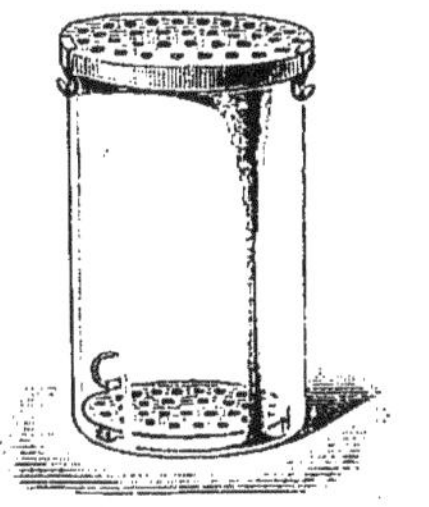

Fig. 91.
Bocal pour souris.

L'un des appareils, très pratique, employé à cet effet, consiste en une planchette percée de nombreux trous, sur laquelle les cobayes, les lapins, les chiens et les chats sont fixés diagonalement par leurs quatre membres au moyen de cordonnets dont les chefs sont solidement fixés à quatre bornes. On peut com-

Fig. 92.
Lapin maintenu pour inoculations dans la région dorsale.

pléter leur immobilité par des liens passés à divers points de leur corps. Pour fixer leur tête, on se sert d'un arc métallique permettant de les saisir par la nuque en même temps qu'un anneau mobile vient s'engager autour de leur museau. Cet arc et cet anneau se fixent au moyen de vis de pression sur une tige rigide, mobile en tous sens, portée à l'une de ses extrémités par une articulation à genouillère (fig. 92).

Pour contenir les petits rongeurs tels que les rats et les souris, on a imaginé plusieurs appareils; l'un de ceux qui ont eu quelque

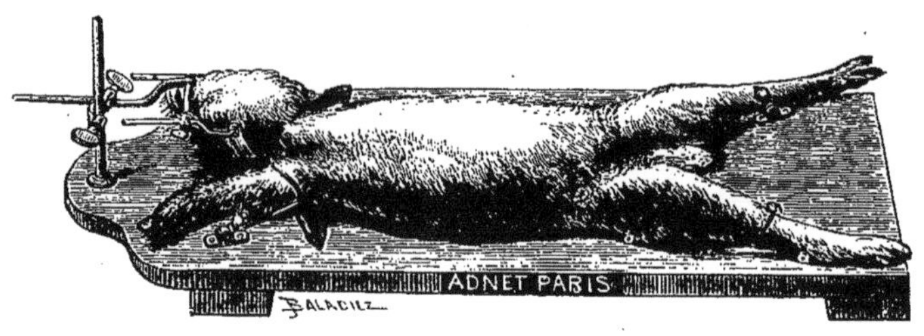

Fig. 93.
Lapin maintenu pour inoculations dans les régions thoracique et abdominale.

vogue en Allemagne est formé d'une sorte de réduit paralléllipipédique où l'animal peut introduire la partie antérieure de son corps et où, une fois en place, on le saisit par le milieu au moyen d'une sorte d'étrier qui l'empêche de bouger; une pince sert à fixer sa queue. Il est tout aussi pratique de saisir ces petits animaux par la peau du cou, au moyen d'une longue pince fenêtrée à forcipressure et de les immobiliser en serrant avec un doigt leur queue tendue contre les branches de l'instrument.

Quand il s'agit d'une inoculation très aisée, un aide maintient les lapins et les cobayes par la tête et l'arrière-train. Afin de paralyser plus entièrement leurs mouvements, on les entoure souvent d'une serviette.

Autant on ferait preuve d'une sensibilité exagérée en anesthésiant un animal pour une opération insignifiante, autant il serait cruel de lui imposer les souffrances atroces que provoquent les dissections longues, les ruptures osseuses, les trépanations, etc. Dans ces derniers cas, l'anesthésie doit être toujours pratiquée, alors même que le sujet pourrait succomber sous les effets du chloroforme. Cet accident devient très rare quand on prend la précaution d'éthériser ou de chloroformer les animaux avec attention et modération.

Un moyen qui réussit ordinairement bien, consiste à coiffer le museau de l'animal avec un cône de papier-filtre imbibé de quelques grammes de chloroforme. Les rats et les souris peuvent être placés sous une petite cloche de verre ou dans un bocal clos contenant un peu de papier joseph chiffonné arrosé du liquide anesthésique. Aussitôt endormi, on opère sans retard l'animal en prolongeant, si cela est utile, son sommeil artificiel au moyen de quelques gouttes d'éther ou de chloroforme versées sur une petite éponge posée à l'extrémité de son museau.

En dehors de la souffrance que l'anesthésie abolit complètement, la résolution musculaire qui en est la conséquence facilite singulièrement la tâche de l'expérimentateur et le met à l'abri des égratignures et des morsures, parfois profondes et très douloureuses, des rongeurs ou des petits carnassiers.

II. — Inoculations diverses.

On est appelé à inoculer aux animaux d'expérience : des cultures bactériennes en milieux liquides, gélatineux et solides, du sang, du pus, des sécrétions recueillies sur des animaux, malades ou morts, des sucs d'organes, des fragments d'organes, de la terre, diverses matières solides, etc... Toutes les fois que les inoculations auront lieu avec la seringue de Pravaz, les liquides ou les émulsions injectés devront être débarrassés de leurs particules les plus grossières par filtration à travers un linge stérilisé ou un tampon de ouate peu serré.

Afin que les liquides injectés soient chargés d'un nombre suffisamment élevé de bactéries, les cultures sur milieux gélatineux et solides, prélevées avec la spatule flambée et refroidie, seront introduites dans un tube à essai, privé de germes, contenant une certaine quantité d'eau stérile, dans laquelle la culture sera délayée. Si on éprouve quelques difficultés à émulsionner les bactéries avec l'eau, on se servira d'un agitateur à bout arrondi, flambé, qui permettra de dissocier les agrégats trop consistants de microbes. Les organes ou fragments d'organes seront pulpés dans des mortiers d'agate, de verre ou de porcelaine, stérilisés, avec une quantité d'eau pure plus ou moins élevée, et les liquides obtenus passés à l'étamine de manière à les débarrasser, comme il vient d'être dit, des particules trop volumineuses qui pourraient obstruer les conduits, souvent capillaires, des seringues à injection.

Les inoculations peuvent être pratiquées à la surface de la peau, dans le tissu cellulaire sous-cutané, dans les veines, dans les muscles, dans le péritoine et dans d'autres séreuses, dans le poumon, les voies respiratoires, le tube digestif, sous la dure-mère et dans d'autres organes spéciaux, tels, par exemple, que le globe oculaire.

Ces inoculations comportent des modes opératoires variés, mais elles réclament quelques précautions essentielles qui leur sont communes.

Les animaux couverts de poils devront être tondus et rasés et les oiseaux privés de leurs plumes aux points choisis pour les inoculations. La peau mise à nu sera, après avoir été savonnée, désinfectée avec des solutions salées contenant 1 ou 2 p. 1 000 de sublimé. Souvent on cautérise l'endroit où doit porter l'instrument au moyen du thermocautère, ou plus simplement avec une spatule de platine incandescente.

Enfin, les instruments dont on se servira devront être très propres et parfaitement stérilisés, soit à l'autoclave vers 110°, soit au bain d'air vers 160°.

Le moyen le plus simple d'avoir à sa disposition des instruments aseptiques et en bon état, consiste à n'adopter pour toutes les opérations que des instruments inaltérables à une chaleur humide supérieure à celle de l'eau bouillante, ou à l'air sec porté à 160-170°. Les scalpels, les aiguilles emmanchées, les sondes cannelées, les trocarts, etc., seront introduits dans des tubes à essai ou des bocaux bouchés avec de la ouate ; les seringues de Pravaz entièrement de verre, ou à piston à moelle de sureau (modèle Straus-Collin), seront également placées dans des tubes fermés avec des tampons de coton et, quand on le pourra, on adoptera de préférence les aiguilles flambables en platine iridié.

Si les opérations nécessitées par les inoculations ont entraîné des incisions de peau d'une certaine étendue, il sera indispensable d'affronter les lèvres des plaies par quelques points de suture et de poser des pansements antiseptiques lorsque cela sera jugé nécessaire et possible.

Enfin, quand on voudra sacrifier un animal avant l'évolution complète d'une maladie, on le tuera soit en le chloroformant à l'excès, soit en lui enfonçant brusquement la lame étroite et aiguë d'un scalpel à la base du crâne, entre l'occipital et la première vertèbre cervicale, de façon à lui piquer profondément le bulbe. Pour atteindre sûrement cet organe, la tête de l'animal sera légèrement fléchie en avant et la lame du scalpel dirigée perpendiculairement à l'axe de la colonne vertébrale. Quelques expérimentateurs préfèrent la pendaison aux deux moyens qui précèdent, ou l'asphyxie par le gaz d'éclairage.

On peut encore tuer instantanément les animaux en expérience en leur introduisant dans la bouche, au moyen d'une pipette, quelques gouttes de nicotine ou d'une solution concentrée d'acide cyanhydrique.

Inoculations endermiques. — Ces inoculations se pratiquent sur la peau rasée et désinfectée, dont l'épiderme a été enlevé par un révulsif violent (ammoniaque, eau chaude) ou, plus simplement, entamé au moyen d'un scarificateur ou d'une lame de bistouri. La sérosité ou le sang essuyés avec un peu de papier buvard stérilisé, on frictionne la blessure superficielle obtenue avec les produits microbiens qu'on désire inoculer. Les endroits les plus favorables à ces sortes d'infections sont la peau du ventre, de la face interne des cuisses, l'oreille du lapin et de la souris. Souvent on se contente de faire une simple piqûre avec une lancette contaminée, comme s'il s'agissait de vacciner contre la variole.

On inocule pareillement les muqueuses en les éraillant légèrement avec un objet rugueux et en déposant ensuite les produits virulents sur les surfaces ainsi partiellement privées de leur couche épithéliale.

Inoculations sous-cutanées. — Ces inoculations se pratiquent de deux façons différentes selon que les substances à introduire sous la peau sont liquides ou solides. Si elles sont liquides, on se sert de la seringue de PRAVAZ stérilisée et on pousse lentement l'injection après avoir introduit la pointe de l'aiguille dans le tissu cellulaire

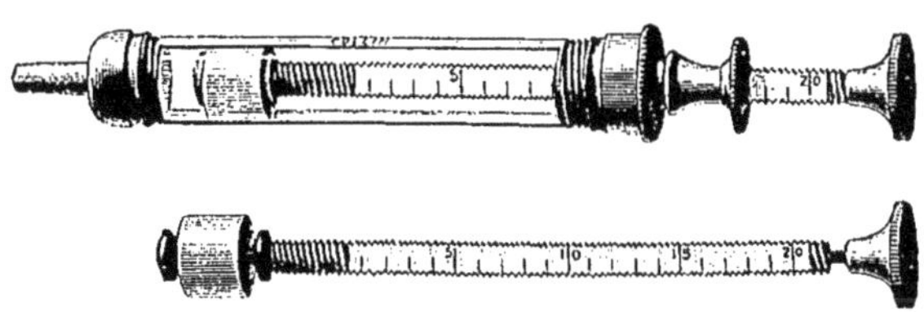

Fig. 94.
Seringue à inoculation stérilisable, modèle STRAUS-COLLIN.

sous-cutané. Si elles sont solides (terre, poussières, fragments d'organes, etc.) on rase la peau de l'animal au point souhaité, on la désinfecte, on l'incise et, avec une sonde cannelée ou un stylet mousse flambé, on creuse une poche dans laquelle on porte avec une spatule stérilisée les matières pulvérulentes, les cultures consistantes, ou les substances solides qu'on met en place en s'aidant d'une pince aseptisée. Finalement on suture les bords de la plaie.

Les inoculations sous-cutanées peuvent se pratiquer sur toute la surface du corps ; leur lieu d'élection pour les souris est la région dorsale précaudale ; pour les lapins et les cobayes la peau du dos ou du ventre ; pour les oiseaux la région pectorale.

Inoculations intramusculaires. — Ces opérations se pratiquent comme les inoculations sous-cutanées, avec cette différence que les substances virulentes sont portées au sein même des muscles. Dans ce but, les aiguilles des seringues à injection sont enfoncées dans les régions charnues en évitant soigneusement de les diriger vers les gros faisceaux vasculo-nerveux. Chez les lapins et les cobayes, ces injections se font dans la région lombaire et dans les muscles de la partie externe des cuisses ; chez les oiseaux, dans les pectoraux ; chez les grands mammifères, à l'épaule. Quant aux substances solides, elles sont déposées dans la profondeur des muscles à la suite d'incisions intéressant la peau, les aponévroses et le muscle lui-même.

Inoculations intravasculaires. — C'est surtout dans les veines d'un calibre volumineux, capables d'admettre aisément les canules des seringues, que se font ces injections. Afin d'éviter la formation d'embolies, rapidement mortelles, les liquides à injecter seront privés de toute particule solide, visible à l'œil nu ; l'extrémité des canules sera dirigée dans le sens du courant sanguin ; le point dans lequel elles auront pénétré sera cautérisé et ultérieurement isolé par deux ligatures.

Après avoir immobilisé et anesthésié les animaux, la veine choisie sera mise à découvert par une dissection conduite minutieusement, comme s'il s'agissait d'en faire la ligature. Pour en faciliter la ponction, on comprime les régions vasculaires situées en aval du point où doit se pratiquer l'inoculation ; puis, quand l'aiguille, dirigée dans l'axe du vaisseau, est en place, on décomprime la veine et l'on pousse doucement le liquide. On injecte de cette façon le chien par la veine saphène, le lapin par la fémorale, le cobaye par la jugulaire en prenant la précaution de chasser tout l'air de la seringue et de la canule.

Dans d'autres cas, on se contente de ponctionner les veines à travers la peau après les avoir rendues visibles en rasant les régions qu'elles parcourent et après les avoir rendues saillantes en comprimant les parties molles qu'elles traversent pour se rendre dans les grands troncs veineux. Le lapin peut être ainsi inoculé par la veine marginale de l'oreille, les oiseaux par la veine axillaire, etc... On est certain que l'injection est poussée convenablement quand il ne se forme pas d'œdème globulaire dans la région pénétrée par l'aiguille; s'il en était différemment, on recommencerait l'opération sur la veine symétriquement placée ou sur toute autre.

Quand la quantité de liquide à injecter dépasse plusieurs centimètres cubes, on fixe la canule à la veine, pour plus de sûreté, on ligature aussi cette dernière en amont, puis au moyen de l'appareil à injections fines employé en histologie, on pousse le liquide par l'air comprimé soit au moyen d'une poire de caoutchouc, soit par un écoulement uniforme d'eau ou de mercure. Dans ce cas, le récipient remplaçant le corps de la seringue est stérilisé à l'autoclave, avant de recevoir le liquide à injecter, ainsi que le tuyau de caoutchouc destiné à conduire le liquide dans les vaisseaux de l'animal. Pour pouvoir mesurer le volume des cultures ainsi lancé dans le torrent circulatoire, le récipient sera en verre et gradué.

Inoculations dans les séreuses. — En dehors des inoculations qu'on peut être appelé à pratiquer dans l'intérieur des séreuses articulaires des animaux de forte ou de moyenne taille, les inoculations intrapéritonéales sont d'une exécution courante dans les laboratoires; mais, cependant, dans quelques cas bien déterminés, par exemple, pour conférer sûrement et rapidement la rage aux chiens, aux lapins et aux cobayes, on porte les produits virulents sous la dure-mère cranienne.

Les séreuses de l'économie pouvant s'enflammer violemment sous l'influence des moindres impuretés, il est indispensable de pratiquer les opérations qui vont être décrites en s'entourant des précautions de l'aseptie la plus rigoureuse.

On peut avoir à introduire dans le péritoine des substances liquides ou solides.

Dans le premier cas, on se sert de la seringue de Pravaz de modèles divers, dont les aiguilles ou canules sont mises en place en évitant de léser l'intestin. Dans les injections intrapéritonéales le côté délicat consiste, surtout si l'animal est de petite taille, à ne pas perforer les anses intestinales. Pour éviter cet accident, on se sert d'aiguilles courbes, à pointes imperforées, percées latéralement d'une ouverture au sommet de la courbure; avec cette aiguille on traverse, de part en part, le pli formé en pinçant à la fois la peau et les muscles de l'abdomen, puis abandonnant ce pli on injecte le liquide qui coule naturellement dans le péritoine, tandis que l'intestin reste à l'abri de toute piqûre.

Nocard et Roux emploient pour ces mêmes inoculations une aiguille droite pouvant admettre intérieurement une canule mousse vissée sur la seringue à injection et qui, une fois en place, dépasse de plusieurs millimètres l'extrémité aiguë de l'aiguille.

Si la substance à introduire est solide, on ouvre le ventre de l'animal par une incision dirigée suivant la ligne blanche, après l'avoir immobilisé, le dos renversé contre la planchette de contention; la substance en place (fragment d'organe infecté, cultures en sac de collodion, etc.), on coud l'abdomen avec un fil aseptique. Si la substance que l'on veut inoculer est simplement visqueuse, comme les crachats des tuberculeux, on pratique une petite boutonnière à travers les muscles abdominaux par laquelle on pousse les crachats au moyen d'une pipette à pointe mousse plus ou moins effilée. Pour éviter la hernie ultérieure de l'intestin, cette ouverture est occluse par un point de suture.

Les injections sous la dure-mère sont également faciles à effectuer. L'animal chloroformé est immobilisé; on met à nu son crâne par une incision ordinairement pratiquée entre l'œil et l'oreille, parallèlement à l'arcade sourcilière; puis, en faisant rabattre par un aide les deux lèvres de la plaie, on trépane le frontal, un peu à gauche ou à droite de la ligne médiane. Le jeton osseux enlevé, on injecte quelques gouttes du liquide virulent sous la dure-mère au moyen d'une aiguille fine et courbe qu'on enfonce avec précaution, de façon à ne pas atteindre le cerveau. La plaie antiseptisée, les bords de l'incision sont affrontés et consolidés par quelques points de suture. On trépane le chien dans la fosse temporale en raison de la faible épaisseur de son crâne dans cette région et de l'absence de gros vaisseaux pouvant donner lieu à de fortes hémorragies.

Inoculations dans les voies respiratoires. — Il existe trois manières principales d'introduire les microbes virulents dans les voies respiratoires : 1° en faisant inspirer aux animaux des substances pulvérisées, liquides ou solides ; 2° en les faisant pénétrer directement dans le tronc de l'arbre bronchique après trachéotomie ; 3° en injectant profondément les produits virulents dans les lobes pulmonaires.

Pour faire pénétrer par inspiration divers microorganismes dans la trachée et les ramifications bronchiques, on place l'animal dans une enceinte close à l'intérieur de laquelle on met en mouvement par un moyen mécanique, le plus habituellement par un courant d'air, des poussières desséchées mélangées à telles ou telles bactéries pathogènes. Dans d'autres cas, on immobilise la tête de l'animal et on dirige vers son museau une culture liquide réduite en spray, très fin, par un pulvérisateur de verre. Ces procédés d'inoculation présentant quelque incertitude, on leur substitue, souvent, l'inoculation directe des produits pathogènes dans la trachée ou dans le parenchyme pulmonaire.

Pour cela, l'animal étant couché sur le dos, la tête maintenue en extension, on incise la peau du cou, on met la trachée à nu et on introduit à travers une ouverture faite au bistouri la matière virulente tenue à l'extrémité d'un fil de platine, rendu rugueux, qui éraille la muqueuse trachéale en rapport avec l'œsophage.

Parfois, comme nous venons de le dire, le liquide à inoculer est porté directement dans le poumon. A cet effet, on plonge l'aiguille fine d'une seringue de PRAVAZ dans l'un des premiers espaces intercostaux, aisément accessible dans la région axillaire, puis on inocule quelques gouttes du liquide dans le lobe pulmonaire où l'aiguille a pénétré.

Inoculations dans le tube digestif. — La manière la plus simple de faire ingérer aux animaux des substances virulentes, consiste à les mélanger à leurs aliments habituels. Dans le cas où les aliments infectés leur répugneraient, on parvient à vaincre leur résistance en les soumettant à un jeûne plus ou moins prolongé. Pour faciliter la pénétration de la bactéridie charbonneuse dans la muqueuse du tube digestif, PASTEUR répandait des cultures de cette bactéridie sur des aliments contenant des épis de graminées, pouvant, par leur rugosité, excorier légèrement cette muqueuse. KOCH renferme les cultures, destinées à être avalées, dans une cavité creusée au sein d'une pomme de terre dont on rebouche soigneusement l'ouverture. On peut également se servir de la sonde œsophagienne après avoir introduit un écarteur des mâchoires dans la gueule de l'animal.

Quand on redoute l'action acide du suc gastrique sur les bactéries avec lesquelles on expérimente, on pratique une ouverture dans l'abdomen, on saisit une anse de l'intestin grêle, on la fixe et on y injecte les cultures au moyen d'une seringue armée d'une aiguille fine. L'injection donnée, on désinfecte très complètement l'anse intestinale et la plaie.

Quelquefois, on pratique les inoculations du tube digestif par voie rectale, comme on l'a déjà fait pour étudier l'action de quelques microbes pathogènes qui paraissent se localiser dans le rectum et le gros intestin. Pour s'opposer au rejet des substances introduites, par une défécation parfois immédiate, on suture l'anus de l'animal.

Inoculations intra-oculaires. — Ces inoculations se pratiquent dans la chambre antérieure de l'œil ; elles permettent de suivre facilement le développement local de plusieurs bactéries dans l'organisme vivant à l'abri des causes habituelles de contamination.

NOCARD et E. ROUX les ont utilisées pour transmettre sûrement et rapidement la rage sans recourir aux inoculations intracraniennes. Le lapin est l'animal qu'on choisit de préférence pour ces opérations. Après avoir fixé sa tête en bonne position, on anesthésie l'un de ses globes oculaires au moyen de quelques gouttes d'une solution de chlorhydrate de cocaïne à 5 p. 100 ; un quart d'heure après, on saisit l'œil insensibilisé, entre le pouce et l'index, et on fait pénétrer l'aiguille de la seringue entre la cornée et la sclérotique dans un plan perpendiculaire à l'axe optique. Si l'injection est bien poussée, le liquide de la chambre antérieure de l'œil se trouble immédiatement.

III. — RÉCOLTE DES PRODUITS PATHOLOGIQUES SUR L'HOMME ET LES ANIMAUX VIVANTS.

C'est dans le cours d'une maladie que se présente habituellement l'occasion de prélever, sur l'homme ou les animaux, des produits soupçonnés contenir des bactéries pathogènes. Parfois, cependant, dans le but d'établir un diagnostic douteux ou d'exécuter certaines recherches bactériologiques, on se propose de prélever sur les personnes et les animaux bien portants de la salive, du mucus nasal, pharyngien, bronchique, uréthral et vaginal, du sang ou de l'urine. Le sang et l'urine doivent être recueillis avec les précautions qui vont être indiquées; quant aux autres sécrétions, le point important est d'opérer leur prélèvement avec des fils et des spatules de platine flambés, des tampons de coton hydrophile stérilisés, après avoir désinfecté, aussi bien que possible, les orifices par lesquels quelques-unes de ces mucosités ou sécrétions gagnent l'extérieur du corps. On a tout intérêt à mettre immédiatement ces produits en expérience afin qu'ils ne soient pas envahis par des microorganismes vulgaires qui peuvent, déjà, venir les contaminer par les ouvertures, non closes, de l'économie (nez, pharynx, larynx, conduit auditif externe, etc.); ces diverses sécrétions seront donc examinées au microscope, cultivées ou inoculées sans retard.

Récolte du sang. — Chez l'animal vivant le sang peut s'obtenir de deux façons : ou en piquant avec une lancette une région très vasculaire de la peau, ou en l'aspirant dans les veines, au moyen d'une seringue de Pravaz, après avoir fait saillir ces vaisseaux comme si on voulait pratiquer une saignée. Dans ces cas, la peau sera parfaitement désinfectée aux points où les piqûres doivent être faites. La désinfection complète de la peau est une opération difficile et, quand on veut se mettre à l'abri de la majeure partie des causes d'erreur possibles, on ne doit rien négliger des précautions prescrites en pareil cas, alors même qu'elles pourraient paraître exagérées.

La peau, rasée, sera brossée avec de l'eau savonneuse ou chargée de carbonate de soude, puis lavée à l'eau chaude bouillie ; les brosses, les éponges, les linges qui serviront à cette opération seront stérilisés. La région où la lancette ou les aiguilles de la seringue devront pénétrer, recevra pendant 15 à 20 minutes une petite compresse imbibée de sublimé à 2 p. 1000, salé à 2 p. 100 ; finalement, on enlèvera l'excès du sublimé avec de l'eau salée stérilisée qui, mieux que l'alcool, fait disparaître les dernières traces de ce corps toxique. Même après un semblable traitement, il n'est pas absolument certain que tous les microbes de la peau, surtout ceux qui se sont réfugiés dans les espaces interpapillaires, dans l'intérieur des conduits des glandes sudoripares, des follicules pileux, aient été détruits ou même touchés. En tout cas, par les lavages et la désinfection qui viennent d'être indiqués, on aura écarté la majeure partie des bactéries qui recouvrent les téguments à l'état normal, ce qui facilitera les séparations ultérieures des microbes, si on veut pratiquer des cultures et ne pas se contenter d'un simple examen direct, ordinairement insuffisant.

Pour retirer du corps humain le sang nécessaire, par exemple, à un séro-diagnostic, on piquera avec une lancette la pulpe des doigts de la main ; il sera commode d'extraire, de même, quelques gouttes de sang du pavillon des oreilles des lapins et des cobayes, etc.

Récolte du pus. — La surface cutanée des abcès chauds ou froids est rasée et désinfectée comme il vient d'être dit, puis après avoir plongé l'aiguille de la seringue de Pravaz dans la collection purulente, on aspire le liquide nécessaire aux expériences. S'il s'agit de récolter du pus des plaies profondes, de l'urèthre, du conduit auditif externe, de la conjonctive, on va le quérir, au moyen d'une boucle faite avec un fil de platine flambé, rendue mousse, après avoir soigneusement lavé et désinfecté le pourtour des plaies et des paupières ou l'orifice des ouvertures naturelles de l'économie.

Récolte d'autres sécrétions fluides. — Qu'il s'agisse d'un liquide kystique, ascitique, pleurétique, hydrocélique ou d'un épanchement inter-articulaire, le procédé employé pour en prélever un échantillon ne varie guère, c'est la seringue de PRAVAZ qui est encore employée ici. Souvent on profite, également, pour recueillir ces sécrétions, de l'occasion que l'on a de ponctionner ces épanchements dans un but thérapeutique, et alors les liquides doivent être reçus dans des récipients clos et stérilisés analogues aux appareils de POTAIN et de DIEULAFOY. La seringue de PRAVAZ sert aussi à recueillir les sérosités ou le sang contenu dans des organes profonds comme la rate, le foie, pour le diagnostic de quelques affections et l'obtention à l'état de pureté de plusieurs microbes pathogènes tel que le bacille de la fièvre typhoïde.

Récolte de l'urine. — On ne peut guère songer à obtenir une urine exempte de germes par la voie du cathétérisme, l'antisepsie du canal de l'urèthre présentant des difficultés insurmontables. Quand ce canal ne renferme pas de bactéries dans ses parties profondes, ce sont les sondes et les cathéters, mêmes stérilisés, qui vont porter les microorganismes dans son extrémité viscérale et souvent jusque dans la vessie. En conséquence, la ponction suspubienne du réservoir vésical à l'état de réplétion peut seule donner des résultats satisfaisants.

IV. — RÉCOLTE DES PRODUITS PATHOLOGIQUES SUR LES ANIMAUX MORTS.

Les animaux morts ou sacrifiés dans le cours d'une maladie doivent être autopsiés sans délai, si l'on veut pouvoir recueillir les microbes pathogènes qui les ont infectés, avant l'envahissement des tissus et des organes par les bactéries contenues dans le tube digestif et les cavités ouvertes de l'économie. Pour recueillir les microbes pathogènes dans le plus grand état de pureté possible, il faut que l'autopsie soit conduite avec les précautions de l'antiseptie et de l'aseptie la plus rigoureuse.

L'animal couché sur le dos, sur une table de marbre ou d'ardoise, taillée de façon à ne pas laisser écouler sur le sol les liquides de l'organisme, est attaché par les quatre membres au moyen de cordonnets ou de ficelles solidement fixés à quatre bornes. Ces liens sont fortement tendus de façon à faciliter les opérations qui vont suivre. On enlève d'abord avec des ciseaux et un rasoir le poil qui pourrait gêner la marche de l'instrument tranchant et contaminer les cavités au moment de l'ouverture du sujet.

Si l'animal à autopsier appartient à la famille des oiseaux, il est fixé par le cou et les deux pattes et parfaitement immobilisé, les ailes déployées; puis on le plume sur les régions que doit parcourir le scalpel.

Quand les animaux sont de très petite taille, comme les souris et les moineaux, on les fixe sur une planchette de liège au moyen de fortes épingles traversant l'extrémité des pattes, les ailes, la pointe du museau ou le cou.

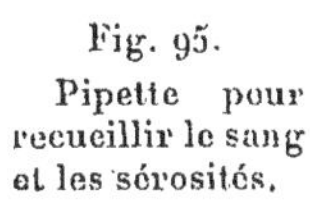

Fig. 95.
Pipette pour recueillir le sang et les sérosités.

On commence l'autopsie après avoir lavé avec des liquides antiseptiques, puis avec de l'eau bouillie les régions de la peau où doivent porter les incisions. Toutes les opérations doivent être effectuées avec des scalpels, des ciseaux, des sondes, des pinces, etc., rigoureusement stérilisés.

La peau des mammifères sera incisée suivant une ligne s'étendant du cou à la symphyse pubienne; au moyen de quatre incisions secondaires, dirigées dans l'axe des membres, on obtient des tabliers ou lambeaux qui facilitent la dissection qu'on conduira de façon à respecter entièrement les muscles de l'abdomen.

La cage thoracique est d'ordinaire ouverte la première en soulevant l'appendice xyphoïde, disséquant le diaphragme et sectionnant les côtes suivant deux lignes latérales symétriques ; le plastron relevé, on le détache à la hauteur des clavicules et on l'enlève.

Cette ouverture faite, on note l'état du poumon et du médiastin antérieur ; on recueille avec des pipettes flambées les épanchements pleurétiques, s'il en existe, on en fait des cultures dans le bouillon, sur gélatine ou sur gélose et des préparations microscopiques. On débarrasse, alors, le cœur de son péricarde et on recueille une ou plusieurs ampoules de sang en plongeant des pipettes stérilisées, à pointe effilée, à la base de l'un des deux ventricules de cet organe; comme pour tous les autres liquides, ascite, pus, sérosités diverses qu'on peut rencontrer sur le cadavre, on fait avec le sang des cultures et des préparations pouvant être immédiatement examinées au microscope avec ou sans coloration.

Le cœur et le poumon sont ensuite enlevés et placés dans des cristallisoirs à couvercle, stérilisés, pour être étudiés ultérieurement.

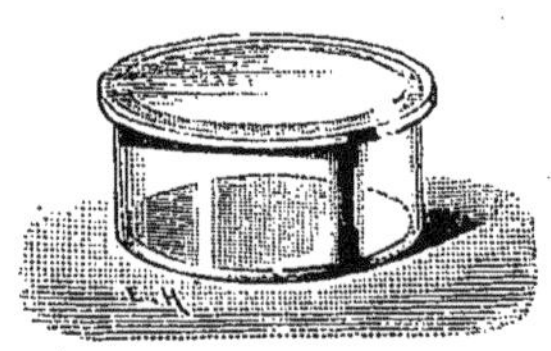

Fig. 96.
Cristallisoir pour recevoir les organes.

La cage thoracique lavée avec de l'eau bouillie et séchée avec des éponges privées de germes, on procède à l'ouverture de l'abdomen au moyen d'une ou plusieurs incisions permettant de rendre bien visibles les organes contenus dans cette cavité.

Après avoir pris note des rapports, de la grosseur, de la couleur du foie et de la rate, de la présence ou de l'absence d'ascite, on étudie l'état des ganglions mésentériques, on va à la recherche des reins qu'on enlève avec leurs capsules. Tous ces organes sont, comme le cœur et le poumon, placés dans des cristallisoirs stérilisés. On enlève la vessie après avoir ligaturé l'urèthre et enfin le tube digestif après l'avoir, également, ligaturé à l'œsophage et à la partie inférieure du rectum. On termine ce premier examen par l'étude des organes de la gestation chez les femelles. Si, chemin faisant, on rencontre des collections purulentes, des abcès sous-cutanés, profonds ou viscéraux, formés par du pus liquide, concret ou caséeux, on en recueille des échantillons pour l'examiner au microscope et en faire des cultures. L'intestin, comme les autres organes, est ouvert, lavé, fendu et examiné avec soin après qu'on a déterminé la nature de son contenu.

Les deux grandes cavités splanchniques vidées, on procède à l'étude des centres nerveux. Le cadavre de l'animal détaché est, entièrement, privé de sa peau, puis couché et fixé de façon à présenter la région dorsale à l'opérateur. Son crâne ouvert, on procède à l'examen du cerveau, du cervelet et de leurs enveloppes; puis, en brisant avec précaution les lames des vertèbres, on ouvre le canal rachidien et on enlève la moelle et le bulbe après avoir sectionné les paires nerveuses qui y aboutissent.

Quelquefois, il sera utile de pousser plus loin ces sortes d'investigations; les os longs seront débarrassés de leurs muscles, brisés ou sciés, de façon à pouvoir examiner leur substance médullaire et cultiver les microbes qu'elle peut contenir.

Comme on peut en juger par ce court exposé, l'autopsie d'un animal est une opération longue, délicate et minutieuse à laquelle il est, souvent, indispensable de consacrer de longues heures, en dehors du temps que réclament les cultures et l'étude histologique des organes ou parties d'organes qui ont été mis à part pendant qu'on l'a pratiquée.

Les organes étudiés à l'état frais sont, après le prélèvement des matières employées aux ensemencements ou destinées à confectionner des préparations microscopiques, introduits dans des récipients contenant de l'alcool ou d'autres liquides durcissants; puis réduits en coupes, qu'on colore et qu'on examine suivant les techniques et les précautions exposées dans les deux chapitres qui suivent.

L'autopsie terminée, le cadavre de l'animal, les débris et les viscères qui en proviennent sont entièrement réduits en cendres dans

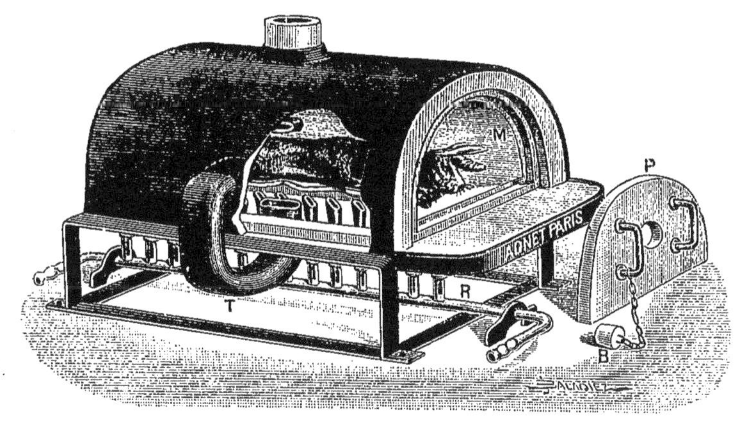

Fig. 97.
Fourneau à moufle pour incinérer les cadavres des lapins et des cobayes.

un four crématoire ou, à défaut de four, dans un poêle garni d'une forte couche de coke incandescent. Les instruments qui ont servi sont lavés dans un récipient d'eau chargée d'un antiseptique puissant (sublimé, formaldéhyde), puis stérilisés à l'autoclave ou au four Pasteur, de façon à être prêts pour servir à une nouvelle opération.

La table d'autopsie, les linges, les éponges et les liquides divers sont également purgés de germes au moyen de microbicides très actifs et, toutes les fois que cela sera possible, on devra recourir à la vapeur d'eau sous pression qui seule garantit une stérilisation rapide et complète.

Enfin, il n'est pas inutile d'ajouter, pour les débutants : que l'autopsie est une opération dangereuse quand l'animal est mort d'une maladie infectieuse pouvant se communiquer à l'homme ; qu'on doit, avant de l'entreprendre, s'assurer de l'intégrité de la peau des mains et recouvrir de collodion riciné les plus légères écorchures ; que si, au cours d'une autopsie, on se blesse avec l'un des instruments ou une partie dure, osseuse du cadavre, il ne faut pas hésiter à cautériser profondément la plaie avec un thermocautère ou un gros fil de platine porté au rouge.

Nous n'avons pas à rappeler qu'après la manipulation de produits pathogènes, les mains de l'observateur doivent être lavées au savon, brossées et désinfectées, par exemple, avec une solution de sublimé à 2 p. 1000 additionnée de sel marin et de 5 à 10 p. 1000 d'acide chlorhydrique. En suivant ces conseils, d'ailleurs dictés par la prudence la plus élémentaire, on évitera, d'abord, de s'infecter soi-même et, ensuite, de semer autour de soi une infection dont la nocuité a été malheureusement trop souvent démontrée.

Nous ne pouvons indiquer ici les modes différents de pratiquer les autopsies des principaux animaux de laboratoire, nous avons jugé suffisant d'en donner un exemple applicable aux petits mammifères, lapin et cobaye, qui sont le plus fréquemment inoculés, nous renvoyons donc le lecteur aux Traités d'anatomie vétérinaire et aux Manuels de physiologie opératoire pour y trouver des indications détaillées, sur l'ouverture des corps, la position relative des organes internes et les expériences délicates à effectuer sur l'animal vivant. Nous n'avons pas à insister, non plus, sur la façon d'entretenir, d'isoler les animaux inoculés, opérés ou devenus dangereux ; sur les moyens mis en usage pour les distinguer les uns des autres par des encoches, des trous faits dans leurs oreilles, par l'ablation de groupes ou faisceaux de plumes enlevées aux ciseaux, etc., l'élève doit se familiariser avec cette technique élémentaire au début de ses études bactériologiques.

CHAPITRE VIII

PRÉPARATIONS MICROSCOPIQUES ET MÉTHODES DE COLORATION DES BACTÉRIES DANS LES CULTURES, DANS LES EXSUDATS ET LES TISSUS

La confection des préparations microscopiques nécessite un matériel assez peu compliqué ; des pipettes effilées et un fil de platine monté à l'extrémité d'une baguette de verre, des cristallisoirs, des verres de montre, une pissette de SALET contenant de l'eau distillée. L'eau stérilisée nécessaire pour diluer les cultures solides ou liquides sera conservée par petites portions dans des flacons de DE FREUDENREICH ; les réactifs tels que l'alcool, le xylène, l'aniline, l'acide sulfurique étendu, etc., non susceptibles de s'altérer, ainsi que les solutions de matières colorantes stables, seront contenus dans des flacons compte-gouttes d'une centaine de grammes de capacité, analogues à ceux représentés ci-contre (fig. 98); au contraire, les réactifs ou colorants de conservation éphémère et qu'on ne doit, du reste, préparer qu'en petite quantité, seront de préférence contenus dans des flacons à pipette (fig. 100) tenus à l'abri de la poussière par un large tube de verre bouché ou par un simple cornet de papier. Une table chauffante du modèle de VIGNAL ou mieux un très petit bain-marie à eau bouillante et à niveau constant est très utile pour fixer et sécher les lamelles, effectuer les colorations à chaud, etc.

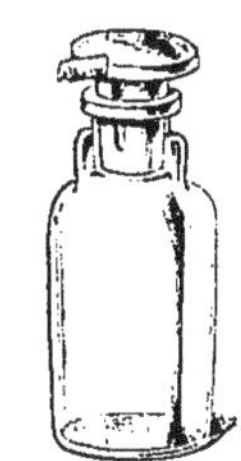

Fig. 98. Flacon compte-gouttes.

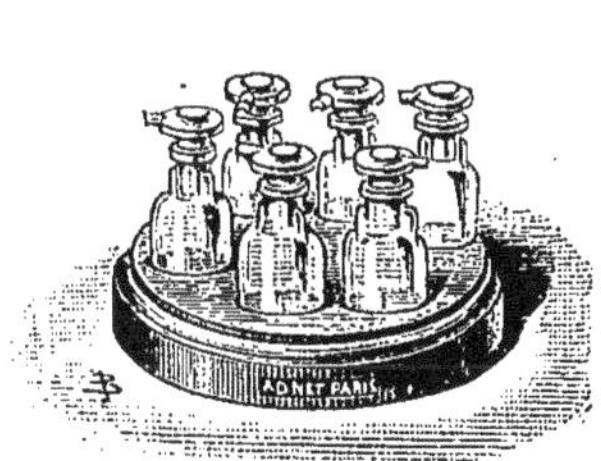

Fig. 99. Nécessaire formé de flacons compte-gouttes.

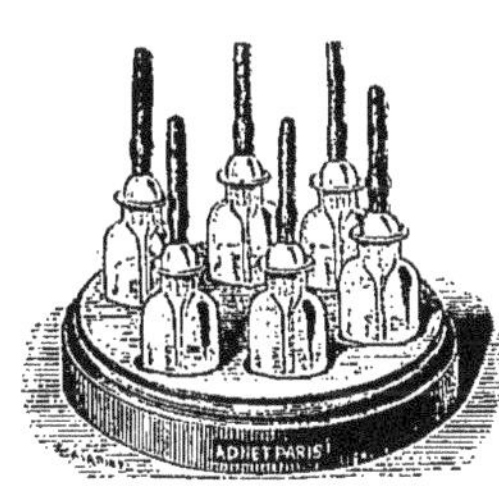

Fig. 100. Nécessaire formé de flacons à pipette.

Les lames de verre porte-objets les plus usitées pour la confection des préparations microscopiques mesurent 76 millimètres de longueur sur 26 de largeur; on doit les choisir en verre blanc extra-mince, car il est souvent utile d'amener la lentille supérieure de l'appareil d'éclairage presque au contact de la préparation. Les lames rodées sur leurs bords sont très agréables à manier, mais coûtent assez cher. Les lamelles couvre-objets carrées ont 18 à 22 millimètres de côté; l'usage des lamelles rondes n'est à recommander qui si l'on monte ses préparations dans un médium autre que le baume de Canada, et que l'on soit obligé de luter la lamelle avec un vernis appliqué au moyen de la *tournette*. Ces lamelles doivent être d'une extrême minceur, $0^{mm}1$ à $0^{mm}15$ environ; cela est indispensable pour travailler avec des objectifs puissants à grande ouverture et par conséquent à faible distance frontale.

Les lames et les lamelles doivent être d'une rigoureuse propreté; lorsqu'elles sont neuves, il suffit de les passer dans un peu d'alcool et de les essuyer avec un linge fin. Lorsqu'elles ont déjà servi et qu'elles sont chargées de baume, on attend d'en avoir une provision suffisante et l'on procède à leur nettoyage de la façon suivante : on sépare, autant que possible, par glissement les lamelles des lames, on les plonge dans un récipient de verre à large ouverture, bouché à l'émeri, contenant de l'acide sulfurique concentré, où on les abandonne pendant quelques jours; lorsque l'acide a suffisamment attaqué le baume, il suffit de les rincer à l'eau chaude et de les essuyer pour les avoir tout à fait propres, sans que l'on ait à craindre de voir subsister sur elles les traces des préparations antérieures. Il est bon d'avoir toujours à sa portée un petit cristallisoir, à couvercle rainé et rodé, plein d'alcool, où l'on conserve une petite provision de lamelles propres. On les en extrait avec une pince fine et on les essuie au fur et à mesure des besoins.

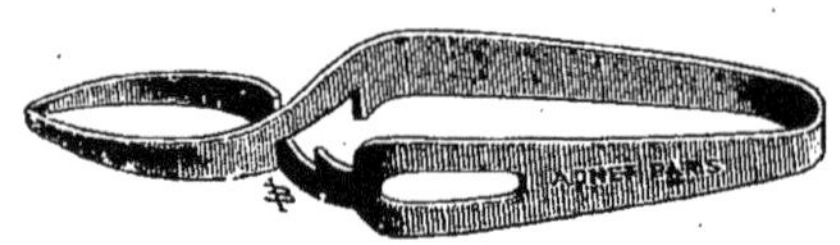

Fig. 101.
Pince de CORNET.

Les lamelles ne doivent pas, autant que possible, être maniées avec les doigts; on les saisit entre les mors d'une pince spéciale inventée par CORNET (fig. 101), qu'elles quittent seulement au moment d'être montées au baume. Une bonne pratique consiste à flamber légèrement les lamelles du côté où l'on fera la préparation; on brûle ainsi les peluches provenant de l'essuyage et les traces de corps gras qu'ont pu laisser les doigts. Sur une lamelle rigoureusement propre, une gouttelette d'eau distillée déposée avec le fil de platine doit pouvoir s'étaler en couche mince jusqu'aux bords.

I. — Examen extemporané des bactéries vivantes et méthodes générales de coloration.

On a souvent besoin d'examiner les bactéries vivantes contenues dans une culture liquide, une sécrétion normale ou pathologique, ou bien encore dans un produit de consistance plus solide tel que crachat ou pulpe d'organe. Cet examen, d'une utilité incontestable, et qui a pour but de renseigner l'observateur sur la nature et la forme de ces bactéries, sur leur mobilité, leur nombre approximatif, etc..., se pratique extemporanément de la manière suivante : on dépose sur un couvre-objet une goutte de la matière si elle est liquide, on la recouvre de suite d'une lamelle et l'on met au point en se guidant sur les quelques bulles d'air emprisonnées dans la préparation. Si la matière étudiée est de consistance ferme, on en dissocie une parcelle dans quelques gouttes d'eau stérile et l'on opère avec cette dilution comme il vient d'être indiqué. On utilisera avec avantage, pour ce genre de travail, les objectifs à immersion aqueuse, et l'on aura soin de diaphragmer fortement le condensateur pour éviter de noyer dans une lumière trop vive les bactéries dont l'indice de réfraction est, à l'état naturel, très peu différent de l'indice du liquide qui les baigne.

Beaucoup d'espèces continuent à vivre et à se mouvoir dans les solutions aqueuses étendues de couleur d'aniline en même temps qu'elles fixent la matière colorante. On obtient ainsi de véritables colorations de bactéries encore vivantes qui rendent les observations plus faciles. Macé préconise pour cet usage le vert méthyle; d'autres, préfèrent le violet de gentiane ou la fuchsine; depuis longtemps nous avons donné la préférence au bleu de méthylène qui est peu toxique, en solution à 0gr2 p. 100.

Bien entendu, les préparations de cette sorte ne peuvent se conserver plus de quelques heures à cause du manque d'air et de l'évaporation du liquide. Nous étudierons dans le chapitre IX, § III, les moyens que l'on peut employer pour suivre, aussi longuement qu'on le veut, la végétation des bactéries cultivées dans des *cellules* spéciales.

Examen des bactéries après coloration. — Le plus souvent, on examine au microscope les bactéries mortes, fixées et colorées. Les méthodes de coloration par les couleurs d'aniline ont grandement contribué à l'avancement rapide de la bactériologie; Weigert (1) les inaugura en 1875, elles furent surtout perfectionnées depuis par Koch, Ehrlich, Löffler, Kühne, Gram, Ziehl, Nicolle, Morax, etc.

Elles rendent les bactéries beaucoup plus visibles et permettent de les différencier plus sûrement de la masse des éléments étrangers qui les accompagnent parfois. On peut avec leur aide mettre en évidence certains détails morphologiques invisibles autrement, tels que les flagella, les capsules; enfin, dans bien des cas, elles constituent un procédé de diagnostic différentiel extrêmement précis entre des espèces morphologiquement identiques, possédant à peu près les mêmes propriétés, les mêmes caractères de culture, mais présentant vis-à-vis de matières colorantes déterminées une affinité spéciale, une électivité particulière et propre.

Les matières colorantes végétales et animales (hématoxyline, carmin, etc.) n'ayant que peu d'affinité pour les bactéries ne sont guère employées. Notons, pourtant, les résultats obtenus sur des microcoques par Eberth et Wagner, et par Koch. Parmi les matières minérales, il n'y a guère que l'oxychlorure de ruthénium et le nitrate d'argent qui se prêtent à la coloration des bactéries (Nicolle et Cantacuzène (2); Van Ermengem (3)).

Les matières colorantes dérivées des hydrocarbures aromatiques sont, sans contredit, celles qui possèdent la plus grande affinité pour la substance colorable des bactéries. Ehrlich les divise en deux catégories : les unes, *couleurs acides*, telles que l'acide picrique (trinitrophénol), l'éosine (résorcine-phtaleïne) et son dérivé tétrabromé la fluoresceïne, les dérivés azoïques, etc., n'ont en général pas d'action élective et colorent uniformément; on les réservera pour teindre le protoplasma des éléments histologiques autres que les bactéries, pour faire un fond. Les autres, *couleurs basiques*, ou couleurs d'aniline proprement dites, sont généralement des sels formés d'un acide qui peut être incolore et d'une base toujours colorée. Elles ont pour le protoplasma bactérien une très grande affinité. Les plus employées sont la fuchsine (chlorhydrate de pararosaniline), ses dérivés méthylés ou éthylés violets : violet de Paris, violet de gentiane, violet

(1) Weigert. *Virchow's Archiv*, LXXXIV.
(2) Nicolle et Cantacuzène. *Annales de l'Institut Pasteur*, 1893, VII, p. 331.
(3) Van Ermengem. *Trav. du lab. d'Hyg. et de Bact. de l'Univ. de Gand*, I, fasc. 3.

dahlia; ses dérivés phénylés bleus : bleu de Lyon, bleu lumière; ses dérivés iodalkylés : vert à l'iode, vert brillant; ses dérivés hydroxylés (vert malachite, auramine). Parmi les matières colorantes aptes à teindre les bactéries, citons encore : la vésuvine ou brun de Bismarck, la safranine, la thionine, le bleu de méthylène, etc.

Ces diverses matières colorantes doivent être choisies bien pures sous peine d'insuccès décourageants; elles se conservent sans altération à l'état de poudres sèches ou de cristaux dans des flacons hermétiques et de verre teinté, placés à l'abri de la lumière. Celles qui sont d'un emploi journalier seront, en outre, conservées en solution alcoolique saturée, ce que l'on obtient facilement en mettant environ 10 grammes de couleur sèche et 100 grammes d'alcool absolu dans un flacon qu'on agite de temps en temps (fuchsine, violet de gentiane, bleu de méthylène). Au moment de l'usage, on décante avec une pipette la petite quantité de solution alcoolique concentrée nécessaire à la préparation de la solution colorante désirée.

Les solutions colorantes sont : tantôt purement aqueuses, tantôt additionnées de substances qui en augmentent la stabilité ou bien qui, agissant comme *mordants* sur certains éléments, communiquent à la matière colorante des propriétés particulières. On peut en général augmenter la puissance tinctoriale d'une solution colorante en la chauffant; ceci ne présente guère d'inconvénients pour les bactéries, mais risque fort d'altérer la forme et les rapports des éléments histologiques si l'on opère sur des coupes.

Voici quelques formules de solutions d'un usage général :

1° *Solutions aqueuses* :

Matière colorante	0gr 50
Eau distillée	25 cent. cubes.

Agiter et filtrer (on doit les préparer extemporanément car elles ne se conservent pas).

2° *Solutions hydroalcooliques* :

Solution alcoolique saturée de matière colorante	2 cent. cubes.
Eau distillée	20 — —

Effectuer le mélange par agitation dans un tube à essais et filtrer sur un papier mouillé d'eau distillée avant de s'en servir (ces solutions se conservent mal).

3° *Solutions anilinées.* — Elles se préparent surtout avec le cristal-violet ou violet de gentiane. On agite, vivement, dans un tube à essais environ 30 centimètres cubes d'eau distillée avec *un excès* d'huile d'aniline; après décantation, on filtre sur un papier mouillé. On prend alors :

Eau saturée d'aniline........................	10 cent. cubes.
Solution alcoolique saturée de violet de gentiane.	1 à 2 — —

Filtrer après mélange.

Cette solution est connue sous le nom de liqueur d'EHRLICH; quoique peu stable, elle est fort employée.

4° *Solutions phéniquées.* — La plus employée est connue sous le nom de liqueur de ZIEHL. On triture dans un verre à pied un mélange formé des substances suivantes :

Fuchsine cristallisée................	$0^{gr}25$ à 1 gramme.
Phénol pur cristallisé..............	5 grammes.
Alcool à 95°......................	10 cent. cubes.

Quand tout est bien dissous, on ajoute avec une extrême lenteur et sans cesser d'agiter :

Eau distillée.........................	100 cent. cubes.

Opérer autrement serait s'exposer à voir apparaître un précipité de matière colorante fort difficile à redissoudre et qui affaiblirait d'autant la puissance tinctoriale du bain.

La liqueur de ZIEHL bien préparée est très stable; on peut donc s'en munir à l'avance d'une certaine quantité. On l'emploie telle quelle pour la coloration du bacille tuberculeux et toutes les fois qu'on ne craint pas une surcoloration. Dans le cas contraire, on la dilue avec de l'eau distillée (légèrement alcoolisée si l'on veut), mais cette liqueur diluée s'altère et laisse bientôt déposer un coagulum insoluble.

La liqueur de KÜHNE, que nous retrouverons en étudiant les procédés de coloration des coupes, et la liqueur de NICOLLE, qui tend à remplacer partout la liqueur anilinée d'EHRLICH, se préparent exactement comme la liqueur de ZIEHL, en remplaçant seulement la fuchsine par le bleu de méthylène dans le premier cas, par le violet de gentiane ou la thionine dans le second.

Préparation des lamelles. — Pour faire un examen microscopique de bactéries avec coloration, on commence par les fixer sur des lamelles minces. Si la substance bactérifère est liquide, il suffit d'en déposer une gouttelette avec le fil de platine ou la pointe d'une pipette au centre d'un couvre-objet très propre tenu à la main ou mieux dans une pince de CORNET; la goutte s'étale spontanément en couche mince; si elle ne le fait pas, on l'aide en frottant légèrement. S'il s'agit d'une culture solide sur gélose, gélatine, sérum, pomme de terre, etc., on dépose sur une lame une goutte d'eau distillée stérile ou de bouillon, et on y délaye une trace de la culture. On prend alors une gouttelette de cette dilution qu'on étale sur une lamelle comme dans le cas d'une culture liquide. L'important est de ne pas trop charger les lamelles; il vaut mieux au besoin faire deux ou trois dilutions successives. S'il s'agit de liquides épais, visqueux, comme les crachats ou certaines sécrétions, on en prélève une parcelle à l'extrémité du fil de platine, on la dépose sur une première lamelle qu'on recouvre aussitôt d'une seconde. La matière s'étale sous l'action capillaire, et l'on obtient deux lamelles chargées à souhait en les séparant l'une de l'autre par glissement. Enfin, si l'on a affaire à un tissu, parenchyme, fausse membrane, etc., on prépare ce que l'on appelle un *frottis*. Une petite parcelle de matière tenue à l'extrémité du fil ou d'une petite pince à mors flambés est vivement pressée et frottée sur une lamelle; sous l'influence du frottement et d'une demi-dessiccation, la lamelle se recouvre d'un enduit suffisamment mince pour un bon examen.

Dès que les lamelles enduites sont sèches, il faut qu'elles le soient complètement, on les *fixe* en les passant assez rapidement, la face enduite en haut, deux ou trois fois dans la flamme bleue et molle du bec Bunsen ou de la lampe à alcool (Koch). Cette opération coagule les traces de matière albuminoïde, et les bactéries tuées et fixées adhèrent si bien à la lamelle qu'il n'y a pas à craindre de les voir se détacher dans les opérations ultérieures. Si l'on craignait de voir la forme des bactéries ou certains détails délicats altérés par cette application un peu brutale de la chaleur, on pourrait recourir au procédé de fixation préconisé par Nicolle (1) et qui consiste à traiter la lamelle par un mélange à parties égales d'alcool et d'éther absolus.

On procède alors à la coloration. Pour cela, on verse sur la lamelle deux ou trois gouttes de la solution colorante choisie, de façon à bien la couvrir, et on laisse agir un temps suffisant. Si l'on doit faire agir le colorant à chaud ou pendant très longtemps, il est préférable de le placer dans un verre de montre et de faire flotter la lamelle sur le liquide, la face enduite en bas. Quoi qu'il en soit, lorsque la coloration est jugée suffisante, on débarrasse la lamelle de l'excès de matière colorante par des lavages prolongés à l'eau

(1) Nicolle. *Annales de l'Institut Pasteur*, 1895, VIII, p. 664.

distillée, jusqu'à ce que cette eau ne se teinte plus. On laisse sécher doucement et complètement et l'on monte dans le baume.

Bien entendu, si l'on ne désire pas garder la préparation, on peut l'examiner dans l'eau immédiatement au sortir de la dernière eau de lavage.

Le baume du Canada dissous dans le xylène est un des meilleurs médiums à employer pour la conservation des préparations de bactéries colorées par les couleurs d'aniline et déshydratées; il faut éviter de l'employer en solution dans le chloroforme qui attaque en peu de temps les colorations. Il suffit, pour monter une préparation sèche au baume, d'en déposer une très petite goutte sur une lame et d'appliquer par-dessus la lamelle en la guidant avec une aiguille. On a tendance à toujours mettre trop de baume qui déborde la lamelle et salit tout. Une petite précaution qu'il ne faut pas oublier, consiste à conserver *à plat* les préparations montées au baume, au moins dans les premiers jours, si l'on ne veut pas voir la lamelle glisser jusqu'au bord de la lame ou même la quitter.

Fig. 102. Flacon à baume du Canada.

Ordinairement, les préparations effectuées comme il vient d'être dit sont trop colorées; elles sont même un peu empâtées. On peut les rendre plus nettes en les lavant, suivant les cas, avec de l'alcool étendu, de l'alcool absolu, des acides très dilués : 10 gouttes d'acide chlorhydrique pour un demi-litre d'eau, ou 1 p. 100 d'acide acétique (Sternberg), avec une solution de sublimé (Gram), de l'aniline (Weigert). Il est nécessaire, on le comprend, de surveiller cette décoloration partielle avec la plus grande attention et d'arrêter son action dès qu'elle est suffisante, en plongeant la lamelle dans l'eau distillée.

Nicolle a préconisé une méthode de coloration des bactéries qui peut être avantageusement adoptée pour colorer les cultures, les liquides pathogènes, les pulpes d'organes, etc. Cette méthode consiste à colorer les lamelles par une solution de thionine phéniquée (voir page 209), elles sont ensuite lavées à l'eau, à l'alcool absolu, au xylène et incluses dans le baume. La thionine a la précieuse qualité de ne pas surcolorer; de plus, étant peu soluble dans l'alcool, il n'y a pas à craindre de voir la coloration disparaître pendant la déshydratation.

Le même auteur (1) a également indiqué la méthode suivante,

(1) Nicolle. *Annales de l'Institut Pasteur*, 1892, VI, p. 783.

très avantageuse pour les bactéries qui ne retiennent que faiblement la matière colorante : les lamelles sont colorées par le bleu de KÜHNE, lavées légèrement à l'eau puis traitées par une solution aqueuse de tannin à 10 p. 100. On lave de nouveau à l'eau puis à l'alcool absolu, on passe au xylène et l'on monte dans le baume.

SPINA (1) avait déjà reconnu cette propriété fixatrice que possède le tannin à l'égard des matières colorantes déposées sur les bactéries.

Méthodes de différenciation. — Ces méthodes, d'une grande utilité dans le diagnostic bactériologique, ont pour but de colorer certaines bactéries à l'exclusion des autres. Les plus employées de ces méthodes sont celles d'EHRLICH et celles de GRAM (2). La première, spéciale au bacille tuberculeux, sera décrite au cours de l'histoire de ce bacille; elle est basée sur l'action décolorante des acides forts. La seconde, d'un usage plus général, mérite d'être décrite ici avec détails.

Méthode de Gram. — Les lamelles sont fortement colorées, de préférence avec les solutions anilinées ou phéniquées au violet de gentiane de EHRLICH ou de NICOLLE (page 205). Après coloration, on les lave légèrement à l'eau distillée et on les traite par la solution suivante dite liqueur de LUGOL :

Iode en paillettes	1	gramme.
Iodure de potassium	2	—
Eau distillée	300	—

qu'on laisse agir, environ une minute, jusqu'à ce que la préparation ait pris une teinte ardoisée ou noirâtre. Sans laver, on verse alors sur la préparation de l'alcool absolu, goutte à goutte, jusqu'à ce que ce dissolvant n'entraîne plus de matière colorante. Il ne reste plus qu'à sécher la lamelle et à la monter dans le baume.

La préparation de la liqueur iodo-iodurée de LUGOL se fait comme il suit : dans un verre à pied on triture, au moyen d'un agitateur, l'iode, l'iodure et quelques gouttes d'eau; dans ces conditions, l'iode se dissout rapidement. Dès qu'il est dissous, on peut ajouter d'un seul coup les 300 grammes d'eau. La liqueur de LUGOL se conserve indéfiniment dans des flacons bouchés à l'émeri.

Les staphylocoques et streptocoques pyogènes, le bacille diphtérique, la bactéridie charbonneuse, etc., restent colorés par la méthode de GRAM, au contraire le bacille du côlon, le bacille

---

(1) SPINA. *Allgemeine Wiener med. Zeitung*, 1887.
(2) GRAM. *Fortschritte der Medicin*, 1885, II, p. 185.

typhique, le bacille cholérique, etc., ne se colorent pas par cette méthode.

Prendre le Gram, ne pas prendre le Gram, sont des expressions très usitées dans le langage bactériologique.

Nicolle, déjà cité, a modifié la méthode de Gram de la façon suivante : il colore les bactéries soit par le violet de gentiane, soit par la thionine phéniquée :

Thionine	1 gramme.
Acide phénique	1 —
Alcool à 90°	10 cent. cubes.
Eau distillée	100 — —

(voir plus haut, liqueur de Ziehl), puis il traite par une solution de Lugol très concentrée, composée de 1 gramme d'iode et 2 grammes d'iodure de potassium pour 200 grammes d'eau distillée et décolore enfin par un mélange formé de

Alcool absolu	2 parties.
Acétone pure	1 —

avec lequel il n'y a pas à craindre une trop forte décoloration.

Claudius (1) a proposé une méthode également dérivée de celle de Gram, donnant, paraît-il, des résultats plus constants : les bactéries sont colorées comme précédemment, lavées et traitées pendant environ une minute par une solution à demi saturée d'acide picrique. La décoloration est ensuite effectuée au moyen du chloroforme, tant que ce dissolvant se colore ; enfin on monte dans le baume.

Colorations multiples. — Les diverses méthodes de différenciation que nous venons de passer en revue laissent certaines bactéries non colorées. Il peut être utile de les mettre en évidence en les colorant avec une teinture dont la nuance diffère de celle primitivement employée. C'est ainsi, par exemple, que dans des crachats de phtisiques, dans lesquels le bacille tuberculeux a seul résisté à la méthode d'Ehrlich, on pourra mettre en évidence les streptocoques, les staphylocoques, le tétragène, au moyen d'une solution aqueuse de bleu de méthylène.

Dans une préparation de pulpe d'organe colorée à la thionine par le procédé de Nicolle, on peut colorer en rose les éléments

(1) Claudius. *Annales de l'Institut Pasteur*, 1897, XI, p. 332.

histologiques au moyen d'une solution aqueuse étendue d'éosine.

On pourrait varier à l'infini ces méthodes de coloration multiple; il suffit de savoir faire un choix judicieux des colorants et d'appliquer les méthodes dans un ordre rationnel.

Pour colorer les bactéries dans le sang, LAVERAN traite les lamelles enduites de ce liquide par l'éosine, puis par une solution aqueuse de bleu de méthylène. Il lave, sèche et monte dans le baume. Les hématies sont roses, tandis que les leucocytes et les bactéries se détachent en bleu.

II. — COLORATION DES CILS, DES CAPSULES ET DES SPORES.

Coloration des cils. — La coloration des cils ou flagella des bactéries est une opération délicate, qu'on n'arrive à mener à bien qu'avec une très grande patience, en suivant à la lettre les recommandations des auteurs et en apportant dans toutes les manipulations la propreté la plus méticuleuse.

KOCH, qui a découvert ces flagella, réussit tout d'abord à les colorer à l'aide de l'extrait de bois de campêche et du bichromate de potasse. Nous décrirons ici les méthodes de LÖFFLER (1) et de VAN ERMENGEM (2), en donnant quelques indications sur les méthodes qui en dérivent.

Il est plus avantageux d'opérer sur des bactéries en culture sur gélose plutôt que de s'adresser aux cultures liquides.

Méthode de Löffler. — On dilue une trace de culture dans quelques gouttes d'eau stérilisée, et l'on répartit avec une pipette effilée ou un fil de platine quelques petites gouttelettes de cette dilution sur un couvre-objet rigoureusement propre. Après dessiccation lente à l'air, on fixe dans la flamme en ayant soin de ne pas trop chauffer, ce que l'on fait invariablement quand la lamelle est saisie dans une pince; aussi LÖFFLER recommande-t-il de la tenir entre le pouce et l'index. On verse alors sur l'enduit quelques gouttes du mordant suivant appelé encre de fuchsine :

Solution aqueuse de tannin à 20 p. 80............	10 cent. cubes.
Solution aqueuse de sulfate ferreux saturée à froid.	5 — —
Solution alcoolique de fuchsine..................	1 — —

(1) LÖFFLER. *Centralblatt für Backteriologie*, 1889, VI, p. 209.
(2) VAN ERMENGEM. *Trav. du Lab. d'Hyg. et de Bact. de l'Univ. de Gand*, I, fasc. 3.

puis l'on chauffe doucement et en remuant sur la flamme-veilleuse du bec Bunsen jusqu'à ce que l'on voit apparaître une très légère vapeur. Si l'on chauffe trop fort ou trop longtemps, il se dépose sur le verre un précipité que les lavages sont impuissants à enlever et qui gâte toute la préparation.

Après une demi-minute ou une minute de chauffage, la lamelle est lavée à l'eau distillée, surtout sur les bords où le mordant a partiellement séché, puis à l'alcool. Enfin on verse sur elle quelques gouttes de la solution de fuchsine anilinée parfaitement neutre, saturée, au besoin, par l'addition préalable de solution étendue de soude caustique jusqu'à commencement de trouble. On lave à l'eau et l'on examine dans ce liquide avec un bon objectif à immersion. Si les cils apparaissent nettement, on sépare la lamelle de la lame, on la laisse sécher doucement et on la monte au baume.

Le mordant ou encre de fuchsine de Löffler convient bien, tel quel, pour quelques espèces bactériennes. Pour colorer les flagella des autres espèces, on devra légèrement modifier sa réaction; pour le bacille typhique, le bacille du côlon, etc., il doit être légèrement alcalinisé avec quelques gouttes de soude très étendue; au contraire, pour le spirille du choléra, le bacille pyocyanique, etc., on doit lui ajouter une trace d'acide sulfurique. Certaines bactéries, de ce nombre le bacille du lait bleu, voient leurs cils se colorer également bien en milieu alcalin ou en milieu acide; quoi qu'il en soit, l'appréciation exacte du degré d'alcalinité ou d'acidité du mordant est le point délicat du procédé et nécessite une série de tâtonnements. Suivant l'auteur, la réussite de l'opération dépend en grande partie de cette appréciation.

Bunge (1) a modifié la méthode de Löffler en employant le mordant suivant :

Solution aqueuse concentrée de tannin...........	30 cent. cubes.	
Solution de perchlorure de fer offic. à 1/20.......	10	— —

auquel il ajoute quelques gouttes de solution fuchsinée.

Nicolle et Morax (2) pensent que l'addition d'acide ou d'alcali au mordant de Löffler ne présente aucune utilité et suppriment purement et simplement cette complication. Selon eux, on doit pratiquer la méthode de Löffler de la façon suivante : on prend une petite quantité de culture récente sur agar, qu'on dilue dans un

(1) Bunge. *Fortschritte für Medicin*, 1894, XII.
(2) Nicolle et Morax. *Annales de l'Institut Pasteur*, 1893, VII, p. 554.

verre de montre contenant un peu d'eau ordinaire, de préférence à l'eau distillée qui altère les cils, de façon à obtenir un liquide à peine louche. On en dépose une gouttelette sur un couvre-objet bien propre et fortement flambé. On laisse sécher et, sans le passer par la flamme, on verse sur ce couvre-objet quelques gouttes du mordant ferrotannique préparé exactement comme l'indique LÖFFLER, mais sans addition d'alcali ou d'acide; on chauffe légèrement jusqu'à production de vapeurs, on lave à l'eau et l'on répète trois ou quatre fois ce mordançage d'une façon identique. On ne doit pas laver à l'alcool. On achève comme dans la méthode de LÖFFLER en colorant par les liqueurs d'EHRLICH et de ZIEHL pendant un quart de minute, on lave à l'eau, on sèche la lamelle et on la monte finalement dans le baume au xylène.

TRENKMANN (1) mordance les préparations 6 à 12 heures dans une solution de tannin à 2 p. 100, légèrement acidulée par 1 ou 2 millièmes d'acide chlorhydrique, puis les plonge une heure dans une solution aqueuse saturée d'iode et les teint pendant 30 minutes dans la solution de violet de gentiane aniliné.

SCLAVO (2) mordance une minute dans le bain suivant :

Tannin pur à l'éther	1 grammes.
Alcool à 50°	100 cent. cubes.

il lave à l'eau et plonge la préparation pendant 3 à 5 minutes dans une solution aqueuse à 5 p. 100 d'acide phosphotungstique. Il lave rapidement et colore pendant le même temps dans la solution d'EHRLICH tiédie. Après un dernier lavage, la préparation est montée au baume.

STRAUS (3) a réussi à colorer les cils de certaines bactéries vivantes. Pour cela, il mélange sur une lame une goutte de culture à une goutte de liqueur de ZIEHL très étendue; il couvre d'une lamelle et examine aussitôt avec un objectif à immersion homogène. Malheureusement ce procédé très simple ne réussit que dans des cas très particuliers (spirille du choléra, vibrion avicide, etc.).

Méthode de Van Ermengem (4). — Se préoccupant avec raison des insuccès trop fréquents de la méthode de LÖFFLER, cet auteur a cherché et trouvé un procédé de teinture aux sels d'argent rappelant les imprégnations métalliques auxquelles les histologistes ont quel-

(1) TRENKMANN. *Centralblatt für Bakteriologie*, 1890, VIII, p. 386.
(2) SCLAVO. *Annales de l'Institut Pasteur*, 1893, VII, p. 220.
(3) STRAUS. *Comptes rendus de la Société de Biologie*, 1892, IXe s. IV, p. 542.
(4) VAN ERMENGEM. *Trav. du Lab. d'Hyg. et de Bacter. de l'Univ. de Gand*, I, fasc. 3.

quefois recours. Voici les divers temps de ce procédé, tel que nous le pratiquons : une trace de culture est fortement diluée dans de l'eau stérilisée et l'on répartit, avec une pipette très effilée, quelques petites gouttelettes de cette dilution sur une lamelle ou mieux sur le porte-objet lui-même, parfaitement propre et débarrassé de toute trace de matière grasse; ce porte-objet est tenu à la main en ayant soin d'interposer quelques doubles de papier joseph entre le verre et les doigts. La préparation une fois sèche est traitée par le bain *fixateur osmio-tannique* suivant :

Solution à 2 °/₀ d'acide osmique	1	partie.
Solution aqueuse de tannin pur de 10 à 25 °/₀	2	—

qu'on laisse agir à froid pendant une demi-heure ou mieux 10 minutes à 60°. Si l'on opère à chaud, il est bon d'empêcher l'évaporation en ajoutant de temps en temps une petite goutte d'eau distillée chaude au moyen d'une pipette effilée. On lave doucement et avec le plus grand soin en plongeant le porte-objet dans des godets contenant de l'eau tiède; on passe ensuite à l'alcool et l'on verse sur la lame un *bain sensibilisateur* de nitrate d'argent très étendu, contenant de 0 gr. 5 à 0 gr. 25 AzO^3Ag p. 100, qu'on ne laisse agir que quelques secondes seulement.

On rejette l'excès de solution argentique, on lave légèrement à l'eau et on plonge la lame dans un *bain réducteur* ainsi formé :

Acide gallique	5	grammes.
Tannin pur à l'éther	3	—
Acétate de sodium fondu pur	10	—
Eau distillée	350	—

qu'on peut, avec avantage selon nous, additionner d'un peu d'alcool. Après quelques instants, on retrempe la lame dans le bain sensibilisateur ci-dessus indiqué et dont on arrête l'action dès qu'il commence à noircir. Il reste à laver les lamelles à grande eau, à les sécher et à les monter au baume. Les bactéries apparaissent colorées en noir brun et leurs flagella en noir intense. Cette méthode nous a donné d'excellents résultats; elle a l'avantage de fournir des préparations absolument inaltérables; mais il faut, pour la réussir, une propreté absolue; la moindre trace de graisse, un doigt venant au contact de l'un des bains, etc., suffisent pour produire sur le verre un voile opaque qui gâte tout.

Un tel procédé de teinture des bactéries par des substances minérales, beaucoup moins fugaces que les couleurs d'aniline, mériterait d'être généralisé. Malheureusement les essais tentés dans cette voie sont rares, et nous ne pouvons citer que le travail de Nicolle et Cantacuzène (1) qui ont trouvé dans l'oxychlorure de ruthénium ammoniacal $Ru^2(OH)^2Cl^4(AzH^3)^7+3H^2O$ décrit par Jolly, une substance possédant pour la chromatine des noyaux et pour les bactéries une affinité énergique. La présence dans cette substance d'un certain nombre de groupes amidogènes (AzH^2) semble lui communiquer les propriétés tinctoriales des couleurs basiques d'aniline. On l'emploie en solution aqueuse à 1 p. 1000 pour colorer toutes les bactéries, sauf celles de la tuberculose et de la lèpre. Elle est d'un usage avantageux pour la coloration des coupes de tissus fixés par l'acide osmique; après coloration on lave à l'eau, à l'alcool, on éclaircit avec l'essence de cèdre et l'on monte au baume.

Coloration des spores. — Les spores présentent une résistance remarquable à la pénétration des matières colorantes. Aussi, lorsqu'on se contente de colorer les préparations, comme nous l'avons dit, à froid et pendant peu de temps, apparaissent-elles incolores et fortement réfringentes à côté ou dans l'intérieur des microbes qui seuls ont pris la couleur.

Pour arriver à les teindre, on doit recourir à des artifices spéciaux, dont le plus simple consiste à les chauffer préalablement à sec, pendant longtemps, à une température élevée, une heure à 120° ou un quart d'heure à 180° (Hueppe, Büchner (2)). Après ce chauffage, elles deviennent aptes à se teindre par les solutions aqueuses des couleurs d'aniline.

Par contre, une fois teintes, les spores retiennent les couleurs avec la plus grande énergie. Ce fait a conduit Neisser (3) à établir la méthode de double coloration suivante, méthode très démonstrative qui met en évidence les spores, colorées en rouge, à côté des bactéries colorées elles-mêmes d'une couleur contrastante. La préparation sur lamelle fixée par dix ou douze passages dans la flamme du bec Bunsen ou par chauffage prolongé à 120° est colorée pendant une heure dans le liquide fuchsiné d'Ehrlich ou dans celui de Ziehl. La matière colorante est de préférence placée dans un verre de montre et chauffée sur un bain-marie à l'ébullition. La lamelle est

(1) Nicolle et Cantacuzène. *Annales de l'Institut Pasteur*, 1893, VII, p. 554.
(2) Büchner. *Aertzlicher Intelligenzblatt*, Munich, 1885.
(3) Neisser. *Zeitschrift für Hygiene*, 1888, IV, p. 165.

ensuite lavée à l'eau et décolorée par l'alcool chlorhydrique qui ne laisse colorées que les spores :

Alcool absolu........	75 grammes.
Acide chlorhydrique pur.........	25 —

On lave à l'eau et l'on recolore les bactéries par le bleu de méthylène aqueux. On lave de nouveau, on sèche et l'on monte dans le baume. Cette méthode est, on le voit, très analogue à celle d'EHRLICH pour la double coloration des préparations contenant le bacille tuberculeux.

Pour colorer les spores, MÖLLER (1) fixe les lamelles dans la flamme, les traite par l'alcool absolu puis par le chloroforme. Il les plonge ensuite dans une solution à 5 p. 100 d'acide chromique pendant une demi-minute ou une minute, lave de nouveau, colore par le liquide de ZIEHL bouillant, décolore par l'acide sulfurique à 5 p. 100, lave à l'eau, et recolore les bactéries par une couleur de contraste, le bleu de méthylène par exemple.

Coloration des capsules. — Les capsules apparaissent généralement assez bien par les méthodes ordinaires de coloration, par exemple le violet phéniqué de NICOLLE suivi d'un lavage rapide à l'alcool-acétone. Dans les cas plus difficiles, on peut employer le procédé suivant : les préparations fixées comme de coutume sont colorées dans un bain ainsi composé :

Solution alcoolique saturée de violet de gentiane.	5 cent. cubes.
Acide acétique cristallisable....................	1 —
Eau distillée..................................	100 grammes.

qu'on fait agir environ une minute. On lave à l'eau légèrement chargée d'acide acétique (1 p. 100) puis à l'eau pure, on sèche et l'on monte dans le baume.

Nous verrons, en étudiant le pneumocoque, la méthode employée par RIBBERT (2) pour colorer la capsule de ce microorganisme dans les coupes du tissu pulmonaire hépatisé.

---

(1) MÖLLER. *Centralblatt für Bakteriologie*, 1891, X, p. 273.
(2) RIBBERT. *Deutsche med. Wochenschrift*, 1885, p. 136,

III. — Méthodes pour l'examen des bactéries dans les tissus, la préparation et la coloration des coupes.

Nous avons vu plus haut (chapitre VII, §§ 3 et 4) comment se récoltaient les tissus, fragments d'organes, etc., destinés à la recherche microscopique des bactéries; voyons maintenant comment on les prépare en vue de cette recherche.

Il faut tout d'abord *fixer* ces tissus, au moment même où on les recueille, dans le double but de suspendre l'évolution des bactéries qu'ils contiennent et de les rendre inaltérables à l'action des réactifs ultérieurement employés. On doit ensuite les *durcir*, car ils sont en général trop mous pour se laisser réduire en coupes minces sans se déformer ou s'écraser. Ordinairement, les deux temps, fixation et durcissement, se confondent en un seul, vu que la plupart des réactifs fixateurs sont en même temps des réactifs durcissants; ils agissent en coagulant les matières albuminoïdes.

Certains tissus au contraire, les os, les dents, etc., imprégnés de sels calcaires, sont trop durs pour se laisser entamer par le rasoir; il sera nécessaire, avant de les couper, de les ramollir, de les décalcifier, en les plongeant dans un liquide capable de dissoudre les sels calcaires, par exemple le liquide de Kleinenberg :

Eau distillée	300	grammes.
Solution aqueuse saturée d'acide picrique	100	—
Acide sulfurique	3	—

auquel on fera bien d'ajouter un peu de formaldéhyde comme antiseptique.

Les réactifs tout à la fois fixateurs et durcissants les plus fréquemment employés sont : l'alcool concentré, le sublimé corrosif et l'aldéhyde formique. Dans des cas plus rares où l'on a besoin d'une fixation plus parfaite des tissus, on pourra recourir au liquide chromacétosmique de Flemming; mais dans ce dernier cas, on ne devra opérer que sur de très petits fragments et l'on éprouvera une certaine difficulté pour les colorations ultérieures.

Durcissement par l'alcool. — Les pièces débitées en petits cubes de quelques millimètres de côté, 15 millimètres au plus, seront suspendues, au moyen d'une épingle recourbée et d'un fil étiqueté, dans un bocal contenant un assez grand volume d'alcool fort, renouvelé tous les jours; cela vaut beaucoup mieux que de les laisser reposer directement sur le fond du bocal où s'accumulent toujours des sels, des matières extractives, des précipités, etc. De plus, par ce procédé, l'alcool qui baigne la pièce est toujours au maximum de concentration.

En réalité, l'alcool n'est pas un excellent fixateur ; il pénètre les tissus assez lentement et les rend friables ; mais il est d'un emploi très commode et suffit dans la plupart des cas. Il a en outre pour avantage de déshydrater les tissus, ce qui abrège considérablement les manipulations préliminaires de l'inclusion.

Fixation par le sublimé corrosif. — Le sublimé corrosif est un agent très pénétrant, fixant très bien ; il est antiseptique et fort toxique. BORREL (1) l'a employé avec succès pour fixer en peu de temps les poumons entiers de petits animaux. La formule la plus convenable est celle du sublimé acétique :

Solution aqueuse saturée de sublimé.	100 grammes.
Acide acétique cristallisable.	5 —

Il faut éviter de prolonger plus qu'il n'est nécessaire le séjour des tissus dans ce liquide, sous peine de les rendre friables ; si l'on ne trouve pas suffisant le durcissement ainsi obtenu, on peut le compléter par l'immersion de la pièce dans des bains successifs d'alcool fort. En tout cas, pour ne pas gêner les colorations ultérieures, la pièce, au sortir du bain de sublimé, doit être soigneusement lavée, pour éliminer toute trace de mercure en excès. Ces lavages seront d'abord faits à l'eau salée, puis à l'eau pure, ensuite à l'alcool à 50° et enfin dans des bains d'alcool de plus en plus concentré jusqu'à l'alcool absolu, qui ont, en outre, l'avantage d'achever le durcissement de la pièce tout en la déshydratant. Un moyen très simple et très sensible pour s'assurer qu'il ne reste plus de mercure dans les liquides de lavage, consiste à y plonger un fil de cuivre bien décapé à l'acide nitrique ; ce fil ne doit pas se recouvrir d'un enduit grisâtre de mercure métallique, devenant blanc brillant par un léger frottement entre les doigts.

Durcissement par l'aldéhyde formique. — L'aldéhyde formique, désigné dans le commerce sous le nom impropre de *formol*, est un excellent agent de fixation et de durcissement ; il est très pénétrant. Il durcit même souvent beaucoup trop les tissus soumis à son action ; aussi ne devra-t-on l'employer que très dilué (1 partie de

(1) BORREL. *Annales de l'Institut Pasteur*, 1893, VII, p. 593.

solution commerciale à 40 p. 100 pour 10 parties d'eau). Son action, très fortement antiseptique, le rend très propre à fixer et à durcir les pièces destinées à la recherche des bactéries. L'emploi de cette substance dans la technique histologique a été préconisé par Blum (1). Marcano (2) l'a utilisée avec succès pour fixer les hématies.

Deshydratation des pièces et leur inclusion dans la paraffine. — Une fois les pièces fixées et durcies on procède aux manipulations de l'inclusion. Pour les recherches bactériologiques on ne saurait employer autre chose que l'inclusion à la paraffine. Elle seule permet d'obtenir des coupes suffisamment minces pour ce genre de travail.

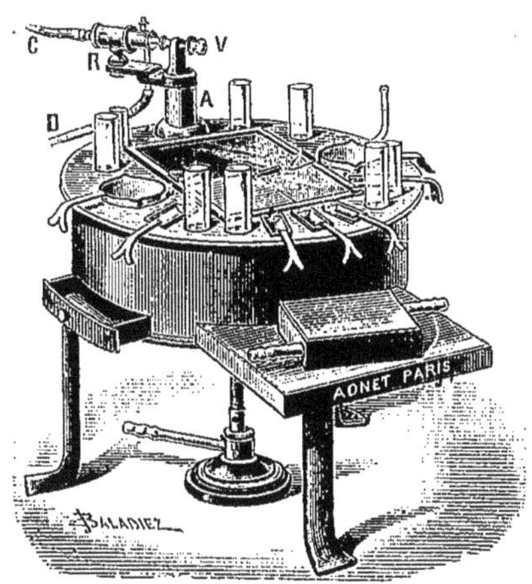

Fig. 103.
Bain-marie de Naples.

Il faut tout d'abord déshydrater les pièces. Lorsqu'elles ont été fixées et durcies dans de l'alcool fréquemment renouvelé, elles sont en général convenablement déshydratées et bonnes à traiter immédiatement par le xylène. Sinon il faut, après les avoir lavées, les faire passer par une série d'alcools de plus en plus forts, jusqu'à l'alcool absolu avant de les plonger dans le xylène. Cet hydrocarbure déplace peu à peu l'alcool et finit par rendre la pièce transparente lorsqu'il l'a complètement pénétrée. A ce moment, on la transporte dans un tube contenant un mélange à parties égales de xylène et de paraffine, maintenu liquide à une température d'environ 30° dans une étuve. Après un séjour suffisant, la pièce est enfin portée dans un petit récipient contenant de la paraffine pure fusible à 48°, fondue à une température qui ne doit pas dépasser 50°. On emploie pour cela une petite étuve à eau bien réglée ou encore un bain-marie dit « bain-marie de Naples » (fig. 103). La pièce est laissée dans la paraffine fondue pendant un temps suffisant pour que son imbibition soit complète, ce qui demande un temps très variable suivant la nature et le volume du tissu, quelquefois vingt-quatre heures.

---

(1) Blum. *Zeitchrift für wissenschaftliche Mikrosk.*, 1893, X, p. 314.
(2) Marcano. *Archives de Médecine expérimentale*, 1899, XI, p. 434.

Quand ce résultat est atteint, on retire la pièce avec une aiguille et on la dépose dans une petite boîte de papier huilé; on l'oriente convenablement et on achève de remplir la boîte avec de la paraffine pure fondue à 50° environ. On trouvera très commode pour cette opération, connue sous le nom *d'enrobage*, de se servir d'une boîte de volume variable formée par deux petites équerres métalliques reposant sur un plan de verre et qu'on peut rapprocher ou éloigner à volonté (fig. 104).

Fig. 104.
Équerres pour enrober.

Après refroidissement, le petit cube de paraffine, contenant la pièce, est collé sur le plateau du microtome qui va servir à le débiter en coupes.

Quelques personnes préfèrent remplacer, pour l'inclusion, le bain de xylène-paraffine par un bain d'éther-paraffine. Cette préférence est justifiée par la plus grande volatilité de l'éther qui rend plus rapide l'imbibition par la paraffine pure. Voici comme on doit procéder : au sortir de l'alcool absolu, la pièce est plongée dans un bain d'alcool et d'éther absolus à parties égales; puis dans une solution de paraffine dans l'éther maintenue liquide vers 37°; enfin dans la paraffine pure fondue à 48°, enrobée et montée sur le microtome comme précédemment.

Préparation des coupes. — Les microtomes les plus convenables pour couper la paraffine sont celui de la Société de Cambridge et celui de Minot. Le premier à l'inconvénient de donner des coupes qui ne sont pas rigoureusement planes, ce qui a peu d'importance quand elles ne sont pas très étendues. Tous les deux permettent d'obtenir avec la plus grande facilité des rubans de coupes en série extrêmement minces et régulières, ce qui est en bactériologie la condition *sine qua non* d'une bonne observation.

Les objets enrobés dans la paraffine se coupent à sec avec un rasoir bien affilé placé perpendiculairement au mouvement de la pièce. Dès qu'elles sont obtenues, on prend quelques coupes, choisies dans le ruban, de distance en distance; ou bien des fragments de ce ruban comprenant plusieurs coupes et on les dispose avec soin sur une lame porte-objet préalablement enduite d'une mince couche d'une solution aqueuse, très étendue, d'albumine d'œuf, suivant la technique formulée par Mayer. On chauffe doucement la lame à une température un peu inférieure au point de fusion de la paraffine ; ce qui a pour but de déplisser les coupes. Quand elles sont bien étalées on cesse de chauffer, on enlève l'excès de liquide avec du papier-filtre et on abandonne à la dessiccation. Quand la lame est presque sèche, on la chauffe brusquement vers 75° de façon à coaguler l'albumine qui devient insoluble et colle les coupes à la lame d'une façon parfaite.

Pendant cette opération la paraffine fond, mais cela n'a guère d'inconvénient puisque les coupes sont maintenant collées et maintenues. On enlève la paraffine avec un peu de xylène, on enlève celui-ci avec un peu d'alcool absolu, on lave avec de l'alcool étendu et finalement à l'eau. Les coupes collées se gonflent et sont alors prêtes à subir l'action des colorants.

Montage. — Lorsque les coupes sont colorées et lavées, on les déshydrate soit en les laissant sécher, soit, si cela ne présente pas d'inconvénient, en les lavant successivement à l'alcool étendu, à l'alcool absolu et au xylène. Le xylène en excès est enlevé avec un carré de papier-filtre, on dépose sur les coupes une goutte de baume dissous dans le xylène et l'on couvre d'une lamelle. On obtient ainsi une préparation permanente qu'on étiquette en indiquant les diverses manipulations qu'elle a subies et qu'on peut conserver dans une collection.

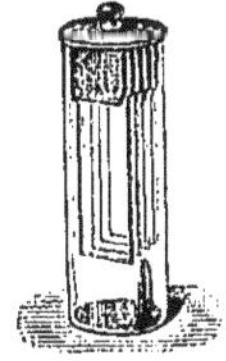

Fig. 105. Récipient de Fabre-Domergue pour colorer les coupes collées sur porte-objets.

Méthodes de coloration des coupes.

Dans les coupes, on doit se préoccuper de colorer d'une part les bactéries et, d'autre part, les éléments histologiques du tissu. Les méthodes employées diffèrent, selon qu'on veut obtenir une coloration simple, double ou triple.

Colorations simples. — On se propose de colorer toutes les bactéries contenues dans une coupe. On pourra employer les méthodes de Nicolle au tannin ou à la thionine (v. page 207), soit encore la méthode de Kühne (1).

(1) Kühne. Recherche des Bactéries dans les tissus des animaux, trad. Hermann. Paris, 1889.

Méthode de Kühne. — Cette méthode est très longue à appliquer, mais donne, dans certains cas, de très beaux résultats : la coupe est colorée dans le bleu de méthylène phéniqué (page 205), lavée à l'eau et traitée avec précaution par de l'acide chlorhydrique très dilué (10 gouttes d'acide pour 50 grammes d'eau). Quand l'excès de colorant est dissous, on plonge la coupe dans la solution suivante :

Solution aqueuse saturée de carbonate de lithium..	10 gouttes.
Eau distillée	10 grammes.

qui neutralise l'acide et en arrête l'action décolorante. On lave à l'eau, on enlève l'excès d'eau avec un papier-filtre et on déshydrate, non pas par l'alcool, mais par l'huile d'aniline dans laquelle on a dissous, préalablement, un peu de bleu de méthylène solide pour éviter que cette huile ne décolore par trop la préparation. Pour achever la déshydratation, il est bon de changer deux ou trois fois l'aniline. Enfin la coupe est rapidement lavée à l'aniline pure puis au xylène et montée dans le baume.

A l'examen microscopique les noyaux des cellules restent légèrement bleus et ne gênent aucunement la recherche des bactéries.

Colorations multiples. — S'il existe dans les coupes que l'on étudie des bactéries d'espèces différentes, dont les unes prennent le Gram et non les autres, on pourra appliquer tout d'abord cette méthode, avec une couleur violette par exemple, et colorer ensuite les autres bactéries ne prenant pas le Gram avec du bleu de méthylène ou de la fuschine étendue. Les tissus seront enfin colorés avec une couleur de fond, comme l'éosine ou l'acide picrique. Les méthodes à employer seront donc très nombreuses ; les principales sont celles de Gram, modifiée par Weigert et Nicolle, et celle de Kühne.

Méthode de Gram. — Les coupes sont fortement colorées avec le violet de gentiane aniliné ou phéniqué ; traitées par la solution de Lugol iodo-iodurée et décolorées par l'alcool absolu tant que ce liquide se teint encore. Les tissus sont alors colorés par l'éosine et la préparation déshydratée est montée au baume.

Méthode de Weigert. — Les coupes sont, comme dans la méthode de Gram, colorées par le violet aniliné ou phéniqué ; traitées par le liquide de Lugol, mais pour effectuer la décoloration on remplace l'alcool absolu par de l'huile d'aniline qu'on renouvelle deux ou trois fois. L'excès d'aniline est enlevé par le xylène et la préparation est montée.

Méthode de Kühne. — Après action du violet et du liquide iodo-ioduré on décolore par l'alcool saturé de fluoresceïne. Les bactéries prenant le Gram restent colorées en violet ; le fond est teinté par la couleur acide.

Méthode de Nicolle. — Cette méthode de triple coloration montre les noyaux des cellules en rouge, le fond en jaune et les bactéries prenant le Gram en violet foncé. Les coupes sont d'abord colorées dans le carmin de Orth à l'alcool, pendant un quart d'heure, puis lavées à l'eau. On pratique ensuite la méthode de Gram telle que l'a modifiée Nicolle (page 209). Après décoloration par l'alcool-acétone, on fait agir successivement de l'alcool absolu chargé d'acide picrique, de l'essence de girofle et du xylène ; la préparation est enfin incluse dans le baume.

Telles sont les principales méthodes employées en bactériologie pour mettre en évidence les bactéries contenues dans les cultures, les sécrétions normales et pathologiques, dans les tissus de l'organisme. Ces procédés sont applicables, bien entendu sauf de légères modifications, à la recherche microscopique des bactéries dans les substances les plus diverses ; dans les fromages, les boissons fermentées, etc. L'élève fera bien de se familiariser avec un petit nombre de ces méthodes qui lui suffiront dans la plupart des cas ; un peu de soin et beaucoup de pratique lui seront, sur ce sujet, plus profitables que de longues descriptions théoriques.

CHAPITRE IX

APPAREILS D'OPTIQUE, PHOTOMICROGRAPHIE CULTURES SOUS LE MICROSCOPE

I. — LOUPES ET MICROSCOPES ; MÉTHODES POUR MESURER LES DIMENSIONS DES OBJETS ET LE GROSSISSEMENT.

La loupe. — La loupe est une lentille convergente qui a pour but de donner des petits objets une image virtuelle agrandie. Le grossissement d'une loupe est le rapport qui existe entre les diamètres apparents sous lesquels on voit l'image et l'objet placés tous deux à la distance (D) de la vision distincte. En désignant par f la distance focale de la loupe, on a $G = 1 + \frac{D}{f}$. La puissance (P) d'une loupe est l'angle sous lequel on voit à travers cette loupe un objet linéaire égal à l'unité. Entre le grossissement, la puissance et la distance minimum de la vision distincte, on a la relation $P = \frac{G}{D}$.

Ces deux formules montrent que, pour une même personne, le grossissement est inversement proportionnel à la distance focale ; et qu'une même loupe sera plus puissante pour un œil myope que pour un œil hypermétrope.

La loupe sert à examiner les colonies microbiennes sous un faible grossissement ; elle est très utile pour la numération des bactéries par la méthode des plaques. Les plus commodes pour ce dernier usage sont celles qui sont employées par les photographes pour la mise au point exacte. Pour examiner les colonies nées sur un tube de gélose par exemple, on emploiera de préférence les systèmes formés par 2 ou 3 lentilles montées dans une même châsse, elles permettent de faire varier le grossissement dans des limites étendues.

Les loupes à très fort grossissement, telles que celles qui servent à la dissection fine, sont ordinairement montées sur un support à crémaillère muni d'une platine et d'un miroir pour l'éclairage de l'objet examiné. Ce dispositif bien connu, sur lequel il est inutile d'insister, est souvent désigné sous le nom de microscope simple.

Microscope composé. — L'idée d'associer deux lentilles pour obtenir un grossissement plus considérable que celui fourni par la loupe, paraît due à Hans et Zaccharias Janssen en 1600. Le microscope a été successivement modifié et perfectionné par Hooke (1665), Campani (1665), Divini (1667), par van Muschenbroeck, J. Marshall (1704), Cuff (1744), G. Adams (1771), Dellebarre (1777), C. Chevalier (1835), Oberhaüser (1860). Amici, en 1835, introduit dans la construction du microscope les lentilles *achromatiques*, dont le principe avait été indiqué en 1758 par le physicien anglais Dollond; il construit également, en 1844, les premiers objectifs à immersion; Abbe, vers 1870, perfectionne l'appareil d'éclairage de Dujardin et établit des combinaisons optiques qui ont rendu possibles les observations microscopiques à des grossissements inconnus jusqu'alors.

Tous ces perfectionnements se retrouvent à des degrés divers et plus ou moins heureusement associés dans les instruments sortant des ateliers des constructeurs actuels parmi lesquels il n'est que juste de citer : Nachet, Vérick, Carl Zeiss, Powell et Lealand, Watson, Leitz, Reichert, etc.

Tout microscope se compose de deux parties principales : la partie mécanique (stand ou statif) et la partie optique ; toutes deux sont également dignes de fixer l'attention, soit que l'on veuille acquérir un instrument d'un prix toujours élevé, soit qu'on désire tirer tout le parti de celui que l'on possède.

Le pied servant de support au microscope doit présenter une stabilité absolue. Cette condition est habituellement remplie dans les grands modèles dont la base, en forme de fer à cheval, est formée de métal massif, et dans ceux qui sont supportés par un trépied assurant à tout l'appareil une large base de sustentation. La platine servant à supporter les préparations est réunie à ce pied par une charnière ou mieux par un système à pivot portant sur deux colonnes, qui permet de donner au microscope une certaine inclinaison rendant l'observation moins fatigante. Pour les études de bactériologie, les platines les plus convenables sont celles qui permettent de déplacer la préparation dans deux directions rectangulaires, au moyen de chariots actionnés par deux vis micrométriques. Ce déplacement doit se produire avec la plus grande douceur, sans à-coup ni temps perdu. Ordinairement, les chariots sont munis chacun d'une division millimétrique et de verniers, qui permettent de repérer avec une suffisante exactitude un point intéressant d'une préparation. Les platines des grands modèles sont généralement montées à rotation autour de l'axe optique ; cette disposition, surtout utile pour les minéralogistes, peut présenter quelques avantages, par exemple, pour le dessin des préparations; il est seulement regrettable que dans aucun modèle, il n'existe de dispositif simple permettant de ramener et de fixer dans une position invariable cette platine tournante, ce qui rend un peu illusoire le repérage dont nous parlions quelques lignes plus haut.

Sous la platine se trouvent disposés les appareils destinés à l'éclairage de la préparation. Ce sont :

1° un miroir, plan d'un côté, concave de l'autre, mobile en tous sens et permettant de diriger, sous une incidence quelconque, la lumière du jour ou provenant d'une source artificielle;

2° un porte-diaphragmes destiné à rétrécir ou élargir à volonté le faisceau lumineux réfléchi par le miroir; dans presque tous les bons modèles, il existe un *diaphragme-iris* monté à rotation et susceptible d'être décentré au moyen d'une crémaillère et d'un pignon ;

3° un collier destiné à recevoir le condensateur de lumière; on peut également y adapter divers appareils accessoires, tels que spectroscope, diaphragmes cylindriques, appareils de polarisation, etc. Ce collier est ordinairement maintenu dans la direction de l'axe optique du microscope ; quelquefois il est muni de vis de rappel qui permettent de le décentrer légèrement par rapport à cet axe.

Le miroir, le diaphragme-iris et le collier porte-condensateur sont souvent montés solidairement sur une même pièce métallique qu'une crémaillère ou une vis à écrou permet d'approcher plus ou moins près de la platine.

Au-dessus de cette platine se trouve disposé le tube supportant les objectifs et les oculaires. Il est formé en réalité de deux tubes, de diamètres légèrement différents, coulissant l'un dans l'autre à la façon des tubes de lunettes d'approche, ce qui permet d'en faire varier la longueur dans d'assez grandes limites. La surface intérieure de ce tube est bien noircie pour éviter les réflexions de la lumière sur les parois, il porte un diaphragme destiné à délimiter nettement le champ de l'objectif. Son bord inférieur doit porter le pas de vis, dit universel, de la Société de microscopie de Londres. Ce tube peut se déplacer, pour la mise au point, perpendiculairement à la platine. Dans les microscopes bactériologiques, et en général dans les microscopes devant supporter des objectifs puissants, à très courte distance frontale, ce déplacement est effectué mécaniquement et en deux temps. Une crémaillère et un pignon permettent tout d'abord un mouvement rapide ; ce système doit être très doux à mouvoir tout en étant assez serré pour que le tube chargé d'un oculaire, d'un ou de plusieurs objectifs, quelquefois d'un micromètre ou autre accessoire, ne puisse glisser spontanément. Une vis micrométrique agissant sur un levier ou autrement, sert à parfaire la mise au point. Cette vis micrométrique doit être *irréprochable*, elle doit se mouvoir sans à-coup ni temps perdu, elle doit tourner dans son écrou avec la plus grande douceur. On doit rejeter sans hésitation un instrument dont la vis micrométrique de mise au point ne serait pas parfaite ; agir autrement serait s'exposer à se fatiguer la vue, à détériorer des préparations précieuses ou les lentilles frontales d'objectifs de grande valeur. Le bouton molleté formant la tête de la vis micrométrique est souvent muni d'une graduation faisant connaître, en fractions de millimètre, le déplacement vertical imprimé à l'instrument. Cette disposition, utile pour mesurer les faibles épaisseurs ou pour déterminer les indices de réfraction par la méthode du duc de Chaulnes, n'est pas indispensable.

Condensateur de lumière. — Lorsqu'on se sert d'objectifs puissants à grande ouverture et surtout d'objectifs à immersion, l'emploi d'un condensateur de lumière s'impose. Ce condensateur est un système de lentilles que l'on place sous la platine, dans le collier *ad hoc* indiqué plus haut, et qui a pour but de former avec les rayons parallèles que lui envoie le miroir plan, un cône lumineux dont l'angle au sommet, très ouvert, est occupé par l'objet qu'on examine ; celui-ci se trouve alors très fortement éclairé. Le meilleur résultat est obtenu quand l'angle du cône lumineux formé par le condensateur est supérieur à l'angle d'ouverture de l'objectif employé. Le condensateur le plus répandu est celui de Abbe ; il se compose de trois ou quatre lentilles serties dans une même monture, donnant un cône dont l'ouverture numérique varie de 1,30 à 1,40. La lentille supérieure se présente par sa face plane, ce qui permet de l'approcher très près de la préparation ; dans certaines recherches même, on peut être amené à interposer une goutte d'huile entre cette lentille et le porte-objet d'une part, entre le couvre-objet et la frontale de l'objectif d'autre part; la préparation est alors noyée dans un milieu homogène, c'est-à-dire que la perte de lumière résultant des réflexions et réfractions accidentelles est réduite au minimum. Dans d'autres cas, pour la photomicrographie par exemple, le condensateur de Abbe serait avantageusement remplacé par un système de lentilles mieux achromatisé.

Objectifs et oculaires achromatiques. — Le choix des objectifs est toujours délicat, attendu qu'il est fort difficile, à moins d'être un physicien émérite et de posséder une installation spéciale, de vérifier soi-même les alléchantes qualités qui accompagnent d'ordinaire et justifient sur les catalogues le prix élevé de ces instruments. Mais comme en définitive le meilleur objectif est celui qui répond le mieux aux besoins du micrographe, celui qui, pour un grossissement donné, permet de voir le plus de détails, qui donne le plus de finesse, le plus de lumière, celui qui est le plus pénétrant et le mieux achromatisé pour toutes les régions du spectre, et qui présente une aberration de sphéricité minimum, la meilleure façon d'apprécier la valeur d'un objectif est encore de s'en servir et d'examiner avec lui des *test-objets* familiers, longuement étudiés au préalable avec des objectifs d'une valeur reconnue. Les test-objets les plus employés sont des carapaces siliceuses de diatomées, débarrassées de leur endochrome par un lavage à l'acide nitrique suivi d'une calcination. Les tests sont vendus tout préparés et montés dans le baume de Canada ou dans un mélange de baume et de naphtaline monobromée. Le *Pleurosigma angulatum*, le *Surirella gemma* et l'*Amphipleura pellucida*, sont surtout à recommander; la fine structure du dernier ne peut guère être démontrée qu'avec les meilleurs objectifs à immersion homogène.

Nous n'insisterons pas sur les objectifs achromatiques; il suffit, pour les besoins habituels de la bactériologie, d'en posséder un à très faible grossissement pour parcourir rapidement une coupe par exemple, et un autre, à fort pouvoir amplifiant, bien corrigé pour l'épaisseur moyenne des couvre-objets que l'on emploie habituellement ou mieux, possédant une bague à vis spéciale, permettant d'effectuer cette correction extemporanément.

Les objectifs dits à immersion, indispensables pour les recherches bactériologiques, sont construits de telle sorte qu'on peut interposer une goutte liquide entre le couvre-objet et la frontale de l'objectif. Le sertissage de cette frontale est tel qu'il n'y a pas à craindre de voir le liquide d'immersion pénétrer par capillarité entre les lentilles de l'objectif. Les liquides les plus employés sont l'eau pour les systèmes à immersion aqueuse et l'huile pour les systèmes à immersion homogène. Les avantages de l'immersion sont évidents ; elle évite, d'une part, la réflexion de la lumière sur la face inférieure de la frontale et, d'autre part, en empêchant les rayons émanés de l'objet de se réfracter et de se disperser dans l'air, elle fait entrer dans l'objectif une plus grande quantité de lumière. Avec l'immersion à l'huile, dite homogène parce que les indices de réfraction du verre et de l'huile sont presques identiques, ces avantages sont portés au maximum et l'épaisseur du couvre-objet n'a plus aucun inconvénient ; mais l'huile, qui est ordinairement de l'huile de cèdre épaissie, salit les préparations et les lentilles et oblige à les nettoyer au xylène ou à l'alcool. C'est pourquoi bien des personnes, ayant à examiner rapidement de nombreuses préparations, préfèrent se servir de l'immersion à l'eau distillée qui n'a aucun de ces petits inconvénients, mais cependant nécessite une correction pour l'épaisseur du couvre-objet.

Avec les objectifs achromatiques secs ou à immersion, on emploie généralement les oculaires d'Huyghens. Ces oculaires sont de construction très simple et leur prix peu élevé permet d'en avoir un grand nombre, de pouvoir amplifiant différent. Cependant il est bon de savoir que lorsqu'on veut obtenir de forts grossissements, il est infiniment préférable d'employer des objectifs forts et des oculaires relativement faibles plutôt que la combinaison inverse. Les constructeurs continentaux établissent presque tous leurs objectifs et leurs oculaires pour une longueur de tube égale à 16 centimètres. On peut toutefois, quand on veut obtenir un grossissement plus considérable, allonger le tube autant que possible, mais il faut se rappeler qu'en opérant ainsi l'augmentation de grossissement est obtenue aux dépens de la clarté et de la netteté de l'image.

Objectifs apochromatiques. — Ces objectifs sont caractérisés par un achromatisme aussi parfait que possible et la correction presque complète des aberrations de sphéricité, pour des rayons de couleur différente. Il en résulte que l'aberration chromatique est aussi bien compensée dans la région marginale qu'au centre de l'objectif et que, quelle que soit la source de lumière employée, blanche ou colorée, la netteté de l'image reste toujours la même. La composition très particulière des verres à haut indice de réfraction qui entrent dans leur construction, permet de leur donner une ouverture infiniment supérieure à celle des achromatiques ordinaires, tout en leur conservant une assez grande distance frontale. Ils sont particulièrement utiles pour l'observation des objets colorés, et surtout pour la photomicrographie.

Avec les objectifs apochromatiques, on emploie des oculaires spéciaux, dits oculaires-compensateurs, parce qu'ils ont la propriété de ramener aux mêmes dimensions et de superposer les images encore quelque peu colorées fournies par l'objectif. Lorsqu'on fait usage de ces instruments, il faut avoir soin de donner exactement au tube du microscope la longueur pour laquelle ils ont été établis.

Presque tous les constructeurs munissent leurs objectifs du pas de vis adopté par la Société de microscopie de Londres (*universal-screw*), ce qui permet d'adapter à un même statif n'importe quel objectif. Il n'en est malheureusement pas de même pour les oculaires.

Au cours d'une observation microscopique, on a souvent besoin, pour faire varier le grossissement, de remplacer un objectif par un autre ; or, rien n'est aussi désagréable lorsqu'on a relevé le tube, placé le nouvel objectif et remis au point, que de s'apercevoir qu'on a perdu de vue le point intéressant. Les revolvers porte-objectifs et surtout les changeurs à coulisse, centrables une fois pour toutes, permettent au contraire d'opérer la substitution beaucoup plus rapidement et sans déranger quoi que ce soit.

La lumière du jour est certainement la plus agréable pour les travaux au microscope ; c'est elle qui altère le moins la couleur des objets. Malheureusement elle est fort inconstante, surtout l'hiver, et l'on ne dispose pas toujours d'une orientation convenable. On est donc bien souvent forcé de recourir aux sources de lumière artificielle. Les plus satisfaisantes sont : la lumière du gaz carburé par des vapeurs de naphtaline dans des brûleurs spéciaux (*albo-carbon*), la lumière émise par les manchons de terres rares portés à l'incandescence et enfin à défaut de gaz, la lumière d'une forte lampe à pétrole dans laquelle on ajoute une petite quantité de camphre.

Pour faire une observation microscopique avec un objectif à immersion, voici quelques conseils très terre à terre que l'élève traitera sans doute de puérils, mais qu'il fera bien de suivre quand même s'il tient à ses préparations, à ses objectifs et surtout s'il veut observer convenablement.

La préparation étant disposée sur la platine du microscope, on y dépose avec une aiguille de verre une très petite goutte d'huile de cèdre et l'on abaisse l'objectif au moyen du pignon à crémaillère jusqu'à produire l'immersion; redoublant alors de précaution, on continue d'abaisser l'objectif jusqu'à ce que la frontale, qu'il ne faut pas perdre de vue un seul instant, touche *presque* le couvre-objet. On met à ce moment l'œil sur l'oculaire et l'on éclaire *grosso modo* la préparation en manœuvrant le miroir, la manette du diaphragme-iris et l'appareil condensateur. On relève, ensuite, doucement le corps du microscope jusqu'à ce que l'on distingue quelque chose et l'on achève la mise au point à l'aide de la vis micrométrique. Il faut maintenant revenir au miroir, au diaphragme et au condensateur pour parfaire l'éclairage, puis à la vis micrométrique pour voir si rien n'est dérangé dans la mise au point; c'est seulement à ce moment que commence l'observation. Du reste, avec un peu de pratique, ces diverses opérations, en apparence compliquées, se font très rapidement et sans qu'on en ait pour ainsi dire conscience.

Mesure du grossissement et des objets microscopiques. — Les constructeurs indiquent généralement le grossissement de leurs systèmes optiques pour une longueur de tube déterminée. Le moyen le plus pratique pour le mesurer soi-même, est de dessiner à la chambre claire les divisions d'un micromètre objectif (1 millimètre divisé en 100 parties égales), observé avec le système objectif-oculaire dont on veut connaître le pouvoir amplifiant. Supposons qu'une division du dessin mesure $9^{mm},5$, le grossissement linéaire du système est égal à 950.

Il existe plusieurs méthodes pour déterminer les dimensions des objets microscopiques qu'on examine :

1° on dessine cet objet à la chambre claire, ou mieux, comme le fait Roux, on le photographie; puis, sans changer rien au système optique, on recommence la même opération avec un micromètre objectif. Il suffira de comparer les deux dessins ou les deux clichés pour connaître exactement la longueur cherchée; ce procédé donne, on le voit, en même temps, le grossissement;

2° on observe l'objet à l'aide d'un micromètre oculaire étalonné une fois pour toutes et on lit directement le nombre de divisions de ce micromètre occupé par l'image. Pour étalonner le micromètre oculaire, on le compare à un micromètre objectif. Supposons que, avec l'objectif utilisé, 10 divisions du micromètre oculaire correspondent à 1 division et demie du micromètre objectif et que dans les mêmes conditions l'objet examiné occupe 3 divisions du micromètre oculaire, sa dimension réelle sera égale à $\frac{0^{mm},015 \times 3}{10} = 0^{mm},0045$, soit 4 μ 5 (l'unité de longueur adoptée en micrographie est désignée par la lettre μ et est égale à un millième de millimètre);

3° enfin, si les dimensions de l'objet sont plus grandes que celles du champ, on peut le mesurer très approximativement en employant un oculaire à réticule et en mesurant sur les règles à vernier de la platine mobile, le déplacement qu'il a fallu imprimer à l'objet pour faire successivement coïncider ses deux extrémités avec le point de croisement des fils du réticule.

II. — Photomicrographie.

La photographie est incontestablement le procédé le plus fidèle pour la reproduction des images fournies par le microscope. Bien que Pasteur (1) l'ait employée dès 1870 dans ses recherches sur les corpuscules de la pébrine et qu'elle fut depuis longtemps en honneur parmi les autres branches des sciences naturelles, elle ne devint que vers 1877, sous les auspices de R. Koch (2), l'auxiliaire précieux de la bactériologie.

Elle permet d'introduire, dans les mémoires originaux, des reproductions agrandies de préparations microscopiques, avec un cachet d'exactitude et d'authenticité que ne peut présenter le dessin à vue ou même à la chambre claire. Il ne faut pas oublier non plus que la plaque sensible est impressionnée par des radiations que l'œil est incapable de percevoir, et qu'ainsi bien des détails qui auraient passé inaperçus à l'examen direct d'une préparation apparaissent nettement sur un phototype bien fait.

L'obtention d'épreuves irréprochables (elles sont rares) nécessite, outre la connaissance des procédés photographiques, une grande habileté manuelle, beaucoup de temps et de patience et surtout une installation instrumentale parfaite. Cette installation se compose en principe d'une chambre que l'on peut rendre obscure au moyen de volets ou de stores, dans laquelle on dispose sur un même axe: 1° une puissante source de lumière; 2° un condensateur destiné à projeter sur l'objet à photographier les rayons issus de cette source;

(1) Pasteur. Études sur les maladies des vers à soie, 1870.
(2) R. Koch. *Cohn's Beitrage z. Biol. d. Pflanzen*, II, p. 399. — *Mitth. aus dem Kais. Gesundheitsamte*, 1881, I.

3° un microscope supportant la préparation; 4° une chambre noire photographique munie, à l'une de ses extrémités, d'un dispositif permettant de la raccorder avec le microscope et, à l'autre extrémité, d'une glace de verre dépoli pouvant être remplacée par une plaque sensible au gélatinobromure d'argent.

Les nombreux appareils photomicrographiques que l'on trouve dans le commerce ne diffèrent entre eux que par l'agencement de ces pièces indispensables, et par les commodités qu'ils présentent pendant la longue manipulation qui précède l'obtention du cliché. Il nous est impossible d'entrer ici dans les détails et de donner des descriptions d'appareils qu'on trouvera dans les mémoires et ouvrages signalés à la fin de ce paragraphe ainsi que dans les catalogues des constructeurs. Disons seulement qu'on doit se méfier des appareils très compliqués montés sur de longues tringles de fer, entrant en vibration sous le moindre ébranlement, avec lesquels on ne peut avoir que des déboires. Pour le travail courant, pour la microphotographie extemporanée, les appareils disposés verticalement et de petites dimensions sont préférables aux appareils horizontaux à tirage énorme qui obligent l'opérateur à prendre des attitudes bizarres et fatigantes.

Dans le grand modèle horizontal que Miquel a fait construire en 1880 pour l'Observatoire de Montsouris, un prisme à réflexion totale, mobile à volonté, permet d'observer directement la préparation en même temps que son image va se former sur le verre dépoli.

La photographie des bactéries en cultures pures, étalées sur couvre-objet, donne facilement de jolis clichés, étant donnée l'extrême minceur de la préparation; au contraire, les préparations d'exsudats, de coupes, beaucoup plus épaisses, produiront souvent des clichés flous, car il est impossible de mettre simultanément au point tous les plans superposés dont elles sont formées. Il est difficile de photographier directement les petites espèces bactériennes, à cause de leur petitesse qui donne lieu à des franges de diffraction, détruisant toute netteté et aussi à cause de leur indice de réfraction très voisin de celui du médium aqueux qui les contient; aussi doit-on préalablement les fixer sur lamelle et les colorer avec les couleurs d'aniline selon la technique exposée plus haut.

Ici encore, une difficulté d'ordre photographique se présente; si l'on fait agir la teinture brutalement, longtemps et surtout si l'on fait usage des teintures rouges, les bactéries très fortement colorées sont complètement opaques pour la lumière, tout à fait inactiniques et ne se distinguent sur le cliché que par un simple phénomène de contraste. On n'en voit, en un mot, que la projection, les contours; ce qui est du reste suffisant lorsqu'on a seulement en vue de représenter leur forme extérieure ou leur mode de groupement. Au contraire, lorsque les objets sont peu colorés, très transparents, c'est-à-dire dans de bonnes conditions pour être bien observés, ou bien encore lorsqu'ils sont colorés en bleu ou en violet et ce cas se présente souvent dans l'étude des bactéries, le contraste dont nous venons de parler n'existe plus; la lumière impressionne uniformément la plaque sensible, tout se voile au développement et l'image des bactéries n'apparaît que faiblement ou pas du tout.

On peut, cependant, obtenir de bons clichés avec des bactéries teintes de couleurs quelconques; mais il faut pour cela faire usage de plaques orthochromatiques, et interposer sur le trajet des rayons lumineux des écrans transparents de verre ou de gélatine, colorés eux-mêmes de teintes convenables. Pour les bactéries colorées habituellement en bleu, en rouge ou en violet, les écrans jaunes ou verts donnent les meilleurs résultats bien qu'ils augmentent dans une proportion considérable la durée de la pose.

Comme il est assez difficile d'apprécier avec exactitude et à l'avance le temps de pose nécessaire, on se trouvera bien d'employer, pour le développement, des révélateurs tels que l'acide pyrogallique ou l'amidol qui permettent dans une certaine mesure la correction des écarts de pose.

On cherche, généralement, à obtenir en une seule fois les photographies de bactéries à un grossissement de 1000 à 1200 diamètres. On y arrive en employant les objectifs à immersion et surtout les apochromatiques, combinés avec les oculaires compensateurs ou mieux avec les oculaires dits « à projection » qui permettent de réduire à une faible longueur le tirage de la chambre noire.

Ces grossissements énormes nécessitent, on le conçoit, une source de lumière très intense, laquelle est, dans certains cas, la lumière solaire dirigée par un héliostat, et plus ordinairement la lumière oxhydrique ou électrique ou celle d'une forte lampe à pétrole. Dans tous les cas, si l'on n'a pas soin d'absorber les rayons calorifiques, par une cuve d'alun par exemple, la préparation court de grands risques d'être détériorée par la chaleur intense que le condensateur concentre sur elle, surtout si la durée de la pose est longue. Il est permis de se demander s'il ne serait pas préférable, au moins pour le travail journalier, de faire d'abord un cliché à faible grossissement, mais très net, en employant comme système optique l'objectif seul et une petite chambre noire s'adaptant dans le tube du microscope à la place de l'oculaire (Fabre-Domergue), puis ensuite d'agrandir à loisir ce petit cliché, suivant les méthodes ordinaires.

Le lecteur trouvera des renseignements plus détaillés sur le microscope et la photomicrographie dans les mémoires et publications de Peragallo (1), Czapsky (2), Miquel (3), Moitessier (4), Koch (5), Sternberg (6), Crookshank (7), Roux (8), Francotte (9), Bonsfield (10), Maddox (11), Capranica (12), Neuhauss (13), Fabre-Domergue (14), Fränkel et Pfeiffer (15), Itzerott et Niemann (16), Dr Van Heurck (17), Dr Viallanes (18), etc.

III. — Cultures sous le microscope.

Les cultures sous le microscope ont pour but, de suivre pas à pas les différents stades du développement des bactéries semées dans les milieux les plus divers, à l'abri ou au contact de l'air, à température plus ou moins élevée.

Les petits récipients destinés à contenir ces cultures sont portés

Fig. 106.
Porte-objet creusé d'une cupule.

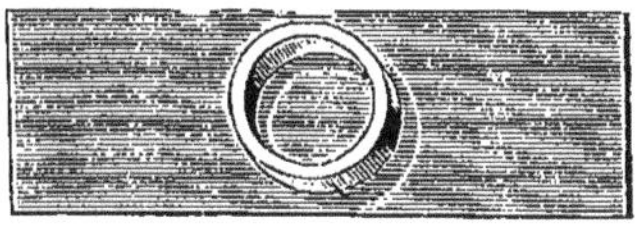

Fig. 107.
Cellule de Van Tieghem et Lemonnier.

Fig. 108.
Bague de verre.

par une lame de verre porte-objets et ont reçu le nom de *cellules*. Leur première qualité doit être une facile stérilisation.

---

(1) Peragallo. *Annales de Micrographie*. 1891-92. IV, p. 585.
(2) Czapski. *Zeitschr. f. Wissensch. Mikr. und f. Mikr. Tech.*, VIII, p. 145.
(3) Miquel. Comp. rend. de l'Exposition de Microscopie d'Anvers. Paris, 1892.
(4) Moitessier. La Photographie appliquée aux recherches micrographiques. Paris, 1866.
(5) Koch. *Cohn's Beitrage zur Biologié der Pflanzen*, 1877. — *Mittheilungen aus dem Kais. Gesundheitsamte*, I.
(6) Sternberg. Manual of Bacteriology, p. 101. New-York, 1893.
(7) Crookshank. Manuel pratique de Bactériologie, p. 232. Paris, 1886.
(8) E. Roux. *Annales de l'Institut Pasteur*, 1887, I, p. 206.
(9) Francotte. Conférence sur la microphotographie. Bruxelles, 1888.
(10) Bonsfield. *Annales de Micrographie*, 1888, I, p. 71.
(11) Maddox. *Annales de Micrographie*, 1888, I, p. 145.
(12) Capranica. *Zeitschrift für Wissenschaft. Mikroscopie*, 1889, VI, p. 1-18.
(13) R. Neuhauss. Lehrbuch der Mikrophotographie. Brunswick, 1890.
(14) Fabre-Domergue. *Annales de Micrographie*, 1891-92, IV, pp. 288 et 569.
(15) Fränkel et Pfeiffer. Atlas. Berlin, 1889-91.
(16) Itzerott et Niemann. Atlas, trad. par S. Bernheim. Paris, 1895.
(17) Van Heurck. Le Microscope, p. 215. Anvers, 1891.
(18) Viallanes. La Photographie appliquée aux études d'anatomie microscopique. Paris, 1886.

Les cellules les plus simples sont formées par un porte-objet un peu épais, creusé d'une cupule sphérique en son milieu (fig. 106). Sur une lamelle stérilisée, on dépose une goutte de bouillon ou de gélatine liquéfiée, qu'on ensemence très légèrement au fil de platine. Cette lamelle maintenue par une petite pince est retournée vivement, de façon que la goutte occupe maintenant le centre de sa face inférieure et on l'applique au-dessus de la cupule creusée dans le porte-objet. Pour éviter l'accès des germes étrangers, on interpose entre les bords de la lamelle et la lame, une mince couche de vaseline; pour plus de sûreté, on peut sceller les bords de la lamelle avec de la paraffine. Ce procédé est très simple; il n'a qu'un inconvénient; c'est que la goutte pendante affecte, surtout quand elle est liquide, une forme convexe qui ne permet de l'observer que sur les bords; de plus, cette goutte liquide peut se déplacer.

Ces inconvénients sont en partie supprimés si l'on emploie la cellule de Ranvier, bien connue des histologistes. La goutte liquide bien maintenue entre deux lames à faces parallèles se prête beaucoup mieux à l'observation.

Une cellule très commode contenant un volume d'air relativement grand et formant en même temps chambre humide s'opposant à l'évaporation du milieu nutritif, a été employée par Van Tieghem et Lemonnier (1) dans leurs recherches sur les mucorinées. Cette cellule a été également utilisée par Hansen pour la séparation et la culture des levures. Elle se compose d'une bague de verre épais, coupée bien droit et parfaitement rodée sur ses faces supérieure et inférieure (fig. 108). Cette bague, collée par un ciment convenable sur un porte-objet ordinaire, est stérilisée par un passage rapide dans la flamme; on dispose quelques gouttes d'eau stérile dans la cavité cylindrique qu'elle délimite et on la recouvre d'une lamelle portant la gouttelette nutritive sur sa face inférieure, en ayant soin d'interposer une très légère couche de vaseline entre cette lamelle et le bord rodé de la bague. Bien entendu, on peut utiliser cette cellule, comme la simple cupule décrite plus haut, à la culture des bactéries dans les milieux liquides ou solides ensemencés par dilution, par stries ou autrement.

La cellule de Van Tieghem et Lemonnier se prête aisément à la culture dans un courant de gaz quelconque; il suffit pour cela de percer la bague de deux petits orifices à l'extrémité d'un même diamètre et d'y adapter par un raccord rodé et vaseliné deux

---

(1) Van Tieghem et Lemonnier. *Annales des Sciences naturelles*, 1873, XVII.

tubes abducteurs par lesquels arrive et s'élimine le gaz choisi pour l'expérience (fig. 109).

MIQUEL (1) a employé pour l'étude des microphytes de l'air et des eaux plusieurs modèles de cellules ayant quelque analogie avec la cellule de VAN TIEGHEM et LEMONNIER, et s'adaptant au mieux sur son modèle de microscope coudé horizontal photomicrographique.

Les cultures en cellules doivent être effectuées à une température se rapprochant autant que possible de la température eugénésique des organismes étudiés. Ce desideratum est atteint par l'emploi de platines chauffantes, véritables étuves s'adaptant sur la platine du microscope et entretenues au degré de chaleur convenable par une petite veilleuse ou un récipient rempli lui-même d'eau chaude et réglé par un régulateur. Il nous suffira ici de citer les platines chauffantes de RANVIER et de VIGNAL; il existe aussi des

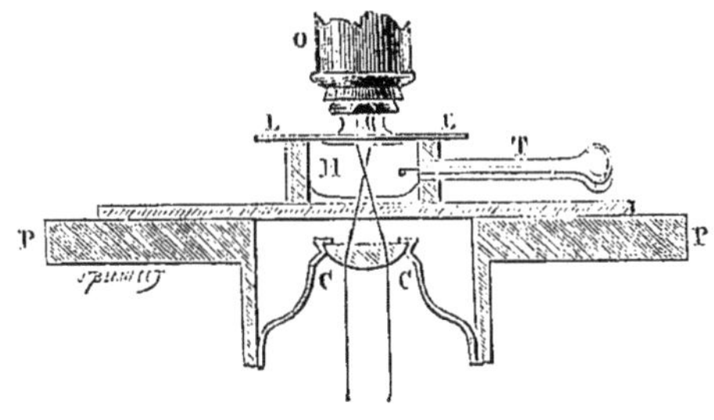

Fig. 109.
Cellule-chambre humide disposée sur la platine du microscope.

armoires-étuves renfermant à la fois le microscope et la préparation; ne laissant émerger que l'oculaire et les vis de mise au point. Ces derniers appareils risquent de détériorer les objectifs si, par accident, leur température s'élève au-dessus de 45°.

Dans bien des cas, il suffit, entre deux observations, de transporter la cellule dans une étuve ordinaire du laboratoire pour la maintenir à température convenable.

(1) MIQUEL. Les organismes vivants de l'atmosphère, p. 119. Paris, 1883, et *Annuaires de l'Observatoire de Montsouris*, pour les années 1892 et 1893.

DEUXIÈME PARTIE

BACTÉRIES PATHOGÈNES

CHAPITRE PREMIER

MICROCOQUES PATHOGÈNES

Les bactéries sphériques et ovoïdes capables de déterminer des troubles profonds dans l'économie animale sont, déjà, assez nombreuses pour faire l'objet d'un groupement spécial permettant de les séparer des bacilles et des autres microorganismes jouissant, comme elles, de propriétés pathogènes. Sans attacher une grande importance aux caractères, souvent précaires, qui séparent les microcoques des bacilles, nous avons pensé que, pour nous conformer à la classification que nous avons adoptée, nous devions conserver les grandes divisions admises actuellement par la plupart des bactériologistes et indiquées dans le chapitre I de la première partie de ce livre. Mais, qu'il s'agisse de bactéries pathogènes, zymogènes, chromogènes ou vulgaires, la division en trois ou quatre classes, basée uniquement sur les caractères morphologiques des espèces, constitue des sections encore si vastes, qu'on ne saurait aborder la description des microbes qui en font partie sans réunir, dans autant de paragraphes particuliers, les bactéries proches parentes ou voisines par leurs propriétés et leurs effets. Il paraît également utile de mentionner, après les espèces dont l'existence est reconnue de tous et qu'on doit considérer comme des espèces-types, les bactéries qu'on a pu confondre avec elles et qui en ont l'aspect sans en posséder tous les caractères. L'histoire de ces pseudo-bactéries ne saurait rationnellement, suivant nous, être éloignée des bactéries dont elles ont l'apparence trompeuse.

I. — Septicémies hémorrhagiques

Le nom de *septicémies hémorrhagiques* a été donné par Hueppe à un groupe de maladies infectieuses graves, sévissant sur les animaux domestiques et sauvages. Les agents figurés de ces affections s'offrent, habituellement, sous la forme de cellules microscopiques rondes ou ovales qu'on trouve dans les tissus, les organes, les sécrétions et les déjections des animaux infestés. Le microbe du choléra des poules peut être cité comme l'un des types les mieux connus de ces agents pathogènes.

Les caractères biologiques et morphologiques des microcoques des septicémies hémorrhagiques sont peu saillants et peu variés, aussi, éprouverait-on souvent une grande difficulté à les distinguer les uns des autres, si on négligeait l'étude des effets pathogènes qu'ils provoquent et des formes cliniques des diverses maladies qu'ils engendrent.

Les septicémies hémorrhagiques peuvent s'observer chez les poules, les canards, les oiseaux de volière et les oiseaux sauvages, chez les lapins, les furets, les bovidés, le porc, etc. Ces affections éclatent parfois soudainement, sans causes apparentes, dans les parcs d'élevage et dans les fermes qu'elles déciment et deviennent, par là, le point de départ de pertes considérables, se chiffrant annuellement, dans tous les pays, par plusieurs millions de francs.

Choléra des poules.

Syn. : *Micrococcus choleræ gallinarum* ; fowl-cholera ; Geflügelcholera.

Cette affection contagieuse et virulente, décrite depuis longtemps par les vétérinaires, n'a été l'objet de recherches bactériologiques que vers 1878. A cette époque, Semmer (1) et Perroncito (2) signalèrent dans le sang des poules mortes de cette maladie un microbe en granulations arrondies, isolées ou géminées. Deux ans plus tard,

(1) Semmer. *Deutsche Zeitschrift für Thiermed.*, 1878, III.
(2) Perroncito. *Annali della R. Acc. di Agric. di Torino*, 1878, XXI.

Toussaint (1) retrouva le même microorganisme et parvint à le cultiver dans l'urine. Vers la même époque, Pasteur (2) entreprit également l'étude du choléra des poules, en fit l'histoire complète et arriva à démontrer, pour la première fois, qu'il était possible d'atténuer la virulence d'un microbe et de conférer l'immunité avec les espèces atténuées qui en proviennent. Cette expérience a été l'origine de toutes les recherches qui ont suivi sur la fabrication artificielle des vaccins et la sérothérapie.

Symptômes cliniques et lésions organiques. — La marche du choléra des poules peut être foudroyante, aiguë ou chronique.

Dans la forme *foudroyante*, les poules succombent dans un espace de temps variant de 2 à 5 heures. L'animal, abattu et somnolent, recherche les lieux obscurs et frais, s'y tient immobile, les ailes écartées et tombantes, ses plumes se hérissent, l'animal se met *en boule*. La température de son corps s'élève à 43°-43°,5, sa crête devient violacée; un mucus filant s'écoule de son bec, puis il tombe et meurt après quelques convulsions.

Dans la forme *aiguë*, les symptômes qui viennent d'être indiqués se déroulent avec plus de lenteur. L'animal perd sa vivacité et devient triste; sa marche est traînante; il refuse les aliments solides et recherche au contraire les boissons; ses plumes se hérissent; une diarrhée survient, d'abord excrémentitielle, elle ne tarde pas à devenir bientôt sanguinolente et mousseuse mêlée à des substances ayant l'aspect du blanc d'œuf cuit. La faiblesse s'accentue; la respiration devient difficile; l'animal ne marche qu'en titubant; sa crête cyanosée est presque noire; ses extrémités se refroidissent; enfin, la poule prise de mouvements convulsifs meurt en poussant un cri. Dans la forme aiguë, la maladie dure de 24 heures à 60 heures.

Dans la forme *chronique*, l'animal maigrit, se cachectise et meurt épuisé au bout de quelques semaines.

A l'autopsie, on trouve la peau marbrée par du purpura; la muqueuse de l'intestin congestionnée offre des taches ecchymotiques; le foie est volumineux et friable; la rate est tuméfiée et parfois normale. Les poumons sont congestionnés, pourvus de foyers de pneumonie catarrhale, les plèvres se montrent tapissées par un exsudat séro-fibrineux. Le péricarde est distendu par un épanchement clair, jaunâtre, qui se prend en masse gélatineuse au contact de l'air.

(1) Toussaint. *Comp. rend. de l'Académie des Sciences*, 1880, XC, p. 428.

(2) Pasteur. *Comp. rend. de l'Académie des Sciences*, 1880, XC, pp. 239, 952 et 1030 et XCI, p. 673.

Le cœur a une teinte lavée, son muscle est mou et friable; le sang qu'il renferme est noir et coagulé; des bactéries ovoïdes se rencontrent dans tous les tissus, dans les divers exsudats et surtout dans la substance de la rate et du rein.

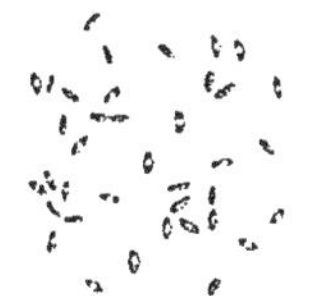

Fig. 110. Microbe du choléra des poules.

Morphologie. — La bactérie du choléra des poules apparaît dans les tissus et le sang des animaux sous la forme de microcoques elliptiques immobiles de 1 μ de longueur sur 0,3 à 0,4 μ de largeur; dans les cultures artificielles elle perd sa forme allongée et se montre en cellules rondes isolées ou associées par paires. Quelques auteurs la considèrent comme un bacille.

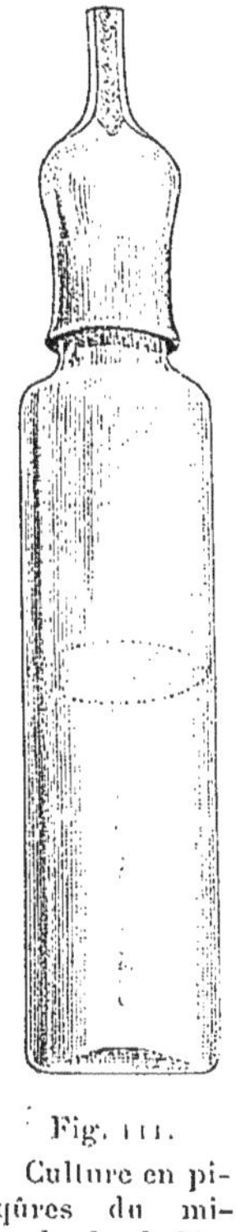

Le microbe du choléra des poules est aérobie, il prend aisément les diverses couleurs d'aniline, surtout aux deux pôles opposés (fig. 110) tandis que sa partie centrale reste claire. Il ne se colore ni par la méthode de GRAM, ni par celle de WEIGERT.

Les *bouillons* divers : de bœuf, de veau, de poule, neutres ou légèrement alcalins, maintenus à 37° se troublent en 12-24 heures sous l'influence de ce microbe; plus tard, ces liquides s'éclaircissent et il se forme au fond des vases un dépôt pulvérulent.

Ensemencé sur *gélatine*, ce microcoque y donne au bout de 3 jours de petites colonies blanches qui s'étalent en disques jaunâtres, à contour irrégulier, quand elles sont superficielles (fig. 112). Ensemencé par piqûre, il se forme un clou maigre formé d'agrégats de colonies sphériques (fig. 111). Ensemencé en strie, on voit apparaître sur le trajet suivi par le fil de platine, une bande étroite, d'abord transparente devenant ultérieurement opaque. La gélatine n'est jamais liquéfiée.

Fig. 111. Culture en piqûres du microbe du choléra des poules.

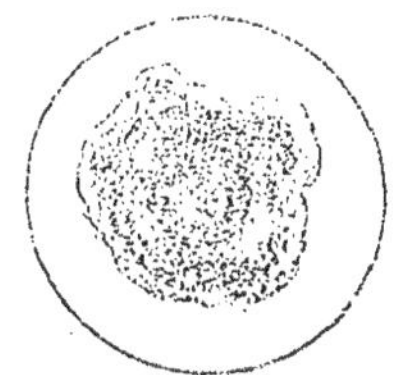

Fig. 112. Colonie superficielle fortement grossie du microbe du choléra des poules.

Sur *gélose* et sur *sérum* de sang gélatinisé, la bande formée est mince et d'un blanc brillant. Le *lait* est coagulé. Les cultures sur la *pomme de terre* n'ont rien de caractéristique, elles sont constituées par un enduit jaunâtre, mince, d'aspect cireux.

Propriétés biologiques. — La dessiccation tue rapidement la bactérie du choléra des poules. La température humide de 58° prolongée pendant quelques minutes la détruit sans retour. Elle résiste, de même, assez faiblement à l'action des antiseptiques : les acides minéraux à 1 : 200 et l'acide phénique à 1 : 100 la tuent promptement. SALMON (1) a trouvé qu'elle résistait à l'action des liquides chargés de 20 p. 100 d'alcool et de 2 p. 100 d'acide borique.

Les cultures du microbe du choléra des poules exposées au contact de l'air perdent promptement leur virulence qui se conserve, au contraire, plus longtemps à l'abri de cet élément et de la lumière. Ce microbe porté dans l'eau distillée peut continuer à y vivre sans perdre sa virulence pendant 8 jours; dans l'eau ordinaire il se conserve pendant un mois et dans la terre humide pendant plusieurs mois.

En dehors d'un peu d'indol et de phénol dont on constate la présence dans les bouillons où l'on cultive le microbe du choléra des poules, PASTEUR a constaté qu'il se produit une substance soluble, qui, injectée aux poules bien portantes, se comporte comme un narcotique et les endort de ce sommeil qui est l'un des symptômes de la maladie. Cette substance n'a rien de commun avec la toxine de cette bactérie, car les poules vaccinées contre le choléra et réfractaires aux inoculations les plus actives deviennent également somnolentes.

Inoculations expérimentales, virulence et immunisation. — La maladie qui nous occupe sévit non seulement sur les poules de n'importe quelle race, mais encore sur les oies, les canards, les dindons, les pigeons, les oiseaux de volière et les lapins. On peut également transmettre par voie d'inoculation, le choléra des poules à la souris et au cobaye; toutefois, chez ce dernier animal, la lésion produite consiste en un abcès volumineux qui s'ouvre et guérit spontanément; par contre, le cobaye succombe des suites d'une inoculation intra-péritonéale. Les chiens, les chats, les solipèdes, les ruminants et l'homme sont réfractaires à l'infection.

La virulence du micrococque du choléra des poules diminue graduellement quand ses cultures sont abandonnées au contact de l'air. PASTEUR a reconnu qu'au bout de 2 mois le microbe devient inoffensif pour les animaux les plus sensibles à son action; à l'abri de l'air il conserve pendant longtemps son pouvoir pathogène. On restitue à cette espèce sa virulence primitive en la faisant passer

(1) SALMON. Report of the Commissioner of Agriculture, 1882.

plusieurs fois dans le corps des moineaux ; après 5 ou 6 passages dans l'organisme de ces petits oiseaux, elle peut de nouveau tuer rapidement les poules. Il est donc très aisé d'obtenir des cultures du microbe du choléra des poules à tous les degrés de virulence ; il suffit de prélever à des époques diverses des échantillons d'une culture soumise au vieillissement au contact de l'air, c'est-à-dire à diverses phases de son atténuation et d'en faire des cultures nouvelles ; l'expérience démontre que ces virulences amoindries se transmettent par hérédité.

Si, par exemple, on inocule, comme le faisait PASTEUR, un virus suffisamment atténué à une poule en bonne santé, on ne parvient à déterminer chez elle que des accidents sans gravité. Dix à douze jours plus tard, elle supportera sans périr l'inoculation de cultures d'une plus grande virulence ; après cette inoculation, elle se montrera réfractaire aux inoculations du coccus le plus virulent. L'immunisation sera à ce moment acquise et absolue.

L'injection sous-cutanée du microbe atténué produit souvent des lésions locales, étudiées par CORNIL (1), débutant par la formation d'un œdème étendu, parfois suivi de la mortification des tissus et de la production d'un séquestre qui s'élimine spontanément. Mais ces accidents locaux peuvent être évités si on emploie des cultures dont la virulence va lentement en croissant et si les inoculations sont pratiquées à intervalles réguliers et rapprochés.

KITT (2) a réussi à immuniser les poules contre le choléra en leur injectant le sérum de sang de poule ou de cheval déjà vaccinés.

Choléra des canards.

Cette maladie a été étudiée à Paris par CORNIL et TOUPET (3) sur des canards élevés au Jardin d'acclimatation ; elle présente une grande analogie avec le choléra des poules, mais s'en distingue par ce fait que les poules, les pigeons, les cobayes, y sont réfractaires.

L'agent de cette affection contagieuse, isolé par CORNIL et TOUPET, apparaît sous la forme d'une bactérie de 1 μ de largeur sur 1,5 μ environ de longueur ; les couleurs d'aniline la colorent surtout aux extrémités ; elle se décolore par le procédé de GRAM. Ses cultures

(1) CORNIL. *Archives de physiologie*, 1882, X, p. 615.

(2) KITT. *Monatshefte für prakt. Thierheilk.*, 1892, III, p. 472. — 1895, V. p. 198 et 1897, VIII, p. 529.

(3) CORNIL et TOUPET. *Bulletin de la Soc. nat. d'acclimatation*, juin 1888 et *Compt. rend. de l'Académie des Sciences*, 1888, CVI, p. 1747.

sur *gélatine* sont maigres et dépourvues de tout pouvoir liquéfiant. Les cultures obtenues à 37° sur l'*agar* et la *pomme de terre* consistent en colonies ou enduits jaunâtres n'offrant pas de caractères spéciaux. Le microbe du choléra des canards croît très bien dans le *bouillon* qu'il trouble promptement en donnant quelques jours plus tard un dépôt pulvérulent.

Ses cultures liquides, injectées aux canards, les tuent en deux jours, le lapin n'est tué que si le volume du liquide inoculé atteint ou dépasse 2 centimètres cubes.

KLEIN (1) a décrit une entérite infectieuse des poules que NOCARD range parmi les septicémies hémorrhagiques avec le microbe de LUCET (2) qui détermine chez les poules et les dindes une affection ayant beaucoup d'analogie avec l'entérite étudiée par KLEIN.

Maladie des grouses.

Les grouses, si recherchées par les chasseurs de la Grande-Bretagne, sont fréquemment atteintes par une maladie épidémique, observée par KLEIN (3), les tuant par milliers et causant de graves dommages à ceux qui se livrent à leur élevage.

Les symptômes de cette maladie se traduisent d'abord par de l'affaiblissement et de l'irrégularité dans le vol, puis par l'enrouement, la chute des plumes, la coloration pourpre des paupières, normalement d'un rouge vif, un amaigrissement rapide, etc.; la mort survient en quelques jours.

A l'autopsie, la muqueuse intestinale se montre injectée, la rate petite et de couleur foncée; le foie et les reins sont très hyperhémiés; les poumons sont congestionnés; c'est dans le poumon et le foie que se trouve, presque toujours à l'état de pureté, une bactérie facilement cultivable.

Morphologie. — L'agent figuré de la maladie des grouses s'offre au microscope sous l'aspect de microcoques immobiles, ronds ou ovales. Dans les cultures artificielles, notamment dans les bouillons, ces micrococques peuvent acquérir la forme de bâtonnets courts à extrémités arrondies, isolés ou en chaînettes de 2 à 4 articles. Le diamètre des microcoques varie de 0,4 μ à 0,6 μ. La longueur des bâtonnets de 0,8 à 1,6 μ.

---

(1) KLEIN. *Centralb. für Bakt.*, 1889, V, p. 689. — 1889, VI, p. 257 et 1895, XVIII, p. 105.
(2) LUCET. *Annales de l'Institut Pasteur*, 1891, V, p. 312.
(3) KLEIN. *Centralb. für Bakt.*, 1889, VI, p. 36 et 593. — 1890, VIII, p. 81. — 1891, IX, p. 47.

Introduite dans le *bouillon*, cette espèce le trouble uniformément, sans donner de pellicules. Inoculée par strie sur la *gélatine*, elle s'y développe en donnant une bande étroite à bords dentelés; ensemencée par piqûres, elle se développe en petites sphérules et donne à la surface une écaille grisâtre sèche à contour irrégulier.

Cette espèce est pathogène pour les souris et les cobayes, elle les tue en 30 à 48 heures après inoculation sous-cutanée pratiquée dans la peau du dos. Les souris sont plus sûrement tuées que les cobayes, qui résistent à ces inoculations dans la proportion de 50 p. 100. Les poules domestiques, les pigeons et les lapins sont réfractaires à l'action de ce microbe.

Septicémie hémorrhagique des cygnes.

FIORENTINI (1) a eu l'occasion d'étudier cette maladie parmi les cygnes du parc de Milan.

Chez les animaux jeunes, la maladie a une marche foudroyante, elle dure à peine quelques heures; chez les cygnes plus âgés elle se déroule en quelques jours. Les autres volatiles vivant avec les cygnes ne sont pas atteints.

A l'autopsie, on constate l'infiltration œdémateuse du poumon, des ecchymoses sur les séreuses; quand la maladie a duré plusieurs jours, on observe les lésions d'une pneumonie fibrineuse arrivée au stade de l'hépatisation grise.

La bactérie trouvée dans le sang ressemble beaucoup à celle du choléra des poules, mais ses dimensions plus grandes atteignent 2 μ de longueur sur 0,5 μ de largeur. Elle se colore aisément avec toutes les couleurs d'aniline, surtout aux pôles; mais ne prend pas le GRAM.

Semée dans du *bouillon* maintenu à 22°, elle le trouble fortement en 24 heures. Portée sur *gélatine*, elle y végète plus abondamment que le choléra des poules. Elle ne possède pas la faculté de liquéfier ce substratum.

Les cultures sur *agar* sont également abondantes et ont l'aspect de celles du bacille du côlon.

Tant à 37° qu'à 22°, les cultures sur *pomme de terre* sont très belles, elles sont formées d'un enduit épais, couleur de miel; les par-

(1) FIORENTINI. *Centralblatt für Bakteriologie*, 1896, XIX, p. 932.

ties non envahies de ce tubercule prennent la couleur chocolat et ces cultures exhalent une odeur désagréable.

Les cultures récentes du microbe de la septicémie hémorragique des cygnes sont très virulentes, inoculées sous la peau des lapins et des cobayes ou dans le pectoral des cygnes, des canards, des oies, des poules ou des pigeons, elles déterminent en 8 à 10 heures la mort des animaux injectés. Les cultures exposées à l'air perdent peu à peu leur virulence.

Maladie des palombes.

C'est à Leclainche (1) qu'on doit l'étude de cette affection observée chez des palombes capturées et conservées en volières.

L'animal atteint de cette maladie devient triste et somnolent ; ses plumes se hérissent, il se met *en boule*. La diarrhée survient ; la faiblesse augmente ; enfin, la mort arrive au bout de 24 heures ou de 2 jours et termine le sommeil comateux où l'oiseau est plongé. Les accidents ultimes présentent parfois une forme convulsive.

A l'autopsie, on trouve la muqueuse intestinale congestionnée, parsemée de points hémorrhagiques. Le foie est volumineux, la rate gonflée et grisâtre. Le cœur a une teinte pâle ; le sang contenu dans les ventricules est coagulé, les muscles ont une teinte ocreuse, les poumons sont sains.

La bactérie de la maladie des palombes a l'aspect d'un micro-coque ovale différant peu du microbe du choléra des poules, ses dimensions seraient un peu plus grandes.

Cette bactérie croît aisément dans les *bouillons* peptonés qu'elle trouble en 24 heures en fournissant un dépôt assez abondant que surnage un liquide limpide. Semée en strie sur la *gélatine*, elle y donne une traînée demi-transparente, d'un gris jaunâtre, qui acquiert ultérieurement l'aspect porcelanique. Ensemencée par piqûre, on voit apparaître sur le trajet du fil de platine, un chapelet de colonies blanches homogènes. La gélatine n'est jamais liquéfiée. Sur *gélose* et à 37°, l'enduit obtenu est grisâtre et s'épaissit lentement. Les cultures sur *pomme de terre* sont plus maigres et n'offrent rien de caractéristique.

Les cultures liquides de la bactérie de Leclainche conservent pendant plusieurs mois leur virulence ; elles sont stérilisées par un chauffage de quelques minutes à 60°.

---

(1) Leclainche. *Annales de l'Institut Pasteur*, 1894, VIII, p. 490.

Le microbe de la maladie des palombes, inoculé dans le sang des lapins, les tue en 48 heures. Le pigeon se montre beaucoup plus réfractaire à l'infection; semblablement inoculé, il ne périt qu'au bout de 4 à 6 jours. Le cobaye meurt, habituellement, le 5e jour des suites d'une inoculation intra-péritonéale.

La poule, le chat et le chien possèdent une immunité naturelle absolue à l'égard de ce virus.

La maladie des canaris, de Rieck (1), observée à Dresde, est également une entérite aiguë dont l'agent figuré s'offre sous l'aspect de cellules ovales. Cette espèce se cultive bien dans le *bouillon* qu'elle trouble, comme les espèces précédentes, sur la *gélose* et la *pomme de terre* où elle donne d'épais enduits blancs ou gris jaunâtre. Cette bactérie tue par voie d'inoculation, non seulement les canaris, mais aussi les moineaux, les pigeons et les souris blanches.

Septicémie spontanée des lapins.

Cette affection contagieuse, d'abord étudiée par Smith (2) en 1887, a été également observée et décrite en 1889 par Thoinot et Masselin (3). Une année plus tard, elle fit l'objet de nouvelles recherches par Eberth et Mandry (4).

La septicémie spontanée des lapins évolue, ordinairement, en 24 heures; plus rarement, cette maladie se prolonge pendant 2 à 3 jours. L'animal atteint s'isole, mange peu, reste immobile, pelotonné sur lui-même, les yeux fixes et les oreilles tombantes. Le coma ne tarde pas à survenir et il meurt sans présenter d'accès convulsifs.

A l'autopsie on trouve : les intestins congestionnés; leur muqueuse épaissie et recouverte d'un enduit brun; la rate et le foie sont à peu près normaux; le poumon semble souvent nager dans une sérosité trouble et sanguinolente; le péricarde est rempli d'un liquide séreux, incolore, légèrement louche et albumineux. Le sang est noir et possède la teinte asphyxique. Les urines sont chargées d'albumine.

La bactérie, cause de la maladie, se rencontre dans le contenu de l'intestin, dans les divers exsudats, dans la pulpe splénique et dans le parenchyme du foie.

(1) Rieck. *Deutsche Zeitschrift für Thiermed.*, 1889, XV, p. 69.
(2) Smith. *The Journal of the comp. Med. and Surg.*, 1887, VIII, p. 24.
(3) Thoinot et Masselin. Précis de Microbie, 1889, p. 319.
(4) Eberth et Mandry. *Virchow's Archiv*, 1890, CXXI, p. 340.

Morphologie. — Le microbe de la septicémie spontanée du lapin apparaît sous la forme de microcoques ovales, isolés ou groupés par paires ; dans le corps des oiseaux leur longueur augmente et ils tendent à prendre l'aspect de bacilles. Comme les microbes des septicémies hémorrhagiques, cette bactérie se colore surtout bien aux pôles opposés notamment avec les bleus de KÜHNE et de LÖFFLER; elle ne prend pas le GRAM.

Fig. 112 *bis*. Microbe de la septicémie spontanée des lapins.

Semée dans le *bouillon*, elle y croît visiblement dans un espace de temps variant de 12 à 24 heures sous la forme de diplocoques mobiles. Plus tard les cultures se clarifient et il se forme au fond du vase un dépôt pulvérulent. La croissance de cette espèce peut de même avoir lieu dans le vide, mais elle est plus lente qu'au contact de l'air.

Sur la *gélatine* on obtient, au bout de 4 à 5 jours, des colonies rondes et des traits blancs à bords dentelés. Ce milieu n'est jamais liquéfié. La *gélose* convient également bien à son développement; elle croît plus difficilement sur la *pomme de terre*, EBERTH et MANDRY ont pu cependant réussir à l'y faire multiplier.

Ces diverses cultures conservées au contact de l'air perdent leur virulence au bout de 20 jours. Quand elles sont récentes elles tuent, par voie d'inoculation, le lapin, le cobaye, la poule et la plupart des oiseaux dans une durée de temps très courte.

EBERTH et SCHIMMELBUSCH (1) ont décrit, vers la même époque, une maladie sévissant sur les furets et les lapins sauvages également due à une bactérie ovale, se rapprochant beaucoup du microbe du choléra des poules, capable de tuer les moineaux, plus difficilement les cobayes et les pigeons, mais sans action sur les poules.

Pneumonie contagieuse du porc.

SYN. : Swine-plague, Sweineseuche, Hog fever.

Cette affection étudiée dans l'Amérique du Nord, par DETMERS, LAW, BILLINGS (2), SALMON et SMITH (3), et en Europe par LÖFFLER,

(1) EBERTH et SCHIMMELBUSCH. *Fortschr. der Med.*, 1888, VI, p. 295 et *Virchow's Archiv* 1889, CXVI, p. 327.
(2) BILLINGS. Swine-plague, 1888, Lincoln.
(3) SALMON et SMITH. Special Report on the cause and prevention of swine-plague, 1891, Washington.

SCHÜTZ (1), WALTHER (2), BLEISCH et FRIEDÈLER (3), sévit surtout en Amérique, en Allemagne et dans quelques régions de la Hongrie.

Dans sa forme *suraiguë*, cette maladie est caractérisée par une élévation de la température (41-42°), de la fatigue, la perte de l'appétit et une soif ardente. Le train postérieur de l'animal semble très faible; plus tard apparaît à la partie inférieure du cou, sous le ventre, à la face interne des cuisses, une rougeur cuivrée de la peau; la respiration est habituellement dyspnéique et la mort survient au bout de 2 à 3 jours. Il existe d'autres formes de pneumonie contagieuse à marche beaucoup moins rapide; les animaux peuvent guérir, en général, cependant, les porcs malades meurent dans la proportion de 80 p. 100.

A l'autopsie, le poumon se montre le siège d'une pneumonie caséeuse à foyers multiples diversement répartis; le foie est volumineux sans être altéré, la rate est normale ou légèrement congestionnée, les lésions du tube digestif sont peu marquées, les plaques de PEYER sont parfois tuméfiées.

Le microbe qui engendre la pneumonie contagieuse du porc offre les plus grands traits de ressemblance avec le microcoque du choléra des poules; comme lui il est immobile, formé d'articles ovales ou arrondis pouvant se cultiver à l'abri et au contact de l'air, il donne sur *gélatine* des colonies arrondies d'un blanc sale, dépourvues de tout pouvoir liquéfiant. Sur *sérum* de sang, les enduits obtenus sont translucides et de teinte bleuâtre. Il croît lentement dans le *bouillon*, mieux et plus rapidement si ce milieu est légèrement acide; il est incultivable sur la *pomme de terre*.

SALMON, qui a étudié patiemment cette bactérie, a trouvé qu'elle résistait mal à l'action des agents physiques : une température humide de 58° la tue en 7 minutes; la dessiccation fait disparaître sa virulence en quelques jours (2 à 6) : elle survit 10 jours dans l'eau stérilisée et 4 jours seulement dans le sol.

Les cultures de la bactérie de la swine-plague tuent aisément par inoculation les lapins et les souris; plus difficilement le cobaye, le lapin et le porc. Le mode de contagion de cette affection semble devoir être attribué aux aliments souillés par le jetage des animaux malades et, surtout, aux poussières contaminées inspirées dans la même étable par les porcs sains.

---

(1) SCHÜTZ. *Archiv für Wissensch. und prakt. Thierh.*, 1886, XII, p. 210.
(2) WALTHER. *Sächs. Bericht*, 1888, p. 60.
(3) BLEISCH et FRIEDELER. *Archiv. für Wissensch. und prakt. Thierh.*, 1889, XV, p. 321.

Pneumo-entérite infectieuse.

SYN. : Swine-fever, Hog-cholera, Schweinepest.

Cette affection étudiée par KLEIN (1) en 1878 fut, de même, de la part de SALMON (2) l'objet d'une série de recherches très intéressantes. Ce savant démontra que la maladie appelée hog-cholera, en Amérique, se distinguait nettement du rouget; il put, en outre, en isoler et en cultiver l'agent microbien.

En 1887, CORNIL et CHANTEMESSE (3) eurent l'occasion d'observer une épidémie de pneumo-entérite dans un troupeau de porcs d'une étable de Gentilly, en isolèrent également l'agent spécifique et en publièrent les principales propriétés. Après eux, RIETSCH, JOBERT et MARTINAND (4), à Marseille; SELANDER (5), en Suède; SCHÜTZ (6) et quelques autres auteurs complétèrent l'histoire de cette maladie virulente et contagieuse après l'avoir souvent désignée sous des noms différents.

La pneumo-entérite infectieuse sévit à peu près exclusivement sur le porc. D'après GALTIER et JEFFRIES, le mouton et le bœuf pourraient la contracter. Le porc qui en est affecté devient paresseux, reste couché ; son appétit est presque nul ; ses muqueuses s'injectent; sa température s'élève à 41 et 42°. Sa prostration s'accentue les jours suivants, il n'a plus la force de se tenir debout; sa respiration est gênée et saccadée ; il est pris d'une toux quinteuse accompagnée d'un jetage muqueux ou muco-purulent. Puis surviennent des taches cutanées aux oreilles, aux ars, à la face interne des cuisses. Ces taches d'abord rouges deviennent violet foncé. Parfois on voit se former des produits pseudo-membraneux à la face inférieure de la langue, aux gencives ou au pharynx. A côté de la gène respiratoire croissante, l'animal est en proie à une diarrhée séreuse souvent striée de sang. Enfin, l'animal, parfois paraplégié, succombe dans le coma. La durée de la maladie oscille entre 8 et 15 jours.

A l'ouverture du cadavre, l'estomac congestionné est recouvert

---

(1) KLEIN. Rep. med. off. local govern. Board, 1878, pp. 160, et 280. *Fortschritte der med.*, VI, p. 929.

(2) SALMON. Reports of the Commissioner of Agriculture, 1885 à 1887.

(3) CORNIL et CHANTEMESSE. *Comp. rend. de l'Académie des Sciences*, 1887, CV, p. 1281 et 1888, CVI, p. 612.

(4) RIETSCH, JOBERT et MARTINAND. *Société de Biologie*, 1888, 8e sér., V. p. 66.

(5) SELANDER. *Centralblatt für Bakteriologie*, 1888, III, p. 361.

(6) SCHÜTZ. *Archiv für Thierheilk.*, 1888, p. 376.

d'un piqueté hémorrhagique ; cette congestion va en s'accentuant le long du tube digestif jusqu'à la valvule iléo-cæcale. Les plaques de PEYER sont épaisses et indurées ; la muqueuse de l'intestin est dégénérée, ulcérée, quelquefois nécrosée. Les ganglions mésentériques sont volumineux et infiltrés. Le foie est pâle. La rate normale. Les reins sont mous et décolorés. Les poumons sont congestionnés, œdémateux et parsemés de foyers nodulaires hépatisés. Le myocarde est brun, jaune et friable ; il est recouvert de points hémorrhagiques. Le sang est noir et la base des vaisseaux ecchymosés.

Morphologie. — L'agent figuré de la pneumo-entérite infectieuse du porc apparaît sous la forme d'un micrococque ovale ayant beaucoup de ressemblance avec le microbe du choléra des poules ; il est immobile dans les liquides séreux de l'économie et mobile dans les bouillons de culture. Il croît indifféremment au contact et à l'abri de l'air. Il prend bien les couleurs d'aniline surtout à ses deux pôles, mais il se décolore par la méthode de GRAM. FERRIER (1) a pu y distinguer 4 à 7 cils longs de 35 à 50 μ.

La bactérie de la pneumo-entérite infectieuse se cultive aisément dans le *bouillon*, à la surface duquel elle vient souvent former des voiles. Sur *gélatine*, elle donne de petites colonies blanchâtres ou des enduits de même couleur, limités par des bords dentelés. Ce milieu n'est jamais liquéfié. Sur *gélose*, la culture est plus rapide, elle offre un aspect grisâtre à reflets brillants. Sur la *pomme de terre*, l'enduit obtenu est limité par un bord net et saillant qui brunit en vieillissant.

Ce microbe peut se cultiver dans le *lait* sans lui faire perdre son alcalinité ni le coaguler ; les sucres ne fermentent pas sous son action et il ne produit pas d'indol dans ses cultures en bouillons peptonés.

Propriétés biologiques. — Le micrococque de la pneumo-entérite infectieuse résiste à la dessiccation pendant une période de temps voisine de 2 mois (SALMON). Dans un milieu humide, dans l'eau de rivière, il peut rester vivant pendant 4 mois. Il est peu sensible au froid, la congélation ne détruit pas ses cultures (CORNIL et CHANTEMESSE). Il est, au contraire, très sensible à l'action de la chaleur, d'après SÉLANDER (2), il périt au bout de 40 minutes à 54°, et au bout de 10 minutes à 58°.

SALMON a vu succomber le microbe qui nous occupe sous l'action de 1 : 75.000 de sublimé prolongée pendant 7 minutes et sous l'ac-

(1) FERRIER. *Lyon medical*, 1894, p. 179.
(2) SÉLANDER. *Annales de l'Institut Pasteur*, 1890, IV, p. 545.

tion de 1 : 20.000 de sublimé en 2 minutes. L'acide phénique à 1 : 100 le tue après un contact de 7 minutes. Le biiodure de mercure à 1 : 100.000 le détruit en 10 minutes, le sulfate de cuivre à 1 : 200, les acides minéraux à 1 : 500 le privent de sa vitalité en 5 à 10 minutes. Cornil et Chantemesse ont pu détruire le même microbe au bout de 2 minutes en faisant agir sur lui une solution de sublimé à 1 : 1000 et en 15 minutes au moyen d'une solution de soude caustique et d'acides minéraux à 1 : 5. Le sulfate de cuivre à 1 : 5 demande une heure. L'acide phénique s'est montré inactif à 1 : 40 au bout d'une heure de contact.

Inoculations, virulence, immunisation. — La pneumo-entérite infectieuse est presque exclusivement observée chez le porc et les expériences exécutées en vue de transmettre cette maladie aux espèces domestiques de forte taille ont échoué jusqu'ici, mais elle est aisément transmissible par inoculation aux lapins, aux cobayes et aux souris. Les pigeons ne sont sûrement tués que si on leur injecte une quantité de culture voisine de 1 centimètre cube.

La virulence du microbe de la pneumo-entérite infectieuse du porc varie dans des conditions déterminées. Cornil et Chantemesse l'ont vu décroître quand les cultures sont maintenues vers 43°. Au bout de 90 jours, ce microbe est devenu incapable de tuer les lapins et les cobayes. Cette atténuation est devenue fixe et transmissible par hérédité. On observe, au contraire, un renforcement de virulence quand on le fait passer d'abord de lapin à lapin et ensuite de pigeon à pigeon.

L'inoculation de la bactérie atténuée par le chauffage confère l'immunité au lapin et au cobaye (Cornil et Chantemesse). Salmon obtient un semblable résultat avec les cultures chauffées ou plutôt stérilisées à 58°. Metchnikoff (1) est arrivé à vacciner des lapins contre la pneumo-entérite infectieuse en leur injectant à plusieurs reprises dans les veines ou sous la peau de faibles quantités de cultures virulentes. Le sérum des lapins ainsi rendus réfractaires, inoculé à de nouveaux lapins, les immunise à son tour.

(1) Metchnikoff. *Annales de l'Institut Pasteur*. 1892, VI, p. 289.

Maladie des animaux sauvages.

Syn. : Wild- und Rinderseuche.

Cette maladie épizootique, observée en 1878 par Bollinger (1) sur les cerfs et les sangliers des parcs royaux de Munich et aussi chez les bovidés, a été de même étudiée par plusieurs auteurs au nombre desquels nous citerons : Kitt (2), Hueppe (3) et Guillebeau (4).

Deux formes cliniques s'observent dans cette affection : l'une à évolution rapide accompagnée de la production d'œdèmes superficiels est dite *exanthémateuse*, elle se montre chez les bovidés ; l'autre est dite *pectorale* et se manifeste par des lésions pulmonaires, on la rencontre chez les animaux sauvages.

La forme exanthémateuse débute brusquement ; la température s'élève à 40-42° ; l'appétit disparaît, le pouls devient rapide ; le muffle est froid et sec ; la rumination est suspendue ; les muqueuses sont injectées. Puis surviennent des engorgements et des tuméfactions au cou, au pharynx, au fanon, à la langue, qui peuvent entraîner la mort par asphyxie. L'animal est d'une extrême faiblesse, ses muqueuses se cyanosent, se couvrent d'ecchymoses ; la respiration est difficile ; la diarrhée survient, elle est souvent sanguinolente ; enfin, l'animal tombe sur le sol et meurt par asphyxie ou arrêt brusque du cœur. La durée de cette affection varie de 12 heures à 2 jours et demi ; 90 p. 100 des animaux atteints succombent.

Dans la forme pectorale, la maladie dure de 5 à 8 jours et s'accuse à l'autopsie par la présence de blocs pneumoniques et de foyers hémorrhagiques entourés d'une zone de tissus œdémateux ; les plèvres sont enflammées et contiennent une quantité plus ou moins grande de sérosité liquide.

Dans la forme exanthémateuse, d'abord décrite, les lésions sont celles des septicémies hémorrhagiques.

Morphologie. — Le microbe de la maladie des bovidés, apparaît sous la forme d'un micrococque ovale surtout colorable aux extrémités ; il ne prend pas le Gram ; il se rencontre en abondance dans les tissus des animaux qui ont succombé sous son action.

---

(1) Bollinger. Ueber eine neue Wild- und Rinderseuche. Munich, 1878.
(2) Kitt. *Mittheilungen über neue Vorkom. von Sept. hæmor. in Bergem.* etc., 1889.
(3) Hueppe. *Berliner Klinis. Wochenschrift*, 1886, pp. 753 et 794.
(4) Guillebeau. *Annales de Micrographie*, 1894, VI, p. 193.

Cette espèce se cultive dans le *bouillon* qui est promptement troublé; elle donne, sur les milieux gélatineux des cultures grisâtres dépourvues de la faculté de liquéfier la gélatine. La température la plus favorable à son développement se trouve située vers 38°.

Le microbe de la maladie des bovidés est très sensible à la dessiccation ; il est tué en 10 minutes par une température voisine de 80°; s'il est contenu dans un fragment de tissu musculaire ou d'organe, ce degré de chaleur doit être prolongé pendant une demi-heure pour amener la stérilisation. Abandonné dans du sang à la température ordinaire il conserve sa virulence pendant 3 à 4 mois.

Hueppe a constaté que le sublimé à 1 : 1 000 le détruit en une minute et que l'acide phénique à 1 : 33 ne parvient à lui enlever sa vitalité qu'au bout de 6 heures.

Cette bactérie est également pathogène pour le cheval, le mouton, le lapin, la souris, le pigeon et les petits oiseaux. Le canard et l'oie sont réfractaires à son action. Le cobaye, le lièvre et la poule sont difficilement infestés par elle.

Le *barbone* des buffles étudié par Oreste et Armani (1), puis par Piot (2) et Reischig (3), se rapproche beaucoup de la Wild- und Rinderseuche; cette maladie affecte surtout le buffle, le bœuf et peut se transmettre au porc.

Maladie du maïs-fourrage.

La maladie du maïs-fourrage commune au cheval et aux bovidés a été surtout étudiée aux États-Unis par Billings (4). Nocard (5) a eu l'occasion de l'observer à Paris sur des bœufs venus d'Amérique et sacrifiés aux abattoirs de la Villette.

Les animaux atteints de cette affection perdent l'appétit, leur température s'élève à 40-42°; leur pouls est rapide et leur respiration pénible. L'urine est rouge, les muqueuses sont de teinte safranée. On observe des boiteries et des paralysies, la mort survient d'habitude 24 heures après l'apparition des premiers symp-

(1) Oreste et Armani. *Atti del. R. Istit. d'incorag. alle Sc. nat. econom. e tecnol.* 1887, VI.

(2) Piot. *Bulletin de l'Institut égyptien*, 1889.

(3) Reischig. *Veterinarius*, 1891.

(4) Billings. *Report on the Work of the Laboratory Nebraska*, 1888. — The Corn-fodder disease, etc., 1892.

(5) Nocard. *Bulletin de la Société centrale de médecine vétérinaire*, 1891, p. 424.

tômes morbides. Il existe des formes subaiguës dont la durée varie de quelques jours à quelques semaines; enfin la guérison a pu être observée dans les formes à évolution lente.

A l'autopsie, l'intestin et le poumon se montrent congestionnés; les lobes pulmonaires peuvent offrir des foyers hépatisés d'une plus ou moins grande étendue ; la cavité pleurale contient des exsudats séreux et sanguinolents. L'intestin grêle et le gros intestin présentent des extravasations sanguines et sont parfois sphacélés. Dans les formes subaiguës ou à marche lente, les lésions les plus importantes se rencontrent dans le poumon.

Billings a trouvé dans le sang et les tissus des animaux ayant succombé à la maladie du maïs-fourrage une bactérie ovoïde mesurant 1,4 μ de longueur sur 0,3 μ à 0,4 μ d'épaisseur. Cette bactérie mobile prend bien les couleurs usuelles d'aniline, mais elle refuse le Gram.

Semée en stries sur la *gélatine* peptonisée, elle y donne des bandes étroites, minces, bleuâtres et translucides dont les bords sont festonnés. Ce milieu n'est pas liquéfié. Sur *gélose*, son développement est plus rapide, mais n'offre pas de caractères particuliers. Elle croît mal sur la *pomme de terre*.

Le microbe du maïs-fourrage se développe au contraire très bien dans les *bouillons*, neutres ou légèrement alcalins, placés à l'abri ou au contact de l'air. Le *lait* où on l'introduit n'est pas coagulé.

Les cultures de ce microcoque tuent en moins de 48 heures le lapin, le cobaye, la souris et le pigeon. Parmi les gros animaux, le veau est tué par inoculation directe dans les poumons. Le chien, le rat et la poule sont réfractaires.

Pleuro-pneumonie septique des veaux.

Poëls (1), Jensen (2), Liénaux (3), Galtier (4) ont décrit, sous le nom de pleuro-pneumonie septique des veaux, une forme parfois foudroyante de septicémie hémorrhagique dont les lésions les plus importantes se trouvent localisées dans les poumons et sur les plèvres. Cette maladie est encore due à un microcoque ovale, isolé ou en chaînettes de 2 à 4 éléments, aisément cultivable au contact ou à l'abri de l'air, dans les milieux usités en bactériologie.

(1) Poëls. *Fortschritte der Medicin*, 1886, IV, p. 388.
(2) Jensen. *Monatshefte für Thierh.*, 1890, II, p. 1.
(3) Liénaux. *Annales de médecine vétérinaire*, 1892, p. 465.
(4) Galtier. De la pneumo-entérite septique des veaux. Paris. 1894.

Les cultures de cette espèce tuent par inoculation le veau, la chèvre, le porc, le lapin, le cobaye et la souris; tandis que le cheval et le chien sont immunisés naturellement contre elle.

Diagnostic des septicémies hémorrhagiques.

Nous venons de décrire tout un groupe d'affections contagieuses sévissant sur les animaux sauvages et domestiques, ayant pour agents microbiens des bactéries ovoïdes, devenant souvent sphériques dans les bouillons où on les cultive artificiellement. Ces cellules, de 1 μ environ de longueur sur 0,3 μ à 0,5 μ de largeur, se teignent facilement, sauf dans leur partie centrale, par les couleurs d'aniline; elles refusent toutes le GRAM. Elles croissent aisément dans les bouillons qu'elles troublent rapidement et uniformément en donnant ultérieurement des dépôts. Semées sur la gélatine, elles y produisent, ordinairement, des colonies chétives ou des cultures maigres, lentes à pousser, dépourvues de tout pouvoir liquéfiant. En raison de la température plus élevée (37-38°) à laquelle peut être exposée la gélose, les cultures obtenues sur ce milieu sont plus luxuriantes, mais n'ont aucun caractère tranché qui puisse les faire distinguer de celles d'une foule d'autres bactéries vulgaires.

Dans l'état actuel de la science, les bactéries des septicémies hémorrhagiques ne sont pas morphologiquement discernables entre elles; aussi, quelques auteurs ont-ils cherché à les caractériser par leurs fonctions biochimiques et en invoquant leur motilité, caractère précaire, qu'une bactérie ovoïde de même origine peut ou non présenter suivant le milieu où elle se développe.

CANEVA (1), BUNZL-FEDERN (2) et AFANASSIEFF (3) ont étudié leur action sur le lait et noté celle de ces bactéries qui produit du phénol et de l'indol. Mais un diagnostic basé sur les modifications survenues dans le lait et la sécrétion de deux substances chimiques assez aisément décelables, a le tort de séparer et d'éloigner l'une de l'autre des espèces que les observations cliniques portent presque à confondre.

Les efforts dirigés dans le même sens par VOGES (4) et PROS-

(1) CANEVA. *Centralblatt für Bakteriologie*, 1891, IX, p. 557.

(2) BUNZL-FEDERN. *Centralblatt für Bakteriologie*, 1891, IX, p. 787. — *Archiv für Hygiene*, 1891, XII, p. 198.

(3) AFANASSIEFF. *Arbeiten ad. Gebicte d. pathol. etc., Inst. zu Tübingen*, 1892, I, p. 263.

(4) VOGES. *Centralblatt für Bakteriologie*, 1896, XX, p. 906.

KAUER (1), ne paraissent pas avoir été plus fructueux; la fermentation des sucres et de la glycérine par ces microbes, comme la coloration rouge que leurs cultures contractent sous l'influence des alcalis, pourrait peut-être contribuer à leurs diagnostics différentiels, si ces caractères étaient complémentaires de caractères saillants et particuliers à chaque espèce; isolés, nous estimons qu'ils ne peuvent inspirer qu'une confiance médiocre.

Restent les caractères cliniques, basés sur la symptomatologie et l'étude des lésions organiques. Ils sont précieux et concluants quand on a l'occasion de les recueillir en temps d'épizootie sur les malades atteints spontanément par contagion. Toute autre est la difficulté, quand on a uniquement pour se faire une opinion les inoculations expérimentales pratiquées avec des cultures artificielles; il suffit, en effet, de rappeler : que les microcoques des septicémies hémorrhagiques s'atténuent assez rapidement au contact de l'oxygène de l'air, qu'une fois atténués ils restent tels dans les cultures ultérieures; qu'ils tuent presque tous, à de rares exceptions, le lapin, le cobaye, la souris et les petits oiseaux, c'est-à-dire les animaux que l'on a le plus habituellement sous la main; que les lésions observées à l'autopsie (œdèmes locaux, congestion pulmonaire, foyers hépatisés, inflammation de la plèvre, de l'intestin, piquetés hémorrhagiques, etc.), sont trop variables dans leurs manifestations pour guider sûrement le bactériologiste dans un diagnostic rigoureux.

Nous ne devons pas d'ailleurs cacher que pour plusieurs auteurs : HUEPPE, BILLINGS, CORNIL, NOCARD, etc., les bactéries ovoïdes observées chez les oiseaux, les bovidés, le porc, etc., n'ont peut-être qu'une seule et même origine. Il se pourrait, en effet, que venus du sol, ces microorganismes aient pu par des passages successifs dans l'organisme animal, acquérir la virulence qu'ils manifestent dans les épizooties. Nous pouvons affirmer, pour notre part, que les microcoques ovoïdes à pôles colorés se montrent très fréquemment parmi les bactéries qu'on voit se multiplier dans les exsudats pseudo-membraneux des malades atteints d'angines graves ou légères. Cette observation ne doit-elle pas porter à penser que les microbes des septicémies hémorrhagiques ont une origine saprophytique?

---

(1) PROSKAUER. *Zeitschrift für Hygiene*, 1898, XXVIII, p. 20.

II. — Staphylocoques pyogènes.

Staphylococcus pyogenes aureus.

Découvert en 1880 par Pasteur (1) dans le pus de furoncle et d'ostéomyélite, probablement identique au *vibrion pyogène,* isolé par lui dans l'eau de Seine un peu auparavant, le staphylocoque pyogène doré a été tout d'abord bien étudié par Ogston (2), Rosenbach (3), Passet (4) et Krause (5).

Cet organisme est extrêmement répandu dans la nature ; on l'a signalé dans l'air, l'eau, le sol (Ullemann) (6), il se trouve normalement sur nos téguments et nos muqueuses, dans les orifices glandulaires, dans les cavités naturelles de l'organisme, dans la sueur, la salive, etc. Il y vit en saprophyte, n'attendant qu'une occasion, qu'une porte d'entrée, pour pénétrer dans l'intimité de l'organisme et devenir agent morbide. Garré (7) a produit sur lui-même une éruption furonculeuse en se badigeonnant la peau du bras avec une culture de staphylocoque.

Le *Staphylococcus pyogenes aureus* partage avec d'autres staphylocoques, avec les streptocoques et divers microcoques étudiés d'autre part, la propriété de produire du pus dans l'organisme animal. Notons, cependant, que le pus peut être stérile et se produire en l'absence de tout microorganisme (Councilmann (8), Grawitz et de Bary (9), de Christmas (10), Straus (11)).

Dans certains cas, le staphylocoque produit une maladie locale, furoncle ou abcès chaud ; dans d'autres, il se généralise, détruit les tissus par phlegmon, passe dans le sang et l'on assiste à une véritable staphylococcie avec des infarctus, des abcès métastatiques dans les vicères, les articulations, la moelle osseuse. On l'a reconnu comme cause de l'ostéomyélite (Pasteur, Ogston, Rosenbach,

(1) Pasteur. *Comptes rendus de l'Académie des Sciences,* 1880, XC, p. 1033.
(2) Ogston. *British medical Journal,* 1881.
(3) Rosenbach. *Centralblatt für Chir.* 1884. — Les Microbes des plaies. Wiesbaden, 1884.
(4) Passet. *Fortschr. d. Med.,* 1885, nos 2 et 3. — *Fischer's Med. Buch.* Berlin, 1885.
(5) Krause. *Fortschritte der Medizin,* 1884.
(6) Ullemann. *Zeitschrift für Hygiene,* 1888, IV, p. 55-66.
(7) Garré. *Fortschritte der Medizin,* 1885, n° 6.
(8) Councilmann. *Virchow's Archiv.,* 1883, XCII, p. 217.
(9) Grawitz et de Bary. *Virchow's Archiv.,* 1887, CVIII, p. 67.
(10) J. de Christmas. *Annales de l'Institut Pasteur,* 1888, II, p. 470.
(11) Straus. *Comptes rendus de la Société de Biologie,* 1883, 7e s., V.

BECKER (1), KRAUSE (2), RODET (3)), et de certaines endocardites ulcéreuses, de méningites, de néphrites, d'arthrites, de pleurésies purulentes, etc. (WYSSOKOWITSCH (4), LANNELONGUE et ACHARD (5), RIBBERT (6)), BONOME (7). On sait la fréquence et la gravité des affections à staphylocoques chez les diabétiques ; O. BUJWID (8) pense que la glucose favorise l'action pathogène de ce germe pyogène. KARLINSKI (9), FERRARO (10) sont du même avis, tandis que GRAWITZ et DE BARY (11), STEINHAUSS (12), M. HERMANN (13) nient cette influence favorisante. NICOLAS (14) a repris cette étude et conclut que l'action du sucre, sur la virulence et le pouvoir pyogène du staphylocoque, est extrêmement variable suivant les cas et les conditions expérimentales.

Parmi les causes qui favorisent l'infection staphylococcique au cours du diabète, il faut tenir compte des lésions nerveuses (AUCHÉ, CHARRIN et RUFER (15), HERMANN, T. KASPARECH (16)), des altérations vasculaires (ROSEMBLATT) (17), des altérations du pancréas (KAUFMANN) (18), des associations microbiennes (CHARRIN et GLEY) (19).

Le staphylocoque pyogène doré s'attaque aussi bien à l'homme qu'aux animaux, aux bovidés, aux solipèdes ; le lapin est extrêmement réceptif ; LUCET (20) a signalé son action sur les oies et CHARRIN sur les poissons.

La résorption dans l'organisme du contenu de certains abcès à staphylocoques, à marche lente, paraît être la cause de la dégénérescence amyloïde des tissus du foie, de la rate, des reins.

Morphologie. — Le staphylocoque pyogène doré se présente sous la forme de coccus sphériques, immobiles, dont le diamètre varie de 0,9 μ à 1 μ ; quelquefois isolés, quelquefois réunis deux à deux,

---

(1) BECKER. *Deutsche med. Wochenschrift*, 1883.
(2) KRAUSE. *Fortschritte der Medizin*, 1884, II.
(3) RODET. *Comp. rend., de l'Académie des Sciences*, 1884, XCIX, p. 569.
(4) WYSSOKOWITSCH. *Virchow's Archiv*, 1886, t. CIII, p. 301.
(5) LANNELONGUE et ACHARD. *Annales de l'Institut Pasteur*, 1891, V, p. 209.
(6) RIBBERT. *Fortschritte der Medizin*, 1886, n° 1, p. 1.
(7) BONOME. *Archives italiennes de Biologie*, VIII.
(8) O. BUJWID. *Centralblatt für Bakteriologie*, 1888, IV, p. 577.
(9) KARLINSKI. *Wiener medecin. Wochenschrift*, 1888, n° 28.
(10) FERRARO. *Revista clinica e terapeutica*, 1889.
(11) GRAWITZ et DE BARY. *Virchow's Archiv*, 1887.
(12) STEINHAUSS. L'Étiologie des suppurations aiguës. Leipzig, 1889.
(13) M. HERMANN. *Annales de l'Institut Pasteur*, 1891, t. V, p. 243.
(14) NICOLAS. *Archives de médecine expér. et d'anat. pathol.*, VIII, p. 332.
(15) CHARRIN et RUFER. *Comp. rend. de la Société de Biologie*, 1889, 9e s., I, p. 208.
(16) T. KASPARECH. *Wiener Klin. Wochenschrift*, 1895.
(17) ROSEMBLATT. *Archiv für Path. und. Phys.*, t. CXIV.
(18) KAUFMANN. *Archives de Physiologie*, 1895.
(19) CHARRIN et GLEY. *Comp. rend. de la Société de Biologie*, 1893, 9e s., V, p. 237.
(20) LUCET. *Annales de l'Institut Pasteur*, 1892, t. VI, p. 841.

trois à trois, mais le plus souvent groupés en amas plus ou moins réguliers rappelant l'aspect d'une grappe de raisin. Il se colore aisément par toutes les couleurs basiques d'aniline ; il prend le GRAM et se colore aussi par la méthode de WEIGERT (fig. 113).

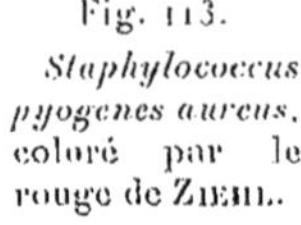

Fig. 113. *Staphylococcus pyogenes aureus*, coloré par le rouge de ZIEHL.

Cultures. — Le staphylocoque doré se développe bien sur les milieux artificiels à la température de 18-20° et plus rapidement encore vers 30-35°. On peut le cultiver en présence de l'oxygène ou à l'abri de ce gaz ; les phénomènes les plus saillants présentés par les cultures sont, d'une part, la liquéfaction de la gélatine et, d'autre part, la coloration jaune d'or caractéristique qu'elles prennent au contact de l'air.

Les plaques de *gélatine* conservées à la température de 20°, présentent dès le lendemain de l'ensemencement des petites colonies punctiformes brun clair ou grises, apparaissant à la loupe légèrement discoïdales et à contours très nets et très réguliers, lisses et sans aspérités.

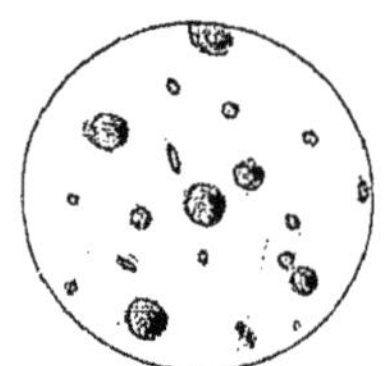

Fig. 114. Colonies fortement grossies du staphylocoque doré.

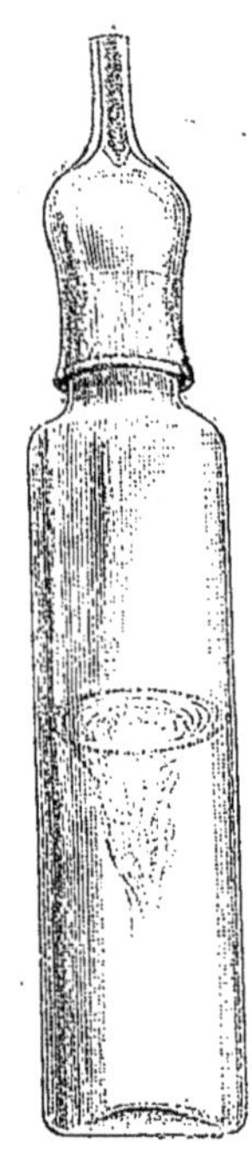

Fig. 115. Ensemencement par piqûre dans la gélatine du staphylocoque doré.

Fig. 116. Ensemencement par strie sur gélose du staphylocoque doré.

Un peu plus tard, on voit les colonies les plus superficielles se teinter de jaune, en même temps que commence la liquéfaction du milieu. La coloration devient de plus en plus riche, mais la liquéfaction faisant de rapides progrès, les colonies se fragmentent et se dissocient dans la cupule liquéfiée, la troublent d'abord uniformément et finalement se déposent sous forme de grumeaux jaunes. Les ensemencements par piqûres sur gélatine montrent un trait maigre parsemé de colonies granuleuses grises; le bouton superficiel est peu saillant, d'abord grisâtre puis jaune d'or. La liquéfaction est assez rapide; elle gagne bientôt les parois du tube et se continue *per descensum* jusqu'au bas du trait d'ensemencement (fig. 115).

Semé en strie sur *gélose* et mis en incubation à l'étuve à 30°, le staphylocoque donne en 24 heures un enduit assez épais, transparent, légèrement jaunâtre, ayant peu de tendance à l'envahissement et qui se fonce rapidement en couleur (fig. 116).

Sur *pomme de terre*, l'enduit obtenu est plus mince et jaunâtre dès le début; il devient ensuite épais, crémeux, visqueux, tout en prenant une nuance jaune d'or ou orangée. Les cultures sur pomme de terre, comme du reste à un plus faible degré toutes les autres cultures du staphylocoque, dégagent une odeur aigrelette de pâte fermentée.

Semé sur *bouillon* à la température de 30°, le staphylocoque doré le trouble rapidement, en quelques heures; le trouble persiste quelques jours, puis le bouillon se clarifie par le dépôt des microcoques au fond du tube; ce dépôt se présente sous forme d'une couche floconneuse jaune orangé.

Le *lait* constitue aussi un bon milieu de culture; le développement y est rapide et après une cinquantaine d'heures de séjour à l'étuve à 30° le lait ensemencé se coagule par suite de la formation d'acide lactique aux dépens de la lactose; le milieu devient manifestement acide.

Propriétés biologiques. — Le staphylocoque pyogène doré est facultativement aérobie ou anaérobie; il présente à l'action des agents physiques ou chimiques une résistance relativement grande. Conservé à l'état desséché sur lamelles de verre, il reste vivant plus de 10 jours; ses cultures en bouillon sont encore susceptibles de rajeunissement après 3 ou 4 mois de conservation à la lumière diffuse. Le refroidissement à — 8° ne le touche pas, au contraire, ses cultures chauffées vers 56-58° sont rapidement stérilisées (Sternberg). Lorsqu'il a été préalablement desséché, il est beaucoup moins sensible à l'action de la chaleur et peut résister un certain temps à la température de 100°.

D'après Lübbert, le développement du staphylocoque est empêché dans les bouillons additionnés de 1 : 327 d'acide borique; 1 : 720 d'acide acétique; 1 : 350 d'acide lactique; 1 : 655 d'acide salicylique; 1 : 1000 d'iode; 1 : 80000 de sublimé corrosif. Pour le tuer définitivement, il faut des doses d'antiseptiques bien plus considérables; l'acide phénique à 1 p. 100 atteint ce but après 2 heures de contact (BOLLON); le sublimé à 1 p. 1000 nécessite un contact de quelques secondes (GARTNER et PLÄGGE); de 2 minutes (TARNIER et VIGNAL) (1); de 10 minutes suivant d'autres auteurs.

Ces différences notables dans l'action d'un microbicide aussi actif que le sublimé tiennent vraisemblablement à la nature du milieu plus ou moins albumineux, à sa richesse en sels (chlorure de sodium); les germes enveloppés d'une gangue muqueuse ou contenus dans un exsudat fibrineux sont beaucoup plus résistants que lorsqu'ils sont directement exposés à l'action des agents germicides.

L'action de l'iodoforme a été très discutée; HEIN et ROVSING, LUBBERT (2) ont constaté que cette substance, si efficace dans le traitement des plaies, n'influence en aucune façon la vitalité du staphylocoque ; MAUREL (3) pense que l'iodoforme en atténue la virulence.

Le staphylocoque pyogène doré se comporte, en présence de certains hydrates de carbone, comme un ferment lactique; nous avons vu qu'il coagule le lait dans lequel on le cultive. Dans ces conditions, ses milieux de culture prennent une odeur aigrelette et contiennent des acides gras : acétique, butyrique, valérianique et surtout lactique. On a aussi noté, dans ses cultures en bouillon peptoné, la présence de l'indol; il sécrète des ferments liquéfiant la gélatine et un pigment jaune ne se produisant bien qu'au contact de l'air. Le *Staphylococcus pyogenes aureus* peut perdre assez facilement son pouvoir chromogène ; il suffit pour cela d'en faire une vingtaine de cultures successives en stries sur gélose à une température aussi élevée que possible, on obtient ainsi une race incolore ne se différenciant alors plus guère du *Staphylococcus pyogenes albus*.

Produits solubles toxiques. — Les premières recherches sur les produits solubles toxiques du staphylocoque pyogène sont dues à BRIEGER (1888), qui isola des cultures de ce microbe une ptomaïne à chlorhydrate cristallisé. Peu après LEBER (4) sépara de l'extrait alcoolique des cultures une substance non azotée, cristallisable, la *phlogosine*; cette substance possède des propriétés pyogènes et nécrosantes.

---

(1) TARNIER et VIGNAL. *Archives de Médecine expérimentale*, 1890, II, p. 469.
(2) LÜBBERT. *Fortschritte der Medizin*, 1887.
(3) MAUREL. *Bulletin de l'Académie de Médecine*, 1893.
(4) LEBER. *Fortschritte der Medizin*, 1888.

Plus récemment, Rodet et Courmont (1) en précipitant par l'alcool les cultures filtrées de staphylocoque séparèrent ces cultures en deux parties possédant des propriétés assez nettement antagonistes : les substances restant en solution alcoolique voient leur activité détruite à 55° ; injectées aux animaux elles les cachectisent et les prédisposent à l'action pathogène du staphylocoque, elles agiraient surtout en empêchant la phagocytose. Au contraire, les substances précipitées par l'alcool jouissent de propriétés vaccinantes pour le lapin à l'égard des cultures complètes de staphylocoque. Dans les cultures filtrées, l'action des toxines prédisposantes est prépondérante, comme l'ont vérifié Demel, Salvioli, Mosny et Marcano (2).

En inoculant des cultures de staphylocoques dans la plèvre du lapin, Van de Velde (3) observa la formation d'un exsudat contenant une substance détruisant les globules blancs du sang avec une très grande énergie ; cette substance, qu'il appelle *leucocidine*, a toutes les allures d'un ferment soluble ; son activité cesse à 58° ; il est difficile d'affirmer si cette substance est fabriquée par le staphylocoque lui-même ou si elle constitue un produit de réaction de l'organisme infecté.

Inoculation aux animaux. — Le lapin est l'animal de choix pour les inoculations de staphylocoque. Chez cet animal, l'inoculation sous-cutanée donne lieu en général à la formation d'un abcès local guérissant spontanément ; le pus de cet abcès est épais, caséeux ou même concret. Les inoculations intrapéritonéales sont fréquemment suivies d'une péritonite purulente rapidement mortelle. A la suite des inoculations intraveineuses ou sous-méningées et, aussi, des inoculations intrapéritonéales, on peut constater que le staphylocoque passe dans le sang et produit une maladie généralisée.

Les lésions les plus apparentes se trouvent dans le foie, la rate et, surtout, les reins qui présentent une multitude de petits abcès miliaires ou un gros foyer de néphrite suppurée avec passage du microbe dans l'urine. L'inoculation dans la chambre antérieure de l'œil produit un hypopion souvent suivi de la fonte purulente de tout l'organe.

Indépendamment de ces lésions, on peut observer des localisations du staphylocoque en certains points de l'organisme, si en même temps qu'on inocule le germe dans la circulation on diminue artificiellement la résistance de ces points particuliers. C'est ainsi

(1) Rodet et Courmont. *Comp. rend. de l'Académie des Sciences*, 1891, t. CXIII, p. 432.
(2) Mosny et Marcano. *Comp. rend. de l'Académie des Sciences*, 1894, CXIX, p. 962.
(3) Van de Velde. *Annales de l'Institut Pasteur*, 1896, X, p. 580.

qu'en créant des lésions nerveuses, on détermine des ostéites, des ostéomyélites; en lésant une articulation par un traumatisme on produira des arthrites suppurées, en blessant légèrement le cœur ou les valvules on créera des myo- et des endocardites, dans lesquelles il sera facile, par l'examen microscopique et la culture, de mettre en évidence le staphylocoque ayant agi comme cause déterminante. Les passages successifs par le péritoine des lapins constituent un bon moyen pour renforcer la virulence du staphylocoque.

Les cobayes et les autres petits animaux de laboratoire, rats et souris, peuvent être également employés pour inoculer le staphylocoque, ils sont seulement moins sensibles que le lapin. Du reste, il ne faut pas oublier que la virulence du staphylocoque est très capricieuse et que tel germe qui vient de faire périr un homme peut ne produire sur un lapin aucun trouble morbide, même local.

L'inoculation du staphylocoque ou, plutôt de ses toxines, semble favoriser la virulence de certains autres microbes ordinairement saprophytes, en particulier le *bacillus coli communis*. Ce bacille se trouve souvent, en culture pure, dans l'exsudat péritonéal des lapins ayant succombé à l'injection du staphylocoque dans la grande séreuse abdominale.

Résistance de l'organisme. — Hohnfeldt (1) a bien étudié le mécanisme de la formation et de la guérison des abcès staphylococciques chez le lapin. Quatre heures après l'introduction du germe sous la peau, on constate, au point piqué, un afflux de leucocytes dont plusieurs ont déjà englobé des staphylocoques; germes et leucocytes augmentent rapidement de nombre et constituent l'abcès. Les cellules que l'on y trouve sont des leucocytes polynucléés sortis des capillaires par diapédèse; ils contiennent des micrococques continuant à bien se colorer tandis qu'eux-mêmes deviennent granuleux et dégénèrent, ce qui fait supposer à l'auteur que le staphylocoque tue les leucocytes au lieu d'être digéré par ceux-ci. Bientôt l'abcès s'entoure d'une membrane limitante et s'ouvre une issue à l'extérieur, par laquelle l'organisme se débarrasse à la fois des microbes et des cellules dégénérées. D'après Ribbert (2), au contraire, les leucocytes englobant les staphylocoques auraient véritablement un rôle phagocytaire. On peut concilier ces deux opinions en tenant compte du nombre respectif des micrococques et des leu-

---

(1) Hohnfeldt. *Beiträge zur path. Anat. und zur allgem. Path.*, 1888, III, p. 345.
(2) Ribbert. *Deutsche med. Wochenschrift*, 1889.

cocytes et aussi de l'action destructive que les toxines des staphylocoques exercent sur ces leucocytes.

Immunisation. — On n'est pas encore arrivé à vacciner les lapins, d'une façon très efficace, contre l'infection staphylococcique. Il faut signaler cependant les travaux de COURMONT et RODET qui ont transformé des cultures virulentes en vaccins en les chauffant 24 heures à 55° et ceux de PARASCANDOLO (1) qui a essayé de produire l'immunité du lapin vis-à-vis des différents microbes pyogènes. Cet auteur prend des cultures mixtes des staphylocoques les plus habituels, (*Staphylococcus aureus*, *albus*, etc.), les filtre sur papier et les injecte en commençant par de très petites doses de très vieilles cultures; il termine en injectant des doses massives de toxine récente. Par ce moyen, il confère aux lapins une immunité durant plusieurs mois.

Nous avons vu que VAN DE VELDE, en inoculant la plèvre des lapins avec des cultures virulentes de staphylocoque, avait constaté dans l'exsudat pleurétique la présence d'une substance, la leucocidine, détruisant énergiquement les globules blancs. Cet exsudat stérilisé à froid par l'éther, et introduit avec précaution dans la plèvre de lapins neufs, fait apparaître dans leur sang une substance antagoniste de la première, l'antileucocidine. Le sérum de ces lapins est capable de neutraliser la leucocidine, contenue dans un volume double de l'exsudat pleurétique primitif.

COURMONT (2) a établi que le sérum des lapins immunisés n'est pas bactéricide et n'entrave en aucune façon la végétation du staphylocoque; cependant le staphylocoque cultivé sur ce milieu perd rapidement sa virulence. Par contre, le même organisme voit sa virulence augmenter quand on le cultive sur le sérum des animaux ayant reçu des injections des toxines prédisposantes, solubles dans l'alcool, dont il a été parlé plus haut. MOSNY et MARCANO ont, d'autre part, montré que le sérum des animaux vaccinés est antitoxique; ils ont pu injecter impunément un mélange de ce sérum et de culture filtrée de staphylocoque. Enfin, PARASCANDOLO a de son côté établi que le sérum des animaux immunisés par sa méthode est à la fois antitoxique et bactéricide, il jouit de propriétés préventives et curatives ; à la dose de 1 p. 50 il stérilise en 24 heures, d'après cet auteur, les cultures du staphylocoque.

Diagnostic bactériologique. — Pour rechercher le staphylocoque dans le pus, le sang, les sécrétions liquides ou membraneuses, on

---

(1) PARASCANDOLO. *Archives de Médecine expérimentale*, 1896, VIII p. 320.
(2) COURMONT. *Compt. rend. de la Société de Biologie*, 1894. 10e s.. I. p. 782.

a recours à l'examen direct des frottis sur lamelles, des coupes, etc., après coloration des bactéries par la méthode de GRAM. On peut, si on le désire, colorer ensuite les microbes ne prenant pas le GRAM par une couleur de contraste et les éléments histologiques par une solution aqueuse d'éosine ou par le carmin. En même temps on pratiquera des ensemencements en stries sur gélose et sur sérum gélatinisé sur lesquels apparaîtront en 24 heures les colonies caractéristiques jaune d'or du *Staphylococcus pyogenes aureus*. Celles-ci, ensemencées sur bouillon, fournissent des cultures qu'on inoculera sous la peau ou dans le péritoine des lapins pour en établir le degré de virulence.

Staphylococcus pyogenes albus.

Ce staphylocoque étudié par OGSTON, ROSENBACH, PASSET, etc., se rencontre dans le pus et, pour certains auteurs, ne serait qu'une race incolore du précédent dont il possède toutes les propriétés, sauf la couleur; il est aussi un peu moins virulent.

Ses cultures sur *gélatine* se liquéfient lentement ; sur *gélose* on observe des stries peu épaisses, blanches par réflexion, translucides, se nuançant de teintes nacrées sous certaines incidences. Les cultures sur *bouillon* sont blanchâtres et visqueuses ; le *lait* est coagulé avec production d'un peu d'acide lactique; sur *pomme de terre* on obtient un enduit pelliculaire blanc, beaucoup plus mince que celui fourni par le staphylocoque doré. Il se colore bien par la méthode de GRAM.

Le *Staphylococcus epidermis* décrit par WELCH est probablement identique au staphylocoque pyogène blanc.

Staphylococcus pyogenes citreus, cereus albus, cereus flavus.

Ces trois espèces ne sont probablement que des races différentes du staphylocoque pyogène doré; ils possèdent les mêmes propriétés et ne s'en différencient que par la nuance de leurs cultures. Tous ont été rencontrés dans le pus (PASSET). Le *Staphylococcus cereus albus* a été trouvé par MACÉ (1) dans une eau de puits; il ne liquéfie pas la gélatine. Le *Staphylococcus pyogenes citreus* donne au contact de l'air des cultures jaune citron; on ne connaît pas son action pathogène.

(1) MACÉ. *Annales d'Hygiène*, 1888.

Peut-être ne constitue-t-il avec le *Staphylococcus cereus flavus* que de simples saprophytes.

Staphylococcus pyogenes salivarius.

Trouvé par BIONDI (1) dans le pus d'un abcès, chez un cobaye inoculé avec la salive d'un scarlatineux. Il se présente sous forme de coccus en amas, se différenciant des autres staphylocoques par leur taille très réduite, 0,2 à 0,5 μ. Il végète bien à partir de 12° et liquéfie lentement la *gélatine;* ses cultures sur *gélose* sont épaisses, envahissantes et légèrement jaunâtres. Il se colore par la méthode de GRAM.

Ses cultures sont pathogènes pour le lapin, le cobaye, la souris et le chien; injectées à petite dose dans les veines (0,2 cmc) elles produisent une infection généralisée; la mort survient en 8 jours.

Staphylococcus pyosepticus.

Découvert en 1888 par RICHET et HÉRICOURT (2) dans une tumeur sous-cutanée chez un chien. Ses propriétés morphologiques, et l'aspect de ses cultures le rapprochent beaucoup du *Staphylococcus pyogenes albus;* il s'en différencie par son extrême virulence pour le lapin. A la suite de l'inoculation de quelques gouttes d'une culture en bouillon de ce staphylocoque, dans le tissu cellulaire sous-cutané de cet animal, il survient rapidement un œdème énorme, transparent et gélatineux atteignant son maximum en 12 heures, la mort arrive en 20 ou 24 heures. Le sérum des chiens inoculés avec ce microbe présente pour le lapin des propriétés immunisantes. Le *Staphylococcus pyosepticus* se développe sur le bouillon en formant une mince pellicule.

Microcoque du clou de Biskra.

Il existe dans certaines contrées de l'Asie et de l'Afrique une affection endémique et contagieuse désignée sous le nom de *Bouton du Nil*, caractérisée par des nodules ou boutons sous-cutanés qui s'ulcèrent et déterminent une plaie guérissant spontanément au

(1) BIONDI. *Zeitschrift für Hygiene*, 1887, II, p. 194.

(2) RICHET et HÉRICOURT. *Comp. rend. Académie des Sciences*, 1888, CVII, p. 690. — *Archives de Médecine expérimentale*, 1889, I, p. 673.

bout de quelques mois en laissant de profondes cicatrices. DUCLAUX (1) a isolé du sang des individus atteints de cette affection un microcoque mobile ; de 0,5 μ à 1 μ de diamètre, qu'il put cultiver sur bouillon de veau.

Ses cultures sont très analogues à celles des staphylocoques précédemment décrits ; il liquéfie lentement la *gélatine* et sécrète un pigment jaune qui se produit, surtout au contact de l'air, dans les cultures sur *gélose* et sur *pomme de terre*. Il a été étudié depuis par CHANTEMESSE (2), PONCET (3) et HEYDENREICH qui ont établi que plusieurs espèces microbiennes étaient capables de produire l'affection en question.

Le microcoque de DUCLAUX exerce sur les animaux une action pathogène particulière ; inoculé au lapin, il provoque une poussée furonculeuse, des nécroses cutanées étendues ; il peut même se généraliser et déterminer, comme le staphylocoque doré, des abcès métastatiques mortels. Il a été inoculé à l'homme avec succès par CHANTEMESSE qui reproduisit ainsi expérimentalement l'affection spontanée. DUCLAUX a établi que la virulence de ce microbe est détruite dans les cultures conservées depuis deux mois ; cette virulence est presque immédiatement régénérée par quelques passages sur du bouillon neuf.

III. — STREPTOCOQUES PATHOGÈNES.

On a décrit un grand nombre de streptocoques pathogènes capables de déterminer chez l'homme et les animaux les maladies les plus variées. Les uns ont pu être considérés comme cause évidente de ces maladies ; les autres ne semblent jouer dans les processus pathologiques observés qu'un rôle épiphénoménal. Dès le début des études bactériologiques, la tendance générale était de considérer tous ces streptocoques comme des espèces bien distinctes ; on observe, en effet, des différences notables dans la longueur de leurs chaînes, dans le diamètre de leurs éléments, l'aspect de leurs cultures, les troubles morbides qu'ils engendrent, leur localisation dans l'organisme infecté, etc. Aujourd'hui qu'on sait ce qu'il faut penser de l'invariabilité des formes et des fonctions bactériennes, la plupart des auteurs qui ont consacré leur temps à l'étude de ces

(1) DUCLAUX. *Annales de Dermatologie et Syphiligraphie*, 1884.
(2) CHANTEMESSE. *Annales de l'Institut Pasteur*, 1887, I, p. 476.
(3) PONCET. *Annales de l'Institut Pasteur*, 1887, I, p. 518.

microorganismes, les considèrent comme formant tout au plus des variétés d'une seule et même espèce-type, le *Streptococcus pyogenes* découvert et étudié par OGSTON et ROSENBACH, agent indiscuté du phlegmon, de l'érysipèle et de l'infection puerpérale.

Streptococcus pyogenes.

Rencontré tout d'abord par PASTEUR dans les lochies de femmes atteintes d'infection puerpérale, il a été vu par OGSTON (1) en 1881 dans le pus où il accompagne fréquemment le staphylocoque et a été cultivé par ROSENBACH (2) en 1884 et par PASSET en 1885. FEHLEISEN (3) en 1883 avait démontré que l'érysipèle est causé par des chaînettes de microcoques; il avait cultivé ces chaînettes à l'état de pureté et les avait même inoculées avec succès à l'homme, en reproduisant localement un érysipèle typique. Les recherches de DOYEN et de E. FRÄNKEL (4) ont établi l'identité des streptocoques de l'infection purulente, des streptocoques du pus étudiés par ROSENBACH et du streptocoque de l'érysipèle de FEHLEISEN; ainsi, un streptococcus isolé du pus d'une péritonite puerpérale et inoculé sur l'oreille d'un lapin a déterminé un érysipèle, avec localisation du germe morbide dans les lymphatiques, identique à celle qu'on observe dans l'érysipèle humain; par contre, le même streptococcus inoculé sous la peau du dos d'une souris ou d'un lapin donna naissance à un phlegmon.

Plus récemment, ROGER (5) fournit des preuves analogues, et enfin MARMOREK (6) établit péremptoirement qu'on peut, par des moyens de culture spéciaux que nous étudierons plus loin, amener les streptocoques d'origines les plus diverses à un état d'identité parfaite; à cet état, ces streptocoques sont extrêmement virulents et déterminent les mêmes accidents chez les animaux qui les reçoivent. La seule objection sérieuse qu'on peut faire encore à la doctrine de l'unité des streptocoques, c'est que tel sérum thérapeutique se montrant à un haut degré préventif et même curatif à l'égard de certaines infections streptococciques se révèle dépourvu de toute efficacité dans d'autres cas très analogues.

---

(1) OGSTON. *British medical Journal*, 1881, p. 369.
(2) ROSENBACH. Mikroorganismen bei den Wundinfection krankh. der Menschen. Wiesbaden, 1884.
(3) FEHLEISEN. Aetiologie des Erysipels. Berlin, 1883.
(4) FRÄNKEL. *Centralblatt für Bakteriologie*, 1889, VI, p. 691.
(5) ROGER. *Revue de Médecine*, 1892, p. 929.
(6) MARMOREK. *Annales de l'Institut Pasteur*, 1895, IX, p. 593.

Le *Streptococcus pyogenes* (Rosenbach) ou *Streptococcus erysipelatis* (Fehleisen) est, de même que le staphylocoque, très répandu dans la nature. Eiselberg, Emmerich, Babès, G. Roux et Chatin l'ont rencontré dans l'air libre et dans l'atmosphère des salles de malades; on sait, du reste, que beaucoup d'affections streptococciques reconnaissent l'air comme principale voie de contage.

Le streptocoque existe dans les eaux résiduaires, dans les eaux de rivière, de puits et même dans les eaux de sources; il est assez fréquent d'en obtenir des cultures pures en ensemençant ces eaux dans les milieux phéniqués ou acides proposés par Vincent et Parietti pour la recherche du bacille du côlon et du bacille typhique. Sa présence a été constatée dans le sol et dans les poussières d'appartements.

Le *Streptococcus pyogenes* existe normalement sur la peau des personnes saines, dans les orifices des glandes cutanées, dans les cavités naturelles de l'organisme, bouche, pharynx, estomac, tube digestif (Netter), dans le vagin, sous les ongles, dans la salive, la sueur, les fèces, etc. Sa présence dans les cryptes amygdaliennes est sans doute en rapport direct avec la production des angines qui précèdent certaines maladies infectieuses où le streptocoque joue un rôle quelconque.

Dans des conditions encore mal déterminées, le streptocoque des milieux extérieurs, de virulence faible ou nulle, voit sa virulence devenir extrême; pénètre-t-il dans l'intimité d'un organisme réceptif, il détermine un très grand nombre de maladies extrêmement variables, comme localisation, comme gravité, etc. Il produit, comme le staphylocoque avec lequel il est souvent associé, des abcès locaux, des phlegmons superficiels ou profonds; des ostéites, des ostéomyélites (Lannelongue et Achard). Il est l'agent de l'érysipèle spontané ou consécutif aux plaies et aux traumatismes opératoires; il détermine la plupart des redoutables complications de la parturition englobées sous le nom général d'infection puerpérale, septicémie, pyohémie, phlébite, etc. On l'a trouvé dans des pleurésies, des endocardites et des péricardites (Duflocq), des arthrites, des méningites, des broncho-pneumonies, des péritonites; il détermine des angines parfois pseudo-membraneuses, etc.; on voit combien est varié et étendu son rôle en pathologie. Il complique fâcheusement la plupart des infections dues à d'autres germes, on sait combien est grave l'association du streptocoque et du bacille de Löffler. Dans certains cas cependant, le développement intercurrent d'une affection streptococcique a pu modifier heureusement le cours de maladies graves, telles que le choléra, certaines tumeurs malignes, certaines manifestations tuberculeuses, en particulier le lupus de la face et les tumeurs blanches.

Morphologie. — Le streptocoque pyogène se présente sous forme de coccus arrondis de 0,3 μ à 1 μ de diamètre, ordinairement associés en chaînes de longueur très variable; les plus courtes comprennent 2, 3 ou 4 individus, les plus longues peuvent en présenter jusqu'à 80 ou 100. Ces chaînettes sont, suivant leur longueur, rectilignes, brisées ou élégamment contournées (fig. 117). Dans certains cas, surtout dans le liquide péritonéal des lapins, le streptocoque s'entoure d'une capsule ou auréole très visible.

Fig. 117.
Streptocoque pyogène coloré par la méthode de GRAM.

Le streptocoque se colore très facilement par toutes les couleurs basiques d'aniline; il ne se décolore pas par la méthode de GRAM qui constitue, dès lors, un excellent moyen de recherche et de diagnostic pour cette espèce. Notons, cependant, quelques exceptions à cette règle, signalées par ÉTIENNE (1). On observe quelquefois au milieu des chaînettes, et surtout dans les vieilles cultures, des coccus plus gros que les autres, se colorant avec difficulté, qui seraient des arthrospores pour certains auteurs. Ces arthrospores expliqueraient la résistance, assez grande, que présente le streptocoque aux agents qui influencent défavorablement la vitalité des schyzophytes.

Cultures. — Le *Streptococcus pyogenes* se développe très bien sur la plupart des milieux de culture habituels, soit au contact, soit à l'abri de l'oxygène atmosphérique. Sa croissance peut se faire déjà sur gélatine à la température de 16 à 18°, mais elle est beaucoup plus rapide sur les milieux pouvant supporter la température de 37°.

Le streptocoque se développe encore d'une façon appréciable à 42°, même dans le *bouillon* additionné de 0,7 p. 1000 d'acide phénique.

Les plaques de *gélatine* ensemencées par dilution et conservées à la température de 20° présentent au bout de 2 jours environ des colonies sphériques très petites, opaques, granuleuses, n'ayant pas de tendance à grossir et ne liquéfiant pas le substratum. Sur gélatine ensemencée par stries, le développement est un peu plus rapide; on voit apparaître en 30 à 36 heures une culture blanchâtre,

(1) ÉTIENNE. *Archives de Médecine expérimentale*, 1895, VII, p. 503.

translucide, à contours finement dentelés, comparée par ROSENBACH à une feuille de fougère pour le streptocoque pyogène et à une feuille d'acacia pour le streptocoque de l'érysipèle. Sur le même milieu ensemencé par piqûre, on voit se développer un clou maigre dont le corps est formé de petites colonies granuleuses non confluentes et dont la tête, de la dimension de celle d'une épingle, est blanche et aplatie.

Les cultures sur *gélose* en strie à 30-37° et sur *sérum* coagulé sont très semblables aux cultures sur gélatine, elles se développent seulement plus rapidement et sont déjà appréciables en 8 à 10 heures; elles sont remarquables par leur aspect granuleux; elles ont peu de tendance à s'étendre et se présentent sous forme d'un fin pointillé disposé le long des stries d'ensemencement.

Sur *pomme de terre*, le streptocoque se développe avec peine sous forme d'un enduit extrêmement mince, à peine visible à l'œil nu. MAROT (1) décrit cependant un streptocoque isolé de la bouche, donnant des cultures abondantes sur ce milieu solide.

Le *lait*, à la température de 30-37°, est coagulé au bout de quelques jours; la caséine caillée se rétracte et laisse exsuder un sérum clair et transparent; il n'est pas inutile de rappeler ici que le ferment lactique classique, découvert par PASTEUR, appartient par sa morphologie au groupe des streptocoques.

Les cultures du streptocoque pyogène sur *bouillon* sont assez polymorphes pour que beaucoup d'auteurs aient cru pouvoir baser sur les divers aspects de ces cultures une différenciation des streptocoques. Ainsi, d'après LINGELSHEIM (2), les streptocoques longs et virulents ne troubleraient pas le bouillon, tandis que les streptocoques courts, peu ou pas virulents, saprophytes, le troubleraient toujours. BEHRING a établi depuis que les streptocoques longs tantôt troublent uniformément le bouillon (*Streptococcus pyogenes*, *erysipelatis*), tantôt ne le troublent pas, et se développent seulement sous forme de dépôts grumeleux (streptocoque congloméré de la scarlatine) ou muqueux (streptocoque du phlegmon ou de la bronchopneumonie).

Il semble que ces aspects divers observés soient dus à des variations non appréciées dans la température des cultures, la réaction et la composition chimique du bouillon employé par les différents expérimentateurs (LEMOINE) (3), (WIDAL et BEZANÇON) (4).

---

(1) MAROT. *Archives de Médecine expérimentale*, 1893, V, p. 548.
(2) LINGELSHEIM. *Zeitschrift für Hygiene*, 1891, X.
(3) LEMOINE. *Archives de Médecine expérimentale*, 1896, VIII, p. 156.
(4) WIDAL ET BEZANÇON. *Archives de Médecine expérimentale*, 1896, VIII, 398.

Du reste, dans tous les milieux qui viennent d'être étudiés, le streptocoque ne garde pas longtemps sa vitalité et surtout sa virulence; aussi MARMOREK (1) a-t-il cherché et trouvé un milieu qui conserve à la fois l'une et l'autre. Le bouillon de MARMOREK se compose d'une partie de bouillon peptoné ordinaire additionné d'une partie de sérum de sang humain recueilli chez une parturiente au moment de la section du cordon. A défaut de sérum humain, on peut le remplacer par une égale quantité de liquide ascitique ou pleurétique ou par le sérum de sang d'un animal, du cheval, de l'âne ou du lapin.

Propriétés biologiques. — Le streptocoque pyogène ne garde pas longtemps sa vitalité dans les cultures, sauf dans le milieu de MARMOREK. Une culture sur gélose est souvent morte après 3 ou 4 jours. Dans l'eau, le streptocoque résiste plus longtemps; d'après STRAUSS et DUBARRY (2), ce microbe résiste 10 jours dans l'eau distillée; 15 jours dans l'eau de l'Ourcq ou de la Vanne stérilisées. Une température de 39-41° maintenue pendant 2 jours le tue définitivement (DE SIMONE); 58° maintenus 10 minutes produisent ce même résultat.

La résistance aux antiseptiques a été étudiée par TARNIER et VIGNAL (3), par LINGELSHEIM; d'après cet auteur, les cultures du streptocoque sont stérilisées par le sublimé corrosif à 1 : 2500, le sulfate de cuivre à 1 : 200, l'acide phénique à 1 : 300 après une durée de contact égale à 2 heures. Lorsque le streptocoque est protégé par une gangue albuminoïde, comme cela arrive dans les liquides pathologiques, le pus, etc., sa résistance aux agents de destruction physiques et chimiques est beaucoup plus grande.

Le streptocoque pyogène est aérobie, mais il peut fort bien se passer du contact de l'oxygène. Sa vitalité et sa virulence se conservent même mieux à l'abri de ce gaz. Suivant SIEBER-SCHOUMOFF (4), il fonctionne vis-à-vis des hydrates de carbone comme un ferment lactique; le streptocoque pyogène donnerait avec la glucose de l'acide lactique lævogyre, tandis que le streptocoque de l'érysipèle donnerait de l'acide dextrogyre.

Les produits toxiques sécrétés par le streptocoque dans ses cultures sont mal connus au point de vue chimique. MANFREDI et TRAVERSA (5) ont les premiers étudié, en 1888, l'action physiologique

(1) MARMOREK. *Annales de l'Institut Pasteur*, 1895, IX, p. 593.
(2) STRAUSS et DUBARRY. *Archives de Médecine expérimentale*, 1889, I, p. 5.
(3) TARNIER et VIGNAL. *Archives de Médecine expérimentale*, 1890, II, p. 469.
(4) SIEBER-SCHOUMOFF. *Arch. des Sc. Biologiques*. Saint-Pétersb., 1892, p. 265.
(5) MANFREDI et TRAVERSA. *Giornale internat. d. Scienze med.*, 1888, X, p. 456.

des cultures du streptocoque de l'érysipèle, stérilisées soit par le filtre CHAMBERLAND, soit par la chaleur. Injectées à des grenouilles, des lapins et des cobayes, ces cultures stérilisées provoquent, selon les cas, des phénomènes paralytiques ou des phénomènes convulsifs. Les manifestations toxiques les plus intenses ont été observées avec les cultures en bouillon faites à l'abri de l'air à la température de 28-30°. Les cultures chauffées à 100° se montrèrent presque toutes inactives. ROGER (1) a, de son côté, étudié les produits toxiques des cultures du streptocoque en bouillon de viande. Ces cultures tuent le lapin à la dose de 15 centimètres cubes; la substance toxique est précipitable par l'alcool et détruite par la chaleur. Après l'action de ces réactifs, les cultures possèdent un pouvoir vaccinal marqué, ce qui démontre qu'elles contiennent au moins deux substances à propriétés antagonistes. Les animaux injectés avec des doses de toxine insuffisantes pour amener la mort, se montrent plus sensibles ensuite à l'action des inoculations virulentes.

Inoculation aux animaux et virulence. — La virulence du streptocoque est très variable selon l'origine de ce germe et suivant les milieux où on le cultive. Pour obtenir des résultats comparables, on doit employer le procédé qui a servi à MARMOREK pour obtenir le virus avec son maximum d'activité. Cet auteur commence par renforcer la virulence du streptocoque en faisant quelques passages de souris à souris, puis de lapin à lapin, qu'il alterne avec des ensemencements sur le bouillon additionné de sérum ou de liquide d'ascite, dont nous avons parlé plus haut. Il obtient ainsi des cultures d'une virulence extrême, tuant le lapin à des doses infinitésimales, et conservant cette virulence dans les cultures successives. Pour conserver la virulence de ces cultures on peut, pour plus de sûreté, les effectuer dans le vide, comme le recommande ROGER, ou les maintenir dans une glacière selon le procédé de PETRUSCHKY.

Les streptocoques, quelle que soit leur origine, de quelque liquide pathologique qu'ils aient été isolés, tuent toujours le lapin avec les mêmes phénomènes septiques, quand ils ont été traités par la méthode de MARMOREK. Quand au contraire on les inocule directement, sans renforcer au préalable leur virulence, on observe une grande variété dans les processus pathologiques qu'ils engendrent, suivant leur origine, suivant les animaux, suivant le lieu d'inoculation. La souris, le lapin, le cobaye sont les animaux de choix à

---

(1) ROGER. *Comp. rend. de la Société de Biologie*, 1891, 9e s. III, p. 238.

employer pour les inoculations au laboratoire. Les grands animaux, âne, cheval, etc., sont à réserver pour les cas où l'on désire obtenir une grande quantité de sérum thérapeutique.

L'inoculation sous-cutanée du streptocoque chez le lapin détermine, suivant la virulence du germe, une septicémie mortelle, ou bien un abcès local, ou bien encore une plaque rouge érysipéloïde. Dans le cas de germes très virulents ayant déterminé la mort, on trouve, à l'autopsie, des congestions étendues dans les viscères ; les ensemencements du sang du cœur et des pulpes de tous les parenchymes donnent d'abondantes cultures de streptocoque.

Les inoculations intraveineuses chez le lapin déterminent, d'après Roger, une septicémie aiguë et mortelle dans le cas de germes virulents et une maladie chronique dans le cas de germes plus atténués; les animaux maigrissent et présentent au moment de la mort des paraplégies et des lésions de myélite sur lesquelles sont revenus récemment Widal et Bezançon.

Bordet (1) a étudié ce que deviennent les streptocoques très virulents inoculés dans la cavité péritonéale des cobayes et des lapins. Peu de temps après l'inoculation apparaissent les leucocytes, en grand nombre, qui englobent les streptocoques. Cependant quelques-uns de ceux-ci, peut-être les plus virulents, paraissent ne pas pouvoir être englobés; ils pullulent bientôt dans l'exsudat et donnent naissance à des germes nouveaux, auréolés, repoussant les phagocytes. Les animaux ne résistent que si la dose de streptocoque inoculée a été très faible ou si elle a été précédée d'une injection intrapéritonéale de bouillon stérilisé; dans ces cas, tous les streptocoques inoculés sont englobés par les phagocytes avant d'avoir pu s'organiser pour la résistance.

En inoculant à des lapins des cultures atténuées ou chauffées à 120°, Roger est parvenu à rendre ces animaux réfractaires à l'action des inoculations virulentes. Gromakouski (2) arrive au même résultat par des inoculations intrapéritonéales de cultures, d'abord anciennes, puis de plus en plus virulentes.

Marmorek (3) immunise le cheval en lui inoculant des cultures virulentes, d'abord à doses très faibles et espacées ; puis à doses plus fortes et plus rapprochées. Le sérum de cheval ainsi immunisé possède un pouvoir vaccinal marqué et a déjà été employé avec succès contre l'infection streptococcique déclarée chez l'homme et

(1) Bordet. *Annales de l'Institut Pasteur*, 1896, X, p. 104.
(2) Gromakouski. *Annales de l'Institut Pasteur*, 1895, IX, p. 621.
(3) Marmorek. *Annales de l'Institut Pasteur*, 1895, IX, p. 593.

les animaux. D'après A. Bonome et G. Viola (1), les cultures du streptocoque soumises à l'action des courants alternatifs à haute tension deviennent non seulement inoffensives, mais voient même leurs toxines changées en antitoxines. Les toxines électrisées se comportent comme les antitoxines du sérum des animaux immunisés; elles peuvent neutraliser *in vitro* des doses de toxine dix fois mortelles pour le lapin; elle n'agissent pas défavorablement sur la vitalité du streptocoque, mais semblent déterminer, dans l'organisme du lapin, la production de substances bactéricides.

D'après Roger, Mironoff, Denis et Leclef, Bordet, etc., le streptocoque pousse bien sur le sérum des animaux immunisés. Ce sérum, pas plus que les toxines électrisées de Bonome et Viola, n'est donc bactéricide, il paraît seulement amoindrir la virulence des germes auxquels il sert de terrain nutritif; il possède en outre un faible pouvoir agglutinant.

Diagnostic bactériologique. — Le streptocoque se recherche dans le sang, les humeurs, les sécrétions pathologiques, les frottis de pulpes d'organes, sur lamelles colorées par la méthode de Gram; les bactéries étrangères seront colorées par une couleur de contraste. En même temps on fera des cultures sur bouillon légèrement acide, sur gélose, sérum, etc. Des inoculations à la souris et au lapin permettront de se rendre compte de la virulence des germes étudiés; mais il ne faut pas oublier que la virulence du streptocoque est très variable et fugitive.

Streptococcus pyogenes malignus.

Ce streptocoque, découvert par Flügge, ressemble beaucoup au streptocoque pyogène de Rosenbach; il est extrêmement virulent pour la souris et le lapin dont il amène la mort en 4 jours. A l'autopsie, on trouve un grand foyer purulent au point d'inoculation; des métastases dans les viscères et des localisations dans les articulations. Le germe inoculé se retrouve dans le sang et surtout dans la rate sous forme de diplocoques ou de courtes chaînes.

Streptococcus septicus.

Découvert par Nicolaïer et Guarneri dans la terre. Se présente dans les cultures en courtes chaînettes ou en diplocoques. Pousse

(1) A. Bonome et G. Viola. *Centralblatt für Bakteriologie*, 1896, XIX, p. 849.

lentement sur *gélatine* où les ensemencements par piqûre ne deviennent visibles qu'après 3 ou 4 jours. De minimes quantités de ces cultures inoculées sous la peau des souris les tuent en 48-72 heures ; on observe de la paralysie des pattes postérieures et à l'autopsie on trouve dans les organes et dans les vaisseaux une grande quantité de diplocoques. Oberdiek a constaté le passage de ce microbe de la mère au fœtus.

Streptococcus perniciosus psittacorum.

Reconnu par Eberth (1) et Wolf (2) comme l'agent d'une maladie sévissant sur les perroquets, déterminant la formation de nodules dans les poumons, la rate, les reins, les vaisseaux.

Streptocoque de Charrin.

Charrin (3) a trouvé que, dans les cadavres de lapins charbonneux, il se développe, peu de temps après la mort, un microcoque de 1 à 2 μ de diamètre, affectant la forme de chaînettes composées d'une vingtaine d'individus. Ce streptocoque n'est pas pathogène pour le chien, la poule et la grenouille, mais il tue en 18 à 48 heures les lapins qui le reçoivent sous la peau, dans les veines, le péritoine ou la trachée. A l'autopsie, on trouve un œdème rougeâtre au point inoculé, la rate hypertrophiée et des congestions viscérales étendues.

IV. — Micrococcus tetragenus.

Syn. : *Micrococcus tetragenus septicus, Micrococcus tetragenes.*

Ce microorganisme pathogène dont l'existence a été signalée par Koch (4) dans les cavernes des phtisiques a été étudié pour la première fois par Gaffky (4) puis par Biondi (5), Netter (6), Boutron (7), P. Tissier et Ramond.

(1) Eberth. *Virchow's Archiv*, LXXX.
(2) Wolf. *Virchow's Archiv*, LXXXII.
(3) Charrin. *Comp. rend. de la Société de Biologie*, 1884, 8e s., I. p. 526.
(4) Koch et Gaffky. *Mittheil. aus dem kais. Gesundheitsamte*, II. p. 42.
(5) Biondi. *Zeitschrift für Hygiene*, 1887, II, p. 194.
(6) Netter. *Bulletin de la Société médicale des Hôpitaux*, 16 mai 1890.
(7) Boutron. *Thèse*. Paris, 1893.

Comme son nom l'indique, cette espèce apparaît au microscope sous la forme de microcoques groupés en tétrades dont le diamètre des éléments sphériques varie de 1 à 2 μ; cependant, il n'est pas rare de trouver dans les cultures vieilles ou épuisées du *Micrococcus tetragenus* des groupements rappelant les diplocoques.

Cette espèce, examinée dans le pus, les crachats, les tissus et les sérosités diverses de l'économie, se montre plus volumineuse que dans les cultures artificielles; on l'y voit habituellement entourée d'une capsule gélatineuse qui fait défaut dans les autres cultures.

Cultures artificielles. — La température la plus favorable au développement de ce microbe se trouve voisine de 37°; il cesse de croître au delà de 42-43°. A 20°, ses cultures marchent avec lenteur, aussi les végétations qu'il fournit sur la *gélatine* sont-elles toujours maigres et ne commencent à devenir perceptibles qu'après 2 à 3 jours. On voit, à ce moment, apparaître dans l'intérieur de ce milieu de petites colonies grisâtres, d'aspect granuleux, à contour irrégulier. Les colonies superficielles sont blanches et bombées. Dans les ensemencements par piqûre il se produit au point d'inoculation un plateau discoïdal, un peu jaunâtre, dont le diamètre peut acquérir 2 à 3 millimètres et au-dessous duquel apparaît un trait grisâtre qui s'accroît lentement sans jamais liquéfier la gélatine.

C'est sur *gélose*, exposée à 37°, que s'obtiennent rapidement les plus belles cultures du *Micrococcus tetragenus*. Les colonies y acquièrent la forme d'un bouton grisâtre et les stries d'ensemencement y donnent des enduits opalescents, blanchâtres, crémeux, visqueux et brillants. Les cultures sur la *pomme de terre* offrent un aspect semblable; elles sont de même luxuriantes sur le *sérum* de sang coagulé.

Semé dans le *bouillon*, le *Micrococcus tetragenus* s'y développe abondamment au bout de 24 heures, en fournissant ultérieurement un dépôt volumineux, blanchâtre, visqueux et filant. Le bouillon contracte en peu de temps une alcalinité manifeste et se charge d'une toxine qui a été étudiée par P. Tissier (1).

Le microcoque qui nous occupe est facultativement aérobie et anaérobie. Il se colore aisément par les couleurs usuelles de l'aniline et garde le Gram. Sa vitalité est de longue durée; on peut le conserver longtemps, pendant de nombreuses années, en prenant le soin de le repiquer sur gélose, ou mieux, de le rajeunir dans le

(1) P. Tissier. *Archives de Médecine expérimentale*, 1896, VIII, p. 14.

bouillon tous les 4 à 6 mois, mais il perd à la longue beaucoup de sa virulence primitive. Comme les bactéries de la classe à laquelle il appartient, il est très sensible à l'action de la chaleur, une température humide de 60 à 62° lui est promptement fatale.

Inoculations expérimentales. — Le *Micrococcus tetragenus* est surtout très pathogène pour les souris blanches et les cobayes. Injecté sous la peau de ces animaux, il y détermine des indurations, la production d'eschares sèches ou humides et des collections purulentes.

Dans sa forme virulente, il produit, à côté de ces lésions locales, des septicémies généralisées, caractérisées par des élévations de température, un amaigrissement rapide, une prostration et une somnolence qui se terminent par la mort, survenant ordinairement au bout de 48 heures chez le cobaye et au bout de 24 heures chez la souris blanche.

Les lapins sont beaucoup plus réfractaires à l'injection tétragénique.

P. Tissier, qui a publié un travail très complet sur le *Micrococcus tetragenus*, a constaté que les cultures en bouillon de ce microbe, introduites dans l'organisme par voie stomacale, pouvaient provoquer une septicémie mortelle; que ces cultures chauffées à 60° et même à 115°, par conséquent devenues absolument stériles, perdaient leur propriété pyogène tout en restant néanmoins pourvues d'une certaine toxicité, et qu'enfin les cultures filtrées concentrées injectées à haute dose déterminaient de l'amaigrissement et de l'hypothermie.

Habitat. — Le *Micrococcus tetragenus* se rencontre fréquemment dans les crachats des phtisiques, dans la salive de l'homme sain (Biondi), dans les sécrétions nasales, les enduits pultacés ou autres de la gorge, les abcès et diverses sécrétions purulentes (Karlinski (1), Kapper, Steinhaus, Rappin, Monnier). Enfin, on a cru même l'avoir découvert dans l'air et les eaux.

Le *Micrococcus tetragenus* ne serait pas seulement pathogène pour les souris et les cobayes, d'après Chauffard et Ramond (2), il déterminerait également chez l'homme des septicémies mortelles.

Le diagnostic de cette espèce pathogène n'est pas mal aisé : les caractères de ses cultures, son affinité pour la coloration par la méthode de Gram, ses effets nocifs, vis-à-vis des souris blanches

(1) Karlinski. *Centralblatt für Bakteriologie*, 1890, VII, p. 113.
(2) Chauffard et Ramond. *Archives de Médecine expérimentale*, 1890, VIII, p. 304.

et des cobayes, la présence d'une capsule gélatineuse dans ses cultures *in vivo* l'assurent d'une façon convenable.

V. — Le pneumocoque.

Syn. : *Micrococcus Pasteuri* ; *Streptococcus lanceolatus Pasteuri* ; *Diplococcus pneumoniæ* ; Pneumocoque de Fränkel ; *Bacillus salivarius septicus*.

Pasteur (1) signala pour la première fois la présence du pneumocoque dans la salive d'un enfant mort de la rage. Vers la même époque, plusieurs auteurs purent se convaincre que cette espèce microscopique se rencontrait dans la salive des personnes bien portantes et très souvent aussi dans les crachats des malades atteints de pneumonie fibrineuse ; on fut donc amené, dès le principe, à lui attribuer un rôle important dans l'étiologie de cette affection si fréquemment observée chez l'homme.

Sternberg (2) affirme qu'avant la note de Pasteur il avait découvert en septembre 1880 la même bactérie dans le sang d'un lapin inoculé avec sa propre salive, c'est ce savant américain qui donna au diplocoque virulent de la salive le nom de *Micrococcus Pasteuri* ; toutefois il ne vit, d'abord, dans ce microorganisme qu'une variété du pneumobacille de Friedländer pouvant jouer un rôle dans la pneumonie croupeuse (3).

En 1883, Talamon (4) trouva toujours dans les poumons des malades ayant succombé à la pneumonie fibrineuse le diplocoque lancéolé étudié par Pasteur et ses élèves ; de plus, il parvint à le cultiver et, avec les cultures obtenues, il provoqua chez les lapins des septicémies aiguës, parfois des pneumonies, des pleurésies et des péritonites séro-fibrineuses.

Salvioli (5) et Klein (6) rencontrèrent cette même espèce dans les crachats et les exsudats des pneumoniques ; ce qui les empêcha de la considérer comme l'agent spécifique de la pneumonie fibrineuse, fut sa présence bien constatée dans la salive des personnes en bon état de santé.

---

(1) Pasteur. *Bulletin de l'Académie de Médecine*, janvier 1881.
(2) Sternberg. *A Manual of Bacteriology*, 1892. New-York, p. 298.
(3) Sternberg. *Nat. Board of Health Bull.*, 1881, II et III, n° 4. — *Medical Times*, 1882, nov. — *The Medical Record*, 1889, XXXV, p. 281. — *Centralblatt für Bakteriologie*, 1892, XII, p. 53. — *The Medical News*, 1892, IX, p. 153.
(4) Talamon. *Société anatomique de Paris*, nov. 1883.
(5) Salvioli. *Archives pour les Sciences médicales*, 1884, VIII.
(6) Klein. Ann. Report of the loc. Board. London, 1885.

En 1885, Fränkel (1) affirma l'idendité du microbe découvert par Pasteur avec le diplocoque de Talamon; il le cultiva sur les milieux solides et en décrivit avec soin les principaux caractères morphologiques et les facultés biologiques les plus essentielles.

Une année plus tard, Weichselbaum (2) fit paraître un travail important sur le même sujet où il conclut que la pneumonie est, dans la majorité des cas, produite par le *Diplococcus pneumoniæ*, mais cependant que le pneumobacille de Friedländer, le streptocoque et le staphylocoque pyogène sont capables de déterminer également des pneumonies lobaires.

Netter (3), abordant de son côté le problème de la spécificité du pneumocoque, rendu difficile à résoudre par suite des objections basées sur la vulgarité de cette espèce dans les sécrétions normales de la bouche, établit que le pneumocoque se rencontre 75 fois sur 100 dans les exsudats des pneumonies et publia de nombreux faits sur lesquels nous reviendrons un peu plus loin.

Vers la même époque, Wolf (4) donna une statistique encore plus favorable; dans 70 cas de pneumonie fibrineuse il trouva 66 fois le *Micrococcus Pasteuri*.

Gamaleia (5) chercha, à son tour, à expliquer les résultats contradictoires qui semblaient devoir laisser encore longtemps planer le doute sur le rôle réel du pneumocoque; puis, à partir de cette époque, il resta acquis, grâce aux nombreuses recherches de Netter (6), de Jakowski (7), de Tchistovich (8), de Ortman et Samter (9), de Banti (10), etc., que l'agent le plus important, sinon l'unique, de la pneumonie était bien le pneumocoque de Talamon et Fränkel.

Morphologie. — Le pneumocoque est constitué par des cellules ovales, immobiles, de 1.5 μ de longueur sur 1 μ environ de largeur qui affectent souvent la forme d'un grain d'orge ou d'une lancette. Elles sont ordinairement associées en diplocoques, parfois en courtes chaînes de 4 à 6 éléments.

---

(1) Fränkel. *Deutsche med. Wochenschrift*, 1885, n° 31, p. 546. — *Zeitschrift für klin. Med.*, 1886, X et XI.

(2) Weichselbaum. *Wiener med. Jahrbücher*, 1886, p. 483. — *Fortschr. der Med.*, 1887, V, n°s 18 et 19. — *Wiener med. Wochenschr.*, 1888, n°s 35 et 36. — *Ibid.*, 1888, n°s 28 et 32. — *Centralblatt für Bakteriologie*, 1889, V, p. 33.

(3) Netter. *Comp. rend. de la Société de Biologie*, 1887, IV, 8e s., p. 799.

(4) Wolf. *Wiener med. Blätter*, 1887, n°s 10-14.

(5) Gamaleïa. *Annales de l'Institut Pasteur*, 1888, II, p. 440.

(6) Netter. *Comptes rendus de la Société de Biologie*, 1887, IV, 8e s., p. 611.

(7) Jakowski. *Zeitschrift für Hygiene*, 1889, VII, p. 237.

(8) Tchistovich. *Annales de l'Institut Pasteur*, 1890, IV, p. 285.

(9) Ortman et Samter. *Virchow's Archiv*, 1890, CXX.

(10) Banti. *Lo Sperimentale*, 1890, pp. 349, 461 et 573.

Cultivé dans l'organisme animal, le pneumocoque apparaît entouré d'une capsule gélatineuse qui fait défaut dans les cultures artificielles de laboratoire. Cette auréole claire manque souvent, d'après WEICHSELBAUM, dans les exsudats pneumoniques anciens.

Ce microbe est facultativement aérobie et anaérobie (fig. 118).

Fig. 118. Pneumocoques colorés dans les crachats des pneumoniques (Méthode de ZIEHL).

Il se colore très bien par les couleurs d'aniline; il garde le GRAM, ce qui le différencie de plusieurs espèces et notamment du pneumobacille de FRIEDLÄNDER. Ses plus belles colorations sont obtenues avec le bleu de LÖFFLER où on le voit dans les crachats et les exsudats des pneumoniques en bleu foncé entouré d'une capsule incolore.

Pour colorer en même temps le micrococque et sa capsule, RIBBERT (1) conseille de plonger pendant quelque temps les préparations dans une solution hydro-acéto-alcoolique (eau 100, alcool 50, acide acétique 12.5) saturée à chaud de violet de dahlia et de les laver ensuite à l'eau; les pneumocoques se montrent alors en bleu intense et les capsules en bleu clair. Pour colorer le pneumocoque dans le tissu pulmonaire, FRIEDLÄNDER (2) abandonne pendant 24 heures les coupes obtenues dans un bain formé : d'eau distillée 100, de solution concentrée de violet de gentiane 50, d'acide acétique 19; après immersion, les coupes sont lavées à l'acide acétique à 1:100, déshydratées, éclaircies et montées dans le baume.

Cultures. — La température la plus favorable au développement du pneumocoque est voisine de 35°. Toutefois, on le voit se développer encore sensiblement à 22 et à 42°; sa multiplication se suspend au-dessous et au-dessus de ces deux températures extrêmes.

Le *Micrococcus Pasteuri* croît assez bien dans les bouillons peptonés, dans le sérum de sang liquide, dans le lait, etc. Ses cultures sur gélose sont peu fournies, elles sont nulles sur la pomme de terre.

Semé dans du *bouillon de bœuf* ou de *veau* peptoné, le pneumocoque y détermine dès les premiers jours un trouble qui disparaît ultérieurement, tandis qu'il se forme un dépôt sablonneux au fond du vase. Notons en passant que ces cultures liquides perdent promptement leur virulence et qu'elles doivent être toujours fraîches si l'on désire les utiliser pour des inoculations.

Porté sur la *gélatine* nutritive maintenue à 22-24°, presque au

(1) RIBBERT. *Deutsche med. Wochenschrift*, 1885, p. 136.
(2) FRIEDLÄNDER. Mikroskopische Technik, p. 57. Berlin, 1885 et 6ᵉ éd. 1900, p. 211.

point de fusion de ce substratum, le pneumocoque y forme des colonies rondes, grisâtres, granuleuses, perceptibles au bout de 36 heures (fig. 119); dans les cultures en piqûres, on voit se former le long du trajet du fil de platine de petites colonies blanches donnant toujours un clou maigre et chétif (fig. 120). La gélatine n'est pas liquéfiée.

Fig. 119. Colonies superficielles du pneumocoque.

Sur *gélose* à 30-35°, on observe la formation de petites taches, peu visibles, semblables à des gouttes de rosée. L'aspect des cultures est le même sur sérum de sang.

Parmi les milieux de culture liquides les plus favorables au développement du pneumocoque, MOSNY (1) indique le *sérum* de sang de lapin pur ou additionné d'eau stérilisée. GILBERT et FOURNIER (2) prétendent que le sérum de sang défibriné du même animal, employé liquide ou coagulé, provoque le développement rapide et abondant du même microorganisme, qui apparaît entouré de capsules hyalines comme dans ses cultures sur l'animal vivant.

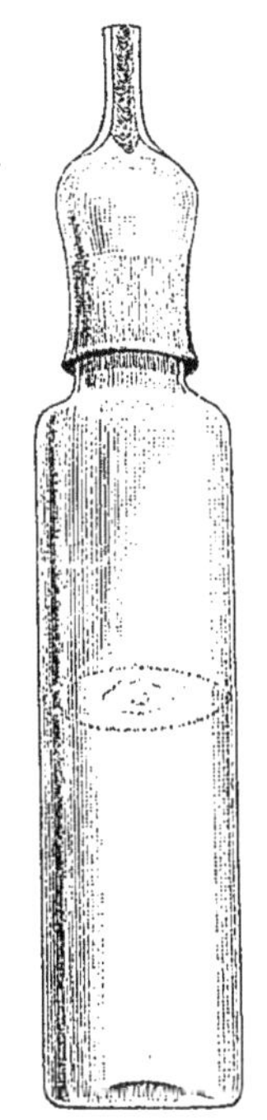

Fig. 120. Culture en piqûres du pneumocoque.

Propriétés biologiques. — Le pneumocoque est peu sensible à l'action du froid; BIONDI (3) a pu le laisser séjourner plusieurs jours dans une glacière sans lui enlever sa vitalité. Il résiste assez longtemps à la dessiccation : pendant 45 jours dans le sang desséché (FOA et UFFREDUZZI); pendant 32 jours sur des fils de soie imprégnés de sang et de crachats pneumoniques (NETTER); GUARNIERI (4) prétend l'avoir trouvé encore virulent après une dessiccation datant de 4 mois.

Plus récemment, SPOLVERINI (5) a trouvé que le diplocoque de la pneumonie présente dans les crachats une grande résistance aux agents physiques et conserve le plus souvent sa virulence, contrairement à ce qui s'observe avec le pneumocoque des cultures artificielles.

---

(1) MOSNY. *Comp. rend. de la Société de Biologie*, 1892, 10ᵉ série, II, p. 852.
(2) GILBERT et FOURNIER. *Société de Biologie*, 1896, 10ᵉ série, III, p. 2.
(3) BIONDI. *Zeitschrift für Hygiene*, 1887, II, p. 194.
(4) GUARNIERI. *Atti della R. Acad. med. di Roma*, 1888-1889, p. 447.
(5) SPOLVERINI. *Annali d'Igiene sperimentale*, 1899, p. 103.

Cet auteur a constaté : que les crachats des pneumoniques ne perdent leur virulence qu'après une exposition directe de 30 heures à la lumière solaire ; que la chaleur humide de 55° et la chaleur sèche de 65° exigent une demi-heure pour le détruire ; qu'il résiste 2 à 3 mois à la putréfaction ; qu'il se conserve dans le sol et dans la boue pendant 2 à 4 mois ; qu'il ne perd sa vitalité sur le papier et sur la toile qu'au bout de 2 mois et de 3 mois si les crachats sont maintenus humides.

De son côté STERNBERG avait déjà démontré : que le pneumocoque est tué après 10 minutes d'exposition à la température humide de 52° ; que l'acide borique à 1 : 400, l'acide phénique à 1 : 500, l'acide sulfurique à 1 : 800, s'opposent à son développement et qu'il est détruit après un contact prolongé pendant 2 heures avec une solution de sublimé à 1 : 20 000, une solution iodurée d'iode à 1 : 1000 et une solution de potasse caustique à 1 : 50.

STERNBERG (1), BORDONI-UFFREDUZZI (2), KRUSE et PANSINI (3) ont fait de nombreuses expériences sur les divers agents physiques et chimiques qui diminuent la virulence du pneumocoque. Ne pouvant les rapporter ici, nous nous contentons d'indiquer les ouvrages où on les trouvera décrites avec détails.

Inoculations expérimentales. — Les souris et les lapins inoculés par les cultures récentes du pneumocoque succombent d'ordinaire dans un espace de temps variant de 24 à 48 heures. Les souris sont les animaux les plus sensibles à ce virus, puis viennent les lapins, les cobayes, les chiens et les moutons ; le pigeon se montre réfractaire à l'infection.

Les souris et les lapins qui reçoivent sous la peau quelques gouttes d'une culture virulente meurent d'une septicémie généralisée. A l'autopsie, leur sang est noir, leur rate ordinairement hypertrophiée et turgescente ; le sang et les tissus montrent de nombreux pneumocoques. Si l'inoculation est pratiquée dans les séreuses, il se produit des fausses membranes et des épanchements séro-purulents ; si la bactérie a été portée directement dans le poumon, ce dernier s'hépatise. La lésion la plus accusée est l'hypertrophie de la rate. Quand le virus est faible, on voit apparaître au point d'inoculation des œdèmes très étendus, des pneumonies lobaires, des lésions pleurales, et des péricardites. Le même fait s'observe avec les pneumocoques viru-

---

(1) STERNBERG. John Hopkins Univer. stud. biol. Lab., 1882, II, pp. 201 à 212.
(2) BORDONI-UFFREDUZZI. *Centralblatt für Bakteriologie*, 1891, X, p. 305.
(3) KRUSE et PANSINI. *Zeitschrift für Hygiene*, 1892, XI, p. 279.

lents quand les animaux inoculés sont relativement réfractaires à l'intoxication, tels que le rat, le chien, le mouton; en tout cas, aucun d'eux ne résiste à l'injection intrapulmonaire de quantités plus ou moins élevées de culture.

Virulence, atténuation et vaccination. — Comme nous avons eu occasion de le dire, la virulence des cultures du pneumocoque va rapidement en s'atténuant; au bout de 7 jours, les bouillons où l'on cultive cette espèce sont habituellement inoffensifs. La température de 42°, les sels de cuivre, les acides minéraux, l'action des radiations solaires accélèrent cette atténuation. On arrive au contraire à augmenter la virulence du pneumocoque par des passages de lapin à lapin.

Les animaux peuvent être vaccinés contre l'infection pneumonique quand on leur injecte des cultures dont la virulence est très affaiblie ou des cultures virulentes fortement diluées (Fränkel et Emmerich). Netter emploie les cultures atténuées, Issaeff (1) les cultures stérilisées par filtration, antiseptisées ou encore stérilisées par la chaleur à 60°. Klemperer (2) arrive au même résultat en injectant des crachats de pneumoniques ou les exsudats stérilisés des animaux ayant succombé à l'action du pneumocoque. Mosny (3) confère l'immunité avec les macérations filtrées des organes des mêmes animaux. Enfin, Bouchard, Roger, Charrin et Maragliano garantissent le lapin contre l'infection pneumococcienne en lui inoculant du sang d'homme atteint de pneumonie fibrineuse.

Habitat. — Le pneumocoque est peut-être un microbe très répandu autour de nous; Uffelmann dit l'avoir trouvé dans l'air d'une cave, Emmerich sous les lames d'un parquet, etc. Quoi qu'il en soit, on le trouve avec tous ses caractères dans la salive et les sécrétions des fosses nasales. Ce fait, découvert simultanément vers 1881 par Pasteur et Sternberg, a été confirmé par Clawton, Fränkel, Wolf et Netter; on doit à ce dernier savant une étude très intéressante sur la présence du pneumocoque et les variations de sa virulence dans la salive des personnes bien portantes. Il résulte, en effet, des travaux de Netter que le pneumocoque se trouve 20 fois sur 100 sujets n'ayant jamais eu de pneumonie, plus de 80 fois sur 100 personnes déjà atteintes de cette maladie; qu'au moment de la convalescence, le pneumocoque de la salive est très peu virulent, que sa virulence

---

(1) Issaeff. *Annales de l'Institut Pasteur*, 1893, VII, p. 260.
(2) Klemperer. *Berliner klin. Wochenschrift*, 1891, p. 833.
(3) Mosny. *Archives de Médecine expérimentale*, 1892, IV, p. 195.

va en augmentant jusqu'à la 5e année, comme si une première atteinte avait un pouvoir atténuant sur la virulence de cet organisme microscopique.

Chez l'homme et les animaux offrant une résistance relativement grande à l'infection pneumococcienne, on voit l'agent qui la produit se localiser aux poumons et déterminer les lésions de la pneumonie fibrineuse; mais il est également acquis aujourd'hui que la bactérie de TALAMON et FRÄNKEL peut envahir d'autres organes et engendrer des péricardites, des méningites, des péritonites, des arthrites, des otites, etc.

Isolement et diagnostic. — Le pneumocoque peut se retirer de la salive humaine et plus sûrement des crachats des personnes atteintes de fluxion de poitrine. La salive ou les crachats rouillés des malades sont inoculés à des lapins qui le plus souvent succombent à une septicémie déterminée par le pneumocoque qu'on isole, ensuite, du sang des cadavres, par voie de culture suivant les méthodes habituelles.

La découverte du pneumocoque dans les tissus et les exsudats n'offre pas de difficulté sérieuse; par les méthodes de coloration, on met en évidence sa forme, la capsule qui l'entoure dans ses cultures sur l'animal vivant et la faculté qu'il possède de se colorer par la méthode de GRAM; s'il existait encore quelques doutes, on établirait aisément ses propriétés pathogènes, par des inoculations aux souris et aux lapins.

VI. — LE GONOCOQUE.

Syn. : *Gonococcus Neisseri; Micrococcus gonorrheæ.*

Le gonocoque est l'agent spécifique d'une maladie infectieuse, le plus souvent localisée sur les muqueuses uréthrale et oculaire. Cette affection peut également intéresser plusieurs séreuses de l'économie et même, d'après quelques auteurs, déterminer des endocardites mortelles.

Le gonocoque découvert par NEISSER (1) en 1879 a été depuis cette époque étudié par de nombreux bactériologistes qui ont réussi à le cultiver en dehors de l'organisme (BUMM) et à produire avec ses cultures artificielles des uréthrites et des ophtalmies blennorrhagiques.

(1) NEISSER. *Centralblatt für die Med. Wissenschaft.* 1879, n° 28.

Morphologie. — Le gonocoque paraît devoir être rangé dans la famille des diplocoques. Il est habituellement formé par deux cellules ayant l'aspect de reins ou de haricots accolés par leur côté concave. Les dimensions de ce microcoque sont très variables; elles oscillent en longueur de 0.8 à 1.6 μ et en largeur de 0.6 à 0.1 μ. Rarement le gonocoque se montre en cellules isolées; les dimensions moyennes du diplocoque formé varient alors de 1.2 μ à 1.6 μ.

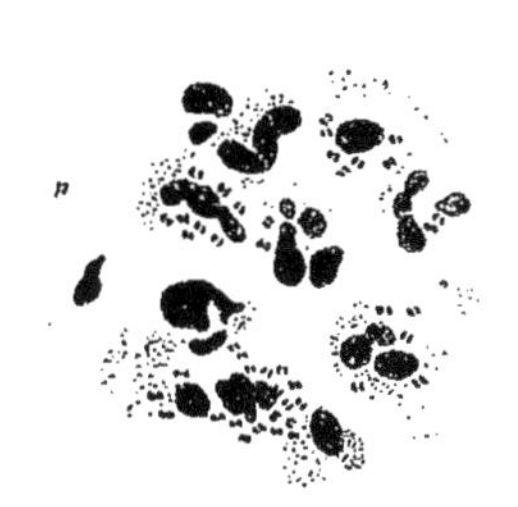

Fig. 121.
Gonocoque de pus d'uréthrite blennorrhagique coloré au bleu de Kühne.

Après coloration, on aperçoit entre les deux microcoques accouplés une fente claire, très apparente, quand la décoloration a été suffisamment poussée. Au moment où ces articles se multiplient, la fente linéaire devient cruciale par suite de la bipartion des deux cellules; dans ce cas, le gonocoque présente l'aspect d'un tétracoque (fig. 121).

Lorsqu'on examine le pus d'une uréthrite ou d'une conjonctivite blennorrhagique, les gonocoques se voient souvent englobés dans les leucocytes; leur présence intracellulaire a une certaine importance pour le diagnostic bactériologique de cette espèce. On a même affirmé la présence du gonocoque dans l'intérieur des noyaux des globules de pus (Legrain, Lantz), mais cette pénétration n'est pas admise par beaucoup d'auteurs, et ce fait ne paraît pas avoir été sérieusement contrôlé.

En se multipliant dans l'intérieur des cellules de pus, le gonocoque, qui paraît y avoir pénétré avec l'activité d'un parasite, et non avec la passivité d'une proie, finit par les faire éclater, ce qui explique sa présence, en très grand nombre d'individus, autour des noyaux des leucocytes, dont les vestiges de l'enveloppe cellulaire ont disparu.

La plupart des couleurs basiques d'aniline colorent aisément le gonocoque. Le bleu de Löffler, celui de Kühne, le violet de gentiane, la fuchsine phéniquée et la solution boracique de Finger sont d'un très bon usage; mais ce microorganisme est complètement décoloré par l'application de la méthode de Gram. G. Roux insiste sur ce caractère négatif que ne présentent pas d'autres diplocoques souvent mélangés à cette espèce pathogène.

Cultures. — Le gonocoque de Neisser croît difficilement ou pas du tout sur les milieux nutritifs habituellement employés dans les laboratoires. Il ne se multiplie pas dans les bouillons ni sur la gélose peptonée ordinaire. Pour obtenir de belles cultures de ce microorganisme, il faut avoir recours à quelques milieux d'une composition mixte : aux mélanges de gélose et de sérum de sang humain ; à défaut de ce dernier, au sérum de sang de bœuf, de veau, de mouton ou de lapin.

Bumm (1), qui cultiva le premier le gonocoque, se servit du sérum de sang placentaire. Bockart, Hueppe et Wertheim de mélanges d'agar et de sérum effectués vers 45°. Plus tard, Morax a substitué au sérum de sang humain les liquides séreux pathologiques, notamment les liquides ascitiques et hydrocéliques. De Christmas préconise le sérum de sang de lapin.

La séparation du gonocoque des autres bactéries qui l'accompagnent dans l'urèthre est une opération délicate qui exige l'antisepsie préalable et aussi complète que possible du méat urinaire et de la fosse naviculaire. Cette précaution prise, au moyen d'un fil de platine flambé, terminé par une petite boucle, on va recueillir profondément une trace de pus qu'on étale sur du sérum gélosé ou du sérum de lapin qu'on porte sans retard à l'étuve à 36°. On multiplie ces ensemencements de façon à obtenir quelques colonies pures qui apparaissent souvent dès la 12e heure et qu'on repique dans de nouveaux tubes dès qu'elles sont nettement discernables.

On peut, également, tenter cette séparation par la méthode des plaques en introduisant une goutte de pus blennorrhagique dans un peu de sérum de sang qu'on promène, ensuite, avec un pinceau stérilisé ou par le procédé de de Freudenreich, sur les milieux gélatineux solidifiés horizontalement.

L'aspect des colonies gonococciques n'est pas absolument caractéristique. Dès les premiers jours, elles se montrent incolores et semblables à des gouttes de rosée. Elles sont, en général, bien apparentes à la fin du deuxième jour ; plus tard, elles s'étalent en surface en donnant des taches dont les bords sont irrégulièrement arrondis et dentelés ; ces taches peuvent acquérir 10 à 15 millimètres de diamètre ; en vieillissant, tout en restant translucides, elles deviennent d'un gris bleuâtre par réflexion et jaunâtres par transmission.

Ces colonies, comme les cultures résultant des ensemencements par stries, sont gluantes, filantes, d'une faible épaisseur, et ont une grande tendance à se dessécher ; dans ce dernier cas, elles blanchissent et perdent leur éclat brillant et vernissé.

---

(1) Bumm. *Archiv für Gynækologie*, 1884, XXIII, p. 327.

Le gonocoque peut aussi se cultiver dans les milieux liquides; celui de ces milieux qui donne les meilleurs résultats est formé par un mélange de bouillon et de sérum de sang ou de liquide ascitique. Le microcoque de Neisser croît dans cette liqueur, sans la troubler sensiblement, en venant former à sa surface des pellicules discontinues qui chutent bientôt au fond du vase où elles s'accumulent en produisant un dépôt blanchâtre.

On a encore vanté l'urine et une foule de terrains mixtes pour cultiver l'agent figuré de la blennorrhagie; toutefois, il ressort, des nombreux essais faits jusqu'à ce jour, que les milieux gélatineux constitués par l'agar additionné de sérum de sang ou le sérum de sang pur coagulé, sont les moins infidèles pour la séparation et la culture du gonocoque.

Le microcoque de Neisser, cultivé artificiellement, se présente sous la forme de cellules sphériques, le plus souvent groupées deux à deux, mais n'ayant pas l'aspect des gonocoques accouplés réniformes, qu'on observe dans le pus des uréthrites spécifiques.

Propriétés biologiques. — Le gonocoque ne se développe pas à des températures inférieures à 25°. Pour l'obtenir à l'état de belle culture, il est indispensable de maintenir les milieux où il est semé vers 35 ou 36°. Cette espèce microscopique cesse de se multiplier au delà de 42°; Sternberg a constaté qu'elle périt au bout de 10 minutes sous l'action de la température humide de 60°.

Les cultures du gonocoque se conservent mal; il est nécessaire de les renouveler fréquemment par un repiquage pratiqué tous les 2 ou 3 jours; on voit, cependant, des cultures gonococciennes rester vivantes pendant 10 à 12 jours et même un mois quand ces cultures sont effectuées en milieux liquides. Cette déchéance rapide du microbe considéré tient parfois à la dessiccation, mais surtout à ce qu'il est difficile de réaliser *in vitro* les conditions qui président à sa croissance sur les muqueuses humaines.

La privation d'humidité est promptement fatale au gonocoque; il suffit de l'exposer pendant quelques heures à l'air sur un morceau de papier ou de linge secs pour constater qu'il a perdu toute virulence.

Il ne se conserve pas mieux dans l'eau stérilisée pure, où Finger, Schaffer et Steinschneider l'ont vu périr au bout d'une heure à cinq heures de séjour.

Ce microcoque, éminemment fragile, est également très sensible à l'action des antiseptiques; les solutions argentiques étendues et l'itrol le détruisent aussi aisément et plus promptement que le sublimé qui est mal supporté par les muqueuses, que l'acide phénique et les sulfates de zinc, de fer et de cuivre. Cependant, dans de récentes recherches, CAMBIER n'a pas confirmé les espérances que la thérapeutique semblait devoir attendre de l'usage du protargol dans le traitement des ophtalmies purulentes d'origine blennorrhagique.

Jusqu'aux recherches de DE CHRISTMAS (1), on connaissait peu de chose sur les produits sécrétés par le gonocoque. En perfectionnant la technique des cultures de cette bactérie, cet auteur est arrivé à obtenir une gonotoxine, jouissant des principales propriétés des diastases, facile à concentrer et à conserver longtemps avec sa virulence initiale par l'addition de 1 : 10 de glycérine. De semblables extraits sont très toxiques pour le lapin qu'ils tuent à haute dose. Mis en contact avec la conjonctive oculaire et la muqueuse uréthrale de l'homme, ces produits déterminent, après un contact plus ou moins prolongé, des inflammations blennorrhagiques où le gonocoque fait entièrement défaut. Ces faits, qui viennent compléter l'histoire du microcoque de NEISSER, révèlent le mécanisme par lequel ce microorganisme engendre la phlogose des tissus.

Pathogénie. — Les animaux domestiques et d'expérience ne présentent aucune réceptivité pour le gonocoque. On cite, il est vrai, la production d'écoulements uréthraux survenus chez des chiens dont l'extrémité pénienne avait été badigeonnée avec des cultures plus ou moins pures de ce microbe, mais les uréthrites obtenues, dans ces cas, paraissaient tout à fait différentes de la véritable blennorrhée. Fréquemment, au contraire, on a observé le transport de la blennorrhagie des parties génitales à la muqueuse oculaire; souvent aussi, dans un but de thérapeutique ou de diagnostic, on a produit des conjonctivites gonococciennes avec du pus de blennorrhagies uréthrales et, *vice versa*, des uréthrites spécifiques avec les produits virulents des conjonctivites purulentes. En outre, plusieurs personnes s'étant bénévolement soumises à l'inoculation des cultures pures de gonocoques de 5e, 10e et, même, de 20e génération, ont été atteintes de blennorrhagies typiques. Ces expériences ont été assez souvent répétées et confirmées pour qu'il n'existe plus de doute sur l'action spécifique du gonocoque (BUMM, WERTHEIM, STEINSCHNEIDER, FINGER, GHON, SCHLAGENHAUFER).

Il suffit de transporter le gonocoque sur les muqueuses aptes à favoriser son évolution pour provoquer la maladie dont il est l'agent.

---

(1) DE CHRISTMAS. *Annales de l'Institut Pasteur*, 1897, XI, p. 609.

Au bout de 2 à 3 jours, ce microcoque s'est développé en assez grande abondance pour produire une inflammation vive, bientôt suivie de purulence. Le gonocoque se multiplie d'abord en surface sur l'épithélium, puis gagne les parties plus profondes de la muqueuse en s'insinuant dans les espaces intercellulaires ; le phénomène de la diapédèse ne tarde pas à se produire et les globules de pus qui arrivent, en grand nombre, viennent tapisser les régions enflammées. Si les gonocoques rencontrent du tissu conjonctif, ils l'envahissent facilement et y produisent une inflammation intense. Les épithéliums cylindriques sont ceux qui offrent le moins de résistance au passage de ce microbe. Les épithéliums pavimenteux sont plus difficilement dissociés, mais de nombreux exemples montrent qu'ils ne lui offrent pas un obstacle infranchissable.

Ordinairement, l'inflammation gonococcienne reste locale et très circonscrite, mais parfois elle peut être accompagnée d'accidents ou de complications diverses : s'étendre chez l'homme de la paroi caverneuse de l'urèthre à l'urèthre postérieur ; déterminer des prostatites, des cystites du col de la vessie, des déférentites et des épididimites ; envahir chez la femme, à côté de l'urèthre, les parties génitales ; provoquer des vulvites, des bartholinites, des vaginites, des métrites, des ovarites, des salpingites et même des péritonites.

En dehors de l'appareil génital urinaire, la muqueuse conjonctivale est, comme nous l'avons dit, un milieu de prédilection de culture de gonocoque. C'est chez le nouveau-né que se montrent les exemples les plus fréquents d'ophtalmies blennorrhagiques contractées au moment du passage de la tête de l'enfant dans le canal vaginal et l'orifice vulvaire. Chez l'adulte, peu précautionné, les conjonctivites gonococciennes sont dues au transport accidentel à l'œil avec les doigts du pus uréthral. D'autres muqueuses, peuvent, également, cultiver le microcoque de Neisser, mais ces faits sont beaucoup plus rares que l'observation de plusieurs métastases qui sont l'indice d'une infection blennorrhagique généralisée. Au nombre de ces complications sérieuses, il convient de citer le rhumatisme blennorrhagique.

Petrone (1) découvrit en 1883 le gonocoque dans les épanches arthritiques des personnes atteintes de rhumatismes blennorrhagiques, affection déjà connue et cliniquement décrite depuis long-

(1) Petrone. *Rivista clin. di Bologna*, fév. 1883.

temps. Tout fait présumer que le gonocoque, parti du point habituellement lésé, gagne par voie sanguine les séreuses et les autres organes de l'économie.

FINGER, GHON et SCHLAGENHAUFER(1), LEYDEN (2), COUNCILMAN (3), THAYER et BLUMER (4) et d'autres auteurs ont décrit longuement et avec soin des endocardites et des myocardites gonorrhéiques; néanmoins, il ne ressort pas, indubitablement, de leurs travaux que dans ces affections si graves, le rôle pathogène du gonocoque ait été prédominant à côté de celui des bactéries pyogènes et septiques qui l'accompagnent ou le suivent dans ses migrations à travers l'organisme.

Diagnostic bactériologique. — Pour déterminer la présence du gonocoque dans les sécrétions, les coupes d'organes et les autres matériaux mis à la disposition de l'observateur, on emploie habituellement les méthodes de coloration suivies pour son examen direct au microscope, et, quand on le peut, le procédé des cultures. Si c'est du pus desséché sur du coton ou du linge qu'on envoie à l'observateur, l'examen direct seul est possible dans de très mauvaises conditions.

Le pus desséché repris par de l'eau pure est distribué sur plusieurs lamelles minces; les unes sont traitées au bleu de KÜHNE, les autres par le procédé de GRAM. Ces dernières ne doivent jamais montrer le micrococque de NEISSER nettement coloré; les premières, s'il existe dans les sécrétions examinées, doivent le laisser apercevoir avec les caractères morphologiques décrits plus haut. Une méthode de coloration qui donne de bons résultats est la suivante : les lamelles chargées de pus desséché sont plongées pendant 10 minutes dans 30 centimètres cubes d'eau distillée, additionnés de 15 gouttes de rouge de ZIEHL et de 8 gouttes d'une solution aqueuse ou alcoolique de bleu de méthylène ; au microscope, les éléments histologiques se montrent colorés en bleu rosé et les gonocoques en violet foncé presque noir.

On tirera quelques indications en faveur d'un diagnostic positif de la présence intracellulaire des micrococques et de leur groupement en amas ou essaims au voisinage des leucocytes. Le diagnostic par les cultures n'est possible que si l'on peut prélever directement le pus sur celui qui le porte ; mais l'inoculation, qui est le seul

---

(1) FINGER, GHON et SCHLAGENHAUFER. *Archiv für Dermatologie und Syph.*, 1895, XXXIII, pp. 141 et 323.

(2) LEYDEN. *Deutsche med. Wochenschrift*, 1893, XIX, p. 909.

(3) COUNCILMAN. *Journal of Med. Scien.*, 1893, CVI, p. 277.

(4) THAYER et BLUMER. *Archives de Médecine expérimentale*, 1895, VII, p. 701.

caractère décisif, n'est pas à conseiller, ni sur les individus sains, ni sur les aliénés et les mourants, comme cela a été pratiqué dans quelques hôpitaux de l'étranger.

VII. — Mammites.

On désigne sous le nom de mammites l'inflammation de l'organe de la lactation chez les femelles. Les unes sont sous la dépendance d'une infection générale se traduisant par des lésions spéciales de la glande mammaire, comme la tuberculose, l'actinomycose, etc. Les autres sont particulières à cet organe [Schaffer (1), Guillebeau et Hesse (2), Lucet (3)], et parmi ces dernières deux au moins sont produites par des agents figurés spécifiques; ce sont celles que nous allons nous contenter de décrire.

Mammite streptococcique de la vache.

Cette maladie, reconnue depuis longtemps comme contagieuse par les vétérinaires, a surtout été bien étudiée par Nocard et Mollereau (4), qui ont isolé et cultivé l'agent microbien qui la détermine et indiqué les modes les plus fréquents de contagion. Kitt (5), Bang (6), Hesse et Borgeaud (7) et Adametz (8) ont eu, également, l'occasion d'observer souvent la même affection et de confirmer les recherches des deux auteurs d'abord désignés.

Chez les vaches atteintes, la quantité de lait fournie par le quartier de la mamelle infecté diminue rapidement. Ce lait est sujet à tourner. On constate à la base du trayon un noyau induré de la grosseur d'un œuf de pigeon ou de poule. L'état général reste bon. Le lait se montre altéré dans ses propriétés, il est aqueux et bleuâtre, il offre à l'examen microscopique direct des leucocytes et des streptocoques. La lésion s'accroît très lentement, mais toute la glande

---

(1) Schaffer, Bendzynsky et Hesse. *Landwirth. Jahrb. der Schweiz*, 1888, II, p. 37.

(2) Guillebeau et Hesse. *Landwirth. Jahrb. der Schweiz*, 1890, IV, p. 27; 1891, V, p. 30; 1894, VII, p. 240.

(3) Lucet. Des Mammites aiguës chez la vache. Paris, 1891.

(4) Nocard et Mollereau. *Bulletin de la Société centrale de Médecine vétérinaire*, 1884, p. 308 et 1885, p. 296. — *Annales de l'Institut Pasteur*, 1887, I, p. 109.

(5) Kitt. *Deutsche Zeitschrift für Thiermed.*, 1885, XII, p. 1.

(6) Bang. *Tidskr. f. veterin.*, 1888, p. 19.

(7) Hesse et Borgeaud. *Schweizer Archiv für Thierheilk.*, 1888, XXX, p. 97.

(8) Adametz. *Journ. für Landwirthschaft*, 1894, XLII.

finit par se prendre. Le lait qu'on peut traire à ce moment est visqueux, jaunâtre, grumeleux; il est salé et acide; la sécrétion lactée, qui au début pouvait être de 20 à 30 litres par jour, descend à un litre ou à un demi-litre. Après 4 mois, cette sécrétion est complètement tarie.

La lésion consiste en une sclérose progressive consécutive à l'inflammation catarrhale de la muqueuse des sinus des canaux galactophores. En examinant la glande malade réduite en coupes minces : « on y trouve, en effet, de l'hypertrophie, avec infiltration nucléaire considérable de tous les éléments conjonctifs de l'organe; une prolifération abondante des cellules épithéliales des acini glandulaires dont la cavité est comblée par des débris cellulaires; une desquamation très accusée des canaux excréteurs dont la paroi est considérablement épaissie et comme fondue avec le tissu fibreux périphérique » (Nocard et Leclainche) (1).

Morphologie. — La bactérie de la mammite de la vache s'offre sous l'aspect de microcoques de 1 μ environ de diamètre associés en longues chaînes ondulées (fig. 122). Les streptocoques, très longs dans les bouillons de culture et le lait des mamelles récemment atteintes, sont plus courts dans le lait des glandes lésées depuis plusieurs mois. Ce streptocoque est aérobie et anaérobie. Il est facilement colorable par les diverses couleurs d'aniline, mais il prend mal le Gram.

Fig. 122.
Streptocoque de la mammite de la vache.

Semé sur *gélatine*, ce microbe y fournit de petites colonies translucides, blanchâtres, qui finissent par se fondre ensemble et par donner une pellicule à bords nettement limités. Ensemencé par piqûres, on obtient un trait constitué par un agrégat de colonies plus ou moins volumineuses. La gélatine n'est pas liquéfiée.

Sur *gélose*, les végétations obtenues présentent les mêmes caractères, mais sont moins bien fournies; sur la *pomme de terre*, les cultures sont encore moins prospères.

Les milieux qui conviennent le mieux au développement du streptocoque de la mammite sont les bouillons de viande ordinaire, sucrés ou glycérinés, et le lait.

Dans les *bouillons*, ce microorganisme y produit un développement visible au bout de 24 heures. Les bouillons conservent leur

(1) Nocard et Leclainche. Maladies microbiennes des animaux, 2e édition, Paris, 1898.

limpidité, mais on voit apparaître au fond des vases des dépôts floconneux blanchâtres aisément dissociables par l'agitation. De neutres, ces liqueurs deviennent acides en moins de 48 heures; cette acidité s'accentue les jours suivants, puis l'espèce cesse de se multiplier et sa virulence disparaît complètement. En ajoutant aux bouillons un peu de carbonate de chaux, de façon à saturer l'acide produit, le streptocoque peut continuer à végéter et l'on constate qu'il peut rester vivant pendant 4 à 6 mois.

La même bactérie semée dans le *lait* y croît rapidement et le coagule, au bout de 24-48 heures, en bloc compact d'où s'échappe un petit lait incolore, limpide et fortement acide.

Inoculations expérimentales. — On reproduit aisément la mammite en inoculant à la chèvre en lactation quelques gouttes de lait infecté ou des cultures récentes du streptocoque. Les inoculations sous-cutanées de cette espèce microbienne à la vache, au porc, au lapin, au cobaye, à la souris, de même que les inoculations intrapéritonéales au chien, au chat, au cobaye et au lapin restent sans effet.

D'après NOCARD, la transmission de la mammite streptococcique des vaches malades aux animaux sains se fait par la main du trayeur peu soigneux. L'infection indirecte par les litières souillées paraît beaucoup plus improbable.

Mammite gangreneuse des brebis.

Cette maladie, connue également sous les noms de *mal de pis* et d'*araignée* est caractérisée par la gangrène de la mamelle accompagnée d'une intoxication presque toujours mortelle. Cette affection a pour agent un microcoque spécifique dont l'étude a été soigneusement faite par NOCARD (1).

La brebis atteinte de ce mal cesse de manger et de ruminer; elle se tient debout; la tête basse et l'œil fixe; la température se maintient entre 39°5 et 40°; les muqueuses sont injectées, la respiration est courte et précipitée. Les mamelles sont volumineuses, dures et douloureuses à la pression; leur couleur est d'un rouge violacé; le mamelon est flétri, flasque et froid.

La maladie s'aggrave rapidement; l'altération de la peau s'étend

(1) NOCARD. *Annales de l'Institut Pasteur*, 1887, I, p. 417.

aux cuisses, au ventre et au périnée; ces régions œdématiées sont d'un rouge vif; l'infiltration gagne le sternum; les mamelles, à ce moment, grises et d'une couleur plombée, se recouvrent souvent de phlyctènes contenant une sérosité claire et roussâtre. L'animal tombe épuisé et la mort survient sans agonie.

Souvent, cette maladie évolue en 24 heures; dans d'autres cas elle dure 4 à 5 jours; les guérisons spontanées sont rares et les animaux qui échappent à la mort restent cachectiques.

Les lésions les plus apparentes observées à l'autopsie consistent dans l'infiltration de la peau et du tissu conjonctif et dans la congestion sanguine des viscères. La rate est petite et noirâtre; le cœur contient des caillots noirs et fermes; son muscle est friable et décoloré.

Morphologie. — L'agent microbien de la mammite gangreneuse des brebis apparaît sous la forme de cellules sphériques, d'une extrême petitesse, associées en tas ou amas irréguliers, qu'on rencontre dans toutes les parties lésées.

Ce micrococque prend bien les couleurs d'aniline et se colore également par les méthodes de Gram et de Weigert. Il est à la fois aérobie et anaérobie.

Semée en stries sur la *gélatine*, cette espèce y donne des végétations blanchâtres en bandes étroites autour desquelles la gélatine se liquéfie. Par piqûres, on obtient un trait blanc qui commence, dès le second jour, à fluidifier manifestement le substratum. Cette liquéfaction progresse les jours suivants et donne un entonnoir rempli de liquide au fond duquel le microorganisme chute et s'accumule.

Sur *gélose*, on voit se former une pellicule qui de blanche devient jaunâtre et s'étale de plus en plus. Les cultures sur la *pomme de terre* n'ont rien de caractéristique et sont plus chétives que les précédentes.

Le *bouillon* ordinaire ou sucré convient très bien au développement du microbe de la mammite gangreneuse qui le trouble en 24 heures et le rend presque lactescent; les jours suivants il se forme un dépôt abondant et le liquide devient acide. On prolonge la vie et la virulence de cette bactérie en ajoutant au bouillon un peu de craie.

Le *lait* de vache ou de chèvre est également un bon milieu de culture pour cette espèce; on le voit se coaguler entièrement en 24 heures et le sérum qui exsude du coagulum produit est fortement acide.

Les sérosités, le lait d'une brebis malade ou les cultures pures de ce microcoque injectés dans les conduits galactophores des brebis saines leur communique la mammite gangreneuse; la chèvre est réfractaire à ce mode d'infection. La plupart des animaux domestiques : le cheval, le veau, le porc, le chien et le cobaye inoculés sous la peau avec cette même espèce ne sont atteints que de lésions locales insignifiantes. Chez le lapin, il se forme, dans la région injectée, des abcès chauds dont le pus est rempli du microbe de la mammite; en tout cas, il guérit sans que son état de santé ait été sensiblement troublé.

La gourme du cheval.

Syn. : *Streptococcus equi.*

On désigne, en médecine vétérinaire, sous le nom de *gourme* une maladie contagieuse et virulente qui affecte le cheval et, à un degré moindre, l'âne et le mulet. Cette maladie frappe de préférence les animaux âgés de moins de 5 ans. Une première atteinte ne confère pas l'immunité contre une nouvelle infection.

L'agent figuré de la gourme a été découvert par SCHÜTZ (1) en 1888 et appelé par lui *Streptococcus equi.* Quelques mois plus tard il a également fait l'objet de recherches intéressantes par POELS (2), SAND et JENSEN (3).

La gourme, qui s'observe sur presque tous les points du globe, peut évoluer sous les types cliniques les plus divers : tantôt elle se manifeste simplement par une éruption cutanée des plus bénignes; tantôt elle se traduit par des catarrhes diffus des muqueuses et des foyers limités de suppuration diversement localisés; tantôt enfin elle revêt les caractères d'une infection septicémique généralisée, à marche rapide et à terminaison ordinairement fatale.

Symptômes et lésions. — La gourme *purulente* s'annonce chez le cheval par de la tristesse, de la somnolence, accompagnées d'une diminution d'appétit et d'une élévation de température voisine de 40°; les muqueuses sont injectées; la bouche est chaude et sèche et l'animal est pris d'une toux quinteuse.

Plus tard, la toux devient grasse et s'accompagne d'un jetage

(1) SCHÜTZ. *Archiv für Thierheilk.*, 1888, XIV, p. 172.
(2) POELS. *Forschritte der Medizin*, 1888, VII, p. 4.
(3) SAND et JENSEN *Deutsche Zeitschrift für Thiermed.*, 1888. XIII, p. 437.

purulent abondant. La suppuration des muqueuses est souvent suivie du développement d'abcès dans la région des ganglions de l'auge. Ces collections purulentes ouvertes, les symptômes s'amendent et l'animal revient à l'état de santé.

Mais il peut survenir que l'inflammation se transmette aux muqueuses de la trachée ou des bronches et détermine chez l'animal l'apparition de trachéo-bronchites ou de broncho-pneumonies graves.

La gourme *septicémique* aiguë ou subaiguë se déclare d'ordinaire chez les chevaux atteints de gourme purulente, souvent pendant la convalescence. L'animal tombe en quelques heures dans un grand état de prostration ; ses yeux sont fixes et hagards; son appétit est nul, il refuse toute nourriture ; ses muqueuses se cyanosent. Le pouls est petit et rapide; la respiration s'accélère et la température peut s'élever jusqu'à 41°. Le pronostic est alors très sombre et les les animaux succombent presque toujours dans un espace de temps variant de 2 à 5 jours.

Dans la forme *subaiguë*, la maladie se déroule avec plus de lenteur; elle peut déterminer durant son évolution l'inflammation de la muqueuse du tube digestif, des diverses séreuses de l'économie et provoquer l'apparition de pleurésies, de péricardites, d'arthrites, de péritonites souvent très graves. Parfois aussi, la résolution survient et la guérison peut être complète au bout de cinq à six semaines.

Morphologie. — Le microbe de la gourme du cheval se rencontre dans le pus des foyers de suppuration gourmeuse et dans le jetage de la gourme catarrhale. Joly et Leclainche (1) ont, en outre, trouvé ce microbe dans le derme au niveau des éruptions spécifiques et dans la circulation générale chez les animaux morts de la gourme septicémique.

Le *Streptococcus equi* est formé de petites cellules sphériques groupées en chaînes de 2, 3 articles et davantage. Dans les cultures artificielles il se montre en longues chaînes moniliformes diversement contournées.

Cette espèce, indifféremment aérobie et anaérobie, prend aisément les diverses couleurs d'aniline et conserve le Gram.

Semée dans les *bouillons* de viande ordinaires ou glycérinés, elle y donne de petits flocons blanchâtres, formés par des filaments enchevêtrés de streptocoques, qui nagent dans le liquide sans en altérer la limpidité, et finissent par gagner le fond du vase.

(1) Joly et Leclainche. *Revue vétérinaire*, 1893, p. 289.

Les cultures sur *gélatine* ne réussissent guère que quand elles sont faites par piqûres, auquel cas on voit se développer dans la masse du substratum de petites colonies rondes, blanches isolées.

Sur *agar*, le développement est également incertain ; il est de même moins mal assuré dans la profondeur de ce milieu nutritif.

Le *sérum* de sang coagulé convient beaucoup mieux à la culture du *Streptococcus equi*, qui donne à sa surface des colonies transparentes grisâtres ou des traînées assez épaisses à reflets irisés. D'après SCHÜTZ et POELS, les coccus poussés sur le sérum de sang posséderaient une capsule décelable par les réactifs colorés.

Inoculations expérimentales. — Parmi les divers animaux de laboratoire, la souris possède seule une réceptivité marquée à l'égard du streptocoque qui nous occupe. A la suite d'une injection sous-cutanée, ces petits rongeurs périssent au bout de 2 à 5 jours en offrant les accidents propres aux septicémies généralisées ; parfois la mort peut se faire attendre de 20 à 30 jours, et alors les divers organes deviennent le siège d'infiltrations purulentes d'inflammations intenses ou d'abcès nombreux disséminés dans le foie, les reins, etc., dans le pus desquels les chaînes de streptocoques se montrent en abondance.

Le cobaye, qui résiste aisément aux inoculations hypodermiques, succombe à la suite d'injections intrapéritonéales de doses élevées de cultures récentes. NOCARD et ROUX ont observé que le passage du *Streptococcus equi* de cobaye à cobaye exaltait considérablement sa virulence.

Le lapin peut être tué par le même microorganisme quand on lui injecte dans les veines plusieurs centimètres cubes de culture. L'animal périt, habituellement, au bout de 36 à 60 heures, et à l'autopsie on constate des lésions propres aux septicémies à marche rapide. SAND et JENSEN ont pu communiquer au lapin un érysipèle circonscrit en lui introduisant sous la peau de l'oreille une culture virulente du streptocoque de la gourme équine.

CAPPELLATTI et VIVALDI (1) déclarent, à la suite de recherches méticuleuses sur la morphologie, la virulence, l'action des agents chimiques et physiques sur le microbe de la gourme du cheval, que la bactérie désignée sous le nom de *Streptococcus equi* serait identique au streptocoque pyogène, dont la description a été donnée à la page 268 de ce volume.

---

(1) CAPPELLATTI et VIVALDI. *Archiv für Hygiene*, 1898, XXXIX, p. 1.

Botryomyces equi.

Syn. : *Micrococcus ascoformans*; *Micrococcus botryogenus*; *Discomyces equi.*

La *botryomycose* est une maladie qui s'observe plus particulièrement chez le cheval et qui a pour cause déterminante un parasite auquel BOLLINGER (1) a donné le nom de *Botryomyces equi.* RIVOLTA (2), JOHNE (3) et RABE (4) ont également apporté d'importantes contributions à l'histoire de cette affection.

Les lésions déterminées par la botryomycose siègent surtout à la peau et dans le cordon testiculaire du cheval ; très rarement dans les viscères. A la peau, elles consistent en tumeurs dures, indolores, présentant des foyers de ramollissement circonscrits, dans lesquels se forment des trajets fistuleux d'où s'échappe un pus grumeleux blanc jaunâtre contenant l'agent infectieux. Les surfaces cutanées où se produisent ces sortes de mycofibromes sont d'habitude celles qui sont exposées aux traumatismes et au frottement des harnais.

La botryomycose du cordon testiculaire consiste, également, en tumeurs volumineuses constituées par un tissu fibreux, lardacé, montrant des foyers purulents; ces tumeurs peuvent siéger sur toute l'étendue du cordon ; elles sont d'ordinaire consécutives à la castration.

Le *Botryomyces equi* se montre formé de cellules sphériques de 1 μ de diamètre, habituellement réunies en petits amas de 4 à 10 μ de large, qui en se groupant à leur tour donnent naissance à de petites masses muriformes entourées d'une capsule hyaline homogène analogue aux asques de certains champignons. Cette enveloppe transparente ne prend pas les couleurs d'aniline tandis que les microcoques sont teints aisément par elles et notamment par le bleu de LÖFFLER.

Semée à la surface de la *gélatine*, cette espèce y donne des colonies rondes, à bords nets, d'un blanc argenté, devenant ultérieurement gris jaunâtre. Ensemencée par piqûre, on voit apparaître un trait blanc qui augmente lentement de volume, tandis que la gélatine se liquéfie au point piqué.

Le développement est nul sur la *gélose* ordinaire, tandis que sui-

(1) BOLLINGER. *Virchow's Archiv.*, 1870, XLIX, p. 583. — *Deutsche Zeitschrift für Thiermed.*, 1887, XIII, p. 176.
(2) RIVOLTA. *Giornal. di anatom. fisiol.*, XVI, p. 181.
(3) JOHNE. *Deutsche Zeitschrift für Thiermed.*, 1885, XII, p. 73.
(4) RABE. *Deutsche Zeitschrift für Thiermed.*, 1886, XII, p. 137.

vant KITT, il se forme sur la gélose glycérinée des traînées de couleur jaune orangé.

Les cultures sur la *pomme de terre* consistent en enduits jaunâtres possédant une odeur aromatique rappelant celle des éthers amyliques.

Quelques auteurs, parmi lesquels KITT (1), HILL et MARI (2), penchent à croire que ce microbe n'est peut-être qu'une forme involutive des *Staphylococus albus*, *aureus* et *citreus*.

RABE a pu transmettre la botryomycose au cheval en lui injectant des cultures pures de botryomyces; les mêmes inoculations pratiquées sur la chèvre et le mouton ne donnent lieu qu'à des œdèmes inflammatoires passagers. Enfin plusieurs auteurs ont pu observer la botryomycose chez les bovidés et le porc.

---

(1) KITT. *Monatshefte für prakt. Thierheilk.*, 1889, p. 71.

(2) HILL et MARI. *Journal de Médecine vétérinaire*, 1895, p. 360.

CHAPITRE II

BACILLES PATHOGÈNES

Les bacilles pathogènes étudiés dans ce chapitre déterminent habituellement chez l'homme et les diverses espèces animales des maladies semblables. Les uns cependant, comme la bactéridie charbonneuse, le bacille du charbon symptomatique, s'attaquent de préférence aux animaux; les autres, comme les bacilles de la diphtérie, de la lèpre, etc., ont une plus grande prédilection pour l'homme. Tantôt les maladies qu'ils déterminent sont aiguës, à marche rapide, tantôt, comme la tuberculose, elles affectent une marche lente et chronique. Enfin, à côté des types pathogènes bien connus, nous aurons à dire quelques mots des espèces pseudo-pathogènes telles que les bacilles pseudo-diphtériques, pseudo-tétaniques, etc., qui se rencontrent normalement dans l'organisme sain ou dans les milieux extérieurs, et qui paraissent acquérir le pouvoir pathogène dans des conditions encore mal déterminées.

1. — Bacille de la tuberculose.

Syn. : *Bacillus tuberculosis*; Bacille de Koch.

Le bacille de la tuberculose a été découvert en 1882 par Koch (1), en soumettant à un procédé de coloration spécial, sur lequel nous reviendrons plus loin, les produits tuberculeux les plus divers provenant de l'homme ou des animaux.

Il l'obtint à l'état de pureté au moyen des cultures en stries, sur sérum de sang stérilisé et coagulé, qu'il imagina à cette occasion, et put, par de nombreuses inoculations, démontrer la spécificité et

---

(1) R. Koch. *Berl. Klin. Wochenschrift*, 1882, p. 221.

l'identité des bacilles d'origine diverse sur lesquels il expérimentait.

Le travail mémorable de ce savant allemand (1) fit définitivement triompher les doctrines de VILLEMIN (2) sur la spécificité et l'inoculabilité de la tuberculose (3).

Avant KOCH, quelques essais avaient été tentés pour cultiver les produits tuberculeux; KLEBS (4) et TOUSSAINT (5), entre autres, obtinrent tous deux des cultures certainement différentes de celles du bacille de KOCH, puisqu'il s'agissait de microcoques ou de monades mobiles, mais qui cependant déterminèrent la tuberculisation et la mort des animaux auxquels elles furent inoculées. Ce résultat tient évidemment à ce que les cultures de ces deux expérimentateurs renfermaient à leur insu des bacilles de KOCH, que du reste WATSON CHEYNE et CORNIL mirent plus tard en évidence dans les pièces provenant des animaux inoculés par TOUSSAINT.

Peu de temps après la première publication de KOCH, BAUMGARTEN (6) annonçait avoir découvert un bacille spécifique dans les coupes de tissus tuberculeux traitées par la potasse ou la soude étendues.

Habitat. — Le bacille de la tuberculose exige pour se développer une température élevée et des matériaux nutritifs très particuliers qui ne se rencontrent guère que dans l'organisme animal; c'est un parasite strict. Aussi les milieux extérieurs ne sont-ils pas propices à la multiplication de ce microbe. Cependant le bacille de la tuberculose est très répandu dans ces milieux extérieurs où il est susceptible de conserver longtemps sa vitalité et sa virulence. Il y est apporté par les crachats des phtisiques et le jetage des animaux, qui se dessèchent, se réduisent en poussières qui flottent dans l'atmosphère. Selon LORTET et DESPEIGNES (7), les vers de terre seraient capables de ramener à la surface du sol les bacilles tuberculeux des cadavres enfouis dans sa profondeur, de la même façon qu'ils exhument, d'après PASTEUR, les bacilles charbonneux.

WILLIAMS (8) a décelé le bacille de la tuberculose sur des lamelles glycérinées exposées dans le tuyau d'aération d'une chambre d'hôpital. Ce résultat n'a pas été confirmé par les expériences ultérieures

(1) R. KOCH. *Mittheilungen aus dem Kaiserlichen Gesundheitsamte*, 1884, p. 1.

(2) VILLEMIN. *Bulletin de l'Académie de médecine*, 1865 et 1866. — *Gazette hebd.*, 1866, p. 664, 679 et 713. — *Ibid.*, 1868, p. 596. — Études sur la tuberculose. Paris, 1868.

(3) I. STRAUS. La tuberculose et son bacille. Paris, 1895.

(4) KLEBS. *Prag. med. Wochenschrift*, 1877.

(5) TOUSSAINT. *Comptes rendus de l'Académie des Sciences*, 1881 XCIII. p. 850 et 741.

(6) BAUMGARTEN. *Deutsche med. Wochenschrift*, 1882, p. 305.

(7) LORTET et DESPEIGNES. *Lyon médical*, 1892.

(8) WILLIAMS. *The Lancet*, 1883.

de CELLI et GUARNIERI, DE WEHDE, BAUMGARTEN et CORNET. Ce dernier expérimentateur (1), au contraire, a fréquemment rencontré le bacille de KOCH, vivant et virulent, dans les poussières déposées sur les murs, les parquets, les objets de literie, etc., des chambres de phtisiques. Les poussières de la rue et des endroits non habités par des phtisiques ne donnèrent jamais la tuberculose aux animaux auxquels elles furent inoculées. CADÉAC et MALLET (2) l'ont trouvé deux fois sur douze dans l'eau de condensation de l'atmosphère respirée par les phtisiques.

STRAUS (3) l'a mis en évidence dans le mucus nasal du tiers des personnes saines fréquentant le milieu hospitalier, ainsi que dans celui des individus obligés par profession à séjourner dans les salles de spectacle, les bibliothèques publiques, etc., où se rencontrent de grandes agglomérations humaines.

Étiologie. — L'air expiré par les phtisiques ne paraît pas capable de transmettre la tuberculose (VILLEMIN); il est aussi dépourvu de bacilles que l'air expiré par les personnes saines (TYNDALL, GUMING, STRAUS et DUBREUIL) (4). La recherche du bacille de KOCH dans cet air expiré a donné des résultats négatifs à CELLI et GUARNERI, F. MULLER, SORMANNI et BRUGNATELLI, CHARRIN et KARTH (5), GRANCHER, CADÉAC et MALET (6). Seuls GIBOUX (7) et RANSOME ont obtenu des résultats positifs; mais il y a lieu de se demander si l'air expiré qu'ils examinèrent n'avait pas entraîné mécaniquement quelques légères particules liquides de mucus ou de salive.

La sueur des phtisiques inoculée à des cobayes ne les rendit point tuberculeux (DI MATTEI, SURMONT).

Les voies les plus habituelles de la contagion tuberculeuse chez l'homme, comme chez beaucoup d'espèces animales, paraissent être la voie respiratoire et la voie digestive; la première surtout doit être incriminée, étant donnée la fréquence de la tuberculose pulmonaire qui cause en moyenne le septième de la mortalité humaine. La phtisie est plus fréquente dans les agglomérations, les villes, les casernes, les écoles, etc., où la vie en commun multiplie les causes de contagion; de nombreuses statistiques mettent en évidence

(1) CORNET. *Zeitschrift für Hygiene*, 1888, V, p. 191.
(2) CADÉAC et MALLET. *Revue de médecine*, 1887, p. 545.
(3) STRAUS. *Archives de médecine expérimentale*, 1874, p. 653. — La tuberculose et son bacille. Paris, 1895.
(4) STRAUS et DUBREUIL. *Compt. rend. de l'Académie des Sciences*, 1887, CV. p. 1128, et *Annales de l'Institut Pasteur*, 1888, II, p. 181.
(5) CHARRIN et KARTH. *Revue de médecine*, 1885, p. 659.
(6) CADÉAC et MALET. *Revue de médecine*, 1887, p. 545.
(7) GIBOUX. *Comp. rend. de l'Académie des Sciences*, 1882, XCII, p. 1391.

l'influence de l'âge, du sexe, des professions, de l'habitat, de l'hérédité, etc.

L'infection tuberculeuse par les voies digestives est fréquente, les aliments préparés avec les viscères, poumon, foie, etc., seraient surtout dangereux; la chair musculaire et surtout les ganglions lymphatiques intramusculaires peuvent renfermer des bacilles (Nocard, Johne); il faut donc se féliciter des mesures de police appliquées dans les abattoirs; mais il est surtout prudent de ne manger que de la viande bien cuite. Du reste, les aliments cuits et consommés froids après une conservation plus ou moins prolongée à l'air, peuvent avoir été contaminés par des bacilles charriés par l'air ou apportés par certains insectes (Spillmann et Haushalter (1), Hofmann). Les lésions tuberculeuses de l'estomac sont rares, peut-être à cause de l'action bactéricide exercée sur les bacilles par l'acidité et la pepsine du suc gastrique. La congélation, la salaison et le fumage des matières alimentaires tuberculeuses n'enlève rien de leur virulence.

L'usage des aliments consommés crus et provenant d'animaux tuberculeux est infiniment plus dangereux. Parmi ces aliments vient en première ligne le lait, aliment exclusif des jeunes enfants et de bien des malades, qui peut renfermer des bacilles de Koch lorsque la mamelle de l'animal qui le fournit se trouve être le siège de tubercules (Nocard); c'est pourquoi l'on ne doit donner aux nourrissons que du lait bouilli ou, mieux encore, stérilisé par un séjour de 40 minutes à 1 heure dans l'eau bouillante.

Le fromage et le beurre peuvent aussi se montrer dangereux quand ils proviennent de lait tuberculeux (Galtier) (2). Heim (3) a reconnu que la virulence du bacille de Koch persiste quatorze jours dans le petit-lait et quarante jours dans le beurre; d'après Gasperini (4), le beurre tuberculeux vieux de 120 jours serait encore virulent.

En outre de ces voies habituelles de l'infection, l'espèce humaine peut contracter la tuberculose par inoculation accidentelle de la peau et des muqueuses, par la voie génitale, etc.

Anatomie pathologique. — Le bacille de la tuberculose se montre spontanément pathogène pour l'homme et la plupart des espèces animales et donne lieu à des maladies très variées au point de vue de l'anatomie pathologique et des symptômes.

---

(1) Spillmann et Haushalter. *Compt. rend. de l'Académie des Sciences*, 1888, CV, p. 352.

(2) Galtier. Congrès pour l'étude de la tuberculose. Paris, 1888.

(3) Heim. *Arb. aus dem Kais. Gesundheitsamte*, 1889, V, p. 294.

(4) Gasperini. Le beurre considéré comme agent de transmission de le tuberculose, Milan. — *Annales de Micrographie*, 1890, II, p. 387.

Tantôt la tuberculose est généralisée (granulie d'Empis) et affecte une marche suraiguë rapidement mortelle; tantôt elle se localise dans les poumons, la plèvre, l'intestin, le rein, le foie, le testicule, la peau, les muqueuses, les ganglions lymphatiques, les articulations, etc., et présente alors, selon les organes atteints et la résistance de l'organisme, une marche aiguë, subaiguë ou chronique; les lésions sont compatibles avec une survie prolongée, souvent même sont susceptibles de guérison. Le nom de tuberculoses locales doit être réservé à celles qui évoluent en un point bien limité de l'organisme, sans aucune tendance à se propager aux poumons ou aux autres organes; ces tuberculoses locales proprement dites sont ordinairement curables. La tuberculose frappant le poumon y reste bien rarement localisée. Les bacilles sont entraînés soit par la circulation sanguine, soit par la circulation lymphatique et vont se greffer dans les autres viscères; les sécrétions bronchiques bacillaires inoculent au passage la trachée, le larynx, ou bien, avalées par le malade, elles contaminent le tube digestif. Fréquemment, les bacilles du poumon pénètrent par effraction dans un vaisseau sanguin dont la paroi a été ulcérée par la fonte d'un tubercule et la maladie, qui jusque-là n'avait causé que peu de désordres apparents, se termine brusquement par une poussée suraiguë de granulie.

Quelles que soient les régions de l'organisme envahi, les lésions tuberculeuses affectent deux formes macroscopiques principales, magistralement décrites par Laënnec (1) : la forme circonscrite et la forme diffuse, résultant toutes deux de l'évolution d'une lésion primordiale, microscopique, le follicule tuberculeux. Ce follicule tuberculeux est constitué, d'après Schüppel, par une ou plusieurs cellules géantes à noyaux multiples, entourées de cellules épithélioïdes à protoplasma granuleux, à noyau unique ou multiple difficilement colorable, et de cellules lymphatiques rondes, petites, à gros noyau.

Le follicule tuberculeux de Schüppel et, en particulier, la cellule géante découverte par Langhans, ont été longtemps considérés comme caractéristiques des lésions tuberculeuses; cependant la cellule géante peut faire défaut ou se retrouver dans différentes lésions n'ayant rien de commun avec la tuberculose.

Dans la forme circonscrite de la tuberculose, ces follicules se réunissent en amas pour former des *granulations* tuberculeuses déjà visibles à l'œil nu; lesquelles se présentent sous l'aspect de petites

(1) Laënnec. Traité de l'auscultation. Paris, 1826.

masses nodulaires dures de couleur grise et demi-transparentes quand elles sont de formation récente; en vieillissant, leur aspect change, leur centre devient jaune opaque, se ramollit et devient caséeux. Elles peuvent à leur tour confluer et se réunir pour former les tubercules proprements dits, dont le volume peut être considérable. Au contraire, dans la forme diffuse de la tuberculose, les follicules restent indépendants; ils envahissent les tissus en formant ce que LAËNNEC a désigné sous le nom d'infiltration grise. Les lésions tuberculeuses, qu'elles soient nodulaires ou non, subissent ordinairement la dégénérescence caséeuse. Cette dégénérescence va du centre à la périphérie et aboutit à une fonte purulente qui laisse une cavité ou caverne à la place qu'occupait la lésion primitive. Cependant dans bien des cas on a pu constater la transformation fibreuse ou crétacée des masses tuberculeuses; ce processus de guérison transforme la lésion en un tissu scléreux ou pierreux inoffensif.

Le bacille de KOCH se rencontre surtout dans les masses tuberculeuses de formation récente; dans les vieux tubercules caséifiés, on ne le voit que dans les parties périphériques. On le distingue libre entre les cellules ou inclus dans celles-ci en nombre variable. Les cellules géantes en contiennent presque toujours; lorsque les noyaux n'occupent qu'une partie de la cellule, les bacilles inclus semblent se réfugier à l'autre extrémité; dans d'autres cas, ils affectent dans ces cellules géantes une disposition radiée, en couronne concentrique à la couronne de noyaux.

L'origine, le rôle et le sort de la cellule géante tuberculeuse ont fait l'objet d'un grand nombre de recherches sur lesquelles nous ne pouvons guère insister ici. Plusieurs (WEIGERT (1), BAUMGARTEN (2), STRAUS (3), etc...) les considèrent comme une modification des cellules fixes du tissu conjonctif, des cellules endothéliales des vaisseaux ou des cellules épithéliales.

KOCH les regarde comme dérivant des leucocytes; CORNIL (4) et YERSIN (5) ont observé la formation des cellules géantes dans les capillaires par transformation et fusion des leucocytes. METCHNIKOFF (6) leur attribue une origine phagocytaire, les leucocytes polynucléaires

(1) WEIGERT. *Deutsche med. Wochenschrift*, 1885, p. 986.
(2) BAUMGARTEN. *Zeitschrift für Klin. med.*, 1885. IX et X.
(3) STRAUS. La tuberculose et son bacille. Paris, 1895.
(4) CORNIL. *Journal des Connaissances médicales*, 1888. — Les Bactéries. Paris, 1890, p. 392.
(5) YERSIN. *Annales de l'Institut Pasteur*, 1888, II, p. 245.
(6) METCHNIKOFF. *Virchow's Archiv.*, 1888, p. 63. — Leçons sur la pathologie de l'inflammation, p. 190.

microphages englobent les bacilles et sont à leur tour absorbés par les leucocytes mononucléaires macrophages ; ceux-ci se transforment en cellules géantes soit que le noyau seul se divise, soit que plusieurs leucocytes fusionnent ensemble leur protoplasma.

Borrel (1) admet aussi que la cellule géante résulte de la fusion de plusieurs leucocytes mononucléaires macrophages.

Tuberculose spontanée des animaux. — La nature tuberculeuse de la *pommelière* (*Pearl disease*, *Perlsucht*) a été établie avec certitude par la méthode des inoculations [Villemin (2), Chauveau (3), Klebs (4), Crookshank (5)]. Koch y démontra la présence de son bacille. Les bovidés de moins d'un an sont très rarement atteints, la fréquence augmente avec l'âge. D'après Arloing (6), pendant la période de 1885 à 1889, il y aurait eu 38 tuberculeux pour 10 000 bœufs, vaches et taureaux abattus en France; pendant la même période, les veaux n'en ont fourni que 0,024 pour 1000.

Dans la forme pulmonaire, qui est la plus fréquente, les symptômes du début sont peu accusés; le plus notable est une petite toux sèche ne s'accompagnant ni d'expectoration ni de jetage; chez les vaches, la lactation est conservée; les signes stéthoscopiques font presque complètement défaut (Nocard). La toux devient ensuite plus fréquente et s'accompagne parfois de jetage muco-purulent dans lequel on peut déceler les bacilles spécifiques par l'examen microscopique et l'inoculation. La respiration est plaintive, l'animal s'essouffle avec facilité ; la percussion, douloureuse, révèle des zones disséminées de matité. Le murmure vésiculaire est affaibli, on perçoit des râles sibilants, muqueux et caverneux. L'appétit diminue; la rumination se ralentit; il se produit du météorisme. La sécrétion lactée diminue, le lait devient aqueux et bleuâtre. L'animal maigrit; la peau est adhérente aux muscles sous-jacents et couverte d'un poil terne. Enfin apparaît la période de phtisie, l'animal est abattu, très maigre, un jetage jaunâtre et fétide s'écoule par ses naseaux, la dyspnée est intense; on entend à l'auscultation des râles, du souffle caverneux et du gargouillement. Les complications extra-pulmonaires se traduisent par de la dysphagie, du météorisme abdominal, de la diarrhée, de l'hématurie. La maladie peut durer plu-

(1) Borrel. *Annales de l'Institut Pasteur*, 1893, VII, p. 593, et 1894, VIII, p. 65.
(2) Villemin. Études sur la tuberculose, p. 302.
(3) Chauveau. 2e Congrès pour l'étude de la tuberculose, 1891, p. 51.
(4) Klebs. *Virchow's Archiv*, 1878, XLIX, p. 292.
(5) Crookshank. *Transact. of the pathol. Soc.*, 1891, LII, p. 330.
(6) Arloing. Leçons sur la tuberculose et diverses septicémies, 1892, p. 374.

sieurs années avant de déterminer la mort qui a lieu par épuisement ou par asphyxie. A l'autopsie, on trouve les poumons volumineux, et la plèvre hérissée de masses tubéreuses sessiles ou pédiculées (tumeurs perlées) ; le parenchyme pulmonaire est parsemé de granulations plus ou moins caséifiées ou infiltrées de sels calcaires ; on y voit des foyers de broncho-pneumonie parfois très étendus, en voie de transformation caséeuse, donnant au toucher la sensation du mortier (STRAUS). On voit, en outre, des cavernes remplies d'une matière jaunâtre, visqueuse et fétide ; leurs parois sont anfractueuses, elles contiennent parfois des séquestres formés de fragments d'organes mortifiés. Les ganglions bronchiques et médiastinaux, quelquefois énormes, sont infiltrés de tubercules et de masses caséeuses ou calcaires. Le péricarde contient souvent un épanchement caséeux abondant; STRAUS cite le cas d'une vache tuberculeuse dont le cœur avec l'exsudat péricardique compact, dur, crayeux et épais de 10 centimètres, qui l'entourait, ne pesait pas moins de 18 kilogrammes.

La *pommelière* peut encore frapper le larynx, les organes digestifs, le péritoine, les organes génitaux, le cerveau, le foie, les reins qui peuvent présenter, selon les cas, des tubercules miliaires de la dimension d'un pois ou d'énormes nodules enkystés, etc.

La tuberculose localisée à la mamelle est importante à connaître à cause du passage possible des bacilles de KOCH dans le lait. Tantôt elle est primitive, tantôt elle coexiste avec d'autres lésions tuberculeuses. Au début, un ou plusieurs quartiers de la glande présentent un empâtement uniforme; à ce moment il n'existe pas encore de tubercules, bien que l'on puisse y déceler de nombreux bacilles (NOCARD). Puis apparaissent des traînées jaunâtres parfois hémorrhagiques formées de petits tubercules; elles augmentent, deviennent confluentes, se ramollissent ou se calcifient en même temps que la glande est étouffée par du tissu fibreux. Celle-ci est alors irrégulière, bosselée et remplie de noyaux durs comme la pierre. Les gros conduits galactophores renferment des masses caséeuses, les ganglions lymphatiques se prennent; le lait reste longtemps normal, bien que pouvant renfermer des bacilles ; soumis à la cuisson, il devient séreux et jaunâtre. A une période très avancée, la sécrétion lactée devient purulente et finit par se tarir.

La tuberculose est assez fréquente chez les porcs dont on fait un important élevage dans les clos d'équarrissage et qu'on engraisse avec du lait ou des détritus provenant fréquemment d'animaux tuberculeux. Ce sont de préférence les jeunes sujets qui sont atteints.

Les formes les plus habituelles sont les formes intestinales et pulmonaires, avec engorgement caractéristique des ganglions lymphatiques cervicaux. L'amaigrissement est très rapide et la mort survient en peu de temps.

Le mouton est à peu près réfractaire à la tuberculisation spontanée ; la chèvre est dans le même cas (Koch) (Thomassen) (1).

Le cheval est susceptible de se tuberculiser spontanément ; l'infection paraît se faire surtout par voie digestive ; le poumon n'est pris qu'ultérieurement. D'après Nocard, le symptôme le plus précis de la tuberculose équine serait une polyurie très abondante avec apparition dans l'urine de l'acide urique qui n'y existe pas normalement et disparition concomittante d'acide hippurique. L'animal maigrit, s'essouffle facilement et devient incapable de tout travail ; on observe de la diarrhée, du météorisme abdominal et de la fièvre. Du côté des poumons, on peut percevoir à l'auscultation de la rudesse du murmure vésiculaire et de la crépitation ; la percussion démontre une matité, surtout s'il y a en même temps un épanchement dans la plèvre. L'animal tousse et laisse écouler un jetage peu abondant, muco-purulent, contenant les bacilles de Koch caractéristiques. A l'autopsie, on trouve le péritoine tapissé de tumeurs rosées ou blanchâtres, les ganglions mésentériques très volumineux, la rate et le foie sont hypertrophiés et farcis de tubercules, l'intestin présente des lésions importantes qui sont surtout localisées sur les plaques de Peyer. Les lésions du poumon résultent, suivant Nocard, de l'agglomération d'un grand nombre de follicules tuberculeux très riches en cellules géantes, très pauvres en bacilles ; n'ayant aucune tendance à la caséification. Comme dans la pommelière des bovidés, les ganglions bronchiques sont tuméfiés et farcis de tubercules. La plèvre est parsemée de nodules ayant l'apparence de choux-fleurs ; le péricarde peut contenir aussi un épanchement caséeux.

Le chien peut contracter spontanément la tuberculose (2). Chez cet animal, l'infection a lieu surtout par les voies respiratoires ; les lésions portent principalement sur les poumons, les ganglions bronchiques et du médiastin, la plèvre, le péritoine, le péricarde, le cœur, le foie, les reins.

Le chat se tuberculise plus facilement que le chien (Jensen) ; chez cet animal, les poumons et les reins sont surtout atteints.

---

(1) Thomassen. Congrès pour l'étude la tuberculose. Paris, 1892.
(2) Cadiot. La tuberculose du chien. Paris, 1893.

Straus (1), Jensen, Koch (2) ont relaté un certain nombre d'autopsies de grands carnassiers et de singes morts de tuberculose spontanée; Sibley (3) a décrit un cas de tuberculose chez un animal à sang froid, le *Tropidonotus natrix*, serpent originaire d'Italie, tenu en captivité depuis plusieurs mois.

Enfin, contrairement à une croyance assez répandue, Straus (4) et Koch pensent que la tuberculose spontanée du lapin et du cobaye est une rareté; on sait cependant avec quelle facilité ces animaux peuvent être expérimentalement tuberculisés.

Chez l'homme, les nombreuses manifestations morbides déterminées par le bacille de Koch sont trop connues pour qu'il soit nécessaire d'insister sur leur symptomatologie. Le bacille se retrouve abondamment dans toutes les parties infectées de l'organisme, dans les tubercules, dans les parois des cavernes, dans les épanchements des séreuses. On l'a trouvé fréquemment dans le sang, surtout dans les cas de tuberculose généralisée [Villemin, Weichselbaum (5), Meisels (6), Lustig (7), Rutimeyer (8), etc.].

Dans les épanchements séreux ou purulents de la plèvre, l'examen microscopique après coloration et surtout la méthode des inoculations ont permis de mettre fréquemment en évidence l'existence du bacille tuberculeux [Kelsh et Vaillard (9)].

Les mêmes méthodes permettent de retrouver le bacille de Koch dans les diverses humeurs et sécrétions de l'organisme, dans les crachats des phtisiques (voir page 311). Souvent, la présence de ce bacille dans les crachats précède l'apparition des signes stéthoscopiques (Straus, G. Sée).

Les bacilles ont été constatés dans les hémoptysies du début de la tuberculose; mais ils sont surtout abondants dans l'expectoration de la période confirmée et dans les crachats purulents de la dernière période. Certains auteurs attachent une certaine importance à la forme et au nombre des bacilles trouvés dans les crachats relativement au pronostic (Balmer, Fraentzel). Il n'existe en réalité aucune relation nette entre ces facteurs. Dans certains cas

---

(1) Straus. *Archives de médecine expérimentale et d'anatomie pathologique*, 1894, VI, p. 645.
(2) Koch. *Mittheil. a. d. k. Gesundheitsamte*, 1884, II, p. 42.
(3) Sibley. *Virchow's Arch.*, 1889, CXVI, p. 104.
(4) Straus. La tuberculose et son bacille, p. 373.
(5) Weichselbaum. *Wiener med. Wochenschrift*, 1884.
(6) Meisels. *Wiener med. Wochenschrift*, 1884.
(7) Lustig. *Wiener med. Wochenschrift*, 1884.
(8) Rutimeyer. *Centralblatt für Klin. med.*, 1885, n° 21.
(9) Kelsh et Vaillard. *Archives de physiologie norm. et path.*, 1886, II, p. 162.

de tuberculose miliaire généralisée, les bacilles peuvent faire défaut dans l'expectoration.

Méthodes de coloration du bacille de la tuberculose. — Le bacille de la tuberculose se colore lentement par toutes les solutions aqueuses des couleurs basiques d'aniline. Il prend le Gram.

Les meilleurs résultats pour la coloration de cet important microorganisme sont obtenus par l'emploi de matières colorantes additionnées d'alcalis (Koch), d'aniline (Ehrlich) ou d'acide phénique (Ziehl).

Méthode de Koch. — Cette méthode, qui a conduit Koch à découvrir le bacille de la tuberculose, consiste à traiter les lamelles enduites du produit à colorer par la solution suivante :

Eau distillée	200cc
Solution alcoolique saturée de bleu de méthylène	1cc
Solution de potasse à 10 p. 100	0cc,2.

Au bout de 24 heures, on voit le bacille sous forme de fins bâtonnets bleus se détachant sur un fond lui-même coloré en bleu. En traitant les lamelles ainsi préparées par une solution aqueuse de vésuvine, Koch constata que les bacilles spécifiques conservaient toute leur coloration bleue, tandis que les éléments étrangers, cellules et bactéries, se teignaient en brun.

Méthode d'Ehrlich. — Cette méthode, extrêmement précise et caractéristique pour le bacille tuberculeux, est basée sur ce fait, que lorsque ce bacille est fortement coloré par une couleur d'aniline, il résiste à la décoloration par les acides minéraux.

La matière à examiner, culture, frottis d'organe, crachat, etc..., étalée en couche très mince sur une lamelle, séchée et fixée par le passage dans la flamme, est d'abord traitée par le liquide d'Ehrlich à la fuchsine ou au violet de gentiane.

Eau distillée saturée d'aniline et filtrée	10cc
Sol. alc. concentrée de fuchsine (ou de violet de gentiane)	1cc

qu'on laisse agir une demi-heure à froid ou seulement quelques minutes à une température voisine de celle qui produit l'ébullition du liquide. L'excès de colorant est rejeté et la préparation est lavée à l'eau. On la traite alors pendant quelques instants par une solution d'acide nitrique.

Acide nitrique *pur* concentré	1 partie (en poids).
Eau distillée	2 —

qui la décolore rapidement en formant avec la fuchsine un sel de rosaniline triacide incolore. On arrête l'action de l'acide en plongeant la lamelle dans l'eau où elle se recolore parfois en rose très pâle. On achève de décolorer par l'alcool, on sèche et l'on examine dans le baume. Seul, le bacille de Koch apparaît teint en rouge.

Le point délicat de cette belle méthode réside dans l'appréciation exacte de la décoloration par l'acide. Si on agit trop longtemps, on risque de décolorer les bacilles de Koch; si l'on se presse trop, on est exposé à l'inconvénient, non moins grave, de laisser subsister dans la préparation des bacilles colorés en rouge qui pourraient dans bien des cas être confondus avec le bacille de Koch. Il faut qu'après le lavage à l'eau qui suit la décoloration, la lamelle paraisse très légèrement rosée. Si elle l'est trop, il vaut mieux retremper la lamelle dans l'acide pendant quelques instants et l'immerger de nouveau dans l'eau. L'opération se fait facilement en tenant la lamelle dans une pince de Cornet et en la plongeant alternativement dans deux petits récipients contenant, l'un l'acide, l'autre l'eau.

Si l'on désirait teindre en même temps les éléments cellulaires et les bacilles autres que le bacille de la tuberculose, il faudrait, après avoir coloré celui-ci par la méthode d'Ehrlich à la fuchsine, traiter la lamelle par une solution aqueuse assez étendue de bleu de méthylène. Il faut se garder de trop colorer le fond, car on pourrait masquer un certain nombre de bacilles tuberculeux.

Méthode de Ziehl. — La méthode de Ziehl est exactement basée sur les mêmes principes que la méthode d'Ehrlich; elle est beaucoup plus employée que cette dernière à cause de la facilité avec laquelle se conservent les solutions colorantes nécessaires; elle paraît donner des résultats identiques.

La matière colorante est la fuchsine phéniquée de Ziehl.

Phénol cristallisé	5 grammes.
Alcool à 95°	10 cc
Fuchsine pure	0 gr. 50 à 1 gramme.
Eau distillée	100 grammes.

On opère la coloration comme précédemment.

La décoloration par l'acide nitrique au tiers présente un certain nombre d'inconvénients; il faut de l'acide nitrique très pur, exempt de produits nitreux; et si, comme le font quelques personnes, on emploie une solution alcoolique d'acide nitrique, au bout de peu de temps il se déclare dans le flacon une vive réaction due à la formation d'éthers nitreux, nitriques, de glyoxal, etc., qui en changent complètement les propriétés.

Aussi vaut-il mieux se servir toujours, pour décolorer, d'une solution aqueuse d'acide sulfurique à 25 p. 100.

Eau distillée	3 parties (en poids).
Acide sulfurique concentré	1 — —

Ce mélange doit être effectué en ajoutant avec précaution l'acide à l'eau contenue dans un verre mince. Avec ce liquide inaltérable et qui n'est pas oxydant comme l'acide nitrique, on a moins à craindre de trop décolorer; le temps de la décoloration peut être prolongé plusieurs minutes.

On peut aussi employer comme agents décolorants l'acide chlorhydrique (sans chlore libre) à 25 p. 100 et le chlorhydrate d'aniline en solution aqueuse à 2 p. 100 (Kühne) dont l'action sur les éléments cellulaires est moins brutale que celle des acides libres.

Un certain nombre d'auteurs ont préconisé des méthodes dans lesquelles la décoloration par l'acide et la coloration du fond s'effectuent dans un même temps de l'opération (Fränkel, Gabbet).

Méthode de Gabbet. — Dans la méthode de Gabbet par exemple, qui est une simple modification de celle de Fränkel, après coloration par les liqueurs d'Ehrlich ou de Ziehl, la lamelle est traitée par le liquide suivant :

Eau distillée	100 grammes.
Bleu de méthylène	1 —
Acide sulfurique concentré	25 —

Ce mélange se conserve assez bien; on le prépare en ajoutant l'acide après dissolution complète du bleu en poudre. Après l'action, on lave rapidement la lamelle à l'alcool, on la sèche sur une flamme et l'on monte dans le baume.

Sabouraud (1) a reconnu que la méthode indiquée par Lutsgärten pour la coloration du soi-disant bacille de la syphilis, constituait, avec quelques légères modifications, une excellente méthode pour la coloration du bacille de Koch. Elle serait même beaucoup plus

(1) Sabouraud. *Annales de l'Institut Pasteur*, 1896, t. VI, p. 184.

sensible que la méthode d'EHRLICH. Cette méthode, que nous n'avons pas essayée, comprend quatre temps :

1° Colorer pendant deux heures à froid ou un quart d'heure à chaud dans le liquide d'EHRLICH suivant :

Eau d'aniline	70 parties.
Sol. alcoolique saturée de violet de gentiane	11 —

2° Laver 10 minutes dans l'alcool absolu ;

3° Plonger la lamelle pendant environ 10 secondes dans une solution aqueuse de permanganate de potasse à 1.5 p. 100;

4° Décolorer par une solution concentrée d'acide sulfureux.

Cette solution d'acide sulfureux se prépare extemporanément avec la plus grande facilité en faisant barboter dans une très petite quantité d'eau le gaz qui se dégage d'un siphon d'anhydride sulfureux liquide.

Le 3° et le 4° temps peuvent être renouvelés autant de fois que cela paraîtra nécessaire.

Les coupes obtenues avec des produits tuberculeux fixés à l'alcool, à la formaldéhyde ou au sublimé, et inclus dans la paraffine seront colorées par l'une ou l'autre des méthodes qui précèdent, de préférence celle de ZIEHL avec le chlorhydrate d'aniline comme décolorant ; après lavage à l'alcool absolu, les coupes éclaircies à l'essence de cèdre sont lavées au xylène et montées au baume. La coloration sera effectuée à froid pendant un temps suffisamment prolongé ou plus rapidement à chaud, à une température ne dépassant pas 50°.

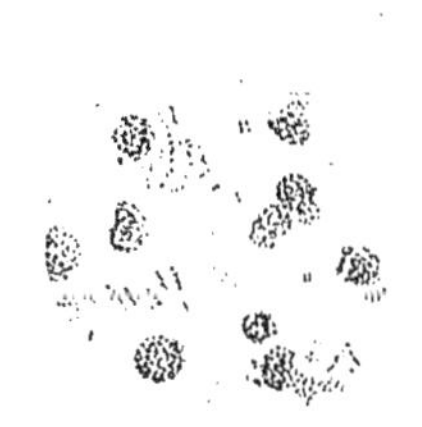

Fig. 123.
Bacille de KOCH dans les crachats des tuberculeux (double coloration).

Si l'on veut colorer les tissus, on peut le faire avec l'hématéine-alun qui colore bien les noyaux cellulaires et un jaune azoïque quelconque ou par le bleu de méthylène étendu qui donne une bonne coloration de fond sur laquelle tranchent vivement les bacilles de KOCH colorés en rouge écarlate par la fuchsine.

La méthode de SABOURAUD s'applique aussi aux coupes.

La méthode de GRAM et celle de WEIGERT donnent de très jolis résultats ; la dernière met bien en évidence la fibrine colorée en bleu vif; malheureusement elles ne sont pas spécifiques comme la méthode d'EHRLICH ou ses dérivées (voir 1re partie, chapitre VIII : Méthodes générales de coloration).

Morphologie. — Le bacille de Koch apparaît dans les produits tuberculeux naturels ou dans les cultures artificielles sous forme de bâtonnets immobiles de 2 à 6μ de long sur 0 3 μ à 0 5 μ de large (fig. 123).

Après coloration, ils deviennent bien plus faciles à observer; leur largeur paraît moindre quand ils ont été colorés au bleu de méthylène que lorsqu'on a employé la fuchsine. Les bâtonnets sont rarement rectilignes, mais le plus souvent incurvés légèrement; ils sont isolés ou réunis en amas, auquel cas ils semblent unis dans une gangue gélatineuse transparente ayant peu d'affinité pour les couleurs et dans laquelle ils se placent par petits groupes, parallèlement les uns aux autres, en rangées rappelant celles du bacille de Löffler (surtout dans les cultures). Ordinairement, dans les crachats, ils sont isolés ou réunis par petits paquets pseudo-ramifiés (bacilles en broussailles).

Les préparations colorées montrent des bacilles qui sont tantôt uniformément teints et qui tantôt paraissent formés d'espaces alternativement incolores et colorés. Ce fait s'observe surtout dans les vieilles cultures et dans les préparations de produits tuberculeux naturels; peut-être est-il dû à une disposition spéciale de la chromatine dans le corps bacillaire. Koch et, depuis, beaucoup d'auteurs (Flügge) ont considéré ces espaces clairs comme des spores, réfractaires à la coloration; d'autres les considèrent comme de simples vacuoles; ils existent en nombre variable dans chaque bacille, ordinairement 5 ou 6. A un examen superficiel, le bacille de Koch apparaissant ainsi formé de parties ovoïdes alternativement incolores et colorées pourrait être pris pour un streptocoque.

Lorsqu'on colore très fortement les bacilles de Koch avec la liqueur de Ziehl bouillante, et qu'on décolore ensuite pendant très longtemps, avec du bisulfite de sodium, les bacilles apparaissent décolorés, sauf qu'ils ont conservé 2 ou 3 points ovalaires rouge foncé qu'Ehrlich (1) considère comme de véritables spores endogènes. Metchnikoff (2), Nocard et Roux (3), Straus ont aussi vu dans l'intérieur du bacille ces points retenant énergiquement la couleur et ne sont pas éloignés de les considérer comme des spores. Babès (4) et Czaplewski sont même parvenus à colorer en rouge ces soi-disant

---

(1) Ehrlich. *Deutsche med. Wochenschrift*, 1885, p. 159.
(2) Metchnikoff. *Virchow's Archiv.*, 1888, CXIII, p. 70.
(3) Nocard et Roux. *Annales de l'Institut Pasteur*, 1887, I, p. 28.
(4) Cornil et Babès. Les Bactéries, 3e édition, II, p. 382 et *Zeitschrift für Hygiene*, 1888.

spores, tandis que le reste du bacille était coloré en bleu ; le bacille de KOCH ressemble alors, à la taille près, au bacille du charbon sporulé soumis aux méthodes connues de double coloration.

La question importante de savoir si réellement le bacille de KOCH possède des spores est du reste loin d'être résolue. Si les procédés de coloration semblent plaider en faveur de cette hypothèse, nous verrons plus loin que les propriétés biologiques du bacille de KOCH, et en particulier sa résistance assez faible à la chaleur, ne s'accordent guère avec les propriétés générales des bacilles possédant de véritables spores endogènes.

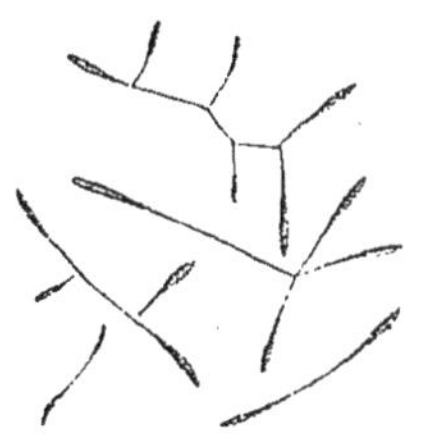

Fig. 124. Bacille de KOCH. Formes renflées en massues et ramifiées.

Le bacille de la tuberculose n'affecte pas toujours la forme de bâtonnets sous laquelle on a l'habitude de le voir dans les produits de l'organisme ou dans les cultures. METCHNIKOFF en a signalé des formes naines à peine différentes d'un microcoque, et des formes gigantesques, ramifiées, renflées en massues à leurs extrémités (fig. 124).

Tout récemment, LEDOUX-LEBARD (1) a étudié la germination du bacille tuberculeux cultivé en goutte pendante ; il a observé des formes pseudo-ramifiées et, à l'exemple de METCHNIKOFF, rapproche le bacille de la tuberculose, des streptothrix et du genre oospora. Sous le nom de *Sclerothrix Kochii*, MAFFUCCI a décrit les formes renflées et ramifiées rencontrées seulement dans les cultures de tuberculose aviaire chauffées à 45° ; TRICHEL admet que ces formes renflées sont des formes normales et non involutives. Fréquemment aussi le bacille de KOCH affecte l'aspect de fourches et a tout à fait l'apparence d'un bacille ramifié. Examinées à un faible grossissement, les colonies jeunes de bacille de la tuberculose se montrent formées de zooglées disposées sous forme de fines arabesques, très élégantes. Dans ces zooglées, les bacilles affectent un mode de groupement spécial que mettent bien en évidence les *préparations par contact* de KOCH ; ils y sont disposés en séries parallèles, séparés les uns des autres et maintenus en position par une

Fig. 125. Bacille de KOCH. Colonie jeune ; coloration par la méthode de Ziehl.

(1) LEDOUX-LEBARD. *Archives de médecine expérimentale*, 1898, t. X, p. 337.

substance anhiste se colorant faiblement par la méthode d'Ehrlich (fig. 125).

Cultures. — Le bacille de la tuberculose, au sortir de l'organisme animal, ne se développe que très péniblement et souvent même pas du tout sur les milieux habituels liquides ou solides, sauf sur le sérum de sang coagulé qui a permis à Koch d'en obtenir pour la première fois des cultures.

Pour obtenir une culture pure de tuberculose humaine voici comment il faut procéder : la matière tuberculeuse provenant de l'homme vivant (crachats, liquide pleurétique, etc.) ou recueillie à l'autopsie, est inoculée sous la peau d'un cobaye. Celui-ci est sacrifié au bout de trois à six semaines, et l'on prélève avec pureté des fragments de viscères, rate ou foie, des morceaux de ganglions, que l'on broie avec soin au moyen d'une spatule ou d'une baguette de verre dans un tube stérilisé. La pulpe ainsi obtenue est ensemencée largement en stries sur un grand nombre de tubes de sérum stérilisé et coagulé dans des tubes inclinés ; il ne faut pas craindre de frotter énergiquement la spatule sur le milieu nutritif qui doit être même légèrement éraillé. Les tubes ensemencés sont placés à l'étuve à 37° et protégés contre l'évaporation par un capuchon de caoutchouc. Tous les tubes qui, dans les premiers jours qui suivent, se couvrent de végétations ont sûrement été contaminés par des germes étrangers ; on les supprime. Ce n'est qu'au bout de 8 à 10 jours, au plus tôt, qu'on voit apparaître les cultures tuberculeuses dans quelques-uns des tubes qui, jusqu'à ce moment, avaient paru rester inaltérés.

Les cultures en stries sur *sérum* apparaissent sous forme de petits points blancs, mats, ternes, s'accroissant lentement et prenant un aspect de plus en plus sec, fendillé, verruqueux. La consistance des colonies âgées de 2 à 3 semaines est très ferme, et quand on veut les réensemencer, on éprouve une assez grande difficulté à les dissocier avec le fil de platine.

Les cultures sur sérum se font d'autant plus facilement qu'elles ont été précédées d'un plus grand nombre de cultures sur ce même milieu. Dès la quatrième ou cinquième génération, presque tous les tubes ensemencés se montrent fertiles ; les colonies s'accroissent plus rapidement ; elles ont plus de tendance à confluer. La surface entière du sérum coagulé se recouvre d'une culture assez épaisse, sèche, plissée, verruqueuse, fendillée par endroits. La goutte liquide qui se trouve à la partie la plus déclive du tube de culture ne se trouble jamais, elle est recouverte d'une mince pellicule qui remonte assez haut sur la paroi du tube. Cette pellicule tombe au fond du liquide quand on agite la culture ; elle continue à s'y accroître en donnant un dépôt granuleux et ne le trouble jamais.

Les cultures de bacille de Koch sur sérum continuent à s'accroître pendant un mois environ ; elles sont encore virulentes et susceptibles de rajeunissement après plusieurs mois.

Le sérum normal, liquide, ensemencé avec des cultures pures a donné à Koch un développement en voile mince fragile, se dissociant aisément par l'agitation et tombant au fond du sérum où il se développe sans le troubler.

L'*albumine d'œuf* coagulée ne permet aucun développement.

Roux et Nocard (1) ont constaté que l'addition d'une certaine quantité de *glycérine* aux milieux ordinaires les rendait infiniment plus nutritifs à l'égard du bacille de Koch ; à tel point que ce bacille, qui refuse de croître sur le bouillon et sur la gélose, y forme en 15 jours d'abondantes végétations quand ils renferment 6 à 8 p. 100 de glycérine. Ces savants ont même pu obtenir des cultures de ce bacille en ensemençant directement sur les milieux artificiels glycérinés les produits tuberculeux venant de l'organisme animal. Toutefois il paraît plus avantageux de faire tout d'abord quelques passages sur sérum, selon le procédé de Koch décrit plus haut ; le bacille acclimaté à la culture artificielle se développe ensuite magnifiquement sur les milieux chargés de glycérine.

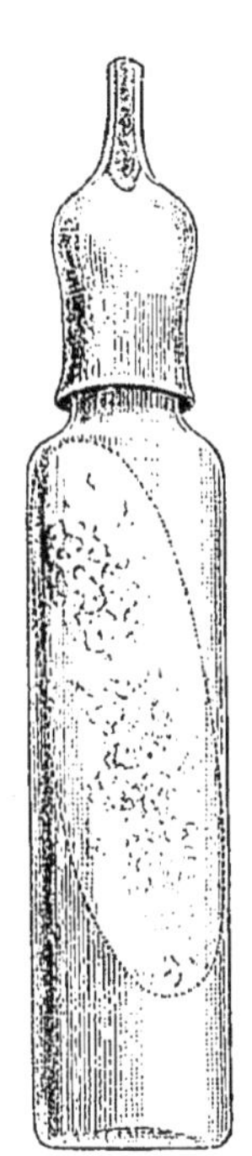

Fig. 126.
Culture sur sérum du bacille de Koch.

Pour préparer ces milieux particuliers, Roux et Nocard disposent dans un flacon la quantité voulue de glycérine et la stérilisent à l'autoclave ; ils ajoutent ensuite après refroidissement le sérum stérilisé par chauffage discontinu, ou mieux encore le sérum provenant du sang extrait aseptiquement d'une veine de l'animal.

Un procédé plus simple, que nous employons fréquemment, consiste à mélanger la glycérine et le sérum en quantité voulue et à stériliser le tout à froid, par filtration sur un filtre Chamberland (voir plus haut la préparation des milieux de culture, page 131). Dans ce cas, le sérum peut être

(1) Roux et Nocard. *Annales de l'Institut Pasteur*, 1887, I, p. 19.

recueilli sans précautions spéciales et en grande quantité, à l'abattoir, au moment où l'on égorge les animaux abattus. Le mélange filtré est réparti dans des tubes stérilisés et coagulé à la façon ordinaire à la température de 70° environ. Le sérum glycériné se dessèche à l'étuve beaucoup moins rapidement que le sérum normal.

Les cultures tuberculeuses sur *sérum glycériné* de Nocard et Roux sont très semblables, comme aspect, à celles obtenues avec le sérum normal de Koch. Elles sont seulement plus abondantes et d'un développement beaucoup plus rapide.

La *gélose glycérinée* des mêmes auteurs est un milieu des plus précieux pour cultiver le bacille de Koch, déjà acclimaté aux milieux artificiels par quelques passages sur sérum. Sa préparation est des plus simples ; la gélose peptonisée ordinaire est, après clarification, additionnée de 6 à 8 p. 100 de glycérine, répartie en tubes et stérilisée à l'autoclave à 110°. On laisse le milieu se solidifier dans les tubes couchés presque horizontalement. Sur ce milieu ensemencé par stries, on voit apparaître au bout de quelques jours des petites colonies isolées, sèches, écailleuses, grisâtres, saillantes. Plus tard elles s'étendent et se fusionnent ; les cultures sont bien développées en 2 ou 3 semaines.

L'addition de glycérine au bouillon peptonisé ordinaire en fait un bon milieu de culture pour le bacille de Koch, qui s'y développe sous forme de flocons volumineux gagnant le fond du vase où ils se tassent en une masse de grumeaux difficiles à dissocier (Nocard et Roux).

Straus trouve préférable d'ensemencer le *bouillon glycériné* en faisant flotter à sa surface des fragments de pellicules minces provenant de cultures en milieu solide. « Après 2 ou 3 semaines, dit-il, on obtient un développement d'une richesse extrême sous forme d'une membrane continue, épaisse, blanche, rugueuse, sèche, ridée, remontant à une certaine hauteur sur les parois du vase. »

Les cultures en milieux glycérinés dégagent une agréable odeur due à des ptomaïnes volatiles.

Sur *pomme de terre*, contrairement aux assertions primitives de Koch, le bacille de la tuberculose se développe assez facilement, même lorsqu'il provient directement d'animaux tuberculeux et qu'il n'a pas encore subi d'acclimatation aux milieux artificiels. Les conditions dans lesquelles il faut se placer pour réussir cette culture ont été précisées par Pawlowsky (1).

---

(1) Pawlowsky. *Annales de l'Institut Pasteur*, 1888, t. II, p. 315.

Ce savant russe emploie des tranches de pomme de terre contenues dans des tubes à essais étranglés analogues à ceux de Roux et scellés pour éviter l'évaporation. L'ensemencement se pratique en enfonçant assez fortement l'aiguille de platine dans la substance même de la pomme de terre. Après une douzaine de jours d'incubation, la culture apparaît sous forme d'une strie blanchâtre tranchant nettement sur le substratum jaunâtre. Après 5 à 6 semaines, elle se couvre de granulations blanc grisâtre. Ces cultures sont très virulentes, elles tuent le lapin en 18 jours à la suite des inoculations intraveineuse. L'auteur pense que l'insuccès de Koch tient à ce que ce savant ne se préoccupait pas suffisamment de maintenir sa pomme de terre dans une atmosphère saturée d'humidité ; ce que réalise fort bien l'emploi des tubes scellés.

La réaction des pommes de terre devient alcaline pendant la culture. Sander (1) pense que cette alcalinité nuit au développement ultérieur de la culture ; il obtint en effet des cultures plus florissantes en additionnant la pomme de terre d'un peu de glycérine dont les produits d'altération par le bacille sont acides et maintiennent telle la réaction du milieu.

Nocard et Roux ont également cultivé le bacille de Koch sur *pommes de terre glycérinées* et cuites. D'après ces savants, il serait même possible d'obtenir des cultures de bacille de Koch au moyen de *liqueurs minérales* rendues plus nutritives par l'addition de glycérine. Kühne, dans ses recherches sur la tuberculine, a obtenu des cultures dans des milieux exempts d'albuminoïdes et contenant seulement de la leucine, de la tyrosine, etc., et plus simplement encore dans des solutions aqueuses d'asparagine glycérinée.

Biologie. — Le bacille de la tuberculose est surtout aérobie, mais il peut végéter à l'abri de l'oxygène, c'est donc aussi un anaérobie facultatif. Sur les milieux convenables étudiés plus haut, sa croissance se fait le mieux à 39° (Roux et Nocard). Il se développe déjà beaucoup moins vite à 37°. Au-dessous de 30°, sa croissance est extrêmement lente ; au-dessus de 42°, elle est arrêtée.

Action des agents physiques. — Nous avons vu que le bacille de Koch reste longtemps vivant dans les cultures artificielles ; d'après Straus, ces cultures peuvent être rajeunies encore après 6 mois ; après 12 mois elles seraient toujours stériles. Les produits tubercu-

---

(1) Sander. *Archiv für Hygiene*, 1893, XVI, p. 238.

leux naturels restent aussi longtemps virulents (VILLEMIN) (1), (KOCH) (2); les crachats de phtisiques desséchés se montrent encore capables de tuberculiser les animaux d'expérience après une conservation de 6 à 7 mois (SCHILL et FISCHER) (3), de 10 mois (DE THOMA) (4); ils ne perdent pas non plus leur virulence par des alternatives d'humidité et de dessiccation (MALASSEZ et VIGNAL) (5); mélangés à de la poussière, c'est-à-dire à peu près dans les conditions où ils se trouvent dans les locaux contaminés, les crachats montrent encore des bacilles vivants et virulents après 2 mois et demi (SAWIZKY) (6), après environ 5 mois (ZILGEN).

L'insolation tue rapidement le bacille tuberculeux (KOCH); d'autres auteurs ont seulement noté une diminution de la virulence qui persiste encore après 45 heures d'exposition au soleil (MIGNECO) (7); les poussières tuberculeuses d'une chambre où la lumière pénètre resteraient virulentes 2 mois et demi (DE THOMA).

CADÉAC et MALET (8) ont établi que les produits tuberculeux de la pommelière séchés et pulvérisés restaient virulents pendant une centaine de jours.

La putréfaction à l'air libre, dans l'eau, dans la terre, ne détruit guère la virulence tuberculeuse; GALTIER (9) a constaté cette virulence dans des produits en putréfaction depuis 30 jours; CADÉAC et MALET inoculèrent avec succès des fragments d'organes putréfiés conservés à l'air libre depuis 150 jours, et enfouis dans la terre depuis 167 jours; d'après DE THOMA, la virulence des crachats putréfiés disparaîtrait au bout de 10 à 11 jours. Dans l'eau de Seine stérilisée maintenue à une température de 8° à 18°, CHANTEMESSE et WIDAL (10) ont vu le bacille tuberculeux des cultures rester vivant 70 jours, mais il avait perdu presque entièrement sa virulence.

Les produits tuberculeux, maintenus plusieurs semaines à une température de 3° à 8° au-dessous de 0°, ne perdent pas leur virulence, même quand ils sont soumis à des alternatives de congélation et de dégel (GALTIER, CADÉAC et MALET); ce fait présente une certaine

(1) VILLEMIN. *Bulletin de l'Académie de médecine*, 13 avril 1869.

(2) KOCH. *Berl. Klin. Wochenschrift*, 1882, p. 229 et 10e Congrès international de médecine, Berlin, 1890.

(3) SCHILL et FISCHER. *Mittheil. aus dem Kais. Gesundheitsamte*, 1884, p. 133.

(4) DE THOMA. *Annali univ. de medic.*, 1886.

(5) MALASSEZ et VIGNAL. *Compt. rend. de la Société de Biologie*, 1883, p. 306.

(6) SAWIZKY. *Centralblatt für Bakteriologie*, 1892, II, p. 153.

(7) MIGNECO. *Ann. d'Igiene sperimentale*, 1895, V, p. 215.

(8) CADÉAC et MALET. Congrès pour l'étude de la tuberculose, 1888.

(9) GALTIER. *Comptes rendus de l'Académie des Sciences*, 1887, CV, p. 231, et Congrès de Paris, 1888.

(10) CHANTEMESSE et WIDAL. Congrès de Paris, 1888.

importance pour la virulence possible de la viande d'animaux tuberculeux conservée pour l'usage alimentaire dans les appareils frigorifiques.

L'action de la chaleur sur le bacille de Koch est variable, suivant que l'on considère la chaleur sèche ou la chaleur humide ou que l'on fait agir cet agent sur des cultures pures ou sur des produits naturels tuberculeux. Il faut aussi être mis en garde contre une importante cause d'erreur ; les bacilles de la tuberculose dûment stérilisés par une longue exposition à l'autoclave sont encore capables de tuer les animaux auxquels ils sont injectés à forte dose ; ils retiennent en effet, adhérant à leurs cadavres, une substance très toxique et très résistante à l'action de la chaleur ; mais dans ce cas, à l'autopsie des animaux morts dans le marasme on trouve seulement au point d'inoculation un abcès caséeux contenant des bacilles morts et colorables, sans généralisation tuberculeuse dans les viscères.

Schill et Fischer ont vu des crachats desséchés à froid sur une lame de verre, puis chauffés une heure à sec à 100° rester virulents. Les mêmes crachats, desséchés à froid, puis exposés à l'action de la vapeur d'eau bouillante étaient encore virulents après un quart d'heure et stérilisés après une demi-heure. Si les crachats ne sont pas préalablement desséchés, la température de la vapeur d'eau les stérilise après un quart d'heure ; placés dans un ballon de verre et portés à l'ébullition, ils sont encore virulents après 2 minutes et ne le sont plus après 5 minutes. Sternberg (1) a étudié l'action des températures inférieures à 100° sur les crachats ; les cobayes inoculés avec les crachats chauffés à 50° meurent tuberculeux, tandis qu'ils survivent si la température a été portée à 60° pendant le même temps. Un peu plus tard, Yersin (2), a établi que les cultures pures sur gélose du bacille de Koch sont incapables d'être rajeunies sur bouillon glycériné quand elles ont été chauffées 10 minutes à 70° ; cet auteur obtenait au contraire des cultures lorsque la température n'avait été élevée qu'à 55° ou 60° ; ces cultures ne se développaient qu'après un assez long retard. Grancher et Ledoux-Lebard (3) admettent les chiffres suivants : à 50° les cultures sont encore fertiles après 50 minutes et stérilisées après 1 heure ; à 60° elles résistent 20 minutes ; à 70° elles sont tuées en 1 minute seulement. Ces cultures, desséchées au préalable, restent virulentes quand on les chauffe pen-

---

(1) Sternberg. *American Journal med. science*, 1887, XCIV, p. 146.
(2) Yersin. *Annales de l'Institut Pasteur*, 1888, II, p. 60.
(3) Grancher et Ledoux-Lebard. *Archives de médecine expérimentale*, 1891, p. 1.

dant 7 heures dans une étuve sèche à 70° et même pendant 3 heures à 100°.

D'après Foerster, les bacilles tuberculeux dans le lait seraient tués après trois quarts d'heure de chauffage à 60°; après 5 à 10 minutes à 70°. Suivant de Man (1), la virulence du lait tuberculeux est abolie après une chauffe de 4 heures à 55°, 1 heure à 60°; 1 quart d'heure à 65°; 10 minutes à 70°; 5 minutes à 80°, 2 minutes à 90° et 1 minute à 95°.

Action des agents chimiques. — Les crachats tuberculeux se montrent encore virulents après 10 heures de contact avec l'alcool absolu; après 20 heures de contact avec l'eau créosotée à 1 p. 100, l'acide arsénique à 1 p. 100, l'eau bromée ou l'eau iodée, l'iodoforme en excès. Ils sont stérilisés après 20 heures de contact avec l'eau phéniquée à 3 p. 100 (Schill et Fischer, Cavagnis); suivant Parrot et H. Martin (2), ils ne sont pas stérilisés par les solutions d'acide salicylique à 2 p. 1000, ni par l'eau oxygénée.

Vallin (3) a établi que des produits tuberculeux étalés sur des linges et séchés un jour à froid sont stérilisés par un séjour de 10 heures dans une chambre où l'on fait brûler 30 grammes de soufre par mètre cube; ils ne le sont pas, même après 24 heures, si la dose de soufre n'est que de 20 grammes. Suivant Thoinot (4), la désinfection des linges souillés de tuberculose ne serait certaine qu'avec 60 grammes de soufre brûlé par mètre cube et une durée de contact de 24 heures.

D'après Yersin, l'acide phénique ajouté aux cultures de bacille de Koch, à la dose de 5 p. 100, les tue en 30 secondes; l'alcool absolu en 5 minutes, l'éther pur en 10 minutes, le sublimé à 1 p. 1000 en 10 minutes, le thymol à 3 p. 1000 en 2 heures, l'acide salicylique à 25 p. 1000 en 3 heures. L'iodoforme, ajouté à la dose de 5 p. 100 aux cultures sur bouillon glycériné à 37°, les tue en 2 jours (Stchegoleff) (5).

Le bacille tuberculeux ensemencé sur gélose glycérinée ne se développe pas, lorsque cette gélose est additionnée au préalable de de doses faibles de certaines substances: amines aromatiques, couleurs d'aniline, cyanures d'or à 1 ou 2 millionièmes (Koch); iodure de potassium à 1 p. 100; acide hydrofluosilicique à 1 p. 5000; hydro-

(1) De Man. *Archiv für Hygiene*, 1893, XVIII, p. 133.
(2) Parrot et H. Martin. *Revue de médecine*, 1893, p. 809.
(3) Vallin. *Revue d'hygiène et de police sanitaire*, 1883, p. 89.
(4) Thoinot. *Annales de l'Institut Pasteur*, 1890, IV, p. 500.
(5) Stchegoleff. *Archives de médecine expérimentale*, 1894, VI, p. 813.

fluosilicate de potassium à 1 p. 800; acides borique ou arsénieux à 1 p. 900, ou lorsqu'elle est soumise aux vapeurs infertilisantes de chloroforme, d'éther, d'alcool méthylique ou d'ammoniaque (P. Villemin (1). D'après ce dernier auteur, l'iodoforme en excès, l'iode, les vapeurs d'alcool ordinaire, de créosote, de nitrobenzine, le chloral à 1 p. 100 n'entravent en rien le développement du bacille.

Composition chimique des bacilles. — D'après Hammerschlag (2), les bacilles tuberculeux lavés contiennent 11,18 p. 100 de matière solide, laquelle cède 22,7 p. 100 de son poids à un mélange d'alcool et d'éther; cette partie soluble dans le mélange éthéro-alcoolique est formée de graisses et de lécithines.

Le résidu contenant C. 51,02; H. 3,07; Az. 9,09; matières minérales 8, est partiellement soluble dans la soude à 1 p. 100 à laquelle il abandonne une matière albuminoïde reprécipitable par neutralisation. Quant à la partie insoluble dans l'alcool et dans la soude étendue, elle semble formée de cellulose fournissant, par ébullition avec les acides étendus, une matière sucrée réduisant la liqueur de Fehling. Ni les matières grasses, ni la partie albuminoïde, ni la cellulose considérées isolément ne possèdent la propriété de rester colorées par la méthode d'Ehrlich; cette propriété semble appartenir, au contraire, au mélange de l'albumine et de la matière cellulosique. Weyl (3) pense que la colorabilité spécifique du bacille de la tuberculose par la méthode d'Ehrlich est due à la composition particulière de la membrane-enveloppe de ce bacille, qu'il a pu isoler facilement du protoplasma par l'action d'une solution de soude étendue et bouillante.

Produits toxiques; tuberculines. — Le bacille de la tuberculose sécrète des produits toxiques très résistants à l'action de la chaleur et à celle des antiseptiques; ils adhèrent avec beaucoup d'énergie à la substance bacillaire, même soumise pendant longtemps à l'action stérilisante de l'autoclave. Les cobayes inoculés avec des émulsions de bacilles stérilisés présentent des abcès caséeux au point inoculé; si l'inoculation est faite chez des animaux tuberculeux, ils succombent en quelques heures. Cependant, si ces inoculations de bacilles stérilisés sont faites avec précaution et à intervalles convenables, l'état des cobayes tuberculeux semble s'améliorer. Ces faits, établis par Koch en 1891, seraient dus à la présence dans le corps

(1) P. Villemin. *Thèse*. Paris, 1888.
(2) Hammerschlag. *Comptes rendus de la Société Helvét. des sciences naturelles*, août 1888.
(3) Weyl. *Deutsche med. Wochenschrift*, 1891, p. 256.

des bacilles d'une ou plusieurs substances solubles qu'il s'efforça par la suite d'isoler des cultures.

Pruden et Hodenpyl (1) mirent en évidence l'action chimiotactique positive des substances solubles des bacilles stérilisés enfermés dans des cellules de Ziegler et introduites dans le péritoine des cobayes.

Straus et Gamaleia (2) ont constaté dans les bacilles, stérilisés par une longue exposition à la chaleur de l'autoclave, l'existence de substances toxiques agissant sur les cobayes et les lapins à longue échéance, déterminant leur mort par cachexie; à l'autopsie, on constate que les organes présentent des tubercules et des granulations miliaires formés de cellules embryonnaires, de cellules épithélioïdes et de cellules géantes, avec de nombreux bacilles morts encore colorables par la méthode d'Ehrlich. Cela est surtout évident lorsque les injections de bacilles morts ont été faites à forte dose dans les veines; lorsque les injections sont faites discrètement et sous la peau, on n'observe souvent qu'un abcès local. Les animaux qui résistent à l'inoculation de petites doses de bacilles morts succombent en peu d'heures à l'inoculation d'une petite dose de culture vivante. Vismann (3), Kostenitsch (4) firent des constatations analogues.

Ces produits toxiques, si adhérents aux corps des bacilles, se diffusent peu à peu dans les milieux de culture liquides et leur communiquent des propriétés remarquables qui ont été tout d'abord étudiés par R. Koch (5). La célèbre *lymphe* de Koch, désignée par Bujwid sous le nom de *tuberculine*, n'est autre chose que le produit obtenu en concentrant au bain-marie, au dixième de leur volume, les bouillons peptonisés et glycérinés dans lesquels a vécu pendant quelques semaines le bacille de la tuberculose. Pour obtenir une tuberculine active, il faut que les cultures soient faites en surface; elles sont alors bien plus abondantes. Les cultures évaporées sont ensuite filtrées sur bougie de porcelaine ou simplement sur papier (Straus).

La tuberculine ainsi obtenue est un liquide brunâtre, sirupeux, se conservant aisément grâce à la grande quantité de glycérine qu'il contient. Nous reviendrons dans un instant sur ses propriétés physiologiques. Koch a tenté d'isoler les principes actifs de cette tu-

(1) Pruden et Hodenpyl. *New-York medical Journal*, 1891.
(2) Straus et Gamaleia. *Archives de médecine expérimentale*, 1891, III, p. 705.
(3) Vismann. *Virchow's Archiv*, 1892, CXXIX, p. 163.
(4) Kostenitsch. *Archives de médecine expérimentale*, 1893, V, p. 1.
(5) Koch. Congrès de Berlin, août 1890, et *Deutsche med. Wochenschrift*, novembre 1890 et janvier 1891.

berculine brute ; les précipitations fractionnées par les réactifs habituels des albuminoïdes, tannin, acétate de plomb, acide phosphomolybdique, sulfates ammonique et magnésique ne lui donnèrent aucun résultat favorable. Seul, l'alcool à 60 p. 100 précipite une matière floconneuse, amorphe qui, après lavage à l'alcool et dessiccation dans le vide, constitue une matière blanchâtre, non altérable à 100°, environ quarante fois plus active que la tuberculine brute. C'est à ce produit que Koch donna le nom de *tuberculine purifiée ;* elle se dissout aisément dans l'eau simple ou glycérinée à 50 p. 100 ; elle possède les réactions des matières protéiques ; précipite par le tannin les sels neutres, l'acide phosphomolybdique, etc.... Le précipité qu'elle donne avec l'acide acétique est soluble dans un excès de réactif, et celui qu'elle fournit avec l'acide picrique est soluble à chaud. Aussi purifiée que possible, elle fournit encore 15 à 20 p. 100 de cendres minérales.

Les recherches de Hunter (1) font croire que la tuberculine de Koch est exempte de peptones, mais renferme des albumoses et un alcaloïde à chloroplatinate insoluble dans l'alcool ; celles de Kühne (2) tendraient au contraire à faire considérer cette tuberculine comme un mélange d'albumoses et de peptones. On voit que la question est loin d'être résolue au point de vue chimique.

Les effets physiologiques sont plus constants : injectée aux animaux sains, la tuberculine brute ou purifiée ne provoque que peu ou pas de réaction ; au contraire, chez les animaux ou chez l'homme en puissance de tuberculose, la réaction qu'elle détermine est extrêmement violente et se traduit surtout par de l'hyperthermie. Sans insister ici sur les propriétés thérapeutiques contestées de la lymphe de Koch, nous devons dire cependant quelques mots de cette action de la tuberculine qui constitue le procédé le plus sensible et le plus précis pour le diagnostic de la tuberculose, alors que les autres signes font défaut.

Les cobayes sains peuvent recevoir 2 centimètres cubes environ de tuberculine, sans inconvénient. Une dose de 4 à 5 centimètres cubes les tue en 2 heures, à cause de la glycérine (Straus). Les cobayes tuberculeux meurent en quelques heures à la suite de l'inoculation de $0^{g}.4$ à $0^{g}.5$. Chez l'homme sain et adulte, une dose de $0^{g}.01$ provoque de l'abattement et parfois une légère réaction fébrile ; une dose de $0^{g}.25$ produit une assez forte réaction, débutant 3 ou 4 heures après

---

(1) Hunter. *British medical Journal*, 1891, p. 164.
(2) Kühne. *Zeitschrift f. Biol.*, 1892, t. XXIX, p. 26, et 1893, t. XXX, p. 221.

l'injection ; abattement, vomissements, frissons ; la température s'élève à 39°.5 (KOCH). Chez l'homme porteur de lésions tuberculeuses, une dose de 0g.001 à 0g.01 détermine une violente réaction générale, durant une quinzaine d'heures; les symptômes sont ceux qui viennent d'être indiqués, mais la température peut s'élever à 39°, 40° et même 41°. Ces injections de tuberculine, chez les tuberculeux, déterminent, d'après KOCH, autour des lésions un travail de nécrose aboutissant à l'élimination des masses tuberculeuses; pour d'autres, il se fait autour des lésions un travail inflammatoire pouvant les généraliser (VIRCHOW). C'est ainsi qu'à la suite des injections de tuberculine, les bacilles se voient en plus grand nombre dans les crachats.

Les malades s'habituent assez vite aux injections de tuberculine, qu'il faut augmenter progressivement si l'on veut voir la réaction persister; quelquefois la mort est survenue promptement à la suite d'inoculations de doses infimes de tuberculine. Les tuberculeux très avancés ne réagissent pas, sans doute parce qu'ils sont déjà imprégnés de la tuberculine fabriquée par leurs propres bacilles; par contre, des malades atteints d'affections autres que la tuberculose (lèpre, syphilis, etc.,) sont susceptibles de réagir à la suite d'injections de lymphe de KOCH.

En somme, l'emploi des injections de tuberculine chez l'homme tuberculeux n'a donné, au point de vue thérapeutique, que des résultats déplorables. Les expérimentateurs qui ont tenté de guérir ou d'immuniser les animaux contre la tuberculose en leur injectant de la tuberculine n'ont pas été beaucoup plus heureux. Tous les résultats constatés sont négatifs ou contradictoires (JACCOUD (1), DUJARDIN-BEAUMETZ (2), DUBIEF (3), BAUMGARTEN (4), PFUHL (5), KITASATO (6), CZAPLEWSKY et ROLOFF (7), DŒNITZ (8), ARLOING, RODET et COURMONT (9), etc...).

Par contre, la tuberculine rend, depuis 1890, les plus grands services pour le diagnostic de la tuberculose chez les animaux, soit au début soit à une période plus avancée. Pour une vache ou un bœuf, on injectera sous la peau de la partie latérale du cou 30 à 50 centigrammes de tuberculine dilués dans 10 centimètres cubes

(1) JACCOUD. *Bulletin de l'Académie de Médecine*, 1891, 10 février.
(2) DUJARDIN-BEAUMETZ. *Ibid.*
(3) DUBIEF. *Comptes rendus de la Société de Biologie*, 1891, série 9. III, p. 113.
(4) BAUMGARTEN. *Jahresbericht*, 1891, pp. 691-698.
(5) PFUHL. *Zeitschrift für Hygiene*, 1892, XII, p. 241.
(6) KITASATO. *Zeitschrift für Hygiene*, 1892, XII, p. 321.
(7) CZAPLEWSKY et ROLOFF. *Arb. a. d. path. anat. Inst. zu Tübingen*, 1894.
(8) DŒNITZ. *Deutsche med. Wochenschrift*, 1891, p. 1289.
(9) ARLOING, RODET et COURMONT. *Ann. de l'Université*, Lyon, 1892, t. VI.

d'eau phéniquée à 0,5 p. 100. Pour un veau, on prendra seulement 20 centigrammes. La réaction débute de 6 à 18 heures après l'injection et dure de 3 à 12 heures. Dans ces limites de temps, on devra donc fréquemment prendre la température des animaux. Toute élévation de température comprise entre 0°,5 et 1°,5 doit faire suspecter la tuberculose et recourir à de nouvelles injections de tuberculine à dose plus forte. Une élévation de température comprise entre 1,°5 et 3° est presque un critérium absolu de tuberculose. Arloing, Rodet et Courmont, bien qu'ayant obtenu des réactions fébriles de 1° et 2° sur des animaux non tuberculeux à la suite d'injections minimes de tuberculine, reconnaissent que les animaux tuberculeux réagissent plus vite et plus souvent que les animaux sains.

D'après Eber, sur 100 animaux réagissant à la tuberculine, 85,82 sont tuberculeux; sur 100 animaux ne réagissant pas, 89,38 seulement sont indemnes de tuberculose; en d'autres termes, la tuberculine donne 87 fois et demi sur 100 des indications exactes. Nocard insiste avec raison sur l'élévation de température de 1,5 à 3° nécessaire pour affirmer la tuberculose; les animaux déjà fébricitants sont impropres à une bonne observation; il en est de même des tuberculeux très avancés, mais alors le doute n'est plus permis. Les indications fournies par la tuberculine seraient même les plus nettes dans le cas de tuberculose très limitée; alors que l'animal possède toutes les apparences d'une santé florissante. En résumé, les injections de tuberculine constituent un procédé de grande valeur pour le diagnostic de la tuberculose des bovidés, permettant d'affirmer l'existence de lésions assez limitées, que l'examen clinique, microscopique ou même la méthode des inoculations eussent été incapables de mettre en évidence (1).

Inoculations expérimentales. — La plupart des animaux, même les plus réfractaires à la tuberculose spontanée, sont susceptibles de contracter la tuberculose à la suite des inoculations voulues de bacille de Koch. Les expériences de Villemin (2), de Tappeiner (3), de Schöttelius (4), de Bertheau (5), de Weichselbaum (6), de Veraguth (7), de Koch démontrent à l'évidence la possibilité de déterminer expérimentalement la tuberculose chez le cobaye, le lapin,

(1) Metchnikoff. *Annales de l'Institut Pasteur*, 1891, V, p. 184. — Roux. *Annales de l'Institut Pasteur*, 1891, V, p. 722. — Nocard. *Annales de l'Institut Pasteur*, 1892, VI, p. 45.
(2) Villemin. *Gazette hebdomadaire*, 1869, p. 260.
(3) Tappeiner. *Virchow's Arch.*, 1878, p. 393, et 1880, p. 353.
(4) Schöttelius. *Virchow's Arch.*, 1878, p. 524.
(5) Bertheau. *Deutsch. Arch. f. Klin. med.* 1880, p. 523.
(6) Weichselbaum. *Centralblatt d. med. Wiss.*, 1882, p. 358.
(7) Veraguth. *Arch. f. exp. Path.*, 1883, p. 261.

le chien, le rat, la souris, etc., par inhalation de pulvérisations aqueuses chargées de produits ou de cultures tuberculeux.

Celles de CELLI et GUARNIERI (1), de TOMA (2), de THAON (3), de CADÉAC et MALET (4), de PREYSS (5), etc., confirment et précisent les précédentes.

D'autre part, CHAUVEAU (6) le premier, puis VILLEMIN, PARROT (7), KLEBS (8), GERLACH (9), GUNTHER et HARMS (10), VISEUR (11), BOLLINGER (12), SEMMER (13), ORTH (14), TOUSSAINT (15), PEUCH (16), BAUMGARTEN (17), WESENER (18) démontrèrent la facilité avec laquelle les produits tuberculeux infectent l'organisme lorsqu'ils sont introduits par la voie digestive. Dans ce mode d'infection, les lésions, d'abord localisées aux ganglions mésentériques, aux follicules de l'intestin, s'étendent ensuite au foie, à la rate et n'envahissent que tardivement les poumons.

Tuberculose expérimentale du cobaye. — Le cobaye est l'animal de choix pour les inoculations tuberculeuses. Les cultures pures ou les produits naturels tuberculeux introduits dans une petite poche creusée à cet effet, ou au moyen de la seringue dans le tissu cellulaire sous-cutané, donnent lieu en quelques jours à une induration locale qui se ramollit bientôt et s'ouvre à l'extérieur en produisant un petit ulcère couvert de fines granulations et n'ayant guère de tendance à se cicatriser. L'infection se propage de proche en proche par la voie lymphatique; si l'inoculation a été faite sous la peau de la face interne de la cuisse, on peut sentir, au bout de quinze jours, rouler sous le doigt les ganglions inguinaux hypertrophiés et indurés; puis se prennent les ganglions sous-lombaires et le ganglion rétro-hépatique (ARLOING). L'animal maigrit rapidement et se cachectise; il

---

(1) CELLI et GUARNIERI. *Compt. rend. Acad. d. Roma*, 1889, XII.
(2) DE TOMA. *Ann. univ. de med.*, 1886.
(3) THAON. *Compt. rend. de la Société de Biologie*, 1885, série 8, II, p. 582.
(4) CADÉAC et MALET. Congrès de Paris, 1888, p. 315.
(5) PREYSS. *Münchener med. Wochenschrift*, 1891, p. 421.
(6) CHAUVEAU. *Bulletin de l'Académie de médecine*, 1868, p. 1007. *Ass. franc.*, Lyon, 1873. *Ass. franc.*, Lille, 1874.
(7) PARROT. *Société médicale des hôpitaux*, 1869.
(8) KLEBS. *Virchow's Arch.*, 1870, XX, p. 291. *Arch. f. exp. Path.*, 1873, p. 163.
(9) GERLACH. *Virchow's Arch.*, 1870, p. 297.
(10) GUNTHER et HARMS. *Jahresb. d. K. Thier. zu Hannover*, 1871.
(11) VISEUR. *Bulletin de l'Académie de médecine*, 1874, p. 890.
(12) BOLLINGER. *Arch. f. exp. Path.*, 1873, p. 356. *Deutsche Zeit. f. Thier.*, 1879, p. 103.
(13) SEMMER. *Virchow's Archiv*, 1880, p. 546.
(14) ORTH. *Virchow's Archiv*, 1879, p. 217.
(15) TOUSSAINT. *Comptes rendus de l'Académie des sciences*, 1880, XC, p. 754.
(16) PEUCH. *Comptes rendus de l'Académie des sciences*, 1880, XC, p. 1581.
(17) BAUMGARTEN. *Centralblatt für Klin. med.*, 1884, p. 25.
(18) WESENER. *Kritische u. exp. Beitr. z. Lehre v. d. Fütterungstub.*, Fribourg-en-Brisgau, 1885 (avec bibliographie complète de la question).

meurt dans un délai de six semaines à plusieurs mois suivant la quantité et la virulence des produits inoculés. A l'autopsie, on trouve la rate hypertrophiée, rouge, jaunâtre, marbrée et farcie de granulations et de tubercules. Le foie et quelquefois la substance corticale des reins présentent des altérations analogues; les poumons sont parsemés de granulations, les ganglions sont indurés et parfois caséeux. D'une façon générale, les lésions sont d'autant plus marquées que la survie a été plus longue; les bacilles caractéristiques peuvent être décelés dans les coupes et dans les frottis sur lamelles colorées par la méthode d'Ehrlich.

Les inoculations intrapéritonéales donnent à peu de chose près les mêmes résultats; la marche de la maladie est seulement un peu plus rapide.

L'inoculation dans la chambre antérieure de l'œil est un procédé très élégant permettant de suivre pas à pas le développement du tubercule. Il a été employé tout d'abord par Arnianni, Conheim et Salomonsen; au bout d'une vingtaine de jours l'iris se couvre de fines granulations, parfois l'œil suppure tout entier. Ce mode d'inoculation est rapidement suivi d'une généralisation tuberculeuse surtout manifeste dans les poumons, la rate, les ganglions lymphatiques du cou, etc.

Tuberculose expérimentale du lapin. — Le lapin est un peu plus résistant que le cobaye à l'infection tuberculeuse expérimentale; on emploiera de préférence la voie sous-cutanée ou intrapéritonéale.

Lorsque les inoculations sont faites dans la veine de l'oreille, la mort est très rapide en 15 à 20 jours. A l'autopsie, on trouve tous les organes parsemés de fines granulations. Les poumons sont bien plus rapidement envahis que chez le cobaye.

Souvent les lésions macroscopiques font complètement défaut, mais tous les tissus contiennent le bacille caractéristique (type Yersin).

Les rats et les souris sont encore plus réfractaires que le lapin; le chien, la chèvre peuvent avec assez de difficulté contracter la tuberculose par inoculation. Les poules sont elles-mêmes sensibles au bacille de la tuberculose humaine. Nous reviendrons sur ce point en étudiant le bacille de la tuberculose aviaire.

Diagnostic bactériologique. — La recherche du bacille de Koch est une opération très importante pour le diagnostic de la tuberculose sur le vivant. Cette recherche s'effectue généralement sur les crachats expectorés par les malades, sur les sécrétions pathologiques, telles que les épanchements pleurétiques ou ascitiques, dans le pus, les fongosités des tumeurs blanches, le lait, l'urine, etc... La constatation du bacille de Koch dans le mucus pharyngien ou dans le jetage des animaux permet également de poser un diagnostic, mais dans ce cas il vaut mieux recourir aux injections de tuberculine, ainsi que cela a été indiqué plus haut.

La recherche sera surtout fructueuse dans les crachats expectorés le matin, au réveil par le malade, dans un récipient *ad hoc* passé à l'eau bouillante.

Les procédés varient selon la nature des crachats; s'ils sont homogènes et purulents, ils contiennent souvent une telle abondance de bacilles, qu'il suffit d'y puiser au hasard avec le fil de platine; s'ils sont muqueux, mélangés à une grande masse de salive, il faut prélever de préférence les particules demi-solides jaunâtres ou blanchâtres, ordinairement bien plus riches en bacilles que le reste du liquide dans lequel elles nagent. La matière est disposée sur une lamelle et étalée en couche aussi mince et aussi uniforme que possible; on y arrive en frottant avec le fil jusqu'à dessiccation presque complète ou plus rapidement en écrasant la matière avec une deuxième lamelle qu'on sépare de la première par glissement. Les lamelles enduites sont séchées, flambées et colorées par la méthode d'Ehrlich, comme cela a été indiqué plus haut. Si l'on veut examiner les éléments histologiques, cellules, fibres élastiques, ainsi que les microbes qui accompagnent le bacille de Koch (tétrades, staphylocoques, etc...) et qui assombrissent souvent le pronostic, on pourra colorer le fond très légèrement par une solution étendue de bleu de méthylène. Les préparations montées au baume seront examinées en grand nombre et avec beaucoup de patience à l'aide de l'éclairage d'Abbe et d'un bon objectif à immersion homogène, car les bacilles sont souvent peu abondants et difficiles à distinguer de la masse des autres éléments. La présence des bacilles est très démonstrative; leur absence n'implique en aucune façon que le malade qui a fourni l'expectoration n'est pas tuberculeux; il y a seulement une grosse probabilité pour cela si les crachats de ce malade, examinés avec soin et à intervalles plus ou moins rapprochés, se montrent constamment dépourvus de bacilles.

Lorsque les crachats contiennent peu de bacilles, leur examen est rendu plus facile et plus exact par les méthodes dites de sédimentation. Les crachats sont d'abord additionnés d'un peu de soude caustique très diluée (Biedert) et portés à l'ébullition dans une capsule ou un ballon de verre jusqu'à ce qu'ils soient parfaitement dissous et homogènes; on les étend ensuite d'un peu d'eau et on les abandonne au repos dans un vase étroit et profond. Au bout de 24 à 48 heures, les particules solides et les bacilles se sont réunis au fond du vase sous forme d'un dépôt léger qu'on examine après avoir rejeté le liquide surnageant.

Un résultat plus parfait est obtenu bien plus rapidement en soumettant les crachats homogénisés à l'action de la force centrifuge. Pour dissoudre les crachats et les rendre homogènes on peut recourir également à la potasse (Ilkewitsch), au borax (Kühne), à la pancréatine (Spenler) etc.

Les bacilles dans les crachats apparaissent ordinairement isolés ou réunis en amas de deux ou trois, quelquefois ils sont en amas considérables, en essaims ou en broussailles (voir fig. 123). Ils se présentent soit uniformément colorés, soit sous l'aspect de bacilles sporulés. Il n'y a guère de conclusions fermes à tirer, au point de vue du pronostic, de la forme et du nombre des bacilles trouvés dans les crachats. Les bacilles peuvent être décelés dans les hémoptysies et dans les crachats du début de la tuberculose alors que tous les autres signes font défaut; mais ils apparaissent surtout abondants au moment du ramollissement et de la fonte purulente des tubercules.

Pastor (1) a réussi à isoler le bacille de Koch des crachats par la culture, en mettant à profit la difficulté qu'il éprouve à se développer sur les milieux gélatinés habituels; son procédé, calqué sur celui qu'a employé Winogradsky pour l'isolement des microbes nitrifiants, consiste à laver les crachats, les émulsionner finement dans de l'eau stérilisée et à semer cette émulsion sur gélatine. Après quelques jours, alors que les microbes vulgaires des crachats ont fourni leurs colonies, on ensemence sur sérum les portions de gélatine qui sont restées stériles; par ce procédé, sur dix tubes de sérum l'auteur obtenait généralement une à quatre cultures de bacille tuberculeux.

Kitasato (2) lave les crachats frais une dizaine de fois à l'eau stérilisée pour les débarrasser des germes étrangers et ensemence sur sérum des parcelles prises au centre de ce crachat lavé; il réussit également par ce procédé à obtenir directement au moyen des crachats des cultures pures de tuberculose.

La recherche du bacille de Koch dans les divers produits organiques, par l'examen microscopique direct, est calqué sur l'examen

(1) Pastor. *Centralblatt für Bakteriologie*, 1892, XI, p. 233.
(2) Kitasato. *Zeitschrift für Hygiene*, 1892, XI, p. 440.

des crachats; l'emploi des coagulations partielles, de la sédimentation spontanée ou aidée par la force centrifuge, sera utile pour concentrer sous un petit volume les bacilles noyés dans une grande masse liquide. Quoi qu'il en soit, le procédé de choix pour découvrir le bacille de la tuberculose dans le lait, l'urine, les liquides ascitiques ou pleurétiques, etc..., qui n'en renferment souvent que fort peu, consiste à inoculer ces produits, suivant les cas et à doses variables, sous la peau, ou dans le péritoine de cobayes et de lapins.

II. — Bacille de la tuberculose aviaire.

Les oiseaux de basses-cours, poules, pigeons, etc..., sont très souvent porteurs de lésions tuberculeuses siégeant ordinairement sur les organes digestifs. Le foie en particulier, la rate, l'intestin présentent à l'autopsie de nombreuses granulations ou bien des nodules volumineux, durs ou caséeux; on trouve aussi parfois des arthrites et des ostéites tuberculeuses, ainsi que des abcès caséeux de la peau et du tissu cellulaire sous-cutané. Koch découvrit dans toutes ces lésions la présence du bacille caractéristique, et les premiers observateurs ne firent aucune différence entre la tuberculose des mammifères et celle des oiseaux. Cependant, en 1888, Nocard et Roux avaient observé des cultures tuberculeuses présentant sur gélose glycérinée des caractères particuliers; Yersin (1), en inoculant ces cultures aux lapins, ne réussit qu'à créer une tuberculose atypique; Metchnikoff (2) vit les bacilles de cette provenance se cultiver encore à 43°.6, alors que la végétation du bacille de la tuberculose humaine cesse à partir de 41°.

Toutes ces cultures étaient d'origine aviaire. Rivolta (3), Maffucci (4), Koch (5) lui-même considèrent dès lors le bacille aviaire comme différent, quoique très voisin, du bacille de la tuberculose des mammifères.

La morphologie des deux bacilles est, à fort peu de chose près, la même; ils se colorent exactement de même par la méthode d'Ehrlich et présentent le même aspect. Le bacille aviaire présente dans ses cultures, plus fréquemment que le bacille humain, des formes naines et des formes géantes et ramifiées.

(1) Yersin. *Annales de l'Institut Pasteur*, 1888, II, p. 285.
(2) Metchnikoff. *Virchow's Archiv.*, 1888, CIII, p. 63.
(3) Rivolta. *Giornale d. anat. e fisiol.*, 1889.
(4) Maffucci. *Riforma medica*, 1890.
(5) Koch. Congrès de Berlin, 1890.

Suivant STRAUS et GAMALEIA (1), le bacille aviaire est plus facile à acclimater sur sérum que le bacille humain ; ses cultures se présentent sous forme de taches arrondies, d'un blanc de cire, humides, s'étalant à la surface du milieu nutritif en une couche continue « d'aspect tout différent des écailles maigres, sèches et discrètes des premières générations de la culture de tuberculose humaine ». D'après les mêmes auteurs, les cultures sur gélose glycérinée forment au bout de 15 jours un enduit couleur blanchâtre, luisant et humide ; au bout d'un mois à six semaines, la gélose est recouverte d'une couche continue, surmontée de plis et de saillies, et ce n'est que longtemps après que la culture prend une couleur jaunâtre et un aspect desséché. Les cultures aviaires, à l'inverse des cultures humaines, sont molles, peu consistantes et se laissent étaler avec la plus grande facilité ; elles se développent encore à 44° (2).

Les cultures aviaires résistent mieux au vieillissement que les cultures humaines ; elles sont encore vivantes et virulentes après 1 ou 2 ans (MAFFUCCI). Le bacille aviaire est encore susceptible d'être rajeuni après un chauffage de 50 minutes à 50° ou de 10 minutes à 60°. La température de 50° maintenue 1 heure, ou celle de 70° maintenue 1 minute le tue définitivement. Des cultures aviaires, séchées et exposées à une chaleur *sèche* de 70°, sont stérilisées en 14 heures ; quant à la virulence des cultures aviaires séchées, elle persiste de 2 à 3 mois à la température ordinaire et est déjà notablement atténuée après un mois à 40° (GRANCHER et LEDOUX-LEBARD) (3).

L. BOUVEAULT (4) a constaté que dans les cultures le bacille de la tuberculose aviaire consomme surtout de l'ammoniaque et des amines ; il est sans action sur le sucre.

Inoculations expérimentales. — Le bacille de la tuberculose aviaire, inoculé sous la peau du cobaye, donne une induration locale persistant jusqu'à la mort et contenant de nombreux bacilles. La mort arrive au bout de 2 à 3 semaines ; les ganglions avoisinant la piqûre sont hyperémiés, la rate est rouge et volumineuse ; ce n'est que rarement qu'on trouve des tubercules ou même des granulations visibles à l'œil nu ; cependant le bacille est présent un peu partout, comme en témoignent les frottis effectués avec les différentes pulpes d'organes. Les lésions macroscopiques font également défaut chez le cobaye inoculé avec des cultures aviaires dans le poumon et dans le

(1) STRAUS et GAMALEIA. *Archives de médecine expérimentale*, 1891, III, p. 457.
(2) STRAUS. La tuberculose et son bacille, p. 196.
(3) GRANCHER et LEDOUX-LEBARD. *Archives de médecine expérimentale*, 1892, IV, p. 1.
(4) L. BOUVEAULT. *Thèse*. Paris, 1892.

péritoine. Si l'inoculation a été pratiquée dans les veines, l'animal succombe en une dizaine de jours, la rate est énorme, tous les organes renferment le bacille, mais ne présentent aucune lésion apparente.

Le lapin succombe également à une véritable septicémie, sans présenter de lésions apparentes autres qu'une rate volumineuse, lorsqu'il est inoculé avec les cultures aviaires.

Les poules, les pigeons inoculés dans les veines maigrissent rapidement et meurent dans un laps de temps variant de quelques semaines à plusieurs mois; les lésions macroscopiques sont rares, mais les organes fourmillent de bacilles. Par contre, lorsque l'inoculation a lieu dans le péritoine, on trouve à l'autopsie des lésions tuberculeuses manifestes sur le péritoine, le foie, la rate, l'intestin, etc.

Straus et Wurtz n'ont pas réussi à tuberculiser les poules en leur faisant ingérer des doses énormes de produits tuberculeux humains. Nocard (1) a également constaté la grande résistance des gallinacées à la tuberculose humaine; Maffucci (2) n'a pu déterminer la tuberculose du cobaye en lui inoculant des produits de tuberculose aviaire; tous ces faits plaident en faveur de la dualité des deux bacilles. D'après certains auteurs, les deux bacilles ne formeraient au contraire que deux variétés d'une seule et même espèce; Fischel (3) a obtenu des cultures humaines ne différant pas des cultures aviaires en faisant des cultures sur albumine et sur gélose additionnée d'acide borique; Cadiot, Gilbert et Roger (4) ont réussi parfois à transmettre par inoculation aux poules la tuberculose humaine; Courmont et Dor (5) ont déterminé chez le lapin et Richet chez le chien, des lésions typiques de tuberculose humaine en leur inoculant des produits aviaires. Grancher et Ledoux-Lebard (6) montrent que les différentes lésions observées chez le lapin à la suite des inoculations de tuberculose aviaire sont dues surtout à la dose des produits inoculés et à la survie plus ou moins longue des animaux. E. Roux ne trouve pas de différences sensibles entre les produits solubles élaborés par les deux bacilles dans leurs cultures.

---

(1) Nocard. *Bulletin de la Société centrale vétérinaire*, 1891, p. 110.
(2) Maffucci. *Zeitschrift für Hygiene*, 1892, XII, p. 445.
(3) Fischel. *Berl. Klin. Wochenschrift*, 1893.
(4) Cadiot, Gilbert et Roger. *Compt. rend. de la Société de Biologie*, 1890 [9], II, pp. 532 et 542. — *Mémoires de la Société de Biologie*, 1890, p. 92.
(5) Courmont et Dor. *Société de Biologie*, 1890 [9], II, p. 587 et 1891 [9], III, p. 129.
(6) Grancher et Ledoux-Lebard. *Archives de médecine expérimentale*, 1891, t. III, p. 145.

III. — Bacille de la lèpre.

En 1878, A. Hansen (1) découvrit dans les tissus lépreux la présence d'un bacille long de 5 à 6 μ, qu'il considéra comme spécifique. Ce bacille a été retrouvé plus tard par Neisser (2) et étudié par Leloir (3) et Unna (4). On ne l'a jamais rencontré dans les milieux extérieurs, sol, eau, air, même dans les pays où la lèpre est endémique. Il est, par contre, extrêmement abondant dans toutes les lésions lépreuses, principalement dans les tubercules cutanés, dans lesquels on le voit à l'intérieur de grosses cellules arrondies mononucléaires, dites *cellules lépreuses*. On l'a trouvé dans les tubercules lépreux des muqueuses, dans les vaisseaux et les ganglions lymphatiques, dans le foie, la rate, le testicule, la moelle osseuse. Dans la lèpre à forme anesthésique, il existe dans les terminaisons nerveuses (Soudakewitsch, Pitres).

Morphologie. — C'est un bacille d'environ 5 à 6 μ de longueur sur 0 5 μ à 1 μ de largeur, rectiligne ou légèrement incurvé, ayant la plus grande ressemblance avec le bacille de la tuberculose. Il présente parfois des renflements terminaux d'un diamètre de 2 μ qui ont été, sans preuves, considérés comme des spores (Bordonni Uffreduzzi). Il est immobile suivant la plupart des auteurs; Babès (5) le décrit comme légèrement mobile. Ses réactions de coloration sont semblables à celles du bacille de Koch; il garde le Gram et reste coloré par la méthode d'Ehrlich; il se colore plus facilement que le bacille de Koch par les simples solutions aqueuses de matières colorantes basiques. Comme ce dernier, le bacille de la lèpre apparaît souvent après coloration par la méthode d'Ehrlich avec des espaces colorés alternant avec des espaces clairs simulant des spores. D'après Neisser il ne se colore pas par le bleu alcalin de Löffler; d'après Baumgarten et Babès il se colorerait plus vite et résisterait davantage à la décoloration par l'alcool nitrique que le bacille de Koch. Il conserve fort longtemps sa forme habituelle ainsi que la propriété de se colorer par les couleurs d'aniline.

Cultures. — Neisser dit avoir obtenu des cultures du bacille lé-

(1) A. Hansen. *Archives de physiologie belges*, 1878. — *Virchow's Archiv*, t. LXXIX.
(2) Neisser. *Virchow's Archiv*, 1886, t. CIII.
(3) Leloir. Traité de la lèpre, 1886.
(4) Unna. *Monatshefte für Dermatologie*, 1885.
(5) Babès. *Comptes rendus de l'Académie des Sciences*, 1883. XCVI. pp. 1246 et 1323, et *Archives de physiologie*, 1883.

preux en insérant superficiellement des fragments de peau dans du *sérum* sanguin coagulé. BORDONI UFFREDUZZI est arrivé plus facilement à ce résultat en semant de la moelle osseuse sur les milieux au sérum glycériné et peptonisé. Dans ces conditions, la culture se développe lentement à 37° sans modifier le substratum sous forme d'un enduit jaunâtre, cireux, à bords sinueux. Sur *gélose glycérinée*, il se développe le long de la strie de petites colonies saillantes, grisâtres, dentelées. Sur pomme de terre, le développement est nul; sur *albumine* d'œuf coagulée, on obtiendrait très lentement des cultures (NEISSER) à l'inverse de ce qui s'observe pour le bacille tuberculeux.

Les bacilles cultivés par BORDONI UFFREDUZZI possédaient, fait important, la propriété de se colorer par la méthode d'EHRLICH. BABÈS, au contraire, a obtenu des cultures d'un bacille ressemblant au bacille de HANSEN, mais ne se colorant pas par cette méthode. Suivant DUCREY, le bacille de la lèpre serait un anaérobie se cultivant bien dans le bouillon.

La lèpre est une maladie propre à l'homme; toutes les inoculations expérimentales tentées sur les animaux n'ont donné jusqu'ici aucun résultat incontestable [MELCHER et ORTHMANN (1), DAMSCH (2) et TEDESCHI (3)].

En somme, les caractères morphologiques et de coloration peuvent seuls caractériser le bacille de HANSEN. Les caractères tirés des cultures sont trop précaires et les résultats des inoculations sont trop incertains pour que l'on puisse affirmer que des bacilles qu'on a cultivés ou inoculés avec succès ne sont pas simplement des bacilles tuberculeux, d'autant que la lèpre surtout à une période avancée se complique le plus souvent de tuberculose.

Le diagnostic bactériologique de la lèpre s'effectuera donc uniquement sur l'aspect des coupes de la peau, sur les frottis d'organes et sur les lamelles enduites de produits suspects, colorés par les méthodes que nous avons indiquées plus haut.

IV. — BACTÉRIDIE CHARBONNEUSE.

Syn : Charbon bactéridien; Bacille du charbon; *Bacillus anthracis*.

Le *charbon*, ou *fièvre charbonneuse*, est une maladie générale transmissible par voie d'inoculation à l'homme et à un grand nombre

(1) MELCHER et ORTHMANN. *Berliner klin. Wochenschrift*, 1885.
(2) DAMSCH. *Virchow's Archiv*, LXLII.
(3) TEDESCHI. *Centralblatt für Bakteriologie*, 1893, XIV, p. 113.

d'animaux. L'agent figuré de cette affection est une bactérie de la classe des bacilles.

C'est surtout vers le milieu de ce siècle que le charbon a fait l'objet de recherches précises ayant pour but d'éclairer la nature et l'étiologie de ce mal désigné, également, sous le nom de *sang-de-rate* ou de *charbon bactéridien*. D'abord la simple observation permit de reconnaître que le charbon se transmettait facilement d'animal à animal.

En 1836, Eilert (1) démontra qu'il était possible de transmettre cette maladie par inoculation directe, par l'ingestion d'aliments charbonneux et même par les morsures de chiens lancés sur des moutons après un repas accompli avec des viandes charbonneuses.

Une dizaine d'années plus tard, Gerlach (2) se déclara partisan de la contagiosité du sang-de-rate et démontra par des observations soigneusement relevées, que le sol où on avait enfoui des cadavres d'animaux morts du charbon conservait sa virulence pendant au moins trois ans.

En 1850, Rayer, avec la collaboration de son élève Davaine (3), signalèrent les premiers la présence des bactéries dans le sang des animaux atteints du charbon :

« Le sang examiné au microscope se comportait comme celui du mouton atteint de sang-de-rate, qui avait servi à l'inoculation. Les globules, au lieu de rester bien distincts, comme les globules de sang sain, s'*agglutinaient* généralement en masses irrégulières ; il y avait en outre dans le sang de *petits corps filiformes*, ayant environ le double d'un globule sanguin. Ces petits corps n'offraient pas de *mouvements* spontanés. »

Pollender (4), Brauell (5) et Delafond (6) reconnurent l'exactitude des affirmations de Rayer et Davaine relativement à la présence de bâtonnets dans le sang des animaux ayant succombé au charbon, mais sans oser leur attribuer l'origine de cette maladie.

Dès 1863, Davaine (7) reprit l'étude de la maladie du sang-de-rate et déclara nettement, au contraire, avec l'appui de preuves

(1) Eilert. Ueber die Ursachen, Erkenntniss und Behandlung des contagiosen Carbunkels. Sangerhausen, 1836.

(2) Gerlach. *Magazin für Thierheilk.*, 1845, XI, p. 113, 241 et 385. — *Ibidem*, 1846, XII, p. 321.

(3) Rayer et Davaine. *Comptes rendus de la Société de Biologie*, 1850, p. 141.

(4) Pollender. *Vierteljahr. für gericht. und offent. medic.*, 1855, p. 102.

(5) Brauell. *Virchow's Archiv*, 1857, II, p. 131.

(6) Delafond. *Recueil de médecine vétérinaire*, 1860, p. 735.

(7) Davaine. *Compt. rend. de l'Académie des Sciences*, 1863, LVIII, pp. 220, 351 et 386.

expérimentales que les bactéries trouvées dans le sang des animaux charbonneux étaient bien la cause réelle et unique de cette affection. Dans une communication très importante, dont les bactériologistes de notre époque peuvent apprécier la parfaite clarté, DAVAINE (1) décrit, en ces termes, sous le nom de *bactéridies*, les corpuscules du sang charbonneux, antérieurement désignés par lui sous l'expression impropre d'infusoires :

« Les corpuscules qui existent dans le sang des animaux atteints du sang-de-rate sont des filaments droits, quelquefois infléchis à angle obtus en deux ou trois ou quatre points, jamais rameux, libres, sans mouvements spontanés, longs le plus ordinairement de 4 à 12 millièmes de millimètre....

« ... Il est des cas dans lesquels un grand nombre de filaments atteignent une longueur bien supérieure et qui peut aller jusqu'à 5 centièmes de millimètre.

« Le nombre des bactéridies est très variable chez les divers individus; il en est chez qui les corpuscules se trouvent par myriades; il en est d'autres chez lesquels ils sont assez rares, au moins dans les gros vaisseaux, car le sang des capillaires en est généralement bien pourvu, etc. »

Dans le même mémoire, DAVAINE décrit les lésions anatomiques causées par le charbon ; il insiste sur l'état du sang des cadavres des animaux charbonneux.

« Les globules du sang, dans la maladie qui nous occupe, ont acquis la propriété de s'agglutiner les uns aux autres, comme le feraient des globules de sarcodes, de sorte qu'ils se présentent par îlots disséminés dans le sérum » ; il ajoute : que la putréfaction du sang détruit les bactéridies ; que la dessiccation rapide du sang sauvegarde, au contraire, sa virulence pendant de longs mois ; que le sang charbonneux, desséché, chauffé à 100°, peut encore transmettre le charbon, que la même température lui enlève cette faculté quand il est à l'état liquide.

Passant à un autre ordre de faits, DAVAINE constate que les inoculations charbonneuses sont sans effet sur les volailles qui présentent à l'égard du sang-de-rate une immunité absolue.

En 1864 et en 1865, DAVAINE (2) étudie la pustule maligne, en

---

(1) DAVAINE. *Mémoires de la Société de Biologie*, 1863, p. 193.

(2) DAVAINE. *Compt. rend. de l'Académie des Sciences*, 1864, LIX, p. 393. — DAVAINE et RAIMBERT. *Compt. rend. de l'Académie des Sciences*, 1864, LIX, p. 429. — DAVAINE. *Bulletin de la Société de Biologie*, 1864, 4e série, t. I, p. 93. — *Compt. rend. de l'Académie des Sciences*, 1865, LX, p. 1296.

donne la structure histologique et peut toujours y distinguer la bactéridie.

JAILLARD et LEPLAT (1) ayant objecté, vers cette époque, que les animaux auxquels on injectait du sang charbonneux mouraient rapidement sans présenter de bactéridies dans les humeurs de l'économie, DAVAINE (2) démontra que ses contradicteurs étaient victimes d'une illusion : que le sang dont ils s'étaient servis avait fait périr les animaux de septicémie et que la marche de la maladie, comme les lésions observées à l'autopsie, indiquaient clairement que les animaux d'expérience n'étaient pas morts du charbon.

Pour démontrer que la maladie du sang-de-rate n'était pas due à un virus soluble, mais bien aux corpuscules de la bactéridie, DAVAINE (3) injecta le sang charbonneux dilué à des millionièmes de goutte, et, ici encore, les animaux périrent rapidement du charbon. En laissant par décantation les bactéridies tomber au fond des vases, le même savant constata que le liquide surnageant était inoffensif, tandis que le dépôt sous-jacent était très virulent. A ce moment de ces recherches, DAVAINE regretta vivement de ne pas connaître un moyen de filtration assez parfait pour séparer sûrement la bactéridie charbonneuse du sérum où elle se multiplie. Il était réservé à PASTEUR de réussir plus tard cette belle expérience.

De l'année 1865 à 1873, DAVAINE (4) publia de nombreux travaux sur le même sujet tendant tous à démontrer que le charbon a réellement pour agent spécifique la bactéridie. Il chercha ensuite à établir l'étiologie de cette maladie ; il crut pouvoir expliquer sa propagation par les mouches, mais il attribua à tort à ces messagers accidentels du sang-de-rate une part trop importante dans la diffusion de cette affection.

Après DAVAINE, PASTEUR et JOUBERT (5) continuèrent l'étude du charbon ; ils parvinrent à cultiver la bactéridie en dehors de l'organisme ; ils la montrèrent aussi virulente après la centième culture qu'après la première ; ils prouvèrent que le liquide de ces cultures, débarrassé par une filtration parfaite de tout bâtonnet et de tout germe, était dépourvu de nocuité. Ils donnèrent raison à DAVAINE contre JAILLARD et LEPLAT en établissant que les injections de sang charbon-

(1) JAILLARD et LEPLAT. *Compt. rend. de l'Académie des Sciences*, 1865, LXI, p. 220.
(2) DAVAINE. *Compt. rend. de l'Académie des Sciences*, 1865, t. LXI, pp. 334, 368 et 523.
(3) DAVAINE. *Comptes rendus des séances de la Société de Biologie*, 27 février 1869.
(4) DAVAINE. *Bulletin de l'Académie de médecine*, 1868, t. XXXII, pp. 703, 721 et 816. — *Ib.* 1870, t. XXXV, pp. 215 et 471. — *Ib.* septembre 1872, p. 907, et janvier 1873, p. 125. — *Compt. rend. de l'Académie des Sciences*, 1873, LXVII, pp. 726 et 881.
(5) PASTEUR et JOUBERT. *Compt. rend. de l'Académie des Sciences*, 1877, LXXXV, p. 101, et *Bulletin de l'Académie de médecine*, juillet et août 1877.

neux qui tue les animaux sans montrer de bactéridies dans les liquides et les tissus du sujet inoculé est dû le plus souvent au vibrion septique ; en un mot, ces savants expérimentateurs établirent d'une façon définitive et sur des bases inébranlables que la fièvre charbonneuse est une maladie microbienne ayant, pour agent figuré, la bactéridie observée pour la première fois en 1850 par Rayer et Davaine.

Les auteurs qui se sont occupés du charbon depuis Davaine et Pasteur sont très nombreux, nous aurons dans le courant de cette monographie l'occasion d'indiquer la part qui revient à chacun d'eux dans l'étude du *Bacillus anthracis* ; observons seulement qu'en 1876, Koch a suivi au microscope la formation des spores endogènes de ce microorganisme et que, de 1878 à 1883, Toussaint, E. Roux, Chamberland et Chauveau ont apporté à la connaissance des propriétés biologiques et morphologiques de la bactéridie des contributions de la plus haute importance et du plus grand intérêt.

Symptômes. — La fièvre charbonneuse affecte surtout le cheval, le bœuf, le mouton, la chèvre et quelquefois le porc.

Chez le cheval et les bovidés, on peut observer un charbon *interne* dû à la pénétration de la bactéridie à travers la muqueuse du tube digestif et un charbon *externe* consécutif à une effraction cutanée. Cette dernière forme est beaucoup plus rare que la première.

Les symptômes généraux de l'infection charbonneuse sont très marqués : l'animal tombe dans un grand état de faiblesse et de prostration ; son regard est fixe et dépourvu d'expression ; la température de son corps s'élève en quelques heures à 41 et 41°, 5 ; son cœur bat avec force et violence, tandis que son pouls est à peine perceptible. Le malade devient insensible aux excitations extérieures ; il se déplace avec peine, son poil est sec et hérissé ; ses extrémités sont alternativement chaudes ou froides ; ses muqueuses sont congestionnées ; la conjonctive est ecchymosée. L'animal est pris de tremblements et de frissons ; sa peau se recouvre de sueur ; sur plusieurs parties de son corps apparaissent des tuméfactions mal délimitées. La respiration devient anxieuse et précipitée ; les substances excrémentielles rejetées sont brunes et souvent sanguinolentes ; enfin, l'animal tombe sur le sol et meurt, soit dans le coma, soit dans une agonie traversée par des phénomènes convulsifs.

La durée de cette affection dans sa forme aiguë est de 8 à 30 heures chez le cheval et de 10 à 24 heures chez les bovidés. Dans la forme subaiguë, l'évolution de la fièvre charbonneuse dure de 2 à 6 jours. La guérison est exceptionnelle.

Le charbon *externe* se manifeste par l'apparition d'une tumeur chaude, œdémateuse, accompagnée d'une élévation rapide de température, de battements de cœur violents, de somnolence et d'une grande insensibilité aux excitations venues de l'extérieur. La tumeur gagne rapidement en étendue. Si elle est, par exemple, localisée au voisinage de l'épaule, elle envahit la face, la paroi thoracique, le cou et peut occasionner la mort par asphyxie. La durée de la maladie est d'ordinaire de 3 à 6 jours; une intervention précoce (cautérisations profondes au thermocautère, injections intra-parenchymateuses d'iode) peut amener la guérison.

Chez le mouton, le charbon revêt quelquefois une forme foudroyante : l'animal paraît anxieux, grince des dents, pointe en avant ou tourne sur lui-même, se débat convulsivement quelques instants et expire. La scène se déroule en 10 minutes.

Il existe chez le mouton d'autres formes de charbon évoluant en 1 à 4 heures et une forme moins aiguë durant de 6 à 12 heures, mais très rarement plus de 24 heures. Dans ces dernières le mouton cesse de manger, il s'isole du troupeau, les battements de son cœur sont violents, le pouls est à peine perceptible. Les muqueuses et la conjonctive sont injectées; la respiration est précipitée. Les urines sont fortement colorées, il survient de la diarrhée souvent sanguinolente. L'animal tourne sur lui-même ou se précipite en avant, tombe et meurt au cours d'une agonie accompagnée d'accidents convulsifs.

Chez l'homme, la fièvre charbonneuse primitive est rare. Cependant on connaît des cas de charbon intestinal dû à l'ingestion de substances charbonneuses et de charbon pulmonaire déterminé par l'inspiration de poussières chargées de spores du *Bacillus anthracis*.

Le charbon débute habituellement chez lui par un accident local dont le siège est ordinairement placé sur les parties découvertes de la peau; il est provoqué par une piqûre ou une écorchure qui sert de porte d'entrée à la bactéridie. A ce point accidentel d'inoculation il se forme une petite tache rouge, au-dessus de laquelle s'élève bientôt une sorte de cône tronqué induré, mobile, surmonté par une vésicule remplie d'une sérosité transparente. Sous l'influence du prurit, le malade déchire habituellement cette vésicule au fond de laquelle apparaît une escarre noirâtre. La tuméfaction et l'induration faisant des progrès incessants, cette escarre de 2 à 8 millimètres de diamètre paraît déprimée, elle s'entoure d'une couronne de vésicules et constitue ainsi la lésion cutanée nommée *pustule maligne*.

Si l'on tarde à intervenir, un œdème considérable envahit les parties voisines de l'accident primaire et peut s'étendre à toute une région du corps; puis les symptômes généraux surviennent et le malade est alors voué à une mort presque certaine; très anxieux, ayant souvent conscience de la gravité de son état, il est pris de défaillances, tombe dans un grand état de faiblesse. Sa température s'élève à 39-40°, sa peau est brûlante, sa soif est vive, son corps se couvre de sueur; son pouls est petit et fréquent. Le malade est souvent en proie au délire et il meurt au bout de 2 à 3 jours en présentant les accidents généraux des fièvres typhoïdes très graves.

Si, au contraire, par des cautérisations profondes, ou mieux par l'ablation totale de la pustule maligne, on s'oppose à l'envahissement du sang et des tissus par les bactéridies, la guérison est heureusement obtenue dans la majorité des cas.

Lésions. — La putréfaction des cadavres des animaux ayant succombé au charbon est en général très rapide. A l'autopsie, les divers vaisseaux sont trouvés gorgés d'un sang noir et liquide. Les séreuses et les divers organes sont ecchymosés et le siège de foyers hémorrhagiques. Les ganglions lymphatiques sont volumineux et friables. La muqueuse du tube digestif est congestionnée et hémorrhagique. Le foie est friable, parfois couleur feuille morte. La rate est noire, diffluente, très hypertrophiée; elle peut acquérir de 4 à 10 fois son volume normal. Le sang contenu dans le cœur et les gros vaisseaux est noir et poisseux, ses globules rouges sont déformés et agglutinés en amas irréguliers; on le trouve peuplé de bactéridies s'amassant souvent en si grand nombre dans les vaisseaux capillaires qu'elles arrivent à y former de véritables embolies.

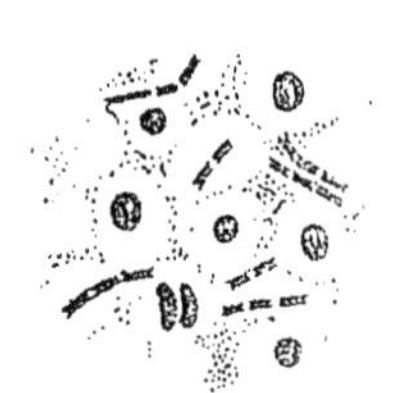

Fig. 127. Bactéridie charbonneuse dans la pulpe splénique d'un cobaye.

Morphologie. — La bactéridie charbonneuse est formée par des bâtonnets aérobies, immobiles, de 1 μ à 1,15 μ de largeur et d'une longueur très variable. Dans le sang des animaux atteints du charbon, la longueur de ces bâtonnets oscille entre 5 à 7 μ; les dimensions longitudinales de ce bacille seraient plus grandes dans le sang des souris et des cobayes que dans celui des bovidés (voir fig. 127).

Les articles de la bactéridie ont leurs extrémités carrées ou, plus exactement, terminées par un cloisonnement légèrement sinueux; ces articles, souvent isolés, sont fréquemment réunis en chaînes toujours courtes quand on les étudie dans le sang de l'animal vivant.

Le *Bacillus anthracis* cultivé artificiellement adopte au contraire la forme filamenteuse, ce qui donne au dépôt formé dans les liquides nutritifs où il végète un aspect floconneux et mycéloïde. Quand on colore ces filaments, on distingue dans leur intérieur des septations placées de distance en distance et avec de bons objectifs on peut apercevoir la masse protoplasmique de la végétation entourée par une gaine cellulosique incolore. Dans les vieilles cultures, on observe parfois des variations morphologiques se traduisant par des renflements et la dégénérescence conidienne des filaments.

Au bout de quelque temps, les articles de la bactéridie cultivée artificiellement au contact de l'air se résorbent en donnant naissance à des spores réfringentes, ovoïdes, auxquelles on doit la résistance souvent très grande que présentent les cultures du charbon à l'action des agents physiques et des antiseptiques. Comme on le verra plus bas, les bâtonnets adultes non sporulés se montrent incomparablement plus fragiles.

Koch (1) observa le premier la formation des spores dans les filaments de la bactéridie, en cultivant en chambre humide un fragment de rate charbonneuse dans l'humeur aqueuse de l'œil. D'abord les articles de longueur normale provenant de la pulpe splénique s'allongent visiblement, puis après un contact à l'air suffisamment prolongé, il se forme des spores dans l'intérieur des filaments. Cette observation intéressante explique le motif pour lequel on ne rencontre pas de bactéridie sporulée dans le sang des animaux malades du charbon. Il faut, en effet, pour que les spores puissent se produire, que le bacille qui nous occupe ait à sa disposition de l'oxygène gazeux; dans le cas où il ne trouve dans les tissus et le sang de l'économie que de l'oxygène combiné à l'hémoglobine, il peut, sans doute, croître, se multiplier et tuer l'animal qu'il a envahi, mais sans donner de spores durables. Ces dernières peuvent, au contraire, apparaître quand, l'animal une fois mort, la bactéridie continue à se multiplier aux dépens des humeurs du cadavre, non plus grâce à l'oxyhémoglobine, mais à l'oxygène de l'air. Ce fait explique de même pourquoi les peaux, les poils, les cornes, les débris des animaux ayant succombé au charbon peuvent après plusieurs années semer l'infection et résister énergiquement à la désinfection.

Les spores une fois formées, plongées dans un milieu favorable à leur germination, s'y développent manifestement au bout de 3 à

(1) Koch. *Cohn's Beiträge zur Biologie der Pflanzen*, 1876, II, p. 277.

4 heures. D'après Koch, la spore s'auréole, sa masse centrale perd sa réfringence, prend un éclat uniforme, donne un bâtonnet qui aussitôt formé se multiplie par scissiparité.

La bactéridie charbonneuse prend très bien les couleurs basiques d'aniline ; elle se colore par la méthode de Gram. Ses spores peuvent être teintées en rouge par la liqueur de Ziehl et les lamelles décolorées par l'acide sulfurique puis recolorées par le bleu de méthylène donnent des préparations à double coloration (fig. 128).

Fig. 128. Bactéridie charbonneuse avec spores (méthode de double coloration).

Cultures. — Le *Bacillus anthracis* se cultive facilement dans la plupart des milieux nutritifs employés en bactériologie.

Du jour au lendemain, il donne dans les *bouillons* de viande et l'eau de peptone des végétations blanches floconneuses, tantôt fixées sur la paroi des vases, tantôt nageant dans le sein du liquide qui n'est pas troublé ; plus tard ces végétaux d'aspect mycéloïde se désagrègent et fournissent un dépôt blanc qu'une légère agitation répand aisément dans la liqueur ; avec le temps les bouillons brunissent et se chargent de carbonate d'ammoniaque.

La bactéridie charbonneuse se développe de même rapidement dans le *lait* stérilisé qui est transformé en quelques jours en une masse solide, grumeleuse, occupant le fond du vase, surmontée d'un liquide clair, incolore et fortement alcalin ; ce coagulum se redissout ultérieurement. Si l'épaisseur de la couche de lait est faible et exposée au contact de l'air, le phénomène de la coagulation ne se produit pas, ce qui serait dû, d'après Roger (1), à ce que le microbe consomme dans ce cas toute la caséine, tandis que dans le premier, la caséine moins touchée est coagulée par une diastase sécrétée par la bactéridie.

La bactéridie a été cultivée dans l'*urine*, dans le *sérum* de sang où elle offre quelques particularités morphologiques peu dignes de nous arrêter.

Semée dans la *gélatine*, la même espèce fournit, après 24 heures d'exposition à la température de 20°, de petits points blanchâtres visibles à l'œil nu et qu'un faible grossissement montre formés par des sphérules un peu jaunâtres à contour irrégulier. Au bout de 48 heures, ces colonies examinées à un plus fort grossissement paraissent

(1) Roger. *Compt. rend. de la Société de Biologie*, 1893, 9e série, V, p. 309.

constituées par un lascis de filaments longs et soyeux poussant des prolongements dans la gélatine avoisinante. Les germes développés à la surface de ce milieu y donnent des colonies aplaties à contours irréguliers qui, après 3 à 4 jours, acquièrent un diamètre de 4 millimètres environ. Au bout de ce temps, la gélatine sous-jacente commence à se liquéfier.

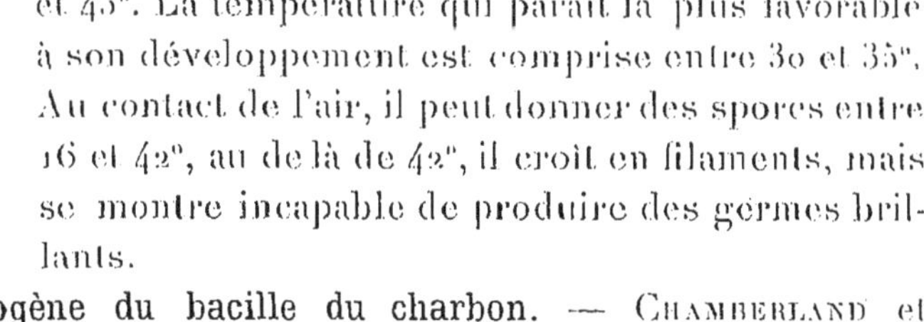

Fig. 129. Culture en piqûre dans la gélatine de la bactéridie charbonneuse.

Semée par piqûre dans le même milieu, la bactéridie y produit en 24 heures un trait blanc, mince, filiforme, d'où partent les jours suivants des prolongements latéraux qui donnent à la culture l'aspect d'un écouvillon conique ou d'une radicule grêle de plante pourvue de ses poils radiculaires ; puis la gélatine commence à se liquéfier lentement et se montre entièrement fluidifiée au bout de quelques semaines (voir fig. 129).

Les cultures de la bactéridie sont, de même, très prospères sur la *gélose* et la *pomme de terre* où elles donnent, au bout de peu de temps, des enduits blanchâtres, épais, crémeux, qui avant leur production se présentent les premiers jours sous la forme de larges taches d'aspect cotonneux promptement envahissantes.

Le *Bacillus anthracis* peut se cultiver entre 16 et 43°. La température qui paraît la plus favorable à son développement est comprise entre 30 et 35°. Au contact de l'air, il peut donner des spores entre 16 et 42°, au delà de 42°, il croît en filaments, mais se montre incapable de produire des germes brillants.

Variété sporogène du bacille du charbon. — Chamberland et Roux (1) ont montré en 1883 qu'il existait des bactéridies virulentes incapables de donner des spores; pour les obtenir, ils ont fait végéter dans des bouillons additionnés de 1 : 200 de bichromate de potasse des bactéridies provenant du sang des animaux charbonneux.

Plus récemment, en 1890, Roux (2) est revenu sur le même sujet et a indiqué avec détails une autre méthode pour obtenir ces bacilles asporulés. En 1887, Lehmann (3) avait rencontré par hasard le *Bacillus*

(1) Chamberland et Roux. *Compt. rend. de l'Académie des Sciences*, 1883, XCVI, p. 1088.
(2) Roux. *Annales de l'Institut Pasteur*, 1890, III, p. 25.
(3) Lehmann. *Münchener med. Wochenschrift*, 1887.

anthracis dépourvu de spores et, en 1889, Behring (1) avait pu les obtenir en cultivant ce même microorganisme sur de la gélatine nutritive contenant un peu d'acide rosolique.

Voici comment Roux conseille d'opérer : dans une série de tubes à essai chargés, le premier d'un bouillon phéniqué à 2 : 10 000, le second à 4 : 10 000 et ainsi de suite jusqu'au dixième tube chargé de 20 p. 10 000 de phénol, on sème, après avoir stérilisé ces bouillons en vases scellés, une petite gouttelette de sang charbonneux en ayant soin qu'elle tombe directement dans les liquides ainsi préparés. Puis les tubes sont placés à l'étuve à 30°-33°. On s'oppose, par l'agitation, au développement de la bactéridie au voisinage de la partie superficielle des bouillons où elle pourrait venir donner des spores au contact immédiat de l'air. Le dernier tube contenant 20 : 10 000 d'acide phénique reste stérile, les bacilles du charbon y périssent rapidement.

Après 8 à 10 jours de culture, on prélève un peu de ces divers bouillons phéniqués qu'on chauffe pendant un quart d'heure à 65°. Cela fait, on les ensemence dans du bouillon de veau. Les vases qui restent inféconds désignent les bouillons phéniqués où la bactéridie s'est développée sans produire de spores. Il peut arriver que les espèces asporogènes apparaissent dans les tubes où il y avait moins de phénol que dans ceux où l'on constate la présence de spores durables ; ce sont là des contradictions expérimentales fréquemment observées en bactériologie. Quoi qu'il en soit, quand les cultures chargées d'acide phénique peuvent être stérilisées par la chaleur de 65°, soutenue durant 15 minutes, la bactéridie, transplantée dans les milieux normaux à 33° s'y multiplie sans jamais donner de spores et sans perdre de sa virulence. Elle tue très bien un cobaye en 30-36 heures, en produisant toutes les lésions qui sont le résultat des inoculations de la bactéridie ordinaire sporulée.

Phisalix (2), Surmont et Arnould (3) ont obtenu également une bactéridie asporogène en cultivant le bacille du charbon à 42°. Après 5 à 6 ensemencements successifs provoqués à cinq jours d'intervalle, le bacille en question ne donne plus de spores lorsque la culture a lieu aux températures habituelles.

D'après Roux, l'aspect des cultures du *Bacillus anthracis*, asporulé, diffère peu de celui où le bacille se développe en donnant des

---

(1) Behring. *Zeitschrift für Hygiene*, 1889, t. VII, p. 171.
(2) Phisalix. *Comp. rend. de l'Académie des Sciences*, 1895, CXX, p. 801.
(3) Surmont et Arnould. *Annales de l'Institut Pasteur*, 1894, VIII, p. 817.

spores. Toutefois, on voit se former dans les bouillons des flocons plus faciles à désagréger par l'agitation, des filaments moins longs et un peu plus grêles montrant souvent dans leur intérieur des granulations refringentes, différentes des vraies spores. Cultivée sur gélatine, la liquéfaction paraît moins rapide. De plus, les bouillons de culture sont moins colorés et le dépôt de phosphate ammoniaco-magnésien moins abondant.

Les cultures du charbon asporogène n'ont pas une très longue vitalité; tenues à 33°, elles se montrent inféecondes au bout d'un temps dépassant 30 jours, mais inférieur à 5 à 6 mois. La virulence des filaments se conserve intacte jusqu'au moment de leur mort. Dans les cultures phéniquées, il y a au contraire atténuation progressive de leur virulence.

La bactéridie asporogène fournit donc un exemple très curieux des modifications permanentes et héréditaires qu'on peut faire subir artificiellement aux bactéries.

Ces modifications peuvent non seulement porter sur l'inaptitude à donner des spores, mais aussi sur la forme elle-même de la bactéridie, ainsi que l'ont établi Chauveau et Phisalix (1), Piana et Galli-Valerio (2). Les deux premiers de ces savants ont montré que le *Bacillus anthracis*, très atténué par sa végétation dans l'oxygène comprimé, ne donne plus que de courts bâtonnets à extrémités coniques associés en amas et adoptant la forme de clous (*Bacillus anthracis claviformis*) au moment de la sporulation. Les formes dégénérées de cette bactéridie artificielle sont fixes et se transmettent par hérédité comme, à un certain degré, leur pouvoir vaccinant.

Propriétés biologiques. — En 1878, Toussaint (3) a signalé la présence de substances toxiques dans les cultures virulentes du charbon.

Il résulte, en effet, des expériences de ce savant, si prématurément enlevé à ses travaux, que la bactéridie sécrète une substance phlogogène dont on doit tenir grand compte dans l'interprétation des lésions causées par la fièvre charbonneuse.

Hankin (4) a isolé de semblables cultures une albumose obtenue en les traitant par l'alcool. La substance précipitée, lavée avec le même réactif et séchée, est toxique sous un très faible poids, elle peut vacciner à faible dose contre les inoculations d'un charbon très virulent.

---

(1) Chauveau et Phisalix. *Comptes rendus de l'Académie des Sciences*, 1895, CXX, p. 801.
(2) Piana et Galli-Valerio. *Il moderno Zooiatro*, 1897, p. 342.
(3) Toussaint. *Compt. rend. de l'Académie des Sciences*, 1878, LXXXVI, p. 833.
(4) Hankin. *British medical Journal*, octobre 1889 et juillet 1890.

En reprenant ces recherches avec WESBROOCK (1), le même auteur est arrivé aux conclusions suivantes : le bacille du charbon produit une substance diastasique qui, en agissant sur les matières protéiques des bouillons de culture, les décompose en donnant naissance à plusieurs albumoses n'ayant aucun pouvoir immunisant. Mais le bacille du charbon peut produire directement, sans l'intermédiaire de diastases, une autre albumose qui, à dose très faible, confère aux souris une immunité pouvant être absolue, toutefois se manifestant ordinairement par une survie considérable chez les animaux sensibles au charbon ; tandis qu'elle agit comme un toxique énergique chez ceux (rat, grenouille) qui jouissent d'une immunité naturelle, relativement grande, à l'égard de la bactéridie.

Rappelons que déjà en 1890, BRIEGER et FRÄNKEL (2) avaient publié leur travail sur les toxalbumines pathogènes retirées des animaux morts du charbon.

Vers la même époque, SYDNEY-MARTIN (3) isola également une anthrax-albumose produisant chez la souris les symptômes d'un empoisonnement comparable à ceux que détermine le bacille du charbon, mais à la dose élevée de $0^{gr},3$ pour une souris pesant 22 grammes.

Plus récemment, MARMIER (4) a isolé des cultures du même bacille une toxine charbonneuse, soluble dans l'eau, insoluble dans le chloroforme, s'offrant, à l'état sec, sous l'aspect d'une poudre amorphe brune, ne présentant aucun des caractères des substances albuminoïdes ou protéiques, qui, inoculée aux animaux susceptibles de contracter aisément le charbon, les tue après les avoir cachectisés. Les animaux réfractaires à cette affection paraissent être peu influencés par la même toxine. Ce corps singulier, dont l'étude gagnerait à être poursuivie, n'est pas privé de son entière activité par un chauffage à 110°.

En dehors des substances albuminoïdes ou autres, plus ou moins toxiques, plus ou moins vaccinantes, qui se forment pendant la végétation de la bactéridie dans les bouillons, le lait, le sérum, etc., PERDRIX (5) a signalé la production d'une grande quantité de carbonate d'ammoniaque. IVANOW (6) a pu constater dans ces mêmes cultures la présence des acides formique, acétique et caproïque ; mais plusieurs bactéries vulgaires jouissent des mêmes propriétés. Ces faits n'ont rien de bien spécial et ne sauraient convenablement caractériser la

(1) HANKIN et WESBROOCK. *Annales de l'Institut Pasteur*, 1892, VI, p. 633.
(2) BRIEGER et FRÄNKEL. *Berlin. klinische Wochenschrift*, p. 241 et 268.
(3) SYDNEY-MARTIN. *Proceed. of. the Roy. Soc. of London*, mai 1890.
(4) MARMIER. *Annales de l'Institut Pasteur*, 1892, VI, p. 131.
(5) PERDRIX. *Annales de l'Institut Pasteur*, 1888, II, p. 354.
(6) IWANOW. *Annales de l'Institut Pasteur*, 1892, VI, p. 131.

bactéridie. Cependant la production abondante de carbonate d'ammonium, terme ultime de la décomposition des substances protéiques, est une observation digne d'être notée pour le diagnostic de l'espèce qui nous occupe.

Résistance de la bactéridie aux agents physiques. — La bactéridie desséchée dans le sang d'un animal mort du charbon, périt au bout de 2 mois quand on l'expose à la température de la chambre et lorsqu'il n'a pu se former de spores. MOMONT (1) a trouvé que dans le sang frais conservé à 33° dans des vases de verre scellés, les bâtonnets de la bactéridie peuvent être retrouvés vivants au bout de 55 jours. Le *Bacillus anthracis* offre une moindre résistance quand il provient des cultures artificielles. Dans ce cas, conservé à 16-22° à la lumière diffuse, il périt après 18 jours de dessiccation, dans l'obscurité à 33° sa survie ne dépasse pas 12 jours. La dessiccation se montre sans effet sensible sur les spores qu'on peut retrouver vivantes au bout de plusieurs années.

La vitalité du bacille du charbon dans l'eau est moins longue qu'au contact de l'air. D'après HUEPPE (2), MEAD-BOLTON (3), HOCHSTETTER (4), cette vitalité ne dépasserait guère plus de 8 jours; toutefois, quand il se forme des spores, elle peut se prolonger au delà d'un an, comme l'ont observé NŒGELI et KOCH. Dans ses expériences, MEAD-BOLTON a trouvé ces spores pleines de virulence après une immersion dans l'eau à 20° prolongée pendant 3 mois, tandis que dans les mêmes conditions elles étaient détruites à 35°. HOCHSTETTER a constaté que ces mêmes germes étaient restés virulents après 5 mois de séjour dans l'eau. DI MATTEI et STAGNITTA (5), PERCY-FRANKLAND (6) et MARCHALL-WARD (7) les ont vus se conserver pendant 7 mois.

Le sang charbonneux exposé à la lumière solaire à l'état sec est stérilisé en 8 heures; à l'état humide et au contact de l'air, les filaments bactéridiens périssent au bout de 14 heures. Le bacille du charbon asporogène meurt au contact de l'air après 2 heures et demie d'insolation; à l'abri de l'air, dans les mêmes conditions, il peut rester vivant pendant 48 heures. On a lu plus haut, page 60, les résultats contradictoires obtenus par plusieurs auteurs sur la résis-

(1) MOMONT. *Annales de l'Institut Pasteur*, 1892, VI, p. 21.
(2) HUEPPE. *Schilling's Journal*, 1887.
(3) MEAD-BOLTON. *Zeitschrift für Hygiene*, 1886, I, p. 76.
(4) HOCHSTETTER. *Arbeit. aus dem König. Gesundheitsamte*, 1887.
(5) DI MATTEI et STAGNITTA. *Ann. del. Istit. d'Igiene speri. di Roma*, 1889.
(6) PERCY-FRANKLAND. *Proceed. of the Royal Society of London*, 1893, LIII, p. 164.
(7) MARCHALL-WARD. *Proceed. of the Royal Society of London*, 1893, LIII, p. 245.

tance de ces spores exposées à la lumière du soleil, nous ne les rappellerons pas ; ajoutons cependant, que d'après les expériences de Roux (1), ces semences sont plus difficiles à tuer que les filaments qui en proviennent et qu'elles résistent plusieurs jours à l'insolation directe dans le climat de Paris.

Répandues dans le sol à l'abri de la lumière et de la dessiccation, les spores du *Bacillus anthracis* paraissent se conserver intactes pendant de nombreuses années. La putréfaction, qui détruit si aisément le bacille à l'état filamenteux, respecte au contraire les mêmes germes.

Davaine (2) a observé le premier que la bactéridie est détruite en 5 minutes quand on porte à 55° le sang des animaux charbonneux.

Suivant Roux (3), la bactéridie adulte est tuée en quelques minutes par la chaleur humide de 55-58°, tandis que dans des conditions identiques les spores résistent plus de 10 minutes à la température de 95° : elles périssent en moins de 5 minutes si cette température est portée à 100°. Enfin, si les spores du charbon sont exposées à l'état sec à l'action de la chaleur, elles supportent, parfois pendant plusieurs heures, 120 et 140°, comme l'ont reconnu Koch et Wolffhügel (4).

Résistance de la bactéridie aux agents chimiques. — Le bacille du charbon ayant été fréquemment choisi pour mesurer l'action des antiseptiques sur les bactéries pathogènes sporulées, il s'ensuit que les essais pratiqués sur cette espèce sont en quantité innombrable. Nous ne rapporterons ici que les plus anciens ou ceux qui peuvent offrir un intérêt pratique dans la désinfection.

Dès 1873, Davaine (2) étudia le premier l'action des antiseptiques sur la bactéridie, et il résulta de ces essais que le bacille du charbon était tué après être resté pendant une demi-heure à une heure au contact de : 1 : 200 d'ammoniaque, 1 : 350 de potasse caustique, 1 : 1250 de permanganate de potasse, 1 : 150 de vinaigre, 1 : 5 000 d'acide sulfurique et 1 : 5000 d'iode. L'acide phénique à 1 : 200 fut impuissant à détruire la même bactérie. Davaine ne publia rien sur la résistance des spores qui n'avaient pas encore été observées et décrites à cette époque ; il considérait la bactérie du sang de rate comme tuée quand les animaux survivaient à l'inoculation du sang charbonneux soumis à l'action des antiseptiques qui viennent d'être désignés.

(1) Roux. *Annales de l'Institut Pasteur*, 1887. I, p. 392.
(2) Davaine. *Compt. rend. de l'Académie des Sciences*, 1873, t. LXXVII.
(3) Roux. *Annales de l'Institut Pasteur*, 1887, t. I, p. 392.
(4) Koch et Wolffhügel. *Mittheilungen aus dem K. Gesundheitsamte*, 1881, p. 1.

Perroncito (1) est arrivé à détruire la bactéridie au bout de 5 à 10 minutes avec : 1:30 d'acide thymique, 1:100 d'acide sulfurique, du rhum et de l'alcool ordinaire. Il a observé que le sublimé à 1:200 tue les spores charbonneuses en 20 minutes, que le même résultat est atteint en 35 minutes avec une solution de sublimé à 1:400, en deux heures avec le sublimé à 1:1000, et que l'acide sulfurique à 15 p. 100 réclame 8 jours pour assurer le même effet.

Koch, comme on l'a vu chapitre IV, § 2 de ce Traité, a longuement étudié l'action des microbicides variés sur les spores de ce bacille.

Enfin, Worenzoff, Winogradoff et Kolesnikoff (2) ont été amenés à conclure : que la virulence du sang frais des animaux charbonneux était détruite par 2,5 p. 100 d'acide phénique, d'acide sulfurique, de chlorure de chaux, et par 0,25 p. 100 de sublimé ; que les spores étaient tuées en une minute par 1 : 500 de sublimé, en 15 à 30 minutes par 1 : 1000 de sublimé, en une demi-heure par l'acide sulfurique au demi, l'acide chlorhydrique au quart, l'essence de térébenthine et par le permanganate de potasse à 5 p. 100 au bout d'un jour. Nous avons, d'autre part, démontré que le chlorure de zinc à 5 p. 100 ne tuait pas même au bout d'un mois les spores du même bacille.

Inoculations expérimentales. — Nous avons dit que les herbivores, le cheval, le bœuf, le mouton et la chèvre présentaient une grande réceptivité à l'égard du charbon ; nous pouvons ajouter qu'à côté du porc, beaucoup plus difficile à infester, les carnassiers, tels que le chien, le chat et les fauves, offrent une grande résistance à l'infection charbonneuse ; cependant le charbon accidentel peut être observé chez ces animaux et leur être communiqué par voie expérimentale.

Les petits animaux de laboratoire : le lapin, le cobaye, la souris, sont très sensibles à l'inoculation de la bactéridie ; les rats gris et noirs sont plus résistants ; le rat blanc, considéré comme réfractaire, a pu à son tour être inoculé par Müller (3) avec succès.

La poule, comme l'a reconnu Davaine, est réfractaire au charbon ; le pigeon et le moineau le contractent plus aisément ; enfin, on a pu déterminer l'infection charbonneuse chez les batraciens et les serpents.

La résistance qu'offre la poule et plusieurs autres animaux à l'ino-

(1) Perroncito. *Archives italiennes de biologie*, t. III.

(2) Worenzoff, Winogradoff et Kolesnikoff. *Jahresbericht*, 1890, IX, p. 28.

(3) Müller. *Fortschritte der Medizin*, 1893, p. 225 et 309.

culation directe du *Bacillus anthracis* peut être en général vaincue dans certaines conditions. La poule, dont la température du corps a été abaissée, peut contracter le charbon, comme l'a démontré Pasteur. Le surmenage, comme l'ont établi Charrin et Roger, permet d'obtenir l'infection du rat blanc 11 fois sur 13. L'extirpation de la rate chez le chien, le jeûne prolongé chez le pigeon et la poule, l'élévation de la température de l'eau à 35° où l'on fait séjourner des grenouilles, sont autant de causes qui favorisent la réceptivité et prédisposent à l'invasion bactéridienne.

L'inoculation sous-cutanée est l'un des modes d'infection les plus sûrs des animaux de laboratoire ; dix à quinze heures après l'inoculation, le lapin et le cobaye présentent au niveau de la piqûre un œdème local qui s'accompagne d'une élévation de la température du corps de 1 à 2°, puis la mort survient en 36 à 40 heures chez le cobaye, en 48 à 60 heures chez le lapin. Les symptômes généraux apparaissent seulement quelques heures avant la mort : l'animal devient inquiet, urine fréquemment ; sa respiration s'accélère, ses mouvements sont incoordonnés ; enfin, il tombe dans le coma et meurt secoué par quelques convulsions.

A l'ouverture du corps, le sang est trouvé noir, épais et visqueux. La rate est volumineuse et friable, tous les autres tissus sont hyperémiés. On observe, au point d'inoculation, une infiltration œdémateuse constituée par un exsudat gélatineux blanc ou à peine rosé.

Pour établir l'étiologie du charbon, on s'est livré à un grand nombre d'expériences dont nous ne pouvons mentionner que les plus importantes. Les premières sont relatives à l'infection par les voies digestives. Colin avait remarqué qu'en arrosant les aliments avec du sang provenant des animaux charbonneux on ne parvenait pas d'habitude à produire le moindre effet nuisible sur le bétail qui s'en nourrissait. On a expliqué ce résultat en contradiction avec d'autres expériences, par l'action néfaste qu'exerce habituellement le suc gastrique sur les bactéries adultes non sporulées.

Pasteur a démontré qu'on arrive à transmettre beaucoup plus sûrement le charbon quand on substitue au sang frais charbonneux des cultures sporulées de bactéridie ; la chance d'infection est encore accrue si les aliments donnés aux herbivores sont durs, rugueux ou piquants (chardons, barbe d'épis de graminées) pouvant, en excoriant la muqueuse du tube digestif, ouvrir une porte d'entrée à la bactéridie. Chez le bœuf et le mouton, l'infection a surtout pour origine l'intestin, elle débute dans les cryptes des follicules clos ou des plaques de Peyer (Koch). Chez le porc, le chien et le chat, l'infection se produit dans les premières voies du tube digestif, y compris la cavité buccale (Nocard).

L'injection intraveineuse est un mode très sûr de transmission du charbon, elle permet d'infester les animaux très peu sensibles et de tuer le bœuf qui, d'ordinaire, résiste bien aux inoculations sous-cutanées. L'injection sous la dure-mère cranienne fournit des résultats encore plus certains ; enfin, l'injection intra-oculaire permet, d'après Metschnikoff, d'infecter aisément le pigeon.

Pathogénie. — Chez les animaux doués d'une grande réceptivité à l'égard du charbon, la bactéridie se multiplie sur le point où elle a été apportée et gagne de là l'organisme entier par les voies lymphatiques. Sa diffusion peut être très prompte. D'après Colin (1), elle est presque immédiate chez le lapin piqué à l'oreille. Une fois parvenue dans les vaisseaux lymphatiques, cette espèce se multiplie activement, parvient aux ganglions avoisinants qui, un peu plus tard, deviennent à leur tour des foyers d'infection ; puis, la bactéridie pénètre dans les vaisseaux sanguins, se répand dans le sang et vient s'accumuler dans les capillaires où Davaine l'avait toujours observée en grande abondance et à l'oblitération desquels Toussaint avait cru voir une des causes de la mort par le charbon. Les embolies capillaires peuvent expliquer certains accidents qui se produisent dans le cours de la fièvre charbonneuse (foyers hémorrhagiques, hématuries, etc.), mais elles ne peuvent expliquer le mécanisme de la mort, pas plus que l'asphyxie, invoquée par plusieurs auteurs et qui se produirait au moment où les bâtonnets, devenus très nombreux, disputent aux cellules de l'organisme l'oxygène fixé par l'hémoglobine. Bien que la question ne soit pas entièrement résolue, tout porte à croire que la mort par le charbon doit être attribuée aux substances toxiques sécrétées par la bactéridie.

Modifications de la virulence. — On a employé de nombreux procédés pour atténuer la virulence du bacille du charbon :

1° Pasteur, Chamberland et Roux ont fait agir l'oxygène de l'air sur des cultures en bouillon effectuées vers 42° ;

2° Toussaint et Chauveau ont utilisé l'action de la chaleur ;

3° Chauveau s'est servi de l'oxygène comprimé ;

4° Chamberland et Roux ont eu recours aux antiseptiques.

Premier procédé. — En se basant sur le fait signalé plus haut, que le bacille du charbon ne fournit pas des spores au-dessus de la tem-

---

(1) Colin. *Bulletin de l'Académie de médecine*, mars 1878 et juillet 1879.

pérature de 42°, PASTEUR, CHAMBERLAND et ROUX (1) sont arrivés à atténuer la virulence de cette espèce de la façon suivante : dans un ballon de bouillon, rigoureusement maintenu entre 42 et 43° et où l'air a un libre accès, on sème le *Bacillus anthracis* tel qu'on l'obtient, par exemple, d'un mouton ayant succombé à la fièvre charbonneuse. Au bout de 12 jours, la culture obtenue se montre incapable de tuer un cobaye adulte ; après 31 jours le même bouillon se montre sans action sur les lapins et les cobayes, mais fait encore périr les souris. Si on poursuit cette même culture pendant 6 semaines, elle devient inoffensive vis-à-vis des souris et des cobayes âgés de quelques jours. Toutefois la bactéridie poussée à 42-43° n'est pas devenue asporogène, car ensemencée dans des milieux tenus à 37°, elle donne des spores fournissant à leur tour des bâtonnets d'une virulence également atténuée qui se transmet de génération en génération. Suivant PASTEUR et ses collaborateurs, l'oxygène de l'air est le facteur le plus important de cette atténuation.

Deuxième procédé. — TOUSSAINT (2) a le premier établi que le sang charbonneux défibriné, chauffé pendant 10 minutes à 55° et injecté au mouton l'immunise contre les inoculations du charbon virulent. TOUSSAINT pensait que la bactéridie était détruite à cette température et qu'il fallait attribuer l'immunisation à une substance vaccinante soluble. PASTEUR a montré qu'il s'agissait surtout dans cette expérience d'une bactéridie non tuée, mais atténuée par la chaleur de 55°.

En 1883, CHAUVEAU (3) indique comme moyen d'atténuation rapide le chauffage pendant 3 heures à 47° des cultures bactéridiennes obtenues à 42-43°. Toutefois, dans les premiers essais de ce savant, le degré d'atténuation de la virulence de l'espèce ne fut pas fixé ; les spores en germant donnaient des bacilles possesseurs de la virulence initiale. CHAUVEAU (4) obtint des résultats plus satisfaisants, non plus en chauffant les bâtonnets, mais les spores elles-mêmes de ces cultures affaiblies pendant plus ou moins de temps, suivant le degré d'atténuation à obtenir, entre 80 et 84°.

Troisième procédé. — CHAUVEAU (5) s'est procuré des races de bactéridies charbonneuses beaucoup plus fixes en cultivant à 36° le *Bacillus anthracis* pendant 4 générations successives dans l'air comprimé à 8 atmosphères ; puis à 9 atmosphères, pendant 4 autres

(1) PASTEUR, CHAMBERLAND et ROUX. *Compt. rend. de l'Académie des Sciences*, 1881, XCII, p. 429.

(2) TOUSSAINT. *Bulletin de l'Académie de médecine*, 1880.

(3) CHAUVEAU. *Compt. rend. de l'Académie des Sciences*, 1883, XCVI, p. 553.

(4) CHAUVEAU. *Compt. rend. de l'Académie des Sciences*, 1883, XCVI, p. 698.

(5) CHAUVEAU. *Compt. rend. de l'Académie des Sciences*, 1884, XCVIII, p. 1232. — *Id.*, 1885, CI, p. 45 et 142. — *Id.*, t. CVIII, 1889, p. 319.

générations, les cultures déjà atténuées à la pression de 8 atmosphères.

Le même degré d'atténuation peut être obtenu quand on cultive entre 30 et 35°, pendant 15 à 20 jours, la bactéridie dans l'oxygène pur comprimé seulement à 2 atmosphères et demie. Les vaccins préparés par ces procédés possèdent une virulence atténuée fixe pendant plusieurs mois. Cependant, on observe parfois au bout de ce temps un retour à la virulence primitive. Si les cultures sont maintenues pendant longtemps dans l'oxygène sous pression, la bactéridie cesse d'être pathogène et donne des races absolument inoffensives.

Quatrième procédé. — Cette méthode d'atténuation consiste, comme l'ont indiqué Chamberland et Roux (1), à cultiver le bacille du charbon dans des bouillons renfermant 1 : 1200 à 1 : 1600 d'acide phénique. Les cultures provenant d'un bouillon phéniqué à 1 : 600 où la bactéridie a végété pendant 12 jours tue encore les lapins et les cobayes ; mais elle est sans action sur eux si la culture est vieille de 29 à 30 jours.

On obtient de semblables résultats quand on substitue à l'acide phénique le bichromate de potasse à 1 : 5000 ou 1 : 2000. L'acide sulfurique à 1 : 200 permet d'obtenir de même des bactéridies atténuées fixes dont le degré de virulence se transmet dans les cultures successives.

On augmente la virulence déchue du *Bacillus anthracis* par son passage dans le corps d'animaux de plus en plus réfractaires au charbon ; par le passage de poulet à poulet, de pigeon à pigeon. Si la virulence du bacille est très affaiblie, on la ramène à son activité primitive en l'inoculant aux animaux très jeunes, aux cobayes de quelques jours, par exemple, qui sont beaucoup plus sensibles au charbon que les cobayes plus âgés, et, en choisissant pour ces inoculations des animaux d'âge croissant, on arrive à se procurer des espèces très virulentes.

Immunisation et vaccination. — L'immunisation des animaux contre le charbon s'obtient en leur inoculant des cultures de bactéridies de virulence atténuée, de façon à ne déterminer chez eux que des troubles légers.

Chez le bœuf et le mouton, l'opération se fait en deux fois ; chez les animaux doués d'une très grande réceptivité, tels que les lapins et les cobayes, il est utile de pratiquer, pour arriver au même

---

(1) Chamberland et Roux. *Compt. rend. de l'Académie des Sciences*, 1883, XCVI, p. 1088 et 1410.

but, 3 à 4 inoculations successives avec des cultures charbonneuses de virulence croissante.

Roux et Chamberland (1) ont pu conférer l'immunité en injectant les produits solubles des cultures du *Bacillus anthracis*, dépourvues de spores, chauffées pendant une heure à 58° durant 3 jours consécutifs; cette température mortelle pour les bâtonnets adultes de cette espèce respecte assez bien les susbtances vaccinantes dissoutes.

Hankin et Wesbrook (2) sont arrivés au même résultat en injectant aux animaux des albumoses retirées de bouillons modifiés par la végétation de la bactéridie.

Roux (3), préoccupé de conserver intacts, autant que possible, les produits solubles des cultures du charbon que la température de stérilisation des bacilles adultes peut détruire en partie, est parvenu à tuer ces bacilles, à froid, au moyen de sulfocyanate d'allyle (huile de moutarde).

Arloing a proposé la décantation ménagée et délicate du liquide surnageant les dépôts formés dans les cultures de charbon vieillies. La filtration à la bougie, tout indiquée dans ce cas, est inutilisable, la porcelaine ayant le grave inconvénient d'absorber, à peu près complètement, la substance immunisante.

Aussitôt après leurs belles recherches sur l'atténuation des cultures charbonneuses, Pasteur, Chamberland et Roux cherchèrent, dès 1887, à faire profiter de leurs travaux les établissements d'élevage du bétail où la fièvre charbonneuse régnait endémiquement ou épidémiquement et faisait de nombreuses victimes.

Les expériences de Pouilly-le-Fort, localité voisine de Melun, sont encore présentes à l'esprit de tous ceux qui suivaient avec un vif intérêt les mémorables recherches de Pasteur et de ses savants collaborateurs. Cinquante moutons furent divisés en deux lots de 25 têtes. L'un de ces lots fut vacciné par la méthode pastorienne (bactéridie atténuée); l'autre fut conservé comme témoin. Douze jours plus tard, les 50 moutons reçurent sans exception des cultures virulentes de charbon; les 25 témoins succombèrent au bout de 2 jours; les 25 animaux vaccinés restèrent en bonne santé.

Cette expérience qui eut un grand retentissement fut répétée sur divers points de la France, en Hongrie, en Allemagne, etc., et les bons résultats qu'elle permit d'obtenir firent entrer dans la

(1) Roux et Chamberland. *Annales de l'Institut Pasteur*, 1888, II, p. 405.
(2) Hankin et Wesbrook. *Annales de l'Institut Pasteur*, 1892, VI, p. 633.
(3) Roux. *Annales de l'Institut Pasteur*, 1891, V, p. 517.

pratique courante les vaccinations préventives contre le charbon.

Le nombre de moutons vaccinés en France contre la fièvre charbonneuse s'élève annuellement à plus de 300000 et la mortalité par cette affection qui, dans les pays où elle régnait, était de 8 à 10 p. 100, est descendue au-dessous de 1 p. 100.

Le chiffre des bovidés vaccinés annuellement dans le même pays varie de 45 à 50000 et la mortalité est descendue de 5 p. 100 à 3 à 4 p. 1 000.

Le nombre de chevaux soumis aux vaccinations anticharbonneuses ne dépasse guère en France un millier par an.

La technique de la vaccination anticharbonneuse est des plus simples et des plus pratiques. Avec les vaccins que l'Institut Pasteur tient à la disposition des éleveurs et des fermiers, on injecte d'abord au moyen d'une seringue spécialement construite à cet effet, sous la peau de la face interne de la cuisse des moutons 1 : 8 environ de centimètre cube d'un vaccin faible; puis, 12 à 15 jours plus tard, on recommence la même opération à la cuisse opposée avec un vaccin plus fort.

Chez les bœufs, les inoculations sont pratiqués en arrière de l'épaule, dans la région où la peau est la plus fine. Chez le cheval, on choisit une des faces de l'encolure et on injecte à chaque fois, comme chez les bovidés, 1 : 4 de centimètre cube des mêmes vaccins.

Habituellement, les animaux ainsi inoculés ne présentent aucun trouble local ou général; quelquefois, cependant, ils perdent l'appétit et sont en proie à une légère fièvre qui disparaît rapidement ainsi que les tuméfactions locales et les engorgements ganglionnaires qui peuvent être les suites de l'opération.

Les cas d'intoxication mortelle sont rares; on perd néanmoins, d'après les observations faites jusqu'à ce jour, un mouton sur 150 et un bovidé sur 1 000. Ce qu'il faut, sans doute, attribuer soit à une vaccination trop tardive, soit à une réceptivité exagérée des animaux. Plusieurs vétérinaires pensent que ces accidents peuvent tenir à la débilité ou à la mauvaise alimentation des sujets soumis à la vaccination.

On considère que l'immunité contre le charbon n'est acquise que quinze jours après la seconde vaccination. Quant à la durée de l'immunisation, on a lieu de croire qu'elle est environ d'un an, et qu'il est, par conséquent, utile de revacciner les animaux tous les printemps dans les contrées où règne la fièvre charbonneuse (1).

(1) CHAMBERLAND. Le charbon et la vaccination charbonneuse, 1883.

Les agneaux et les veaux provenant de mères vaccinées pendant la gestation ne sont pas sûrement réfractaires à l'infection charbonneuse.

Sérothérapie. — On peut également vacciner contre le charbon avec le sérum de sang des animaux rendus réfractaires à cette affection ; cette médication, qui pourra peut-être un jour être appliquée à l'homme, a surtout été étudiée par Sclavo (1) et Marchoux (2).

On arrive à obtenir un sérum anticharbonneux convenablement actif en injectant au lapin ou au mouton, rendus réfractaires par vaccination, de fortes doses de cultures virulentes de bactéridie. Un mouton auquel on injecte successivement 400 centimètres cubes de cultures virulentes de *Bacillus anthracis* fournit un sérum qui, à la dose de 1 centimètre cube, protège un lapin neuf soumis 24 heures plus tard à une inoculation virulente.

Ce sérum antitoxique agit beaucoup moins bien quand l'inoculation virulente précède le traitement, la mort est simplement retardée. Cependant, Sobernheim (3) a réussi à préparer un sérum de mouton suffisamment actif pour pouvoir enrayer le charbon sur un lapin sérothérapisé une heure après l'inoculation virulente.

Étiologie. — La fièvre charbonneuse, observée depuis un temps immémorial sur tous les points du globe, se trouve ordinairement cantonnée dans des districts d'où elle n'a pas tendance à s'éloigner pour se répandre dans les contrées avoisinantes.

En France, le charbon a son habitat de prédilection dans la Beauce; il règne, également, en Brie, en Bourgogne, en Languedoc, etc.

Pasteur, Chamberland et Roux (4) pensent que le charbon spontané observé chez les animaux est dû à l'ingestion des spores mélangées à leurs aliments habituels. Dans les champs où les bovidés et les moutons sont menés paître, ces spores proviendraient des cadavres des animaux morts de sang-de-rate ensevelis plus ou moins profondément; les agents les plus actifs de l'apport des germes de la bactéridie à la surface du sol seraient les vers de terre.

Par des expériences très précises, Pasteur, Chamberland et Roux, ont établi : que le contenu intestinal des vers de terre et les excréments qu'ils abandonnent à la surface du sol dans les lieux où sont

(1) Sclavo. *Rivista d'igiene e sanità pubblica*, 1895, VI, p. 241. — *Centralblatt für Bakteriologie*, 1895, XVIII, p. 744.

(2) Marchoux. *Annales de l'Institut Pasteur*, 1895, IX, p. 785.

(3) Sobernheim. *Zeitschrift für Hygiene*, 1897, XXV, p. 301.

(4) Pasteur, Chamberland et Roux. *Compt. rend. de l'Academie des Sciences*, 1880, XCI, p. 86.

enfouis des cadavres d'animaux charbonneux contiennent un grand nombre de spores vivantes de *Bacillus anthracis*; que ces spores restent ainsi mélangées à la terre pendant au moins deux ans et qu'on les trouve virulentes même après plusieurs récoltes opérées dans les champs où on avait antérieurement constaté leur présence. Pour PASTEUR et ses collaborateurs, le charbon que contractent les animaux au pacage proviendrait des cadavres des animaux charbonneux et se perpétuerait par ces cadavres.

La manière de voir de KOCH diffère, sensiblement, de celle de de PASTEUR, CHAMBERLAND et ROUX : la bactéridie vivrait comme les espèces saprophytes dans les eaux et les sols humides, aux époques où la température s'élève; elle existerait en dehors des substances animales et donnerait des spores qui, répandues sur les aliments, infesteraient le bétail par le tube digestif. Cette théorie n'est pas dépourvue de vraisemblance; toutefois, il conviendrait de l'étayer par l'expérimentation avant de la substituer à celle que nous avons d'abord exposée.

La transmission du charbon chez les espèces animales, sauf de rares exceptions, se fait par les aliments; chez elles, le charbon *interne* est de beaucoup le plus fréquent.

Chez l'homme, ce mode de contagion est rare; on rapporte, cependant, des exemples où le charbon interne a été observé après l'ingestion de viandes charbonneuses, de jambons fumés, etc. L'homme devient surtout victime du charbon à la suite de piqûres de mouches armées ou d'insectes, d'écorchures ou d'égratignures intéressant les téguments. En général, la pustule maligne se rencontre chez les personnes qui manipulent les viandes charbonneuses, qui utilisent les peaux, les poils, les cornes, etc., des animaux ayant succombé au sang-de-rate. Les bouchers, les équarrisseurs, les porteurs de viande, les tanneurs, les brossiers, etc., sont trop souvent victimes d'accidents déterminés par l'inoculation fortuite de spores fraîches ou vieilles et desséchées.

On a signalé chez l'homme un troisième mode d'infection qui résulterait de l'inspiration des poussières provenant des laines et des poils importés des pays où les mesures prophylactiques concernant les animaux charbonneux sont encore à édicter ou transgressées. C'est le charbon *pulmonaire* des auteurs observé chez les trieurs de laine et les chiffonniers.

Il résulte de ce que nous venons de rapporter que le meilleur moyen de s'opposer à la dispersion des spores du charbon est l'incinération ou la destruction complète de *toutes* les parties des animaux qui y ont succombé; l'enfouissement profond prescrit par les lois et règlements de plusieurs pays serait, d'après la théorie pastorienne, une cause de diffusion des germes de cette affection. Comme la désinfection totale et complète d'un animal de la grosseur d'un bœuf peut être très difficilement entreprise et menée à bonne fin, il semble que la crémation du cadavre soit la mesure prophylactique par excellence qu'il convienne d'imposer.

Diagnostic bactériologique. — En dehors des signes cliniques qui ne doivent pas nous occuper ici, le charbon se diagnostique rapidement chez l'homme vivant en examinant au microscope la sérosité des pustules malignes et la couche muqueuse de Malpighi de la région lésée.

Sur l'animal mort, la bactéridie se trouve aisément dans le sang des capillaires. Si le cadavre est frais, il suffit d'injecter à un lapin une faible quantité de sang prélevé aseptiquement dans l'un des ventricules du cœur pour le faire périr du charbon. Si la mort remonte à plusieurs heures, l'animal inoculé peut également périr de septicémie. En tout cas, la rate du cadavre est hypertrophiée, le sang est noir, les hématies sont diffluentes et agglutinées; ces caractères importants ne font jamais défaut.

On peut aussi, si l'animal vient d'expirer, ensemencer quelques gouttes de sang du cœur dans des bouillons où la bactéridie se développe avec tous ses caractères macroscopiques et microscopiques. Partant de cette culture, qu'on purifie au besoin, il devient aisé de reconnaître de bien des manières et surtout par l'inoculation aux souris ou aux cobayes que l'espèce obtenue est réellement le *Bacillus anthracis*.

En somme, le diagnostic bactériologique du charbon sur l'animal vivant ou mort présente peu de difficultés. Les dimensions et la forme si particulière des bâtonnets, la coloration intense obtenue par la méthode de Gram, etc., donnent, avant de connaître les résultats des inoculations, une quasi-certitude. Mais, il en est tout autrement si la bactéridie est rencontrée dans la nature dépourvue de toute virulence; alors rien n'est plus difficile de séparer les bactéridies dégénérées des organismes vulgaires analogues aux bacilles subtils. Si la bactéridie est asporogène et sans virulence, le diagnostic devient impossible; il n'offre d'ailleurs à ce moment aucun intérêt.

V. — Bacille de la diphtérie.

Syn. : *Bacillus diphteriæ*; bacille de Klebs; bacille de Löffler.

Klebs (1) signala le premier au congrès de Wiesbaden, tenu en 1883, la présence d'un bacille spécifique dans les fausses membranes des personnes atteintes de diphtérie; mais c'est à Löffler (2), qui étudia une année plus tard ce bacille, que revient le mérite de l'avoir isolé à l'état de pureté et d'avoir pu avec lui reproduire sur l'animal les fausses membranes qui s'observent habituellement chez les diphtériques.

Hoffmann (3) confirma le pouvoir pathogène du bacille entrevu par Klebs et reconnut qu'il existe à côté de lui, au moins, une espèce de forme bacillaire très voisine dépourvue de toute virulense appelée aujourd'hui bacille pseudo-diphtérique.

En 1888 Roux et Yersin (4), entreprirent de leur côté de nouvelles recherches sur le bacille de Löffler et parvinrent par voie d'inoculation à reproduire non seulement les fausses membranes, mais encore les paralysies que l'on observe chez les sujets atteints de diphtérie; ils isolèrent, en outre, le *toxine diphtérique* et en firent connaître les principales propriétés.

Quelques années plus tard, Behring et Roux préparèrent les sérums antitoxiques et vulgarisèrent leur emploi dans le traitement du croup et des angines couenneuses; par là, ces deux savants se sont acquis le titre impérissable de bienfaiteurs de l'humanité.

Définition et symptômes de la diphtérie. — La diphtérie est une maladie infectieuse régnant épidémiquement et affectant plus spécialement les sujets jeunes de l'espèce humaine. L'une des manifestations la plus habituelle de la diphtérie est l'angine diphtérique (angine couenneuse) caractérisée par la formation d'exsudats pseudo-membraneux blancs, grisâtres ou noirâtres, de plusieurs millimètres d'épaisseur. Ces exsudats se forment sur la muqueuse de l'arrière-gorge ou du pharynx et débutent souvent sur les amygdales. Ces fausses membranes sont habituellement adhérentes et quand on les enlève elles laissent la muqueuse sous-jacente érodée et sanguinolente. Ces exsudats fibrineux peuvent encore appa-

(1) Klebs. Congrès de Wiesbaden, 1883.

(2) Löffler. *Mittheilungen aus dem K. Gesundheisamte*, 1884, II, p. 421. — *Berliner militärarztliche Gesellschaft*, avril 1887.

(3) Hoffmann. *Wiener med. Wochenschrift*, 1888, n° 314.

(4) Roux et Yersin. *Annales de l'Institut Pasteur*, 1888, II, p. 629. — 1889, III, p. 273. — 1890, IV, p. 385.

raître dans les régions de la peau dépourvue de son épiderme, sur la muqueuse oculaire (conjonctivite pseudo-membraneuse) et sur les autres muqueuses de l'économie.

Le début de l'angine diphtérique est parfois insidieux ; il existe peu de fièvre, ce qui peut la faire confondre avec une angine légère ou une amygdalite bénigne ; d'autrefois, au contraire, les symptômes cliniques sont plus nets : la muqueuse de l'arrière-gorge, rouge et gonflée, se recouvre de fausses membranes qui progressent et s'étendent rapidement ; les ganglions sous-maxillaires s'engorgent et deviennent douloureux ; le cou devient intumescent ; la fièvre est continue, mais ne dépasse guère 39°5 ; la prostration augmente ; le pouls devient mauvais ; une diarrhée fétide apparaît et le malade succombe à une intoxication générale, quand il n'est pas emporté par des accidents laryngés (croup, laryngite pseudo-membraneuse.)

Quand l'angine diphtérique guérit, on peut voir survenir au bout de 2 à 3 semaines des paralysies diverses. Les muscles du voile du palais et du larynx sont les premiers atteints. La plupart des muscles peuvent de même être frappés, tant ceux des membres supérieurs que ceux des membres inférieurs, de la nuque, de la vessie, du rectum, etc.

Ces accidents disparaissent au bout d'un temps plus ou moins long et ne prennent un caractère grave que s'ils intéressent les muscles de la respiration.

Morphologie. — L'agent microbien de la diphtérie se présente sous la forme de bacilles, généralement isolés, légèrement incur-

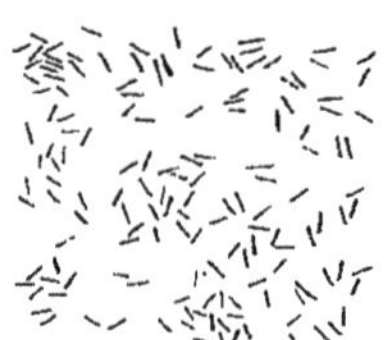

Fig. 130.
Bacilles de la diphtérie colorés par la méthode de GRAM.

Fig. 131.
Bacilles de la diphtérie en massue.

vés de 2 à 3 μ de longueur sur 0,7 à 0,8 μ de largeur (voir fig. 130). Dans quelques cultures et dans les fausses membranes leur longueur peut être double et même triple de celle qui vient d'être indiquée. Le bacille de LÖFFLER est ordinairement renflé à ses deux extrémités ; dans quelques cas, ces renflements dégénèrent en productions piriformes (voir fig. 131); ce bacille a, en outre, une grande tendance à se grouper en V, en W et en séries d'articles parallèles; très souvent il se présente en tas irréguliers comparables à des amas de bâtonnets froissés. Cet aspect de bacilles en broussailles est, comme nous l'avons fait remarquer, un caractère microscopique important pour le diagnostic rapide de la diphtérie. En effet, les bacilles des fausses membranes, rigides, de longueur uniforme, même disposés en bataille, parfois groupés en V, sont loin d'être toujours diphtériques. Le bacille de LÖFFLER ne se rencontre pas en chaîne d'articles réunis bout à bout.

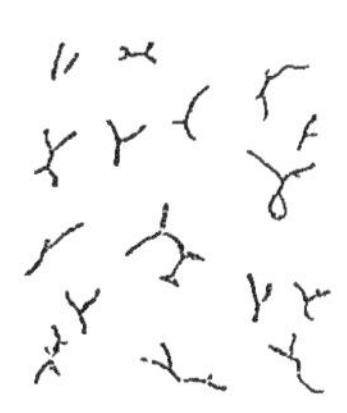

Fig. 132.
Bacilles ramifiés de la diphtérie.

Sous l'influence de la température et des antiseptiques, ce microorganisme passe par une gamme de déformations qui le rendent méconnaissable et sur lesquelles il est inutile d'insister. Rappelons, toutefois, que FRÄNKEL (1), BERNHEIM et FOLGER (2) ont signalé l'existence de bacilles diphtériques ramifiés qu'on arrive facilement à distinguer dans les exsudats fibrineux (voir fig. 132).

Le bacille de la diphtérie est immobile, aérobie et facultativement anaérobie. On n'a pu jusqu'ici y constater avec certitude la formation d'endospores. Il se colore assez bien avec les couleurs d'aniline, surtout avec le violet de gentiane, la liqueur de ZIEHL, le bleu de ROUX, etc. Il prend ordinairement le GRAM; cependant, dans quelques cas il résiste à ce procédé de coloration, ce qui semble devoir être attribué à l'acidité des cultures, des fausses membranes et également aux antiseptiques employés dans le traitement local des angines; la nature des milieux nutritifs a aussi une influence sur ce dernier mode de coloration.

Cultures. — Le bacille de LÖFFLER croît aisément dans la plupart des milieux nutritifs usités en bactériologie. La température qui semble la plus favorable à son développement paraît comprise entre 35 et 37°.

Porté sur la *gélatine* peptonée maintenue à 20-22°, ce n'est qu'au bout de 4 à 5 jours qu'on y voit apparaître quelques colonies blanches ou quelques clous chétifs. Ce substratum n'est jamais liquéfié.

---

(1) FRÄNKEL. *Hygien. Rundschau*, 1895, p. 349.
(2) BERNHEIM et FOLGER. *Centralblatt für Bakteriologie*, 1896, t. XX, p. 1.

Ensemencé en strie sur la *gélose* peptonée, ce bacille y donne au bout de 24 heures des enduits laiteux, un peu transparents, constitués par des colonies confluentes empiétant les unes sur les autres; ultérieurement, ces enduits blanchissent, s'épaississent et deviennent grisâtres en vieillissant.

C'est sur *sérum* coagulé de sang de mouton, de bœuf, de cheval qu'on obtient à 35-36° le plus rapidement de belles cultures du bacille diphtérique. Si, à l'exemple de Löffler et de quelques autres auteurs, on additionne ces sérums de peptone, on augmente encore la beauté des cultures et on accélère l'apparition des colonies. Quand ces colonies sont pures et nettement séparées les unes des autres, elles apparaissent sous la forme de ménisques convexes arrondis, plus opaques au centre qu'à la périphérie; elles conservent le même aspect en grandissant et peuvent atteindre 4 à 5 millimètres de diamètre (voir les fig. 133 et 134).

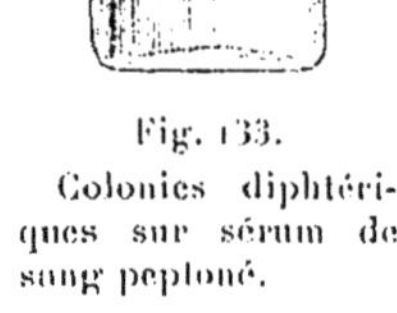

Fig. 133. Colonies diphtériques sur sérum de sang peptoné.

Le bacille de Löffler se cultive mal sur la *pomme de terre*. Il croît, au contraire, très bien dans les *bouillons* où il détermine un trouble déjà notable au bout de 24 heures, à la condition que la semence employée provienne d'une culture récente. Ce trouble est immédiatement suivi de la formation de petits grumeaux, dont les uns vont former un dépôt sablonneux au fond du vase, tandis que les autres s'agrègent en un voile léger à la surface du liquide. Le bouillon, primitivement neutre ou alcalin, devient légèrement acide; puis, quelques jours plus tard, sa réaction devient basique. La présence du sucre et de la glycérine exagèrent cette acidité très nuisible à la multiplication du bacille et à la formation de la toxine qu'il sécrète; nous aurons à revenir un peu plus bas sur ce sujet (voir page 370).

Fig. 134. Colonies diphtériques grossies.

Le *lait* (1) convient également très bien à la culture du même microorganisme.

Propriétés biologiques. — Le bacille de la diphtérie se conserve

(1) Schottelius. *Centralblatt für Bakteriologie*. 1896, XX, p. 897.

longtemps vivant dans les bouillons de cultures; on peut l'y trouver apte à se multiplier après un séjour d'un an et demi et même de deux ans. Il résiste beaucoup moins au vieillissement dans les cultures sur milieux solides laissées exposées au contact de l'air. Au bout de quelques jours, les colonies nées sur agar ou sur sérum de sang gélatinisé exigent souvent 48 heures pour se rajeunir et quelquefois davantage; aussi, quand on désire mesurer le degré de promptitude du développement de ce bacille sur les sérums employés au diagnostic des angines suspectes, est-il indispensable d'avoir recours à des cultures diphtériques âgées de 1 à 2 jours.

Exposé à sec sur du papier, des lames de verre, des fils de platine, etc., le bacille de Löffler périt promptement. Parfois, on le trouve mort au bout de 2 à 3 jours. Roux et Yersin ont établi, d'autre part, que sa vitalité peut persister pendant plus d'un an au sein des fausses membranes lentement desséchées et soustraites aux intempéries atmosphériques. Quand les fausses membranes séjournent à l'étuve dans un vase clos et humide, elles deviennent rapidement la proie des moisissures et des organismes de la putréfaction au sein desquels les bacilles diphtériques disparaissent dans un espace de temps variant de 8 à 15 jours (Miquel) (1).

Placé dans de l'eau stérilisée, le même microorganisme s'y maintient vivant pendant quelques semaines, il est promptement détruit quand on l'expose à l'action directe de la lumière solaire. Ledoux-Lebard (2) a vu ses cultures devenir stériles après une insolation de quelques jours.

Le bacille de Löffler résiste faiblement à l'action de la chaleur humide, il succombe au bout de 10 minutes à la température de 58-60°, ce qui semble démontrer que ses bâtonnets ne produisent pas de spores durables. Desséché au préalable, il offre une plus grande résistance à la chaleur sèche.

Enfin, la même espèce est très sensible à l'action des antiseptiques : le sublimé la tue à 1 : 5000; les sulfates et chlorures de zinc à 1 : 500; l'acide phénique à 1 : 100; l'acide borique à 1 : 25, etc.

Inoculations expérimentales. — Les rats et les souris possèdent une immunité naturelle contre le bacille de la diphtérie; les oiseaux de volière, les petits oiseaux, les cobayes et quelques animaux domestiques peuvent succomber sous son action. L'injection sous-cutanée de 1 à 1,50 centimètres cubes d'une culture virulente du bacille de Löffler tue un cobaye de taille moyenne au bout de

(1) Miquel. Laboratoire de diagnostic des affections contagieuses. Paris, 1897.
(2) Ledoux-Lebard. *Archives de médecine expérimentale*, 1893, V, p. 779.

2 à 3 jours. Cette quantité doit être doublée pour tuer un lapin en 3 à 4 jours. La chèvre et le chat offrent plus de résistance à l'infection; les poules, les pigeons, les moineaux peuvent être, au contraire, tués par des fractions de centimètre cube de la même culture.

L'introduction dans la cavité péritonéale des mêmes doses de culture est mieux supportée. L'inoculation du bacille sur les muqueuses pharyngienne, trachéale, vulvaire et oculaire, préalablement excoriées détermine la formation de fausses membranes et les signes cliniques observés dans l'angine couenneuse, le croup et la diphtérie pseudo-membraneuse des muqueuses.

Le bacille de Löffler injecté sous la peau y donne naissance à une lésion locale, accompagnée de la formation d'un enduit membraneux et d'un œdème gélatineux intéressant, plus ou moins, les parties environnantes. Souvent, il se produit au point d'inoculation une nécrose des tissus. Le bacille reste, ordinairement, circonscrit dans la région inoculée et les désordres produits par l'intoxication générale qui occasionne la mort, survenant dans des espaces de temps variables suivant les espèces animales, se manifestent d'ordinaire à l'autopsie : par une dilatation des vaisseaux, des gonflements ganglionnaires, une congestion des organes internes, du mésentère, de l'épiploon, un épanchement séreux ou séro-sanguinolent dans la plèvre et le péricarde, observé surtout chez le cobaye, et une dégénérescence graisseuse du foie chez les lapins, précédée du vivant de l'animal de paralysies quand la mort n'a pas été trop rapide.

Si l'espèce bacillaire inoculée est moyennement virulente, les phénomènes provoqués par l'intoxication aiguë disparaissent pour laisser place aux symptômes d'une intoxication subaiguë se traduisant chez les lapins et les chiens par des paralysies d'abord localisées au train postérieur, mais qui peuvent devenir progressives et tuer le sujet par arrêt brusque du cœur.

D'après quelques auteurs, le bacille de la diphtérie ne se rencontre pas dans le sang des personnes ou des animaux infestés de diphtérie; il résulterait cependant des travaux de Norwas (1) que le bacille de Löffler peut être isolé par voie de culture du sang des cadavres de l'homme et des animaux ayant succombé à cette affection.

Variabilité de la virulence du bacille diphtérique. — Comme beaucoup de microbes pathogènes, le bacille qui nous occupe peut perdre et récupérer sa virulence dans des conditions que les bactériologistes ont déterminées.

---

(1) Norwas. *Centralblatt für Bakteriologie*, 1896, t. XIX, p. 982.

On mesure le degré de virulence du bacille de Löffler en l'inoculant, dans les mêmes conditions, au cobaye ou au lapin sous un volume égal de cultures liquides d'âge identique.

On considère le bacille diphtérique comme très virulent quand un bouillon, où il s'est développé, injecté sous la peau à la dose de 1 à 1/2 centimètre cube tue un cobaye du poids de 400 grammes en 24 ou 48 heures; il est réputé moyennement virulent si l'animal succombe seulement en 3 ou 4 jours, et comme faiblement actif si la mort ne survient qu'au bout d'une semaine ou d'un temps plus long.

Il est des races de bacilles diphtériques qui ne provoquent, au lieu d'inoculation, qu'un œdème suivi ou non de l'élimination d'une escarre. Il en est dont la propriété pathogène est si fortement atténuée que l'injection de fortes quantités de culture n'est suivie d'aucun phénomène morbide appréciable.

Quand une culture du bacille diphtérique vieillit au contact de l'air, sa virulence va en décroissant; c'est-à-dire qu'une culture âgée de 24 à 48 heures produit des désordres beaucoup plus graves que les bacilles de la même culture inoculés 15 à 20 jours plus tard. Comme nous venons de l'indiquer, pour mesurer, avec toute la précision désirable, le pouvoir pathogène de ce microbe, il est indispensable de le rajeunir dans le bouillon et d'inoculer les cultures obtenues au bout de 1 à 2 jours. Par là, on élimine la substance toxique accumulée dans la culture-mère dont l'action combinée avec celle du bacille pourrait donner des résultats trompeurs.

Ainsi, en soumettant au vieillissement au contact de l'air ou à l'action de la lumière des cultures diphtériques, on affaiblit promptement la virulence des bacilles qu'elles contiennent. Cette atténuation est obtenue encore plus rapidement si les cultures sont effectuées en surface à 35° sur des milieux nutritifs gélatineux; soit sur gélose, soit sur sérum de sang.

Pour rendre au bacille atténué sa virulence primitive, Bardach (1) conseille les inoculations en séries pratiquées chez le chien. Au bout de 25 passages, le bacille de Löffler trouvé dans l'infiltration locale déterminée par l'injection est 80 fois plus virulent qu'au début des expériences.

Toxine diphtérique. — Au nombre des substances solubles produites par le bacille diphtérique, cultivé dans les milieux nutritifs liquides, il en est une de très remarquable dont l'existence a été démontrée par Roux et Yersin (2). Cette substance a reçu le nom

(1) Bardach. *Annales de l'Institut Pasteur*, 1895, IX, p. 40.

(2) Roux et Yersin. *Annales de l'Institut Pasteur.*

de *toxine diphtérique*. C'est elle qui empoisonne profondément l'organisme quand le bacille se trouve localisé sur un point du corps de l'homme ou des animaux. Le bacille de la diphtérie serait peut-être un microbe à peu près inoffensif s'il ne jouissait pas de la faculté de sécréter durant sa vie un poison violent absorbable par les capillaires qui rampent à la surface des lésions enflammées par lui seul ou avec l'aide d'autres microorganismes.

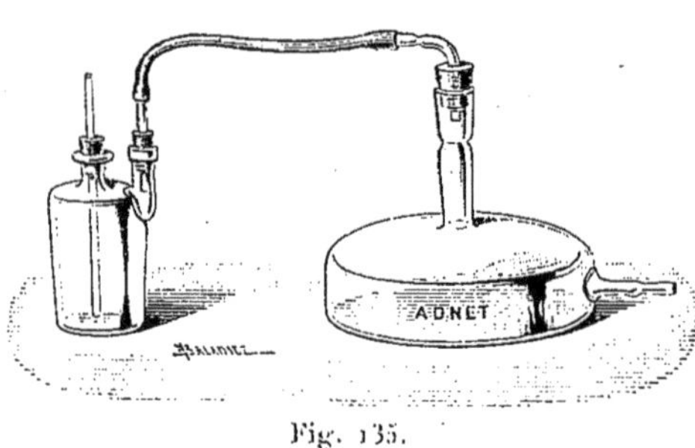

Fig. 135.
Matras pour fabriquer la toxine diphtérique.

Cette toxine s'obtient en cultivant vers 37° le bacille de Löffler dans du bouillon de veau, peptoné à 2 p. 100, légèrement alcalinisé. Dans les premiers essais, la fabrication de la toxine ayant paru d'autant plus rapide que l'air avait un plus libre accès à la surface du bouillon, on a employé tout d'abord des matras très surbaissés à fond plat, munis de tubulures par lesquelles on dirigeait, au moyen d'un aspirateur ou d'une trompe à eau, un faible courant d'air filtré à la surface des cultures (fig. 135).

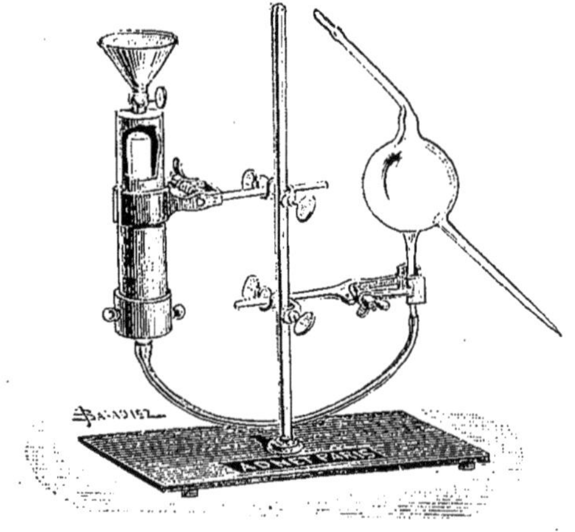

Fig. 136. — Filtre de Martin pour obtenir la toxine diphtérique.

Comme nous l'avons dit plus haut, dès les premiers jours le bouillon peuplé de bacilles diphtériques devient acide, ce qui a été attribué aux glucosides divers qui entrent dans la composition de ce milieu de culture. Tant que dure cette acidité, la production du poison diphtérique reste faible, mais quand elle a disparu, après 5 à 6 jours, le liquide se charge rapidement de toxine et l'opération peut être considérée comme terminée après 3 à 4 semaines d'attente.

Le bouillon est alors filtré à la bougie Chamberland puis introduit dans des vases stérilisés qu'on conserve à l'abri de l'air et de la lumière (fig. 136).

On a cherché à accélérer la production de la toxine diphtérique en employant des milieux additionnés de craie afin de saturer l'acide qu'on voit apparaître après les premiers jours de culture. On doit à Nicolle (1) une formule de bouillon qui donne de bons résultats et que nous transcrivons ici intégralement :

« Nous achetons de la viande de bœuf *tué le matin même*, nous la hachons et nous la faisons macérer une nuit à une température de 10 à 12° (500 grammes de viande pour un litre d'eau). La macération, additionnée de 5 p. 100 de peptone et de 0,5 p. 100 de sel, est portée à l'ébullition, filtrée, alcalinisée assez fortement et chauffée 10 minutes à 120° ; puis filtrée de nouveau et répartie dans des *vases quelconques* à raison de 1 à 2 litres par vase. Le tout est stérilisé un quart d'heure à 115°.

« L'ensemencement se fait avec une culture préalablement rajeunie..... Après 5 jours à 37°, *sans courant d'air*, la culture filtrée tue un cobaye de 500 grammes en un peu plus de 48 heures, à la dose de 1 : 10 de centimètre cube sous la peau. Après 7 jours, elle le tue en moins de 48 heures. Et cela constamment. »

Martin (2), se basant sur ce que l'aération des bouillons n'a d'autre effet que d'accélérer la disparition de l'acide qui se produit dans les premiers jours ; sur ce qu'Aronson (3) avait pu obtenir des toxines sans aération, à la condition de se servir de milieux incapables de s'acidifier et sur ce que Parke et Willam (4), Kossel (5) étaient arrivés, par la simple alcalinisation des milieux, à obtenir des liquides toxinifères actifs à 1 : 100 et même à 1 : 200 de centimètre cube, s'efforça de préparer un milieu incapable de donner naissance à des substances acides, et trouva que le bouillon d'estomac de porc remplissait cette condition importante.

Ce bouillon s'obtient en faisant digérer à 50° 200 grammes d'estomac de porc haché, avec 1 litre d'eau additionnée de 10 centimètres cubes d'acide chlorhydrique. L'opération peut être considérée comme terminée au bout de 12 à 24 heures. On chauffe alors à 100° le liquide obtenu ; on le passe à travers du coton hydrophile ; on l'alcalinise quand sa température est voisine de 80°. Après cette dernière opération, il est utile de filtrer la liqueur au papier ; puis de la porter à 120° ; de la filtrer de nouveau ; enfin, on la stérilise définitivement dans les vases où elle doit être conservée.

Le bouillon d'estomac de porc, qui n'est qu'une eau de peptone préparée dans le laboratoire, ne s'acidifie pas sous l'influence du

(1) Nicolle. *Annales de l'Institut Pasteur*, 1896, X, p. 333.
(2) Martin. *Annales de l'Institut Pasteur*, 1898, XII, p. 27.
(3) Aronson. *Berliner med. Wochenschrift*, 1894, n° 46-48.
(4) Parke et Willam. *The Journ. experimental med.*, I, p. 1.
(5) Kossel. *Centralblatt für Bakteriologie*, 1896, XIX, p. 977.

bacille diphtérique et donne des toxines tuant les cobayes à 1 : 100 de centimètre cube.

En mélangeant un macéré de viande à ce bouillon, les résultats sont encore plus satisfaisants. La macération se fait en abandonnant à 50° pendant 20 heures, 500 grammes de viande de veau hachée dans un litre d'eau; puis après, en salant à 5 p. 1000, alcalinisant et stérilisant.

Ce bouillon mixte fournit, avec les bacilles extrêmement virulents, des cultures pouvant tuer les cobayes de 500 grammes, à la dose de 1 : 500 de centimètre cube.

Roux et Yersin pensent que le poison diphtérique est une diastase. Leur opinion nous paraît très soutenable. En effet, la substance toxique qu'ils ont découverte offre, à peu près, les caractères généraux des corps chimiques désignés sous ce nom. Comme eux, elle est précipitée par l'alcool et se trouve entraînée de ses solutions par les précipités calciques, etc. De plus, elle est dyalisable, éminemment sensible à l'action de la chaleur, etc.

Malgré les altérations que lui font subir les opérations qui ont pour objet de la concentrer, de l'isoler et de la purifier, Roux est arrivé à tuer les cobayes avec quelques milligrammes de la toxine sèche, qu'il se garde bien avec raison de considérer comme exempte de substances étrangères.

Avec les moyens d'expérimentation dont nous disposons actuellement, il nous paraît prématuré de vouloir élucider la question de savoir si le poison diphtérique est une diatase ou une toxalbumine, comme le veulent Wassermann et Proskauer (1), ou une nucléo-albumine, comme le croit Gamaleja (2). Avant de se perdre en discussions sur ce sujet, il serait certainement plus utile de trouver le moyen d'obtenir le poison diphtérique à l'état parfait de pureté. Or, de semblables procédés d'isolement sont encore inconnus, et nous devons ajouter, à cet égard, que les travaux relativement récents de Brieger et de Boer (3) laissent ce problème délicat entièrement à résoudre.

L'une des propriétés des diastases est d'agir à dose infinitésimale; le poison diphtérique se trouve dans ce cas; donc, jusqu'à de nouvelles recherches, nous considérerons cette substance toxique comme proche parente de cette classe de corps chimiques.

Les rats et les souris, qui résistent facilement à l'injection d'une

(1) Wassermann et Proskauer. *Deutsche med. Wochenschrift*, 1891, n° 17.
(2) Gamaleia. *Compt. rend. de la Société de Biologie*, 1892, 9e sér., IV, p. 153.
(3) Brieger et Boer. *Deutsche med. Wochenschrift*, 1896, n° 49.

dose relativement élevée de culture diphtérique, supportent également bien l'inoculation de la toxine diphtérique filtrée. Il faut, d'après Roux et Yersin, pour tuer une souris blanche une quantité de toxine capable de faire périr 80 cobayes. D'autre part, les lapins et les autres animaux dont on se sert dans les laboratoires sont manifestement moins sensibles à cette toxine que la vache, le cheval et la chèvre. Nocard a pu tuer, en 3 jours, un mouton avec 3 centimètres cubes de toxine diphtérique. Roux a vu succomber une vache après l'inoculation d'une dose semblable de ce poison. Le cheval paraît mieux résister, et c'est pour ce motif qu'il a été choisi pour la fabrication *in vivo* de l'antitoxine employée aujourd'hui avec succès dans le traitement de la diphtérie humaine.

L'ingestion à haute dose d'un bouillon chargé de toxine diphtérique est sans effet sensible sur l'organisme animal.

Un bouillon chargé de toxine diphtérique est considéré comme convenablement actif, quand il peut tuer, en injection sous-cutanée, à la dose de 1 : 10 de centimètre cube, et en 24 et 48 heures, un cobaye neuf de poids moyen, c'est-à-dire de 500 grammes environ.

Les symptômes et les lésions observés chez les animaux soumis aux inoculations de toxine diphtérique diffèrent peu de ceux que déterminent les bouillons chargés de bacilles. Le point d'inoculation devient le siège d'un œdème; l'animal maigrit à vue d'œil; son poil se hérisse; sa prostration est extrême; son train postérieur se paralyse; sa respiration devient irrégulière et la mort survient promptement. A l'autopsie, on trouve les ganglions congestionnés; les reins et les capsules surrénales gorgés de sang noir; les plèvres et le péricarde envahis par des épanchements séreux; les vaisseaux considérablement dilatés et parsemés d'ecchymoses sur leur parcours.

Antitoxine dipthérique. — Avant que Roux eut démontré que les graves désordres causés par la diphtérie étaient dus à l'action d'un poison soluble, les médecins et les bactériologistes s'étaient déjà préoccupés de lutter contre l'action néfaste qu'exerce le bacille de Löffler sur l'organisme. Mais dès que ce poison fut connu, de nombreux travaux furent entrepris pour entraver ou neutraliser son action et les résultats obtenus sont aujourd'hui des plus probants et des plus remarquables.

Hoffmann (1) remarqua d'abord que les vieilles cultures diphtériques, d'une virulence affaiblie, immunisaient les animaux contre

(1) Hoffmann. Congrès de Wiesbaden. 1887.

des cultures jeunes et plus actives. Fränkel (1) chercha à atténuer le poison diphtérique par la chaleur. Behring (2) et Kitasato (3) l'atténuèrent par l'addition de 1 : 500 de trichlorure d'iode. Souvent le trichlorure d'iode et d'autres substances chimiques furent injectés préventivement ou après inoculation des cultures toxiques.

Actuellement, on immunise les animaux contre la diphtérie en employant le procédé de Roux qui consiste à leur inoculer, d'abord, de très faibles doses de toxine diphtérique dont la virulence a été diminuée par l'addition du liquide iodé de Lugol (eau 100 centimètres cubes; iodure de potassium 2 grammes; iode sublimé 1 gramme), une partie de cette dernière solution pour deux parties de toxine diphtérique filtrée, et, plus tard, par des doses croissantes de toxine pure.

Le sérum de sang des animaux ainsi traités procure l'immunité aux sujets auxquels on l'injecte. Ces injections appliquées à l'homme lui permettent de lutter victorieusement, dans la plupart des cas, contre l'intoxication provenant des bacilles diphtériques localisés dans tel ou tel point de l'économie. Cette médication a reçu le nom de *sérothérapie antidiphtérique*. L'immunisation ainsi obtenue n'est pas ordinairement de longue durée, mais elle permet au médecin de vaincre les effets d'une affection qui eût été rapidement mortelle en l'absence de ce traitement bienfaisant.

La préparation des sérums antidiphtériques est habituellement confiée aux soins d'Instituts spéciaux dirigés par d'habiles bactériologistes. Voici en quelques mots le *modus faciendi* adopté pour se procurer ces sérums convenablement actifs en quantité suffisante.

On inocule à des chevaux parfaitement sains des doses croissantes de toxine diphtérique, en commençant par 1 : 4 de centimètre cube de toxine iodée; les jours suivants, cette quantité est portée à 1 : 2 de centimètre cube et à 1 centimètre cube 14 à 15 jours plus tard. A ce moment, on substitue à la toxine iodée 1 : 4 de centimètre cube de toxine active en laissant reposer l'animal après chaque inoculation. La dose de toxine est portée à 5 centimètres cubes après 1 mois; à 50 et 60 centimètres cubes au bout de 2 mois. Après 70 jours, la dose injectée peut être beaucoup plus considérable et portée, sans accidents, à 100 et même à 300 centimètres cubes. Le sang du cheval est alors suffisamment antitoxique pour être employé.

Dix à onze jours après la dernière injection, le sang des animaux

(1) Fränkel. *Deutsche med. Wochenschrift*, 1890, n° 49.
(2) Behring. *Deutsche med. Wochenschrift*, 1890, n° 50.
(3) Kitasato. *Zeitschrift für Hygiene*, 1892, t. XII, p. 254.

est recueilli aseptiquement dans des vases stérilisés qu'on place dans la glace à l'abri des impuretés atmosphériques ou autres. Le sérum formé est recueilli avec précaution les jours suivants et réparti, toujours aseptiquement, dans des flacons, purgés de tout germe, sous les volumes de 5, 10 et 20 centimètres cubes représentant les doses à inoculer d'un seul coup.

Un seul cheval peut aisément fournir par mois 4 litres de sang. Pour lui conserver la faculté de produire un sérum antitoxique, il doit être de nouveau injecté avec de la toxine à doses massives ou progressives 8 à 10 jours après chaque saignée.

Tous les chevaux ne fournissent pas un sérum antitoxique de même activité; on est appelé à faire un choix parmi eux et souvent à mélanger les divers sérums obtenus afin d'égaliser leur puissance.

L'immunisation des chevaux par la toxine diphtérique doit être conduite, surtout au début, avec beaucoup de prudence si on veut éviter les accidents généraux. En opérant d'après la méthode de Roux on ne remarque au point d'inoculation qu'un œdème local peu prononcé. Les régions choisies de préférence pour les injections sont la peau de l'encolure ou celle de l'arrière de l'épaule.

Roux mesure la puissance immunisante et curative des sérums antitoxiques de la manière suivante :

Une série de cobayes neufs reçoivent des quantités décroissantes de sérum antitoxique à essayer; par exemple : 1 : 25 000, 1 : 30 000... 1 : 100000 de leur poids. Douze heures après ces injections, on leur inocule à chacun 1 : 2 centimètre cube d'une culture récente et virulente du bacille de Löffler. Si les cobayes qui ont reçu des doses de 1 : 25000 à 1 : 60 000 de sérum restent en vie et si ceux qui en ont reçu de plus faibles sont tués, le sérum est dit actif à 1 : 60 000. Le sérum antitoxique fabriqué à l'Institut Pasteur a une activité moyenne représentée par 1 : 70 000.

Behring exprime l'activité des sérums qu'il prépare par *unités antitoxiques*. Pour cet expérimentateur, un sérum contient *une* unité antitoxique quand, sous le volume de 1 : 10 de centimètre cube, il neutralise complètement 1 centimètre cube d'une toxine capable de tuer un cobaye de 400 grammes sous le volume de 1 : 10 de centimètre cube.

Si pareille neutralisation exige 1 : 1 000 de centimètre cube, 1 centimètre cube de cette antitoxine représente évidemment 100 unités antitoxiques. Comme les unités antitoxiques du sérum de Behring sont toujours comptées dans la dose invariable de 10 centimètres cubes de sérum, le sérum antitoxique considéré est dit à 1 000 unités.

Le sérum I de Behring est à 600 unités, les sérums II et III du même savant renferment respectivement 1 000 à 1 500 unités antitoxiques, toujours sous le volume de 10 centimètres cubes.

La technique employée pour calculer ces unités consiste à neutraliser *in vitro* dans une série de vases contenant chacun 1 centimètre cube de toxine capable de tuer un cobaye à 1 : 10 de centimètre cube un volume décroissant de sérum antitoxique dilué dans de l'eau salée à 7 p. 1 000. Le volume du liquide des vases est ramené à 3 centimètres cubes et inoculé en totalité à des cobayes neufs du poids déjà indiqué. On considère comme parfaitement neutralisé le mélange qui se montre incapable de provoquer la moindre réaction générale ou locale sur les animaux mis en expérience. Si cette neutralisation est parfaite avec 1 : 100 de sérum, on en conclut que, sous le volume de 10 centimètres cubes, ce sérum renferme 1 000 unités antitoxiques.

Propriétés du sérum antitoxique. — Ce sérum, recueilli avec les précautions réclamées par la méthode pasteurienne, conserve très longtemps ses propriétés quand on le garde dans des flacons stérilisés, bien bouchés, à peu près pleins, à l'abri de la lumière et de la chaleur. On observe cependant dans ces vases un léger précipité de substance albuminoïde pulvérulente qui n'a rien de commun avec les altérations microbiennes, et qui se remarque de même dans la plupart des liquides animaux stérilisés par filtration, ainsi que nous l'avons signalé depuis bien longtemps. En Allemagne, on ajoute souvent 1 : 200 d'acide phénique au sérum antidiphtérique afin de l'antiseptiser efficacement; on pourrait également le filtrer à la bougie Chamberland, mais cette opération affaiblit sensiblement son activité, ainsi qu'il résulte des expériences de de Martini (1), mieux vaut donc le recueillir d'une manière parfaitement aseptique.

Müller (2), qui a étudié l'action des diverses radiations lumineuses sur ce sérum, a trouvé : que la lumière bleue l'affaiblissait notablement au bout de 5 mois; que les rayons verts, jaunes et rouges n'avaient sur lui qu'une action insignifiante au bout de 6 mois; mais que la lumière blanche l'altérait nettement au bout de 4 mois.

Le même auteur a observé : que l'oxygène pur exerce sur les sérums antitoxiques une action nuisible très manifeste; qu'au bout de 3 mois ils perdent toute propriété vaccinante; qu'à l'air leur

---

(1) De Martini. *Centralblatt für Bakteriologie*, 1896, XX, p. 796.
(2) Müller. *Centralblatt für Bakteriologie*, 1898, 1re section, XXIV, p. 251

affaiblissement est plus lent. Enfin, la température de 37°,5 les altère déjà sensiblement au bout d'un mois, d'où la nécessité de les conserver à l'abri de l'air, dans l'obscurité et, autant que possible, au frais ou à une basse température.

On connaît encore peu de chose sur la nature de l'antitoxine diphtérique; GUÉRIN et MACÉ (1) sont parvenus à extraire des sérums antidiphtériques, en les traitant par 12 fois leur volume d'alcool, un précipité qui, lavé, desséché et redissous dans l'eau, jouit de propriétés immunisantes très marquées ; ils inclinent à croire qu'il s'agit également ici d'une substance de nature diastasique, par la raison que la température de 60-65° en détruit promptement l'activité.

Sérothérapie antidiphtérique. — Les premiers essais d'immunisation par inoculation du sang des animaux rendus réfractaires à une maladie infectieuse remontent, environ, à 10 à 12 ans et sont dus à BEHRING et KITASATO (2). Cette méthode, employée d'abord chez les animaux pour les préserver des atteintes du tétanos et de la diphtérie, fut quelques années plus tard étendue par BEHRING au traitement de la diphtérie chez l'homme.

En 1894, ROUX (3) vulgarisa et organisa de son côté, en France, la médication sérothérapique au moyen des sérums antidiphtériques. Cette méthode prit rapidement une place prépondérante dans le traitement des affections diphtériques malgré quelques résistances, peu justifiées, actuellement vaincues.

Les injections de sérum antitoxique sont toujours indiquées dans les cas de diphtérie confirmée et même dans les cas suspects ou simplement douteux. Pour que ces inoculations aient leur maximum d'efficacité, il importe qu'elles soient pratiquées de bonne heure, car attendre trop longtemps, c'est s'exposer à perdre les malades qu'on a pour devoir de sauver. Dans beaucoup de cas, il est prudent d'agir immédiatement, avant même que le diagnostic bactériologique ait confirmé le diagnostic clinique.

Le jeunes enfants peuvent recevoir d'emblée 10 centimètres cubes de sérum antidiphtérique de ROUX; si les symptômes de la maladie sont alarmants, on doit, peu de temps après, en injecter une égale dose.

Les adultes supportent sans inconvénients des quantités de sé-

---

(1) GUÉRIN et MACÉ. *Compt. rend. de l'Académie des Sciences*, 1895, CXXI, p. 311.

(2) BEHRING et KITASATO. *Deutsche med. Wochenschrift*, 1890, n° 49.

(3) ROUX. Congrès de Budapest, 1894. — ROUX et MARTIN. *Annales de l'Institut Pasteur*, 1894, VIII, p. 609.

rum s'élevant à 20 et à 30 centimètres cubes, et ces inoculations peuvent être répétées si cela paraît nécessaire.

Ces inoculations se font habituellement sous la peau du ventre avec toutes les précautions réclamées par l'aseptie la plus rigoureuse.

Sous l'influence de ce traitement, les fausses membranes changent de nature : elles se ramollissent, se détachent aisément et disparaissent. Il est des cas où elles peuvent se reproduire encore pendant quelques jours ; il en est d'autres, plus rares, où cette médication échoue, soit à cause de l'extrême réceptivité du sujet, soit à cause de l'extrême virulence du bacille. La maladie prend alors un caractère extrêmement grave et le patient succombe sous l'action d'une diphtérie hypertoxique contre laquelle le médecin se trouve malheureusement désarmé.

En tout cas, nous devons faire remarquer que la sérothérapie antidiphtérique a fait descendre le taux de la mortalité par le croup et les angines couenneuses de 40-60 p. 100 à 10-15 p. 100, et dans beaucoup de cas où la terminaison a été fatale, malgré l'usage du sérum, il est à supposer que la médication de Behring et de Roux a été appliquée trop tardivement.

Les injections de sérum antidiphtérique n'offrent aucun danger quand elles sont pratiquées avec les précautions aseptiques que tout médecin doit se faire un scrupule d'employer, c'est-à-dire avec des aiguilles, des tubes, des seringues privés, au préalable, de tout germe par immersion dans l'eau bouillante, etc. Les accidents observés sont alors très rares et consistent, dans la grande majorité des cas, en érythèmes locaux, parfois généralisés, en douleurs articulaires qui disparaissent spontanément sans laisser de traces.

A côté du traitement de la diphtérie déclarée, les inoculations préventives de sérum antitoxique ont une haute valeur prophylactique mise en évidence par Behring, Erlich, Roux, Martin et d'autres auteurs. Les injections préventives, faites à des doses deux fois plus faibles que les doses curatives, sont appelées à préserver de la diphtérie les membres d'une même famille, le personnel attaché aux services des diphtériques, les enfants d'une école, d'un village, etc., où la diphtérie tend à se développer épidémiquement.

Les avantages de cette méthode prophylactique, déjà rendus incontestables par les faits recueillis dans divers pays, seront, nous l'espérons, de plus en plus appréciés, et l'on n'hésitera pas à prévenir l'apparition d'un mal plutôt que de s'exposer à le combattre avec des chances de succès moins certaines.

La durée de l'immunisation procurée par les injections du sérum antitoxique semble varier de 1 à 2 mois.

Étiologie. — Le bacille de Löffler se rencontre surtout sur les muqueuses pharyngiennes et nasales des malades atteints de diphtérie. On le trouve abondamment répandu dans les fausses membranes qui peuvent se former sur les amygdales, le larynx, la conjonctive, la vulve, etc., et à la surface des plaies ou de la peau dépourvue de son épiderme. C'est des fausses membranes qu'on retire habituellement les cultures du bacille diphtérique.

Les malades ou les personnes depuis peu de temps guéries de la diphtérie peuvent transmettre aisément cette affection ainsi que les objets qu'ils ont pu souiller de leurs sécrétions. La transmission de la diphtérie des personnes malades aux personnes bien portantes est un fait qui s'observe journellement et sur lequel il est inutile d'insister. La transmission de la même affection des personnes convalescentes ou guéries aux personnes saines s'observe de même fréquemment, le bacille de Löffler pouvant rester l'hôte des convalescents et garder sa virulence pendant quelques semaines.

Nous avons vu, d'autre part, que Roux et Yersin ont constaté que la virulence du bacille diphtérique persiste pendant plus d'une année dans les fausses membranes desséchées conservées dans l'humidité et à l'abri des intempéries atmosphériques ; il est donc évident que les débris ou les poussières de ces sécrétions solides, les crachats, les mucosités nasales, etc., qui ont contaminé les mouchoirs, la literie, les pinceaux ayant servi aux badigeonnages de la gorge au moyen de substances faiblement antiseptiques, etc., sont capables de véhiculer le bacille de Löffler. Du reste, l'observation démontre que tous ces objets sont dangereux et doivent être désinfectés sans retard, soit par l'eau bouillante, soit par de puissants microbicides.

Un autre mode de contagion qui paraît être assez fréquent, tient à ce que plusieurs angines ou amygdalites, considérées comme pultacées, phlegmoneuses ou herpétiques, sont réellement d'origine diphtérique, et les adultes qui en sont affligés peuvent inconsciemment transmettre à leur entourage, surtout aux enfants, des angines diphtériques de forme souvent maligne (1).

En outre, les personnes appelées à soigner les malades peuvent également transporter les germes de cette affection. Wright et Emerson (2) ont découvert des bacilles de la diphtérie non seulement dans

(1) Roché. *Thèse*. Paris, 1895.
(2) Wright et Emerson. *Centralblatt für Bakteriologie*, 1893, XIV, p. 756.

les salles d'isolement des enfants atteints de croup et d'angines couenneuses, mais dans les cheveux, les vêtements des infirmiers et des personnes en contact direct avec ces malades.

Consulter également les travaux, difficiles à résumer dans ce court aperçu, de PRUDDON (1), L. CONCETTI (2), MONTEFUSCO (3), MAX KOBER (4), etc.

KLEIN (5) a prétendu que le lait pouvait servir de véhicule aux germes de la diphtérie. WLADIMIROW (6) paraît avoir démontré que cette assertion n'était pas justifiée.

Enfin, on rencontre assez fréquemment des personnes bien portantes qui hébergent pendant longtemps dans la cavité buccale et les fosses nasales des bacilles de virulence nulle ou très atténuée ; doit-on les considérer comme capables de semer autour d'elles la contagion ? Cette question très délicate n'a pas encore été résolue d'une manière satisfaisante, et quand il s'agit d'enfants relevant de diphtérie dont on demande la rentrée à l'école, ces élèves convalescents doivent, à notre avis, être l'objet d'une surveillance toute spéciale et demeurer éloignés de leurs camarades si leur gorge n'est pas absolument normale et s'il existe un écoulement nasal d'origine suspecte.

Il reste, également, à savoir si le bacille de LÖFFLER peut, comme plusieurs microorganismes pathogènes, vivre à l'état de saprophyte en dehors de l'économie et s'il est capable, dans des conditions qu'il importerait de déterminer, de récupérer sa virulence et de devenir le point de départ d'épidémies plus ou moins meurtrières. D'intéressantes recherches restent à entreprendre sur cette question importante.

Diagnostic bactériologique. — On n'a guère l'occasion de rechercher le bacille de LÖFFLER que dans les sécrétions morbides des personnes et des animaux atteints de diphtérie ; du reste, la recherche de ce bacille dans les poussières, le sol, les eaux, les aliments, etc., se poursuit de la même manière. Le but principal de semblables essais est surtout de venir en aide au diagnostic clinique des angines suspectes observées chez le vivant ; dans ce cas, comme l'ont dit ROUX, MARTIN et d'autres expérimentateurs, il faut que le diagnostic bactériologique soit précoce et promptement exécuté.

(1) PRUDDON. *American Journal of the Medical Sciences*, avril 1889.
(2) L. CONCETTI. Ricerche sperimentale sulla difterite. Rome, 1894.
(3) MONTEFUSCO. *Annali d'igiene sperimentale*, 1896, VI, p. 425.
(4) MAX KOBER. *Zeitschrift für Hygiene*, 1899, XXXI, p. 433.
(5) KLEIN. *Centralblatt für Bakteriologie*, 1890, VII, p. 489.
(6) WLADIMIROW. *Archives des Sciences biologiques de Saint-Pétersbourg*, 1895, III, p. 85.

La méthode préconisée par Roux et Martin (1) est celle que l'on emploie le plus habituellement. La fausse membrane ou les sécrétions solides étant légèrement comprimées entre plusieurs doubles de papier buvard, on en saisit une parcelle avec une pince flambée que l'on promène sur des lamelles minces très propres, de façon à y déposer une légère couche de sérosité ou de substance, si la sécrétion est de nature caséeuse. Ces lamelles, sèches et passées par la flamme, sont les unes colorées au violet de méthyle, les autres par la méthode de Gram, puis examinées au microscope.

Il arrive assez fréquemment, 30 fois sur 100 environ, que l'examen direct permet de se prononcer immédiatement sur la nature diphtérique de l'angine ; dans ce cas, le diagnostic peut être établi dans moins de 20 minutes. On peut encore, si la fausse membrane est suffisamment volumineuse, la faire durcir dans de l'alcool et en faire des coupes colorées qui se prêtent également bien à l'examen direct. Quoi qu'il en soit, dès que les exsudats arrivent au laboratoire, on doit, au moyen d'une spatule flambée et refroidie, passée sur les divers points de la sécrétion, ensemencer 2 à 3 tubes de sérum de sang gélatinisé en frôlant la surface du sérum sans l'entamer. Ces tubes sont placés dans une étuve réglée entre 35-36° et examinés fréquemment à partir de la 10e ou 12e heure. Dès que les colonies nées sur ces tubes sont nettement visibles, elles sont prélevées et examinées avec soin au microscope après avoir coloré par les procédés qui viennent d'être indiqués les microorganismes qui les constituent. Au bout de 12 à 18 heures, les colonies diphtériques apparaissent sous la forme de petites taches bombées, circulaires, surtout opaques dans la partie centrale quand elles sont à peu près à l'état de pureté. Le bacille de Löffler a un aspect suffisamment caractéristique pour être immédiatement reconnu à l'examen microscopique.

Dans les conditions les plus défavorables, le diagnostic bactériologique de la diphtérie peut être acquis en moins de 24 heures, si, bien entendu, les fausses membranes n'ont pas été l'objet d'un traitement par les antiseptiques.

Le procédé le plus simple de faire parvenir les sécrétions au laboratoire consiste à les introduire dans des flacons de verre, passés au préalable dans l'eau bouillante avec le bouchon destiné à les boucher.

Dans les villes d'une certaine importance, il existe des laboratoires qui tiennent à la disposition des médecins des nécessaires

(1) Roux et Martin. *Annales de l'Institut Pasteur*, 1894, VIII, p. 609.

tout préparés pour l'ensemencement des sécrétions au lit des malades. Ces nécessaires contiennent ordinairement : deux tubes de sérum gélatinisé, un tube stérilisé pour placer les exsudats solides et une petite spatule ainsi que des instructions que nous n'avons pas à reproduire ici.

A Paris, ces trousses, très complètes, sont entièrement stérilisables et en cuivre nickelé (1). Dans d'autres villes, elles sont beaucoup plus sommaires : un tube à essai contenant un tampon de coton monté sur une hampe de bois en compose tous les éléments. Ces nécessaires nous paraissent beaucoup trop rudimentaires, car les mucosités adhérentes à un tampon de coton se prêtent mal aux examens directs, et les ensemencements qu'on peut faire avec ces mucosités plus ou moins desséchées sont en général mal assurés. Il découle d'ailleurs des diagnostics d'angines douteuses faits à Paris, que les fausses membranes et les nécessaires pourvus de tubes de sérum accusent 40 pour 100 d'angines diphtériques, tandis que les simples tampons n'en décèlent que 22 p. 100, d'où la conclusion qu'en l'absence de fausses membranes on devra, toutes les fois que cela sera possible, pratiquer l'ensemencement des sécrétions morbides au lit du malade.

En cas de doute sur la spécificité des espèces développées sur le sérum de sang, on devra, lorsqu'il n'y a pas urgence, isoler les bacilles douteux à l'état de pureté, en faire des cultures dans du bouillon et inoculer ces dernières au cobaye pour en connaître la virulence. L'animal périt au bout de quelques jours avec les lésions propres à la diphtérie, si réellement on a affaire au bacille de Löffler ; il reste, au contraire, bien portant si les microorganismes isolés appartiennent à la race des bacilles pseudo-diphtériques dont il nous reste à dire quelques mots.

Bacilles pseudo-diphtériques.

Peu de temps après la découverte et l'étude du bacille de la diphtérie, Löffler (2) signala, l'un des premiers, l'existence de bacilles possédant les caractères de l'agent figuré de la diphtérie sans en avoir la virulence. Une année plus tard, Hoffmann (3) retrouva

(1) Miquel. Laboratoire de diagnostic des affections contagieuses de la ville de Paris, 1897, p. 30.

(2) Löffler. *Centralblatt für Bakteriologie*, 1887, II. p. 105. — *Berliner militärartzliche Gesselschschaften*, avril 1887.

(3) Hoffmann. *Wiener med. Wochenschrift*, 1888, n° 314.

le même bacille dans les exsudats des angines scarlatineuses et rubéoliques et même sur les muqueuses des personnes bien portantes.

Suivant ZAMIKO (1), ESCHERICH (2), SPRONK (3) et LÖFFLER, les bacilles pseudo-diphtériques doivent être nettement séparés des bacilles de la diphtérie. ROUX et YERSIN (4) penchent, au contraire, à ne voir dans ces premiers que les formes atténuées des seconds, et ils basent leur opinion sur ce qu'il est actuellement impossible d'établir une ligne de démarcation tranchée entre les bacilles diphtériques virulents et ceux dont l'atténuation est devenue complète.

Bacille pseudo-diphtérique asporogène. — Ce bacille, principalement étudié par les auteurs qui viennent d'être cités, se présente en bâtonnets ayant absolument l'aspect du véritable bacille de la diphtérie. D'après SPRONK, il serait habituellement un peu plus court.

Quoi qu'il en soit, ce bacille prend très bien les couleurs d'aniline et se teint fortement par la méthode de GRAM.

Il donne lieu à un développement rapide de colonies sur le *sérum* de sang gélatinisé quand la température de ce milieu est maintenue à 33-35°. Ses colonies ont l'aspect typique de celles du bacille virulent.

Ses cultures sur la *gélatine* nutritive effectuées à 20-22° sont en général plus abondantes que les cultures du vrai bacille de LÖFFLER tentées à la même température.

Le pseudo bacille diphtérique croît promptement dans le *bouillon* en donnant un dépôt adhérent à la paroi des vases ; d'après quelques auteurs, le bouillon ne deviendrait jamais acide; ROUX et YERSIN ont seulement constaté que l'acidité est de courte durée et que la réaction alcaline est plus vite atteinte qu'avec les vrais bacilles.

Le pseudo-bacille peut se développer dans le vide, moins bien, cependant, que le bacille de LÖFFLER, tandis que dans les cultures opérées au contact de l'air, c'est l'inverse qui s'observe.

Chez le pseudo-bacille décrit ici, on n'observe pas de formation de spores ; une température humide de 58° le tue en 10 minutes.

L'inoculation des cultures de cette espèce se montre sans action sur le cobaye, alors même que la quantité injectée atteint plusieurs centimètres cubes. D'après SPRONK, on observe toujours un œdème

(1) ZAMIKO. *Centralblatt für Bakteriologie*, 1889, VI, p. 153, 177 et 224.
(2) ESCHERICH. *Berliner Klinische Wochenschrift*, 1893, n°s 21, 22 et 23.
(3) SPRONK. *Semaine médicale*, 1896, n° 40.
(4) ROUX et YERSIN. *Annales de l'Institut Pasteur*, 1890, IV, p. 409.

léger, au point inoculé, accompagné de symptômes morbides sans gravité.

Les inoculations préventives de sérum antitoxique n'empêchent pas ces troubles peu intenses de se produire et l'on en a déduit, peut-être trop hâtivement, qu'il n'existe, par conséquent, aucune parenté entre les pseudo et les vrais bacilles diphtériques. Il est loin d'être démontré, d'après nous, qu'une espèce qui perd une faculté déterminée ne puisse pas en même temps en acquérir de nouvelles.

Bacille pseudo-diphtérique sporogène. — Ce bacille a été trouvé par DE SIMONI (1) dans les sécrétions de l'ozène.

Il est plus petit que le bacille de LÖFFLER ; il se montre facultativement aérobie et anaérobie ; la longueur de ses bâtonnets droits ou courbes varie de 2 à 4 μ, ils sont souvent plus épais à l'une qu'à l'autre extrémité. Dans les voiles des cultures, ils adoptent souvent la forme dite en massue. Ce bacille ne donne des spores que dans ses cultures sur la pomme de terre ou dans le lait.

Cette variété de bacille se multiplie aisément dans les divers milieux usités en bactériologie. Elle trouble le *bouillon* de viande alcalin en 24 heures en donnant à la surface du liquide et sur les parois des vases des pellicules poussiéreuses. Elle fournit sur *agar* un enduit abondant, blanchâtre, humide et brillant ; son développement est plus luxuriant sur l'agar sucré ; sur *sérum* de sang solidifié, le gazon obtenu est épais et grisâtre. Ses colonies sur ce milieu et sur la *gélose* sont très peu différentes d'aspect de celles du vrai bacille diphtérique.

Le bacille de DE SIMONI pousse très bien sur la *pomme de terre*, sur la *poire* et sur les morceaux d'organes d'animaux en donnant toujours un enduit d'un blanc sale.

Il ne croît pas du tout sur la *gélatine* maintenue entre 20 et 22°.

Enfin ce bacille se colore facilement par les couleurs d'aniline, surtout par le violet de méthyle.

La formation des spores qui caractérise ce bacille pseudo-diphtérique ne s'observe, avons-nous dit, que dans les cultures sur pommes de terre et dans le lait. Ces spores se produisent particulièrement bien entre 30 et 40° ; on les voit naître dans l'intérieur des bâtonnets au bout de 48 à 60 heures. Elles sont réfringentes, ovales et ne se colorent que difficilement.

Tandis que le bacille adulte périt au bout de 2 à 3 minutes d'expo-

(1) DE SIMONI. *Centralblatt für Bakteriologie*, 1898, 1re section, XXIV, p. 294.

sition à 70°, ses spores résistent pendant 10 minutes à l'action d'une chaleur humide de 80° et à l'action d'une température sèche de 85°.

Le sublimé à 1 : 1000 et même à 1 : 5000 tue ces semences au bout de peu de temps; l'acide phénique à 1 : 100 et même à 1 : 50, n'arrive à les priver de vitalité qu'au bout d'un quart d'heure.

Cette espèce n'est pas virulente pour les animaux.

VI. — Diphtéries animales.

On donne ce nom à un groupe d'affections se manifestant, surtout chez les oiseaux, par l'apparition de fausses membranes sur les muqueuses de la gorge, du larynx, de la trachée et aussi sur la conjonctive. Ces productions pseudo-membraneuses peuvent prendre une extension rapide et tuer promptement les animaux qui en sont atteints. En tous cas, ce sont à ces maladies, dont l'étiologie et la bactériologie ne sont pas parfaitement connues, qu'on doit attribuer plusieurs épizooties meurtrières qui dévastent les basses-cours et causent d'énormes préjudices aux éleveurs.

Les espèces bactériennes qui provoquent ces affections ne possèdent pas les caractères du bacille de la diphtérie humaine, et, malgré les affirmations de plusieurs auteurs, il ne paraît pas encore démontré qu'il y ait un rapport de cause à effet entre les épidémies de diphtérie à bacilles de Löffler et les épizooties de diphtérie aviaire et *vice versa*.

On aurait, affirme-t-on, observé la transmission du bacille de Löffler au chat et à la vache; mais ces affections accidentelles ne constituent pas une maladie propre à ces animaux, pas plus que la morve, contractée accidentellement par l'homme, ne peut être rangée dans le cadre nosologique des affections qui se perpétuent dans son organisme.

Au nombre des agents figurés capables de produire chez les animaux des affections diphtériformes on a indiqué : le *Bacillus diphteriæ avium*, le *Bacillus diphteriæ columbarum* et même des protozoaires (1). Nous décrirons, un peu plus bas, les plus importants après avoir brièvement rapporté les symptômes principaux de la diphtérie des oiseaux.

Il existe chez les oiseaux plusieurs formes de diphtérie, les unes sont à marche rapide, les autres à marche lente.

---

(1) Pfeiffer. *Zeitschrift für Hygiene*, V, 1888, p. 363.

Dans les formes *aiguës*, on note chez l'animal la tristesse, la perte de l'appétit; puis, quelques jours plus tard, survient un grand abattement.

L'animal malade s'isole, se ramasse sur lui-même; ses plumes se hérissent; sa respiration est gênée et la déglutition des aliments pénible.

On voit apparaître sur la muqueuse buccale infiltrée une éruption granuleuse formée de petites taches jaunâtres qui en grossissant se rejoignent et donnent des membranes fibrineuses adhérentes se moulant sur les régions qu'elles ont envahies; de là ces productions gagnent les cavités nasales et souvent la muqueuse oculaire. Quand la conjonctive est atteinte, l'œil reste fermé et des exsudats desséchés viennent en souder les paupières.

A ce moment, l'animal cesse de pouvoir avaler; il s'écoule de son bec une bave visqueuse, mêlée de débris de sécrétions membraneuses; la diarrhée survient; les muqueuses se cyanosent et l'animal succombe environ 5 à 8 jours après le début de la maladie.

Dans les formes *chroniques*, les lésions restent ordinairement plus limitées : tantôt les fausses membranes siègent dans la cavité buccale, tantôt dans les fosses nasales ou sur la conjonctive.

Les symptômes généraux sont ici peu marqués, et l'affection ne se manifeste tout d'abord que par la gêne fonctionnelle des organes atteints. Sa marche est ordinairement lente ; elle peut durer plusieurs mois comme plusieurs années, quand l'application d'une thérapeutique appropriée (usage local des antiseptiques) ne parvient pas à vaincre le mal. Les animaux succombent alors soit à une poussée aiguë, soit à la suite des troubles mécaniques provoqués par la propagation des exsudats au pharynx ou au larynx.

Bacillus diphteriæ avium.

Ce nom a été donné à une bactérie infectieuse entrevue par Haushalter (1) et plus spécialement isolée et étudiée par Loir et Ducloux (2). Cette bactérie, observée par ces derniers auteurs sur des volailles tunisiennes atteintes de diphtérie, provoque chez les

(1) Haushalter. *Revue médicale de l'Est*, 1891, p. 289.
(2) Loir et Ducloux. *Annales de l'Institut Pasteur*, 1894, VIII, p. 599.

poules et les oies la formation de pseudo-membranes nasales et bucco-pharyngiennes.

Ces fausses membranes, parfois sèches, parfois molles et caséeuses, peuvent rester limitées et n'engendrer qu'une forme légère de la maladie; très souvent, aussi, elles envahissent les muqueuses de la cavité buccale, de l'arbre bronchique, de l'œil et, dans ce cas, elles déterminent rapidement la mort.

Le *Bacillus diphteriæ avium* de Loir et Ducloux, n'a aucune parenté avec celui de Löffler; il est formé de petits bâtonnets mobiles à extrémités arrondies, indifféremment aérobies et anaérobies, se colorant aisément par les couleurs d'aniline, mais se refusant à prendre le Gram.

Ce bacille se multiplie facilement dans les *bouillons* maintenus entre 35 et 40°, qu'il trouble d'abord uniformément et qu'il abandonne plus tard limpides en venant former au fond des vases un dépôt blanchâtre visqueux et adhérent.

Semé sur la *gélatine* nutritive, il s'y cultive vers 18 à 20° en donnant le long des stries d'ensemencement des traînées étroites, blanches, crémeuses, dénuées de tout pouvoir liquéfiant.

Sur *gélose* et sur *sérum* coagulé, les traînées obtenues sont lisses et d'un blanc grisâtre.

Les cultures formées sur la *pomme de terre* sont belles et d'un blanc jaunâtre.

Le bacille qui nous occupe n'est pas pathogène pour les cobayes et les bovidés; il tue, au contraire, les petits oiseaux, les pigeons, les canards et les lapins, quand les inoculations ont lieu dans les vaisseaux sanguins. Les injections sous-cutanées donnent des résultats plus infidèles alors même que la quantité de culture inoculée atteint plusieurs centimètres cubes. Les inoculations directes dans la trachée sont habituellement suivies de mort.

Loir et Ducloux, ayant remarqué que les animaux qui guérissaient des suites d'une première inoculation étaient vaccinés, ont préparé un vaccin contre cette affection en chauffant pendant une demi-heure à 55° les cultures de leur bacille de la diphtérie aviaire.

Ce vaccin, injecté à la dose de 1 centimètre cube, donne d'abord une immunité relative, que l'on rend absolue en injectant, comme second vaccin, une culture non chauffée et vieille de 2 mois du même microorganisme.

Bacille de la diphtérie des pigeons.

Syn. : *Bacillus diphteriæ columbarum.*

Cette espèce a été isolée par Löffler (1) des exsudats et du sang des pigeons atteints d'une affection contagieuse sévissant dans les colombiers et rentrant dans la classe des diphtéries aviaires.

Cornil et Mégnin (2) rapportent à une espèce semblable une bactérie trouvée sur la peau et les muqueuses des gallinacées. Babès et Puscariu (3) ont étudié à nouveau chez le pigeon, l'espèce décrite par Löffler. Enfin, Eberlein (4) a signalé un microorganisme à peu près identique chez les perdrix atteintes de diphtérie.

Le microbe retiré par Löffler des exsudats et du sang des pigeons morts de diphtérie est formé par de petits bâtonnets immobiles, à bouts arrondis, prenant aisément les diverses couleurs d'aniline, mais ne se colorant pas par la méthode de Gram.

Ce bacille se cultive aisément dans le *bouillon* où il détermine la formation d'un trouble léger.

Ensemencé sur *gélatine*, il y donne des colonies ayant quelque ressemblance avec celles du bacille d'Eberth et dépourvues comme elles de tout pouvoir liquéfiant.

Semé par stries sur *gélose* et sur *sérum* de sang coagulé, il produit sur ces milieux des bandes grisâtres translucides.

Le *Bacillus diphteriæ columbarum* tue aisément par inoculation les pigeons, les petits oiseaux, les lapins et les serins; les poules, les cobayes et les rats montrent à son égard une moins grande réceptivité.

En injections sous-cutanées, il fait périr les souris dans l'espace de 5 à 6 jours et l'on retrouve le bacille dans le sang et les organes des cadavres autopsiés sans retard.

Inoculé sur la muqueuse buccale, scarifiée au préalable, des pigeons, il y produit des fausses membranes qui entraînent la mort des animaux au bout de 8 à 20 jours. Les inoculations intramusculaires chez les mêmes oiseaux, sont suivies dès le troisième ou quatrième jour de la formation d'une induration accompagnée d'un

---

(1) Löffler. *Mittheilungen aus dem K. Gesundheitsamte*, 1884, II, p. 421.
(2) Cornil et Mégnin. *Journal d'anatomie*, 1885, XXI, p. 268.
(3) Babès et Puscariu. *Zeitschrift für Hygiene*, 1890, VIII, p. 376.
(4) Eberlein. *Monatshefte für Thierheilk.*, 1894, p. 433.

œdème volumineux qui se termine par l'ouverture à l'extérieur d'un abcès profond accompagné ou non de l'élimination d'un séquestre.

On a rangé dans le groupe des affections diphtériques, la *diphtérie des veaux*, caractérisée par la formation d'exsudats membraneux sur la muqueuse des premières voies digestives et respiratoires.

Cette maladie, étudiée par Löffler (1) et Kitt (2), aurait pour agent un long bacille que Nocard et Leclainche (3) considèrent comme pouvant être identifié au *bacille de la nécrose* de Bang (4), le microbe le mieux étudié de la «maladie de Schmorl» (5) et auquel a été donné le nom de *Streptothrix cuniculi*.

Bacille de la nécrose.

Syn. : *Streptothrix cuniculi.*

Cette espèce anaérobie, variable dans ses aspects, se montre, tantôt sous la forme de longs filaments irréguliers, branchus, enchevêtrés, tantôt sous celle de bacilles de longueur variable larges de 0,8 à 1 μ, pouvant ultérieurement se résoudre en microcoques.

Le bleu de Löffler et la liqueur de Ziehl colorent facilement ces divers éléments qui se décolorent par le procédé de Gram.

Le *Streptothrix cuniculi* se multiplie aisément entre 30 et 40° sur le *sérum* de sang coagulé et le *sérum gélosé*; la température qui paraît être la plus favorable à sa multiplication est voisine de 37°.

Ensemencé par piqûre sur le *sérum* gélatinisé, on voit, après une attente de 7 à 8 jours, se former sur le trajet suivi par le fil de platine, de petites colonies grisâtres d'où partent des filaments grêles et divergents qui donnent à la culture, l'aspect de celle du rouget du porc ensemencé dans la gélatine par le même procédé.

Le *Streptothrix cuniculi* introduit, en très faible quantité, dans l'épaisseur de la lèvre d'un lapin, reproduit exactement la « maladie de Schmorl », c'est-à-dire qu'il provoque l'infiltration, l'épaississement et la transformation de la lèvre en un tissu dur, lardacé, envahissant et déterminant la nécrose du tissu conjonctif.

Les injections intraveineuses tuent le lapin en 4 jours.

---

(1) Löffler. *Mittheilungen aus dem K. Gesundheitsamte*, 1884, II, p. 401.
(2) Kitt. *Jahresbericht der Thierärztl. Hochschule in München*, 1893-94, p. 81.
(3) Nocard et Leclainche. Maladies microbiennes des animaux, p. 793, 2e édition. Paris, 1898.
(4) Bang. *Maanedskrift for dyrlaeger*, 1891, II, p. 235.
(5) Schmorl. *Deutsche Zeitschrift für Thiermed.*, 1891, XVII, p. 375.

Tandis que la souris blanche est très sensible à l'action de ce bacille, le chat, le cobaye et la poule y sont réfractaires.

On a de même voulu comprendre parmi les diphtéries animales, la bactérie étudiée par RIBBERT (1) capable de provoquer la formation de fausses membranes dans l'intestin du lapin (diphtérie de l'intestin du lapin) et plusieurs autres maladies ayant pour symptôme commun la production d'exsudats membraneux dans diverses parties du corps; de semblables classifications ne paraissent pas devoir être admises tant au point de vue clinique qu'au point de vue bactériologique.

VII. — VIBRION SEPTIQUE DE PASTEUR.

Syn. : *Bacillus septicus*; bacille de l'œdème malin.

Le vibrion septique a été découvert par PASTEUR en 1876, en répétant les expériences de SIGNOL qui avait annoncé qu'il suffisait de tuer un animal par strangulation pour que son sang devienne septique quelques heures après sa mort. L'année suivante, PASTEUR et JOUBERT (2), à l'occasion d'un différend célèbre entre DAVAINE, JAILLARD et LEPLAT sur l'étiologie du charbon bactéridien, donnèrent une magistrale description de la morphologie et des propriétés pathogènes du vibrion septique. Quatre ans plus tard, R. KOCH (3) et GAFFKY (4) le découvrirent à nouveau et le décrivirent sous le nom de bacille de l'œdème malin, qui a prévalu en Allemagne. On l'a souvent désigné aussi sous les noms de bacille de la gangrène foudroyante, de la septicémie gangreneuse, de la gangrène gazeuse, microbe de l'érysipèle bronzé, etc.

Isolement. — Pour obtenir une culture pure de vibrion septique on utilisera la méthode indiquée par PASTEUR : une petite quantité de terre est broyée avec de l'eau dans un mortier et le produit de ce broyage, débarrassé des particules les plus grossières, est abandonné à la décantation dans des éprouvettes hautes et étroites. Le dépôt très léger obtenu en dernier lieu, lavé avec de l'eau légèrement acidulée pour dissoudre les matières calcaires, puis à l'eau pure, est

(1) RIBBERT. *Deutsche med. Wochenschrift*, 1887, n° 8.
(2) PASTEUR et JOUBERT. *Compt. rend. de l'Académie des Sciences*, 1877, LXXXV, p. 101, et *Bulletin de l'Académie de médecine*, 2ᵉ série, VI, p. 781.
(3) R. KOCH. *Mittheilungen aus dem kaiserlichen Gesundheitsamte*, 1881, I, p. 53.
(4) GAFFKY. *Mittheilungen aus dem kaiserlichen Gesundheitsamte*, 1881, I, p. 83.

chauffé quelques minutes dans un bain-marie à la température de 90° environ ; ce chauffage ayant pour but de détruire les germes peu résistants, tels que les organismes de la suppuration contenus dans la terre en même temps que le vibrion septique. Le dépôt ainsi purifié est enfin inoculé sous la peau de quelques cobayes. Un certain nombre de ces animaux meurent du tétanos, mais d'autres sont emportés par une septicémie dont PASTEUR a donné le tableau saisissant :

« Les muscles de l'abdomen et des pattes sont le siège de la plus vive inflammation ; des poches de gaz apparaissent çà et là, particulièrement aux aisselles. Le suc musculaire et surtout la sérosité péritonéale sont remplis de longs vibrions mobiles ; c'est dans le sang que ce vibrion apparaît en dernier lieu, il prend dans ce liquide un aspect particulier, une longueur démesurée, plus long souvent que le diamètre du champ du microscope et une translucidité telle qu'il échappe souvent à l'observateur. Cependant, quand on a réussi à l'apercevoir une première fois, on le retrouve aisément, rampant, flexueux et écartant les globules de sang, comme un serpent écarte l'herbe des buissons. »

Une gouttelette de suc musculaire ou de sérosité péritonéale cultivée sur gélatine à l'abri de l'air fournit des colonies pures de vibrion septique.

Morphologie. — La longueur de ce vibrion peut atteindre 40 μ quand on l'observe dans le sang ; sa largeur varie de 1 μ à 1,5 μ. Il présente souvent aussi l'aspect de bâtonnets rigides brisés ou ployés de 3 à 10 μ de long. Dans le suc musculaire il présente des formes involutives, renflées en massue.

Fig. 137.
Vibrion septique. Double coloration.

Le vibrion septique se colore facilement au contact de toutes les solutions de couleurs basiques d'aniline : par le bleu alcalin de LÖFFLER, le bleu de méthylène phéniqué de KÜHNE et la liqueur de ZIEHL. Il se colore par la méthode de GRAM, mais ce mode de coloration est assez infidèle.

Après coloration, les longs filaments du vibrion apparaissent formés d'articles de longueur assez inégale ; les préparations sont très caractéristiques (fig. 137).

Lorsqu'on suit la végétation du vibrion septique cultivé en cellule à l'abri de l'air, ou bien qu'on examine une culture anaérobie ordinaire dont on prélève de temps en temps une gouttelette, on peut assister à la formation des spores (fig. 138). Les bacilles s'épaississent en leur milieu ou vers les extrémités, ils prennent la forme de battants de cloches. C'est dans cette portion hypertrophiée que va bientôt apparaître la spore brillante, réfringente, dont la formation est précédée de l'apparition d'une tache claire (Roux).

Fig. 138.
Vibrion septique avec spores.

Les spores ne se trouvent jamais dans les liquides de l'organisme avant la mort; elles ne prennent naissance que quelques heures après et leur formation est surtout appréciable dans les cultures liquides artificielles.

Culture. — Le vibrion septique est un anaérobie strict qui ne peut être cultivé qu'en l'absence de l'oxygène, quel que soit le milieu nutritif choisi. On doit donc purger de l'air qu'ils renferment, les récipients contenant les matériaux ensemencés, en y faisant passer un courant prolongé d'un gaz inerte tel que l'hydrogène, ou mieux en y faisant le vide à l'exemple de Pasteur, Joubert et Chamberland (1). On trouvera au chapitre VI, § 2, l'indication des méthodes et des appareils généralement usités pour la culture des bactéries anaérobies.

Fig. 139.
Cils du vibrion septique.

Les milieux liquides les plus favorables pour la culture du vibrion septique sont : les bouillons de poule, de cheval ou de veau légèrement alcalinisés et le bouillon ordinaire peptoné à 1 p. 100.

A la température optimum de 38°, le développement sur *bouillon* est rapide et déjà le liquide est trouble après 12 ou 24 heures; il se produit un abondant dégagement d'hydrogène et d'acide carbonique, sans que la réaction du milieu cesse d'être alcaline. Bientôt la culture s'arrête et s'éclaircit par décantation sur le fond du vase de tous les éléments solides en suspension dans ces cultures; puis les vibrions paraissent perdre leur mobilité, deviennent pour la plupart granuleux et se désagrègent, la culture contient beaucoup de spores (Roux) (2).

---

(1) Pasteur, Joubert et Chamberland. *Compt. rend. de l'Académie des Sciences*, 1878, LXXXVI, p. 1037.

(2) Roux. *Annales de l'Institut Pasteur*, 1887, I, p. 61.

Le développement du vibrion septique sur *gélatine* à 20° est assez lent. Tout le long du trajet ensemencé (strie ou piqûre) apparaît une traînée blanchâtre qui liquéfie le substratum. A cette basse température on observe encore la formation de spores. W. et R. Hesse (1) les premiers, ont réussi à cultiver le vibrion septique sur gélatine en introduisant au fond d'un tube rempli de cette substance un petit fragment de tissu provenant d'un animal mort de septicémie.

La *gélose* est l'un des meilleurs milieux pour la culture de ce vibrion. A 38° le développement est rapide; en 24 heures la piqûre se dessine comme une traînée blanchâtre festonnée sur les bords. Bientôt des gaz se dégagent, creusent des vacuoles dans le milieu solide; la traînée faite par la piqûre est coupée en divers endroits et le dégagement du gaz sème l'organisme dans toute la masse (Roux).

On peut encore, dans un but de séparation, faire des cultures en plaques de gélatine ou de gélose, de préférence roulées en tubes, selon le procédé d'Esmarch. Sur *gélatine*, les colonies apparaissent après quelques jours sous forme de petites taches nuageuses liquéfiant rapidement le milieu autour d'elles; sur *gélose*, les colonies se présentent comme de petites taches blanches, non liquéfiantes, qui à un faible grossissement paraissent striées au centre et finement arborisées sur les bords.

Fig. 140.
Culture du vibrion septique par piqûre sur gélatine.

Le vibrion septique se développe aussi sur le *sérum* sanguin coagulé; la liquéfaction de ce milieu est très rapide.

Inoculations expérimentales. — La sérosité péritonéale, le suc musculaire ou le sang d'un animal mort de septicémie, ou les cultures pures du vibrion septique, inoculés en petite quantité dans le tissu cellulaire d'un cobaye, le tuent sûrement en peu d'heures. L'animal inoculé paraît triste, se met en boule, son poil se hérisse, il pousse des cris plaintifs dès qu'on le touche. Tout autour du point inoculé, on constate un œdème très prononcé; des gaz s'accumulent dans le tissu cellulaire qui crépite sous le doigt. On dirait une putréfaction sur le vivant. Les lésions constatées à l'autopsie ont été rapportées au début, d'après Pasteur, nous n'y reviendrons pas ici.

(1) W. et R. Hesse. *Deutsche med. Wochenschrift*, 1885, n° 14, p. 214.

Le cobaye, le lapin et la souris sont les animaux de laboratoire les plus sensibles; une minime fraction de goutte les tue à coup sûr; le chat, le rat blanc, le mouton, la chèvre et le cheval sont aussi très sensibles à ce virus, le chien l'est moins; le rat d'égout et le bœuf y sont réfractaires. Cependant, ce dernier peut contracter spontanément la septicémie dans des conditions encore indéterminées (Nocard). Les inoculations intraveineuses sont beaucoup moins actives; à petite dose, elles produisent une maladie passagère qui confère à l'animal une certaine immunité. A dose massive, elles produisent la mort avec des accidents septicémiques généralisés.

L'infection par les voies digestives est extrêmement rare; nous savons que le vibrion septique est l'hôte habituel de l'intestin. Menereul (1) cite le cas d'un homme porteur d'ulcérations intestinales qui mourut de septicémie bien caractérisée cliniquement et bactériologiquement, à la suite de l'ingestion d'eau qui s'écoulait d'un tas de fumier et qui contenait le vibrion septique. Le même auteur a réussi à infecter des cobayes, dont il avait préalablement altéré l'intégrité de la muqueuse intestinale avec un purgatif drastique, en leur faisant déglutir des cultures du vibrion septique de Pasteur.

Propriétés biologiques. — Les spores du vibrion septique sont très résistantes à l'action des agents physiques et chimiques; la chaleur humide de 80° maintenue plusieurs heures, de 90° pendant une demi-heure, ne les altère pas; nous avons vu que c'est en se basant sur cette résistance à la chaleur que Pasteur put isoler le vibrion septique de la terre.

Elles résistent également bien à la dessiccation pendant plusieurs mois (Sanfelice) et même plusieurs années (Arloing); à l'insolation pendant cinquante heures (Sanfelice). Les antiseptiques usuels restent sans action sur elles, à part, peut-être, l'acide sulfureux.

Anaérobie strict, le vibrion septique adulte est très sensible à l'action de l'air. La moindre trace d'oxygène arrête ses mouvements et entrave son développement à tel point qu'une inoculation trop superficielle reste sans effet. Suivant Pasteur : « la sérosité abdominale, si virulente au moment où on l'extrait de l'animal sur le point de succomber à la septicémie, perd en une demi-journée toute virulence lorsqu'elle reste exposée à l'air en couche mince. Tous les matériaux solides en suspension dans cette sérosité se résolvent en fines granulations inertes; on dirait que l'air brûle les vibrions. »

(1) Menereul. *Annales de l'Institut Pasteur*, 1895, IX, p. 529.

Les spores, au contraire, lorsqu'elles ont pu se produire, résistent pour ainsi dire indéfiniment à l'action de l'air et même de l'oxygène comprimé (PAUL BERT).

Le vibrion septique, anaérobie, est par cela même ferment (PASTEUR). Il attaque les matières hydrocarbonées (amidon, inuline, dextrine); les sucres (glycose, saccharose, lactose); la plupart des alcools polyatomiques (mannite, glycérine...). (ARLOING, LINOSSIER). Pendant la fermentation de ces matières il se dégage des gaz (hydrogène, acide carbonique), il se produit des acides gras (formique, acétique, butyrique, paralactique, succinique).

Le vibrion septique ne fait pas fermenter le lactate de chaux contrairement au vibrion butyrique; il ne sécrète pas d'invertine.

Les matières albuminoïdes sont également attaquées; KERRY (1) a étudié les produits qui en résultent et a reconnu qu'ils étaient identiques à ceux qui se produisent pendant la putréfaction de ces substances quaternaires (acides gras, leucine, tyrosine, etc.), mais il n'y aurait pas, paraît-il, d'indol ni de scatol. Les gaz obtenus sont : l'hydrogène, l'acide carbonique et l'azote en proportions variables.

Produits solubles toxiques. — Pas plus que les produits de sécrétion des autres microbes pathogènes, on n'a isolé en nature ceux du vibrion septique. On a seulement pu mettre leur présence en évidence dans les liquides de l'économie et les cultures où a vécu ce vibrion.

Déjà DAVAINE, COZE et FELZE avaient remarqué que le poison septique voit sa virulence augmenter par les passages successifs d'animal à animal. Nous avons dit plus haut que les inoculations intraveineuses des liquides organiques ou des cultures contenant le vibrion septique ne causaient pas toujours la mort, mais conféraient souvent l'immunité. En 1887, ROUX et CHAMBERLAND (2) montrèrent qu'il était possible de conférer aux animaux l'immunité contre le vibrion septique en leur injectant des cultures de ce vibrion, stérilisées soit par la chaleur, soit par filtration à la bougie. Ils admirent, pour expliquer ce fait, la production dans ces cultures d'une substance toxique sécrétée par le microbe et gênant le développement ultérieur de celui-ci.

Plus récemment, BESSON (3) a préparé une toxine très active en cultivant le vibrion septique sur de la viande hachée, convenablement cuite, stérilisée et alcalinisée. C'est vers le 6e jour qu'une sem-

(1) KERRY. *Centralblatt für Bakteriologie*, 1890, VII, p. 642.
(2) ROUX et CHAMBERLAND. *Annales de l'Institut Pasteur*, 1887. I, p. 561.
(3) BESSON. *Annales de l'Institut Pasteur*, 1895, IX, p. 179.

blable culture possède après filtration son maximum de toxicité. Il suffit d'injecter dans le péritoine d'un cobaye de 400 à 600 grammes, 3 à 5 centigrammes de ce liquide filtré pour produire chez cet animal tous les symptômes de la période ultime de la septicémie. Il se rétablit du reste rapidement. Cinq ou dix centimètres cubes du même liquide tuent sûrement les cobayes de 300 à 400 grammes.

Ce poison s'atténue beaucoup quand on le chauffe à 80° - 100° ou quand on le laisse vieillir au contact de l'air et à la lumière; il se conserve avec toute son activité à l'abri de l'air et à l'obscurité. Il possède des propriétés chimiotaxiques négatives, que le chauffage prolongé 2 ou 3 heures à 85° transforme en propriétés chimiotaxiques positives.

Ce fait a conduit BESSON à découvrir que les spores *pures* du vibrion septique, bien débarrassées par lavage de la toxine qui les imprègne ne germent pas dans l'organisme sain, même si on les y introduit en énorme quantité. C'est que dans ces conditions les leucocytes arrivent en foule et détruisent rapidement sur place les spores injectées. Ce même fait s'observe avec les cultures chauffées. Vient-on maintenant à introduire un peu de toxine en même temps que les spores, ou bien injecte-t-on des spores non lavées, la route, dit BESSON, est fermée aux phagocytes et l'infection se déclare.

Le même auteur a observé que certains microbes non septiques par eux-mêmes, mais cependant capables de vivre dans l'organisme, possédaient vis-à-vis du développement du vibrion septique une influence favorisante (voir les travaux de VAILLARD, VINCENT et ROUGET relatifs au tétanos, p. 417). Quatre bactéries isolées par lui de la terre, le *Bacillus prodigiosus* et le *Staphylococcus pyogenes aureus* sont dans ce cas. Peut-être agissent-ils par leurs propres produits de sécrétion en protégeant le vibrion contre les phagocytes.

Beaucoup de conséquences pratiques importantes se dégagent de ces travaux : d'abord la nécessité de retirer des plaies toutes les substances solides, grains de sable, particules terreuses, etc., qui peuvent protéger mécaniquement le vibrion contre les leucocytes; ensuite, il faut, par des lavages antiseptiques, détruire le plus possible ces associations microbiennes favorisantes; les spores septiques qui ne sont guère touchées par ces lavages restent alors seules, incapables de germer, et seront bientôt détruites par les cellules amiboïdes.

Habitat et rôle étiologique. — Le vibrion septique, surtout à l'état de spores, est très répandu et abondant dans la nature; il existe normalement dans la terre quelle que soit son origine (PASTEUR); on l'a trouvé dans la boue et la poussière des rues, dans les matières putréfiées, dans l'air (CORNEVIN), dans l'eau de mer, dans l'eau de rivière, et surtout dans les dépôts vaseux que ces eaux abandonnent par le repos et la décantation (ARLOING, G. ROUX, LORTET). Sa présence est constante dans le tartre dentaire, dans le tube digestif de l'homme ou des animaux où il vit en saprophyte inoffensif tant que les épithéliums sont intacts. Quelques heures après la mort, lorsque la muqueuse intestinale est altérée, il passe dans le sang où il pullule.

Introduit dans l'intimité de l'organisme à la suite d'un traumatisme, par une plaie souillée de terre, par un instrument malpropre, il détermine une septicémie aiguë à marche extrêmement rapide, les tissus envahis se gangrènent et s'infiltrent de gaz; les malades succombent en peu d'heures à une intoxication générale. Cette terrible complication qui faisait autrefois de nombreuses victimes est aujourd'hui exceptionnelle, grâce à l'efficacité des méthodes antiseptiques employées partout maintenant. Certains individus (chiffonniers, etc.), appelés par profession à respirer des poussières provenant de matières organiques putréfiées, contractent parfois une maladie chronique dans l'étiologie de laquelle le vibrion septique paraît jouer un rôle des plus importants. Enfin, ce vibrion est l'agent de certaines septicémies spontanées observées chez le cheval et la vache (RENAULT, NOCARD).

Diagnostic bactériologique. — L'examen direct de la sérosité de l'œdème montre des bacilles courts très mobiles, sporulés; au contraire, la sérosité péritonéale présente des filaments allongés, fluxueux, non sporulés. Seule l'inoculation sous-cutanée au cobaye, amenant la mort en 24-36 heures avec un œdème sanguinolent et crépitant très étendu, permettra de faire le diagnostic.

Bacille de l'œdème malin de Klein.

KLEIN (1) a isolé de la terre de jardin un bacille pathogène dont les effets sont assez analogues à ceux du vibrion septique de PASTEUR. Il s'en différencie nettement, cependant, car il est aérobie, ne liquéfie pas la gélatine et ne donne pas de spores. Sa longueur moyenne qui est environ 2 μ dans les cultures sur bouillon peut

(1) KLEIN. *Centralblatt für Bakteriologie*, 1891, X, p. 186.

s'abaisser à 0,8 et 1 μ dans les cultures sur gélatine ou s'élever jusqu'à 24 μ dans la sérosité de l'œdème des cobayes inoculés. Sa largeur, plus constante est d'environ 0,7 μ.

Il forme sur plaque de *gélatine* à la température de 20° des colonies grises et rondes déjà visibles après 24 heures; les colonies superficielles s'étendent rapidement et au bout de quelques jours elles se présentent sous forme de taches plates, grises et transparentes à bords amincis et dentelés, de plusieurs millimètres de diamètre. Les cultures en stries sur *gélose* ont des caractères analogues; en piqûre, on observe un trait blanchâtre s'épanouissant à la surface en une plaque grise, mince, à bords dentelés. Sur *gélose*, la culture est grasse et grisâtre. Sur *bouillon* à 37°, on observe un trouble déjà après 24 heures; plus tard on voit se former de nombreux flocons, mais jamais de pellicules; le bouillon devient très alcalin. Sur *pomme de terre*, les cultures ont une teinte jaunâtre. Si les milieux contiennent du sucre, on voit dans les parties les plus profondes, ou dans les cultures faites à l'abri de l'air, se former des bulles gazeuses dues à la fermentation de cette matière.

Ce bacille ne donne pas de spores; desséché et soumis dans cet état à l'action de la chaleur sèche, il périt vers 70°; il est très mobile, se colore bien par les couleurs d'aniline mais non par la méthode de Gram.

Les cobayes, les lapins et les souris inoculés avec de faibles doses de culture meurent en moins de 24 heures; ils présentent un œdème volumineux de la région piquée; le bacille, très abondant dans le liquide de cet œdème, est beaucoup plus rare dans le sang du cœur et de la rate. Si les doses inoculées sont très faibles, la mort n'arrive qu'après 2 ou 3 jours; et même les animaux peuvent guérir en présentant seulement au point d'inoculation une induration pouvant durer 12 à 15 jours.

VIII. — Charbon symptomatique.

Syn : *Bacterium Chauvæi*; charbon bactérien.

Le charbon symptomatique est une maladie infectieuse qui sévit principalement sur l'espèce bovine et a pour agent un bacille anaérobie.

Cette maladie également appelée *charbon à tumeurs*, *Rauschbrand* en Allemagne, fut en 1875 et 1876 l'objet de recherches bactériologiques de la part de Bollinger (1) et de Feser (2) qui découvrirent dans les tumeurs des animaux atteints de charbon symptomatique des bactéries, fait déjà signalé en 1873 par Perroncito. Mais ces bactéries ne furent isolées, cultivées et bien étudiées qu'en 1879 par Arloing, Cornevin et Thomas (3). Ces derniers savants s'attachèrent également à obtenir le vaccin de cette affection meurtrière.

Le charbon symptomatique, observé, à peu près, dans tous les pays, se localise surtout dans les montagnes et les hauts plateaux, contrairement à la bactéridie charbonneuse qui sévit habituellement dans les plaines. En dehors des bovidés cette maladie peut se montrer chez la chèvre, le mouton et accidentellement chez le cheval. Elle n'a jamais été observée chez l'homme.

Parmi les animaux de laboratoire qui peuvent contracter le charbon symptomatique on doit citer le cobaye, tandis que le lapin se montre insensible aux inoculations des microbes qui le produisent. Disons, tout de suite, que ce fait permet de différencier le *Bacterium Chauvæi* du *Bacillus anthracis* et du vibrion septique qui tuent indifféremment ces deux espèces animales.

Symptômes. — Dans sa forme *aiguë*, le charbon symptomatique se manifeste par l'apparition brusque d'une tumeur précédée ou suivie de phénomènes généraux graves. L'animal devient triste; est pris de frissons; perd l'appétit; on observe parfois dans cette première période de la maladie comme un retour à la santé, mais ce symptôme est fallacieux.

La tumeur qui peut siéger dans les parties les plus diverses du corps se développe dans les masses musculaires volumineuses, à la croupe, aux cuisses, à l'épaule; dans quelques cas à la tête, à l'encolure, au tronc. Quoi qu'il en soit, au bout de 8 à 10 heures, la tumeur a acquis un développement énorme et devient extrêmement douloureuse; la peau qui la recouvre est sèche et parcheminée; quand l'œdème est considérable, les tissus sous-jacents sont noirs et friables, gorgés de sang ou d'un liquide citrin.

Tandis que la tumeur évolue les symptômes s'aggravent: l'animal est faible, indifférent; sa démarche est pénible et incertaine; les muqueuses sont injectées; la peau est alternativement chaude et froide; la respiration est plaintive et accélérée; le pouls est dur et rapide.

---

(1) Bollinger. *Deutsche Zeitschrift für Thiermed.*, 1875, I, p. 297.

(2) Feser. *Zeitschrift für prakt. Veterinärwiss.*, 1876, IV, p. 13. — *Deutsche Zeitschrift für Thiermed.*, 1880, IV, p. 371.

(3) Arloing, Cornevin et Thomas. *Recueil de médecine vétérinaire*, 1879. — Le charbon symptomatique du bœuf. Paris, 1887.

Dans la dernière phase de la maladie l'animal se couche sur le sol ; son pouls faiblit et devient de moins en moins fréquent ; la température, qui peut atteindre 42°,5 à 42°,8, s'abaisse pour tomber à 37° au moment de l'agonie, enfin la mort survient de 12 heures à 3 jours et demi après l'apparition des premiers symptômes morbides.

Le charbon symptomatique a une terminaison presque toujours fatale.

On connaît des formes *suraiguës* de cette affection débutant par un malaise subit, une élévation brusque de la température du corps, dans lesquelles la présence des tumeurs est peu appréciable. L'animal devenu immobile, insensible aux excitations extérieures tombe dans un coma profond et meurt en 10 à 12 heures.

Lésions. — Le cadavre des animaux morts du charbon symptomatique se ballonne rapidement sous l'action des gaz qui se développent dans l'intestin, les tissus sous-cutané ou intra-musculaire. Le sang du cœur et des gros vaisseaux est coagulé. Le péricarde contient un peu de sérosité. Le poumon, le foie, la rate et les reins sont normaux.

Les ganglions lymphatiques sont hyperhémiés, infiltrés et volumineux principalement au voisinage des tumeurs.

L'appareil digestif offre souvent au pharynx et à l'œsophage des parties ecchymosées ; il en est de même du grand épiploon du mésentère et du péritoine.

Mais les caractères les plus importants sont ceux que l'on peut tirer de l'état des régions où siègent les tumeurs : ces régions sont le siège d'un emphysème étendu ; les muscles, où les tumeurs ont pris naissance et se sont développées, ont une teinte noire foncée ; au microscope, les fibres musculaires apparaissent noyées dans des amas d'hématies et de cellules lymphatiques ; elles ont subi la dégénérescence cireuse ; la bactérie d'Arloing, Cornevin et Thomas s'y rencontre en grande abondance.

Nocard et Moulé (1) ont signalé un caractère organoleptique à peu près constant, pouvant faire reconnaître aisément la viande des animaux morts du charbon symptomatique, qui se manifeste par l'odeur de beurre rance dégagé par les muscles voisins des lésions spécifiques et qu'offrent également quelques cultures artificielles du *Bacterium Chauvæi*.

Morphologie. — Le bacille du charbon symptomatique se présente sous la forme de bâtonnets, sporogènes, mobiles dans les cultures

(1) Nocard et Moulé. *Bulletin de la Société centrale de médecine vétérinaire*, 1889, p. 67.

liquides. Ce bacille est anaérobie; sa longueur, sa largeur et son aspect sont très variables. Suivant les milieux où on le cultive, on le voit adopter de nombreuses formes rappelant beaucoup celles du ferment butyrique et des agents nombreux des putréfactions anaérobiennes. Tantôt il se développe en forme de massues, en battants de cloche, en fuseaux, tantôt en articles droits et courts de 3 μ de longueur sur 1 μ de largeur, parfois ces articles restent isolés, souvent ils se montrent réunis en chaînes plus ou moins longues, rappelant par leur disposition celles du vibrion septique.

Cette espèce se colore aisément par les couleurs usuelles d'aniline, mais ne prend pas le GRAM.

Cultures. — Le *Bacterium Chauvæi* croît facilement dans les milieux nutritifs les plus divers à la condition de le cultiver à l'abri de l'oxygène de l'air, ou au contact de l'hydrogène, de l'azote ou de tout autre gaz inerte.

Semé dans les *bouillons* ordinaires sucrés ou glycérinés, il y détermine, du jour au lendemain, un trouble et des dépôts floconneux en même temps qu'il se produit un dégagement gazeux très manifeste. Quelques auteurs ont préconisé pour la culture de ce microorganisme les bouillons de poule et de veau additionnés d'une faible quantité de sulfate de protoxyde de fer; KITASATO s'est servi du bouillon de cobayes, etc... Les cultures paraissent plus prospères dans les milieux liquides légèrement acides que dans ceux à réaction alcaline.

Le *sérum* de sang naturel convient très bien au développement du *Bacterium Chauvæi*, il en est de même du *lait* qui ne se coagule pas sous son action.

En général, ces diverses cultures dégagent une odeur butyrique assez prononcée et les gaz produits sont formés, d'après ARLOING, CORNEVIN et THOMAS, par des mélanges contenant surtout de l'acide carbonique et peu d'hydrogène. ROUX (1) a trouvé des proportions un peu différentes, environ volume égal d'hydrogène et d'acide carbonique; de son côté, TAPPEINER a trouvé un mélange gazeux représenté par la formule $13\ CO^2 + 76\ H + 11\ Az$.

Enfin BOVET (2), en faisant agir le bacille du charbon symptomatique sur l'albumine, a observé qu'il ne se forme pas d'azote libre, ni de gaz de marais, mais surtout de l'acide carbonique et de l'hydrogène en moyenne : $84\ CO^2 + 16\ H$. Ces proportions peuvent varier

(1) ROUX. *Annales de l'Institut Pasteur*, 1888, II, p. 49.
(2) BOVET. *Annales de Micrographie*, 1890, II, p. 322.

suivant la nature de la substance donnée en nourriture au *Bacterium Chauvæi*.

Le même microbe croît également bien sur la *gélatine* glucosée et glycérinée ; les colonies profondes qui y naissent donnent lieu à la production de bulles gazeuses. Ces colonies sont constituées par des sphérules irrégulières liquéfiantes.

Sur la *gélose* le développement est rapide et s'accompagne d'un dégagement gazeux abondant dont l'odeur est nettement butyrique.

Propriétés biologiques. — Les bacilles du charbon symptomatique desséchés rapidement à 30-35° dans l'exsudat provenant d'une tumeur conservent, d'après Arloing, Cornevin et Thomas, une activité considérable toujours identique à elle-même. Exposés à l'action de l'humidité ou de l'eau, la virulence de ces bacilles s'atténue promptement dans un espace de temps pouvant varier de quelques jours à quelques mois.

D'après les expériences d'Arloing exécutées en collaboration avec R. Pictet et Yung, les germes de la pulpe musculaire d'un animal mort du charbon symptomatique restent parfaitement virulents après avoir été soumis pendant 24 heures à un froid de — 70°, suivi d'une période de 88 heures d'un froid compris entre — 70° et — 76° et enfin d'un abaissement de température de — 120 à — 130° prolongé pendant 20 heures. Des germes ainsi traités inoculés à de jeunes cobayes les tuent au bout de 25 heures.

La température humide de 65° appliquée pendant 20 à 30 minutes aux mêmes bactéries n'exerce pas sur elles d'action sensible ; mais à partir de 30 minutes leur activité se trouve diminuée. Leur virulence ne se montre entièrement abolie que si ces bactéries sont maintenues : soit à 70° pendant 2 heures 20 minutes; soit à 80° pendant 2 heures ou à 100° pendant 20 minutes.

Si la sérosité contenant le *Bacterium Chauvæi* est soumise à l'action de l'air chaud, il faut, d'après Arloing, Cornevin et Thomas, la maintenir pendant 6 heures à la température de 85° pour constater une diminution sensible de sa virulence ; en la chauffant pendant le même temps à 90, 95, 100 et 105°, on obtient des virus de plus en plus atténués; enfin son activité est totalement détruite après une exposition de 6 heures à 110°. Le même résultat s'obtient par le séjour de 15 à 20 minutes de la sérosité à l'autoclave.

La putréfaction ne fait disparaître que lentement la virulence des muscles infectés ; ces derniers abandonnés pendant 6 mois au contact de l'air la conservent encore d'une façon très marquée.

Les germes du charbon symptomatique à l'état de culture pure sur gélatine ou agar sont beaucoup moins résistants que ceux qui sont protégés par la sérosité ou la pulpe musculaire. SANFELICE (1), qui a publié un intéressant mémoire sur la résistance de quelques anaérobies du sol à l'action des agents chimiques et physiques, a trouvé : que les spores du *Bacterium Chauvæi* qui endurent pendant 2 heures la température de 80° ne supportent pas pendant 1 minute celles de 90 et 100° ; qu'une exposition de plus de 20 heures à la lumière solaire (T = 45°) les tue sans retour et que dans l'eau stérile les germes du même microorganisme y survivent au moins pendant 25 jours sans y perdre leur virulence.

Les spores du bacille du charbon symptomatique à l'état frais ne sont pas détruites au bout de 48 heures d'action par : l'alcool à 90° ; l'alcool saturé d'acide phénique ; l'ammoniaque et la potasse caustique à 1 : 5 ; le borate de soude à 1 : 5 ; l'acide tannique à 1 : 5 ; l'iodoforme en poudre, l'eau oxygénée, le chlorure de zinc, l'essence de térébenthine, etc.

Elles sont au contraire tuées au bout du même temps : par une solution aqueuse d'acide phénique à 1 : 50 ; l'acide salicylique à 1 : 1000 ; l'acide borique à 1 : 5 ; les acides minéraux dilués ; l'eau iodée ; le permanganate de potasse à 1 : 20 ; le sulfate de cuivre à 1 : 5 ; le chloral à 1 : 30 ; l'acide picrique en solution saturée ; le nitrate d'argent à 1 : 1000 et le sublimé à 1 : 5000 (ARLOING, CORNEVIN et THOMAS).

Inoculations expérimentales. — Le charbon symptomatique affecte, comme nous l'avons déjà dit, surtout le bœuf et le mouton. L'observation démontre que le porc, le chien et le chat y sont ordinairement réfractaires. Cependant, on doit à MARCK (2) la description de plusieurs cas de charbon bactérien chez le porc. Parmi les petits animaux de laboratoire, le cobaye est presque le seul qui soit sensible à son action ; le rat, le lapin, la poule et le pigeon ne jouissent d'aucune réceptivité à son égard.

Les inoculations sous-cutanées transmettent aisément le charbon symptomatique au mouton et au cobaye ; elle sont suivies d'un œdème chaud qui fait des progrès rapides et les animaux ne tardent pas à succomber. Si l'inoculation est faite dans une région où le tissu conjonctif est peu abondant, les accidents qu'on observe sont souvent sans gravité.

Les inoculations intramusculaires déterminent la production de

(1) SANFELICE. *Annales de Micrographie*, 1893, V, p. 409 et 473.
(2) MARCK. *Monatshefte für Thierheilk.*, 1896, VII, p. 489 et 1897, VIII, p. 174.

tumeurs accompagnées d'œdèmes crépitants ; il se forme des gaz en abondance et les phénomènes observés rappellent ceux que produisent les infections naturelles.

Lorsque la quantité de virus inoculée est très faible, la maladie communiquée reste légère et les animaux se trouvent immunisés.

Les injections intraveineuses avec plusieurs centimètres cubes de suc musculaire virulent, ne provoquent qu'une maladie avortée non accompagnée de la formation de tumeurs. Cependant quelques sujets succombent, parfois, avec les symptômes de la septicémie.

Si la muqueuse digestive paraît apte à la pénétration du virus quand on fait ingérer aux animaux des produits très virulents, la muqueuse de l'arbre respiratoire semble au contraire peu favorable à l'introduction dans l'économie animale du poison figuré du charbon symptomatique.

D'après Rogowitsch (1), quelques heures après l'inoculation intramusculaire, on constate au point inoculé un afflux de leucocytes polynucléés et un œdème périphérique. Le développement des bacilles est très rapide, au bout de 24 heures ils sont devenus très abondants, ils ne déterminent pas seulement des troubles vasculaires, mais des hémorrhagies interstitielles par rupture de la paroi des vaisseaux. En même temps que le microbe se multiplie, il se produit un dégagement gazeux auquel les tumeurs doivent leur caractère emphysémateux. Souvent, à la période ultime de la maladie, la bactérie envahit la circulation générale.

Atténuation et exaltation de la virulence. — Les cultures artificielles du bacille du charbon symptomatique perdent rapidement leur virulence qui finit par disparaître complètement au bout de peu de temps. Les cultures effectuées à 38°-40° dans le sérum de sang ou les bouillons de veau, de poulet, additionnés de glycérine et de sulfate de fer fournissent des virus atténués.

Les antiseptiques appliqués à doses faibles et graduées (acide phénique, acide salicylique, etc.), permettent de préparer des vaccins utilisables dans la pratique.

Le chauffage du virus frais prolongé durant 30 et 60 minutes permet d'obtenir un certain degré d'atténuation.

Le virus desséché et humidifié, soumis pendant des temps variables à l'étuve maintenue entre 85 et 105° donne des vaccins d'énergies diverses, parmi lesquels on choisit ceux qui sont commu-

(1) Rogowitsch. *Ziegler's Beiträge zur path. Anat. und zur allg. Path.*, 1888, IV, n° 4.

nément utilisés dans les vaccinations effectuées dans un but prophylactique.

Arloing (1) a établi qu'un virus affaibli, incapable de tuer un cobaye, peut devenir mortel pour cet animal si on l'additionne d'une petite quantité d'acide lactique. Nocard et Roux (2) sont arrivés à vaincre l'immunité naturelle des lapins pour ce virus en l'additionnant d'acide lactique, d'acide acétique, de sel marin, d'alcool étendu, etc. Quelques associations avec des microbes non pathogènes (*Micrococcus prodigiosus*, *Proteus vulgaris*, etc.), permettent d'arriver au même résultat.

Immunisation. — L'immunisation contre le charbon symptomatique s'obtient en injectant dans les veines des bovidés de 4 à 6 cmc. de sérosité virulente extraite d'une tumeur. La dose pour le mouton doit être abaissée à 1 ou 2 cmc. L'injection se fait dans la jugulaire. Ce traitement préventif détermine quelques phénomènes généraux : de la fièvre, de l'abattement, de l'inappétence qui disparaissent au bout de 2 à 3 jours.

On peut, également, conférer la même immunité en inoculant une très faible quantité de virus actif dans une région où le tissu conjonctif est rare, ou dense, comme par exemple à l'extrémité de la queue des bovidés. Mais à ces divers procédés on préfère l'inoculation des virus atténués.

Ces virus se fabriquent en desséchant rapidement à 37° le liquide, filtré sur une mousseline, obtenu en triturant avec un peu d'eau bouillie un morceau de tumeur enlevée à un animal ayant succombé au charbon symptomatique. Pour faciliter l'évaporation, le liquide est placé en couches minces sur des assiettes ou des cuvettes en porcelaine. La substance ainsi desséchée, pulvérisée, conservée à l'abri de l'humidité, garde indéfiniment ses propriétés virulentes.

Pour obtenir les vaccins avec cette matière première, on l'imbibe environ de deux fois son poids d'eau et on la maintient pendant 7 heures entre 100 et 104°. Ainsi préparée cette poudre constitue le vaccin *faible*. Si on chauffe pendant le même temps la matière première humectée entre 90 et 94°, on obtient le vaccin *fort*.

Kitt (3) se sert d'un seul vaccin préparé en maintenant la substance virulente pendant 5 heures dans la vapeur d'eau vers 90°-100°.

Roux (4) a démontré que les cobayes peuvent être immunisés

(1) Arloing, Cornevin et Thomas. Le charbon symptomatique du bœuf, p. 165. Paris, 1887.
(2) Nocard et Roux. *Annales de l'Institut Pasteur*, 1887, I, p. 257.
(3) Kitt. *Centralblatt für Bakteriologie*, 1888, III, p. 572 et 605.
(4) Roux. *Annales de l'Institut Pasteur*, 1888, II. p. 49.

par l'injection de doses relativement élevées de suc virulent filtré à travers la porcelaine ; il a obtenu le même résultat en inoculant aux animaux des cultures de *Bacterium Chauvæi* vieilles de 15 jours et stérilisées à l'autoclave, ce qui paraît établir que la vaccination est surtout due à des substances solubles.

On doit au même savant une observation très importante qui démontre que les cobayes vaccinés contre la septicémie succombent aisément au charbon symptomatique, alors que ces mêmes animaux vaccinés contre le charbon symptomatique sont réfractaires à l'infection septicémique. Dans ce dernier cas, on possède l'exemple remarquable d'un virus unique pouvant vacciner à la fois les cobayes contre deux maladies bien distinctes.

Enfin Kitt (1) et Duenschmann (2) ont pu conférer l'immunité contre le charbon symptomatique avec le sérum de sang des animaux vaccinés contre cette maladie.

Vaccination. — Le procédé d'immunisation par les virus atténués dont la préparation a été indiquée plus haut, appliqué par Arloing dès 1883, fut promptement employé dans les pays où le charbon symptomatique fait de nombreuses victimes. Hess et Strebel en Suisse, Kitt en Allemagne, se sont fait les vulgarisateurs de cette méthode prophylactique. En consultant les statistiques dignes de foi, on reconnaît que la mortalité chez les animaux vaccinés est devenue 5 à 6 fois moindre de ce qu'elle était avant tout traitement préventif. Sur 158 579 inoculations cataloguées par Strebel, 107 animaux ont succombé au charbon symptomatique, c'est dire que la mortalité n'a été que de 0,67 p. 100 tandis qu'antérieurement elle était de 6 p. 100.

Dans la pratique, les vaccins sont utilisés ainsi qu'il suit.

La poudre envoyée à l'opérateur est triturée dans un mortier avec quelques gouttes d'eau, puis délayée, peu à peu, avec 10 cmc. de même liquide bouilli. Le mortier et le pilon doivent être au préalable plongés dans l'eau en ébullition. Le produit ainsi obtenu est passé à travers un morceau de batiste stérilisé de la même manière.

L'animal, nous prenons ici pour exemple le bœuf, reçoit à l'extrémité de la queue une injection de 1 cmc. du liquide filtré fait avec du vaccin faible ; puis 10 jours plus tard une injection semblable de virus fort.

(1) Kitt. *Monatshefte für Thierheilk.*, 1893, V, p. 19.
(2) Duenschmann. *Annales de l'Institut Pasteur*, 1894, VIII, p. 403.

Kitt pratique, avec son vaccin plus faible que celui de l'école vétérinaire de Lyon, les inoculations en arrière de l'épaule. Strebel (1) a pu réussir de même avec les vaccins d'Arloing en opérant dans la même région. Zimmermann a choisi la paroi thoracique gauche. Guillod et Simon (2) ont effectué leurs inoculations sur la même partie du corps. Quoi qu'il en soit du lieu choisi pour les inoculations, les pertes résultant des vaccinations pratiquées avec les précautions d'asepsie désirables ont été réduites de 40 à 0,50 pour 1 000 bovidés vaccinés.

Étiologie. — La charbon symptomatique sévissant dans des districts bien délimités, en France : dans les Cévennes, le Limousin, le Berry, le Jura, dans quelques régions de la Picardie et de la Normandie, on doit supposer que cette maladie a ses germes dans le sol. La résistance aux agents physiques des spores du *Bacterium Chauvæi* porte à croire que leur conservation dans le sein de la terre est de longue durée. Gotti a, du reste, démontré la présence des germes du charbon symptomatique dans le pré d'une ferme où cette maladie n'avait pas sévi depuis plusieurs années.

De même que pour la bactéridie, il semble rationnel d'admettre que les spores du charbon symptomatique peuvent provenir des cadavres des animaux ayant succombé sous son action; aussi, l'hypothèse d'une vie saprophytique du *Bacterium Chauvæi*, à une certaine profondeur du sol, là où le défaut d'oxygène peut favoriser sa vie anaérobienne, est-elle parfaitement admissible.

On a observé deux causes d'infection naturelle du charbon symptomatique chez les bovidés : la première a pour origine les aliments provenant des régions contaminées ou souillées par les déjections des animaux malades; la seconde paraît due à l'inoculation directe à travers la peau du virus introduit accidentellement au niveau des éraflures, des coups d'aiguillon, des plaies déterminées par la morsure des chiens ou par les frottements contre les corps durs, etc.

Diagnostic bactériologique. — L'examen microscopique des préparations effectuées en frottant sur des lamelles une partie de tumeur ou de muscle altéré, permet, après coloration aux couleurs d'aniline, d'apercevoir des microorganismes offrant les formes variées du *Bacterium Chauvæi*.

Le produit du raclage des tumeurs, du foie, des ganglions, etc.,

(1) Strebel. *Journal de médecine vétérinaire*, 1893, p. 11. — *Schweizer Archiv für Thierheilk.* 1896, p. 269.

(2) Guillod et Simon. *Bulletin de la Société centrale de médecine vétérinaire*, 1892, p. 323.

introduit dans les muscles de la cuisse des cobayes, les tue en 24-48 heures après avoir déterminé l'apparition rapide de tumeurs au point de l'inoculation. En cas de doute, on inocule simultanément des lapins et des cobayes, les lapins seuls survivent, tandis que ces deux espèces d'animaux succombent indifféremment s'il s'agit de la bactéridie charbonneuse.

IX. — Bacille du tétanos.

Syn. : *Bacillus tetani*; Bacille de Nicolaier.

Le *tétanos* est une affection virulente inoculable due à une intoxication des centres nerveux par une bactérie pathogène très répandue autour de nous.

Cette maladie s'observe chez le cheval, plus rarement chez les bovidés, fréquemment chez le bouc et le mouton, à la suite de la castration ; elle est très rare chez le porc et le chien. Les oiseaux y sont réfractaires. Le tétanos est au contraire très souvent observé chez l'homme et cette affection sévit alors avec une malignité qui en rend l'issue fatale.

Historique. — Jusqu'en 1884, les théories les plus diverses ont été émises pour expliquer la nature du tétanos qui restait, malgré tout, fort obscure. A cette époque, Carle et Rattone (1) démontrèrent le caractère infectieux de cette terrible maladie en la reproduisant expérimentalement sur des petits animaux de laboratoire auxquels ils inoculaient le pus de la plaie ayant servi de porte d'entrée à l'infection chez un homme mort tétanique. Quelques mois plus tard, Nicolaïer (2) réussit à rendre des souris et des lapins tétaniques, en leur insérant quelques parcelles de terre de jardin dans le tissu cellulaire sous-cutané; dans le pus de la plaie d'inoculation, il trouva constamment un bacille particulier, affectant fréquemment la forme d'une baguette de tambour, à cause d'une spore volumineuse contenue dans un renflement terminal, se colorant bien par les couleurs d'aniline et incapable de se développer au contact de l'air sur les milieux de culture habituels. Il réussit néanmoins à en obtenir des cultures impures en ensemençant profondément le pus

---

(1) Carle et Rattone. *Giornale della r. Acad. di medicina di Torino*, mars 1884.

(2) Nicolaïer. *Deutsche medicinische Wochenschrift*, décembre 1884. — *Inaugur. Dissert. Göttingen*, 1885.

dans du sérum gélatinisé maintenu à 37°; ces cultures, quoique impures, se montrèrent très virulentes pour les souris, les lapins et les cobayes; inoffensives pour le chien. Le bacille du tétanos était trouvé; on le désigne ordinairement sous le nom de bacille de NICOLAÏER en l'honneur du savant qui l'a découvert et a jeté une si vive clarté sur l'origine tellurique du tétanos.

Le bacille de NICOLAÏER a, depuis lors, été retrouvé par tous les observateurs qui ont étudié le pus tétanique (ROSENBACH, BONOME, etc.), sans pouvoir toutefois être toujours aisément cultivé et séparé des espèces banales qui l'accompagnent ordinairement dans ce pus, notamment du *Clostridium butyricum* [PARIETTI (1), SORMANI (2)]. KITASATO (3) résolut ce difficile problème, et cultiva, à l'état de pureté, le bacille tétanique en se basant sur la grande résistance que présentent ses spores à l'action de la chaleur et sur la propriété qu'il possède de ne se développer qu'à l'abri de l'oxygène.

Isolement et culture. — Pour se procurer à l'état de pureté le bacille de NICOLAÏER, on ensemence dans des tubes de bouillon quelques gouttelettes de pus provenant d'une plaie tétanique, ce bouillon soustrait au contact de l'air et placé à l'étuve à 37° se trouble rapidement par suite du développement des germes anaérobies. Après deux jours, on introduit quelques gouttes de ces cultures dans de petites ampoules de verre mince stérilisées, que l'on scelle à la lampe et qu'on porte pendant une ou deux minutes dans un bain-marie chauffé à l'ébullition. Le contenu de ces ampoules est ensuite distribué dans des tubes de bouillon neuf et cultivé à l'abri de l'air. En répétant deux ou trois fois ces alternatives de culture dans le vide et de chauffage à 100°, on obtient des bouillons de plus en plus riches en bacilles tétaniques, d'où ce dernier est facilement isolé par la méthode des dilutions, combinée à la culture anaérobienne sur gélatine ou sur gélose. Pour effectuer ces cultures anaérobiennes sur gélatine, SANCHEZ TOLEDO et VEILLON (4) recommandent le tube de ROUX (page 147, fig. 55); dans ce tube, on stérilise à l'autoclave une petite quantité de gélatine, on laisse refroidir vers 30° en faisant passer un courant d'hydrogène au moyen des deux tubulures; on ensemence avec quelques gouttes d'une dilution de culture sur bouillon obtenu comme il vient d'être dit; on fait passer

---

(1) PARIETTI. *Riforma medica*, avril et août 1889.
(2) SORMANI. *Rendiconti della r. inst. Lombardo*, 21 nov. 1889.
(3) KITASATO. *Zeitschrift für Hygiene*, 1889, VII, p. 225. — *Allgemeine Wiener med. Zeitung*, 1889, n° 20.
(4) SANCHEZ TOLEDO et VEILLON. *Archives de médecine expérimentale*, 1890, II, p. 709.

le courant d'hydrogène pendant encore quelques minutes et l'on scelle à la lampe la tubulure latérale. On fait ensuite le vide à la trompe à mercure, on scelle la deuxième tubulure et la gélatine qu'on aura dû maintenir liquide pendant ces dernières opérations sera finalement roulée et solidifiée selon la méthode d'Esmarch. Vaillard et Vincent (1) préfèrent pour la séparation sur milieux solides la méthode si simple indiquée par Vignal : on ensemence un tube de gélatine récemment stérilisée à l'autoclave et refroidie vers 30° avec une dilution de la culture impure sur bouillon qu'il s'agit de séparer ; cette gélatine est aspirée doucement dans un tube de verre de faible diamètre et long d'environ un mètre qu'on vient de stériliser extemporanément en le passant dans la flamme du chalumeau. Les deux extrémités étirées au préalable, sont scellées à la lampe et le tube complètement rempli du milieu nutritif ensemencé est abandonné à la température de 20°.

Quel que soit le procédé employé, on voit au bout de quatre à six jours, apparaître des colonies de bacille de Nicolaïer sous la forme de petites taches nuageuses dont le centre est occupé par un point blanchâtre et la périphérie formée par de fins rayons divergents régulièrement disposés en auréoles, qu'on a très justement comparées à une graine de chardon. Ces colonies liquéfient lentement la gélatine. Il suffit, dès lors, de sectionner le tube au niveau de ces colonies caractéristiques et de les repiquer sur les milieux nutritifs convenablement soustraits au contact de l'air pour avoir des cultures pures de bacille tétanique.

Tous les procédés indiqués plus haut (chap. VI, pages 142 et suivantes) pour la culture des anaérobies sont applicables au bacille tétanique. Cependant lorsque ce bacille est acclimaté aux cultures, on peut se dispenser d'éliminer avec tant de soin les dernières traces d'air des récipients où on le cultive. D'après Vaillard et Vincent on peut obtenir des cultures rapides, abondantes et très virulentes dans des milieux purgés d'air par une simple ébullition et contenus dans des pipettes étranglées ou dans des tubes à essais très étroits et profonds ou encore simplement recouverts d'une couche d'huile ou de vaseline (Wurtz et Foureur) (2).

Sur *bouillon*, le bacille du tétanos se développe déjà à 14° et sa végétation cesse à 43°. Entre 18 et 20°, la croissance est lente et n'est guère appréciable qu'au bout d'une semaine. De 20 à 25° la culture est

(1) Vaillard et Vincent. *Annales de l'Institut Pasteur*, 1891, V, p. 1.
(2) Wurtz et Foureur. *Archives de médecine expérimentale*, 1889, I, p. 523.

manifeste dès le 3e jour, mais la formation des spores est tardive; cette culture est d'abord uniquement formée de bâtonnets réguliers, assez longs, parfois filamenteux et légèrement mobiles; à 37-39°, la végétation du bacille se montre très active, souvent au bout de 24 heures le liquide est déjà troublé et laisse dégager de fines bulles gazeuses, il présente des bâtonnets courts et des filaments pour la plupart sporulés; après 10 jours de culture à cette température on ne trouve plus guère que des bacilles courts et grêles, sporulés; les spores arrondies, très brillantes, deux à quatre fois plus larges que les bacilles eux-mêmes, sont exactement terminales et donnent aux bacilles un aspect assez caractéristique d'épingles ou de baguettes de tambour. A 42°, le bacille tétanique croît encore assez rapidement sur bouillon tout en conservant sa virulence (Vaillard et Vincent), mais il ne donne plus de spores. Dans ces cultures faites au voisinage de la température critique, il apparaît sous forme de bâtonnets granuleux ou de filaments allongés, difficilement colorables; on y observe souvent des formes involutives en massues, en fuseaux, etc.

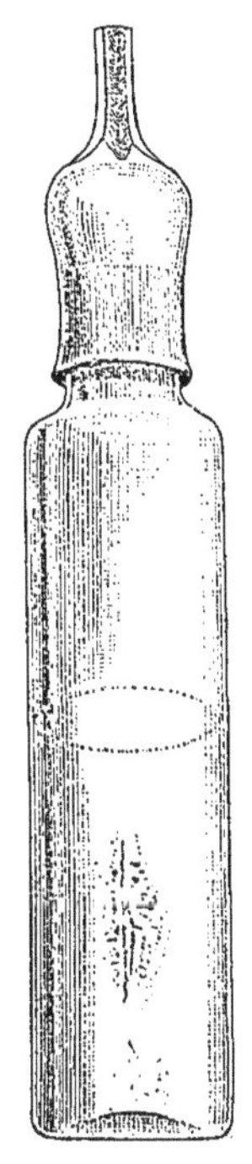

Fig. 141.
Culture du bacille du tétanos dans la gélatine.

Nous avons déjà donné les caractères des colonies tétaniques isolées sur plaques de *gélatine*. Ensemencé par piqûre profonde sur ce même milieu, le bacille de Nicolaïer forme, au bout de 4 à 6 jours, tout autour du trait d'ensemencement et surtout dans les parties les plus profondes, si la culture n'est pas exactement soustraite au contact de l'air, une sorte de manchon blanchâtre duquel émanent de nombreux prolongements rayonnés qui s'étendent dans la gélatine à peu près perpendiculairement au trait d'inoculation (fig. 141). A ce moment, une parcelle de culture dissociée et examinée au microscope dans une goutte de bouillon tenue à l'abri de l'air montre des bacilles courts, légèrement mobiles, surtout si la température est élevée. Un peu plus tard, l'auréole rayonnée s'agrandit, des bulles de gaz se produisent et disloquent la gélatine, en la creusant de vacuoles lenticulaires; le microscope montre des bacilles plus allongés, quelques-uns même sont de véritables filaments très élégants, légèrement ondulés; on voit parfois deux bacilles accolés par une extrémité, soit dans une direction rectiligne, soit en forme de V (SANCHEZ TOLEDO et VEILLON) (1). Dans les cultures sur gélatine encore plus anciennes, vieilles de 10 jours, apparaissent les formes sporulées en épingle ou en baguette de tambour, en même temps que commence la liquéfaction du substratum. Dans les très vieilles cultures, on ne trouve plus guère que des spores, les bacilles courts ou filamenteux ont complètement disparu. SANCHEZ TOLEDO et VEILLON ont observé dans les cultures sur gélatine des bacilles tétaniques très allongés, porteurs d'une spore à chacune de leurs extrémités, ce qui leur donne l'apparence d'haltères; ils ont, en outre, constaté la présence de formes, probablement involutives, dans lesquelles les bacilles, très volumineux, possédaient soit au milieu, soit à une extrémité, un renflement pyriforme facilement colorable.

Semé par piqûre sur *gélose* ou sur *sérum*, le bacille tétanique se développe rapidement à la température de 36—38° et fournit des spores après 36 à 48 heures. Les caractères macroscopiques des cultures sont à peu près les mêmes que sur gélatine, sauf que la liquéfaction du milieu ne se produit jamais.

Le bacille de NICOLAÏER ne se développerait pas sur *pomme de terre*, d'après SANCHEZ TOLEDO et VEILLON; au contraire, VAILLARD et VINCENT ont obtenu sur ce milieu solide des cultures peu prospères, sous forme d'enduit humide et luisant assez semblable à celui que donne dans ces conditions le bacille typhique. Dans ces cultures, le bacille affectait la forme de longs filaments dépourvus de spores.

Toutes les cultures de bacille tétanique dégagent, surtout lorsqu'elles sont âgées, une odeur *sui generis*, rappelant à la fois les matières animales brûlées et l'acide butyrique.

Fig. 142.
Bacille du tétanos dans sa forme filamenteuse.

Morphologie. — Nous venons d'indiquer les formes diverses qu'affecte le bacille de NICOLAÏER dans les cultures artificielles. Dans les plaies tétaniques, il ne se montre pas moins polymorphe; on le voit tantôt sous forme de fins bacilles rectilignes de 3 à 5 μ de long sur 0,3 μ de large, tantôt sous la forme sporulée, en épingles, tantôt enfin sous l'aspect de filaments plus ou moins longs et incurvés (fig. 142 et 143). Le bacille se colore par toutes les méthodes générales habituelles; il garde le GRAM. Quant à ses spores, on les met au mieux en évi-

(1) SANCHEZ TOLEDO et VEILLON. *Archives de médecine expérimentale*, 1890, II, p. 726.

dence par la méthode d'EHRLICH : coloration prolongée et à chaud dans la liqueur de ZIEHL, lavage à l'acide sulfurique à 25 p. 100; les préparations seront ensuite plongées dans le bleu de méthylène, qui colorera le corps des bacilles en bleu.

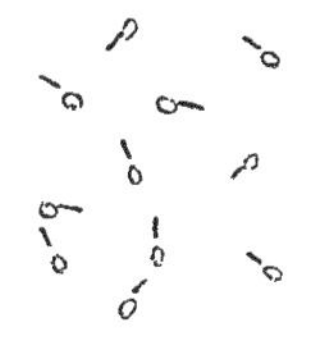

Fig. 143. Bacille du tétanos sporulé.

Propriétés biologiques. — Le bacille tétanique à l'état de spores présente une résistance remarquable à l'action destructive des agents physiques et chimiques. KITASATO a conservé virulentes pendant plusieurs mois des spores tétaniques disposées sur des fils de soie et desséchées. SANCHEZ TOLEDO et VEILLON ont vu de la terre rester tétanigène pendant 5 mois. Selon VAILLARD et VINCENT, l'action combinée de l'air et de la lumière serait plus néfaste pour ces spores que l'action de chacun de ces agents considéré isolément : des spores tétaniques provenant d'une culture sur bouillon, étalées et desséchées sur des fragments de papier furent exposées en vase ouvert à la lumière directe ou diffuse des jours d'été, à une température ne dépassant pas 35° ; ces spores, après 6 jours, ne se rajeunirent qu'avec peine et fournirent une culture de bacilles asporogènes dépourvue de virulence. La même expérience, répétée pendant les jours d'hiver dans les mêmes conditions, permit de constater que 10 jours de conservation à l'air et à la lumière, pendant lesquels les spores avaient été directement insolées pendant 46 heures, ne suffisent pas pour atténuer la virulence des spores tétaniques ; ce ne fut qu'après 32 jours de séjour à l'air et à la lumière, dont 60 heures d'insolation directe, que les résultats de l'été furent de nouveau obtenus. Ces auteurs ont établi que les mêmes spores exposées, à l'abri de l'air, pendant 2 mois à la lumière, dont 57 heures d'insolation, conservaient presque intacte leur virulence.

Ces résultats n'ont rien de surprenant : MIQUEL a tout récemment déterminé le tétanos chez des cobayes en leur insérant sous la peau des parcelles de terre conservée depuis 18 ans en tube scellé, à la température des appartements et à la lumière diffuse.

Les faits qui viennent d'être indiqués, font penser que les bacilles pseudo-tétaniques que l'on trouve dans la terre superficielle, morphologiquement identiques au bacille du tétanos, mais non pathogènes pour les animaux, ne sont, en réalité, que ce bacille tétanique lui-même, privé de virulence par l'action des agents cosmiques (VAILLARD et VINCENT).

Les spores du bacille de NICOLAÏER se conservent virulentes pendant plus de 16 mois dans le pus tétanique desséché (KITASATO) ;

abandonnées à la putréfaction au contact de tissus animaux enfouis ou librement exposés à l'air, elles se montrent encore virulentes après 5 mois (SANCHEZ TOLEDO et VEILLON), après 82 jours (BOMBICI).

En ce qui concerne l'action de la chaleur humide, les spores tétaniques résistent plus d'une heure à 80° et ne sont tuées qu'après 5 minutes à 100° (KITASATO); d'après VAILLARD et VINCENT pour les anéantir sûrement il faudrait maintenir cette dernière température pendant au moins 8 minutes. Nous avons vu que cette résistance considérable des spores du bacille tétanique à la chaleur fournissait un précieux moyen pour l'isoler des nombreux germes vulgaires qui l'accompagnent dans la terre.

La résistance offerte par ses spores aux antiseptiques chimiques n'est pas moins remarquable; elles ne sont détruites : qu'après un séjour de 15 heures dans l'acide phénique à 5 p. 100 ; de 2 heures dans l'acide chlorhydrique à la même concentration; de 3 heures dans le sublimé à 1 p. 100; de 30 minutes dans cette même solution de sublimé additionnée de 5 p. 100 d'acide chlorhydrique (KITASATO).

D'après SORMANI (1) le sublimé 1 : 1 000 ne tue pas le bacille de NICOLAÏER après 48 heures; à 1 : 500, en présence de la même dose d'acide chlorhydrique, il le tue en 24 heures. Par contre, l'iodoforme en poudre ou en solution éthérée montrerait une très grande puissance d'action. Cet auteur conseille donc, dans les cas de blessures impliquant un danger de tétanos, les lavages au sublimé suivis d'un pansement à l'iodoforme.

Toxine tétanique. — Nous avons dit et nous reviendrons plus loin sur ce fait, que dans l'infection tétanique, le bacille de NICOLAÏER se cantonne au niveau de la plaie d'inoculation; ce n'est qu'au moment de la mort qu'on peut, parfois, constater sa généralisation dans le sang et les organes. Cette notion a depuis longtemps fait penser que les phénomènes généraux graves observés dans le cours du tétanos étaient sous la dépendance de produits toxiques solubles formés au niveau de la plaie ayant servi de porte d'entrée au bacille, et diffusés dans tout l'organisme par la voie sanguine. BRIEGER (2) rechercha le premier ces produits toxiques dans les cultures tétaniques et en isola trois alcaloïdes, la *tétanine* $C^{13}H^{20}Az^{2}O^{4}$, la *tétanotoxine* $C^{5}H^{11}Az$, liquide bouillant vers 100°, et la *spasmotoxine* déterminant chez les petits animaux des contractures et des convulsions.

(1) SORMANI. *Rendiconti d. r. Inst. Lombardo*, 21 nov. 1889.
(2) BRIEGER. *Berichte der Deutsche chem. Gesellschaft*, 1886, p. 3159, et 1887, p. 69.

Mais comme il opérait à cette époque sur des cultures impures et par des méthodes brutales, on ne peut plus guère tenir compte aujourd'hui de son travail, pas plus du reste que celui de KITASATO et WEYL qui retrouvèrent plus tard les deux premiers de ces alcaloïdes. FABER (1) montra en 1890 l'extrême toxicité des cultures tétaniques, filtrées sur porcelaine, qui inoculées au cobaye à la dose de 1 millième de gramme le tuent avec tous les symptômes caractérisés du tétanos.

Ces cultures filtrées sont très sensibles à l'action de la lumière, de l'oxygène, de la chaleur modérée (FERMI et PERNOSSI). Elles contiennent en dissolution une faible quantité d'une substance très active, amorphe, insoluble dans l'alcool, aisément entraînable par les précipités floconneux de phosphate de chaux, substance que BRIEGER a isolée et considère comme une toxalbumine, et que les travaux plus récents de VAILLARD et VINCENT, TIZZONI et CATTANI, etc., font actuellement classer avec la toxine diphtérique parmi les diastases.

USCHINSKY a réussi à cultiver le bacille de NICOLAÏER dans un liquide exempt de matières albuminoïdes et présentant la composition suivante : Eau 1 000 gr. ; glycérine 30 à 40 gr. ; sel marin 5 à 7 gr. ; chlorure de calcium 0,1 gr. ; sulfate de magnésie 0,2 à 0,4 gr. ; phosphate de potasse 0,2 à 2,5 gr. ; lactate d'ammoniaque 6 à 7 gr. ; asparagine 3 à 4 gr. ; sucre de raisin 10 à 20 grammes.

Les cultures filtrées donnent la réaction de MILLON ; cet auteur admet, après COURMONT et DOYON (2) que les toxalbumines produites auraient beaucoup d'analogie avec les ferments solubles, et que le poison tétanique vrai ne se formerait dans l'organisme animal que par une réaction des cellules sur les produits sécrétés par les bacilles. C. FERMI et L. PERNOSSI (3) dans un travail très étendu sur les propriétés de la toxine tétanique, nient qu'on puisse obtenir cette toxine dans un milieu de culture non albumineux.

Pour préparer une toxine très active, VAILLARD fait une première culture sur bouillon et la filtre à la bougie au bout de 20 jours; il réensemence le filtratum, et le filtre une seconde fois après 20 nouveaux jours de culture; enfin, cette deuxième culture filtrée, additionnée d'un peu de bouillon neuf est réensemencée une dernière fois, et enfin définitivement filtrée à la bougie CHAMBERLAND. La

(1) FABER. *Berliner klinische Wochenschrift*, 1890, n° 31.

(2) COURMONT et DOYON. *Comptes rendus de l'Académie des Sciences*, 1893, CXVI, p. 593.

(3) FERMI et PERNOSSI. *Ann. d. Ist. sperim. d'Igiene della R. Univ. di Roma*, 1894, IV, p. 1, et *Centralblatt für Bakteriologie*, 1894, XV, p. 303.

toxine ainsi obtenue est d'une activité extraordinaire ; elle tue la souris à la dose de un cent millième de centimètre cube; elle est détruite par la température de 80° maintenue pendant 3 heures et doit être conservée à l'abri de l'air et de la lumière.

Inoculation aux animaux. — La souris, le cobaye et le lapin contractent aisément le tétanos à la suite des inoculations expérimentales de terre, de pus ou de cultures pures. Le chien serait plus résistant ; COURMONT et DOYON ont réussi à tétaniser les poules en leur injectant de grandes quantités de culture. Pour ces auteurs, l'état de réceptivité des animaux à sang-froid, tels que les grenouilles, dépend uniquement de la température ambiante, on peut donc le faire varier à volonté.

L'ingestion des cultures tétaniques ne produit aucun trouble morbide. Il en est de même de l'inhalation par les voies respiratoires ou de l'introduction artificielle du virus dans la trachée (SORMANI) (1).

Les inoculations de pus ou de cultures pures seront faites de préférence sous la peau ou dans les muscles, ou bien encore elles seront pratiquées dans le péritoine, dans les veines, ou sous la duremère. Les parcelles de terre qu'on voudrait expérimenter au point de vue du bacille de NICOLAÏER seront insérées dans une petite loge creusée avec la sonde cannelée dans le tissu cellulaire sous-cutané de la peau de la cuisse d'un cobaye et maintenues en place par un point de suture ou une bandelette collodionnée.

Lorsqu'on inocule une culture pure de tétanos à un animal, il est assez difficile de faire le départ entre l'action des bacilles eux-mêmes et celle de la toxine sécrétée par ces germes et préexistant dans la culture inoculée. Quoi qu'il en soit, s'il s'agit d'une culture en bouillon, vieille de quelques jours, contenant par conséquent à la fois des bacilles et de la toxine, voici ce qu'on observe. Après un temps variable avec l'âge et la dose des cultures et la nature des animaux mis en expérience, on voit apparaître des contractures d'abord dans les muscles voisins du lieu d'inoculation, puis elles se généralisent ; les animaux sont couchés avec leurs membres en extension ou bien fortement contracturés et ployés en arc de cercle (opisthotonos, pleurosthotonos) ; la moindre excitation dans cet état provoque des attaques de convulsions cloniques avec exagération des contractures et de la dyspnée ; la mort survient dans une attaque convulsive. Si la culture est peu active ou en très faible quantité, les contractures

(1) SORMANI. *Riforma medica*, janv. 1890.

peuvent se localiser aux muscles avoisinant le point inoculé ; dans quelques cas le tétanos affecte une marche subaiguë ou chronique, et après une durée de 10, 20 ou 30 jours aboutit soit à la guérison, soit à la mort (Vaillard et Vincent).

A l'autopsie des sujets morts on ne trouve que de bien minimes lésions viscérales ; et si l'inoculation a été faite sous la peau avec une culture pure, c'est à peine si on peut retrouver le point piqué. Au contraire, si l'animal a succombé à une inoculation de terre on trouve au lieu d'insertion, entourée d'une zone œdématiée, une petite poche purulente dans le contenu de laquelle on peut mettre directement en évidence le bacille de Nicolaïer et les nombreux microbes saprophytes qui lui sont associés. Ce n'est guère qu'au moment de la mort, ou même quelques heures après, que le bacille tétanique passe dans le sang et les organes, ce qu'on peut aisément constater par la méthode des inoculations (Sanchez Toledo et Veillon). Au contraire, dès le début des accidents, on peut s'assurer par la même méthode que la toxine y est déjà présente.

Les cultures très jeunes faites à basse température et, par suite, exemptes de toxine tétanique, de même que les spores rigoureusement privées, par des lavages prolongés ou par l'action ménagée de la chaleur, de la toxine qui les imprègne, peuvent être injectées, à dose massive, à des animaux très réceptifs sans déterminer le moindre trouble (Vaillard et Rouget) (1). Ce fait singulier, que Klipstein (2) et Roncali (3) ont cherché à vérifier, avec des résultats contradictoires, s'explique aisément par la phagocytose énergique dont sont victimes les germes infectieux dès leur arrivée dans l'organisme. On peut facilement se rendre compte, au moyen des préparations microscopiques colorées ou par l'emploi des cellules de Ziegler, que les germes tétaniques adultes ou à l'état de spores, mais exempts de toxine, deviennent rapidement la proie des leucocytes qui les digèrent avant qu'ils aient pu germer ; il est même impossible d'invoquer ici une action bactéricide quelconque du sang, car, *in vitro*, les spores germent fort bien dans le sérum en produisant une toxine très active.

Toute cause capable d'entraver l'afflux des leucocytes ou de les empêcher d'accomplir leur rôle phagocytaire, permettant ainsi aux

---

(1) Vaillard et Rouget. *Annales de l'Institut Pasteur*, 1892, VI, p. 385, et 1893, VII, p. 755.
(2) Klipstein. *Hygien. Rundschau*, 1893, n° 1.
(3) Roncali. *Riforma medica*, 1893.

spores de germer, aux bacilles adultes de sécréter de la toxine, favorisera le développement de l'infection. VAILLARD et ROUGET l'ont démontré expérimentalement : quelques spores lavées injectées en même temps que de l'acide lactique déterminent le tétanos, parce que l'acide lactique repousse les phagocytes ; quelques spores lavées enveloppées de papier filtre et introduites sous la peau, déterminent à coup sûr le tétanos, parce que les phagocytes se trouvent arrêtés mécaniquement à la surface du papier et qu'au centre de ce papier les spores humectées par la lymphe germent en toute sécurité et produisent leur poison.

La toxine tétanique elle-même possède des propriétés chimiotaxiques négatives énergiques; c'est-à-dire qu'elle repousse les leucocytes ; on comprend dès lors pourquoi les spores non lavées qui en sont imprégnées, ou encore les cultures anciennes de bacille de NICOLAÏER qui en contiennent normalement, déterminent si aisément le tétanos quand on les inocule. Le travail de VAILLARD et ROUGET éclaire bien des points obscurs de la pathogénie du tétanos ; la terre contient des spores tétaniques sans toxine ; pourquoi dès lors est-elle si souvent l'agent déterminant du tétanos ? C'est parce qu'elle recèle beaucoup d'espèces saprophytes sécrétant des substances à propriétés chimiotaxiques négatives, et qu'à leur faveur les spores tétaniques ont le temps de germer et d'infecter l'économie entière. Les corps étrangers des plaies, les échardes, etc., abritant des spores tétaniques dans leurs anfractuosités, les protègent contre les leucocytes et sont par là des causes fréquentes d'infection.

Vaccinations. — On a cherché de bien des façons à vacciner les animaux contre le tétanos. Les méthodes les plus efficaces consistent à leur injecter soit des cultures virulentes additionnées de trichlorure d'iode (BEHRING et KITASATO) (1), soit des cultures virulentes pures en commençant par des doses extrêmement faibles (VAILLARD) (2), (TIZZONI et CATTANI) (3), soit des cultures atténuées par la chaleur (VAILLARD) (4) ou des cultures filtrées, soit enfin en leur injectant des cultures filtrées additionnées au début d'une certaine quantité d'iode (ROUX et VAILLARD) (5). Ce dernier procédé semble fournir les meilleurs résultats; pour immuniser un cheval, on commence par lui injecter dans les veines un demi-centimètre cube d'un mélange de

---

(1) BEHRING et KITASATO. *Deutsche med. Wochenschrift*, 1890, n° 50.
(2) VAILLARD. *Annales de l'Institut Pasteur*, 1892, VI, p. 224.
(3) TIZZONI et CATTANI. *Centralblatt für Bakteriologie*, 1891, X, p. 33.
(4) VAILLARD. *Comptes rendus de la Société de Biologie*, 1891, 9e sér., III, p. 462.
(5) ROUX et VAILLARD. *Annales de l'Institut Pasteur*, 1893, VII, p. 64.

toxine avec volume égal de liqueur de GRAM; en augmentant peu à peu la dose de toxine et en diminuant en même temps la quantité d'iode, on arrive, au bout de quatre mois, à pouvoir injecter à la fois un quart de litre de toxine pure. Le pouvoir immunisant du sérum de l'animal, qui est alors voisin de un million, tend à baisser, mais on peut aisément le maintenir à ce chiffre, et même le renforcer beaucoup, en pratiquant de temps en temps une nouvelle injection de toxine. Ce sérum n'est point bactéricide, c'est-à-dire qu'on y peut parfaitement cultiver le bacille tétanique, qui n'est aucunement atténué par cette opération, mais il possède un pouvoir préventif incontestable vis-à-vis du bacille tétanique et des toxines qu'il sécrète. Injecté à un animal à dose suffisante, il lui communique une immunité, passagère il est vrai, mais qui lui permettra de résister à l'injection subséquente d'une dose de toxine bien supérieure à la dose mortelle et de lutter avec avantage contre le bacille lui-même.

A l'heure actuelle, le sérum antitétanique, employé à titre préventif, a déjà rendu de nombreux services en médecine humaine et vétérinaire; malheureusement, il s'est jusqu'à présent montré à peu près impuissant dans les cas de tétanos déclaré.

Habitat. — Le bacille de NICOLAÏER est extrêmement répandu dans la nature; on l'a rencontré dans presque tous les échantillons de terre examinés, quelle que fût leur provenance; il serait cependant plus abondant et plus virulent dans la terre cultivée et fumée que dans le sol des forêts ou des routes (BOSSANO). Soulevé du sol par les vents ou entraîné par les eaux, on le retrouve dans les poussières des rues et des appartements (BONOME, CHANTEMESSE et WIDAL), dans les dépôts vaseux abandonnés par les rivières, les lacs et les mers (G. ROUX, VAILLARD). On le rencontre normalement sur la peau et les muqueuses de l'homme et des animaux où il vit en saprophyte inoffensif tant que les épithéliums intacts lui opposent une barrière efficace, mais la moindre solution de continuité des téguments constitue une porte d'entrée souvent d'autant plus sûre qu'elle est plus minime. Il a été signalé dans toute l'étendue des voies digestives des animaux, surtout des herbivores où il est introduit par l'intermédiaire des aliments (paille, fourrage, etc.), souillés de terre. Les excréments de ces animaux le contiennent vivant et virulent (SORMANI, SANCHEZ TOLEDO et VEILLON), car il résiste à l'action des sucs digestifs; ils le disséminent dans le fumier, avec lequel il retourne à la terre.

Étiologie. — VERNEUIL soutenait que le cheval est l'agent le plus ordinaire de transmission du tétanos à l'homme, et de fait, indépendamment des jardiniers qui contractent fréquemment cette maladie à la suite de plaies souillées de terre, ce sont surtout les individus appelés à manipuler le fumier et à soigner les chevaux qui présentent le plus grand nombre de cas de tétanos.

C'est presque toujours à la suite d'une plaie que se déclare le tétanos ; ce sont surtout les plaies étroites et profondes des doigts et des orteils, les plaies anfractueuses ou contuses, les fractures exposées, etc., qui sont les plus favorables à l'infection. La porte d'entrée du virus peut être la plaie utérine résultant de l'accouchement ou la surface de section du cordon ombilical chez le nouveau-né ; on a vu le tétanos se déclarer en apparence spontanément, mais il est probable que dans ces cas rares la plaie d'inoculation n'a pu être découverte ou qu'elle était déjà cicatrisée avant le début des accidents. Nous avons vu plus haut le rôle important que joue dans la pathogénie du tétanos les associations microbiennes, les corps étrangers et certaines influences extérieures, qui interviennent en affaiblissant ou mieux en supprimant les défenses naturelles de l'organisme, en entravant la phagocytose, etc.

VAILLARD et VINCENT ont fréquemment rencontré dans la terre un bacille sporulé ayant de nombreux points communs avec le bacille de NICOLAÏER. Ce bacille pseudo-tétanique ne s'est jamais montré pathogène pour les animaux d'expériences, il constitue peut-être une variété saprophyte du *Bacillus tetani*.

Diagnostic bactériologique. — La recherche du bacille tétanique dans l'organisme animal doit être pratiquée sur les gouttelettes de pus recueillies dans la plaie d'inoculation. On pratiquera l'examen microscopique de nombreuses lamelles enduites de ce pus et colorées par le violet de gentiane et par la méthode de GRAM. Indépendamment de ces examens, on fera des cultures en se basant sur ce qui a été dit plus haut au sujet de l'isolement du bacille tétanique (page 408) et des inoculations à des souris qui présenteront bientôt les symptômes du tétanos si l'on a réellement affaire au bacille de NICOLAÏER.

X. — BACILLE DU ROUGET DU PORC.

Le *rouget du porc*, autrefois appelé *typhus charbonneux*, est une maladie contagieuse virulente propre à l'espèce porcine. KLEIN avait déjà signalé la présence de bacilles dans les exsudats morbides des animaux atteints de cette affection, quand, vers 1882, PASTEUR et

Thuillier (1) signalèrent chez les sujets malades du rouget une bactérie très petite, formée par des articles isolés ou réunis en longues chaînes. Ces savants purent cultiver cette espèce à l'état de pureté et fabriquer avec elle des vaccins par une méthode d'atténuation progressive qui sera décrite plus bas.

En 1885, Löffler (2) fournit une contribution importante sur le rouget (schweinerothlauf) et établit nettement la nature bacillaire du microorganisme qui en est l'agent. Plus tard, Cornevin (3), Schütz (4), Leydig et Schottellius (5), Kitt (6) et plusieurs autres auteurs complétèrent son histoire.

Le rouget sévit dans les divers pays de l'Europe et se montre particulièrement en France, où il produit des pertes se chiffrant par plusieurs millions de francs. On le dit plus rare en Angleterre et aux États-Unis d'Amérique.

Symptômes. — Dans sa forme aiguë, le rouget débute par quelques troubles peu accentués qui peuvent passer inaperçus et qui durent d'ordinaire de 12 à 24 heures ; on note chez les malades une certaine paresse et un défaut d'appétit. Puis, l'affection se déclare franchement par l'élévation de la température du corps, qui atteint 40° et peut, dans certains cas, dépasser 42°. Dès ce moment, les symptômes offrent un caractère grave : le porc refuse les aliments et s'enfouit sous sa litière ; son pouls est rapide, parfois intermittent ; les mouvements de son cœur sont précipités ; il est pris de frissons et de tremblements musculaires ; on observe quelquefois des vomissements et des épistaxis.

Après deux jours, la peau du ventre, des oreilles et de la face interne des cuisses se recouvre d'un exanthème d'un rouge vif ou violacé qui peut confluer au point d'envahir une région très étendue du corps.

L'état de l'animal continue à s'aggraver ; il peut à peine se tenir debout ; il est pris d'une diarrhée séreuse ou séro-sanguinolente et tombe épuisé. Les muqueuses se cyanosent, la respiration devient difficile et bruyante, l'arrière-train est paraplégié, la température s'abaisse à 37° et la mort survient sans agonie.

---

(1) Pasteur et Thuillier. *Compt. rend. de l'Académie des Sciences*, 1882, XCV, p. 1120. — 1883, XCVII, p. 1163.

(2) Löffler. *Arbeiten aus dem K. Gesundheitsamte*, 1885, I, p. 46.

(3) Cornevin. Première étude sur le rouget du porc, Paris, 1885.

(4) Schütz. *Arbeit aus dem K. Gesundheitsamte* 1885, I, p. 56. — *Archiv. für Wissenschaft und prakt. Thierheilk.* 1886, t. XII.

(5) Leydig et Schottellius. Der Rothlauf des Schweine, Wiesbaden, 1885.

(6) Kitt. *Revue für Neibk und thiagucht*, 1886.

La maladie dure de 40 à 60 heures.

On connaît une forme de rouget presque foudroyante, pouvant évoluer en 12 ou 24 heures : le porc tombe dans un état de prostration profonde; sa température s'élève au delà de 42°; sa respiration, d'abord accélérée, devient un peu plus tard dyspnéique; les battements du cœur sont tumultueux; il existe une diarrhée séro-sanguinolante et la mort survient avant que l'exanthème ait eu le temps de se manifester.

Bang (1) a décrit chez les porcelets une forme de rouget se manifestant par une endocardite bacillaire.

Dans ses diverses formes, le rouget se comporte comme une maladie des plus meurtrières; elle enlève en moyenne 80 p. 100 des sujets qu'elle atteint.

Lésions. — Le cœur est pâle, ramolli et ecchymosé; le sang paraît peu altéré; les vaisseaux cutanés sont ectasiés; il existe des hémorrhagies capillaires. Le poumon offre les signes de l'asphyxie; la plèvre renferme une faible quantité de sérosité; les ganglions bronchiques sont tuméfiés, infiltrés et hémorrhagiés. La rate est volumineuse et de couleur foncée; les reins sont gros et congestionnés; le foie est peu altéré dans son aspect; enfin, le tube digestif est congestionné, ecchymosé et parfois ulcéré.

En général, les lésions du rouget rappellent celles des affections septicémiques.

Les microbes spécifiques, assez rares dans le sang, s'accumulent dans les vaisseaux capillaires; ils abondent dans la pulpe splénique, dans les ganglions et la moelle des os d'où on peut les isoler en cultures pures.

Morphologie. — L'agent spécifique du rouget du porc se présente sous l'aspect d'un bacille fin, immobile, de 0,3 à 0,4 μ de largeur sur 0,6 à 1,8 μ de longueur, rappelant les bacilles de la tuberculose et de la septicémie des souris.

Ce microbe se multiplie indifféremment à l'abri ou au contact de l'air, mieux cependant en l'absence d'oxygène libre. On ne lui connaît pas de spores. Il est aisément teint par les couleurs de l'aniline et conserve très bien le Gram.

Semé sur *gélatine*, le bacille du rouget y donne, à la température de la chambre, de petites colonies floconneuses dépourvues de tout pouvoir liquéfiant. Ensemencé par piqûre dans le même milieu, il se produit, sur le trajet du fil de platine, un trait blanchâtre autour

(1) Bang. *Deutsche Zeitschrift für Thiermed.*, 1892, XVIII, p. 27.

duquel naissent des filaments fins et duveteux qui s'irradient horizontalement et donnent à la culture l'aspect d'un écouvillon soyeux.

Sur *gélose*, on obtient de petites colonies blanc grisâtre qui, en se confondant ultérieurement, produisent un enduit mince et continu. L'aspect des cultures est le même sur le *sérum* de sang gélatinisé. La *pomme de terre* se montre un mauvais milieu de culture pour ce microorganisme.

Le bacille du rouget croît bien à la température de 37° dans la plupart des bouillons usités en bactériologie; il y produit en 48 heures un trouble uniforme sans jamais donner de voile à la surface du liquide; au bout de quelques jours il se forme un léger dépôt blanchâtre au fond du vase.

Ces divers caractères morphologiques rapprochent beaucoup cette espèce bactérienne du bacille de la septicémie de la souris, avec lequel plusieurs auteurs la confondent.

Caractères biologiques. — Le bacille du rouget résiste peu de temps à la dessiccation. D'après STRAUS et DUBARRY (1), il conserverait sa vitalité pendant 17 jours dans l'eau ordinaire et pendant 34 jours dans l'eau distillée.

Une température humide de 40-45° atténue rapidement sa virulence. Un degré de chaleur de 50°, soutenu pendant une demi-heure, ou de 52° prolongé pendant 15 minutes le tue sans retour. Il en est de même d'une température de 55-56° appliquée seulement pendant quelques minutes. Un froid de —3 à —8° soutenu pendant deux semaines s'est montré sans action sur la vitalité de cette espèce pathogène.

PETRI (2), qui a étudié la persistance de la virulence du bacille du rouget dans les viandes salées, a trouvé : qu'il reste encore vivant dans l'intérieur des jambons dans le mois qui suit leur préparation; qu'on peut le retrouver plein d'activité au bout de 3 mois dans les viandes fumées et qu'il n'y succombe guère qu'au bout de 6 mois.

Inoculations expérimentales. — Parmi les animaux de laboratoire auxquels on peut communiquer le rouget, on doit citer : le lapin, le pigeon, la souris blanche et la souris grise des habitations.

Le cobaye, le rat des champs et la poule sont réfractaires.

L'inoculation sous-cutanée, qui réussit difficilement chez le porc, tue facilement en quelques jours le lapin, le pigeon et les races de souris qui viennent d'être désignées.

---

(1) STRAUS et DUBARRY. *Archives de médecine expérimentale*, 1889, I, p. 29.

(2) PETRI. *Arbeiten aus dem K. Gesundheitsamte*, 1890, XVII.

Chez le porc, l'infection s'effectue principalement par les voies digestives et la contagion naturelle paraît être déterminée par l'ingestion de substances souillées par les déjections ou les excréments séro-sanguinolents des animaux malades.

Les inoculations intraveineuses et intrapéritonéales font périr de même rapidement les petits animaux susceptibles de contracter le rouget.

Virulence et immunisation. — On peut atténuer la virulence des cultures du bacille du rouget du porc en les abandonnant pendant un temps plus ou moins long au contact de l'air. L'atténuation obtenue se transmet par hérédité.

Les inoculations successives pratiquées sur les lapins fournissent des races de bacilles de plus en plus virulents pour les lapins, mais de moins en moins virulents pour le porc.

On exalte au contraire le degré de virulence du rouget pour le porc en l'inoculant par série aux pigeons.

Ces observations de Pasteur et Thuillier ont permis de créer des vaccins dont les éleveurs tirent le plus grand profit.

L'immunisation est obtenue en inoculant au porc deux vaccins : un premier, très affaibli, qui lui permet de recevoir sans danger le second, beaucoup plus fort, qui doit le préserver contre l'infection naturelle.

Emmerich et Mastbaum (1) ont immunisé le lapin contre le rouget en lui injectant sous la peau de faibles quantités de matière virulente ou en lui introduisant dans les veines des substances virulentes diluées. Le sérum de sang des animaux vaccinés jouit également de propriétés immunisantes ainsi que le suc musculaire provenant des mêmes animaux.

Lorenz (2) préconise, de même, le sérum des animaux vaccinés, mais dans la pratique on a le plus souvent recours à la méthode de Pasteur et Thuillier.

Vaccination. — Comme nous venons de le dire, la vaccination du porc contre le rouget s'effectue en deux temps. Le vaccin *faible* est tout d'abord inoculé, habituellement sous la peau de la face interne de la cuisse droite, à la dose de 1 : 8 de cmc. Deux semaines plus tard, le vaccin *fort* est injecté de la même façon sous la peau de la cuisse gauche.

Ordinairement, la première vaccination détermine quelques mou-

---

(1) Emmerich et Mastbaum. *Archiv. für Hygiene*, 1891, XXXVIII, p. 339 et 356.
(2) Lorenz. *Centralblatt für Bakteriologie*, 1893. XIII, p. 357.

vements fébriles sans gravité; on considère l'immunisation comme acquise 12 jours après la dernière inoculation, sa durée paraît excéder une année.

Ces vaccinations préventives s'effectuent de préférence durant les saisons froides, pendant lesquelles le rouget ne sévit pas ; les porcs soumis à ce traitement doivent être sevrés et au plus âgés de 4 mois.

Malgré son efficacité, cette mesure prophylactique est rarement acceptée par le petit fermier ; il en est tout autrement des éleveurs, dans les étables desquels cette maladie sévit cruellement et enlève tous les ans un chiffre de porcs pouvant varier de 20 à 50 et même à 80 p. 100 de l'effectif.

Il résulte des statistiques publiées en France que dans les régions où la mortalité moyenne par le rouget était de 20 p. 100 avant la pratique des vaccinations, cette mortalité est descendue à 1,5 p. 100 après l'adoption des vaccinations préventives. En Hongrie, HUTYRA (1) a établi, en se basant sur 517,546 vaccinations, que la perte des animaux immunisés contre le rouget n'a pas dépassé 1,10 p. 100, tandis que, durant la même période, les animaux non vaccinés ont péri dans la proportion de 60 p. 100.

Diagnostic bactériologique. — Le diagnostic expérimental du microbe, dont nous terminons ici l'histoire, n'a surtout d'intérêt que s'il s'agit de déterminer, en cas de doute, si le porc a succombé au *rouget* ou à la *pneumo-entérite*. Dans ce but, un petit fragment de foie, de rate ou d'un ganglion malade est broyé avec les précautions aseptiques dans un peu d'eau stérilisée ; puis, après filtration à travers un linge fin, on injecte *quelques gouttes* de la liqueur ainsi obtenue dans les muscles de la cuisse, d'un lapin, d'un cobaye ou d'un pigeon.

Si l'on a affaire au *rouget*, le pigeon succombe du 2e au 5e jour ; le lapin, du 4e au 8e ; le cobaye, au contraire, reste en bonne santé.

S'il s'agit d'une *pneumo-entérite*, le lapin et le cobaye meurent du 3e au 8e jour ; le pigeon résiste à l'inoculation quand la dose injectée a été faible.

Quant à diagnostiquer le bacille du rouget par la seule étude de ses caractères morphologiques et l'aspect macroscopique de ses cultures, le problème devient alors difficile à résoudre, quelques microorganismes ayant avec lui la plus grande ressemblance, de ce nombre le bacille de la septicémie de la souris.

---

(1) HUTYRA. *Jahresbericht über das Veterinärwesen in Ungarn.* Budapest, 1890 à 1892.

Bacille de la septicémie de la souris.

Syn : *Bacillus murisepticus.*

Le bacille de la septicémie des souris des habitations (bacillus des mauseseptikämie) a été découvert par Koch (1) en 1878, en inoculant à ces petits rongeurs des eaux sales et des produits putréfiés. Flügge lui donna le nom de *Bacillus murisepticus*, sous lequel on le désigne habituellement aujourd'hui. Gaffky (2) reprit quelques années plus tard l'étude de cette bactérie et compléta son histoire.

Le sang des souris mortes de cette maladie est extrêmement virulent, les cultures qu'on en retire sont beaucoup moins actives, mais cependant tuent encore les souris dans un espace de temps variant de 40 à 60 heures.

Les souris des champs sont réfractaires à l'infection ; il n'en est pas de même des pigeons et des oiseaux, qui jouissent d'une grande réceptivité à l'égard du *Bacillus murisepticus* ; les lapins eux-mêmes peuvent succomber sous son action quand les doses de culture inoculées sont suffisamment élevées.

Les accidents provoqués par ce microbe se traduisent, chez les souris, par un grand abattement, l'animal devient immobile ; son poil se hérisse, ses yeux larmoient ; il se pelotonne sur lui-même et meurt dans cette position.

Les lésions observées consistent en un œdème au point d'inoculation et une hyperhémie plus ou moins accentuée des divers organes. On retrouve le bacille dans la circulation générale et surtout en très grand nombre dans le sang des capillaires.

Le *Bacillus murisepticus* est formé de bâtonnets très grêles de 0,8 μ à 1 μ de longueur sur 0,2 μ environ d'épaisseur ; ces articles se voient souvent associés 2 à 2 ; ils peuvent vivre et se multiplier indifféremment au contact ou à l'abri de l'air ; ils peuvent atteindre, dans les cultures artificielles, jusqu'à 2 et 4 μ de longueur.

Ensemencée dans le *bouillon*, cette espèce y détermine un trouble léger, suivi de la formation de voiles minces à la surface du liquide ; on n'observe pas la présence de l'indol parmi les produits accumulés dans la culture.

Sur *gélatine*, il produit des colonies floconneuses blanchâtres

---

(1) Koch. *Wundinjections Krankheiten*. Leipzig, 1878.
(2) Gaffky. *Mittheilungen aus dem K. Gesundheitsamte*, 1881, I, p. 80.

se développant d'ordinaire au-dessous de la surface de ce milieu. Dans les ensemencements par piqûres on obtient des traits écouvillonnés analogues à ceux que produit le rouget du porc.

Sur la *gélose*, on voit naître le long de la strie d'ensemencement des colonies rondes d'un blanc jaunâtre. La culture est nulle ou très peu apparente sur le *sérum* de sang gélatinisé.

Le *Bacillus murisepticus* se colore très bien par les couleurs usuelles d'aniline et par le procédé de Gram.

Bacille de la septicémie des souris blanches.

Syn : *Bacillus murisepticus polymorphus.*

Ce bacille a été découvert par Karlinski (1) dans du pus phlegmoneux récolté chez des malades.

Il tue les souris blanches au bout de 22 à 24 heures ; il agit beaucoup plus difficilement sur les souris grises et se montre sans effet sur les rats blancs. Les cobayes injectés hypodermiquement y sont très peu sensibles et les lapins moins encore.

Le *Bacillus murisepticus polymorphus* se présente au microscope sous la forme de bâtonnets courts, à extrémités arrondies, très mobiles, pouvant se transformer, surtout dans les cultures liquides, en longs spirilles.

Ensemencé dans le *bouillon*, il le trouble promptement en fournissant un dépôt blanc qui s'accumule au fond du vase. De neutre le liquide devient très fortement alcalin et dégage une odeur désagréable rappelant l'acide butyrique.

Ce bacille pousse également bien sur la *gélatine* en donnant des colonies blanchâtres, ovoïdes, déjà visibles au bout de 10 heures ; ultérieurement, ces colonies émettent des expansions jaunâtres qui rayonnent dans la masse du substratum, qui est promptement liquéfié.

Sur *gélose*, à la température voisine de 35°, il se produit un enduit blanc abondant.

Les cultures sur *pomme de terre* sont de même très fournies ; la surface ensemencée se recouvre d'une couche homogène muqueuse d'un blanc grisâtre.

En somme, la bactérie isolée par Karlinski n'a aucun des caractères morphologiques des deux espèces qui viennent d'être décrites

(1) Karlinski. *Centralblatt für Bakteriologie*, 1889, t. V, p. 193.

et en diffère pathologiquement par la faculté d'être surtout meurtrière pour les souris blanches.

XI. — Bacille de la morve et du farcin.

Syn. : *Bacillus mallei*; der Rozbacillus.

La morve est une maladie sévissant à peu près exclusivement sur les solipèdes domestiques : l'âne, le cheval et le mulet.

Cette affection contagieuse et inoculable, connue depuis les temps les plus reculés, a pour agent un microbe spécifique, découvert en France à la fin de 1882 par Bouchard, Capitan et Charrin (1) et vers la même époque en Allemagne par Löffler et Schütz (2). Quatre années plus tard, Löffler (3) a donné un travail très important sur cette bactérie, qu'il a rangée dans la tribu des bacilles. Enfin l'histoire de ce microorganisme a été complétée par les recherches de Helmann et Kalnig, qui découvrirent la malleine, et par celles de Preuss, de Kitt, de Fotti, de Nocard, de Roux, etc.

La morve se présente sous deux aspects classiques principaux. Dans le premier, les lésions apparentes sont localisées à la peau et la maladie a, dans ce cas, reçu le nom de *farcin* ; dans le second, les lésions siègent sur les muqueuses et elle est appelée *morve* proprement dite.

Symptômes. — La morve *aiguë* est caractérisée par une réaction fébrile intense ; la température s'élève à 41 et 42°. L'animal est prostré ; sa marche devient pénible ; il est pris de frissons et de tremblements dans les cuisses et dans l'épaule ; l'appétit devient à peu près nul ; les boissons froides sont encore acceptées ; le pouls est faible et la respiration est accélérée. Le malade maigrit à vue d'œil. A ces symptômes, qui appartiennent encore à la période d'invasion, s'en succèdent de locaux propres à cette maladie.

On voit apparaître sur les muqueuses pituitaires injectées et d'un rouge foncé des vésico-pustules arrondies, de la grosseur d'un pois, pleines d'un liquide séro-purulent. Ces vésicules s'ouvrent en peu de temps, laissent à découvert une surface ulcérée et la lésion prend l'aspect d'un chancre cupuliforme limité par un bourrelet infiltré. Ces ulcérations de la muqueuse nasale deviennent le point de départ d'un jetage, d'abord citrin, puis muco-purulent et strié de sang.

---

(1) Bouchard, Capitan et Charrin. *Bulletin de l'Académie de médecine*, décembre, 1882.
(2) Löffler et Schütz. *Deutsche med. Wochenschrift*, décembre 1882.
(3) Löffler. *Arbeiten aus dem K. Gesundheitsamte*, 1886, I, p. 141.

En même temps on constate l'existence d'engorgements chauds, douloureux et volumineux en divers points du corps : aux flancs, à l'épaule, à l'extrémité inférieure de la tête. Ces œdèmes se résorbent partiellement en moins de 24 heures, et à la place qu'ils occupaient naissent des boutons qui s'ulcèrent et donnent des plaies profondes à bords taillés à pic.

D'autre part, les vaisseaux lymphatiques de ces régions s'engorgent; les ganglions explorables se montrent hypertrophiés; ils suppurent et abcèdent en fournissant un pus visqueux, mal lié, de teinte violacée et safranée.

L'état général de l'animal devient excessivement grave; sa température est très élevée, son pouls petit et rapide, sa respiration accélérée; l'amaigrissement est extrême et le malade, atteint d'une pneumonie plus ou moins généralisée, succombe par asphyxie au bout de 8 à 30 jours à partir du début des premiers accidents.

Dans la morve cutanée ou *farcin*, on observe toujours le *bouton* ou la lésion externe, l'inflammation des vaisseaux lymphatiques ou la *corde*, la tuméfaction ganglionnaire ou la *glande*.

Le bouton est précédé de l'apparition d'un œdème peu volumineux occupant les régions où la peau est fine et le tissu-conjonctif abondant (face interne des cuisses, encolure, etc.). Cet œdème primitif se résorbe et les boutons farcineux, plus ou moins confluents, s'ouvrent et donnent une plaie chancreuse appelée *chancre farcineux*.

La corde est constituée par les parois épaissies et enflammées des vaisseaux lymphatiques qui peuvent rester lisses, se montrer renflés en chapelets ou encore s'ouvrir et donner des traînées ulcéreuses.

Les ganglions de la région sont le siège d'un engorgement chaud et douloureux; puis, l'œdème disparu, ils restent à l'état de masses dures et bosselées, sans tendance à suppurer.

On trouvera dans les traités spéciaux de pathologie vétérinaire (1) des études plus circonstanciées sur les formes cliniques si diverses que peut revêtir la morve chronique dont la marche lente, s'effectuant par poussées successives, peut se terminer par la guérison quand elle est traitée de bonne heure chez les animaux vigoureux et bien nourris.

La morve est transmissible à l'homme, aussi n'est-il pas rare de pouvoir suivre son évolution chez les charretiers, les palefreniers et chez ceux qui vivent en contact permanent avec les chevaux. Les cas de morve contractés au laboratoire sont rares; cepen-

(1) Nocard et Leclainche. Les maladies microbiennes des animaux. Paris, 1896.

dant TROFIMOFF (1) en rapporte un cas dont la terminaison fut fatale.

La morve chronique s'observe rarement chez l'homme, ordinairement la morve affecte chez lui la forme aiguë et se termine par la mort.

Quand la porte d'entrée du virus a pour siège une blessure ou une écorchure de la peau, on voit se produire au niveau de la plaie, après une durée d'incubation de 2 à 8 jours, une inflammation suivie d'une lymphangite et d'une adénite de ganglions correspondants. La fièvre est vive. Il survient un phlegmon diffus accompagné d'une rougeur érysipélateuse de la peau et de plaques gangreneuses qui peuvent envahir tout un membre ou une partie étendue du corps. Parfois ce sont les symptômes généraux qui dominent.

Quand les accidents locaux font défaut, la morve peut débuter par des malaises, suivis de fièvre, de douleurs articulaires, etc., la température atteint bientôt 40°, l'état typhoïque se prononce et l'on voit apparaître des abcès sous-cutanés et musculaires, des éruptions pustuleuses et des écoulements par le nez formés par un liquide séro-sanguinolent ou purulent et sanieux qui constitue un véritable jetage.

Plus tard, on note de l'agitation, du délire, une somnolence continuelle, des alternatives de diarrhée et de constipation. Le pouls extrêmement rapide, parfois dicrote, devient filiforme ; la respiration s'embarrasse et le malade succombe souvent 3 semaines après l'apparition des premiers accidents.

Lésions. — Les lésions principales de la morve aiguë dont nous allons dire brièvement quelques mots, siègent, comme on l'a déjà vu, à la peau, dans les vaisseaux et les ganglions lymphatiques. En outre, elles peuvent être très importantes dans la muqueuse respiratoire et dans le poumon.

La muqueuse respiratoire, d'abord congestionnée, prend une teinte rouge foncé et offre à une période avancée de la maladie une éruption pustuleuse et des ulcérations étendues parmi lesquelles s'observent des plaques sphacélées. Le bacille spécifique se rencontre en grande abondance dans le pus séreux, de teinte safranée, qui s'écoule des parois ulcérées des fosses nasales.

Le poumon, entièrement congestionné, montre dans sa partie pleurale de nombreux nodules de forme pyramidale, qui peuvent être si multipliés que l'aspect de cet organe peut être celui qu'il possède dans les pneumonies lobaires. Les plèvres sont épaissies et

(1) TROFIMOFF. Causeries scientifiques de la clinique de Pastemalzky, février 1896.

ecchymosées; la muqueuse des bronches enflammée est tapissée d'un exsudat séro-purulent et sanguinolent; le foie volumineux, gorgé de sang, montre des granulations morveuses. La rate est de même tuméfiée et offre de semblables granulations. On note aussi des lésions testiculaires se traduisant par la distension de cet organe par un liquide albumineux jaunâtre et visqueux; le tissu propre du testicule se montre atrophié.

Morphologie. — Le bacille de la morve est formé par des bâtonnets grêles, aérobies, visiblement mobiles, d'environ 2 à 5 μ de longueur sur 0,5 à 1 μ d'épaisseur.

Ces articles prennent mal les couleurs usuelles d'aniline; les procédés de coloration qui donnent les meilleurs résultats sont ceux de Löffler et de Kühne. Ils se décolorent par l'application de la méthode de Gram.

Pour teindre le bacille de la morve dans les coupes, on prive ces dernières d'alcool, puis on les plonge pendant quelques minutes dans le bleu de méthylène phéniqué; on les décolore ensuite par l'acide chlorhydrique étendu; on les lave dans l'eau distillée et enfin on les monte dans le baume après les avoir soigneusement déshydratées. Le bacille apparaît alors convenablement coloré au milieu d'éléments histologiques teints en bleu pâle (1).

Le *Bacillus mallei* croît mal à la température de la chambre. Le degré de chaleur qui favorise le mieux sa croissance est voisin de 37°; il cesse de se multiplier au delà de 43°.

Semé dans le *bouillon*, il le trouble uniformément au bout de 24 à 48 heures et donne un dépôt blanchâtre qui s'accumule au fond du vase.

Le développement de ce bacille est très abondant sur la *gélose* glycérinée. En 48 heures, environ, on voit apparaître le long de la strie d'ensemencement une bande d'un blanc mat, translucide sur les bords, d'une largeur de 2 à 3 millimètres; au bout de 18 jours, la largeur de cette bande mesure 7 à 8 millimètres.

Les cultures de ce même bacille sont peu abondantes sur le *sérum* de sang; les colonies qu'on voit s'y former sont jaunâtres et transparentes.

Au contraire, les cultures obtenues sur la *pomme de terre* présentent un aspect macroscopique qui mérite de fixer l'attention. Dès le 2e jour, la surface de ce tubercule se recouvre d'un enduit mince, jaunâtre et transparent. Au bout d'une semaine, l'enduit est devenu

(1) Kühne. *Fortschritte der Medizin*, 1888, p. 860.

épais, visqueux, luisant, et sa couleur primitivement ambrée a fait place à une teinte brune comparable à la teinte chocolat clair.

Propriétés biologiques. — LÖFFLER (1) estime que la virulence du bacille de la morve peut se conserver pendant une période de temps variant de quelques semaines à 3-4 mois quand il est desséché dans les exsudats pathologiques. Plusieurs autres expérimentateurs, au nombre desquels CADÉAC et MALET (2), ont trouvé que ce bacille était inactif 9 jours après la dessiccation rapide du jetage et 3 jours après sa dessiccation lente. PUECH a remarqué que la virulence du bacille de la morve peut persister pendant 2 mois, et GALTIER (3) déclare qu'elle n'est plus sensible après 15 jours. En milieu humide, le bacille peut conserver ses propriétés pathogènes pendant un temps plus long.

Le *Bacillus mallei* ne résiste pas à l'action d'une température humide de 55° prolongée pendant 10 minutes.

Il est facilement détruit par les substances antiseptiques. D'après LÖFFLER, l'acide phénique à 3,5 p. 100 le tue au bout de 5 minutes d'action ; le sublimé à 1 : 1 000 n'exige que 2 minutes pour produire le même effet.

D'après NOCARD, la créoline, le crésyl et le lysol à 3 p. 100 agissent tout aussi efficacement au bout de quelques instants.

Des nombreuses recherches de CADÉAC et MALET (4), il résulte que les substances les plus efficaces pour détruire le bacille de la morve sont : l'acide phénique, l'acide sulfurique et le chlorure de zinc à 2 p. 100 ; le sublimé, de 1 : 10 000 à 1 : 1 000 ; le sulfate de cuivre, à 1 : 20 ; le sulfate de fer, à 1 : 5, mais qu'on doit se méfier de l'action beaucoup plus incertaine de l'acide borique à 3 p. 100 ; du chloral ; de l'eau oxygénée à 12 volumes ; du sulfate de zinc à 2 p. 100 et du nitrate d'argent à 1 : 10 000. Il est évident qu'à si faible dose l'argent introduit dans des liqueurs toujours chargées de chlorure de sodium peut être totalement précipité avant d'avoir eu le temps d'agir, mais les mêmes expérimentateurs reconnaissent qu'à 1 : 1 000 les solutions argentiques se montrent convenablement bactéricides.

Dans la première partie de cet ouvrage traitant de l'action des antiseptiques sur les bactéries, nous avons longuement rapporté les expériences de BOER (5) sur le bacille de la morve et quelques autres espèces microbiennes.

---

(1) LÖFFLER. *Arbeiten aus dem K. Gesundheitsamte*, 1886, I, p. 141.
(2) CADÉAC et MALET. *Revue vétérinaire*, 1886 et 1887.
(3) GALTIER. Traité des maladies contagieuses, 1891, I, p. 835.
(4) CADÉAC et MALET. *Revue vétérinaire*, 1886 et 1887.
(5) BOER. *Zeitschrift für Hygiene*, 1890, IX, p. 550.

On connaît mal la nature des produits sécrétés dans les cultures par le *Bacillus mallei*. Il est probable qu'il agit sur l'économie animale par les substances toxiques qu'il fabrique, dont l'une a été préparée à l'état brut et sert journellement à diagnostiquer la morve sur le vivant comme la tuberculine sert à démontrer, chez le bœuf, l'existence de lésions tuberculeuses, plus ou moins cachées, avant l'apparition de signes cliniques indubitables.

Malléine. — La *malléine*, d'abord découverte et étudiée par Helman et Kalning, est préparée en France à l'Institut Pasteur par le procédé indiqué par Roux.

On sème dans des vases contenant environ 250 centimètres cubes de bouillon glycériné un bacille d'une virulence maximum ; ces vases sont abandonnés à l'étuve pendant un mois. Les cultures obtenues sont ensuite stérilisées à l'autoclave à 100° durant une demi-heure, puis ces liqueurs stérilisées réunies sont évaporées au bain-marie au dixième de leur volume. Le produit filtré sur papier Chardin constitue la malléine brute, apparaissant sous l'apparence d'un liquide de couleur brune, doué d'une odeur légèrement vireuse. Pour l'employer, on le dilue à 1 : 10 avec de l'eau phéniquée à 1 : 200. Cette liqueur, ainsi étendue, conserve ses propriétés pendant plusieurs mois.

Foth (1) prépare une malléine sèche en ajoutant à la malléine brute de Roux 25 à 30 fois son volume d'alcool et en évaporant dans le vide ce liquide filtré. Le résidu obtenu a l'aspect d'une poudre blanche, légère, entièrement soluble dans l'eau, qu'on dissout au moment de l'emploi à la dose de 0 gr. 05 dans de l'eau distillée.

L'inoculation aux chevaux sains de 1 : 2 centimètre cube de malléine Roux ou de 5 centimètres cubes de cette même malléine diluée à 1 : 10 dans de l'eau phéniquée ne produit pas d'effet appréciable ; on observe, parfois, un œdème léger au point d'inoculation, mais il ne se déclare aucune réaction fébrile. Chez les animaux morveux, au contraire, cette injection, pratiquée ordinairement à l'encolure, provoque la formation d'une tuméfaction volumineuse, chaude et douloureuse qui s'accroît pendant 24 à 36 heures, puis va en diminuant pour disparaître au bout de 5 à 6 jours. L'état de l'animal est profondément modifié : il se montre triste et abattu, son appétit est supprimé, sa face est grippée, son poil est terne et hérissé ; il est devenu mou et indifférent ; mais à côté de ces symptômes domine une réaction thermique constante qui se manifeste par une élévation de la

(1) Foth. *Zeitschrift für Vet. Kund.*, 1892, p. 169 et 435.

température du corps pouvant atteindre 1°5, 2°, 2°5 et même plus au-dessus de la normale. Cette hyperthermie atteint son maximum entre la 10e et 15e heure. Les règlements des divers pays de l'Europe prescrivent l'abatage des animaux reconnus morveux; la malléine, qui permet d'obtenir le diagnostic de la morve bien avant l'apparition des lésions visibles, est d'un secours précieux pour combattre efficacement la contagion.

Inoculations expérimentales. — La morve, qui se perpétue presque exclusivement chez les solipèdes domestiques, le cheval, l'âne et le mulet, peut être communiquée au chien, au chat, au cobaye, au spermophile et au campagnol; sa transmission au lapin présente plus d'incertitude.

Cette affection peut être inoculée : par voie endermique sur la peau du dos, rasée et désinfectée; par injections sous-cutanées à la face interne des cuisses; par injections intra-péritonéales ou encore intramusculaires.

Ces diverses inoculations se pratiquent dans un but d'étude ou de diagnostic avec le jetage des animaux morveux ou le pus des boutons farcineux délayé dans un peu d'eau stérilisée. On a conseillé, pour se procurer des produits virulents beaucoup plus purs, de les rechercher dans la pulpe splénique des cobayes ou dans les ganglions de l'auge des équidés.

Chez les cobayes et les petits carnassiers, les inoculations se pratiquent en scarifiant la peau du dos et, mieux, en employant les injections sous-cutanées. Dans le premier cas, on voit apparaître au bout de quelques jours à la surface de la peau excoriée, une plaie ulcéreuse aboutissant à un chancre étendu, accompagné d'un engorgement œdémateux périphérique. Le chien comme l'âne est de préférence inoculé à la peau du front.

Quand l'injection a été faite sous la peau d'une cobaye, elle est suivie de la formation d'un abcès volumineux; l'animal maigrit et succombe au bout d'un temps variant de 25 à 50 jours. STRAUS (1) a préconisé, chez le cobaye mâle, l'injection intra-péritonéale capable de déterminer, dès le 2e ou 3e jour, une vaginalite se manifestant par le gonflement des testicules qui acquièrent la grosseur d'une noisette et dont la peau s'ulcère pour donner issue à du pus morveux. Dans ce cas, la maladie évolue rapidement et l'animal succombe du 12e au 15e jour, parfois du 4e au 8e.

---

(1) STRAUS. *Archives de médecine expérimentale*, 1889, I, p. 460 et *Recueil de médecine vétérinaire*, 1889, p. 644.

Le campagnol et le spermophile sont encore plus sensibles au bacille de la morve que le cobaye. Löffler, Schütz et Krantzfeld ont montré qu'à la suite d'une injection sous-cutanée, ces animaux succombent au bout de 2 à 8 jours en présentant des lésions viscérales très étendues accompagnées d'hypertrophie de la rate et de la formation de nodules morveux dans cet organe, le foie et le poumon.

Les souris blanches et les oiseaux présentent une immunité à peu près absolue à l'égard de la morve.

En 1889, Gamaleia est parvenu à exalter la virulence du *Bacillus mallei* en le faisant passer dans le corps du spermophile, les lésions produites alors par ce bacille, doué d'une extrême activité, se rapprochent de celles que déterminent les infections septicémiques.

Étiologie. — Chez les solipèdes, la transmission de la morve s'effectue par les objets (litières, fourrage, eau, etc.) souillés par les animaux malades; la contagion s'opère d'autant plus aisément que les écuries sont plus encombrées et plus mal tenues; la maladie est propagée à distance par les transactions commerciales.

Quant au mode de pénétration du virus, il est certain qu'il peut être absorbé par la peau excoriée, plus aisément par les muqueuses, mais surtout par le tube digestif, comme il résulte clairement des recherches de Nocard (1). L'infection par voie pulmonaire est beaucoup plus problématique, le bacille de la morve résistant assez faiblement à la dessiccation; du reste, les expériences de Cadéac et de Malet (2) viennent combattre cette manière de voir.

La morve, autrefois très fréquente en France, a diminué considérablement grâce aux mesures prophylactiques adoptées pour combattre cette maladie. On ne compte plus annuellement dans notre pays que 800 à 1000 chevaux morveux.

Diagnostic bactériologique. — Le diagnostic bactériologique de la morve a surtout pour but de venir de bonne heure en aide au diagnostic clinique. En dehors des injections de malléine qui permettent de mettre en évidence des lésions morveuses chez des animaux très sains, en apparence, on reconnaît l'existence de la morve en examinant directement au microscope le pus des boutons farcineux, le jetage soumis aux méthodes de coloration qui ont été indiquées; puis, en isolant à l'état de pureté le bacille spéci-

(1) Nocard. *Bulletin de la Société centrale de médecine vétérinaire*, 1894, p. 225 et 367.
(2) Cadéac et Malet. *Revue vétérinaire*, 1888, p. 581.

fique trouvé et en pratiquant des cultures sur la pomme de terre qui, comme on le sait, prend une teinte brun chocolat. A ces divers caractères viennent se joindre ceux qu'on peut retirer des inoculations intra-péritonéales pratiquées de préférence sur le cobaye mâle qui offre des lésions testiculaires à peu près caractéristiques.

XII. — Bacille du côlon

Syn. : *Bacillus coli communis*; *Bacterium coli commune*, Colibacille; Bacille d'Escherich.

Le *Bacillus coli communis* a été décrit en 1885 par Escherich (1), mais il avait été certainement étudié auparavant, en 1883, par Bienstock qui a donné de l'une des bactéries qu'il observa dans les matières fécales une description s'appliquant en tous points au bacille qui nous occupe.

Habitat.— Le *Bacillus coli communis* est un des organismes les plus répandus dans la nature ; il existe à l'état de pureté ou seulement mélangé au *Bacillus lactis aerogenes* dans le contenu intestinal des jeunes enfants allaités par leur mère ; il y apparaît quelques heures après la naissance, apporté sans doute par les liquides maternels et par les poussières atmosphériques dégluties.

On le trouve constamment mélangé à une riche flore bactérienne dans toute l'étendue du tube digestif de l'homme adulte (Vignal) et de la plupart des animaux. Grimbert et Choquet (2) l'ont rencontré 45 fois sur 100 dans la bouche, surtout au niveau des amygdales. Suivant Gilbert et Dominici (3), le nombre des bactéries, voisin de 50000 par milligramme de matière dans le contenu stomacal du chien, tombe à 30000 dans la 1re portion du duodénum, puis croît graduellement jusqu'à la fin de l'iléon où il atteint un chiffre voisin de 100000 et, enfin, décroît brusquement dans le gros intestin. Fremlin dit que le bacille est moins abondant dans le tube digestif du cobaye, du rat et du pigeon que dans celui des autres animaux.

Le *Bacillus coli communis* vit en saprophyte dans le tractus intestinal; mais il peut, comme nous le verrons plus loin, acquérir une virulence considérable ; en tous cas, par l'action qu'il exerce sur les matières hydrocarbonées et albuminoïdes, il doit participer aux

(1) Escherich. Die Darmbakter. d. Säuglings und ihre Beziehung z. Phys. Verdauung Stuttgart, 1886. — *Fortschritte der Medizin*, 1885, p. 515. — *Munch. med. Wochenschrift*, 1886, p. 43.
(2) Grimbert et Choquet. *Comptes rendus de la Société de Biologie*, 1895, sér. 10, II, p. 664.
(3) Gilbert et Dominici. *Comptes rendus de la Société de Biologie*, 1894, sér. 10, I, p. 119.

mécanismes de la nutrition des êtres qui l'hébergent, bien que les expériences déjà anciennes de Nuttal et Thierfelder (1) et celles toutes récentes de Max Schottelius (2) semblent indiquer que la nutrition des êtres supérieurs peut fort bien s'effectuer sans l'intervention d'aucun microbe.

De l'intestin des animaux et de l'homme, le *Bacillus coli communis* se diffuse aisément dans les milieux extérieurs où il est susceptible de conserver longtemps sa vitalité. Ce bacille a, en effet, été très fréquemment rencontré dans la presque totalité des eaux qui ont été examinées à ce point de vue; peut-être même trouve-t-il dans ce milieu, provision suffisante de sels minéraux et de matière organique carbonée et azotée pour se multiplier assez activement. Cette donnée est actuellement d'un grand intérêt pour l'étiologie des maladies transmissibles par les eaux et spécialement de la fièvre typhoïde, puisqu'on tend, de plus en plus, à admettre des relations étroites entre cette maladie et le bacille d'Escherich. Il faut, cependant, observer que la constatation qu'on peut faire de ce microbe dans les eaux ne prouve pas nécessairement qu'elles ont été contaminées depuis peu par des matières fécales. Pour ne citer qu'un exemple, Poujol (3) a trouvé le bacille du côlon 22 fois sur 34 échantillons d'eau, et dans la plupart des cas, on ne pouvait invoquer une cause de contamination directe par des matières fécales. Cet auteur a étudié la virulence des colibacilles isolés de ces eaux; il les a trouvés virulents 6 fois sur 7. Il en conclut que si l'on se basait uniquement sur la présence du *Bacillus coli* pour porter condamnation sur un puits, une source, etc., on s'exposerait à rejeter un grand nombre d'eaux que les données générales de l'hygiène, les conditions de lieu et l'expérience recommandent aux populations. Nous pensons que ce travail de Poujol, entre autres, prouve simplement, comme nous l'avons maintes fois constaté nous-mêmes, que l'eau des nappes souterraines, dont il est bien souvent impossible de déterminer l'origine et qui ne subit pas toujours une filtration parfaite par le sol, peut véhiculer au loin et recéler, vivant et virulent, le bacille du côlon dont la présence doit toujours éveiller l'idée d'une contamination plus ou moins ancienne par les matières fécales. De plus, comme il est démontré qu'en présence du bacille du côlon, la recherche du bacille d'Eberth dans les eaux est le plus souvent illusoire; nous persisterons à dire qu'on doit suspecter les eaux dans les-

(1) Nuttal et Thierfelder. *Zeitschrift für phys. Chemie*, 1895, XXI, p. 109.
(2) M. Schottelius. *Archiv für Hygiene*, 1899, XXXIV, p. 210.
(3) Poujol. *Comptes rendus de la Société de Biologie*, 1897, sér. 10, IV, p. 982.

quelles le bacille d'Escherich se rencontre d'une façon régulière et constante, et qu'on ne doit les livrer à l'alimentation qu'après les avoir épurées au préalable. Cette question sera du reste étudiée avec plus de détails dans un chapitre ultérieur.

Rôle pathogénique. — Indépendamment du rôle important, mais peu connu, qu'il doit jouer dans l'étiologie de la fièvre typhoïde, le *Bacillus coli communis* a été reconnu comme étant l'agent d'un très grand nombre de maladies frappant non seulement le tube digestif et ses annexes, mais encore les poumons, le système nerveux, les articulations, les organes génitaux, les organes des sens, etc. Il nous est impossible de citer ici, même en l'abrégeant, toute la littérature médicale où il est parlé du bacille d'Escherich. Immédiatement après la mort et même pendant l'agonie, le bacille du côlon peut envahir tout ou partie de l'organisme (Wurtz et Hermann (1), Lesage et Macaigne, Achard et Phulpin (2), Beco (3)). Sous peine de s'exposer à de grossières erreurs, le bactériologiste ne devra pas perdre de vue ce point important toutes les fois qu'il prélèvera à l'autopsie des fragments de viscères, des pulpes d'organes et des liquides normaux ou pathologiques destinés aux examens microscopiques, aux inoculations et aux cultures.

Morphologie. — Le *Bacillus coli communis* est assez polymorphe; dans les selles des nourrissons il se présente sous la forme d'un court bacille de 1 à 4 µ de longueur sur 0,3 à 0,4 µ de largeur (fig. 144). Dans les cultures jeunes sur bouillon, sa longueur n'est guère supérieure à sa largeur et il peut être facilement pris pour un microcoque ovale. Sous l'influence du vieillissement et surtout dans certains milieux, tels que la gélatine à l'eau de malt de Malvoz, il s'allonge considérablement, et affecte même la forme de filaments de 10 à 15 µ de longueur, rectilignes ou ondulés.

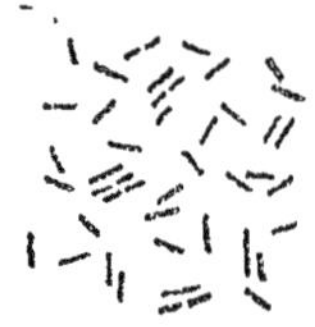

Fig. 144. — *Bacillus coli communis*.

Il se colore aisément par toutes les couleurs d'aniline, mais il ne prend pas le Gram. Une fois la coloration effectuée, il ne faut pas trop insister sur les lavages à l'eau et surtout à l'alcool qui enlèveraient la matière colorante, à moins qu'on ait au préalable traité la préparation par le tannin, comme le recommande Nicolle (voir page 208).

Le bacille du côlon apparaît quelquefois uniformément coloré, mais souvent aussi ses extrémités paraissent renflées, plus opaques;

(1) Wurtz et Hermann. *Archives de médecine expérimentale*, 1891, III, p. 734.
(2) Achard et Phulpin. *Archives de médecine expérimentale*, 1895, VII, p. 25.
(3) Beco. *Annales de l'Institut Pasteur*, 1895, IX, p. 199.

il ne s'agit pas là de spores, étant donnés la faible résistance du bacille aux agents physiques et chimiques et l'insuccès qu'on éprouve en appliquant les méthodes spéciales de coloration des spores. Quelquefois, après coloration légère, le bacille du còlon présente une zone centrale claire, qui lui donne l'aspect *en navette* longtemps considéré comme caractéristique du bacille typhique (ARTAUD).

La mobilité du bacille du côlon est assez variable ; tantôt elle est presque nulle, et le bacille possède un mouvement vibratoire sur place à peine sensible ; tantôt elle est très grande, et l'on éprouve une certaine peine à suivre le bacille traversant le champ du microscope avec ce triple mouvement d'oscillation, de vibration et de translation qu'il présente comme le bacille typhique. Plus rarement le bacille se montre complètement immobile.

Le bacille d'ESCHERICH possède de longs flagella ou cils vibratiles longtemps niés par TAVEL et par HUEPPE qui les considéraient comme propres au bacille typhique. Ils ont été mis en évidence par KLEMENSIEVICZ. On réussit assez difficilement à les colorer par la méthode de LÖFFLER ; de meilleurs résultats sont donnés par la méthode de VAN ERMENGEM (voir p. 212). Les cils du bacille d'ESCHERICH, au nombre de 6 à 8 à chaque extrémité, seraient moins nombreux et moins longs que ceux du bacille typhique.

Cultures. — Le *Bacillus coli communis* est une bactérie très vivace qui se développe admirablement bien sur tous les milieux de culture habituels, au contact ou à l'abri de l'air atmosphérique ; c'est un anaérobie facultatif. Le *bouillon* peptonisé ordinaire ensemencé, se trouble déjà après un séjour de 5 ou 6 heures à 35-37°. Les cultures âgées de 2 ou 3 jours montrent de nombreux bacilles de 2 à 4 μ avec espace clair central simulant l'aspect de navettes signalé plus haut. Après une ou deux semaines, la culture s'arrête et se clarifie par suite de la formation d'un dépôt boueux ou floconneux ; on constate parfois à la surface du liquide une mince pellicule irisée, facilement dissociable, remontant assez haut sur les parois du vase. Les vieilles cultures en bouillon sont très alcalines à cause d'une formation abondante d'ammoniaque ; elles exhalent habituellement une odeur fétide, stercorale.

Dans le bouillon, et surtout dans une solution de peptone pancréatique (PÉRÉ), le bacille du côlon produit de l'indol qu'on peut, déjà, mettre en évidence au moyen de l'acide nitreux après 24 heures de culture à 35°. La production d'indol augmente considérablement dans les jours qui suivent ; après 5 ou 6 jours, on obtient, fréquemment, une coloration rouge sang très intense, presque opaque en additionnant la culture de quelques gouttes d'une solution de nitrite de potassium et d'acide sulfurique.

Certains colibacilles authentiques ne fournissent pas cette réaction ; elle fait défaut aussi dans les milieux sucrés. Le bacille du côlon cultivé pendant plusieurs générations dans des milieux chargés d'antiseptiques (phénol) peut perdre la propriété qu'il avait de donner de l'indol (MALVOZ). Il ne faut donc pas attacher une trop grande importance à cette réaction pour différencier le colibacille du bacille d'EBERTH, d'autant plus que, dans certaines conditions, ce dernier est capable de la fournir nettement.

Fig. 146.
Culture en strie sur gélatine du *Bacillus coli communis*.

Les cultures sur *gélatine* présentent des aspects variables avec le mode d'ensemencement; elles ne sont jamais liquéfiantes. En piqûre, le bacille du côlon forme en 2 ou 3 jours une traînée grisâtre d'aspect peu caractéristique ; la partie superficielle de la culture affecte la forme d'un bouton plus ou moins saillant, de consistance visqueuse, de coloration blanche ou légèrement jaunâtre ; on voit quelquefois apparaître le long du trait de piqûre des vacuoles creusées par des gaz. Les stries sur gélatine solidifiée en tubes inclinés sont tantôt transparentes avec des reflets nacrés et irisés comme celles formées par le bacille d'EBERTH, tantôt plus opaques, d'apparence crémeuse; ces cultures en stries sont limitées par un contour peu découpé, elles s'étendent assez vite en surface et en épaisseur.

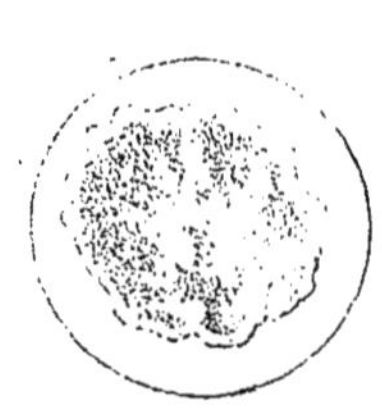

Fig. 145.
Colonie du *Bacillus coli communis* fortement grossie.

Les *plaques de gélatine* ensemencées par dilution présentent, après 2 à 3 jours d'incubation à 20°, de petites colonies bien visibles; les plus profondes arrondies et discoïdales ne présentent rien de bien spécial à noter; leur couleur est blanche, grise ou jaunâtre, à un faible grossissement elles paraissent striées. Au contraire, les colonies nées à la surface des plaques peuvent offrir quelques différences; elles sont beaucoup plus étalées; tantôt elles sont discoïdales à contours arrondis, bleuâtres et translucides par transparence, irisées par reflexion, tantôt elles sont opaques et l'on observe entre le centre et la périphérie une zone radiée, plus claire qui leur donne l'aspect d'une cocarde (LARUELLE) (1). Dans d'autres cas, les colonies sont très semblables à celles du bacille d'EBERTH ; « elles sont plus transparentes, plus réfringentes que celles qui viennent d'être décrites; elles sont parcourues par des sillons plus ou moins profonds, donnant l'impression de montagnes de glace surbaissées ou de montagnes lunaires » (R. WURTZ et HERMANN) (2) (fig. 145).

Dans la *gélatine* préparée avec une décoction de *malt* acide, le bacille du côlon fournit des cultures très abondantes, lesquelles, examinées au microscope, montrent souvent des formes filamenteuses très allongées (MALVOZ) (3) pouvant atteindre 15 µ et même davantage.

Les cultures en stries sur *gélose* et sur *sérum* (fig. 146) sont assez semblables aux cultures analogues sur la gélatine ; leurs bords sont plus festonnés et leur transparence beaucoup plus grande; elles présentent souvent des irisations comme les cultures typhiques; le développement de ces cultures est très rapide à 35-37°.

La culture sur *pomme de terre* a été longtemps considérée comme un bon moyen de diagnostic entre le bacille du côlon et le bacille d'EBERTH. Sur ce milieu solide naturel, le bacille du côlon fournit assez rapidement un enduit saillant, muqueux, jaune clair, devenant brun chocolat par le vieillissement et la dessiccation. L'aspect de ces cultures n'est pas en réalité caractéristique, il dépend de la variété bacillaire considérée et de l'âge de la pomme de terre ; certains bacilles du côlon donnent des cultures incolores ou à peine visibles, glacées, très semblables aux enduits fournis par le bacille typhique (RODET et G. ROUX). D'après ESCHERICH, les vieilles pommes de terre ne fournissent souvent pas de culture, ou bien, quand elles en donnent, celles-ci sont chétives et de couleur blanche.

Dans le *lait*, le bacille du côlon se développe bien et le coagule dans un délai de temps ne dépassant pas, ordinairement, 24 à 36 heures, mais qui peut, dans certains cas, atteindre 8 à 10 jours. Cette coagulation du lait se produit par suite de la formation d'acide lactique aux dépens de la lactose. Le phénomène est bien, en vérité, un peu variable suivant les races de bacilles, suivant leur origine, suivant que l'air a plus ou moins facilement accès au contact de la

---

(1) LARUELLE. *La Cellule*, 1889, V. 1er fascicule.
(2) R. WURTZ et HERMANN. *Archives de médecine expérimentale*, 1891, III, p. 737.
(3) MALVOZ. *Archives de médecine expérimentale*, 1891, III, p. 599.

culture (ÉTIENNE), mais il constitue, en réalité, un des meilleurs caractères distinctifs entre le bacille du côlon et le bacille d'EBERTH qui, lui, végète dans ce liquide sans modifier aucunement ses caractères extérieurs et ne le coagule pas, même après plusieurs mois de séjour à l'étuve (CHANTEMESSE et WIDAL, R. WURTZ, etc.).

Le bacille du côlon se cultive aussi dans l'*urine* normale dont il ne change pas, d'ordinaire, la réaction; cependant, quelques variétés du *Bacillus coli* possèdent la propriété de sécréter des diastases transformant par hydratation l'urée en carbonate ammonique. Ce bacille se développe bien également dans les liqueurs minérales, telles que celle de COHN (voir page 113) pure ou additionnée de 5 p. 100 de glycose. Nous indiquerons plus loin les caractères des cultures du *Bacillus coli* sur d'autres terrains nutritifs spécialement usités pour la recherche de cet organisme dans les milieux naturels et pour le différencier des espèces voisines, notamment du bacille de la fièvre typhoïde.

Biologie. — Le *Bacillus coli communis* est un anaérobie facultatif; il végète bien sur les milieux de culture habituels entre 15° et 44°. Sa température eugénésique est voisine de 37°.

Action sur les hydrates de carbone. — Le bacille du côlon se conduit, ordinairement, vis-à-vis des hydrates de carbone comme un ferment lactique. Cette intéressante propriété a donné lieu à un nombre considérable de recherches dont les résultats, souvent contradictoires, ne peuvent être que rapidement exposés ici.

CHANTEMESSE, PERDRIX et WIDAL (1), DUBIEF (2), R. WURTZ (3) ont les premiers signalé l'action du *Bacillus coli* sur la glycose, la lactose et la saccharose. D'après MALVOZ (4), la coagulation du lait par ce bacille résulte de la production d'acide lactique aux dépens du sucre de lait. Les cultures du *Bacillus coli* sur milieux sucrés dégagent en abondance des gaz formés d'acide carbonique, d'hydrogène, de méthane, etc. (DUBIEF, SMITH, TAVEL, FERRATI); si le milieu sucré est rendu demi-solide, par l'addition de gélatine ou de gélose, les bulles gazeuses, ne pouvant s'échapper librement, y creusent des vacuoles et le dilacèrent. Le principal produit trouvé dans les cultures sucrées est l'acide lactique, accompagné d'une petite quantité d'acides formique et acétique, et d'une très faible quantité de substance volatile, facilement transformable en iodoforme par l'iode et la potasse.

---

(1) CHANTEMESSE, PERDRIX et WIDAL. *Bulletin de l'Académie de médecine*, sér. 3, XXVI, p. 490.

(2) DUBIEF. *Comptes rendus de la Société de Biologie*, 1891, sér. 9, III, p. 678.

(3) R. WURTZ. *Comptes rendus de la Société de Biologie*, sér. 9, III, p. 828 et *Archives de médecine expérimentale*, 1892, IV, p. 85.

(4) MALVOZ. *Archives de médecine expérimentale*, 1891, III, p. 593.

Les auteurs ne s'accordent guère sur la nature de l'acide lactique formé par le *Bacillus coli* aux dépens des matières sucrées. Elle paraît dépendre de la variété du microbe, de la matière fermentescible et de la nature du milieu nutritif. D'après NENCKI, avec la glycose on obtiendrait de l'acide lactique droit et, exceptionnellement, l'acide gauche, avec certaines variétés ; d'après PÉRÉ (1) la glycose donne de l'acide droit; la levulose donne de l'acide inactif. Le même auteur a reconnu que certaines variétés de *Bacillus coli* donnant de l'acide droit dans un milieu ne contenant que de l'azote ammoniacal, devenaient capables de produire de l'acide lactique gauche aux dépens de la glycose dans un milieu riche en matières albuminoïdes, ou inversement. Il ne semble pas exister de relation entre le pouvoir rotatoire du sucre d'où l'on part et celui de l'acide lactique obtenu. De même que la glycose, la lévulose, la lactose et la saccharose, un grand nombre d'autres sucres, les alcools polyatomiques, glycérine, érythrite, mannite, l'amidon, etc., sont capables de fermenter sous l'influence du *Bacillus coli*, en fournissant des acides lactiques dont l'activité optique varie, du reste, avec le bacille considéré et la nature du milieu de culture.

Le bacille du côlon réduit les nitrates alcalins en produisant, selon le cas, des nitrites ou même de l'azote libre (HUGOUNENQ et DOYON) (2). Suivant GRIMBERT (3), ce phénomène ne se produit que dans les milieux contenant des composés amidés.

Produits de sécrétion. — Les produits toxiques sécrétés par le *Bacillus coli communis* dans ses cultures sont tout à fait inconnus au point de vue chimique. Les cultures liquides filtrées de ce bacille, injectées aux animaux, se montrent infiniment moins dangereuses que les cultures entières virulentes (ACHARD, GILBERT, WURTZ et DESPRÉAUX) ; il faut chez les lapins en injecter un volume voisin de 100 centimètres cubes pour les tuer avec tous les symptômes de l'urémie.

RODET et ROUX, BOIX (4) ont signalé l'action hypothermisante de ces injections de toxines colibacillaires. ROGER a étudié les effets de ces toxines chez la grenouille.

En précipitant par le sulfate d'ammoniaque les cultures du colibacille et en dialysant le précipité pour le débarrasser de l'excès de ce sel, MALVOZ a obtenu un produit qui, dissous dans l'eau glycéri-

(1) PÉRÉ. *Annales de l'Institut Pasteur*, 1892, VI, p. 512 et 1893, VII, p. 737.
(2) HUGOUNENQ et DOYON. *Compt. rend. de la Société de Biologie*, 1897, sér. 10, IV, p. 198.
(3) GRIMBERT. *Annales de l'Institut Pasteur*, 1899, XIII, p. 67.
(4) BOIX. *Mémoires de la Société de Biologie*, 1893, sér. 9, V, p. 113.

née et injecté dans la veine de l'oreille d'un lapin, ne s'est montré que fort peu toxique; l'animal se rétablissant rapidement après avoir présenté des convulsions, des spasmes tétaniques et de l'hyperesthésie.

Action des agents physiques et chimiques. — Les cultures du *Bacillus coli*, étendues sur des fils de soie et abandonnées à la dessiccation dans l'obscurité, sont stérilisées après 152 jours; elles le sont, seulement, après 200 jours si on les conserve dans le vide. La lumière du soleil détruit en 2 heures 98 p. 100 environ des bacilles du côlon contenus dans une culture (Billings et Peckham). L'action de la chaleur sur le bacille du côlon a été étudiée par Chantemesse et Widal; suivant ces auteurs, le bacille serait tué par une exposition de 5 minutes à la température humide de 58°; de 1 minute à 80°. Une température sèche de 58° maintenue plusieurs heures n'altère pas sensiblement sa vitalité.

Dunbar (1), ayant incorporé certaines substances à de la gélose servant à cultiver le bacille du côlon, a trouvé les résultats suivants : le bacille pousse encore dans un milieu contenant pour 100 parties: 0,14 phénol; 0,065 acide chlorhydrique; 0,054 acide sulfurique; 0,09 acide nitrique; 0,048 soude. Il ne pousse plus si les doses d'antiseptiques sont portées à 0,16 pour le phénol; 0,07 pour l'acide chlorhydrique; 0,063 pour l'acide sulfurique; 0,097 pour l'acide nitrique; 0,053 pour la soude.

Inoculations expérimentales et virulence. — La virulence du bacille du côlon, mise dès le début en évidence par Escherich est susceptible de variations très grandes. Faible ou nulle, en général, quand le germe provient des milieux extérieurs (air, eau, etc.) ou d'un intestin sain, elle peut être très considérable si le microbe a été isolé du contenu d'un intestin malade, atteint de diarrhée par exemple (Lesage et Macaigne) (2).

La virulence du bacille du côlon peut, du reste, s'acquérir et s'exalter par des passages réitérés dans le péritoine des animaux; elle disparaît assez rapidement par le vieillissement des cultures. Laruelle, de Klecki, ont indiqué que certaines associations microbiennes, la toxine typhique, les extraits aqueux stérilisés de matières fécales, etc., exaltent la virulence du *Bacillus coli communis*.

Le cobaye est tué rapidement, en 24 heures, par l'inoculation intraveineuse d'une dose massive de culture (Escherich). Au contraire,

(1) Dunbar. *Zeitschrift für Hygiene*, 1892, XII, p. 485.
(2) Lesage et Macaigne. *Archives de médecine expérimentale*, 1892, IV, p. 350.

l'inoculation sous-cutanée d'une dose faible (1^{cc}) reste sans effet ou ne détermine que la formation d'un abcès local, contenant un pus épais, caséeux, guérissant spontanément. Dans le cas des inoculations intraveineuses mortelles, l'animal devient triste, quelques heures après l'inoculation son poil se hérisse et il est pris de diarrhée. A l'autopsie, on constate des congestions et des hémorrhagies dans les poumons et l'intestin; ce dernier viscère est rempli de mucus, les plaques de PEYER sont turgescentes; le péritoine contient un exsudat riche en bacilles, il en est de même du péricarde et de la plèvre si l'inoculation a été très abondante. La rate est parfois augmentée de volume. Chez le même animal, l'inoculation intra-péritonéale tue en 24 heures; la séreuse renferme un exsudat riche en microbes, purulent, parfois membraneux; l'inoculation intra-pleurale détermine une pleurésie purulente.

Chez le lapin, l'inoculation sous-cutanée produit un simple abcès local si la culture est peu virulente et la mort par septicémie si la culture est très virulente. Les inoculations intra-veineuses produisent également suivant la dose et la virulence une septicémie subaiguë ou foudroyante. Dans le premier cas, l'animal maigrit, présente de la paraplégie du train postérieur et meurt longtemps après, présentant à l'autopsie des lésions médullaires (GILBERT et LION) (1).

Dans la forme aiguë, la température s'élève et la mort survient en 20 heures; les lésions observées sont les mêmes que chez le cobaye; le bacille peut se retrouver dans tous les viscères. Lorsque les animaux résistent aux inoculations veineuses de *Bacillus coli communis*, ce microorganisme se retrouve en dernier lieu dans la bile (BLACHSTEIN) (2), et dans la moelle (THOINOT et MASSELIN). Les inoculations intra-péritonéales déterminent une péritonite purulente, la mort survient en hypothermie (RODET et ROUX). L'ingestion journalière de 1 à 2 centimètres cubes de culture virulente détermine chez le lapin, dans un temps variant de 13 à 55 jours, des convulsions et un abaissement de la température.

La souris est sensible aux inoculations intra-pleurales de bacille du côlon (WURTZ); on observe après la mort un exsudat sérohémorrhagique dans la plèvre, la congestion des lobes pulmonaires, un fort catarrhe intestinal et la tuméfaction des plaques de PEYER. Le chien succombe également à l'inoculation intra-péritonéale de fortes doses de culture.

(1) GILBERT et LION. *Comptes rendus de la Société de Biologie*, 1892, sér. 9, IV, p. 127.
(2) BLACHSTEIN. *John Hopkin's Hosp. Bull.*, 1891.

Immunisation. — En injectant dans les veines des lapins et des cobayes des cultures filtrées, stérilisées par la chaleur ou bien, encore, des extraits glycérinés de bacille du côlon, DEMEL et ORLANDI (1) ont réussi à immuniser ces animaux contre les inoculations virulentes de ce bacille; et aussi contre les inoculations du bacille d'EBERTH.

L'immunité ainsi obtenue ne persistait pas plus d'un mois; en employant des cultures stérilisées provenant de germes à virulence exaltée, SALVATI et GAETANO (2) ont conféré aux mêmes animaux une immunité plus durable. Enfin ALBARRAN et MOSNY (3) auraient obtenu d'excellents résultats par des injections alternatives de macérations de viscères d'animaux morts de colibacillose et de cultures virulentes.

Indépendamment des substances bactéricides existant dans tout sérum, et dont l'action sur le *Bacillus coli* a été démontrée par BORDET, le sérum des animaux vaccinés contient, en outre, une substance préventive déterminant l'immobilisation du bacille et son agglutination en amas. RODET (4) a démontré que ce sérum colibacillaire agglutine également le bacille d'EBERTH, quoiqu'à un moindre degré que le colibacille.

Diagnostic bactériologique. — La recherche du *Bacillus coli communis* dans les milieux extérieurs, en particulier dans l'eau d'alimentation, où sa présence doit faire suspecter une contamination plus ou moins éloignée par les matières fécales de l'homme ou des animaux, présente pour la majorité des bactériologistes une importance très grande. Les méthodes nombreuses préconisées dans ce but ayant non seulement pour objet de démontrer la présence de ce bacille, mais encore de le différencier des espèces voisines et du bacille d'EBERTH, leur description trouvera mieux sa place après l'étude de ces espèces; nous y renvoyons le lecteur. Pour affirmer la présence du bacille d'ESCHERICH dans un tissu ou une humeur pathologique, il n'est point, d'ordinaire, besoin de recourir à ces procédés d'isolement compliqués; on se bornera à l'étude microscopique du bacille, avec et sans coloration, on cherchera à colorer ses cils, on constatera sa mobilité, l'absence des spores, la décoloration par le GRAM. Les cultures sont assez caractéristiques : la gélatine n'est point liquéfiée; le bouillon ordinaire prend une odeur fétide et se charge d'indol; le bouillon et la gélose lactosés fermentent et dégagent des gaz; le

---

(1) C. DEMEL et ORLANDI. *Archives italiennes de Biologie*, 1894, XX, p. 219 et 1895, p. 125.
(2) SALVATI et GAËTANO. *Riforma medica*, 1895, II, p. 506.
(3) ALBARRAN et MOSNY. *Comp. rend. de l'Académie des Sciences*, 1896, CXXII, p. 1022.
(4) RODET. *Comptes rendus de la Société de Biologie*, 1896, sér. 10, III, p. 876.

lait est rapidement coagulé; l'enduit sur pomme de terre est typique. Les inoculations au cobaye, de préférence intra-péritonéales, renseigneront sur le degré de virulence du germe étudié.

Paracolibacilles.

Depuis quelques années, on a groupé sous cette dénomination ou bien, encore, sous le nom d'espèces coliformes, un très grand nombre de bacilles possédant, d'une façon générale, les principaux attributs du *Bacillus coli communis* d'ESCHERICH, mais s'en différenciant néanmoins par certains caractères contingents tels que la mobilité, la faculté de faire fermenter certains sucres à l'exclusion des autres, de coaguler le lait, d'être agglutiné par tel ou tel sérum, de produire de l'indol, etc. Sur ce sujet qu'il est impossible de traiter ici avec les détails qu'il mérite, le lecteur consultera avec profit les mémoires de GILBERT et LION (1), TAVEL et LANZ (2), MIASNIKOFF (3), VAN DE VELDE (4), L. BECO (5); nous donnerons seulement ici, à titre d'exemple, la description d'un de ces *paracolibacilles* isolé et très bien étudié par WIDAL et NOBÉCOURT (6).

Ce paracolibacille a été isolé du pus d'une thyroïdite humaine où il existait à l'état de pureté. Il est très mobile et ne se colore pas par la méthode de GRAM. Semé sur *gélose*, il fournit une culture rapide semblable à celle du *Bacillus coli* normal; il croît sur *gélatine* sans la liquéfier; il trouble le *bouillon* déjà après quelques heures, mais ne fournit sur ce milieu liquide ni voile en surface, ni grumeaux, ni amas visibles au microscope. Sur *pomme de terre*, il donne quand il est récemment retiré de l'organisme une culture épaisse, jaune, verdâtre. Ce bacille ne produit pas d'indol; il est sans action sur la saccharose et la lactose, mais il est capable de faire fermenter la glucose et la mannite.

Il est très virulent pour le cobaye; un centimètre cube de culture en bouillon âgée de 24 heures inoculée sous la peau de cet animal détermine la formation d'une eschare et de l'amaigrissement; l'inoculation péritonéale est beaucoup plus sévère et amène la mort en

---

(1) GILBERT et LION. *Mémoires de la Société de Biologie*, 1893, sér. 9, V, p. 55, et *Semaine médicale*, 1895, p. 1-3.
(2) TAVEL et LANZ. *Mittheil. aus dem klin. und med. Inst. d. Schweiz*, I, p. 1.
(3) MIASNIKOFF. *Vratch*, 1895.
(4) VAN DE VELDE. *Centralblatt für Bakteriologie*, 1898, XXIII, p. 481.
(5) L. BECO. *Centralblatt für Bakteriologie*, 1899, XXVI, p. 136.
(6) WIDAL et NOBÉCOURT. *Semaine médicale*, 1897.

un jour, à la dose de un quarantième de centimètre cube; une dose plus forte produit ordinairement une péritonite hémorrhagique. La souris est tuée en moins de 24 heures par l'inoculation sous-cutanée de cette même dose de culture.

Nous aurons l'occasion de reparler de ces espèces coliformes en étudiant le diagnostic différentiel du bacille d'EBERTH.

Un certain nombre de bactéries décrites dans les ouvrages sous des noms divers sont actuellement considérées comme très analogues, sinon identiques au bacille d'ESCHERICH.

Parmi celles-ci nous citerons les suivantes :

Bacillus pyogenes fœtidus.

Ce bacille, isolé par PASSET (1) du pus d'un abcès de la marge de l'anus, d'odeur fétide, est mobile, se développe bien au contact de l'air sur les divers milieux auxquels il communique une odeur repoussante; il ne liquéfie pas la *gélatine* où il forme en 24 heures des colonies blanches au centre, grises sur les bords, dont les plus superficielles s'accroissent rapidement et deviennent confluentes. Sur *pomme de terre*, il donne un enduit jaune brun abondant.

La souris et le cobaye sont tués par l'inoculation sous-cutanée des cultures en bouillon de ce bacille (EISENBERG); la mort se produit en 24 heures par septicémie.

Bacillus caulicullus fœtidus.

Ce bacille, découvert par BABÈS (2) dans la rate d'une femme ayant succombé à l'infection puerpérale a été retrouvé depuis, plusieurs fois, dans les selles. Il est caractérisé par des colonies qui sont rondes et brun foncé dans l'intérieur de la gélatine, mais qui, lorsqu'elles sont superficielles, sont blanchâtres et s'élèvent en l'air sous forme de tiges cylindriques, un peu épaissies et courbées à leur extrémité, pouvant atteindre 5 millimètres de hauteur. Ce microbe dégage des gaz dans la gélatine et a, tout à fait, l'apparence du *Bacillus coli* normal, il ne liquéfie pas la gélatine et ne prend pas le GRAM; il se montre pathogène pour la souris. Sa virulence s'atténue rapidement par les cultures successives.

(1) PASSET. *Fortschritte der Medizin*, 1885, nos 2 et 3.
(2) CORNIL et BABÈS. Les Bactéries. Paris, 1890, I, p. 182.

Bacillus neapolitanus.

Ce bacille a été découvert par EMMERICH (1) dans les selles des individus morts du choléra. Il se présente sous la forme d'un bacille gros et court, d'environ 1,5 μ de long sur 0,9 μ de large, se colorant bien par les couleurs basiques d'aniline et ne prenant pas le GRAM. Sur les divers milieux, il fournit des cultures abondantes, à l'abri ou au contact de l'air. Les plaques de *gélatine* montrent des colonies dont les plus profondes sont jaunâtres et les plus superficielles, opalines, irisées, à bords dentelés. Les cultures sur *gélose* sont rapides, abondantes, elles forment un enduit blanchâtre et humide. Sur *pomme de terre*, il se développe rapidement à 35° sous la forme d'un enduit brun jaunâtre et muqueux.

D'après EMMERICH, les animaux inoculés sous la peau avec de fortes doses de culture meurent et présentent à l'autopsie une tuméfaction de la muqueuse intestinale et surtout des plaques de PEYER; la rate reste normale; les bacilles se retrouvent dans tous les organes.

Bacille de Brieger.

Ce bacille a été découvert par BRIEGER dans les selles normales de l'homme : c'est un bacille mince et rectiligne de 0,5 μ d'épaisseur, dont les caractères morphologiques et l'aspect des cultures sont très analogues à ceux du bacille d'ESCHERICH. Il se montre pathogène pour le cobaye qu'il tue en 24 heures avec diarrhée et vive inflammation de la muqueuse intestinale. Semé dans les milieux chargés de sucre, il produit une fermentation énergique, donnant naissance à une petite quantité d'acide propionique.

Bacillus septicus vesicæ.

Parmi les bactéries isolées par CLADO (2) de l'urine des malades atteints d'affections des voies urinaires, il en est une, le *Bacillus septicus vesicæ* ou bactérie septique de la vessie, qui paraît constante dans les cas de cystite. Elle a été retrouvée et décrite ultérieurement

---

(1) EMMERICH. *Archiv für Hygiene*, 1885, II, p. 291.
(2) CLADO. *Thèse*. Paris, 1887.

par ALBARRAN et HALLÉ (1) sous le nom de bactérie pyogène de la vessie. C'est un bacille à extrémités arrondies de 1,6 μ de long sur 0,5 μ de large, mobile, n'ayant aucune tendance à s'associer en groupes; il se colore bien par les couleurs basiques et reste coloré par la méthode de GRAM; il forme des spores. Ces deux dernières propriétés le différencient nettement du *Bacillus coli communis* avec lequel la plupart des auteurs l'identifient (ACHARD et RENAUD, RODET, CHARRIN, KROGIUS). Il se développe bien à la température ordinaire sur *gélatine*; les plaques ensemencées par dilution présentent vers le troisième jour des petites colonies punctiformes grises et transparentes n'ayant aucune tendance à devenir volumineuses ni à liquéfier le substratum; les piqûres sur le même milieu forment des traînées blanches et opalines, présentant tout d'abord des dentelures qui se résolvent ensuite, au bout de 6 ou 7 jours, en colonies lenticulaires disposées les unes au-dessus des autres, donnant à la culture un aspect très typique. Les colonies les plus profondes acquièrent le plus grand développement.

Sur *gélose*, on obtient un enduit grisâtre et mince; sur *pomme de terre* une légère traînée sèche, de couleur jaunâtre.

Le *bouillon* est rapidement troublé, sa réaction devient franchement alcaline, il laisse déposer des flocons ou bien se recouvre d'une sorte de peau blanchâtre.

Inoculé aux petits animaux, cobayes, lapins, par voie sous-cutanée, ce bacille détermine une septicémie mortelle; introduit dans le péritoine, il provoque une inflammation hémorrhagique et, parfois, la formation de fausses membranes. L'injection des cultures pures dans la vessie a, dans quelques cas, permis de produire chez le lapin des cystites purulentes et des néphrites expérimentales.

Beaucoup d'autres bactéries pathogènes pour les animaux ne prenant pas le GRAM, ne formant pas de spores et ne liquéfiant pas la gélatine, isolées du contenu intestinal et des organes annexes du tube digestif, sont très probablement identiques au *Bacillus coli* d'ESCHERICH. Tels sont les bacilles décrits par BIENSTOCK (2), BOOKER (3). Quelques bactéries également pathogènes pour les animaux, ayant de nombreux points de ressemblance avec le bacille du côlon méritent d'être décrites à la suite de ce bacille.

---

(1) ALBARRAN et HALLÉ. *Bulletin de l'Académie de médecine*, août, 1888.
(2) BIENSTOCK. *Zeitschrift für klin. Medizin*, VIII.
(3) BOOKER. *Trans. of the Ninth. internat. med. congress*, III.

Bacillus lactis aerogenes.

Ce bacille a été découvert par Escherich (1) dans les selles des nouveau-nés nourris exclusivement de lait, il s'y rencontre parfois seul avec le *Bacillus coli communis*. Il a été trouvé dans l'air, l'eau et le sol; Guiard (2) pense qu'il est capable de produire la fermentation de l'urine sucrée des diabétiques à l'intérieur même de la vessie. Certains auteurs le considèrent comme très voisin du pneumobacille de Friedländer.

C'est un bacille court et ovale d'environ 2 µ de long sur 0,5 µ de large; formant souvent des chaînes composées de 2 ou 3 articles, immobile et ne présentant pas de spores. Il ne prend pas le Gram. Il est indifféremment aérobie ou anaérobie; il se développe bien sur tous les milieux à la température ordinaire et plus rapidement à 30°. Les cultures sur *gélatine* ressemblent tout à fait à celles du *Bacillus coli communis*; au bout de quelques jours, de nombreuses bulles gazeuses se forment au sein de la gelée qui n'est jamais liquéfiée. Sur *bouillon*, sur *gélose* et sur *sérum* de sang coagulé on note aussi un aspect semblable aux cultures de colibacille.

Sur la *pomme de terre*, on obtient au bout de 24 heures un enduit blanc jaunâtre très épais, de consistance crémeuse, présentant à la périphérie un grand nombre de bulles gazeuses; ces bulles ne se produisent pas si l'on emploie des tubercules jeunes. Le *lait* est rapidement coagulé par suite de la formation d'une quantité notable d'acide lactique aux dépens de la lactose; des bulles gazeuses se dégagent en abondance. Dans les cultures en bouillon on n'observe pas la production d'indol.

Ce bacille est capable de faire fermenter énergiquement les matières sucrées avec production d'acides lactique, acétique et formique; il sécrète une toxalbumine remarquablement résistante à l'action de la chaleur et déterminant des convulsions chez les animaux auxquels on l'injecte (Denys et Brion).

Le *Bacillus lactis aerogenes* se montre pathogène pour le cobaye, le lapin et la souris, quand on l'inocule à forte dose dans les veines ou dans le péritoine. La mort survient en 24 heures; on trouve à l'autopsie un exsudat péritonéal purulent riche en bacilles et une forte hypérémie intestinale.

---

(1) Escherich. Die Darmbakterien des Säuglings, etc... Stuttgart, 1886.
(2) Guiard. *Thèse*. Paris, 1883.

A ce bacille on doit rattacher quelques bactéries décrites par Booker et par Jeffries dans la diarrhée estivale infantile.

Bacille de la dysenterie des pays chauds.

Découvert par Chantemesse et Widal (1) en 1888 et considéré par ces auteurs comme jouant un rôle important dans l'étiologie de la dysenterie épidémique, il n'a pas été rencontré dans le contenu intestinal de l'homme sain. Il a la forme d'un bâtonnet à extrémités arrondies, peu mobile, il ne présente pas de spores et se colore difficilement par les couleurs basiques.

Il se développe bien sur la *gélatine*, qu'il ne liquéfie pas, en donnant des colonies claires, transparentes, qui, en vieillissant, deviennent jaunâtres et semblent formées de deux cercles concentriques ; un peu plus tard, la coloration jaune disparaît et les colonies prennent un aspect granuleux. Il se développe également bien dans le *bouillon*, sur *gélose* et sur *pomme de terre*.

Introduit dans l'estomac du cobaye soit directement, soit en le mélangeant aux aliments, il détermine, surtout si l'on a pris soin d'alcaliniser le contenu de ce viscère par du carbonate de soude, des lésions consistant en larges ulcérations irrégulières, recouvertes d'une fausse membrane pultacée, reposant sur des parois indurées et d'aspect fibreux. L'inoculation intra-intestinale directe détermine la formation d'un exsudat liquide emplissant la cavité de l'intestin, dont la muqueuse est ulcérée ; la paroi intestinale et le liquide diarrhéique contiennent en abondance le microbe inoculé.

Bacillus enteritidis.

Ce bacille, isolé tout d'abord par Gartner de la viande d'une vache atteinte de diarrhée et de la rate d'un homme qui mourut à la suite de l'ingestion de cette viande, paraît être l'agent spécifique des accidents observés dans un grand nombre d'intoxications alimentaires, et désignés sous le nom de « botulisme » (Karlinski (2), Gaffky et Paak (3), Van Ermengem (4), Holst (5), Kaentsche (6), Vaughan et Perkins (7)).

(1) Chantemesse et Widal. *Bulletin de l'Académie de médecine*, 1888.
(2) Karlinski. *Centralblatt für Bakteriologie*, 1889, VI, p. 269.
(3) Gaffky et Paak. *Mitth. aus dem Kais. Gesundheitsamte*, 1890, VI, p. 159.
(4) Van Ermengem. *Bulletin de l'Académie royale de Belgique*, 1892. — *Revue d'Hygiène*, 1896, XVIII, p. 761.
(5) Holst. *Centralblatt für Bakteriologie*, 1895, XVII, p. 717.
(6) Kaentsche. *Zeitschrift für Hygiene*, 1896, XXII, p. 53.
(7) Vaughan et Perkins. *Archiv für Hygiene*, 1896, XXVII, p. 308.

C'est un bacille court, aérobie, ayant tendance à former des chaînes de 2 à 6 articles ; il est mobile et ne forme pas de spores. Il se colore assez bien par les couleurs d'aniline, et plus fortement aux extrémités qu'au centre ; il ne prend pas le GRAM. Dans les cultures sur plaques de *gélatine*, les colonies apparaissent au bout de 24 heures ; les plus superficielles sont grises et transparentes, les plus profondes sont brunes et granuleuses. La gélatine n'est pas liquéfiée.

Sur *gélose* et sur *sérum* coagulé on observe, au bout de 18 à 20 heures, un enduit jaunâtre ; sur *pomme de terre*, la culture est jaunâtre et humide ; le *lait* est coagulé ; dans le *bouillon* il ne se produit pas d'indol.

En inoculation sous-cutanée, ce bacille est pathogène pour la souris qu'il tue dans un temps variant de 1 à 3 jours ; et pour le cobaye et le lapin dont il amène la mort en 2 à 5 jours ; les pigeons sont peu sensibles, le chien et le chat sont réfractaires. A l'autopsie des animaux morts, on constate une inflammation intense de la muqueuse intestinale, la rate reste normale, les bacilles se retrouvent en grand nombre dans le sang du cœur et dans le contenu de l'estomac.

VAN ERMENGEM (1) a décrit, sous le nom de *Bacillus botulinus*, une bactérie causant également des intoxications alimentaires, dont les effets pathogènes sont assez voisins de ceux du *Bacillus enteritidis* de GARTNER. Il s'en différencie par sa taille beaucoup plus considérable, par la propriété qu'il possède de liquéfier la gélatine ; de plus, c'est un anaérobie strict.

Bacille de la diarrhée verte infantile.

Ce bacille, probablement identique au *Bacillus fluorescens non liquefaciens* (BAUMGARTEN), a été tout d'abord signalé par DAMASCHINO et CLADO (2) dans la diarrhée verte non bilieuse des enfants du premier âge et, depuis, bien étudié par LESAGE (3). Il se présente sous l'aspect de bâtonnets à extrémités arrondies, de 2,4 μ de long sur 0,75 μ de large ; souvent, dans les cultures anciennes, il prend la forme de filaments très allongés. Il est assez mobile et, bien que peu

(1) VAN ERMENGEM. *Annales de micrographie*, 1896, VIII, p. 66.
(2) DAMASCHINO et CLADO. *Comptes rendus de la Société de Biologie*, 1884, sér. 8, I, p. 876.
(3) LESAGE. *Revue de médecine*, 1887 et 1888. — *Archives de physiologie*, 1888, p. 212.

résistant à la chaleur, il présente souvent des spores endogènes; il se teint aisément par toutes les couleurs basiques, mais, ne prend pas le GRAM. Il se développe lentement sur tous les milieux à la température ordinaire, son développement est plus rapide entre 25 et 35°; il est aérobie.

Sur *gélatine* ensemencée par dilution ou par piqûre, il fournit des cultures qui se colorent en vert, dans les parties en contact avec l'air atmosphérique. Le même milieu, ensemencé par strie, se couvre en deux jours d'un enduit mince, verdâtre, à bords dentelés. Le *bouillon* est rapidement troublé et laisse déposer des flocons verdâtres; sur *pomme de terre* on obtient, au bout de 2 ou 3 jours, un enduit vert foncé, épais et brillant, passant au rouge par le vieillissement : les milieux acides ne permettent aucun développement.

La matière colorante, sécrétée par ce bacille, se produit surtout au contact de l'air; à l'inverse de la pyocyanine, elle est insoluble dans le chloroforme, elle ne se dissout pas davantage dans l'alcool et l'éther. La nature chimique de ce pigment est totalement inconnue.

Le bacille de LESAGE ne paraît pas être pathogène en inoculation sous-cutanée. L'ingestion de cultures mélangées aux aliments, ou bien encore l'introduction d'une dose massive de culture en bouillon dans la veine de l'oreille, détermine chez le lapin une diarrhée verte durant quelques jours et dont l'animal guérit. Le liquide diarrhéique contient abondamment le bacille spécifique.

XIII. — BACILLE DE LA FIÈVRE TYPHOÏDE.

SYN. : *Bacillus typhosus*; bacille du typhus abdominal; bacille d'EBERTH ou d'EBERTH et GAFFKY.

La fièvre typhoïde est une maladie endémo-épidémique spéciale à l'espèce humaine, caractérisée par une fièvre à type continu et par des lésions anatomiques portant surtout sur l'intestin grêle, la rate, etc., trop bien connue pour qu'il soit utile d'y insister ici. Alors que jusqu'à ces dernières années elle faisait, principalement parmi les sujets jeunes, un nombre effroyable de victimes, on peut dès maintenant espérer la voir, dans un avenir prochain, devenir exceptionnelle, grâce au développement croissant des mesures d'hygiène dictées par les travaux des bactériologistes et visant, surtout, la désinfection minutieuse des foyers où elle a été constatée et la surveillance efficace des eaux destinées à l'alimentation.

On s'accorde aujourd'hui à reconnaître, comme germe spécifique de la fièvre typhoïde, un bacille découvert, en 1880, par EBERTH (1), constamment présent dans la rate, et les glandes de PEYER des individus ayant succombé à son atteinte. Ce bacille, qui possède de grandes analogies avec ceux qu'avaient antérieurement étudiés BROWICZ (2) et FISCHEL (3), a été retrouvé, quelque temps après EBERTH, par KLEBS (4) et KOCH (5). Il a été fort bien étudié, dès l'abord, par GAFFKY (6) qui l'isola et le cultiva le premier à l'état de pureté, puis par CHANTEMESSE et WIDAL (7) qui ont indiqué, dès 1887, ses principaux caractères biologiques et n'ont cessé, depuis cette époque, d'enrichir son histoire d'une foule de faits intéressants.

Morphologie. — Le bacille d'EBERTH est doué d'un polymorphisme assez étendu ; dans la rate des typhoïsants, dans les cultures jeunes sur gélatine, sur gélose et sur bouillon, il affecte la forme de bâtonnets isolés cylindriques, à extrémités arrondies, de 2 à 4 μ de longueur sur 0,5 à 0,8 μ de largeur (fig. 147). Quelquefois, il paraît légèrement renflé en son milieu, ce qui lui donne l'aspect d'un fuseau ; il présente souvent, dans ce cas, une tache claire centrale (ARTAUD) (8). Dans les cultures sur la pomme de terre, dans le lait, ainsi que dans les vieilles cultures en bouillon, sa longueur s'accroît dans des proportions considérables ; il forme alors des filaments rectilignes ou incurvés de 20 à 30 μ, pouvant présenter des granulations. Ces granulations n'ont du reste rien de commun avec des spores endogènes.

Fig. 147.
Bacille typhique.

Dans l'organisme animal et dans les cultures jeunes, le bacille typhique est extrêmement mobile ; il possède, comme le bacille du côlon, un mouvement de vibration sur place et un mouvement de translation très rapides. On admet, généralement, que cette mobilité est en rapport avec des cils vibratiles implantés en nombre variable, 4 à 20, sur les extrémités et sur la surface externe du corps bacillaire. Ces cils vibratiles, fragiles et très fins, sont assez difficiles à mettre en évidence ; on y arrive, cependant, en appliquant avec beaucoup

(1) EBERTH. *Virchow's Archiv*, 1880, LXXXI, p. 58 ; 1881, LXXXIII, p. 486.
(2) BROWICZ. Handbuch der path. Anat., 1875.
(3) FISCHEL. *Prager med. Wochenschrift*, 1878, p. 33.
(4) KLEBS. *Archiv für exper. Pathologie*, 1880-81 ; XII, XIII, XV.
(5) KOCH. *Mitth. aus dem Kais. Gesundheitsamte*, 1881. I.
(6) GAFFKY. *Mitth. aus dem Kais. Gesundheitsamte*, 1884, II, p. 372. — *Berliner Klin. Wochenschrift*, 1884.
(7) CHANTEMESSE et WIDAL. *Archives de physiologie norm. et path.*, 1887, p. 217.
(8) ARTAUD. Étude sur l'étiologie de la fièvre typhoïde. Paris, 1885.

de patience les procédés de Löffler et de Van Ermengem (voir page 212 et fig. 148); ils sont très allongés et présentent souvent une apparence spiralée. La mobilité du bacille typhique est du reste variable avec l'âge des cultures et la nature du milieu; dans les cultures anciennes, la mobilité est souvent nulle et les microbes paraissent accolés en amas gélatineux.

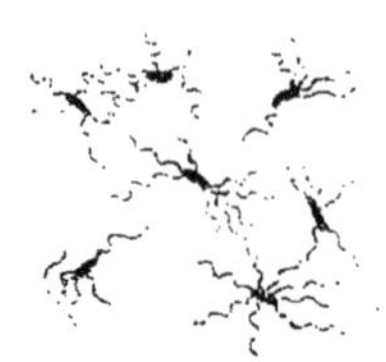

Fig. 148.
Cils du bacille typhique.

Gaffky avait admis que le bacille typhique forme des spores. On observe, en effet, dans les préparations fraîches et non colorées, provenant surtout des cultures sur pomme de terre, des bacilles porteurs de granulations brillantes; ces granulations sont situées aux extrémités du corps du bacille et, si l'on fait agir des matières colorantes, on constate qu'elles restent incolores. Buchner (1) a fait justice de cette assertion, en montrant, par un élégant procédé de coloration, sous le microscope même, que ces prétendues spores se colorent au contraire avec facilité, bien avant même le restant du corps cellulaire; quant aux espaces clairs, qu'on observe après coloration, ce ne sont, d'après le même auteur, que des parties où le protoplasma s'est rétracté sous l'influence des réactifs. Nous verrons, du reste, que la faible résistance de ce bacille aux agents physiques et chimiques n'est guère en harmonie avec l'existence de véritables spores endogènes.

Le bacille de la fièvre typhoïde, étendu sur lamelle et fixé dans la flamme, se colore facilement par les solutions anilinées ou fuschinées des matières colorantes basiques, mais il se décolore aussi avec la plus grande facilité. C'est pourquoi, l'on ne devra pas, une fois la coloration effectuée, prolonger les lavages à l'alcool et même à l'eau, à moins qu'immédiatement après la coloration, par le bleu de méthylène, par exemple, on n'ait fait agir une solution de tannin à 10 p. 100, comme le préconise Nicolle. Cette solution fixe la matière colorante sur la substance colorable du bacille, de telle sorte qu'elle résiste ensuite mieux aux lavages.

Le bacille d'Eberth ne prend pas le Gram.

Cultures. — D'une façon générale, les cultures du bacille d'Eberth, sur les différents milieux, ont de nombreux points de ressemblance avec celles du bacille d'Escherich; elles sont peut-être moins luxuriantes, mais cette différence, assez apparente lorsqu'on cultive un

(1) Buchner. *Centralblatt für Bakteriologie*, 1888, IV, p. 353.

bacille fraîchement retiré d'une rate de typhique, devient de moins en moins sensible dans les générations qui suivent et que l'espèce est plus acclimatée à la culture artificielle.

Le bacille d'EBERTH est capable de croître sur tous les milieux habituels soit à l'abri, soit au contact de l'oxygène, à toutes les températures comprises entre 10 et 44°; cependant la température la plus favorable à sa croissance est voisine de 35°.

Sur *gélatine*, ensemencée par dilution et coulée en plaques, on voit apparaître après 2 ou 3 jours d'incubation à 20°, de petites colonies arrondies, transparentes, dont les plus superficielles sont seules caractéristiques; elles atteignent assez rapidement et ne dépassent guère la dimension d'une lentille; leurs bords sont irréguliers, découpés; leur surface est rugueuse, sillonnée de crêtes et de dépressions qui l'ont fait comparer à une « mer de glace » en miniature ou à une coquille d'huître; ces colonies sont peu saillantes, elles possèdent une couleur bleuâtre et irisée à la lumière transmise, blanche et nacrée à la lumière réfléchie. Cet aspect, regardé longtemps comme caractéristique, est malheureusement commun à beaucoup d'espèces vulgaires isolées de l'eau ou de l'organisme animal. Ensemencé par piqûre sur le même milieu, il se développe de nombreuses et très petites colonies isolées tout le long du trait d'ensemencement; et, à la surface, il se forme un enduit mince, nacré et transparent, à bords sinueux, n'ayant que peu de tendance à s'étendre. Les cultures en stries, sur le même milieu, ne sont pas plus caractéristiques; elles fournissent un trait blanchâtre, nacré, à bords dentelés, nullement envahissant (fig. 149). Si l'on enlève, avec une spatule de platine flambée, la culture développée à la surface d'un tube de gélatine ainsi ensemencée par stries, on constate que le milieu est devenu impropre au développement du bacille d'EBERTH qu'on y sème de nouveau, tandis qu'il permet encore celui du bacille du côlon. Ce fait, signalé par GARRÉ (1), CHANTEMESSE et WIDAL, a été utilisé par R. WURTZ comme moyen de diagnostic entre les

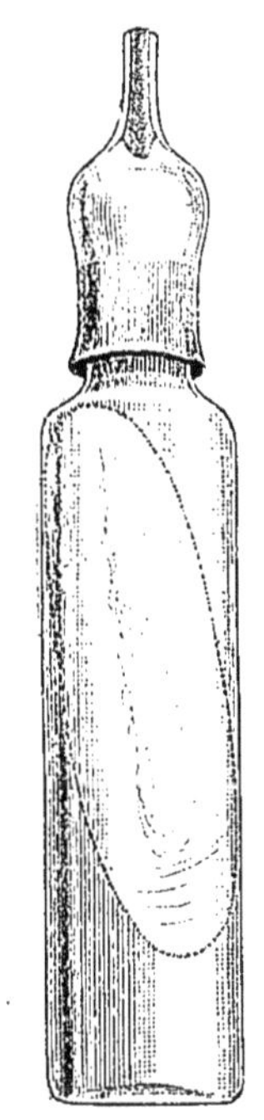

Fig. 149.
Culture du bacille d'EBERTH sur la gélatine.

(1) GARRÉ. *Correspondenzblatt für Schweizer Aerzte*, 1887, XVII.

deux espèces. Les cultures sur gélatine ne sont jamais liquéfiées.

Sur *gélose*, le bacille typhique, semé par stries, se développe très rapidement à la température de 35°. Au bout de quelques heures, on voit apparaître un enduit blanc grisâtre, bleu et irisé par transparence, s'étendant au plus à 2 ou 3 millimètres de chaque côté du trait d'ensemencement. Les piqûres dans la gélose simple ou lactosée n'offrent rien de particulier à noter, si ce n'est qu'elles ne donnent jamais naissance à des bulles de gaz dilacérant le milieu comme dans le cas du bacille du côlon.

Dans le *bouillon* peptoné neutre, le bacille typhique croît très rapidement à 30°. Déjà, après 3 ou 4 heures, on peut constater un trouble manifeste; la culture présente, quand on l'agite, un aspect irisé bien spécial, et paraît remplie de particules chatoyantes. Plus tard, le trouble augmente; un dépôt abondant se forme au fond du tube, quelquefois on voit une très légère pellicule superficielle remontant assez haut sur les parois du verre; enfin, abandonné au repos, à l'étuve, le liquide s'éclaircit complètement après une vingtaine de jours; les bacilles forment au fond une abondante couche boueuse. Le bacille typhique se développe bien, quoiqu'un peu moins rapidement dans le bouillon légèrement acide ou chargé de faibles doses d'antiseptiques; il en est de même du bouillon lactosé qui permet la croissance du bacille sans dégagement gazeux et du bouillon glycosé qui donne parfois un dégagement de gaz assez abondant.

Les cultures dans le lait et sur la pomme de terre sont importantes à bien connaître, à cause des considérations diagnostiques auxquelles elles donnent lieu.

Le bacille typhique ensemencé dans le *lait* s'y multiplie rapidement sans modifier d'une façon appréciable l'aspect extérieur de ce liquide; même après un séjour de deux mois à l'étuve, on n'observe aucune trace de coagulation et aucun dégagement gazeux, bien qu'il y ait formation d'une petite quantité d'acide lactique (Chantemesse et Widal, Blachstein).

Gaffky a, le premier, décrit et considéré comme très caractéristique l'aspect des cultures typhiques sur *pomme de terre*; après 28 heures à l'étuve, ou 3 jours à la température de la chambre, toute la surface du tubercule est couverte d'un enduit extrêmement mince, incolore, à peine visible à l'œil nu. L'examen microscopique d'une parcelle de la surface de la pomme de terre permet seul souvent de constater la réalité de cette culture. Quelquefois l'enduit est un peu plus épais, un peu plus visible et présente tout à fait l'aspect de la glaçure de certains gâteaux. ALI COHEN (1) a décrit les différents aspects que peut présenter le bacille typhique sur pomme de terre; pour lui, la culture invisible macroscopiquement serait seule caractéristique.

BUCHNER (2) indique que si l'on effectue la culture du bacille d'EBERTH sur des pommes de terre dont la réaction a été rendue alcaline par une immersion dans le carbonate de soude, l'enduit obtenu est très visible et de couleur brun-jaune intense; de plus, le bacille qui a poussé sur ce milieu alcalin est toujours exempt des granulations sporiformes qu'il présente souvent dans ses cultures sur pomme de terre ordinaire, acide.

Le bacille typhique est aussi capable de croître dans certains milieux spéciaux et d'y fournir des réactions caractéristiques intéressantes. L'étude de ces milieux trouvera mieux sa place à propos des méthodes de recherche et de diagnostic du bacille d'EBERTH.

Biologie. — Le bacille de la fièvre typhoïde est un anaérobie facultatif; il peut se développer dans le vide ou dans une atmosphère d'hydrogène ou d'acide carbonique (FRÄNKEL). Cependant sa croissance est plus rapide et plus abondante au contact de l'air. La température la plus favorable à sa culture est voisine de 35°; d'après MAX MÜLLER (3) entre 30° et 40°, la durée d'une génération du bacille typhique est d'environ 30 minutes. Ses besoins nutritifs sont aussi peu connus que ceux des autres bactéries en général; il peut croître, quoique avec peine, dans des milieux purement minéraux analogues à celui d'USCHINSKY ne contenant que de l'azote nitrique ou ammoniacal et du carbone engagé dans des combinaisons simples, non albuminoïdes, telles que l'acide lactique et l'asparagine.

Comme le bacille du côlon, le bacille d'EBERTH est capable de provoquer la fermentation des sucres en C^6, mais avec beaucoup moins d'énergie; la glycose fournit de l'acide lactique gauche, la galactose et la lévulose ne sont que très faiblement attaquées. Au contraire, il laisse complètement inaltérées la saccharose et la lactose. A l'inverse du colibacille, le bacille d'EBERTH ne fournit ordinairement pas trace d'indol dans ses cultures sur bouillon peptoné ordinaire.

Action des agents physiques et chimiques. — D'après GEISSLER (4) les diverses radiations lumineuses agissent de la même façon sur le bacille d'EBERTH; d'après BILLINGS et PECKHAM, ses cultures sont

---

(1) ALI COHEN. Die Typhusbacillen. Groningen, 1888.
(2) BUCHNER. *Centralblatt für Bakteriologie*, 1888, IV, p. 353.
(3) MAX MÜLLER. *Zeitschrift für Hygiene*, 1895, XX, p. 245.
(4) GEISSLER. *Centralblatt für Bakteriologie*, 1892, XI, p. 191.

complètement stérilisées après 2 heures d'insolation. Une température humide de 56° maintenue de 5 à 10 minutes produit le même résultat (STERNBERG (1), JANOWSKY (2)). D'après PFUHL, le bacille d'EBERTH conserve encore sa vitalité après 8 à 10 semaines de dessiccation sur une lame de verre.

D'après KITASATO (3), l'acide formique à 0,25 : 100; l'acide oxalique à 0,36 : 100; les acides citrique et malique à 0,43 : 100; l'acide lactique à 0,4 : 100; l'acide salicylique à 1,6 : 100; le tannin à 1,66 : 100; l'acide borique à 2,7 : 100 stérilisent les cultures typhiques après une durée de contact de 5 heures. L'acide sulfurique à 1 : 500; l'acide chlorhydrique à 1 : 300; l'acide phénique à 1 : 200; la soude à 1 : 190 atteignent ce but après 2 heures (BOER) (4); à la dose de 2,5 p. 100 la chaux stériliserait en 2 heures (STERNBERG (5)); à 3 : 100 en 6 heures et enfin à 6 : 100 en 2 heures (PFUHL) (6). Parmi les sels usuels efficaces, il faut citer : l'hypochlorite de chaux qui stérilise à la dose de 1 : 2000 en 2 heures (BOLTON) (7); à la dose de 1,2 : 1000 en 5 minutes (NISSEN) (8); le sulfate de cuivre à 1 : 20 en 10 minutes (LEITZ) ou à 1 : 200 en 2 heures (BOLTON); le nitrate d'argent à 1 : 4000 en 2 heures (BOER); le carbonate d'ammoniaque à 1 : 100 en 5 heures (KITASATO); le biiodure de mercure à 1 : 1000 en 2 heures; le sublimé à 1 : 1000 en 15 minutes (VIQUERAT) (9). Ce dernier corps à la dose de 1 : 10000 se montrerait stérilisant après 2 heures d'action sur les cultures ordinaires, tandis que si ces cultures sont très chargées d'albumine, la dose devrait être portée à 1 : 100 (BOLTON). D'après DE GIAXA (10) des murailles enduites de bacille typhique sont efficacement stérilisées par un simple badigeonnage au lait de chaux à 50 p. 100. Ce bacille conserverait sa vitalité dans les solutions saturées de chlorure de sodium pendant plusieurs semaines (FORSTER) et même plusieurs mois (DE FREYTAG) (11); par contre il serait tué en 3 jours dans l'infusion de café à 5 : 100 (C. LÜDERITZ) (12) et en 30 minutes dans une atmosphère de fumée de tabac (TASSINARI) (13).

---

(1) STERNBERG. *American Journal Med. Scien.*, 1887, XCIV, p. 146.

(2) JANOWSKY. *Centralblatt für Bakteriologie*, 1890 VIII, p. 420 (voir aussi pp. 167, 193, 230, 262 et 449).

(3) KITASATO. *Zeitschrift für Hygiene*, 1888, III, p. 404.

(4) BOER. *Zeitschrift für Hygiene*, 1890, IX, p. 479.

(5) STERNBERG. *American Journ. med. Science*, 1883, LXXXIV.

(6) PFUHL. *Zeitschrift für Hygiene*, 1889, VI, p. 97.

(7) BOLTON. Report of Comittee on Disinfectants, p. 153.

(8) NISSEN. *Zeitschrift für Hygiene*, 1890, VIII, p. 62.

(9) VIQUERAT. *Annales de Micrographie*, 1888-89, I, p. 219.

(10) DE GIAXA. *Annales de Micrographie*, 1889-90, II, p. 316.

(11) DE FREYTAG. *Archiv für Hygiene*, 1890, XI, p. 60.

(12) LÜDERITZ. *Zeitschrift für Hygiene*, 1889, VI, p. 241.

(13) TASSINARI. *Ann. d. Inst. d'Igiene sperim. di Univ. Roma*, I, p. 155.

D'après UFFELMANN (1), le bacille typhique reste vivant, malgré la dessiccation, pendant au moins 21 jours dans la terre de jardin, 82 jours dans le sable, 30 jours dans les poussières et balayures, 60 à 72 jours sur de la toile, 32 jours sur du bois. Dans les matières fécales stérilisées, ce bacille résiste 4 mois, d'après le même auteur; 15 jours d'après CHANTEMESSE et WIDAL; d'après KARLINSKI (2) le bacille d'EBERTH resterait vivant pendant 3 mois dans les déjections typhiques alors que dans les fosses d'aisance il ne résisterait au plus que quelques jours.

KARLINSKI évalue à 3 jours la durée de la vie du bacille typhique dans l'eau non stérilisée et à 3 mois au plus dans le sol. Dans le beurre, le bacille reste vivant pendant 3 semaines d'après HEIM, pendant 7 jours d'après H. LASER (3).

Inoculation aux animaux et virulence. — On ne connaît pas chez les animaux d'affection spontanée due au bacille d'EBERTH. Les résultats fournis par l'inoculation expérimentale de ce bacille sont variables et en rapport avec la quantité, l'âge et la virulence de la culture inoculée. Les premiers expérimentateurs, ne se préoccupant pas de ces conditions, obtinrent des résultats contradictoires. GAFFKY ne put déterminer aucun désordre pathologique chez les animaux qu'il inocula. FRÄNKEL et SIMMONDS (4) chez des souris inoculées sous la peau ou dans le péritoine constatèrent parfois de la diarrhée pendant la vie, et après la mort des lésions portant sur les ganglions mésentériques, la rate et les follicules de PEYER ; ces organes étaient hypertrophiés ou nécrosés et présentaient de nombreux bacilles. SEITZ (5) obtint des résultats plus constants en faisant déglutir environ 10 centimètres cubes de bouillon de culture typhique à des cochons d'Inde qu'il préparait, au préalable, en leur administrant de fortes doses d'opium ou de bicarbonate de soude. SIROTININ (6) constate que les animaux d'expérience ne meurent que si on leur injecte d'énormes doses de culture et que dans ces conditions les cultures stérilisées se montrent tout aussi pathogènes. Il émet l'hypothèse que dans les expériences de FRÄNKEL et SIMMONDS ce sont les toxines contenues dans les cultures qui ont agi en intoxiquant purement et simplement les animaux, et que les bacilles retrouvés

(1) UFFELMANN. *Centralblatt für Bakteriologie*, 1889, V. pp. 497 et 529; 1894, XV, p. 133.
(2) KARLINSKI. *Centralblatt für Bakteriologie*, 1892, XI, p. 634. — *Archiv für Hygiene*, 1889, IX, p. 113 et 1891, XIII, p. 302.
(3) HUGO LASER. *Zeitschrift für Hygiene*, 1891, X, p. 513.
(4) FRÄNKEL et SIMMONDS. *Centralblatt für Klin. med.*, 1885.
(5) SEITZ. Bakteriologische studien zur Typhusætiologie. Munich, 1886.
(6) SIROTININ. *Zeitschrift für Hygiene*, 1887.

dans les organes à l'autopsie ne sont autres que ceux mêmes qui ont été injectés. Des constatations du même ordre résultent des recherches de BEUMER et PEIPER, de KILCHER (1887), de CHANTEMESSE et WIDAL (1888), de VAUGHAN (1889), de CYGNŒUS (1890), etc...

Les données précises sur l'infection typhique expérimentale commencent avec les mémoires de SANARELLI (1) et de CHANTEMESSE et WIDAL (2). Ces auteurs commencent par renforcer considérablement la virulence de la culture à inoculer par des passages successifs à travers l'organisme du cobaye ou du lapin. Pour cela, d'après CHANTEMESSE et WIDAL, on inocule sous la peau d'un cobaye une forte dose de culture dans le bouillon ; si l'animal succombe, on prélève quelques centimètres cubes de l'abondante sérosité qu'on trouve en ouvrant l'abdomen et on les ensemence dans du bouillon qu'on cultive quelques heures à l'étuve. Cette culture est inoculée de la même façon à un cobaye neuf, et l'on continue la série de ces opérations jusqu'à ce qu'on obtienne une semence tuant le cobaye en 24 heures lorsqu'on l'introduit dans le péritoine à la dose de 8 à 10 gouttes. D'après SANARELLI, on peut obtenir le renforcement de la virulence d'une culture typhique peu active ou même inactive de la façon suivante : on injecte simultanément à un cobaye un centimètre cube de la culture typhique sous la peau et 10 centimètres cubes de culture stérilisée de *Bacillus coli communis* dans le péritoine, l'animal succombe en 12 heures environ ; on prend quelques gouttes de l'exsudat péritonéal qu'on sème dans du bouillon et qu'on place à l'étuve. Dès que la culture est manifeste, on l'inocule sous la peau d'un nouveau cobaye auquel on injecte en même temps dans le péritoine 7 à 8 centimètres cubes de culture stérilisée de *Bacillus coli communis*. Ces opérations sont répétées un certain nombre de fois ; on voit bientôt la culture typhique agir sans le concours des toxines colibacillaires, et l'on arrive enfin à obtenir une culture tuant, à elle seule, le cobaye à la dose de 1 goutte en inoculation péritonéale. Dans la méthode de SANARELLI on peut remplacer la culture stérilisée de colibacille par une culture de *Proteus vulgaris* ou par une macération stérilisée de matières fécales.

Pour conserver la virulence des cultures ainsi exaltées, on devra les faire passer fréquemment par l'organisme du cobaye ou du lapin.

Un peu auparavant, SILVESTRINI (3) avait proposé, pour obtenir un bacille typhique exalté, de le cultiver en série dans des tubes conte-

---

(1) SANARELLI. *Annales de l'Institut Pasteur*, 1892, VI, p. 721 ; 1894, VIII, pp. 93 et 353.
(2) CHANTEMESSE et WIDAL. *Annales de l'Institut Pasteur*, 1892, VI, p. 755.
(3) SILVESTRINI. *Rivista italiana*, 1891, p. 226.

nant un mélange de bouillon et de sang de lapin défibriné. Ce dernier liquide est très bactéricide; aussi les cultures obtenues sont-elles peu abondantes, du moins dans les premières générations. Mais, peu à peu, les bacilles les plus résistants se sélectionnent et si l'on augmente de plus en plus la dose de sang défibriné, on finit par obtenir des cultures assez virulentes pour le lapin.

Le cobaye est l'animal de choix pour les inoculations expérimentales de bacille typhique. La culture exaltée sera introduite à la dose de 1 à 2 gouttes dans le péritoine ou de 3 à 4 centimètres cubes sous la peau. On note, tout d'abord, une période d'hyperthermie (40 à 41°) de peu de durée, puis, à partir de la sixième heure, la température s'abaisse constamment jusqu'à la mort, elle peut descendre jusqu'à 32°. L'animal est triste, se tient en boule, le poil hérissé; son ventre est très sensible et météorisé; il meurt dans un laps de temps variable de 8 à 48 heures, suivant la dose et la virulence de la culture injectée. A l'autopsie, on trouve un exsudat péritonéal assez abondant, séreux, fibrineux ou hémorrhagique; la rate est hypertrophiée; le foie graisseux; l'intestin, rempli d'un flux diarrhéique contenant des hématies, des leucocytes, montre une muqueuse desquamée, ecchymotique par places; les plaques de Peyer sont tuméfiées. Les bacilles se retrouvent en abondance dans le sang, dans le liquide péritonéal, dans les organes, la rate surtout.

Lorsque les inoculations ont été faites discrètement sous la peau, on peut assister à la formation d'abcès locaux dont le pus contient le bacille spécifique; souvent ces abcès guérissent. Dans les cas fatals, l'animal meurt en 10 ou 15 jours, très amaigri. Les cobayes porteurs de ces abcès succombent rapidement à l'injection de faibles doses de cultures filtrées de bacille typhique ou de colibacille (Sanarelli).

Toxines typhiques. — Les cultures du bacille d'Eberth stérilisées, par filtration ou autrement, se montrent plus ou moins toxiques pour les animaux auxquels on les injecte. Au point de vue chimique pur, on sait peu de chose sur les matières toxiques contenues en dissolution dans ces cultures; Brieger (1885) en a bien autrefois isolé une substance basique, la *typhotoxine* ($C^7H^{17}AzO^2$), déterminant chez les souris et les cobayes une salivation abondante, des paralysies, la dilatation des pupilles et les tuant à dose élevée; mais il n'est pas certain que ce produit soit réellement sécrété par le bacille.

Pour préparer une toxine très active, Sanarelli ensemence son bacille typhique, exalté comme il l'a dit plus haut, dans du bouillon chargé de 2 p.100 de glycérine et cultive le liquide pendant un mois à 37°. Il l'abandonne ensuite à macérer à la température ambiante pendant 8 à 10 mois, puis scelle à la lampe le vase de verre qui le contient et le chauffe ensuite plusieurs jours au bain-marie, vers 60°. Ces diverses opérations ont pour but de faire passer en dissolution les substances toxiques contenues dans le corps des bacilles morts et qui s'y trouvent énergiquement retenues. Finalement, il décante avec soin le liquide parfaitement clair et exempt de microbes. PFEIFFER cultive le bacille typhique dans le bouillon ordinaire et stérilise les cultures par la chaleur à 54° maintenue pendant 1 heure ou par les vapeurs de chloroforme. CHANTEMESSE (1) préconise les cultures dans du bouillon préparé avec du tissu splénique et de la moelle osseuse, et additionné d'une petite quantité de sérum humain. Ces cultures, vieilles de quelques jours, puis filtrées à la bougie CHAMBERLAND, fournissent une toxine très active, mais assez instable et qu'on doit conserver en vases scellés, à l'abri de la lumière.

Les effets produits par l'inoculation de ces toxines brutes sont très constants et très comparables à ceux qui résultent de l'inoculation des cultures virulentes exaltées. Le cobaye qui reçoit sous la peau 1,5 p. 100 de son poids de ces toxines, meurt en moyenne en 20 heures. L'hyperthermie fait défaut au début (sauf dans le cas où la dose de toxine injectée est extrêmement faible (SANARELLI), l'animal reste immobile, pelotonné, anxieux, son ventre est très sensible et météorisé; bientôt il est pris de tremblements et de violentes convulsions musculaires, de diarrhée parfois hémorrhagique; sa température s'abaisse de plus en plus; puis, apparaît une paralysie qui ne tarde pas à se généraliser, la mort survient enfin par arrêt des muscles respiratoires. Les lésions qu'on rencontre à l'autopsie sont à peu près les mêmes que celles qui résultent de l'inoculation des cultures vivantes; le péritoine contient un épanchement purulent plus ou moins abondant, fibrineux; la muqueuse intestinale est congestionnée et hémorrhagique, turgescente au niveau des plaques de PEYER, le contenu intestinal est séro-sanguinolent; la rate est volumineuse.

Bien entendu, le bacille d'EBERTH ne peut être décelé dans les tissus et les organes des animaux intoxiqués; par contre, les bactéries vulgaires du tractus intestinal, habituellement saprophytes, paraissent, dans certains cas, augmenter considérablement de nombre et de virulence sous l'influence des toxines typhiques; le *Bacillus*

(1) CHANTEMESSE. *Comptes rendus de la Société de Biologie*, 1897, sér. 10, IV, p. 97 et 101.

coli communis entre autres a pu être retrouvé dans le liquide péritonéal vivant et doué d'une extrême virulence.

Dans d'autres cas, ce même bacille, sous l'influence de l'inoculation des cultures typhiques filtrées, disparaît complètement de l'intestin grêle (Sanarelli).

Le lapin et la souris sont relativement plus résistants que le cobaye à l'intoxication par les toxines typhiques; les résultats notés sont beaucoup moins constants qu'avec ce dernier animal.

Vaccination. — On a pu vacciner les animaux contre l'infection typhique expérimentale en leur injectant soit des cultures virulentes, soit des cultures atténuées ou stérilisées. La première méthode étudiée par Beumer et Peiper, Sanarelli, est dangereuse et fournit des résultats peu constants. La seconde, au contraire, est digne d'intérêt. On peut utiliser les cultures stérilisées par chauffage à 60° (Beumer et Peiper, Bruschettini, Kitasato). Chantemesse et Widal, Sanarelli obtiennent de bons résultats de l'emploi des cultures très virulentes en bouillon, vieilles de 10 à 15 jours et stérilisées soit à 100°, soit à 120° à l'autoclave; 15 à 20 centimètres cubes du liquide obtenu, injectés en 4 à 5 jours, suffisent pour conférer à un cobaye, de poids moyen, une immunité solide et durable. Pour un lapin de 2 kilogrammes il faut 35 à 40 centimètres cubes, mais avec cet animal on a de nombreux cas de mort. Les cobayes sont immunisés environ 4 jours après la dernière injection; ils maigrissent parfois beaucoup, mais se rétablissent promptement.

Le sérum des vaccinés, inoculé à des animaux neufs, leur confère immédiatement une certaine immunité, peu solide il est vrai, contre l'infection due au bacille d'Eberth (Brieger, Kitasato et Wassermann, Sanarelli, Chantemesse et Widal). Pour ces derniers auteurs, le sérum des animaux neufs posséderait lui-même un faible pouvoir préventif. Le sérum des vaccinés, de même que le sérum des individus atteints ou guéris de fièvre typhoïde, possède en outre une vertu curatrice, car il enraye l'infection déclarée à la suite d'une dose sûrement mortelle de culture vivante et virulente (Chantemesse et Widal, Sanarelli), mais il faut pour cela que l'injection de sérum ne soit pas faite trop tardivement. Il n'est pas encore permis de se prononcer sur l'efficacité de la sérothérapie de la fièvre typhoïde chez l'homme; il semble, cependant, que les résultats en soient encourageants.

Selon Sanarelli, le bacille d'Eberth végète bien et reste virulent dans le sérum des vaccinés; de plus, les cobayes immunisés contre l'infection due au microbe, restent sensibles à l'action de sa toxine; selon PFEIFFER et KOLLE (1), le sérum des vaccinés se montre à la fois bactéricide et préventif; il est capable d'immobiliser le bacille et de l'agglomérer en amas lorsqu'on l'injecte en même temps qu'une culture dans le péritoine d'un animal. Le sérum des animaux immunisés, ou bien encore le sérum des individus atteints ou guéris de fièvre typhoïde, possède la propriété d'immobiliser ou d'agglutiner en amas, *in vitro*, les bacilles d'EBERTH contenus dans une culture. Cette propriété a été utilisée par GRUBER et DURHAM (2) pour différencier le bacille typhique des espèces voisines; elle est la base de l'excellente méthode de diagnostic de la fièvre typhoïde humaine de WIDAL (3), généralisée depuis à la plupart des maladies microbiennes sous le nom de *sérodiagnostic*.

Sérodiagnostic de la fièvre typhoïde. — Cette opération, que le bactériologiste est appelé à faire journellement, peut se pratiquer, d'après WIDAL, de trois façons légèrement différentes :

1° *Procédés lents*. — *a*. On mélange, en proportion convenable, le sérum à examiner et du bouillon ordinaire; le tout est ensemencé avec une trace de bacille d'EBERTH et placé à l'étuve, en même temps qu'un tube de bouillon simple ensemencé, mais non additionné de sérum et servant de témoin. Dans les cas positifs et typiques, on voit déjà au bout de 4 à 7 heures une différence marquée entre les deux cultures; le tube à sérum est peu altéré, il présente seulement quelques grumeaux. Après 12 ou 24 heures, la culture simple est très bien développée, uniformément trouble et présente l'aspect si spécial des cultures typhiques, tandis que le tube additionné de sérum est absolument limpide, les microbes s'y sont développés et agglutinés sous la forme de petits flocons grenus et blanchâtres déposés au fond du liquide. En agitant celui-ci on ne parvient pas à dissocier entièrement ces flocons, ils nagent dans le bouillon sous forme d'une fine poussière se précipitant rapidement par le repos. Parfois la réaction n'est pas aussi nette; le bouillon additionné de sérum et ensemencé se trouble presque uniformément; dans ces cas douteux, un simple examen microscopique montre si les bacilles sont agglutinés.

Il est nécessaire d'examiner fréquemment les tubes placés à l'étuve; il peut arriver, en effet, qu'une culture, qui au bout de 12 heures était d'abord manifestement agglutinée, se montre uniformément trouble après 18 ou 24 heures. « On dirait que les pre-

(1) PFEIFFER et KOLLE. *Zeitschrift für Hygiene*, 1896, XXI, p. 203.
(2) GRUBER et DURHAM. *Münchener med. Wochenschrift*, 1896, p. 285.
(3) WIDAL. *Bulletin de la Société médicale des Hôpitaux*, 1896, 21 juin.

miers amas formés ont accaparé toute la substance agglutinante et que les bacilles, développés par la suite, ont pu se développer en toute liberté » (WIDAL et SICARD) (1).

b. Au lieu d'ensemencer un mélange de bouillon et de sérum, on peut additionner de sérum une culture de bacille typhique en bouillon, déjà développée mais jeune, et l'abandonner au repos, soit à la température de la chambre, soit à l'étuve. Dans les cas positifs, la culture, d'abord trouble uniformément, devient peu à peu grumeleuse et finit par se clarifier complètement. Si la réaction manquait quelque peu de netteté, le simple examen microscopique d'une goutte du liquide trancherait la difficulté.

Bien entendu, il faut s'assurer par un examen direct que la culture typhique employée ne contient pas elle-même d'amas bacillaires préexistants; il faut savoir en outre que parfois le sérum normal est capable d'agglutiner un certain nombre de microbes et, en particulier, le bacille typhique. BARDET (2) a démontré que l'on peut éliminer cette cause d'erreur en diluant convenablement le sérum à examiner.

Ces deux procédés, dits procédés lents, exigent une certaine quantité de sérum parfaitement stérile qu'on se procurera en faisant au malade une petite ponction veineuse, avec toutes les précautions d'aseptie voulue; d'après BENSAUDE, il suffit de piquer la veine avec une simple aiguille de seringue, munie d'un petit tube de caoutchouc, qui permet de recueillir, dans un tube à essais flambé, le sang qui s'en écoule goutte à goutte.

2° *Procédé extemporané.* — Ce troisième procédé est très pratique, il permet de faire pour ainsi dire le sérodiagnostic de la fièvre typhoïde au lit du malade; quelques gouttes de sang ou de sérum, obtenues par simple piqûre, de l'extrémité désinfectée d'un doigt, avec une lancette ou une forte aiguille stérilisée, suffisent pour faire le diagnostic et même pour mesurer le pouvoir agglutinatif (voir plus bas).

C'est à ce procédé que nous avons toujours recours et voici comment nous l'effectuons, d'après les indications de WIDAL. Dans un tube à essais flambé, ou dans un verre de montre, on introduit 9 gouttes d'une culture de bacille typhique âgé de 24 heures, ou bien encore 9 gouttes d'une très légère émulsion obtenue en délayant soigneusement dans un peu de bouillon stérile une petite quantité de culture sur gélose ensemencée la veille. Une gouttelette de ce liquide

(1) WIDAL et SICARD. *Annales de l'Institut Pasteur*, 1897, XI, p. 361.
(2) BARDET. *Annales de l'Institut Pasteur*, 1895, IX, p. 492.

bactérifère est examinée au microscope pour s'assurer qu'il ne s'y trouve pas de faux amas préexistants. On ajoute alors dans le tube 1 goutte du sérum à étudier, on mélange par agitation, on introduit une gouttelette du mélange entre lame et lamelle et on examine au microscope avec un fort système à sec. Dans le cas où le sérum possède un pouvoir agglutinant intense, on constate, dès le début, l'existence d'amas bacillaires confluents, entre lesquels on distingue encore quelques rares bacilles isolés et mobiles; le diagnostic s'impose.

Si l'on ne voit pas immédiatement d'amas, on abandonne la préparation au repos, à l'air libre, et on l'examine de quart d'heure en quart d'heure. Dans les cas positifs, on ne tarde pas à assister à la formation de centres attractifs autour desquels viennent peu à peu s'immobiliser, se tasser et se confondre les bacilles primitivement libres et très mobiles dans le liquide. Pour que l'aspect soit caractéristique, il faut, disent Widal et Sicard, « que les amas soient nombreux, confluents et parsèment tous les points de la préparation, à la façon des îlots d'un archipel. » Si, après 2 heures, le titre de la dilution du sérum dans la culture étant de 1 : 10, on n'observe pas d'amas, on peut conclure que le sérum étudié n'est pas agglutinant.

Mensuration du pouvoir agglutinant. — Dès qu'on a établi qu'un sérum est actif, il importe de mesurer son pouvoir agglutinant. Pour cela, on peut opérer suivant l'une quelconque des trois méthodes qui viennent d'être décrites; mais la dernière est surtout à recommander comme étant la plus rapide, la plus sensible et fournissant des résultats très comparables entre eux.

Il faut avoir sous la main une culture jeune en bouillon de bacille d'Eberth ne contenant pas de faux amas, ou bien une culture sur gélose dont on dilue une trace dans un peu de bouillon, comme cela a été dit; des tubes à essais stériles et des tubes de verre stérilisés d'environ 5 millimètres de diamètre sur 20 centimètres de long, dont les deux extrémités sont simplement bouchées à l'ouate. On étire finement à la lampe un de ces tubes par son milieu, on brise, avec précaution l'effilure obtenue et l'on obtient ainsi deux pipettes jumelles donnant des gouttes d'égal volume.

L'essai préliminaire fait à 1 : 10, pour voir si le sérum est agglutinant, renseigne déjà l'opérateur sur l'intensité probable du pouvoir agglutinant. Si ce pouvoir est jugé devoir être peu élevé, avec l'une des pipettes on introduit dans un tube 49 gouttes de culture et, avec l'autre, 1 goutte de sérum; on agite pour mélanger et l'on examine au microscope une goutte entre lame et lamelle. Si aucune agglutination n'est constatée, c'est que le pouvoir agglutinant est compris entre

1 : 10 et 1 : 50 ; on fera alors de nouvelles dilutions à 1 : 40, 1 : 30, 1 : 20 de façon à resserrer les limites entre lesquelles on peut hésiter. Si, au contraire, l'agglutination à 1 : 50 est positive, on élèvera le titre des dilutions à 1 : 60, 1 : 70, etc..., jusqu'à ce qu'on ne constate plus d'agglutination après 2 heures d'attente. En pratique, pour ne pas perdre trop de temps, on fait à la fois plusieurs dilutions en ayant soin d'inscrire sur chaque préparation le titre de la dilution et l'heure du début de l'examen.

Dans les cas où le pouvoir agglutinant est très intense, on le mesurera par la méthode des dilutions successives : 1 goutte de sérum est ajoutée à 99 gouttes de bouillon vierge et cette première dilution à 1 : 100 est répartie par gouttes dans des tubes contenant respectivement 9, 14, 19, etc..., gouttes de culture ; on aura ainsi réalisé des dilutions à 1 : 1000, 1 : 1 500, 1 : 3000, etc..., sans s'astreindre à compter un grand nombre de gouttes, opération pénible et fastidieuse.

Widal et Sicard considèrent comme très faible un pouvoir agglutinant compris entre 1 : 10 et 1 : 100 ; faible entre 1 : 100 et 1 : 200 ; moyen de 1 : 200 à 1 : 500 ; puissant de 1 : 500 à 1 : 2 000 ; très intense au-dessus de 1 : 5 000.

Le pouvoir agglutinant est parfois très variable d'un jour à l'autre pour le sérum d'un même malade ; on devra donc, dans les cas douteux ou négatifs, recourir à de multiples mensurations, à plusieurs jours d'intervalle. D'après Courmont (1), les pouvoirs les plus faibles s'observeraient dans les cas peu graves ; d'après Widal et Sicard, il est impossible de tirer aucune indication pronostique sûre de l'étude de la réaction agglutinante. Ces auteurs, en effet, ont vu cette réaction faire défaut dans un cas avéré de fièvre typhoïde ; ils l'ont vue, parfois, plus intense à la veille des rechutes, ou bien diminuer considérablement avant la mort, etc...

Un sérum actif conserve très longtemps le pouvoir agglutinant, *in vitro*, même s'il est soumis à l'action de la lumière, ou même s'il se trouve envahi par certaines bactéries ou moisissures. Chez les personnes guéries de fièvre typhoïde, le pouvoir agglutinant se retrouve souvent après de longues années et peut même servir à établir un diagnostic rétrospectif.

On a publié jusqu'à ce jour un certain nombre d'observations de malades atteints d'affections différentes de la fièvre typhoïde et dont le sérum se montrait agglutinant pour le bacille d'Eberth ; le sérum normal est souvent dans le même cas ; mais si l'on a soin de se

(1) Courmont. *Comptes rendus de la Société de Biologie*, 1896, sér. 10, III, p. 819.

tenir toujours à des dilutions supérieures à 1 : 10, pour apprécier le pouvoir agglutinant et surtout si l'on s'astreint à la mensuration exacte de ce pouvoir, la séroréaction de WIDAL, dûment constatée, est réellement spécifique et demeure un signe de certitude de la fièvre typhoïde.

Au point de vue pratique, il n'est pas besoin d'avoir le sérum exempt de globules pour constater la réaction d'agglutination ; le sang complet va tout aussi bien. On peut même, s'il s'agit d'expédier au loin un échantillon de sang destiné à cette recherche, en faire dessécher quelques grosses gouttes sur du papier filtre qu'il suffira de délayer ultérieurement dans un peu d'eau salée stérile pour obtenir, même après 4 mois, un liquide possédant les propriétés agglutinantes du sang primitif.

Point n'est besoin non plus d'avoir sous la main des cultures fraîches et vivantes de bacille d'EBERTH ; à la rigueur, les cultures stérilisées par la chaleur de 57-60° maintenue 30 à 45 minutes, ou mieux encore, les cultures typhiques additionnées de 1 : 150 de formaldéhyde et rendues de ce fait complètement inaltérables, se prêtent parfaitement à l'étude et même à la mesure du pouvoir agglutinant (WIDAL et SICARD, VAN DE VELDE).

Indépendamment du sang et du sérum, la réaction agglutinante chez les typhiques a été constatée, plus ou moins intense, dans la sérosité des vésicatoires, dans le lait, dans les sérosités de la plèvre, du péritoine et du péricarde, dans l'urine, la bile, les larmes, etc... La réaction agglutinante peut passer de la mère au fœtus (MOSSÉ et DAUNIC).

Habitat. — Le bacille typhique existe en très grande abondance dans les organes de l'homme atteint de fièvre typhoïde ; c'est là son habitat normal, c'est dans l'organisme humain qu'il trouve les meilleures conditions pour végéter et acquérir sa virulence. Pendant la période aiguë de la maladie on le trouve surtout dans la rate, les ganglions mésentériques et les follicules de PEYER, à la surface des séreuses péritonéales ou thoraciques, dans le foie, les capsules surrénales, la moelle osseuse ; on le trouve dans le sang, dans les taches rosées lenticulaires ; il n'apparaît dans les selles qu'après quelques jours de maladie. A la période de déclin, il peut se généraliser par la voie lymphatique ou sanguine, se localiser en certains points de l'organisme, produire des abcès sous-cutanés ou osseux dans lesquels il conserve longtemps sa vitalité. On l'a trouvé à diverses périodes dans le testicule, les méninges, dans le rein, d'où il peut passer dans l'urine, etc.

Entre autres expérimentateurs, Remlinger et Schneider (1) l'ont cherché et trouvé dans le contenu intestinal de l'homme sain, ils l'ont caractérisé, 5 fois sur 10, chez des individus traités pour des affections complètement étrangères à la dothiénentérie. Il parvient dans les milieux extérieurs, par l'intermédiaire des matières fécales des typhiques qui le contiennent ordinairement en grand nombre. Tride et Salomonsen, Macé l'ont retiré dans des échantillons de terre prélevés à diverses profondeurs; Remlinger et Schneider l'ont isolé 7 fois sur 13 échantillons de terre et de poussière ; Grancher et Deschamps (2), utilisant le milieu de Nœggerath, l'ont retrouvé vivant, à une profondeur de 50 centimètres, dans des tubes contenant de la terre provenant du sol d'Achères, ensemencés avec une petite quantité de culture typhique pure et journellement arrosés d'eau stérilisée.

Il est probable qu'il existe dans l'air, charrié par les poussières, quoi qu'on n'ait pas encore réussi à l'en isoler; de nombreux cas de contage à distance ne peuvent s'expliquer autrement. Sa présence est très fréquente dans toutes les eaux superficielles, de fleuves ou de rivières, souillées par les déjections humaines; il a été souvent rencontré dans les eaux des nappes profondes, puits, sources, etc..., où il a été vraisemblablement introduit soit par les eaux de surface ayant lavé le sol contaminé, soit par des infiltrations provenant de dépôts de fumier, soit par des opérations d'épandage d'eaux usées dans lesquelles ces eaux n'ont pas été purifiées suffisamment par filtration à travers une épaisseur convenable de terrains non fissurés.

C'est à l'usage des eaux alimentaires, polluées par l'apport de germes typhiques, qu'on rapporte aujourd'hui la plupart des cas de fièvre typhoïde. Des épidémies de cette maladie éclatent en effet dans une maison, un village ou une ville, parmi les personnes consommant une même eau de puits, de source ou de rivière, à l'exclusion de celles qui font usage d'eau d'une autre provenance, et dans ces eaux typhogènes on a pu mettre parfois en évidence le germe d'Eberth lui-même ou, tout au moins, établir la réalité de leur contamination par des matières fécales (Brouardel, Chantemesse, Widal, Thoinot, Vincent, Péré, etc...) Indépendamment des causes de contage par l'air et par l'eau, la fièvre typhoïde peut se déclarer à la suite de l'ingestion de lait contaminé par addition d'eaux impures, de légumes crus provenant de terrains irrigués, etc...

---

(1) Remlinger et Schneider. *Comptes rendus de la Société de Biologie*, 1896, sér. 10, III, p. 803. — *Annales de l'Institut Pasteur*, 1897, XI, p. 55.

(2) Grancher et Deschamps. *Archives de Médecine expérimentale*, 1889, I, p. 33.

Recherche et diagnostic. — Il est relativement facile de retrouver et de cultiver à l'état de pureté le bacille typhique, sur le cadavre ou sur le vivant, dans les organes où il pullule à peu près seul. Tout au contraire, dans les milieux comme les selles, la terre, l'eau, etc..., où le bacille d'Eberth se trouve associé, ou végète concurremment avec un très grand nombre d'espèces différentes, la recherche de ce bacille devient une opération extrêmement laborieuse et dont le résultat est très aléatoire. La présence du bacille du côlon rend tout particulièrement difficile cette recherche, et il est nécessaire de recourir à des méthodes diagnostiques spéciales décrites plus loin.

S'il s'agit de caractériser le bacille d'Eberth dans le pus d'un abcès, dans la pulpe splénique obtenue par ponction aseptique, etc., on pourra se contenter de pratiquer des examens microscopiques, d'abord sans coloration, puis après avoir coloré par les méthodes générales. La liqueur de Ziehl étendue, le bleu de méthylène suivi d'un lavage au tannin puis à l'alcool dilué, la méthode de Nicolle à la thionine, donnent de bons résultats ; la coloration par la méthode de Gram doit rester négative. En même temps on pratiquera des ensemencements sur les milieux ordinaires, gélatine en plaques, gélose en stries, bouillon, pomme de terre, etc., qu'on étudiera au point de vue de leur aspect, de la nature des microbes développés, etc... On soumettra finalement les germes isolés aux réactions spéciales décrites plus loin, et plus ou moins caractéristiques pour le bacille typhique.

Si l'on veut colorer le bacille dans les coupes, les tissus destinés à être débités seront placés, aussitôt recueillis, dans du sublimé ou du formol, lavés, deshydratés et inclus dans la paraffine; quelques-unes des coupes obtenues seront colorées par le bleu de méthylène, les autres seront d'abord traitées par la méthode de Gram, puis par la liqueur Ziehl étendue, ce qui fournira une double coloration. Du reste, l'observateur ne négligera pas de varier ses méthodes, suivant qu'il a en vue la recherche de telle ou telle association (staphylocoque, streptocoque, bacille de la tuberculose, etc...).

Pour se procurer sur le vivant un peu de suc splénique destiné à la recherche du bacille d'Eberth, on délimite exactement, par la percussion, la situation de la rate hypertrophiée, puis, la peau étant bien aseptisée, on y enfonce, perpendiculairement à la paroi, l'aiguille d'une seringue stérilisée. Lorsque l'aiguille a pénétré dans la rate, on la sent immobilisée; on aspire alors un peu de liquide en soulevant le piston, on retire l'instrument et l'on applique un peu de collodion sur la piqûre. Cette opération préconisée par Hein, Philipowicz,

Chantemesse, etc., n'étant pas toujours exempte de danger et n'étant pas, en somme, indispensable, doit être écartée de la technique bactériologique.

Pour isoler le bacille typhique des milieux où il coexiste avec d'autres bactéries, notamment le bacille du côlon, on a proposé un grand nombre de méthodes; malheureusement, aucune d'elles n'est parfaite et l'on ne saurait trop s'efforcer, pour l'avenir, de les rendre plus précises.

Chantemesse et Widal ont, les premiers, proposé d'ajouter 0,25 p. 100 de phénol à la gélatine nutritive; dans ces conditions, le bacille typhique et le colibacille poussent, tandis que les germes saprophytes ou liquéfiants sont arrêtés dans leur développement.

Rodet a conseillé d'ensemencer les matières suspectes, telles que l'eau de boisson par exemple, dans du bouillon tenu à 44°5.

Vincent (1) a très heureusement combiné ces deux procédés. Il recommande les ensemencements *successifs* et *précoces* dans du bouillon phéniqué tenu à la température de 42°. Dans des séries de tubes de bouillon on porte, avec une pipette donnant 40 gouttes au centimètre cube, 5 gouttes d'acide phénique, à 5 p. 100, pour 10 centimètres cubes de bouillon; ou bien 4 gouttes pour 8 centimètres cubes; ou, enfin, 1 goutte pour 2 centimètres cubes. Ces tubes sont respectivement ensemencés avec des doses du liquide suspect, variant de 5 à 20 gouttes, et rapidement portés à 42°. Dès qu'on constate un louche léger dans un tube, on ensemence 1 goutte de son contenu dans de nouveaux tubes de bouillon phéniqué maintenu à la même température. Après 2 ou 3 passages analogues, on obtient des cultures, soi-disant pures, de bacille d'Eberth ou de colibacille, qu'il suffit ensuite de semer sur les milieux ordinaires pour constater leurs caractères normaux.

Ce procédé, surtout appliqué à l'analyse bactériologique de l'eau, a été modifié par Péré (2). Cet auteur introduit dans un ballon stérilisé de 1 litre : 100 centimètres cube de bouillon; 50 centimètres cubes de peptone, à 10 p. 100, et 600 centimètres cubes environ de l'eau à analyser; il ajoute ensuite 20 centimètres cubes d'acide phénique, à 5 p. 100, et complète le volume de 1 litre avec l'eau à analyser. Le tout est réparti dans une dizaine de ballons plus petits, portés à l'étuve à 34°. Le contenu de ces ballons se trouble d'autant plus vite que l'eau est plus contaminée. Dès qu'un ballon se trouble, on sème une trace

(1) Vincent. *Comptes rendus de la Société de Biologie*, 1890, sér. 9, II, p. 62.
(2) Péré. *Annales de l'Institut Pasteur*, 1891, V., p. 79.

de son contenu dans des tubes de bouillon, de 10 centimètres cubes, contenant par litre 5 grammes de peptone et 1 gramme d'acide phénique. Après 2 ou 3 passages analogues, on obtient une culture qui ne renferme que le bacille d'Eberth ou le colibacille, ou bien ces deux espèces ensemble et qu'on peut séparer par la méthode des cultures sur plaques. Ce procédé a l'avantage de faire porter la recherche sur un notable volume d'eau suspecte; il ne faut pas oublier, en effet, que les germes typhiques peuvent ne s'y trouver qu'en très petit nombre.

Parietti (1) a proposé une méthode, assez analogue, basée sur l'emploi d'un bouillon contenant, pour des tubes de 10 centimètres cubes, 3, 6 ou 9 gouttes du liquide suivant :

Acide phénique	5	grammes.
Acide chlorhydrique	4	—
Eau	100	—

Dans chacun de ces tubes on ensemence de 1 à 10 gouttes de l'eau suspecte et on les cultive à 37°.

Le procédé de Pouchet ne diffère pas sensiblement du procédé de Vincent modifié par Péré.

Max Holz (2) et Elsner (3) préconisent, pour isoler le bacille typhique et le colibacille des milieux polymicrobiens qui sont supposés les contenir, tels que les selles, l'emploi d'une gélatine au suc de pomme de terre. Nous utilisons fréquemment ce milieu pour l'analyse bactériologique des eaux et nous le préparons de la façon suivante : on lave et on pèle 500 grammes de pommes de terre; on les réduit en pulpe par la râpe et on fait macérer cette pulpe pendant quelques heures dans 1 litre d'eau. Le tout, jeté sur une toile lâche, laisse écouler un liquide laiteux qu'on abandonne à la décantation dans un vase étroit et profond, jusqu'à ce que tout l'amidon s'y soit déposé. Dans le liquide clair décanté on fait dissoudre au bain-marie 10 p. 100 de gélatine et on neutralise, presque complètement, par une petite quantité de soude à 4 p. 100. On filtre le liquide chaud, on le répartit dans de petites fioles, par portions de 50 à 100 grammes, et on stérilise à 110°. Au moment de l'usage, on liquéfie à l'étuve à 37° le contenu d'une de ces fioles et on y ajoute une quantité suffisante d'une solution stérilisée d'iodure de potassium pour que le milieu renferme 1 p. 100 de ce sel. On ensemence la matière suspecte et on coule le

(1) Parietti. *Rivista d'Igiene*, 1890, I, n° 11; *Annales de l'Institut Pasteur*, 1891, V, p. 413.
(2) Max Holz. *Zeitschrift für Hygiene*, 1890, VIII, p. 143.
(3) Elsner. *Zeitschrift für Hygiene*, 1896, XXI, p. 25; *Presse médicale*, 1896, p. 35.

liquide dans des plaques de PETRI où il ne tarde pas à faire prise. La gélatine d'ELSNER ne permet la culture que d'un nombre assez restreint d'espèces. Le bacille d'EBERTH et le colibacille sont capables d'y croître et d'y former des colonies, dont l'aspect a tout d'abord été considéré comme suffisant pour les différencier. Les colonies du colibacille apparaissent déjà au bout de 2 jours, sous forme de taches et de sphérules blanchâtres ou jaunâtres, granuleuses, d'assez grande dimension. Les colonies de bacille d'EBERTH ne deviennent visibles que plus tardivement, après 4 jours; elles restent petites, transparentes, les plus superficielles ressemblent à des gouttes d'eau. En réalité, ces caractères ne s'appliquent guère qu'aux bacilles provenant de cultures artificielles ; ils ne suffisent pas à diagnostiquer l'un ou l'autre des deux bacilles lorsqu'ils proviennent de l'organisme malade ou bien des milieux extérieurs (COURMONT) (1), dans ce cas, il est indispensable de cultiver sur différents milieux les bacilles isolés sur les plaques, et d'étudier plus à fond leurs propriétés. C'est à l'aide de cette méthode d'ELSNER que REMLINGER et SCHNEIDER purent retrouver le bacille typhique dans la terre ainsi que dans les selles de l'homme sain.

Un certain nombre d'espèces microbiennes, différentes du colibacille ou du bacille d'EBERTH, sont capables de croître soit sur les milieux phéniqués, soit sur la gélatine d'ELSNER (G. ROUX, RODET, GRIMBERT, etc.). Trop souvent ces espèces, aisées du reste à reconnaître, prennent le dessus dans les cultures, masquent et étouffent le développement de ces deux bactéries. Tels sont certains microcoques, staphylocoques, streptocoques, les bacilles décrits par WITTLIN (2) : *Bacillus subtilis*, *megaterium*, *aquatilis*, *fluorescens putidus*, *liquefaciens*, *janthinus*, *violaceus*, *pyocyaneus*, etc..., et d'autres encore, *Cladothrix*, *Leptothrix*, etc.

Diagnostic différentiel du bacille d'Eberth et du colibacille. — Lorsque cet accident ne se produit pas, on se trouve, en définitive, avoir à résoudre le problème suivant : telles colonies ou cultures non liquéfiantes, suspectes par leur aspect macroscopique, sont-elles formées de bacille d'EBERTH ou de *Bacillus coli communis*? La conclusion, qu'il n'est pas toujours possible de formuler, sera fournie par l'étude attentive des caractères biologiques et culturaux des colonies isolées sur plaques de gélatine et réensemencées dans différents milieux.

---

(1) COURMONT. *Comptes rendus de la Société de Biologie*, 1895, sér. 10, II, p. 688.
(2) WITTLIN. *Annales de Micrographie*, 1896, VIII, p. 89.

a. Dans les cultures en bouillon ordinaire et sur gélose ensemencée par stries, on étudiera la rapidité de la croissance, l'aspect microscopique des bacilles, leur mobilité plus grande pour le bacille d'EBERTH que pour le colibacille. On essaiera de colorer les cils vibratiles; d'après REMY et SUGG, R. WURTZ et HERMAN (1), le bacille d'EBERTH en présenterait de plus nombreux que le colibacille. Dans les cultures en bouillon, âgées de 3 à 4 jours, on trouvera de l'indol s'il s'agit du colibacille; cette substance fait défaut dans les cultures typhiques. Ce caractère est important; la recherche de l'indol se fera au mieux, selon PÉRÉ, dans les cultures effectuées sur une simple solution aqueuse de peptone pancréatique. Enfin, les cultures colibacillaires ont ordinairement une odeur fécaloïde assez prononcée, à l'inverse des cultures typhiques, inodores.

b. Sur pomme de terre, le bacille typhique se développe d'une façon à peine visible, ou sous forme d'un enduit mince, glacé, incolore. Au contraire, sur ce même milieu solide, le colibacille donne généralement une culture abondante, jaune, jaune-verdâtre. Pour éviter certains inconvénients, tenant à la réaction et à l'âge de la pomme de terre, REMY et SUGG (2) ont proposé de remplacer ce tubercule par le liquide suivant : eau, 1 000 grammes; glycose, 20 grammes; peptone, 5 grammes; asparagine, 5 grammes; acide citrique, 0,75 grammes; phosphate bipotassique, 5 grammes; sulfate de magnésie, 2,5 grammes; sulfate de potasse, 2,5 grammes; sel marin, 1,25 grammes qu'on neutralise convenablement avec du carbonate de soude, et qu'on rend solidifiable par l'adjonction de 10 p. 100 de gélatine. Sur ce milieu, ainsi, du reste, que dans le milieu liquide très analogue d'USCHINSKY, le colibacille donne d'abondantes cultures, tandis que le bacille typhique ne se développe que misérablement.

D'après SILVESTRINI (3) le bacille typhique cultivé sur pomme de terre à 43° se développe sous forme de microcoques, tandis que le bacille du côlon, dans les mêmes conditions, garde sa forme normale bacillaire.

c. Les milieux colorés, non sucrés, fourniront d'utiles indications; ils ont été tout d'abord préconisés par SPINA (4), D'ABUNDO (5), BIRCH-HIRSCHFELD (6), NŒGGERATH (7).

---

(1) R. WURTZ et HERMAN. *Archives de médecine expérimentale*, 1891, III, p. 734.

(2) RÉMY et SUGG. Trav. du lab. d'hyg. et de bact. de l'Univ. de Gand, *et Annales de la Société de médecine de Gand*, 1893.

(3) SILVESTRINI. *Rivista gen. ital. di clinica medica*, 1891.

(4) SPINA. *Centralblatt für Bakteriologie*, 1887, II, p. 71.

(5) D'ABUNDO. *Riforma Medica*, 1887.

(6) BIRCH-HIRSCHFELD. *Archiv für Hygiene*, IV, 1887, p. 341.

(7) NŒGGERATH. *Fortschritte der Medizin*, 1888, VI, p. 1.

Le milieu de GASSER (1) jouit d'une juste réputation. Pour le préparer, on coule en plaques de la gélose additionnée, avant stérilisation, de quelques gouttes de solution aqueuse de fuschine. Dès qu'elle a fait prise, on y ensemence en stries le bacille suspect. Le colibacille et le bacille d'EBERTH s'y développent rapidement à 37°, sous forme d'une traînée rouge vif, en même temps que le milieu se décolore; mais tandis que cette décoloration est achevée en 3 jours avec le colibacille, elle ne l'est qu'après 5 ou 6 jours avec le bacille typhique. Le premier s'écarte peu de la strie d'ensemencement, les bords de la culture sont rectilignes, alors que la culture éberthienne s'étale assez largement et que ses contours sont très sinueux.

d. Les cultures en milieux sucrés sont très importantes, au point de vue du diagnostic. Ce sont les bouillons et les géloses lactosés qui fournissent les résultats les plus nets. CHANTEMESSE et WIDAL (2) ont préconisé le bouillon ordinaire additionné de 2 p. 100 de lactose; le liquide devient acide et dégage des gaz sous l'influence du colibacille; il ne fait que se troubler sans dégager de gaz sous l'influence du bacille d'EBERTH. Dans le cas du colibacille, la production de bulles est plus abondante si le milieu est additionné de carbonate de chaux qui sature l'acide lactique au fur et à mesure de sa production.

R. WURTZ (3) emploie le bouillon lactosé à 2 p. 100, coloré en bleu par la teinture de tournesol; ce bouillon reste bleu avec le bacille typhique; vire au rouge et dégage des gaz avec le colibacille. RAMOND (4) substitue au tournesol la rubine (fuschine) acide, laquelle, incolore en milieu légèrement alcalinisé, reste telle sous l'influence du bacille d'EBERTH et vire au rouge avec le colibacille. L'étude du pouvoir rotatoire des acides lactiques formés dans les milieux glucosés fournit, d'après BLACHSTEIN, des renseignements de la plus grande importance; le colibacille produit avec la glycose un acide lactique droit à sel de zinc gauche; le bacille d'EBERTH, au contraire, donne un acide lævogyre, à sel zincique droit.

La gélose, lactosée à 2 ou 3 p. 100, se comporte comme le bouillon : avec le bacille typhique, simple culture sans bulles gazeuses; avec le colibacille, nombreuses bulles de gaz dilacérant le milieu. Ce procédé est des plus précieux pour le bactériologiste ayant à rechercher le bacille d'EBERTH dans de nombreux échantillons d'eaux; toutes les

---

(1) GASSER. *Archives de médecine expérimentale*, 1890, II, p. 750.
(2) CHANTEMESSE et WIDAL. *Bulletin de l'Académie de médecine*, 1891.
(3) R. WURTZ. *Archives de médecine expérimentale*, 1892, IV, p. 86.
(4) RAMOND. *Comptes rendus de la Société de Biologie*, 1896, sér. 10, III, p. 883.

colonies suspectes, nées directement sur les plaques d'ELSNER, ou après culture préalable sur bouillon phéniqué sur les plaques de gélatine ordinaire, sont piquées en profondeur sur des tubes de gélose lactosée; dès le lendemain, les tubes placés à 37° sont examinés ; tous ceux qui présentent des bulles gazeuses peuvent être éliminés et l'on n'a plus qu'à étudier le petit nombre de tubes n'ayant pas fermenté, et qui peuvent contenir le bacille typhique.

e. Les cultures sur le lait sont, aussi, très caractéristiques; ce liquide naturel fermente et se coagule rapidement sous l'influence du colibacille; il reste, en apparence, inaltéré par le bacille d'EBERTH, même après plusieurs mois de culture à l'étuve.

f. CHANTEMESSE et WIDAL ont observé que le bacille typhique ne repousse pas sur un tube de gélose ayant été une première fois ensemencé avec du bacille d'EBERTH et débarrassé par un grattage soigneux de cette première culture; la gélose se montre comme vaccinée. R. WURTZ (1) a, d'autre part, constaté que le colibacille repousse sur une telle culture typhique grattée et que le bacille typhique ne repousse pas sur les cultures de colibacille. On comprend aisément tout le parti qu'on a pu tirer de ces intéressantes observations pour le diagnostic différentiel de ces deux microorganismes.

g. Enfin, des renseignements très précieux seront tirés de la culture sur certains milieux, bouillon ou urine, chargés d'urée, tels que le liquide de PIORKOWSKI (2) et surtout de l'étude de la réaction d'agglutination (voir plus haut, le sérodiagnostic de la fièvre typhoïde).

Le bacille du côlon est parfois agglutiné par le sérum typhique, surtout quand on emploie des dilutions faibles de sérums peu actifs. Des espèces voisines du colibacille sont dans le même cas (*Bacillus enteridis*, *Bacillus fæcalis alcaligenes*, etc...). L. BECO (3) a observé, au point de vue de l'agglutination, 36 échantillons de colibacilles, sur lesquels 4, possédant tous les caractères du bacille d'ESCHERICH, étaient agglutinés par des dilutions à 1 : 10 000 de sérum encore actif à 1 : 1 000 000 pour le bacille d'EBERTH. D'après H. VAN DE VELDE (4), pour éviter toute erreur, on devra se servir pour faire le diagnostic d'un sérum d'animal puissamment immunisé, capable d'agglutiner les cultures typhiques authentiques à la dilution à 1 : 1 000 000; les cultures à identifier seront divisées chacune en plusieurs portions qu'on additionnera respectivement de ce sérum à la dose de 1 : 50, 1 : 100, 1 : 10 000,

(1) R. WURTZ. *Archives de médecine expérimentale*, 1892, IV, p. 88.
(2) PIORKOWSKI. *Centralblatt für Bakteriologie*, 1896, XIX, p. 686. — *Berliner klin. Woch.*, 29 juin 1896 et 13 févr. 1899.
(3) BECO. *Centralblatt für Bakteriologie*, 1899, XXVI, p. 136.
(4) H. VAN DE VELDE. *Centralblatt für Bakteriologie*, 1898, XXIII, pp. 481 et 547.

1 : 100 000, etc... Les résultats seront notés après 30 ou 40 minutes d'attente. En appliquant cette méthode à diverses cultures provenant de collections, de l'eau, de la rate ou des selles typhiques ou normales, l'auteur a reconnu que tous les bacilles agglutinés par son sérum à 1 : 500 000 possédaient les réactions qu'on exige du bacille d'Eberth : non-fermentation des milieux lactosés; non-coagulation du lait; pas de développement visible macroscopiquement sur pomme de terre; pas de production d'indol dans la solution à 1 p. 100 de peptone de Witte. De tous les bacilles examinés non agglutinés à cette dilution, deux espèces seulement ne faisaient pas fermenter la lactose et ne coagulaient pas le lait.

Il ne faut pas oublier qu'entre les types extrêmes, représentés par le bacille typhique fraîchement extrait d'une rate de typhique et le colibacille isolé des selles d'un nourrisson, viennent se placer toute une catégorie de bacilles coliformes ou éberthiformes qui présentent à la fois les caractères du colibacille et du bacille typhique; tel fera fermenter la lactose et ne formera pas d'indol; tel autre aura des propriétés inverses, etc. Certaine école va même jusqu'à supprimer toute ligne de démarcation entre le bacille du côlon et le bacille typhique (A. Rodet et G. Roux) (1); le second ne serait qu'une variété adaptée et pathogène du premier, hôte saprophyte de l'intestin. D'autres auteurs ont dit qu'il était fort difficile et même le plus souvent impossible de retrouver le bacille d'Eberth en présence du colibacille (Cassedebat (2), Nicolle (3), Grimbert (4)). Ces questions délicates sont à l'étude; chaque jour apporte son contingent de travaux pour les résoudre. Tous les caractères soi-disant différentiels indiqués plus haut ne signifient rien ou presque rien, considérés isolément; ils n'acquièrent de réelle valeur diagnostique que par leur réunion et leur convergence.

XIV. — Bacille de la peste.

La peste est une maladie infectieuse propre à l'homme et à plusieurs espèces animales; son agent bactérien a été découvert, à peu près simultanément, par Yersin (5) et Kitasato (6).

(1) A. Rodet et G. Roux. *Soc. des Sciences médicales de Lyon*, 1889. — *Comptes rendus de la Soc. de Biologie*, 1890, sér. 9, II, p. 9.
(2) Cassedebat. *Annales de l'Institut Pasteur*, 1890, IV, p. 625.
(3) Nicolle. *Annales de l'Institut Pasteur*, 1894, VIII, p. 854.
(4) Grimbert. *Comptes rendus de la Société de Biologie*, 1894, sér. 10, I, p. 399.
(5) Yersin. *Annales de l'Institut Pasteur*, 1894, VIII, p. 662 — 1897, XI, p. 81.
(6) Kitasato. *The Lancet*, 1894, II, p. 428.

On connaît actuellement trois formes cliniques de cette affection : la forme *bubonique* qui paraît la plus commune ; la forme *septicémique* et la forme *pneumonique*, moins fréquente mais beaucoup plus grave.

Symptômes. — Après une durée d'incubation qu'on estime pouvoir varier entre 36 heures et 10 jours, la peste *bubonique* éclate brusquement par un violent frisson, suivi d'une élévation de la température pouvant atteindre 40, 41 et même 41° 5 ; le malade très prostré est souvent en proie au délire. On constate, dès le premier jour, la présence d'un engorgement ganglionnaire douloureux siégeant à l'aine dans les trois quarts des cas. Ces bubons, de la grosseur d'une noisette ou d'une noix, peuvent également occuper l'aisselle ou la région cervicale; dans ce dernier cas, le pronostic est plus grave. Quand la maladie se prolonge ces ganglions peuvent se résoudre, le plus souvent ils suppurent vers le 7e ou 8e jour.

Quand la terminaison doit être fatale, l'état typhoïque se prononce, la respiration s'accélère, le pouls devient rapide et petit, les yeux s'excavent, le coma survient et se termine par la mort du patient.

Dans la forme suraiguë, le malade peut succomber au bout de 24 heures. Nous passerons sous silence les variétés des formes cliniques s'accompagnant de charbons, sortes d'anthrax plus ou moins généralisés, qui ont fait désigner cette variété de peste sous le nom de « peste noire ».

La mortalité est plus faible chez les Européens que chez les habitants des pays originaires de la peste ; tandis qu'il meurt, par exemple, 70 p. 100 d'Asiatiques atteints, il ne meurt guère que 30 p. 100 d'Européens.

Dans la forme *septicémique*, l'engorgement ganglionnaire fait défaut. Le début de la maladie est également brusque; la température s'élève en peu de temps à 41-42°; l'abattement est extrême et au délire succède un coma promptement fatal. En général, l'affection évolue entre 1 et 3 jours.

Il existe, comme nous l'avons déjà dit, une forme de peste dite *pneumonique*, dont l'existence n'avait pas échappé aux anciens médecins, et qui pourrait être confondue avec les pneumonies graves si on ne découvrait pas, dans les crachats des malades, une quantité considérable de bacilles pesteux à l'état de pureté, ou mélangés avec du streptocoque et du pneumocoque. La gravité de cette forme de peste est extrême, plus de 90 p. 100 des malades atteints succombent dans un délai de 3 à 5 jours, et les inoculations préventives, comme la sérothérapie, se montrent malheureusement dans ce cas trop souvent inefficaces.

Morphologie. — Dans le pus des bubons, le bacille de la peste se présente sous l'aspect de bacilles courts, immobiles, à extrémités arrondies, pouvant adopter dans les bouillons de culture la forme de chaînes plus ou moins régulières, formées d'un nombre très variable d'éléments (fig. 150 et 151). Il paraît ne pas donner de spores durables.

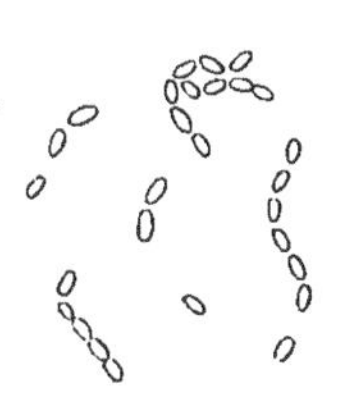

Fig. 150.
Bacille de la peste en culture dans le bouillon.

Fig. 151.
Bacille de la peste dans le pus des ganglions.

Ce bacille se teint facilement par les couleurs usuelles d'aniline, mieux aux pôles que dans sa partie centrale; il ne conserve pas le Gram.

Il se cultive aisément dans les milieux usités en bactériologie.

Il pousse sur la *gélatine* sans la liquéfier.

Sur *agar* il fournit des colonies transparentes à bords irisés, devenant ultérieurement blanches et offrant un point central jaunâtre; l'agar glycériné et le *sérum* de sang gélatinisé conviennent encore mieux à sa croissance.

Ses cultures dans les *bouillons* et l'eau de peptone sont plus caractéristiques; ces liquides ne sont pas troublés et, déjà, au bout de 24 heures, on voit apparaître à leur surface de petits flocons nuageux que le moindre mouvement précipite au fond du vase et qu'une agitation un peu vive répand dans les bouillons en les troublant uniformément. Les jours suivants les flocons continuent à se former. Le bacille de la peste sécrète une substance toxique dont il sera parlé plus bas et qu'on utilise soit pour immuniser les animaux contre la peste, soit pour les vacciner contre cette affection.

Le bacille pesteux ne résiste pas longtemps à la dessiccation. Kitasato a constaté que le pus des bubons exposé à l'air, en couches minces sur des lamelles de verre, à la température de 28 à 30°, ne renferme plus de bacilles vivants au bout du 4e jour. Ces expériences répétées, entre 16 et 20°, par Abel (1), de Giaxa et Gozio (2) ont établi

(1) Abel. *Centralblatt für Bakteriologie*, 1897, XXI, p. 497.
(2) De Giaxa et Gozio. *Annali d'Igiene sperimentale*, 1897.

que le même microorganisme peut être retrouvé vivant après un mois, mais que sa virulence est dans ce cas notablement atténuée. Sa vitalité est plus promptement détruite, si la dessiccation a lieu au-dessus d'une substance avide d'eau (acide sulfurique, chlorure de calcium desséché).

La lumière solaire, même dans les climats tempérés, exerce sur lui une action promptement fatale.

Le bacille pesteux offre également une faible résistance à l'action des antiseptiques. Le sublimé à 1 : 1.000 le tue instantanément, l'acide sulfurique à 1 : 2.000 paraît produire le même effet au bout d'une minute; l'acide phénique à 1 : 20 exige 5 minutes pour le faire périr sans retour.

Inoculations expérimentales. — Le bacille de la peste est très virulent pour la souris, le rat, le lapin et le cobaye.

Inoculé sous la peau à ces animaux de laboratoire, il détermine au point de l'injection un œdème inflammatoire, dur et étendu, s'accompagnant de l'engorgement des ganglions voisins.

Les souris sont tuées en 34-36 heures; les rats en 2 jours; les lapins en 3 jours; les cobayes du 3e au 5e jour. Les oiseaux sont plus réfractaires; cependant Calmette et Borrel ont montré que le pigeon pouvait succomber sous son action. Nocard a établi, de son côté, que les petits oiseaux ne survivaient pas à l'inoculation du bacille pesteux virulent.

Enfin, le singe est tout aussi vulnérable que l'homme, la peste s'y déroule avec les mêmes caractères.

Chez le cobaye, l'inoculation du bacille qui nous occupe détermine, au bout de quelques heures, la formation d'un œdème et l'hypertrophie des ganglions avoisinants. Au bout de 24 heures, l'animal est déjà très malade, son poil se hérisse, il tremble et reste en proie à des crises convulsives d'autant plus fréquentes que l'heure de sa mort est plus proche.

A l'ouverture du corps on note un foie volumineux, une rate tuméfiée présentant de nombreuses granulations jaunâtres rappelant les tubercules. L'intestin est souvent hyperhémié et l'on observe la présence d'un peu de sérosité dans le péritoine et la cavité pleurale. Le microbe de la peste se rencontre surtout en abondance dans les ganglions, le foie et la rate; il est plus rare dans le sang et les autres sérosités de l'économie.

Immunisation et sérothérapie. — Yersin, Calmette et Borrel (1)

(1) Yersin. *Annales de l'Institut Pasteur*, 1895, IX, p. 583.

sont parvenus à immuniser le cheval et le lapin contre la peste, en leur injectant dans les veines des cultures de bacille pesteux chauffées pendant 2 heures à 58°. Le sérum des animaux ainsi traités, inoculé à l'homme et à d'autres espèces animales, les immunise à leur tour.

Le sérum antipesteux se prépare en injectant sous la peau des chevaux des cultures pures de bacilles de la peste chauffées pendant une demi-heure à 70°; puis, en pratiquant ces mêmes inoculations dans les veines et, finalement, en injectant des bacilles virulents. Ces injections provoquent l'apparition de malaises assez inquiétants pour qu'il soit indispensable d'espacer de plusieurs semaines chaque opération; aussi, faut-il près d'une année pour obtenir un sérum antitoxique efficace.

Le sérum antipesteux dont on se sert actuellement préserve les souris à la dose de 1 : 20 de centimètre cube, quand l'injection virulente ne remonte pas au delà de 12 heures; si les souris sont injectées depuis 15 à 20 heures, les injections de sérum curatif doivent être 10 fois plus fortes, c'est-à-dire portées à un demi-centimètre cube.

Wissokwitz et Zabolotny (1) ont établi que la guérison de la peste était encore possible sur des singes, quand les injections de sérum antipesteux étaient faites 2 jours après l'apparition des premiers symptômes morbides, qu'elle devenait incertaine si le traitement était plus longtemps retardé. En opérant, à Oporto, sur les mêmes animaux, Calmette (2) a montré qu'on sauvait, par l'injection de 2 centimètres cubes seulement de sérum, des singes auxquel son inoculait 24 ou 48 heures après des cultures virulentes de bacilles pesteux capables de les tuer en 5 jours.

Lors de l'épidémie de peste qui a éclaté en Chine, à Canton et à Amory, Yersin (3) a démontré que la médication sérothérapique était des plus bienfaisantes: alors que la mortalité des malades non traités s'élevait à 90 p. 100, celle des malades injectés s'abaissait à 7 et 8 p. 100. La dose de sérum antitoxique employé variait, selon les cas, de 30 à 40 centimètres cubes.

A Bombay, les résultats obtenus par le même expérimentateur ont été moins encourageants, ce qui est vraisemblablement attribuable à la forme plus grave de l'épidémie ou à l'activité moins grande du sérum employé.

---

(1) Wyssokwitz et Zabolotny. *Annales de l'Institut Pasteur*, 1897, XI, p. 663.
(2) Calmette. *Revue d'Hygiène*, 1899, XXI, p. 961.
(3) Yersin. *Annales de l'Institut Pasteur*, 1887, XI, p. 81.

A Oporto, Calmette (1) a réhabilité cette méthode de traitement, décriée par plusieurs missions étrangères, en établissant que, tandis que la mortalité des malades non traités par le sérum s'élevait à 43,5 p. 100, celle des malades ayant reçu du sérum antipesteux n'était plus environ que de 15 p. 100.

Lustig (2) et Galeonti ont immunisé les chevaux contre le bacille de la peste, au moyen d'une toxine isolée à l'état solide, en précipitant par les acides acétique ou chlorhydrique une solution de potasse caustique à 1 p. 100 mise en contact, pendant 12 heures, avec des cultures pures des bacilles pesteux.

Cette substance tue les animaux auxquels on l'inocule à la dose de 5 à 6 centigrammes par kilogramme. Le sérum antitoxique préparé avec cette substance, dont on peut exactement doser les quantités injectées, donne également de bons résultats quand les malades ne sont pas en proie aux formes septicémiques et pneumoniques de la peste.

Vaccination. — De même que le sérum antidiphtérique, le sérum antipesteux inoculé préventivement préserve de la peste, comme l'ont établi Yersin, Calmette et Borrel; toutefois, on a cru observer que la méthode prophylactique, préconisée par Haffkine, conférait une immunité de plus longue durée; en tout cas, cette dernière médication est en grande faveur dans les régions de l'Inde et les médecins qui l'ont appliquée sont, à peu près, unanimes pour reconnaître son efficacité.

Haffkine (3) prépare son vaccin en effectuant des cultures pesteuses dans un ballon à moitié plein de bouillon stérilisé recouvert d'une couche de beurre. Les bacilles se développent abondamment au-dessous de la couche grasse et on a soin, pendant le mois que doit durer cette culture, d'agiter de temps en temps le ballon de façon à faire chuter au fond du vase les végétations développées. Puis, après avoir constaté que la culture s'est conservée en parfait état de pureté, on la répartit, après avoir mis les bacilles en suspension dans le liquide, dans des ampoules de verre flambées qu'on scelle et qu'on porte ensuite pendant une heure à 70°.

L'inoculation de Haffkine se fait sous la peau du bras.

Le liquide des ampoules doit être agité avant d'être aspiré dans

---

(1) Calmette et Salimbeni. *Annales de l'Institut Pasteur*, 1899, XIII, p. 865.

(2) Lustig. Sieroterapia e vaccinazioni preventiva contro la peste bubbonica. Turin, 1899.

(3) Haffkine. *Indian medical Gazette*, juin, 1897. — Report on the preventive inoculations against plaque in the Khoja community of Bombay during the epidemic of 1897-1898. — Experiment on the effect the protective inoculation in the epidemic of plaque at Undhera, février et mars 1898. — A conversazione on the preventive inoculations against plaque, 1898.

la seringue de PRAVAZ : la dose employée est de 3 à 3 1/2 centimètres cubes, pour l'adulte ; de 2 à 2 1/2 centimètres cubes, pour la femme ; de 1 centimètre cube, pour l'enfant, âgé de plus de dix ans, et de 0,1 à 0,3 centimètres cubes, pour les jeunes enfants.

Quelques heures après l'injection, le sujet est pris de frissons, sa température peut s'élever à 40° ; il ressent une céphalalgie frontale très vive ; il existe de la douleur et du gonflement dans la région où a porté l'inoculation ; parfois les ganglions voisins sont engorgés, mais ces symptômes, analogues à ceux de la peste, disparaissent rapidement.

HAFFKINE et LYONS (1), LEUMANN (2), BENNETT et BANNERMANN (3), SIMOND et bien d'autres médecins ont pu constater que les personnes vaccinées de cette manière restent, dans la majorité des cas, à l'abri de la peste, et le faible nombre de celles qui peuvent encore en subir les atteintes meurent dans une proportion 10 fois moindre que les personnes non vaccinées.

On reproche toutefois au procédé d'HAFFKINE d'être très douloureux dans son application et de favoriser l'invasion de la peste plutôt que de la prévenir, chez les individus où cette maladie est en incubation.

Étiologie. — Les diverses voies par lesquelles le bacille de la peste peut s'introduire dans l'économie animale ne sont pas toutes connues, mais il paraît indubitable que les effractions des téguments lui ouvrent une porte d'entrée certaine ; il n'est pas moins admissible, malgré la faible résistance du bacille à l'action des agents physiques, que la peste pneumonique est due à l'introduction de ce micro-organisme spécifique dans l'arbre respiratoire.

De leur côté, BANDI et BALISTRERI (4) pensent que l'infection peut, également, se faire par le tube digestif et regrettent qu'on n'accorde pas plus d'attention au contage pouvant avoir pour origine l'eau et les aliments.

Les rats sont considérés dans l'Inde comme les agents très actifs de la diffusion de la peste. Ces animaux fuyant ce fléau vont le propager dans les divers quartiers des villes et les districts environnants restés jusque-là indemnes. Les puces, les punaises, les mouches et d'autres insectes, comme l'ont fait observer YERSIN et NUTTALL (5),

(1) HAFFKINE et LYONS. Join Report on the epidemic of plaque in Lown Dammam and the effect of preventive inoculation. Thèse, 1898.

(2) LEUMANN. Report on the preventive inoculations against plaque in Hubli, mai à septembre, 1898.

(3) BENNETT et BANNERMANN. *Indian medical Gazette*, juin, 1899.

(4) BANDI et BALISTRERI. *Zeitschrift für Hygiene*, 1898, XXXIII, p. 221.

(5) NUTTALL. *Centralblatt für Bakteriologie*, 1898, XXII, p. 625.

peuvent être des agents de transmission de cette maladie et sont eux-mêmes d'autant plus infestés que la température ambiante est plus élevée.

Aussi s'est-on appliqué, sans y parvenir encore d'une façon satisfaisante, à détruire les rats, soit par des agents chimiques, soit par des microbes inoffensifs pour l'homme et capables de tuer ces rongeurs, en leur communiquant des épizooties meurtrières. Ce point important de l'étiologie de la peste a été étudié avec soin par Weir (1), Grayfoot (2), Simond (3), Hankin (4), Ogata (5), Di Mattei (6) et, plus récemment, par Loriga (7) et Danysz (8).

D'après les expériences de Yokoté (9), le danger d'une infection venant des cadavres des pestiférés ensevelis dans le sol serait peu à redouter. Cependant, nous savons que les microbes des cadavres profondément enterrés peuvent être apportés à la surface par plusieurs annelides voyageant dans les terrains remués. Devant ces indications incertaines ou incomplètes, de l'étiologie de la peste et sur les moyens, plus ou moins pratiques, de s'en préserver, le mieux est d'avoir recours à la vaccination préventive soit avec le liquide de Haffkine quand les régions seront simplement menacées, soit avec le sérum antipesteux de Yersin quand les localités seront déjà envahies.

Diagnostic bactériologique. — Le diagnostic bactériologique de la peste est relativement facile. Chez les malades atteints de peste bubonique on retire, au moyen d'une ponction exploratrice pratiquée dans la région enflammée du bubon, un peu de sérosité qui sert à faire des préparations colorées et des cultures. Ce prélèvement doit être pratiqué de bonne heure, car plus tard, quand les bubons ont suppuré, les bacilles deviennent très rares.

Kitasato conseille d'examiner le sang des malades surtout dans les formes septicémiques, toutefois ce n'est que dans les cas graves que les observateurs déclarent l'y avoir observé.

Si les sujets sont atteints de peste pneumonique, on examine avec soin les crachats qui offrent presque toujours le bacille pesteux en

(1) Weir. *Indian medical Gazette*, 1897.
(2) Grayfoot. *Indian medical Gazette*, 1897.
(3) Simond. *Annales de l'Institut Pasteur*, 1898, XII, p. 625.
(4) Hankin. *Annales de l'Institut Pasteur*, 1898, XII, p. 705.
(5) Ogata. *Centralblatt für Bakteriologie*, 1897, XXI, p. 769.
(6) Di Mattei. *Congrès d'Hygiène de Turin*, octobre, 1898.
(7) Loriga. *Rivista d'Igiene e sanita publica*, juin, 1899.
(8) Danysz. *Revue d'Hygiène*, 1900, XXII, p. 321.
(9) Yokoté. *Centralblatt für Bakteriologie*, 1898, XXIII, p. 1030.

grande abondance. WILM (1) déclare l'avoir souvent observé dans les vomissements et les déjections alvines.

Si le sérodiagnostic, appliqué au diagnostic de la peste, n'a pas une valeur absolue, on peut cependant constater, dans la majorité des cas, que les cultures pures de la peste s'agglutinent sous l'action du sang des malades, des convalescents et même des personnes vaccinées.

En terminant cette courte monographie, nous devons déclarer que les recherches de laboratoire concernant le bacille de la peste doivent être conduites avec une grande prudence et avec des précautions antiseptiques constantes, si on veut éviter de rééditer l'épidémie circonscrite de l'hôpital général de Vienne qui causa, en 1898, la mort du Dr MÜLLER et de deux personnes de son entourage.

XV. — FARCIN DU BŒUF.

SYN. : *Oospora farcinica*; *Nocardia farcinica*.

Le farcin du bœuf est une maladie, devenue aujourd'hui très rare en France, dont le microbe spécifique a été découvert et étudié par NOCARD (2).

Cette affection est caractérisée par l'apparition de tumeurs circonscrites ou de cordes indolores, peu dures, naissant sur le trajet des veines superficielles des membres et plus rarement à l'encolure des bœufs.

Quand on ouvre les cordes les plus molles, il s'en échappe une matière blanchâtre, caséeuse, inodore, et la plaie faite par l'incision se referme au bout de 5 à 6 jours.

Les tumeurs sont formées d'un tissu lardacé pouvant contenir quelques foyers purulents dont le contenu se fait rarement spontanément jour à l'extérieur.

Cette maladie évolue très lentement; elle ne tue pas habituellement les animaux qui en sont affectés. Toutefois, le *farcin de la Guadeloupe* peut adopter une forme grave, donner naissance à des tumeurs volumineuses, à des abcès froids qui cachectisent le bœuf et le font périr au bout de 5 à 6 mois.

Morphologie et cultures. — NOCARD range parmi les streptothrix le microorganisme qui détermine le farcin du bœuf et le consi-

(1) WILM. *Indian medical Gazette*, 1897.
(2) NOCARD. *Annales de l'Institut Pasteur*, 1888, II, p. 293.

dère comme une espèce botanique voisine de l'actinomyces. Cette espèce se trouve, par conséquent, placée dans la zone des végétaux considérés par les uns comme des algues, par les autres comme des champignons. SAUVAGEAU et RADAIS (1) le rangent parmi les Hyphomycètes et lui ont donné pour ce motif le nom d'*Oospora farcinica*.

Ce microbe se présente dans le pus des tumeurs et la substance caséeuse des cordes, sous la forme de filaments enchevêtrés, rameux, de 0,25 à 0,3 μ d'épaisseur, se résolvant ultérieurement en courts articles de 2 μ de longueur et en arthrospores ovales d'une coloration difficile (fig. 152). Les filaments prennent, au contraire, aisément les couleurs d'aniline, mais refusent le GRAM.

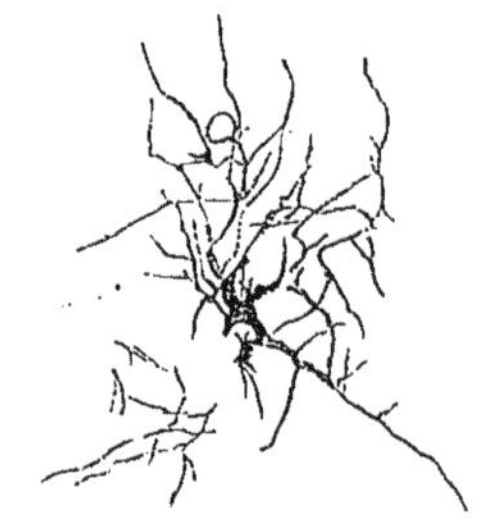

Fig. 152.
Streptothrix du farcin du bœuf, d'après une photographie du docteur E. ROUX.

Le microbe du farcin du bœuf, semé dans du *bouillon* ordinaire, ou mieux dans des bouillons glycérinés, y donne des amas blanchâtres chutant au fond des vases ou flottant à la surface du liquide. Les flocons superficiels s'étalent en forme de disques gras, d'un gris sale et d'aspect poussiéreux que NOCARD compare « à des feuilles de nénuphar s'étalant à la surface des étangs ou, mieux encore, à du bouillon gras dont les yeux se seraient figés par refroidissement ».

Cette espèce, exclusivement aérobie, se cultive surtout bien à une température voisine de 37°. Aussi, ensemencée par piqûre sur la *gélatine*, ne donne-t-elle que de petites colonies douées d'un faible pouvoir liquéfiant. Si la gélatine est acidifiée au moyen d'un peu d'acide lactique ou tartrique, le développement est un peu plus abondant et le substratum acquiert une teinte brune, comme cela s'observe avec beaucoup de streptothrix.

Sur l'*agar*, le microbe du farcin du bœuf donne des amas arrondis et irréguliers d'une couleur blanc jaunâtre, plus épais à la périphérie qu'au centre ; ces végétations fusionnent pour donner une sorte de membrane épaisse, ridée, à surface terne, sèche et poussiéreuse.

Les cultures sur *sérum* de sang gélatinisé possèdent un aspect identique, avec cette différence que la croissance du streptothrix est plus lente et la surface des cultures obtenues plus humide.

D'après NOCARD, « la culture du farcin du bœuf sur *pomme de terre*

(1) SAUVAGEAU et RADAIS. *Annales de l'Institut Pasteur*, 1892, VI, p. 242.

se fait rapidement sous forme de plaques écailleuses, très saillantes, très sèches, de couleur jaune pâle, dont les bords, comme taillés à pic, se soulèvent au-dessus du niveau du substratum. »

Ces cultures artificielles résistent longtemps au vieillissement et à la dessiccation; le même auteur les a trouvées pourvues de toute leur virulence après 4 mois de séjour à l'étuve chauffée à 38°, mais elles ne résistent pas 20 minutes à un degré de chaleur voisin de 70°.

Inoculations expérimentales. — Les cultures artificielles du farcin du bœuf sont pathogènes pour le bœuf, le mouton et le cobaye ; le cheval, l'âne, le chien, le chat et le lapin y sont réfractaires.

L'inoculation sous-cutanée de cet agent figuré spécifique donne naissance, chez le cobaye, à des abcès volumineux accompagnés de l'engorgement et de l'induration des vaisseaux et des ganglions lymphatiques de la région. Les phlegmons ainsi produits s'ouvrent et suppurent ; puis, l'animal, qui avait maigri et semblait sur le point de succomber, revient à l'état de santé.

L'inoculation intra-péritonéale pratiquée chez le même animal provoque, au bout de 10 à 20 jours, des lésions analogues à celles qu'on observe dans la tuberculose miliaire ; l'épiploon se montre farci de nodules tuberculiformes ainsi que la séreuse qui recouvre les organes de la cavité abdominale. Le streptothrix du farcin se retrouve au centre de ces nodules.

Les injections intra-veineuses des mêmes cultures produisent une affection analogue à la tuberculose miliaire généralisée. On trouve les petits nodules disséminés dans tous les viscères, principalement dans le poumon, le foie et la rate ; l'examen microscopique fait encore découvrir à leur centre l'agent spécifique de l'affection.

XVI. — Actinomyces bovis.

Syn. : *Streptothrix bovis* ; *Oospora bovis* ; *Nocardia bovis*.

L'affection dénommée *actinomycose* est due à l'envahissement de l'économie animale par un parasite que plusieurs auteurs considèrent comme un champignon (*Oospora bovis*) et que d'autres rangent parmi les bactéries rameuses du genre streptothrix (*Streptothrix bovis*).

Rivolta (1) signala le premier, en 1868, la présence de bâtonnets

(1) Rivolta. *Medico veterinario*, 1868, et *Giornali di anato. e di fisiologie degli animali*, 1875.

dans les tumeurs causées par l'actinomycose. PERRONCITO (1) décrivit plus exactement, en 1875, ce parasite en le déclarant formé de filaments courts à extrémités globuleuses. Deux années plus tard, BOLLINGER (2) démontra la présence constante de cette espèce microscopique dans les lésions siégeant dans la mâchoire des bœufs atteints de l'affection qui nous occupe, et que, pour cette raison, HARZ (3) appela *Actinomyces bovis*.

L'actinomycose s'observe surtout chez le bœuf, plus rarement chez le cheval et le porc, exceptionnellement chez le mouton. L'homme peut en être affecté.

Cette maladie a pour siège de prédilection la mâchoire et la langue des bovidés (70 fois sur 100 cas). Elle se manifeste par l'apparition d'une tumeur dure, d'un accroissement lent, capable d'acquérir un volume considérable. Ultérieurement, cette tumeur devient fluctuante en plusieurs de ses points, l'on voit des abcès s'ouvrir à l'extérieur et laisser écouler un pus liquide, sanieux, contenant des petits grains jaunâtres.

L'actinomycose ainsi localisée n'entraîne de troubles fonctionnels graves qu'au bout de plusieurs mois. La mastication finit par devenir de plus en plus difficile; les animaux maigrissent et doivent être abattus, la guérison spontanée de l'affection étant très rare.

Quand la tumeur siège à la langue, la préhension des aliments est déjà difficile au bout de 8 à 15 jours; cet organe continue à grossir et finit par proéminer en dehors de la cavité buccale; les animaux doivent être alors sacrifiés si on ne veut pas les voir succomber d'inanition au bout de quelques semaines.

L'actinomycose a été également observée au cou, au pharynx, dans les voies digestives, à la mamelle, aux organes génitaux. On cite des cas, très rares, d'actinomycose généralisée.

Chez l'homme, cette affection se manifeste par la formation d'abcès dans les régions du corps les plus diverses. Ces abcès s'ouvrent mettant à jour un pus séreux ou caséeux contenant de nombreux grains jaunâtres constitués par des colonies du parasite.

La maladie siège le plus habituellement à la face, dans la bouche, sur les arcades dentaires; elle peut aussi s'étendre à toutes les parties du tube digestif, s'implanter au poumon et déterminer une pneumonie chronique qui peut être confondue avec une tuberculose

---

(1) PERRONCITO. Encyclopedia agraria italiana, 1875, VIII, p. 569.

(2) BOLLINGER. *Centralblatt für medicinische Wochenschrift*, 1897, p. 481, et *Deutsche Zeitschrift für Thiermed.*, 1877, III, p. 334.

(3) HARZ. *Jahresb. der K. central Thierärtz. zu München*, 1878.

pulmonaire ; dans ce cas, on découvre souvent dans les crachats les parasites avec leurs caractères ordinaires. Les muscles, le cerveau, les organes de la cavité abdominale peuvent quelquefois être envahis par le streptothrix spécifique.

Morphologie. — Comme nous venons de le dire, le pus qui s'écoule des abcès dus à l'actinomycose renferme des grains jaunâtres d'un faible volume, constitués par la végétation parasite. Ces grains, débarrassés des leucocytes, des substances étrangères, des dépôts calcaires par des lavages à l'eau pure, alcalinisée et acidifiée, écrasés doucement entre le porte-objet et le couvre-objet, se montrent formés par un groupe de filaments lagéniformes rayonnant de la partie centrale de la granulation à la périphérie. La tête renflée en massue du filament occupe la partie externe, tandis que sa partie ténue converge vers le point central.

Ces éléments dissociés ont une longueur moyenne variant de 10 à 30 μ, ils peuvent atteindre 80 μ ; leur plus grande largeur ne dépasse pas 10 μ ; plusieurs de ces éléments sont réunis entre eux

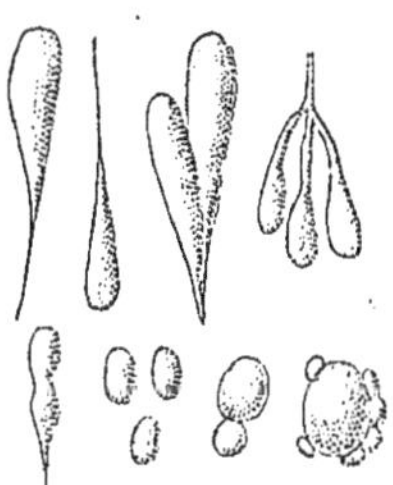

Fig. 153.
Actinomyces bovis en cellules lagéniformes et levuriennes.

Fig. 154.
Actinomyces bovis en culture dans le bouillon.

par de véritables ramifications, plusieurs autres adoptent des formes globulaires, levuriennes, etc. (fig. 153).

Dans les cultures artificielles, l'*Actinomyces bovis* adopte l'aspect habituel des streptothrix, c'est-à-dire qu'il s'offre en filaments ramifiés d'une largeur voisine de 0,5 μ (fig. 154) ; plus tard, dans les vieilles cultures, il donne des arthrospores, dont Domec (1) a pu suivre la germination.

Les cellules d'actinomyces trouvées dans le pus des abcès ou dans la coupe des tumeurs prennent mal les couleurs d'aniline ; l'acide picrique, l'iode les colorent en jaune, l'éosine en rose. On observe

(1) Domec. *Archives de médecine expérimentale*, 1892, IV, p. 104.

que l'extrémité effilée des éléments en massue conserve bien le violet de gentiane et le garde même après le traitement par la liqueur de LUGOL.

Au contraire, l'actinomyces des cultures de laboratoire prend très bien les couleurs usuelles d'aniline et conserve le GRAM.

Cultures. — L'obtention de l'*Actinomyces bovis* à l'état de pureté présente de réelles difficultés qu'on doit attribuer à ce que les colonies, souvent volumineuses de cette espèce, recèlent dans les interstices de leurs filaments diverses bactéries fréquemment trouvées dans les foyers de suppuration. Dans ce cas, comme pour séparer le bacille de KOCH des crachats des phtisiques, les grains provenant du pus des abcès sont lavés à plusieurs reprises avec de l'eau stérilisée, puis profitant de ce que l'*Actinomyces bovis* est un anaérobie facultatif, on le cultive, comme l'a fait BUDJWID (1), sur des milieux placés à l'abri de l'oxygène atmosphérique.

Ce streptothrix se développe assez bien dans les *bouillons* peptonés chargés de glycérine, où il donne des flocons grisâtres, arrondis, qui chutent au fond du vase sans jamais troubler la limpidité du liquide.

Porté sur *gélatine* maintenue à 18°, on voit apparaître aux points ensemencés de petits amas floconneux d'un blanc grisâtre qui grossissent peu à peu et peuvent atteindre 1 à 2 millimètres de diamètre. La gélatine est lentement liquéfiée.

Sur *gélose* glycérinée placée à l'étuve à 25°, on voit apparaître, au bout de 2 à 3 jours, des taches arrondies, jaunâtres, adhérentes au substratum, pouvant donner lieu, quand elles sont confluentes, à la formation d'enduits pelliculaires feutrés et consistants. Dans les cultures âgées, on voit ces pellicules se recouvrir d'une efflorescence blanchâtre, mate, pouvant acquérir la nuance du soufre ou devenir jaune-citron.

Les cultures sur la *pomme de terre* donnent naissance à des enduits membraneux plissés ou verruqueux d'une couleur jaune, tandis que la substance de la pomme de terre se colore en brun plus ou moins foncé.

On connaît encore mal les propriétés biologiques et pathologiques de l'*Actinomyces bovis* cultivé artificiellement ; on sait que ses cultures transmettent difficilement l'actinomycose au veau, au lapin et au cobaye.

On explique la transmission de cette maladie aux bovidés et au

---

(1) BUDJWID. *Centralblatt für Bakteriologie*, 1889, VI, p. 630.

cheval par les spores infectieuses qui se trouveraient répandues sur les aliments et qui seraient accidentellement inoculées dans la bouche et les premières parties du tube digestif. On suppose, d'autre part, que l'actinomycose humaine provient de l'ingestion de viandes infectées.

Streptothrix Maduræ.

On observe, dans les pays chauds, une affection propre à l'homme, connue sous le nom de *Pied de Madura*, débutant d'ordinaire par l'enflure douloureuse de la peau du pied. Cette enflure est suivie de l'apparition de petites nodosités qui peuvent se ramollir et s'ouvrir spontanément et donner issue à un pus sanieux parsemé de grains jaunâtres ou noirâtres.

Cette affection, d'abord étudiée dans l'Inde par Gémy et Vincent (1), a été rencontrée en Algérie par Legrain (2) et a fait l'objet d'une monographie intéressante de la part de Vincent (3). Ce dernier auteur rapproche l'agent spécifique du *Pied de Madura* de l'*Actinomyces bovis* en montrant, par la même occasion, les différences qui l'en séparent.

Morphologie et cultures. — Les grains du pus du *Pied de Madura* possèdent environ de 1 à 2 millimètres de diamètre. Ils sont formés par une substance molle, caséeuse, où le microscope permet de découvrir une multitude de filaments ramifiés de 1 à 1,5 μ de largeur. La disposition de ces tubes mycéliens paraît rayonnée; mais on ne distingue pas à leur extrémité les dilatations pyriformes et en massues qu'on observe chez l'*Actinomyces bovis*. Dans les cultures artificielles, la largeur de ces filaments est notablement plus faible (fig. 155).

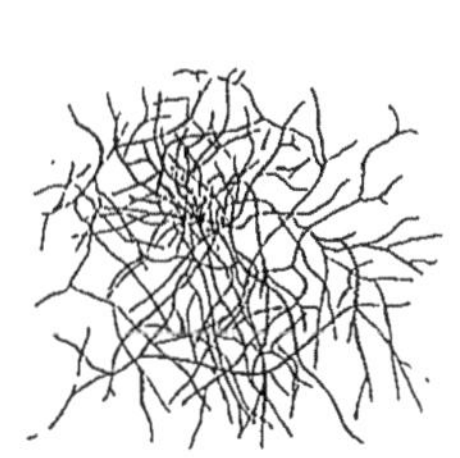

Fig. 155.
Streptothrix Maduræ en culture dans le bouillon.

Les couleurs ordinaires d'aniline les teignent aisément ; ils se colorent par la méthode de Gram.

Le *Streptothrix Maduræ* est aérobie ; il donne des spores qui résistent à 75° pendant 5 minutes, mais sont tuées par l'action d'une température de 85° prolongée, seulement, pendant 3 minutes. L'es-

(1) Gémy et Vincent. *Annales de dermatologie*, 1892.
(2) Legrain. *Bulletin de l'Académie de médecine*, décembre 1896.
(3) Vincent. *Annales de l'Institut Pasteur*, 1894, VIII, p. 129.

pèce adulte succombe au bout de peu de temps à 60° ; la température la plus favorable à son développement est voisine de 37° ; toute végétation cesse au-dessus de 40°.

Cette espèce croît mieux dans les infusions végétales non neutralisées que dans les bouillons ; elle se complaît dans les milieux faiblement acidifiés et se multiplie rapidement au contact d'un excès d'air atmosphérique.

Quand on la sème dans une *infusion* de foin ou de paille additionnée d'une trace d'acide citrique ou tartrique, on voit apparaître, au bout de quelques jours, de petits flocons, plus ou moins sphériques, qui gagnent le fond du vase où ils grossissent et finissent par acquérir, au bout de 20 à 30 jours, la grosseur d'un pois. Le liquide ne se trouble pas ; son acidité disparaît et sa réaction devient alcaline.

Les cultures du même streptothrix dans le *bouillon* présentent un aspect identique, mais sont beaucoup plus chétives. Le *lait* convient aussi à son développement, il y croît sans le coaguler mais le peptonise à la longue.

Il se multiplie très faiblement sur la *gélatine* qu'il ne liquéfie pas. Il pousse beaucoup mieux sur la *gélose* glycérinée, où il donne des colonies saillantes, blanches, devenant roses et même d'une teinte carminée. Ces colonies, très adhérentes au substratum, se plissent en vieillissant.

La croissance de cette espèce est également aisée sur la *pomme de terre ;* les végétations qu'elle y forme sont irrégulières et mamelonnées ; elles se colorent aussi en rose au bout d'un temps plus ou moins long ; quelques-unes d'entre elles se recouvrent d'une efflorescence blanchâtre indiquant la formation des arthrospores.

Les inoculations aux animaux du *Streptothrix Maduræ* sont jusqu'ici restées sans résultat.

Streptothrix capræ.

Ce microorganisme, trouvé dans le poumon de la chèvre par SILBERSCHMIDT (1), se montre formé par des filaments ramifiés et enchevêtrés, de longueur variable, se teignant aisément par les couleurs d'aniline quand il provient de cultures récentes et conservant le

(1) SILBERSCHMIDT. *Annales de l'Institut Pasteur*, 1899, XIII, p. 841.

Gram (fig. 156). Il donne des arthrospores incapables de résister 1 heure à la chaleur humide de 70°.

Cette espèce aérobie croît bien à la température ordinaire, mais mieux à 37°. Elle se multiplie facilement dans les milieux nutritifs usuels.

Elle donne dans la *gélatine* des colonies ayant une partie centrale brun foncé émettant à leur périphérie des filaments ressemblant aux mycéliums des moisissures. Ce milieu n'est pas liquéfié.

Fig. 156.
Streptothrix capræ.

Sur l'*agar* glycériné à 4 p. 100, on obtient une végétation en couche mince, adhérente, sèche, brunâtre, se recouvrant ultérieurement d'une poussière blanche. Sur le *sérum* de sang coagulé, les colonies sont également proéminentes, adhérentes et d'un blanc brunâtre.

On obtient sur la *pomme de terre* un enduit mince, blanchâtre, pouvant contracter une coloration brun rosé, et plus tard la culture se saupoudre d'une poussière blanche.

Le *bouillon* ordinaire, comme le bouillon sucré à 2 p. 100, convient parfaitement au développement de ce streptothrix dont les cultures sont déjà appréciables au bout de 23 à 48 heures de séjour à l'étuve; ces liquides conservent une parfaite limpidité et l'espèce se multiplie surtout à la surface en donnant des îlots en forme de disques concaves, secs et blanchâtres. Le développement au fond du vase s'accuse par la production d'un dépôt grumeleux.

Le *lait* n'est pas coagulé et sa surface se recouvre d'un voile blanc rosé.

Le *Streptothrix capræ* est pathogène pour plusieurs animaux de laboratoire. Son inoculation au lapin et au cobaye provoque la formation d'abcès, de tubercules et de lésions ayant une certaine analogie avec celles que peut produire le bacille de Koch. La bactériacée étudiée par Silberschmidt rentre donc dans la catégorie des espèces pouvant déterminer des pseudo-tuberculoses.

CHAPITRE III

SPIRILLES PATHOGÈNES

Parmi les spirilles capables de déterminer des maladies chez l'homme, le spirille du choléra asiatique est de beaucoup le plus important. Quelques organismes très voisins, dont quelques-uns sont nettement pathogènes au moins pour les animaux, par exemple, le vibrion avicide, doivent être décrits en même temps. Nous consacrerons ensuite quelques pages à des spirilles qu'on n'a pu, jusqu'à présent du moins, cultiver sur les milieux artificiels. Parmi ceux-ci, citons : le spirille de la fièvre récurrente, spontanément pathogène pour l'homme et inoculable au singe ; d'autres se montrent pathogènes uniquement à l'égard de certaines espèces animales.

Spirille du choléra asiatique.

Syn. : *Spirillum choleræ asiaticæ* ; vibrion de Koch ; Bacille-virgule ; kommabacille ; vibrion indien.

Le choléra est une maladie particulière à l'espèce humaine caractérisée par une intoxication de tout l'organisme par des substances solubles que sécrète une bactérie spéciale, le bacille-virgule, se localisant dans le tube digestif.

Endémique dans l'Inde, le choléra revêtit à certaines époques le caractère épidémique ; il parvint, pour la première fois, en France en 1832, où il fit, rien qu'à Paris, plus de 18 000 victimes pendant les 6 mois qu'il y régna.

En 1884, R. Koch (1) décrivit comme agent spécifique du choléra asiatique une bactérie, rencontrée constamment par lui dans le contenu intestinal des individus atteints de cette maladie.

Cette bactérie particulière affecte notamment une forme légèrement courbe, en virgule ; elle se montre, surtout après coloration,

---

(1) R. Koch. *Berliner klinische Wochenschrift*, 1884, nos 31 et 32.

dans les grains riziformes qui nagent dans le liquide aqueux et inodore constituant les selles cholériques ; elle paraît d'autant plus abondante que le cas est plus grave et plus près du début. Depuis, en confirmation des travaux de Koch, le bacille-virgule a été isolé et cultivé par un très grand nombre de bactériologistes, soit dans les selles des cholériques, soit dans les eaux soupçonnées, à tort ou à raison, d'avoir servi de véhicule au terrible fléau. On a même isolé (Metchnikoff) du contenu intestinal de l'homme ou des animaux sains et de diverses eaux (Sanarelli), même en dehors de toute manifestation cholérique, un très grand nombre de bactéries extrêmement voisines, sinon tout à fait identiques au vibrion de Koch ; en tout cas, ne s'en différenciant et ne différant les unes des autres que par des caractères contingents, laissant l'observateur dans un doute au moins aussi cruel que lorsqu'il doit se prononcer entre le bacille d'Eberth et les nombreux paracolibacilles qu'il peut journellement isoler des eaux en apparence les mieux captées.

D'autre part, dans beaucoup de cas de choléra asiatique typique, le *Bacillus coli communis* ou d'autres germes, ordinairement saprophytes, paraissent jouer un rôle prépondérant ; souvent même il a été impossible de trouver le moindre bacille-virgule.

Tous ces faits viennent un peu, à l'heure actuelle, à l'encontre de la spécificité absolue du bacille-virgule et de la notion étiologique simple qu'on se faisait du choléra après la mémorable découverte de Koch. Il n'est pas douteux que dans un avenir prochain ces obscurités disparaîtront de la science, comme celles qui enveloppent encore aujourd'hui les rapports du bacille du côlon avec la dothiénentérie.

Morphologie. — Le bacille du choléra est doué d'un extrême polymorphisme. Lorsqu'on délaye sur une lamelle une parcelle de grain riziforme dans une gouttelette de bouillon, qu'on colore très légèrement au violet de méthyle et qu'on examine, après quelques heures, sur un porte-objet excavé, on voit dans les cas de choléra typique de nombreux bacilles courbés en forme de virgule (fig. 157), extrêmement mobiles rappelant, suivant Koch, « les essaims de moucherons qui flottent dans l'air un soir d'été. » Examinés après fixation et coloration, les bacilles cholériques des selles se présentent sous l'aspect de bâtonnets courbes, gros, courts et trapus à extrémités arrondies ou légèrement effilées, de 0,8 à 5 μ de longueur sur 0,2 à 0,5 μ de lar-

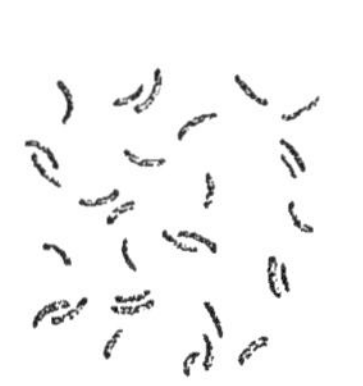

Fig. 157.
Bacille du choléra en forme de virgule.

geur, isolés ou parfois disposés en séries linéaires, à la file indienne. Quelques vibrions ont une courbure très accentuée et ressemblent à des demi-circonférences, souvent deux bacilles sont placés bout à bout et figurent la lettre S.

Dans les cultures, les bacilles sont plus allongés, ils affectent la forme filamenteuse; il n'est pas rare d'y voir de longues spires, qui tantôt paraissent formées d'un filament continu, tantôt se montrent nettement formées de chapelets de bacilles-virgules accolés par leurs extrémités (fig. 158).

Fig. 158. Bacille du choléra affectant la forme spirillaire.

Le bacille du choléra est très facile à colorer par toutes les méthodes générales décrites dans la partie technique; il ne se colore ni par la méthode de Gram, ni par celle de Claudius.

Il ne paraît pas former d'endospores véritables, bien que dans certaines circonstances, notamment quand sa croissance est lente, on puisse par l'emploi des matières colorantes y mettre en évidence des granulations se teignant mieux et retenant plus énergiquement la couleur que le reste du corps bacillaire (Babès); mais ces granulations sporiformes ne sont pas plus résistantes aux agents physiques et chimiques que les virgules elles-mêmes. Cependant, Hueppe (1) pense que le bacille du choléra peut présenter comme stade de développement des petits corps sphériques qu'il considère comme des arthrospores, représentant une forme relativement résistante de l'espèce; Grüber, en semant de vieilles cultures ne contenant que les corps sphériques en question, a pu obtenir des cultures pures de virgules. Ces arthrospores résisteraient environ 3 heures à la dessiccation, qui affecte vivement, comme nous le verrons plus loin, le spirille cholérique à l'état adulte.

La mobilité du bacille cholérique est probablement due à la présence de cils vibratiles. L'existence de ces flagella, chez le bacille du choléra, a été établie par Neuhauss (2) qui réussit à les photographier sur des préparations faites avec des cultures âgées de quelques semaines. Les préparations effectuées avec des cultures très récentes, où l'on ne trouve guère que des formes en virgules, très petites, donnent des résultats négatifs. Cependant Nelson, puis Dowdeswell (3) purent, à leur tour, démontrer l'existence des cils sur les formes

(1) Hueppe. *Fortschritte der Medizin*. 1885, III. p 619.
(2) Neuhauss. *Centralblatt für Bakteriologie*. 1889, V, p. 81.
(3) Dowdeswell. *Annales de Micrographie*, 1889, II, p. 377.

courtes, en virgule, en les photographiant après coloration par une solution aqueuse de violet de gentiane et montage dans l'acétate de potasse, suivant la technique de KOCH. Aujourd'hui, qu'on possède des objectifs perfectionnés, il est facile de les mettre en évidence en employant les méthodes de coloration spéciales de LÖFFLER ou de VAN ERMENGEM, ou bien encore le procédé si simple, indiqué par STRAUS, consistant à étaler sur un couvre-objet une goutte de culture récente en bouillon, qu'on colore avec une trace de liqueur de ZIEHL diluée de 4 fois son volume d'eau, et à examiner immédiatement à un fort grossissement cette préparation extemporanée. On observe des vibrions ne possédant qu'un cil implanté à l'une des extrémités (fig. 159), d'autres en possèdent jusqu'à quatre disposés par paires à chaque extrémité ou, exceptionnellement, massés à un seul pôle.

Fig. 159. Cils du bacille cholérique.

NICOLLE et MORAX (1), appliquant leur méthode de coloration à l'étude des vibrions cholériques, classent ces vibrions en deux catégories; les premiers (vibrions de Sanghaï, Hambourg, Courbevoie, Angers; vibrions isolés des eaux par BLACHSTEIN et par SANARELLI; vibrion avicide; vibrion de FINKLER et PRIOR; vibrion de DENEKE) sont caractérisés par un cil unique; le second groupe comprend les vibrions pluriciliés (vibrions de Massouah, de Calcutta et de Paris). Les mêmes auteurs citent, en outre, un vibrion immobile, d'origine indienne et provenant du laboratoire de KOCH, qui s'est toujours montré privé de cils. Un vibrion mobile, décrit par SAKHAROFF (2), et isolé par lui des selles d'un cholérique, présente, lorsqu'on le traite par la méthode de LÖFFLER, des cils spiralés particuliers : quelques-uns sont courts et à peine visibles, d'autres sont plus épais que les bacilles eux-mêmes et si longs qu'ils traversent tout le champ du microscope. Selon l'auteur, ces cils gigantesques seraient composés de plusieurs cils enroulés (*cilia composita*).

Lorsque le bacille cholérique vieillit dans ses cultures, il présente de nombreuses formes de dégénérescence, ou formes involutives, en boules, en massues, etc..., beaucoup de ces formes ont été considérées comme des organes reproducteurs, ou comme des phases normales du développement du bacille (CARILLON, CECI, FERRAN, KLEIN). En cultivant le bacille cholérique en chambre humide

(1) NICOLLE et MORAX. *Annales de l'Institut Pasteur*, 1893, VII, p. 559.
(2) SAKHAROFF. *Annales de l'Institut Pasteur*, 1893, VII, p. 550.

sur la platine chauffante du microscope, Dowdeswell (1) a constaté que les spirilles ou les virgules ensemencées donnent naissance, déjà après deux heures, à un grand nombre de cellules rondes, globuleuses d'environ 6 à 7 μ de diamètre, parfois isolées, mais parfois, aussi, formant des amas de plusieurs centaines d'individus mobiles. Après un temps variable, ces cellules, dont le protoplasma était clair et homogène, deviennent granuleuses, leurs parois s'épaississent, finalement elles se résolvent en petites granulations circulaires ou sporules; celles-ci, ensemencées dans un milieu neuf, reproduisent généralement les grosses cellules rondes. Ce cycle évolutif alterne souvent avec la production de formes spirillaires, ou bien encore de cellules ayant une apparence plus ou moins amiboïde.

Dans des conditions précisées par l'auteur, ces formes anormales donnent des cultures pures de spirilles ou de virgules, ce qui, d'après lui, met hors de doute, non seulement la pureté des germes ayant servi dans ces expériences, mais encore le rapport génétique entre les grosses cellules rondes, les cellules amiboïdes et les spirilles.

Fig. 160. Variétés morphologiques du bacille du choléra.

Metschnikoff (2) a signalé les variations morphologiques profondes que subissent les vibrions cholériques soumis à la culture dans les conditions particulières qu'il indique : ceux-ci, réensemencés sur gélose, fournirent des cultures pures de vibrions (fig. 160).

Gamaleia (3) a étudié les variations de forme (hétéromorphisme) chez le bacille cholérique cultivé en présence des sels de lithium; une culture de ce bacille en bouillon, contenant 0,5 à 1 p. 100 de chlorure de lithium, ou une culture sur gélose à 1 ou 2 p. 100, montre, au bout de 24 heures, des spirilles géants, remarquables par leurs dimensions énormes, leurs spires très enroulées et leur épaisseur inégale; leur forme se maintient pendant plusieurs générations par la culture sur les milieux ordinaires; ils ne constituent donc pas des formes involutives. Sur gélatine chargée de 1 p. 100 de Li Cl, il observa la production de formes sphériques ou amiboïdes, se colorant facilement et de façon intense, mais inégale, par les couleurs

(1) Dowdeswell. *Annales de Micrographie*, 1889, II, p. 529.
(2) Metschnikoff. *Annales de l'Institut Pasteur*, 1894, VIII, p. 266.
(3) Gamaleia. *Vratch*, 1894, nos 19 et 20.

d'aniline ; ces sphères sont parfois striées et paraissent formées de filaments ; on en trouve qui sont constituées par des bâtonnets et par des spirilles. Elles semblent dériver des spirilles géants par gonflement d'une partie de ceux-ci ainsi que par rapprochement et fusion de spirilles très serrés. Il observa encore dans des conditions analogues la formation de très fins filaments, bâtonnets ou spirilles (micromytes) à peine visibles au microscope. FEDEROLOFF (1), qui reprit plus tard ces expériences, n'a pas constaté la formation des spirilles géants, il n'a vu que les corps sphériques, les micromytes et en plus des bacilles filamenteux très épaissis.

Cultures. — Le bacille du choléra se développe bien sur tous les milieux ordinaires, neutres ou alcalins, au contact de l'air et aux températures comprises entre 14 et 42°, son développement est surtout rapide à 37°. Il paraît, cependant, capable de croître à l'abri de l'air et même d'y sécréter ses toxines (HUEPPE); peut-être cette croissance anaérobienne, notamment celle qui se produit dans le tube digestif, est-elle facilitée par certaines associations microbiennes. Il ne se développe pas dans les milieux acides.

Sur *gélatine* en plaque, ensemencée par dilution, la culture du bacille-virgule est très caractéristique. Après 24 heures d'incubation à 20-22°, on voit apparaître de petites colonies discoïdales blanchâtres, dont les plus superficielles augmentent de diamètre assez rapidement. Les bords des colonies sont irréguliers ; leur aspect est granuleux ; elles paraissent saupoudrées de petits fragments de verre, à un faible grossissement leur centre paraît jaunâtre ou brun, entouré de deux cercles dont le plus interne est granuleux et l'externe hyalin. Après 3 jours, les bords deviennent de plus en plus dentelés, et la liquéfaction de la gélatine devient manifeste ; les colonies s'enfoncent, peu à peu, dans le milieu liquéfié et semblent réduites à leur centre granuleux ; puis, dès le 4ᵉ ou 5ᵉ jour, les portions de gélatine liquéfiées autour de chaque colonie ne tardent pas à confluer et tout aspect caractéristique disparaît, seule persiste l'odeur *sui generis* qu'exhalent ces cultures liquéfiées.

Sur *gélatine* en tube, ensemencée par piqûre, le bacille-virgule forme tout d'abord une culture en forme de clou à tête maigre devenant bien visible après 2 jours. La liquéfaction du milieu commence à la surface et présente une marche bien spéciale ; on voit d'abord se former une petite cupule sphérique dont le liquide, s'évaporant en partie, est bientôt remplacé par une bulle d'air ; au fond de la cupule

(1) FEDEROLOFF. *Vratch*, 1895, n° 39.

la culture se présente sous l'aspect d'une masse peu abondante, visqueuse et blanchâtre. Les jours suivants la cupule liquide s'agrandit, elle prend la forme d'un entonnoir rempli de liquide; la bulle d'air disparaît (fig. 161). Après 4 ou 6 jours, l'entonnoir de liquéfaction a acquis le diamètre du tube de culture et son sommet a gagné petit à petit, le long de la piqûre, l'extrémité inférieure de ce tube. A ce moment, toute la culture est déposée au fond de l'entonnoir liquéfié sous l'aspect d'un sédiment irrégulier, blanc jaunâtre. Après 10 à 12 jours, la gélatine est entièrement liquide.

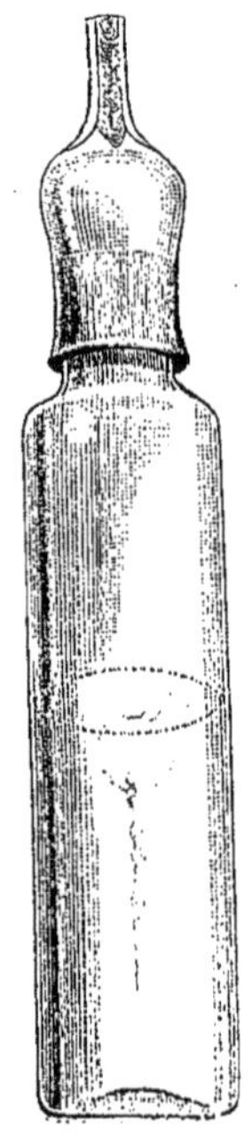

Fig. 161.
Culture en piqûre du bacille cholérique dans la gélatine.

On a proposé divers milieux gélatinés sur lesquels la culture du vibrion cholérique est particulièrement rapide. Le milieu de KARLINSKI possède la composition suivante: pancréas haché, 500 grammes; eau, 1 000 grammes; peptone, 50 grammes; sel marin, 5 grammes; gélatine, 500 grammes. Celui aux albuminates alcalins se prépare en laissant macérer 2 jours à 37°, puis quelques heures à 60°, 1 kilogramme de viande de veau avec 1 kilogramme et demi d'une solution de soude à 3 p. 100; on filtre sur toile et sur papier; la liqueur, légèrement acidifiée par l'acide chlorhydrique, laisse déposer de l'albumine modifiée qu'on recueille et qu'on lave. On redissout ce précipité à une douce chaleur dans le moins possible de soude caustique, on étend de telle sorte qu'il y ait 3 p. 100 d'albumine et l'on termine la préparation du milieu en lui ajoutant par litre : 5 grammes de sel, 5 grammes de peptone et 100 grammes de gélatine. On clarifie et l'on stérilise à l'autoclave. Sur ce milieu le vibrion cholérique donnerait des colonies visibles déjà après 12 heures.

La culture sur *gélose* par stries inclinées est rapide, mais ne présente rien de spécial à noter, si ce n'est qu'on y observe souvent des formes involutives.

Sur *pomme de terre*, le bacille pousse mal, même à 37°, à cause de la réaction ordinairement acide de ce milieu naturel. Si on alcalinise le tubercule avec un peu de carbonate, de phosphate, ou même de soude caustique avant de l'ensemencer, la culture y est prospère même à partir de 20°. Le bacille s'y développe alors sous forme d'une strie jaunâtre ou brun clair, épaisse et peu envahissante.

Le bacille pousse bien sur le *sérum* de sang coagulé, qu'il liquéfie assez rapidement.

La culture en *bouillon* est très rapide à 37°, surtout si le liquide est assez fortement alcalin. En quelques heures, les vibrions forment à sa surface, au large contact de l'air, un léger voile membraneux gris; les parties profondes ne se troublent pas, à moins que par l'agitation on ne vienne à rompre la pellicule superficielle. Le développement est rapide même dans le bouillon très dilué; cette particularité a été mise à profit par SCHOTTELIUS pour isoler le vibrion cholérique des selles, des eaux, etc., soupçonnées de le renfermer. Dans ces conditions, en effet, la croissance des bactéries vulgaires est beaucoup plus lente et le vibrion cholérique forme à la surface un voile caractéristique où il est presque à l'état de pureté. Les cultures en bouillon peptoné se colorent en rouge par l'addition de quelques gouttes d'acide sulfurique pur (réaction du *cholera-roth*). Le bacille cholérique croît bien sur le milieu de SIDNEY-MARTIN à l'alcali albumine.

Suivant W. HESS (1), le *lait* de vache cru n'est pas un bon terrain de culture; le bacille y périt même au bout de 12 heures à la température ordinaire et de 6 à 8 heures à l'étuve. Le lait chauffé quelque temps à 100° permet au contraire la croissance du bacille qui s'y développe et le coagule après 7 à 8 jours. La réaction du liquide surnageant le coagulum de caséine est acide, ce qui fait que dans ce milieu le bacille ne conserve pas longtemps sa vitalité. DE FREUDENREICH (2) pense que lorsqu'on sème des bacilles-virgules dans du lait, un très grand nombre périt, mais que ceux qui ont résisté victorieusement à l'action bactéricide de ce liquide sont capables, dès lors, de s'y développer abondamment.

Propriétés biologiques. — Le vibrion cholérique est aérobie; cependant, HUEPPE (3) a réussi à le cultiver à l'abri de l'air dans des œufs. Dans ce milieu particulier, qu'il liquéfie complètement, il dégage une abondante quantité d'hydrogène sulfuré.

La température humide de 52°, maintenue 4 minutes, tue définitivement le bacille cholérique (STERNBERG); celle de 50°, maintenue 10 minutes, lui est déjà très préjudiciable.

Ces résultats sont en contradiction avec ceux, plus récents, de KITASATO, qui établit que 50° maintenus pendant 50 minutes ne sont pas toujours suffisants pour anéantir la vitalité du bacille; au contraire, il serait stérilisé sûrement par une exposition de 10 minutes à 60°. En

(1) W. HESS. *Zeitschrift für Hygiene*, 1894, XVII, p. 238.
(2) DE FREUDENREICH. *Annales de Micrographie*, 1891, III, p. 417.
(3) HUEPPE. *Prager med. Woch.*, 1889, n° 12. — *Berliner klin. Wochenschrift*, 1890, n° 9.

ce qui concerne l'action du froid, les températures de 0° à -10° ne tueraient pas le bacille (KOCH, FINKELNBURG); elles l'atténueraient seulement un peu, tandis que la température de -15° détruirait toute virulence en une demi-heure (MONTEFUSCO) (1); les bacilles ainsi privés de virulence la récupéreraient rapidement par la culture à 37°. WNUKOF (2) dit que la congélation des cultures, même répétée, reste sans effet sur la vitalité du bacille; UFFELMANN a vu le bacille-virgule résister à -24°, KASANSKY (3), à -31°; tandis que RENK (4) prétend qu'il est tué par une exposition de 5 jours à 5°. WEISS (5) estime que la résistance du bacille cholérique au froid est grande dans les bouillons et faible dans l'eau ou autres milieux peu nutritifs, ainsi pourraient peut-être s'expliquer les résultats contradictoires des auteurs. Pour lui, la glace ne saurait être le véhicule du choléra. La résistance du vibrion de KOCH au vieillissement est aussi très variable; HUEPPE a conservé vivantes des cultures sur gélatine et sur gélose pendant 5 et même 10 mois; la dessiccation l'altère rapidement dans sa vitalité (KOCH). D'après KITASATO (6), des bacilles fixés sur fils de soie sont stérilisés après 2 à 3 heures de dessiccation spontanée. Si la dessiccation est très complète et rapide, le germe résiste bien plus longtemps : 120 jours, suivant GUYON (7); 190, suivant BERKHOLTZ.

C. PALERMO (8) a établi que l'*insolation* des cultures liquides, prolongée pendant 7 heures, ne diminue pas sensiblement le nombre des germes vivants qu'elles renferment, mais que leur virulence pour le cobaye est anéantie déjà après 3 à 4 heures et cela d'autant plus vite que la dilution du milieu est plus grande; chose curieuse, le pouvoir immunisant des cultures persisterait après l'insolation.

Dans les milieux naturels, dans les fosses d'aisances, sur les objets, etc., tous les facteurs naturels de destruction intervenant, le vibrion cholérique reste vivant pendant des temps très variables, et dont la connaissance est importante relativement à la prophylaxie du choléra. Dans les matières fécales le vibrion disparaît rapidement en 24 heures, par suite de la concurrence vitale des autres micro-organismes (KOCH, KAUPE (9)). Il en est autrement dans les matières

(1) MONTEFUSCO. *Annali del l'Instit. d'Igiene sperim. d. r. univ. di Roma*, III, p. 31.
(2) WNUKOF. *Vratch*, 1893, n° 8.
(3) KASANSKY. *Centralblatt für Bakteriologie*, 1895, XVII, p. 184.
(4) RENK. *Fortschritte der Medizin*, 1893, XI, p. 396.
(5) WEISS. *Zeitschrift für Hygiene*, 1894, XVIII, p. 492.
(6) KITASATO. *Zeitschrift für Hygiene*, 1888, V, p. 136.
(7) GUYON. *Archives de Médecine expérimentale*, 1892, IV, p. 92.
(8) PALERMO. *Annali dell'Instit. d'Igiene sperim. d. r. univ. di Roma*, III, 463.
(9) W. KAUPE. *Zeitschrift für Hygiene*, 1890, IX, p. 540.

fécales stérilisées avant l'introduction du bacille-virgule; ainsi, suivant KITASATO (1), le bacille, vivant seulement un jour et demi à trois jours dans les matières des fosses d'aisances, persiste pendant 25 jours dans les mêmes matières privées de leurs germes vulgaires. Dans ces conditions KARLINSKI et SCHILLER ont vu sa vitalité durer 41 et 23 jours.

Selon R. ABEL et CLAUSSEN (2), dont les méthodes sont à l'abri de toute critique, le vibrion cholérique disparaît, ordinairement, des matières brutes après 1 à 3 jours; ce n'est qu'exceptionnellement qu'on le trouve vivant après 3 jours. L'action de la putréfaction est néfaste pour le vibrion cholérique (KOCH, FRANKLAND, NICOLE, RIETCH, KITASATO); d'après CANALIS et DI MATTEI (3), ce sont surtout les germes figurés de la putréfaction plutôt que leurs produits de sécrétion solubles qui détruisent rapidement la vitalité et la virulence du vibrion cholérique. L'action néfaste de la concurrence vitale a été étudiée surtout par DE FREUDENREICH (4), qui a constaté l'antagonisme du vibrion cholérique avec le *Bacillus pyocyaneus*, le colibacille, la bactéridie charbonneuse, le bacille typhique, etc..., les résultats de ce savant ont été en partie confirmés par GABRITCHEWSKY et MALJUTIN (5), BUSSE (6).

Dans l'air, le vibrion cholérique ne peut vivre plus de quelques heures, il en est de même à la surface des objets, monnaies, papiers, sur les mains, les linges secs, etc... Sur les linges humides et souillés de matières fécales, le bacille peut se conserver plus longtemps : 7 mois d'après KARLINSKI, et même pulluler si l'humidité est grande et si les germes étrangers ne l'étouffent pas.

Dans l'eau, les résultats constatés sont très variables; d'après KOCH (7) le vibrion vit 30 jours dans l'eau douce et 81 jours dans l'eau de mer; d'après UFFELMANN (8), il ne persisterait que pendant, au plus, 6 jours dans ce dernier milieu; d'après CUNNINGHAM (9), 4 à 9 jours dans l'eau ordinaire et 25 jours dans l'eau ordinaire stérilisée. D'après STRAUS et DUBARRY, le bacille du choléra vit 14 jours dans l'eau distillée, 30 jours dans l'eau du canal de l'Ourcq et 39 jours dans l'eau de Vanne préalablement stérilisées.

(1) KITASATO. *Zeitschrift für Hygiene*, 1888, V, p. 485.
(2) R. ABEL et CLAUSSEN. *Centralblatt für Bakteriologie*, 1895, XVII, p. 77.
(3) CANALIS et DI MATTEI. *Bull. Acad. r. de Méd. de Rome*, XV.
(4) DE FREUDENREICH. *Annales de Micrographie*, 1889, II, p. 1.
(5) GABRITCHEWSKY et MALJUTIN. *Centralblatt für Bakteriologie*, 1893, XIII, p. 780.
(6) BUSSE. *Berichte der pharmac. Gesellschaft*, 1893, p. 290.
(7) KOCH. *Deutsche med. Wochenschrift*, 1885, n° 19.
(8) UFFELMANN. *Berliner Klin. Wochenschrift*, 1892, p. 1209.
(9) CUNNINGHAM. *Archiv für Hygiene*, 1890, IX, p. 406.

Hochstetter a trouvé que le bacille-virgule périssait en 3 heures dans l'eau de Seltz, en 24 heures dans l'eau distillée et en 391 jours dans l'eau ordinaire stérilisée.

Les nombreuses expériences que Santi-Sirena (1) a effectuées, à Palerme, sur la vitalité du bacille du choléra dans l'eau, peuvent se résumer ainsi : dans l'eau potable, le bacille meurt, en moyenne, entre le 5e et le 8e jour ; dans l'eau distillée stérilisée, il vit plusieurs mois et même plus d'une année; dans l'eau de rivière, il vit 2 à 3 jours; dans l'eau de rivière stérilisée, il persiste plus de 3 mois; il vit 4 jours dans l'eau de mer.

D'après Hankin (2), l'eau du Gange et de la Jemma jouirait de la propriété de détruire rapidement le bacille du choléra; cette propriété serait due à la présence, dans cette eau, d'une substance volatile assez stable à la chaleur En effet, l'eau bouillie en vase ouvert perd sa vertu bactéricide, tandis qu'elle la conserve si elle est chauffée en tube scellé pour éviter toute perte de substance.

Dans le sol, le bacille cholérique périt rapidement si la dessiccation est grande et s'il se trouve en concurrence avec de nombreuses autres espèces. D'après Cunningham, il persiste 47 jours dans la terre stérilisée et périt après 6 à 26 jours dans la terre brute.

Les aliments peuvent véhiculer le germe cholérique pendant un certain temps; dans le lait cru il périt assez rapidement d'après Hesse et Cunningham ; le lait cuit, au contraire, peut lui servir, nous l'avons vu, de milieu de culture.

Dans le beurre, le bacille resterait vivant pendant 32 jours (Heim), pendant seulement 5 jours suivant H. Laser (3); pendant 4 à 6 jours selon Uffelmann.

Les boissons alcooliques, le vin, la bière, le cidre ; les infusions de thé et de café, peuvent être habitées pendant quelques heures, au plus, par le vibrion cholérique. Les expériences faites à l'Office sanitaire de Berlin montrent que sur les fruits très acides, les groseilles par exemple, contenant 1,48 p. 100 d'acide malique, le vibrion ne survit qu'une heure, tandis qu'il peut être retrouvé vivant après 3 à 7 jours sur d'autres fruits peu acides, tels que des cerises ne contenant que 0,38 p. 100 d'acide malique.

Le vibrion cholérique est très sensible à l'action des antiseptiques chimiques, il ne se développe pas dans les milieux additionnés de 1 : 100 000 de sublimé; ses cultures en bouillon, âgées de 24 heures,

(1) Santi Sirena. *Riforma medica*, 1890, nos 14, 15 et 16.
(2) Hankin. *Annales de l'Institut Pasteur*, X, 1896, pp. 175 et 511.
(3) Laser. *Zeitschrift für Hygiene*, 1890, X, p. 513.

sont tuées au bout de 2 heures par l'addition de 1 : 3500 d'acide chlorhydrique, 1 : 3000 d'acide sulfurique, 1 : 2000 d'acide phosphorique, 1 : 5000 de quinine, 1 : 10000 de sublimé, 1 : 4000 de nitrate d'argent, 1 : 1000 de phénol, 1 : 500 de sulfate de cuivre (Boer (1), Bolton). L'action bactéricide énergique du suc gastrique sur le vibrion cholérique, signalée par Nicati et Rietsch, s'explique par l'acidité normale de cette sécrétion.

Le savon, en solution aqueuse à 5 p. 100, stérilise les cultures cholériques en 2 à 3 minutes suivant Jolles (2). L'action des essences sur ces mêmes cultures a été expérimentée par Ducamp (3) et de Freudenreich (4); suivant ce dernier auteur, le vibrion se montre particulièrement sensible aux vapeurs des essences de cannelle, de wintergreen, de géranium, de lavande, d'angélique et d'eucalyptus.

Produits de sécrétion; Indol. — Le bacille cholérique, vivant au contact de l'air dans les milieux riches en matières albuminoïdes et surtout en peptones, produit de l'indol en abondance. Comme il produit en même temps des nitrites, aux dépens des nitrates toujours présents dans le bouillon, il suffit d'ajouter à ces cultures 1 à 2 p. 100 d'acide sulfurique pur ou bien encore d'acide chlorhydrique ou oxalique pour obtenir directement une magnifique coloration rouge (Bujwid) (5). Cette réaction, connue sous le nom de réaction de l'indol nitreux ou de *cholera-roth*, se produit déjà après quelques heures avec les cultures de bacille-virgule, mais n'est pas absolument propre à ce microbe; d'autres vibrions très voisins, tels que ceux de Finkler et Prior, de Deneke, le vibrion avicide, la donnent également, mais moins belle et moins hâtivement (Petri, Kitasato, etc.) La plupart des autres vibrions qu'on pourrait aisément confondre avec celui du choléra donnent également de l'indol, mais sans produire en même temps de nitrites; on sera donc forcé, pour obtenir avec eux la coloration rouge du nitroso-indol, d'ajouter à leurs cultures du nitrite de soude en même temps que l'acide sulfurique.

D'après Lounkiewitsch (6), les cultures cholériques âgées de 6 à 24 heures, additionnées de un cinquième de leur volume de réactif d'Isloway (7), donnent une coloration rouge très intense. Les

---

(1) Boer. *Zeitschrift für Hygiene*, 1890. IX.
(2) Jolles. *Zeitschrift für Hygiene*, 1893, XV, p. 460.
(3) Ducamp. *Compt. rend. de la Société de Biologie*, 1894, sér. 10, I, p. 502.
(4) de Freudenreich. *Annales de Micrographie*, 1889, I, p. 503.
(5) O. Bujwid. *Zeitschrift für Hygiene*, 1887, II, p. 52. — *Centralblatt für Bakteriologie*, 1888, III, p. 169.
(6) Lounkiewitsch. *Vratch*, 1895, n° 1.
(7) Isloway. *Zeitschrift für analytische Chemie*, XXXIII, p. 222.

cultures du *Vibrio Metchnikovii* ne se colorent qu'après 24 à 48 heures de séjour à l'étuve et celles des vibrions de Finkler-Prior, Muller, Deneke, etc., ne se colorent que peu ou pas du tout. Ce réactif, qui est applicable également aux cultures sur milieux exempts de peptones, peut fournir en somme d'utiles indications pour le diagnostic des vibrions; on le prépare en mélangeant les 2 solutions suivantes : *a*) naphtylamine $0^{gr},10$, eau 20 centimètres cubes; *b*) acide sulfanilique $0^{gr},50$, acide acétique 150 grammes.

Toxines. — Le bacille-virgule sécrète des toxines très actives auxquelles sont dus les symptômes du choléra. La nature chimique de ces poisons nous est encore totalement inconnue, nous ne les connaissons que par l'action qu'ils exercent sur les animaux d'expérience. Nous ne ferons que signaler les premières recherches sur les produits toxiques solubles du bacille-virgule, d'abord soupçonnés par Koch (1885), puis niés par Buchner. G. Pouchet (1), épuisant par le chloroforme les déjections cholériques, en extrait une ptomaïne très toxique, sous forme d'une huile basique facilement oxydable à l'air, présentant les réactions générales des alcaloïdes. Villiers (2) réussit à extraire des cadavres de cholériques quelques centigrammes d'un alcaloïde relativement peu toxique, dont le chlorhydrate cristallise en fines aiguilles; Brieger en isola des alcaloïdes vulgaires: cadavérine, putrescine, choline, etc...; Brieger et Fraenkel (1890) isolent des cultures une toxalbumine tuant le cobaye et inoffensive pour le lapin. Petri retire des cultures une substance toxique que sa grande résistance à la température de 120° ne permet pas de classer parmi les toxalbumines ou les diastases, mais qui serait plutôt une toxopeptone. Cette substance n'agit sur l'organisme qu'après une période d'incubation de 2 à 3 heures. Ces résultats ont été confirmés par Gruber et Wiener. Suivant Wesbrook (3) le poison cholérique ne serait ni une toxalbumine, ni une diastase, ni une globuline, ni un alcaloïde. Gamaleia (4), Pfeiffer (5), Sanarelli (6) admettent que la substance toxique du choléra adhère au corps des bacilles et ne se diffuse dans les liquides de culture qu'après leur mort. Au contraire, d'après les recherches plus récentes de Ransom (7) et surtout celles de Metschnikoff, Roux et Taurelli-Salimbeni, les bacilles cholériques

(1) G. Pouchet. *Comptes rendus de l'Académie des Sciences*, 1884, XCIX, p. 847.
(2) Villiers. *Comptes rendus de l'Académie des Sciences*, 1885, C, p. 91.
(3) Wesbrook. *Annales de l'Institut Pasteur*, 1894, VIII, p. 318.
(4) Gamaleia. *Archives de Médecine expérimentale*, 1892, IV, p. 173.
(5) Pfeiffer. *Zeitschrift für Hygiene*, 1894, XVI, p. 268.
(6) Sanarelli. *Annales de l'Institut Pasteur*, 1895, IX, p. 129.
(7) Ransom. *Deutsche med. Wochenschrift*, 1895, n° 29, p. 457.

sécréteraient pendant leur vie des substances toxiques qu'on peut rapidement caractériser dans les liquides de culture. Ces derniers auteurs introduisent, dans le péritoine d'un cobaye, un sac de collodion contenant une solution de peptone venant d'être ensemencée d'une trace de bacille-virgule virulent; un deuxième cobaye de même poids que le premier reçoit de la même manière un sac contenant une culture cholérique déjà développée, mais stérilisée par l'action du chloroforme. Tandis que le deuxième cobaye ne présente qu'un malaise passager, le premier accuse d'abord de la fièvre, puis de l'hypothermie et succombe du troisième au cinquième jour avec tous les symptômes de l'empoisonnement dû au choléra intestinal. A l'autopsie, on ne peut trouver de bacille-virgule dans les organes tandis qu'on le retrouve bien vivant et abondant dans le contenu très trouble du sac de collodion.

Pour préparer *in vitro* une toxine très active, Metschnikoff, Roux et Taurelli-Salimbeni (1) commencent par exalter la virulence d'un vibrion cholérique par des passages en série par le péritoine des cobayes, soit directement, soit de préférence en sacs de collodion; puis ils ensemencent ce microbe exalté dans un milieu contenant par litre : 20 grammes de peptone, 20 grammes de gélatine et 10 grammes de sel marin. Ce milieu, d'abord contenu dans des matras et tenu à l'étuve à 37° jusqu'à commencement de culture, est ensuite réparti en grande surface, au contact de l'air (en chambre humide, pour éviter l'évaporation) dans des boîtes plates de Petri, qu'on maintient à la même température. Au bout de 3 ou 4 jours, ces cultures, très alcalines, présentant un voile vibrionien superficiel abondant, se montrent très toxiques; elles sont alors filtrées à la bougie de porcelaine. Le liquide filtré obtenu tue le cobaye de 300 grammes à la dose de 1 centigramme, en un temps variant de 6 à 36 heures; cette activité résiste assez bien à l'action de la chaleur, décroît assez rapidement au contact de l'air et sous l'action de la lumière; elle se conserve, au contraire, quand on maintient le liquide filtré à l'obscurité dans des tubes de verre complètement remplis et scellés à la lampe.

A la suite de l'injection de cette toxine, on constate chez les animaux de l'hypothermie; la température centrale tombe à 34-35° au moment de la mort. Les lésions constatées à l'autopsie sont un léger œdème gélatineux au point piqué, une certaine quantité de liquide

(1) Metschnikoff, Roux et Taurelli-Salimbeni. *Annales de l'Institut Pasteur*, 1895, X, p. 257.

dans le péritoine et dans l'intestin; les viscères sont hyperémiés. Les lapins, et surtout les souris, sont bien plus résistants que le cobaye aux injections des toxines cholériques. Chez le lapin, la diarrhée est un des principaux symptômes d'intoxication, après l'injection intraveineuse de toxines; à l'autopsie, on trouve l'intestin grêle très injecté, son contenu est liquide et rempli de cellules épithéliales nécrosées, le foie est atteint de dégénérescence graisseuse (Issaeff et Kolle).

La substance active des toxines filtrées est précipitable par l'alcool fort, par le sulfate d'ammoniaque; elle possède, en un mot, les caractères analytiques des toxalbumines.

Inoculations expérimentales. — Le cobaye est l'animal de choix pour les inoculations expérimentales du vibrion cholérique. L'inoculation intrapéritonéale d'une culture pure virulente détermine une péritonite caractérisée, pendant la vie, par de la somnolence, de l'hypothermie, des convulsions; à l'autopsie, on trouve dans la cavité péritonéale un liquide plus ou moins abondant, renfermant des vibrions; l'intestin est distendu par un liquide diarrhéique, renfermant peu ou pas de vibrions, les autres viscères paraissent normaux; le sang fournit ordinairement des cultures du microbe inoculé.

Ces résultats, obtenus par l'inoculation d'une demi-culture sur gélose ou d'une culture entière, sont, du reste, variables avec la dose, la provenance, la virulence, l'âge, etc., des cultures injectées [Gruber et Wiener, Flügge, etc.]. Souvent même des bacilles cholériques authentiques ne produisent aucun phénomène morbide. La virulence peut être facilement renforcée par le passage de péritoine à péritoine chez le cobaye (Gamaleia, Haffkine, Klimperer, Metschnikoff); suivant Haffkine, elle serait maximum après une vingtaine de passages. Selon Gotschlich et Weigang (1), pour tuer un cobaye par voie péritonéale, il faut inoculer 200 à 300 millions de bacilles; or, une culture sur gélose tenue à 37° qui renfermait, après 20 heures sous le poids de 2 milligrammes de matière, 1 034 millions de bacilles n'en contenait plus sous le même poids que 111 millions après 44 heures; 7, 8 millions après 3 jours; 3, 3 millions après 4 jours; 2, 2 millions après 5 jours et 0, 8 million après 8 jours.

L'inoculation sous-cutanée chez le cobaye ne réussit qu'avec des bacilles très virulents et injectés en grand nombre. L'animal présente des symptômes analogues à ceux de la péritonite vibrionienne et

(1) Gotschlich et Weigang. *Zeitschrift für Hygiene*, 1895, XX, p. 376.

succombe à une véritable septicémie; le sang, ensemencé, fournit des colonies pures du bacille inoculé.

Les infections, péritonite ou septicémie vibrioniennes, déterminées ainsi chez le cobaye n'ont rien de commun avec le véritable choléra intestinal observé chez l'homme. On a cherché à réaliser ce type en introduisant le bacille-virgule dans l'organisme des animaux *per os* ou directement dans l'intestin; mais, avant d'indiquer les résultats acquis, disons un mot du travail de Issaeff et Kolle (1), qui ont étudié le choléra expérimental chez les lapins. Chez ces animaux, les inoculations sous-cutanées sont en général inefficaces; les inoculations péritonéales les tuent comme les cobayes; on retrouve à l'autopsie le bacille dans le contenu péritonéal, il fait défaut dans l'intestin. Plus intéressantes sont les inoculations intraveineuses; les lapins, qui reçoivent dans les veines une dilution dans du bouillon de plusieurs anses de culture cholérique, meurent ordinairement en 18 heures avec tous les symptômes d'une intoxication aiguë. Les bacilles se retrouvent dans le sang seulement lorsqu'ils ont été injectés en quantité considérable, ordinairement ce liquide est stérile; il ne saurait donc être question ici d'une septicémie vibrionienne. Les lésions macroscopiques et microscopiques de l'intestin, ainsi que la diarrhée observée pendant la vie, doivent par conséquent être attribuées aux toxines introduites dans l'organisme en même temps que les bacilles. Chez les lapins, qui résistent plus longtemps, on observe, dans les jours qui suivent l'inoculation, une diarrhée abondante, puis ils succombent à une affection intestinale absolument semblable au choléra humain; le bacille-virgule se retrouve en culture pure dans le contenu de l'intestin qui est rouge et dépouillé de son revêtement épithélial; on ne parvient pas à le retrouver, même par la culture, dans le sang et la pulpe des organes.

Ces auteurs auraient donc réalisé chez le lapin, par la voie des inoculations intra-veineuses, le véritable choléra intestinal dont nous allons maintenant nous occuper.

Choléra intestinal. — Les premières tentatives faites en vue de reproduire le choléra humain chez l'animal par ingestion de cultures ne réussirent pas. Nicati et Reitsch, attribuant les insuccès constants de cette méthode, à l'action des acides du suc gastrique sur les bacilles ingérés, les introduisirent directement dans le duodénum du cobaye à travers une ouverture de la paroi abdominale. Koch réussit également chez le cobaye en introduisant, à l'aide d'une

(1) Issaeff et Kolle. *Zeitschrift für Hygiene*, 1894, XVIII, p. 17.

sonde œsophagienne une culture pure de son bacille, dans l'estomac fortement alcalinisé par une solution de bicarbonate de soude; pour éviter les mouvements péristaltiques de l'intestin, il faisait, un peu avant, une injection intrapéritonéale de teinture d'opium. Cette dernière n'est pas absolument nécessaire, on peut la remplacer par de l'alcool pur à 40° (Doyen). Les animaux ainsi traités sont d'abord un peu somnolents, puis ils semblent se rétablir; après 1 jour, ils sont sans appétit, leur poil se hérisse, leur température baisse progressivement, on note une certaine parésie des membres postérieurs, la respiration est rare et ralentie; bientôt l'animal est pris de crampes, de diarrhée, il meurt dans le collapsus. A l'autopsie, on trouve l'intestin grêle tuméfié, il contient un liquide aqueux incolore et floconneux fourmillant de bacilles-virgules qu'on peut aisément isoler à l'état de pureté par la culture.

Sabolotny (1) a trouvé dans le spermophile un animal très sensible aux inoculations sous-cutanées et intrapéritonéales de bacille-virgule permettant, en outre, de réaliser facilement une infection intestinale identique au choléra humain. Pour cela, il nourrit ce rongeur avec du fromage enduit de culture pure de bacille-virgule; bientôt l'animal reste accroupi, somnolent, il est pris de crampes et de diarrhée; on note la cyanose du nez et de la langue, la température tombe à 35° et même 32°, la mort survient en 12 à 48 heures. Le tube digestif est injecté et contient un liquide louche, rempli de flocons blanchâtres présentant de nombreux bacilles-virgules; ceux-ci sont parfois généralisés dans le sang, le foie, la rate; le péritoine contient un exsudat hémorrhagique.

Les travaux de Metschnikoff (2) ont mis en lumière le rôle prépondérant des microbes vulgaires qui empêchent ou favorisent l'infection cholérique intestinale. En introduisant des cultures cholériques dans la bouche de jeunes lapins, uniquement allaités par leur mère, il réussit à les infecter presque tous; d'autre part, des jeunes lapins auxquels il fit déglutir à la fois des cultures cholériques et des cultures de microbes saprophytes (*Sarcina* et *Torula ventriculi*, coli-bacille...), isolés de l'estomac de l'homme, furent également infectés et succombèrent avec les symptômes du choléra intestinal. Les lapins plus âgés, dont la flore intestinale est très variée, ainsi que les cobayes, sont moins propices à la réussite de ces expériences (Metschnikoff, Issaeff et Kolle (3)).

(1) Sabolotny. *Centralblatt für Bakteriologie*, 1894, XV, p. 150.
(2) Metschnikoff. *Annales de l'Institut Pasteur*, 1894, VIII, p. 529 à 589.
(3) Issaeff et Kolle. *Zeitschrift für Hygiene*, 1894, XVIII, p. 17.

Un fait à remarquer, c'est que ces microbes saprophytes empêchent ou favorisent au même titre la culture du bacille-virgule dans les milieux artificiels; ils agissent aussi, dans ce cas, en exaltant ou en amoindrissant la virulence du bacille-virgule avec lequel on les cultive.

On a essayé à plusieurs reprises de produire le choléra chez l'homme par l'ingestion de selles cholériques ou de cultures pures. La plupart de ces essais ont échoué ou n'ont été que peu démonstratifs, même lorsqu'on s'est placé dans les conditions qui paraissaient les plus favorables au développement de l'infection (Bochefontaine (1), Klein, Pettenkofer, Emmerich, etc...).

Metschnikoff (2) fut plus heureux dans certaines de ses tentatives et réussit à déterminer des infections cholériques expérimentales chez l'homme au moyen de cultures de vibrions isolés des selles ou des eaux.

Vaccination et sérothérapie. — Les inoculations à dose non mortelle de cultures cholériques virulentes ou atténuées par un moyen quelconque, confèrent, en général, aux animaux réceptifs une immunité plus ou moins profonde et durable contre l'infection cholérique expérimentale, mais ne semblent en aucune façon les protéger contre le choléra intestinal, constitué par une intoxication. Le même résultat peut aussi être obtenu par l'emploi de cultures de microbes différents du bacille-virgule. Les premiers essais tentés dans cette voie sont dus à J. Ferran (3) qui appliqua en 1885 sa méthode à l'homme; puis Gamaleia, Kitasato, Wassermann, Vincenzi, Haffkine, Klemperer, Gruber et Wiener, etc. Sobernheim (4), qui se montre partisan de la théorie de l'infection pure pour expliquer la mort des animaux inoculés, confirme en partie les travaux de ces auteurs; il admet que la vaccination est obtenue aussi bien par l'inoculation de petites doses de culture virulentes sur agar que par l'inoculation massive des mêmes cultures stérilisées par la chaleur de 70° ou par la dessiccation; cependant ce dernier procédé serait un peu moins actif; l'immunité conférée au cobaye par ces procédés dure environ 2 mois; le sérum des vaccinés peut lui-même, à des doses extrêmement faibles (0,005 à 0,001 centimètres cubes) conférer l'immunité vis-à-vis des inoculations intrapéritonéales, mais, il se montre tout à fait inactif vis-à-vis de l'infection

(1) Bochefontaine. *Comptes rendus de l'Académie des Sciences*, 1884, XCIX, p. 845.

(2) Metschnikoff. *Annales de l'Institut Pasteur*, 1893, VII, p. 572 et suiv. et 1894, VIII, p. 529 et suiv.

(3) Ferran. *Comptes rendus de l'Académie des Sciences*, 1885, CI, p. 147.

(4) Sobernheim. *Zeitschrift für Hygiene*, 1893, XIV, p. 485.

réalisée *per os*, même si on l'emploie en quantité énorme. Issaeff (1) dit que pour immuniser les cobayes, il faut leur injecter dans le péritoine un quinzième d'anse de culture virulente qu'on fait suivre d'inoculations d'au moins une anse de culture, séparées par un intervalle de 4 ou 5 jours. Il a constaté que les cobayes ainsi traités sont réfractaires aux doses mortelles de vibrions inoculés par voie cutanée ou péritonéale, mais, qu'ils n'ont acquis aucune immunité vis-à-vis de l'infection intestinale ou des toxines cholériques. Leur sang possède des propriétés immunisantes marquées et même, parfois, se montre capable d'enrayer une infection déclarée, mais il ne possède aucune vertu antitoxique. Du reste, le même auteur fait observer que le sang des hommes convalescents du choléra, prélevé entre la troisième semaine de maladie et le troisième ou quatrième mois, est en tous points comparable au sérum des cobayes vaccinés. Il dit, encore, que les injections péritonéales ou sous-cutanées de sérum normal, d'eau salée physiologique, de bouillon stérilisé, etc..., confèrent au cobaye une certaine immunité contre l'infection cholérique, mais cette immunité est peu durable comparée à celle que confèrent les cultures virulentes. Ces substances agissent sans doute en activant la phagocytose (Metschnikoff). Sobernheim insiste sur ces derniers points : seules les vaccinations par cultures virulentes sont capables de conférer une immunité durable, pendant plusieurs semaines ou plusieurs mois ; seul ce procédé permet de créer dans l'organisme animal des antitoxines ou des substances bactéricides dont le caractère tout à fait spécifique puisse être constaté par les méthodes de Pfeiffer (voir page 515). De son côté, Sawtschenko (2) montre que le sérum des vaccinés possède des propriétés bactéricides mais non toxinicides.

Le procédé de vaccination anticholérique préconisé par Haffkine (3), et appliqué par lui dans l'Inde anglaise, est basé sur l'emploi d'un vaccin obtenu en cultivant en série, à 39°, en bouillon et dans un courant d'air, toujours renouvelé, le virus cholérique exalté par une vingtaine de passages de cobaye à cobaye. Il inocule d'abord ces cultures atténuées et quelques jours après une culture virulente. Un second procédé de vaccination, employé par Haffkine, consiste à inoculer, à quelques jours d'intervalle, les émulsions obtenues en

(1) Issaeff. *Zeitschrift für Hygiene*, 1894, XVI, p. 287.

(2) Sawtschenko. *Soc. Med. de Kieff*, 1894.

(3) Haffkine. *Comp. rend. de la Société de Biologie*, 1892, série 9, IV, pp. 635 et 671. — *Indian med. Gazette*, 1895, n° 1. — A lecture on vaccination against cholera. Londres, 1895.

broyant dans 6 centimètres cubes d'eau phéniquée à 0,5 p. 100 une culture sur gélose de virus atténué et une culture sur le même milieu de virus exalté. Dans le dernier procédé, les microbes sont tués par l'acide phénique ; ce sont seulement les produits solubles qui concourent à établir l'immunité et l'on évite les lymphangites et le sphacèle de la peau assez fréquents avec la première méthode. Il est douteux que ces procédés de vaccination soient efficaces contre l'infection cholérique intestinale.

Suivant Sawtschenko et Sabolotny (1), l'ingestion, chez l'homme, de cultures stérilisées ou phéniquées communique au sérum des propriétés immunisantes. Le dernier auteur a, de plus, observé qu'on peut immuniser le spermophile contre l'infection péritonéale ou intestinale en lui faisant déglutir, pendant 5 à 7 jours, des cultures stérilisées par un chauffage de 2 heures à 60-70° ; tandis que la vaccination par introduction de cultures sous la peau ou dans le péritoine ne le protège pas contre l'infection *per os*.

Ransom d'une part, Metschnikoff, Roux et Taurelli-Salembeni d'autre part, se sont efforcés de préparer un sérum antitoxique et pour cela ils ont eu recours à l'immunisation des animaux par les inoculations de leur toxine. Les inoculations, d'après ces derniers auteurs, doivent être faites avec précaution ; les cobayes et les lapins présentent de la fièvre puis de l'hypothermie, ils maigrissent beaucoup et l'on doit attendre qu'ils aient récupéré leur poids primitif pour pouvoir continuer les injections immunisantes. Les chevaux, très sensibles au début à l'injection de 10 centimètres cubes de toxine, finissent vers le 6e mois par supporter sans danger des injections massives 20 fois plus considérables. Le sérum des animaux ainsi immunisés se montre assez fortement antitoxique ; *in vitro*, il neutralise 4 fois son volume d'une toxine assez active pour tuer en 24 heures un cobaye à la dose de 2/3 de centimètre cube. Injecté aux animaux en même temps qu'une dose mortelle de toxine ou préventivement, il les protège efficacement ; mais, ce qui est plus intéressant et ce qui permet d'espérer que la sérothérapie du choléra humain n'est pas loin d'être créée, c'est que ce sérum antitoxique a permis aux savants qui l'ont préparé de sauver un grand nombre de jeunes lapins infectés par la voie digestive, soit que ce sérum fut injecté préventivement, soit qu'il le fut en même temps que l'ingestion des cultures.

Le sérum des animaux vaccinés par les inoculations de cultures agit sur les vibrions d'une façon remarquable signalée par Pfeif-

(1) Sawtschenko et Sabolotny. *Centralblatt für Pathologie*, IX, p. 625.

FER (1). En injectant des vibrions dans le péritoine de cobayes vaccinés ou bien, encore, en injectant simultanément dans le péritoine d'un animal neuf une culture cholérique et du sérum d'animal immunisé avec cette culture, et en prélevant de temps en temps une gouttelette de l'exsudat péritonéal qu'il examinait en goutte pendante au microscope, PFEIFFER constata l'immobilisation du germe et sa transformation en granulations. Pour lui, ce phénomène est une réaction d'immunisation ; il dit que le sérum d'un animal vacciné n'est capable de fragmenter que le spirille ayant servi à immuniser l'animal ; METSCHNIKOFF ne partage pas cette manière de voir.

Le sérum des animaux immunisés possède aussi la propriété d'agglutiner *in vitro* le germe ayant servi à l'immunisation, même lorsqu'il est assez fortement dilué (BORDET (2), PFEIFFER et KOLLE (3)). Cette dernière propriété retrouvée par ACHARD et BENSAUDE dans le sérum des cholériques en période d'infection, peut servir au sérodiagnostic du choléra, de la même façon que le sérum des typhiques est utilisé pour le diagnostic de la fièvre typhoïde. L'action agglutinante exercée *in vitro* par le choléra-sérum sur les vibrions d'une culture peut n'être du reste que temporaire, surtout si la quantité de vibrions est très grande (PFEIFFER et VAGEDES (4)). Ces auteurs montrent que l'action agglutinante peut servir à doser la virulence d'une culture à laquelle elle est en quelque sorte inversement proportionnelle : alors qu'il faut $0^{cc},000003$ de sérum pour agglutiner une culture non virulente, il en faut jusqu'à $0^{cc},001$ pour une culture identique mais virulente. Le sérum normal pur, non dilué, agglutine ces mêmes cultures aux doses respectives de $0^{cc},15$ et $0^{cc},2$; après dilution à 1 : 50 le sérum normal ne se montre jamais agglutinant. Dans le même mémoire, ils montrent que le sérum des hommes immunisés depuis 5 mois produit encore la fragmentation des vibrions quand il est introduit en même temps qu'eux dans le péritoine d'un cobaye neuf (phénomène de PFEIFFER), mais qu'il n'est plus capable d'agglutiner ces mêmes vibrions *in vitro ;* il existerait donc dans le sang des vaccinés une première substance lysogène, dissolvant les vibrions, et une deuxième substance jouissant de la propriété agglutinative.

Dans l'organisme des animaux immunisés activement ou passivement, la destruction des vibrions aurait lieu par le mécanisme suivant : les agglutinines modifieraient la membrane-enveloppe des

---

(1) PFEIFFER. *Zeitschrift für Hygiene*, 1894, XVIII, p. 1.
(2) BORDET. *Annales de l'Institut Pasteur*, 1895, IX, p. 462.
(3) PFEIFFER et KOLLE. *Centralblatt für Bakteriologie*, 1896, XX, p. 129.
(4) PFEIFFER et VAGEDES. *Centralblatt für Bakteriologie*, 1896, XIX, p. 385.

vibrions et permettraient la pénétration de ceux-ci par les alexines chargées de les dissoudre (GRUBER et DURHAM).

MESNIL (1) a constaté que sous la peau des animaux hypervaccinés les vibrions inoculés ne forment que des amas très discrets; ces amas se forment bien plus facilement quand on abandonne en goutte pendante l'exsudat examiné. Confirmant cette observation, TAURELLI-SALIMBENI (2) n'a jamais constaté le phénomène de l'agglutination dans l'organisme des animaux fortement immunisés; ce phénomène se produit au contraire très rapidement *in vitro* et paraît favorisé par le contact de l'air. Dans un mémoire ultérieur, il dit que l'agglutination peut, cependant, se produire dans l'organisme animal, mais à la condition que des traces de sang viennent au contact des microbes. De même, le liquide de l'œdème artificiel qu'on peut produire par la ligature d'un membre chez un animal vacciné, incapable d'agglutiner les vibrions, le devient si on y mélange une trace de sang ou de pus; il semble donc que la substance agglutinante émane des globules blancs.

Habitat. — Indépendamment de l'intestin des cholériques qui constitue son habitat normal, le bacille-virgule a été surtout rencontré dans un grand nombre d'eaux provenant de régions infectées par le choléra et, aussi, dans des eaux de localités absolument indemnes de toute contagion. On l'a isolé également des selles d'individus bien portants. Ces faits donnent à penser que le bacille cholérique n'est peut-être qu'une variété pathogène d'une espèce ordinairement saprophytique et très répandue. S'il est vrai que la plupart des épidémies de choléra qui ont à plusieurs reprises décimé l'Europe nous sont venues de l'Inde par des voies qu'on a pu exactement jalonner, il n'est pas moins certain que d'autres semblent être nées sur place sans qu'il ait été possible de déterminer leur origine.

Nous avons donné, dans les pages précédentes, la description du bacille cholérique type de KOCH, mais il ne faut pas perdre de vue que tous les germes cholériques isolés à diverses reprises par les différents expérimentateurs, dans les régions les plus variées, soit des selles des individus atteints de choléra, soit des gens bien portants (RUMPEL (3), METSCHNIKOFF (4)), soit des eaux souillées ou non, ne sont pas absolument identiques à ce bacille-type de KOCH; ils en

(1) MESNIL. *Annales de l'Institut Pasteur*, 1896, X, p. 369.
(2) TAURELLI-SALIMBENI. *Annales de l'Institut Pasteur*, 1897, XI, p. 277 et 1898, XII, p. 193.
(3) RUMPEL. *Berliner klin. Wochenschrift*, 1894, pp. 729, 756, 780.
(4) METSCHNIKOFF. *Annales de l'Institut Pasteur*, 1893, VII, p. 565.

diffèrent par des caractères parfois peu appréciables, parfois très notables; les uns ne sont pas normalement pathogènes pour les animaux ou ne le deviennent que par des artifices de laboratoire, d'autres n'ont pas identiquement les mêmes fonctions biologiques, la même morphologie, ils ne vaccinent pas les uns contre les autres, etc... Nous savons, d'autre part, qu'en inoculant certains microbes, certaines toxines à des animaux sains, on peut voir les vibrions, ordinairement saprophytes, de leur intestin acquérir une virulence considérable et ne pouvoir être distingués du vibrion cholérique le plus authentique (Blachstein, Sanarelli (1)).

Recherche et diagnostic. — Toutes ces considérations font qu'il est aujourd'hui, parfois, bien difficile de se prononcer sur les propriétés cholérigènes des vibrions que l'on peut isoler des milieux naturels ou de l'organisme animal. Nous indiquons, plus loin, la nomenclature et les caractères des principaux vibrions cholériques ainsi que les espèces les plus voisines avec lesquelles ils pourraient être confondus.

La recherche des vibrions cholériques, dans les cadavres, se fait en pratiquant dans l'intestin fixé par le sublimé des coupes qui seront colorées de préférence par la méthode de Nicolle (bleu de méthylène, tannin et décoloration légère par l'alcool). Dans les selles, on recherchera d'abord le bacille-virgule par l'examen microscopique d'une parcelle de grain riziforme étalée et fixée sur lamelle, puis colorée par la fuchsine phéniquée de Ziehl; on obtiendra des préparations plus complètes et d'observation plus aisée en colorant d'abord la lamelle par la méthode de Gram, puis par la fuchsine; le bacille cholérique sera coloré en rouge et les autres bactéries, prenant le Gram, en violet.

La méthode des cultures, beaucoup plus exacte, est applicable à la recherche des vibrions dans les selles, les eaux, etc... Les cultures directes sur plaques de gélatine ou de gélose, ensemencées par dilution ou par stries, ne permettent pas toujours de retrouver les colonies vibrioniennes perdues dans une grande quantité de colonies vulgaires, souvent elles-mêmes liquéfiantes. Il est préférable de recourir d'abord à des cultures qui sélectionnent les espèces et favorisent le développement des vibrions; ces méthodes d'enrichissement sont comparables à celles usitées pour la recherche du bacille typhique dans les milieux analogues.

La plus ancienne de ces méthodes, due à Koch, consiste à ense-

(1) Sanarelli. *Annales de l'Institut Pasteur*, 1895, IX, p. 129.

mencer la matière suspecte dans un vase à large ouverture contenant une solution de peptone à 1 p. 100 salée à 0.5 p. 100. Van Ermengem, pour favoriser encore le contact de l'air, imbibe de cette solution un linge stérilisé, plié en plusieurs doubles, et y dépose une parcelle de la matière suspecte. Schottelius adopte un dispositif très voisin de celui de Koch. Aujourd'hui, on utilise surtout la culture à 37° en fiole conique contenant la solution de peptone gélatinée et salée de Metschnikoff : eau 1000; peptone sèche 10 grammes; sel marin 5 grammes; gélatine 20 grammes. On y sème une petite quantité des selles suspectes, de préférence une petite parcelle de grain riziforme. Dès qu'on constate à la surface du liquide la formation d'un léger voile, on en prélève une trace à l'extrémité d'un fil de platine et on l'examine au microscope pour y constater la présence des vibrions. Si ces organismes sont aperçus, on purifie la culture par un deuxième passage sur le même milieu exactement dans les mêmes conditions que le premier, et l'on achève la séparation des espèces par des ensemencements simultanés sur gélose en stries et sur quelques plaques de gélatine ordinaire ensemencées par dilution.

S'il s'agit d'un échantillon d'eau, dans lequel les vibrions peuvent être rares, on a grand intérêt à faire porter la recherche sur le plus grand volume possible de liquide. Pour cela, on dispose dans des fioles coniques d'environ 200 centimètres cubes, qu'on stérilise ensuite à l'autoclave, un bouillon gélatiné assez concentré pour qu'après l'addition de 150 à 200 centimètres cubes d'eau, il soit ramené à la concentration normale du bouillon gélatiné peptoné et salé de Metschnikoff, dont la composition a été donnée quelques lignes plus haut. Il est bon d'alcaliniser, très légèrement, par un peu de soude et d'ajouter au milieu de culture, avant stérilisation, une trace de nitrate de potasse (Sanarelli). La culture est ensuite conduite comme s'il s'agissait d'une selle cholérique.

Quand on a séparé sur les plaques de gélose ou gélatine toutes les colonies suspectes par leur aspect macroscopique ou microscopique, et qu'on les a repiquées dans des milieux convenables et variés, on aura, pour pouvoir en affirmer la nature cholérique, à constater les caractères suivants : aspect des cultures sur gélatine en plaques et en piqûres; aspect microscopique des bacilles (forme, mobilité, cils vibratiles), réaction de l'indol et coloration par le réactif d'Isloway dans les cultures liquides peptonées; caractères de culture dans le lait; virulence pour le cobaye par inoculation péritonéale; réaction d'immunité de Pfeiffer; agglutination *in vitro* par les divers choléras-sérums. A ces caractères, Besson propose, très justement, d'ajouter ceux qu'on pourrait observer en faisant ingérer à de jeunes lapins les cultures pures ou mélangées aux divers organismes reconnus favorisants.

J. Bossaert (1) a cherché le parti qu'on peut tirer de l'agglutination des cultures des vibrions par certaines substances chimiques, telles que le sublimé à 1 : 1 000, la formaldéhyde à 25 : 100, la safranine à 0,25 : 1 000, la chrysoïdine (Blachstein). Il conclut que ces substances se comportent avec les divers vibrions de façons très différentes; certaines espèces sont agglutinées à l'exclusion des autres. Ainsi, toutes les colonies suspectes seront cultivées sur gélose à 37° pendant 24 heures, puis émulsionnées dans l'eau stérile; on mélangera une goutte de ces émulsions avec une goutte de sublimé à 1 : 1 000. Toutes les cultures agglutinées ne sont certainement pas cholériques, d'après l'auteur, et pourrront être éliminées par ce triage rapide; au contraire, toutes celles qui n'auront pas été agglutinées, seront examinées avec soin, relativement à la façon dont elles se comportent avec les sérums spécifiques.

Parmi les vibrions isolés des selles des cholériques on doit citer :

Le *Vibrion de Massouah*, découvert en 1891 par Pasquale (2), se différenciant surtout du vibrion indien par sa forme plus grêle, mince, allongée, semblable en cela aux vibrions de Courbevoie, de Paris et d'Angers. Il est très mobile et possède 4 flagella (Nicolle et Morax). Il donne la réaction du rouge de choléra (réaction indol nitreuse) lentement et faiblement; il ne produit que tardivement un voile membraneux à la surface des bouillons de culture, il se montre très pathogène pour le cobaye.

Le *Vibrion de Hambourg* isolé en 1892 et le *Vibrion de Courbevoie* isolé la même année par Netter (3). Ces deux organismes ne se différencient que fort peu du vibrion indien. Le premier se présente sous forme de bacilles courbes, en virgules, gros et trapus; le second est un peu plus mince, assez allongé. Tous deux sont mobiles et porteurs d'un seul cil; ils donnent la coloration rouge par addition d'un peu d'acide sulfurique pur, et se montrent assez pathogènes pour le cobaye.

Le *Vibrion d'Angers* isolé en 1893 par Metschnikoff; il est un peu plus gros que celui de Courbevoie. Il donne la réaction indol nitreuse; au début, il se montrait très pathogène pour le cobaye,

(1) Bossaert. *Annales de l'Institut Pasteur*, 1898, XII, p. 857.
(2) Pasquale. *Giornale med. R. Esercito*, 1891. — Extrait *in Baumgarten's Jahresberichte*, 1891, p. 336.
(3) Netter. *Bulletin de la Société médicale des Hôpitaux*, 1892.

mais il a perdu presque complètement sa virulence par les cultures successives (MACÉ).

Le *Vibrion romain* isolé en 1892 par CELLI et SANTORINI (1). Il diffère assez sensiblement du vibrion de KOCH ; c'est un bacille en virgules longues et épaisses, vacuolaires. Il liquéfie très lentement la *gélatine*, ne donne pas de voile sur le *bouillon* aéré ; ne présente pas la réaction indol nitreuse et n'est que peu pathogène pour le cobaye qu'il arrive cependant à tuer par injection péritonéale à la dose de 10 centimètres cubes.

Parmi les vibrions cholériques isolés des eaux, nous citerons :

a) Le *Vibrion de Ghinda* isolé par PASQUALE de l'eau d'un puits voisin de Massouah et qui se montre extrêmement pathogène pour le cobaye et pour l'homme. Sur les bouillons peptonés ensemencés et placés au large contact de l'air, il fournit en 24 heures un voile mince vibrionien. Il ne donne que faiblement la réaction de l'indol par addition d'acide sulfurique pur.

b) Les *Vibrions* retirés de l'eau de Seine et des eaux de drainage de Gennevilliers par SANARELLI (2). Sur les 32 vibrions isolés par cet auteur et présentant tous, plus ou moins, les caractères morphologiques, biologiques et l'aspect des cultures des vibrions cholériques authentiques, 4 seulement se sont montrés extrêmement pathogènes, ce sont :

Le *Vibrion de Saint-Cloud* qui forme rapidement une bulle d'air dans la *gélatine*; il liquéfie ce milieu nutritif à la façon du vibrion de Massouah ; il forme sur le *bouillon* une pellicule superficielle et donne sur *pomme de terre* un enduit brunâtre assez épais. Il fournit de façon très intense la réaction indol nitreuse. Il tue le cobaye en 12 heures à la dose de $0^{cc},5$ de culture en bouillon, injectée dans le péritoine, et de 1 à 2 centimètres cubes en inoculation sous-cutanée. Les effets de ces inoculations sont en tous points comparables à celles d'un vibrion cholérique-type.

Le *Vibrion du Point-du-Jour* qui est mince, à extrémités effilées, présentant assez souvent une forme spirillaire. Il est assez mobile, il croît sur *gélatine* en formant une bulle d'air et un entonnoir de liquéfaction typique, la culture ressemble à celle du vibrion de Hambourg. Dans le *bouillon*, développement rapide sous forme de pellicule ; sur *pomme de terre*, formation d'un enduit brunâtre peu

---

(1) CELLI et SANTORINI. *Annali d'Igiene sperim.*, 1894, IV, p. 244.
(2) SANARELLI. *Annales de l'Institut Pasteur*, 1893, VII, p. 693.

étendu. Il donne la réaction indol nitreuse très intense. Inoculé au cobaye par voie sous-cutanée, il se montre peu pathogène, mais il le tue, au contraire, par inoculation péritonéale à la dose de un quart à un cinquième de culture sur gélose. Les lésions trouvées à l'autopsie sont celles du choléra classique.

Le *Vibrion de Genevilliers n° 5* est mobile, présentant parfois des formes irrégulières. Sur *gélatine*, il pousse abondamment et liquéfie le milieu en formant une bulle caractéristique; Dans le *bouillon*, il forme après 12 heures, une pellicule superficielle; sur *pomme de terre*, il produit un enduit léger et grisâtre. La réaction indol nitreuse, peu nette dans les premiers jours de culture, devient très intense après 8 jours; la réaction de l'indol simple est, au contraire, manifeste après 24 heures.

Le *Vibrion de Versailles* a été isolé de l'eau distribuée dans cette ville. Il se présente comme un vibrion mobile, mince, élégamment incurvé comme celui de Courbevoie. Il se développe rapidement sur la *gélatine*, qu'il liquéfie; l'entonnoir de liquéfaction présente la bulle caractéristique; dans le *bouillon*, il se développe en le troublant abondamment et uniformément, et en formant une légère pellicule superficielle; sur *pomme de terre*, il croît sous forme d'une traînée blanchâtre peu étendue; il présente déjà, après 24 heures, la réaction indol nitreuse d'une façon assez nette; la réaction de l'indol ordinaire est très intense.

Ces deux derniers vibrions se montrent également pathogènes pour le cobaye, en inoculations péritonéales, à la dose d'un quart de culture sur gélose; mais les résultats de ces inoculations sont, d'après l'auteur, peut-être un peu moins constants que ceux observés avec les deux premiers vibrions.

Vibrion de Finkler et Prior.

SYN. : *Vibrio proteus.*

Ce vibrion a été isolé en 1884 par FINKLER et PRIOR (1) des fèces des malades atteints de choléra nostras. Des recherches ultérieures, notamment celles de NETTER, ont montré que ce microbe n'est pas l'agent du choléra nostras, maladie qu'il faut aujourd'hui attribuer au bacille du côlon.

Le vibrion de FINKLER et PRIOR ressemble beaucoup au vibrion

(1) FINKLER et PRIOR. *Deutsche med. Wochenschrift*, 1884.

cholérique, mais il est un peu renflé à sa partie moyenne; il donne facilement des formes involutives dans les milieux qui ne sont pas très favorables à son développement. Il est mobile et muni d'un flagellum unique; il se colore aisément et ne forme pas de spores. Il pousse sur tous les milieux de culture à la température ordinaire.

Sur plaques de *gélatine*, il donne au bout de 24 heures de petites colonies blanches, punctiformes, qui, à un faible grossissement, paraissent jaunâtres au centre et finement granuleuses. La liquéfaction de la gélatine est très rapide et complète en 48 heures; ce phénomène est surtout apparent dans les cultures en tubes de gélatine ensemencés par piqûre, et fournit un bon caractère pour différencier ce vibrion du bacille cholérique qui liquéfie la gélatine beaucoup moins rapidement.

Ensemencé en stries sur *gélose*, il se développe sous forme d'un enduit blanc, humide, couvrant toute la surface du milieu; sur *pomme de terre*, à la température ordinaire, il pousse d'une manière luxuriante, à l'inverse du bacille cholérique, et couvre bientôt la surface du milieu nutritif d'un enduit gris jaunâtre, mince et brillant. Il se développe bien sur le *sérum* de sang coagulé qu'il liquéfie promptement. Il ne donne que lentement et de façon peu nette la réaction de l'indol nitreuse.

Il est assez pathogène pour le cobaye, soit qu'on l'introduise par voie stomacale, après alcalinisation du contenu de ce viscère, soit qu'on l'inocule dans le péritoine. À l'autopsie, on voit l'intestin, pâle, décoloré, rempli d'un liquide diarrhéique, d'odeur putride et pénétrante, très riche en spirilles. Ce microorganisme se montre également pathogène pour le pigeon qu'il tue après inoculation dans le muscle pectoral. Metschnikoff le considère comme légèrement pathogène pour l'homme.

Vibrion de Deneke.

Syn. : *Spirillum tyrogenum*; Käsespirillen.

Ce microorganisme isolé du fromage par Deneke (1), peu de temps après la découverte du bacille cholérique, offre avec ce dernier une assez grande ressemblance. Il se présente sous l'aspect de bâtonnets courbés ou de filaments incurvés ou spiralés. Il ne croît pas sur la *pomme de terre;* il se développe bien, au contraire, sur le *sérum*

(1) Deneke. *Deutsche med. Wochenschrift*, 1885, p. 33.

coagulé qu'il liquéfie comme le bacille-virgule et sur la *gélatine* qu'il fluidifie plus vite que le bacille-virgule, mais moins rapidement que le spirille de FINKLER et PRIOR. Il donne difficilement la réaction du rouge de choléra (réaction indol nitreuse), mais il produit aisément la réaction ordinaire de l'indol. Il est pathogène pour le cobaye en inoculation péritonéale (HUEPPE) et par ingestion, après alcalinisation de l'estomac. Il est également pathogène pour le pigeon (KASANKY) et pour l'homme (METSCHNIKOFF) quand il est ingéré à haute dose.

Vibrion avicide.

SYN. : *Vibrio Metschnikovii.*

Ce microorganisme est l'agent figuré d'une maladie des poules observée à Odessa par GAMALEIA (1). Cette maladie appelée par l'auteur gastro-entérite cholérique des oiseaux, ne diffère pas beaucoup du choléra des poules. Les symptômes observés sont les suivants : les animaux sont immobiles et comme endormis ; leur plumage est hérissé ; ils sont pris de diarrhée. Cet état dure 48 heures et même davantage ; la température reste normale, elle est plutôt abaissée, tandis que, dans le choléra des poules, au contraire, elle est toujours élevée. A l'autopsie des animaux, on trouve une hyperémie de tout le tube digestif qui est rempli, depuis le gosier, d'un liquide gris jaunâtre plus ou moins mêlé de sang ; les autres organes sont normaux, la rate reste pâle et petite. Les pigeons inoculés avec le liquide intestinal ou avec le sang d'un jeune poulet ayant succombé à cette affection, meurent de septicémie en 12 à 24 heures; le sang du cœur renferme le microbe spécifique dédié à METSCHNIKOFF.

Ce microbe, qui aurait été retrouvé par PFUHL (2) dans l'eau de Berlin, est extrêmement semblable au vibrion cholérique de KOCH. Il affecte la forme de bâtonnets à extrémités arrondies, un peu plus courts et plus courbes que le vibrion cholérique, ou de filaments spiralés de 5 à 10 tours, devenant plus volumineux dans le sang du pigeon. Il est très mobile et possède un flagellum unique, long et ondulé, facile à colorer. Suivant GAMALEÏA, il forme des spores endogènes, ce fait n'a pas été confirmé par PFEIFFER. Le vibrion avicide est tué par la température de 50° maintenue pendant 5 minutes.

(1) GAMALEIA. *Annales de l'Institut Pasteur*, 1888, II, pp. 482 et 552. — 1889, III, pp. 542, 609 et 625.
(2) PFUHL. *Zeitschrift für Hygiene*, 1894, XXII, p. 234.

Sur *gélatine* en plaques, les colonies apparaissent en 12 à 16 heures sous la forme de petits points blancs, grossissant rapidement et liquéfiant très énergiquement ce milieu. Examinées à un faible grossissement, elles présentent comme celles du vibrion cholérique trois zones distinctes : l'externe, pâle et transparente; la moyenne, finement granuleuse, à contours dentelés et le centre plus opaque, jaunâtre. Ensemencé par piqûre dans la gélatine en tubes, on constate, comme dans le cas du vibrion cholérique, mais plus rapidement, la formation d'une sorte de bulle gazeuse incluse dans la cupule liquéfiée. Sur *gélose* à 37°, ce vibrion forme un enduit jaunâtre ressemblant à celui du choléra.

Sur *pomme de terre*, il ne pousse pas à la température ordinaire. A une température supérieure à 25°, on observe une culture identique à celle du vibrion de Koch.

Dans le *lait* à 37°, il se multiplie activement et coagule ce liquide sans redissoudre, ultérieurement, le coagulum; le liquide surnageant ce dernier devient très acide et agit défavorablement sur la vitalité du germe. Il peut se développer dans les œufs crus : l'albumine est désorganisée, le vitellus garde sa forme mais se colore en noir intense.

Dans le *bouillon* de veau, légèrement alcalin, il forme déjà après 6 à 7 heures un trouble uniforme se résolvant par l'agitation en ondes soyeuses. Plus tard, le liquide se couvre d'une légère pellicule mince et fragile formée de virgules très mobiles. Cette culture, et surtout celles effectuées dans le bouillon de peptone ordinaire, donnent avec l'acide sulfurique une coloration orangée ou rouge (réaction de l'indol nitreux).

Il est très pathogène pour le pigeon en inoculation intra-musculaire ; l'infection par voie intestinale échoue chez les oiseaux de basse-cour, sauf les jeunes poulets ; elle paraît se réaliser surtout par la voie pulmonaire. Le *Vibrio Metschnikovii* est aussi très pathogène pour le cobaye quelle que soit la voie d'introduction du virus ; cet animal meurt en 20 à 24 heures avec les symptômes d'une septicémie aiguë; les lapins et les souris sont plus réfractaires. Selon Metschnikoff, ce vibrion ingéré à fortes doses par l'homme ne produit aucun trouble morbide. Selon Gamaleia, les pigeons vaccinés contre le choléra asiatique le sont également contre le vibrion avicide et inversement. R. Pfeiffer (1) n'a pas pu vérifier cette assertion.

---

(1) R. Pfeiffer. *Zeitschrift für Hygiene*, 1889, VIII, p. 347.

Spirille de la fièvre récurrente.

SYN. : *Spirochæte Obermeieri.*

La fièvre récurrente, ou typhus à rechute, est une maladie propre à l'homme, contagieuse, endémique dans certaines régions; elle est caractérisée par un accès de fièvre durant ordinairement 6 jours suivi d'une période apyrétique de 6 à 10 jours, puis d'un nouvel accès qui peut se reproduire une troisième, enfin une quatrième fois avec les mêmes caractères si le malade ne meurt pas auparavant. Cette maladie a été observée surtout en Irlande, en Russie et dans certaines régions de l'Allemagne et de l'Autriche-Hongrie; elle revêt parfois un véritable caractère épidémique, frappant les habitants de toute une maison, d'une rue, etc.

Les conditions qui président à son étiologie sont inconnues, certains auteurs ont incriminé l'eau de boisson, il est probable que l'encombrement, la misère, une mauvaise hygiène, etc., interviennent pour une large part dans son extension. Elle est causée par un microorganisme spirillaire localisé surtout dans le sang. Le pronostic de cette maladie est loin d'être constamment grave.

En 1873, OBERMEIER (1) a le premier observé les spirilles de la fièvre récurrente; ils se rencontrent en très grande abondance dans le sang des malades pendant les accès fébriles et uniquement pendant ces accès. Dans l'intervalle, ils disparaissent. COHN (2) les décrivit à nouveau et les désigna sous le nom de spirochætes; il dit qu'on peut en voir quelques-uns dans le sang un ou deux jours avant et après l'accès fébrile.

L'existence de ce spirille n'a jamais été constatée en dehors de l'organisme humain atteint de la fièvre récurrente; ce milieu paraît constituer son habitat normal et unique. Du reste, comme on n'est pas arrivé encore à cultiver ce microorganisme dans des milieux artificiels, sa recherche au sein des milieux extérieurs présente des difficultés presque insurmontables.

Morphologie. — Le spirille ou spirochæte de la fièvre récurrente s'offre sous l'aspect d'un long filament vrillé et ondulé, présentant 8 à 10 courbures d'égal rayon; ses extrémités sont effilées; ses dimensions sont très variables, notamment sa longueur qui est

(1) OBERMEIER. *Centralblatt für. mediz. Wissensch.* 1873, n° 10, et *Berliner klin. Wochenschrift*, 1873, n° 35.

(2) COHN. *Beiträge zur Biologie der Pflanzen*, II.

ordinairement de 6 à 40 μ, mais qui peut, dans certains cas, atteindre le chiffre énorme de 150 μ (ENGEL) (1). Sa largeur est très faible : 0,1 à 0,3 μ au plus (fig. 162).

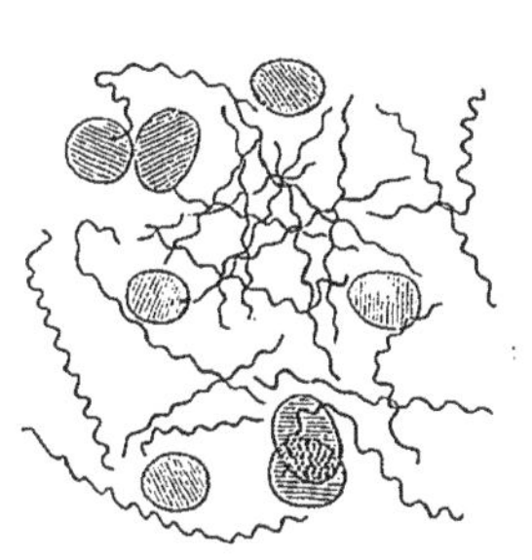

Fig. 162.
Spirochæte Obermeieri observé dans le sang.

Ce spirille est mobile ; il se montre animé d'un triple mouvement très rapide de progression, d'ondulation et de rotation sur lui-même. Ce mouvement est assez vif pour que les globules sanguins d'une préparation soient déplacés et que l'observation microscopique des spirilles vivants soit rendue assez difficile. Le spirille d'OBERMEIER est muni à chacune de ses extrémités d'une paire de cils longs et flexueux (KOCH) qui lui communiquent sans doute sa mobilité. Cette mobilité est détruite par l'addition au sang d'une trace de glycérine; au contraire, on a pu conserver, dans l'eau salée physiologique, des spirilles mobiles, pendant longtemps. Suivant HEYDENREICH, la mobilité dans une telle solution persisterait 14 jours à la température ordinaire, 20 heures à 37° et 2 ou 3 heures seulement à 42°5. Les spirilles restent vivants après avoir été portés à la température de la glace fondante; ils sont immédiatement tués à 60°.

Coloration. — Les spirilles de la fièvre récurrente se colorent aisément par toutes les couleurs basiques d'aniline; les meilleurs résultats sont fournis par les solutions anilinées de fuchsine ou de violet de méthyle d'EHRLICH.

Pour le rechercher dans le sang, on recueille par piqûre de la peau une gouttelette de ce liquide, qu'on étale en couche mince sur des lamelles couvre-objets. Celles-ci sont abandonnées à la dessiccation et fixées à l'étuve à une température qui de doit pas dépasser 60 à 70°; jamais, pour cette opération, il ne faut recourir à la méthode de flambage si usitée en bactériologie. On peut alors colorer directement par le bleu de LÖFFLER qui fournit de très jolies préparations; après coloration, lavage et montage, on voit les globules sanguins colorés en vert pâle et les spirilles en bleu foncé. Si on le préfère, on peut employer la méthode de LAVERAN (voir page 210) ou bien celle que VINCENT (2) a proposée pour la coloration des corps en croissant

(1) ENGEL. *Berl. Klin. Wochenschrift*, 1873, n° 35.
(2) VINCENT. *Comptes rendus de la Société de Biologie*, 1894, I, sér. 10, p. 530.

du paludisme, ou bien encore celle de GUNTHER. Dans le procédé de VINCENT, la lamelle enduite et fixée est traitée par le liquide suivant dans le but de dissoudre l'hémoglobine;

Eau phéniquée à 5 p. 100	6 cent. cubes	
Solution saturée de sel marin	30	—
Glycérine	30	—

qu'on laisse agir une à deux minutes; puis on lave, on colore au bleu de KÜHNE et on examine après montage.

Dans la méthode de GUNTHER on utilise, pour dissoudre l'hémoglobine, une solution à 5 p. 100 d'acide acétique qu'on laisse agir une demi-minute environ, puis on plonge la lamelle pendant quelques secondes dans l'atmosphère d'un flacon, à large ouverture, contenant une petite quantité d'ammoniaque. On lave, on colore au violet phéniqué, on lave de nouveau et l'on monte enfin la préparation, après l'avoir doucement séchée.

Inoculations expérimentales. — En inoculant à l'homme du sang riche en spirochætes, recueilli chez un malade en plein accès de fièvre, MÜNCH et MOCZUTKOWSKY (1) ont pu reproduire expérimentalement le typhus à rechutes.

Le singe se prête bien à l'inoculation du spirille d'OBERMEIER. Chez cet animal, ayant reçu sous la peau du sang humain défibriné contenant des spirochætes, CARTER (2), dont les travaux ont été confirmés par ceux de COHN (3) et de KOCH (4), a vu, après une période d'incubation d'environ 5 jours, se déclarer un accès fébrile typique; les spirochætes se retrouvaient en grand nombre dans le sang de l'animal inoculé. Ces expérimentateurs ont même pu inoculer le spirochæte de singe à singe, en reproduisant chaque fois un accès fébrile avec microorganismes dans le sang; mais, chez cet animal on n'observe que rarement plusieurs accès séparés par des périodes de complète apyrexie. SOUDAKEWITCH (5) répéta les inoculations aux singes lors d'une épidémie de fièvre récurrente à Kieff (1890). Chez les singes normaux, l'introduction du sang spirillifère sous la peau détermina ordinairement, après une période d'incubation de 3 jours, un accès de fièvre durant de 2 à 4 jours; les spirilles apparurent dans le

(1) MOCZUTKOWSKY. *Deutsche Arch. für Klin. med.*, 1876, XXIV.

(2) CARTER. *St-Petersb. med. Woch.* 1879, n° 12. — *Medicin. Tansaction*, 1880, XLV, pp. 7 et 148, et *Trans. internat. med. Congress*. Londres, 1881, p. 334.

(3) COHN. *Deutsche med. Wochenschrift*, 1879, n° 16.

(4) KOCH. *Deutsche med. Wochenschr.*, 1879, n° 25 et *Mittheilungen a. d. k. Gesundheitsamte*, 1881, I.

(5) SOUDAKEWITCH. *Annales de l'Institut Pasteur*, 1891, V, p. 545.

sang 3 jours après l'inoculation et devenaient de plus en plus nombreux à mesure qu'augmentait la température; celle-ci atteignait 40, 41 et même 42°. Une fois ce maximum dépassé, les spirilles commençaient à disparaître. L'examen des organes des animaux sacrifiés pendant l'accès, pratiqué sur des coupes après coloration par le carmin et le bleu de méthylène, ne décèle des spirilles que dans les vaisseaux sanguins qu'ils obstruent parfois complètement; l'examen du sang recueilli à la même période, après fixation par l'acide osmique à 0,5 p. 100 et coloration par le violet de gentiane aqueux, montra quelques leucocytes ayant englobé des spirilles en nombre variable. Au contraire, l'examen, pratiqué de manière identique, du sang et des organes recueillis chez des animaux sacrifiés immédiatement après la défervescence, ne montre de spirochætes que dans la rate, où ils sont inclus dans les leucocytes, quelques-uns paraissaient déjà dégénérés. Le même examen pratiqué chez des animaux sacrifiés un peu plus tard, après la crise, ne montre plus de spirilles du tout, ils ont été complètement détruits par les phagocytes.

Si les inoculations sont faites à des singes auxquels on a préalablement extirpé la rate, ces animaux succombent rapidement, présentant de l'hypothermie; les spirilles sont extraordinairement abondants dans leur sang, et dans les coupes des tissus recueillis après la mort on ne constate aucune trace de phagocytose.

Metschnikoff (1) avait, dès 1887, attribué la disparition des spirochætes dans le sang des singes inoculés à l'action phagocytaire des leucocytes polynucléaires dans la rate. Peut-être, selon cet auteur, les spirilles ne sont-ils englobés qu'après avoir subi de la part des liquides de l'organisme une atténuation de leur virulence. On avait longtemps considéré que sous l'influence de la température fébrile, les spirochætes disparaissent, ne laissant à leur place que des spores. Celles-ci germeraient pendant la période apyrétique et l'accès ne se reproduirait que lorsque le sang serait de nouveau peuplé par des spirochætes adultes. Mais, outre que l'existence de ces spores n'a jamais été constatée, cette théorie, pour aussi ingénieuse qu'elle soit, est sujette à bien des critiques.

Gabritchewsky (2) a établi que le sérum de sang recueilli pendant l'apyrexie chez des individus atteints de fièvre récurrente se montre bactéricide *in vitro* pour les spirilles contenus dans le sang d'un singe inoculé; il les immobilise tout d'abord puis les modifie

---

(1) Metschnikoff. *Virchow's Archiv.*, 1887, CIX, p. 186. — *Fortschr. der Medizin*, 1888, p. 83.

(2) Gabritchewsky. *Annales de l'Institut Pasteur*, 1896, X, p. 630.

profondément dans leur forme. Cette propriété est surtout appréciable dans les préparations conservées à 37°. METSCHNIKOFF (1) accepte cette notion mais ne souscrit pas aux conclusions qu'en a tirées GABRITCHEWSKY, notamment en ce qui concerne la formation de substances spirillicides dans le sérum des animaux réfractaires soumis à des inoculations de sang récurrent, la réalité du pouvoir bactéricide du sérum chez les malades au moment de la crise et la production de l'état réfractaire.

GABRITCHEWSKY (2) avait annoncé, dans un mémoire antérieur, avoir réalisé avec succès le sérodiagnostic et la sérothérapie de la fièvre récurrente.

Spirillum anserum.

SYN. : *Spirochæta anserina* ; Spirille de la septicémie des oies.

Ce microorganisme a été considéré par SAKHAROFF (3) comme l'agent spécifique d'une maladie épidémique sévissant sur les oies et causant de grands dommages dans certaines régions marécageuses du Caucase. Les oies atteintes de cette maladie cessent de manger et montrent une somnolence invincible; parfois, elles ont de la diarrhée et les jointures de leurs pattes sont très sensibles. Après une semaine, pendant laquelle leur température s'élève à 42,5-43°, elles meurent d'épuisement. A l'autopsie, elles paraissent très amaigries, le cœur et le foie présentent la dégénérescence graisseuse, la rate est molle et friable ; le microscope ne décèle aucun microbe ni dans le sang, ni dans les organes.

Si l'on pratique, au contraire, l'examen du sang au début de la maladie, on y voit des spirochætes mobiles, semblables à ceux de la fièvre récurrente. L'auteur n'a réussi à les cultiver sur aucun des milieux usuels. L'inoculation du sang des oies malades à 4 pigeons et à des moineaux ne lui donna aucun résultat; au contraire il obtint 8 résultats positifs sur 8 oies inoculées. Après 5 jours d'incubation, ces oies inoculées avec le sang des oies malades, tombèrent malades à leur tour et présentèrent des spirochætes dans leur sang ; un seul poulet sur deux inoculés accusa un malaise passager.

(1) METSCHNIKOFF. *Annales de l'Institut Pasteur*, 1896, X, p. 655 et 1897, XI, p. 244.
(2) GABRITCHEWSKY. *Annales de l'Institut Pasteur*, 1897, XI, p. 238.
(3) SAKHAROFF. *Annales de l'Institut Pasteur*, 1891, V, p. 564.

CHAPITRE IV

MALADIES A MICROBES INCERTAINS OU INCONNUS

A côté des bactéries pathogènes sur l'existence desquelles on ne saurait plus émettre de doutes justifiés, on a décrit un grand nombre de microbes présumés les agents de maladies, souvent très répandues, par la seule raison qu'ils ont été trouvés avec plus ou moins de constance dans les lésions, les tissus ou les sécrétions des personnes qui en étaient atteintes. Ces observations, souvent contradictoires, n'ont pu entraîner la conviction chez beaucoup de bactériologistes en l'absence des expériences concluantes qui consistent à transmettre ces maladies avec les cultures des microbes qui sont censés les produire. Dans ce groupe d'affections viennent se ranger encore aujourd'hui : les fièvres éruptives, la fièvre jaune, la syphilis, etc.

De plus, il existe un certain nombre de maladies inoculables, très vraisemblablement d'origine microbienne, dont les agents figurés se sont dérobés jusqu'ici aux patientes investigations des observateurs ; ce qui n'a pas toujours nui à l'étude attentive et fructueuse des virus que ces microbes, restés invisibles, sécrètent dans des conditions parfaitement déterminées. Cette impuissance actuelle des microbiologistes tient, peut-être, à l'insuffisance de nos instruments d'optique et, surtout, à l'absence de procédés de culture permettant de cultiver ces êtres invisibles en dehors de l'économie animale. Au nombre de ces maladies on peut comprendre : la rage, la peste bovine, la fièvre aphteuse, etc., et même la péripneumonie étudiée avec tant de persévérance par Arloing, Nocard et Roux.

En présence de ces travaux, souvent très consciencieux, mais dont les résultats sont encore restés incertains, notre rôle est de passer très rapidement sur les recherches bactériologiques qui en sont nées.

Bacille de l'influenza.

SYN. : *Bacterium influenzæ.*

On donne ce nom au bacille découvert par PFEIFFER (1) dans les sécrétions bronchiques des personnes atteintes de grippe épidémique et auquel la cause de cette affection semble devoir être attribuée.

Le bacille de l'influenza est formé de très petits bâtonnets, immobiles, aérobies, longs environ de 1 μ et larges de 0,2 à 0,5 μ, souvent réunis deux à deux et, parfois, unis en courtes chaînes. Il se teint mal par les couleurs usuelles d'aniline et ne prend pas le GRAM.

Le bacille de PFEIFFER ne croît pas sur les milieux nutritifs habituellement employés en bactériologie ; il croît, au contraire, sur la *gélose* additionnée de sang. Semé à la surface de ce substratum, il y donne, après une exposition de 24 heures à la température de 37°, de nombreuses colonies offrant l'aspect de gouttelettes transparentes dont la partie centrale devient ultérieurement jaunâtre et brunâtre. Ces colonies ne fusionnent jamais ensemble pour former des couches ou des enduits ; quand ces colonies sont éloignées les unes des autres elles peuvent acquérir un millimètre de diamètre.

Ce même bacille se développe dans les milieux liquides additionnés de sang en donnant naissance à de petits flocons blanchâtres.

HUBER (2) a préconisé, pour la culture de cette espèce, la substitution de quelques hémoglobines commerciales au sang des animaux. NASSTINKOFF (3) déclare avoir obtenu des résultats très satisfaisants en remplaçant le sang et l'hémoglobine par le jaune d'œuf émulsionné avec une solution de sel marin à 10 p. 100, qu'on ajoute en faible quantité à de la gélose maintenue en surfusion.

Les cultures artificielles du bacille de l'influenza ont une courte vitalité. Elles doivent être rajeunies tous les 15 jours si on ne veut pas s'exposer à les trouver mortes.

Le bacille de PFEIFFER n'a qu'une faible action sur les animaux de laboratoire ; il faut employer une quantité élevée de ses cultures pour parvenir à tuer un lapin par injection intra-veineuse. Inoculé sous la peau, il provoque la formation d'abcès dont la terminaison n'entraîne

---

(1) PFEIFFER. *Zeitschrift für Hygiene*, 1893, XIII, p. 357. — *Deutsche med. Wochenschrift*, 1892.

(2) HUBER. *Zeitschrift für Hygiene*, 1893, XV, p. 454.

(3) NASSTINKOFF. *Centralblatt für Bakteriologie*, 1896, XIX, p. 474.

pas la mort de l'animal. CANTANI (1) est arrivé à tuer plus sûrement le lapin en introduisant ce bacille sous la dure-mère.

Le bacille de l'influenza se rencontre surtout dans les sécrétions bronchiques des personnes atteintes de grippe. Tandis que PFEIFFER et HUBER déclarent que ce microbe infectieux fait constamment défaut dans le sang des malades, CANON (2) et KLEIN (3) affirment le contraire; en tout cas, on le trouve en grande abondance dans les exsudats pharyngiens et sur l'épithélium superficiel de l'arbre bronchique.

Le diagnostic bactériologique de l'influenza se pratique en examinant, de préférence, les mucosités grises ou verdâtres venues des personnes malades. Ce mucus étalé sur des lamelles minces, séché, est ensuite coloré par une immersion de 10 à 20 minutes dans le bleu de LÖFFLER, en solution étendue de plusieurs fois son volume d'eau. L'isolement du bacille, par la voie des cultures, se fait en diluant une petite quantité de ces crachats dans quelques centimètres cubes de bouillon stérilisé, qui sert ensuite à ensemencer des tubes de gélose préparés avec du sang ou du jaune d'œuf.

PFEIFFER a étudié un pseudo-bacille de l'influenza, présentant des caractères fort voisins du bacille qui vient d'être décrit.

G. ROUX, TEISSIER et PITION (4) inclinent à considérer comme le véritable agent de la grippe épidémique une bactérie polymorphe, habituellement en diplocoques, facilement cultivable dans les milieux nutritifs vulgaires et nettement pathogène pour les lapins.

Il semble, toutefois, résulter des observations multipliées de la plupart des bactériologistes que le microbe découvert par PFEIFFER est bien réellement l'agent de l'influenza.

Fièvre aphteuse.

On donne le nom de *fièvre aphteuse* à une maladie virulente et contagieuse, qui sévit principalement sur les bovidés, les moutons et les porcs, de préférence chez les jeunes sujets.

Les épizooties déterminées par cette affection peuvent revêtir un caractère très grave et affecter dans une période annuelle plusieurs millions d'animaux dans les divers grands pays de l'Europe. On est encore mal fixé sur la nature du microorganisme qui l'engendre,

(1) CANTANI. *Zeitschrift für Hygiene*, 1896, XXIII, p. 265.
(2) CANON. *Deutsche medicinische Wochenschrift*, 1892, p. 28.
(3) KLEIN. Local governement Board, 1893, p. 85.
(4) G. ROUX, TEISSIER et PITION. *Archives de médecine expérimentale*, 1892, IV, p. 429.

plusieurs auteurs pensent même que la cause du contage serait un virus non figuré.

Symptômes. — Les symptômes généraux de la fièvre aphteuse sont ordinairement peu intenses : on note chez les bovidés de la tristesse, de l'inappétence, une diminution de sécrétion lactée chez les vaches laitières; la température peut atteindre 40° et davantage. A ces troubles divers succèdent des éruptions dont le siège habituel est la muqueuse buccale, l'espace interphalangé et la mamelle.

La localisation *buccale* s'annonce par l'apparition de taches, souvent étendues, douloureuses, qui deviennent le siège d'aphtes, situés sur les gencives, la langue, le palais, etc. La rumination est pénible, la préhension des aliments difficile; l'haleine fétide et la salivation abondante et continuelle. Dans les formes légères, la guérison survient en 8 à 15 jours.

La localisation *digitée* (mal des onglons) est précédée de la congestion intense des téguments et suivie de l'apparition de pustules dans l'espace interdigité; les malades soulèvent alternativement les pieds atteints ou restent couchés.

Dans la localisation *mammaire*, les aphtes se montrent sur les trayons, plus rarement sur la mamelle elle-même.

Les formes graves de la fièvre aphteuse sont dues à l'extension des éruptions sur la muqueuse du tube digestif ou de l'arbre respiratoire. La mort peut survenir en 5 à 6 jours et enlever de 15 à 20 p. 100 des animaux atteints, alors que dans les formes bénignes la mortalité varie de 2 à 5 pour 1 000.

Bactériologie. — Schotelius (1) et Kurth (2) ont isolé des vésicules aphteuses un microcoque en chaîne dénommé *Streptococcus involutus ;* c'est à cette espèce, cultivable dans du sérum de veau, additionné de bouillon peptoné, que la maladie qui nous occupe a été attribuée. Toutefois ces cultures se sont montrées sans effet sur les animaux auxquels elles ont été inoculées.

Siegel (3) a signalé dans la sérosité de ces mêmes vésicules, une bactérie courte, aisément cultivable, se colorant surtout aux pôles et offrant les principaux caractères des espèces septiques.

Löffler et Frosch (4) ont établi, plus récemment, que le contenu des aphtes, privé par filtration de tout élément figuré, conserve sa

---

(1) Schotelius. *Centralblatt für Bakteriologie*, 1892, XI, p. 75.
(2) Kurth. *Centralblatt für Bakteriologie*, 1893, VIII, p. 439.
(3) Siegel. *Archiv für Laryngologie*, 1895.
(4) Löffler et Frosch. *Centralblatt für Bakteriologie*, 1897, XXII, p. 257 et 1898, XXIII, p. 371.

virulence, ce qui milite en faveur de l'origine non bactérienne de la fièvre aphteuse.

Le virus aphteux semble résider uniquement dans les pustules; la lymphe qu'on en retire assure l'infection à la dose de 1 : 5000 de centimètre cube; sous une quantité plus faible, l'évolution de la maladie devient incertaine.

Ce virus supporte mal la dessiccation et perd ses propriétés pathogènes au bout d'un jour. La température de 45°, maintenue pendant une heure ou celle de 70° pendant 10 minutes, fait disparaître son activité. Les substances antiseptiques le détruisent de même facilement: les acides minéraux à 1 : 100; l'acide phénique à 1 : 100; l'aldéhyde formique 1 : 50, le neutralisent complètement en moins d'une heure.

Au contraire, la lymphe aphteuse, recueillie aseptiquement dans des tubes capillaires, conservés à l'abri de la lumière, peut rester virulente pendant un mois.

Le sérum des animaux atteints de fièvre aphteuse ne confère aucune immunité aux animaux auxquels on l'injecte. On arrive à des résultats plus satisfaisants en injectant dans les veines des sujets qu'on veut vacciner 1 : 10 à 1 : 100 de centimètre cube de lymphe aphteuse pure chauffée à 37° pendant une heure; ou, encore, 1 : 50 de centimètre cube de virus mélangé au sang défibriné d'un animal immunisé naturellement par des atteintes antérieures.

Vaccine.

On donne le nom de *Vaccine*, d'*Horse-pox* et de *Cow-pox* à une maladie caractérisée par une légère réaction fibrile, de l'abattement, de l'inappétence, etc., suivis d'une éruption pustuleuse pouvant siéger sur les téguments et sur les muqueuses buccale, nasale, génitale et oculaire. Cette maladie, d'origine équine, peut se transmettre accidentellement aux bovidés; on la communique par inoculation à l'homme pour l'immuniser contre la variole.

C'est Jenner qui découvrit, vers 1770, que la lymphe des pustules de la vaccine préservait l'homme des atteintes de la petite vérole; cette observation mémorable a sauvé depuis cette époque un nombre incalculable d'existences, aussi Jenner est-il considéré, à juste titre, comme l'un des plus grands bienfaiteurs de l'humanité.

Les éruptions cutanées du *horse-pox* se montrent tantôt disséminées, tantôt localisées, sans lieu d'élection spécial, sur toute la surface du corps. Les pustules s'annoncent par l'apparition d'un bouton plat qui se déprime au centre et donne au bout de quelques jours, un épiderme mortifié qui se détache en livrant issu à un liquide limpide, citrin, se concrétant en croûtes jaunes d'or. Cette sécrétion se prolonge pendant 2 à 3 jours, puis la petite plaie se cicatrise définitivement. Le horse-pox évolue habituellement en 2 à 3 semaines.

Les éruptions sur les muqueuses marchent plus rapidement; elles consistent en vésicules saillantes dont la grosseur varie de celle d'une tête d'épingle à une pièce d'argent de 50 centimes; elles laissent également écouler une lymphe citrine.

Chez la vache, le *cow-pox* spontané s'observe presque uniquement aux mamelles et se transmet au veau par contage direct.

La *vaccine* n'est jamais spontanée chez l'homme, elle est toujours due à des inoculations prophylactiques et siège sur les régions où la lymphe vaccinale a été artificiellement apportée, soit au bras dans la région deltoïdienne, soit aux jambes quand on craint d'infliger au sujet des cicatrices indélébiles trop facilement visibles.

Trois jours après l'inoculation faite par voie endermique, on voit apparaître au point piqué une tache rouge saillante qui, dès le 5e jour, se transforme en un bouton vésiculeux. Le 6e jour, la vésicule est large, aplatie, déprimée au centre et se montre entourée d'une auréole rouge. Cette pustule, qui possède environ de 3 à 5 millimètres de diamètre, grossit rapidement et acquiert, vers le 10e jour, à peu près 2 centimètres de largeur. Les tissus sous-jacents sont souvent congestionnés et les ganglions voisins parfois tuméfiés; puis, la pustule se flétrit et se transforme en une croûte qui tombe dans les semaines qui suivent, en laissant à sa place une cicatrice gaufrée souvent parsemée de points noirs.

On peut noter chez les individus vaccinés une température fébrile ayant son maximum vers le 8e jour, mais dépassant rarement 39°.

Bactériologie. — Cohn (1) a signalé, en 1872, l'existence de bactéries microcoformes (*Micrococcus vaccinæ*) dans la lymphe des pustules de la vaccine. Déjà, en 1868, Chauveau (2) avait établi que cette lymphe débarrassée des corpuscules qu'elle tient en suspension perd ses propriétés vaccinantes.

Quist (3), Voigt (4), Guttmann (5) et Marrotta (6) ont trouvé dans

(1) Cohn. *Virchow's Archiv*, 1872, LV.
(2) Chauveau. *Compt. rend. de l'Académie des Sciences*, 1868, LXVI.
(3) Quist. *Petersburger med. Wochenschrift*, 1885.
(4) Voigt *Deutsche med. Wochenschrift*, 1885.
(5) Guttmann. *Virchow's Archiv*, 1886, CVI, p. 296 et *Berliner klinische Wochenschrift*, 1886, p. 802.
(6) Marrotta. *Rivista clinica et terapeutica*, 1886, VIII, nos 11 et 12.

la même sérosité de nombreux microcoques, dont les uns seraient pourvus d'une action spécifique, tandis que les autres appartiendraient au groupe des espèces pyogènes. TENHOLT (1) et GARRÉ (2) ont aussi rencontré dans le liquide des pustules des bacilles et des levures.

PROTOPOPOFF (3) attribue la virulence de la vaccine à un streptocoque. PFEIFFER (4) à des coccidies et LOEFF (5) à des amibes; bref, on est loin d'être encore fixé sur l'agent infectieux figuré de la vaccine.

On connaît un peu mieux les propriétés biologiques du vaccin. La dessiccation n'altère pas rapidement sa virulence et on peut le retrouver encore actif, après plusieurs semaines de séjour, dans les croûtes et les poussières. Les températures, même peu élevées, lui sont rapidement fatales, il commence à perdre son activité vers 41°.

STERNBERG (6) a trouvé que la combustion de 6 grammes de soufre dans un mètre cube d'air suffisait pour neutraliser la lymphe vaccinale.

Propriétés et fabrication du vaccin. — Le vaccin, qui possède son maximum de virulence dans les pustules du horse-pox spontané, s'atténue par sa transmission à l'homme et aux bovidés, mais il conserve une virulence à peu près constante quand on le cultive en série chez la génisse; c'est habituellement de cette espèce animale qu'on le retire pour l'inoculer à l'homme.

Le mode d'inoculation le plus fréquemment employé est l'inoculation par piqûre sur la peau des régions déjà indiquées. Toutefois, d'après les recherches de STRAUS, CHAMBON et MÉNARD (7), l'injection intra-veineuse de lymphe vaccinale confère de même l'immunité contre la variole. HLAVA (8), BÉCLÈRE, CHAMBON et MÉNARD (9) ont atteint le même but avec les injections de sang d'animaux vaccinés.

HLAVA (10) est, en outre, parvenu à obtenir un sérum préventif et curatif permettant de suspendre l'évolution de la vaccine chez des enfants vaccinés depuis 3 jours.

---

(1) TENHOLT. *Correspondentzblatt d. allgc. Artzt. verenes von Turingen*, 1887, n° 6.
(2) GARRÉ. *Deutsche med. Wochenschrift*, 1887, n°s 12 et 13.
(3) PROTOPOPOFF. *Zeitschrift für Heilkunde*, 1890, XI, p. 151.
(4) PFEIFFER. Ein nuna Parasit des Pockenprocess aus des Gattung Sporozoa, Weimar, 1887, et *Zeitschrift für Hygiene*, 1887, III, p. 189.
(5) LOEFF. *Monatshefte für praktische Dermatologie*, 1887, n° 10.
(6) STERNBERG. *Nat. Board of Health*, Washington, 1880 et 1881.
(7) STRAUS, CHAMBON et MÉNARD. *Comp. rend. de la Société de Biologie*, 1890, sér. 9, II, p. 721.
(8) HLAVA. *Centralbatt für Bakteriologie*, 1895, XVIII, p. 470.
(9) BÉCLÈRE, CHAMBON et MÉNARD. *Annales de l'Institut Pasteur*, 1896, X, p. 1.
(10) HLAVA. *Centralblatt für Bakteriologie*, 1896, XIX, p. 959.

Le vaccin n'ayant pu être cultivé artificiellement d'une manière certaine malgré les nombreuses tentatives faites jusqu'ici et, notamment, les intéressantes expériences de MALJEAN (1). On choisit pour le préparer des veaux âgés de 6 mois à 1 an, dont le parfait état de santé a été rigoureusement constaté. La partie du corps choisie, de préférence, pour les inoculations est la partie thoracique. La peau de cette région rasée, on y pratique des scarifications nombreuses de 1 à 1,5 centimètre de longueur, éloignées entre elles de 3 à 4 centimètres, puis, on insère à la lancette le vaccin dans chacune de ces incisions superficielles.

La récolte du vaccin se fait entre le 5e et 7e jour; on recueille, en grattant le derme, la pulpe vaccinale, qui est de tous les éléments de la pustule le plus actif; on la broie dans un mortier stérilisé, en y ajoutant, peu à peu, son poids de glycérine neutre et aussi pure que possible. Puis, cette sorte d'électuaire est introduit dans des tubes ou des ampoules de verre dont on scelle à la lampe les extrémités effilées.

Le vaccin, ainsi préparé, est encore actif après 3 à 4 mois, quand les tubes sont conservés à la température de la chambre et à l'abri de la lumière.

Bacille du chancre mou.

SYN. : Bacille de Ducrey.

Cette espèce bactérienne, découverte en 1889 par DUCREY (2), dans le pus du chancre mou, a été de même étudiée par KREFTING (3), UNNA (4) et NICOLLE (5). Elle se montre formée de bâtonnets à extrémités arrondies de 2 μ environ de longueur sur 0,5 à 1 μ de largeur. Ces articles, tantôt isolés ou réunis en amas, peuvent être associés en chaînes formées d'un nombre d'éléments très variable.

Le bacille de DUCREY se colore aisément par les couleurs d'aniline, mais résiste peu à la décoloration par l'alcool et ne prend pas le GRAM.

PETERSEN (6) prétend avoir pu le cultiver sur la *gélose* et le *sérum* de sang où il donnerait des colonies rondes, floconneuses, un peu

(1) MALJEAN. *Gazette hebdomadaire*, 1893, p. 282.
(2) DUCREY. *Monatshefte für prakt. Dermatologie*, 1889, IX.
(3) KREFTING. *Archiv für Dermatologie*, 1892, p. 41.
(4) UNNA. *Monatshefte für praktische Dermatologie*, 1892, XIV, p. 485.
(5) NICOLLE. Recherches sur le chancre mou, Paris, 1893.
(6) PETERSEN. *Centralblatt für Bakteriologie*, 1893, XIII, p. 743.

jaunâtres; toutefois, les tentatives effectuées dans ce but par d'autres observateurs ont entièrement échoué. Le bacille du chancre mou se cultive aisément sur l'homme et, si on en croit QUINQUAUD et NICOLLE (1), également sur le singe, le lapin et le cobaye.

Plusieurs procédés de coloration ont été proposés pour la recherche et le diagnostic bactériologique de ce bacille.

Le procédé d'UNNA consiste à porter les coupes obtenues avec la substance excisée des chancres dans une solution formée : d'eau distillée 100 p.; d'alcool 20 p.; de bleu méthyle 1 p. et de carbonate de potasse 1 p.; réduite à 100 p. par évaporation au bain-marie et à laquelle on ajoute la liqueur suivante : eau distillée 100 p.; bleu de méthylène 1 p.; borate de soude 1 p. La coloration des coupes est convenable après 2 minutes d'immersion. Cela fait, on les décolore par un simple passage dans de la glycérine éthérée et on les monte au baume de Canada après les avoir soigneusement déshydratées.

La méthode NICOLLE consiste à fixer d'abord les tissus en les laissant séjourner pendant 24 heures dans une solution contenant : 100 p. d'eau distillée; 3gr5 de sublimé corrosif et une partie d'acide acétique cristallisable; puis, la pièce lavée pendant un jour dans de l'eau courante est déshydratée par l'acétone et le xylol, et enfin incluse dans la paraffine. On colore ensuite les coupes en les laissant séjourner pendant 2 à 3 minutes dans le mélange obtenu en ajoutant peu à peu : 100 centimètres cubes d'eau phéniquée à 1 p. 100 à 0gr50 de bleu de toluidine dissous dans 10 grammes d'alcool absolu; finalement, on les mordance pendant quelques secondes avec une solution de tannin à 10 p. 100; on les déshydrate et on les monte dans le baume suivant le procédé habituel.

Bacille de Lustgarten.

SYN. : Syphilisbacillus : *Bacterium syphilidis*.

LUSTGARTEN (2) a annoncé, en 1884, la découverte dans les tissus et les sécrétions syphilitiques d'un bacille assez semblable au bacille de la tuberculose qu'il a considéré comme l'agent de cette affection contagieuse.

Ce bacille resté incultivable jusqu'ici, non pathogène pour les ani-

---

(1) QUINQUAUD et NICOLLE. *Société française de Dermatologie et de Syphiligraphie*, juillet 1892.

(2) LUSTGARTEN. *Wiener med. Wochenschrift*, 1884. — *Wiener med. Jahrbücher*, 1885. — Der Syphilisbacillus. Vienne, 1885.

maux, a été également trouvé chez les syphilitiques par GIACOMI (1), DOUTRELEPONT et SCHÜTZ (2), tandis que SABOURAUD (3) déclare n'être parvenu qu'à des résultats négatifs.

Les procédés pour mettre en évidence le bacille de LUSTGARTEN sont assez voisins de ceux qu'on met en œuvre pour rechercher le bacille de KOCH dans les tissus.

Les coupes sont immergées pendant 12 à 24 heures dans une solution anilinée de violet de gentiane, lavées, puis plongées pendant 10 secondes dans une dissolution de permanganate de potasse à 1 : 1000 ; les préparations sont ensuite traitées par une solution concentrée d'acide sulfureux ; cette opération est répétée plusieurs fois jusqu'à parfaite décoloration, enfin après déshydratation on monte dans le baume. Plusieurs auteurs se contentent de décolorer les coupes par l'acide nitrique.

ALVAREZ et TAVEL (4), comme on le verra plus bas, ont décrit un bacille trouvé dans smegma préputial offrant des caractères fort voisins du bacille de LUSTGARTEN. Enfin, VAN NIESSEN (5) a donné le nom de *Bacillus veneris* à une espèce en bâtonnets cultivable sur la gélatine, sur le sérum, etc., et colorable par la méthode de GRAM.

Péripneumonie.

Cette affection contagieuse qui s'observe chez les bovidés et à laquelle sont réfractaires les carnassiers, le cheval, le porc et l'homme, faisait en France, il y a quelques années, de nombreuses victimes dont le chiffre va décroissant depuis la mise en pratique des inoculations préventives vulgarisées par WILLEMS, ARLOING, NOCARD et d'autres médecins vétérinaires.

Cette maladie peut adopter des formes *suraiguë*, *aiguë* et *subaiguë*, caractérisées par l'inflammation exsudative du poumon et de la plèvre.

Au début, le bœuf est triste, abattu, indifférent ; sa démarche est lente ; son pouls et sa respiration s'accélèrent ; la température du corps peut monter à 40° ; chez les sujets jeunes, elle atteint parfois 41 et 42° ; chez la vache laitière, la sécrétion lactée diminue ou se supprime.

---

(1) GIACOMI. *Correspondenzblatt für schweizer Aerzte*. XV.
(2) DOUTRELEPONT et SCHÜTZ. *Deutsche med. Wochenschrift*, 1885, p. 320.
(3) SABOURAUD. *Annales de l'Institut Pasteur*, 1892, VI, p. 184.
(4) ALVAREZ et TAVEL. *Archives de physiologie*, 1885, p. 303.
(5) VAN NIESSEN. Der Syphilisbacillus. Wiesbaden, 1896.

La toux survient et la percussion et l'auscultation démontrent l'existence d'épanchements pleurétiques et de foyers d'hépatisation occupant de préférence la partie inférieure des lobes pulmonaires.

Quand la terminaison doit être fatale, les symptômes généraux s'aggravent; la température reste élevée; la respiration se précipite; le pouls devient petit et rapide; enfin l'animal épuisé meurt asphyxié.

Dans la forme suraiguë, la mort survient entre le deuxième et huitième jour; dans la forme aiguë du dixième au quinzième jour.

Bactériologie. — De nombreux travaux ont établi dans les lésions péripneumoniques l'existence d'un virus sur la nature duquel on est encore mal fixé. L'activité de ce virus est destructible par la chaleur.

Arloing (1) attribue la péripneumonie à un bacille : le *Pneumobacillus liquefaciens bovis*. Nocard et Roux (2) estiment que l'agent figuré de cette affection est une bactérie difficilement discernable et cultivable, dont l'étude n'est pas encore terminée.

Pneumobacillus liquefaciens bovis. — Cette espèce, qui serait toujours présente dans les lésions pulmonaires des bovidés atteints de péripneumonie, se présente sous la forme d'un bacille mobile, gros et court, aérobie et facultativement anaérobie, aisément colorable par les couleurs d'aniline, mais ne conservant pas le Gram.

Il croît sur la *gélatine* qu'il liquéfie promptement. Il se développe abondamment sur la *pomme de terre* où il donne un enduit épais, visqueux, d'un gris sale; il trouble le *bouillon* uniformément et ne coagule pas le *lait*; les cultures vieilles de ce bacille exhalent une odeur rappelant la corne brûlée, enfin le *Pneumobacillus liquefaciens bovis* injecté dans le péritoine des cobayes les tue promptement.

Microbe de Nocard et Roux. — Nocard et Roux ont vu se produire, dans des sacs de collodion contenant du bouillon ensemencé avec quelques gouttes de virus péripneumonique, puis placés dans la cavité péritonéale des lapins, un trouble léger que l'examen microscopique, à un grossissement de 2000 diamètres, a montré formé de points mobiles et réfringents d'une si grande ténuité qu'il est difficile, même après la coloration, d'en déterminer exactement la forme. Cette espèce bactérienne a pu être également cultivée *in vitro* en employant la peptone de Martin (p. 370) additionnée de 1 : 25 de sérum de sang de lapin ou de vache.

La virulence de cette bactérie se conserve dans les cultures successives pratiquées en vase de verre, et les bouillons ainsi infectés,

(1) Arloing. *Compt. rend. de l'Académie des Sciences*, 1889, CIX, p. 459

(2) Nocard et Roux. *Annales de l'Institut Pasteur*, 1898, XII, p. 240.

peuvent déterminer la mort des bovidés auxquels on les inocule comme la sérosité pulmonaire la plus active.

Virus péripneumonique et vaccination. — La sérosité virulente du poumon des animaux atteints de péripneumonie garde ses propriétés pendant un mois quand on la conserve, comme la pulpe vaccinale, en tubes scellés; puis, son activité va en décroissant. Le contact de l'air et la lumière solaire accélèrent son affaiblissement; la chaleur de 75° la détruit promptement ; une température un peu inférieure l'atténue manifestement. Le froid est sans action sur la sérosité péripneumonique ou plus exactement assure sa conservation; des poumons congelés donnent un virus actif après plus d'un an.

On vaccine les animaux contre la péripneumonie en leur injectant du virus sous la peau suivant la méthode de WILLEMS(1), ou dans les veines d'après le procédé de THIERNESSE et de DEGIVE(2). On emploie également la méthode endermique après avoir scarifié le derme au moyen d'incisions superficielles.

Le virus est obtenu en divisant profondément le poumon hépatisé d'un animal venant de succomber à la péripneumonie et en recueillant, avec toutes les précautions d'aseptie possibles, la lymphe qui en exsude. Ce liquide est ensuite aspiré dans des pipettes stérilisées. Cette sérosité, mélangée à son demi-volume d'eau phéniquée à 1 : 200 et à son demi-volume de glycérine, peut se conserver pendant 2 à 3 mois en flacons soigneusement bouchés placés au frais à l'abri de la lumière.

Les vaccinations se pratiquent d'ordinaire à l'extrémité de la queue des bovidés; des accidents assez graves surviennent souvent à la suite de ce traitement; on note 5 à 10 fois sur 100 la chute de la queue et une infection mortelle 5 à 10 fois sur 1000. Nonobstant, la pratique des vaccinations willemsiennes rend annuellement aux éleveurs les plus signalés services. Pour la technique et le détail de ces sortes de vaccinations, on consultera avec profit l'ouvrage si estimé de NOCARD et LECLAINCHE (3).

Fièvre jaune.

La fièvre jaune, maladie contagieuse et épidémique, originaire des côtes de l'Amérique, peut également être importée en Europe,

(1) WILLEMS. *Recueil de Médecine vétérinaire*, 1852, p. 401.

(2) THIERNESSE et DEGIVE. *Annales de médecine vétérinaire*, 1882, p. 626 et 1883. p. 1.

(3) NOCARD et LECLAINCHE. Maladies microbiennes des animaux, p. 332, 2e édition. Paris, 1898.

en Afrique et y produire de graves épidémies comme celles, restées célèbres, de Cadix, de Lisbonne et de Barcelone.

Cette maladie a fait, dès 1880, l'objet d'études bactériologiques patientes et suivies de la part de DOMINGOS FREIRE (1). Pour cet auteur, l'agent de la fièvre jaune serait un microcoque, le *Cryptococcus xanthogenicus* ayant quelque analogie avec les staphylocoques de la suppuration, mais s'en séparant par de nombreux caractères.

Le *Cryptococcus xanthogenicus* apparaît sous la forme de cellules sphériques, de 0,9 à 1 μ de diamètre, douées de mouvements rapides, pourvues de deux cils et qui, dans les préparations, sont disposées en grappes ou essaims; ces cellules se colorent aisément par les couleurs d'aniline et conservent le GRAM.

Les colonies obtenues sur la *gélatine* d'abord blanches et rondes passent au jaune de chrome. Les cultures en piqûres donnent des clous assez fournis ; le milieu est rapidement liquéfié.

Les stries obtenues sur la *gélose* consistent en bandes blanches devenant ultérieurement jaunes. Sur la *pomme de terre* on obtient un enduit de même couleur envahissant la surface entière du substratum.

Ensemencé dans le *bouillon*, le microcoque de FREIRE le trouble et donne un dépôt blanc jaunissant dans la suite ; dans les cultures âgées, ce dépôt est trouvé mélangé à une substance noire pulvérulente. Il croît également dans le *lait* qu'il rend alcalin.

Injecté aux animaux de laboratoire, il ne détermine pas la formation d'abcès comme le *Staphylococcus pyogenes aureus*, mais des symptômes et des lésions ayant une grande analogie avec celles de la fièvre jaune.

Pour GIBIER, qui tout d'abord semblait d'accord avec D. FREIRE (2) pour reconnaître dans le *Cryptococcus xanthogenicus* l'agent de la fièvre jaune, cette maladie serait due à une espèce microbienne donnant dans le bouillon un dépôt noirâtre très virulent pour les animaux (3).

STERNBERG (4), qui a eu l'occasion d'étudier avec soin la même affection, affirme dans un rapport très instructif, publié en 1890, que l'existence de l'agent microbien de la fièvre jaune reste encore à

(1) DOMINGOS FREIRE. Recherches sur la cause, la nature et le traitement de la fièvre jaune. Rio-de-Janeiro, 1880. — *Bulletin de la Société de Biologie de* Paris, 1888. — *Comp. rend. de l'Académie des Sciences*, 1885 à 1893, et 1897. — Mémoire sur la bactériologie, pathogénie, traitement et prophylaxie de la fièvre jaune. Rio-de-Janeiro, 1898.

(2) D. FREIRE et GIBIER. *Compt. rend. de l'Académie des Sciences*, 1884, XCIX, p. 804.

(3) GIBIER. *Comptes rendus de l'Académie des Sciences*. 1888, CVI, p. 499.

(4) STERNBERG. Report on the etiology and prevention of Yellow fever. Washington, 1890.

démontrer; que la présence de bactéries spécifiques dans les tissus et le sang des malades ne peut être mis en évidence au moyen des procédés bactériologiques habituels et que les microorganismes, en faible nombre qu'on rencontre parfois dans les tissus se montrent identiques au *Bacterium coli commune* et au *Bacillus cadaveris*.

Dans un travail beaucoup plus récent, SANARELLI (1) cherche à établir : que le vomito negro est dû à un bacille bien défini susceptible d'être cultivé dans les milieux habituels; que l'on peut retirer non seulement du cadavre mais, pendant la vie, du sang et des sécrétions des malades.

Ce bacille polymorphe se présente d'ordinaire sous l'aspect de bâtonnets aux pointes arrondies, munis de 4 à 8 cils, deux fois plus longs que larges, le plus souvent accouplés par paires, qui se colorent aisément par les diverses couleurs d'aniline mais refusent le GRAM.

Ce bacille, aérobie et facultativement anaérobie, donne sur la *gélatine* au bout de 24 heures des colonies punctiformes, arrondies, incolores sans noyau central, non liquéfiantes, qui grossissent et présentent le 5e jour un aspect que SANARELLI qualifie de caractéristique.

Le *Bacillus icteroides* croît dans le *bouillon* qu'il trouble légèrement sans former de pellicules ni de dépôts floconneux appréciables; le *lait* n'est pas coagulé, même après plusieurs semaines. Les ensemencements sur la *pomme de terre* restent stériles, etc.

Cette espèce est nettement pathogène pour les souris, les cobayes, les lapins, les chiens, le singe, etc., chez lesquels elle reproduit les symptômes et les lésions de la fièvre jaune.

Les recherches si complètes de SANARELLI ont été contestées par plusieurs auteurs et n'ont pas, en tout cas, reçu une confirmation absolue qui nous permettrait de ranger le *Bacillus icteroides* parmi les espèces pathogènes unanimement admises.

Rage.

La rage, considérée jadis comme une névrose, a été reconnue comme une maladie inoculable au commencement du dix-neuvième siècle, on la considère aujourd'hui comme une maladie virulente dont le microbe spécifique reste encore à découvrir.

La rage affecte surtout le chien et le loup, mais ces animaux peu-

(1) SANARELLI. *Annales de l'Institut Pasteur*, 1897, XI, pp. 433, 673, 753. — 1898, XII, p. 348.

vent la transmettre par morsure aux petits carnassiers, aux bovidés, aux équidés, aux moutons et aux chèvres. On cite des cas de rage chez les animaux sauvages et même chez le porc qui n'est atteint qu'exceptionnellement.

Les cas de rage sont extrêmement fréquents en France où l'on estime que le nombre de chiens devenus enragés est environ de 2 000 par an ; bien que le département de la Seine soit à cet égard l'un des mieux surveillés, le chiffre moyen annuel des cas de rage canine s'y élève à 400. Cette maladie, peu fréquente en Suisse et en Angleterre, est très rare en Allemagne, en Turquie, etc.; elle est au contraire fréquente en Russie. La rage est inconnue à Berlin et dans plusieurs autres grandes villes, grâce aux mesures prophylactiques prises pour lutter contre la propagation de cette affection.

Les cas de rage sont, encore, malheureusement trop fréquents; chez l'homme, cette affection lui est ordinairement transmise par la morsure des chiens et plus rarement par celle des chats et des loups.

Nous allons décrire rapidement les symptômes de la rage chez le chien qui semble la perpétuer et nous dirons, seulement, un mot des symptômes qu'elle présente chez l'homme qui peut aujourd'hui facilement y échapper, grâce aux mémorables découvertes de Pasteur et de ses collaborateurs, quand le traitement institué par ses habiles expérimentateurs est appliqué sans retard.

Symptômes. La rage peut adopter chez le chien deux formes principales : la rage dite *furieuse* des chiens des rues ; la rage *tranquille*, *mue* ou dite encore *paralytique*. Cette distinction ne peut être établie d'une façon absolue, car le même animal ayant tous les symptômes de la rage furieuse peut terminer son existence par la forme paralytique.

Les premiers symptômes de la *rage furieuse* se manifestent par le changement des habitudes de l'animal, qui devient triste, inquiet et se montre en proie à une agitation continuelle. Peu après il recherche la solitude, se réfugie sous les meubles, somnole, devient caressant d'une façon exagérée ou grogne sans motifs apparents. A ce moment l'appétit est d'ordinaire conservé, parfois même augmenté.

Puis apparaissent les troubles de sensibilité générale ; le chien est pris de frissons, de démangeaisons ; il mord la région de la peau cicatrisée par laquelle le virus a été introduit ; il en arrive à se déchirer la peau et les muscles dans les parties du corps où l'anesthésie paraît être complète. Quelquefois il est tourmenté d'excitations génésiques. Les aliments peuvent encore être acceptés et avalés, mais bientôt la déglutition devient pénible et les liquides mêmes peuvent difficilement franchir la région pharyngienne, par suite du spasme dont elle est le siège.

L'animal ne tarde pas à devenir furieux, il se jette sur les objets les plus divers, les déchire et les avale. S'il est libre, il fuit la demeure de son maître, la queue basse et l'œil hagard ; il franchit ainsi de grandes distances, en mordant sur son passage les chiens, les animaux et les personnes qui attirent son attention ou s'approchent de lui. Quelquefois, après une course exténuante et sans but, il revient chez son maître ; d'autrefois, il poursuit son chemin sans retourner en arrière, s'arrête épuisé et tombe. Sa physionomie reflète une angoisse inexprimable ; une paralysie se déclare d'abord dans son train postérieur et envahit bientôt les autres muscles ; la respiration devient de plus en plus pénible, on voit survenir des contractures musculaires et la mort vient mettre, enfin, un terme à cette terrible agonie.

La rage furieuse évolue chez le chien dans un espace de temps variant de 2 à 20 jours.

Dans la *rage paralytique* les troubles de la sensibilité sont moins exagérés. L'animal, triste, inquiet, flaire et lèche les objets qui sont à sa portée, mais reste calme. Il ne pousse pas de hurlements et ne cherche pas à mordre. On observe chez lui des paralysies dans les régions du corps les plus diverses ; ces paralysies sont promptement progressives et l'animal succombe en peu de jours, souvent par asphyxie.

Chez l'homme, les premiers symptômes de la rage sont caractérisés par l'inquiétude, une insomnie pénible ou un sommeil traversé de cauchemars effrayants. Le sujet atteint de cette funeste affection cherche la solitude, fuit ses proches et se livre à des marches prolongées. Puis, survient une nouvelle série de symptômes caractérisés par une exagération de la sensibilité, le sujet est pris de frissons répétés, se plaint du froid en plein été ; la lumière, le bruit, les odeurs l'impressionnent très péniblement ; il refuse de boire par suite des spasmes douloureux qu'occasionne la déglutition des liquides (hydrophobie) et rejette sa salive par un crachotement continuel.

La physionomie du malade prend une expression singulière, ses yeux sont fixes et brillants, sa voix est rauque, il sent la nécessité absolue de se mouvoir ; il peut avoir des accès de fureur et, dans ce cas, il se frappe parfois la tête contre les murs, se mord lui-même, mais sans avoir la moindre tendance à mordre ses semblables qu'il prie souvent de s'écarter de lui; on observe assez fréquemment des convulsions et des spasmes douloureux.

Enfin arrive la période paralytique; le malheureux, incapable de se mouvoir, tombe dans un grand état d'affaiblissement, devient la proie de paralysies multiples qui débutent aux muscles du pharynx et du larynx et gagnent les muscles de la respiration. La face alors se cyanose, le pouls devient petit, filiforme, puis surviennent la stupeur, le délire, le coma et la mort qui arrive, d'ordinaire, du 1er au 4me jour, plus rarement du 5me au 9me. Dans les cas de rage déclarée, la terminaison peut être considérée comme fatale; on ne connaît pas d'exemple authentique de guérison.

Quant à la durée d'incubation de la rage, tant chez l'homme que chez l'animal, elle est en moyenne de 40 jours; cependant de nombreux faits permettent de croire que cette durée peut atteindre 6 mois, un an et même davantage, comme on peut la voir survenir 15 jours après son inoculation par morsure.

Lésions. — Les lésions essentielles de la rage portent surtout sur les centres nerveux et les glandes salivaires; les premières sont ordinairement localisées dans la substance grise entourant le canal cérébro-spinal, le bulbe et la moelle; elles consistent : dans la dégénérescence des cellules nerveuses, en hémorrhagies péri-vasculaires, infiltrations de leucocytes, etc. Les secondes, très apparentes chez le chien, siègent surtout aux glandes sous-maxillaires et sublinguales qui se montrent congestionnées et infiltrées de globules blancs.

Les lésions accessoires sont presque exclusivement localisées dans le tube digestif.

Le diagnostic clinique de la rage sur le cadavre des animaux offre de très grandes difficultés. On a voulu, dans ce diagnostic, faire jouer un rôle important à la présence de corps étrangers (paille, bois, chiffons, corne, etc.) dans l'estomac et à l'état de vacuité de l'intestin, à la sécheresse et à l'état de souillure de la cavité buccale, etc. Nocard considère ces constatations comme de simples probabilités qui sont, il est vrai, augmentées quand la glucosurie peut être établie, mais incapables de donner une certitude absolue. Dans le doute, et en l'absence d'un diagnostic expérimental qu'il n'est jamais prudent d'attendre, on agira sagement en soumettant les personnes mordues au traitement pastorien.

Bactériologie. — L'agent virulent de la rage paraît posséder les diverses propriétés des agents microbiens et, bien qu'il n'ait pu être isolé jusqu'ici, la façon dont il se comporte dans les inoculations, dans l'organisme sous l'action des agents physiques et chimiques, plaide en faveur de cette hypothèse; aussi ce virus figuré, resté insaisissable, a-t-il été l'objet de nombreux travaux trop contradictoires pour nous retenir longtemps.

En 1883, GIBIER (1) crut voir un microbe mobile dans la substance cérébrale des animaux morts de cette maladie. Quelques années plus tard, H. FOL (2) annonça la présence de diplocoques dans les moelles rabiques colorées à l'hématoxyline. BABÈS (3) affirme avoir cultivé sur la gélose, à 37°, un diplocoque pouvant transmettre la rage après plusieurs cultures successives.

Pour MOTTEZ et PROTOPOPOFF (4) l'agent de cette maladie serait un bacille grêle. MEMMO (5) prétend que le microbe spécifique de la rage n'appartient pas à la famille des bactériacés, mais consiste en levure de la famille des myxomycètes. Tout récemment, PUSCARIU (6) a annoncé que la rage paraissait due à l'introduction de productions actinomycosiques dans le centre nerveux, mais il déclarait une semaine plus tard que sa communication avait été trop hâtive.

En somme, on ne connait rien de bien certain sur l'agent figuré de la rage pas plus que sur celui du cancer et de bien d'autres affections. Il n'en est pas moins intéressant d'étudier, en l'absence d'indications précises sur la morphologie de cet agent, les propriétés du virus qu'il engendre.

Siège du virus rabique. — La présence du virus rabique a été expérimentalement constatée dans les glandes salivaires. NOCARD et ROUX (7) ont établi que la salive d'un chien est déjà virulente 2 à 3 jours avant l'apparition des premiers symptômes de cette affection. Mais le siège le plus important de ce virus, ainsi qu'il résulte des travaux de PASTEUR (8) et de ses collaborateurs, se trouve dans le cerveau, le bulbe, la moelle et les nerfs (9).

Le sang, la lymphe ne sont pas virulents, pas plus que les muscles et les divers tissus des organes de l'économie animale.

Quelques auteurs ont constaté que si l'urine, l'humeur aqueuse de l'œil et d'autres sécrétions sont rarement virulentes, le lait peut parfois véhiculer le virus rabique.

---

(1) GIBIER. *Comp. rend. Académie des Sciences*, 1883, XCVI, p. 1701.
(2) H. FOL. *Compt. rend. de l'Académie des Sciences*, 1885. CI, p. 1276.
(3) BABÈS. *Journal des Connaissances médicales*, 1887, p. 162.
(4) MOTTEZ et PROTOPOPOFF. *Centralblat für Bakteriologie*, 1887, II, p. 585.
(5) MEMMO. *Centrablatt für Bakteriologie*, 1896, XX, p. 209.
(6) PUSCARIU. *Compt. rend. de l'Académie des Sciences*, 1899, CXXVIII, pp. 691 et 1043.
(7) NOCARD et ROUX. *Annales de l'Institut Pasteur*, 1890, IV, p. 163.
(8) PASTEUR, CHAMBERLAND, ROUX et THUILLIER. *Comptes rend. de l'Académie des Sciences*, 1882, XCV, p. 1882.
(9) ROUX. *Annales de l'Institut Pasteur*, 1888, II, p. 18.

Le mode de transmission de la rage, de beaucoup le plus fréquent, est l'inoculation par morsure des animaux devenus enragés; plus de 90 fois sur 100 l'animal mordeur est le chien ou le loup, 5 à 6 fois le chat; la transmission de cette maladie par les ruminants est exceptionnelle. L'inoculation a donc habituellement lieu par l'introduction de la bave virulente à travers les effractions des téguments; on cite, cependant, des cas où un contact prolongé du virus sur les muqueuses a suffi pour déterminer l'infection. Notons que l'inoculation est d'autant plus certaine que les morsures ont lieu sur la peau nue et que la durée d'inoculation est d'autant plus courte que les plaies siègent à la face ou aux membres supérieurs.

Action des agents physiques et chimiques. — La dessiccation agit puissamment sur le virus rabique; des moelles d'animaux enragés placés dans l'air sec, à l'abri de la putréfaction, perdent peu à peu leur virulence et deviennent totalement inactives au bout de 2 semaines. Si on les conserve en milieu humide, leur virulence peut encore être manifeste après 3 ou 4 semaines.

D'après Nocard et Roux, les fortes pressions, même avec le gaz acide carbonique comprimé à 70 atmosphères, prolongées pendant 24 heures, n'exercent pas d'action sensible sur l'activité du virus rabique.

Un chauffage à 47-48° le détruit en 5 minutes; un froid de — 60° prolongé pendant plusieurs heures, comme l'a établi Roux, est sans action sur son pouvoir pathogène.

Ainsi que l'a constaté Celli, l'action de la lumière solaire est très néfaste pour ce virus qui est rendu inactif au bout de 14 minutes d'insolation directe, à une température n'excédant pas 30°.

La putréfaction n'a qu'une action destructive lente sur l'agent de transmission de la rage, puisqu'il résulte des expériences de Galtier que le virus rabique peut être retrouvé actif dans les cadavres des animaux ayant succombé à la rage depuis 15 jours à un mois.

D'autre part, de Blasi et Travali ont établi : que les solutions phéniquées d'un titre variant de 1 : 20 à 1 : 50 exigent de une à deux heures pour détruire le virus rabique; que l'acide borique à 1 : 25 produit le même effet en 15 minutes; que les acides chlorhydrique et salicylique à 5 p. 100 présentent le même pouvoir neutralisant dans 5 minutes et que la créoline et le jus de citron, encore plus actifs, le détruisent en 3 minutes. Pour agir efficacement, le nitrate d'argent, dont on se sert quelquefois pour cautériser les plaies produites par les animaux enragés, doit être employé à la dose excessivement élevée de 25 à 50 p. 100.

D'après Celli, le sublimé à 1 : 1000 détruit instantanément la virulence des moelles, tandis que l'alcool à 25 et 15 p. 100 réclame 5 à 7 jours pour la faire disparaître.

Variations de virulence. — Pasteur, Chamberland et Roux (1) ont établi qu'en passant du chien au singe, le virus rabique est considérablement atténué; qu'il est, au contraire, considérablement exalté par l'inoculation de lapin à lapin et de cobaye à cobaye; le virus devient alors plus énergique que celui des chiens atteints de la rage habituelle. Après une centaine de passages de lapins à lapins, les inoculations intra-craniennes, qui exigeaient d'abord pour produire les premiers symptômes de la rage une durée d'incubation de 13 à 16 jours, les provoquent au bout de 6 à 7 jours. A partir de ce moment, le virus est dit *fixe* parce qu'on ne peut plus augmenter la puissance de son activité.

La dessiccation à l'air sec, ainsi qu'il résulte des belles recherches de Pasteur, Chamberland et Roux (2), exerce une action atténuante sur le poison rabique : les moelles de lapins, chargées de virus fixe, conservées à l'abri de la putréfaction dans des flacons secs à la température de 23°, deviennent au bout de 5 à 6 à jours incapables de communiquer la rage aux animaux, alors même que les inoculations sont pratiquées sous la dure-mère. Cette observation permet, par conséquent, d'obtenir des virus à tous les degrés d'activité.

Quand les moelles sont exposées dans le vide, les gaz inertes et dans l'acide carbonique, l'atténuation est plus lente et la disparition totale de la virulence de la substance nerveuse n'est complète qu'au bout d'un mois. Le froid est favorable à la conservation de cette virulence; la chaleur de 35° la fait disparaître en 48 heures. Les facteurs les mieux connus de cette atténuation sont donc l'oxygène gazeux et l'élévation de la température.

Immunisation. — L'immunité contre la rage s'obtient habituellement par l'inoculation de virus atténués suivant la méthode imaginée par Pasteur, Chamberland et Roux (3). Cette immunisation, d'abord obtenue chez le chien, fut avec succès tentée sur l'homme en 1885 par les mêmes savants. Depuis, il a été créé en France

(1) Pasteur, Chamberland et Roux, 1884, XXVIII, p. 1229.

(2) Pasteur, Chamberland et Roux. *Comp. rend. de l'Académie des Sciences*, 1885, CI, p. 765.

(3) Pasteur, Chamberland et Roux. *Compt. rend. de l'Académie des Sciences*, 1886, CII, pp. 459 et 835; CIII, p. 777.

et dans beaucoup de pays de l'étranger des Instituts où l'on pratique le traitement antirabique après morsure, ce qui permet de sauver annuellement un nombre élevé de malheureux qui, avant cette médication, étaient voués à la plus affreuse des morts.

Le traitement appliqué à l'homme consiste en inoculations de virus d'énergies croissantes pratiquées sous la peau alternativement sur les flancs droit et gauche. Les personnes mordues reçoivent d'abord une émulsion dans du bouillon stérilisé de moelles desséchées âgées de 14 jours et dépourvues de toute virulence; puis, les jours suivants jusqu'au quinzième, des émulsions de moelles âgées de 13, 12, 10, 9 jours, etc., jusqu'aux émulsions de moelles très actives âgées de 3 jours qui sont inoculées les quatorzième et quinzième jours du traitement. Dans le cas de morsures graves siégeant à la face ou aux membres supérieurs, la médication est prolongée pendant 21 jours en employant du seizième au vingt-unième jour des moelles âgées de 3 à 4 jours. La quantité d'émulsion injectée aux sujets mordus est d'abord de 3 centimètres cubes, puis de 2 centimètres cubes, volume auquel on se maintient jusqu'à la fin du traitement.

La mortalité moyenne des personnes mordues par des animaux enragés qui était autrefois, d'après les observations les plus dignes de foi, de 15 à 16 p. 100, est descendue, depuis l'adoption du traitement pastorien, à 0,50 p. 100, ainsi qu'il résulte des nombres publiés par l'Institut Pasteur de Paris où il a été traité depuis 15 ans 25 000 sujets mordus. Il importe qu'on sache que tout retard apporté dans l'application du traitement après morsure est essentiellement préjudiciable aux personnes mordues et qu'on voit, parfois, la rage se déclarer dans le cours de la médication chez quelques sujets qui, par négligence ou par toute autre cause, ont différé de se soumettre aux inoculations antirabiques.

Högyes (1) a réussi à immuniser les animaux contre la rage en leur injectant des moelles virulentes de moins en moins diluées. On commence à inoculer le premier jour 3 centimètres cubes d'une dilution à 1 : 10000 et 3 centimètres cubes d'une dilution à 1 : 8000 pour arriver à injecter le quatorzième jour un centimètre cube d'une dilution à 1 : 100. Cette méthode est applicable à l'homme.

Tizzoni et Centanni (2) ont obtenu l'immunisation en injectant au chien et au lapin des moelles virulentes ayant été émulsionnées et

(1) Högyes. *Annales de l'Institut Pasteur*, 1889, III, p. 449.
(2) Tizzoni et Centanni. *Deutsche med. Wochenschrift*, 1892, p. 702.

laissées en contact pendant 19 heures avec du suc gastrique artificiel. Babès et Talasescu (1) se sont servis dans le même but du suc gastrique naturel du chien.

Tizzoni, Schwartz et Centanni (2) arrivent par l'inoculation au mouton de substance nerveuse rabique, modifiée par le suc gastrique, à obtenir un sérum capable d'arrêter l'évolution de la rage, alors même que ses premiers symptômes commencent à se montrer; ils préconisent leur méthode dans le traitement des sujets porteurs de graves morsures à la face.

Enfin, Galtier a constaté que les injections de salive rabique dans la jugulaire des moutons procure de même l'immunité. Nocard et Roux sont arrivés à des résultats analogues en substituant des virus faibles ou affaiblis à la salive des animaux enragés.

Diagnostic expérimental. — Le diagnostic expérimental de la rage se pratique en injectant sous la dure-mère du chien une émulsion, dans un peu de bouillon, du bulbe de l'animal suspect. Il est préférable d'employer le chien plutôt que le lapin, par la raison que les signes cliniques de la rage sont assez faciles à saisir chez ce dernier animal. Malheureusement, on ne saurait attendre le résultat de ces diagnostics pour instituer le traitement antirabique chez les personnes mordues; ils présentent, surtout, un intérêt rétrospectif qui a bien sa valeur, mais sont toujours trop tardifs. Il reste donc à souhaiter qu'on puisse, d'ici à peu de temps, obtenir des indications exactes, sûres et faciles à reconnaître, de l'examen histologique des centres atteints, comme s'efforcent d'en trouver Babès (3) et plusieurs autres observateurs.

---

(1) Babès et Talasescu. *Annales de l'Institut Pasteur*, 1894, VIII, p. 435.

(2) Tizzoni et Schwartz. *Annales de Micrographie*, 1892, IV p. 169. — Tizzoni et Centanni. *Archives italiennes de Biologie*, 1893, p. 41. — *Centralblatt für Bakteriologie*, 1893, XIII, p. 81. — *Riforma medica*, décembre 1893, et *Centralblatt für Bakteriologie*, 1895, XVIII, p. 240.

(3) Babès. *Presse médicale*, avril 1900, p. 202.

CHAPITRE V

MODE D'ACTION DES BACTÉRIES PATHOGÈNES
SUSCEPTIBILITÉ ET IMMUNITÉ

Dans les pages qui précèdent, nous avons appris à connaître les germes spécifiques des principales maladies infectieuses qui frappent l'homme et les animaux. Nous avons décrit, plus ou moins complètement, l'infection réalisée par chacun d'eux, dans son étiologie, sa pathogénie, ses symptômes, ses lésions et les ressources que fournissent pour la combattre les divers procédés d'immunisation. Il nous a semblé utile de donner dans ce Chapitre un aperçu résumé des notions générales qui se dégagent de ces faits particuliers, notamment en ce qui concerne les modes d'action des bactéries, considérées comme agents des maladies, les moyens naturels dont dispose l'organisme animal pour résister à l'infection, et ceux qu'on peut employer pour créer, de toutes pièces, l'immunité chez les êtres qui ne la possèdent pas spontanément.

Virulence.

On peut admettre en principe que toutes les espèces microbiennes sont pathogènes. Elles le sont plus ou moins, leur virulence croît depuis o, pour les espèces reconnues inoffensives, jusqu'à une valeur finie et déterminée qui peut être très grande pour certaines espèces. On peut admettre aussi que tous les organismes animaux possèdent, quelle que petite qu'on puisse l'imaginer, une certaine résistance à l'infection, et cette hypothèse n'est pas incompatible avec la précédente ; la réceptivité croît depuis o, pour les espèces animales très susceptibles, jusqu'à une valeur également finie et déterminée pour les espèces douées de l'immunité. *Suscep-*

tibilité et *immunité* ne sont donc que des expressions, dont l'une au moins est inutile, désignant des degrés différents de la résistance qu'offrent les êtres vivants à l'infection par d'autres êtres vivants parasites, de même que les hautes et les basses températures ne sont que des modalités de l'énergie calorifique. Virulence du germe, résistance à l'infection, tels sont les facteurs primordiaux du développement des maladies infectieuses; et l'on pourrait à la rigueur remplacer l'expression « résistance de l'organisme », qui implique surtout une idée de passivité, par « *contre* ou *anti*virulence ». Cette appellation serait plus conforme à la réalité; en effet, l'infection déclarée est une lutte entre le microbe et l'organisme; dans cette lutte, les adversaires utilisent tour à tour leurs armes offensives et défensives; qui sont pour le microbe : ses actions mécaniques; ses toxines, de beaucoup les plus efficaces; ses produits de sécrétion à chimiotaxisme négatif; la faculté qu'il possède souvent de prendre des formes plus résistantes, arthrospores ou spores endogènes, etc.; du côté de l'organisme, nous trouvons, sans nous préoccuper ici de leur origine et de leur importance relative : les propriétés bactéricides et antitoxiques des humeurs et des tissus; les réactions cellulaires, etc. De même que dans la virulence du microbe, interviennent des actions purement défensives, telles que le passage à l'état de formes de résistance, dans les défenses de l'organisme interviennent certains actes, par exemple, la phagocytose, plutôt offensifs à l'égard du parasite. L'organisme animal, s'il se tenait seulement sur la défensive, sortirait sans doute bien moins souvent victorieux de ses luttes journalières contre les germes infectieux.

La virulence du microbe et la résistance de l'organisme ne sont pas les seuls facteurs à considérer dans l'étude des infections. Ces deux forces antagonistes sont variables et soumises à une foule de causes modificatrices, contingentes, qui influent soit sur les deux simultanément, soit sur l'une, soit sur l'autre, et en font varier à chaque instant la valeur absolue ou relative. Si l'on réfléchit que la virulence et la résistance de l'organisme sont elles-mêmes des résultantes de forces élémentaires pouvant, sous l'influence des mêmes causes contingentes, varier chacune indépendamment des autres, on conçoit la complexité du problème.

Certaines bactéries, non virulentes du reste, peuvent déterminer des troubles morbides, souvent très graves, sans avoir besoin de s'implanter directement dans l'organisme. Telles sont celles qui, se cultivant spontanément dans nos aliments (viandes diverses, jambons, saucisses, etc.) et y accumulant les substances qu'elles sécrètent, produisent ces accidents connus sous le nom de botulisme, consistant, on ne le sait au juste, en une véritable intoxication par ces substances solubles ou bien en une infection par les bactéries ordinairement saprophytes de l'intestin qui auraient acquis de la virulence sous l'action de ces substances, en même temps que sous cette même action fléchissaient, peut-être, les défenses naturelles de l'organisme. Telles sont encore les bactéries qui, ayant survécu à l'action de la chaleur dans le lait pasteurisé, sécrètent dans ce liquide, conservé quelques jours, des toxines déterminant chez les jeunes enfants, par un mécanisme analogue, des gastro-entérites plus ou moins graves.

Mais, ordinairement, les bactéries doivent pénétrer en nous pour produire l'infection. L'organisme animal ne contient pas normalement de germes; à la naissance, le sang, les organes sont stériles, à moins d'infection intra-utérine. Toutefois, celle-ci est rare; pour qu'elle puisse se produire, il faut que simultanément il existe des germes virulents dans le sang de la mère et des lésions placentaires permettant leur passage au fœtus. Lorsqu'elle se produit, l'infection fœtale est généralement très grave, soit à cause du peu de résistance du jeune organisme, soit par suite de la manière de se comporter des germes, sur un terrain saturé depuis peu de leurs produits solubles, toxiques et prédisposants.

Les bactéries que nous hébergeons nous viennent, pour la plupart, des milieux extérieurs, par les vecteurs les plus divers. Elles se rencontrent surtout sur les téguments, les muqueuses, dans les voies respiratoires, dans toute l'étendue du tube digestif, dans les cavités des glandes innombrables qui s'ouvrent à la surface de ces organes...; elles s'y trouvent arrêtées tant que les épithéliums qui les tapissent sont intacts; elles y sont en partie détruites par la phagocytose, par le pouvoir bactéricide des sécrétions, telles que les larmes, la sueur, la salive, le suc gastrique, etc... En tout cas, lorsqu'elles y persistent, elles se contentent d'y vivre sans nous incommoder. Leur action pathogène ne peut se manifester que si, pour une raison quelconque, ces défenses naturelles fléchissent, si les revêtements épithéliaux protecteurs, lésés, ouvrent une porte à l'infection. C'est alors qu'elles pourront pulluler sur place dans le derme, dans les muqueuses laryngienne, intestinale, etc., tout en sécrétant des poisons dont l'action retentit sur l'économie tout entière, ou bien qu'elles se cultiveront dans le sang, dans la lymphe ou que, plus souvent encore, charriées par ces liquides, elles iront s'ensemencer en un ou plusieurs points de l'organisme parfois fort éloignés. Ainsi se réaliseront les infections locales ou générales, la septicémie ou bactériémie, les infections métastatiques.

Certaines bactéries pathogènes, pour l'homme ou pour les animaux, ne rencontrent que dans l'organisme vivant les conditions nécessaires à leur vie et à leur conservation. Aussi, jusqu'à présent, ne les a-t-on jamais isolées des milieux extérieurs où, lors même qu'on les y introduit, elles disparaissent rapidement soit sous l'influence des agents cosmiques, physiques ou chimiques, soit à cause de la pauvreté nutritive du milieu ou de la concurrence vitale qu'elles ont à y subir. Les maladies qu'elles déterminent ne peuvent donc se transmettre que par contagion directe; elles passent, sans aucun intermédiaire inanimé, du sujet malade au sujet sain. Cependant le nombre de ces espèces, désignées encore sous le nom de bactéries strictement parasites par opposition avec les bactéries parasitaires facultatives, capables de vivre plus ou moins longtemps en dehors de l'organisme animal, va toujours diminuant d'année en année, au fur et à mesure que se perfectionnent les méthodes techniques de recherche et que s'accroissent nos connaissances sur la flore bactérienne du sol, des eaux et de l'atmosphère.

Aussi bien chez les animaux que chez l'homme, toutes les causes qui tendent à amoindrir les défenses naturelles de l'organisme favorisent l'invasion microbienne et l'éclosion des maladies infectieuses. Les plus importantes de ces causes favorisantes sont les traumatismes, les refroidissements, les intoxications d'origine extérieure ou interne, les autres infections, la fatigue et le surmenage, etc., qui agissent en ouvrant des portes d'entrée, en créant des lieux de moindre résistance, en exaltant la virulence des germes, en diminuant le pouvoir microbicide des humeurs, en entravant la phagocytose, etc.

Il faut tenir compte également des causes prédisposantes résultant de l'âge, de la race, du sexe, etc... Dans l'espèce humaine, ces causes diverses sont elles-mêmes modifiées par des facteurs importants, tels que l'influence des climats, des professions, du tempérament, des diathèses, de l'état puerpéral, etc... Ces mêmes causes accessoires interviennent, du reste, aussi comme modificateurs de l'état d'immunité.

Comment les bactéries agissent-elles pour provoquer des maladies après qu'elles ont pénétré l'économie? On a successivement pensé qu'en se multipliant dans le sang elles causaient des troubles circulatoires, des embolies; qu'elles consommaient rapidement l'oxygène ou les matériaux nutritifs des êtres qui les hébergent; qu'elles agissaient sur l'organisme par l'intermédiaire des substances solubles qu'elles sécrètent. Il y a du vrai dans toutes ces théories, mais elles ne sont pas générales; certes, la bactéridie charbonneuse, le spirille de la fièvre récurrente peuvent, lorsqu'ils sont nombreux dans le sang, obturer complètement des vaisseaux de petit calibre; les végétations de staphylocoques qu'on trouve parfois sur les valvules du cœur peuvent se détacher et produire des embolies. Certes, lorsqu'on cultive une bactérie dans un tube contenant quelques centimètres cubes de bouillon inerte au contact d'une atmosphère limitée, très lentement ou pas du tout renouvelée, on peut bien constater une diminution de l'oxygène; dans ces conditions, les substances nutritives du milieu s'épuisent, le bouillon se charge des produits de sécrétion des germes et devient bientôt impropre à permettre leur développement normal. De telles cultures, même filtrées et bouillies, sont souvent incapables d'être réensemencées avec succès par le même germe ou par des germes différents. Mais dans l'organisme animal les choses sont loin de se passer ainsi; la respiration, la nutrition ont vite fait de rétablir l'oxygène à son taux ordinaire, de rendre aux tissus et aux humeurs leur composition normale, d'éliminer les poisons par les divers émonctoires (Charrin).

La dernière de ces théories, celle des produits solubles, est vraisemblablement la plus exacte; elle est du moins la plus conforme à la généralité des faits observés. Son point de départ est une observation de Pasteur qui avait remarqué que la somnolence invincible dans laquelle tombent les poules atteintes de la maladie appelée choléra des poules, peut être facilement reproduite expérimentalement par l'inoculation des cultures du microbe de cette maladie, privées au préalable de tout germe vivant. Cela démontrait à l'évidence l'existence dans ces cultures d'une substance narcotique également sécrétée et répandue par le microbe dans l'organisme des poules malades. On sait, du reste, que certaines bactéries très pathogènes ne se multiplient qu'en des points très limités de l'organisme; le bacille de la diphtérie se cantonne dans une petite étendue de la muqueuse laryngienne ou pharyngienne; le bacille du tétanos ne se rencontre guère que dans la plaie, parfois imperceptible, qui lui a servi de porte d'entrée... On est frappé, dans les maladies que ces bactéries déterminent, de l'importance des phénomènes généraux si graves que l'on observe, comparés au peu d'étendue de la lésion locale qui en est l'origine; mais nous savons aujourd'hui que ces microbes fabriquent des toxines d'une activité inouïe, capables lorsqu'on les injecte seules, en l'absence de leur microbe générateur, de reproduire les symptômes du tétanos ou de la diphtérie.

Non seulement les sécrétions bactériennes renferment des substances toxiques, toxalbumines ou diastases, ptomaïnes, etc., mais elles contiennent fréquemment aussi des substances prédisposantes, des substances vaccinantes, etc., dont on a pu, ces dernières années, tirer parti pour créer l'immunité expérimentale.

Les toxines bactériennes proviennent toutes, en définitive, des matériaux chimiques du milieu où a vécu l'espèce; quelquefois, par un simple phénomène d'hydratation, de dédoublement, de réduction, d'oxydation, mais vraisemblablement aussi par des mécanismes beaucoup plus compliqués dont nous n'avons à l'heure actuelle qu'une idée très imparfaite. Certaines bactéries fabriquent ainsi, dans des milieux ne contenant que des substances minérales ou quelques substances organiques de composition simple, telles que l'asparagine, l'acide lactique ou tartrique, des substances toxiques quartenaires, contenant du carbone, de l'hydrogène, de l'azote et de l'oxygène, quelquefois du soufre ou du phosphore, possédant toutes les réactions chimiques des matières albuminoïdes, nucléines, nucléoalbumines, peptones, etc..., et présentant du reste à l'analyse une composition très analogue à celle de ces matières.

Tous ces produits de sécrétion : toxines, ptomaïnes, produits vaccinants et prédisposants peuvent se trouver mélangés dans les cultures artificielles où le microbe a végété. Parfois, on peut les mettre séparément en évidence par l'injection de ces cultures après les avoir filtrées, chauffées, précipitées partiellement, etc... Après ces manipulations, les unes sont retenues par le filtre, d'autres sont détruites par la chaleur, et l'on peut aisément constater l'action physiologique de celles qui ont résisté aux traitements.

La voie d'introduction du microbe ou de ses toxines n'est pas indifférente; la plupart des bactéries peuvent être impunément dégluties; certaines mêmes, très virulentes, sont constamment présentes dans le tube digestif de l'homme et des animaux. C'est qu'à l'état normal les épithéliums s'opposent aussi efficacement au passage des microbes qu'à celui des toxines qu'elles peuvent sécréter dans le contenu intestinal. Par contre, d'autres espèces se montrent particulièrement virulentes quand elles s'introduisent dans les voies digestives. D'autres enfin, inoculées dans le tissu cellulaire sous-cutané, déterminent une maladie mortelle, tandis qu'elles confèrent l'immunité si on les injecte par voie veineuse dans le torrent circulatoire. Tous les tissus ou organes ne sont pas également propres à être envahis par les bactéries ; la rate, le foie le sont fréquemment ; les muscles très rarement ; la lymphe est un excellent terrain de culture ; tandis que le sang est envahi plus difficilement, ce n'est souvent que dans les infections très graves, à l'approche de la mort, qu'on peut y constater la présence des germes. On pourrait multiplier à l'infini les exemples, montrant l'influence de la porte d'entrée du microbe dans l'infection ; il suffira de se reporter à l'histoire individuelle des bactéries pathogènes pour en trouver de nombreux.

La virulence est, nous l'avons dit, la somme des diverses forces élémentaires que le microbe met en œuvre pour produire l'infection dans l'organisme animal.

Tantôt la virulence et la vitalité marchent de pair et varient toutes deux dans le même sens. Tantôt, au contraire, il semble n'y avoir aucune relation entre ces deux propriétés ; dans bien des cas, les espèces pseudo-pathogènes qui vivent en saprophytes dans les milieux extérieurs, dans le tube digestif de l'homme et des animaux, ont une virulence nulle et une vitalité bien supérieure à celle des espèces pathogènes correspondantes. Les facteurs qui interviennent ordinairement dans l'affaiblissement de la virulence, autrement dit dans l'atténuation, sont, nous l'avons vu, naturels ou artificiels, comme le vieillissement, la dessiccation, l'action de la lumière, de la chaleur, de l'électricité, celle des agents chimiques dits antiseptiques, employés à des doses telles qu'ils n'anéantissent pas définitivement la vie de l'espèce. La culture prolongée sur nos milieux artificiels est aussi une cause fréquente d'amoindrissement et même de perte totale de la virulence.

Nous avons vu, notamment, à propos de la bactéridie charbonneuse, que lorsque l'espèce est capable de produire des spores, celles-ci fixent pour longtemps la valeur de la virulence ; ce fait est précieux à enregistrer pour la fabrication des divers vaccins.

Les bactéries totalement ou partiellement atténuées peuvent, dans certaines circonstances, recouvrer leur virulence première et même une virulence supérieure ; on dit alors qu'elles sont *exaltées*. Quelquefois la culture en série sur des milieux artificiels neufs suffit à produire cette récupération de la virulence ; nous en avons vu un exemple chez le microcoque du clou de Biskra de Duclaux ; Macé en cite un autre observé par Legrain chez une bactérie déterminant chez la grenouille des phlegmons gangreneux et de la septicémie ; cette bactérie ayant perdu sa virulence par culture sur gélose, la récupère avec son maximum d'intensité par 3 ou 4 ensemencements sur pomme de terre. Les produits solubles sécrétés par un certain nombre de bactéries, pathogènes ou non, ont la propriété d'exalter la virulence d'autres espèces bactériennes ; nous en avons vu des exemples à propos du choléra dont la virulence est augmentée par la culture dans des milieux où ont déjà vécu des sarcines et d'autres microbes saprophytes de l'estomac (Metschnikoff) ; ce mode de renforcement apparaît, parfois, très net quand on inocule simultanément, dans l'organisme d'un animal, le microbe à virulence nulle ou atténuée et l'espèce favorisante, mais ici il faut tenir compte de l'action intrinsèque exercée sur l'organisme par la bactérie favorisante, surtout quand celle-ci est déjà très pathogène par elle-même.

Le principe du procédé habituellement mis en œuvre pour renforcer la virulence des bactéries a été indiqué par Pasteur, à propos de ses études sur les vaccins charbonneux ; il consiste à faire passer la bactérie qu'on veut exalter par des séries d'animaux ; soit qu'on commence par des inoculations à de très jeunes animaux dont la résistance à l'infection est extrêmement faible, en continuant les séries de passages sur des animaux de plus en plus résistants ; soit qu'on s'adresse directement à des animaux réfractaires.

Il ne faut pas perdre de vue, cependant, que le passage des bactéries par l'organisme animal peut, dans certains cas, loin d'exalter la virulence, l'atténuer considérablement et même en faire une espèce microbienne adaptée uniquement à l'organisme animal considéré. On peut rappeler, à ce sujet, ce qui a été dit pour le rouget du porc (page 423), et les résultats obtenus antérieurement par Pasteur sur le pneumocoque. J. Courmont pense qu'on doit expliquer ainsi les différences constatées dans les résultats des inoculations du bacille de la tuberculose humaine et du bacille de la tuberculose aviaire.

Bien d'autres procédés, que nous avons indiqués en temps et lieu, ont été proposés pour exalter la virulence. Les uns consistent à faire des cultures en série sur des milieux tels que le sang des réfractaires, lequel possède un certain pouvoir bactéricide ; beaucoup de microbes ensemencés meurent, mais quelques-uns arrivent à s'y développer et voient leur virulence s'accroître ; d'autres consistent à inoculer simultanément le microbe atténué et certaines substances favorisantes, telles que l'acide lactique, les macérations stérilisées d'organes putréfiés ou de matières fécales.

Immunité.

Au point de vue bactériologique, on peut définir l'*immunité* comme la somme des résistances élémentaires qu'oppose l'organisme animal à l'infection bactérienne et à l'intoxication par les substances solubles délétères que les bactéries tendent à y produire. Ces résistances élémentaires mettent en jeu divers processus que nous étudierons un peu plus loin.

On distingue deux sortes d'immunités :

a) L'*immunité naturelle* ou *innée*, qui est l'inaptitude que possèdent certaines espèces animales, certaines races ou certains individus, à contracter les maladies infectieuses, elle n'est, peut-être, que le résultat de la transmission héréditaire de l'immunité acquise ;

b) L'*immunité acquise* qu'on peut diviser : 1° en *naturelle* ou *spontanée*, lorsqu'elle s'est établie dans un organisme qui ne la possédait pas auparavant, soit par une lente accoutumance aux germes infectieux (immunité par habitude), soit à la suite d'une première attaque de la maladie considérée, soit enfin à la suite d'une maladie différente (immunité par antagonisme); 2° en *artificielle* ou *provoquée*, lorsqu'elle a été créée par des inoculations voulues de germes plus ou moins atténués (vaccination par germes vivants), ou de toxines ou d'antitoxines (vaccinations chimiques ou par produits solubles).

La plupart des maladies infectieuses, dont les germes ont été étudiés plus haut, nous offrent des exemples nombreux et remarquables d'immunité naturelle ; rappelons, sans insister davantage, que la fièvre jaune ne frappe que fort peu les nègres ; la syphilis, maladie essentiellement humaine, ne se développe, au moins spontanément, chez aucune espèce animale ; la morve, qui exerce de si grands ravages chez les solipèdes, et à laquelle l'homme paye aussi son tribut, ne s'établit qu'exceptionnellement chez les bovidés ou chez le porc, etc.

L'immunité naturelle n'est pas absolue, elle est au contraire très variable. Certaines races d'animaux la présentent vis-à-vis d'une infection donnée, à l'encontre d'autres races de la même espèce animale ; un exemple, souvent cité, en est fourni par les moutons d'Algérie qui sont réfractaires au charbon spontané ou expérimental. Certains individus d'une même race présentent, à l'égard des infections, des immunités très différentes de celles de leurs congénères ; on a cité, surtout chez l'homme, des exemples de ces immunités individuelles vis-à-vis de la syphilis et de l'infection gonococcienne, de la rougeole, de la variole, etc. L'immunité naturelle est variable avec l'âge ; parmi les maladies spontanées s'attaquant à l'homme, on peut citer la fièvre typhoïde qui est exceptionnelle chez le nouveau-né et chez le vieillard ; il en est de même des fièvres éruptives. D'une façon générale, les tuberculoses évoluent d'autant moins rapidement que les sujets qui les présentent sont plus âgés. Cependant, les immunités observées chez le vieillard pourraient sans doute rentrer dans la catégorie des immunités acquises par habitude, ou par antagonisme ou autrement. Dans le domaine de la pathologie animale, citons le charbon symptomatique exceptionnel chez le jeune veau.

Toutes les causes qui tendent à affaiblir les résistances naturelles de l'organisme peuvent, lorsqu'elles sont suffisamment intenses ou prolongées, vaincre l'immunité naturelle qui, nous l'avons dit, n'est jamais absolue. Les poules sont réfractaires au charbon et cependant Pasteur a pu les rendre sensibles à ce virus en leur maintenant les pattes dans un bain d'eau froide. Il admet, pour expliquer ce fait, que la température normale très élevée de ces gallinacés s'opposait à la végétation de la bactéridie, et que l'immersion des pattes suffisait à abaisser suffisamment cette température pour faire cesser l'immunité.

Cependant, certains oiseaux, dont la température est sensiblement la même que celle des poules, sont normalement très sensibles à la bactéridie. On doit donc penser que le refroidissement, dans l'expérience classique de Pasteur, a agi autrement que ce savant ne l'a admis, probablement en entravant la phagocytose ou en diminuant l'état bactéricide des humeurs et des tissus. De fait, tous les animaux qu'ont maintient immobiles après les inoculations se refroidissent et deviennent plus susceptibles aux infections (Charrin).

Gibier a réalisé l'expérience inverse de celle de Pasteur, il réussit à créer le charbon chez des grenouilles réfractaires, en les tenant dans des conditions anormales de température, il les chauffait vers 35°. La fatigue excessive, le jeûne prolongé, etc., sont aussi capables de faire cesser l'immunité naturelle. Charrin et Roger l'ont démontré pour le rat blanc vis-à-vis de la bactéridie ; Canalis et Morpurgo pour la poule et le pigeon ; Chauveau a réussi à déterminer le charbon chez le mouton d'Algérie en forçant considérablement la dose de virus injecté, etc.

Nous avons vu que l'immunité acquise pouvait avoir une origine naturelle ou qu'elle pouvait être le résultat de manœuvres artificielles, dites vaccinations. L'absorption journalière de certains microbes finit par habituer l'organisme à leur action, c'est là le mécanisme de l'immunité acquise par accoutumance, qu'on invoque parfois à l'égard de la fièvre typhoïde, du choléra, etc... Il y a un certain nombre de maladies qui ne récidivent pas chez le même individu, telles sont la fièvre typhoïde, les oreillons, la rougeole, la variole, la syphilis, etc., ou, du moins, qui ne récidivent qu'exceptionnellement; on peut admettre dans ces cas qu'une première atteinte de ces maladies a produit l'immunité dans l'organisme où elles ont évolué. Enfin, nous trouvons comme dernier mécanisme d'immunité acquise naturellement, l'antagonisme qui paraît exister entre certaines maladies infectieuses et qui rend réfractaire à quelques-unes d'entre elles l'organisme qui a servi de substratum aux autres. A l'appui de cette hypothèse, on peut citer l'immunité créée par la vaccine à l'égard de la variole, la rareté de la phtisie et de la fièvre typhoïde dans les régions marécageuses où règne l'impaludisme; mais si, d'autre part, on a remarqué que la phtisie rend les hommes réfractaires aux fièvres éruptives, on sait que la variole prédispose de façon très fâcheuse à la phtisie.

Pour expliquer l'immunité, on a d'abord supposé que les bactéries ne trouvaient pas dans les organismes réfractaires les conditions voulues pour se développer. Les poules seraient réfractaires au charbon parce que leur température est trop élevée, les grenouilles parce que leur température serait trop basse. Cependant, les moineaux, dont la température est aussi très élevée, sont comme nous l'avons vu très sensibles à ce virus. On a dit que les microbes épuisent rapidement l'organisme de ses substances nutritives (théorie de la soustraction de Pasteur), ou y introduisent des substances impropres à leur développement ultérieur (théorie de l'addition de Chauveau). Ces théories sont vraies surtout appliquées à ce qui se passe dans les tubes de culture, mais leur importance doit être bien minime dans l'organisme animal où les échanges permanents, dus à la respiration et à la nutrition, tendent à maintenir constante la composition des tissus et des humeurs, à compenser les pertes, à éliminer les substances nuisibles.

Actuellement les avis sont partagés entre deux théories seulement et il semble que l'accord général soit proche.

La théorie humorale admet que les liquides de l'économie contiennent des substances chimiques capables de détruire les germes vivants (propriétés bactéricides), ou, simplement, de les atténuer ou bien, encore, capables de neutraliser l'action des produits solubles sécrétés par ces germes (propriétés antitoxiques). La notion du pouvoir bactéricide est basée sur les travaux de WISSOKOWITSCH qui a démontré, en 1886, que les bactéries introduites dans la circulation par injection intraveineuse disparaissent rapidement, après avoir toutefois trouvé en certains cas un abri momentané dans les parenchymes organiques; sur ceux de FODOR (1888) qui signale le pouvoir bactéricide prononcé du sang de lapin vis-à-vis de la bactéridie; de NUTTAL (1888) qui confirme, précise et étend les résultats de FODOR; de NISSEN (1889) qui vérifie les résultats des précédents et montre en outre l'influence de la quantité de semence; BUCHNER constate, comme NISSEN et ses devanciers, le pouvoir bactéricide du sang; mais il dit que ce liquide, après avoir détruit un grand nombre de microbes, devient rapidement pour eux un bon milieu de culture: il attribue ce fait à la dissolution dans le sérum de l'hémoglobine des hématies. Le pouvoir bactéricide des humeurs ne peut expliquer à lui seul l'immunité naturelle ou acquise; en effet, le lapin est très sensible à la bactéridie, alors que son sang possède *in vitro* la propriété de détruire énergiquement cette bactéridie; inversement, le chien s'y montre à peu près réfractaire, alors que son sérum, vis-à-vis de ce microorganisme, ne possède dans les mêmes conditions aucune action bactéricide, etc...; et si, d'autre part, le sérum des animaux peut acquérir à la suite des vaccinations artificielles des propriétés bactéricides marquées, pour la bactérie considérée, ce fait est loin d'être général.

Pour expliquer l'immunité, on ne peut non plus uniquement admettre que, chez les sujets qui en sont doués, le sérum possède des propriétés atténuantes vis-à-vis des bactéries. Cette propriété, nulle ou peu évidente chez ceux qui sont naturellement réfractaires, devient, cependant, assez notable chez ceux qui sont doués de l'immunité acquise. Il en est de même des propriétés antitoxiques du sérum (BUCHNER, EHRLICH), qui, à peu près inactif sur les toxines quand il provient d'un animal naturellement réfractaire à l'égard des microbes générateurs de ces toxines, acquiert chez les vaccinés des propriétés antitoxiques remarquables mises à profit dans ces dernières années dans les différentes méthodes de sérothérapie.

La théorie cellulaire (METSCHNIKOFF) fait intervenir, pour expliquer l'immunité, l'action destructive de certaines cellules de l'organisme sur les bactéries. Ce seraient surtout les leucocytes polynucléaires (microphages) et les cellules fixes du tissu conjonctif, les cellules de la moelle osseuse (macrophages), etc..., qui seraient surtout chargés d'englober les bactéries parasites et de les détruire au fur et à mesure de leur introduction dans l'organisme, de la même façon que ces cellules, dites phagocytes, et certaines autres douées également de mouvements amiboïdes, sont capables d'englober des corps inertes ou des proies diverses qu'elles digèrent. Cette hypothèse, vérifiée d'abord sur les Daphnies infectées par une bactérie particulière, le *Spirobacillus Cienkowsky*, a été vérifiée depuis dans la plupart des maladies infectieuses (METSCHNIKOFF). Les leucocytes polynucléaires, sous des influences contestées (chimiotaxie, diapédèse énergique provoquée par les sécrétions microbiennes, etc...) arrivent en foule aux lieux infectés, englobent les bactéries, les digèrent ou les immobilisent seulement. Microphages et microbes inclus sont à leur tour détruits par les macrophages. Parfois ils succombent dans la lutte et l'infection se déclare.

On a beaucoup discuté pour savoir si les leucocytes englobaient les microbes vivants ou morts, ou même seulement atténués. Pour diverses raisons, tirées surtout des réactions de coloration, des infections qu'on peut réaliser avec les microbes déjà englobés, etc., un certain nombre d'auteurs affirment l'englobement des bactéries à l'état vivant. D'autres pensent, au contraire, que les bactéries ne sont englobées qu'après avoir subi l'action atténuante et même bactéricide de substances contenues dans les humeurs de l'organisme. Pour BUCHNER, ces substances (alexines, lysines) seraient fournies par les leucocytes eux-mêmes; pour d'autres, elles existeraient normalement dans le sérum; on a même émis cette opinion, qui en tous cas ne paraît pas générale, que les alexines seraient surtout produites par les leucocytes à granulations éosinophiles, lesquels ne paraissent jouer aucun rôle dans l'englobement et la digestion proprement dits des bactéries. Dans l'organisme des animaux possédant l'immunité naturelle, les leucocytes auraient la propriété de se diriger spontanément vers les points menacés par les bactéries; dans l'organisme en état de réceptivité, ils seraient au contraire repoussés par les sécrétions à pouvoir chimiotaxique négatif de ces microbes. Enfin, dans l'immunité acquise par l'un quelconque des processus naturels étudiés plus haut, ou créée artificiellement par les vaccinations, les leucocytes auraient contracté une indifférence absolue vis-à-vis de ces sécrétions et se trouveraient alors dans le cas de ceux des organismes naturellement réfractaires.

Méthodes d'immunisation.

Les procédés mis en œuvre par l'homme pour créer l'immunité dans l'organisme animal qui s'en montre dépourvu, découlent des considérations qui précèdent. On a cherché aussi à rendre l'organisme impropre au développement des bactéries, en le saturant de produits chimiques antiseptiques; les résultats obtenus sont à peu près nuls, si l'on excepte l'action préventive, très discutée du reste, de la quinine contre la malaria, dont les microbes spécifiques n'appartiennent d'ailleurs pas à la famille des bactéries. Généralement on s'adresse, pour créer l'immunité, aux produits de la vie des bactéries, ou à ces bactéries elles-mêmes. En introduisant dans l'organisme réceptif, soit des cultures vivantes, virulentes ou atténuées, ou ces mêmes cultures débarrassées de germes vivants, soit par la chaleur, soit par les antiseptiques, soit par filtration, par décantation, etc., on arrive ordinairement à produire dans cet organisme une immunité solide et durable, dite *immunité active*. Mais ces opérations ne sont pas sans danger, on ne les doit pratiquer chez l'homme qu'avec la plus grande prudence (vaccination contre la peste).

Au contraire, les humeurs et en particulier le sérum des animaux solidement immunisés par les inoculations de cultures vivantes ou de toxines, acquièrent, pour leur compte, par des mécanismes encore très discutés sur lesquels nous ne pouvons guère insister, des propriétés immunisantes qu'elles peuvent transmettre à d'autres animaux auxquels on les injecte dans des conditions convenables. Ce dernier procédé, connu sous le nom de sérothérapie, a déjà fourni de magnifiques résultats en médecine humaine et vétérinaire. Malheureusement il ne confère qu'une immunité, dite *passive*, assez passagère.

La plupart des procédés de vaccination contre les maladies infectieuses ont été étudiés dans les chapitres précédents. Nous ne ferons donc que rappeler ici les plus importants :

1° *Inoculation d'un microbe atténué* par le vieillissement, la dessiccation, la lumière, la chaleur, l'électricité, par la culture dans des conditions défavorables de température, d'aération ; par le passage en série sur divers animaux;

2° *Inoculation de microbes virulents* en petit nombre (dilutions) ou par des voies déterminées : voie veineuse ou hypodermique selon les cas;

3° *Injection de cultures stérilisées*; par la chaleur, par la filtration, par la sédimentation des germes ; par l'action des antiseptiques, notamment de l'iode et de ses composés, ou bien encore, injection de ces cultures stérilisées modifiées par l'électricité sous ses diverses formes ;

4° *Injection de sérums* provenant d'animaux immunisés activement par l'une quelconque des méthodes précédentes (sérothérapie).

TROISIÈME PARTIE

BACTÉRIES ZYMOGÈNES, CHROMOGÈNES ET VULGAIRES

CHAPITRE PREMIER

BACTÉRIES ZYMOGÈNES

On groupe, en général, sous le nom de bactéries zymogènes les espèces dont le caractère le plus saillant réside dans les modifications profondes qu'elles font subir aux substances chimiques, aux dépens ou au contact desquelles elles vivent. Les unes opèrent de simples dédoublements par hydratation : tels sont, par exemple, les ferments de l'urée ; leur action est en tous points comparable à celle des acides ou des alcalis agissant comme saponifiants. D'autres sont de puissants agents d'oxydation, comme les bactéries acétifiantes ou celles de la nitrification ; d'autres, enfin, provoquent des phénomènes de réduction. Quelques-unes, mettant en œuvre des moyens mixtes, sont tour à tour ou simultanément agents d'hydratation, d'oxydation, etc.

On sait, aujourd'hui, qu'un grand nombre d'espèces zymogènes exercent leurs actions par l'intermédiaire de substances solubles qu'elles sécrètent. Nous aurons, plus bas, l'occasion de décrire en détail le mode d'obtention et les propriétés de quelques-unes de ces substances solubles si intéressantes, encore désignées sous les noms de ferments solubles, diastases, zymases, etc. Leur nombre s'accroît chaque jour, certaines bactéries en sécrètent plusieurs, ayant chacune leur rôle déterminé.

Le rôle des bactéries zymogènes est des plus importants ; l'industrie les utilise pour la préparation des fromages, de certaines boissons fermentées, pour la teinture en indigo, etc... Dans la nature, elles sont les agents de destruction les plus actifs des matières usées, faisant passer ces matières à l'état de produits simples, eau, azote, acide carbonique, acide nitrique, capables dès lors de rentrer dans le cycle des transformations vitales.

I. — Fermentation lactique.

On désigne sous le nom de *fermentation lactique* la transformation, par la vie des microorganismes, de certaines matières organiques, et notamment des sucres, en un acide particulier, l'acide lactique.

La présence de cet acide a été reconnue dès 1780, dans le lait aigri, par Scheele. Étudié par Berzelius, sa composition a été établie en 1832 par Liebig qui proposa de l'extraire de l'eau de lavage de la choucroute. Braconnot, sous le nom d'acide nanceïque, l'avait isolé des eaux sûres des boulangeries et des amidonneries, du jus de betterave fermenté et devenu acide, de la jusée des tanneries, etc. Boutron et Frémy (1) considérèrent les premiers la production de l'acide lactique, aux dépens des sucres, comme le résultat d'une fermentation spéciale. Ils proposèrent, pour fabriquer l'acide lactique, d'abandonner au contact de l'air une certaine quantité de lait additionné de 70 à 75 grammes de lactose par litre ; en neutralisant le liquide au fur et à mesure de son acidification, on obtient, après que tout le sucre a été transformé, une solution de lactate de soude d'où il est aisé d'extraire l'acide lactique qu'on purifie ultérieurement en le transformant en lactate de calcium cristallisable.

Un autre procédé avantageux de préparation de l'acide lactique a été indiqué par Bensch (2). Il consiste à dissoudre 3 kilogrammes de sucre de canne dans 13 litres d'eau bouillante ; cette solution additionnée de 15 grammes d'acide tartrique est abandonnée à elle-même pendant quelques jours, puis on y ajoute 60 grammes de fromage pourri délayé dans 4 litres de lait caillé écrémé et 1 500 grammes de craie pulvérisée ; le tout est placé dans un lieu chaud à la température de 30 à 35°. Après 8 ou 10 jours, le liquide se prend en une masse de cristaux de lactate de chaux ; on ajoute 10 litres d'eau bouillante, 15 grammes de chaux éteinte, on fait bouillir, on filtre sur une toile, on évapore et on laisse cristalliser.

(1) Boutron et Frémy. *Annales de chimie et de physique*, II, sér. 2, p. 257.
(2) Bensch. *Annalen der Chemie und Pharmacie*, CXIII, p. 242.

Le lactate de chaux, ainsi obtenu, est purifié par de nouvelles cristallisations et finalement décomposé par une quantité équivalente d'acide sulfurique ; on filtre, on neutralise le liquide par du carbonate de zinc, on filtre de nouveau et on fait cristalliser le lactate de zinc qu'on peut ainsi obtenir très pur. Celui-ci est enfin dissous dans l'eau et décomposé par l'hydrogène sulfuré. On filtre le sulfure de zinc et la liqueur acide est évaporée à consistance sirupeuse d'abord au bain-marie, puis dans le vide à froid.

En 1857, PASTEUR (1) découvrit que la fermentation lactique avait pour cause un microorganisme particulier qu'il désigna, tout d'abord, sous le nom de levure lactique, par analogie avec les levures alcooliques qui transforment le sucre, par un mécanisme comparable, en alcool et acide carbonique ; on trouvera plus loin la description du ferment lactique de PASTEUR.

Actuellement, la question de la fermentation dite lactique, apparaît beaucoup plus compliquée qu'elle ne semblait l'être après les mémorables recherches de PASTEUR. On a d'abord reconnu qu'un très grand nombre de substances, indépendamment des sucres, étaient capables de subir ce mode de fermentation ; puis, on a constaté qu'un plus grand nombre encore d'espèces microbiennes étaient capables de produire de l'acide lactique aux dépens des substances les plus variées ; enfin on a constaté des différences dans la nature et la quantité de l'acide lactique formé, différences tenant soit au microbe lui-même, soit à la matière fermentescible, variables avec les conditions de la culture, la température, la richesse nutritive du milieu, l'accès plus ou moins facile de l'air, etc. On voit qu'il ne saurait plus être question aujourd'hui d'une fermentation lactique unique produite par une bactérie spécifique dédoublant le glucose en deux molécules d'acide comme on pouvait encore l'admettre il y a quelques années.

La fermentation lactique, comme toutes les fermentations du reste, doit être envisagée au point de vue des espèces capables de la produire, différant plus ou moins les unes des autres par leur morphologie, leurs propriétés biologiques ; au point de vue des substances chimiques capables de la subir ; au point de vue de la constitution des acides auxquels elle donne naissance ; enfin, au point de vue des mécanismes qui président à la transformation, en acide lactique, de ces substances éminemment variées.

E. KAYSER (2) a étudié comparativement la fermentation produite

(1) PASTEUR. *Annales de chimie et de physique*, LII, sér. 3, p. 407.
(2) KAYSER. *Annales de l'Institut Pasteur*, 1894, VIII, p. 737.

par 15 ferments lactiques différents, de diverses provenances. Des notions générales intéressantes sur les ferments et la fermentation lactiques se dégagent de son important mémoire. Quelques-uns de ces ferments ne résistent pas à 5 minutes de chauffage à 60° (dans un milieu acide en fermentation depuis 4 à 5 jours); aucun n'est capable de cailler le lait au-dessous de 10°, même après 35 jours d'attente; quelques-uns n'ont également aucune action entre 10 et 15°; la température optima semble comprise pour tous entre 30 et 35°; à 45°, trois des ferments étudiés ont caillé le lait; trois autres n'ont pas agi à cette température, mais n'étaient pas tués pour cela. Les ferments lactiques semblent très résistants au vieillissement, à la dessiccation et à l'action de la lumière (plus de 3 mois). Tous ces ferments lactiques se différencient plus ou moins bien les uns des autres par leur façon de croître sur l'eau de touraillon gélatinisée, sur gélose nutritive ordinaire, sur jus d'oignon, par leur façon de cailler le lait; le coagulum de caséine se produit plus ou moins vite, il est ferme ou mou, granuleux ou non, il se rétracte plus ou moins nettement, etc...

Cambier (1) a étudié des ferments lactiques très énergiques, isolés de la terre de jardin, lesquels ne manifestent leur pouvoir ferment, vis-à-vis de la glycose ou de la mannite, qu'à des températures relativement élevées, entre 65° et 70°. Ces organismes filamenteux, sporulés, immobiles, incapables de se développer visiblement sur les milieux habituels aux températures inférieures à 50°, rentrent évidemment dans le groupe des bactéries thermophiles de Miquel.

Les gaz qui se dégagent au cours de la fermentation lactique sont formés surtout d'acide carbonique (Kayser); on y a signalé la présence de l'azote, de l'hydrogène et même du méthane (Baginsky). Les produits qui prennent naissance pendant la fermentation lactique des sucres sont l'acide lactique, l'acide acétique et l'acide formique; l'alcool ordinaire et l'acétone. Les trois derniers sont toujours en très petite quantité. Kayser n'a jamais constaté la formation d'acide succinique. L'acidité du liquide fermenté dépend du microbe ensemencé et de la nature du corps fermentescible. De plus, pour une même matière fermentescible, elle est influencée par la durée de la fermentation, l'âge de la semence, le mode d'éducation de celle-ci, le mode de culture, la richesse du milieu en matières azotées et en hydrates de carbone (Kayser). Le rendement en acide est bien plus élevé si l'on maintient constamment neutre le liquide qui fermente par l'addition

(1) Cambier. *Revue de physique et de chimie*, 1897, I, p. 221.

de carbonate de chaux. Certains ferments lactiques semblent capables de brûler l'acide lactique qu'ils produisent en donnant de l'acide acétique; on constate, en effet, dans les cultures pures faites au large contact de l'air une quantité relativement faible d'acide lactique à côté d'une proportion beaucoup plus élevée d'acide acétique, tandis que dans les cultures faites en profondeur, à l'abri de l'air, on trouve pour 100 grammes de sucre disparu environ 94 grammes d'acide lactique formé, on n'en trouve plus que 60 à 70 grammes si la culture a été largement aérée. KAYSER a observé, en outre, que les ferments qu'il a étudiés donnent de l'acide lactique aux dépens de la peptone pure, exempte de matières sucrées ou susceptibles de produire des sucres par hydrolyse ; l'addition de peptone aux solutions sucrées qu'on veut faire fermenter lactiquement est du reste très favorable, le microbe se développe mieux et le rendement en acide est augmenté notablement. Cette action favorisante des matières azotées avait été mise en évidence, depuis longtemps, par CH. RICHET (1) dans ses recherches sur la fermentation lactique.

Au point de vue chimique, on connaît l'acide lactique sous quatre formes isomériques différentes les unes des autres. L'un de ces acides, l'acide β-oxypropionique ou *éthylénolactique* $CH^2OH . CH^2 CO^2H$ ne semble pas prendre naissance au cours des fermentations qui nous occupent; il n'a guère été rencontré que dans le plasma musculaire et certaines humeurs de l'économie où il est accompagné d'acide lactique droit (ce mélange constitue l'ancien acide sarcolactique de BERZÉLIUS). La deuxième forme connue de l'acide lactique est la forme inactive $CH^3 CH(OH) CO^2H$. Cet acide est le véritable acide lactique de fermentation; c'est lui qui se forme aux dépens des matières fermentescibles sous l'influence des ferments lactiques vrais. Sa constitution a été fort bien établie par les synthèses réalisées par STRECKER, WISLICENUS, GAUTIER et SIMPSON, WURTZ et FRAPPOLI ; c'est l'acide *éthylidénolactique*, contenant le radical éthylidène de l'aldéhyde. De même que ses sels, il n'exerce aucune influence sur la lumière polarisée. C'est un liquide sirupeux, incolore, d'une densité de 1,215 à 20°; il se dissout en toutes proportions dans l'eau, dans l'alcool et dans l'éther. Ce dernier solvant permet de l'extraire des liquides aqueux qui le contiennent.

Les deux autres modifications connues de l'acide lactique prennent également naissance au cours de la fermentation, elles ne diffèrent

(1) CH. RICHET. *Comptes rendus de l'Académie des Sciences*, 1878, LXXXVI, pp. 550 et 1879, LXXXVIII, p. 750.

de l'acide éthylidénolactique que par l'existence du pouvoir rotatoire, et par quelques propriétés particulières de leurs sels. Ce sont des isomères stéréochimiques, dont les théories nouvelles permettaient de prévoir l'existence. L'acide éthylidénolactique possède, en effet, un atome de carbone asymétrique, c'est-à-dire, dont les quatre valences sont saturées par des radicaux différents. CH^3, H, OH et CO^2H. Après les travaux de Pasteur sur l'acide tartrique, après ceux de Le Bel et Van't Hoff, on pouvait supposer que l'acide lactique de fermentation était un corps racémique, c'est-à-dire inactif par compensation ; constitué par l'union de deux isomères doués d'un pouvoir rotatoire égal mais inverse. Lewkowitsch (1), puis Linossier (2) réussirent à faire apparaître le pouvoir rotatoire gauche en cultivant du *Penicillium glaucum* sur des solutions de lactate d'ammonium inactif.

Dans ces conditions, la moisissure consomme surtout pour sa nutrition le lactate droit; l'équilibre entre les pouvoirs rotatoires des deux lactates actifs constituant le sel inactif disparaît et le pouvoir rotatoire gauche apparaît. Après l'action du *Penicillium*, on peut, en acidulant le liquide de culture et en l'épuisant par l'éther, en extraire de l'acide lactique droit. Nous verrons, en effet, que le pouvoir rotatoire des acides lactiques libres est en sens contraire de celui de leurs sels.

Percy-Frankland et J. Mac Gregor (3) ont étudié un ferment qui attaque le lactate de chaux inactif, détruisant de préférence le sel droit. Le pouvoir rotatoire gauche apparaît donc dans le liquide et si l'on arrête assez à temps la fermentation, on peut en extraire de l'acide dextrolactique.

F. Schardinger (4) décrivit, à peu près à la même époque, un bacille isolé de l'eau, le *Bacillus acidi lævolactici*, capable de transformer le sucre de canne en acide lactique gauche à sel de zinc dextrogyre.

On a réussi, du reste, à séparer l'acide lactique inactif par compensation, en ses composants optiquement actifs, par des méthodes purement physiques telles que la cristallisation fractionnée ou amorcée du lactate de strychnine préparé avec l'acide lactique de fermentation (Purdie et Walker).

On doit réserver le nom de ferments lactiques vrais aux microorganismes capables de transformer avec un rendement intégral ou

(1) Lewkowitsch. *Deutsche chemischen Gesellschaft*, 1883, XI, p. 2720.
(2) Linossier. *Bulletin de la Société chimique*, 1891, sér. 3, VI, p. 10.
(3) P.-Frankland et J. Mac Gregor. *Trans. of the chemical Society*, 1893, p. 1028.
(4) F. Schardinger. *Monatschefte für Chemie*, 1890, XI, p. 545.

très élevé les matières fermentescibles, en acide lactique. Ces ferments donnent généralement naissance à l'acide lactique inactif. Cependant, lorsque le milieu est peu nutritif, les ferments peuvent s'attaquer au lactate inactif qu'ils avaient préalablement élaborés et le dédoubler en consommant un des isomères actifs, le droit de préférence, on peut dès lors extraire l'acide dextrogyre du liquide de culture.

Un certain nombre de bactéries attaquent les matières hydrocarbonées et donnent naissance à des quantités, plus ou moins considérables, d'acide lactique actif ou inactif sans pouvoir être pour cela considérés comme de vrais ferments lactiques. Le bacille diphtérique cultivé dans les milieux glucosés produit de l'acide lactique droit accompagné d'un peu d'acide formique. Le *Bacillus coli communis* et le bacille d'Eberth ont donné lieu sur ce sujet à un très grand nombre de travaux; tandis que le premier fournit, en assez grande abondance, de l'acide lactique avec presque tous les sucres (Chantemesse, Widal, Perdrix), le second n'en donne que peu avec les glucoses, et pas du tout avec la lactose (R. Wurtz, Dubief, etc.), On a voulu tirer de ces résultats des caractères différentiels entre les deux microbes (Wurtz, Malvoz, Smith, Dunbar, Tavel, Ferrati, etc.) et aussi de la façon dont ils se comportent dans le lait que l'un coagule et que l'autre laisse en apparence inaltéré, de la nature et de la quantité des gaz qu'ils dégagent dans les bouillons glucosés, etc... Blachstein, Péré (1) ont précisé la nature des acides lactiques formés par ces deux microbes; le bacille typhique ne fait pas fermenter les bioses; il attaque les glucoses moins énergiquement que le colibacille et fournit avec eux de l'acide lactique inactif ou de l'acide gauche; le colibacille fait fermenter les glucoses et les saccharoses, fournissant ordinairement de l'acide droit.

Ces caractères n'ont pas grande valeur, au point de vue du diagnostic, puisque Péré lui-même indique que la nature et la quantité de l'acide produit par le bacille du côlon dépendent de l'origine de celui-ci, de la composition de la matière azotée qui lui sert d'aliment et de la constitution du sucre fermentescible. Le colibacille donne avec la glycose de l'acide lactique dextrogyre et avec la lévulose de l'acide inactif ou de l'acide dextrogyre, dès que les conditions de la culture lui sont défavorables. Un ferment lactique décrit par Tate (2), sans action sur la saccharose, donne de l'acide lac-

---

(1) Péré. *Annales de l'Institut Pasteur*, 1892, VI, p. 512. — 1893, VII, p. 737. — 1898, XII, p. 63.

(2) Tate. *Journal of the chemical Society*, LXIII, p. 1263.

tique gauche avec la glycose et la mannite, il donne de l'acide inactif quand il agit sur la rhamnose.

Lorsqu'au cours d'une fermentation on aura isolé un acide liquide que ses propriétés et sa composition élémentaire conduiront à identifier avec l'acide lactique, il ne faudra jamais négliger de chercher à savoir à quelle variété d'acide lactique on a affaire. On y parviendra surtout par l'étude polarimétrique de l'acide libre et de ses sels; et aussi par l'étude attentive de l'eau de cristallisation de ces derniers. Voici, d'après KAYSER, quelques chiffres ayant leur importance à ce sujet : le lactate de zinc inactif cristallise avec 3 molécules d'eau, qu'on peut éliminer facilement et rapidement à 100°; les lactates actifs ne cristallisent qu'avec 2 molécules d'eau seulement, mais qu'il est fort difficile de chasser complètement surtout pour le sel gauche; on n'y arrive qu'en les tenant longtemps à l'étuve à 140°. L'acide lactique droit donne des sels de calcium, de zinc, etc..., à pouvoir rotatoire gauche; l'inverse se produit relativement à l'acide gauche; le pouvoir rotatoire spécifique des acides libres ou de leurs sels sont grandement influencés par la dilution plus ou moins grande de la solution qui sert à faire la mesure. A la température de 20°, la solubilité dans l'eau des principaux lactates est la suivante: lactate de zinc inactif 1,7 p. 100; le lactate de zinc droit 5,2 à 5,3; le lactate de zinc gauche 5,3 à 5,4; le lactate de chaux inactif 4,9 p. 100; le lactate de chaux gauche 6,6; le lactate de cadmium inactif 11,03 p. 100; le lactate de cadmium gauche 13,53.

Ferment lactique de Pasteur.

SYN. : Levure lactique; *Bacillus lacticus.*

Ce microorganisme, entrevu par REMAK (1) puis par BLONDEAU (2), a été reconnu comme agent causal de la fermentation lactique par PASTEUR (3) en 1857. BOUTROUX (4), qui a repris son étude sur les conseils mêmes de PASTEUR, en donne la description suivante : « Le ferment lactique se présente le plus ordinairement sous la forme d'un voile placé à la surface du liquide où on le cultive; voile d'une très faible ténacité, souvent d'épaisseur inégale, se disloquant en lambeaux écailleux. Ce voile se montre au microscope, constitué par

---

(1) REMAK. *Remak Canstatt's Jahresberichte*, 1841, I.
(2) BLONDEAU. *Journal de Pharmacie*, 1848, sér. 3, XII, pp. 244 et 336.
(3) PASTEUR. *Annales de chimie et de physique*, sér. 3, LII, p. 407.
(4) BOUTROUX. *Comptes rendus de l'Académie des Sciences*, 1878, LXXXVI, p. 605.

des cellules ovales disposées ordinairement par groupes de deux, mais souvent aussi en chapelets de forme plus ou moins courbe comprenant plusieurs individus. Les cellules ont une largeur variant de 1 à 3 μ; leur longueur est à peu près le double. Au début de la fermentation, on trouve de très grosses cellules sphériques, d'autres présentent en leur milieu un étranglement plus ou moins profond qui leur donne l'apparence de lemniscates; d'autres enfin sont divisées par une cloison transversale. On voit aussi des chapelets de cellules de plus en plus petites; parfois deux de ces chapelets semblent émaner d'une même cellule sphérique de grande dimension (fig. 163) ».

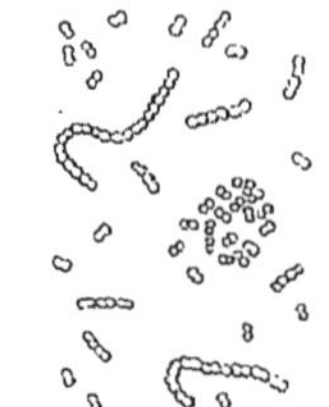
Fig. 163.
Ferment lactique de Pasteur.

Au fur et à mesure que la fermentation s'avance, les formes du ferment se régularisent, toutes les cellules apparaissent bientôt sphériques et de taille égale; à la fin de la fermentation on ne voit plus que des cellules de très petite dimension, réunies en amas irréguliers, très serrées. Ce ferment se développe rapidement sur les milieux sucrés rendus nutritifs par l'addition ou la présence naturelle de matières azotées (petit-lait, eau de levure, etc...). Le milieu d'élection serait l'*eau de levure glucosée*. Dans ce milieu, il produit de l'acide lactique; il ne se dégage pas de gaz et il ne se forme pas de produits secondaires, tels que l'alcool ou l'acide acétique. La fermentation lactique du glucose serait donc un simple dédoublement ou transposition moléculaire représentée par l'équation :

$$\underset{\text{Glucose.}}{C^6H^{12}O^6} = \underset{\text{Ac. lactique.}}{2\,C^3H^6O^3}.$$

Mais l'acide lactique qui se forme dès que le ferment lactique est introduit dans une liqueur sucrée gêne et arrête bientôt le développement de celui-ci. Toute action s'arrête quand l'acidité du liquide est égale à 1^{gr},5 d'acide lactique pour 100 parties de liquide. Pour que la fermentation puisse s'achever il est de toute nécessité de neutraliser par du carbonate de chaux, ajouté en excès dès le début, l'acide lactique à mesure qu'il se forme. Il se dégage dans ce cas de l'acide carbonique provenant de la décomposition du carbonate.

Le ferment lactique, suivant Boutroux, ne se développe qu'au contact de l'air; la fermentation lactique ne débute même pas dans le vide ou dans l'acide carbonique; quand elle est en marche, elle s'arrête bientôt si l'air qui surmonte le liquide ne se renouvelle pas aisément. Les voiles du ferment lactique tombent au fond du liquide après que la fermentation est achevée; on le retrouve encore vivant et actif après plusieurs mois, bien que la formation des spores endogènes n'ait pas été observée chez le ferment lactique de Pasteur (Boutroux).

Les caractères des cultures du *Bacillus lacticus*, sur les milieux nutritifs ordinaires, sont utiles à connaître parce que le ferment lactique peut se rencontrer dans les eaux, les selles, etc., où l'on recherche d'ordinaire le bacille d'Escherich avec lequel il pourrait être confondu à un examen par trop superficiel. Du reste, certains auteurs ont voulu identifier le *Bacillus lacticus* de Pasteur, qui se montre pathogène pour le cobaye, avec le *Bacillus lactis aerogenes* (Wurtz et Leudet (1) Denys et Martin (2)), qui n'est lui-même vraisemblablement qu'un représentant des nombreux colibacilles connus. Disons de suite que, en certain cas, les chapelets de *Bacillus lacticus* sont composés de très petites cellules régulièrement sphériques ou légèrement étranglées en leur milieu qui leur donnent tout à fait l'apparence de streptocoques.

Sur *gélatine* en plaques, ensemencée par dilution, les colonies de *Bacillus lacticus* apparaissent au bout de deux jours comme de petites sphères blanc grisâtre, opaques quand elles sont profondes; au contraire, les plus superficielles s'étalent en taches à bords sinueux, dont les parties périphériques restent transparentes. Ces colonies ne liquéfient pas la gélatine. Sur le même milieu ensemencé par piqûre profonde, le développement se fait en clou à tête exubérante, à pointe maigre et formée de petites sphérules accolées.

La culture sur *pomme de terre* est jaunâtre et épaisse.

Le *bouillon* ensemencé fournit une culture en voile superficiel très fragile; le liquide se trouble uniformément.

Le *lait* est rapidement coagulé en 15 à 20 heures à la température de 20 à 30°, par suite de la production d'acide lactique qui précipite la caséine; celle-ci se rétracte fortement, se fendille et est surnagée d'un sérum à peine louche; le coagulum de caséine ne se redissout pas ultérieurement comme cela s'observe fréquemment avec plusieurs autres espèces, telles que les tyrothrix, le *Bacillus pyocyaneus*, etc., qui sécrètent des diastases coagulantes et des diastases peptonisantes comme la présure et la caséase.

---

(1) Wurtz et Leudet. *Archives de médecine expérimentale*, 1891, III, p. 485. — *Compt. rend. de la Société de Biologie*, 1893, sér. 9, V, p. 531.

(2) Denys et Martin. *La Cellule*, 1893, IX.

Parmi les nombreuses bactéries capables de produire la fermentation lactique, nous citerons :

Le *Micrococcus acidi lactici* de KRUEGER (1), formé de cellules ovales de 1 à 1,5 μ de diamètre ; croissant bien à la température ordinaire sur la *gélatine* qu'il liquéfie lentement. Il coagule le *lait* en 3 jours à cette température, le caillot de caséine est homogène et ne se redissout pas ultérieurement ; ce caillot est surnagé d'une couche de sérum limpide.

Le *Micrococcus acidi lactici* de MARPMANN (2) se présentant sous la forme de cellules volumineuses, ordinairement isolées ou réunies deux à deux. Il donne après 24 heures de culture sur *gélatine* de petites colonies blanc jaunâtre, brillantes, non liquéfiantes. Semé dans le *lait*, il y développe, tout d'abord, une coloration rouge qui disparaît au fur et à mesure de la production d'acide lactique, puis il le coagule.

Le *Spherococcus acidi lactici* (3) du même auteur, formant de courtes chaînes de cellules très petites, ovales. Il ne liquéfie pas la *gélatine* sur laquelle il donne à la température ordinaire des colonies blanches, porcelanées. Comme le précédent il colore le *lait* en rouge, puis le coagule par suite de la production d'acide lactique.

Le *Streptococcus acidi lactici* de GROTENFELT (4) se présentant sous la forme de longues chaînes de cellules ovales dont le diamètre varie de 0,5 à 1 μ. Il se développe bien sur les milieux habituels à la température ordinaire, au contact ou à l'abri de l'oxygène. Il ne liquéfie pas la *gélatine*. Il coagule rapidement le *lait* en donnant de l'acide lactique.

Le *Bacillus acidi lactici* de HUEPPE (5), formé de cellules ovales de 1 à 1,7 μ de long sur 0,4 μ de large, ordinairement unies deux à deux, parfois en chaînes plus longues. Il est facultativement anaérobie, il est immobile et donne des spores. Il croît lentement à la température ordinaire sur les milieux de culture ; sur *gélatine*, il donne de petites colonies blanches à contours sinueux, transparentes sur les bords, plus opaques et jaunâtres au centre, il ne liquéfie pas la gélatine. Sur *pomme de terre*, il forme un enduit épais, jaunâtre ; semé dans le *lait*, il le coagule rapidement par suite de la production d'acide lactique ; en même temps il se dégage de l'acide carbonique. Ce microorganisme est très semblable, sinon identique, au ferment lactique de PASTEUR.

---

(1) KRUEGER. *Centralblatt für Bakteriologie*, 1890, VII, p. 464.
(2) MARPMANN. *Centralblatt für allg. Gesundheitspflege*, II, p. 22.
(3) MARPMANN. *Centralblatt für allg., Gesundheitspflege*, II, p. 121.
(4) GROTENFELT. *Fortschritte der Medicin*, VII, p. 124.
(5) HUEPPE. *Mittheilungen aus dem K. Gesundheitsamte*, II, p. 337.

Le *Bacillus limbatus acidi lactici* de MARPMANN, qui forme de fins bâtonnets, ordinairement réunis par paires, immobiles, ne donnant pas de spores, croissant bien à la température ordinaire et au contact de l'air sur les milieux de culture, ne liquéfiant pas la *gélatine*. Ce bacille se montre entouré d'une capsule difficile à colorer. Il se cultive bien dans le *lait* qu'il colore en rose; puis, il le coagule sans dégager de gaz.

Mentionnons, enfin, les nombreux ferments étudiés par ADAMETZ, GUILLEBEAU, DE FREUDENREICH, les streptocoques de la mammite contagieuse des vaches et des brebis; certains microbes agents des maladies des fromages, etc., qui sont aussi des ferments lactiques vrais, coagulant rapidement le lait où ils se cultivent et donnant de l'acide lactique avec la plupart des matières fermentescibles.

Le *Bacillus* α de FREUDENREICH (1), isolé du fromage d'Emmenthal, à la maturation duquel il contribue sans doute pour une large part, coagule rapidement le lait où on le cultive ; c'est un ferment lactique énergique. Il croît lentement sur les plaques de *gélatine*, où il forme après quelques jours des petits points à peine visibles. A un faible grossissement, ces colonies, éclairées par réflexion, paraissent blanc jaune, rondes, à bords lisses; éclairées par transparence, elles prennent une couleur blanchâtre, un aspect granuleux et rappellent un écheveau de soie tordu. Les colonies grossissent peu à peu, les plus superficielles sont jaune clair, granuleuses, à bords irréguliers. Le microscope les montre formées de petits bacilles mobiles, longs de 1 μ, à extrémités arrondies, associés ordinairement par paires, plus rarement en longues chaînettes; ils prennent le GRAM et semblent former des spores. Ce microbe pousse très mal dans le bouillon de peptone, à moins que ce milieu ne renferme quelques centièmes de lactose. Il se développe mieux à l'abri de l'oxygène qu'au large contact de ce gaz ; sa température optimum est voisine de 35°. Il résiste à la chaleur de 50-60° maintenue une demi-heure ; de 80° maintenue 15 minutes; il paraît tué par un séjour de 10 minutes à 90° ou par l'ébullition soutenue quelques secondes. Il est beaucoup moins résistant à l'action des agents antiseptiques, à l'action de la sécheresse et du vieillissement.

Ce bacille α du fromage ne produit pas de présure ; son action physiologique la plus caractéristique est la transformation du lactose en acide lactique. Dans un litre de bouillon artificiel chargé de 5 p. 100 de sucre de lait, il produit après 24 heures à 37°, 1 gr. 80

(1) DE FREUDENREICH. *Annales de Micrographie*, 1889, II, p. 270.

d'acide lactique ; après 19 jours, la culture renferme environ 6 gr. par litre d'acide lactique ; le développement du microbe est alors arrêté par suite de l'acidité du milieu. Avec un bouillon contenant 100 grammes par litre de lactose, DE FREUDENREICH a trouvé que 13 gr. 4 avaient disparu au bout de 24 heures ; après 15 jours, 29 gr. 3 de lactose avaient disparu, à ce moment l'acidité correspondait à 6 gr. 3 d'acide lactique par litre.

D'après SIEBER qui a étudié ce bacille à la demande de DE FREUDENREICH, l'acide lactique formé aux dépens de la lactose et de la glucose est de l'acide paralactique. Ce savant opéra sur du bouillon sucré additionné de craie ; il nota la production de traces d'alcool éthylique et d'acides gras volatils.

La plupart des ferments lactiques qui viennent d'être indiqués, trouvent leur habitat normal dans le lait qui constitue pour eux un excellent milieu de culture, à cause de la forte proportion de lactose qu'il contient ; on les rencontre fréquemment aussi dans l'eau, dans le sol, dans les matières fécales, etc. L'industrie laitière les redoute et les combat par la pasteurisation du lait. Mais dans d'autres circonstances la même industrie les utilise, notamment pour la fabrication du *Kephir* ou lait fermenté, pour la maturation de la crème destinée à la fabrication du beurre. DE FREUDENREICH (1), dans des mémoires récents, attribue aux ferments lactiques un rôle prépondérant dans le phénomène de la maturation des fromages, qu'on supposait presque uniquement produite par des microorganismes spéciaux, tels que les Tyrothrix de DUCLAUX. Il a démontré que les ferments lactiques sont susceptibles, en certaines circonstances, notamment en milieu maintenu constamment neutre, de sécréter des substances capables non seulement de solubiliser ou de peptoniser les matières albuminoïdes, mais encore de les attaquer plus profondément, de les réduire en amides et autres corps azotés, etc., absolument comme le font les bactéries de la putréfaction et les ferments de la caséine, de la fibrine, etc., que nous étudierons ultérieurement.

II. — FERMENTATION BUTYRIQUE.

L'acide butyrique normal, $CH^3CH^2CH^2CO^2H$, apparaît fréquemment comme produit de la vie d'un certain nombre d'espèces microbiennes aux dépens des substances organiques les plus diverses. On doit

(1) DE FREUDENREICH. *Annales de Micrographie*, 1897, IX, pp. 5, 185, 385. — 1898, X p. 279.

réserver le nom de ferments butyriques vrais à celles de ces espèces qui produisent une notable quantité de cet acide, susceptible au besoin d'être extraite industriellement avec avantage. Pasteur (1) découvrit le premier, en 1861, l'existence d'un vibrion capable de produire la fermentation butyrique du lactate de chaux. Il reconnut son caractère d'être strictement anaérobie; on sait les relations que l'illustre savant pensait exister entre ce caractère et le pouvoir ferment.

Si nous prenons du lait sucré ou bien une solution aqueuse de sucre de lait rendue nutritive par l'addition de substances azotées, et additionnés de craie en poudre, comme nous l'avons fait pour la fermentation précédente, nous constatons d'abord qu'une fermentation lactique se déclare dans la masse liquide qui, peu à peu, à mesure que le sucre disparaît, se prend en une bouillie cristalline de lactate de chaux. Si nous laissons les choses en cet état, nous ne tarderons pas à voir les cristaux de lactate se redissoudre; le liquide se charge d'acide butyrique et le microscope nous montre les articles du vibrion butyrique qui a pu se développer dans le liquide privé de toute trace d'oxygène par le ferment lactique qui y a tout d'abord vécu et exercé son action spéciale.

On a longtemps cru que les sucres seuls étaient capables de subir la fermentation butyrique et encore seulement après avoir subi, au préalable, la transformation lactique. On sait aujourd'hui qu'un grand nombre de ferments attaquent directement les sucres et les transforment en acide butyrique sans qu'on puisse saisir la production d'acide lactique comme terme de passage. On sait, en outre, que des substances souvent très différentes des sucres, les alcools polyatomiques, les sels de chaux des acides normaux et des oxyacides de la série grasse, l'amidon, la cellulose, etc., sont susceptibles de fermenter butyriquement.

Des substances azotées, telles que les matières albuminoïdes, la fibrine, la caséine, les peptones, etc., sont dans le même cas ; il n'est pas rare, en effet, de rencontrer une dose élevée d'acide butyrique dans les produits de la décomposition bactérienne de ces substances quaternaires azotées.

La fermentation butyrique représente, en effet, un mode de destruction profonde des molécules des substances fermentescibles; elle s'accompagne d'un dégagement souvent fort abondant d'hydrogène et d'acide carbonique. Beaucoup de produits accessoires prennent naissance au cours de la fermentation butyrique ; tels sont

---

(1) Pasteur. *Comptes rendus de l'Académie des Sciences*, 1861. LII, p. 344.

les acides acétique et formique, les alcools éthylique, butylique normal, etc... Aussi l'équation simple $C^6H^{12}O^6 = C^4H^8O^4 + H^4 + 2CO^2$ qui, dans le cas du sucre, par exemple, représente théoriquement la transformation en acide butyrique de la substance fermentescible, n'est-elle jamais réalisée en pratique.

Dans bien des cas, ces produits accessoires, où tout au moins l'un d'entre eux, se forment en telle abondance qu'ils constituent les termes principaux de la réaction. Tel ferment donnant avec la glycose, par exemple, de l'acide butyrique en grande quantité et un peu d'alcool butylique, fournira avec la mannite, principalement de l'alcool butylique et peu d'acide; telle substance fermentescible donnera, suivant le ferment ensemencé, des résultats fort différents. Les produits formés au cours de la fermentation sont, comme l'a montré GRIMBERT, en relation étroite avec l'âge et l'éducation antérieure du ferment, les conditions de la culture, etc. C'est pourquoi il est fort difficile d'exposer avec méthode et sans redites inutiles l'histoire des transformations chimiques produites par les nombreux ferments butyriques dans les substances fermentescibles, d'autant plus qu'un très grand nombre de travaux publiés sur cette question n'ont pas porté sur des cultures pures et qu'il est impossible d'accepter sans réserves leurs conclusions.

La plupart des ferments butyriques sont des anaérobies stricts ; cependant, quelques-uns semblent pouvoir produire leur action au contact de l'oxygène. Tous sont fort résistants à la chaleur et donnent des spores ; ils appartiennent tous au genre *Bacillus*.

Ferment butyrique de Pasteur.

SYN. : Vibrion butyrique ; *Bacillus butyricus* ; *Bacillus amylobacter*, TRÉCUL (1) et VAN TIEGHEM (2) ; *Clostridium butyricum*, PRAZMOWSKI (3).

Cet organisme a été rencontré en 1861 par PASTEUR (4) dans un liquide sucré abandonné à lui-même après qu'il eut subi la fermentation lactique en présence de fromage pourri et de craie en poudre. Il se présente sous forme de bacilles à extrémités arrondies, longs

---

(1) TRÉCUL. *Comptes rendus de l'Académie des Sciences*, 1865, LXI, pp. 156, 436. — 1867, LXV, p. 513.

(2) VAN TIEGHEM. *Bull. de la Soc. botanique*, 1877. XXIV, p. 128, et *Comptes rendus de l'Académie des Sciences*, 1879, LXXXVIII, p. 205 et LXXXIX, pp. 25 et 1 102.

(3) PRAZMOWSKI. Untersuchungen über Entwickelungsgeschichte und Fermentwirk einiger Bakterien Arten. Leipzig, 1880.

(4) PASTEUR. *Comptes rendus de l'Académie des Sciences*, 1861, LII, p. 861 et Études sur la bière, 1876, p. 282,

de 3 à 10 μ, larges de 1 μ environ isolés ou réunis en chaînes de deux à quatre articles ; il affecte parfois l'aspect de longs filaments (fig. 164). Dans les cultures vieilles de quelques jours, on voit des bacilles porteurs de spores, lesquelles sont situées dans un renflement central ou terminal du corps du bacille qui affecte alors, selon les cas, la forme d'un fuseau, d'un citron ou d'un battant de cloche. Au niveau de la spore qui est très volumineuse et ovale, mesurant environ 2 à 2,5 μ, suivant son grand diamètre, le corps bacillaire renflé peut atteindre jusqu'à 2,6 μ. Au moment où les spores apparaissent, le corps bacillaire se charge de granules d'amidon qu'on peut aisément mettre en évidence en les colorant en bleu par l'iode : tantôt le bacille se colore uniformément, tantôt seulement par places. La matière amylacée disparaît du reste rapidement à mesure que les spores se développent.

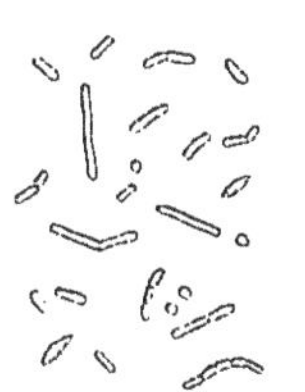

Fig. 164.
Ferment butyrique.

Le vibrion butyrique apparaît mobile lorsqu'il est observé bien à l'abri de l'air ; dès que ce gaz afflue librement, les vibrions cessent de se mouvoir et même périssent rapidement. Les spores sont, au contraire, très résistantes à l'action de l'air, des antiseptiques et de la chaleur ; elles supportent victorieusement la chaleur de 100° maintenue 4 à 5 minutes. Les phénomènes qui accompagnent la germination des spores ont été étudiées par PRAZMOWSKI ; la membrane-enveloppe ou exospore se rompt à l'un des pôles ; par cet orifice émerge un jeune bacille qui s'allonge dans la direction même de l'axe de la spore et bientôt se cloisonne, puis se divise ; la spore vide et flétrie reste parfois longtemps appendue au bacille qui en est émané.

Le vibrion butyrique est un anaérobie strict ; ses caractères de cultures sont fort peu connus. Cultivé dans le *lait*, il ne produirait pas de coagulation, mais il peptoniserait lentement la caséine (FITZ) ; au contraire, suivant HUEPPE, il coagulerait la caséine et ne la redissoudrait ensuite que lentement. LIBORIUS dit avoir cultivé le bacille butyrique sur *gélose* et sur *gélatine* récemment bouillies et contenues dans des tubes profonds ; dans ces milieux qui prennent une odeur butyrique, il se dégage des gaz ; la gélatine est liquéfiée.

Le vibrion butyrique transforme facilement le lactate de chaux en butyrate avec dégagement d'hydrogène et d'acide carbonique ; il fait aussi fermenter butyriquement la glycérine. Il attaque aisément la cellulose, surtout celle qui constitue les cloisons des jeunes cellules non encore lignifiées, ni incrustées de matières minérales ; il respecte la cellulose des plantes aquatiques ; il laisse inaltérés les grains d'amidon cru ; avec l'empois additionné de craie, il fournit de l'acide butyrique avec dégagement abondant de gaz carbonique et d'hydrogène.

Bacillus pseudo-butyricus.

HUEPPE a décrit une bactérie très semblable morphologiquement au vibrion butyrique de PASTEUR, mais s'en différenciant absolument par la propriété qu'elle possède de végéter au contact de l'air. Comme lui elle peut transformer en acide butyrique le lactate de chaux, la glycérine ; elle attaque directement la maltose. Cultivée dans le *lait*, elle le coagule sans en changer tout d'abord la réaction amphotère, puis, peu à peu, elle transforme la caséine coagulée en peptones, leucine, tyrosine, ammoniaque, etc. Cet organisme, qui paraît sécréter à la fois de la présure et de la caséase, jouit, comme on le voit, des propriétés des tyrothrix de DUCLAUX, avec l'un desquels on pourrait sans doute l'identifier.

Bacillus butyricus de Botkin.

Ce bacille, anaérobie, isolé par BOTKIN (1) des eaux, du sol et du lait, se présente sous forme de bâtonnets à extrémités arrondies, de 1 à 3 μ de long sur 0,5 μ de large, isolés où formant des chaînes de 2, 3 ou 4 articles. Dans les milieux liquides, il atteint 10 μ et plus et affecte la forme de filaments non segmentés. Les spores qu'il fournit, très résistantes à la chaleur, sont habituellement situées au milieu des articles. Ce bacille, anaérobie, légèrement mobile, se développe bien sur les plaques de *gélose* glucosée à 1,5 p. 100, soustraites au contact de l'air. En 15 à 18 heures, il forme sur ce milieu des colonies rondes ou elliptiques, à bords sinueux, qui, à un faible grossissement, ressemblent à de petits pelotons de fils ; en piqûre, il se développe tout d'abord dans la profondeur, des bulles gazeuses se forment qui déplacent l'air surmontant la gélose et peu à peu la culture gagne jusqu'à la surface. Sur la *gélatine*, qui est promptement liquéfiée, on observe à peu près les mêmes caractères.

Le *bouillon* glucosé à 1,5 p. 100 se trouble rapidement et dégage des gaz ; au bout de quelques jours, toute fermentation cesse et le

(1) BOTKIN. *Zeitschrift für Hygiene*, 1892, XI, p. 421.

liquide se clarifie. Dans le *lait* bouilli, tenu à l'abri de l'air, le bacille produit la coagulation de la caséine, puis la redissout ; des gaz se dégagent en abondance. Le bacille butyrique de Botkin se différencie surtout du vibrion de Pasteur en ce qu'il n'attaque ni la cellulose, ni le lactate de chaux.

Kedrowsky (1) a décrit deux bacilles producteurs d'acide butyrique semblables au bacille de Botkin.

Bacillus amylozyma.

Ce bacille a été isolé par Perdrix (2) de l'eau de la canalisation de Paris. Comme le bacille de Botkin, il n'agit pas sur la cellulose, ce qui le différencie du vibrion butyrique ; à l'inverse de ce bacille, il ne liquéfie pas la gélatine.

Il affecte la forme de bâtonnets à extrémités arrondies, mobiles de 2 à 3 μ de long sur 0,5 μ de large ; sa mobilité disparaît au contact d'une trace d'oxygène ; il se colore aisément par toutes les couleurs d'aniline. Anaérobie strict, il se développe bien sur tous les milieux habituels privés d'air et bien exactement neutralisés ; il est en effet très sensible aux acides et aux alcalis ; une culture ne débute même pas dans un milieu dont l'acidité correspond à 0,05 p. 100, SO^4H^2 ; une culture déjà en activité s'arrête si le chiffre de l'acidité s'élève à 0,11 p. 100, SO^4H^2.

Semé en stries sur *pomme de terre* cuite contenue dans un tube de Roux, scellé après avoir été vidé d'air, il forme en quelques jours des colonies blanchâtres qui s'étendent assez vite, liquéfiant le substratum amylacé et dégageant des gaz à l'ouverture du tube. Son développement et les fermentations qu'il peut provoquer sont peu appréciables au-dessous de 17° ; déjà notables entre 20 et 25°, maxima vers 35°, puis décroissent jusqu'à 43°. Au-dessus de cette température, le bacille amylozyme ne se développe plus. Les spores qu'il fournit résistent plus de 10 minutes à 80° ; Perdrix a utilisé cette propriété pour l'isoler des espèces étrangères.

Le bacille amylozyme attaque la glycose et, sans inversion préalable, la lactose et la saccharose. Pour étudier ces fermentations, Perdrix dissout ces matières sucrées à la dose de 1,5 p. 100 dans le bouillon additionné d'un excès de craie en poudre et stérilisé. Il est bon d'opérer dans des ballons à fond plat porteurs d'un bouchon à

(1) Kedrowsky. *Zeitschrift für Hygiene*, 1894, XVI, p. 445.
(2) Perdrix. *Annales de l'Institut Pasteur*, 1891, V, p. 287.

2 trous, livrant passage à des tubes dont l'un se rend dans une cuve à mercure et dont l'autre, bouché à l'ouate et plongeant jusqu'au fond du ballon, sert à introduire la semence; aussitôt le liquide ensemencé, on fait passer un courant de gaz inerte pour chasser l'air. La fermentation dure 7 à 8 jours; il se dégage un mélange d'acide carbonique et d'hydrogène, ce dernier un peu plus abondant que le premier. Quand tout le sucre a disparu, le liquide distillé ne fournit pas trace d'alcool; on peut en extraire un mélange d'acides acétique et butyrique où le dernier figure pour quatre cinquièmes.

Le bacille amylozyme saccharifie énergiquement l'empois d'amidon; fournissant un glucose très voisin de la glycose ordinaire, s'en différenciant cependant par son pouvoir rotatoire plus faible et par le point de fusion, légèrement plus bas, de son hydrazone (196°). Puis le sucre formé fermente sous l'influence du bacille. Dans une expérience de PERDRIX, 4gr,5 de fécule ont fourni : 0gr,022 d'hydrogène; 0gr,407 d'acide carbonique; 0gr,347 d'alcool éthylique; 0gr,082 d'alcool amylique; 0gr,08 d'acide acétique; 0gr,175 d'acide butyrique et une petite quantité de dextrine. En somme, par l'action du bacille amylozyme sur l'amidon, il se fait un sucre capable de fournir, d'une part, un mélange d'acide butyrique et d'acide acétique et, d'autre part, un mélange d'alcools éthylique et amylique. Les proportions de ces produits sont en rapport avec la nature et la quantité des gaz hydrogène et acide carbonique dégagés; ils varient suivant l'âge de la culture.

Le *Bacillus saccharobutyricus* de DE KLECKI (1) paraît très voisin de l'amylozyme; il est anaérobie et ne liquéfie pas non plus la gélatine.

Bacillus orthobutylicus.

Ce bacille anaérobie, fort bien étudié par GRIMBERT (2), a été isolé d'une fermentation de tartrate de chaux amorcée avec de la terre. Sa présence était du reste fortuite dans cette fermentation, car il n'exerce aucune action sur le tartrate de chaux. On l'isole, exactement de la même manière que le bacille amylozyme, en semant sur des tranches de pomme de terre contenues dans des tubes de ROUX pour cultures anaérobiennes, quelques gouttes du liquide qui le contient à l'état de mélange, et préalablement chauffé une minute à 100° pour éliminer les espèces non sporulées.

Il affecte la forme de bâtonnets cylindriques à extrémités arron-

(1) KLECKI. *Centralblatt für Bakteriologie*, 1896, 2e section, II, pp. 175 et 286.
(2) GRIMBERT. *Annales de l'Institut Pasteur*, 1893, VII, p. 353.

dies, de 3 à 6 μ de longueur sur 1,5 μ de large, assez mobile à l'abri de l'oxygène. Beaucoup de ces bacilles présentent un renflement terminal contenant une spore volumineuse, ces spores sont capables de résister une minute à 100°, 10 minutes à 80°.

Le *Bacillus orthobutylicus* se développe bien sur tous les milieux ordinaires additionnés d'une petite quantité de substance fermentescible. Il fait fermenter la glycérine, la mannite, la glycose, la saccharose, la maltose, la lactose, la galactose, l'arabinose, l'amidon, la dextrine, l'inuline; il est sans action sur la tréhalose, l'érythrite et le glycol, les lactate et tartrate de chaux, la gomme arabique. La lactose, la saccharose et la maltose fermentent directement sans inversion préalable; l'amidon est saccharifié et passe avant de fermenter à l'état de maltose et de dextrine, cette dernière se transformant à son tour en maltose; l'inuline est directement attaquée sans qu'elle soit saccharifiée à l'état de lévulose.

Ce bacille se distingue du ferment butyrique de PASTEUR en ce qu'il ne fait pas fermenter le lactate de chaux et qu'il n'exerce aucune action sur la cellulose; il se distingue du bacille amylozyme par la production d'alcool butylique normal; il paraît aussi différer du bacille de BOTKIN; à l'inverse du *Bacillus butylicus* de FITZ décrit plus loin, il n'intervertit pas la saccharose et se montre capable d'agir sur la lactose et l'amidon.

Les produits de la fermentation déterminée par ce bacille sont principalement : l'alcool butylique normal avec une faible quantité d'alcool isobutylique; l'acide butyrique normal ; l'acide acétique et enfin l'acide formique qui semble n'être qu'un produit de souffrance susceptible de disparaître au cours d'une fermentation. Les gaz qui se dégagent sont l'hydrogène et l'acide carbonique.

Tous ces produits se forment en quantité variable avec la durée de la fermentation, la dilution de la liqueur, l'âge et l'éducation antérieure de la semence, la réaction du milieu.

Les substances telles que la lévulose, à pouvoir rotatoire gauche, présentent une résistance à ce bacille plus grande que les corps dextrogyres; dans la fermentation de la glycérine, on observe toujours la production d'une petite quantité d'acide lactique gauche.

Bacillus butylicus de Fitz.

Ce bacille facultativement anaérobie, mais qui ne se montre mobile et très actif qu'à l'abri de l'oxygène, est une des nombreuses bactéries isolées de la bouse de vache et de l'eau de lavage du foin étudiées par Fitz (1) à une époque où l'on ne savait guère cultiver à l'état de pureté les espèces microbiennes, principalement les anaérobies. Quoi qu'il en soit, le *Bacillus butylicus* de Fitz constitue un bacille trapu, de 5 à 6 μ de long sur 2 μ de large, qui, à certains stades de son existence, se renfle en fuseau, se colore en bleu par l'iode et forme des spores très résistantes à l'action de la chaleur. Son activité est maximum vers 39-40°, elle cesse à 45°.

Ce bacille sécrète de l'invertine transformant la saccharose en un mélange de glucose et de lévulose. Il n'agit pas sur la lactose ni sur l'amidon cru. C'est un ferment très énergique du sucre, de la mannite et de la glycérine; il produit à leurs dépens de l'alcool butylique normal, de l'acide butyrique normal, de l'hydrogène et de l'acide carbonique comme produits constants; et, comme produits variables, de l'acide lactique, des acides caproïque, valérianique, succinique, de l'alcool éthylique, isopropylique, du glycol propylénique normal, etc...

Fitz a décrit de nombreuses bactéries possédant des caractères de ferments énergiques, donnant naissance à de l'alcool ordinaire, de l'acide propionique, etc., qu'il a fort bien étudiées au point de vue chimique, mais qui sont fort mal caractérisées au point de vue bactériologique. Nous n'insisterons donc pas sur ces espèces (*Bacillus ethaceticus*, ferment propionique du lactate de chaux, ferments de l'acide malique, bacille succinique, etc...) dont l'étude bactériologique est encore à faire.

III. — Fermentation de la cellulose.

Mitscherlich (2) observa, en 1850, que des tranches de pommes de terre abandonnées sous l'eau ne tardent pas à se désagréger; la cellulose se dissout et l'amidon mis en liberté se rassemble au fond du vase. En introduisant de nouvelles tranches de pomme de terre dans le liquide, on voit leur dissolution se faire de plus en plus vite. Cette action est, comme l'a démontré Van Tieghem (3), sous la dépendance du *Bacillus amylobacter* dont la présence avait été constatée, dès 1865, par Trécul (4) dans les vaisseaux laticifères des plantes.

(1) Fitz. *Berichte der deutschen chemischen Gesellschaft*, 1878, pp. 48 et 1898. — 1879, p. 479. — 1880, p. 1309. — 1881, p. 1084. — 1882, p. 867.

(2) Mitscherlich. *Monatsberichte der Berlin. Akademie*, 18 mars 1850.

(3) Van Tieghem. *Comptes rendus de l'Académie des Sciences*, 1879, LXXXVIII, p. 205.

(4) Trécul. *Comptes rendus de l'Académie des Sciences*, 1865, LXI, pp. 156 et 436; 1867, LXV, p. 513.

Nous avons vu que le bacille amylobacter était identique avec le vibrion butyrique de PASTEUR. Il est probable que le phénomène consiste, tout d'abord, en une simple hydratation de la cellulose sous l'influence d'un ferment soluble sécrété par l'amylobacter. Dès que la cellulose est dissoute, elle fermente en donnant de l'acide butyrique. Toutes les variétés de cellulose ne sont pas également aptes à subir cette action; celle qui est incrustée de matières minérales, celle qui est lignifiée, la cellulose des plantes aquatiques, le papier, le liège, etc., résistent énergiquement; au contraire, la cellulose formant l'enveloppe des jeunes cellules gorgées de liquide est aisément dissoute. Il est à supposer que le bacille amylobacter et tous ses congénères capables de dissoudre et de faire fermenter la cellulose contribuent pour une large part à la digestion de cette substance dans la panse des ruminants et le jabot des oiseaux. A l'étude de cette fermentation se rattachent deux importantes questions : le rouissage du lin et la fermentation du fumier.

Fermentation pectique.

On sait que le rouissage consiste à faire macérer, dans l'eau stagnante ou dans les cours d'eau, le lin et le chanvre pour en séparer les fibres textiles. Pendant cette opération, la matière qui unit les fibres se dissout et l'on a longtemps attribué un rôle important à l'amylobacter dans cette dissolution.

WINOGRADSKY (1), d'après les expériences effectuées dans son laboratoire par FRIBES, pense que le rouissage n'est autre chose que la dissolution et la fermentation des matières pectiques, sous l'influence d'un bacille spécial, anaérobie, long de 10 à 15 μ, large de 0,8 μ, se présentant parfois sous forme de longs filaments inarticulés. Ces bacilles portent souvent à une de leurs extrémités un renflement contenant une spore volumineuse de 1,8 à 2 μ de diamètre. Ils font fermenter, mais seulement en présence de peptone, la glucose, le sucre de canne, le sucre de lait et détruisent avec la plus grande facilité toutes les variétés de matières pectiques qu'on peut extraire du lin, des poires, des navets, des carottes, etc. Ce bacille spécial respecte complètement la cellulose des fibres textiles, le papier et la gomme arabique.

---

(1) WINOGRADSKY. *Comptes rendus de l'Académie des Sciences*, 1895, CXXI, p. 742.

Formation du fumier de ferme; fermentation forménique.

La cellulose, en particulier la cellulose de la paille, peut subir, sous l'influence de bactéries encore imparfaitement connues, une très intéressante fermentation qui la transforme en un mélange gazeux d'acide carbonique et de gaz des marais $(C^6H^{12}O^6)^n = (3CO^2 + 3CH^4)^n$. Cette fermentation fut observée tout d'abord par Reiset en 1856, et bien étudiée ensuite par Deherain qui lui attribue l'élévation souvent considérable de température observée dans le fumier conservé en tas.

D'après Deherain, pendant la formation du fumier, la cellulose de la paille des litières disparaît, subissant cette transformation dite « forménique »; les divers principes de la paille mis en liberté: vasculose, matières azotées, etc., peuvent alors se dissoudre dans le liquide fortement alcalin, riche en carbonates ammonique et potassique provenant de l'altération de l'urine des animaux. Un certain nombre d'autres réactions, les unes d'origine chimique, les autres d'origine microbienne, se passent également au cours de la formation du fumier; ces réactions, variables selon l'état d'humidité plus ou moins grand de la masse, suivant qu'elle est conservée en tas où l'air n'a que difficilement accès, ou en couche mince, au large contact de l'atmosphère, viennent souvent compliquer la fermentation forménique et expliquent les divergences notables des nombreux auteurs qui se sont occupés de cette importante question (Deherain, Schlœsing, Joulie, Muntz, Girard, Gayon et Dupetit, etc.).

D'après Gayon et Dupetit, le ferment forménique de la cellulose serait un très petit bacille anaérobie, pouvant dégager jusqu'à 100 litres de formène par jour et par mètre cube de fumier.

A. Hébert a étudié les transformations que subit la paille au point de vue chimique au cours de sa transformation en fumier. D'après ce savant, la fermentation forménique de la cellulose se produit aussi bien au contact qu'à l'abri de l'air; elle nécessite une forte alcalinité, ainsi elle se produit fort bien si l'on ensemence quelques centimètres cubes de purin dans un ballon contenant pour 50 grammes de paille hachée, 200 centimètres cubes d'une solution de carbonate de potasse à 5 p. 100, 200 centimètres cubes d'une solution de carbonate d'ammoniaque à 5 p. 100 et 10 centimètres cubes de phosphate d'ammoniaque à 5 p. 100 et placé à l'étuve à 35°. Si l'alcalinité était plus faible, on verrait, surtout, se déclarer une fermentation butyrique avec dégagement de gaz carbonique et d'hydrogène sans méthane.

Au cours de l'opération, la matière perd jusqu'à 50 p. 100 de son poids et cette perte porte principalement sur la cellulose ; la vasculose et la gomme de paille, capables de fournir de la xylose par hydratation, subissent aussi des pertes notables. D'après le même auteur, les gaz qui se dégagent du fumier de ferme convenablement arrosé et fermentant bien, contiennent pour 100 volumes : CO^2 35,07 ; Az. 34,18 ; CH^4 30,75 ; au contraire, quand le fumier n'est pas fréquemment arrosé avec le purin et qu'il se dessèche, la fermentation forménique est troublée et peut même céder le pas à la fermentation butyrique. Les gaz qui peuvent être recueillis au centre d'un pareil fumier, fermentant mal, présentent la composition suivante, toujours pour 100 volumes : CO^2 33,93 ; Az. 63,89 ; CH^4 2,18.

La température optimum de la fermentation forménique est voisine de 50°.

IV. — Fermentations diverses.

On a signalé un très grand nombre de fermentations donnant naissance, comme les fermentations lactique et butyrique, à des acides de la série grasse. Malheureusement, pour la plupart d'entre elles, on ne connaît pas avec exactitude les bactéries qui les produisent ; les auteurs qui les ont étudiées ne s'étant pas préoccupés, en général, d'opérer avec des espèces pures. Il est probable même que, dans bien des cas, les produits obtenus résultent de la vie de plusieurs espèces ayant accompli leurs actions simultanément ou successivement.

Fermentation propionique.

C'est ainsi que Strecker (1), en 1854, avait observé qu'une solution de lactate de chaux, destinée à une préparation d'acide butyrique, mais ayant été soumise à de grandes variations de température, se transforma tout d'abord en mannite, puis ce produit disparut et fit place à de l'acide propionique. La production d'acide propionique dans cette opération serait due, suivant Fitz, à un bacille mince, allongé, sporulé, formant des chaînes de 2 à 3 articles. Ce bacille agit sur le lactate de chaux en fournissant de l'acide propionique

(1) Strecker. *Comptes rendus de l'Académie des Sciences*, 1854, XXXIX, p. 56.

et de l'acide acétique, sans trace d'acide butyrique et sans dégagement d'hydrogène

$$\underset{\text{Ac. lactique.}}{3(C^3H^6O^3)} = \underset{\text{Ac. propionique.}}{2(C^3H^6O^2)} + \underset{\text{Ac. acétique.}}{C^2H^4O^2} + CO^2 + H^2O$$

L'acide propionique se produit encore dans la fermentation du malate de chaux par un bacille qui paraît différer du précédent (FITZ).

Dans cette opération, il se forme aussi des traces d'alcools et d'acide butyrique, ainsi qu'une quantité notable d'acide acétique.

Cette fermentation propionique peut se représenter par :

$$\underset{\text{Ac. malique.}}{3(C^4H^6O^5)} = \underset{\text{Ac. propionique.}}{2(C^3H^6O^2)} + \underset{\text{Ac. acétique.}}{C^2H^4O^2} + 4CO^2 + H^2O$$

Le ferment propionique du malate de chaux est sans action sur le succinate de la même base.

Dans certains cas, FITZ, avec ce bacille, a obtenu, en partant du lactate de chaux, de notables proportions d'acide valérianique, accompagné d'une trace d'alcools et d'autres acides gras volatils, non étudiés.

Fermentation succinique.

L'acide succinique se forme de son côté dans un grand nombre de fermentations. FITZ a décrit un *Bacillus ethylicus* faisant fermenter la glycérine avec production d'une notable quantité d'alcool ordinaire, capable, d'autre part, de provoquer le dédoublement du malate de chaux en un mélange d'acétate et de succinate, d'après l'équation :

$$\underset{\text{Ac. malique.}}{3(C^4H^6O^5)} = \underset{\text{Ac. succinique.}}{2(C^4H^6O^4)} + \underset{\text{Ac. acétique.}}{C^2H^4O^2} + 2CO^2 + H^2O$$

Un bacille en forme de poire, isolé par le même auteur, de la bouse de vache, agit vivement sur l'érythrite en présence de carbonate de chaux et provoque le dédoublement de cet alcool quadrivalent en acide succinique et acide butyrique avec traces d'acides acétique et caproïque.

Le tartrate d'ammoniaque en solution à 1 p. 100, additionné de substances nutritives, se peuple, au contact de l'air, d'une bactérie décrite par FITZ et analogue au *Bacterium termo* si mal défini d'ailleurs lui-même. Une pareille culture ensemencée dans une solution du tartrate à 5 p. 100, rendue nutritive et placée à l'étuve, la dédouble rapidement en acide succinique et acide acétique; il se produit en même temps une trace d'acide formique, le dédoublement est représenté approximativement par l'équation

$$3(C^4H^6O^6) = 2C^2H^4O^2 + C^4H^6O^4 + 4CO^2 + 2H^2O$$

Ac. tartrique. Ac. acétique. Ac. succinique.

Cette fermentation constitue un bon moyen de préparation de l'acide succinique.

L'asparagine est dédoublée, comme l'a montré MIQUEL (1) sous l'influence d'une bactérie très répandue, le *Bacterium commune*. Cette bactérie, longue de 1,5 à 2 μ, large de 0,5 μ, ne résistant pas plus de 2 heures à la température de 50° (fig. 165). Semée dans une solution d'asparagine, rendue nutritive par l'addition de sels de COHN et tenue à 30-36°, elle transforme, après 8 à 10 jours, toute cette substance azotée en succinate d'ammonium et acide carbonique. La liqueur renferme en outre une substance mucilagineuse et une petite quantité de carbonate d'ammoniaque. L'acide carbonique qui se dégage pendant l'opération, représente la moitié du carbone de l'asparagine disparue.

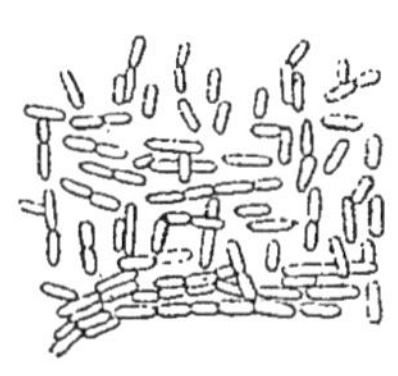

Fig. 165. Ferment succinique de Miquel.

GRIMBERT (2) a étudié l'action du pneumobacille de FRIEDLÄNDER sur la mannite, la dulcite, l'arabinose et la xylose. La mannite fournit de l'alcool, de l'acide lactique gauche et de l'acide acétique, sans acide succinique; il en est de même de l'arabinose qui ne donne que de l'acide lactique gauche. Quant à la dulcite et à la xylose, elles fournissent toutes deux de notables proportions d'acide succinique, accompagné d'alcool éthylique et d'acide acétique, avec une trace d'acide lactique gauche dans le cas de la xylose.

Le même auteur a également obtenu une production notable d'acide succinique en faisant vivre certaines variétés de colibacilles dans les solutions de lactose ou de glucose. Tous les colibacilles examinés par l'auteur, et provenant des selles, de l'eau, etc., produisant tous de l'indol et ne se différenciant que par l'aspect de leurs cultures sur pomme de terre et sur gélatine, se sont montrés capables de fournir avec la lactose, outre de l'alcool et de l'acide acétique, une certaine quantité d'acide succinique avec des traces d'acide lactique lævogyre. Ce n'est qu'exceptionnellement que les colibacilles se montrent capables d'attaquer la saccharose.

(1) MIQUEL. *Bulletin de la Société chimique*, XXXI, p. 101.
(2) GRIMBERT. *Comptes rendus de la Société de Biologie*, 1896, sér. 10, III, pp. 191, 192 et 684.

Quelques années auparavant, V. BOVET (1) avait reconnu la production d'acide succinique aux dépens de la glucose, par un bacille, peu différent du *Bacillus coli communis*, isolé du contenu intestinal d'une femme morte avec tous les symptômes cliniques du choléra, où il se trouvait presque à l'état de culture pure. Ce bacille de 2 à 4 μ de long sur 1,5 μ de large, en articles isolés ou réunis deux à deux, est très mobile et facile à colorer.

Aérobie strict, il pousse rapidement sur la *gélatine* qu'il ne liquéfie pas, il donne sur *pomme de terre* un enduit épais, couleur purée de pois, passant plus tard au gris sale. Il ne donne pas de spores et résiste peu à la chaleur et aux antiseptiques. Il se développe simplement sur l'*amidon*, sans le saccharifier; semé dans le *bouillon* glucosé à 5 p. 100 en présence de craie, il fournit de l'acide carbonique, de l'alcool ordinaire, une trace d'alcool propylique ordinaire, et une notable proportion d'acide succinique, sublimable, fusible à 180° et répandant, quand on le chauffe sur une lame de platine, l'odeur caractéristique provoquant la toux.

Fermentation acétique.

Nous décrirons plus loin la fermentation acétique proprement dite produite par le *Mycoderma aceti*; nous dirons seulement ici quelques mots de la production accidentelle de cet acide au cours de certaines fermentations, dont il n'a pas encore été question. Nous avons vu que le lactate, le malate, le tartrate, etc., de chaux, fournissent de l'acide acétique par l'action des bacilles décrits par FITZ. De même le citrate de chaux, sous l'influence d'un fin bacille sporulé, étudié par le même auteur, fournit un rendement presque intégral en acétate de calcium, accompagné de traces d'acide succinique et d'une petite quantité d'alcool ordinaire. Indépendamment de son mode de décomposition en acide acétique et succinique, le tartrate de chaux peut, sous l'influence d'un anaérobie de la bouse de vache, donner uniquement naissance à de l'acide acétique suivant l'équation

$$\underset{\text{Ac. succinique.}}{C^4H^6O^6} = \underset{\text{Ac. acétique.}}{C^2H^4O^2} + 2CO^2 + H^2.$$

PERCY-FRANKLAND et FOX (2) ont isolé à l'état de pureté et décrit une bactérie, le *Bacillus ethaceticus*, capable de transformer la glycé-

(1) BOVET. *Annales de Micrographie*, 1891, III, p. 353.
(2) FRANKLAND et FOX. *Proceedings of the royal Society*, 1889, p. 345.

rine en alcool ordinaire et acide acétique. Cette bactérie, cultivée dans une solution de glycérate de chaux inactif en présence de craie et de sels nutritifs, fournit les mêmes produits et, en plus, une trace d'acide formique et d'acide succinique (FRANKLAND et FREW)(1). Chose remarquable, on retrouve à la fin de l'opération la moitié environ du glycérate non attaquée; ce glycérate possède le pouvoir rotatoire gauche $[\alpha_D] = -12°9$, il correspond à l'acide glycérique droit. Suivant FRANKLAND et LUMSDEN (2), le *Bacillus ethaceticus* attaque la mannite en fournissant de l'alcool ordinaire, de l'acide formique et de l'acide acétique suivant l'équation :

$$3C^6H^{14}O^6 + H^2O = C^2H^4O^2 + 5CH^2O^2 + 5C^2H^6O + CO^2$$

Mannite. Ac. acétique. Ac. formique. Alcool.

Il agit de même sur la glycose, mais il respecte la dulcite.

Un bacille très voisin, décrit par P. FRANKLAND et FREW, le *Bacillus ethacetosuccinicus* fournit, en culture aérobie aux dépens de la mannite et de la dulcite, un mélange d'alcool ordinaire et d'acides acétique et succinique; en culture anaérobienne, il donne, en outre, de l'acide formique.

Fermentation panaire.

Selon PETERS (3), on rencontre dans le levain des boulangers quatre espèces de levures, trois sortes de bactériums et deux sortes de bacilles, avec lesquels se confond, sans doute, le *Bacillus panificans* de LAURENT.

D'après cet auteur, l'action principale du levain serait une fermentation alcoolique provoquée par les levures, tandis que les processus de fermentation acide dus aux bactéries ne viendraient, comme importance, qu'en seconde ligne.

M. POPOFF (4) a pu isoler du levain, par la méthode des cultures anaérobies sur plaques de gélatine préparée avec une infusion de farine de froment, un bacille court, ovale, donnant sur ce milieu, après 2 à 4 jours des colonies blanches à peine visibles. Ce bacille est un anaérobie facultatif, pouvant vivre au mieux dans les milieux légèrement acidifiés; il ne liquéfie pas la gélatine. En vieillissant, le

(1) FRANKLAND et FREW. *Journal of the chemical Society*, LIX, pp. 81 et 96.
(2) FRANKLAND et LUMSDEN. *Journal of the chemical Society*, LXI, p. 434.
(3) PETERS. *Botanische Zeitung*, 1889, XLVII, n°s 5, 6 et 7.
(4) M. POPOFF. *Annales de l'Institut Pasteur*, 1890, IV, p. 674.

bacille s'allonge et se cloisonne; les articles s'isolent ou restent unis par paires ou par chaînes; il ne produit pas de spores; la chaleur de 80° le tue en 10 minutes. Semé sur de la pâte, il reproduit tous les phénomènes ordinaires de la fermentation panaire; la pâte gonflée se liquéfie un peu, présente l'odeur aigre caractéristique et fournit un pain léger, friable, très poreux, d'un goût acidulé. Ce microbe, qui n'est probablement pas le seul à produire la fermentation panaire, paraît jouer, cependant, un rôle important dans cette fermentation.

Fermentations visqueuse, mannitique, etc.

Beaucoup de jus naturels, sucrés ou non, de milieux de culture artificiels, etc., exposés au contact de l'air, deviennent parfois extrêmement visqueux et se chargent de mannite. Ces phénomènes occasionnés par des bactéries extrêmement variées, causent de grandes pertes aux fabricants de sucre dont les cuves de mélasse se peuplent de ces hôtes nuisibles et aux vignerons dont ils compromettent la récolte, surtout pendant les saisons exceptionnellement chaudes. PASTEUR (1) a isolé de semblables liquides filants deux bactéries : l'une formée de petites cellules rondes de 1 à 2 μ de diamètre, isolées ou réunies en chaîne, étant capable de produire à la fois de la matière visqueuse et de la mannite; l'autre, constituée par de grandes cellules très volumineuses, analogues à celles de la levure de bière, ne formerait que de la matière visqueuse.

Cette matière visqueuse, *viscose* de BÉCHAMP, est précipitable par l'alcool ; après dessiccation, elle est blanche, amorphe, facile à pulvériser. Traitée par l'acide nitrique, elle est oxydée et fournit de l'acide oxalique sans acide mucique; bouillie avec l'acide sulfurique étendu, elle donne, par hydrolyse, des dextrines et un glucose fermentescible. Un certain nombre de bactéries ont été décrites comme rendant les liquides visqueux; les plus connues sont :

Le *Micrococcus viscosus* de PASTEUR, dont il vient d'être parlé; rendant très fortement visqueuses les solutions même étendues (1 p. 100) de saccharose. Ce microcoque est l'agent de la maladie des vins et de la bière dite « graisse ».

Le *Micrococcus Freudenreichii* isolé par GUILLEBEAU (2) du lait qu'il rend acide, puis très fortement visqueux. Il est formé de grosses

(1) PASTEUR. *Comptes rendus de l'Académie des Sciences*, 1861 et 1876, LXXXIII, p. 176.
(2) GUILLEBEAU. *Schweiz. Archiv für Thierheilkunde*, 1892, XXXIV, p. 148.

cellules rondes de 2 millimètres de diamètre, isolées ou réunies en chaînes; il pousse bien sur la *gélatine* qu'il liquéfie rapidement et sur la *pomme de terre* où il forme un enduit jaune ou brun.

Le *Bacillus viscosus* isolé de la bière filante par VAN LAER (1), formé de bâtonnets de 1,6 à 2,4 μ de long sur 0,8 μ de large, croissant sur la gélatine sans la liquéfier, en stries ou en piqûre profonde.

Le *Bacillus viscosus vini* et le *Bacillus viscosus sacchari* de KRAMER (2);

Le *Bacillus lacti viscosus* d'ADAMETZ (3); le *Bacillus gummosus* de HAPP (4); l'*Actinobacter* de DUCLAUX (5), etc..., rendent aussi, filants ou très visqueux, les liquides sucrés, les bouillons, le lait qui les hébergent.

DURIN (6) pense qu'on doit faire une place à part à la fermentation gommeuse (ou cellulosique) qu'il n'est, paraît-il, pas rare d'observer, dans les sucreries, sur des cuves entières de mélasse ou de jus sucré et connue dans les fabriques, sous le nom de « frai de grenouille ». Tout le contenu des cuves présentant cette fermentation se trouve en 12 heures transformé en une masse gélatineuse compacte, formée de grumeaux insolubles imbibés de liquide visqueux. Il suffit d'ajouter une trace de cette matière à une cuve non encore altérée pour voir se reproduire le phénomène. L'analyse montre le liquide visqueux comme formé d'une solution très concentrée de lévulose; la matière grumeleuse insoluble dans l'eau simple ou alcaline, possède toutes les propriétés chimiques de la cellulose.

L'agent de cette curieuse transformation est le *Leuconostoc mesenteroides* décrit par VAN TIEGHEM (7), étudié également par CIENKOWSKY, ZOPF, etc. KOCH et HOSAEUS (8), GLASER (9) ont ultérieurement décrit des espèces très voisines produisant le même phénomène.

HÉRY (10) a observé dans l'encre à écrire, préparée avec les décoctions de bois de campêche, une sorte de fermentation visqueuse qu'il attribue à un bacille entouré d'une large capsule gélatineuse. Cette fermentation qui peut rendre l'encre absolument inutilisable, est efficacement combattue par l'addition du biodure de mercure à la

(1) VAN LAER. *Extr. des* Mémoires couronnés publ. par l'Acad. royale de Belgique, 1889, XLIII, et *Comptes rendus de la station de brasserie de Gand*, 1890.
(2) KRAMER. *Sitz. berichte d. K. Acad. der Wissensch.* Wien, 1889, X.
(3) ADAMETZ. *Landwirthschaft Iahrbucher*, 1890, p. 185. — *Annales de Micrographie*, 1890, III, p. 341.
(4) HAPP. *Centralblatt für Bakteriologie*, 1893, XIV, p. 175.
(5) DUCLAUX. Encyclopédie chimique. Microbiologie, p. 555.
(6) DURIN. *Comptes rendus de l'Académie des Sciences*, 1876, LXXXIII, p. 128.
(7) VAN TIEGHEM. *Annales des Sciences naturelles; Botanique*, 1878.
(8) KOCH et HOSAEUS. *Centralblatt für Bakteriologie*, 1894, XVI, p. 225.
(9) GLASER. *Centralblatt für Bakteriologie*, 2e section, 1895, I, p. 879.
(10) HÉRY. *Annales de Micrographie*, 1892, IV, p. 13.

dose de 0,05 grammes par litre, ou, par l'acide salicylique en quantité 10 fois plus considérable.

Vins mannités.

On rencontre parfois, dans les vins, une certaine proportion de mannite pouvant atteindre 25 à 30 grammes par litre, coïncidant avec une saveur aigre-douce, parfois très prononcée. U. GAYON et E. DUBOURG (1) ont reconnu, dans ces vins malades, la présence d'un ferment spécial qui leur paraît différer notablement de celui qu'on considère comme agent spécifique de la maladie dite « de la tourne ». Ce ferment mannitique est formé de petits bâtonnets très courts, immobiles, groupés en amas étendus et difficiles à dissocier. Il se cultive bien dans le moût du raisin, dans le vin doux et mieux encore dans les solutions de sucre interverti additionnées de 20 à 30 grammes d'extrait LIEBIG par litre. Le liquide de culture ne se trouble pas, il ne se dégage aucun gaz; le ferment tombe au fond du vase et s'y multiplie sous forme d'une couche légère, continue, blanchâtre. Il est indifféremment anaérobie. Le sucre interverti et, surtout, la lévulose sont rapidement et complètement attaqués et transformés en mannite; il se produit, en même temps, des acides fixes et des acides volatils (acide lactique, acide acétique).

La fermentation mannitique des vins ne paraît pas gêner sensiblement la fermentation alcoolique; on l'observe surtout dans les vins des pays chauds et dans les vins français préparés dans les saisons exceptionnellement chaudes. Une bonne pratique, pour l'éviter, consiste, d'après les auteurs, à maintenir la température des cuves au-dessous de 30° pendant toute la durée de la fermentation alcoolique; la fermentation mannitique qui est en effet à craindre, surtout dans la cuve de vendange, ne pourra plus, ultérieurement, se développer dans le vin fait et conservé.

V. — FERMENTATION ACÉTIQUE.

Depuis l'époque où l'on manipule des liquides alcooliques, tels que le vin, la bière, le cidre, etc., on a fait la remarque, consignée dans les auteurs les plus anciens, que ces boissons, laissées au contact

(1) U. GAYON et E. DUBOURG. *Annales de l'Institut Pasteur*, 1894, VIII, p. 110.

de l'air à une température suffisamment élevée, s'aigrissent, autrement dit perdent leur saveur agréable et contractent un goût acide qui les rendent imbuvables quand ce goût est très prononcé :

Lorsque la chimie eut progressé, l'acide du vinaigre reçut le nom d'acide acétique; plus tard, on établit que sa production s'effectuait aux dépens de l'alcool, par la fixation de l'oxygène de l'air sur ce dernier corps avec élimination d'une molécule d'eau.

$$\underset{\text{Alcool.}}{C^2H^6O} + O^2 = H^2O + \underset{\text{Ac. acétique.}}{C^2H^4O^2}$$

Réaction qui peut s'exprimer par deux équations successives, si on admet, ce qui est vrai dans certains cas, que l'alcool passe à l'état d'aldéhyde avant de s'oxyder plus complètement :

$$\underset{\text{Alcool.}}{C^2H^6O} + O^2 = H^2O + \underset{\text{Aldéhyde.}}{C^2H^4O}$$

$$\underset{\text{Aldéhyde.}}{C^2H^4O} + O = \underset{\text{Ac. acétique.}}{C^2H^4O^2}$$

Les expériences de Davy et de Dœbereiner, qui démontrèrent que le noir et la mousse de platine, ainsi que les corps poreux, peuvent souvent transformer, au contact de l'air, les vapeurs alcooliques en aldéhyde et acide acétique, semblaient devoir faire méconnaître, pendant longtemps, le rôle important des microorganismes dans la transformation du vin en vinaigre. L'idée erronée que cette réaction était due à la porosité des corps semblait recevoir une confirmation de l'expérience; le procédé de Schutzenbach, qui permet de fabriquer rapidement du vinaigre en versant de l'eau alcoolisée sur des copeaux de hêtre semble attribuer à ces derniers le rôle de la mousse de platine. Enfin, il faut le dire également, l'autorité de Berzelius, si puissante à cette époque, imposait presque aux meilleurs esprits ce mot vain de *force catalytique*, à la place d'une explication rationnelle du phénomène si fréquemment observé de l'acétification.

Turpin et Kützing signalèrent la présence de végétaux inférieurs dans les liquides alcooliques devenus acides. Kützing (1), surtout, précisa, décrivit et figura le microorganisme qui, d'après lui, jouait un rôle important dans la formation du vinaigre; il eut le seul tort, bien pardonnable à cette époque, d'attribuer une origine hétérogénique à cette bactérie. Néanmoins, il faut arriver jusqu'aux travaux de Pasteur (2) pour trouver la démonstration rigoureuse que la

(1) Kützing. *Journal für prakt. Chimie*, 1837, II, p. 385.

(2) Pasteur. *Annales scientifiques de l'École normale supérieure*, 1864. — Études sur le vinaigre. Paris, 1868.

cause de la fermentation acétique n'est pas due à la porosité des corps, mais bien à des bactéries vivantes, en dehors desquelles les substances inertes, comme les copeaux de hêtre, etc., sont de nul effet.

En faisant couler lentement, au contact de l'air, de l'eau alcoolisée, le long d'une corde, PASTEUR prouva que la fermentation acétique ne pouvait avoir lieu que si on semait le *Mycoderma aceti* sur la tresse de chanvre servant uniquement à multiplier les surfaces liquides en contact avec l'oxygène atmosphérique. PASTEUR répondit également, par la voie des cultures, aux objections de LIEBIG, basées sur des théories aujourd'hui abandonnées.

Dix années plus tard, KNIEREM et MAYER (1) confirmèrent les recherches de PASTEUR. En 1879, E.-CHR. HANSEN (2) traita avec soin les questions se rattachant à la morphologie des mycodermes, qu'il cultiva à l'état de pureté et dont il signala déjà le curieux polymorphisme. HANSEN démontra, en outre, que les agents figurés de l'acétification étaient multiples; qu'à côté du *Mycoderma aceti*, il existait une autre espèce de mycoderme capable d'oxyder de même l'alcool et auquel il donna le nom de *Mycoderma Pasteurianum*.

Dans un mémoire plus récent, ce savant danois (3) a complété ses premières études sur les formes involutives des bactéries de l'acétification et donné un essai de classification des mycodermes les plus importants.

En 1886 et 1887, A.-J. BROWN (4) publia d'intéressants travaux sur la fermentation acétique auxquels sont venus se joindre, un peu plus tard, ceux de F. LAFAR (5) et de plusieurs autres auteurs.

Généralités. — Les bactéries acétifiantes, qu'on pourrait également appeler Acétobactéries, transforment, comme il vient d'être dit, l'alcool en acide acétique. Quand l'alcool est entièrement passé à l'état d'acide, ces mêmes bactéries, ainsi que l'a affirmé PASTEUR, brûlent à leur tour l'acide acétique produit et le dédoublent en eau et acide carbonique :

$$\underset{\text{Ac. acétique.}}{C^2H^4O^2} + O^4 = 2CO^2 + 2H^2O$$

Ce pouvoir comburant, si intense, rapproche ces mycodermes de certaines moisissures.

(1) KNIEREM et MAYER. *Die Landwirtschaft. Versuchtstationen*, 1873, XVI, p. 305.
(2) E.-CHR. HANSEN. *Comptes rendus des travaux du Laboratoire de Carlsberg*, 1879, I, p. 96.
(3) E.-CHR. HANSEN. *Compt. rend. des travaux du Laboratoire de Carlsberg*, 1894, III, p. 182, et *Annales de Micrographie*, 1894, VI, pp. 385 et 441.
(4) A.-J. BROWN. *Journal of the chemical Society*, 1886, pp. 172 et 482; *id.*, 1887, pp. 638 et 643.
(5) F. LAFAR. *Centralblatt für Bakteriologie*, 1893, XIII, p. 684.

Lorsqu'on substitue, dans les milieux de culture, l'alcool propylique à l'alcool éthylique on obtient, comme l'a montré Brown, de l'acide propionique ; mais, les acétobactéries sont sans action sur les homologues supérieurs de la série grasse. Les alcools butyliques et amyliques, par exemple, restent inattaqués ou, plus exactement, ne donnent pas de quantités appréciables d'acides butyrique et valérianique.

On ne connaît pas, encore, les actes physiologiques mis en œuvre par les mycodermes pour fixer l'oxygène sur les alcools; mais ce qu'on peut affirmer, c'est qu'en l'absence d'oxygène gazeux, les fermentations acétique et propionique ne peuvent s'établir.

Morphologie. — Les acétobactéries, d'abord appelés Ulvines par Kützing, puis Mycodermes par Thomson et Pasteur à cause de leur faculté de venir fournir des voiles continus à la surface des liquides de culture, ont été rangées par Zopf dans la classe des Bactériums. Elles sont, en effet, formées par de courts bâtonnets, souvent étranglés par le milieu, ayant une grande tendance à se grouper en longues chaînes. A la température de 40°, elles donnent des filaments unis, c'est-à-dire non segmentés, analogues à ceux des Leptothrix, sur le trajet desquels se forment des renflements plus ou moins bizarres (fig. 166) qui constituent, ainsi que Hansen l'a remarqué, des formes curieuses d'involutions décrites et figurées de même par Miquel (1) pour d'autres espèces microscopiques. Ultérieurement, ces filaments, de grosseur irrégulière, se résolvent en cellules à peu près sphériques de diamètres très inégaux.

Cultures. — Pour isoler les bactéries acétifiantes des autres microbes auxquels elles sont mélangées, on a conseillé d'exposer à la chute des poussières de l'air des liquides alcoolisés à 2 ou 3 p. 100 et chargés de 2 p. 100 d'acide acétique. Ce dernier corps étant ajouté pour éviter aux acétobactéries la concurrence vitale redoutable qu'elles ont à soutenir contre le *Mycoderma vini* qui envahit, de même, puissamment, les liqueurs alcoolisées neutres ou trop faiblement acides. Il est beaucoup plus simple, à notre avis, de placer à l'étuve, vers 35°, un peu de vin rouge ou de vin blanc étendus de la moitié ou des deux tiers de son poids d'eau additionnée de vinaigre; puis, quand les espèces acétifiantes toujours présentes dans ces liquides non chauffés se sont multipliées, on les sépare par le procédé des plaques avec des gélatines à la bière ou au vin. C'est dans les

(1) Miquel. *Annuaire de l'Observatoire de Montsouris* pour 1888, p. 461, fig. 4. — Les organismes vivants de l'atmosphère, 1883, p. 124, fig. 47 et 48.

milieux liquides que les acétobactéries donnent les végétations les plus belles.

Propriétés biologiques. — Les bactéries acétifiantes peuvent se multiplier entre 5 et 42°. HANSEN estime que le degré de chaleur qui favorise le mieux leur multiplication se trouve voisin de 34°. Ces bactéries résistent très faiblement à l'action de la chaleur; on ne

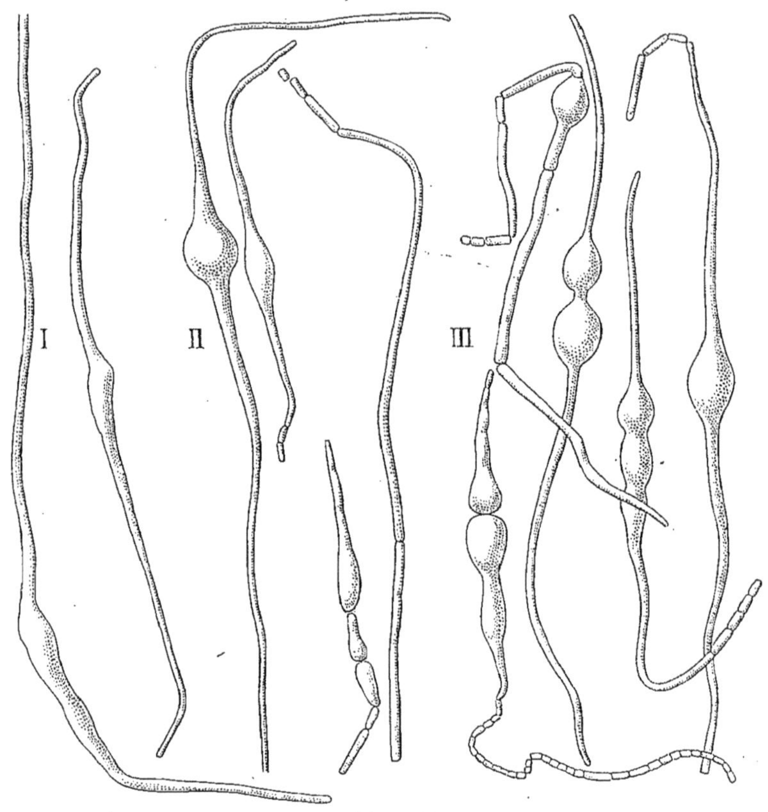

Fig. 166.
Formes involutives du *Bacterium Pasteurianum* obtenues sur la bière à 34°. — I, aspect après 4 heures. — II, aspect au bout de 5 heures. — III, aspect au bout de 7 heures. — Dessin de HANSEN, à un grossissement de 1000 diamètres.

les retrouve jamais vivantes dans le vin et les autres boissons alcooliques pasteurisées entre 50 et 60°. Au contraire, HANSEN a constaté qu'elles vivent longtemps à la température ordinaire dans leurs milieux habituels de culture; plusieurs années dans la bière, un an et davantage dans l'eau de levure. Leur résistance au temps ne dépasse pas, sur la gélatine, une période de 5 à 6 mois; à l'état sec, elles perdent leur vitalité au bout de 4 à 5 mois.

Les acétobactéries qu'on utilise dans l'industrie pour la fabrication du vinaigre, ainsi qu'on le verra plus bas, sont de véritables fléaux pour la viticulture; c'est à elles que sont dues les maladies dites de l'acescence qui communiquent aux vins, aux bières, aux cidres, aux hydromels un goût d'aigre et de piqué qui leur enlève beaucoup de leur qualité et de leur valeur marchande.

Pour lutter efficacement contre cette maladie, on a deux moyens certains : la pasteurisation et la privation de l'air ; le vin ne s'aigrit pas, en effet, dans des bouteilles convenablement bouchées, il est beaucoup plus délicat de le conserver longtemps intact dans des fûts de bois de grande capacité.

Bacterium aceti.

Syn. : *Ulvina aceti* ; *Mycoderma aceti* ; fleurs de vinaigre.

Cette espèce se montre formée de petites cellules en bâtonnets, fréquemment étranglés au centre et, presque toujours, unis en chaînes filamenteuses (fig. 167).

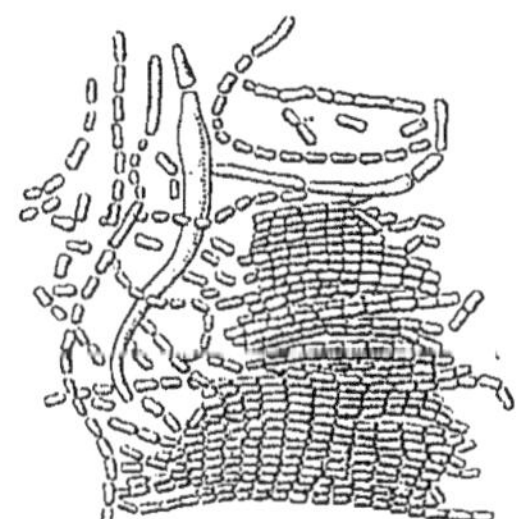

Fig. 167.
Bacterium aceti. D'après Hansen.

Semée sur les milieux liquides alcoolisés, elle y donne promptement des voiles continus, *unis* et *glaireux*. La gelée qui entoure les articles de ce bacterium se teint en *jaune*, mais ne se colore pas en *bleu* par l'iode.

Sur la *gélatine*, l'espèce se développe visiblement au bout de 4 jours et produit des colonies rondes, grises, d'aspect cireux, dont les bords deviennent onduleux. Après plusieurs semaines d'attente, les colonies superficielles adoptent la forme d'une rosette.

Le *Bacterium aceti* se rencontre dans les boissons fermentées ; Pasteur et Hansen ont constaté sa présence dans l'air atmosphérique, Holm l'a retiré de quelques eaux de Copenhague.

Bacterium Pasteurianum.

Syn. : *Mycoderma pasteurianum.*

Les cellules en bâtonnets de cette espèce sont légèrement plus grosses que celles du *Bacterium aceti*, elles se présentent également associées en chaînes formées de nombreux articles (fig. 168).

Le voile qu'elles donnent sur la bière est *ridé* et *sec* d'apparence. La substance muqueuse où sont noyés les articles se colore en *bleu* par l'iode.

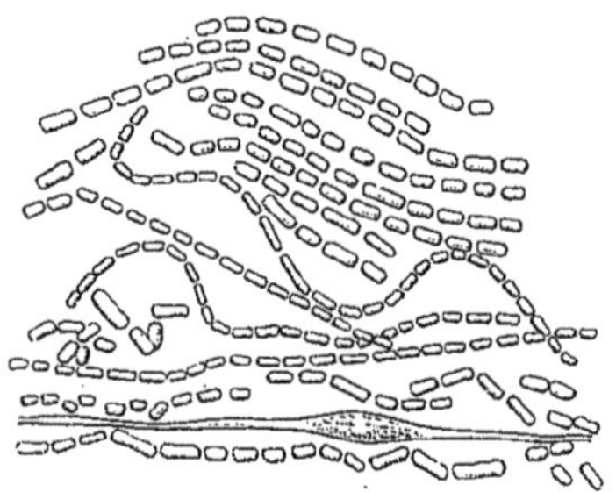

Fig. 168.
Bacterium Pasteurianum. D'après HANSEN.

Les cultures sur la *gélatine* du *Bacterium Pasteurianum* n'ont rien de caractéristique ; les colonies qu'il y donne se rapprochent beaucoup de celles de l'espèce précédente. Les colonies globulaires nées dans la profondeur du substratum gélatineux s'auréolent, comme toutes celles des acétobactéries, d'une zone laiteuse à anneaux concentriques diaphanes.

Bacterium Kützingianum.

Le ferment acétique se rapproche, par la forme de ses articles, des deux espèces qui viennent d'être décrites, mais contrairement à ce que l'on observe chez elles, les cellules à bâtonnets étranglés restent solitaires ou unies deux à deux sans aucune tendance à s'associer en chaînes (fig. 169).

Fig. 169.
Bacterium Kützingianum. D'après HANSEN.

Les voiles que le *Bacterium Kützingianum* donne sur les liquides nutritifs grimpent fortement contre la paroi des vases. L'iode colore en *bleu* la gelée de ce voile.

Dans les colonies nées sur la *gélatine*, les articles de cette bactérie restent de même isolés. Quant aux autres caractères, ils diffèrent peu de ceux des espèces précédentes.

BROWN (1) a décrit une quatrième bactérie acétifiante, le *Bacterium xylinum*, qui se distingue des autres acétobactéries par la faculté qu'elle possède de venir former à la surface des liquides un voile cartilagineux et coriace.

Enfin, F. LAFAR a découvert, en 1893, une levure capable de fournir, en végétant sur les milieux alcooliques, 2 p. 100 d'acide

(1) BROWN. *Journal of the chemical Society*, 1887, p. 643.

acétique. Les bactéries acétifiantes ordinaires ont un pouvoir oxydant beaucoup plus énergique, puisqu'elles peuvent, dans des conditions favorables de température et d'aération, produire, dit-on, jusqu'à 10 à 12 pour 100 d'acide acétique et donner par là des vinaigres d'un titre très élevé.

Fabrication du vinaigre.

Dans les pays vignobles, le vinaigre s'obtient, à peu près, tout fait en soumettant au pressoir la partie supérieure du chapeau de la vendange des cuves à vin. Sous l'influence de l'oxygène de l'air et de la température, relativement élevée déterminée par la fermentation du moût de raisin, l'acétification marche parallèlement avec la fermentation alcoolique, bien que l'afflux de l'air soit singulièrement mitigé par le dégagement abondant de l'acide carbonique provenant du dédoublement du sucre. Le liquide obtenu au pressoir, toujours trouble et fortement coloré, est placé dans des tonneaux privés de leurs bondes, qu'on remplit à moitié et où le vinaigre se clarifie et achève de se parfaire. Ce vinaigre de vin, ordinairement d'une odeur et d'un goût agréables, n'a rien de commun avec les liquides inférieurs dont nous allons décrire la fabrication et que l'industrie prépare pour remplacer les vinaigres de vin d'un prix ordinairement assez élevé.

Le procédé allemand de fabrication du vinaigre, dû à SCHUTZENBACH, consiste à arroser très lentement, avec des liqueurs alcooliques acétisées, une colonne de copeaux de hêtre contenus dans un tonneau percé de trous situés à quelques décimètres de sa base. Grâce à l'action d'un courant d'air cheminant de bas en haut, à travers les copeaux, l'alcool s'acidifie promptement. Si un premier passage dans cette sorte de filtre est insuffisant pour oxyder entièrement l'alcool, on recommence l'opération une seconde fois.

Le procédé français, dit d'Orléans, ne permet pas une acétification aussi rapide ; les liquides, convenablement alcoolisés et acidifiés, sont introduits tous les huit jours, par fraction de 10 à 12 litres, dans des tonneaux de 200 à 400 litres de capacité, contenant un tiers de leur volume de liquide déjà fermenté. Quand le récipient est à moitié rempli, on retire la valeur du liquide successivement ajouté, et l'on recommence ainsi jusqu'à ce que le tonneau refuse d'assurer la fermentation acétique; ce qui peut tenir soit à un défaut de développement des bactéries, soit encore à la présence d'abondantes anguillules du vinaigre qui, de même, très avide d'air, viennent à la surface du liquide contrarier le développement normal de la végétation mycodermique.

Pasteur a substitué à ce procédé empirique une méthode de fabrication du vinaigre plus en accord avec la théorie des fermentations : on sème du *Bacterium aceti* à la surface d'un liquide aqueux, chargé de 2 p. 100 d'alcool, de 1 p. 100 de vinaigre et de traces de phosphates alcalins et alcalino-terreux. Quand il s'est formé un voile et que l'acétification est en voie de se produire, on ajoute tous les jours le liquide à transformer en vinaigre. On soutire, plus tard, le liquide quand l'acétification se ralentit; puis, on recommence à ajouter de l'eau alcoolisée par petites fractions à la fois.

Les récipients où se fabrique le vinaigre par le procédé de Pasteur consistent en cuves de forme basse, recouvertes, mais percées de nombreuses ouvertures pour laisser pénétrer l'air. L'addition et la soustraction des liqueurs s'opèrent par le fond du récipient, de façon à ce que le voile constitué par les bactéries ne soit ni noyé ni réduit en lambeaux.

VI. — Fermentation gluconique.

Boutroux (1) a décrit, sous le nom de *Micrococcus oblongus*, une espèce très voisine des acétobactéries, capable de transformer le glucose en acide gluconique par la fixation de l'oxygène de l'air :

$$\underset{\text{Glucose.}}{C^6H^{12}O^6} + O = \underset{\text{Ac. gluconique.}}{C^6H^{12}O^7}$$

Les caractères biologiques et morphologiques de ce microcoque sont identiques à ceux du *Bacterium aceti;* comme lui, il est formé de bâtonnets étranglés, souvent en longues chaînes; comme lui, il se multiplie bien vers 34°, mal à 10° et péniblement au delà de 40°; enfin, il donne aussi des voiles et produit de l'acide acétique quand on le transporte dans des milieux de cultures acidulés et alcoolisés.

Il paraît donc ressortir de cet exposé que le *Micrococcus oblongus*, préférablement nommé *Bacterium gluconicum*, n'est autre que l'une des trois acétobactéries décrites dans les pages précédentes.

Pour mettre en marche une fermentation gluconique, on sème le *Bacterium gluconicum* dans un milieu liquide formé : d'une partie d'eau

---

(1) Boutroux. *Annales de l'École normale supérieure*, 1880.

de levure et de trois parties d'une solution de glucose marquant 12° Baumé. La liqueur ne tarde pas à devenir acide et l'oxydation se suspend. Pour obtenir une quantité plus élevée d'acide gluconique, il est indispensable d'ajouter du carbonate de chaux à la liqueur afin de saturer l'acide formé au fur et à mesure de sa production. On obtient alors un sel cristallisé offrant les caractères et la composition du gluconate de calcium.

VII. — Nitrification.

On sait, depuis fort longtemps, que l'ammoniaque, ou plutôt, les sels ammoniacaux, résultant de la fermentation putride des matières organiques azotées, de la fermentation ammoniacale de l'urée, etc., sont capables de se transformer en nitrates, au contact de l'oxygène atmosphérique et des corps poreux. C'est ainsi qu'on expliquait, en partie du moins, la formation des nitrates dans la terre arable et dans les nitrières artificielles. Déjà Pasteur, en 1862, avait pensé que cette transformation était l'œuvre des microbes. Schlœsing et Müntz (1) ont étudié et précisé les conditions de la nitrification. Par des expériences demeurées justement célèbres, ils montrèrent, tout d'abord, que, dans l'eau d'égout filtrant lentement sur de la terre, les nitrates n'apparaissent qu'après une vingtaine de jours; ils n'apparaissent pas si l'on charge l'eau d'égout de quelques gouttes de chloroforme; la terre, exposée aux vapeurs de ce corps, se montre désormais impropre à nitrifier l'eau d'égout, mais la nitrification recommence si on y introduit quelques parcelles de terre nouvelle. Tous ces faits indiquaient nettement l'intervention des microorganismes dans le phénomène observé. Les moisissures (*Penicillum glaucum*, *Aspergillus niger*, Mucors), les mycodermes du vin et du vinaigre qui sont, comme on sait, de puissants agents d'oxydation, ne se montrèrent pas capables de nitrifier l'ammoniaque; bien au contraire, ces organismes, vivant aux dépens des nitrates, les réduisent à l'état d'ammoniaque et d'azote libre. Ce n'est qu'en 1879 que ces savants, examinant au microscope une liqueur ensemencée de terre, bien aérée et en pleine fermentation nitrique, notèrent, à côté d'un grand nombre d'infusoires et de germes divers, la présence de corpuscules légèrement

(1) Schlœsing et Müntz. *Comptes rendus de l'Académie des Sciences*, 1877, LXXXIV, p. 301; 1878, LXXXVI, p. 892; 1879, LXXXIX, pp. 891 et 1074.

allongés, extraordinairement ténus, se multipliant par bourgeonnement et se présentant ordinairement par groupes de deux individus accolés, offrant quelque analogie avec la levure acétique. Ce microbe, qu'ils considérèrent comme le ferment nitrique, se montra capable de déterminer la nitrification dans les liqueurs neuves et stérilisées où il fut ensemencé; quelles que fussent les conditions de culture, ils le retrouvèrent toujours identique à lui-même. Ce microbe, sans cesse présent dans la terre, l'eau d'égout, les dépôts vaseux des rivières, etc., ne fut pas trouvé dans l'air, dans les poussières atmosphériques ni dans l'eau de pluie. Le dessiccation lui est défavorable ; une température de 90° à 100°, maintenue 10 minutes, le tue définitivement. Semé dans les liquides convenables, contenant une faible quantité d'ammoniaque et de matières nutritives (albumine, sucre, glycérine, acide tartrique, etc.), il produit une nitrification, d'abord peu intense, mais qui s'accélère au fur et à mesure de son développement; peu actif au-dessous de 5°, il produit déjà une notable quantité de nitrates vers 12°; son action maximum à 37° diminue vers 45°, devient très faible à 50° et est nulle à 55°. Il agit au mieux, au large contact de l'air en présence d'une certaine humidité; dans un sol submergé, la nitrification ne s'effectue pas. Une faible alcalinité des milieux est nécessaire, telle que celle qu'on peut obtenir en les additionnant de carbonate ou de bicarbonate de chaux; les carbonates alcalins à la dose de 2 à 3 millièmes entravent déjà son action.

Le rôle et l'importance du ferment nitrique dans le sol et dans d'autres milieux ont fait l'objet de recherches ultérieures de SCHLŒSING (1) et de MÜNTZ (2). Selon WARRINGTON (3), la nitrification serait plus active à l'obscurité qu'à la lumière.

Mais c'est à WINOGRADSKY (4) que l'on doit les recherches bactériologiques les plus suivies et les plus intéressantes sur l'important phénomène de la nitrification. Il reconnut, tout d'abord, que les ferments nitriques ne se développent pas dans les milieux de culture habituels. Déjà HAERENS (5), FRANK (6), CELLI et MARINO ZUCCO (7), ADAMETZ (8),

---

(1) SCHLŒSING. *Comptes rendus de l'Académie des Sciences*, 1889, CIX, p. 423.

(2) MÜNTZ. *Comptes rendus de l'Académie des Sciences*, 1885, C, p. 1136; 1885, CI, pp. 248 et 1265; CXI, 1890, p. 1370; 1891, CXII, pp. 499 et 1182.

(3) WARRINGTON. *Journal of the chemical Society*, XXXIII, p. 44.

(4) WINOGRADSKY. *Annales de l'Institut Pasteur*, 1890, IV, pp. 213, 257 et 760; 1891, V. pp. 92 et 577; *Archives des Sciences biologiques de l'Institut impérial de Médecine expérimentale de Saint-Pétersbourg*, 1892, I, p. 87.

(5) HAERENS. *Zeitschrift für Hygiene*, 1886, I.

(6) FRANK. *Berichte der deut. botan. Gesellschaft*, 1886, IV.

(7) CELLI et MARINO ZUCCO. *Rendiconti d. r. Accad. dei Lincei Roma*, 1886.

(8) ADAMETZ. Dissertation inaugurale, Leipzig, 1886.

WARRINGTON (1) P. et G. FRANKLAND (2), n'avaient obtenu que des résultats nuls ou très douteux en cherchant à isoler des microbes nitrifiants sur ces milieux habituels. Après quelques essais infructueux qui lui montrèrent l'action défavorable des matières organiques introduites dans les cultures dans le but de rendre les milieux plus nutritifs; il réussit à obtenir des nitrifications intenses dans des matras à fond plat contenant environ 100 centimètres cubes d'un liquide ainsi composé : eau très pure (du lac de Zurich) 1000 grammes; sulfate d'ammoniaque 1 gramme et phosphate de potasse 1 gramme. Chacun de ces matras recevait, en outre, avant stérilisation, $0^{gr},5$ à 1 gramme de carbonate de magnésie bien lavé.

En semant dans un tel milieu une goutte d'un liquide en voie de nitrification, il constata au bout de 4 jours une belle réaction avec la diphénylamine, indice de la formation des nitrites. Au bout de 15 jours, toute l'ammoniaque avait disparu. En poursuivant les ensemencements en série dans ce liquide peu propice au développement des espèces vulgaires, il constata qu'au bout de 3 mois environ la flore bactérienne de ses cultures se maintenait constante. Les essais de séparation sur gélatine des espèces qui résistaient ainsi ne conduisirent à isoler aucune espèce active. Cependant, le microscope montrait dans les liquides subissant la nitrification d'une façon intense, un micrococque fusiforme très agile qui était vraisemblablement le ferment nitrique, mais qui disparaissait rapidement pour des raisons inconnues. Ayant reconnu, ultérieurement, que cet organisme se concentrait à la surface du dépôt de carbonate de magnésie, lequel acquérait, de ce fait, une teinte grisâtre et une consistance gélatineuse, WINOGRADSKY essaya de l'isoler des parcelles de ce dépôt zoogleïque qu'il ensemençait dans un liquide, analogue au précédent, mais *absolument* débarrassé de toute *trace* de matière organique, dans lequel la nitrification s'effectue fort bien du reste.

Par ce moyen et après une série de cultures, le microbe fusiforme nitrifiant fut obtenu, mélangé seulement d'une seule autre espèce incapable elle-même de nitrifier. En faisant tomber à la surface de gélatine nutritive contenue dans une plaque de PETRI, quelques gouttelettes d'une dilution de cette culture mélangée, il voyait, après quelques jours, éclore les colonies de l'espèce inactive. En recueillant avec soin le léger dépôt abandonné par les gouttelettes qui n'avaient pas fourni de cultures et en semant ce dépôt dans des matras contenant le liquide ammoniacal exempt de matière organique

(1) WARRINGTON. *Centralblatt für Bakteriologie*, 1889, VI, p. 499.
(2) P. et G. FRANKLAND. *Zeitschrift für Hygiene*, 1889, VI, p. 373.

il put obtenir des cultures pures d'un ferment nitrique qu'il nomma *Nitrosomonas*.

Ce ferment nitrique, isolé de la terre de Zurich, affecte quand il est jeune une forme sphérique, qui plus tard devient elliptique ; il mesure 1,1 à 1,8 μ de long sur 0,9 à 1 μ de large ; il se multiplie par division. On voit, parfois, des cellules unies 2 à 2, 3 à 3, mais on n'observe jamais de filaments. Quelques cellules ont la forme d'un fuseau à bouts émoussés ; ordinairement peu mobiles ou même tout à fait immobiles, elles possèdent, de temps en temps et très transitoirement, une mobilité très grande. Le liquide de culture jusqu'alors limpide, se trouble tout à coup au moment de l'apparition des formes mobiles.

Les cellules du ferment nitrique ne sont généralement pas libres ; elles se trouvent réunies, en amas plus ou moins denses, dans une gangue gélatineuse. Ces zooglées, peu consistantes, englobent aussi le carbonate de chaux ou de magnésie qu'il est nécessaire d'introduire dans les cultures. Un contact absolu entre le microbe et ces carbonates paraît indispensable à la vie du premier ; le ferment nitrique peut, en effet, quoique privé de chlorophylle, croître en utilisant le seul carbone qu'il emprunte à ces carbonates. La nitromonade apparaît donc comme un type physiologique très particulier ; elle est capable, comme les plantes vertes, de faire la synthèse totale de matières albuminoïdes, en partant de l'ammoniaque et de l'acide carbonique ; à l'inverse des autres bactéries, elle n'a pas de tendance à vivre aux dépens des matières organiques complexes déjà formées ; son action paraît limitée à une simple oxydation de l'ammoniaque, qui lui fournit toute l'énergie nécessaire à sa vie. En cela, elle se rapproche des organismes également étudiés par Winogradsky, dont la fonction la plus saillante consiste à oxyder le soufre libre.

La nitromonade, dans les cultures liquides, fournit uniquement des nitrites aux dépens des sels ammoniacaux ; elle mérite donc, plus exactement, le nom de ferment nitreux que celui de ferment nitrique. Elle est même tout à fait incapable, quelles que soient la durée et l'aération de la culture, d'oxyder plus profondément ces nitrites et de les transformer en nitrates. Or, dans la terre, c'est toujours en nitrates que se change l'ammoniaque. Dans ses recherches ultérieures, Winogradsky élucida complètement ce point particulier par la découverte d'un second ferment, le *Nitrobacter* qui, lui, est capable de transformer les nitrites en nitrates sans toutefois pouvoir oxyder directement l'ammoniaque.

Pour isoler ces diverses espèces, après avoir toujours vainement essayé les milieux rendus solides par la gélatine, il eut recours comme substratum solide, absolument dépourvu de matières organiques, à la gelée de silice, déjà du reste préconisée par Kuhne (1) pour cet usage. Pour préparer ces milieux gélatineux à la silice, on prend du silicate de soude commercial, sirupeux, qu'on étend de trois volumes d'eau. 100 centimètres cubes de cette solution diluée sont versés en agitant dans 50 centimètres cubes d'acide chlorhydrique très étendu, et le tout est soumis à la dialyse d'abord dans l'eau ordinaire courante, puis finalement dans l'eau distillée. Au bout de trois jours, la solution de silice obtenue, complètement débarrassée de chlorures, est stérilisée par ébullition et conservée pour l'usage dans des ballons bouchés à l'ouate. Le milieu nutritif minéral se compose lui-même de sulfate d'ammoniaque, 0,4; sulfate de magnésie, 0,05; phosphate de potasse, 0,1; carbonate de soude, 0,6 à 0,9 avec une trace de chlorure de calcium. Les sulfates avec les chlorures, d'une part, sont dissous dans 50 centimètres cubes d'eau, le carbonate et le phosphate, d'autre part, sont dissous dans le même volume et les deux solutions, stérilisées séparément, sont mélangées après refroidissement. Pour disposer une culture, on concentre la solution de silice en l'évaporant dans un ballon jusqu'à moitié de son volume; on l'introduit dans des plaques de Petri et on y ajoute la moitié ou le tiers de son volume de la solution nutritive de sels, on mélange bien et le tout fait rapidement prise. Pour répartir la semence dans la plaque, on peut le faire, soit par dilution avant la solidification du milieu, ou bien par stries quand la masse a fait prise. L'auteur trouva, dans bien des cas, préférable de remplacer le carbonate de soude par le carbonate de magnésie. Les colonies n'acquièrent jamais sur ce milieu des dimensions bien considérables; il faut employer un faible grossissement pour les étudier; dans le cas où on a préparé le milieu avec du carbonate de magnésie, ce sel se dissout tout autour des colonies nitrifiantes, celles-ci apparaissent alors entourées d'une zone transparente qui en facilite la recherche.

En soumettant à la culture, par ce procédé, un grand nombre d'échantillons de terres de diverses provenance, l'auteur conclut, en résumé, qu'il existe deux variétés de bactéries nitrifiantes. Les unes, très vivaces, oxydent l'ammoniaque en donnant des nitrites, ce sont les Nitrosobactéries (*Nitrosomonas* ou *Nitrosococcus*); les autres ont une croissance beaucoup plus lente, elles oxydent les nitrites en

(1) Kuhne. *Zeitschrift für Biologie*, IX, p. 173.

fournissant des nitrates, ce sont les Nitrobactéries (*Nitrobacter*). Dans les cultures mélangées, les nitrobactéries proprement dites sont facilement étouffées par les organismes producteurs de nitrites, ce qui fait que ces nitrites seuls apparaissent dans les cultures impures. Cependant, les nitrobactéries de certaines terres (terre de Quito) sont assez énergiques pour manifester, dans tous les cas, leur présence par la production d'une certaine quantité de nitrates. Enfin, dans les cultures contenant à la fois des nitrosobactéries et des nitrobactéries, ces dernières ne deviennent manifestes que lorsque les premières ont épuisé leur action et ont transformé toute l'ammoniaque présente en nitrites. Cette explication du mécanisme de la nitrification, en deux phases successives, la phase nitreuse et la phase nitrique, ruine la théorie de MÜNTZ qui pensait que l'acide nitreux, produit par les bactéries nitrifiantes, se trouvait converti en acide nitrique par un simple processus chimique d'oxydation par l'oxygène atmosphérique.

Dans la terre, la formation des nitrites par les nitrosobactéries est tout à fait passagère, elle est immédiatement suivie de la formation des nitrates, grâce aux conditions très favorables que les nitrobactéries trouvent normalement dans ce milieu.

VIII. — DÉNITRIFICATION.

Un très grand nombre d'espèces bactériennes sont capables d'attaquer les nitrates et de les ramener, par des mécanismes de réduction, à l'état de nitrites, de bioxyde ou de protoxyde d'azote et même d'azote libre. Ce phénomène est de connaissance ancienne; SCHLŒSING (1) avait observé le dégagement de bioxyde d'azote pur ou mélangé de protoxyde et d'azote libre qui se produit parfois dans les distilleries au cours de la fermentation de la mélasse, laquelle est toujours très riche en nitrate de potasse; et aussi pendant la fermentation du tabac, pendant la fermentation putride de l'urine nitratée. MEUSEL (2) remarqua que la teneur en nitrates des eaux, abandonnées à elles-mêmes, diminue peu à peu en même temps qu'y apparaissent les nitrites; il supposa, le premier, que ce fait était dû à des micro-organismes, car il se trouvait empêché par les substances antisep-

(1) TH. SCHLŒSING. *Comptes rendus de l'Académie des Sciences*, 1868, LXVI, p. 237; 1873, LXXVII, p. 353.
(2) MEUSEL. *Journal de pharmacie et de chimie*, 1875, sér. 4, XXII p. 430.

tiques, tels que le phénol ou l'acide salicylique. Enfin, les pertes notables d'azote que subissent parfois la terre végétale, les fumiers et autres engrais azotés ont, à maintes reprises, exercé la sagacité des savants (1).

U. Gayon et G. Dupetit (2) ont fait une étude très complète de cette intéressante question; ils décrivent sommairement deux petits bacilles anaérobies et deux aréobies capables de transformer, rapidement et abondamment, les nitrates en nitrites. Tous sont sporulés; le premier, désigné par la lettre *a*, est mobile et formé de petits bâtonnets; il transforme par litre et par jour 9gr,6 de nitrate en nitrite; le second, *b*, est filamenteux et immobile, il est beaucoup moins actif et n'en transforme que 2gr,8; les deux aérobies *c* et *d* poussent en voile à la surface des bouillons et ont une activité comprise entre 5gr,6 et 6gr,8 de nitrate transformé. Le microbe du choléra des poules, la bactéridie charbonneuse, le vibrion septique, les colibacilles, etc., sont capables également de fournir des nitrites aux dépens des nitrates.

Ces auteurs ont surtout porté leur attention sur deux espèces, que nous allons décrire, capables de fournir avec les nitrates de l'azote libre, pur ou mélangé de protoxyde. Ils sont très répandus dans les divers échantillons de terre et dans l'eau d'égout, d'où ils ont été isolés.

Bacterium denitrificans α. — Ce microbe se présente sous forme de bâtonnets de 2 à 4 μ de long sur 4 à 6 μ de large; il se montre plus mobile dans les liquides de culture dépourvus de nitrate que dans ceux qui en contiennent. Il se multiplie par division et forme des spores qu'on peut voir au nombre de 1 à 3 dans chaque bâtonnet. Parfois, le microbe affecte une forme plus allongée, filamenteuse, les spores y sont plus nombreuses, on peut en compter 5 ou 6 par article; ces spores sont très résistantes au vieillissement et se conservent vivantes pendant plus d'une année. Le *Bacterium denitrificans α* se colore bien par toutes les couleurs usuelles, surtout par le violet de gentiane. Semé au large contact de l'air dans des vases plats contenant du bouillon exempt de nitrates, il se multiplie dans toute la masse liquide qu'il trouble rapidement, de manière homogène; dans des tubes étroits et profonds, au contraire, il ne se multiplie qu'à la surface où il forme, en moins de 24 heures,

(1) Dehérain et Maquenne. *Comptes rendus de l'Académie des Sciences*, 1882, XCV, pp. 691, 732 et 854.

(2) Gayon et Dupetit. *Comptes rendus de l'Académie des Sciences*, 1882, XCV, pp. 644 et 1365. — *Annales de la Science agronomique*. Bordeaux, 1885.

une membrane glaireuse dont l'épaisseur augmente vite et qui se relève sur les parois du tube, sur une hauteur de plusieurs millimètres. Il ne se développe pas dans le vide. Dans les bouillons chargés de nitrates, il se développe abondamment au contact ou à l'abri de l'air; le liquide devient trouble, visqueux et filant, des bulles se dégagent en grande quantité, formant à la surface une mousse épaisse. Quand tout le nitrate a disparu, la fermentation s'arrête et le liquide s'éclaircit par sédimentation des microbes.

Bacterium denitrificans β. — Ce microbe ne diffère pas sensiblement, par son aspect, du précédent; il s'en distingue, au contraire, par la rapidité de sa croissance, par la quantité de nitrate qu'il est capable de réduire et par la nature des produits auxquels il donne naissance.

Dans le bouillon de viande, le *Bacterium* α donne des nitrites, de l'azote et du protoxyde d'azote aux dépens des nitrates; dans un liquide artificiel formé de : acide citrique, 7 grammes; asparagine, 5 grammes; phosphate de potasse, 5 grammes; sulfate de magnésie, 5 grammes; chlorure de calcium, $0^{gr},5$; sulfate de fer, $0^{gr},05$; sulfate d'alumine, $0^{gr},02$; silicate de soude, $0^{gr},02$; convenablement neutralisé par l'ammoniaque et chargé de 10 grammes de nitrate de potasse par litre, il ne donne que de l'azote et du protoxyde d'azote sans nitrites. Le *Bacterium* β fournit des nitrites à la fois dans le bouillon et dans le liquide artificiel; dans ces deux milieux, il ne produit que de l'azote pur.

La température la plus favorable, pour la réduction des nitrates par le *Bacterium* α, est voisine de 35°; mais déjà l'action est énergique à 25°. La réduction est plus énergique à l'abri qu'au contact de l'air; elle ne se produit plus si le microbe a été maintenu préalablement à une température de 70°. Une semence jeune se montre infiniment plus active qu'une semence prise dans un bouillon en fermentation depuis longtemps; à ce point de vue, l'eau de levure non nitratée est, de tous les liquides nutritifs essayés, celui qui conserve le plus longtemps la vitalité et l'activité du ferment. Les nitrates de potasse, de soude, d'ammoniaque et de chaux paraissent être réduits avec une égale facilité. La réduction n'est énergique dans un bouillon contenant, par exemple, 1 p. 100 de nitrate de potasse, que si ce bouillon contient en outre une forte proportion de matières nutritives organiques, telles que les peptones, les sucres, la glycérine, l'asparagine, etc. Indépendamment, en effet, des besoins nutritifs du microbe, la réduction du nitrate ne peut se produire que si l'oxygène nitrique trouve à brûler une quantité correspondante de carbone. La réduction du nitrate est fatalement accompagnée d'une oxydation concomittante de la matière organique du bouillon ; si ce bouillon renferme une faible dose d'aniline, on perçoit nettement, à la fin, l'odeur de la nitrobenzine. En somme, pendant la dénitrification, l'azote du nitrate se dégage le plus souvent en totalité à l'état de pureté; l'oxygène se porte sur la matière organique et l'oxyde à l'état d'acide carbonique, dont une partie se combine au métal alcalin du nitrate en formant un bicarbonate et dont le reste se dégage ou reste dissous dans le liquide de culture. La réaction peut être approximativement représentée par l'équation :

$$4AzO^3K + 2H^2O + 5C = Az^4 + 4CO^3KH + CO^2.$$

En supposant que le carbone soit emprunté à de la peptone, laquelle possède, à peu près, la composition de l'albumine et renferme 54,3 p. 100 de carbone, on voit qu'un bouillon contenant 1 p. 100 de nitrate de potasse doit renfermer au minimum 2gr,73 de cette peptone par litre pour que la réduction totale du nitrate puisse s'effectuer. Le carbone peut, du reste, être emprunté à des matières autres que la peptone; par exemple, au sucre ou à l'asparagine. L'amidon, le lactate de chaux ne semblent pas capables de suppléer la matière carbonée azotée.

Le mécanisme de la dénitrification est encore peu connu. Tandis que Dehérain et Maquenne admettent qu'elle se produit par l'intermédiaire de corps réducteurs tels que l'hydrogène naissant, Gayon et Dupetit, qui n'ont pu vérifier cette théorie, pensent que les causes de la réduction des nitrates sont d'ordre thermochimique; on constate, du reste, pendant la dénitrification, un notable dégagement de calorique. Cambier a observé un fait curieux : si l'on ensemence par piqûre profonde dans de la gélatine nutritive nitratée à 1 p. 100 un ferment réducteur énergique des nitrates, on voit bientôt ce milieu demi-solide se creuser de vacuoles remplies d'azote pur, souvent ces vacuoles se forment à une grande distance du trait d'ensemencement et semblent n'avoir avec lui aucun rapport. Si l'on rapproche ce fait de ceux, tout à fait analogues, qu'on observe en piquant de la levure de bière dans un tube de gélatine sucrée ou un ferment ammoniacal dans un tube de gélatine chargée d'urée, il peut être supposé, avec quelque vraisemblance, que les ferments réducteurs des nitrates opèrent par l'intermédiaire d'une diastase soluble, de la même façon que les levures de bière ou les ferments ammoniacaux.

D'autres microbes réducteurs ont été isolés de la terre et étudiés par Giltay et Aberson (1), qui utilisèrent un liquide de culture analogue au liquide de Gayon et Dupetit indiqué plus haut; enfin, certaines moisissures étudiées par Laurent (2) se montrent aussi capables de réduire les nitrates.

IX. — Formation d'hydrogène sulfuré par les bactéries. Réduction des sulfates.

En 1879, Miquel (3) observa la formation en apparence spontanée d'une notable quantité d'hydrogène sulfuré dans un tube en caoutchouc adapté à la canalisation d'eau de Seine de son laboratoire. Dès fragments de ce tube placés dans des vases scellés, contenant de l'eau stérilisée, produisaient, en peu de temps, le même phénomène; tandis que des fragments identiques, mais préalablement bouillis, ne fournissaient pas trace de ce gaz infect. L'examen microscopique de l'enduit muqueux adhérant au tube de caoutchouc montrait plusieurs variétés de microbes, mais surtout un bacterium ou un bacille à articles très courts et très grêles; cet organisme put être cultivé dans les liqueurs minérales, dans l'urine, les liqueurs albumineuses, etc., et se montra capable de produire de l'hydrogène sulfuré dans tous les milieux où il eut à sa disposition du soufre libre ou faiblement combiné. Il ne parut pas pouvoir attaquer les sulfates métalliques, alcalins ou alcalino-terreux. A la vérité, il fournit de l'hydrogène sulfuré avec les hyposulfites; mais ceci uniquement parce qu'il produit tout d'abord de l'acide lactique, lequel agit chimiquement sur l'hyposulfite peu stable et met une partie du soufre en liberté.

Le *Bacillus sulfhydrogenus* de Miquel se présente sous la forme d'articles de 1 à 2 μ de longueur sur 0,6 à 0,8 μ de largeur; ces dimensions varient avec la composition du milieu où on le cultive : très grêle dans les solutions minérales, il se montre plus gros dans la gélatine, le bouillon et l'urine. C'est un anaérobie facultatif; il périt quand il est tenu pendant quelque temps à la température de 50-55°.

Semé dans la liqueur de Cohn chargée de soufre grossièrement pulvérisé et stérilisée, il peut fournir jusqu'à 196 cc. d'H^2S par litre

(1) Giltay et Aberson. *Archives néerlandaises*, XXV.
(2) Laurent. *Annales de l'Institut Pasteur*, 1889, III, p. 371, et 1890, IV, p. 722.
(3) Miquel. *Annuaire de l'Observatoire de Montsouris* pour 1880, p. 506. — *Bulletin de la Société chimique de Paris*, 1879, XXXII. — *Annales de Micrographie*, 1889, I, pp. 323 et 364.

après 2 jours de culture; en vidant périodiquement le vase qu'on remplit ensuite à nouveau de liqueur de COHN fraîche, la quantité d'H^2S produite peut s'élever jusqu'à 300 centimètres cubes par litre. C'est, selon toute vraisemblance, par un mécanisme d'hydrogénation directe que le *Bacillus sulfhydrogenus* transforme le soufre libre en acide sulfhydrique. Ce bacille, semé en effet dans des flacons de liqueur de COHN exempte de soufre libre, dégage en 5 jours à 30° un volume de gaz d'environ 30 à 35 centimètres cubes formé de 24 à 29 centimètres cubes d'acide carbonique et de 6 centimètres cubes, environ, d'hydrogène. Dans les flacons contenant du soufre, cet hydrogène fait défaut et se trouve remplacé par de l'hydrogène sulfuré qu'on trouve en solution. Le *Bacillus sulfhydrogenus* détruit les matières albuminoïdes par un véritable processus putréfactif, et met, sans doute, en liberté une partie du soufre de la molécule, lequel est ensuite transformé en acide sulfhydrique par l'hydrogène naissant que forme le bacille. Si on l'ensemence dans de l'urine chargée de soufre, en même temps que certains ferments de l'urée, on assiste à une abondante production de sulfhydrate d'ammoniaque comme il doit s'en produire dans les fosses d'aisances.

Ultérieurement, MIQUEL a rencontré, dans les eaux d'égout, de nombreuses espèces de bacilles sulfhydrogènes, se différenciant nettement de celui qui vient d'être étudié par leur forme plus ou moins filamenteuse, par leur longueur qui peut atteindre 10 à 20 μ; par leur énergie comme ferments, par leur résistance variée à la chaleur. Certaines de ces espèces résistent plusieurs heures aux températures humides de 60°, 70° et même 80°; ce fait est précieux à enregistrer pour quiconque voudra entreprendre la séparation de ces curieux organismes.

Pour les isoler de l'eau d'égout, voici comment on peut opérer : quelques flacons de cette eau, récemment puisée, sont additionnés de soufre concassé et placés à l'étuve à 30°. Après 48 heures, on remplace l'eau d'égout sulfhydrique par de la liqueur de COHN, en ayant soin de conserver la couche de soufre au fond des flacons; un nouveau dégagement d'hydrogène sulfuré se produit, beaucoup plus intense que le précédent; c'est maintenant que l'on devra séparer les espèces. Pour cela, on dilue dans un litre d'eau stérilisée une goutte du liquide fermenté, puis on ensemence quelques gouttelettes de la dilution obtenue dans des plaques de gélatine nutritive additionnée d'une solution stérilisée de chlorure de plomb, en quantité assez faible pour ne pas gêner le développement ultérieur des germes. Les plaques solidifiées sont mises en incubation à 20°.

Au bout de quelques jours, certaines des colonies écloses sur ce substratum apparaissent colorées en brun chocolat; elles sont formées de bactéries sulfhydrogènes et n'ont acquis cette nuance que grâce à la présence du plomb qui s'est précipité autour d'elles à l'état de sulfure. Ces colonies sulfhydrogènes sont soumises à quelques nouvelles purifications par une méthode identique.

Holschewnikoff (1) a rencontré, dans l'eau, une espèce voisine du *Proteus vulgaris* de Hauser, le *Proteus sulfureus*, et une autre espèce anaérobie, qu'il dénomme *Bacterium sulfureum*, capables de provoquer la formation abondante de l'hydrogène sulfuré, au dépens de l'albumine et des corps analogues sulfurés. Indépendamment de leur action hydrogénante directe, il admet que ces microbes sont, en outre, capables de former l'hydrogène sulfuré par réduction des sulfates. Signalons les recherches de Müller (2) et Haertling (3) qui ont décrit deux espèces de microcoques formant de l'hydrogène sulfuré dans l'urine stérilisée; de Rosenheim (4) et Gutzmann; de Buchner qui signala la production microbienne d'hydrogène sulfuré dans le sang; de Miller (5), de Strassmann et Strecker (6).

Stagnitta-Balistreri (7) a recherché la fréquence de la fonction sulfhydrogène chez les Bactéries. Il l'a trouvée chez 18 espèces sur 35 étudiées. Ce sont, par ordre d'énergie décroissante : le bacille de la septicémie des lapins; le *Proteus vulgaris*; le bacille typhique; le bacille du côlon; le *Bacillus megaterium*; le *Vibrio Metchnikovii*; le bacille rouge de Plymouth; le bacille du rouget du porc; le bacille rouge de Kiel; le bacille de Friedländer; le bacille-virgule; le *Micrococcus agilis*; le *Bacillus pyocyaneus*; le *Staphylococcus aureus*; le *Bacillus acidi lactici*; le *Bacillus fulvus* et le bacille du lait bleu. Parmi les espèces ne donnant pas d'acide sulfhydrique notons : le *Bacillus subtilis*; le *Micrococcus tetragenus*; le bacille du charbon; les sarcines blanche, jaune et rose; le bacille diphtérique et le *Bacillus violaceus*. Ces résultats ont été en partie confirmés par Orlowsky (8).

Réduction des sulfates. — Androussoff (1890) puis Lebedintzeff (1891) ont attiré l'attention sur la notable quantité d'hydrogène sul-

---

(1) Holschewnikoff. *Annales de Micrographie*, 1888, I, p. 257.
(2) Müller. *Berliner klin. Wochenschrift*, 1887, n° 23.
(3) Haertling. Sur la présence d'hydrogène sulfuré dans l'urine. Berlin, 1886.
(4) Rosenheim. *Deutsche med. Wochenschrift*, 1888, n° 24, p. 530.
(5) Miller. *Deutsche med. Wochenschrift*, 1885, p. 138.
(6) Strassmann et Strecker. *Zeitschrift für Medizinalbeamte*, 1888, n° 3.
(7) Stagnitta-Balistreri. *Archiv für Hygiene*, 1893, XVI, p. 10.
(8) Orlowsky. *Journal de médecine militaire russe*, fév. 1895.

furé que contiennent les eaux profondes de la mer Noire. D'après ZELINSKI, ce gaz serait produit par un microbe anaérobie spécial, le *Bacterium hydrosulfureum ponticum*, capable de réduire les sulfates métalliques (gypse, etc.) contenus dans ces eaux.

D'après BROUSSILOWSI, la production de l'hydrogène sulfuré dans les limans (golfes marécageux) d'Odessa aurait lieu par le même mécanisme, sous l'influence du *Vibrio hydrosulfureus*.

Selon POPOFF et HOPPE-SEYLER, les sulfates se trouveraient réduits au cours de certaines fermentations, telle que la fermentation forménique de la cellulose, par exemple :

$$SO^4Ca + CH^4 = CO^3Ca + H^2S + H^2O.$$

Cette réduction pourrait, du reste, se produire au cours de toutes les fermentations dégageant de l'hydrogène à l'état naissant :

$$SO^4Ca + H^8 = CaS + 4H^2O ;$$

puis par une action ultérieure de l'acide carbonique, on aurait :

$$CaS + CO^2 + H^2O = CO^3Ca + H^2S.$$

On a longtemps admis que certaines algues, considérées aujourd'hui comme des Bactériacées (*Beggiatoa*, etc.) étaient capables de réduire les sulfates métalliques contenus dans les eaux minérales qui constituent d'ordinaire leur habitat normal (PLAUCHUD) (1). On avait, en effet, constaté que ces *Beggiatoa* contenaient au sein de leur protoplasme des granules de soufre, véritables thioleucites, parfois cristallisés (CRAMER). A. ÉTARD et OLIVIER (2) ont vu ces granules de soufre diminuer et même disparaître quand les *Beggiatoa* sont transportés dans l'eau pure; ils augmentent, au contraire, de nombre et de volume dans les liquides tenant en dissolution du sulfate de calcium.

COHN admit que dans les eaux minérales, certaines espèces bactériennes, agents ordinaires des putréfactions, sont capables de faire passer, par réduction, les sulfates à l'état d'hydrogène sulfuré; puis, que les *Beggiatoa* et autres espèces de Sulfuraires, entrant alors en scène, oxydent l'hydrogène sulfuré à l'état d'eau et de soufre libre qui se dépose dans leur protoplasme. Cette opinion est con-

---

(1) PLAUCHUD. *Comptes rendus de l'Académie des Sciences*, 1877, LXXXIV, p. 235.
(2) A. ÉTARD et OLIVIER. *Comptes rendus de l'Académie des Sciences*, 1882, XCV, p. 846.

firmée par un travail de Winogradsky (1); ce savant admet en outre que le soufre, emmagasiné dans le protoplasma, sert aux *Beggiatoa* de réserves nutritives, qu'elles consomment lorsque dans une eau pure, par exemple, les sulfates ou les bactéries capables de les réduire, venant à faire défaut, elles n'ont plus à leur disposition une suffisante quantité d'hydrogène sulfuré. Elles tirent alors leur énergie du soufre de réserve, qu'elles oxydent complètement à l'état d'acide sulfurique.

Cependant, les granules de soufre disparaissent du protoplasma des sulfuraires lorsqu'elles sont mortes ou anesthésiées; ce ne peut être par suite d'un phénomène de nutrition, et il faut bien admettre que c'est sous l'influence de bactéries sulfhydrogènes analogues à celles qu'a étudiées Miquel et qui font l'objet du précédent paragraphe.

On désigne généralement, sous le nom de Thiobactéries, les bactéries présentant des granules de soufre à l'intérieur de leur protoplasma. Quelques-unes sont incolores (Beggiatoacées), d'autres sont colorées en rose, en rouge ou en violet par des pigments spéciaux, tels la bactério-purpurine (Rhodobactériacées). Les représentants les plus connus de cette curieuse famille sont : les *Thiotrix nivea; Thiotrix tenuis; Thiotrix tenuissima*, décrits par Winogradsky; les *Beggiatoa alba* et *Beggiatoa leptomitiformans* étudiées par Trevisan (2). Parmi les Thiobactéries colorées, citons les *Thiocystis violacea* et *rufa;* le *Thiocapsa roseopersicina;* la *Thiosarcina rosea* (Winogradsky); les *Lamprocystis*, étudiées par M. Miyoski (3); le *Chromatium Okenii* ou *Monas Okenii*, le *Monas vinosum*, les *Rhabdomonas* ou *Rhabdochromatium roseum, minus, fusiformis* (Winogradsky); enfin les *Thiospirillum* ou *Ophidomonas sanguinea, jenense*, etc., étudiés par Ehrenberg (4) et Winogradsky.

X. — Fermentation ammoniacale.

On désigne par *fermentation ammoniacale* la transformation de l'urée en carbonate d'ammoniaque sous l'influence des microphytes. Ce phénomène peut être comparé aux hydratations connues depuis longtemps des chimistes, par lesquelles la saccharose se dédouble

(1) Winogradsky. Beitrage zur Morphologie und Physiologie der Bakterien. Heft I. Schwefelbakterien, 1888, pp. 39, 40, 65, 84, 104, etc.
(2) Trevisan. Flora Euganea, p. 56.
(3) M. Miyoski. *Journal of the college of Science imp. university.* Tokio, 1897.
(4) Ehrenberg. Die Infusionstierchen, 1838.

en dextrose et lévulose, l'amidon en glucose et dextrine, etc.

L'urée soumise à l'action des produits de culture de certaines bactéries et de quelques moisissures absorbe une molécule d'eau et se change en carbonate d'ammonium.

$$\underset{\text{Urée.}}{CO\,Az^2H^4} + H^2O = CO^2 + 2AzH^3.$$

On réalise facilement cette hydrolyse, en dehors des bactéries, en chauffant, pendant quelque temps à 140 ou 150°, l'urée en présence de l'eau pure et à une température plus basse si l'eau est rendue alcaline par la soude ou la potasse.

Historique. — Si la production du carbonate d'ammoniaque aux dépens de l'urée dans les urines en putréfaction avait fixé, à la fin du siècle dernier, l'attention de ROUELLE, de CRUISKANT, de FOURCROY et de VAUQUELIN, il appartient à DUMAS (1) d'avoir donné en 1830 l'équation exacte de cette transformation. Son élève, JACQUEMART (2), entreprit en 1843 quelques travaux sur la fermentation des urines, qui furent repris et complétés en 1860 par MÜLLER (3); mais la véritable cause du dédoublement de l'urée resta inconnue jusqu'aux recherches de PASTEUR (4). Ce savant fut amené à attribuer la destruction spontanée de la carbamide à une espèce microscopique qu'il nomma *torule ammoniacale*.

« Quant au dépôt, dit PASTEUR, qui prend naissance au fond d'un vase d'urine exposé à l'air, il renferme, outre les productions tombées de la surface, des cristaux de nature variable ; mais, ce que je veux surtout faire remarquer, c'est l'existence d'une petite torulacée en chapelets de très petits grains toutes les fois que la liqueur est devenue ammoniacale par la transformation de l'urée. Je suis très porté à croire que cette production constitue un ferment organisé et qu'il n'y a jamais transformation de l'urée en carbonate d'ammoniaque sans la présence et le développement de ce petit végétal. »

Plus bas, dans le même mémoire sur les corpuscules de l'atmosphère, PASTEUR ajoute en décrivant les productions développées dans de l'urine abandonnée à la chute des poussières de l'air : « Il y avait, en outre, la torulacée en petits grains, réunis en courts chapelets..... C'est le ferment organisé que je regarde comme le ferment de

---

(1) DUMAS. *Annales de chimie et de physique*, 1838, 2e série, XLIV, p. 273.
(2) JACQUEMART. *Annales de chimie et de physique*, 1843, 3e série, VII, p. 149.
(3) MÜLLER. *Journal für prakt. Chemie*, 1868, LXXXI, p. 452.
(4) PASTEUR. *Annales de chimie et de physique*, 1862, 3e série, LXIV, p. 52.

l'urine, c'est-à-dire celui qui transforme l'urée en carbonate d'ammoniaque, etc. »

Il n'est donc pas douteux que PASTEUR n'ait pour la première fois entrevu le rôle important des Schizophytes dans la fermentation ammoniacale.

Une année plus tard, VAN TIEGHEM (1) reprit la question de la fermentation des urines et les conclusions de ses recherches furent les suivantes : « Le dédoublement de l'urée que nous produisons dans nos laboratoires sous l'influence des alcalis, des acides et des hautes températures sous pression, est réalisé dans la nature par un petit végétal formé par des globules parfaitement sphériques habituellement réunis en chapelets..... »

En 1879, MIQUEL (2) démontra que la fermentation ammoniacale avait aussi pour agent des bacilles sporulés et même des mucédinées.

Six ans plus tard, LEUBE (3) confirma ces recherches sans toutefois pouvoir parvenir à isoler le ferment soluble de l'urée entrevue par M. MUSCULUS (4) et que MIQUEL (5) a réussi à préparer en partant des cultures artificielles des urobactéries.

Morphologie et cultures. — Les agents figurés de la fermentation ammoniacale font partie, pour la plupart, de la famille des Bactériacées; toutefois il en existe, également, plusieurs qui appartiennent à la famille des Champignons.

Les microcoques fournissent un large contingent d'espèces urophages, mais, en général, ces microbes sont des ferments moins actifs que les bacilles qui jouissent de la faculté d'hydrater l'urée.

Parmi les espèces bacillaires très actives, on peut placer au premier rang les *Urobacillus Pasteurii et Duclauxii* et plusieurs autres bactéries formées de bâtonnets ou de filaments. Certains de ces urobacilles donnent des spores durables réfringentes résistant pendant plusieurs heures à la chaleur humide de 90-95° ; d'autres, tels que les *Urobacillus Schutzenbergii I* et *II* n'en produisent pas.

Les urobactéries croissent à la température ordinaire, mais habituellement mieux à la température de 30°. A 0°, toute fermentation est arrêtée; à 5°, on peut la voir débuter péniblement et se poursuivre avec une extrême lenteur.

Les urobactéries très actives comme ferments se développent mal ou pas du tout dans les milieux employés usuellement en

(1) VAN TIEGHEM. Thèse de la Faculté des Sciences, 1864, n° 256.
(2) MIQUEL. *Bulletin de la Société chimique de Paris*, 1879, XXXI, p. 391.
(3) LEUBE. *Virchow's Archiv*, 1885, C, p. 540.
(4) MUSCULUS. *Compt. rend. de l'Académie des Sciences*, 1878, LXXXII, p. 333.
(5) MIQUEL. *Annales de Micrographie*, 1889, I, p. 507.

bactériologie, à moins qu'ils n'aient été au préalable assez fortement alcalinisés ; il faut donc éviter d'aller à leur recherche avec des substrata neutres ou avec les urines normales qui ne sont pas toujours très favorables à leur multiplication.

Les espèces urophages semblent, sans exception, croître plus mal dans les milieux chargés d'urée (2 p. 100) que dans ceux qui ont été simplement alcalinisés par 2 à 3 grammes de carbonate d'ammonium par litre, par la raison qu'elles ont, vraisemblablement, à souffrir d'un excès de ce sel dont elles déterminent la formation et qui tend à s'accumuler en grande quantité dans les milieux où elles vivent. Aussi n'est-il pas très rare de trouver morte à la fin d'une fermentation l'espèce qui l'a provoquée.

Notons donc que le développement botanique des urobactéries est toujours plus chétif dans les milieux chargés de carbamide que dans ceux qui n'en contiennent pas et, ajoutons, qu'on est souvent surpris de constater qu'à une action hydrolisante très puissante correspond une multiplication de cellules insignifiante en apparence.

Les urobactéries paraissent toutes appartenir à la classe des microbes aérobies, mais les ferments très actifs exigent une quantité si minime d'oxygène gazeux, pour déterminer l'hydratation de 10 à 20 grammes d'urée, qu'on a pu croire, tout d'abord, qu'elles appartenaient à la classe des bactéries aérobies et facultativement anaérobies ; si l'on prend soin de priver les milieux d'oxygène gazeux autant que cela est matériellement possible, la fermentation ammoniacale ne se produit pas, même avec l'*Urobacillus Duclauxii* dont le développement cellulaire est extrêmement faible 1 : 5000 à 1 : 6000 du poids de l'urée hydratée.

Toutes les urobactéries sécrètent un ferment soluble auquel est dévolu le rôle de transformer l'urée en carbonate d'ammoniaque ; quand le milieu où on les oblige à vivre est dépourvu de carbamide, la diastase non utilisée, au fur et à mesure de sa production, s'accumule dans les bouillons comme les toxines diverses dont nous avons eu l'occasion de parler dans les chapitres consacrés aux bactéries pathogènes.

Isolement des espèces. — La séparation des espèces urophages des bactéries à côté desquelles elles vivent dans les eaux, le sol et les boues, n'offre pas de difficulté quand on les recherche avec des milieux chargés d'urée. On emploiera pour cela, avec avantage, de la gélatine peptonée additionnée de 2 à 4 p. 100 de carbamide.

Quelques jours après les ensemencements collectifs, souvent dès le lendemain, on observe que plusieurs de ces colonies sont entourées d'une atmosphère de cristaux en forme d'haltères, insolubles dans l'eau, que CAMBIER considère comme la précipitation lente, par l'ammoniaque, des carbonates et phosphates de chaux contenus dans les milieux nutritifs. Cette atmosphère est d'autant plus étendue que le ferment développé est plus actif. Quelquefois cette auréole cristalline entoure la petite colonie d'un brouillard périphérique de quelques millimètres de diamètre seulement, souvent toute la masse de la gélatine est, en moins de 24 heures, envahie par des cristaux dont la structure est facile à étudier avec des grossissements de 20 à 40 diamètres. Il est alors aisé de prélever au fil de platine la colonie qui se décèle comme ferment de l'urée, de la purifier et d'en obtenir diverses cultures.

Habitat. — Les ferments de la carbamide sont très répandus dans la nature ; ils abondent dans les poussières de l'air, les eaux et le sol. Dès l'année 1881, MIQUEL (1) a démontré que sur 100 cas de fermentation ammoniacale déterminés par les sédiments atmosphériques, 71 d'entre eux étaient provoqués par des microcoques, 19 par des bacilles et 10 par des moisissures.

En reprenant ces recherches avec l'air des rues de Paris, le même auteur (2) a trouvé comme résultats moyens que sur 9855 bactéries capables de se développer dans la gélatine carbamidée à 2 p. 100, on comptait 146 urobactéries diverses, soit 1 espèce urophage sur 67 microbes incapables de toucher à l'urée. Durant ces mêmes expériences, il fut également constaté que sur 100 cas de fermentation ammoniacale, 69 étaient produits par des microcoques et 31 par des bacilles, défalcation faite des uromycètes.

Les ferments ammoniacaux ne sont pas moins répandus dans les eaux de provenance diverse. Il est à noter un fait assez constant, à savoir : que leur nombre, toute proportion gardée, est d'autant plus élevé que les eaux sont plus impures ; nous résumons dans le tableau suivant les chiffres publiés par MIQUEL dans ses études sur les eaux de Paris.

Proportion pour 1 000 des ferments de l'urée contenus dans les. . .	Eaux de sources (Vanne et Dhuis)	15
	Eaux de rivières (Seine et Marne)	15
	Eaux du canal de l'Ourcq dans Paris	24
	Eaux des égouts de Paris	52
	Eaux de vidange	66

Dans le sol arable, on rencontre 1 à 2 p. 100 de bactéries urophages et 10 p. 100 dans les fumiers et les purins.

(1) MIQUEL. *Annuaire de l'Observatoire de Montsouris*, pour 1882, p. 476.
(2) MIQUEL. *Annales de Micrographie*, 1893, V, p. 266.

Nous n'avons pas à rappeler ici que chez les malades atteints d'affections des voies urinaires, on voit fréquemment des ferments ammoniacaux s'installer dans la vessie et transformer en carbonate d'ammoniaque l'urée de l'urine au fur et à mesure qu'elle arrive dans le réservoir vésical.

Ferment soluble de l'urée : Uréase. — Cette diastase, entrevue en 1874 par MUSCULUS (1) dans les urines alcalines rendues par des malades atteints de catarrhe vésical et considérée par lui comme une sécrétion pathologique de la muqueuse de la vessie, a été préparée pour la première fois par MIQUEL (2) qui l'a obtenue en faisant vivre des ferments ammoniacaux, très actifs, dans des bouillons de peptone rendus propices à leur culture.

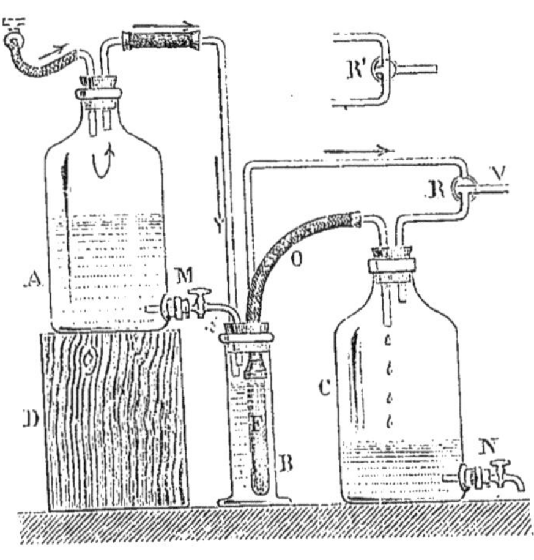

Fig. 170.
Appareil pour filtrer les diastases dans les gaz inertes.

Voici la technique qu'on peut adopter :

Dans un vase spacieux contenant de l'eau de peptone alcalinisée ou additionnée de 2 à 3 grammes d'urée par litre, on sème un urobacille très actif. Le récipient est abandonné à l'étuve entre 30 et 35° ; on peut le faire traverser par un courant d'air filtré pour activer la végétation de l'espèce, ou encore se servir des vases à fond plat employés pour la fabrication de la toxine diphtérique. Au bout de quelques jours, le liquide de la culture contient une quantité de diastase capable d'hydrater, en une heure, sous le volume d'un litre, 40 à 60 grammes de carbamide.

Ce bouillon chargé d'uréase peut être filtré à la bougie CHAMBERLAND, soit par le procédé habituel, soit par le dispositif (fig. 170) imaginé par MIQUEL à une époque où il pensait que l'oxygène atmosphérique avait une action destructive assez prompte sur cette diastase fragile.

Les bouillons chargés de ferment soluble de l'urée peuvent conserver leur propriété hydratante après un séjour de 3 à 4 mois dans

(1) MUSCULUS. *Comp. rend. de l'Académie des Sciences*, 1874, LXXVIII, p. 132 et 1876, LXXXII, p. 333.
(2) MIQUEL. *Compt. rend. de l'Académie des Sciences*, 1890, CXI, pp. 397 et 501, et *Annales de Micrographie*, 1889, I, p. 507.

une atmosphère d'air très limitée, d'un gaz inerte ou de gaz à éclairage.

La température la plus favorable à l'hydrolyse par l'uréase est comprise entre 48 et 50°. A ce degré de chaleur, cette diastase est déjà partiellement détruite; elle l'est totalement après deux heures d'exposition à 70-75° et au bout d'une minute à 80°.

Un froid de — 5°, soutenu pendant 5 à 6 jours, affaiblit sensiblement son énergie, mais ne la détruit que lentement. Les solutions d'uréase se conservent très bien à une température voisine de 0°.

Quelques substances, comme le sucre et la glycérine, semblent augmenter le pouvoir-ferment de l'uréase sur la carbamide, ce qui est dû, vraisemblablement, à une action purement protectrice qui empêche, par exemple, la diastase d'être trop fortement éprouvée par le degré de chaleur qui favorise le mieux l'hydrolyse.

Le ferment soluble de l'urée est très sensible à l'action des antiseptiques : les mercuriaux à la dose de 1/1 000 000 affaiblissent déjà très fortement son action ; le sulfate de cuivre l'entrave à 1 : 10 000 ; l'acide borique à 1 : 1000; la soude caustique à 1 : 250 et l'acide phénique à 1 : 100. Les acides minéraux le rendent complètement inactif sous le poids de 1 : 5000.

En traitant les bouillons chargés d'uréase par 2 fois leur volume d'alcool absolu, on obtient un précipité blanc jaunâtre qui, lavé quelque temps avec de l'alcool à 50° centésimaux, est entièrement redissoluble dans l'eau et peut hydrater une quantité d'urée environ moitié moindre que le bouillon primitif.

L'uréase est totalement entraînée de ses solutions par les précipités calciques et son extraction des dépôts ainsi formés n'a pu encore être réalisée.

Enfin, MIQUEL (1) a préconisé le ferment sécrété par les urobactéries pour le dosage exact de la carbamide des urines et des divers liquides où cette substance se trouve en quantité appréciable.

Après ce court exposé général, il nous reste maintenant à passer rapidement en revue les principaux agents figurés de la fermentation ammoniacale.

Microcoques-ferments de l'urée.

La morphologie et les caractères biologiques de la *torule* ammoniacale de PASTEUR et de VAN TIEGHEM, du *Micrococcus ureæ* de COHN

(1) MIQUEL. *Annuaire de l'Observatoire de Montsouris* pour 1891, p. 543 et *Compt. rend. de l'Académie des Sciences*, 1890, CXI, p. 501.

et de Flügge ayant été donnés d'une manière incomplète, il est bien difficile d'apprécier, aujourd'hui, si les divers auteurs qui en ont parlé ont eu entre les mains la même espèce ou des espèces simplement voisines. Des recherches faites, il semble résulter que le *Micrococcus ureæ*, donné comme un microbe à caractères bien définis, appartient à la multitude des microcoques urophages très répandus dans l'air, le sol et les eaux dont Miquel (1) a décrit une dizaine de spécimens en annonçant que ces ferments à cellules sphériques s'élèvent pour le moins à une trentaine. Cependant, nous conservons encore ici le *Micrococcus ureæ liquefaciens* de Flügge en l'appelant, pour nous conformer à la terminologie adoptée dans ce paragraphe, *Urococcus liquefaciens Fluggei*.

Urococcus Van Tieghemi.

Syn : Torule ammoniacale (?) ; *Micrococcus ureæ*.

Ce ferment de l'urée très répandu dans l'air et les eaux, vraisemblablement proche parent sinon identique à la *torule ammoniacale*, autrement désigné *Micrococcus ureæ*, a été longuement étudié par Miquel (2) qui s'est efforcé d'en donner les principaux caractères.

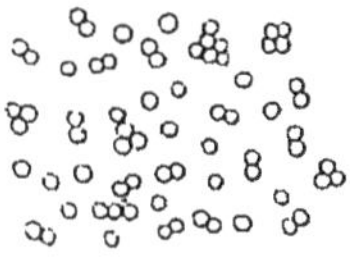

Fig. 171. *Urococcus Van Tieghemi.*

Cette espèce microscopique est formée de cellules sphériques d'un diamètre variant de 1 μ à 1,5 μ, fréquemment associées 2 à 2 et rarement unies en courtes chaînes (fig. 171).

Cet urocoque croît bien à la température de la chambre dans les milieux habituels de culture.

Semé par piqûre dans la *gélatine* ordinaire, il donne au bout de quelques jours un clou à tête bombée assez volumineuse dont la pointe reste chétive et filiforme, la gélatine n'est pas liquéfiée. Si ce milieu est chargé d'urée, la culture reste maigre, mais s'entoure rapidement d'une belle auréole de cristaux.

L'*Urococcus Van Tieghemi* se développe promptement dans le bouillon ordinaire ; dès le second jour, on voit apparaître un léger dépôt accompagné d'un trouble général du liquide. Quand le bouillon renferme 2 p. 100 d'urée, on note que la fermentation est habituellement complète au bout de 5 jours. Si la quantité d'urée dissoute atteint 5 p. 100, l'hydrolyse se suspend lorsque le poids

(1) Miquel. Étude sur la fermentation ammoniacale, p. 230. Paris, 1898.
(2) Miquel. *Annales de Micrographie*, 1893, V, p. 161.

de l'urée décomposée correspond, environ, à 42-43 grammes par litre.

La température de 30° paraît être celle qui favorise le mieux la fermentation.

L'*Urococcus Van Tieghemi* ne résiste pas à la température humide de 47° maintenue pendant 2 heures. Il est peu touché par le vieillissement ; on peut le retrouver vivant dans les cultures âgées de plusieurs années. Il se montre, au contraire, sensible à l'action des antiseptiques et ne peut se développer dans les milieux nutritifs renfermant 1 : 40 000 de sublimé, 1 : 1 500 de sulfate de cuivre, 1 : 500 d'acide borique et 1:150 d'acide phénique.

Urococcus liquefaciens Fluggei.

Cette espèce, étudiée par Flügge (1), est constituée par des cellules arrondies de 1, 2 µ et 2 µ de diamètre, qu'on rencontre isolées ou associées en chaînettes de 3 à 10 éléments, parfois groupées en petits amas.

Cette espèce croît à la température de la chambre dans la plupart des milieux nutritifs.

Semée dans la *gélatine*, elle donne, au bout de 2 jours, de petits points blancs qui, sous un faible grossissement, apparaissent en forme de disques à bords nets et de couleur gris foncé. Les colonies superficielles s'étalent, deviennent notablement plus grandes, et la gélatine se liquéfie au-dessous d'elles. Ensemencée par piqûre dans le même milieu, on voit d'abord se former un trait blanc résultant de l'agrégat de colonies confluentes, puis, bientôt, la liquéfaction commence et envahit tout le substratum.

Une description aussi sommaire s'applique, de même, à plusieurs urocoques liquéfiants dont il est fréquent de constater la présence dans l'air et les eaux, mais qui diffèrent de l'urocoque de Flügge par la couleur des colonies qu'ils donnent sur la gélatine, leur pouvoir peptonisant variable, etc.

Urococcus Dowdeswelli.

Cette espèce, étudiée et décrite par Miquel (2), se rencontre assez fréquemment dans l'air, le sol et les eaux. Elle se montre

(1) Flügge. Die Mikroorganismen. Édition de 1886, p. 169.
(2) Miquel. *Annales de Micrographie*, 1893, V, p. 209.

formée de cellules ovalaires, immobiles, de 2 à 3 μ de longueur sur 1 à 1,2 μ de largeur. Ces sortes d'articles, ordinairement isolés ou groupés par paires, se montrent parfois unis en courtes chaînes ou associés en petits amas.

L'*Urococcus Dowdeswelli*, semé dans la *gélatine* ordinaire, y donne des colonies sphériques ou discoïdales d'abord blanches, puis jaunâtres, qui se mamelonnent en vieillissant. Ensemencé par piqûre, il fournit de beaux clous massifs à tête convexe. Ce milieu n'est jamais liquéfié.

Sur l'*agar* et la *pomme de terre* maintenue à 30°, on voit apparaître le long des stries d'ensemencement des traînées blanches jaunissant rapidement, qui peuvent envahir une grande partie de la surface du substratum.

Porté dans le *bouillon* ordinaire, cet urocoque y détermine en 24 heures un trouble léger, et l'on voit bientôt apparaître un dépôt jaunâtre au fond du vase. Dans les bouillons chargés de 2 p. 100 d'urée, on constate habituellement que la fermentation est complète au bout de 4 jours.

L'*Urococcus Dowdeswelli* ne résiste pas pendant deux heures à la température humide de 49°; il est de même fortement influencé par les antiseptiques et se trouve incapable de croître dans les milieux nutritifs additionnés de 1 : 60000 de sublimé, de 1 : 1500 de cuivre, de 1 : 300 d'acide borique et de 1 : 100 d'acide phénique.

Urosarcina Hansenii.

Cette espèce, découverte par Miquel (1) dans les eaux et les poussières atmosphériques, se montre constituée par des cellules de grosseur variable, associées, ordinairement en tétrades ou en cubes et parfois de forme irrégulière (fig. 172).

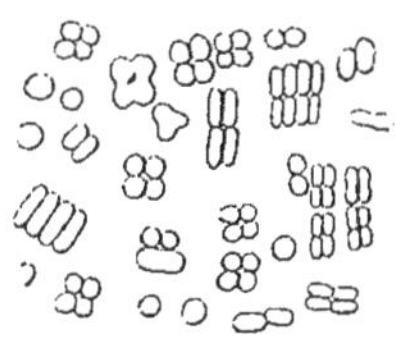

Fig. 172.
Urosarcina Hansenii.

Cette sarcine croît dans les milieux nutritifs les plus divers, à la température de la chambre, mais mieux à 30°.

Portée sur de la *gélatine* ordinaire maintenue à 20-22°, l'*Urosarcina Hansenii* accuse, dès le lendemain, son développement par l'apparition de stries ou de colonies blanches qui deviennent manifestement jaunes au bout

(1) Miquel. *Annales de Micrographie*, 1893, V, p. 225.

de 48 heures. On remarque qu'après quelques semaines les végétations obtenues grossisssent encore. La gélatine n'est pas liquéfiée. Quand le milieu est chargé d'urée, la culture reste chétive et languissante et s'entoure d'une atmosphère de cristaux en haltères.

Introduite dans le *bouillon* ordinaire, on constate dès le lendemain un développement appréciable; aucun trouble n'apparaît dans le liquide, mais on voit apparaître sur les parois du vase un dépôt jaune, d'aspect sableux et rugueux, légèrement adhérent au verre. Quand le bouillon renferme 2 p. 100 d'urée, la fermentation débute dans les 24 heures, mais ne se complète qu'au bout d'une douzaine de jours.

L'espèce qui nous occupe ne résiste pas pendant 2 heures à la chaleur humide de 65°. Elle se montre incapable de végéter dans les milieux nutritifs qui renferment 1 : 40000 de sublimé, 1 : 1500 de sulfate cuprique, 1 : 400 d'acide borique et 1 : 100 de phénol.

Bacilles-ferments de l'urée.

C'est parmi les bacilles que se rencontrent les agents figurés les plus actifs de la fermentation ammoniacale. Si ces espèces ont échappé aux investigations de Pasteur et de Van Tieghem, c'est vraisemblablement pour le motif qu'ils sont plus rares dans les poussières atmosphériques que les microcoques capables de déterminer également l'hydratation de l'urée.

Le premier urobacille a été découvert en 1879 par Miquel (1), qui l'appela *Bacillus ureæ*. C'est l'espèce qu'on trouve décrite, un peu plus bas, sous le nom d'*Urobacillus Duclauxii*. Le *Bacillus ureæ* décrit par Leube (2), en 1885, en différant considérablement, on ne peut, sans entretenir une confusion regrettable dans les nomenclatures bactériologiques, lui conserver cette appellation; aussi le désignerons-nous sous le nom de *Urobacillus Leubei*.

Urobacillus Pasteurii.

Ce bacille mobile, signalé par Miquel (3) dans les eaux de vidange, d'égout et de rivières, se montre formé de bâtonnets à

(1) Miquel. *Bulletin de la Société chimique de Paris*, 1879, XXXI, p. 391 et *Annales de Micrographie*, 1890, II, pp. 53, 122 et 145.
(2) Leube. *Virchow's Archiv*, 1885, C, p. 540.
(3) Miquel. *Annales de Micrographie*, 1889, I, p. 552 et 1890, II, p. 13.

extrémités arrondies de 1 à 1,2 μ de largeur sur une longueur variant de 5 à 10 μ. Ces articles, souvent isolés, peuvent être unis 2 à 2 ou en courtes chaînes. Cette espèce donne des spores brillantes, légèrement ovales, pouvant résister pendant 2 heures à la chaleur humide de 87-90° (fig. 173).

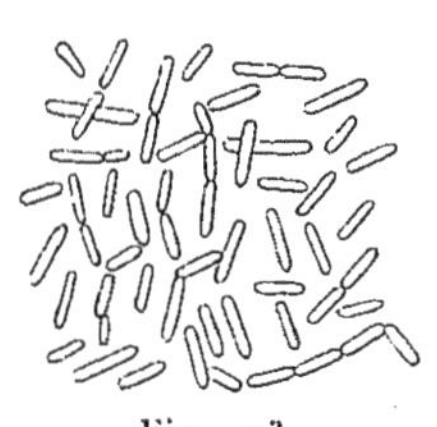

Fig. 173.
Urobacillus Pasteurii.

L'*Urobacillus Pasteurii* peut croître à la température des appartements, mais il ne se développe pas dans les milieux nutritifs habituels à moins qu'ils ne soient assez fortement alcalinisés ou additionnés d'un peu d'urée.

Semé dans du *bouillon* contenant 2 p. 100 de carbamide, il le trouble légèrement et, dans bien des cas, la fermentation est complète en quelques heures (5 à 10).

Ce bacille est le microbe urophage le plus énergique qui ait été jusqu'ici signalé; il est capable de décomposer par litre 3 grammes d'urée par heure et peut parvenir à faire fermenter complètement une eau de peptone contenant jusqu'à 130 à 140 grammes d'urée pure par litre.

Semé par piqûre dans la *gélatine* ordinaire, le résultat obtenu est 95 fois sur 100 négatif. Quand la culture réussit, on voit apparaître, dans le trajet suivi par le fil de platine, de petites colonies blanches sphériques, isolées les unes des autres, et que l'on retrouve peu grossies, même après une année d'attente. Ce milieu n'est pas liquéfié. La végétation est encore plus maigre dans la gélatine chargée d'urée, mais du jour au lendemain la totalité du substratum se remplit de petits cristaux en haltères et dégage une odeur ammoniacale très vive.

La température la plus favorable à la fermentation ammoniacale par l'*Urobacillus Pasteurii* paraît comprise entre 30 et 35°; elle devient très lente entre 8 et 10° et nulle à 0° et 50°. Les spores de ce bacille résistent très longtemps au vieillissement. Miquel les a retrouvés vivants et très actifs dans un échantillon de terre conservé pendant 18 ans dans un tube de verre scellé.

Le microbe adulte supporte mieux que les autres bacilles urophages l'action des antiseptiques, néanmoins, il se montre incapable de vivre dans les bouillons carbamidés renfermant: 1 : 15000 de nitrate d'argent; 1 : 9000 de sublimé: 1 : 1000 de sulfate de cuivre; 1 : 300 d'acide borique et 1 : 65 d'acide phénique.

L'*Urobacillus Pasteurii* est naturellement indiqué pour la préparation de solutions fortement chargées d'uréase; il appartient à la classe, peu nombreuse, des urobacilles qui peuvent, après la fermentation complète d'un bouillon chargé de 2 à 3 p. 100 d'urée, sécréter encore de notables quantités de ferment soluble.

Urobacillus Duclauxii.

Ce ferment ammoniacal découvert par Miquel (1), d'abord dans les eaux d'égouts et plus tard dans les eaux de rivière et le sol, est formé d'articles mobiles, grêles, d'une longueur variant de 2 à 10 μ et d'une largeur oscillant entre 0,6 et 0,8 μ (fig. 174).

Fig. 174.
Urobacillus Duclauxii.

Cette espèce, très mobile dans les liquides faiblement alcalins, est immobile dans les milieux contenant une forte proportion de carbonate d'ammonium. Elle donne de petites spores elliptiques, brillantes, capables de supporter sans périr pendant deux heures la température humide de 95°.

L'*Urobacillus Duclauxii* ne croît pas dans les milieux habituels de culture ; pour parvenir à le cultiver il est indispensable d'additionner ces milieux d'urée pure ou de les alcaliniser assez fortement avec du carbonate d'ammoniaque. La température la plus favorable à son développement paraît située vers 40°.

Semé sur de la *gélatine* additionné d'urée, ce bacille y donne au bout de 24 heures des colonies à peine visibles en même temps que la masse entière se remplit de cristaux. Ces colonies restent stationnaires, c'est-à-dire qu'elles n'acquièrent jamais un plus fort développement. La gélatine n'est pas liquéfiée; néanmoins, comme cela s'observe avec les ferments ammoniacaux énergiques, l'ammoniaque mise en liberté agit à la longue, au bout de 40 à 50 jours, sur la gélatine et la réduit en un sirop épais et visqueux; cette peptonisation, si on peut employer ce terme, est absolument étrangère à la vie de ces microorganismes.

L'*Urobacillus Duclauxii* porté dans du bouillon chargé de 2 p. 100 d'urée le fait fermenter complètement en 24 heures; si la proportion d'urée atteint 10 p. 100, la fermentation ne se complète pas habituellement, mais au bout de 10 à 12 jours on constate la disparition des neuf dixièmes de l'urée primitivement dissoute dans le

(1) Miquel. *Bulletin de la Société chimique de Paris*, 1879, XXXI, p. 391 ; XXXII, p. 126. — *Annales de Micrographie*, 1890, II, pp. 53, 122 et 145.

liquide. Les urines normales, non alcalinisées au préalable, ne fermentent pas sous l'influence de ce bacille.

Enfin, cette espèce ne peut pas se développer dans les milieux antiseptisés avec 1 : 25 000 de nitrate d'argent, 1 : 8 000 de sublimé corrosif, 1 : 1 000 de sulfate de cuivre, 1 : 100 d'acide borique et 1 : 20 d'acide phénique.

Urobacillus Freudenreichii.

Ce microorganisme isolé par MIQUEL (1) des poussières de l'air, du sol, du fumier des ruminants et des eaux de rivières, est formé par des bâtonnets aérobies, mobiles, à extrémités arrondies de 5 à 6 μ de longueur sur environ 1 μ de largeur (fig. 175). Dans les cultures sur milieux solides il apparaît en longs filaments.

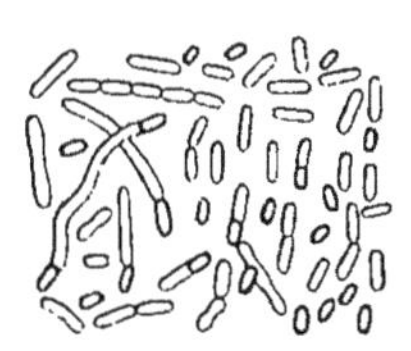

Fig. 175. *Urobacillus Freudenreichii.*

L'*Urobacillus Freudenreichii* donne des spores brillantes pouvant résister pendant 2 heures à la température humide de 94°.

Semé en piqûre sur la *gélatine* ordinaire, on voit se produire au point piqué une tache blanc de lait, à contour irrégulier, pouvant atteindre 3 à 4 millimètres de diamètre; du 8e au 10e jour, cette tache s'affaisse dans une cupule remplie d'un liquide trouble et visqueux. La fluidification du milieu se poursuit et se montre complète au bout d'un mois.

Les colonie nées sur la gélatine chargée d'urée sont blanches et parfaitement sphériques, elles continuent à s'accroître pendant une semaine environ et, autour d'elles, on voit se produire une auréole assez étendue de cristaux fins. Ce milieu n'est pas liquéfié.

Les cultures dans le *bouillon* ordinaire s'accusent au bout de 2 à 3 jours par l'apparition d'un trouble léger qui disparaît, un peu plus tard, en donnant lieu à un dépôt blanchâtre peu abondant. Quand le bouillon contient 2 p. 100 d'urée, la fermentation est d'ordinaire achevée au bout de 4 jours.

La température la plus favorable à la marche des fermentations déterminées par l'*Urobacillus Freudenreichii* se trouve comprise entre 30 et 35°; elle est suspendue d'une façon définitive par 1 : 25 000 de sublimé, 1 : 2 000 de sulfate de cuivre, 1 : 200 d'acide borique et 1 : 50 d'acide phénique.

---

(1) MIQUEL. *Annales de Micrographie*, 1890, II, pp. 367, 488.

Urobacillus Maddoxii.

Cette espèce urophage a été retirée par Miquel (1) des eaux d'égout et de rivière et très rarement de poussières de l'air.

Elle apparaît au microscope formée de bâtonnets mobiles de 3 à 6 μ de longueur sur 1 μ de largeur. Dans ses vieilles cultures, on observe la production de formes involutives curieuses offrant l'aspect de levures irrégulières (fig. 176). Elle donne des spores ovalaires pouvant supporter sans périr, pendant deux heures, la température humide de 94°.

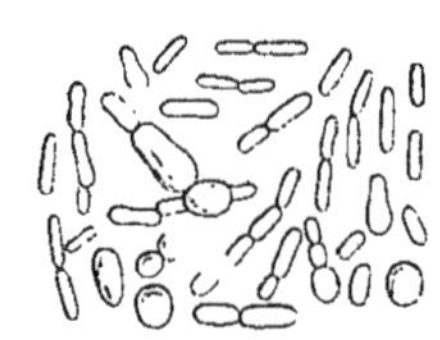

Fig. 176.
Urobacillus Maddoxii.

L'*Urobacillus Maddoxii* croît mal dans les bouillons ordinaires, il fait au contraire fermenter entièrement en 3 jours les bouillons chargés de 2 p. 100 d'urée. Dans l'eau de peptone simplement alcalinisée, son développement donne lieu à un trouble intense et à la production d'une forte proportion de ferment soluble.

Les essais de culture sur la *gélatine* ordinaire donnent lieu à de nombreux insuccès. Dans la gélatine additionnée d'urée le développement botanique est très peu apparent et n'est souvent perceptible qu'après l'apparition des cristaux qui sont l'indice d'une fermentation ammoniacale assez avancée.

Cet urobacille croît bien entre 30 et 35°. Dans la *gélose* rendue ammoniacale, il fournit des traînées blanches assez épaisses, débordant de quelques millimètres les stries d'ensemencement.

Le bacille qui nous occupe ne croît pas dans les milieux nutritifs contenant : 1 : 20 000 de nitrate d'argent ; 1 : 5 000 de sublimé ; 1 : 2000 de sulfate de cuivre ; 1 : 200 d'acide phénique et 1 : 100 d'acide borique.

Urobacillus Schutzenbergii, I.

Cette espèce, retirée par Miquel (2) des eaux de rivière et d'égout, est constituée par des bâtonnets très mobiles, ovales, presque micrococcoformes, de 1 μ de longueur sur 0,3 à 0,5 μ de largeur, souvent isolés, plus souvent réunis par paire.

---

(1) Miquel. *Annales de Micrographie*, 1891, III, pp. 275 et 305.
(2) Miquel. *Annales de Micrographie*, 1893, V, p. 321.

Cette espèce urophage ne donne pas des spores durables, aussi est-elle tuée au bout de 2 heures par la température humide de 45°.

Semée dans le *bouillon* ordinaire, elle le trouble en moins de 24 heures et vient former à la surface du liquide des pellicules minces, très légères, grimpant contre la paroi du vase. Le trouble que l'on obtient dans le bouillon chargé de 2 p. 100 d'urée est encore plus intense, mais nous devons ajouter que la quantité d'urée disparue ne dépasse pas habituellement 1,5 à 1,6 p. 100. Ce bacille ne supporte pas longtemps l'alcalinité des milieux devenus ammoniacaux et on le trouve mort au bout de 5 à 6 jours.

L'*Urobacillus Schutzenbergii I*, semé dans la *gélatine* ordinaire, y donne des colonies rondes translucides qui grossissent rapidement et acquièrent une apparence laiteuse; les colonies superficielles déterminent la formation d'une cupule qui s'agrandit rapidement en liquéfiant le milieu. Si la gélatine contient 2 p. 100 d'urée, la colonie atteint, au plus, 1 à 2 millimètres de diamètre, s'entoure d'une atmosphère de cristaux et le substratum n'est pas liquéfié.

Sur la *gélose*, on obtient un enduit léger blanc verdâtre dépourvu de caractères spéciaux.

Ce bacille est très sensible à l'action des substances antiseptiques, il se montre incapable de croître dans les bouillons contenant 1 : 70 000 de sublimé, 1 : 4 000 de sulfate cuprique, 1 : 800 d'acide borique et 1 : 100 d'acide phéniqué.

Urobacillus Schutzenbergii II.

Cette espèce urophage, trouvée par Cambier (1) dans l'eau du canal de l'Ourcq à Paris, diffère surtout de la précédente par ses caractères morphologiques; elle est formée d'articles longs et grêles de 3 à 5 μ sur 0,6 μ de largeur. Elle adopte la forme filamenteuse sur la gélatine (fig. 177).

Fig. 177.

Urobacillus Schutzenbergii II. — A, en culture dans le bouillon de 2 jours; B, en culture dans le bouillon vieilli de 20 jours; C, en culture sur la gélatine.

(1) Cambier. *Annales de Micrographie*, 1893, V, p. 323.

Cet urobacille mobile ne donne pas de spores; il se teint aisément par les couleurs usuelles d'aniline, mais ne se colore pas par la méthode de GRAM.

Semé sur la *gélatine* maintenue à 20°, il provoque sa liquéfaction complète en 24 heures. Porté sur de la *gélose* placée à l'étuve à 37°, on voit apparaître des traînés blanches nacrées s'écartant peu des stries d'ensemencement.

Le *bouillon* ordinaire est promptement troublé sous son influence et le trouble produit persiste pendant longtemps.

Les cultures de cette espèce sur les milieux chargés d'urée offrent, à peu près, les mêmes caractères. La gélatine est promptement liquéfiée, ce qui démontre, chose rare chez les espèces urophages, que le ferment peptonisant est ici sécrété plus rapidement que l'uréase; si le contraire avait lieu, l'espèce serait tuée ou du moins son dévelopement entravé par le carbonate d'ammoniaque, avant que la liquéfaction ait pu se produire.

L'*Urobacillus Schutzenbergii II* peut hydrater, au maximum, par litre 12 grammes d'urée en 4 jours. Il est tué par la température de 42° soutenue pendant deux heures.

Urobacillus Leubei.

Cette espèce a été trouvé par LEUBE (1) dans les vieilles urines fermentées. Elle consiste en bâtonnets courts à extrémités arrondies de 2 μ de longueur sur 1 μ de largeur. L'auteur n'indique pas si elle donne des spores.

Semée sur plaque de *gélatine*, on voit se former, dès le second jour, de petites taches diaphanes qui au bout de 10 jours ont acquis de 7 à 8 millimètres de diamètre. Ces colonies produisent l'impression d'une lame de verre ternie par l'haleine; le développement se fait uniquement en surface et le milieu n'est pas liquéfié. Les cultures en piqûres consistent en traits chétifs, minces et grisâtres.

LEUBE ajoute : que les vieilles cultûres de ce bacille émettent une odeur rappelant la saumure de hareng; que l'espèce qu'il a isolée transforme l'urée en carbonate d'ammoniaque, mais il ne dit pas si elle agit comme un ferment énergique ou faiblement actif.

---

(1) LEUBE. *Virchow's Archiv*, 1885, C, p. 540.

XI. — Fermentation des matières azotées albuminoïdes. Putréfaction.

Les matières azotées albuminoïdes complexes produites par la vie végétale ou animale, la chair musculaire, etc., subissent, quand elles se trouvent abandonnées dans des conditions convenables de température, d'aération et d'humidité, une série de transformations remarquables, désignées ordinairement sous le nom de fermentation putride ou de putréfaction. Ces transformations variées ont, en définitive, pour cause, le développement de certaines espèces bactériennes et, pour résultat, de ramener ces substances azotées à l'état de corps simples, solides, liquides ou gazeux qui font retour aux milieux extérieurs et qui sont dès lors capables, en vertu du principe de la conservation de l'énergie, de rentrer dans le cycle évolutif de la matière, par l'intermédiaire des plantes à chlorophylle ou autrement.

Beaucoup de bactéries sont capables d'attaquer les matières azotées albuminoïdes ; bien peu disposent de moyens assez puissants pour démolir complètement des molécules aussi complexes.

Le passage de la matière albuminoïde à l'état d'eau, d'ammoniaque, d'acide carbonique, etc., exige une série de dégradations successives de la molécule; il nécessite ordinairement le concours de plusieurs espèces microbiennes, dont les générations se succèdent dans le milieu en putréfaction, à mesure que l'action des précédentes s'épuise ou se montre incapable de pousser plus loin la destruction de la matière. Dans la Nature, les substances azotées se putréfient sous l'influence des bactéries toujours présentes en grand nombre dans l'air, l'eau, le sol, et qui s'y ensemencent spontanément et un peu au hasard. La putréfaction est plus ou moins rapide, voilà tout, suivant que ces substances sont ou non au contact de l'air, qu'elles sont immergées dans des liquides ou enfouies dans le sol. Le problème de la putréfaction est bien plus difficile à aborder au point de vue expérimental et scientifique; tout au plus est-il posé et les solutions qu'il a reçues jusqu'à ce jour sont loin d'être satisfaisantes. Il consisterait à choisir une substance albuminoïde chimiquement définie, autant que cela est possible dans l'état actuel de nos connaissances; puis, à faire agir sur cette substance une ou plusieurs espèces bactériennes, également bien définies, soit successivement, ce qui serait préférable, soit simultanément, mais alors il serait difficile de faire la part qui revient à chacune de ces espèces dans le processus total. On chercherait alors à déterminer la nature des produits formés aux dépens de la substance choisie, l'ordre d'apparition de ces produits, leur quantité absolue et relative, on s'efforcerait de saisir les rapports qu'ils affectent les uns avec les autres, leur manière de se comporter vis-à-vis des bactéries, sur lesquelles on expérimente, et l'on continuerait cette longue série de travaux jusqu'à ce qu'on ait retrouvé à l'état d'eau, d'azote, d'acide carbonique, d'hydrogène sulfuré, etc., le carbone, l'hydrogène, l'azote, le soufre, etc., qui constituaient la matière albuminoïde primitive. Or, il faut le dire, jamais un tel travail n'a été conduit jusqu'au bout par suite de difficultés d'ordres chimique et bactériologique presque insurmontables. On s'est borné jusqu'à ce jour à déterminer, ce qui est déjà beaucoup, les modifications apportées dans les matières, plus ou moins bien définies, par les bactéries qui y sont ensemencées spontanément par l'air, par les poussières terreuses ou par l'eau dont on humectait ces substances.

Nous ne pouvons exposer ici avec tous les détails qu'ils comportent les travaux, plutôt chimiques que bactériologiques, sur la putréfaction, de Selmi, de Nencki (1), de Brieger (2), de Jeanneret (3), de Donni (4), de Gayon (5), et surtout ceux si documentés de A. Gautier et Étard (6). Bornons-nous à dire que les substances rencontrées par ces savants au cours de la putréfaction des matières azotées sont, à peu de chose près, les mêmes que celles obtenues par Schutzenberger en faisant agir à température élevée l'hydrate de baryte sur les mêmes matières albuminoïdes. On peut donc admettre que c'est surtout par un mécanisme d'hydrolyse, produit par l'intermédiaire de ferments solubles qu'elles sécrètent, que les bactéries agissent sur les matières albuminoïdes pour les scinder en corps de plus en plus simples. Indépendamment des amides et des acides amidés, tels que le glycocolle, la leucine, la butalanine, on a signalé au cours de la putréfaction toute la série des acides gras : acides acétique, propionique, butyrique, valérianique, caproïque, etc., des acides gras supérieurs : acides stéarique, margarique, palmitique ; de la tyrosine ; des acides aromatiques : acide phénylacétique, acide phénylpropionique, des dérivés uriques : xanthine et hypoxanthine, leucomaïnes de Gautier ; de la guanidine, etc., des phénols, du scatol et de l'indol. Des

---

(1) Nencki. *Journal für prakt. Chemie*, 1877, sér. 2, XV, p. 397.
(2) Brieger. *Journal für prakt. Chemie*, 1879, sér. 2, XVII, p. 124.
(3) Jeanneret. *Journal für prakt. Chemie*, 1877, sér. 2, XV.
(4) Donni. *Comptes rendus de l'Académie des Sciences*, 1863, LVII, 1864, LVIII, 1867, LXV.
(5) Gayon. De la pourriture des œufs. *Thèse*. Paris, 1875.
(6) Gautier et Étard. *Comptes rendus de l'Académie des Sciences*, 1882, XCIV, pp. 1357 et 1598.

gaz nombreux et abondants se dégagent : hydrogène, azote, hydrogènes sulfuré et phosphoré, hydrogène carboné, acide carbonique; il se produit également de l'ammoniaque, des amines, des mercaptans. Ces produits, si nombreux et si divers, sont du reste variables avec les matières en putréfaction, comme nature et comme quantité.

Au cours des putréfactions spontanées, c'est-à-dire dans lesquelles les espèces microbiennes agissantes ne sont pas artificiellement ensemencées, mais au contraire sont apportées un peu au hasard par l'air, les vases, l'eau de dilution, on voit tout d'abord apparaître des espèces aérobies qui préparent en quelque sorte le terrain, consomment l'oxygène libre inclus dans la substance. Ensuite apparaissent les espèces anaérobies qui peuvent alors évoluer à leur aise dans le milieu désoxygéné; la véritable putréfaction commence à se manifester; les albuminoïdes solides sont fluidifiés; des gaz infects se dégagent; l'odeur *sui generis* devient de plus en plus intense. En outre des produits signalés plus haut, les ptomaïnes qui se forment à ce moment rendent les matières putréfiées très toxiques. Puis, peu à peu, les anaérobies, ayant épuisé leur action, cèdent le pas à de nouveaux aérobies qui se chargent de brûler, d'oxyder à refus les matériaux divers qu'ils trouvent à leur disposition; l'odeur repoussante fait place à une odeur supportable ; les gaz qui se dégagent sont à cette période principalement formés d'acide carbonique. Bientôt il ne reste plus, de la matière putréfiée, que de l'ammoniaque que les organismes nitrifiants ont pour mission de faire passer à l'état de nitrates.

Ferments de la caséine.

Duclaux (1) a soigneusement décrit un certain nombre de bactéries, ferments de la caséine, auxquels il attribue un rôle important dans le mécanisme de la maturation des fromages. Voici la description de ces espèces qu'il désigne sous le nom de Tyrothrix.

Tyrothrix tenuis.

Ce microorganisme, cultivé dans le lait au contact de l'air, se développe sous forme de bâtonnets petits, grêles, cylindriques, très légèrement granuleux, de 3 μ de long sur 0,6 μ de large. Quand l'air

(1) Duclaux. *Annales de l'Institut agronomique*, 1882, et *Encyclopédie chimique*, IX; *Chimie biologique*, p. 639 et suivantes. Paris, 1883.

lui fait légèrement défaut, il s'allonge, prend un léger mouvement ondulatoire, il peut aussi présenter des filaments très allongés, ayant ou non une apparence segmentée. Il est aérobie, ne se développe pas dans l'acide carbonique. Il forme à la surface du lait un voile épais, plissé, fragile. Il donne des spores. La température optimum de son développement est comprise entre 20 et 25°. A l'état adulte, il résiste à la température de 90 et 95°. A l'état de spores, il résiste à la température de 115°.

Il coagule assez rapidement le lait, puis le coagulum se redissout lentement en se peptonisant. Il sécrète de la présure et de la caséase qu'on peut séparer de ses cultures par l'action précipitante de l'alcool. Les vieilles cultures dans le lait sont un peu visqueuses. A côté des peptones résultant de la tranformation de la caséine, on trouve dans le lait où a vécu ce microbe, de la leucine, de la tyrosine, du valérianate et du carbonate d'ammoniaque. Le *Tyrothrix tenuis* n'attaque ni la lactose, ni la glycose, ni la glycérine, ni le lactate de chaux; il se développe assez bien dans le bouillon et très mal sur l'urine.

Tyrothrix filiformis.

Cet autre ferment aérobie de la caséine, découvert par Duclaux, se présente sous forme de bâtonnets de 0,8 µ de diamètre, légèrement mobiles, souvent unis en chaînes d'articles très allongées semblant très flexibles. Il forme des spores; il ne se développe pas dans l'acide carbonique. A l'état de filaments, il périt après une minute de chauffage à 100°, si le milieu est légèrement acide; à l'état de spores, en milieu alcalin tel que le lait, il résiste à la température de 120°. Ce microbe ne fait pas fermenter le sucre de lait ni la glycérine. Il se cultive dans le lait, d'abord sans produire de changements notables, puis, au bout de 2 ou 3 jours, ce liquide change subitement d'aspect en se transformant en une liqueur légèrement louche. Quelquefois le lait se coagule, mais le coagulum ne tarde pas à se redissoudre. Indépendamment des peptones, il produit de la leucine, de la tyrosine, du valérianate, de l'acétate, du carbonate d'ammoniaque et, chose remarquable, de l'urée.

Tyrothrix distortus.

Dans le lait, au contact de l'air, ce microbe se cultive en donnant des bâtonnets granuleux de 4 à 9 µ de long sur 0,9 µ de large, un peu flexueux et assez mobiles. Il forme parfois des chaînes d'articles moins mobiles ou des filaments. Il donne des spores endogènes, surtout dans ses cultures en bouillon. Ces spores sont nombreuses et rangées en file dans chaque filament qui paraît comme étranglé dans leurs intervalles; dans les articles courts, les spores sont uniques et sphériques et occupent, sans le déformer, toute la largeur du bacille. A l'état adulte, il périt entre 90 et 95°; à l'état de spores, il se montre un peu plus résistant et ne meurt qu'entre 100 et 105°.

Ferment aérobie de la caséine, il transforme avec peine cette substance en peptones, produisant en même temps de la leucine, de la tyrosine, du carbonate d'ammoniaque et, enfin, un mélange de valérianate et d'acétate d'ammoniaque dans lequel le premier de ces sels domine. Il sécrète dans le lait surtout de la présure et un peu de caséase; cette dernière est peu active et ne redissout qu'avec beaucoup de peine le coagulum formé par la présure. Le lait dans lequel on le cultive prend souvent l'aspect de la gelée de viande.

Tyrothrix geniculatus.

Ce ferment aérobie de la caséine se développe, dans le lait, en fils enchevêtrés à coudes plus ou moins brusques, quelquefois avec des courbures élégantes, flottant dans le liquide et ne formant jamais de pellicules superficielles. Les dimensions de ces filaments sont de 10 μ environ de longueur sur 1 μ de largeur. D'abord homogènes, ils deviennent assez rapidement finement granuleux. Ce tyrothrix est toujours immobile. Parfois sa forme est un peu différente; il peut, en effet, se présenter comme des filaments formés d'articles presque aussi larges que longs. Ces filaments se garnissent de spores disposées régulièrement en ligne, celles-ci en occupent toute la largeur. A l'état adulte, dans le lait il périt à 80° en moins d'une minute, à l'état de spores il résiste pendant le même temps à 105°. Ce microbe, cultivé dans le lait, le coagule; ultérieurement, le coagulum se redissout; quelquefois, il se redissout au fur et à mesure qu'il se forme. Il sécrète donc aussi, à la fois, de la présure et de la caséase, mais en faible quantité et peu actives. Sous son influence, la caséine se peptonise et donne de la leucine, de la tyrosine, une matière amère, du carbonate, de l'acétate et surtout du valérianate d'ammoniaque. Il est sans action, comme les précédents, sur la lactose et la glycérine.

Tyrothrix turgidus.

Ce tyrothrix forme dans le lait, au contact de l'air, de courts bâtonnets turgescents, de 2 à 3 μ de longueur sur 1 μ de largeur. Dans les vieilles cultures, il continue son développement sous forme d'un voile épais, résistant, composé de filaments très allongés, enchevêtrés, cloisonnés en cellules à peine plus longues que larges, dans lesquels apparaissent des spores. La température la plus favorable à son développement est comprise entre 25 et 30°. Il peut encore végéter à la température des caves où l'on conserve les fromages dont il contribue à former la croûte; à l'état adulte, il ne supporte pas sans périr une température de 80°, mais à l'état de spores il n'est tué qu'à 115°.

Il n'attaque ni le sucre, ni les matières grasses, il végète péniblement dans les solutions contenant de l'amidon ou de la glycérine; il refuse de croître dans les solutions de lactate de chaux. Cultivé dans le lait, il le coagule et redissout le coagulum; il sécrète donc aussi, mais lentement, les deux ferments présure et caséase. Ferment aérobie de la caséine, il transforme cette substance en une autre ayant les réactions de la syntonine; on trouve, en outre, dans le lait où il a vécu, de la leucine, de la tyrosine, du butyrate d'ammoniaque et une très notable quantité de carbonate d'ammoniaque, assez abondante pour saponifier une partie de la matière grasse du lait et précipiter la syntonine formée par l'action du microbe sur la caséine. Ce carbonate d'ammoniaque est le produit de la vie aérobie du *Tyrothrix turgidus;* sous l'influence de ce microbe, une grande partie de la matière organique subit une oxydation profonde et même complète qui l'amène à l'état d'acide carbonique.

Tyrothrix scaber.

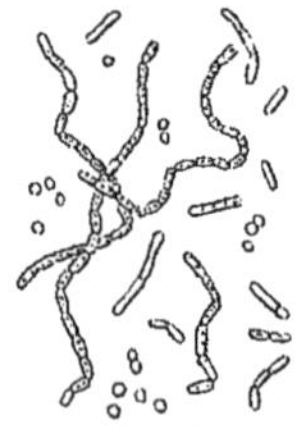

Fig. 178. *Tyrothrix scaber.* D'après DUCLAUX.

Ce microbe affecte, dans ses cultures jeunes sur le lait, la forme d'articles assez courts, de 1,2 μ de largeur, rempli de granulations très fines qui lui donnent un aspect pointillé. Il donne aussi des chaînes d'articles et des filaments assez allongés, beaucoup moins mobiles que les individus isolés (fig. 178). Il forme à la surface du liquide une pellicule épaisse, gélatineuse et assez fragile, se dissociant par l'agitation. Il reste assez longtemps vivant dans la profondeur; on voit se produire des spores uniques ou des chapelets de spores dans un certain nombre de filaments. Il se développe très bien dans le bouillon et dans la gélatine. C'est un aérobie strict, il ne se développe pas dans l'acide carbonique. A l'état adulte, il périt entre 90 et 95°; à l'état de spores, entre 105 et 110°.

Cultivé dans le lait, il le laisse en apparence assez longtemps inaltéré. Puis, peu à peu, le liquide prend la couleur et la transparence du petit-lait, sa réaction reste légèrement alcaline, son odeur est faible. Les diastases sécrétées par ce microbe sont donc peu actives vis-à-vis de la caséine. On trouve dans le liquide, à la fin de la culture, un peu de caséine non transformée, de la leucine, de la tyrosine, du carbonate et du valérianate d'ammoniaque. Le *Tyrothrix scaber* attaque légèrement la saccharose.

Tyrothrix virgula.

Cette espèce se développe encore plus difficilement que la précédente dans le lait; elle préfère les milieux contenant des peptones déjà formées. Dans le bouillon, le *Tyrothrix virgula* forme des bâtonnets très minces, à contours très nets, cylindriques, isolés ou réunis en chapelets d'un petit nombre d'articles. Dans les cultures anciennes, il prend des formes bizarres, très irrégulières, présentant des parties très renflées dans lesquelles apparaissent plus tard des spores. Il est aérobie, comme les précédents; on connaît mal son action sur la caséine; le lait dans lequel il a vécu se charge de carbonate et de butyrate d'ammoniaque.

Tyrothrix urocephalum.

Duclaux considère ce microorganisme comme un des agents les plus actifs de la putréfaction des matières animales. Très répandu, il se développe aisément dans tous les liquides contenant des matières azotées. C'est un aérobie facultatif, cette particularité contribue à le distinguer du vibrion butyrique, anaérobie strict, avec lequel on pourrait le confondre. Il se développe mal dans le bouillon et sur gélatine. Dans le lait, contenu dans un vase large, au contact de l'air, il végète en donnant d'abord des bâtonnets de 1 μ de diamètre très mobiles qui ne tardent pas à s'allonger en filaments. Ceux-ci, enchevêtrés, forment à la surface des îlots gélatineux et transparents; il sécrète dans ces conditions une très faible quantité de diastases peu actives.

Cultivé dans le lait à l'abri de l'air, il se présente sous forme de bâtonnets assez gros, souvent unis en chapelets d'articles irréguliers dans lesquels on voit apparaître des spores; les bâtonnets jeunes et isolés se meuvent dans le liquide d'un mouvement vermiculaire. A l'état adulte, il périt entre 95 et 100°; à l'état de spores, il faut pour le tuer, en milieu neutre, une température de 100 à 105° et seulement de 95 à 100° dans un liquide légèrement acide, tel que le lait dans lequel il se trouve à la fin d'une fermentation.

Il communique au lait, dès le début de sa culture anaérobienne, une odeur désagréable; dans ce milieu apparaissent des bulles gazeuses. La caséine est transformée en une substance analogue aux peptones, ne se coagulant pas à l'ébullition, même en milieu acide, précipitant à froid par l'eau de baryte, faiblement par l'eau de chaux, et pas du tout par le ferrocyanure de potassium. Le liquide a une réaction franchement acide et contient, outre la leucine, la tyrosine et une amide non déterminée par l'auteur, un mélange de valérianates d'ammoniaque et d'amines grasses.

Le *Tyrothrix urocephalum* se développe moins bien dans le bouillon et la gélatine que sur le lait; dans ce dernier milieu, il ne s'attaque ni à la matière grasse ni au sucre. Il n'agit pas non plus sur le lactate de chaux, ni sur la glycérine (DUCLAUX) que le vibrion butyrique fait au contraire facilement fermenter.

Tyrothrix claviformis.

Ce tyrothrix est absolument anaérobie; il ne se développe pas au contact de l'air. Cultivé dans le lait, dans le vide ou dans une atmosphère d'acide carbonique, il prend, tout d'abord, la forme de bâtonnets de moins de 1 μ de largeur, cylindriques ou étranglés en leur milieu quand ils sont en voie de division (fig. 179). A un certain moment, une des extrémités du bâtonnet se renfle en une boule gélatineuse à contours diffus qui finit par se condenser en une petite spore ronde et opaque; il ressemble alors à un clou ou à une épingle. Quand les articles sont doubles, les têtes sont aux deux extrémités ou bien côte à côte

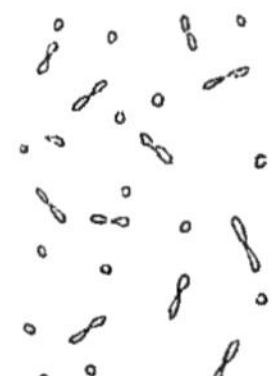

Fig. 179. *Tyrothrix claviformis.* D'après DUCLAUX.

au milieu. Bientôt les spores deviennent libres dans le liquide à la suite de la résorption du corps bacillaire.

Sous l'influence de la vie de ce tyrothrix, le lait se coagule, puis, au bout de 24 heures le coagulum commence à se redissoudre par le bas et est remplacé par un liquide à peine trouble, le microbe sécrète donc de la présure et de la caséase; il se dégage un gaz contenant 2 volumes d'acide carbonique pour 1 volume d'hydrogène, mais cette composition n'est pas constante. La caséine est transformée en peptones qui, cependant, ne précipitent ni par le tannin ni par le sublimé; on trouve en même temps de la leucine, de la tyrosine et de l'acétate d'ammoniaque, sans mélange avec d'autres sels d'acides gras. Le *Tyrothrix claviformis* attaque aussi le sucre de lait, ce qui fait que, en plus des produits indiqués, on trouve encore, dans les cultures sur le lait, de l'alcool ordinaire faiblement mélangé d'alcools supérieurs, en quantité correspondante au poids du sucre disparu.

Tyrothrix catenula.

Ce microbe n'est pas strictement anaérobie; il peut se cultiver dans des liquides maintenus en grande épaisseur dans des tubes étroits où l'air n'a que difficilement accès. Dans le lait, tenu au large contact de l'air, le microbe ne se développe pas, à moins qu'il n'ait été ensemencé très abondamment. Dans le lait tenu à l'abri de l'air, il se développe sous forme de filaments courts, très ténus, de moins de 0,6 μ de diamètre, peu réguliers, à contours flous, paraissant formés d'une série de granulations accolées. Dans le même milieu, très faiblement aéré, il forme des filaments un peu plus épais, de 1 μ de diamètre, homogènes, à contours nets, mobiles. On observe aussi des chapelets composés de 10 à 12 filaments soudés bout à bout, se mouvant à la façon de files de bateaux sur une rivière. Les filaments ne tardent pas à se briser, à se renfler en fuseaux, à s'hypertrophier totalement en un point seulement de leur longueur, à s'immobiliser. Quelquefois les articles paraissent s'enkyster; dans d'autres circonstances, ils se condensent en spores volumineuses, ovales, ayant un diamètre plus grand que les filaments qui les ont produites. Ce tyrothrix coagule le lait après l'avoir acidifié; le coagulum ressemble tout à fait à celui que produisent les acides libres, il est fin, granuleux et assez dense; se dépose au fond du vase et reste surnagé par un sérum presque privé de caséine. Jamais le *Tyrothrix catenula* ne redissout la caséine coagulée. Il ne sécrète donc pas de caséase et vraisemblablement pas non plus de présure, il agit surtout en rendant le lait acide. Il attaque légèrement la caséine dissoute, donnant une sorte d'acidalbumine, avec de la leucine, de la tyrosine, de l'acide butyrique en partie seulement saturé par l'ammoniaque. Pendant la vie de ce tyrothrix dans le lait, il se dégage des gaz très abondants, contenant trois volumes d'acide carbonique pour deux d'hydrogène; au début, il se dégage un peu d'acide sulfhydrique.

Le *Tyrothrix catenula*, à l'inverse du vibrion butyrique, n'attaque en aucune façon le lactate de chaux, il ne se développe même pas, à l'abri ou au contact de l'air, dans les solutions de ce sel.

Fermentation de la fibrine.

Bienstock (1) a étudié dès 1884 un microbe anaérobie, le *Bacillus putrificus*, qu'il isola des fèces et qu'il considéra comme un des agents les plus actifs de la putréfaction des substances protéiques.

Bacillus putrificus.

Ce bacille se présente sous la forme de bâtonnets minces, à extrémités arrondies, de 5 à 6 μ de longeur, affectant parfois la forme filamenteuse. Il possède une spore terminale, volumineuse, surtout apparente dans les vieilles cultures, qui lui communique l'aspect d'une baguette de tambour. Il est très mobile et présente des cils embroussaillés qu'on peut mettre en évidence par la méthode de Löffler; il se colore aisément par toutes les couleurs d'aniline; il garde le Gram.

Il ne se développe absolument pas au contact de l'air. Au contraire, à l'abri de l'oxygène, il fournit des cultures prospères sur tous les milieux habituels.

Sur *gélatine* glucosée alcaline ensemencée par piqûre profonde, on observe après 4 jours d'incubation à 20° une série de colonies se développant surtout dans les parties les plus profondes du tube sous forme de bulles troubles, liquides, dégageant une notable quantité de gaz et liquéfiant rapidement le substratum dont la couche superficielle seule reste solide sur une épaisseur de quelques millimètres.

Sur *gélose* glucosée, ensemencée de la même manière, la culture

(1) Bienstock. *Zeitschrift für klin. Medicin*, 1884, VIII.

affecte la forme d'un cône opaque dont le sommet est à environ un centimètre au-dessous de la surface et qui va en s'élargissant jusqu'au fond du tube ; des bulles gazeuses se dégagent abondamment et disloquent le milieu qui n'est jamais liquéfié. Les milieux acides se prêtent mal au développement de ce bacille.

Propriétés biologiques. — Le *Bacillus putrificus*, anaérobie strict, est, grâce à ses spores, très résistant à l'action de la chaleur : il supporte aisément un séjour de 2 heures à la température de 80°, propriété précieuse pour qui veut l'isoler et le séparer des espèces qui l'accompagnent dans les milieux putréfiés. Les spores supportent même la température de l'ébullition de l'eau pendant 3 minutes, mais elles sont stérilisées après 5 minutes. Il n'est pas pathogène pour les animaux.

En culture anaérobie, il attaque énergiquement la fibrine ; l'étude de cette action a été, tout récemment, reprise par BIENSTOCK (1) qui en a déterminé très exactement le mécanisme. Le bacille provenait d'un fragment de muscle abandonné à la putréfaction spontanée sous une cloche, depuis plus d'un an et complètement liquéfié. Ensemencé à l'abri de l'air, dans des tubes contenant de la fibrine, et maintenus à 37-40°, il liquéfie d'abord cette substance, puis dégage des gaz contenant de l'hydrogène sulfuré ; l'odeur très désagréable au début devient, peu à peu, plus aromatique ; il ne se produit pas d'indol. Après 2 ou 3 semaines, le liquide commence à se clarifier. Pour étudier les produits de cette culture, BIENSTOCK l'effectua dans de grands ballons contenant une liqueur nutritive, telle que celle de COHN ou d'USCHINSKY, de la fibrine (100 grammes) et stérilisés par la chaleur. Ces ballons, largement ensemencés d'une culture pure du *Bacillus putrificus*, furent maintenus à l'abri de l'air à la température de 40°. L'analyse chimique du contenu de ceux qui présentèrent une putréfaction, pratiquée après un temps variable permit de caractériser la présence d'hydrogène sulfuré, d'acides volatils gras et aromatiques, butyrique, valérianique, paraoxyphénylpropionique (fusible à 114°), de leucine et de tyrosine. Les peptones, l'indol, le scatol ne furent pas rencontrés.

Ce bacille peut déterminer de même la putréfaction de la fibrine contenue dans des vases peu protégés contre le libre accès de l'air, à la condition de vivre en une sorte de symbiose avec d'autres espèces microbiennes aérobies qui absorbent l'oxygène ; tels sont les bacilles du foin, les *Bacillus fluorescens*, *liquefaciens putidus* ; un bacille tiré

(1) BIENSTOCK. *Annales de l'Institut Pasteur*, 1899, XIII, p. 859.

de la boue; le *Spirillum Finkleri*; le *Spirillum tyrogenum*; les *Proteus vulgaris, mirabilis, Zenkeri*; le *Bacillus ureæ*, etc., etc. Quelques-unes de ces espèces associées font apparaître des termes nouveaux, tels que l'indol et le scatol dans les produits de la putréfaction.

Ensemencé dans le milieu fibrineux en même temps que le *Bacillus coli communis* ou le *Bacillus lactis aerogenes*, il se développe bien, mais on n'observe ni dégagement de gaz, ni aucune espèce de putréfaction. Enfin, semé concurremment avec le *Bacillus violaceus* ou la sarcine rouge, il ne se développe pas du tout.

Il n'est peut-être pas inutile, à l'occasion de cette symbiose d'organismes aérobies et anaérobies permettant la putréfaction des matières albuminoïdes au contact de l'air, de rappeler ici un travail de KEDROVSKY (1) portant sur la fermentation que peut provoquer le *Clostridium butyricum*, anaérobie, semé dans un milieu fermentescible en même temps qu'un certain nombre de bactéries aérobies. Cet auteur pense que la présence des aérobies ne se borne pas à désoxygéner le milieu; il y aurait, en outre, production par ces aérobies de substances favorisant la croissance et l'action physiologique du *Clostridium*. En effet, les cultures de ce dernier organisme seraient possibles à réaliser, au large contact de l'air, dans des bouillons ayant préalablement nourri des aérobies et débarrassés de ceux-ci par filtration sur des bougies de porcelaine.

La fibrine est également décomposée par un processus putréfactif, avec production d'hydrogène sulfuré, d'acide carbonique, de peptones, d'amines volatiles, d'amides, d'acide gras et aromatiques, de scatol, d'indol, etc., par le vibrion septique, le bacille du charbon symptomatique (KERRY (2), V. NENCKI et N. SIEBER (3)) et par le *Clostridium fœtidum* (BIENSTOCK).

Signalons encore le *Bacillus albuminis* isolé par BIENSTOCK (4) des fèces. Ce bacille mobile, mesure 3 μ de long mais affecte aussi la forme de longs filaments. Il fournit des spores terminales placées à la partie antérieure du bacille. Il attaque rapidement l'albumine tenue à l'abri de l'air. Au contact de ce gaz, son action est un peu moins énergique. Il se montre capable de décomposer la tyrosine en produisant une quantité notable de carbonate d'ammoniaque.

---

(1) KEDROVSKY. *Vratch.* 1894, n° 35.— *Zeitschrift für Hygiene*, XX, p. 358.

(2) KERRY. *Wiener Monatshefte für Chemie*, 1889, X, n° 10.

(3) V. NENCKI et SIEBER. *Sitzungsberichte d. Kaiserlich. Acad. der Wissenschaft in Wien.* 1889, XCIII.

(4) BIENSTOCK. *Zeitschrift für klin. Medizin*, XIII.

CHAPITRE II

BACTÉRIES CHROMOGÈNES

Dans le chapitre II de la première partie de cet ouvrage (page 31), nous avons défini les *bactéries chromogènes* en disant qu'on nomme ainsi les bactéries qui ont la faculté de sécréter un pigment coloré pendant leur existence.

Ces pigments peuvent être suivant les cas : violets, indigo, bleus, verts, jaunes, orangés et rouges, autrement dit, posséder toutes les couleurs du spectre solaire ; nous ajouterons, pour compléter la liste de ces nuances, que certains pigments peuvent être bruns et même noirs.

Ces matières colorantes sont très souvent renfermées dans l'intérieur des cellules bactériennes et font partie de leur contenu au même titre que la chlorophylle des végétaux plus élevés en organisation. Parfois, les pigments sont péricellulaires et proviennent de substances excrétées colorables au contact de l'air. Dans beaucoup de cas ces substances colorantes sont *diffusibles*, c'est-à-dire qu'elles envahissent une partie ou la masse totale des substrata sur lesquels ces sortes de bactéries végètent. La majeure partie des pigments diffusibles sont fluorescents.

On connaît actuellement une cinquantaine de bactéries capables de donner naissance à des pigments fluorescents ; les principales sont :

Le *Bacillus fluorescens aquatilis* (Lustig) ; les *Bacillus fluorescens albus* et *aureus* (Zimmermann) ; le *Bacillus erythrosporus* (Eidam) ; les *Bacillus fluorescens liquefaciens crassus* et *immobilis* (Flügge) ; les *Bacillus fluorescens conversus* et *incognitus* (Wright) ; les *Bacillus fluorescens longus* et *tenuis* (Zimmermann) ; le *Bacillus fluorescens* (Lepierre) ; le *Bacillus pyocyaneus* (Gessard) ; les *Bacillus fluorescens ovalis* et *striatus viridis* (Ravenel) ; les *Bacillus iris* et *virescens* (Frick), etc.

Les bactéries qui ne produisent pas de pigments diffusibles sont beaucoup plus nombreuses; nous décrirons un peu plus bas les plus importantes.

Il semble aujourd'hui démontré : que les pigments bactériens ne peuvent se former qu'au contact de l'air atmosphérique; que les températures élevées au-dessus de 30° ont sur leur production une action néfaste, alors même que ce degré de chaleur favorise la croissance botanique de l'espèce et qu'enfin la lumière, même diffuse, peut amoindrir la vivacité de leur teinte (JORDAN).

La nature et la composition des milieux où croissent les bactéries chromogènes sont également très importantes à considérer. Les pigments se manifestent surtout bien sur la gélatine, l'agar et la pomme de terre, en un mot sur les milieux solides ou demi-solides (purée de pomme de terre, empois, fruits, paille humide, crème, fromage, etc.); au contraire, il ne s'en produit que de faibles quantités dans les bouillons et les autres liquides nutritifs, ce qui paraît peut-être dû à l'afflux trop faible de l'air et aussi à la formation de substances contraires à la production de ces sortes de matières colorantes.

La nature des substances entrant dans la composition des milieux de culture favorables à la manifestation des pigments des bactéries fluorescentes a été soigneusement étudiée par GESSARD (1), LEPIERRE (2) et JORDAN (3). Malgré quelques contradictions de détail, il paraît établi aujourd'hui que le *pouvoir fluorescigène* ne peut se manifester que dans les milieux contenant du soufre et du phosphore à l'état de sulfates et de phosphates solubles; la nature des bases combinées à ces acides offrirait beaucoup moins d'importance; notons aussi que parmi les substances favorisant la fluorescence, on a indiqué en première ligne : l'asparagine, puis les sels ammoniacaux des acides succinique, lactique, citrique et tartrique.

La fonction chromogène des bactéries peut être également influencée par le degré d'acidité et d'alcalinité des milieux. Certaines bactéries fournissent des pigments plus vifs en milieux acides que neutres ou alcalins (bacille du lait bleu); d'autres, comme l'ont établi CHARRIN et ROGER (4), WASSERZUG (5), peuvent perdre cette fonction en présence de traces d'antiseptiques puissants.

---

(1) GESSARD. *Annales de l'Institut Pasteur*, 1892, VI, p. 801.
(2) LEPIERRE. *Annales de l'Institut Pasteur*, 1895, IX, p. 643.
(3) JORDAN. *The botanical Gazette*, 1899, XXVII, p. 19.
(4) ROGER et CHARRIN. *Compt. rend. de la Société de Biologie*, 1887, 8e sér., VI, p. 596.
(5) WASSERZUG. *Annales de l'Institut Pasteur*, 1887, I, p. 581.

Quoi qu'il en soit, quand une bactérie a perdu son pouvoir chromogène, cela peut arriver après un nombre plus ou moins élevé de cultures ou de une à deux cultures vers 37°, il est assez difficile de restituer aux races incolores ou blanches qui en proviennent la faculté qu'elles possédaient primitivement; toutefois, en les cultivant sur la gélatine à basse température et en présence du sucre, ou de la glycérine on arrive à leur restituer leurs curieuses propriétés.

Terminons ce court aperçu général en ajoutant : que plusieurs bactéries chromogènes, telles que les bacilles pyocyanique et indien, jouissent en même temps de propriétés pathogènes et que beaucoup d'autres peuvent envahir rapidement certaines substances alimentaires (lait, pain, poissons, etc.), les détériorer profondément et leur enlever leurs qualités marchandes.

Nous avons peu de chose à dire de la nature des pigments colorés fabriqués par les schizophytes, pour le motif que la plupart d'entre eux sont encore très mal connus; ceux qui ont fait l'objet d'une étude soignée seront mentionnés plus loin.

I. — Microcoques chromogènes.

Il existe une moins grande variété d'espèces chromogènes dans la tribu des micrococques que dans celle des bacilles; les espèces fluorescigènes y sont particulièrement rares; les trois qu'on y a rencontré jusqu'à ce jour sont : le *Micrococcus fluorescens* (Maggiora); le *Diplococcus fluorescens fœtidus* (Klamann); le *Micrococcus versicolor* (Flügge). La grande tribu des bacilles en montre, au contraire, une cinquantaine.

Les microcoques à pigments jaunâtres, jaunes ou orangés sont de beaucoup les plus fréquents; puis viennent, en moins grand nombre, ceux à pigments roses et rouges, enfin ceux à pigments bleus ou violets.

Le tableau qui suit indique, par ordre alphabétique, les microcoques chromogènes le plus vulgairement trouvés dans l'air, les eaux, le sol, les poussières, les substances altérées ou putréfiées et diverses sécrétions de l'économie animale.

Microcoques chromogènes.

à pigments orangés jaunes ou verdâtres	*Micrococcus agilis citreus; Sarcina aurantiaca; Micrococcus aurantiacus; Sarcina aurea, aurescens; Micrococcus cerus flavus; Sarcina cerevisiæ; Micrococcus citreus, citreus conglomeratus, citreus liquefaciens; Sarcina citrina; Micrococcus cremoïdes; Sarcina flava; Micrococcus flavus desidiens, flavus liquefaciens, flavus liquefaciens tardus, flavus tardigratus, Fingalayensis, fluorescens; Diplococcus fluorescens fœtidus; Sarcina gazoformans, liquefaciens, livida, lutea, luteola; Micrococcus luteus; Diplococcus luteus; Sarcina meliflava; Micrococcus ochroleucus; Sarcina olens, striata superba; Micrococcus tetragenus versatilis, versicolor; Staphylococcus viridis flavescens.*
à pigments roses ou rouges	*Micrococcus agilis, carneus, cinnabareus, cinnabarinus, corallinus; Sarcina erythromyxa, fusca, fuscens; Micrococcus Kefersteini, prodigiosus; Sarcina rosea; Micrococcus roseo fulvus, roseus, roseus typicus.*
à pigments bleus ou violets	*Micrococcus cyaneus, pseudo-cyaneus, violaceus.*

Microcoques à pigments orangés, jaunes ou verdâtres.

Il suffit d'exposer quelque temps une plaque de gelée nutritive au contact de l'air pour la voir se recouvrir au bout de quelques jours de colonies où les microcoques jaunes sont très largement représentés. En étudiant les microbes des eaux, de la terre, de la cavité buccale, du mucus bronchique, des sécrétions uréthrales, vaginales, etc., on rencontre presque constamment des sphérobactéries jaunes d'une détermination et d'une différenciation toujours délicate. Ces espèces, jusqu'ici assez mal étudiées, n'offrent en général qu'un très faible intérêt, nous nous contenterons d'en décrire quelques-unes en faisant précéder leur courte monographie d'un essai de classification basé sur leur forme et le pouvoir qu'elles ont de liquéfier ou non la gélatine.

Microcoques chromogènes à pigments orangés, jaunes, jaunâtres ou verdâtres.

Micrococques	liquéfiants	*Micrococcus citreus liquefaciens, cremoides, flavus desidiens, flavus liquefaciens, Fingalayensis, radiatus.*
	peu ou pas liquéfiants	*Micrococcus agilis citreus, aurantiacus, cereus flavus, flavus tardigratus, fluorescens; Micrococcus luteus, versicolor, Staphylococcus viridis flavescens.*
Diplocoques	liquéfiants	*Diplococcus flavus liquefaciens tardus, luteus; diplococcus fluorescens fœtidus, citreus liquefaciens.*
	non liquéfiants	*Micrococcus citreus, ochroleucus.*
Tétracoques	liquéfiants	*Micrococcus citreus conglomeratus, tetragenus versatilis.*
Sarcines	liquéfiantes	*Sarcina aurantiaca, lutea, flava, aurea, cervina.*

Micrococus flavus liquefaciens.

Ce microcoque décrit par FLÜGGE (1), peut être isolé de l'air et des eaux. Il est formé de cellules sphériques d'un diamètre égal ou légèrement supérieur à 1 μ. Ces cellules souvent isolées sont quelquefois groupées par paires ou accolées en grappes.

Tombée accidentellement sur une plaque de *gélatine* nutritive, cette espèce y donne une colonie jaune, circulaire, qui détermine la formation d'une cupule au fond du liquide de laquelle la végétation se précipite et adopte une forme étoilée, due à des rayons divergeant sous des angles à peu près égaux. Inoculée par piqûre dans le même milieu nutritif, elle le liquéfie rapidement en donnant au bout de 2 jours un canal qui va en s'élargissant rapidement jusqu'à la fluidification totale du substratum.

La plupart des milieux de culture conviennent à ce microcoque qui croît et se multiplie sur la *gélose* et la *pomme de terre* en donnant des enduits épais, d'un très beau jaune, dont la matière colorante n'a pas été étudiée.

On peut ranger à côté de ce microcoque chromogène : le *Micrococcus flavus desidens* également étudié par FLÜGGE (2) et le *Micrococcus radiatus*, d'un jaune un peu verdâtre, du même auteur et dont il sera dit un mot à l'occasion des microcoques de l'air.

Micrococcus Findlayensis.

Ce microcoque, retiré par STERNBERG (3) de la rate d'un malade ayant succombé à la fièvre jaune, s'offre sous l'aspect de cellules isolées de 0,5 à 0,7 μ de diamètre fortuitement groupées par paires, par tétrades ou en plus grand nombre d'éléments.

Ce microorganisme croît à la température ordinaire sur les milieux usuels de culture. Sur la *gélatine*, il fournit des colonies, des enduits et des clous jaunes liquéfiants ; sur *agar* des gazons d'un jaune plus pâle.

---

(1) FLÜGGE. Die Mikroorganismen, 1896, II, p. 178.
(2) FLÜGGE. Die Mikroorganismen, 1896, II, p. 180 et p. 179.
(3) STERNBERG. Report on Etiology and Prevention of yellow fever. Washington, 1891, p. 219. — A Manual of Bacteriology, p. 608. New-York, 1892.

Micrococcus cremoides.

On doit à Zimmermann (1) la description de ce microcoque constitué par de petites cellules sphériques de 0,8 μ de diamètre, groupées d'ordinaire en amas irréguliers.

Semé sur *bouillon*, il le trouble d'abord fortement en donnant ultérieurement un dépôt muqueux et blanchâtre.

Semé sur *gélatine*, le *Micrococcus cremoides* s'y développe en colonies discoïdales, jaunâtres, liquéfiant rapidement le substratum sous-jacent en cupules qui vont en s'agrandissant. Inoculé par piqûres, on voit également se produire une cupule à la suite de laquelle se forme un canal qui augmente de largeur jusqu'à la liquéfaction complète de la gélatine.

La même espèce cultivée sur *gélose* et la *pomme de terre* donne naissance à des enduits crémeux blanc jaunâtre.

Micrococcus luteus.

Cette espèce chromogème a été rencontrée par de nombreux microbotanistes : Cohn, Schröter (2), Zimmermann, Tils (3), etc., parmi les poussières de l'air. Elle se présente sous l'aspect de coccus elliptiques de 1 μ environ de grand axe, associés en masses zoogloéiques dont la substance intercellulaire est aisément soluble dans l'eau.

Le *Micrococcus luteus*, strictement aérobie, se cultive bien à la température des appartements sur la plupart des milieux nutritifs. La substance pigmentaire qu'il sécrète, d'un très beau jaune, se montre insoluble dont l'eau, l'alcool et l'éther.

Introduit dans le *bouillon*, il ne le trouble pas, mais donne un dépôt jaunâtre et souvent des voiles qui viennent végéter à la surface du liquide. Porté dans le *lait*, il le coagule au bout de 20 jours et le rend acide.

Les colonies superficielles qu'il forme sur la *gélatine* sont d'une couleur jaune-soufre ; elles peuvent y acquérir 4 à 5 millimètres en diamètre sur 1/2 millimètre de profondeur. Le milieu n'est pas liquéfié.

---

(1) Zimmermann. Die Bakterien unserer Trink- und Nützwässer. Chemnitz, 1890.
(2) Schröter. *Cohn's Beiträge zur Biologie der Pflanzen*, II.
(3) Tils. *Zeitschrift für Hygiene*, 1890, IX, p. 282.

Sur la *gélose* et la *pomme de terre*, les traînées et les gazons obtenus sont muqueux et d'une belle couleur jaune-citron.

On peut rapprocher de cette espèce le *Micrococcus agilis citreus* de MENGE (1).

Micrococcus aurantiacus.

Cette espèce, d'abord découverte dans l'air et plus tard dans l'eau, a été étudiée par COHN et SCHRÖTER (2). Elle est formée de cellules elliptiques de 1,5 μ de diamètre, isolées ou groupées irrégulièrement en staphylocoques.

Elle donne sur la *gélatine* des colonies ovoïdes ou discoïdales dépouvues de tout pouvoir liquéfiant. Ensemencée par piqûres sur le même milieu et sur l'*agar*, elle donne naissance à un bouton jaune qui se développe bien en surface, mais dont le trait sous-jacent est formé par un agrégat de petites colonies d'une croissance lente.

Semée en stries sur *gélose* et la *pomme de terre*, elle y végète en produisant des bandes d'un jaune orangé.

Portée dans le *bouillon*, elle y détermine la formation d'un dépôt, et de voiles superficiels légers de couleur jaune.

On peut ranger à côté de ce microbe, le *Micrococcus flavus tardigradus* de FLÜGGE (3) dont les cellules sont sphériques et le pigment qu'elles sécrètent d'une couleur jaune moins vif.

Micrococcus cereus flavus.

La présence de ce microbe chromogène a été signalée dans le pus par PASSET (4). Il s'offre au microscope sous l'aspect de cellules sphériques, de grosseur irrégulière, d'un diamètre voisin de 1 μ, quelquefois isolées, le plus souvent associées en amas ou courtes chaînes. Il ne liquéfie pas la *gélatine* et donne à la surface de ce milieu nutritif des colonies aplaties, à contour irrégulier, ayant l'apparence de gouttes cireuses d'un jaune-citron foncé.

Le *Micrococcus cereus flavus* se cultive à la température ordinaire sur la plupart des milieux solides et, également bien, dans le bouillon qu'il jaunit fortement au bout de quelques mois.

---

(1) MENGE. *Centralblatt für Bakteriologie*, 1892, XII, p. 49.
(2) SCHRÖTER. *Cohn's Beiträge zur Biologie der Pflanzen*, I.
(3) FLÜGGE. Die Mikroorganismen, 1896, II, p. 178.
(4) PASSET. *Fortschritte der Medizin*, 1885, n°s 2 et 3.

Le *Staphylococcus viridis flavescens* de GUTTMANN (1) trouvé dans les pustules varicelleuses et le *Micrococcus versicolor* (2) ne diffèrent guère de l'espèce précédente que par la teinte plus verdâtre de la substance pigmentaire du premier et la diffusibilité notable de la matière colorante du second.

Diplococcus luteus.

Cette espèce, trouvée dans les eaux par ADAMETZ (3) est formée par des microcoques ordinairement réunis par paires, quelquefois, cependant, groupés en courtes chaînes ou d'une façon irrégulière.

Le *Diplococcus luteus* est mobile et aérobie, il se cultive facilement dans les milieux nutritifs usuels et se développe aisément à la température des appartements. Au bout de 3 jours, il donne dans la *gélatine* des colonies circulaires d'un jaune pâle, d'environ 1 millimètre de largeur ; après 4 jours, ces colonies ont acquis un diamètre de 3 millimètres et se montrent fortement colorées. Semé en piqûres dans le même substratum, ce microcoque fournit des clous à tête étalée; la liquéfaction ne débute qu'au bout de plusieurs semaines.

Il croît, également bien, sur la *gélose* et la *pomme de terre*, où il fournit des enduits visqueux, jaunes, dont le pigment pénètre dans la masse du milieu nutritif qu'il colore en brun rougeâtre.

Le *Diplococcus luteus* se développe aussi dans le *bouillon* et dans le *lait* qu'il coagule vers le 5e jour.

Diplococcus liquefaciens flavus tardus.

Ce diplocoque a été découvert par TOMMASOLI (4) sur la peau d'individus atteints d'eczéma séborrhéique. Il ressemble beaucoup au gonocoque (page 286) et se montre formé, comme lui, de cellules réniformes accolées par leur concavité.

Il est aérobie et facultativement anaérobie ; il croît bien dans les milieux usuels, à la température de la chambre et fournit sur les

(1) GUTTMANN. *Virchow's Archiv*, CVII, p. 851. — *Berliner klin. Wochenschrift*, n° 46, p. 802.
(2) FLÜGGE. Die Mikroorganismen, 1896, II, p. 180.
(3) ADAMETZ. Die Bakterien der Nütz- und Trinkwässer. Vienne, 1888.
(4) TOMMASOLI. *Monatshefte für prakt. Dermatologie*, IX, p. 56.

substrata solides de petites colonies qui se développent avec lenteur. La gélatine ne commence à se liquéfier qu'au bout d'un mois.

On peut ranger à côté de cette espèce, le *Diplococcus citreus liquefaciens*, également, étudié par le même auteur.

Micrococcus citreus.

Ce microbe à pigment jaune-citron, retiré des eaux, a été décrit par Tils (1). Il est constitué par de grosses cellules sphériques dont le diamètre peut atteindre et même dépasser 2 μ. On le trouve habituellement groupé par paires ou par chaînettes de 7 à 8 éléments et parfois davantage.

Le *Micrococcus citreus* est aérobie et ne possède pas la faculté de fluidifier la gélatine. Il forme à la surface de ce milieu de culture des colonies jaune pâle, discoïdales qui atteignent au bout de plusieurs jours un diamètre de 6 à 8 millimètres et une épaisseur de 1/2 millimètre.

Les végétations qu'il donne sur *gélose* sont d'un jaune clair, sur la *pomme de terre* placée à l'étuve à 37° (?), les enduits formés sont abondants et couleur jaune-citron.

Micrococcus ochroleucus.

Ce microcoque a été isolé par Prove (2) des urines humaines et rencontré par Legrain (3) dans du pus d'uréthrite et d'un bubon chancrelleux. Il se montre constitué par des cellules sphériques de 0,5 à 0,8 μ de diamètre isolées et très souvent unies en diplocoques.

Semé dans la *gélatine*, il donne naissance, en moins de 24 heures, à de petites colonies incolores qui deviennent granuleuses et acquièrent une teinte verdâtre. D'après quelques auteurs, la gélatine commencerait à se liquéfier au bout de 15 jours à 3 semaines; d'autres ne lui reconnaissent pas cette faculté. Piqué sur le même milieu, on voit se former un disque superficiel jaune au centre et blanc à la périphérie ; le trait sous-jacent, constitué par un agrégat de colonies, reste blanc pendant un long espace de temps.

Les cultures en strie du *Micrococcus ochroleucus* sur la *pomme de*

(1) Tils. *Zeitschrift für Hygiene*, 1890, IX, p. 300.
(2) Prove. *Beiträge zur Biologie der Pflanzen*, 1887, IX, p. 409.
(3) Legrain. Les microbes des écoulements de l'urèthre, Nancy, 1888.

terre consistent en un gazon mamelonné irrégulièrement coloré de jaune. Les cultures sur l'*agar* sont crémeuses, d'un blanc sale, la strie centrale d'ensemencement est seule jaune.

Les vieilles cultures de ce micrococcus sur gélatine dégagent une odeur sulfureuse pénétrante; elles cèdent à l'alcool un pigment jaune décolorable par les acides.

D'après Prove, cette espèce donnerait des spores (?), ce qui lui permettrait de résister à la température de l'eau bouillante.

Micrococcus tetragenus versatilis.

Findlay avait considéré cette bactérie comme l'agent figuré de la fièvre jaune; Sternberg (1), qui lui a donné le nom sous lequel elle est désignée ici, reconnut qu'elle ne jouissait pas des propriétés pathogènes qu'on lui avait attribuées et la rangea au nombre des espèces chromogènes liquéfiantes.

Ce microcoque est formé de cellules associées en tétrades dont les éléments, de grosseur variable, mesurent de 0,5 à 1,5μ. Il se colore aisément par les couleurs usuelles d'aniline et prend le Gram.

Semé sur la *gélatine*, il y détermine la formation de colonies sphériques opaques, jaune pâle, dont le pouvoir liquéfiant se manifeste au bout de quelques jours.

Sur la *gélose*, on obtient un enduit crémeux jaune, d'aspect humide et brillant, qui s'étend graduellement et envahit la surface entière de ce milieu nutritif. Les cultures sur la *pomme de terre* offrent le même aspect.

Micrococcus citreus conglomeratus.

Cette espèce microscopique, dont le pouvoir pathogène paraît être nul, a été d'abord isolée par Bumm (2) de sécrétions blennorrhagiques, puis rencontrée, également, par Legrain dans le canal de l'urèthre d'un chien; on a pu, en outre, la retirer des poussières de l'air, ce qui confirme son rôle saprophytaire.

Le *Micrococcus citreus conglomeratus* est formé par des éléments hémisphériques associés deux à deux comme chez le gonocoque et

(1) Sternberg. Report on etiology and prevention of yellow fever. Washington, 1891.

(2) Bumm. Der Mikroorganismus der Gonorrhoischen Schleimhauterkrankungen, 1895, p. 17, Wiesbaden.

mesurant 1,5 μ de diamètre ; très souvent aussi, ces cellules sont disposées en tétrades et en amas irréguliers.

Ce microcoque aérobie et facultativement anaérobie liquéfie la *gélatine* où il donne des colonies jaune-citron. Il croît également bien sur la *gélose* et la *pomme de terre* qui se recouvrent de belles traînées de même couleur.

Ce microbe se colore aisément par le GRAM, ce qui permet de le distinguer du gonocoque de NEISSER avec lequel il peut être confondu dans un simple examen microscopique direct.

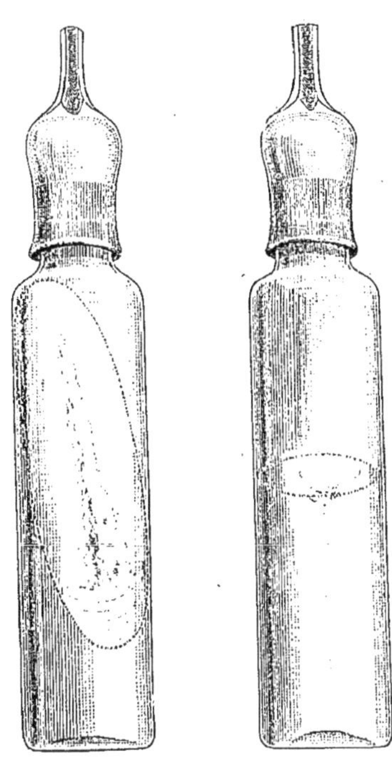

Fig. 180.
Culture en strie et en piqûre de la *Sarcina flava*.

Sarcina flava.

Cette espèce, signalée d'abord par DE BARY et rencontrée par d'autres auteurs (1), adopte la forme typique des sarcines. Elle est très fréquente dans l'air et très répandue dans les eaux impures.

Elle fournit sur les plaques de *gélatine* de petites colonies jaunes, rondes, à croissance lente, qui liquéfient promptement ce milieu. Ses cultures en stries sur la *gélose* et la *pomme de terre* sont d'un très beau jaune. Ensemencée par piqûre dans un tube d'*agar*, elle donne un clou jaune clair dont la tête s'étale de 5 à 6 millimètres au point piqué (fig. 180 et 181).

Fig. 181.
Sarcina flava, colorée à la fuchsine.

Les *Sarcina olens* et *superba* d'HENRICI (2), *aurescens* de GRUBER (3),

---

(1) LINDNER. Die Sarcine Organismen der Gährungsgewerbe. Berlin, 1888.
(2) HENRICI. *Arbeiten aus dem bakteriolog. Inst. zu Karlsruhe*, I, 1894, p. 93.
(3) GRUBER. Die Arten der Gattung Sarcina, ebenda Heft, 1895, p. 263.

liquefaciens de FRANKLAND (1) offrent un grand degré de parenté avec la *Sarcina flava*.

Sarcina aurea.

Ce microorganisme a été trouvé par MACÉ (2) dans les conduits pulmonaires d'un malade atteint de pleuropneumonie ; il a, le plus souvent, l'aspect cubique des sarcines et se montre formé par des cellules ovoïdes de 1 μ de diamètre ; ces éléments sont mobiles.

La *Sarcina aurea* se développe rapidement sur la *gélatine* qu'elle liquéfie dès le second jour. La liquéfaction est complète au bout d'une semaine ; en vieillissant elle perd, peu à peu, la faculté de liquéfier ce substratum.

Ensemencé par strie sur la *gélose*, elle donne des bandes larges, épaisses, à surface verruqueuse, d'un jaune d'or brillant ; cette coloration pâlit après plusieurs générations.

Cette espèce se cultive, également bien, sur la *pomme de terre* et dans le *bouillon* qu'elle ne trouble pas et où elle produit un dépôt jaune d'or fortement adhérent au vase.

Le pigment sécrété par cette sarcine se dissout dans l'alcool absolu en donnant une liqueur jaune dorée.

Sarcina lutea.

Cette sarcine, signalée dans les poussières atmosphériques, par SCHRÖTER (3), est formée de cellules de 2 μ de diamètre, le plus souvent associées en tétrades ou par masses cubiques de 8 éléments.

Cette espèce aérobie liquéfie la *gélatine*. Les colonies qu'elle y donne dans la profondeur, sont petites et sphériques ; à la surface de ce milieu elle détermine la formation de disques d'un jaune franc ou d'un jaune verdâtre. Sur *agar*, les végétations obtenues sont d'un jaune-serin et d'un jaune de soufre sur la *pomme de terre*.

On peut rapprocher de cette espèce les *Sarcina citrina*, *gazoformeus*, *livida*, *luteola*, *marginata*, *meliflava*, *vermiformis* de GRUBER (4).

---

(1) FRANKLAND. *Trans. of the R. S. of London*, 1882, CLXXVIII, p. 267.

(2) MACÉ. Traité pratique de Bactériologie, p. 471. Paris, 1897.

(3) EISENBERG. Bakteriologische Diagnostik, 3e éd., p. 15.

(4) GRUBER. *Arbeiten aus dem bakteriol. Inst. zu Karlsruhe*, 1895, I, p. 272.

Sarcina aurantiaca.

Cette bactérie, signalée par Koch (1) dans l'air et les eaux, se montre formée d'éléments hémisphériques groupés 2 par 2, 4 par 4 ou 8 par 8, suivant la nature des milieux employés pour sa culture ; les cellules qui la constituent sont plus petites que celles de la *Sarcina lutea*; elles sont également aérobies, mais liquéfient beaucoup plus promptement la *gélatine* où elles donnent des colonies sphériques et des disques un peu granuleux d'une couleur jaune orangé. Ensemencée par piqûre, elle peptonise le milieu en donnant un entonnoir irrégulier, rempli de liquide au fond duquel s'accumule un assez abondant dépôt.

Sur la *gélose* et sur la *pomme de terre*, où cette espèce se multiplie aisément, on voit se former des traînées jaunes qui restent, à peu près, circonscrites aux stries d'ensemencement ; semée dans le *bouillon*, elle le trouble en produisant des flocons et un abondant précipité jaunâtre (fig. 182 à 185). Elle détermine la coagulation du *lait* et, ultérieurement, redissout le coagulum produit.

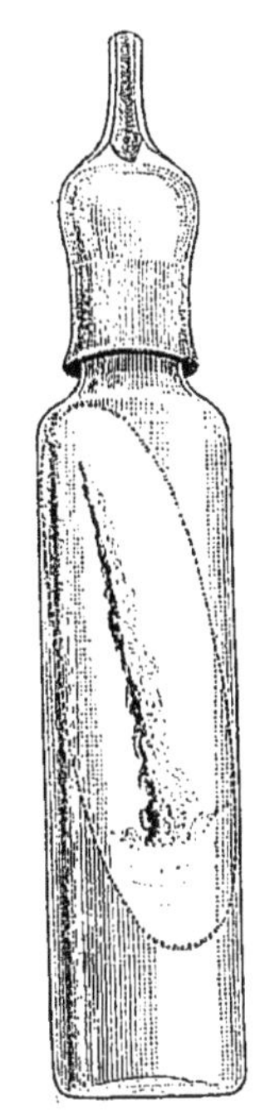

Fig. 182. Culture en strie de la *Sarcina aurantiaca.*

Fig. 183. Bouton superficiel d'une culture par piqûre de la *Sarcina aurantiaca.*

Fig. 184. *Sarcina aurantiaca*, colorée à la fuchsine.

Fig. 185. Même sarcine, fortement grossie.

Les *Sarcina flavescens* et *sulfurea* d'Henrici, *intermedia* et *velutina* de Gruber ont beaucoup de parenté avec cette espèce.

Microcoques à pigments rouges ou roses.

Ces espèces chromogènes sont beaucoup plus rares que les précédentes; cependant les micrococques, dont la teinte des pigments varie du rose pâle au rouge-brique ou minium, se rencontrent par

(1) Koch. *Mittheilungen aus dem K. Gesundheitsamte*, II, 1884, p. 240.

légions au sein des poussières atmosphériques. Nous ne pouvons, évidemment, que signaler ici les principales :

Microcoques chromogènes à pigments rouges ou roses.

Microcoques.	Liquéfiants. *Micrococcus prodigiosus*, *corallinus*.
	Non liquéf. *Micrococcus Keferstini*.
Diplocoques.	Non liquéf. *Diplococcus roseus*.
Sarcines.	Liquéfiantes. *Sarcina rosea*, *erythromyxa*.

Micrococcus prodigiosus.

Syn. : *Bacterium prodigiosum*, *Monas prodigiosa*, *Bacillus prodigiosus*.

Cette espèce, connue depuis Ehrenberg (1), a été fréquemment

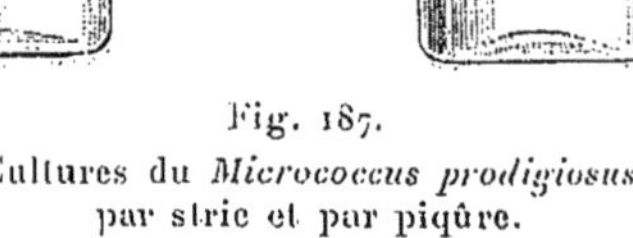

Fig. 187.
Cultures du *Micrococcus prodigiosus* par strie et par piqûre.

Fig. 186.
Micrococcus prodigiosus.

Fig. 188.
Cils du *Micrococcus prodigiosus*.

rencontrée par les micrographes et plus spécialement étudiée par Schotelius (2), Wasserzug (3) et Scheurlen (4).

(1) Ehrenberg. *Verhandl. der Berliner Akademie*, 1839.
(2) Schotelius. Biologische Untersuchungen über den Micrococcus prodigiosus. Leipzig, 1887.
(3) Wasserzug. *Annales de l'Institut Pasteur*, 1888, II, p. 153.
(4) Scheurlen. *Archiv für Hygiene*, 1896, XXVI, p. 1.

Ce microcoque se montre formé de cellules sphériques ou ovales, d'environ 1 μ de diamètre, pourvues d'une faible mobilité attribuable au mouvement des cils qui les entourent et que permet de décéler la méthode de Löffler (fig. 186 et 188).

Le *Micrococcus prodigiosus* croît aisément à la température ordinaire dans les milieux nutritifs usités en bactériologie.

Il trouble promptement le *bouillon* où on l'ensemence et lui communique une teinte rosée ; plus tard, un dépôt de même couleur apparaît au fond du vase.

Il donne, dans la *gélatine*, des colonies blanchâtres, irrégulièrement sphériques, qui deviennent roses, puis rouges et liquéfient rapidement le milieu. Ensemencé par piqûres, on voit se former promptement une cupule et le trajet suivi par le fil de platine se transforme en un canal qui s'élargit progressivement sous l'influence de la liquéfaction et qui finit par envahir la masse entière du substratum (fig. 187).

Sur *gélose*, il se produit un enduit large, muqueux, d'un très beau rouge, parfois mordoré. Les cultures sur la *pomme de terre* sont encore plus belles ; on a remarqué qu'elles exhalaient l'odeur de la triméthylamine.

Le *Micrococcus prodigiosus* est aérobie et facultativement anaérobie ; dans sa vie anaérobienne il ne fournit aucun pigment coloré. Comme la plupart des bactéries, il prend bien les diverses couleurs d'aniline ; toutefois, il ne se colore pas par la méthode de Gram.

La température la plus favorable à son développement est située vers 25°, il peut encore se multiplier à 38° mais ne donne pas alors de pigment coloré. Il meurt vers 70°.

La substance pigmentaire sécrétée par ce microorganisme reste contenue dans l'intérieur des cellules durant leur vie active, elle n'en transsuderait qu'après leur mort. Cette matière colorante est insoluble dans l'eau, elle se dissout au contraire dans l'alcool et l'éther ; les solutions obtenues sont peu stables à la lumière ; elles virent au jaune orangé sous l'action des alcalis et au violet sous celle des acides.

Le *Micrococcus prodigiosus* se rencontre très fréquemment dans les poussières atmosphériques, les boues et les eaux impures. Il peut colorer, accidentellement, en rouge le pain humide, le lait, les viandes et plusieurs autres substances sur lesquelles on le voit parfois végéter librement à la température ordinaire.

Micrococcus corallinus.

Ce microcoque a été trouvé par Cantani (1) dans un tube de gélose fortuitement contaminé par les poussières atmosphériques.

Il est formé de cellules sphériques de grosseur moyenne, associées au nombre de 2, 3 ou 4; dans les cultures âgées, les dimensions de ces cellules sont très variables.

Le *Micrococcus corallinus* se colore bien par les couleurs usuelles d'aniline et conserve le Gram. Il croît à la température des appartements, mais non à 37°; le degré de chaleur qui paraît le mieux lui convenir est compris entre 20 et 25°.

Il se multiplie très lentement sur la *gélatine* en donnant de petites colonies roses, régulièrement arrondies, la gélatine ne se liquéfie qu'au bout de 20 à 25 jours.

Sur *gélose*, la croissance est plus rapide; il se forme, au bout de 48 heures, un pointillé rosé qui se transforme en colonies hémisphériques; mais, au bout de 7 à 8 jours, la surface se recouvre entièrement d'un enduit rouge.

Sa végétation sur la *pomme de terre* est lente et chétive : au bout de 20 à 30 jours, on voit apparaître sur les points ensemencés des colonies d'un beau rouge-carmin.

Les cultures dans le *bouillon* sont de même très pauvres, le liquide n'est pas visiblement troublé et au bout de 15 à 30 jours on voit se former, au fond du vase, un dépôt rose jaunâtre; un semblable dépôt se produit dans le *lait* qui n'est ni coloré ni coagulé.

Le pigment du *Micrococcus corallinus* est insoluble dans l'éther et le chloroforme; il est partiellement soluble dans l'eau et l'alcool.

Micrococcus Kefersteini.

Cette espèce a été découverte par Keferstein (2) dans le lait d'une ferme devenu spontanément rouge; la coloration observée se localisait habituellement à la surface de ce liquide animal ou sur les bords mouillés des vases.

Ce microcoque est formé de cellules de grosseur moyenne, le

(1) Cantani. *Centralblatt für Bakteriologie*, 1898, XXIII, p. 308.
(2) Keferstein. *Centralblatt für Bakteriologie*, 1897, XXI, p. 177.

plus souvent réunies en tas irréguliers, il prend aisément les couleurs d'aniline et garde le GRAM ; il croît bien à la température de la chambre et presque pas à 37°.

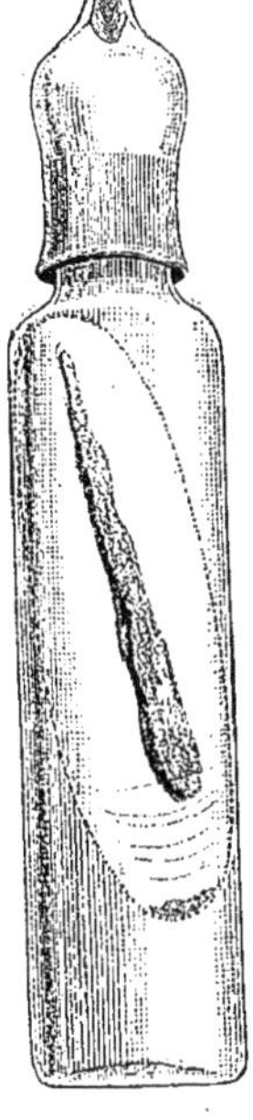

Ensemencé par piqûre sur la *gélatine*, il donne, au bout de 2 ou 3 jours, un clou non liquéfiant, dont la tête est rose et à reflets brillants ; le trait sous-jacent reste grisâtre, les colonies superficielles sont bombées à contours réguliers et d'un rouge cerise (fig. 189 à 191).

Sur *agar*, maintenu à 22°, le développement est plus rapide et les colonies ou traînées obtenues sont simplement roses.

Cette espèce ne se développe pas dans le

Fig. 189.
Culture en strie du *Micrococcus roseus*.

Fig. 190.
Colonie superficielle des cultures par pigment du *Micrococcus roseus*.

Fig. 191.
Micrococcus roseus.

bouillon à 37° ; entre 20 et 30°, elle y fournit un léger dépôt ; elle se cultive mieux dans le *lait* stérilisé.

Micrococcus roseus.

Syn. : *Diplococcus roseus*.

Ce microcoque doit être considéré comme l'une des espèces de couleur rose ou rosée les plus abondamment répandues dans la nature ; il n'est pas de bactériologiste qui n'ait eu l'occasion de la rencontrer plusieurs fois sur la gélatine volontairement ou spontanément contaminée.

Il apparaît sous la forme d'éléments globulaires de 1 μ environ de diamètre, généralement groupés en diplocoques ou tétracoques. Il croît lentement sur la plupart des milieux de culture ; la température des appartements est celle qui paraît la plus favorable à son développement.

Introduite dans le *bouillon*, cette bactérie le teinte légèrement en rose et fournit au fond du vase un dépôt couleur brique.

Sur la *gélatine*, elle donne des colonies plates, faiblement en relief, irrégulièrement arrondies, dont le centre proémine souvent et peut fournir un mamelon de quelques millimètres de hauteur. Son pouvoir liquéfiant est presque nul; cependant, largement ensemencée en strie sur la gélatine inclinée, elle arrive à la liquéfier à moitié au bout de 30 à 40 jours.

Le *Micrococcus roseus* est une espèce vulgaire de l'air, des eaux et du sol. On peut la rapprocher des *Micrococcus roseus typicus* et *roseo fulvus* de LEHMANN et NEUMANN (1) des *Micrococcus carneus* et *cinnabarinus* de ZIMMERMANN (2), du *Micrococcus fulvus* de COHN (3), du *Micrococcus cinnabareus* de FLÜGGE (4) et du *Micrococcus agilis* d'ALI-COHEN (5).

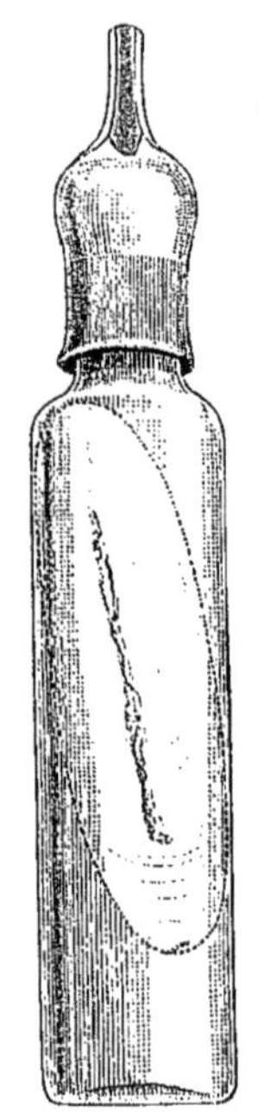

Fig. 192.
Culture en strie de la *Sarcina rosea*.

Sarcina rosea.

Cette sarcine, dont l'existence a été signalée par SCHRÖTER (6), LINDNER (7), ZIMMERMANN, n'a vraisemblablement été étudiée par MENGE (8) que dans une de ses variétés éclose sur du lait devenu accidentellement rouge.

La *Sarcina rosea* est constituée par des microcoques associés en cube, donnant au bout de 48 heures sur la *gélatine* nutritive de petites colonies sphériques, transparentes, qui rougissent au contact de l'air et liquéfient très lentement le substratum.

Il se forme sur la *gélose* des traînées d'une coloration moins vive, dont les zones extérieures ne sont pas ou sont très peu colorées (fig. 192).

Ensemencée dans le *bouillon*, cette espèce ne le trouble pas; elle croît à la partie inférieure du vase et ce n'est que très tardive-

(1) LEHMANN et NEUMANN. Atlas und Grundriss der Bakteriologie. Munich, 1896.
(2) ZIMMERMANN. Die Bakterien unserer trink- und nutzwässer, 1890, p. 76.
(3) COHN. *Beiträge zur Biologie der Pflanzen*, 1875, I.
(4) FLÜGGE. Die Mikroorganismen, p. 177. Leipzig, 1896.
(5) ALI-COHEN. *Centralblatt für Bakteriologie*, 1889, VI, p. 33.
(6) SCHRÖTER, cité par LINDNER.
(7) LINDNER. Die Sarcina Organismen der Gärungsgewerbe, p. 45. Berlin, 1888.
(8) MENGE. *Centralblatt für Bakteriologie*, 1889, VI, p. 596.

ment que les cellules formées acquièrent une faible couleur rosée. Portée dans le *lait*, elle en colore surtout la partie crémeuse sans le coaguler ni lui faire subir d'altération notable.

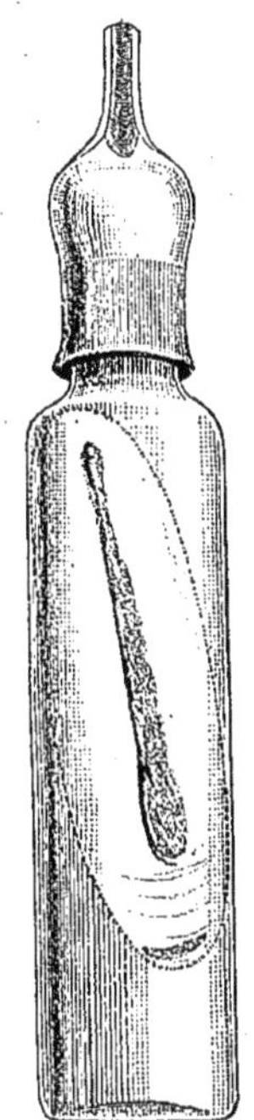

Fig. 193.
Culture en strie de la *Sarcina erythromyxa* de KRÄL.

Le pigment de cette sarcine est remarquable par son insolubilité dans les dissolvants habituels : eau, alcool, chloroforme, éther, benzine, etc., et sa résistance à froid aux acides minéraux et aux bases alcalines étendues; ce n'est qu'à chaud que ces réactifs puissants parviennent à le modifier et à le détruire.

On peut ranger à côté de la *Sarcina rosea* : la *Sarcina erythromyxa* de KRÄL dont les cultures sur gélose acquièrent une teinte d'un beau rouge vif (fig. 193); les *Sarcina carnea*, *fusca*, *incanata*, *persicina* de GRUBER (1) et la *Sarcina fuscescens* de DE BARY (2).

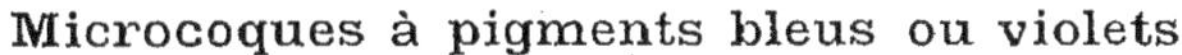

Microcoques à pigments bleus ou violets.

On a signalé l'existence de deux microcoques doués de la faculté de sécréter un pigment bleu, ce sont les *Micrococcus cyaneus* de SCHRÖTER (3) et le *Micrococcus pseudo-cyaneus* de COHN. Leur histoire est très peu connue; on sait seulement qu'ils croissent facilement sur la *pomme de terre* en donnant des enduits bleus, dont la substance pigmentaire rougit sous l'influence des acides et redevient bleue sous l'action des alcalis.

Micrococcus violaceus.

Cette espèce, découverte dans les eaux et décrite par ADAMETZ (4), est formée de cellules elliptiques, fréquemment réunies en chaînes. Elle est aérobie et croît à la température ordinaire en donnant sur la

(1) GRUBER. *Arbeiten aus dem bakteriolog. inst. Hochschule zu Karlsruhe*, 1895, I, p. 182.
(2) DE BARY. Vorlesungen über Bakterien, 1887, p. 181.
(3) SCHRÖTER. Kryptogamen-Flora von Schelesien, p. 145. Pilze, 1886.
(4) ADAMETZ. Die Bakterien der Nutz- und Trinkwässer. Vienne, 1888.

gélatine des colonies bombées, presque hémisphériques, de couleur violette, dépourvues de tout pouvoir liquéfiant.

Les cultures obtenues sur la *gélose* et la *pomme de terre* sont d'un bleu violet; tout porte à croire que le *Micrococcus violaceus* est une espèce très voisine du *Micrococcus pseudo-cyaneus*, sinon identique à elle.

II. — Bacilles chromogènes.

La tribu des bacilles fournit un contingent plus élevé d'espèces chromogènes que la vaste famille des microcoques. Plusieurs de ces bacilles produisent des pigments de si belle nuance qu'on a songé, un instant, à cultiver en grand ces curieux microbes pour en extraire industriellement la substance colorante qu'ils sécrètent. Il est facile de s'assurer que la plupart de ces substances pigmenteuses, reprises par l'alcool ou un autre dissolvant, peuvent teindre la soie sans mordant à la manière des couleurs d'aniline, malheureusement elles sont également très fragiles et l'action prolongée de la lumière les pâlit et les altère profondément.

Les bacilles à pigments jaunes, verts et rouges sont de beaucoup les plus nombreux; puis, viennent les bacilles sécrétant des couleurs bleues ou violettes dont le nombre s'accroît de jour en jour, et enfin quelques bacilles à pigments noirs remarquables par leur grande insolubilité.

Parmi ces espèces, plusieurs sont nettement pathogènes. Pour ne citer qu'un exemple, nous rappellerons les travaux remarquables de Bouchard et de Charrin sur le bacille pyocyanique, qui est aussi un des types les plus curieux des bacilles chromogènes.

Les bacilles qui nous occupent se rencontrent dans l'air, les substances putréfiées et surtout les eaux impures. Comme beaucoup d'entre eux sont dépourvus de la faculté de produire des spores durables, l'air atmosphérique en montre assez rarement, jamais nous n'y avons pu découvrir les *Bacillus pyocyaneus*, *violaceus*, *prodigiosus*, au contraire, les poussières de l'air accusent parfois quelques bacilles verts fluorescents, surtout les bacilles à pigments jaunes ou jaunâtres.

Voici, ci-après, le tableau des principales espèces bacillaires chromogènes décrites jusqu'à ce jour.

Bacilles chromogènes.

à pigments jaunes ou jaunâtres	*Bacillus arborescens, aurantiacus, aureus, buccalis minutus, citreus, citreus cadaveris*; *Ascobacillus citreus*; *Bacillus constrictus, cuticularis, flavescens flavocoriaceus, ferrugineus, fluorescens aureus, fulvus, fuscus, helvolus*; *Bacterium luteum*; *Bacillus luteus, ochraceus, spiniferus, striatus flavus, subflavus, tremelloides*; Bacille de RODZWITCH.
à pigments verts ou verdâtres	*Bacillus Alii* (?) *erythrosporus, fluorescens liquefaciens, fluorescens liquefaciens minutissimus, fluorescens non liquefaciens, fluorescens longus, fluorescens pathogenes, fluorescens putridus, fluorescens tenuis, iris, nivalis, pyocyaneus, virescens, viridis pallescens, viscosus*.
à pigments bleus ou violets	*Bacillus berolinensis indicus, cœrulus, cyaneo-fluorescens, cyanofuscus, cyanogenus, cyanogenus lactis, indigoferus, indigogenus, janthinus, lividus, membranaceus amethystinus, membranaceus amethystinus mobilis, violaceus, violaceus lamentinus*; Bacille violet de WARD, de la Dhuis.
à pigments rouges bruns et noirs	*Bacillus bruneus, fuchsinus, fuscus limbatus, havaniensis, indicus, lactis erythrogenes, lactis niger, latericeus, mycoides roseus*; *Bacterium rosaceum metalloides*; *Bacillus rubefaciens, rubescens, rubidus, sulfureum*; Bacilles d'AUCHÉ, de BIEL, de CANESTRINI, de LE DANTEC, de LUSTIG; Bacille rouge de KIEL.

Bacilles chromogènes à pigments jaunes ou jaunâtres.

De même que les micrococques, on peut diviser les bacilles chromogènes en espèces liquéfiantes et non liquéfiantes ; la plupart des micrococques étant immobiles on a, de plus, pour les bacilles la ressource de les cataloguer en bacilles mobiles et immobiles, comme l'essai suivant de classification en donne un exemple :

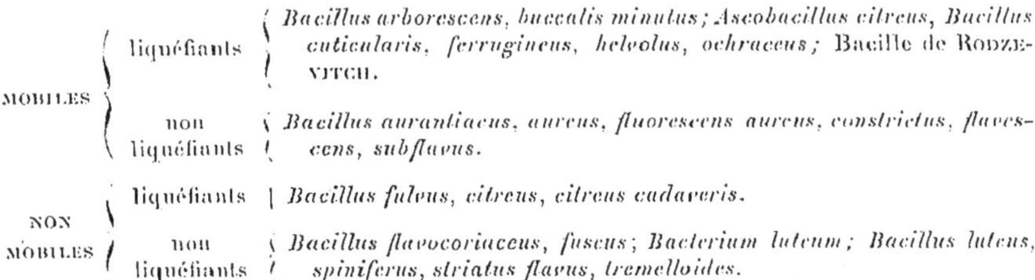

Bacilles à pigments jaunes ou jaunâtres.

MOBILES	liquéfiants	*Bacillus arborescens, buccalis minutus*; *Ascobacillus citreus*, *Bacillus cuticularis, ferrugineus, helvolus, ochraceus*; Bacille de RODZEVITCH.
	non liquéfiants	*Bacillus aurantiacus, aureus, fluorescens aureus, constrictus, flavescens, subflavus*.
NON MOBILES	liquéfiants	*Bacillus fulvus, citreus, citreus cadaveris*.
	non liquéfiants	*Bacillus flavocoriaceus, fuscus*; *Bacterium luteum*; *Bacillus luteus, spiniferus, striatus flavus, tremelloides*.

Bacillus ochraceus.

Ce bacille étudié par ZIMMERMANN (1) a été découvert dans l'eau. Il est formé de bâtonnets aux extrémités arrondies de 2 à 3 μ de longueur sur 0,6 à 0,7 μ de largeur; ces bâtonnets sont associés par paires ou disposés en chaînes de 3, 4 éléments et davantage.

(1) ZIMMERMANN. Die Bacterien unserer Nutz- und Trinkwässer. Chemnitz, 1890.

Cette espèce aérobie, mobile, ne donne pas de spores ; elle croît sur la *gélatine* en produisant des colonies liquéfiantes d'un jaune pâle. Piquée dans le même milieu, la liquéfaction se produit en entonnoir et le liquide formé, jaunâtre et louche laisse déposé un abondant précipité.

A la surface de l'*agar* et de la *pomme de terre*, on obtient des enduits d'une belle nuance jaune ocre.

Bacillus buccalis minutus.

Syn. : Bacille *g* de Vignal.

Vignal (1) a isolé ce microorganisme de la salive des personnes bien portantes. Il apparaît formé de bâtonnets très courts, d'une mobilité douteuse, parfois aussi longs que larges, ordinairement de 0,7 μ d'épaisseur sur 1 à 1,7 μ de longueur. Ce bacille aérobie ne donne pas de spores durables.

Sa croissance est lente à la température ordinaire ; semé sur la *gélatine*, il y donne visiblement au bout de 2 jours de petites colonies sphériques de couleur mastic. Ensemencé par piqûre, il forme au bout du même temps, le long du trajet suivi par le fil de platine, un trait blanc jaunâtre et, au point piqué, un disque de même couleur possédant quelques millimètres de diamètre ; vers le sixième jour, la gélatine se liquéfie en entonnoir, dans le liquide produit nagent quelques flocons.

Les cultures obtenues sur *agar* sont d'un beau jaune. Sur la *pomme de terre*, on voit se produire, après 2 jours d'attente, une pellicule qui brunit ultérieurement.

Cultivé dans le *bouillon*, le bacille *g* de Vignal vient former à la surface de ce liquide un voile mince irisé, tandis que le trouble persiste dans le bouillon et qu'il se produit un abondant dépôt au fond du vase.

Bacillus cuticularis.

Cette espèce bacillaire mobile, aérobie, découverte par Tils (2) dans les eaux, est formée de bâtonnets de 2 à 3 μ de longueur sur 0,3 à 0,5 μ de largeur.

(1) Vignal. *Archives de Physiologie*, 1886, VIII, p. 365.
(2) Tils. *Zeitschrift für Hygiene*, 1890, IX, p. 16.

Le *Bacillus cuticularis* croît très bien à la température ordinaire et dans les milieux nutritifs usuels.

Il donne dans la profondeur de la *gélatine* des colonies brunes discoïdes et à sa surface des colonies jaunâtres liquéfiantes. Dans les cultures en piqûres, la fluidification débute au bout de 48 heures, puis marche ensuite rapidement ; le liquide formé, trouble, reste recouvert d'une pellicule jaune.

Semé dans le *lait*, ce bacille s'y développe aisément en recouvrant sa surface, au bout de 24 à 36 heures, d'une pellicule jaune qui se fonce dans la suite. Le lait dégage une odeur sulfhydrique.

Ascobacterium citreus.

Ce bacille décrit par Tommasoli (1) a été rencontré sur la peau d'un eczémateux. Il se montre formé d'articles rectilignes ou incurvés de 1 à 2 μ de longueur sur 0,5 μ de largeur. Comme l'indique son nom, ses articles peuvent être collectivement encapsulés dans de petites masses gélatineuses qu'on observe très fréquemment dans les cultures artificielles.

L'*Ascobacillus citreus* est mobile et croît facilement à la température des appartements. Son développement lent sur la gélatine est plus rapide sur l'agar et la pomme de terre.

Au bout de 3 semaines, on voit apparaître, après son ensemencement sur plaques de *gélatine*, de petites colonies bombées, jaunes et opaques ; semé en piqûre, ce microorganisme fournit des traits maigres constitués par des sphérules agglomérées qui liquéfient la gélatine avec lenteur.

Les gazons étendus qu'il forme sur la *gélose* et la *pomme de terre* sont jaune-citron.

Babès (2) a retiré de l'air et des eaux une espèce présentant des caractères fort voisins de celle qui vient d'être décrite et qui a reçu le nom d'*Ascobacterium luteum*. Cet ascobacille ressemble dans ses cultures sur pomme de terre au bacille de la morve, duquel il diffère par son innocuité et d'autres propriétés moins importantes.

---

(1) Tommasoli. *Monatshefte für prakt. Dermatologie*, 1889, IX, p. 60.
(2) Cornil et Babès. Les Bactéries, 3 éd., 1890, p. 155.

Bacillus helvolus.

Ce bacille, découvert dans les eaux par ZIMMERMANN (1), possède 4 μ de longueur sur 0,5 μ de largeur; il se meut en tournant sur lui-même. Il croît à la température ordinaire sur la *gélatine* qu'il liquéfie lentement et sur la *gélose* et la *pomme de terre* où ses cultures s'étalent en une couche jaune de Naples.

Cette espèce paraît être très voisine du *Bacillus ochraceus*.

Bacillus arborescens.

C'est à FRANKLAND (2) qu'on doit la découverte de ce microorganisme dans un échantillon d'eau de Londres. Ce bacille se montre formé de bâtonnets à extrémités arrondies de 2,5 μ de longueur sur 0,5 μ de largeur. Ces articles, souvent isolés, peuvent être associés au nombre de 2, 3 et davantage, souvent ils croissent en longs filaments. Les mouvements qu'ils présentent sont purement oscillatoires.

Le *Bacillus arborescens* croît à la température des appartements sur la plupart des milieux nutritifs.

Semé sur plaques de *gélatine*, il donne naissance à des colonies arborescentes qui acquièrent une couleur jaune et se montrent irisées sur leur pourtour. Inoculé par piqûre dans le même substratum, on voit apparaître dès le second jour, au point piqué, une tache irisée au-dessous de laquelle la gélatine se déprime en un godet rempli d'une masse jaune visqueuse; le trait sous-jacent est grisâtre et provoque la liquéfaction lente du milieu.

Sur l'*agar*, l'enduit formé est jaune orangé; il est rouge orangé sur la *pomme de terre*.

Bacillus ferrugineus.

Ce bacille, très mobile, découvert par RULLMANN (3) dans de l'eau d'un canal à Munich, est formé de bâtonnets longs d'environ 2 μ et large de 0,8 μ; ses dimensions sont plus exiguës sur la pomme de

(1) ZIMMERMANN. Die Bakterien unserer Nutz- und Trinkwässer. Chemnitz, 1890.
(2) FRANKLAND. *Zeitschrift für Hygiene*, 1889, VI, p. 379.
(3) RULLMANN. *Centralblatt für Bakteriologie*, 1898, XXIV, p. 465.

terre et encore plus petites quand on le cultive dans la solution de WINOGRADSKY où on peut le voir entouré d'une ou de plusieurs capsules.

Semé sur *gélatine*, ce microorganisme y donne des colonies brunâtres pouvant liquéfier la totalité du milieu en 48 heures. Dans la gélatine au moût de bière, ses colonies sont plus caractéristiques; elles sont grandes, rondes et offrent une partie centrale foncée entourée d'un bord brun clair.

Porté sur *agar* et sur *sérum* de sang coagulé, il y fournit un gazon épais, couleur de rouille. Il colore faiblement la partie liquide du *lait*, tandis que le beurre surnageant devient jaune foncé.

Le pigment sécrété sur le *Bacillus ferrugineus* n'est soluble ni dans l'eau, ni dans l'alcool ordinaire ; il se dissout, au contraire, dans l'alcool acidifié ou alcalinisé.

Bacille de Rodzevitch.

Cette espèce microscopique, trouvée par RODZEVITCH (1) dans la poussière retirée d'épis frais de froment est constituée par des bâtonnets minces, très courts, croissant bien dans les milieux de culture usuels entre 20 et 27°. Ces bâtonnets prennent aisément les couleurs d'aniline et se colorent par la méthode de GRAM. Ils ne paraissent pas donner naissance à des spores.

Semé en piqûre sur *gélatine*, ce bacille chromogène la liquéfie assez rapidement en entonnoir au fond duquel s'accumule un dépôt jaune.

Ensemencé sur l'*agar* glycériné ou glucosé et sur *pomme de terre* le bacille de RODZEVITCH y donne le long des stries d'ensemencement des traînés d'un jaune vif.

Bacillus aurantiacus.

La description de cette espèce est due à FRANKLAND (2) qui l'a découverte dans les eaux. Elle est constituée par de gros bacilles mobiles, de taille très variable, donnant sur la *gélatine* des colonies jaunes, bombées, et dans l'intérieur de ce milieu des colonies sphériques, granuleuses, dépourvues de tout pouvoir liquéfiant.

---

(1) RODZEVITCH. *Vratch*, 1897, n° 15.
(2) FRANKLAND. *Zeitschrift für Hygiene*, 1889, VI, p. 390.

Le *Bacillus aurantiacus* sécrète sur *gélose* et la *pomme de terre* un pigment orangé; sur ce dernier substratum la culture reste limitée à la strie d'inoculation.

Bacillus aureus.

Ce bacille, faiblement mobile, formé d'articles droits ou incurvés de 2 à 4 μ de longueur sur 0,5 μ de largeur, parfois filamenteux, a été étudié par Tommasoli et Unna (1) qui l'ont trouvé à la surface de la peau d'un eczémateux et par Adametz (2) qui l'a retiré des eaux.

Cette espèce, d'une culture facile, croît lentement à la température de la chambre; elle donne à la surface de la *gélatine*, qu'elle ne liquéfie pas, des colonies saillantes à contours irréguliers dont la couleur d'abord blanche passe ensuite au jaune de chrome. Les cultures sur la *pomme de terre* ont la même teinte, mais en vieillissant elles acquièrent une couleur brun rougeâtre.

Bacillus subflavus.

Cette bactérie, trouvée par Zimmermann (3) dans un échantillon d'eau, s'offre au microscope sous l'aspect de bâtonnets mobiles de 2 à 3 μ de longueur sur 0,8 μ de largeur, généralement associés en chaînettes de plusieurs articles.

Cette espèce, qui ne paraît pas fournir d'endospores, croît à la surface de la *gélatine* en donnant des colonies hémisphériques jaunes non liquéfiantes.

Les cultures obtenues sur la *gélose* et la *pomme de terre* sont constituées par des enduits jaune clair et ocre.

On peut rapprocher de ce microorganisme le *Bacillus fluorescens aureus* et *constrictus* du même observateur et le *Bacillus flavescens* de Pohl (4).

---

(1) Tommasoli et Unna. *Monatshefte für prakt. Dermatologie*, IX, p. 57.
(2) Adametz. Die Bakterien der Nütz- und Trinkwässer. Vienne, 1888.
(3) Zimmermann. Die Bakterien unserer Nütz- und Trinkwässer. Chemnitz, 1890.
(4) Pohl. *Centralblatt für Bakteriologie*, 1892, XI, p. 144.

Bacillus fulvus.

Ce bacille découvert dans les eaux par ZIMMERMANN (1) est formé d'articles courts, immobiles, asporogènes, de 1 μ environ de long sur 0,8 μ de large. Ces articles, généralement isolés ou groupés par paires, s'observent aussi quelquefois en courtes chaînes.

Le *Bacillus fulvus* croît à la température de la chambre, mais beaucoup mieux à 30°. Il donne dans la *gélatine* des colonies jaunes irrégulièrement sphériques ou ovales; celles qui sont superficielles acquièrent à peine la largeur de 1 millimètre en 8 jours. Dans les cultures en piqûres, la liquéfaction ne se manifeste bien visiblement qu'au bout de quelques semaines.

Sur *agar*, l'enduit obtenu est abondant, il possède la couleur de la gomme gutte. Les cultures sont maigres sur la *pomme de terre;* d'abord d'un jaune indien, elles passent plus tard à la teinte ocre jaune.

Le *Bacillus plicatus* du même auteur et le *Bacillus citreus cadaveris* de STRASSMANN et STRECKER (2) ont une grande parenté avec l'espèce qui vient d'être décrite; on rapproche également de ces bactéries le *Bacillus tremelloides* de TILS (3).

Bacillus luteus.

Cette bactérie, trouvée dans l'eau par FLÜGGE (4), est formée d'articles immobiles souvent groupés 2 à 2, possédant environ 3 μ de longueur sur 1 à 1,5 μ de largeur. D'après MACÉ (5), ce bacille donnerait des spores réfringentes localisées soit au centre, soit aux extrémités des bâtonnets.

Le *Bacillus luteus* fournit sur plaque de *gélatine* de colonies aplaties en disques de couleur jaune d'or; semé en stries sur le même milieu il donne naissance à des cultures membraneuses plissées de même couleur. La gélatine n'est pas liquéfiée.

Sur *gélose*, conservée à la température de 30°, le développement est plus rapide et plus copieux; l'enduit obtenu acquiert une grande épaisseur et sa surface devient verruqueuse.

---

(1) ZIMMERMANN. Die Bakterien unserer Nütz- und Trinkwässer. Chemnitz, 1890.
(2) STRASSMANN et STRECKER. *Zeitschrift für Medicalbramte*, 1888, n°3.
(3) TILS. *Zeitschrift für Hygiene*, 1890, VIII, p. 15.
(4) FLÜGGE. Die Mikroorganismen, 1886.
(5) MACÉ. Traité pratique de Bactériologie, p. 865. Paris, 1887.

Le pigment jaune sécrété par cette espèce est très soluble dans l'alcool qui contracte une teinte dorée pâle, sur laquelle les acides sont sans action, mais que les alcalis brunissent.

List (1) a décrit sous le nom de *Bacterium luteum* un bacille plus court, également immobile, non liquéfiant, produisant un pigment jaune orangé, soluble dans l'eau, l'alcool et l'éther, que les acides détruisent et que les alcalis, au contraire, n'altèrent en aucune façon.

Ce bacterium se développe rapidement à 30° sur la *gélose* et sur la *pomme de terre;* il croît aussi dans le *lait* auquel il communique une teinte jaune pâle et dont il détermine la coagulation.

Bacillus spiniferus.

Unna (2) a donné ce nom a un bacille chromogène trouvé sur la peau des eczémateux. Ce bacille est formé d'articles immobiles, droits ou légèrement inclinés, de 2 μ à peu près de longueur sur 0,8 μ de largeur; ces bâtonnets peuvent se montrer groupés en tas irréguliers ou parallèlement en faisceaux.

Le *Bacillus spiniferus* croît lentement sur la *gélatine* en donnant au bout de 5 à 6 jours de petites colonies irrégulières, saillantes, jaunâtres, dépourvues de tout pouvoir liquéfiant.

Les cultures en stries sur *agar* sont de peu d'étendue et à bords dentés. Le développement obtenu sur la *pomme de terre* est également chétif et tardif: on voit d'abord apparaître une ligne blanche placée exactement sur la strie d'inoculation; cette strie grossit ultérieurement un peu et devient gris jaunâtre.

On peut placer à côté de cette espèce, n'offrant pas de caractères bien tranchés, le *Bacillus fuscus* de Zimmermann (3) dont la substance pigmentaire est d'une nuance à la fois plus vive et plus foncée.

Bacillus striatus flavus.

Cette espèce microscopique, décrite par Von Besser (4), a été trouvée dans les mucosités nasales. Elle rappelle par sa morphologie et ses dimensions les bacilles diphtériques; comme chez ces der-

(1) List. Untersuchungen über die im auf dem Körper die gesund Schafes vorkommenden niederen Pilze, p. 53. Leipzig, 1885.

(2) Unna. *Monatshefte für praktische Dermatologie*, IX, p. 58.

(3) Zimmermann. Die Bakterien unserer Trink- und Nützwässer, p. 70, 1890.

(4) Von Besser. *Beiträge zur pathol. Anatomie*, IV, p. 249.

niers, ses articles sont légèrement cintrés, immobiles et offrent des stries transversales après coloration.

Le *Bacillus striatus flavus* croît à la température de la chambre en fournissant des colonies granuleuses de couleur jaune ; sur *agar*, la teinte des végétations obtenues est jaune-soufre. Sur la *pomme de terre*, la culture reste maigre et limitée au trajet suivi par le fil ayant servi à l'ensemencement.

On peut placer à côté du bacille de Von Besser, le *Bacillus flavo-coriaceus* d'Adametz (1) présentant, de même, une grande parenté avec le bacille jaune-soufre du même auteur.

Bacilles à pigments verts ou jaune verdâtre.

Il existe de nombreuses bactéries, mobiles, liquéfiantes, ayant la propriété de sécréter un pigment fluorescent dicroïque (vert par réflexion et jaune par transmission), diffusible dans la gélatine, la gélose, le bouillon et en général dans tous les milieux nutritifs peu compacts. Plusieurs moisissures vulgaires jouissent également de cette faculté.

Nous nous contenterons de décrire ici le *Bacillus fluorescens liquefaciens* de Flügge et le bacille pyocyanique qui doivent être considérés comme les espèces-types auxquelles peuvent être rapportés les bacilles mobiles, liquéfiants, capables de sécréter selon les milieux, les conditions physiques et chimiques de beaux pigments dicroïques. Nous insistons, particulièrement, sur le *Bacillus pyocyaneus* qui se montre également pathogène et dont la description aurait pu trouver sa place parmi les microorganismes malfaisants.

Enfin, nous dirons brièvement un mot de quelques bacilles à pigments jaunes ou verts dont on trouve la désignation dans la liste suivante :

Bacilles à pigments verts ou verdâtres.

MOBILES	liquéfiants	*Bacillus fluorescens liquefaciens, fluorescens liquefaciens minutissimus, fluorescens nivalis, pyocyaneus, viscosus.*
	non liquéfiants	*Bacillus erythrosporus, fluorescens longus, fluorescens pathogenes, fluorescens putridus, fluorescens tenuis, virescens, viridis pallescens.*
NON MOBILES	liquéfiants	*Bacillus alii?*
	non liquéfiants	*Bacillus fluorescens non liquefaciens, iris.*

(1) Adametz. Die Bakterien der Nütz- und Trinkwässer. Vienne, 1880.

Bacillus fluorescens liquefaciens.

Ce bacille, plus spécialement étudié par FLÜGGE (1), se rencontre très fréquemment dans les eaux sales et impures, il est beaucoup plus rare de l'isoler des sources bien captées et des poussières atmosphériques.

Le *Bacillus fluorescens liquefaciens* est formé par des bâtonnets courts, arrondis aux extrémités, d'une longueur de 1,5 μ sur environ 0,5 μ d'épaisseur. Il se montre incapable de donner des spores et ne se colore pas par la méthode de GRAM.

Il croît aisément à la température ordinaire sur la plupart des milieux nutritifs usités en bactériologie.

Il donne à la surface de la *gélatine* des colonies blanchâtres pouvant atteindre, au bout de quelques jours, 3 à 4 millimètres de diamètre, en même temps qu'il se produit une zone hémisphérique concentrique, formée par de la gélatine liquéfiée. Le pigment diffuse promptement dans le milieu qui devient vert et fluorescent. Ensemencé par piqûre sur le même milieu, cette bactérie le liquéfie promptement en déterminant au point piqué la formation d'une cupule et, le long du trajet du fil de platine, un canal qui grossit jusqu'à la fluidification complète du substratum. Le liquide ainsi produit est trouble et surtout vert dans sa partie supérieure ; plus tard, cette teinte disparaît et le liquide devient brunâtre.

Ensemencé en stries sur la *gélose*, le même bacille y détermine la formation d'enduits grisâtres et visqueux, tandis que le pigment envahit les couches sous-jacentes et le plus souvent la totalité de la gélose.

La *pomme de terre* ne convient pas à la production de la substance pigmentaire, les cultures qu'on y obtient sont brunes et sans caractères spéciaux.

Le *Bacillus fluorescens liquefaciens* croît très rapidement dans le *bouillon* qu'il trouble manifestement entre la 6e et la 12e heure : le liquide devient vert et fluorescent ; il se forme un dépôt blanchâtre au fond du vase ; plus tard la fluorescence disparaît spontanément et le liquide perd lentement sa teinte verte.

La plupart des cultures de ce microorganisme dégagent une odeur fétide de matières stercorales ou de choux pourris.

---

(1) FLÜGGE. Die Mikroorganismen, p. 289. Ed. de 1886, et p. 292, II. Ed. de 1896.

Le *Bacillus liquefaciens minutissimus* de UNNA-TOMMASOLI (1) trouvé sur le corps des eczémateux n'offre pas de caractères assez tranchés pour être considéré comme nettement différencié du bacille fluorescent qui vient d'être décrit.

Le *Bacillus fluorescens nivalis*, isolé par SCHMELCK (2) de l'eau des glaciers de la Norvège s'en rapproche davantage.

Le *Bacillus fluorescens viscosus* de FRANKLAND (3) trouvé dans les eaux de rivière non filtrées paraît n'en pas différer sensiblement.

Enfin le *Bacillus fluorescens liquefaciens*, étudié avec soin par DUCAMP et PLANCHON (4), bien qu'il se soit montré pathogène à l'égard des lapins, n'est vraisemblablement qu'une variété virulente de l'espèce de FLÜGGE.

Bacillus pyocyaneus.

Syn. : Bacille pyocyanique; Bacille du pus bleu.

Cette espèce bacillaire a été retirée du pus bleu par GESSARD (5), qui en a donné une intéressante monographie dans sa thèse parue en 1882, et des études complémentaires en 1890 et 1891. Avant lui, FORDOS (6) avait étudié la matière colorante de ce pus, qu'il isola à l'état cristallisé et à laquelle il donna le nom de *pyocyanine*, sans toutefois avoir pu découvrir le microbe qui la sécrète.

Dans une série de recherches du plus haut intérêt, CHARRIN (7), GUIGNARD (8) et WASSERZUG (9) ont continué l'étude de ce microorganisme curieux qui, bien qu'occupant une première place parmi les espèces chromogènes, pourrait être à bon droit décrit dans le chapitre des bactéries pathogènes.

Morphologie. — Le *Bacillus pyocyaneus* est formé par des bâtonnets courts, aérobies et facultativement anaérobies, très mobiles, de 1 à 2 μ de longueur sur 0,6 μ de largeur, réunis habituellement au nombre de 2, 3, 4 articles et souvent davantage; ils se montrent également associés en amas.

---

(1) UNNA-TOMMASOLI. *Monatshefte für prak. Dermatologie*, VIII, p. 57.
(2) SCHMELCK. *Centralblatt für Bakteriologie*, 1888, IV, p. 545.
(3) FRANKLAND. *Zeitschrift für Hygiene*, 1889, VI, p. 391.
(4) DUCAMP et PLANCHON. *Comp. rend. de la Société de Biologie*, 1891, sér. 10, I, p. 266.
(5) GESSARD. De la pyocyanine et de son microbe. Paris, 1882. — *Annales de l'Institut Pasteur*, 1890. II, p. 88, — *idem*, 1891, V, p. 65 et 737, — *idem*, 1892, VI, p. 801.
(6) FORDOS. *Comptes rendus de l'Académie des Sciences*, 1869, LI, p. 215.
(7) CHARRIN. *Société anatomique*, 1884. — *Comptes rendus de la Société de Biologie* de 1887 à 1890. — La maladie pyocyanique. Paris, 1889.
(8) GUIGNARD et CHARRIN. *Compt. rend. de l'Académie des Sciences*, 1888, CV, p. 1192.
(9) WASSERZUG. *Annales de l'Institut Pasteur*, 1887, I, p. 581.

Ce bacille se colore aisément par les couleurs usuelles d'aniline, mais ne prend pas le Gram. On peut le cultiver facilement à la température ordinaire dans la plupart des milieux usités en bactériologie.

Semé dans la *gélatine*, il y donne au bout de 24 heures de petites colonies sphériques, jaunâtres, granuleuses et liquéfiantes. Ensemencé par piqûres, on voit apparaître, au bout de 48 heures, de petites colonies le long du trajet du fil de platine, puis la liquéfaction commence par déterminer une cupule au point piqué et se poursuit lentement, tandis que le pigment diffuse dans la masse du substratum.

Les cultures sur *agar* sont très rapides à la température de 30° ; elles consistent en traînées muqueuses, grisâtres, translucides, possédant des reflets nacrés ; la gélose acquiert promptement une belle fluorescence verte.

Les végétations obtenues sur la *pomme de terre* apparaissent sous la forme d'enduits muqueux brunâtres, à reflets également nacrés, autour desquels le parenchyme de ce tubercule se colore en vert ; plus tard, la masse totale de la pomme de terre acquiert une teinte brun rougeâtre foncée.

Le *bouillon* où on introduit le bacille pyocyanique se trouble et se colore en vert en moins de 24 heures; dès le 3e jour sa surface se recouvre d'un voile membraneux, sec, fragile, chagriné, devenant ultérieurement écailleux ; il se forme en même temps un dépôt blanchâtre abondant.

Porté dans le *lait*, le même microorganisme en précipite, puis en redissout la caséine ; le liquide devient fortement alcalin et contracte une teinte verdâtre.

Arnaud et Charrin (1) ont démontré que le *Bacillus pyocyaneus* pouvait croître dans les milieux minéraux, additionnés de 5 p. 1000 d'asparagine cristallisée.

Variations morphologiques. — De même que beaucoup de bactéries, le bacille pyocyanique peut présenter des modifications de forme, quand on le cultive dans des milieux chargés de substances antiseptiques. Les travaux de Guignard et Charrin sur ce polymorphisme du bacille qui nous occupe méritent d'être rappelés.

Cultivé dans du bouillon contenant 0,20 à 0,25 pour 1000 de naphtol, cette espèce prend l'aspect de bacilles courts et acquiert une longueur double ou triple de sa longueur normale ; quand les

(1) Arnaud et Charrin. *Comp. rend. de l'Académie des Sciences*, 1891, CXII, pp. 755 et 1157.

milieux nutritifs renferment 4 p. 100 d'alcool, ses dimensions longitudinales s'exagèrent considérablement; enfin, l'espèce devient filamenteuse dans le bouillon contenant 0,15 p. 1000 de bichromate de potasse et adopte la forme spirillaire si on l'additionne de 0,7 p. 100 d'acide borique (fig. 194).

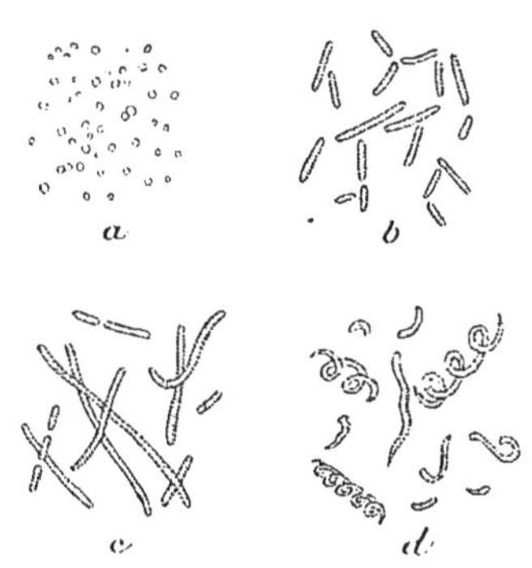

Fig. 194.
Formes involutives du bacille pyocyanique.

Propriétés biologiques. — En dehors des produits divers : hydrogène sulfuré, acides butyrique, acétique, scatol, etc., que peut sécréter le bacille de GESSARD, il donne naissance à un pigment bleu remarquable dont l'étude, avons-nous dit, avait été faite par FORDOS avant la découverte du bacille qui l'engendre.

Ce pigment s'obtient en quantité notable en alcalinisant par l'ammoniaque les cultures en bouillon du bacille pyocyanique et en les agitant ensuite avec du chloroforme. Ce dissolvant, devenu bleu, on le sépare du bouillon, on le filtre et on le traite par l'acide chlorhydrique qui se charge de la matière colorante et prend une teinte rouge. Cette solution rouge, additionnée d'ammoniaque, est de nouveau traitée par le chloroforme qui reprend le pigment bleu et laisse un résidu cristallin après évaporation ; finalement ces cristaux sont dissous par l'eau distillée et la solution est soumise à une évaporation lente.

La pyocyanine ainsi obtenue est soluble dans l'eau, l'alcool et le chloroforme. Traitée par les acides, elle s'y combine en donnant des sels cristallisés; elle présente en outre la plupart des caractères des bases alcaloïdiques.

A côté de cette matière bleue, le bacille produit un second pigment verdâtre, moins bien connu, qui communique aux milieux nutritifs une belle fluorescence verte. Cette faculté de produire deux pigments a permis de créer des races bacillaires reconnaissables macroscopiquement à la teinte diffusée dans la masse de la gélose ou de la gélatine.

Quelques races sécrètent à la fois les deux pigments; plusieurs un seul des deux; d'autres n'en sécrètent pas du tout. La production de ces diverses matières colorantes paraît être sollicitée par la nature des milieux nutritifs où l'on cultive le bacille pyocyanique.

L'eau de peptone à 2 p. 100, rendue alcaline, se prête surtout à l'obtention de la pyocyanine presque pure, dont on rehausse encore la belle coloration bleue par l'addition de 5 p. 100 de glycérine. Les solutions d'albumine d'œuf pures ou glycérinées favorisent, au contraire, la production du pigment vert fluorescent.

Ernst (1), de Freudenreich (2) et Schürmayer (3) ont décrit des variétés curieuses du même microbe.

A côté des substances pigmentaires sécrétées par le bacille pyocyanique on constate la formation d'autres produits solubles, dont l'étude soigneuse a été faite par Arnaud et Charrin (4). Ces auteurs ont été appelés à les diviser en trois groupes :

1° En produits volatils, vaso-constricteurs, d'une action passagère sur les espèces animales ;

2° En produits précipitables sur l'alcool, non dyalisables, capables de déterminer de la fièvre, de la diarrhée, de l'albuminurie et des hémorrhagies, très toxiques pour les animaux qu'ils tuent ou cachectisent ; quelques produits du même groupe sont simplement vaccinants.

3° En produits solubles dans l'alcool, dyalisables qui agissent comme convulsivants, toniques mais non vaccinants.

Inoculations expérimentales. — Le *Bacillus pyocyaneus* injecté au lapin détermine l'apparition d'une maladie parfaitement étudiée par Charrin (5) à laquelle ce savant a donné le nom de *maladie pyocyanique*.

Les premiers symptômes de cette affection sont l'abattement, la somnolence, l'inappétence ; l'animal est pris de fièvre, de diarrhée, maigrit et devient plus tard paralytique. Les paralysies débutent par les membres postérieurs, elles se généralisent et la mort survient au bout de 30 à 60 jours.

Si la quantité de culture pyocyanique inoculée est élevée, la maladie peut adopter une forme *suraiguë* et se terminer fatalement au bout de 24 heures; on connaît des formes *aiguës* qui durent 2 à 4 jours et des formes *chroniques* pouvant se prolonger pendant plus de deux mois.

L'autopsie ne révèle pas de lésions bien appréciables, l'affection est surtout facile à diagnostiquer durant la vie ; *post mortem* on

---

(1) Ernst. *Zeitschrift für Hygiene*, 1887, II, p. 369.
(2) De Freudenreich. *Annales de Micrographie*, 1893, V, p. 183.
(3) Schürmayer. *Zeitschrift für Hygiene*, 1895, XX, p. 281.
(4) Arnaud et Charrin. *Compt. rend. de l'Académie des Sciences*, 1891, XII, p. 1157.
(5) Charrin. *Compt. rend. de la Société de Biologie*, 1887-1888. — *Compt. rendus de l'Académie des Sciences*, 1887, CV, p. 756. — La maladie pyocyanique, 1889.

cherche à isoler le pus bleu du sang, des urines ou encore des déjections alvines.

Le cobaye est également sensible à l'action de ce microorganisme, inoculé à la dose supérieure à 1 cmc. il périt promptement d'une septicémie généralisée. Le pigeon et même la grenouille peuvent être affectés par ce bacille.

L'homme et principalement l'enfant sont sujets à contracter la maladie pyocyanique (CHARRIN (1) ŒTTINGER (2) LEGARS (3)) qui revêt chez eux soit la forme septicémique, de broncho-pneumonies, de néphrites, etc.

Le bacille pyocyanique se montre surtout dans la contenu intestinal; toutefois DE FREUDENREICH (4) l'a retiré de l'eau, FRICK (5) des crachats; MÜSHAM (6) a signalé sa présence très fréquente sur le corps de l'homme et ARTAULT (7), accidentellement, dans l'œuf de poule. C'est dire que ce bacille fait partie du nombre des espèces banales dont le diagnostic est aisé quand il conserve ses facultés chromogènes, dans le cas contraire on ne peut guère en faire le diagnostic qu'en recourant aux cultures, aux inoculations intra-péritonéales qui lui restituent, affirme-t-on, ses fonctions caractéristiques. Quoi qu'il en soit, l'étude des produits solubles sécrétés par cette espèce, la détermination de leur toxicité vis-à-vis du lapin permettent, dans de nombreux cas, de le caractériser assez exactement.

Bacillus fluorescens putridus.

Syn. : *Bacterium putridum.*

Cette espèce, décrite par FLÜGGE (8), a pour habitat les eaux impures ou corrompues et les substances en voie de putréfaction.

Elle est formée d'articles très mobiles à extrémités arrondies de 2 μ environ de longueur sur 0,5 μ de largeur. Elle ne donne pas de spores et sécrète un pigment vert fluorescent. Elle se teint aisément par les couleurs d'aniline, mais ne prend pas le GRAM. Elle peut être cultivée à la température des appartements sur les milieux nutritifs usuels.

---

(1) CHARRIN. *Compt. rendus de la Société de Biologie*, 1890, sér. 9, II, p. 496.
(2) ŒTTINGER. *Semaine médicale*, 22 octobre 1890.
(3) LEGARS. Maladie pyocyanique chez l'homme. *Thèse*, Paris, 1890.
(4) DE FREUDENREICH. *Annales de Micrographie*, 1893, V, p. 183.
(5) FRICK. *Virchow's Archiv*, CXVI, p. 266.
(6) MÜSHAM. *Sammlung klinische Vorträge von Volkmann*, sér. 3, p. 303.
(7) ARTAULT. *Compt. rend. de la Société de Biologie*, 1893, sér. 9, V, p. 78.
(8) FLÜGGE. Die Mikroorganismen, 1896, II, p. 292.

Le *Bacillus fluorescens putridus* donne sur la *gélatine* de petites colonies transparentes, finement granulées et légèrement jaunâtres, en même temps que la substance pigmentaire diffuse dans le milieu. Les cultures opérées en stries sont presque incolores, transparentes comme celles du bacille d'EBERTH, et le pigment vert fluorescent dont il détermine la formation envahit toute la gélatine qui n'est pas liquéfiée.

Les cultures sur *agar* sont muqueuses et grisâtres, et on remarque également la production du pigment vert signalé. Sur la *pomme de terre*, il se forme une couche mince grisâtre devenant brune en vieillissant.

Ces diverses cultures dégagent une odeur désagréable rappelant la triméthylamine.

Les *Bacillus fluorescens longus* et *fluorescens tenuis* que ZIMMERMANN (1) a trouvés dans les eaux de Chemnitz se rapprochent beaucoup du bacille précédent et n'en diffèrent que par quelques caractères morphologiques et macroscopiques de peu d'intérêt.

Bacillus fluorescens pathogenes.

Nous donnons ce nom à un bacille trouvé dans l'eau par CH. LAPIERRE (2) qui en a longuement étudié la morphologie et les propriétés fluorescigènes et pathogènes. Il diffère du *Bacillus fluorescens putridus* par sa faible mobilité, l'odeur de ses cultures et son pouvoir noscif à l'égard des lapins et des cobayes.

Le *Bacillus fluorescens pathogenes* est formé d'articles à extrémités arrondies, peu mobiles, aérobies, de 2 à 3 μ de longueur sur 0,5 μ de largeur. Dans les cultures liquides, ses dimensions longitudinales peuvent atteindre 4 et même 6 μ. Il se colore aisément par les couleurs d'aniline, mais ne prend pas le GRAM.

Ce bacille ne résiste pas à la chaleur humide de 55-60° ; c'est entre 20 et 30° qu'il se développe le mieux ; il peut encore se multiplier à 37°, mais alors sans donner naissance à la substance pigmentaire qu'il sécrète à des températures moins élevées. Sa végétation se trouve suspendue à 42°.

Semé sur la *gélatine*, il fournit, 24 heures après, dans la profondeur, de petites colonies rondes, d'un beau jaune, tandis que les

(1) ZIMMERMANN. Die Bakterien unserer Nütz- und Trinkwässer. Chemnitz, 1890.
(2) CH. LAPIERRE. *Annales de l'Institut Pasteur*, 1895, IV, p. 643.

colonies superficielles sont hyalines. Au bout de 3 jours, la gélatine environnante est devenue fluorescente. Dans les cultures par piqûres, le développement n'a lieu qu'à la surface et la tache discoïdale, qui a pour point de départ le point d'inoculation, prend un aspect humide festonné ou radié.

Sur la *gélose*, les cultures se forment rapidement à 30°, elles sont d'un blanc sale et à bords sinueux; la fluorescence s'y manifeste dès le 2e jour pour disparaître vers le 10e. Les cultures sur le *sérum* de sang coagulé et sur la *pomme de terre* ne se chargent pas de substance pigmentaire.

L'espèce qui nous occupe croît aisément dans les *bouillons* de viande et de peptone qu'elle rend verts et fluorescents dès le second jour. Il se produit à la surface de ces liquides des voiles faciles à disloquer et qui gagnent le fond du vase. La fluorescence observée y persiste longtemps.

L'odeur de toutes cultures du *Bacillus fluorescens pathogenes* rappelle l'eau de choux pourris. Il ne se forme pas d'indol. Ensemencé dans le *lait*, il le rend alcalin et la coagulation ne survient qu'au bout de 2 mois, sans qu'on ait pu remarquer la moindre fermentation. La fluorescence ne se produit pas dans ce liquide animal.

Ce bacille, inoculé aux cobayes, les tue dans un espace de temps variant de 24 heures à 6 jours. Il provoque la formation d'abcès blanchâtres dans le foie et la rate accompagnés de péritonites et de pleurésies à épanchements. Le pouvoir pathogène de ce microbe s'atténue au fur et à mesure qu'on en poursuit les cultures *in vitro*.

Quant à la cause de la fluorescence qui a été l'objet de recherches spéciales de la part de LAPIERRE, elle reste encore à découvrir; elle semblerait être l'apanage exclusif d'une fonction ou d'un élément chimique (?), mais ne saurait être attribuée à la présence des phosphates dans ces milieux nutritifs, ainsi que l'affirme GESSARD pour la fluorescence engendrée par le bacille pyocyanique.

Bacillus viridis pallescens.

Ce bacille, également décrit par FRICK (1), un peu plus gros que le *Bacillus virescens*, est formé de bâtonnets asporogènes, légèrement mobiles, strictement aérobies, croissant surtout bien entre 20 et 25°.

Il donne sur la *gélatine* de petites colonies arrondies, produisant

(1) FRICK. *Virchow's Archiv*, CXVI, p. 292.

un pigment verdâtre, fluorescent, dépourvu de tout pouvoir liquéfiant. Les cultures sur *agar* ont le même aspect; sur la *pomme de terre*, on obtient des traînées brunâtres; le *bouillon* se recouvre d'un voile sans se troubler, son action pathogène paraît nulle.

Bacillus virescens.

FRICK (1) a retiré ce bacille d'expectorations vertes. Il présente au microscope l'aspect du bacille d'EBERTH; ses articles, très mobiles, sont 3 à 4 fois plus longs que larges, quelquefois on les voit s'allonger en filaments. Cette espèce ne paraît pas donner de spores.

Le *Bacillus virescens* se teint aisément par les couleurs d'aniline et conserve le GRAM.

Il croît facilement sur la *gélatine* en donnant de petites colonies sphériques et, par piqûres, des cultures maigres non liquéfiantes, tandis qu'un pigment vert fluorescent se répand assez rapidement dans les zones avoisinantes.

Sur *gélose*, les végétations obtenues sont plus abondantes; l'enduit qui se forme sur la *pomme de terre* est rouge brun et s'entoure d'une zone annulaire d'un violet sale.

Cultivé dans le *bouillon*, ce bacille y fournit des pellicules superficielles et le colore fortement en vert en même temps qu'il lui communique une belle fluorescence.

Bacillus erythrosporus.

COHN, MIFFLET (2), EIDAM, FLÜGGE ont décrit sous ce nom un bacille dont la diagnose nous paraît encore mal établie. Ce bacille, qu'on peut rencontrer dans l'air (COHN, MIFFLET), a aussi été retiré des eaux et des infusions de viande putréfiées (EIDAM). Il se présente, au microscope, sous la forme d'articles mobiles, à bouts arrondis, pouvant croître en longs filaments et montrer 2 à 8 spores elliptiques, très réfringentes, d'un rouge sale (?).

Le *Bacillus erythrosporus* croîtrait mieux à la température des appartements qu'à l'étuve; ses cultures sur *gélatine* et sur la *gélose* donneraient des colonies opaques blanc grisâtre et des enduits

(1) FRICK. *Virchow's Archiv*, CXVI, p. 292.
(2) MIFFLET. *Beiträge zur Biologie der Pflanzen*, 1879, III, p. 119.

blancs brunâtres lobés et plissés sécrétant un pigment vert fluorescent, diffusible dans le substratum. La gélatine ne serait pas liquéfiée.

Les cultures sur la *pomme de terre* seraient toujours chétives, d'abord rougeâtres, puis brunâtres. Dans le *bouillon*, il se formerait des voiles superficiels incomplets; l'odeur des cultures serait fortement spermatique, etc.

Bacillus allii.

GRIFFITHS (1) a découvert, en 1887, ce microorganisme sur des oignons putréfiés (*Allium cepa*). Il est constitué par des cellules ovalaires de 5 à 7 μ de longueur sur 2,5 μ de largeur.

Le *Bacillus allii* croît aisément sur la *gélose* où il se développe en donnant une pellicule verte, non fluorescigène; ses cultures dégagent de l'hydrogène sulfuré et produisent un alcaloïde.

Le pigment vert obtenu est soluble dans l'alcool; sa solution alcoolique donne un spectre d'absorption consistant en une bande étendue de l'extrême violet au bleu (ligne *f* de FRAUNHOFER).

Bacillus fluorescens non liquefaciens.

Ce bacille, décrit par EISENBERG (2), est formé d'articles courts, arrondis, immobiles, qui se développent sur la *gélose* et la *gélatine* en donnant naissance à une fluorescence vert jaunâtre. Son immobilité et sa faculté négative de fluidifier la gélatine paraissent le séparer des autres espèces capables de déterminer la production de pigments verts fluorescents.

Le *Bacillus iris* de FRICK (3) possède, à peu près, les caractères de l'espèce qui précède.

Bacilles à pigments bleus ou violets.

On connaît aujourd'hui bon nombre de bactéries capables de produire des pigments bleus ou violets. Elles ont, en général, des carac-

(1) GRIFFITHS. *Proceed. of the Royal Society*, XV, p. 40. — Researches on microorganisms. Londres, 1891.

(2) EISENBERG. Bakteriologische Diagnostik, 3e éd., 1886, p. 145.

(3) FRICK. *Virchow's Archiv für pathol. Anatomie*, CXVI, p. 292.

tères morphologiques très voisins et ne diffèrent guère entre elles que par la nuance des pigments qu'elles sécrètent, l'aspect macroscopique de leurs cultures et la faculté qu'elles possèdent ou non de liquéfier la gélatine. Quant aux matières colorantes engendrées, elles sont le plus souvent insolubles dans les dissolvants habituels, dans l'eau, l'alcool, le chloroforme, etc.

Ces bacilles croissent surtout bien à la température des appartements; la substance chromogène ne se produit pas à 37°, quand ces espèces assez curieuses peuvent vivre à cette température.

Voici la liste abrégée des microbes à pigments bleus et violets décrits jusqu'à ce jour :

Bacilles à pigments bleus ou violets.

MOBILES	liquéfiants	*Bacillus cæruleus, cyano-fuscus, janthinus, membranaceus amethystinus mobilis, lividus, violaceus, violaceus lamentinus*, violet de la Dhuis.
	non liquéfiants	*Bacillus cyanogenus, cyaneo-fluorescens, cyanogenus lactis, Berolinensis indicus, indigoferus, indigogenus*. Bacille violet de WARD.
NON MOBILES	liquéfiants	*Bacillus membranaceus amethystinus*.

Bacillus violaceus.

Ce bacille, trouvé assez fréquemment dans les eaux de rivière (1), est formé d'articles mobiles à extrémités arrondies, mesurant environ 2 μ de longueur sur 0,8 μ de largeur; parfois, ses articles se montrent allongés en filaments. Il fournit des spores elliptiques ordinairement localisées au centre des bâtonnets.

Semé dans la *gélatine*, le *Bacillus violaceus* donne promptement des colonies translucides rapidement liquéfiantes. Les cultures en piqûres déterminent, au bout de peu de jours, la fluidification totale de ce substratum, qui se transforme en un liquide trouble où l'espèce continue à se développer activement, en donnant des voiles épais, devenant violets, qui chutent au fur et à mesure de leur production au fond du vase en donnant un dépôt blanchâtre.

Les cultures sur la *gélose*, pratiquées à l'étuve entre 28 et 30°, sont constituées par des pellicules épaisses, ridées, d'un violet foncé presque noir; le développement est beaucoup plus faible sur la *pomme de terre*. Le *sérum* du sang est liquéfié.

---

(1) SCHRÖTER. *Beiträge zur Biologie der Pflanzen*, 1881, I, 2 part., p. 109. — BUJWID. *Annales de l'Institut Pasteur*, I, 1887, p. 592. — FRANKLAND. *Zeitschrift für Hygiene*, 1889, VI, 394. — MACÉ. *Annales d'Hygiène*, avril 1888.

Ensemencé dans le *bouillon*, le *Bacillus violaceus* le trouble rapidement et paraît tout d'abord le décolorer, on voit se produire des voiles superficiels blanchâtres, tandis que le liquide acquiert une teinte légèrement vineuse.

La fonction chromogène de cette espèce s'atténue et finit par disparaître dans les cultures successives ; la température de 36-38 la suspend.

On ne connaît rien de bien précis sur la nature du pigment qu'elle sécrète; on a pu constater, seulement, qu'il est soluble dans l'alcool et que ces solutions colorées se conservent assez bien à l'abri de la lumière.

Miquel (1) a isolé des eaux de la prairie des filtres de Toulouse une bactérie violette, présentant, à peu près, les mêmes caractères, se multipliant aisément à la température ordinaire, mais absolument asporogène et perdant toute vitalité après 8 jours de végétation soit dans le *bouillon*, soit sur la *gélatine*. Ce microbe, curieux par sa fragilité, est peut-être proche parent du *Bacillus cyano-fuscus* de Beywinck (2), et fort voisin du *Bacillus violaceus laurentius*, trouvé par Jordan (3) dans les bassins de filtration de Lawrence U. S. A., qui liquéfie de même la *gélatine*, colore le *bouillon* quand il est chargé de nitrates et coagule le *lait*.

Bacillus lividus.

Ce bacille a été isolé des eaux par Flügge et Proskauer (4), il est mince, de taille moyenne et mobile; il sécrète un pigment bleu presque noir, et croît facilement dans les milieux habituels à la température de la chambre.

Semé sur la *gélatine*, il y donne des colonies, ressemblant à des gouttes d'encre, qui liquéfient le milieu sous-jacent. Inoculé par piqûre, la fluidification marche rapidement.

Sur l'*agar*, on voit se développer un enduit d'un beau bleu noir ; sur la *pomme de terre*, la culture reste limitée à la strie d'ensemencement. Le *Bacillus lividus* qui peut croître en l'absence de l'oxygène atmosphérique, fournit dans le vide des cultures incolores.

---

(1) Miquel. Manuel pratique d'analyse bactériologique des eaux, p. 23. Paris, 1891.
(2) Beywinck. *Botanische Zeitung*, 1891.
(3) Jordan. Report Massa. State Board of Health, 1890.
(4) Flügge et Proskauer. *Zeitschrift für Hygiene*, 1887, II, p. 443.

Bacillus janthinus.

Syn. : *Bacterium janthinum.*

Cette espèce, signalée depuis longtemps dans les eaux de rivière et d'égout, est constituée par de petits bâtonnets mobiles de 2 μ de longueur sur 0,5 μ de largeur, souvent associés en courtes chaînes.

Elle croît dans la *gélatine*, en donnant de petites colonies sphériques ou ovales à contour uni. Semée en piqûre, il se forme un disque mince, superficiel, qui se colore en violet, tandis que le trait sous-jacent reste maigre et incolore. La gélatine n'est liquéfiée que lentement.

L'enduit obtenu sur la *gélose* est noir violet.

Celui qui se développe sur la *pomme de terre* est d'un accroissement rapide; la surface de ce milieu est totalement envahie par une sorte de pellicule adhérente, de couleur violette également très foncée.

Le *Bacillus janthinus* croît dans le *lait* qu'il coagule et colore en violet. Dans les cultures liquides, les nitrates sont promptement et complètement réduits en nitrites.

Zopf (1), Macé (2) et Jordan (3) ont donné de cette espèce des descriptions souvent peu concordantes, celle qui précède a été empruntée à Jordan qui paraît avoir étudié avec soin la bactérie qui se rapproche le plus du *Bacterium janthinum* de Zopf.

Bacillus cæruleus.

On connaît deux descriptions de ce bacille isolé des eaux par Smith (4) et Voges (5). La description qu'en donne ce dernier auteur étant la plus complète, c'est à elle que nous empruntons la brève monographie qui suit :

Le *Bacillus cæruleus* est formé d'article courts, ovales, mobiles, mesurant environ 1,2 μ de longueur sur 0,8 μ de largeur, d'après Smith, de 2,5 μ sur 0,5 μ. Il est aérobie et prend bien les couleurs

(1) Zopf. Spaltpilze, p. 68. Berlin, 1885.
(2) Macé. Traité de Bactériologie, 1897, 3 éd., p. 855.
(3) Jordan. Rep. Massa. State Board of Health, 1890, p. 838.
(4) Smith. *Medical news*, 1887, II, p. 758.
(5) Voges. *Centralblatt für Bakteriologie*, 1893, XIV, p. 301.

d'aniline ; toutefois il se décolore par le procédé de Gram. Il possède un flagellum, à peu près, trois fois plus long que les articles, facilement décelable avec le bleu de Löffler. Il ne donne pas de spores et un chauffage à 60°, prolongé pendant 15 minutes, le tue sûrement.

Les colonies nées dans les plaques de *gélatine* se montrent à la fin du 3e jour; elles apparaissent d'abord sous l'aspect de points gris; vers le 5e jour, leur grosseur atteint celle d'un petit pois, elles sont granuleuses, rondes ou ovales, d'un jaune sale. Les colonies superficielles possèdent le 3e jour la grosseur d'un grain de chanvre et sont translucides comme les gouttes de rosée; le 5e jour, elles ont l'étendue des colonies du bacille de Eberth, dont elles rappellent l'aspect, avec cette différence que leur teinte est bleu d'acier; puis la gélatine commence à se liquéfier. Inoculé par piqûre dans le même milieu, le *Bacillus cæruleus* donne naissance à une culture en forme de clou d'une couleur gris bleu ; la liquéfaction se déclare et marche lentement. Les cultures en stries sur la gélatine sont d'un bleu intense dès le 3e jour.

Semée sur *agar*, l'espèce qui nous occupe fournit des traînées d'un bleu grisâtre, le pigment ne se forme pas à 37°.

Sur la *pomme de terre*, les cultures obtenues ont le même aspect, mais en vieillissant leur teinte passe au bleu noir.

Le *Bacillus cæruleus* croît aisément dans le *bouillon*, qu'il trouble en moins de 24 heures à la température ordinaire. Il se forme des voiles à sa surface; mais il n'y a pas production de matière colorante. Le *lait* ne paraît pas macroscopiquement altéré, toutefois la crème qui surnage acquiert, au bout de 2 jours, une couleur bleu de ciel magnifique.

Le pigment de ce bacille, qui peut être extrait par l'eau et l'alcool, est insoluble dans l'éther, le chloroforme, la benzine et l'essence de térébenthine; d'après Smith, ce même pigment serait insoluble dans l'eau et dans l'alcool.

Bacillus membranaceus amethystinus mobilis.

Ce bacille, décrit par Ed. Germano (1), diffère par sa mobilité du *Bacillus membranaceus amethystinus* décrit plus bas (page 695). Il est formé d'articles minces, à peu près aussi longs que ceux du *Bacillus anthracis*, mais n'adopte pas la forme filamenteuse. Il se développe

(1) Germano. *Centralblatt für Bakteriologie*, 1892, XII, p. 516.

très bien à la température de la chambre, plus mal ou pas du tout à l'étuve. Il sécrète un pigment violet améthyste.

Semé en stries sur la *gélatine*, il y donne une culture membraneuse assez épaisse de couleur violette, la gélatine est très faiblement liquéfiée. Introduit dans le *bouillon*, il le trouble d'abord, puis vient former à sa surface un voile de couleur violette. Il croît lentement sur l'*agar* en donnant un pigment de même teinte. La culture obtenue sur la *pomme de terre* est brune.

Le pigment de ces diverses cultures est soluble dans l'alcool qui acquiert une nuance bleu de ciel; traitées par un mélange d'alcool et d'éther, la dissolution obtenue possède une teinte lilas que les alcalis respectent, mais que les acides font rapidement disparaître.

Bacillus cyanogenus.

Syn. : *Bacillus syncyanus; Bacterium syncyanum; Bacillus lactis cyanogenus; Vibrio cyanogenus;* bacille du lait bleu.

Le bacille du lait bleu, dont l'existence avait été signalée par Ehrenberg, a été retrouvé et étudié par Fucks, Nuelson (1), Hueppe (2), Heim (3), Reiset (4) et Jordan (5). Les anciennes descriptions qui en ont été données ne permettent pas toujours de reconnaître si ces divers observateurs ont eu sous les yeux le même bacille. Nous avons dû nous borner ici à exposer les caractères que lui attribuent les bactériologistes qui l'ont étudié avec les ressources qu'offrent les techniques imaginées pendant ces dernières années.

Morphologie. — Le *Bacillus cyanogenus* est formé d'articles mobiles, à bouts arrondis, de 2 à 4 μ de longueur sur environ 0,5 μ de largeur. Il donnerait des spores ovales, bien que ses cultures puissent être stérilisées en peu de temps à 60°; cette affirmation nous paraît hasardée et semble devoir être considérée comme inexacte jusqu'à ce que l'existence de ces endospores aient été nettement établie. Ce bacille présente quelques formes involutives consistant en renflements isolés ou disposés en chapelets ; il croît bien à la température des appartements et à l'étuve.

Cultures. — Semé sur du *lait* fraîchement trait, le *Bacillus cya-*

---

(1) Nuelson. *Cohn's Beiträge zür Biologie der Pflauzen*, 1880, III.
(2) Hueppe. *Mitth. aus dem kaiserlische Gesundheitsamte*, 1884, II, p. 355.
(3) Heim. *Arbeitem aus dem kaiserlische Gesundheitsamte*, 1884, II, p. 518.
(4) Reiset. *Compt. rend. de l'Académie des Sciences*, 1883, XCVI, p. 682.
(5) Jordan. Rep. Massa. State Board of Health, 1890, II, p. 883.

nogenus colore d'abord en bleu la partie la plus superficielle de la crème ; ce sont d'abord des îlots teintés qu'on aperçoit çà et là, puis la coloration gagne la masse entière du liquide qui devient bleu de ciel.

Dans le lait stérilisé, la teinte est bleu grisâtre et reste localisée à la surface. Si on ajoute au lait un acide organique, par exemple des traces d'acide lactique, la coloration apparaît brusquement et égale en beauté celle qui s'observe avec le lait cru. On n'a aucune peine à deviner que si dans le lait naturel, non chauffé, la teinte bleue est spontanément si belle, cela tient à la production d'un peu d'acide lactique sous l'influence des microorganismes ferments de la lactose.

Ensemencé dans le *bouillon* ordinaire, ce bacille y croît rapidement en le troublant fortement et en lui communiquant une teinte verdâtre.

Il peut également être cultivé dans les *liqueurs minérales* analogues à celles de Pasteur et de Cohn, mais le pigment qu'il y sécrète est loin d'être comparable en beauté et en intensité à celui qui prend naissance dans le lait.

Semé sur la *gélatine*, le *Bacillus cyanogenus* y détermine à la fin du 2e jour la naissance de petites colonies punctiformes gris bleuâtre ; celles d'entre elles qui se trouvent à la surface de ce milieu acquièrent jusqu'à 2 millimètres de diamètre, se montrent finement granuleuses et s'entourent d'une auréole gris bleuâtre. Les inoculations par piqûre déterminent la production d'un disque blanchâtre au point piqué et dans le trajet suivi par le fil de platine une culture en trait, maigre, de même couleur. La gélatine devient bleu verdâtre et n'est jamais liquéfiée.

Sur *agar*, il se forme des enduits gris au voisinage desquels le milieu nutritif brunit fortement.

Sur la *pomme de terre*, les cultures sont jaunâtres et limitées au voisinage de la strie d'ensemencement, la surface non envahie est gris bleuâtre.

Substance pigmentaire. — La matière colorante du *Bacillus cyanogenus* est constituée par un pigment bleu, diffusible, analogue à ceux des *Bacillus fluorescens liquefaciens* et *pyocyaneus ;* il est comme eux, mais à un degré moindre, légèrement fluorescent. La nuance bleue de ce pigment est exagérée par les acides ; la température qui favorise le mieux sa formation se montre comprise entre 15 et 18°. A 25° le pigment est moins abondant ; à 37° il ne se produit plus du tout et l'on obtient alors des races blanches du *Bacillus cyanogenus* incapables de donner le pigment bleu caractéristique quand on les cultive de nouveau à 15 et 20°.

On ne connaît pas la nature chimique du pigment sécrété par cette espèce; on sait seulement qu'il est légèrement soluble dans l'eau acidulée et la glycérine, qu'il est insoluble dans l'alcool et l'éther.

Les acides minéraux étendus n'altèrent pas sa nuance, l'ammoniaque le fait virer au violet, la soude et la potasse au rose et au rouge. La solution aqueuse bleue examinée au spectroscope donne une large bande d'absorption dans la partie jaune du spectre sur la raie D de Fraunhofer.

Le *Bacillus cyanogenus* se rencontre habituellement dans les laiteries. Jordan prétend l'avoir retiré des eaux d'égout de Lawrence; mais, il est probable que l'espèce qu'il identifie avec le bacille du lait bleu n'est qu'une de ses variétés à laquelle Sternberg a proposé de donner le nom de *Bacillus cyanogenus Jordanensis*, afin d'éviter de les confondre.

Bacillus cyaneo-fluorescens.

Cette espèce fort voisine de la précédente a été étudiée par Zangemeister (1).

Elle consiste en un bacille ovale, court, épais, mobile, possédant aux deux pôles des flagella très difficilement colorables, croissant très rapidement à la température de la chambre et de même entre 25 et 30°.

Ce bacille se développe sur la *gélatine* sans la liquéfier, en donnant à la surface des colonies à peu près rondes, blanchâtres, à bords nets et dentelés. Le milieu contracte une coloration diffuse vert clair et devient très fluorescent; les colonies nées dans la profondeur sont rondes, à bords lisses et nets. Ces cultures dégagent une forte odeur de triméthylamine.

Les cultures en stries sur *agar* sont grisâtres et le substratum prend une coloration vert brunâtre.

Les végétations obtenues sur la *pomme de terre* sont identiques à celles du *Bacillus cyanogenus*.

Le *lait* naturel inoculé avec le *Bacillus cyaneo-fluorescens* se couvre de taches rondes d'un bleu foncé. Le lait stérilisé n'acquiert aucune

(1) Zangemeister. *Centralblatt für Bakteriologie*, 1895, XVIII, p. 321.

coloration, même lorsqu'on ajoute après culture un acide. Par contre, si on ensemence simultanément ce bacille et le *Bacillus acidi lactici*, le lait devient bleu à la condition que la production d'acide lactique ne soit pas trop grande, ce qu'on prévient en maintenant le lait au frais.

Bacillus Beroliensis indicus.

Syn. : *Bacille bleu de l'eau.*

Ce bacille a été trouvé par Clässen (1) dans l'eau non filtrée de la Sprée. Il est formé de bâtonnets mobiles, solitaires ou groupés 2 à 2, ou encore unis en courtes chaînes ; il possède les dimensions du bacille de la fièvre typhoïde.

Semé dans la *gélatine*, il y donne de petites colonies blanchâtres parfaitement discernables à la fin du 3e jour ; à ce moment elles commencent à contracter une nuance bleu-indigo qui va en s'accentuant au fur et à mesure que les colonies se développent. Dans les cultures en piqûre, il se produit au point piqué un petit amas de substance bleu-indigo qui s'étend ultérieurement en tache, à contour irrégulier, tandis qu'il ne croît rien dans la profondeur de la piqûre (fig. 195 et 196).

La gélatine n'est pas liquéfiée.

Les cultures sur *agar* sont magnifiquement colorées quand elles sont obtenues entre 18 et 20°. Le *bouillon* est simplement troublé. Le pigment bleu ne se produit sur la *pomme de terre* que quand elle est acide, si elle possède une réaction alcaline les enduits qui s'y forment sont vert sale.

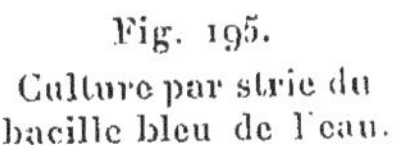

Fig. 195. Culture par strie du bacille bleu de l'eau.

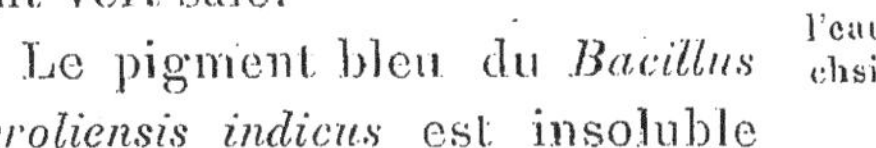

Fig. 196. Bacille bleu de l'eau coloré à la fuchsine.

Le pigment bleu du *Bacillus Beroliensis indicus* est insoluble dans l'eau, l'alcool et le chloroforme, il est soluble dans l'acide chlorhydrique concentré. Il est décoloré par l'ammoniaque.

(1) Clässen. *Centralblatt für Bakteriologie*, 1890, VII, p. 13

Bacillus indigoferus.

Ce bacille a été isolé par Voges (1) des conduites d'eau de Kiel. Il est constitué par des articles droits ou un peu recourbés, très mobiles de 1,8 μ de longueur sur 1,6 μ de largeur. Ces bâtonnets se colorent aisément par les couleurs d'aniline, mais ne conservent pas le Gram ; ils possèdent un flagellum unique, ayant environ trois fois leur longueur, qu'on peut rendre visible par la méthode de Löffler.

Le *Bacillus indigoferus* donne dans les plaques de *gélatine* un pointillé de colonies à peine visible après 36 à 48 heures ; les plus grosses d'entre elles ont une teinte bleuâtre, celles qui sont superficielles s'étalent largement et montrent au bout de quelques jours des grains de pigments. Au bout d'une semaine, elles sont nettement bleues et recouvertes d'une pellicule irisée. Les cultures par piqûres croissent sous la forme de clous qui deviennent bleus. Les cultures en stries restent limitée à ligne d'ensemencement ; la gélatine n'est pas liquéfiée.

Les végétations sur *agar* sont plus luxuriantes, mais la matière colorante ne s'y produit bien que vers 20°. A 37°, les traînées obtenues sont complètement blanches.

Les cultures sur la *pomme de terre* sont bleues.

Dans le *bouillon*, on voit se produire un trouble général au bout de 24 heures ; il se forme un voile mince à la surface du liquide, qui, 8 jours plus tard, contracte une teinte bleuâtre. Le *lait* n'est pas visiblement altéré, seule la crème se colore en bleue.

Comme on peut en juger, le bacille de Voges a de nombreuses affinités avec celui de Classen.

Bacillus membranaceus amethystinus.

Ce microorganisme a été retiré des eaux et décrit par Eisenberg (2). Il est formé d'articles courts immobiles, à extrémités arrondies, de 1,2 μ de longueur moyenne sur 0,5 μ de largeur, souvent groupés en petits tas irréguliers ; ce bacille ne donne pas de spores ; il se cultive aisément à la température de la chambre, mais ne peut croître à 37°.

(1) Voges. *Centralblatt für Bakteriologie*, 1893, XIV, p. 301.
(2) Eisenberg. Bakteriologische Diagnostik, 3 éd., p. 421.

Semé dans la *gélatine*, il y produit au bout de 3 à 4 jours de petites colonies sphériques, violettes, de la grosseur des graines de pavots, qui s'entourent bientôt d'une zone liquéfiée. Inoculé en piqûres, il donne d'abord, au point de pénétration de l'aiguille, une tache jaunâtre qui s'étend superficiellement et offre un contour irrégulièrement dentelé ; puis, la production du pigment débute au centre de la tache et gagne graduellement la périphérie; le trait sous-jacent n'est pas coloré, la liquéfaction marche très lentement, elle n'est complète qu'au bout de 3 à 4 mois.

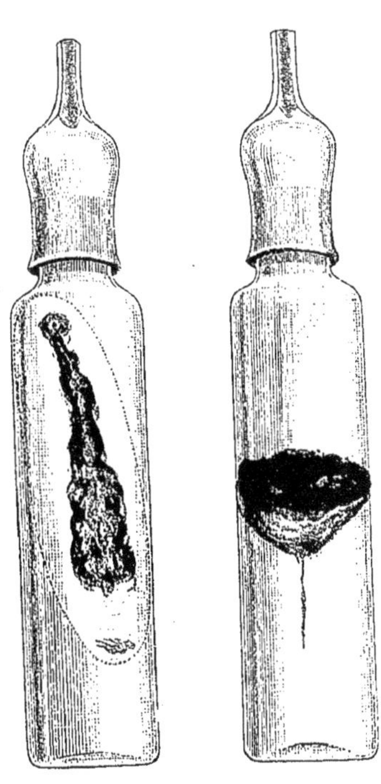

Fig. 197.
Culture par strie et piqûre du *Bacillus membranaceus amethystinus*.

Semé en stries sur ce même milieu, le *Bacillus membranaceus amethystinus* se développe en donnant naissance à de grosses pellicules violettes rappelant les coupes de tissus trop fortement colorées au violet de gentiane (fig. 197).

Les cultures sur la *gélose* sont d'un blanc jaunâtre et ne commencent à acquérir une teinte violette qu'après une semaine d'attente ; plus tard, la couleur fonce et contracte un reflet métallique.

Les végétations sur la *pomme de terre* ont une couleur olivâtre ou jaune verdâtre.

Les cultures dans le *bouillon* marchent lentement ; le liquide se trouble d'abord, puis se recouvre, au bout de plusieurs semaines, d'une pellicule violette, tandis qu'il s'accumule au fond du vase un dépôt de même couleur.

Bacille violet de la Tamise.

Marshall Ward (1) a isolé de la Tamise un bacille violet présentant une grande parenté avec le précédent.

(1) Ward. *Annals of Botany*, 1898, p. 59.

Il est formé de bâtonnets aérobies, de longueur variable, parfois réunis en chaînes de 60 μ; ces articles, tantôt immobiles, tantôt doués de mouvements très vifs, ne sont pas munis de flagella visibles, ils ne donnent pas de spores.

Semé dans la *gélatine* maintenue à 15-20°, on voit apparaître au bout de 3 jours de petites colonies laiteuses rondes, d'une croissance lente. Après 10 jours, les colonies superficielles deviennent violettes; les colonies profondes restent jaunâtres. Les cultures en piqûres donnent un clou blanchâtre dont la tête s'enfonce au bout de 10 jours dans la gélatine liquéfiée; après 18 jours, la liquéfaction est assez avancée et on voit se former plus tard une membrane violette à la surface du liquide.

Sur *agar*, les cultures en stries donnent des traînées blanches épaisses, se transformant ultérieurement en une membrane violette à bords plissés. Les cultures sont moins belles sur la *pomme de terre*.

A 20°, le *bouillon* se trouble au bout de 48 heures, et ce n'est que plus tard que la pellicule blanche, qui se forme à sa surface, acquiert la teinte violette.

La caséine du *lait* est coagulée puis redissoute lentement; plus tard, il se produit également une membrane superficielle violette.

Le pigment est insoluble dans l'eau, mais très soluble dans l'alcool; il résiste bien à l'action de la lumière solaire; la soude le fait passer au vert; les acides lui restituent sa nuance primitive; ses dissolutions absorbent les rayons verts et orangés.

Cette espèce n'est pas pathogène pour les cobayes.

Bacille violet de la Dhuis.

Bidet (1) a retiré à plusieurs reprises de l'eau de la Dhuis, qui alimente Paris, un bacille mobile, aérobie, de grosseur moyenne, asporogène dont l'optimum de température est voisin de 20°.

Ce bacille, semé en stries sur la *gélatine*, s'y développe promptement en donnant tout d'abord des traînées d'un blanc, légèrement grisâtre, passant au violet au bout de 60 heures. Ensemencé par piqûre, presque rien ne croît dans la profondeur; au point piqué, il se produit une petite tache blanchâtre devenant ultérieurement violette. La gélatine est entièrement liquéfiée au bout d'une semaine.

Les cultures sur la *gélose* ont un aspect à peu près semblable.

Le bacille violet de la Dhuis porté dans le *bouillon* s'y multiplie

(1) Bidet. *Annales de l'Observatoire municipal*, 1900, I, n° 2.

sans le troubler visiblement; on voit se former à la surface du liquide une pellicule membraneuse, épaisse, d'un blanc grisâtre, qui se colore en violet dans la zone voisine des parois du vase.

Cette espèce cesse de croître à 34°, elle est tuée par un séjour de 5 minutes à une chaleur humide de 55°. Elle exerce ses fonctions chromogènes à toutes les températures où on peut la voir vivre et se multiplier.

Bacilles produisant des pigments rouges ou bruns.

On connaît un grand nombre de bacilles doués de la faculté de sécréter des pigments rouges ou roses. Ordinairement ces pigments ne sont pas diffusibles dans la masse des milieux gélatineux à la surface desquels végètent ces espèces chromogènes, et la couleur reste localisée sur les végétations elles-mêmes. Plusieurs de ces cultures se recouvrent d'un éclat mordoré qui leur donne l'aspect métallique qu'on observe sur beaucoup de substances colorantes dérivées de l'aniline; de même que les autres bactéries chromogènes, les bacilles érythrogènes perdent la faculté de sécréter leurs pigments quand ils sont cultivés à des températures notablement supérieures à 30° ou à l'abri de l'oxygène gazeux.

Les bacilles à pigments rouges se rencontrent dans les eaux, dans l'air, dans le sol et parfois dans le corps des animaux et sur les substances altérées. En voici une brève énumération :

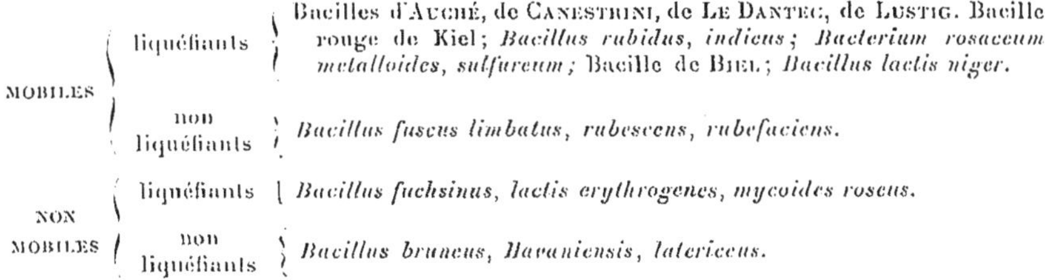

Bacilles à pigments rouges, bruns et noirs.

MOBILES	liquéfiants	Bacilles d'AUCHÉ, de CANESTRINI, de LE DANTEC, de LUSTIG. Bacille rouge de Kiel; *Bacillus rubidus, indicus; Bacterium rosaceum metalloides, sulfureum;* Bacille de BIEL; *Bacillus lactis niger.*
	non liquéfiants	*Bacillus fuscus limbatus, rubescens, rubefaciens.*
NON MOBILES	liquéfiants	*Bacillus fuchsinus, lactis erythrogenes, mycoides roseus.*
	non liquéfiants	*Bacillus bruneus, Havaniensis, latericeus.*

Bacille rouge de Kiel.

Syn. : *Bacterium Kiliense.*

Ce bacille, découvert par BREUNIG (1) dans les eaux de la ville de Kiel, se présente en articles mobiles de 2 à 5 μ de longueur sur

(1) BREUNIG. Bakteriologische Untersuchung Trinkwässer der Stadt Kiel. Thèse, 1888.

0,7 μ de largeur, ordinairement isolés et souvent en courts filaments dans les cultures sur la pomme de terre. Ce bacille croît dans des limites de température variant de 10 à 42°. C'est entre 30 et 35° que se trouve le degré de chaleur le plus favorable à son développement. Il se montre à la fois aérobie et anaérobie, mais à l'abri de l'air il ne peut donner naissance à la formation du beau pigment rouge qui le caractérise.

Semé dans la *gélatine*, il fournit des colonies profondes, blanches et ovalaires, tandis que les colonies superficielles sont d'un rouge sang et s'étalent en îlots à contour sinueux. Les colonies formées commencent dès le 5e jour à liquéfier la gélatine. Inoculé par piqûres dans le même milieu, le *Bacterium Kiliense* se développe le long du trait d'ensemencement et la gélatine se liquéfie en un liquide fortement coloré en rouge.

La culture, obtenue sur la *gélose* tenue à 30-35°, est d'abord rougeâtre, puis passe au rouge-brique. A la même température, on voit se former rapidement, sur toute la surface de la *pomme de terre*, un enduit rouge violacé; à 25° cet enduit est rouge carmin.

Ce microorganisme trouble le *bouillon* en 24 heures en lui communiquant une teinte rose pâle; l'alcalinité est favorable au développement de la matière colorante; un certain degré d'activité l'empêche de se manifester. On peut encore cultiver cette bactérie dans le *lait*, qui se coagule au bout de 24 heures à la température de 25°, sans contracter la moindre coloration; à 25°, la coagulation est retardée, mais la surface de ce liquide animal devient rouge-sang.

Le pigment du bacille rouge de Kiel est peu soluble dans l'eau, il est surtout soluble dans l'alcool et se montre insoluble dans le chloroforme, les hydrocarbures légers, l'essence de térébenthine et le sulfure de carbone. L'éther décolore le pigment, l'acide chlorhydrique étendu fait renaître la couleur disparue. En général, les acides avivent la nuance de la substance colorante; les alcalis, au contraire, la font disparaître.

Laurent (1) a montré que l'insolation de même que les cultures à des températures élevées pouvaient produire des races diverses de ce même bacille et le douer de facultés chromogènes très dissemblables.

Miquel a isolé des eaux de Paris, un bacille qu'il n'a jamais décrit donnant sur les milieux solides, la purée de *pomme de terre*, etc., un pigment d'un beau rouge carmin, se recouvrant souvent dès le lende-

(1) Laurent. *Annales de l'Institut Pasteur*, 1890, III, p. 465.

main dans ses cultures sur la *gélatine* et la *gélose* d'un lustre métallique comparable à celui que possède la fuschine et se différentiant du bacille rouge de Kiel par sa faculté négative de liquéfier la gélatine ; cultivé au-delà de 30°, il donne naissance à des races roses puis complètement blanches. Le pigment qu'il secrète est soluble dans l'alcool, et ses solutions teignent la soie sans l'application préalable de mordants.

Bacille rouge de Lustig.

Ce microbe, retiré par LUSTIG (1) de l'eau d'une rivière de la vallée d'Aoste, est constitué par des articles minces, mobiles, à bouts arrondis, 2 à 4 fois plus longs que larges, solitaires ou unis en courtes chaînes; aux extrémités de ces articles, on aperçoit des granulations rouge de pigment.

Les colonies nées dans la *gélatine* apparaissent au bout de 48 heures sous la forme de sphérules grisâtres, à contour régulier et à surface granuleuse ; à leur centre apparaît la matière colorante rouge. Les colonies superficielles ont le même aspect, avec cette différence qu'elles s'étalent en îlots à bords dentelés. Dans les deux cas, la gélatine est liquéfiée. Les cultures en piqûres dans ce même milieu donnent un entonnoir rempli d'une masse grisâtre au centre de laquelle se trouve suspendu le pigment rouge qui l'envahit rapidement les jours suivants. La gélatine est transformée en un liquide visqueux rouge foncé.

Sur la *gélose* maintenue à 20-22°, le pigment rouge se développe au bout de 48 heures le long de la strie d'inoculation, puis envahit toute la surface. A 37-40°, les cultures restent d'un blanc laiteux et n'acquièrent aucune coloration.

Sur la *pomme de terre*, toujours à basse température, il se forme rapidement un gazon rouge, visqueux qui, au bout de 15 à 20 jours, acquiert la couleur de la fuchsine desséchée.

Le *sérum* de sang coagulé est liquéfié et coloré en rose.

Le *bouillon* se trouble promptement et prend la même teinte.

Le *lait* est coagulé en 48 heures et le pigment rouge vient se former à sa surface.

Toutes ces diverses cultures résistent à la température de 60°; elles peuvent s'effectuer à l'abri de l'air en conservant leur coloration caractéristique. Enfin, le pigment du bacille de LUSTIG est insoluble

(1) LUSTIG. *Centralblatt für Bakteriologie*, 1890, VIII, p. 33.

dans l'eau et soluble dans l'acide acétique, l'alcool, l'éther, la benzine, le chloroforme et le sulfure de carbone.

Bacterium rosaceum metalloides.

Syn. : *Bacille rouge de* Dowdeswell.

Par sa morphologie et sa faculté de fournir rapidement un pigment rouge (rose-éosine), le bacille de Dowdeswell (1) paraît bien voisin du *Micrococcus prodigiosus* décrit page 661.

Le *Bacterium rosaceum metalloides* apparaît sous la forme de cellules mobiles, ordinairement ovales, de 0,6 μ de longueur sur 1,2 μ de largeur moyenne. Il se développe bien à 15°, moins bien à 25° et encore à 35°, mais sans donner de pigment. Les races blanches obtenues à cette température, transplantées sur des milieux maintenus à 15°, ont perdu la faculté de sécréter la matière colorante rouge. Ce bactérium est tué par la température humide de 60°.

Semé en stries sur la *gélatine*, il s'y développe rapidement à la température ordinaire et le pigment apparaît au bout de 20 heures; les traits obtenus ont 3 à 4 millimètres de largeur et possèdent un éclat métallique. La gélatine est liquéfiée en un liquide incolore.

A 15° sur *agar*, la croissance de cette espèce est plus lente, la culture est d'un rouge plus pâle et dépourvu de son lustre métallique.

C'est sur la *pomme de terre* que les enduits obtenus sont les plus beaux; on voit s'y former une forte végétation rapidement envahissante d'une belle teinte carmin, uniforme, offrant sur les bords des reflets mordorés.

Les cultures du même microorganisme sont également belles sur le *pain* humide, mais beaucoup plus maigres et beaucoup plus pâles sur le blanc d'*œuf* cuit.

Le *Bacterium rosaceum metalloides* se développe dans le bouillon et le liquide de Cohn sans les colorer.

Dowdeswell, qui a étudié l'action des antiseptiques sur cette bactérie, a trouvé que le sublimé s'oppose à sa croissance à la dose de 1 : 500 000; que le phénol l'entrave seulement à 1 : 20 et l'alcool à 1 : 10.

Quant au pigment rose-éosine, il est à peu près insoluble dans l'eau; soluble, au contraire, dans l'alcool et insoluble dans le chlo-

(1) Dowdeswell. *Annales de micrographie*, 1888, I, pp. 310 et 449.

roforme, la benzine, les essences de térébenthine, de girofle, etc. Les acides étendus avivent sa nuance ; la soude la fait virer au jaune.

Comme caractères spectroscopiques, la solution alcoolique de ce pigment laisse passer les rayons rouges, orangés, jaunes ; au delà de ce point, l'extinction est complète jusqu'à l'ultra-violet; sous une faible épaisseur, cette même solution donne une bande d'absorption bien définie, comprise entre λ 547 et λ 522.

Bacillus indicus.

Cette espèce chromogène a été découverte par Koch (1) dans le contenu intestinal d'un singe à l'époque de ses recherches sur le choléra asiatique. Elle se montre formée par des bâtonnets mobiles, à extrémités arrondies, aisément cultivables dans la plupart des milieux nutritifs habituels.

Semée dans la *gélatine*, elle y donne d'abord des végétations blanches qui acquièrent ultérieurement une teinte rouge-brique.

Sur l'*agar*, les végétations apparaissent sous forme d'enduits abondants de même couleur et finissent par envahir la surface entière de ce substratum.

Sur la *pomme de terre*, le développement reste limité à la strie d'ensemencement. Le *sérum* du sang coagulé est liquéfié.

Le *Bacillus rubidus* d'Eisenberg (2), retiré des eaux et également étudié par Tils, est de même mobile et liquéfiant, mais le pigment qu'il sécrète est brun rouge.

Le *Bacillus sulfureum* d'Holschewnikoff (3) peut être rapproché des précédents ; comme eux, il est mobile et liquéfiant, mais présente la particularité intéressante de ne donner un pigment rouge ou brun rouge qu'à l'abri de l'oxygène de l'air; au contact de cet élément, ses cultures restent blanches. Il doit son nom à la faculté qu'il partage avec beaucoup de bactéries de donner de l'hydrogène sulfuré dans les urines et les milieux chargés de substances riches en soufre combiné.

---

(1) Koch. Voir Flügge. Die Mikroorganismen, 1896, II, p. 302.
(2) Eisenberg. Bakteriologische Diagnostic, 3e éd., 1891.
(3) Holschewnikoff. *Annales de Micrographie*, 1888, I, p. 257.

Bacille rouge de Terre-Neuve.

Syn. : Bacille de la morue rouge; Bacille de LE DANTEC.

Ce bacille a été découvert par LE DANTEC (1) dans la morue devenue subitement rouge. Il se présente sous l'aspect de bâtonnets mobiles de longueur variable, environ de 4 à 10 μ et souvent davantage; il donne des spores qui lui permettent de résister quelque temps à 95 et même 100°.

Sur la *gélatine*, ses colonies apparaissent en forme de disques de 1 à 2 millimètres de diamètre colorés au centre d'un rouge pâle et d'un rouge plus foncé à la périphérie. Ensemencé en stries sur le même milieu, il y donne des traînées d'un rouge intense lentement liquéfiantes.

Les cultures sur la *gélose* sont moins colorées; elles le sont encore plus faiblement sur la *pomme de terre*.

Le *bouillon* se trouble sous son influence sans contracter de teinte rouge.

La température de 10 à 15° est plus favorable à la manifestation des propriétés chromogènes de ce bacille que les températures situées au-dessus de 30°.

L'ingestion de morue colorée par cette espèce n'a pas paru provoquer d'intoxication sensible chez les animaux.

Bacille rouge de la sardine.

Syn. : Coccobacille rouge de AUCHÉ.

Le bacille rouge de la sardine (2) se présente au microscope sous la forme de bâtonnets courts, arrondis, légèrement mobiles de 0,8 à 1 μ de longueur, ne paraissant pas produire de spores.

Cette espèce donne sur la *gélatine* des colonies rouges très promptement liquéfiantes; inoculée en piqûre, elle liquéfie ce même milieu en entonnoir, rempli d'un liquide faiblement coloré, au fond duquel s'amassent des grumeaux rouges.

Les cultures sur la *gélose* sont toujours blanches.

Le *bouillon* acide est seul coloré. Mais les végétations acquièrent

(1) F. LE DANTEC. *Annales de l'Institut Pasteur*, 1891, V, p. 656.
(2) AUCHÉ. *Comp. rend. de la Société de Biologie*, 1894, sér. 10, I, p. 16.

leur plus belle nuance sur le *blanc d'œuf* cuit et sur le *pain azyme* humide, où la teinte se montre d'un carmin pur magnifique.

Les enduits, taches, etc., obtenus sur ces différents milieux sont très gluants.

Le pigment de cette bactérie est soluble dans l'alcool ; l'addition d'un acide lui communique une teinte mauve ; déposée de sa solution alcoolique, la substance colorante peut être reprise et dissoute par l'eau.

Si le bacille rouge de la sardine peut, de prime abord, paraître devoir être confondu avec le *Micrococcus prodigiosus*, il s'en sépare, affirme AUCHÉ, par la faculté de sécréter une matière colorante rouge à une température voisine de 40° ; par l'absence de coloration sur la gélose et par la solubilité dans l'eau de son pigment. Il serait peut-être plus rationnel d'admettre que le bacille rouge de la sardine n'est qu'une des nombreuses races du *Micrococcus prodigiosus* modifié par son passage dans le milieu où il a été découvert.

Pour terminer la description des bacilles rouges mobiles et liquéfiants les mieux connus, il nous reste à dire un mot du bacille de CANESTRINI (1).

Ce bacille a été trouvé dans les larves et les abeilles d'une ruche infestée. Il a la longueur du bacille de LE DANTEC ; comme lui, il donne des spores, croît bien à la température de la chambre et même à 37°.

Il se développe sur la *gélatine* en y donnant des colonies et des enduits rouges lentement liquéfiants.

Les cultures sur *agar* sont blanches et montrent de nombreuses spores ; le *sérum* de sang se liquéfie sous son action.

Le développement est rapide sur la *pomme de terre* et le gazon produit est d'un rouge vineux.

Bacillus rubefaciens.

Ce microorganisme, trouvé par ZIMMERMANN (2) dans les eaux de Chemnitz, est formé de bâtonnets très mobiles, minces, de 0,4 μ de largeur sur 0,8 à 1,7 μ de longueur. Il se développe bien à la température de la chambre en donnant un pigment rouge pâle.

Semé dans la *gélatine*, les colonies et les cultures diverses, toujours assez maigres, qu'il y forme, sont d'une teinte jaunâtre

(1) CANESTRINI. *Atti Soc. Ven-Em. Sci. nat.*, XI, p. 134.
(2) ZIMMERMANN. Die Bakterien unserer Nutz- und Trinkwässer. Chemnitz, 1890.

ou brunâtre qui passent au rouge-vineux en vieillissant ; le substratum n'est pas liquéfié.

Les cultures sur *gélose* sont d'un bleu-grisâtre ; sur la *pomme de terre*, elles deviennent brun-rouge quand elles sont anciennes, mais s'entourent, déjà au bout de 48 heures, d'une auréole rouge.

Le *Bacillus rubescens* de JORDAN (1), retiré de l'eau d'égout, est plus long et plus large que le précédent (0,9 μ sur 4 μ). Il donne également un pigment rouge pâle ou d'une nuance chair, plus beau que le pigment sécrété par le *Bacillus rubefaciens ;* il croît plus abondamment que lui et se montre également mobile et non liquéfiant.

Le *Bacillus fuscus limbatus* de SCHEIBENZUBER (2), retiré d'œufs devenus spontanément rouges, est de même très mobile et non liquéfiant. Il croît aisément à la température des appartements et donne sur la *gélatine*, la *gélose* et la *pomme de terre* des cultures dont la substance pigmentaire est plutôt brune que rouge.

Bacillus lactis erythrogenes.

Syn. : Bacille du lait rouge ; *Bacillus erythrogenes.*

Ce microbe, dont l'existence a été signalée depuis longtemps dans le lait, qu'il colore quelquefois d'un rouge-sang, a été trouvé aussi par BAGINSKY dans les fèces d'un enfant et surtout étudié par GROTENFELT (4).

Il est formé de bacilles courts, immobiles, aux extrémités arrondies de 0,3 à 0,5 μ de largeur sur 1 à 1,4 μ. Il peut croître en longs filaments dans les cultures liquides ; il refuse le GRAM et ne paraît pas donner de spores.

Le *Bacillus lactis erythrogenes* croît dans les milieux usuels, à la température des appartements et, plus rapidement, entre 18 et 35° ; ses cultures exhalent une odeur désagréable.

Semé dans la *gélatine*, il fournit des colonies, des clous et des traînées liquéfiantes, d'abord jaunâtres, passant ultérieurement au rouge ; le pigment envahit la partie restée encore solide en la colorant en rose.

Les cultures sur *agar* sont jaunâtres ; le développement est plus rapide sur la *pomme de terre*, l'enduit formé d'abord jaune passe en-

(1) JORDAN. *Report Mass. State Board of Health*, 1890, II, p. 835.
(2) SCHEIBENZUBER. *Allgem. Wien. med. Zeitung*, 1889, p. 171.
(3) BAGINSKY. *Centralblatt für Bakteriologie*, 1889, VI, p. 137.
(4) GROTENFELT. *Fortschritte der Medizin*, 1889, n° 2.

suite à l'orangé; au bout d'une semaine, à la température de 37°, la végétation obtenue est devenue jaune d'or.

Le *bouillon* est rapidement troublé et coloré en jaune.

Introduit dans le *lait*, ce bacille en précipite lentement la caséine qu'il redissout plus tard et colore toute la masse liquide en rouge foncé. Ce pigment est fortement influencé par la lumière; il se forme plus rapidement dans l'obscurité qu'au grand jour, et plus facilement dans les milieux alcalinisés que dans les milieux légèrement acidulés.

Quelques auteurs pensent que, avec la matière colorante rouge, le *Bacillus erythrogenes* sécrète également un pigment jaune, insensible, à la lumière, insoluble dans l'eau, l'alcool, l'éther et le chloroforme; ce pigment donne un spectre offrant 3 bandes d'absorption, deux entre les lignes D et E, et une dans le bleu; son étude nous paraît bien peu avancée.

Le *Bacillus mycoides roseus* de SCHOLL (1), d'une morphologie comparable à celle du charbon asporogène, sécrète également un pigment rouge s'accusant principalement à l'abri de la lumière. Cultivé dans l'obscurité, il fournit sur l'*agar* des enduits rouges qui restent blancs quand les cultures sont exposées à la lumière du jour. Ce bacille a été trouvé dans le sol.

Bacillus fuchsinus.

BOEKHOUT et DE VRIES (2) ont donné le nom de *Bacillus fuchsinus* à un bacille chromogène découvert par eux dans l'eau de leur laboratoire.

Cette espèce immobile, aérobie, formée de bâtonnets de 0,5 à 0,7 μ de largeur sur 1 à 1,5 μ de longueur, prend aisément les couleurs d'aniline. La température la plus propice à son développement est comprise entre 22-25°, la température de 51° lui est fatale.

Semée sur la *gélatine*, elle donne déjà au bout de 48 heures une strie rouge clair, commençant à liquéfier ce milieu. Au bout de 3 jours, la gélatine est totalement fondue; la coloration, qui est encore faible, prend plus tard une teinte framboise.

Sur l'*agar* ordinaire, les cultures ont une belle teinte carmin,

---

(1) SCHOLL. *Fortschritte der Medizin*, VII, p. 46.
(2) BOEKHOUT et DE VRIES. *Centralblatt für Bakteriologie*, 2e sect., 1898, IV, p. 497.

mais dépourvue de reflets métalliques; pour obtenir l'éclat mordoré des couleurs d'aniline, il suffit d'additionner ce milieu de 0,5 p. 100 de tartrate de soude.

Les cultures sur la *pomme de terre* sont rouge pâle après 18 heures; rouge-brique après 27 heures et se recouvrent après 2 jours de reflets bronzés.

Le pigment du *Bacillus fuchsinus* est soluble dans l'alcool, le chloroforme et le sulfure de carbone; l'éther le dissout en moins grande quantité et l'eau beaucoup plus difficilement encore.

Bacillus bruneus.

Syn. : *Bacterium bruneum.*

Les bacilles qui produisent des pigments bruns sont nombreux et mal étudiés; SCHRÖTER, FLÜGGE, ADAMETZ en ont décrit plusieurs. Nous pourrions également signaler la présence de 7 à 8 espèces semblables qu'on rencontre fréquemment dans les poussières atmosphériques, mais y a-t-il vraiment intérêt à multiplier ces descriptions, quand les espèces envisagées n'offrent pas de caractères saillants et ne jouissent pas de fonctions importantes?

Le *Bacillus bruneus* d'ADAMETZ (1), rencontré dans les eaux, est formé d'articles courts, immobiles, épais, de longueur variable, souvent associés par paires, parfois croissant en longs filaments. Il donne sur la *gélatine* des colonies et des enduits visqueux blanc-brunâtre non liquéfiants; semé dans le *lait*, il ne le coagule pas et ne donne naissance à aucun dégagement gazeux.

Bacillus latericus.

Ce bacille, trouvé dans les eaux par EISENBERG, est formé de bâtonnets de longueur moyenne, 2 à 3 fois plus longs que larges; il sécrète un pigment rouge et donne sur la *gélatine*, la *gélose* et la *pomme de terre* des enduits de cette nuance, il n'est ni mobile, ni liquéfiant, ce qui le sépare du *Bacillus rubidus* du même auteur, déjà signalé page 702.

---

(1) ADAMETZ. Die Bakterien der Nutz- und Trinkwässer, Vienne, 1888.

Bacillus Havaniensis.

STERNBERG (1), auquel on doit la description de cette espèce chromogène, se déclare très embarrassé pour savoir si elle doit être placée parmi les microcoques ou parmi les bacilles.

Elle est formée de cellules aérobies, immobiles, à peu près sphériques, de 0,4 à 0,5 µ de diamètre, croissant aisément à la température ordinaire dans les milieux habituels.

Elle donne dans la *gélatine* des colonies sphériques translucides d'un rouge de sang; les cultures en piqûres sont opaques et s'étendent au point d'inoculation en contractant une couleur rouge-carmin.

Sur la *gélose*, les cultures marchent lentement, mais d'une façon continue et peuvent acquérir une forte épaisseur. Elles ne réussissent pas toujours sur la *pomme de terre*, vraisemblablement à cause de la réaction acide que présente ce milieu; quand elles peuvent débuter, elles deviennent aussi magnifiquement colorées que sur la gélose. A noter, encore ici, que le pigment du *Bacillus Havaniensis* ne peut se produire qu'au contact de l'air.

Bacille noir de Biel.

C'est en exposant à l'étuve des tranches de pain humides, que BIEL (2) vit se développer, à plusieurs reprises, le bacille dont nous vous donnons ici une courte description.

Ce microorganisme aérobie, ainsi recueilli spontanément, est formé de bâtonnets droits, mobiles, à bouts arrondis de 0,8 µ de largeur sur 2,8 à 3,6 µ de longueur ; ces articles sont ordinairement isolés, parfois unis par paires et munis de flagella sur leur pourtour ; ils donnent des spores presque cylindriques de 0,7 µ de large sur 1,2 à 1,3 µ de long ; ces spores sont tuées au bout d'une demi-heure par la vapeur de l'eau en ébullition.

Le bacille noir de BIEL prend aisément les couleurs d'aniline et garde le GRAM. Son optimum de température est compris entre 37 et 40°. Au-dessus de 15°, sa croissance est très retardée, elle cesse à 52°.

Cultivé sur la *gélatine*, il donne des colonies rondes, brunâtres, parfois floconneuses et entourées d'un liséré délicat gris-clair irré-

---

(1) STERNBERG. *A manual of Bacteriology*, 1892, New-York, p. 718.
(2) BIEL. *Centralblatt für Bakteriologie*, 1896, 2e section, II, p. 137.

gulier. A partir de 3 et 4 jours, le milieu commence à se liquéfier. Les cultures en piqûres donnent un trait maigre au sommet supérieur duquel il se forme une cupule qui atteint rapidement les bords du tube.

Sur *agar* on voit se former une pellicule jaune-brun plissée et le milieu prend une teinte noirâtre.

Les tranches de *pomme de terre* se recouvrent d'abord d'un gazon gris-bleu, devenant plus tard gris-brun et fortement plissé; la croissance est plus forte sur la pomme de terre alcalinisée. Sur le *pain* humide additionné d'une eau alcaline, on voit se produire des taches rondes noirâtres et sèches qui gagnent la profondeur et finissent par donner un pigment noir foncé.

A 37°, le *lait* est caillé en 24 ou 36 heures sans que sa réaction soit modifiée ; plus tard le coagulum se redissout à peu près complètement; son goût devient amer, le liquide offre la réaction du biuret.

Cette espèce n'est pathogène ni pour les cobayes, ni pour les souris blanches.

Le pigment qu'elle sécrète ne peut être dissout par aucun des dissolvants habituels, ni même par les acides et les alcalis.

Le *Bacillus lactis niger* isolé d'un lait mal stérilisé par Gorini (1) est également formé par des bâtonnets longs, mobiles, sporogènes capables de donner un pigment noir, cette espèce est peut-être identique à celle qui vient d'être décrite.

III. — Spirilles chromogènes.

Au nombre des spirilles très répandus autour de nous, dans le sol, dans les eaux stagnantes et usées, dans les substances en putréfaction, les boues, le contenu de l'intestin, etc., on en compte plusieurs qui jouissent, de même que les microcoques et les bacilles, de la faculté de sécréter des substances colorées ; nous donnons la description succincte des principaux d'entre eux en commençant par ceux dont les cultures sont jaunes ou jaunâtres.

Spirillum aureum.

Syn. : *Vibrio aureus.*

Ce spirille, découvert par Weibel (2) dans la boue des égouts, est formé d'articles incurvés, plus gros que ceux du spirille du choléra

(1) Gorini. *Giornale della R. Società ital. d'Igiene*, XVI, n° 1. — *Centralblatt für Bakteriologie*, 1896, XX, p. 94.

(2) Weibel. *Centralblatt für Bakteriologie*, 1888, IV. p. 225, 257 et 289.

asiatique, isolés ou associés de façon à former une ou plusieurs spires. Cette espèce croît bien à la température des appartements.

Semée dans la *gélatine*, elle y donne naissance à des colonies arrondies qui, au bout d'une dizaine de jours, acquièrent un millimètre de diamètre, les colonies nées à la surface de ce même milieu s'étalent en disques de couleur jaune d'or, nettement limités et d'aspect granuleux, dépourvus, comme les maigres végétations que donnent les cultures en piqûres, de tout pouvoir liquéfiant.

Le *Spirillum aureum* se développe abondamment sur la *gélose* dont il envahit toute la surface en produisant des enduits jaunes d'or qui peuvent acquérir plus d'un millimètre d'épaisseur. Les ensemencements sur la *pomme de terre* réussissent également très bien et fournissent des gazons jaunes d'or ou jaune-orangé.

Le *Spirillum flavum* du même auteur présente à peu près les caractères du spirille précédent, il en diffère par la nuance du pigment qui est jaune-ocre.

Le *Spirillum flavescens*, très voisin des deux espèces qui viennent d'être décrites, sécrète un pigment jaune-verdâtre.

Il est à présumer que ces trois spirilles, isolés de la vase des égouts, immobiles, non liquéfiants, d'une morphologie à peu près identique, ne sont que des races dérivées du même microorganisme.

Spirillum rubrum.

Von Esmarch (1) a découvert ce spirille dans le cadavre putréfié d'une souris. Il consiste en filaments hélicoïdaux, très mobiles, de 1 à 4 spires, possédant une épaisseur voisine de 0,8 μ. Le nombre de spires peut devenir très élevé dans les cultures dans le bouillon.

Le *Spirillum rubrum* est aérobie et facultativement anaérobie, son pigment acquiert à l'abri de l'oxygène de l'air une teinte rouge plus vive que lorsqu'il végète à son contact.

Il croît lentement sur la *gélatine* où il donne au bout de 2 semaines de petites colonies rose pâle. Semé par piqûre, les cultures que l'on obtient ne sont jamais bien fournies, le trajet suivi par le fil de platine se transforme en un trait maigre se colorant en rouge-vineux. Le milieu n'est pas liquéfié.

Les cultures en stries obtenues sur la *gélose* et le *sérum* de sang coagulé sont beaucoup plus belles. L'enduit blanc-grisâtre qui appa-

(1) Von Esmarch. *Centralblatt für Bakteriologie*, 1887, I, p. 225.

rait tout d'abord acquiert ultérieurement une nuance rose. Ce même spirille ne croît presque pas sur la *pomme de terre;* en revanche, à la température de 37°, il trouble le bouillon en moins de 24 heures ; le liquide se clarifie quelques jours après, en donnant au fond du vase un dépôt visqueux abondant et roséâtre.

Spirillum roseum.

Macé (1) a isolé ce microorganisme du pus de la blennorrhée. Il se montre formé de petits articles courts, incurvés, de 2 μ de longueur moyenne sur 0,6 μ de largeur, ordinairement isolés ou réunis 2 à 2. Les éléments plus longs sont rares. Ce spirille, doué de mouvements très vifs, quoique de peu d'étendue, donne des spores ovales de 0,8 μ sur 0,6 μ.

Le *Spirillum roseum* ne liquéfie pas la *gélatine* dans laquelle il donne des colonies à surface granuleuse d'un rouge un peu violacé.

Les cultures sur la *gélose* sont mieux fournies, elles ont l'aspect de grosses gouttes cireuses colorées en rouge vif.

Le *bouillon* reste clair et se recouvre d'un voile de couleur rose. Les cultures sur la *pomme de terre* sont très prospères et constituées par des bandes chagrinées d'un rouge vif.

Le pigment de cette espèce est soluble dans l'alcool auquel il communique la teinte pelure d'oignon du tournesol rougi par les acides énergiques.

Il faut sans doute considérer comme des espèces très voisines le *Spirillum rufum*, de Perty (2), et le spirille rouge, lentement liquéfiant, découvert par Miquel (3) dans les eaux d'égout de Paris.

IV. — Cladothrix chromogènes

Il existe dans la nature, dans l'air, les eaux et le sol une foule de bactéries ramifiées (Cladothrix, Streptothrix) que plusieurs auteurs rangent parmi les moisissures, tandis que d'autres les considèrent comme de véritables bactéries rameuses. Pour nous, les termes cladothrix et streptothrix nous paraissent à peu près synonymes, et

(1) Macé. Traité pratique de Bactériologie. Paris, 1897, p. 1019.
(2) Perty. Zur Kenntniss Kleinster Lebensformen. Berne, 1852.
(3) Miquel. Manuel pratique d'Analyse bactériologique des eaux, p. 116. Paris, 1891.

si ces genres semblent se rapprocher par plusieurs caractères des champignons, ils se rapprochent également beaucoup des véritables bactéries, telles que les bacilles de la tuberculose et de la diphtérie, qu'il nous semble prématuré de rapprocher de l'ordre des champignons. Du reste, les discussions qu'on pourrait provoquer et entretenir sur ce sujet sont d'un très faible intérêt.

Parmi les cladothrix répandus autour de nous, il en existe plusieurs qui possèdent la faculté de sécréter des pigments de couleur variée; l'un de ceux que l'on rencontre le plus fréquemment est le *Cladothrix chromogenes*, reconnaissable au pigment brun diffusible qui envahit la gélatine au fur et à mesure que ses cultures avancent en âge.

Cladothrix chromogenes.

Ce microorganisme, qu'on rencontre très souvent dans les eaux de rivière, abonde surtout dans le sol. Dans une terre desséchée, venue du Spitzberg, MIQUEL a vu le chiffre de ces cladothrix égaler 90 p. 100 du nombre des bactéries qu'elle renfermait.

Le *Cladothrix chromogenes* est formé par de longs filaments de 0,5 à 1 μ de large, enchevêtrés et diversement contournés; ces filaments sont ordinairement rameux et les branches secondaires se produisent par des bourgeonnements nés sur le filament principal. Il n'existe pas de fausse ramification dont l'exemple a été vu par COHN sur l'espèce désignée *Cladothrix dichotoma*.

Tandis que plusieurs cladothrix ou bacilles ramifiés fournissent des endospores à la manière du *Bacillus subtilis* (MIQUEL (1)), à un stade de son existence le *Cladothrix chromogenes* se segmente et se résout en petits articles sphériques considérés comme des arthrospores; il peut exister sur le parcours des filaments des renflements sphériques ou ampulaires analogues à ceux qui s'observent chez certaines bactéries, et notamment chez le *Bacterium aceti*. Ce sont là des productions plus ou moins monstrueuses n'ayant aucun rapport avec les cellules sporifères appelées sporanges.

L'espèce qui nous occupe croît très bien dans le *bouillon* de peptone à la température de 30-35°; il s'y développe sans le troubler, en donnant des flocons blanchâtres, tenant le milieu, comme aspect, entre les flocons mycéliens des moisissures et les végétations en gru-

---

(1) MIQUEL. *Annuaire de l'Observatoire de Montsouris pour* 1880, p. 501.

meaux de certains bacilles ; le bouillon se fonce et finit par devenir brun.

Sur la *gélatine*, on obtient de petites colonies d'un blanc-jaunâtre, lentes à apparaître, qui s'entourent d'une auréole brune dont la teinte va en se dégradant et s'affaiblissant dans la partie périphérique du substratum. A un grossissement de 200 à 300 diamètres, ces colonies apparaissent formées de filaments divergents s'irradiant d'un même point central. Les cultures par piqure donnent un bouton superficiel grisâtre et un trait sous-jacent formé par une suite de sphérules d'aspect cotonneux ; la gélatine se colore progressivement en brun et le pigment diffusible finit par envahir sa masse entière. Au bout d'un mois, le milieu est totalement liquéfié.

Fig. 196.
Culture en strie du *Cladothrix chromogenes*.

Sur l'*agar*, les cultures s'accusent par la formation d'un enduit blanc-grisâtre, fortement adhérent à la gélose ; plus tard, cet enduit se recouvre d'efflorescences blanches, comme farineuses, formées par les arthrospores. De même que la gélatine, l'agar se colore en brun foncé (fig. 196).

Les cultures sur la *pomme de terre* offrent le même aspect ; elles exhalent, comme les précédentes, l'odeur de l'humus végétal.

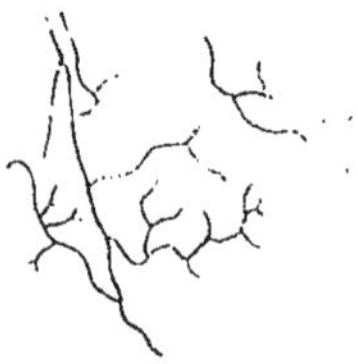

Fig. 197.
Cladothrix chromogenes.

A ce type de cladothrix, on peut en rapporter plusieurs autres que nous avons fréquemment trouvés dans l'air et les eaux, mais dont l'étude n'a pas été poursuivie en raison des faibles caractères morphologiques qui les différencient et du peu d'intérêt qu'offrent leurs fonctions biologiques.

Si les limites que nous avons assignées à ce chapitre pouvaient être plus étendues, nous décririons avec détail les cladothrix chromogènes étudiés par Rossi-Doria, Ruiz Cazabo, Thiry et quelques autres observateurs.

Morphologiquement, ces espèces diffèrent peu du *Cladothrix chromogenes ;* elles sécrètent toutes un pigment coloré non diffusible ; c'est en nous basant sur la nuance de ce pigment et sur quelques autres propriétés que nous les présentons au lecteur dans le tableau synoptique suivant :

Cladothrix aurantiaca. — Espèce découverte dans l'air par Rossi-Doria (1) sécrétant un pigment jaune-orangé, ne liquéfiant pas la *gélatine* et pouvant être identifiée au *Streptothrix aurea* de Dubois de Saint-Sévrin (2).

Cladothrix albido-flava. — Espèce également découverte dans les poussières de l'air par Rossi-Doria, donnant des colonies et des cultures jaunâtres liquéfiant lentement la *gélatine*.

Cladothrix violacea. — Espèce signalée par Rossi-Doria comme très fréquente dans l'air et les eaux, mais en réalité très rare dans ces milieux puisque, après 25 ans d'analyses journalières ininterrompues, nous n'avons pas eu l'occasion de l'y rencontrer une seule fois.

Les cultures sur *agar* de ce cladothrix sont d'un violet clair, d'un rouge-vineux sur la *gélatine* qui est assez rapidement liquéfiée.

Cladothrix rubra. — Espèce isolée des sécrétions bronchiques par Ruiz Casaro (3), donnant de belles cultures rouge-cinabre sur la *gélose*, rouges sur la *pomme de terre* et liquéfiant rapidement la *gélatine*.

Cladothrix aurea. — Espèce rare trouvée dans l'air par Rossi-Doria, fournissant des végétations d'une belle couleur rouge-chair sur la *gélose* et sur la *pomme de terre* des enduits muqueux de même teinte. Les colonies nées sur la *gélatine* sont d'un rose clair et peu liquéfiantes.

Cladothrix metalloïdea.— Ce cladothrix mordoré, découvert par Thiry (4) dans une angine phlegmoneuse, donne à la surface de la *gélose* des colonies circulaires, saillantes, grises ou un peu violacées, se recouvrant d'efflorescences blanches et s'entourant d'une large auréole mordorée. Ces reflets mordorés sont également aperçus sur la *pomme de terre;* la *gélatine* se recouvre simplement d'une pellicule grise un peu jaunâtre et se liquéfie rapidement.

Nous terminons ici la description du groupe intéressant des bactéries chromogènes en regrettant, comme au début de ce chapitre, que les caractères, donnés par les auteurs qui en ont fait l'étude, soient, souvent, trop peu caractéristiques pour permettre de différencier nettement beaucoup d'entre elles. C'est, vraisemblablement, par l'examen physique et chimique des pigments qu'elles sécrètent qu'on arrivera à ajouter des contributions importantes à leur histoire.

---

(1) Rossi-Doria. *Annali d'Igiene speriment.*, 1892, I, p. 99.
(2) Dubois de Saint-Sévrin. *Semaine médicale*, 1895, p. 202.
(3) Ruiz Cazaro. *Chron. méd. quim. de la Habana*, 1893, n° 3.
(4) Thiry. *Archives de Physiologie*, avril 1897.

CHAPITRE III

BACTÉRIES VULGAIRES, SAPROGÈNES ET NON CLASSÉES

Quand on a éliminé de la longue liste des microorganismes connus et décrits jusqu'à ce jour, les bactéries présentant des caractères pathogènes, zymogènes et chromogènes nettement accusés, on reste, encore, en présence d'un grand nombre de Schizophytes dont la classification ou le groupement offre de grandes difficultés.

On rencontre dans les eaux, le sol, les liquides putréfiés, les substances alimentaires altérées, le corps de l'homme et des animaux, les tissus malades des plantes, etc., beaucoup de bactéries douées de propriétés en apparence insignifiantes ou plus exactement mal connues, sur la description desquelles on ne peut actuellement insister, mais qu'il serait peut-être imprudent de négliger ou de passer entièrement sous silence. Plusieurs de ces microorganismes, dont l'histoire a été à peine ébauchée, ne sont pas toujours inoffensifs à l'égard des animaux auxquels on les inocule, d'autres sont pourvus d'aptitudes fermentaires plus ou moins manifestes; en tout cas, les difficultés qu'on éprouve de les ranger à côté des espèces mieux connues montre bien que, pour beaucoup d'entre elles, il serait utile de reprendre, plus attentivement, leur étude afin de les dégager de la catégorie des espèces banales parmi lesquelles elles se trouvent aujourd'hui confondues.

Une des méthodes qu'on pourrait adopter pour présenter aux lecteurs cette grande variété de microbes, ajoutons que cela simplifierait beaucoup la tâche des auteurs, consisterait à les placer par ordre alphabétique en groupant, autant que possible, les micrococques avec les microcoques, les bacilles avec les bacilles, etc. Nous ne partageons pas entièrement cette manière de voir et nous pensons qu'avant de faire mieux, on doit s'efforcer à les grouper d'après les propriétés qui ont attiré sur elles l'attention des observateurs (bactéries phosphorescentes, thermophiles, etc.), ou d'après leur habitat le plus ordinaire (bactéries du sol, des eaux, de l'intestin, etc.). Quoi qu'il en soit, cette dernière classification n'est pas moins artificielle que les autres et doit, de même, être considérée comme provisoire.

I. — Bactéries de l'air.

Plusieurs expérimentateurs s'étant livrés d'une façon intermittente ou accidentelle à l'analyse bactériologique de l'air se sont, peut-être, beaucoup trop hâtés de ranger au nombre des bactéries atmosphériques quelques espèces qu'on rencontre à peu près partout. Après 25 ans d'analyses quotidiennes de l'air, nous pouvons affirmer que cet élément charrie la plupart des bactéries répandues à la surface du sol et qui peuvent survivre quelque temps à la dessiccation.

En dehors des espèces chromogènes qu'on rencontre très fréquemment dans l'atmosphère, les protées, les bacilles subtils, les streptothrix la peuplent en toute saison; on serait donc mal fondé de vouloir établir une distinction rigoureuse entre les bactéries des poussières de l'air et celles qui peuvent vivre et se multiplier dans les boues ou à la surface de la terre humidifiée par les arrosages ou les chutes d'eau météorique.

Durant nos longues recherches, nous avons pu cataloguer plusieurs centaines de bactéries atmosphériques dont la description n'a encore été donnée par personne et dont nous ne parlerons pas ici, par la raison que leur histoire paraît dénuée de tout intérêt. Nous citerons uniquement dans les pages qui vont suivre quelques-unes de celles qui ont trouvé asile dans la plupart des traités de bactériologie et qui peuvent, en conséquence, servir de noyau au groupe des bactéries aériennes.

Micrococcus candicans.

Cette espèce, qu'on rencontre communément dans l'air et les eaux, a été plus spécialement étudiée par Flügge (1), Percy-Frankland (2) et Zimmermann (3). Elle se montre formée de cellules

(1) Flügge. Die Mikroorganismen, p. 173, 1886.
(2) Percy-Frankland. *Trans. of the R. Society* 1887, CLXXVIII, p. 270.
(3) Zimmermann. Die Bakterien unserer Trink- und Nutzwässer, p. 80. Chemnitz, 1870.

sphériques aérobies de 1 μ environ de diamètre pouvant croître aisément à la température ordinaire dans les milieux nutritifs vulgairement employés dans les laboratoires. Les couleurs d'aniline la teignent aisément et elle reste colorée par la méthode de GRAM.

Semée dans la *gélatine*, elle y donne au bout de trois jours de petites colonies blanches, un peu jaunâtres, non liquéfiantes. Les colonies superficielles ont une couleur bleue de lait. Par piqûre, on obtient sur ce milieu et sur la gélose des clous bien fournis.

Les végétations obtenues sur *agar* consistent en traînées blanches, brillantes, d'un aspect porcelanique.

Les cultures sur la *pomme de terre* sont maigres et d'un blanc sale. Le bouillon est légèrement troublé et accuse plus tard un dépôt peu abondant.

Le *Micrococcus coronatus* également décrit par FLÜGGE (1), formé de cellules d'environ 1 μ de diamètre, se distingue de l'espèce précédente par la propriété de liquéfier lentement la gélatine et de donner des colonies possédant sur leur pourtour des prolongements symétriques.

Micrococcus radiatus.

Ce microcoque, observé par FLÜGGE (2) dans l'air et les eaux, se montre constitué par des cellules sphériques d'un diamètre voisin de 1 μ. Il croît bien à la température de la chambre et donne au bout de 2 jours, sur la *gélatine*, de petites colonies vert-jaunâtre, souvent pourvues de prolongements qui les font ressembler à des astéries. Les cultures par piqûres se montrent également entourées d'expansions radiées, puis le milieu se liquéfie lentement en infundibulum.

Sur la *pomme de terre*, le développement est rapide et la végétation se colore en brun-jaunâtre.

Micrococcus viticulosus

Cette espèce, également décrite par FLÜGGE (3) et découverte dans l'air et les eaux, se montre formée de cellules ovales de 1,2 μ

---

(1) FLÜGGE. Die Mikroorganismen, p. 175, 1886.
(2) FLÜGGE. Die Mikroorganismen, p. 176, 1886.
(3) FLÜGGE. Die Mikroorganismen, p. 178, 1886.

de longueur sur 1 μ de largeur. Elle est indifféremment aérobie et anaérobie.

Semée dans la gélatine, elle y croît en donnant des colonies consistant en filaments contournés en vrilles; au contact de l'air, elle fournit à la surface de ce même milieu des enduits blancs, minces, muqueux, envoyant des prolongements dans les parties sous-jacentes.

Sur la *pomme de terre*, la culture s'opère promptement et l'enduit est sec et d'un blanc sale.

Sarcina alba.

Cette sarcine, signalée dans l'air par EISENBERG (1) et dans les eaux par ZIMMERMANN (2), apparaît sous l'aspect de cellules circulaires associées en tétrades ou en cube; elle croît surtout bien à 22° et se montre strictement aérobie.

Semée dans la *gélatine*, elle fournit de petites colonies blanches, rondes, faiblement liquéfiantes. A la surface de l'*agar*, les traînées sont blanc-grisâtre et brillantes; sur la pomme de terre, elles sont blanc-jaunâtre et limitées à la strie d'ensemencement.

Les *bouillons* sont à peine troublés, montrent un dépôt floconneux et, plus tard, le liquide acquiert une parfaite limpidité.

Sarcina candida.

Signalée par LINDNER (3) dans l'air des brasseries, cette bactérie est formée de cellules régulièrement arrondies de 1,5 à 1,7 μ de diamètre, isolées, associées par paires ou réunies en tétrades suivant le milieu où on la cultive. On la voit adopter l'aspect des vraies sarcines dans les infusions de foin.

Cette espèce aérobie croît à la température ordinaire dans la plupart des milieux usités en bactériologie.

Semée dans la *gélatine*, elle y donne de petites colonies blanches sphériques devenant ultérieurement jaunâtres et liquéfiant le substratum sur leur pourtour. Dans les cultures en piqûres, la liquéfaction marche rapidement le long du trajet suivi par le fil de platine.

---

(1) EISENBERG. Bakteriologische Diagnostik, p. 408, 3e édition.
(2) ZIMMERMANN. Die Bakterien unserer Trink- und Nutzwässer. Chemnitz, 1890.
(3) LINDNER. Die Sarcina. — Organismen der Gärungsgewerbe, p. 43. Berlin, 1888.

Elle se développe sur l'*agar* en y produisant un enduit blanc, humide, limité par un contour uni, qui devient jaunâtre en vieillissant.

Bacillus aerophilus.

Ce bacille, observé de même par Flügge (1) dans un cas spontané d'altération par les poussières de l'air, se présente sous l'aspect de bâtonnets immobiles, de longueur très variable, souvent unis en longs filaments. Ces articles, plus épais que ceux du *Bacillus subtilis* donnent des spores ovales.

Le *Bacillus aerophilus*, strictement aérobie, croît très bien dans les milieux usuels à la température des appartements; il donne dans la *gélatine*, au bout d'une quarantaine d'heures, de petites colonies punctiformes, ovalaires, d'un gris-jaunâtre. La gélatine ne tarde pas à se liquéfier; dans les ensemencements, par piqûres, la liquéfaction se produit en entonnoir et l'on voit flotter des flocons légers dans le liquide clair résultant de la peptonisation du milieu.

L'enduit obtenu sur la *pomme de terre* est jaunâtre et présente le lustre de la paraffine; plus tard, en séchant, il devient chagriné.

Bacillus inflatus.

Ce microorganisme a été de même trouvé par A. Koch (2) dans les impuretés atmosphériques qui peuvent venir contaminer accidentellement les milieux de culture. Il se montre formé d'articles très mobiles de 5 μ de largeur; souvent, également, il se développe en longs filaments. Ce bacille aérobie donne naissance à de grosses spores, qu'on voit naître par paires dans l'intérieur d'articles pouvant adopter la forme renflée indiquée dans la figure 198.

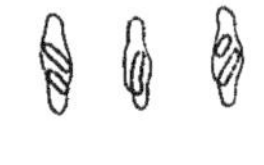

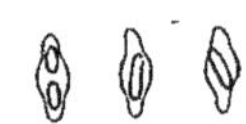

Fig. 198. *Bacillus inflatus.*

Le *Bacillus inflatus* pousse bien à la température ordinaire dans les milieux usuels de culture.

Il produit, dans la *gélatine*, de petites colonies blanches, sphériques, d'où naissent des filaments déliés. Dans les cultures par piqûres, ces sortes de racines grêles s'irradient du

(1) Flügge. Die Mikroorganismen, p. 286, 1886.
(2) A. Koch. *Botanische Zeitung*, 1888.

trait central dans le milieu environnant. La gélatine est lentement liquéfiée.

Sur la *gélose* nutritive, on obtient, le long de la strie d'ensemencement, un enduit mince, de couleur brunâtre ; les cultures sur la *pomme de terre* ont, à peu près, le même aspect.

Semé dans le *bouillon*, on voit se former à la surface du liquide des voiles minces peu résistants, qui se disloquent et chutent au fond du vase à la moindre agitation.

Bacillus multipediculus.

Cette espèce microscopique, signalée par Flügge (1) dans l'air et les eaux, est constituée par des filaments longs, grêles, immobiles, aérobies asporogènes, capables de croître à la température ordinaire dans les milieux de culture les plus divers.

Semée dans la *gélatine*, elle fournit des colonies opaques, rondes ou ovales ; les colonies superficielles sont blanches et offrent des prolongements qu'on a comparé aux antennes de certains insectes.

Les cultures sur *pomme de terre* sont d'un blanc sale et n'offrent rien de caractéristique.

Bacillus pestifer.

Ce microorganisme, trouvé dans l'air par Grace et Percy-Frankland (2), se présente à l'observateur sous l'aspect de bâtonnets mobiles, à extrémités arrondies de 2 à 3 μ de longueur sur 1 μ de largeur ; on peut également le voir croître en longs filaments.

Cette espèce aérobie ne paraît pas donner de spores ; elle croît lentement dans les milieux usuels à la température des appartements.

Ensemencée dans la *gélatine*, elle y fournit, au bout de deux jours, des colonies à contour irrégulier qui, ultérieurement, liquéfient ce milieu.

Portée à la surface de la *gélose*, elle s'y multiplie en donnant des enduits gris-blanchâtres, minces, transparents et frangés sur les bords.

Les cultures sur la *pomme de terre* sont épaisses et couleur chair.

Le *bouillon* se trouble légèrement sous son action au bout de

---

(1) Flügge. Die Mikroorganismen, p. 289, 1886.

(2) Grace et Percy-Frankland. *Philos. Transactions of the Roy. Society of London*, 1887, CLXXVIII, p. 277.

4 jours, et offre un dépôt blanc peu abondant. Ces diverses cultures exhalent une odeur désagréable rappelant celle du sang putréfié.

A côté de ces quelques bactéries vulgaires qui se rencontrent assez fréquemment dans les poussières atmosphériques, il en existe, comme nous l'avons dit, une foule d'autres dont l'étude a été négligée ou dont la description n'a pas été publiée. Dès 1879, MIQUEL (1) a insisté sur la grande variété des microbes de l'air et reproduit dans des planches les plus fréquents consistant : en microcoques de grosseur très variée, en bacilles simples et rameux, en vibrions et spirilles divers. Vers la même époque, EIDAM (2) décrivait le *Bacillus melanosporus*.

En 1887, GRACE et PERCY-FRANKLAND, séduits par l'étude des bactéries aériennes, décrivirent à côté du *Bacillus pestifer*, les *Micrococcus gigas*, *rosaceus*, *carnicolor;* les *Bacillus profusus*, *polymorphus*, *cereus*, *lævis*, et les *Bacillus citreus*, *chlorinus*, *aureus* appartenant à la classe des bactéries chromogènes.

Plus près de nous, KLEIN (4) a signalé dans l'air le *Bacillus allantoides* assez mal caractérisé. DYAR (5), dans ses recherches sur l'air de New-York, a décrit cinq à six microcoques, les *Micrococcus similis* et *dissimilis;* les *Merismopedia flava varians*, *mesenterica corrugata*, *mollis*, *fragilis*. BURCHARD (6) a eu, surtout, son attention attirée par les bacilles atmosphériques et a livré à la littérature bactériologique les *Bacillus loxosporus*, *bipolaris*, *cursor*, *pectocutis*, *goniosporus*, etc., mais le faible intérêt qui s'attache à l'énumération de ces bactéries inoffensives nous invite à ne pas nous y arrêter plus longuement.

II. — MICROORGANISMES DES EAUX.

Tandis qu'on rencontre dans l'air les spécimens, relativement rares, des schizophytes répandus à la surface du sol, les eaux offrent au bactériologiste non seulement les microbes qu'elles

(1) MIQUEL. *Annuaire de l'Observatoire de Montsouris*, 1880, p. 457. — *Commission d'assainissement des cimetières*, p. 149, plan. IV. Paris, 1881. — Les organismes vivant de l'atmosphère. Paris, 1883.

(2) EIDAM. *Beiträge für Biologie der Pflanzen*, 1879, I.

(3) GRACE et PERCY-FRANKLAND. *Philosophical Transact. of the Royal Society of London*, 1887, CLXXVIII, p. 278.

(4) L. KLEIN. *Centrablatt für Bakteriologie*, 1889, VI, p. 345.

(5) DYAR. *Ann. of the New-York Academy of Sciences*, 1895, VIII, p. 347.

(6) BURCHARD. *Arbeiten aus dem bakt. Instit. d. Techn. Hochschule zu Karlsruhe*, 1898, II, p. 14.

peuvent entraîner mécaniquement après les avoir soustraits à la terre, au limon des rivières et des ruisseaux, mais encore, et c'est là le point le plus intéressant, ceux qui peuvent y vivre et s'y multiplier pendant un temps plus ou moins long.

Jusqu'ici, on n'a fait aucune distinction bien nette entre les bactéries qui trouvent dans les eaux des milieux de culture propices à leur développement et celles qu'elles véhiculent sans solliciter, d'aucune sorte, leur multiplication. Du reste, ce travail, digne d'être entrepris, nous paraît très ardu en raison des conditions si diverses de température, d'éclairement, d'oxygénation, de mouvement, de composition chimique, qui peuvent favoriser ou entraver la végétation de ces schizophytes.

En général, quand on parle des bactéries des eaux, on entend désigner par là toutes celles qu'elles charrient et qui peuvent provenir du sol, des immondices, des liquides usés ou industriels qui les contaminent habituellement. Cela n'est guère rationnel, car on peut rencontrer dans les eaux de source, de rivière, de puits, etc., un grand nombre de microorganismes qui n'ont aucune tendance à s'y multiplier et qui y meurent même assez rapidement, bien qu'elles n'aient à subir aucune concurrence vitale dans ces milieux.

En attendant qu'on ait précisé avec le soin désirable les bactéries pour lesquelles les eaux de source, de fleuve et de mer sont des milieux nutritifs réels, nous nous contenterons de décrire brièvement, dans ce paragraphe, les espèces microbiennes qu'on y trouve vulgairement, sans spécifier s'il s'agit d'espèces accidentelles pouvant y conserver quelque temps leur vitalité, ou de bactéries pouvant y vivre et s'y multiplier aisément comme tant de Thallophytes.

Remarquons que plusieurs espèces chromogènes et zymogènes déjà décrites font partie des bactéries qu'on rencontre très fréquemment dans les eaux.

Micrococcus aquatilis.

Ce microcoque, décrit par Mead Bolton (1), s'observe très souvent dans les eaux de diverses origines. Il est formé de petites cellules sphériques aérobies, irrégulièrement associées, pouvant croître à la température de la chambre dans les milieux de culture usuels.

Il se multiplie dans la *gélatine* sans la liquéfier, en donnant nais-

(1) Bolton. *Zeitschrift für Hygiene*, 1886, I, p. 94.

sance à de petites colonies arrondies, qui s'étalent en taches circulaires blanches quand elles végètent à la surface de ce milieu.

Il se forme sur l'*agar* un enduit blanc, sans caractères spéciaux.

Cette espèce fait partie du groupe des bactéries qui se multiplient dans les eaux les moins chargées d'éléments organiques ou minéraux, telles, par exemple, que les eaux distillées.

Micrococcus aquatilis invisibilis.

Ce nom a été donné par Vaughan (1) à un microorganisme vivant dans les eaux potables, constitué par des cellules ovales, aérobies, croissant bien à la température ordinaire et moins bien à la température du corps humain.

Il fournit, dans la profondeur de la *gélatine*, des colonies brunes, arrondies, et, à sa surface, des taches à contours irréguliers. Les cultures par piqûres sont à peine visibles. La gélatine n'est jamais liquéfiée.

Sur la *gélose*, on voit apparaître un trait blanc très maigre. Le développement est invisible sur la *pomme de terre*.

Micrococcus candidus.

Ce micrococque découvert dans les eaux, décrit par Tils (2) et, autrefois, signalé par Cohn (3) et Schröter (4) dans les poussières de l'air, est constitué par de petites cellules régulièrement sphériques de 0,5 à 0,7 μ de diamètre, réunies en zooglées par une substance glaireuse soluble dans l'eau.

Ce microbe aérobie croît bien à la température ordinaire. Il donne naissance sur la *gélatine* à de petites colonies d'un blanc de neige, à contours irréguliers. Les cultures par piqûres sont très maigres; la gélatine n'est pas liquéfiée.

Sur *agar*, il se forme le long des stries d'ensemencement des traits étroits, d'un blanc pur. Sur la *pomme de terre*, l'enduit obtenu est d'un blanc de neige et brillant.

---

(1) Vaughan. *American journal medical Sciences*, 1892, CIV, p. 107.
(2) Tils. *Zeitschrift für Hygiene*, 1890, IX, p. 301.
(3) Cohn. *Beiträge zur Biologie der Pflanzen*, 1872, I, p. 160.
(4) Schröter. Pilz in Krypt. Flora von Schlesien, 1886, p. 145.

Micrococcus concentricus.

Cette espèce microscopique, découverte dans les eaux par ZIMMERMANN (1), se montre sous l'aspect de cellules aérobies de 0,9 μ de diamètre, ordinairement groupées en amas irréguliers ; elle se développe surtout bien à la température ordinaire dans la plupart des milieux nutritifs.

Elle donne dans la *gélatine* de petites colonies d'un gris-bleuâtre, qui, nées à la surface, s'élargissent en taches à contour irrégulier, pouvant atteindre 3 millimètres de diamètre à la fin du cinquième jour. Ensemencée par piqûre, on voit se former au point de pénétration du fil de platine un petit disque, également gris-bleuâtre, formé par une série de zones concentriques ayant pour centre le point piqué. La gélatine n'est pas liquéfiée.

Les cultures sur *agar* consistent en traînées grises de peu d'étendue dont les bords sont d'un blanc-bleuâtre. Les enduits obtenus sur la *pomme de terre* sont maigres et d'un gris-jaunâtre. Le *bouillon* est troublé et fournit un faible dépôt blanc-grisâtre.

Micrococcus aquatilis luteus.

Cette espèce a été trouvée par MIQUEL et MOUCHET (2), parmi les microorganismes qui pullulent dans les eaux de source ou filtrées par le sable abandonnées à elles-mêmes. Elle est formée de cellules légèrement ovales de 0,6 μ souvent groupées par paire et plus rarement en chaînes de 4 à 8 articles.

Le *Micrococcus aquatilis luteus* prend bien les couleurs usuelles d'aniline, mais refuse le GRAM. Semé dans des plaques de *gélatine*, il fournit, au bout de deux à trois jours, des colonies translucides jaunes de un demi-millimètre de diamètre. Les colonies superficielles acquièrent, après cinq à six jours, un diamètre de 2 millimètres et s'étalent en gouttelettes transparentes, jaunes, fluorescentes, limitées par un bord assez régulièrement circulaire. Dans les ensemencements par piqûre, on obtient des cultures en clous dont la tête légèrement bombée, à contour arrondi, possède l'aspect mat de la cire jaune fondue, le trait sous-jacent est assez fourni ; dans les cul-

(1) ZIMMERMANN. Die Bakterien unserer Trink- und Nutzwässer. Chemnitz, 1890, p. 86.
(2) MIQUEL et MOUCHET. *Annales de l'Observatoire municipal*, 1901, n° 1.

tures en stries, il se forme un enduit jaune, translucide, qui au bout de 10 à 12 jours se recouvre de grosses granulations sphériques. La gélatine n'est jamais liquéfiée.

Ensemencé par stries sur la *gélose*, on voit se produire dès le lendemain des traînées jaunes translucides légèrement fluorescentes.

Quand la gélose est sucrée, l'espèce se développe encore plus abondamment et le pigment, d'une teinte plus vive, diffuse dans le milieu qu'il colore en jaune.

Sur le *sérum* de sang coagulé, on obtient des enduits abondants de même couleur. Mais c'est sur la *pomme de terre*, non alcalinisée, que cette espèce accuse le plus fortement ses propriétés chromogènes, au bout de quelques jours, elle y produit de larges traînées épaisses, glacées, couleur jaune d'œuf cuit.

Semée dans le *lait*, elle y détermine la précipitation et la dissolution lente de la caséine sans changer la réaction de ce liquide.

Porté pendant une heure à la température humide de 50°, le *Micrococcus aquatilis luteus* perd toute vitalité.

Micrococcus fervidosus.

Le *Micrococcus fervidosus* isolé de l'eau par ADAMETZ (1) a été également étudié par TILS (2). Cette espèce se montre formée de petites cellules rondes, aérobies, d'environ 0,6 μ de diamètre, réunies par paires ou associées en amas irréguliers.

Ce microcoque croît bien à la température de la chambre, dans les milieux nutritifs les plus divers. Il provoque au sein des milieux sucrés une fermentation assez vive se traduisant par la production de 1 pour 100 d'alcool et de faibles quantités d'acides acétique et lactique.

Il se multiplie lentement dans la *gélatine* où il fournit, au bout de cinq à six jours, des colonies blanches à peine visibles. Ses cultures par piqûre sont chétives et donnent naissance à un disque superficiel, très mince, au-dessous duquel se montre une file de sphérules blanches disposées en chapelet. Dans la gélatine sucrée, on voit se former des bulles gazeuses d'acide carbonique. Ce milieu nutritif n'est pas liquéfié.

Sur *agar*, il donne naissance à des colonies rondes, d'un blanc de lait, qui peuvent atteindre plus tard 5 à 6 millimètres de diamètre.

---

(1) ADAMETZ. Die Bakterien der Trink- und Nutzwässer. Vienne, 1888.
(2) TILS. *Zeitschrift für Hygiene*, 1890, IX, p. 300.

Sur la *pomme de terre*, ces colonies sont d'un blanc sale et ont un contour irrégulier.

Le *Micrococcus fervidosus* semé dans une solution sucrée maintenue à 30° provoque, déjà au bout du deuxième jour, une fermentation alcoolique assez énergique.

Les *Micrococcus plumosus* et *rosettaceus* signalés dans les eaux par ADAMETZ (1) et ZIMMERMANN (2) sont également formés de cellules arrondies, aérobies, non liquéfiantes, sans caractères bien tranchés. La dernière espèce fournit sur les milieux gélatineux, au point piqué, une sorte de rosette au-dessous de laquelle presque rien ne se développe.

Streptococcus cinereus.

Ce micrococque, découvert par ZIMMERMANN (3) dans une conduite d'eau urbaine, est formé de cellules sphériques, aérobies, immobiles, asporogènes, de 0,7 μ de diamètre, associées en chaînes. Ces éléments sont aisément colorables par la fuschine phéniquée et par la méthode de GRAM.

Le *Streptococcus cinereus* est d'une croissance lente; la température qui lui convient le mieux est celle des appartements.

Il donne sur la *gélatine* de petites colonies jaunâtres, rondes, qui, lorsqu'elles sont superficielles, peuvent atteindre, au bout de 8 à 10 jours, 2 à 2,5 millimètres de largeur.

Les cultures sur l'*agar* sont maigres et constituées par des enduits minces, brillants et gris.

Le développement sur la *pomme de terre* est encore plus chétif, les végétations qui y naissent sont à peine visibles.

Streptococcus albus.

Ce microbe, découvert par TILS (4) dans un échantillon d'eau de Fribourg, se montre constitué par des cellules sphériques disposées en longues chaînes, paraissant animées de mouvements propres au moment de la scissiparisation.

Le *Streptococcus albus* croît bien à la température de la chambre

---

(1) ADAMETZ. Die Bakterien der Trink- und Nutzwässer. Vienne, 1888.
(2) ZIMMERMANN. Die Bakterien unserer Trink- und Nutzwässer. Chemnitz, 1890.
(3) ZIMMERMANN. Die Bakterien unserer Trink- und Nutzwässer. Chemnitz, 1894.
(4) TILS. *Zeitschrift für Hygiene*, 1890, IX, p. 302.

dans les milieux de culture usuels. Il donne sur la *gélatine* des colonies superficielles unies, grises, bordées d'un liséré blanc. Ensemencé par piqûre, le développement se produit surtout au point piqué et le substratum est rapidement liquéfié.

Les cultures sur *agar* consistent en taches discoïdales dont le centre est foncé. Sur la *pomme de terre*, on voit se former rapidement un enduit mince et blanc.

Le *Streptococcus vermiformis* de MASCHEK (1), découvert de même dans les eaux, est également aérobie et liquéfiant, il donne des colonies d'un blanc-jaunâtre et peut être rapproché de l'espèce précédente.

Pediococcus albus.

Syn. : *Micrococcus pseudosarcina*.

Ce microbe trouvé dans les eaux par LINDNER (2) se rapproche beaucoup par ses caractères morphologiques de la *Sarcina alba* du même auteur. Comme elle, il se présente sous la forme de cellules aérobies isolées, réunies par paires ou en tétrades; comme elle, il croît à la température de la chambre dans la plupart des milieux nutritifs et liquéfie promptement la gélatine. Notons que le *Pedicoccus albus* succombe au bout de 8 minutes à l'action d'une température humide de 60° et qu'il acidifie les milieux où il végète.

Bacillus albus.

Ce bacille aérobie, découvert dans l'eau et décrit par EISENBERG (3), est formé d'articles courts, mobiles, arrondis aux extrémités, isolés ou réunis en chaînes de faible longueur. Le *Bacillus albus* ne paraît pas donner de spores; il croît aisément à la température ordinaire; son développement se suspend à 38°.

Semé dans la *gélatine*, il y donne des colonies blanches, arrondies de la grosseur d'une tête d'épingle, dépourvues de tout pouvoir liquéfiant.

Porté sur *agar*, il y produit des enduits d'un blanc de lait et sur la *pomme de terre* des traînées assez épaisses d'un blanc-jaunâtre limitées aux stries d'inoculation.

---

(1) MASCHEK. Bakteriologische Untersuchungen der Leitmeritzer Trinkwässer. Leitmeritz, 1887.

(2) LINDNER. Die Sarcina-Organismen der Gärungsgewerbe, p. 39. Berlin, 1888.

(3) EISENBERG. Bakteriologische Diagnostik, 3e éd., 1891, p. 171.

Bacillus albus putidus.

Cette espèce aérobie, rencontrée dans l'eau et décrite par Adametz (1), consiste en petits bâtonnets mobiles pouvant également croître en filaments; on ne lui connaît pas de spores.

Le *Bacillus albus putidus* se développe promptement sur la *gélatine* à la température ordinaire en donnant naissance à des taches arrondies pouvant atteindre 4 millimètres de diamètre au bout de 4 jours. Ensemencé par piqûre, on obtient un clou assez fourni liquéfiant rapidement ce milieu qui exhale une odeur forte et désagréable comparable à celle du purin.

Les cultures obtenues sur la *gélose* et la *pomme de terre* consistent en enduits visqueux d'un développement rapide.

Bacillus gracilis anaerobiescens.

Ce bacille, très mobile, retiré des eaux par Vaughan (2), se montre formé par des articles cylindriques, trois fois plus longs que larges, pouvant également croître en longs filaments.

Ce microbe, facultativement aérobie et anaérobie, se développe rapidement à la température ordinaire dans la plupart des milieux usités en bactériologie. Il fournit dans la *gélatine* des colonies brunâtres; ensemencé par piqûre, il donne des traits épais, bien nourris d'où se dégagent des bulles gazeuses. La gélatine n'est pas liquéfiée.

Les cultures obtenues sur l'*agar* sont chétives et blanches; elles sont, au contraire, très fournies sur la *pomme de terre* et consistent en enduits épais d'un blanc-jaunâtre.

Le *Bacillus gracilis anaerobiescens* peut croître dans le liquide de Parietti, mais refuse de se développer dans la gélatine d'Uffelmann.

Le *Bacillus albus anaerobiescens* du même auteur possède, à peu près, les mêmes caractères morphologiques que le bacille précédent. Il est, également, facultativement aérobie et anaérobie, mais il se montre immobile et peu croître non seulement dans le milieu de Parietti, mais encore dans la gélatine d'Uffelmann.

---

(1) Adametz. Die Bakterien unserer Nutz und Trinkwässer. Vienne, 1888.
(2) Vaughan. *American journal medical Sciences*, 1892, CIV.

Bacillus aquatilis.

Cette espèce aérobie a été rencontrée par Percy-Frankland (1) dans l'eau d'une source profonde émergeant d'un terrain calcaire. Elle se montre formée d'articles mobiles de 2,5 μ à peu près de longueur, mais pouvant aussi s'offrir en filaments de 17 μ et davantage. Des spores n'ont pu y être observées.

Le *Bacillus aquatilis* croît bien à la température ordinaire dans les milieux usuels ; il donne dans la *gélatine* de petites colonies, plus ou moins régulières, peu caractéristiques. Les cultures par piqûre se développent avec une extrême lenteur ; on voit apparaître au point de pénétration du fil de platine une petite masse jaunâtre et presque rien n'est visible dans le trajet suivi par ce fil. Au début, la liquéfaction marche lentement, plus tard, elle s'accélère et la masse se fond en un liquide trouble.

Sur la *gélose*, on obtient une traînée jaunâtre, gluante, s'étendant un peu au delà de la strie d'ensemencement. Le développement est très faible sur la *pomme de terre ;* il consiste en lignes jaunâtres apparaissant sur le trajet suivi par l'aiguille d'inoculation.

Le *bouillon* se trouble uniformément sans donner de voiles et dégage de l'ammoniaque quand on le charge de nitrates.

On a, encore, signalé dans les eaux la présence de nombreux bacilles qui ont reçu les noms de *Bacillus aquatilis* (Tartaroff) (2), *Bacillus aquatilis radiatus* (Lustig) (3), *Bacillus aquatilis solidus* (Lüderitz) (4), *Bacillus aquatilis villosus* (Tartaroff) (5), etc., offrant un médiocre intérêt.

Bacillus aquatilis sulcatus.

Weichselbaum (6) a décrit sous ce nom cinq bacilles (I à V) trouvés dans des échantillons d'eau de Vienne et possédant des caractères fort voisins.

Tous ces bacilles non pathogènes, sont mobiles, facultativement

---

(1) Percy-Frankland. *Zeitschrift für Hygiene*, 1889, VI, p. 381.
(2) Tartaroff. Die Dorpater Trink Wasserbacterien, p. 44. Dorpat, 1891.
(3) Lustig. Diagnostik der Bakterien der Wassers, 1893.
(4) Lüderitz. *Zeitschrift für Hygiene*, 1889. V. p. 152.
(5) Tartaroff. Die Dorpater Trink Wasserbakterien, p. 47. Dorpat, 1891.
(6) Weichselbaum. Das osterreichische Sanitätswasser, 1889, n° 14-23.

aérobies et anaérobies, incapables de liquéfier la gélatine, dépourvus de spores et capables de croître à la température des appartements dans les milieux usuels.

Les *Bacillus aquatilis sulcatus* I, II et III, peuvent encore se multiplier facilement entre 5 et 7° et moins bien dans les étuves chauffées à 37°. Le bacille IV s'accommode au contraire de ce degré de chaleur.

Au point de vue morphologique :

Le bacille I ressemble à celui d'Eberth ;

Le bacille II a des dimensions plus courtes que lui ;

Le bacille III, encore plus court, est presque microcoforme ;

Le bacille IV est de longueur variable et se montre parfois en longs filaments ;

Le bacille V a ses extrémités souvent pointues et paraît plus épais que le bacille de la fièvre typhoïde.

Il s'agit donc d'espèces saprophytaires possédant une grande parenté avec les bacilles commun des eaux et dont on pourrait augmenter encore la nomenclature en se livrant à l'étude systématique de toutes les espèces que le hasard amène sous les yeux de l'analyste.

Rappelons, enfin, qu'on doit à Tartaroff (1) un autre *Bacillus aquatilis sulcatus* formé de bâtonnets épais, mobiles, de 3,5 à 5 μ de long, capable de donner des spores rondes dans ses cultures sur *agar* auxquelles il communique une légère fluorescence jaunâtre.

Bacillus canalis capsulatus et parvus.

Ces bacilles ont été signalés par Rintaro Mori (2) dans les eaux de canalisation de Berlin.

Le *Bacillus canalis capsulatus* se montre formé par des bâtonnets elliptiques de 0,9 à 1,6 μ de grand axe entourés d'une capsule de 2,5 μ de largeur sur 4,5 μ de longueur. Cette capsule fait souvent défaut dans les cultures effectuées en dehors de l'organisme vivant.

Ces articles immobiles ne prennent pas le Gram ; ils croissent bien sur la *gélatine* sans la liquéfier en donnant des colonies d'un blanc de porcelaine, tandis que les enduits obtenus sur la *pomme*

(1) Tartaroff. Die Dorpater Trink Wasserbakterien, p. 31. Dorpat, 1891.
(2) R. Mori. *Zeitschrift für Hygiene*, 1888, IV, pp. 47-52.

de terre sont jaunâtres. Cultivés dans le *bouillon* ils donnent naissance à une pellicule superficielle.

Ce bacille, qui tue aisément les souris et parfois les lapins, paraît identique au pneumobacille de FRIEDLÄNDER que GRIMBERT a également pu découvrir dans les eaux.

Le *Bacillus canalis parvus* est formé d'articles possédant 1,5 μ de longueur sur 0,8 μ environ de largeur; il se colore surtout aux extrémités par les couleurs usuelles d'aniline, mais refuse le GRAM.

Il ne croît que très lentement à la température de 20-22°; il donne sur la *gélatine*, au bout de 2 à 3 semaines, de petits disques jaune pâle; le milieu n'est pas liquéfié.

Ensemencé sur de la *gélose* nutritive, maintenue à l'étuve vers 35°, il y fournit au bout de 2 à 3 jours un gazon jaunâtre; les cultures sur la *pomme de terre* ne donnent aucun résultat.

Inoculé sous la peau des souris, ce bacille les tue en 16-20 h.; les cobayes et les lapins succombent au bout de 2 jours; il s'agit donc ici, selon toute vraisemblance, d'un microbe appartenant à la classe des espèces septiques.

Bacillus circulans.

JORDAN (1) a trouvé accidentellement ce bacille dans l'eau de la rivière du Merrimac, en Amérique. Il se montre formé d'articles de 2 à 5 μ de longueur sur 1 μ de largeur; ces bâtonnets sont tantôt isolés, tantôt réunis en courtes chaînes de 3 à 4 éléments.

Le *Bacillus circulans* est mobile, aérobie et facultativement anaérobie, il possède des spores ovales et peut se multiplier à la température ordinaire; toutefois, il croît mieux à 37°.

Il donne sur la *gélatine*, au bout de 48 heures, de petites colonies brunes et arrondies; en examinant ces sphérules à un fort grossissement, on voit dans leur intérieur des bacilles circuler en tourbillonnant comme les granulations cellulaires entraînées par le courant protoplasmique, d'où le qualificatif *circulans*. La gélatine est promptement liquéfiée.

Les cultures de la même espèce à la surface de la *gélose* déterminent la formation d'un enduit mince et translucide; les végétations obtenues sur la *pomme de terre* offrent le même aspect.

---

(1) JORDAN. *Experim. investig. by the State Board of Heath of Massachusetts*, part. II, 1890, p. 831.

Ensemencé dans le *bouillon*, le bacille qui nous occupe le trouble au bout de 3 à 4 jours, en produisant au fond du vase un dépôt gluant et abondant; il ne se forme pas de voiles à la surface du liquide; les nitrates sont changés en nitrites.

Cultivé dans le *lait*, le *Bacillus circulans* lui communique une réaction acide, la caséine est lentement précipitée, mais il ne se produit pas de coagulation, même après plusieurs mois d'attente.

Bacillus cloacæ.

Ce bacille a été isolé par Jordan (1) des eaux d'égouts de Lawrence où on le trouve communément; il se montre formé d'articles courts, ovalaires, très mobiles, de 0,8 µ à 1,9 µ de longueur sur 0,7 à 1 µ de largeur; ces articles sont isolés ou associés par paire.

Cette espèce, aérobie et facultativement anaérobie, ne paraît pas produire de spores; elle croît mieux à 37° qu'à la température de la chambre.

Semée dans la *gélatine*, elle y donne au bout de 24 à 48 heures des colonies sphériques jaunâtres; ensemencée par piqûre, elle fournit un trait nourri, puis la liquéfaction marche rapidement. Elle peut également croître sur ce milieu légèrement acidifié.

A la surface de la *gélose*, on obtient un enduit blanc d'aspect porcelanique humide et visqueux. Le gazon formé sur la *pomme de terre* est d'un blanc-jaunâtre.

Introduit dans le *bouillon*, il le trouble uniformément en 2 jours en fournissant un abondant dépôt; dans les cultures non secouées on voit apparaître un voile mince et léger à la surface; les nitrates sont réduits énergiquement.

Enfin, ce bacille semé dans le *lait* le coagule au bout de 4 jours en l'acidifiant fortement.

Bacillus devorans.

Ce microbe, isolé de l'eau de source par Zimmermann (2), est formé de bâtonnets courts de 1 µ de longueur sur 0,7 µ de largeur, souvent

(1) Jordan. *Experim. investig. by the State Board of Health of Massachusetts*, 1890, part. II, p. 836.

(2) Zimmermann. Die Bakterien unserer Trink- und Nutzwässer. Chemnitz, 1890, p. 48.

isolés, réunis par paires et parfois en courtes chaînes; il ne paraît pas donner de spores.

Ce bacille très mobile, aérobie et facultativement anaérobie, croît bien dans les milieux usuels à la température ordinaire et mieux à 30°; il se colore aisément par la fuschine phéniquée, mais ne conserve pas le Gram.

Il donne dans la *gélatine* de petites colonies blanches sphériques et dans les cultures par piqûre un trait nettement visible au bout de 24 heures; vers le 2e ou 3e jour on voit apparaître une bulle d'air au-dessus de ce trait qui devient de plus en plus nourri, parfois la gélatine est liquéfiée.

Cette espèce ne croît pas sur la *pomme de terre*, mais elle donne sur la *gélose* une couche grisâtre, uniforme, qui peut, au bout de quelques jours, recouvrir entièrement sa surface.

Le *bouillon* est troublé et fournit un dépôt floconneux grisâtre.

Bacillus delicatulus.

Jordan (1) a signalé l'existence de ce bacille dans un échantillon d'eau de Lawrence aux États-Unis. Il se montre constitué par des bâtonnets aérobies courts de 2 µ de longueur sur 1 µ de largeur, qui restent isolés ou s'associent par paire ou courtes chaînes et ne paraissent pas donner de spores durables.

Ce bacille croît facilement dans les milieux nutritifs vulgaires à la température ordinaire, moins bien à 37° et pas du tout au-dessous de 15°.

Il donne naissance dans la *gélatine* à des colonies blanchâtres, homogènes, déjà liquéfiantes au bout du second jour. Ensemencé par piqûres, il liquéfie rapidement le même substratum et le transforme en un liquide trouble recouvert de pellicules et rempli d'abondants flocons.

Sur l'*agar* on obtient un enduit blanchâtre, visqueux, porcelanique. L'enduit formé sur la *pomme de terre* est mince et grisâtre.

Porté dans le *bouillon*, il le trouble promptement et un voile blanc vient se former à la surface de la culture, tandis qu'un dépôt de même couleur s'accumule au fond du vase. Les nitrates sont réduits en nitrites.

Enfin le *lait* est coagulé et rendu fortement acide.

---

(1) Jordan. *Experim. investig. by the State Board of Health of Massachusetts*, part. II, 1890, p. 837.

Bacillus figurans.

Ce bacille, rencontré dans les eaux par Vaughan (1), est aérobie, lentement mobile et formé d'articles asporogènes 2 à 3 fois plus longs que larges. Il se multiplie bien dans les milieux nutritifs usuels à la température de la chambre et plus faiblement à 38°.

Il fournit dans l'intérieur de la *gélatine* des colonies sphériques, mais les végétations écloses à la surface de ce milieu consistent en lignes entrelacées dessinant des figures irrégulières, curieuses, que l'auteur qualifie même de grotesques.

Les cultures sur *agar* consistent en un enduit mince et blanc; celles qu'on obtient sur la *pomme de terre* sont formées par un enduit blanc, muqueux, légèrement jaunâtre.

Le *Bacillus figurans* ne peut croître ni dans la solution de Parietti, ni dans la gélatine d'Uffelmann.

Bacillus filiformis.

On ne doit pas confondre ce bacille découvert par Tils (2) dans les eaux avec le *Tyrothrix filiformis* de Duclaux, ni avec le *Bacterium filiforme* d'Henrici, trouvés tous deux dans le lait et le fromage, ni, enfin, avec le *Bacillus filiformis* isolé par Sternberg du foie d'un malade ayant succombé à la fièvre jaune.

Le bacille de Tils consiste en bâtonnets à extrémités arrondies, de 4 µ de longueur sur 1 µ de largeur, le plus souvent unis en chaînes d'une dizaine d'éléments indistinctement séparés les uns des autres. Ces articles aérobies, doués de mouvements oscillatoires, produisent des spores ovales dans les cultures sur la pomme de terre.

Semé dans la *gélatine*, il donne naissance à des colonies blanc-grisâtre d'une structure marbrée; les colonies nées à la surface ont leurs bords dentés, elles sont bombées, d'aspect rugueux et granulé, leur contour reste incolore tandis que leur centre se teint en jaune. La liquéfaction commence vers le 10e jour. Les cultures en piqûres n'offrent pas de caractères spéciaux.

A la surface de l'*agar* on obtient des traînées humides d'un gris-blanc à bords dentelés.

---

(1) Vaughan. *American journal medical Sciences*, 1892, CIV, p. 107.
(2) Tils. *Zeitschrift für Hygiene*, 1890, IX, p. 294.

L'enduit formé sur la *pomme de terre* est épais, uni et d'un blanc sale, il acquiert plus tard une teinte grise ou brunâtre.

Porté dans le *bouillon*, le *Bacillus filiformis* croît surtout à sa surface en donnant un voile mycodermique. Il coagule le *lait* au bout de 36 heures d'exposition à la température de la chambre et lui communique l'odeur désagréable des substances putréfiées.

Bacillus gracilis.

Ce bacille a été isolé par ZIMMERMANN (1) d'un échantillon d'eau de Chemnitz. Ce microorganisme est ordinairement formé d'articles incurvés de 2,3 μ à 3,6 μ de longueur sur 0,8 μ de largeur ; il peut également croître en filaments et donner de grosses spores ovales, dont les axes sont respectivement égaux à 1,3 et 1,8 μ.

Le *Bacillus gracilis* se montre aérobie et facultativement anaérobie ; il est doué de mouvements d'oscillation et de rotation ; il croît lentement à la température de la chambre et pas du tout à 37°.

Il donne dans la *gélatine* des colonies sphériques d'un blanc-grisâtre, d'abord bien limitées, mais dont le contour devient ultérieurement flou et peu distinct. Ensemencé par piqûre, le développement est maigre en surface, tandis que dans le trajet suivi par le fil de platine, on voit se former une file de disques blanchâtres plus larges dans le haut que dans la profondeur du substratum. La gélatine commence à se liquéfier au bout de 2 à 3 semaines.

Les cultures sur l'*agar* sont d'un blanc-bleuâtre ; elles sont très chétives sur la *pomme de terre*. Le *bouillon* se trouble légèrement et laisse déposer un sédiment blanchâtre.

Bacillus gazoformans.

Cette espèce, mentionnée par EISENBERG (2), a été signalée dans les eaux.

Elle se montre constituée par un bacille grêle, très mobile, aérobie et facultativement anaérobie, pouvant croître à la température ordinaire et se refusant, comme le précédent, à végéter vers 37°.

Semé dans la *gélatine*, il y détermine la formation de sphérules

---

(1) ZIMMERMANN. Die Bakterien unserer Trink- und Nutzwässer, p. 50. Chemnitz, 1890.
(2) EISENBERG. Bakteriologische Diagnostik, 3e éd., p. 107.

ou de cupules liquides ; dans les cultures par piqûres, la liquéfaction marche très rapidement, et l'on voit se former des bulles gazeuses dans les parties du substratum non encore liquéfié.

On ne confondra pas cette espèce avec le *Bacillus gazoformans* de GÄRTNER (1), nommé par MIGULA, *Pseudomonas gazoformans*, consistant en courts bâtonnets à extrémités arrondies, d'une mobilité douteuse, ne liquéfiant pas la *gélatine* et pouvant croître très bien sur la *gélose* et la *pomme de terre* à 37°.

Bacillus guttatus.

Ce bacille, trouvé par ZIMMERMANN (2) dans un échantillon d'eau, se montre très mobile, aérobie et facultativement anaérobie. Il est formé par des bâtonnets courts à extrémités arrondies de 1 à 1,1 μ environ de longueur sur 0,9 μ d'épaisseur ; ces articles micrococoformes, non colorables par la méthode GRAM, sont souvent isolés, souvent aussi réunis par paires ou en chaînes de plusieurs éléments. Ils donneraient naissance à des spores sphériques.

La température de la chambre est celle qui paraît le mieux convenir au développement de cette espèce. Semée dans la *gélatine*, elle donne naissance à de petites colonies grisâtres, arrondies, tandis que les colonies superficielles apparaissent sous la forme de gouttelettes d'un gris-bleuâtre ; le clou fourni par les ensemencements par piqûre est composé d'un chapelet de petites sphérules. La liquéfaction se fait attendre pendant 4 semaines.

Les cultures sur la *gélose* ont l'aspect de traînées blanc-grisâtres limitées à la strie d'inoculation. Sur la *pomme de terre*, on obtient un enduit assez plantureux gris-jaunâtre. Enfin, le *bouillon* est rapidement troublé et sa surface se recouvre d'un voile blanchâtre qui chute bientôt au fond du vase.

Bacillus stoloniferus, incanus, inunctus.

Ces bacilles ont été découverts par POHL (3) dans des eaux marécageuses.

Tous trois sont aérobies, mobiles, asporogènes et jouissent de la faculté de liquéfier la gélatine.

---

(1) GÄRTNER. *Centralblatt für Bakteriologie*, 1894, XV, p. 1
(2) ZIMMERMANN. Die Bakterien unserer Trink- und Nutzwässer, p. 50, Chemnitz, 1890.
(3) POHL. *Centralblatt für Bakteriologie*, 1892, XI, p. 142 et 143.

Le *Bacillus stoloniferus* se montre formé d'articles de 1, 2 μ de longueur sur 0,8 μ de largeur; il commence à liquéfier énergiquement la *gélatine* au bout de 24 heures. Sur la *gélose*, il fournit, le long de la strie d'ensemencement, une traînée épaisse. Sur la *pomme de terre*, on voit, d'abord, naître des colonies de la grosseur d'une tête d'épingle qui finissent par envahir la surface entière de ce substratum. Le développement est faible dans le *lait* qui reste alcalin et n'est jamais coagulé.

Le *Bacillus incanus* consiste en bâtonnets grêles de 1,7 μ de longueur sur 0,4 μ de largeur. Il commence à liquéfier manifestement la *gélatine* au bout de 48 heures, puis la peptonisation marche avec lenteur.

L'enduit obtenu sur *agar* est grisâtre, épais et limité à la strie d'ensemencement. Sur la *pomme de terre* on voit également se former une couche grise, visqueuse, s'étendant promptement à toute la surface. Le *lait* reste alcalin et ne se coagule pas.

Le *Bacillus inunctus* est formé d'articles de 3,5 μ de longueur sur 0,8 à 0,9 μ de largeur. Il liquéfie lentement la *gélatine;* il donne sur *agar* des traînées blanches, nuageuses, le long de la strie d'inoculation. L'enduit obtenu sur la *pomme de terre* est blanc, visqueux et ne tarde pas à envahir la surface entière de ce tubercule. Le *lait* est acidifié sans être coagulé. Ce bacille, semé dans la liqueur sucrée de Pasteur, donnerait naissance à une quantité notablement élevée d'alcool.

Bacillus implexus.

Cette bactérie, trouvée dans un échantillon d'eau de Chemnitz par Zimmermann (1), est formée par de gros bâtonnets mobiles, à extrémités arrondies, de 2,5 μ de longueur sur 1,1 à 1,2 μ de largeur, colorables par le Gram; elle croît bien à la température ordinaire, plus rapidement à 30° et donne des spores ovales de 1,6 μ sur 1 μ.

Ensemencé dans la *gélatine*, ce bacille y détermine, au bout de 24 à 36 heures, la formation de colonies punctiformes blanchâtres, liquéfiantes. Dans les cultures en piqûres, on obtient un trait blanc d'où s'échappent, dans toutes les directions, des prolongements filamenteux; la gélatine se liquéfie ensuite et se charge d'un dépôt floconneux.

---

(1) Zimmermann. Die Bakterien unserer Trink- und Nutzwässer, p. 32. Chemnitz, 1890.

Sur la *gélose*, on obtient un enduit blanc, épais, dont la surface se chagrine et se plisse ultérieurement.

L'enduit formé sur la *pomme de terre* est feutré et d'un blanc-jaunâtre ou verdâtre. Dans le *bouillon*, on voit apparaître un trouble au bout de 16 heures et sa surface se recouvre d'un voile blanc et épais.

Bacillus hyalinus.

Ce bacille, découvert par Jordan (1) dans les bassins à sable de Lawrence, apparaît sous la forme de bâtonnets très mobiles, à extrémités arrondies, de 3 à 4 μ d'épaisseur sur 1,5 de largeur ; on ne lui connaît pas de spores. Il est aérobie et facultativement anaérobie ; il croît bien dans les milieux vulgaires à la température de la chambre, mais mieux à 37°.

Il se développe dans la *gélatine* ordinaire et acide en donnant des colonies sphériques pouvant acquérir rapidement de grandes dimensions. Ensemencé par piqûre, on voit d'abord se former un trait, puis la gélatine est promptement liquéfiée.

Sur la *gélose*, on obtient un enduit sec grisâtre.

Sa croissance est à peine visible sur la *pomme de terre* au bout de deux jours. Vers le 4e jour, on voit apparaître une couche sèche, d'un blanc sale, offrant plus tard quelques protubérances.

Sous son action, le *bouillon* se trouble promptement et se recouvre d'un voile en même temps qu'il se forme un dépôt visqueux. Les nitrates sont réduits énergiquement.

Enfin, le *lait* est coagulé au bout d'une semaine et contracte une forte acidité.

Bacillus halophilus.

Ce bacille aérobie, retiré de l'eau de mer du golfe de Naples par Russell (2), apparaît dans ses cultures récentes sous la forme d'articles mobiles de 1,5 à 3,5 μ de longueur sur 0,7 μ de largeur souvent réunis par paires. Dans les cultures âgées de plus de deux jours, il se produit des cellules piriformes à contenu granuleux ; ces cellules sont également mobiles et rappellent les monadiens.

---

(1) Jordan. *State Board of Health of Massachusetts*, p. 885. Boston, 1890.
(2) Russell. *Zeitschrift für Hygiene*, 1892, XI, p. 200.

Cette forme involutive se manifeste plus aisément sur la gélatine ordinaire que dans la gélatine à l'eau de mer qui est pourtant plus favorable à son développement que la première.

Ce bacille, qui ne paraît pas donner de spores, prend mal les couleurs d'aniline, il refuse le Gram, ne se colore pas par le bleu de Löffler; son protoplasme est teint irrégulièrement par le Ziehl; au contraire, les solutions de fuchsine le colorent faiblement, mais uniformément.

Le *Bacillus halophilus* croît aisément à la température de la chambre.

Ensemencé par piqûre dans la *gélatine* à l'eau de mer, il y produit, au bout de 24 à 36 heures, un chapelet de colonies punctiformes qui fusionnent rapidement; la liquéfaction qui survient est accompagnée d'un dégagement de bulles gazeuses. Dans la gélatine ordinaire, le développement est plus tardif: un trait blanc apparaît d'abord dans la piqûre et, au bout de 2 à 3 jours, il se forme une cavité ou plutôt un canal profond résultant de la liquéfaction du milieu et de l'évaporation du liquide formé.

Lés colonies nées dans la gélatine à l'eau de mer sont sphériques, grisâtres et demi-transparentes; il se produit au-dessous de celles qui sont superficielles une cavité infundibuliforme quand le liquide est évaporé. Le milieu acquiert une réaction fortement alcaline.

Bacillus invisibilis.

Ce bacille, trouvé dans les eaux par Vaughan (1), est formé par des bâtonnets mobiles, épais, à extrémités arrondies, trois fois plus longs que larges et paraissant incapables de produire des spores durables.

Il est aérobie et facultativement anaérobie; il croît aussi bien à 38° qu'à la température des appartements.

Semé dans la *gélatine*, il y donne naissance à des colonies sphériques, d'un jaune pâle rappelant la couleur du beurre; ensemencé par stries sur le même milieu, il y fournit une abondante végétation dépourvue de tout pouvoir liquéfiant.

Sur la *gélose*, on obtient des traînées blanches, épaisses, n'ayant pas de tendance à s'étendre. Les cultures sur la *pomme de terre*

(1) Vaughan. *American Journal medic. Sciences*, 1892, CIV, p. 107.

sont invisibles; enfin, cette espèce peut croître dans le liquide de PARIETTI et la gélatine d'UFFELMANN.

Bacillus limosus.

Cette espèce, découverte par RUSSELL (1) dans l'eau de mer du golfe de Naples, se montre formée de bâtonnets mobiles, à extrémités arrondies, de 3 à 4 μ de longueur sur 1,25 μ de largeur, unis 2 à 2 ou en chaînes de plusieurs articles. Ce bacille produit des spores ordinairement localisées aux extrémités des bâtonnets.

Le *Bacillus limosus* est aérobie, il croît bien à la température de la chambre dans les milieux ordinaires de culture; toutefois, ses végétations sont plus abondantes dans les terrains nutritifs fabriqués avec l'eau de mer.

Sous son action, le *bouillon* est fortement troublé et se recouvre d'un voile épais à la surface.

Dans la *gélatine* à l'eau de mer, le développement est très rapide; au bout du premier jour, on voit apparaître une liquéfaction sur le trajet du fil de platine; à la fin du troisième, la liquéfaction est complète.

Les traînées obtenues sur *agar* sont blanches et humides.

L'enduit produit sur la *pomme de terre* est blanc-grisâtre et envahit la plus grande partie de la surface. Les bâtonnets nés sur ce substratum sont plus courts, plus épais que sur la gélatine, ils paraissent contenir un protoplasme finement granuleux.

L. KLEIN (2) a décrit également, sous le nom de *Bacillus limosus*, un bacille plus grêle, formé d'articles cylindriques de 5 à 8 μ de longueur sur 1 μ environ de largeur, qu'on ne doit pas confondre avec la bactérie étudiée par RUSSELL.

Bacillus liquefaciens.

Ce microorganisme, aérobie et mobile, trouvé dans les eaux, décrit très brièvement dans les traités de bactériologie d'EISENBERG (3)

---

(1) RUSSELL. *Zeitschrift für Hygiene*, 1891, XI, p. 190.
(2) L. KLEIN. *Ber. d. Deutsch. bot. Gesellsch*, 1889, VII, p. 65.
(3) EISENBERG. Bakteriologische Diagnostik, 3e éd., p. 112.

et de Flügge (1), n'est vraisemblablement que le *Bacillus vulgatus liquefaciens* de Kruse.

Il est formé d'articles courts, à extrémités arrondies, ne fournissant pas de spores; croissant à la température ordinaire et non à 37°; donnant dans la *gélatine* des colonies blanches à contour unliquéfiantes; produisant sur *agar* un enduit blanc sale et sur la *pomme de terre* un gazon jaunâtre.

Bacillus liquidus.

Ce bacille, mobile et aérobie, très répandu dans l'eau de la Tamise non filtrée, a été isolé et décrit par Frankland (2). Il se montre formé de bâtonnets épais, à extrémités arrondies, mesurant d'ordinaire 1,5 à 3,5 μ de longueur, mais très variables dans leur dimension longitudinale. Il ne paraît pas posséder de spores.

Il croît bien à la température des appartements et donne dans la *gélatine* des colonies sphériques promptement liquéfiantes. Les cultures par stries sur la *gélose* sont unies et brillantes; celles qu'on obtient sur la *pomme de terre* consistent en des enduits épais, couleur chair, à surface terne et humide.

Sous son influence, le bouillon se trouble uniformément et se recouvre d'une pellicule. Cultivé dans une solution de nitrate de chaux additionnée de sucre de raisin et de peptone, le *Bacillus liquidus* amène un trouble intense de ce milieu, le nitrate serait réduit et une quantité appréciable d'acide nitrique mis en liberté (?).

Bacillus littoralis.

Ce bacille, découvert par Russell (3) dans la vase et l'eau de mer prélevées au golfe de Naples, est formé par des bâtonnets mobiles, 2 et 4 fois plus longs que larges, chez lesquels on n'a pu observer de spores. Ces bâtonnets se colorent facilement par le bleu de Löffler, mais refusent le Gram.

Le *Bacillus littoralis* est aérobie et facultativement anaérobie, il croît à la température ordinaire dans les milieux de culture habituels.

Ensemencé par piqûre dans la *gélatine*, il fournit un trait visible au bout de 24 heures, puis la liquéfaction se manifeste au point

(1) Flügge. Die Mikroorganismen, 1896, II, p. 318.
(2) Frankland. *Zeitschrift für Hygiene*, 1889, VI, p. 382.
(3) Russell. *Zeitschrift für Hygiene*, 1892, XI, p. 199.

piqué où il se forme une cupule vide par suite de l'évaporation du liquide. Les colonies développées à la surface du même milieu sont opalescentes, brillantes, à contour irrégulier et comme finement granulées.

Sur l'*agar*, on obtient des traînées blanches d'aspect humide. Presque rien ne se développe sur la *pomme de terre*. Le *bouillon* se trouble uniformément sans se recouvrir d'un voile.

Bacillus nubilus.

Cette espèce, aérobie et facultativement anaérobie, d'une mobilité douteuse, a été retirée par FRANKLAND (1) des eaux de Londres filtrées. Elle est constituée par des bâtonnets grêles de 3 μ de longueur sur 0,3 μ de large. Ces articles, parfois solitaires, sont souvent unis en chaînes.

Le *Bacillus nubilus* croît dans le bouillon et sur la pomme de terre en adoptant la forme spiralée. Au bout de 48 heures, il donne dans la *gélatine* des colonies ayant l'apparence de taches nuageuses à contours diffus, mal définis, que le microscope montre formé par un enchevêtrement de filaments; la liquéfaction du milieu commence et marche rapidement. Les cultures obtenues par piqûre ressemblent à celles de la septicémie des souris, à cela près que la gélatine est ici promptement peptonisée.

Les stries obtenues sur la *gélose* sont blanc-bleuâtre, à bords frangés et offrent une fluorescence violette. Les cultures sur la *pomme de terre* sont à peu près invisibles, elles se réduisent à un enduit léger, jaunâtre, pouvant envahir la surface entière du substratum, constitué par des bacilles incurvés ou en spires.

Le *bouillon* se trouble uniformément en donnant un dépôt blanc sale et un voile très léger se disloquant aisément quand on agite le vase. Les nitrates sont réduits avec dégagement d'ammoniaque.

Bacillus plicatus.

SYN. *Bacterium plicatum*.

Ce bacille aérobie, déjà signalé parmi les espèces chromogènes (p. 674), a été découvert dans l'eau par ZIMMERMANN (2). Il est formé

(1) FRANKLAND. *Zeitschrift für Hygiene*, 1889, VI, 386.
(2) ZIMMERMANN. Die Bakterien unserer Trink- und Nutzwässer, p. 54. Chemnitz, 1890.

de petits articles immobiles, presque microcoformes, le plus souvent associés 2 à 2 ou en chaînes de plusieurs éléments.

Il croît bien à la température de la chambre et donne sur la *gélatine* des colonies ou des traits de couleur jaunâtre, très lentement liquéfiants. Les cultures sur la *pomme de terre* consistent en enduits gris-jaunâtres devenant ultérieurement secs et friables.

Grace et Percy-Frankland (1) ont, également, donné le nom de *Bacillus plicatus* à un microorganisme en bâtonnet retiré de l'air, et Deetjen (2) a désigné sous la même appellation un bacille sporogène, trouvé dans les saucisses, ayant beaucoup de parenté avec le *Bacillus mesenteroides* du même auteur.

Bacillus punctatus.

Ce bacille, très mobile et aérobie, a été trouvé par Zimmermann (3) dans les eaux de Chemnitz. Il se montre sous la forme de bâtonnets de 1 à 1,6 μ de longueur sur 0,8 μ de largeur ; ces bâtonnets, qui ne paraissent pas donner de spores, sont solitaires, associés par paires ou en chaînes de plusieurs éléments.

Le *Bacillus punctatus* prend mal les couleurs d'aniline et se décolore par la méthode de Gram. Il croît bien à la température ordinaire et même encore à 30°.

Semé dans la *gélatine*, il y donne, au bout de trois jours, de grosses colonies sphériques pouvant atteindre déjà 12 millimètres et constituées par de la gélatine liquéfiée en un liquide blanc-bleuâtre offrant des ponctuations ou petites granulations bactériennes. Dans les cultures par piqûre, la gélatine est rapidement peptonisée en un liquide trouble, donnant lieu à la production d'un abondant dépôt.

Sur la *gélose*, on obtient une couche mince et gluante.

Sur la *pomme de terre*, il se produit un gazon brunâtre, couleur chair, envahissant la surface entière du substratum et contractant dans les vieilles cultures une teinte foncée.

Le *bouillon* est très rapidement troublé et sa surface se recouvre d'un voile mince.

---

(1) Grace et Percy-Frankland. *Philosophical Trans. of the Royal Society of London*, 1887, CLXXVII, p. 273.

(2) Deetjen. Ueber Bakterien der Wurst, Würzbourg, 1890.

(3) Zimmermann. Die Bakterien unserer Trink- und Nutzwässer, p. 38. Chemnitz, 1890.

Bacillus radiatus aquatilis.

Cette espèce, également découverte dans l'eau par ZIMMERMANN (1), est formée de bâtonnets de 1 à 6 μ de longueur sur 0,6 μ de largeur, dont les plus petits articles paraissent seuls mobiles.

Ce microbe aérobie croît bien à la température ordinaire et donne dans la *gélatine* de petites colonies sphériques, d'un blanc-bleuâtre, offrant à leur centre une sorte de noyau blanchâtre; semé par piqûre, il donne au point de pénétration du fil de platine une tache mince, arrondie et rayonnée; la gélatine commence à se liquéfier en infundibulum dès le 3e jour.

Il produit, à la surface de la *gélose*, des traînées gluantes d'un brun-jaunâtre par transmission et d'un vert-bleuâtre par réflexion.

L'enduit obtenu sur la *pomme de terre* est d'un jaune-ocre et, parfois aussi, d'une teinte brun-rougeâtre.

Bacillus radicosus.

SYN. *Bacterium radicosum.*

Ce microorganisme, fréquemment trouvé dans les eaux par ZIMMERMANN (1), se montre formé de bâtonnets faiblement mobiles, colorables par la méthode de GRAM, d'environ 2 μ de longueur sur 1 μ de largeur, souvent associés en chaînes et pouvant donner des spores ovales.

Les colonies auxquelles il donne naissance sur la *gélatine*, au bout de 24 heures, consistent en taches blanchâtres, nuageuses, liquéfiantes. Dans les cultures par piqûres, on obtient un trait blanchâtre duquel partent en tout sens des filaments, souvent très longs, simulant le chevelu des racines. La gélatine est rapidement liquéfiée.

Sur *agar*, on obtient un enduit blanc, épais et plissé; sur la *pomme de terre*, le gazon formé est également abondant, visqueux et d'un blanc sale; la surface de ce tubercule est entièrement envahie au bout de 10 à 12 jours.

(1) ZIMMERMANN. Die Bakterien unserer Trink- und Nutzwässer, p. 30. Chemnitz, 1890.

Le *Bacillus radicosus* semé dans le *bouillon*, y croît faiblement; le liquide devient opalescent et se recouvre d'un voile léger.

Bacillus reticularis.

Ce bacille, mobile et aérobie, trouvé dans l'eau de Lawrence par JORDAN (1), est formé par des bâtonnets de 5 μ de longueur sur 1 μ de largeur, souvent réunis en chaînes de 8 à 10 articles. Il croît mieux à 37° qu'à la température ordinaire.

Les colonies qu'il donne sur la *gélatine* émettent des prolongements tentaculaires qui, en s'enchevêtrant, produisent un réticulum délicat. Les cultures par piqûre déterminent l'apparition d'une cupule, au point d'introduction de l'aiguille de platine, qui se vide par suite de l'évaporation du liquide formé.

Sur la *gélose*, on voit se former lentement une traînée saillante et sèche. Dans les cultures sur la *pomme de terre*, on observe d'abord la production d'un enduit sec et terne qui, à la fin du 5e jour, prend l'aspect laineux.

Le *Bacillus reticularis* trouble le *bouillon* et donne un dépôt léger et visqueux. Sous son influence, le *lait* devient acide et se coagule entre le 15e et le 20e jour. Enfin, il réduit promptement les nitrates en nitrites.

Bacillus stolonatus.

Ce bacille, isolé de l'eau par ADAMETZ, est formé d'articles très mobiles, 2 à 3 fois plus longs que larges, chez lesquels on n'a pas observé la formation de spores. Cette espèce aérobie croît de préférence à la température des appartements.

Elle donne, dans la *gélatine*, de petites colonies sphériques ou ovales, finement granulées, blanchâtres et parfois d'un brun-jaunâtre. Les colonies superficielles possèdent la même couleur, se montrent saillantes et sont, à peu près, hémisphériques. La gélatine n'est pas liquéfiée.

On voit croître sur *agar*, aux points ensemencés, des prolongements branchus qui forment à la surface de ce milieu des colonies

(1) JORDAN. *State Board of Health of Massachusetts*, p. 834. Boston, 1890.
(2) ADAMETZ. Die Bakterien der Trink- und Nutzwässer, p. 44. Vienne, 1888.

irrégulières, stolonnées, pouvant acquérir 2 à 3 centimètres de diamètre. Sur la *pomme de terre*, il se produit un enduit blanc sale.

Bacillus superficialis.

Cette espèce a été trouvée par JORDAN (1) dans un bassin à filtre à sable de Lawrence. Elle est constituée par des bâtonnets mobiles, aérobies, à extrémités arrondies, de 2,2 μ de longueur sur 1 μ de largeur. Ces articles courts sont isolés ou unis 2 à 2; on n'a pu y constater la formation de spores.

Le *Bacillus superficialis* croît à la température de la chambre, mais mieux à 37°. Il donne, au bout de 24 heures, dans la *gélatine* neutre ou acidifiée, de petites colonies irrégulièrement sphériques. Les cultures en piqûres sont maigres et lentes à pousser; ce substratum est lentement liquéfié.

Semé à la surface de la *gélose*, il y produit un enduit gris, brillant et translucide qui, au bout de quelques semaines, acquiert une teinte légèrement brune. Il ne croît pas sur la *pomme de terre*.

Introduit dans le *bouillon*, il le trouble lentement et uniformément en donnant un faible dépôt blanc, sans production de voile superficiel.

Il ne coagule pas le *lait*, bien qu'il lui communique une réaction manifestement acide.

Bacillus thalassophilus.

Ce microorganisme a été découvert par RUSSELL (2) dans la vase du golfe de Naples.

Il consiste en un bacille grêle, mobile, de longueur variable, pouvant croître en filaments non visiblement segmentés. Extrait de cultures récentes, il prend bien le ZIEHL, mais ne se colore ni par la fuchsine, ni par le bleu de LÖFFLER. Il donne des spores rondes localisées au milieu et aux extrémités des bâtonnets.

Cette espèce anaérobie croît aisément à la température de la chambre.

Ensemencée par piqûres dans la *gélatine* à l'eau de mer, elle fournit des colonies globulaires; plus tard, vers le 4e ou 5e jour, on voit apparaître dans l'intérieur de ce milieu une sorte de sac cylin-

---

(1) JORDAN. *State Board of Health of Massachusetts*, p. 833, 1890.
(2) RUSSELL. *Zeitschrift für Hygiene*, 1892, XI, p. 190 et 194.

drique contenant un liquide gris, transparent, surmonté d'une bulle gazeuse. Le liquide ainsi produit se clarifie en donnant un abondant dépôt; il exhale une odeur pénétrante et désagréable; la gélatine se liquéfie entièrement.

Dans les cultures par piqûres dans la *gélose*, le développement se produit à 2 centimètres au-dessous de la surface exposée au contact de l'air.

Le *Bacillus granulosus*, également découvert par le même auteur (1) dans la vase du golfe de Naples, est surtout remarquable par les formes involutives que peuvent adopter ses articles dans les cultures âgées.

Ce bacille est sporogène, aérobie et facultativement anaérobie; il se cultive aisément dans le *bouillon* où il donne un dépôt abondant; dans la *gélatine* qu'il liquéfie; sur la *pomme de terre* où il produit, à la température ordinaire et au bout de 24 heures un enduit blanc, humide, brillant, qui devient ultérieurement de couleur brune.

Bacillus venenosus.

Ce bacille, trouvé dans les eaux par VAUGHAN (2), est formé par des bâtonnets très mobiles à extrémités arrondies, 2 à 4 fois plus longs que larges, paraissant incapables de donner des spores.

Ce microorganisme, aérobie et facultativement anaérobie, croît rapidement à la température ordinaire, dans les milieux usuels de culture.

Semé dans la *gélatine*, il y fournit de petites colonies sphériques, blanches, légèrement jaunâtres, dépourvues de tout pouvoir liquéfiant. Les colonies superficielles sont bombées comme de petites gouttelettes de cire. Sur l'*agar*, on obtient un enduit mince et blanc; sur la *pomme de terre*, une végétation humide de couleur légèrement brune.

Cette espèce est pathogène pour les rats, les souris, les cobayes et les lapins; retirée des corps de ces divers animaux, elle est moins apte à végéter sur les milieux nutritifs artificiels.

VAUGHAN a également isolé des eaux les *Bacillus venenosus brevis*, *invisibilis* et *liquefaciens*. Ces trois variétés du *Bacillus venenosus* sont mobiles, aérobies et facultativement anaérobies, asporogènes; elles

(1) RUSSELL. *Zeitschrift für Hygiene*, 1892, XI, p. 194.
(2) VAUGHAN. *American Journal medical Sciences*, 1892, CIV, p. 107.

croissent toutes à la température de la chambre et mieux à 38°; elles sont plus ou moins pathogènes pour les animaux qui viennent d'être indiqués et ne diffèrent entre elles que par les caractères macroscopiques de leurs cultures sur lesquels nous n'avons pas à nous étendre longuement.

Le *Bacillus venenosus brevis* donne sur la *pomme de terre* un enduit abondant légèrement brun; la gélatine n'est pas liquéfiée.

Le *Bacillus venenosus invisibilis* donne sur la pomme de terre des cultures parfois peu visibles; la gélatine n'est pas liquéfiée.

Le *Bacillus venenosus liquefaciens* peptonise la *gélatine* au bout de 4 à 6 semaines et fournit sur la *pomme de terre* un gazon faiblement jaunâtre ou brunâtre.

Bacillus vermicularis.

Ce bacille, retiré par GRACE et PERCY-FRANKLAND (1) de la rivière la Lee, se montre formé par des bâtonnets, à extrémités arrondies, de 2 à 3 μ de longueur sur 1 μ environ de largeur. Ces articles, doués de mouvements oscillatoires, sont très souvent associés en chaînes vermiculaires. Cette espèce aérobie donne des spores ovales souvent si voisines l'une de l'autre, dans les cultures sur pomme de terre, qu'elles s'offrent en chaînes moniliformes.

Le *Bacillus vermicularis* croît à la température de la chambre dans les milieux de culture habituels. Il donne dans la profondeur de la *gélatine* des colonies à contour irrégulier; celles qui sont superficielles ont leurs bords ondulés et le centre plissé. La liquéfaction se produit lentement et la végétation se noie dans le liquide. Par piqûre, on obtient un clou à tête grisâtre dont les bords sont dentelés et au-dessous duquel apparaît un trait chétif qui commence bientôt à liquéfier le substratum.

A la surface de l'*agar*, il se développe avec lenteur un enduit brillant, uni et grisâtre.

Sur la *pomme de terre*, on voit apparaître un enduit couleur chair, irrégulièrement délimité.

Ce bacille, introduit dans le *bouillon*, le laisse limpide, tandis qu'une végétation floconneuse se rassemble au fond du vase. Les nitrates sont réduits en nitrites.

---

(1) GRACE et PERCY-FRANKLAND. *Zeitschrift für Hygiene*, 1886, VI, p. 384.

Bacillus vermiculosus.

Cette bactérie asporogène, trouvée dans les eaux par ZIMMERMANN (1), se montre formée par des bâtonnets encapsulés, à extrémités arrondies, de 1,5 μ de longueur sur 0,8 μ de largeur, s'offrant isolés et, parfois, en chaînes de plusieurs éléments. Les articles les plus courts sont doués de mouvements.

Le *Bacillus vermiculosus* est aérobie; il croît aisément à la température des appartements, mais mieux entre 25 et 30°; il se teint bien par les couleurs usuelles d'aniline.

Semé dans la *gélatine*, il y donne des colonies blanches sphériques. Dans les ensemencements par piqûre, il se forme au point de pénétration de l'aiguille un disque gluant, gris pâle, dont le diamètre atteint, après quatre jours, 7 millimètres de diamètre. La liquéfaction se produit en puits et le liquide produit laisse déposer un sédiment gris-rougeâtre.

L'enduit obtenu sur l'*agar* est uni et brillant.

On voit apparaître sur la *pomme de terre* un gazon abondant gris-jaunâtre.

Le *bouillon* est troublé, laisse déposer un précipité blanc et montre quelques bulles gazeuses.

Bacillus zürnianus.

SYN. : *Bacterium zürnianum*.

Ce bacille, déjà trouvé par LIST (2) dans les excréments des brebis saines, a été isolé des eaux par ADAMETZ (3). Il se présente sous la forme d'articles courts, immobiles, de 1,2 μ environ de longueur sur 0,7 μ de largeur, les extrémités de ces bâtonnets sont légèrement pointues et se teignent plus fortement que leur partie centrale.

Le *Bacillus zürnianus* est un aérobie obligé; il ne donne pas de spores; se multiplie aisément à la température de la chambre, mais, cependant, mieux entre 25 et 30°.

Semé sur la *gélatine*, il fournit des colonies grises ou bleu pâle

(1) ZIMMERMANN. Die Bakterien unserer Trink- und Nutzwässer, p. 40. Chemnitz, 1890.
(2) LIST. Dissertation inaugurale, page 36. Leipzig, 1885.
(3) ADAMETZ. Die Bakterien der Trink- und Nutzwässer. Vienne, 1888.

qui se développent sous la forme de grappes. Dans les cultures en piqûres, on obtient un clou maigre où la disposition en grappes se manifeste également. La gélatine n'est pas liquéfiée.

Les végétations sur la *pomme de terre*, obtenues entre 25 et 30°, consistent en enduits translucides, gris ou blanc-jaunâtre, pouvant s'étendre en 48 heures à toute la surface du substratum. Semé sur le blanc d'*œuf* cuit, il y détermine la production d'une odeur intense de putréfaction.

Spirillum amyliferum.

Ce spirille, dont on ne connaît pas encore l'aspect macroscopique des cultures, a été trouvé dans l'eau par VAN TIEGHEM (1), qui s'est borné à en donner les caractères morphologiques.

Cette grosse espèce bactérienne est formée de filaments rigides de 1,5 à 2 μ de largeur, roulés en hélices offrant de 2 à 4 tours; le spirille reste court par la raison qu'il se scissiparise toutes les fois que le nombre de ses spires devient égal à 4.

Le *Spirillum amyliferum* donne de grosses spores ovales, réfringentes, mesurant 2,5 μ de longueur sur 1,5 μ de largeur. L'iode qui colore ce spirille en jaune, comme la plupart des bactéries, le teint en bleu au moment de la sporulation, sauf aux endroits où les spores vont se former et qui restent blancs.

Spirillum marinum.

Sous ce nom, RUSSELL (2) a décrit une espèce aérobie, très mobile, semblable au spirille du choléra, qu'il a trouvée dans la vase et l'eau de mer du golfe de Naples. Cette espèce est formée d'articles plus ou moins incurvés, isolés ou associés en hélices.

Le *Spirillum marinum*, aisément colorable par les couleurs usuelles d'aniline, ne paraît pas donner de spores. Il croît aisément à la température de la chambre, moins bien à l'étuve. Les milieux de cultures ordinaires sont plus favorables à son développement que ceux préparés avec de l'eau de mer.

---

(1) VAN TIEGHEM. *Bull. de la Société botanique de France*, 1879, XXVI, p. 65.
(2) RUSSELL. *Zeitschrift für Hygiene*, 1892, VI, p. 192.

Il fournit dans la *gélatine* de petites colonies formées par des masses granuleuses arrondies, souvent d'apparence radiée; la gélatine est rapidement liquéfiée; le développement des cultures en piqûre est très prompt et la fluidification complète du substratum s'opère en quelques jours; dans le liquide produit, on voit apparaître des voiles épais et un dépôt floconneux nager ou se précipiter au fond du vase.

Sur la *gélose*, on obtient un enduit blanc, abondant et crémeux.

La croissance de ce spirille sur la *pomme de terre* est plus caractéristique : au bout de 24 heures, il se forme un enduit brun-rouge, nettement délimité, amenant le changement de teinte du parenchyme de ce tubercule autour de la strie d'ensemencement; plus tard, cet enduit d'aspect cireux envahit la totalité de la surface du substratum.

Le *bouillon* à l'eau de mer est fortement troublé et sa surface se recouvre d'un voile membraneux uni.

Spirillum plicatile.

Syn. : *Spirochæte plicatilis, Spirulina plicatilis.*

Cette espèce, décrite par Ehrenberg (1) qui a le premier signalé sa présence dans les eaux impures contenant des substances végétales en décomposition, a été de même étudiée par Cohn (2) et Koch (3). Ce microorganisme élégant apparaît sous la forme de filaments roulés en spirales longues et flexibles de 0,5 μ d'épaisseur, pouvant atteindre jusqu'à 50 et même 100 μ de longueur. Ce spirille se meut rapidement en tournant comme les vrilles autour de son axe longitudinal et possède, en outre, le mouvement d'oscillation des spirulines. Souvent les longues hélices sont ondulées, parfois elles sont pliées et comme brisées en un de leurs points.

On ne connaît pas encore les caractères macroscopiques des cultures du *Spirochæte plicatilis,* pas plus du reste que ses facultés biologiques.

---

(1) Ehrenberg. Die Infusionsthierchen als vollkommene Organismen, 1838.
(2) Cohn. Nova acta Acad. Caes. Leopol. Carol. 1853, XXIV, p. 125.
(3) Koch. *Beiträge zur Biologie der Pflanzen*, 1877, II, 3e partie, p. 420.

Spirillum rugula.

SYN. : *Vibrio rugula.*

Ce spirille, décrit d'abord par MÜLLER (1), puis, beaucoup plus tard, par COHN (2), se rencontre non seulement dans les eaux, mais dans la bouche et le contenu du tube digestif. Il est formé par des bâtonnets courbes mobiles, de 6 à 8 μ de longueur sur 0,5 à 1,5 μ de largeur, ordinairement terminés par plusieurs cils. Quand ces articles sont associés, ils forment des hélices à pas très espacés et le mouvement d'ensemble est celui d'une vrille progressant en tournant autour de son axe.

VIGNAL (3), BONHOFF (4) et quelques autres auteurs se sont appliqués à décrire les caractères morphologiques et biologiques de cette espèce, mais il paraît probable que les descriptions que l'on en a publié ont eu pour point de départ des espèces simplement voisines et non identiques.

Le *Vibrio rugula* serait un microbe strictement anaérobie (?) donnant de grosses spores circulaires situées à l'une des extrémités de ses articles (fig. 199).

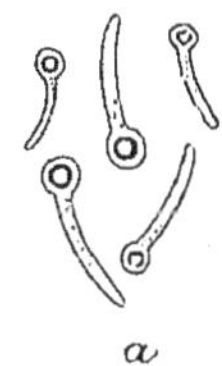

Fig. 199. *Vibrio rugula.*

Cultivé sur la *gélatine*, à l'abri de l'air, il y produirait des colonies opaques, jaunâtres, commençant à la liquéfier au bout du troisième jour. Ensemencé par piqûre dans le même milieu, soustrait à l'action de l'oxygène atmosphérique, on verrait apparaître, tant au point piqué que sur le trajet suivi par le fil de platine, une végétation chétive et blanchâtre manifestement liquéfiante au bout de 48 heures.

Sur l'*agar* contenu dans une atmosphère d'hydrogène, il apparaîtrait une pellicule blanche, ridée, pouvant recouvrir en entier la surface du substratum. Sur la *pomme de terre*, placée dans de semblables conditions, il se formerait rapidement un enduit blanc, devenant plus tard jaunâtre, très adhérent et pénétrant même dans le parenchyme de ce tubercule ; d'après BONHOFF, il ne se produirait rien sur la pomme de terre.

Le *sérum* de sang se recouvrirait d'un enduit blanc et serait liquéfié.

---

(1) MÜLLER. Animalcula infusoria, 1786.
(2) COHN. *Beiträge zur Biologie der Pflanzen*, 1872, **1**, part. 2, p. 178.
(3) VIGNAL. *Archives de Physiologie* 1885.
(4) BONHOFF. *Archiv für Hygiene*, 1896, XXVI, p. 186.

Semé dans le *bouillon* neutre ou acide, le *Spirillum rugula* le troublerait uniformément en donnant naissance à un dépôt blanc volumineux; il se développerait dans le *lait* sans le coaguler. Enfin, ses diverses cultures dégageraient des produits gazeux et exhaleraient une forte odeur fécaloïde. Pour Pratmowski, ce microorganisme serait un ferment de la cellulose.

Spirillum sanguineum.

Syn. : *Ophidomonas sanguinea; Thiospirillum sanguineum*

Cette espèce décrite par Cohn (1) est constituée par de gros filaments rigides de 3 µ de largeur, roulés en hélices, pourvues de 2 à 4 spires. Le pas de ces spires varie de 9 à 4 µ. Les extrémités de ce spirille sont terminées par un long cil nettement visible. Le contenu des filaments contient un protoplasme rempli de granulations, très apparentes, brillantes, dont quelques-unes sont rouges (fig. 200).

Fig. 200. *Spirillum sanguineum.*

Le *Spirillum sanguineum* vit dans les eaux saumâtres où pourrissent des algues; il représente avec le *Spirillum volutans* les spirobactéries les plus avancées en organisation ; ses caractères biochimiques restent à étudier.

Comme proches parents de cette espèce, indiquons : le *Thiospirillum jenense* étudié par Ehrenberg (2), le *Thiospirillum rufum* de Perty (3) et le *Thiospirillum Rosenbergii* de Warming (4) ; nous avons décrit précédemment le *Spirillum violaceum* du même auteur.

Spirillum volutans.

Ce spirille observé par Ehrenberg (2) dans les eaux marécageuses et, de même, étudié par Cohn (5), se montre constitué par des fila-

(1) Cohn. *Beiträge zur Biologie der Pflanzen*, 1875, I, p. 169.
(2) Ehrenberg. Die Infusionsthierchen als volkommene Organismen. Leipzig, 1838.
(3) Perty. Zur Kenntniss kleinster Lebensformen, 1852, p. 179.
(4) Warming. Meddeleser fra den naturhistoriske Forening; Kjobenhavn, 1876, p. 21.
(5) Cohn. *Beiträge zur Biologie der Pflanzen*, 1872, I, p. 182.

ments épais de 1,5 μ à 2 μ de largeur, roulés en hélices de 30 à 70 μ de longueur, possédant 2,5, 3 et 3,5 spires, plus rarement 6 à 7. La distance des pas entre eux varie de 9 à 15 μ. A chaque extrémité du spirille se trouve un cil de 10 à 15 μ de longueur; cette bactérie progresse en tournant autour de son axe longitudinal; elle n'a pas encore été obtenue à l'état de culture pure et ses fonctions biologiques sont inconnues.

Spirillum serpens, tenue, undula.

SYN. : *Vibrio serpens, tenue, undula.*

Ces divers spirilles décrits par MÜLLER (1) et EHRENBERG (2) à l'origine des études micrographiques, étudiés plus tard par COHN (3), sont, surtout, un peu mieux connus depuis les travaux récents de KUTSCHER (4) et BONHOFF (5) qui sont parvenus à les isoler convenablement des eaux stagnantes ou des liquides corrompus, où ils vivent habituellement, et à les cultiver sur les milieux actuellement employés par les bactériologistes.

Le *Spirillum serpens* est formé par des filaments de 0,8 à 1,1 μ de largeur, possédant 3 à 4 spires distantes entre elles de 12 à 30 μ. Il donne sur la *gélatine* des colonies arrondies, gris-jaunâtre, et le milieu est lentement liquéfié; à la surface de l'*agar* il produit des végétations jaunes et brunâtres; sur la *pomme de terre* un gazon blanchâtre et épais. Les milieux liquides sont fortement troublés et leur surface se recouvre d'un voile léger.

Le *Spirillum tenue*, plus grêle que le précédent, mesure une longueur oscillant entre 4 et 15 μ; la distance des spires est de 2 à 3 μ; il tourne sur son axe avec une grande agilité. Il donne sur la *gélatine* de petites colonies jaunâtres qui la liquéfient lentement. Les cultures sur *gélose* sont gris-jaunâtre et nulles sur la *pomme de terre*. Les *bouillons* se troublent promptement et se recouvrent d'une pellicule épaisse.

Le *Spirillum undula* est formé de filaments rigides de 1,1 μ à 1,4 μ d'épaisseur sur une longueur de 8 à 12, roulés en 1 à 3 tours; il croît sur la *gélatine* où il fournit des colonies jaunâtres d'un développe-

(1) MÜLLER. Animalcula infusoria, 1786.
(2) EHRENBERG. Die Infusionsthierchen als vollkommene Organismen. Leipzig, 1838.
(3) COHN. *Beiträge zur Biologie der Pflanzen*, 1872, I, p. 178-181.
(4) KUTSCHER. *Zeitschrift für Hygiene*, 1895, XX, p. 54-57.
(5) BONHOFF. *Archiv für Hygiene*, 1896, XXVI, p. 173-177.

ment lent; sur la *gélose* où il donne des végétations brun-jaunâtre ; dans les milieux liquides qu'il trouble sans venir former de voiles superficiels. Ses cultures sur la *pomme de terre* ne donnent aucun résultat.

Microspires des eaux.

Depuis les découvertes des premiers spirilles rendus classiques par les recherches d'Ehrenberg, Cohn et, bien avant eux, par Müller, les progrès de la bactériologie ont permis de découvrir dans les eaux de source, de rivière et d'égout, un grand nombre de microorganismes appelés par les uns spirilles, par les autres vibrions, s'offrant à l'observateur sous la forme de bâtonnets cintrés, en virgule, en courtes ou longues hélices, auxquels Schröter et Migula donnent le nom très rationnel de *Microspira*. Nous ne pourrions, sans dépasser les limites que nous nous sommes assignées, décrire individuellement ces spirobactéries, peut-être entreprendrons-nous ultérieurement cette tâche, mais, pour nous conformer au but que nous poursuivons, nous allons indiquer succinctement les travaux où le lecteur peut lire la description de ces espèces dont plusieurs ne se trouvent pas dénuées d'intérêt et ont leur place indiquée à côté des spirilles du choléra, de Finkler et Prior, de Metschnikoff, de Deneke, etc.

On doit : à Kutscher (1) la découverte et l'étude des *Microspira acutangula*, *curvata*, *Gissaensis*, *granulata*, *halans*, *humida*, *Kutscheri*, *intermedia*, *ochroleuca*, *pseudo-comma*, *pseudo-Finkleri*, *radiata*, *striata*, *Wieseckensis* et *zonata;* à Weibel (2) l'étude des *Microspira canalis*, *nigricans*, *opaca*, *saprophiles* et *Weibelii;* à Wérnicke (3) celle du *Microspira Albis* (Elbvibrio I), *parva* (Elbvibrio II) et *Wernickei;* à Bonhoff (4) celle du *Microspira Bonhoffii* et *liquefaciens;* à Butjwid (5) celle des *Microspira choleroides* et *Orlowskii;* à Neisser (6) la découverte du *Microspira Berolinensis;* à Heider (7) celle du *Microspira danubica;* à Günther (8) celle du *Microspira aquatilis;* à Jorge celle du *Microspira portuensis*, etc.

Ici trouveraient, naturellement, leur place les descriptions des

(1) Kutscher. *Zeitschrift für Hygiene*, 1895, pp. 470-480.
(2) Weibel. *Centralblatt für Bakteriologie*, 1893, VIII, p. 117. — 1888, IV, p. 220. — 1887, II, p. 469.
(3) Wernicke. *Archiv für Hygiene*, 1894, XX, pp. 172-192.
(4) Bonhoff. *Archiv für Hygiene*, 1893, XIX, p. 348.
(5) Butjwid. *Centralblatt für Bakteriologie*, 1893, XIII, p. 120.
(6) Neisser. *Archiv für Hygiene*, 1893, XIX, p. 194.
(7) Heider. *Centralblatt für Bakteriologie*, 1893, XIV, p. 341.
(8) Günther. *Deutsche med. Wochenschrift*, 1892, p. 1124.

Chlamydobactériacées, des Beggiatoacées et des Rhodobactériacées vivant dans les eaux, si ce Manuel avait pour but d'initier l'élève à l'histoire de ces bactéries, déjà relativement élevées en organisation, et de suppléer aux traités de botanique où les caractères morphologiques et biologiques de ces espèces font l'objet de plusieurs chapitres intéressants.

Nous sommes loin d'avoir encore épuisé la liste des microorganismes trouvés dans les eaux et désignés autrement que par des lettres ou des chiffres provisoires.

Sans remonter à COHN de Breslau et à SCHRÖTER, si on examine les travaux qui suivirent de quelques années la vulgarisation de la méthode de KOCH pour la séparation des bactéries, on trouve qu'un nombre respectable d'auteurs n'ont pas résisté au désir de retirer du domaine de l'oubli plusieurs légions de schizophytes.

En 1887, MUSCHEK (1) a décrit : les *Micrococcus subgriseus* et *fuscus ;* les *Bacillus margarittaceus*, *arboreus*, *odorificans*, *canus*, *rectiformis*, *similityphosus*, *annuliformis*, *flavoviridis*, *citrinus*, *bruneus*, *subrubiginosus*.

En 1890, KECK (2) a signalé dans les eaux de Dorpat : les *Micrococcus subcretaceus*, *subcitreus ;* les *Bacillus villosus*, *plumbeus*, *griseus*, *coronatus*.

TARTAROFF (3), en étudiant les eaux de la même ville, en retira le *Streptococcus albicans ;* les *Bacterium iris* et *alutaceum ;* les *Bacillus cuticularis albus*, *dermoides*, *chlorinus*, *aquatilis villosus*, *kermesinus*, *liquefaciens*, *crassus aromaticus*, *fluorescens*, *putidus colloides*, *fluorescens mesentericus*, *aquatilis graveolens*, etc.

LUSTIG (4), dont nous avons déjà cité le bacille rouge, découvrit dans les eaux le *Coccus stellatus ;* le *Bacterium lutescens ;* le *Bacillus pseudotyphosus*, etc.

BURRI (5) a décrit avec soin le *Micrococcus rhenanus* et le *Bacillus rhenanus*.

FISCHER (6), auquel l'on doit l'étude de plusieurs bactéries phosphorescentes, signala dans l'eau de mer les *Halibacterium polymorphum*, *pellucidum*, *roseum*, *rubrofuscum*.

En 1894, ZIMMERMANN (7) apporta une nouvelle contribution à la

(1) MASCHEK. *Jahresbericht der Komm-Ober-Realschule zu Leitmeritz*, 1887, n° 8.
(2) KECK. Ueber das Verhalten der Bakterien in Grundwasser Dorpat's. Dorpat, 1890.
(3) TARTAROFF. Die Dorpater wasserbakterien, 1891.
(4) LUSTIG. Diagnostik der Bakterien des Wassers, 1893.
(5) BURRI. Dissertation inaugurale, Munich, 1893.
(6) FISCHER. Die Bakterien des Meeres, 1894.
(7) ZIMMERMANN. Die Bakterien unserer Trink- und Nutzwässer. Chemnitz, 1894.

flore bactérienne des eaux de Chemnitz et chercha à caractériser les *Micrococcus coralloides*, *sulfureus*, *galbanatus*; les *Bacillus mucosus*, *multipediculus flavus*, *stellatus*, *spumosus*, *annulatus*, *centralis*, *umbilicatus*, *azureus*, *minutus*, *nacreaceus*, *halans*; le *Vibrio synxanthus*, etc.

De même que WEIBEL s'était déjà adonné à l'étude des spirilles des cavités nasales et buccales, KUTSCHER (1) entreprit d'isoler quelques spirilles des eaux et décrivit les *Spirillum subradiatum*, *zonatum*, *coprophilum*, etc.; il avait été précédé dans ces sortes de recherches par SANARELLI (2) qui, de passage à Paris, découvrit dans nos eaux une grande variété de spirilles, une douzaine pour le moins, tous plus ou moins cholériques. (Voir page 520.)

Enfin, il y a à peine deux ans, BURCHARD (3) a découvert d'une façon accidentelle dans les eaux les *Bacterium implectans*, *turgescens*, *angulans*; le *Bacillus loxosus*, etc.

III. — MICROORGANISMES DU SOL.

Le sol doit être considéré comme le lieu d'origine de la majorité des espèces microscopiques décrites jusqu'à ce jour. Il ne paraît donc pas légitime de distraire plusieurs d'entre elles de cet élément pour le simple motif que ces espèces ont été découvertes pour la première fois dans des milieux particuliers où s'y retrouvent fréquemment. Il nous suffit de rappeler qu'un gramme de terre prélevé à la surface du sol contient plusieurs millions d'espèces bactériennes et plusieurs millions de germes à l'état de spores durables pour démontrer le peu de légitimité des classifications qu'on a cru devoir adopter dans le but unique de mettre en évidence, dans autant de chapitres spéciaux, les microbes intéressants qu'on découvre journellement.

Même quand on a distrait des microbes du sol, les espèces pathogènes, zymogènes, chromogènes, thermophiles, etc., qu'il renferme, on reste en présence d'une quantité innombrable de bactéries dont l'étude nous semble devoir réclamer de longues et de patientes recherches. Si on continue, comme on le fait, à ranger parmi les bactéries spéciales à diverses sécrétions animales (microbes de l'intestin, de la salive, du lait, etc.), des schizophytes dont il est facile de démontrer la présence dans le sol, on le spoliera sans profit de ses hôtes habituels et on s'exposera à donner aux élèves une idée abso-

---

(1) KUTSCHER. *Zeitschrift für Hygiene*, 1895, XIX, p. 471.
(2) SANARELLI. *Annales de l'Institut Pasteur*, 1893, VII, p. 693.
(3) BURCHARD. *Arbeiten aus dem bakt. Inst. d. Techn. Hochschule zu Karlsruhe*, 1898, II.

lument inexacte de la flore si variée de la terre et de l'humus qui recouvrent une si grande partie de la surface du globe.

Ces remarques faites, nous ajouterons que notre intention est d'exposer très succinctement dans ce paragraphe l'histoire de quelques microbes, très vulgairement trouvés dans le sol, qu'on n'a pas encore dépaysés pour leur attribuer un habitat nouveau, en confondant, peut-être inconsciemment, les milieux de culture qu'ils affectionnent avec les milieux où ils se perpétuent, ce qui n'est pas toujours la même chose.

Bacillus candicans.

Ce bacille aérobie, découvert dans le sol par G. et P.-Frankland (1), est formé d'articles épais, immobiles, presque micrococformes, associés parfois en courtes chaînes et aussi en courts filaments; il ne paraît pas donner de spores et croît lentement à la température ordinaire dans les milieux usuels de culture.

Il fournit sur la *gélatine* de petites colonies ayant l'apparence de gouttelettes de lait; dans la profondeur, les colonies sont sphériques et possèdent un aspect légèrement granuleux. Ensemencé par piqûres, la tête du clou obtenu est constituée par une tache laiteuse et le trait sous-jacent par un chapelet de sphérules. La gélatine n'est pas liquéfiée.

Les cultures développées sur la *gélose* ont l'apparence de traînées minces, translucides, d'un blanc-grisâtre. L'enduit formé sur la *pomme de terre* est abondant et de même couleur.

Le *bouillon* est rapidement troublé, un dépôt blanc volumineux se produit au fond du vase. Les nitrates ne sont pas réduits.

Bacillus ubiquitus.

Cette espèce, aérobie et facultativement anaérobie, décrite par Jordan (2), se rencontre dans les poussières et les eaux usées. Elle a beaucoup de parenté avec la précédente et se montre de même immobile, formée d'articles courts de 1,1 à 2 μ de longueur sur 1 μ de largeur; elle paraît également asporogène.

Le *Bacillus ubiquitus* croît dans la plupart des milieux nutritifs à la température ordinaire et à 37°. Il donne dans la profondeur de

(1) Grace et Percy-Frankland. *Zeitschrift für Hygiene*, 1889, VI, p. 397.
(2) Jordan. *State Board of Health of Massachusetts*, 1890, p. 830.

la *gélatine* de petites colonies sphériques ou ovalaires qui acquièrent en vieillissant une couleur jaunâtre ; les colonies superficielles sont saillantes et ressemblent à des gouttes de lait, plus tard elles brunissent; la gélatine n'est pas liquéfiée.

Les cultures sur la *gélose* sont grisâtres et possèdent un léger reflet métallique ; les végétations sur la *pomme de terre* sont blanches et très limitées.

Ce bacille croît, de même, dans le *bouillon*, où il peut donner des voiles minces ; les nitrates sont énergiquement réduits.

Semé dans le *lait*, il le coagule promptement à 37°, en lui communiquant une réaction fortement acide.

Bacillus diffusus.

Cette espèce aérobie a été découverte dans le sol par GRACE et PERCY-FRANKLAND (1). Elle s'offre sous l'aspect de bâtonnets de 1,7 μ de largeur sur 0,5 μ de longueur, doués de mouvements ondulatoires ou rotatoires quand ils sont isolés. Ce bacille peut également adopter la forme de longs filaments flexibles chez lesquels on n'a pu encore constater la présence de spores.

Le *Bacillus diffusus* se multiplie à la surface de la *gélatine*, en donnant naissance à des colonies dont le noyau central, d'aspect granuleux, est entouré d'une auréole plus claire que le microscope montre formée par des bacilles végétant à la périphérie. Ensemencé par piqûre, la culture se produit surtout au point d'inoculation et la liquéfaction du milieu marche avec lenteur.

Les cultures sur *agar* consistent en traînées unies, minces, de couleur crème. L'enduit obtenu sur la *pomme de terre* est également mince et brillant, mais jaune-verdâtre.

Semé dans le *bouillon*, il le trouble et y donne un dépôt jaunâtre et quelques flocons superficiels qui n'arrivent jamais à former un voile continu.

Bacilles de Fulles.

FULLES (2) a décrit, sous les n[os] I et II, deux bacilles du sol, fort voisins par leurs caractères morphologiques, tous deux aérobies, mobiles, asporogènes, peu liquéfiants et non pathogènes.

---

(1) GRACE et PERCY-FRANKLAND. *Zeitschrift für Hygiene*, 1889, VI, p. 396.
(2) FULLES. *Zeitschrift für Hygiene*, 1890, X, p. 225.

Le bacille I est formé d'articles de 1 à 1,2 μ de longueur sur 0,6 μ de largeur ; il croît dans la *gélatine* en donnant de petites colonies sphériques, finement granuleuses, d'un blanc-bleuâtre ; semé sur la *pomme de terre*, il y produit un enduit humide jaune sale ; le *bouillon* se trouble sous son action et donne un dépôt blanc floconneux.

Le bacille II est moins mobile que le bacille I, et ses articles, plus courts, sont presque globulaires. Il donne dans la *gélatine* des colonies jaune-brunâtre qui, lorsqu'elles sont superficielles, peuvent acquérir 2 millimètres de diamètre. L'enduit obtenu sur l'*agar* est uni et à contour irrégulier ; le gazon formé sur la *pomme de terre* est humide et jaunâtre ; le développement dans le *bouillon* est plantureux.

Bacillus liquefaciens magnus.

Ce bacille anaérobie, isolé de la terre de jardin par LÜDERITZ (1), se montre formé d'articles courts, mobiles, à extrémités arrondies, droits ou légèrement incurvés. Ces bâtonnets mesurent 3 à 6 μ de longueur sur 0,8 à 1,1 μ d'épaisseur ; on peut également les voir croître en filaments longs et flexibles, dans l'intérieur desquels se forment des spores ovales, réfringentes de 1,2 μ de longueur sur 0,8 μ de largeur.

Cette espèce croît rapidement à l'abri de l'air et à la température de la chambre dans les milieux usuels de culture.

Semée dans la *gélatine*, elle accuse déjà, au bout de 24 heures, un développement manifeste à quelques centimètres au-dessous de la surface de ce substratum. Les colonies obtenues, d'abord punctiformes, possèdent au bout de 2 jours un diamètre voisin de 2 millimètres, en même temps la gélatine commence à se liquéfier ; sa fluidification est complète après 4 à 5 jours d'attente. Dans les ensemencements par piqûres, la liquéfaction commence à se produire à 1 centimètre et demi au-dessous de la surface ; elle détermine la formation d'un canal rempli d'un liquide trouble qui se clarifie en donnant un dépôt blanchâtre.

Sur la *gélose* maintenue à l'abri de l'oxygène de l'air, le développement est rapide et les colonies obtenues peuvent être arborisées ; les piqûres dans le *sérum* de sang coagulé donnent lieu à un dégagement de bulles gazeuses.

---

(1) LÜDERITZ, *Zeitschrift für Hygiene*, 1889, V, p. 146.

On voit, également, se produire des gaz dans la gélatine additionnée de sucre de raisin, et la culture exhale une odeur désagréable de vieux fromage.

Bacillus liquefaciens parvus.

Cette espèce anaérobienne, également retirée de la terre de jardin par LÜDERITZ (1), se montre formée par des articles immobiles de 2 à 5 μ de longueur sur 0,5 à 0,7 μ de largeur; elle peut aussi adopter la forme filamenteuse, et on considère comme des spores durables les corpuscules réfringents qui s'observent dans l'intérieur des bâtonnets.

Le *Bacillus liquefaciens parvus* croît à la température de la chambre dans les milieux habituels. Semé dans la *gélatine*, il donne au bout de deux jours, à quelques centimètres au-dessus de la surface, de petites colonies ovalaires, liquéfiantes. Ensemencée par piqûres, on voit se former un chapelet de colonies sphériques dont le diamètre croît en allant dans la profondeur.

Les colonies nées sur la *gélose* offrent un contour irrégulier; le *sérum* de sang est lentement liquéfié; les cultures dans le *bouillon* dégagent une odeur nette de putréfaction.

Bacillus megaterium.

Ce bacille, d'abord découvert par DE BARY (2) dans des décoctions végétales altérées, a été trouvé depuis par TILS (3) et un grand nombre d'observateurs dans l'air, le sol et les eaux. On peut aisément le retirer de l'humus en isolant individuellement les bacilles dont les germes résistent quelque temps à l'action de l'eau bouillante.

Cette espèce microscopique, aérobie et mobile, est formée par de gros articles de 10 à 12 μ de longueur sur 2,5 μ de largeur, possédant de 4 à 8 cils. En vieillissant, ces articles se segmentent en 3 ou 4 loges, dans l'intérieur desquelles on voit souvent se former des spores ovales très réfringentes. Ces bâtonnets, parfois légère-

---

(1) LÜDERITZ. *Zeitschrift für Hygiene*, 1889, p. 148.
(2) DE BARY. Morphologie und Biologie der Pilze, Mycetozoen und Bacterien, p. 500. Leipzig, 1884.
(3) TILS. *Zeitschrift für Hygiene*, 1890, IX, p. 282.

ment incurvés, se montrent isolés ou réunis en chaînes d'un nombre très variable d'éléments. Le protoplasme des articles jeunes est manifestement granuleux (fig. 201).

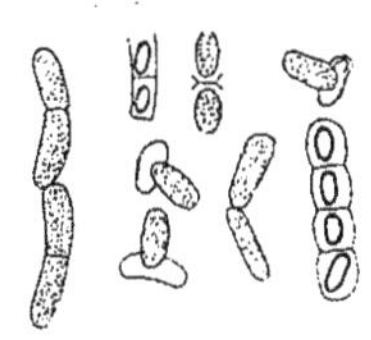

Fig. 201.
Bacillus megaterium.

Le *Bacillus megaterium* croît à la température de la chambre et mieux entre 25 et 35°.

Semé dans la *gélatine*, il y fournit rapidement de petites colonies blanchâtres irrégulières, parfois entourées d'expansions radiaires. Le milieu est lentement liquéfié. Ensemencé par piqûre, la liquéfaction se produit en entonnoir rempli d'un liquide louche donnant un abondant dépôt et se recouvrant d'un voile mycodermique.

Sur la *gélose*, on obtient un enduit blanchâtre peu adhérent.

Sur la *pomme de terre*, il se forme des traînées d'un blanc-jaunâtre, où les spores se montrent très abondantes, ainsi que les formes involutives qu'adopte volontiers ce bacille.

Le *bouillon*, maintenu à 30°, se trouble déjà très fortement en 24 heures; quelques jours plus tard, on voit s'accumuler au fond du vase un dépôt blanchâtre constitué par un amas de pellicules ayant chuté de la surface; plus tard encore, ce dépôt volumineux se réduit en un sédiment fin, un peu visqueux.

Le *Bacillus megaterium* compte parmi les bactéries dont les spores résistent énergiquement à l'action de la chaleur et des antiseptiques; il n'est pas pourvu de caractères biologiques dignes d'être mentionnés.

Bacillus mesentericus vulgatus.

Syn. : Bacille commun de la pomme de terre.

Ce microorganisme, déjà décrit par Flügge (1) en 1886 et, quelques années plus tard, longuement étudié par Vignal (2), se rencontre dans le sol, les eaux, les poussières atmosphériques, les fèces, les décoctions des substances végétales simplement bouillies et à la surface des pommes de terre.

Ce bacille, très répandu autour de nous, est constitué par des bâtonnets à extrémités presque carrées de 1,2 à 3,5 μ de longueur sur 0,9 μ de largeur, le plus souvent unis par paires ou en chaînes de plusieurs articles.

---

(1) Flügge. Die Microorganismen, p. 322, 2e éd., 1886 et édition de 1896, p. 198.
(2) Vignal. Contribution à l'étude des Bactériacées. Paris, 1889.

Le *Bacillus mesentericus vulgatus* est aérobie, peu ou pas mobile ; il donne des spores circulaires réfringentes auxquelles il doit son extrême résistance à la chaleur; il se cultive aisément à la température des appartements, dans les milieux employés usuellement en bactériologie; toutefois, il se développe plus abondamment à 30° qu'à 10 ou 20°.

Il fournit au bout de 24 heures, à la surface de la *gélatine*, de petites colonies jaunâtres, possédant un centre opaque, qui grossissent rapidement en liquéfiant le milieu en cupule et qui amènent ultérieurement la fluidification complète du substratum. Les cultures par piqûre sont encore plus promptement liquéfiantes.

Les végétations obtenues sur l'*agar* se présentent sous l'aspect d'enduits grisâtres, cireux, d'abord unis puis ridés, d'ordinaire très adhérents.

Les cultures sur le *sérum* de sang coagulé offrent à peu près les mêmes caractères, puis le sérum est liquéfié. Ce bacille peptonise de même le *blanc d'œuf* cuit.

Porté sur la *pomme de terre*, il s'y multiplie en donnant naissance à un enduit épais, à bords festonnés, rapidement envahissant; la couche formée n'est pas seulement adhérente à la surface de ce substratum, on peut constater qu'elle le pénètre assez profondément.

Les cultures dans le *bouillon* n'ont rien de bien caractéristique; le liquide se trouble en moins de 24 heures; sa surface se recouvre d'un voile réticulé percé à jour comme une dentelle irrégulièrement tissée; ultérieurement, la couleur du bouillon fonce et brunit fortement.

Le *Bacillus mesentericus vulgatus* précipite la caséine du lait et la redissout partiellement. On a attribué à cette espèce un rôle très actif dans la fermentation des hydrates de carbone, mais aucun travail précis n'a été publié à ce sujet; on doit, surtout, la considérer comme une bactérie comburante.

Bacillus mesentericus fuscus.

Cette bactérie, décrite par Flügge (1), Tils (2) et cataloguée par Eisenberg (3), se trouve largement représentée dans le sol, les poussières et les eaux impures. Elle se montre constituée par de petits

(1) Flügge. Die Mikroorganismen, éd. de 1886 et éd. de 1896, p. 192.
(2) Tils. *Zeitschrift für Hygiene*, 1890, IX, p. 312.
(3) Eisenberg, Bakteriologische Diagnostik, 3e édit., 1891.

bacilles courts, aérobies, très mobiles, souvent associés deux à deux, ou unis en courtes chaînes. Elle fournit de petites spores rondes et brillantes.

Ce bacille se multiplie bien à la température ordinaire dans les milieux les plus divers.

Semé dans la *gélatine*, il y donne naissance à de petites colonies blanc-jaunâtre, finement granulées, de la surface desquelles se détachent souvent des expansions délicates; puis le milieu est promptement liquéfié.

Porté sur la *gélose*, il y végète en donnant naissance à un enduit lisse, brun clair, devenant ultérieurement crémeux.

Ensemencé sur la *pomme de terre*, on voit se former, au bout de 24 heures, une pellicule mince, jaunâtre qui, ultérieurement, se montre sèche et ridée. Contrairement au bacille précédent, les cultures du *Bacillus mesentericus fuscus* ne pénètrent pas dans le parenchyme de ce tubercule.

Bacillus mesentericus ruber.

Ce bacille, trouvé dans la terre de jardin et à la surface de la pomme de terre, a été plus particulièrement étudié par GLOBIG (1). TARTAROFF (2) en a également donné une description soignée.

Cette espèce peut être considérée à la fois comme chromogène et thermophile, car elle possède la faculté de sécréter un pigment rougeâtre et de vivre facilement à la température de 45°.

Ce microbe, aérobie et faiblement mobile, est formé par des bâtonnets d'environ 2 à 4 μ de longueur sur 0,8 μ de largeur; ces bâtonnets, assez rarement isolés, sont ordinairement groupés par paires ou en courtes chaînes; à un moment de leur existence, ces articles fournissent des spores ovales très résistantes à l'action de la chaleur. Elles peuvent, comme celles de plusieurs bacilles subtils, rester vivantes après un séjour de 4 heures dans la vapeur de l'eau bouillant à la pression normale. Quand ces spores sont sèches, elles résistent souvent pendant 10 à 15 minutes à la vapeur d'eau portée vers 120°.

Le *Bacillus mesentericus ruber* croît aisément dans les milieux usuels de culture entre 15 et 45°. Semé dans la *gélatine*, il y donne

---

(1) GLOBIG. *Zeitschrift für Hygiene*, 1888, III, p. 323.
(2) TARTAROFF. Die Dorpater Wasserbakterien, p. 21. Dorpat, 1891.

au bout de deux jours, dans la profondeur des colonies sphériques jaunâtres qui, dès le 3e jour, émettent des filaments soyeux, puis la liquéfaction se manifeste le 5e ou 6e jour. Dans les cultures en piqûre, la gélatine se liquéfie au bout de 3 à 4 jours en donnant un entonnoir rempli d'un liquide trouble où nagent des flocons blanchâtres qui ne tardent pas à gagner le fond du vase.

Le développement sur l'*agar* est très rapide. La totalité de la surface est envahie, vers la 16e ou 18e heure, par un enduit blanc rosé, non adhérent, qui se ride les jours suivants.

Semé sur la *pomme de terre* maintenue à 15°, la surface est entièrement recouverte à la fin du 3e jour par une couche jaunâtre, mince, finement plissée; à 37°, l'envahissement est complet en 24 heures et la pellicule obtenue est jaune-rougeâtre, parfois rose foncé. Ces sortes de culture dégagent une odeur de jambon cuit.

Le même bacille se développe promptement dans le *bouillon* à la surface duquel il donne, souvent au bout de 12 heures, un voile continu assez épais sans que le liquide soit troublé visiblement; le bouillon des vieilles cultures brunit fortement.

Au nombre des bacilles de la pomme de terre, citons encore le *Bacillus mesentericus niger*, étudié par BIEL et LUNT, déjà décrit parmi les espèces chromogènes (voir page 708).

Bacillus mycoides.

Ce bacille se rencontre fréquemment dans l'eau et dans le sol. D'après FLÜGGE (1) et ZIMMERMANN (2) il apparaît sous la forme de bâtonnets aérobies, mobiles, possédant 1,6 μ de longueur sur 0,8 μ environ de largeur. Souvent, aussi, on le voit croître en filaments analogues à ceux de la bactéridie charbonneuse, dans l'intérieur desquels apparaissent des spores elliptiques brillantes.

Cette espèce, qui prend aisément les couleurs d'aniline, se colore très bien par le GRAM, croît aisément à la température ordinaire dans les milieux nutritifs vulgaires.

Semée dans la *gélatine*, elle y donne des colonies blanchâtres, émettant des branches entrelacées comme les myceliums des mucédinées, puis la gélatine est liquéfiée; dans les cultures en piqûres, on voit se former un trait blanc d'où partent de fines ramifications

(1) FLÜGGE. Die Mikroorganismen, p. 324, 2e éd., 1886.
(2) ZIMMERMANN. Die Bakterien unserer Nutz- und Trinkwässer. Chemnitz, 1890.

horizontales au-dessus duquel se trouve une tache à contour irrégulier, de quelques millimètres de diamètre, où débute la liquéfaction.

Le développement sur l'*agar* est caractérisé par la formation d'un enduit grisâtre, gras et brillant, envahissant en 48 heures la totalité de la surface.

Sur la *pomme de terre*, on obtient déjà, à la fin du 1er jour, des traînées blanches d'environ 3 millimètres de largeur qui gagnent, de même, au bout de 3 jours toute la surface du substratum.

Le *bouillon* se recouvre d'une pellicule et se charge d'un dépôt floconneux sans perdre sensiblement de sa limpidité.

Bacillus muscoides.

Ce microorganisme, étudié par Liborius (1), a été trouvé dans le sol, le vieux fromage, les excréments des herbivores, etc.; il est formé d'articles lentement mobiles, de 1 μ environ d'épaisseur et d'une longueur indéterminée. Ces articles, en se résolvant, donnent naissance à des spores ovales fortement réfringentes.

Semé dans la *gélatine*, il y donne des végétations arborescentes, offrant l'aspect de dendrites délicates; ensemencé par piqûre, on voit apparaître de belles arborisations originaires du trait vertical né au sein de ce milieu qui n'est jamais liquéfié.

Les cultures sur la *gélose* offrent le même aspect.

Bacillus polypiformis.

On doit, également, la description de ce bacille à Liborius (2) qui l'a isolé de la terre et des excréments des ruminants.

Ce bacille anaérobie est formé d'articles de 1 μ d'épaisseur et de longueur très variable, peu mobiles et donnant des spores ovales ou cylindriques.

Cultivé dans la *gélatine*, il s'y développe en donnant de petites colonies jaunâtres, à contour irrégulier, souvent entourées d'expansions tentaculiformes rappelant les colonies des protées. Ce milieu n'est pas liquéfié. Les cultures sur *gélose* ont un aspect identique.

Sur le *sérum* de sang, on voit se former un trouble diffus le long de la strie d'ensemencement.

---

(1) Liborius. *Zeitschrift für Hygiene*, 1886, I, p. 163.
(2) Liborius. *Zeitschrift für Hygiene*, 1886, I, p. 162.

L'addition aux milieux nutritifs de 2 p. 100 de sucre favorise la croissance botanique de ce microorganisme sans provoquer la production de gaz.

Bacillus radiatus.

Ce bacille, découvert dans la terre de jardin par Lüderitz (1), est constitué par des articles mobiles, à extrémités arrondies, de 4 à 7 μ de longueur sur 0,8 μ d'épaisseur, pouvant également croître en longs filaments septés. Ses spores mesurent 0,9 μ sur 1,2 à 2 μ.

Le *Bacillus radiatus* est anaérobie et peut aisément croître à la température des appartements dans les milieux usuels, à la condition qu'ils soient purgés d'oxygène atmosphérique. L'addition de quelques centièmes de sucre favorise son développement.

Semé dans la *gélatine*, il y fournit, à quelques centimètres au-dessous de la surface, des colonies entourées de houppes soyeuses divergentes, rappelant les mucédinées nées au sein du même milieu; puis, 2 à 3 jours plus tard, la liquéfaction débute au centre de la colonie et se poursuit rapidement; les ensemencements par piqûre donnent à 1 ou 2 centimètres de la surface une végétation en forme d'écouvillon, finalement le substratum se liquéfie promptement.

Le *sérum* de sang est énergiquement peptonisé sous son action et se transforme en un liquide dégageant une forte odeur de putréfaction.

Les gaz qui se produisent dans les milieux sucrés possèdent une odeur rappelant à la fois le vieux fromage et les oignons.

Bacillus spinosus.

Cette anaérobie, également isolée de la terre de jardin par Lüderitz (2), est formée de bâtonnets mobiles, à bouts arrondis, de 0,6 μ de largeur et d'une longueur variant habituellement entre 3 à 8 μ; ces articles sont souvent associés en longs filaments. Ces bâtonnets, aisément colorables par les couleurs d'aniline, four-

---

(1) Lüderitz. *Zeitschrift für Hygiene*, 1889, V, p. 149.
(2) Lüderitz. *Zeitschrift für Hygiene*, 1889, V, p. 152.

nissent des spores ovales et réfringentes de 1 μ de large sur 1,2 μ de long.

Le *Bacillus spinosus* croît bien en l'absence d'oxygène gazeux à la température ordinaire dans les milieux usuels de culture additionnés de 2 p. 100 de sucre de raisin.

Semé dans la *gélatine*, il y donne, au bout de 48 heures et à quelques centimètres au-dessous de la surface, des colonies formées de filaments rectilignes s'irradiant régulièrement dans toutes les directions; puis, la liquéfaction commence au point central de la colonie et se poursuit graduellement en donnant lieu à la formation de grosses sphères liquides.

Les végétations nées dans l'intérieur de la *gélose* consistent en taches opaques de 3 à 4 millimètres de diamètre que le microscope montre formées par un chevelu de filaments.

Le *sérum* de sang coagulé se liquéfie sous l'action de cette espèce et les gaz qui se produisent dans les cultures sucrées possèdent une odeur mixte rappelant à la fois celle du fromage et du suc de framboise fermenté.

Bacillus scissus.

Ce bacille, trouvé dans les eaux et le sol par Grace et Percy-Frankland (1), est formé d'articles courts, ovales, immobiles, de 1 à 2 μ de longueur sur 1 μ de largeur. Ces articles microcoformes se trouvent associés par paire ou réunis en chaînes de dimensions variables; ils ne paraissent pas donner de spores.

Le *Bacillus scissus* croît lentement à la température ordinaire dans les milieux usuels de culture. Semé dans la *gélatine*, il y donne de petites colonies punctiformes, jaunâtres, se montrant bombées, d'un jaune pâle, et à contour denté quand elles sont superficielles. Les cultures en piqûre sont chétives, l'œil ne perçoit aucun développement dans le trajet du fil de platine, une simple tache à contour irrégulier apparaît seulement au point piqué; la gélatine acquiert une couleur verdâtre mais n'est pas liquéfiée.

L'*agar* contracte la même teinte tandis qu'il se développe à sa surface un enduit uni, brillant, à bords festonnés.

Le gazon qui envahit la majeure partie des tranches de *pomme de terre* est couleur chair.

---

(1) Grace et Percy-Frankland. *Zeitschrift für Hygiene*, 1889, VI, p. 399.

Le *Bacillus scissus* trouble le *bouillon* en y produisant un dépôt blanc pur accompagné de la formation d'un voile superficiel; enfin il réduit lentement les nitrates.

Bacillus solidus.

Ce bacille anaérobie, découvert par Lüderitz (1) dans la terre de jardin, s'offre sous l'aspect de bâtonnets de longueur variant de 1 à 10 μ et d'une largeur voisine de 0,5 μ. Ces articles, doués de mouvements de progression et d'oscillation modérément actifs, donnent des spores dans les vieilles cultures sur gélatine.

Le *Bacillus solidus* croît aisément à la température de la chambre dans les milieux usuels.

Semé dans de la *gélatine* additionnée de sucre de raisin, il y fournit, au bout de 48 heures, des colonies qui peuvent atteindre la grosseur d'une graine de pavot; ces colonies ont alors l'apparence de petites sphères, à contour arrondi, à côté desquelles se forment des bulles gazeuses répandant une odeur butyrique désagréable. Ce milieu n'est pas liquéfié. Si le sucre de raisin fait défaut, il ne se produit pas de gaz et le développement est chétif.

Les colonies nées dans la *gélose* sont un peu plus volumineuses, plus transparentes et d'un aspect cotonneux quand on les examine à un grossissement de 20 à 30 diamètres.

Le développement sur le *sérum de sang* coagulé reste limité à la strie d'ensemencement, le milieu n'est pas liquéfié.

Enfin cette espèce croît abondamment dans le *bouillon* purgé d'air; déjà au bout de 24 heures, elle le trouble fortement et lui communique une odeur fétide.

Bacillus subtilis.

Depuis plus d'un demi-siècle, on donne le nom de *Vibrio* ou de *Bacillus subtilis* à une bactérie répandue, un peu partout, dans le sol, les poussières, les eaux, à la surface des objets, etc., et qu'on se procure d'habitude, assez aisément, en isolant les diverses

(1) Lüderitz. *Zeitschrift für Hygiene*, 1889, V, p. 152.

espèces microbiennes qui se développent spontanément dans les infusions de foin bouillies pendant 20 à 30 minutes, c'est-à-dire stérilisées vis-à-vis des schizophytes asporogènes.

On ignore si le *Vibrio subtilis* d'Ehrenberg est identique au *Bacillus subtilis* de Cohn (1), et on ne sait pas davantage si ce dernier peut être confondu avec l'espèce portant le même nom étudiée, dix ans plus, tard par Brefeld (2); quoi qu'il en soit, on s'accorde, aujourd'hui, à considérer comme le vrai *Bacillus subtilis* le bacille qui offre les caractères suivants :

Cette espèce se montre formée de bâtonnets mobiles, aérobies, à extrémités arrondies de 2 à 8 μ de longueur sur 0,7 μ de largeur, adoptant très souvent la croissance en filaments. Ces articles longs ou courts, munis de nombreux cils, donnent naissance à de nombreuses spores elliptiques, brillantes, très résistantes à l'action des agents physiques et chimiques.

Le *Bacillus subtilis* croît dans la plupart des milieux usités dans les laboratoires entre des limites de température assez étendues (15 à 45°); le degré de chaleur le plus favorable à son développement paraît voisin de 30°. Il prend bien les couleurs d'aniline et conserve le Gram.

Semé dans la *gélatine*, il y donne, au bout de 24 heures, de petites colonies jaunâtres à contours arrondis; les colonies superficielles s'étalent en taches à bords irréguliers et frangés; la gélatine sous-jacente se liquéfie au bout de 3 à 4 jours. Dans les cultures par piqûres, la liquéfaction marche plus rapidement, le canal formé s'élargit en entonnoir qui se montre rempli par un liquide trouble, laissant déposer un abondant dépôt et se recouvrant en même temps de pellicules.

Sur *agar*, on obtient un gazon grisâtre qui se transforme en une pellicule membraneuse et plissée.

Les cultures sur la *pomme de terre* sont abondantes et se montrent constituées par un enduit épais et crémeux, qui envahit rapidement la surface de ce tubercule.

Sous son action, le *bouillon* se trouble en moins de 24 heures et, dès le lendemain, il se recouvre d'un voile devenant ultérieurement épais, membraneux, d'aspect gras, très difficile à dissocier, tandis que le bouillon récupère promptement sa limpidité première.

---

(1) Cohn. *Beiträge zur Biologie der Pflanzen*, 1872, I, p. 175.
(2) Brefeld. Botanische Studien über Schimmelpilze, 1881, IV, p. 51.

Citons, comme ayant une grande parenté avec le *Bacillus subtilis*, le *Bacillus leptosporus* trouvé accidentellement par L. Klein (1).

Bacillus ramosus.

Syn. : *Wurtzel Bacillus.*

Ce bacille aérobie, faiblement mobile, plus épais que le *Bacillus subtilis*, trouvé par Grace et Percy-Frankland (2) dans le sol et les eaux communes, est constitué par des bâtonnets à extrémités arrondies, trois fois plus longs que larges, parfois croissant en filaments, parfois unis en longues chaînes d'articles. Il donne des spores ovales ordinairement localisées au centre des articles.

Le *Bacillus ramosus* se multiplie rapidement aussi bien à la température de la chambre qu'à l'étuve.

Semé sur la *gélatine*, il y donne à la fin du second jour des colonies blanches possédant l'aspect des myvéliums des moisissures. Dans les ensemencements par piqûre, on voit se développer, le long du trajet suivi par l'aiguille, des branches latérales ramifiées, donnant à la culture l'aspect d'un arbre renversé. La liquéfaction marche rapidement.

Il se produit à la surface de la *gélose* des arborisations partant du trait d'inoculation ; puis, il se forme un enduit épais, humide, rappelant les cultures du *Bacillus subtilis*.

Il donne sur la *pomme de terre* un enduit blanc, sec, qui envahit la totalité du substratum.

Le *bouillon* reste clair pendant les premiers jours, tandis qu'il se produit un dépôt floconneux, et plus tard, à sa surface, un voile consistant.

Bacillus singularis.

Ce microorganisme a été rencontré par Losski (3) dans le sol à 2 mètres de profondeur; il apparaît sous la forme de bâtonnets très mobiles, de 2 μ de longueur sur 0,8 μ de largeur, couverts de cils sur toute leur surface.

Semé dans la *gélatine*, il y croît lentement en donnant au bout de

(1) L. Klein. *Centralblatt für Bakteriologie*, 1889, VI, p. 313.
(2) Grace et Percy-Frankland. *Zeitschrift für Hygiene*, 1889, II, p. 388.
(3) Losski. Die Mikroorganismen des Bodens. Dorpat, 1893.

15 jours de petites colonies superficielles jaunâtres d'environ 1 millimètre de diamètre et dépourvues de tout pouvoir liquéfiant; les cultures sur *agar* sont maigres et grisâtres; le *bouillon* est légèrement troublé.

On doit au même observateur la description de plusieurs autres espèces telluriques douées surtout de fonctions chromogènes : du *Bacillus pallescens* trouvé dans le sol, du *Bacillus granulosus* et du *Bacterium roseum* trouvés dans les sables des dunes.

Spirilles de Weibel.

WEIBEL (1) a isolé de la vase de canal et des infusions de foin putréfiées trois spirilles qu'il a désignés sous les noms de *Vibrio saprophiles* α, β et γ, ainsi que plusieurs autres bactéries de la même famille douées de fonctions chromogènes (*Spirillum aureum*, *flavum*, etc.) dont nous avons déjà eu l'occasion de dire un mot (page 709).

Les trois espèces saprophiles en question sont formées d'articles courbes, souvent disposés en hélice; elles se montrent aérobies, mobiles, asporogènes et aucune d'elles n'est liquéfiante.

Le *Spirillum saprophilum* α s'offre en articles courbes, à extrémités pointues, de 3 μ de longueur sur 0,6 μ de largeur. Il donne dans la *gélatine* de petites colonies sphériques brun-jaunâtre, d'une croissance très lente, pouvant atteindre au bout de 6 jours un diamètre voisin d'un demi-millimètre; il fournit sur la *gélose* des enduits blanc-jaunâtre, crémeux au-dessous desquels le milieu se trouble sous une épaisseur de 1 à 2 millimètres. Sur la *pomme de terre*, il se produit, dès la fin du deuxième jour, un abondant gazon brun-chocolat, rappelant les cultures du bacille de la morve, en même temps qu'il se dégage une forte odeur ammoniacale. La même espèce croît bien dans le *bouillon* où elle donne au bout de quelques jours un dépôt grumeleux.

Le *Spirillum saprophilum* β possède, environ, 2 μ de longueur et l'épaisseur des bacilles de la tuberculose. Les colonies qu'il fournit sur la *gélatine* sont d'une croissance lente, restent petites et n'arrivent à mesurer que 0,3 millimètre. Les végétations sur la *gélose* consistent en un enduit blanc-jaunâtre, crémeux et visqueux; les cultures sur la *pomme de terre* sont d'un vert-jaune sale; elle sont prospères dans le *bouillon*.

(1) WEIBEL. *Centralblatt für Bakteriologie*, 1887, II, p. 469 et 1888, IV, p. 230.

Le *Spirillum saprophilum* γ ressemble au point de vue morphologique au spirille α. Les colonies nées dans la profondeur de la *gélatine* sont blanches et sphériques; elles peuvent acquérir à la fin d'une semaine 0,5 millimètre de diamètre ; celles qui sont superficielles sont d'un blanc sale, à centre proéminent, et légèrement fluorescentes. Les cultures sur *agar* s'étalent en un gazon blanchâtre, et consistent sur la *pomme de terre* en un enduit brunâtre, humide et gluant. Ensemencé dans le *bouillon*, le spirille γ y croît abondamment en donnant à la surface de ce liquide des voiles épais et consistants.

Citons, de même, parmi les spirilles du sol le *Vibrio terrigenus* étudié par GÜNTHER (1).

IV. — MICROORGANISMES DE LA PUTRÉFACTION.

Les microorganismes de la putréfaction sont, comme la plupart des bactéries saprogènes, très répandus dans le milieu ambiant. On les trouve par légions innombrables dans toute substance altérable abandonnée à elle-même à une température modérée. C'est à ces espèces vulgaires qu'est due la transformation incessante de la matière organique répandue sur l'écorce terrestre, et comme cela a été dit à la page 636 de cet ouvrage, leur rôle est des plus importants dans la nature. N'ayant pas à revenir sur ce sujet, nous nous contenterons d'ajouter, ici, que ces bactéries vivent dans les eaux impures, dans les macérations végétales et animales, dans le sol, les boues, la vase, le tube digestif des animaux, etc. Plusieurs paragraphes ayant été consacrés à la description de ces microbes d'après leur habitat, le groupe des bactéries que nous allons décrire s'en trouve considérablement amoindri, mais on retrouvera, un peu plus loin, celles qui auraient pu trouver une place à côté des espèces dont nous allons parler.

Ascococcus Billrothi.

Ce microcoque, dont l'existence a été signalée par BILLROTH (2) dans les macérations de viandes putréfiées et étudiée par COHN (3) qui l'a vu croître et prospérer dans les liquides minéraux, est formé par

(1) GÜNTHER. *Hygienische Rundschau*, 1894, IV, p. 721.
(2) BILLROTH. Coccobacteria septica. Berlin, 1874.
(3) COHN. *Beiträge zur Biologie der Pflanzen*, 1875. I, 3e partie, p. 151.

des colonies sphériques, de très faible diamètre, agglomérées en masses rondes, elliptiques, plus ou moins régulières, pouvant acquérir 40, 60 et même 120 μ de largeur ; ces masses ou colonies se montrent entourées d'une capsule hyaline dure et cartilagineuse dont l'épaisseur peut varier de 10 à 30 μ.

Cette espèce ne paraît pas avoir été obtenue à l'état de culture pure. On sait, seulement, qu'elle croît dans les liqueurs nutritives, notamment dans la solution de COHN (p. 113) en venant donner à sa surface des voiles épais, gluants, de faible consistance, comparables à la couche de crème qui se produit sur le lait bouilli.

L'*Ascococcus Billrothi* peut se cultiver, également, sur les tranches de fruits, de betteraves, dans les jus sucrés où il détermine la production d'une quantité appréciable d'acide butyrique.

Bacterium termo, lineola, punctum, catenula, Vibrio subtilis et Bacillus ulna.

Pour les anciens micrographes, MÜLLER, EHRENBERG, DUJARDIN et même COHN, ces diverses espèces de bactéries étaient les agents très actifs de la putréfaction ; mais comme à cette époque les seuls caractères invoqués pour caractériser les schizophytes étaient inconstants et incertains, on ne sait guère, aujourd'hui, à quels microbes s'appliquent exactement les noms de ces bacteriums et de ces vibrions.

Le *Bacterium termo* (*Monas termo*, MÜLLER) était constitué par des cellules très courtes, à extrémités arrondies, unies habituellement par paires et munies de trompes (cils).

Le *Bacterium lineola* (COHN) était formé de cellules plus longues et plus épaisses unies de même 2 à 2, souvent en chaîne de 4 articles, jamais plus.

Le *Bacterium punctum* (EHRENBERG) mesurait 5,2 μ de longueur sur 1,7 μ d'épaisseur, apparaissait en articles ovoïdes, incolores, doués de mouvements oscillants, qui étaient souvent joints 2 à 2.

Avec le *Bacterium catenula* (DUJARDIN), nous retombons dans les espèces grêles de 0,4 à 0,5 μ d'épaisseur.

Enfin, le *Vibrio subtilis* (EHRENBERG) ou *Bacillus subtilis* (COHN) et le *Bacillus ulna* (COHN) étaient les types des Desmobactéries que les auteurs, d'il y a 20 ans à peine, voyaient un peu partout là où croissaient des microbes filamenteux grêles ou trapus. Ces noms, qui rappellent les premiers essais de classification de nos devanciers, n'ont plus qu'un intérêt rétrospectif. Avant de les livrer à l'oubli, il n'est pas inutile de faire remarquer qu'ils sont dus à des microbotanistes de premier ordre qui s'ingéniaient, avec le secours d'instruments encore imparfaits, à mettre un peu d'ordre dans le monde des infiniment petits en l'absence des méthodes de séparation, actuellement si précises, qui sont venues simplifier considérablement cette tâche ardue et presque surhumaine.

Bacilles anaérobies de Sanfelice.

Sanfelice (1) a désigné par les chiffres romains de I à IX une série de bacilles anaérobies, non pathogènes, sporulés, qu'il a isolés des substances putréfiées, du sol et des excréments des herbivores; plusieurs de ces espèces possèdent des caractères fort voisins d'espèces décrites par plusieurs autres auteurs, cependant nous croyons utile d'en donner les descriptions succinctes d'après le travail si consciencieux de cet auteur.

Bacillus anaerobius I. — Ce bacille, trouvé dans une macération de viande putréfiée, est constitué par des bâtonnets à bouts arrondis, de longueur variable, peu mobiles, susceptibles d'adopter des formes involutives nombreuses.

Semé sur des plaques de *gélatine* soustraites à l'action de l'oxygène atmosphérique, il donne au bout de 2 à 4 jours de petites colonies punctiformes, blanchâtres, qui se transforment ultérieurement en colonies étoilées. Dans les cultures par piqûres, le développement reste limité au trajet du fil de platine et on constate l'apparition de bulles gazeuses qui divisent le substratum en masses discoïdales.

Sur l'*agar*, les cultures examinées à un faible grossissement ont l'aspect d'un écheveau de fil entremêlé.

Bacillus anaerobius II. — Ce microorganisme a été retiré de la terre et des infusions de viandes putréfiées. Il apparaît formé de filaments de longueur variable, mobiles, pourvus de spores terminales.

Il fournit sur les plaques de *gélatine* placées à l'abri de l'air de petits points blancs, perceptibles au bout de 8 à 10 jours, que le microscope montre finement granuleux. Les cultures par piqûres donnent souvent des végétations arborescentes et ramifiées; la gélatine n'est pas liquéfiée. Sur l'*agar*, on voit à un assez fort grossissement un lacis filamenteux. Ces diverses cultures exhalent une odeur

---

(1) Sanfelice. *Zeitschrift für Hygiene*, 1893, XIV, p. 369.

très désagréable; enfin, cette espèce peut être comparée au *Bacillus polypiformis* de Liborius (p. 766).

Bacillus anaerobius III. — Ce bacille s'offre sous l'aspect de bâtonnets courts, peu mobiles, à extrémités légèrement arrondies, porteurs de spores terminales.

Il croît, de même, très lentement sur les plaques de *gélatine* en donnant, au bout de 10 à 15 jours, de petits points blancs qu'un grossissement moyen montre formés par des colonies jaune d'or, à contour net et finement granuleuses. Les cultures par piqûres sont très chétives. La gélatine n'est pas liquéfiée. On n'observe pas la production de bulles gazeuses; néanmoins les cultures obtenues dégagent une odeur forte et désagréable. Comme le précédent, ce microbe a été découvert dans les macérations de viandes putréfiées et dans le sol. Par ses caractères culturaux, il présente de grandes analogies avec le *Bacillus solidus* de Lüderitz (page 769).

Bacillus anaerobius IV. — Cette bactérie mobile adopte la forme des Clostridiums et se montre munie de grosses spores terminales.

Semée dans la *gélatine* préservée de l'afflux de l'air, elle y donne, au bout de 3 à 4 jours, de petits points blanchâtres de forme irrégulière; sous le microscope, ses colonies rappellent beaucoup celles du *Proteus mirabilis*. Dans les cultures par piqûres, les colonies commencent à se montrer le long du trajet du fil de platine, à 2 ou 3 centimètres au-dessous de la surface; il se dégage des bulles gazeuses; la gélatine n'est pas liquéfiée. Les colonies obtenues dans le sein de la *gélose* sont arrondies, à bords nets et finement granuleuses. Cette espèce anaérobie peut encore se développer dans les milieux légèrement acidulés; elle croît dans le *lait* qu'elle coagule, et se montre incapable de faire fermenter l'amidon.

Sanfelice a proposé de donner à ce microorganisme, isolé des macérations putréfiées, du sol et des excréments de cobaye, le nom de *Clostridium solidum*.

Bacillus anaerobius V. — Ce bacille est formé par des bâtonnets mobiles, de longueur variable, montrant des spores terminales ou médianes très réfringentes. On le trouve fréquemment dans la terre et les infusions putrides de viande.

Il donne dans la *gélatine* des colonies rondes, visibles à l'œil nu, après une durée d'incubation de 4 à 5 jours. Les cultures par piqûres se développent de même tardivement et consistent en chapelets de colonies qui finissent par fusionner; on voit apparaître de nombreuses bulles gazeuses et la gélatine est liquéfiée.

Ce microbe peut également être cultivé dans les milieux légèrement alcalinisés ou acidifiés, dans le *lait* qu'il coagule, et dans les milieux amylacés qu'il ne fait pas fermenter.

Les colonies nées dans la *gélose* présentent des prolongements pseudo-podiques divergeant dans toutes les directions. Ajoutons que cet anaérobie offre quelques-uns des caractères du *Clostridium fetidum* (page 647) et du *Bacillus liquefaciens parvus* de Lüderitz (p. 761).

Bacillus anaerobius VI. — Ce bacille se présente sous l'aspect de bâtonnets mobiles de longueur variable, qui croissent lentement dans la *gélatine* en donnant, au bout de 3 à 4 jours, des colonies ayant beaucoup de ressemblance avec celles du *Proteus mirabilis* (p. 779); dans les cultures par piqûres, le développement a lieu à 1 ou 2 centimètres au-dessous de la surface; la gélatine est entièrement liquéfiée au bout de 6 à 7 jours. On observe un dégagement gazeux et les cultures exhalent une odeur désagréable; le *lait* est coagulé. Il semble que cette espèce anaérobienne doive être identifiée avec le *Bacillus liquefaciens magnus* de Lüderitz (p. 760).

Bacillus anaerobius VII. — Ce microorganisme est formé par des bâtonnets mobiles croissant souvent en filaments; chez les bacilles courts, on observe une spore terminale. Semé dans la *gélatine*, il y donne des colonies semblables à celles du *Proteus mirabilis* (page 779); la liquéfaction commence au bout de 6 jours; l'odeur dégagée par ces cultures est très nauséabonde; on ne voit apparaître de bulles gazeuses que dans les milieux additionnés de sucre. Cette espèce paraît identique au pseudo-bacille de l'œdème malin de Liborius. Elle a été trouvée, comme les précédentes, dans les substances putréfiées, le sol et les excréments des animaux.

Bacillus anaerobius VIII. — Cette espèce, qui a le même habitat que l'anaérobie de Sanfelice n° VII, est formée par des bâtonnets mobiles de longueur variable, possédant, selon leurs dimensions, une ou plusieurs spores. Semée dans la *gélatine*, elle y donne des colonies rondes, d'un brun-jaunâtre, munies de prolongements. Les cultures par piqûres rappellent celles du charbon symptomatique et possèdent également une grande ressemblance avec celles du *Bacillus spinosus* de Lüderitz (p. 767).

Bacillus anaerobius IX. — Ce bacille, de même découvert dans les infusions putrides et dans le sol, est formé de bâtonnets mobiles de longueur variable, munis pour la plupart d'une spore terminale ronde.

Semé dans la *gélatine*, il y donne, au bout de 7 à 8 jours, des taches qui, à un faible grossissement, ont beaucoup d'analogie avec celles que produit le bacille de Nicolaïer. Dans les cultures par piqûre, on observe, au bout de 5 à 6 jours, dans la masse du substratum, à 1 ou 2 centimètres au-dessous de la surface, de petits nuages qui grossissent les jours suivants.

Cette bactérie peut, également, croître dans l'*agar*, légèrement acide ou alcalin, dans le *lait* et dans les milieux contenant de l'amidon.

Proteus vulgaris.

Syn. *Bacillus vulgaris*.

Hauser (1) a donné le nom de *Protées* à une classe de bacilles dont les cultures sur la gélatine présentent des aspects macroscopiques particuliers qu'on peut également rencontrer dans plusieurs groupes d'espèces microscopiques. Cette observation ne justifie pas, au point de vue botanique, le genre que Hauser a voulu créer. Macé (2) et Migula (3) s'élèvent, avec raison, contre l'adoption de ce nouveau genre et rangent les Protées dans la grande tribu des Bacilles.

Le *Proteus vulgaris* se rencontre dans les substances en putréfaction, dans les eaux impures et dans le contenu intestinal des animaux. Il est formé par des bâtonnets mobiles mesurant 0,7 à 0,8 μ de largeur sur quelques μ à 40 et même 80 μ de longueur. Les longs filaments sont souvent septés ; ils peuvent être ondulés, bouclés, pelotonnés, adopter la forme d'hélices, etc. Ils donnent des spores et sont souvent recouverts de cils. Ces bâtonnets se colorent aisément par la fuchsine phéniquée, mais refusent le Gram. La température la plus favorable à leur croissance paraît comprise entre 20 et 25°.

Semé dans la *gélatine* ordinaire, ce bacille, aérobie et facultativement anaérobie, y donne, au bout de 24 heures, de petites colonies arrondies, jaunâtres, émettant de nombreux prolongements en boudins ou en tire-bouchons de forme irrégulière et vermiculée ; si la gélatine est molle, ces sortes de végétations, plus ou moins fusiformes, se séparent et s'éloignent de la colonie-mère comme si elles étaient douées d'un mouvement lent de progression. Dans les cultures en piqûres, la liquéfaction se manifeste au bout de 24 heures.

Les cultures sur la *gélose* consistent en un enduit grisâtre, muqueux, s'étendant rapidement à la surface entière de cette substance.

---

(1) Hauser. Ueber Fäulnis bakterien. Leipzig, 1885.
(2) Macé. Traité pratique de bactériologie, p. 487. Paris, 1897.
(3) Migula. System der Bakterien. Iena, 1900.

Les cultures sur la *pomme de terre* apparaissent sous forme de traînées d'un gris-jaunâtre, limitées aux stries d'inoculation.

Le *lait* se coagule sous l'action de ce bacille, et le coagulum se redissout ultérieurement. Le *bouillon* est fortement troublé et laisse déposer un précipité blanc abondant. Toutes ces diverses cultures dégagent une odeur désagréable.

Le *Proteus vulgaris* détermine la décomposition putride des substances albuminoïdes et provoque la formation de l'indol et de l'hydrogène sulfuré ; il attaque également l'urée qu'il transforme en carbonate d'ammoniaque ; enfin Carbone (1) a signalé la présence de ptomaïnes et d'ammoniaques composées dans ses cultures.

Cette espèce n'est pas inoffensive à l'égard des animaux. Elle peut déterminer la production de vastes foyers de suppuration quand on l'injecte sous la peau, et même des symptômes graves et la mort si les injections ont lieu dans les veines à forte dose.

Proteus mirabilis.

Syn. : *Bacillus mirabilis*.

Cette espèce, également décrite par Hauser, se rencontre aussi dans les eaux impures et dans les milieux putréfiés ; elle est formée par de petits bâtonnets mobiles, très courts, de 0,6 μ de largeur, pouvant croître en filaments ; on n'a pu y observer la formation de spores. Des formes involutives s'y rencontrent fréquemment ; les plus communes consistent dans la production de grosses cellules arrondies, dont le diamètre peut atteindre 7 μ. La température la plus favorable au développement de ce microorganisme paraît comprise entre 20 et 24°.

Le *Proteus mirabilis* est aérobie et facultativement anaérobie, il donne sur la *gélatine* des colonies blanches présentant un aspect analogue à celles du *Proteus vulgaris*, mais liquéfiant plus lentement la gélatine. Sa croissance dans le *bouillon* est rapide et abondante. Ces cultures inoculées à une assez forte dose sous la peau des lapins et des cobayes entraînent rapidement la mort. Elles renferment une substance soluble toxique.

---

(1) Carbone. *Centralblatt für Bakteriologie*, 1890, VIII, p. 768.

Proteus Zenkeri.

SYN. : *Bacillus Zenkeri.*

L'existence de ce bacille, a été signalée dans les substances putrifiées par HAUSER (1) et dans les eaux par ZIMMERMANN (2). Il est formé de bâtonnets mobiles d'environ 0,7 μ de largeur et d'une longueur indéterminée; les articles les plus courts possèdent 1,6 à 2,3 μ de longueur. Cette espèce ne paraît pas donner de spores; la température la plus favorable à son développement semble voisine de 30°; elle est bien colorée par la fuchsine phéniquée et par la méthode de GRAM.

Elle donne sur la *gélatine* des colonies blanchâtres entourées d'expansions radiées. Les cultures par piqûres montrent, au point de pénétration du fil de platine, un disque d'où partent des végétations filamenteuses ou arborescentes plus ou moins renflées. Le milieu n'est pas liquéfié quand il entre dans sa composition 10 p. 100 de gélatine sèche; les cultures obtenues n'émettent pas d'odeur désagréable.

Les cultures développées sur l'*agar* consistent en un enduit gris-bleuâtre; elles sont très peu visibles sur la *pomme de terre* et apparaissent sous l'aspect de traînées brillantes d'un gris-jaunâtre.

Le *Proteus Zenkeri* détermine un trouble faible dans le bouillon où l'on voit se former de légers nuages qui se précipitent finalement au fond du vase en donnant un dépôt blanchâtre.

Proteus sulfureus.

SYN. : *Bacillus sulfureus.*

Ce bacille, découvert dans les eaux par LINDENBORN (3), a été également retiré de la vase et des substances altérées par HOLSCHEWNIKOFF (4), qui en a fait une étude complète. Il présente de grandes affinités avec le *Proteus vulgaris* d'HAUSER, mais en diffère par sa propriété de déterminer la production d'une grande quantité d'hydrogène sulfuré.

(1) HAUSER. Die Bakterien der Fäulnis. 1885.
(2) ZIMMERMANN. Die Bakterien unserer Nutz- und Trinkwässer. Chemnitz, 1890.
(3) LINDENBORN. *Fortschritte der Medizin*, VII, p. 201.
(4) HOLSCHEWNIKOFF. *Annales de Micrographie*, 1888, I, p. 257.

Ce bacille se montre formé d'articles courts, mobiles, asporogènes, de 1,6 μ de longueur sur 0,8 μ de largeur; il croît bien à la température des appartements. Il donne sur la *gélatine* des colonies d'abord blanches, isolées, d'où naissent des bâtonnets et des filaments qui envahissent et ramollissent le milieu en produisant ces végétations mobiles si bien décrites par Hauser. Les inoculations par piqûres produisent des traits grisâtres et la liquéfaction, qui débute par le haut, se poursuit en produisant un entonnoir plein d'un liquide trouble.

Sur la *gélose*, on obtient un gazon épais d'un gris-blanchâtre; sur la *pomme de terre*, ce gazon est de même teinte, visqueux, et brunit ultérieurement. Le *lait* n'est visiblement altéré qu'au bout d'une dizaine de jours; il n'est pas coagulé.

Holchewnikoff a décrit un *Bacterium sulfureum*, capable de produire de l'hydrogène sulfuré en plus grande abondance que le *Bacillus sulfureus*, qui fluidifie, de même, la *gélatine* où il donne dans la profondeur des colonies brunâtres et même rougeâtres; sur la *gélose* et la *pomme de terre*, les enduits fournis par cette seconde espèce sulfhydrogène sont brun-rougeâtre et parfois rosés.

Proteus Zopfii.

Syn. : *Bacillus Zopfii*.

Ce bacille, trouvé par Kurth (1) dans l'intestin de poulets et dans les eaux par Migula (2), est constitué par des bâtonnets mobiles, de 3 à 8 μ de longueur sur 0,8 μ de largeur, munis de nombreux cils. Il peut également croître en longs filaments se pelotonnant sur eux-mêmes de distance en distance et se résolvant plus tard en bacilles courts ou en éléments globulaires, comme l'a constaté Billet (3) pour plusieurs espèces bactériennes.

Ce protée ne paraît pas donner de spores; il est aérobie et facultativement anaérobie; il croît aisément à la température ordinaire dans la plupart des milieux nutritifs; il se teint facilement par les couleurs d'aniline et conserve le Gram.

Il fournit sur la *gélatine* des taches blanches, lanugineuses, ayant

(1) Kurth. *Botanische Zeitung*, 1883.
(2) Migula. System der Bakterien, p. 815. Iéna, 1900.
(3) Billet. Contribution à l'étude des Bactériacées. Paris, 1890.

l'apparence des mycéliums de moisissures, mais dont les rayons divergents sont plus épais et beaucoup plus irréguliers; le milieu n'est que lentement liquéfié. Ensemencé par piqûres, il donne des traits blancs d'où s'irradient, au bout de quelques jours et dans toutes les directions, des prolongements grêles. La liquéfaction n'est sensible qu'au bout de 3 à 4 semaines.

Sur la *gélose*, on obtient une couche mince, duveteuse et transparente.

Les cultures sur la *pomme de terre* sont très chétives et ont l'apparence d'un léger enduit grisâtre. Le *lait* n'est pas coagulé. Le *bouillon* se trouble fortement sous son action en se recouvrant d'un voile mince et fragile. Quelques auteurs affirment avoir aperçu, dans ces dernières cultures, des spores placées aux extrémités des bâtonnets.

Cette espèce n'est pas pathogène pour les animaux.

Proteus hominis capsulatus.

Syn. : *Proteus capsulatus; Proteus capsulatus septicus; Bacterium proteus.*

Cette bactérie protéiforme, qui a été si diversement nommée, est plutôt une espèce pathogène que saprophytique. Elle se montre virulente pour les chiens et les souris et moins nocive pour les lapins et les cobayes.

Ce microorganisme, d'abord étudié par Bordoni Uffreduzzi (1), Banti (2), Foà et Bonome (3), puis décrit par Kruse (4), offre une grande ressemblance avec le pneumobacille de Friedländer (p. 811).

Il est formé par des bâtonnets courts, gros et trapus, immobiles et entourés d'une capsule gélatineuse; on ne lui connaît pas de spores; il se colore aisément par les couleurs d'aniline et prend le Gram.

Semé sur la *gélatine*, il donne au bout de 18 à 24 heures des colonies rondes, punctiformes, qui acquièrent plus tard la grosseur d'une tête d'épingle; ce milieu n'est pas liquéfié. Quant aux autres caractères macroscopiques de ses cultures, ils sont identiques à ceux que présentent les cultures du pneumobacille de Friedländer.

---

(1) Uffreduzzi. *Zeitschrift für Hygiene*, III, 1888, p. 333.
(2) Banti. *Lo sperimentale*, 1888.
(3) Foà et Bonome. *Academia de medecina*, 1888, et *Zeitschrift für Hygiene*, 1889, V, p. 403.
(4) Krüse. *In Die Mikroorganismen de* Flügge, 3e éd., 1896, p. 345.

Spirillum concentricum

Ce microbe non pathogène, trouvé dans du sang putréfié par KITASATO (1), est formé par des filaments roulés en 2 ou 3 tours d'hélice à extrémités pointues. Dans les cultures en milieux liquides, la longueur des spirilles peut varier de 5 à 10 μ; l'intervalle des pas mesure environ 4 μ et l'épaisseur des filaments est voisine de 0,8 μ. Ce microorganisme, très mobile, porte deux cils polaires et ne paraît pas donner de spores. Il croît bien à la température de la chambre et à l'étuve.

Il donne dans la *gélatine* des colonies discoïdales, grisâtres, formées d'anneaux concentriques; les cultures par piqûre sont maigres, sauf au point piqué où l'on voit se développer une végétation floconneuse très étendue. La gélatine n'est pas liquéfiée.

Sur la *gélose* on obtient un enduit très adhérent.

Rien ne se développe sur la *pomme de terre.*

Le *bouillon* se trouble lentement sous l'action de ce spirille, puis redevient limpide et abandonne en vieillissant un dépôt muqueux.

Spirillum undula majus et giganteum.

La première de ces espèces, découverte par KUTSCHER (2) dans les liquides corrompus, est d'un tiers plus grosse que le *Spirillum undula* (p. 754). La température qui convient le mieux à sa croissance est comprise entre 22 et 27°. Elle donne dans la *gélatine* au bouillon de viande, au bout de 3 à 4 jours, de petites colonies rondes, brunes, qui se montrent transparentes quand elles viennent à se développer à la surface de ce milieu. On obtient sur *agar*, au bout de 14 à 48 heures, un gazon translucide et incolore.

Le *Spirillum giganteum* du même auteur, rencontré de même dans les liquides corrompus, n'est, peut-être, que le *Spirillum volutans* d'EHRENBERG (p. 753). Il fournit dans la *gélatine* des colonies rondes, grisâtres, et, à la surface de l'*agar*, des colonies rappelant celles du bacille de LÖFFLER. Les cultures obtenues sur la *pomme de terre* consistent en un enduit gris et sec; le *bouillon* est uniformément troublé et ne montre aucun voile superficiel.

(1) KITASATO. *Centralblatt für Bakteriologie*, 1888, III, p. 73.
(2) KUTSCHER. *Centralblatt für Bakteriologie*, 1895, XVIII, p. 614.

V. — Microorganismes du corps de l'homme et des animaux.

Il faudrait plusieurs volumes pour décrire avec détail les bactéries que les observateurs ont découvert, en dehors des bactéries infectieuses, dans le corps de l'homme et des animaux. Il nous suffira pour l'instant de mettre sous les yeux du lecteur la description abrégée des espèces les plus importantes et la nomenclature de celles dont on pourra trouver l'histoire dans les mémoires originaux des auteurs qui en ont fait une étude spéciale.

Pour faciliter l'énumération de ces diverses bactéries, nous les avons divisées en plusieurs groupes : nous parlerons d'abord de celles qui ont été trouvées sur les téguments, les cheveux et le cuir chevelu de l'homme; puis, de celles qu'on a rencontrées sur les muqueuses oculaire, nasale, buccale et bronchique; nous dirons également un mot des bactéries trouvées dans l'estomac, les organes génito-urinaires et dans quelques cavités closes de l'économie; nous terminerons, enfin, ce paragraphe par la description des principaux microbes de l'intestin et des fèces.

Bactéries de la peau et des cheveux.

En dehors des microbes que plusieurs auteurs ont découvert sous les ongles, dans le conduit auditif externe, etc., où l'on peut supposer que les poussières et les objets manipulés les ont accidentellement apportés, on doit à Unna et Tommasoli (1) l'étude de plusieurs bactéries découvertes sur la peau des eczémateux, dont plusieurs ont déjà été mentionnées dans le groupe des bactéries chromogènes (pp. 655, 670 et 673), et à Demme des recherches de même genre chez les personnes atteintes d'affections cutanées; Zibus s'est plus spécialement occupé des bactéries vulgaires des cheveux, Sabouraud, des microbes pathogènes du cuir chevelu.

Diplococcus albicans tardus.

Ce microbe a été trouvé par Unna et Tommasoli sur le corps d'individus atteints d'eczéma séborrhéique. Il est formé d'éléments

(1) Unna et Tommasoli. *Monatshefte für praktische Dermatologie*, IX, n° 2, p. 49.

ovales et immobiles de 0,7 à 0,8 μ de longueur sur 0,6 μ de largeur ; ces cellules sont ordinairement associées par paire, quelquefois en courtes chaînes.

Ce diplocoque aérobie croît aisément à la température ordinaire, il donne dans la *gélatine* des colonies ovalaires d'un jaune foncé qui deviennent circulaires, saillantes, à contours nets et d'un gris-jaunâtre quand elles se forment à la surface de ce milieu. Dans les cultures par piqûre le développement est surtout apparent à l'endroit piqué, où on voit se former une tache cireuse d'un blanc-jaunâtre, à bords frangés, pouvant acquérir un centimètre de diamètre au bout de 3 semaines ; la gélatine n'est pas liquéfiée.

Les cultures obtenues sur la *gélose* sont maigres et s'étendent peu en dehors des stries d'inoculation, elles consistent en traînées d'un gris-jaunâtre à bords irréguliers et frangés.

On doit aux mêmes auteurs la description du *Diplococcus flavus liquefaciens tardus*, trouvé de même sur la peau des eczémateux (p. 655), et du *Diplococcus citreus liquefaciens*, qui rentrent nettement dans le groupe des bactéries chromogènes.

Diplococcus pemphigi.

Ce microbe, trouvé par Demme (1) dans les vésicules du *Pemphigus acutus*, est formé de cellules arrondies de 0,8 à 1,4 μ de diamètre, le plus souvent unies par paires. Il ne croît pas à la température ordinaire sur la *gélatine*, mais ensemencé dans ce milieu nutritif fondu, maintenu à 32-37°, il s'y développe lentement en donnant naissance à un voile superficiel.

Déposé sur la *gélose* laissée à 37°, il y fournit, au bout de 2 jours, des colonies rondes d'un blanc de lait.

Cette espèce est pathogène pour le cobaye.

Micrococcus asper.

Ce micrococque a été isolé par Siebert (2) des brosses à cheveux ; il est constitué par de petites cellules rondes, immobiles de 0,8 à 1,6 μ de diamètre, croissant bien à la température du corps et se

(1) Demme. Congrès de Médecine interne, p. 336. Wiesbaden, 1886.
(2) Siebert. Dissertation inaugurale, p. 12. Wurtzbourg, 1894.

teignant aisément par les couleurs d'aniline et par la méthode de GRAM.

Il donne sur la *gélatine* et l'*agar* des colonies d'un blanc-jaunâtre, rondes, opalescentes, brillantes et finement granuleuses. Ensemencé par piqûre, la culture obtenue est à peine visible dans le trajet suivi par le fil de platine ; au point piqué, apparaît une tache blanc-bleuâtre. La gélatine n'est pas liquéfiée.

Sa croissance est nulle sur la *pomme de terre.*

Le *bouillon* se trouble fortement sous son action et abandonne un précipité blanc ; si ce milieu est sucré, le développement du *Micrococcus asper* est plus abondant et on note la production d'une réaction nettement acide.

Le *lait* n'est pas coagulé après 10 jours d'attente.

Micrococcus lobatus.

Cette espèce a été, de même, trouvée par SIEBERT dans les pellicules du cuir chevelu. Elle est formée par des coccus arrondis de 0,8 μ de diamètre, associés en grappes, donnant dans la *gélatine* des colonies blanches passant rapidement au jaune et capables de liquéfier ce milieu.

On obtient sur l'*agar* un enduit d'une couleur jaune-orangé sale à bords découpés. Les cultures nées sur la *pomme de terre* ont un aspect analogue, et, après 2 à 3 jours, les traînées ont 2 à 3 millimètres de largeur.

Dans le *bouillon*, on voit se former un dépôt jaunâtre et un voile mince et fragile ; le *lait* commence à se coaguler vers le 6e jour, il est entièrement caillé après 10 jours.

Micrococcus scariosus.

Ce microorganisme, découvert par SIEBERT dans les brosses à cheveux, est formé par des cellules sphériques, immobiles, aérobies, de 1 μ environ de diamètre, parfois isolées ou par paires, le plus souvent réunies en amas irréguliers.

Il donne lentement dans la *gélatine* des colonies blanches, liquéfiantes, atteignant 1 millimètre de largeur au bout de 10 jours.

Les cultures sur l'*agar* se développent plus promptement et consistent en un enduit brillant, blanc, d'aspect porcelanique, à bords nettement découpés.

Les stries donnent sur la *pomme de terre* des bandes maigres, blanches et sèches ; le *bouillon* fournit un dépôt blanc et le *lait* est coagulé.

On doit, également, à SIEBERT (1) la description du *Micrococcus quaternus* et du *Bacterium Sieberti* qui ont été trouvés dans les objets servant à la toilette de la tête. Depuis longtemps, déjà, RABENHORST (2) avait signalé la présence de microcoques particuliers dans les cheveux.

Bacterium erythematis.

DEMME (3) a trouvé chez les érythémateux une bactérie formée de bâtonnets immobiles, colorables par la méthode de GRAM, de 2,5 μ de longueur sur 0,7 μ de largeur.

Ce bacille, semé sur la *gélose* maintenue entre 35 et 37°, donne, après 2 à 3 jours d'attente, de petites colonies blanches, rondes, d'aspect paraffiné. Ses cultures inoculées aux cobayes déterminent l'apparition d'éruptions cutanées ; les lapins, les chiens et les chats se sont montrés réfractaires.

Bacillus epidermidis.

BIZZOZERO (4) a décrit, sous le nom de *Leptothrix epidermidis*, un bacille de 3 μ environ de longueur sur 0,3 à 0,4 μ de largeur, trouvé dans les squames des orteils ; cette espèce aérobie ne croît pas au-dessous de 15°, elle se développe convenablement entre 15 et 20° et donnerait des spores à 25°.

Elle pousse faiblement sur la *gélatine* qu'elle ne liquéfie pas et donne à la surface de l'*agar* et de la *pomme de terre* des colonies transparentes, visqueuses, qui fusionnent ensemble pour produire ultérieurement un enduit épais.

Sous le nom de *Bacillus graveolens*, BORDONI UFFREDUZZI (5) a donné la description d'un microorganisme de même habitat, consti-

(1) SIEBERT. Dissertation inaugurale. Wurtzbourg, 1894.
(2) RABENHORST. *Hedwigia*, 1867, n° 4.
(3) DEMME. *Fortschritte der Medizin*, 1888, I, n° 7.
(4) BIZZOZERO. *Virchow's Archiv*, XCVIII, p. 445.
(5) BORDONI UFFREDUZZI. *Fortschritte der Medizin*, 1888, I, n° 7.

tué par des articles très courts, pouvant aisément croître sur la *gélatine* et le *sérum* de sang qu'ils liquéfient et rendent mal odorants.

Bacille de la séborrhée grasse.

SABOURAUD (1) a isolé du sébum raclé sur la peau des malades atteints de séborrhée grasse, un petit bacille de 1 μ de long sur environ 0,5 μ de large, souvent d'aspect microcoforme, colorable par la méthode de GRAM, s'offrant en articles isolés, réunis par paires et parfois en courtes chaînes.

Ce bacille ne se développe pas au-dessous de 30°, la température qui paraît la plus favorable à son développement est voisine de 35°. il commence à croître plus difficilement à 39°. Il meurt promptement à 70°, mais résiste assez bien à 65-67°, ce qui permet de le séparer des espèces nombreuses qui sont tuées par ce degré de chaleur.

Le *bouillon* où on le sème se trouble fortement et abandonne un sédiment boueux et grisâtre.

Cultivé sur la *gélose* glycérinée à 2 ou 3 p. 100 et additionnée par litre de 5 gouttes d'acide acétique cristallisable, il fournit à 35°, vers le troisième ou quatrième jour, des colonies coniques dont la hauteur peut atteindre 2 millimètres; ces colonies, d'abord blanches, acquièrent une teinte rosée en vieillissant.

Le microbe de la séborrhée grasse n'est pas pathogène pour les animaux auxquels on l'inocule; il est, d'après SABOURAUD, l'agent qui provoque la pelade chez l'homme.

Bactéries de la conjonctive.

Parmi les microbes découverts sur la muqueuse de l'œil, les uns appartiennent à quelques espèces pathogènes déjà décrites (gonocoque, staphylocoques pyogènes, bacille de LÖFFLER, etc.), d'autres sont sans action pathogène sur cette muqueuse, d'autres, enfin, seraient les agents des conjonctivites catarrhales dites aiguës et chroniques. Nous passerons brièvement en revue les divers microorganismes de la muqueuse oculaire dont nous n'avons pas eu encore l'occasion de parler.

---

(1) SABOURAUD. *Annales de l'Institut Pasteur*, 1897, XI, p. 134.

Micrococcus liquefaciens conjunctivæ.

Ce microcoque, découvert par GOMBERT (1) sur la conjonctive normale de l'homme, est formé de cellules arrondies, de 0,7 à 1 μ de diamètre, isolées ou groupées par paires. Ces cellules prennent facilement les couleurs d'aniline et conservent le GRAM.

Le *Micrococcus liquefaciens conjunctivæ* croît aisément dans les milieux habituels de culture à la température de la chambre et à celle de 37°. Il donne dans la *gélatine* de petites colonies rondes, blanchâtres, dont le centre opaque paraît être le point de divergence de radiations délicates; les cultures par piqûre ont l'aspect d'une épingle. La gélatine est liquéfiée.

Sur l'*agar*, maintenu à 37°, on obtient un enduit mince d'un blanc sale; sur la *pomme de terre* un enduit brillant, sec et chétif.

Micrococcus flavus conjunctivæ.

Cette espèce, également trouvée par GOMBERT (1) sur la conjonctive intacte de l'homme, est formée par des coccus sphériques d'un diamètre variant de 0,5 à 0,7 μ. Ces éléments, souvent associés en courtes chaînes, se teignent aisément par les couleurs d'aniline et gardent le GRAM. Ils se montrent pathogènes quand on les inocule sur la cornée des lapins.

Le *Micrococcus flavus conjunctivæ* se cultive facilement entre 22 et 38°. Semé dans des plaques de *gélatine*, il y donne naissance, au bout de 48 heures, à des colonies punctiformes, d'un blanc-grisâtre à la surface et jaunâtre dans la profondeur; par piqûres, on obtient de petits clous jaunâtres; la gélatine n'est liquéfiée qu'au bout d'un mois.

Sur plaques de *gélose*, on voit apparaître au bout de 24 heures des colonies brunâtres à peine visibles; quand l'ensemencement a lieu par stries, il se produit des traînées jaunes.

Le développement est nul sur la *pomme de terre*.

---

(1) GOMBERT. Recherches expérimentales sur les microbes de la conjonctive, Montpellier, 1889.

Bacillus viscosus conjunctivæ.

Ce bacille immobile, asporogène, aérobie et facultativement anaérobie, a été trouvé par Gombert (1) sur la conjonctive humaine normale. Il est formé d'articles gros et courts de 1 μ de largeur sur 2 à 8 μ de longueur. Comme les deux espèces précédentes, il prend bien les couleurs d'aniline.

Il croît facilement entre 22 et 37° et donne sur la *gélatine* des colonies et des clous chétifs liquéfiants.

Sur les plaques de *gélose*, maintenues à 37°, son développement est plus rapide; on voit se former dans la profondeur de ce milieu des colonies irrégulières qui, au bout de 4 jours, ont acquis 2 millimètres de diamètre; les colonies superficielles possèdent un centre opaque et granuleux. Les stries effectuées sur la *gélose* donnent naissance à un enduit blanc, sec et membraneux.

Les cultures sur la *pomme de terre* offrent, à peu près, le même aspect.

Ce bacille innoculé sur la cornée et la conjonctive du lapin y détermine une vive inflammation accompagnée d'une vascularisation intense qui disparaît ultérieurement sans provoquer la formation d'abcès.

Bacterium conjunctivitidis.

Syn. : Bacille de la conjonctivite aiguë; Bacille de Weeks.

Cette bactérie, trouvée par Koch (1), Kartulis (2), Weeks (3) et Morax (4) dans la conjonctive catarrhale, consiste en bâtonnets grêles rappelant ceux de la septicémie des souris.

Cette bactérie asporogène ne croît pas sur la *gélatine;* on peut, au contraire, la cultiver parfaitement entre 28 et 30° sur la *gélose* et le *sérum* du sang où elle donne, déjà au bout de 30 à 40 heures, un pointillé grisâtre le long des stries d'ensemencement.

Le *Bacterium conjunctivitidis* pousse de même sur la *gélose* additionnée de sang ou de sérosités animales.

---

(1) Koch. Berichte aus Aegypten und der preuss. Statsminister der Innern.
(2) Kartulis. *Centralblatt für Bakteriologie*, 1887, I, p. 289.
(3) Weeks. *Archiv für Augenheilkunde*, 1887, XVIII, p. 318.
(4) Morax. Recherches bactériologiques sur l'étiologie de la conjonctivite aiguë. Paris, 1895.

Cette espèce n'est pas pathogène pour les animaux, mais déposée sur la muqueuse oculaire de l'homme elle y détermine l'apparition d'une conjonctivite aiguë.

On doit à Kruse (1) l'étude d'un bacille analogue : le *Bacillus pseudo-conjunctivitidis*, plus gros que le précédent, immobile, fournissant des cultures jaune-serin qui liquéfient la gélatine.

Bacille de la conjonctivite chronique.

Cette espèce, découverte par Morax (2) dans les sécrétions conjonctivales, est formée de bâtonnets de 1 à 1,5 μ de largeur sur 2 à 3 μ de longueur, ordinairement associés bout à bout par paires.

Cette espèce est aérobie et ne croît pas dans les milieux vulgaires usités en bactériologie; on peut, toutefois, la cultiver au-dessus de 24° sur l'*agar* additionné de sang ou de liquides séreux animaux; les petites colonies grisâtres, légèrement opaques qu'il y donne, rappellent celles du pneumocoque.

Le *bouillon* additionné de sérum se trouble manifestement en 24 heures.

Le bacille de Morax offre une faible résistance à la chaleur humide, il est détruit au bout d'un quart d'heure à la température de 58°. Il n'est pas pathogène pour les animaux, mais déposé dans le cul-de-sac conjonctival de l'homme, il devient le point de départ d'une conjonctivite chronique.

Bactéries des fosses nasales.

A côté des germes atmosphériques que le jeu de la respiration amène en si grand nombre dans les fosses nasales, on rencontre assez souvent des espèces pathogènes telles que les bacilles de la tuberculose, de la diphtérie, le streptocoque, divers staphylocoques, etc., originaires des poussières des salles des malades et un groupe de bactéries spéciales qui ont été décrites par Klamann, Hack, von Besser, Abel, Weibel et d'autres auteurs, sur lesquelles nous passerons rapidement.

(1) Kruse. Die Mikroorganismen, de Flügge, 3ᵉ éd., 1896, II, p. 441.
(2) Morax. *Annales de l'Institut Pasteur*, 1896, X, p. 337.

Streptococcus fluorescens fetidus.

Ce microbe, trouvé par Klamann dans les mucosités des fosses nasales, se présente sous la forme de petits diplocoques associés en chaînes, capables de se multiplier encore à 15°, mais se développant surtout bien à 37°.

Semé sur la *gélatine*, il donne de petites colonies grisâtres ou brunâtres liquéfiantes; ensemencé par piqûre, on voit se produire, au point de pénétration du fil de platine, un disque circulaire, aplati, au-dessous duquel le milieu se liquéfie, la quantité de liquide formé augmente assez rapidement, sa couleur devient verte et sa surface se recouvre d'un voile irisé à reflets violacés.

Sur la *gélose*, il se forme un enduit brunâtre, granuleux; le gazon obtenu sur la *pomme de terre* est brun-verdâtre et le parenchyme du tubercule se colore en bleu.

Le *sérum* de sang gélatinisé est liquéfié et acquiert une teinte verte.

Micrococcus cumulatus tenuis.

Cette bactérie, trouvée par von Besser (1) dans le mucus nasal normal, est formée de coccus immobiles, ovales, le plus souvent associés en tas; elle est aérobie et facultativement anaérobie et croît à la température de la chambre dans les milieux de culture habituels.

Ensemencée par piqûre dans la *gélatine*, elle détermine, le long du trajet de l'aiguille d'inoculation, la formation d'une traînée délicate constituée par de petites colonies, et, au point piqué, l'apparition d'un disque plat à bords légèrement surélevés. La gélatine n'est pas liquéfiée.

Sur la *gélose*, on obtient des colonies en gouttes transparentes pouvant atteindre 5 millimètres de diamètre, se transformant plus tard en disques aplatis à noyau opaque.

Le développement sur la *pomme de terre* est pénible et chétif.

Les cultures dans le *bouillon* donnent lieu à la formation d'un dépôt abondant, tandis que le liquide garde presque sa transparence.

(1) Von Besser. *Ziegler's Beiträge zur pathol. Anatomie*, VI, p. 347.
(2) Klamann. *Allgemeine medizinische Centralzeitung*, 1887, p. 1347.

Diplococcus coryzæ.

Ce microorganisme, trouvé par Hajeck(1) dans les sécrétions nasales des personnes affectées de coryza aigu, se présente sous la forme de cellules rondes, le plus souvent groupées par paires.

Ce diplocoque croît bien à l'étuve et à la température des appartements dans les milieux de culture usuels.

Il donne dans la *gélatine* des colonies blanches et par piqûre des clous ayant beaucoup d'analogie avec ceux que produit le pneumobacille de Friedländer; ce milieu n'est pas liquéfié.

Porté sur la *gélose*, il y détermine la formation d'un enduit gluant.

Cette espèce n'est pas pathogène.

Micrococcus tetragenus subflavus.

Von Besser (2) a trouvé ce microcoque dans le mucus nasal des personnes bien portantes; il est constitué par des cellules sphériques, immobiles, de grosseur moyenne, disposées en tétrades.

Ce microbe, aérobie et facultativement anaérobie, croît aisément à la température de la chambre sur la gélose nutritive, mais ne donne lieu à aucun développement sur la gélatine.

A la surface de la *gélose*, il se produit de grosses colonies plates d'un blanc sale atteignant 5 millimètres de diamètre; les colonies nées dans la profondeur sont verdâtres et très irrégulières; les cultures en stries, sur le même milieu, sont formées par des enduits gris qui brunissent sur les bords vers le troisième et quatrième jour et qui, à la fin de la quatrième semaine, présentent la couleur des cultures de *Staphylococcus pyogenes aureus*.

Les végétations obtenues sur la *pomme de terre* consistent en traînées d'un brun clair.

Micrococcus fetidus.

Ce microorganisme, découvert par Klamann dans les fosses nasales, est formé de cellules de grosseur variable réunies par chaînes,

(1) Hajeck. *Berliner klinische Wochenschrift*, 1888, n° 33.
(2) Von Besser. *Ziegler's Beiträge zur pathol. Anatomie*, VI, p. 347.
(3) Klamann. *Klin. allgem. med. Centralzeitung*, 1887, p. 1344.

par amas ou par paires; la longueur d'un double élément mesure environ 1,5 μ.

Cette espèce croît bien entre 15 et 20°, moins bien à l'étuve, mieux au contact qu'à l'abri de l'air. Elle donne sur la *gélatine* des colonies blanches, rondes ou ovales; par piqûre on obtient un clou dont la tête est blanc de lait; le milieu se liquéfie lentement et exhale une odeur désagréable.

Sur l'*agar*, il se forme des traînées blanches qui croissent lentement et finissent par envahir la surface totale du substratum.

Les cultures nées sur la *pomme de terre* consistent en enduits irréguliers, rougeâtres, émettant une odeur très fétide; les colonies développées sur le *sérum* de sang sont blanchâtres et entourées de cercles concentriques.

Micrococcus albus liquefaciens.

Ce microcoque, découvert par von Besser (1) dans le flux nasal des personnes en bon état de santé, consiste en cellules deux fois plus grosses que celles du *Micrococcus pyogenes albus*, se montrant tantôt isolées, tantôt réunies en courtes chaînes ou en amas irréguliers.

Cette espèce, aérobie et facultativement anaérobie, croît dans les milieux usuels à la température de l'étuve et à la température ordinaire; elle liquéfie la *gélatine* et fournit sur l'*agar* des colonies blanches et des enduits brillants; les cultures sur la *pomme de terre* possèdent le même aspect.

Streptococcus nasalis.

Cette espèce a été trouvée dans les sécrétions nasales, d'abord, par Hack (2), puis par Strauch (3); elle est formée de coccus associés deux à deux, joints en longues chaînes, prenant aisément les couleurs d'aniline et conservant le Gram.

Le *Streptococcus nasalis* croît à la température de la chambre et à l'étuve. Il donne à la surface de la *gélatine* des colonies arrondies,

---

(1) Von Besser. *Zeigler's Beiträge zur pathol. Anatomie*, VI, p. 346.
(2) Hack. *Bakteriologische Diagnostik*, 3 éd., 1891, p. 55.
(3) P. Strauch. Dissertation inaugurale. Berlin, 1887.

grisâtres et opaques qui, en 8 jours, peuvent atteindre 3 à 4 millimètres de diamètre tandis que les colonies profondes mesurent à peine 1 millimètre. Le milieu est liquéfié.

Ce streptocoque n'est pas pathogène.

Bacillus striatus albus.

Cette espèce bacillaire, aérobie et asporogène, rencontrée par VON BESSER (1) dans le mucus nasal des personnes bien portantes, se montre formée par des bâtonnets, plus ou moins incurvés, de la taille de ceux du bacille de LÖFFLER, pouvant croître à la température de la chambre dans les milieux habituels de culture.

Il donne à la surface de la *gélatine* des colonies blanches, sèches, et sur la *gélose* des gouttelettes brillantes d'un blanc de lait pouvant atteindre 5 millimètres de diamètre ; dans les ensemencements en stries, on obtient des traînées unies, blanches et brillantes.

Les cultures sur la *pomme de terre* consistent en bandes minces transparentes et gélatineuses.

Bacillus ozenæ.

Depuis quinze ans environ, on a décrit une multitude d'espèces bactériennes auxquelles a été attribuée la propriété de déterminer l'ozène, maladie caractérisée, en dehors des lésions anatomiques, par l'odeur forte et désagréable que répandent autour d'eux les individus atteints de cette affection.

Dès 1884, LŒUWENBERG (2) commença l'étude bactériologique de cette maladie qu'il reprit dix années plus tard. Vers 1894 ABEL et HAJECK abordèrent le même sujet.

Le bacille de l'ozène d'ABEL (3) est constitué par des articles de longueur variable mesurant 1,2 μ de largeur ; il peut adopter la forme de micrococques et se montrer alors associé par paires ou courtes chaînes de 4 à 8 éléments.

Ces articles immobiles apparaissent pourvus d'une capsule, surtout dans les cultures dans le lait ; ils se colorent aisément par les couleurs d'aniline, mais refusent le GRAM.

---

(1) VON BESSER. *Zeigler's Beiträge zur patholog. Anatomie*, VI.

(2) LŒUWENBERG. *Union médicale*, 1884. — *Annales de l'Institut Pasteur*, 1894, VIII, p. 292.

(3) ABEL. *Centralblatt für Bakteriologie*, 1893, XIII, p. 161. — *Zeitschrift für Hygiene*, 1895, XXI, p. 89.

Semés dans la *gélatine*, ils y donnent naissance à de petites colonies blanc de lait et par piqûre à des cultures en clous à tête aplatie. Ce milieu n'est pas liquéfié.

Sur la *gélose* et le *sérum* de sang coagulé, on obtient des bandes crémeuses; la *pomme de terre* est envahie sur toute sa surface par un enduit blanchâtre et muqueux.

Le *bouillon* comme le *lait* peuvent également servir à la culture de ce même bacille.

Le bacille d'Abel se montre pathogène pour les souris des champs et des habitations, il présente donc de grandes analogies avec le pneumocoque de Fränkel (p. 279).

Le bacille de l'ozène trouvé par Hajeck (1) chez les personnes atteintes de punaisie est formé d'articles courts, presque aussi longs que larges, souvent réunis en chaînes de 6 à 10 éléments.

Il se teint à la fois bien par les couleurs usuelles d'aniline et le procédé de Gram. Il est aérobie et facultativement anaérobie; il croît aisément à la température de la chambre et à l'étuve.

Il donne sur la *gélatine* des colonies rondes d'un gris-jaunâtre déjà visibles au bout de 36 heures et, par piqûre, des clous épais qui liquéfient en une à deux semaines la totalité du substratum.

Les traînées obtenues sur l'*agar* sont humides, gluantes et dégagent une odeur repoussante.

Les cultures sur la *pomme de terre* consistent en bandes d'un jaune-brunâtre également très mal odorantes.

Le *sérum* de sang se recouvre promptement d'un enduit blanchâtre d'une puanteur excessive.

Ce bacille de Hajeck est pathogène pour les souris.

On peut rapprocher des espèces qui précèdent le *Bacillus smaragdinus fetidus* de Reimann (2) trouvé dans les sécrétions nasales des sujets atteints d'ozène et formé par de petits bâtonnets immobiles, asporogènes, souvent rangés parallèlement et de la taille du bacille de Koch.

Ce microorganisme croît bien à 37° et très lentement à la température des appartements; ses cultures sur l'*agar* et la *pomme de terre* sont rapides et consistent en traînées d'un jaune sale.

Sur la *gélatine*, on obtient des colonies et des traits d'un vert clair qui commencent dès le 8e jour à liquéfier la gélatine.

---

(1) Hajeck. *Berliner klinis. Wochenschrift*, 1888, p. 662.
(2) Reimann. Dissertation inaugurale. Wurtzbourg, 1887.

Le bacille de Reimann, injecté dans les veines des lapins, les tue en 36 à 48 heures.

Spirillum nasale.

Weibel (1) a signalé plusieurs spirilles qu'il a isolés des sécrétions nasales. Celui qu'il décrit le plus longuement est formé d'articles gros, courbes, de la taille de la bactéridie charbonneuse et environ 2 à 5 fois plus longs que larges. Ces articles immobiles, asporogènes, peuvent être groupés en forme d'hélices.

Le *Spirillum nasale*, aérobie et facultativement anaérobie, croît mieux à 37° qu'à la température ordinaire. Il donne sur la *gélatine* des colonies qui se développent avec lenteur et dans les cultures en piqûres des traits délicats nuageux.

La croissance sur *gélose*, maintenue à 37°, est plus rapide et on voit se produire une couche d'un blanc sale où les longs spirilles sont fréquemment observés.

Les ensemencements sur la *pomme de terre* restent inféconds.

Enfin, cette espèce n'est pas pathogène et ses cultures n'exhalent pas d'odeur désagréable.

Bactéries de la bouche.

La flore bactérienne de la cavité buccale a fait l'objet de fréquentes recherches de la part d'un grand nombre d'auteurs; plusieurs se sont attachés à y découvrir la nature des microbes qu'elle renferme à l'état normal, d'autres à rechercher les bactéries qui élisent domicile dans les premières voies digestives pendant l'évolution d'affections générales ou locales. Ce travail est loin d'être terminé et, suivant toute probabilité, ne le sera pas encore de quelque temps.

La salive, le mucus qui tapisse, à l'état normal, la muqueuse pharyngienne, la langue, les amygdales, etc., les débris alimentaires qui s'accumulent et pourrissent dans les espaces inter-dentaires, le tartre des dents, etc., donnent asile à des milliards de bactéries dont les unes peuvent être rangés parmi les espèces pathogènes, pyogènes septiques, comme les microcoques de Biondi, le pneumocoque, le

---

(1) Weibel. *Centralblatt für Bakteriologie*, 1887, II, p. 266.

streptocoque, les staphylocoques, le bacille du côlon, etc., et dont les autres, moins bien connues, paraissent y vivre de la vie saprophytaire et y engendrer des fermentations, des putréfactions ou de simples combustions comme elles le font en dehors de l'économie sur les terrains favorables à leur multiplication.

Robin, Pasteur, Koch, Sternberg, Vignal, Netter, Rosenthal, Freund, Kruse, Rappin, Klein, Grimbert, etc., ont contribué pour une large part à l'étude des bactéries de la bouche ; nous ne citerons ici que les espèces découvertes pour la première fois dans cette cavité, abstraction faite des espèces pathogènes dont la description a été donnée ailleurs (pneumocoque, bacille de Löffler, etc.).

Micrococcus gingivæ pyogenes.

Miller qui, l'un des premiers, a étudié systématiquement les bactéries de la bouche, a publié, en 1882 (1), un travail sur les microorganismes de la carie dentaire, et ultérieurement, en 1889 (2), un mémoire où les bactéries qu'il a isolées sont plus nettement caractérisées, de ce nombre se trouve le *Micrococcus gingivæ pyogenes* découvert chez des malades atteints de stomatite purulente.

Cette espèce est constituée par des coccus irréguliers ou par des bâtonnets épais, isolés ou réunis par paires, croissant aisément à la température des appartements et donnant sur la *gélatine* des colonies rondes à contour dentelé ; les cultures par piqûre donnent des clous volumineux dépourvus de tout pouvoir liquéfiant.

Les traînées obtenues sur *agar* sont jaune-verdâtre et violettes par la lumière transmise.

Les cultures dans le *bouillon* provoquent l'acidité de ce milieu et un dégagement notable de gaz.

Inoculé aux souris, le *Micrococcus gingivæ pyogenes* détermine la formation d'abcès.

Bacillus gingivæ pyogenes.

Ce bacille, retiré du tartre dentaire et du pus d'abcès alvéolaires par Miller (2), se présente en courts bâtonnets, de grosseur moyenne, à extrémités arrondies, croissant très bien à la tempéra-

(1) Miller. *Archiv für experimentelle Pathologie*, 1882, XVI.
(2) Miller. Die Mikroorganismen der Mundhöhle, p. 216. Leipzig, 1889.

ture ordinaire des appartements et donnant déjà, au bout de 24 heures sur la *gélatine*, des colonies, aisément discernables, entraînant la liquéfaction de ce milieu nutritif.

Les cultures obtenues sur la *gélose* consistent en enduits épais, humides et grisâtres.

Cette espèce est pathogène pour les souris.

Micrococcus citreus granulatus.

Freund (1), qui s'est surtout attaché à décrire les espèces chromogènes de la bouche, a décrit sous le nom de *Micrococcus citreus granulatus* un microbe formé de cellules arrondies de 0,7 à 1 μ de diamètre, colorables aisément par les couleurs aqueuses d'aniline, mais refusant le Gram.

Ce micrococcus sécrète un pigment jaune de chrome clair, soluble dans l'eau, complètement insoluble dans l'alcool et l'éther et sur lequel les alcalis n'ont aucune action.

Cette espèce donne dans la *gélatine* des colonies et des clous jaunes d'une croissance peu rapide et lentement liquéfiants.

Elle détermine rapidement sur la *gélose*, à la température ordinaire et à l'étuve, la formation d'un gazon jaune de chrome clair.

Sur la *pomme de terre*, le développement est plus tardif et la nuance de l'enduit obtenu beaucoup plus foncée que sur la gélatine et l'agar.

Le *bouillon* où on la sème reste limpide, tandis qu'il s'accumule au fond du vase un dépôt jaune clair.

Micrococcus latericeus.

Cette espèce, trouvée dans la cavité buccale par le même observateur, se distingue du *Micrococcus carneus* de Zimmermann par sa faculté de croître à des températures élevées.

Elle est formée de cellules rondes, immobiles, atteignant en moyenne 1 μ de diamètre, facilement colorables par les solutions aqueuses des couleurs d'aniline et par la méthode de Gram.

Le degré de chaleur le plus favorable à sa croissance se trouve situé vers 36°; la lumière et la température de 32° n'ont pas

---

(1) Freund. Ein Beitrag zur Kenntnis chromogenes Spaltpilz und ihres Vorkommens in der Mundhöhle, p. 17. Erlangen, 1893.

d'influence sensible sur la couleur du pigment qu'elle sécrète.

Elle donne sur la *gélatine* des colonies et des cultures couleur chair, se développant lentement et non liquéfiantes.

Sur l'*agar*, maintenu à l'étuve, les végétations sont plus abondantes, mais restent de la même nuance.

Le *bouillon* se trouble fortement sous son action; le *sérum* de sang se recouvre d'un enduit mince, faiblement coloré et est liquéfié.

Bacilles de Freund.

FREUND (1) a également retiré des sécrétions buccales d'autres bacilles chromogènes donnant naissance par voie de culture à des pigments jaunes. Voici succinctement leurs principaux caractères :

Le *Bacillus nova species I* est formé de bâtonnets à extrémités arrondies, immobiles, de 0,7 μ environ de largeur sur 1 à 2,5 μ de longueur; ces articles se teignent aisément par les couleurs usuelles d'aniline et conservent le GRAM.

Semé sur la *gélatine*, il y croît, déjà visiblement au bout de 24 heures, en donnant des colonies et des cultures de couleur jaune, de consistance muqueuse, lentement liquéfiantes. Ces cultures dégagent une odeur forte et désagréable.

On obtient sur la *gélose* un enduit couleur jaune de Naples, brillant, humide et gluant. L'aspect des végétations sur la *pomme de terre* est à peu de chose près semblable.

Sous son influence, le *bouillon* se trouble au bout du 2e jour, abandonne un dépôt jaune abondant et dégage une odeur fétide.

Ce bacille I se développe rapidement sur le *sérum* de sang qu'il peptonise en un liquide, de même, très mal odorant.

Le *Bacillus nova species II* s'offre en bâtonnets de longueur très variable, les plus courts mesurent 1, 2 μ, les plus longs 6 μ, leur largeur est voisine de 0,7 μ; ils sont souvent réunis en chaînes de 2 à 3 éléments; les couleurs d'aniline les teignent aisément; ils se colorent intensivement par le procédé de GRAM.

Ce second bacille croît sur la *gélatine* en donnant des colonies et des cultures jaune de chrome liquéfiantes.

Sur la *gélose* et la *pomme de terre*, on obtient des enduits de consistance muqueuse, jaune-ocre jusqu'à la température de 27°, au delà de ce degré de chaleur la croissance se ralentit et le pigment ne se produit pas.

Dans le *bouillon* maintenu à la température de la chambre, le développement est sensible dès le second jour, le dépôt formé est jaune de chrome, blanc si la température est plus élevée.

Sur le *sérum* de sang conservé à 36°, la surface se recouvre entièrement d'un enduit gluant, non coloré ; au bout de 8 à 10 jours, le sérum commence à se liquéfier en un liquide présentant une forte réaction alcaline.

Nous signalerons encore le *Bacillus viscosus ochraceus* du même auteur, ayant beaucoup d'analogie avec l'espèce dont la description vient d'être donnée.

Micrococcus Reesii.

Ce microcoque, trouvé par Rosenthal (1) dans la cavité buccale, se présente sous la forme de grosses cellules rondes, immobiles, de 1 à 1,5 μ de diamètre, souvent groupées par paires et parfois en chaînettes de 3 à 4 éléments.

Cette espèce croît bien à la température ordinaire dans les milieux usuels de culture et se teint facilement par les couleurs d'aniline.

Elle donne, dans les plaques de *gélatine*, des colonies punctiformes, blanches, visibles au bout de 24 à 48 heures, pouvant atteindre 2 à 3 millimètres de diamètre. En piqûre, le développement a lieu le long du trait d'inoculation ; il consiste en une traînée muqueuse liquéfiante.

On obtient : sur l'*agar* des enduits blanc-bleuâtre gluants ; sur la *pomme de terre* des traînées blanc de lait et sur le *sérum* de sang, à la température ordinaire, des gazons humides, brillants, non liquéfiants.

Le *bouillon* se trouble sans se recouvrir de pellicules superficielles et se clarifie, ultérieurement, en donnant un abondant dépôt blanc.

Le *lait* n'est pas visiblement altéré.

Diplococcus Hauseri.

Rosenthal (1) a également découvert cette espèce dans les mucosités buccales. Elle se montre constituée par des cellules immobiles,

(1) Rosenthal. Ein Beitrag zur Kenntnis der Bakterienflora der Mundhöhle, p. 19, Berlin, 1893.

elliptiques, parfois bacilliformes, de dimensions variables; leur longueur atteint sur la gélatine, la gélose et la pomme de terre 1,4 à 1,8 μ et souvent 2 μ dans le bouillon.

Ce microcoque, aérobie et facultativement anaérobie, prend aisément les couleurs d'aniline et conserve le Gram. Il croît bien à la température des appartements sur les milieux nutritifs habituels.

Semé dans des plaques de gélatine, il y donne, au bout de 24 à 48 heures, des colonies punctiformes et des cultures par piqûre jaune d'or non liquéfiantes.

Les cultures sur *agar* sont gluantes, brillantes et gris-jaunâtre; sur la *pomme de terre* on voit se développer un gazon épais, brillant, visqueux, dont la couleur se distingue à peine de celle de ce substratum.

Le *bouillon*, maintenu à 18 et 20°, est fortement troublé au bout de 4 à 5 jours; ce trouble persiste, il ne se produit pas de voiles superficiels, mais un dépôt de teinte un peu rougeâtre s'accumule au fond du vase.

Le *lait* reste inaltéré.

Citons, enfin, le *Bacillus luteus* de Dobrezyniecki (1) formé par de gros bâtonnets immobiles donnant, de même, des colonies et des cultures jaunes.

Bacillus salivarius septicus.

Biondi (2) a signalé à côté des staphylocoques pyogènes de la salive (p. 266), l'existence d'autres microorganismes dont l'occasion se présente ici, naturellement, de dire un mot.

Le *Bacillus salivarius septicus* se montre formé, tant dans la salive que dans le sang des animaux, de courts bâtonnets elliptiques dont la longueur varie de 1 à 5 μ et dont la plus forte épaisseur atteint 0,6 μ. Dans le sang, ces bâtonnets se montrent associés par paires, dans les tissus en courtes chaînes, dans les bouillons de culture en longs chapelets.

Ces divers éléments se colorent bien par le violet de gentiane et conservent le Gram.

Semés dans des plaques de *gélatine* abandonnées à 22-24°, les premiers signes de développement ne se manifestent qu'au bout de

(1) Dobrezyniecki. *Centralblatt für Bakteriologie*, 1897, XXI, p. 835.

(2) Biondi. *Zeitschrift für Hygiene*, 1887, II, p. 196.

4 à 5 jours; on voit alors apparaître de petites colonies rondes, transparentes, possédant un noyau central opaque. Les piqûres sur le même milieu donnent des cultures en clous ou en épingles aussi fournies à la surface que dans la profondeur. La gélatine n'est pas liquéfiée.

Il produit à la surface de la *gélose* des enduits minces et transparents qu'on rend plus épais par l'addition de 2 p. 100 de sucre. Les cultures sur la *pomme de terre* sont à peu près nulles; celles qui se forment sur le *sérum* de sang coagulé consistent en petites colonies, voisines d'aspect de celles qui naissent sur la gélatine nutritive.

Le *Bacillus salivarius septicus* croît, également, dans le *bouillon* qu'il ne trouble pas, mais où il détermine la formation d'un dépôt blanchâtre nuageux.

Mentionnons, à côté de cette espèce, le *Bacillus salivæ minutissimus*, isolé de la salive, décrit par KRUSE (1), formé de bâtonnets immobiles, asporogènes, ayant l'aspect de ceux de l'influenza, non colorables par le procédé de GRAM et fournissant sur la *gélatine* des cultures en épingle à tête aplatie et sur la *pomme de terre* des végétations brunâtres.

Ce bacille ne semble pas devoir être confondu avec le *Bacillus pyogenes minutissimus*, trouvé par KRUSE (2) dans le pus d'un abcès cérébral, colorable par le GRAM, offrant les plus grands rapports avec le bacille de la septicémie des souris, mais non pathogène pour ces petits animaux et les lapins.

Bacillus gingivitidis.

Cette espèce a été découverte par BABÈS (3) dans les sécrétions gengivales des personnes atteintes de scorbut lors d'une épidémie qui éclata à Jassy. Elle se montre constituée par de longs bâtonnets, minces, pointus, de 3 μ de longueur sur 0,3 μ d'épaisseur, assez difficiles à colorer et refusant le GRAM.

Cette bactérie croît mal ou pas du tout à 22°; elle donne au bout de 4 jours sur la *gélose* des colonies convexes, jaunâtres, de la grosseur d'un grain de chanvre.

---

(1) KRUSE. Die Mikroorganismen de FLÜGGE, 1896, II, pp. 440 et 447.
(1) KRUSE. Die Mikroorganismen de FLÜGGE, 1896, II, p. 447.
(2) BABÈS. *Deutsche medizinische Wochenschrift*, 1893, p. 1035.

Le *Bacillus gingivitidis* est également cultivable dans le *bouillon* qu'il trouble en produisant un sédiment jaunâtre.

Inoculé aux animaux, il provoque l'apparition de lésions semblables à celles qui s'observent chez les scorbutiques.

Bacilles de Vignal.

VIGNAL (1) s'est attaché, dans un travail qui remonte à 1886, à déterminer la nature des microorganismes de la bouche. Sur les nombreuses bactéries qu'il a décrites, on n'a guère considéré comme espèces nettement déterminées que les bacilles b, f, g, j, qui ont reçu de quelques observateurs des qualificatifs autres que ces quatre lettres de l'alphabet.

Le bacille j de VIGNAL a été appelé *Bacillus buccalis fortuitus* par STERNBERG ; le bacille g, *Bacillus buccalis minutus* par le même bactériologiste américain et aussi *Bacterium Vignali* par MIGULA.

Bacille b de Vignal. — Cette espèce, découverte dans les sécrétions buccales, est formée de bâtonnets, plus ou moins incurvés, de 0,5 μ de largeur sur 1,5 à 6,5 μ de longueur, souvent unis en chaînes.

Ce bacille, aérobie et asporogène, croît bien à la température de la chambre dans les milieux habituels, mais mieux à 37°. Il donne à la surface de la *gélatine* des colonies grisâtres entourées d'une collerette irrégulièrement festonnée et par piqûre des cultures en clous maigres. La gélatine est liquéfiée.

On obtient sur *agar*, au bout de 24 heures d'exposition à 36-38°, des bandes grisâtres ; les ensemencements sur la *pomme de terre* donnent naissance à des végétations licheniformes de couleur légèrement rosée ; le *sérum* de sang gélatinisé est peptonisé en un liquide contractant une couleur brune ; le *bouillon* se trouble et se recouvre d'une pellicule.

Bacille f de Vignal. — Cette espèce, retirée des mucosités buccales des personnes bien portantes, se montre formée de bâtonnets à extrémités arrondies de 0,8 à 1,2 μ de longueur dans les cultures sur la gélose ; sa taille est plus élevée et atteint 1,4 à 2,4 μ dans le bouillon neutralisé ; les articles, ordinairement solitaires, peuvent être joints en courtes chaînes.

(1) VIGNAL. *Archives de physiologie normale et pathologique*, 1886.

Ce bacille, aérobie et asporogène, croît à la température de la chambre et mieux à 37°. Il donne : sur la *gélatine*, des colonies et des cultures en clous liquéfiantes ; sur la *gélose*, des enduits adhérents blancs et membraneux ; sur la *pomme de terre*, des gazons brunâtres. Sous son action, le *bouillon* se trouble légèrement et abandonne un faible dépôt.

Bacillus g de Vignal. — Sous le nom de *Bacillus buccalis minutus*, cette espèce a déjà été décrite (p. 669) avec les bacilles chromogènes à pigments jaunes ou jaunâtres.

Bacillus j de Vignal. — Ce microbe, isolé des mucosités buccales des personnes saines et, autrement, appelé *Bacillus buccalis fortuitus*, est constitué par des bâtonnets à extrémités carrées de 1,3 à 3 μ de longueur, souvent unis par paires sous des ouvertures angulaires variables. Ce bacille, aérobie comme les précédents, croît à la température des appartements dans les milieux de cultures usuels.

Il donne dans la *gélatine* de petites colonies rondes et des cultures blanches liquéfiantes.

Sur l'*agar* maintenu à 36-38°, on voit apparaître des colonies blanches, opaques, avec une proéminence centrale ; les enduits obtenus sur la *pomme de terre* sont épais et acquièrent avec l'âge une teinte légèrement rose.

Le *bouillon* neutralisé se trouble diffusément sous son action et se recouvre d'un voile grisâtre.

Vignal a également retiré de la salive des personnes en bon état de santé un *Bacterium termo* et un *Bacillus ulna* qu'il suppose correspondre aux espèces, portant le même nom, décrites par Ehrenberg et Cohn et dont la diagnose est encore insuffisamment établie (voir p. 774).

Le *Bacterium termo* de Vignal se montre formé d'articles courts, mobiles, aérobies, étranglés par le milieu, larges de 0,6 μ et longs de 1,5 à 2 μ ; les procédés de coloration permettent d'y déceler des cils à leurs extrémités.

Cette espèce croît bien à la température ordinaire, mais encore mieux à l'étuve.

Au bout de 24 heures, elle donne sur la *gélatine* des colonies blanches sécrétant un pigment verdâtre, fluorescent, et pouvant atteindre au bout de 48 heures 2 à 3 millimètres de diamètre ; les cultures par piqûre sont blanches et promptement liquéfiantes.

Il se produit à la surface de la *gélose* maintenue à 36° un enduit grisâtre, peu adhérent et d'une épaisseur uniforme.

Sa croissance sur la *pomme de terre* est également rapide et se manifeste par la production d'un gazon grisâtre, glaireux, devenant ultérieurement de couleur jaune pâle.

Le *sérum* de sang coagulé est peptonisé lentement en un liquide qui exhale l'odeur des substances putréfiées; enfin, le *bouillon* se trouble sous son action, acquiert au bout d'une semaine une couleur verte et abandonne un dépôt blanc au fond du vase.

Le *Bacillus ulna* de VIGNAL, également retiré des sécrétions buccales normales, peut-être voisin du *Bacillus ulna* de COHN, consiste en bâtonnets rigides à extrémités arrondies, d'ordinaire solitaires, parfois associés par paires, rarement unis en chaînes.

Ce bacille, qui croît aisément sur la plupart des milieux nutritifs, donne : sur la *gélatine*, des colonies et des cultures blanches liquéfiantes; sur *agar*, des enduits blancs très adhérents; sur la *pomme de terre*, des gazons minces et grisâtres offrant des dessins géométriques hexagonaux et plus ou moins irréguliers.

Le *bouillon* où on l'ensemence reste limpide, devient jaunâtre, se recouvre d'un voile blanc mycodermique, en même temps qu'un dépôt blanc s'accumule au fond du vase.

Le *sérum* de sang gélatinisé est liquéfié.

Toutes les cultures de ce *Bacillus ulna* exhalent une odeur fétide.

Leptothrix buccalis.

Ce bacille gros, filamenteux, signalé par ROBIN (1) dans les sécrétions buccales, a été, surtout, bien décrit par VIGNAL (2) qui a déterminé les caractères morphologiques et culturaux qui peuvent le faire aisément reconnaître.

D'après VIGNAL, le *Leptothrix buccalis* est formé par des bâtonnets et des filaments larges de 1 à 1,5 μ et longs de 1,6 μ à 30 μ qui peuvent atteindre, quand les articles se présentent en chaînes, 100 μ et davantage. On ignore encore s'ils sont capables de donner des spores durables.

Cette espèce aérobie croît lentement à 20° dans les milieux habi-

(1) ROBIN. Histoire naturelle des végétaux parasites, page 345. Paris, 1853. — Traité du microscope, p. 926. Paris, 1871.

(2) VIGNAL. *Archives de physiologie normale et pathologique*, 1886, CLXXXVI, p. 337.

tuels de culture; au bout de 3 à 4 jours, elle donne sur plaques de *gélatine* des colonies arrondies, saillantes, grisâtres, faiblement liquéfiantes; dans les cultures par piqûre, on observe, au bout de 48 heures, au point d'inoculation, une petite masse de 2 millimètres environ de diamètre, surmontant une traînée à peine visible; le milieu se liquéfie sous la forme d'une cupule, la fluidification progresse, le liquide produit se recouvre d'un voile mycodermique, tandis qu'il se précipite un dépôt blanc et floconneux.

Les cultures sur *gélose* maintenues à 36-38° sont plus rapides, elles consistent en enduits blancs qui se transforment ultérieurement en une membrane plissée, sèche et jaunâtre.

Sur la *pomme de terre*, les traînées sont d'un blanc sale au centre et d'un blanc pur sur les bords extérieurs.

Le *bouillon* se trouble, abandonne un dépôt léger, sans se recouvrir d'un voile superficiel.

On a prétendu, sans l'avoir toutefois bien établi, que le *Leptothrix buccalis* était un des agents actifs de la carie dentaire.

Miller (1) a trouvé fréquemment dans la cavité buccale de l'homme un gros bacille filamenteux de 1 à 1,3 µ d'épaisseur et de 30 à 150 µ de longueur, colorable en bleu par l'iode, auquel il a donné le nom de *Bacillus buccalis maximus*. Cette espèce est probablement identique au leptothrix de Robin.

Spirilles de la bouche.

On a, également, signalé la présence de vibrions et de spirilles dans le tartre dentaire et les autres mucosités de la bouche; il en a été décrit une demi-douzaine pour la plupart assez mal caractérisés.

Vibrio tonsilaris. — Cette espèce, isolée du mucus tapissant les amygdales par Klein, Stephens et Woodsmith (2), se présente dans ses cultures sur *agar* additionné de sérum de sang en filaments contournés en S et en hélices de la grosseur du spirille de Finkler et Prior (voir p. 521).

Cette spirobactérie, mobile, asporogène, munie de 1 à 2 cils à ses extrémités, se teint bien par les couleurs basiques d'aniline, mais refuse le Gram.

---

(1) Miller. *Deutsche medizinische Wochenschrift*, 1884, n° 47.
(2) Klein, Stephens et Woodsmith. *Centralblatt für Bakteriologie*, 1896, XIX, p. 929.

Elle donne sur plaque de *gélatine* des colonies discoïdales de 1 à 1,5 millimètre de diamètre, montrant un point central opaque; les cultures par stries sur ce même milieu apparaissent sous l'aspect de traînées transparentes, sèches, dont le développement rappelle celui du bacille diphtérique. La gélatine n'est pas liquéfiée.

Les cultures sur la *gélose*, maintenue à 37°, sont rapides et consistent en traits translucides devenant opaques quelques jours plus tard; la partie centrale de ces traits est colorée en jaune.

Les enduits obtenus sur la *pomme de terre* sont épais, humides et gris-jaunâtre.

Le *Vibrio tonsilaris* trouble, au bout de 24 heures, le *bouillon* de peptone placé à l'étuve à 37°; il ne se forme pas de voiles superficiels et la réaction de l'indol fait défaut.

Le *lait* n'est pas coagulé.

Spirillum linguæ. — Ce spirille, isolé par Weibel (1) des sécrétions buccales, rappelle assez exactement le bacille-virgule de Koch; toutefois, il croît sur la *gélatine* sans la liquéfier en donnant des colonies d'un blanc sale pouvant atteindre un millimètre de diamètre au bout d'une semaine.

Les végétations qu'il fournit sur l'*agar* ont beaucoup d'analogie avec celles que donne le *Spirillum nasale* (p. 797).

Semé dans le *bouillon*, il le trouble légèrement, tandis qu'il se forme au fond du vase un dépôt floconneux comparable à celui que produit la bactéridie charbonneuse.

Sous le nom de *Spirochæte dentium*, Koch a décrit un spirille, trouvé dans les enduits dentaires, d'une forme voisine du spirille de la fièvre récurrente (p. 525). Cette espèce microscopique paraît proche parente, sinon identique au *Spirochæte buccalis* que Verneuil et Clado (3) ont rencontré dans les abcès spirillaires de la cavité buccale.

Quant au spirille de Miller (4) isolé des produits provenant des dents cariées, on le considère encore comme une espèce mal déterminée.

---

(1) Weibel. *Centralblatt für Bakteriologie*, 1888, IV, p. 228.
(2) Koch. *Beiträge zur Biologie der Pflanzen*, 1877, II, hefte 3, p. 421.
(3) Verneuil et Clado. *Compt. rend. de l'Académie des Sciences*, 1889, VIII, p. 272.
(4) Miller. *Deutsche medizinische Wochenschrift*, 1884, nos 34 et 42.

Bactéries des expectorations.

A l'état normal le poumon, comme l'ont établi plusieurs auteurs, est à peu près stérile. Les germes atmosphériques que le phénomène de la respiration y dirige sont en grande partie, on peut même dire en totalité, retenus dans les fosses nasales et par le mucus qui tapisse les grosses bronches. Ces germes sont, d'ordinaire, expulsés avec les sécrétions bronchiques, d'où l'on peut conclure qu'il n'existe pas de bactéries propres au poumon de l'homme et des animaux, contrairement à ce qui se passe dans le tube digestif où vivent et se perpétuent plusieurs races de microorganismes. Mais, il suffit qu'une lésion se produise dans l'organe de la respiration pour constater dans les expectorations, qui d'ordinaire ne renferment que peu de microbes, si on en exclut ceux dont elles se chargent en passant par la bouche, la présence d'espèces très variées (phtisie, bronchite, pneumonie, gangrène, etc.). On conçoit, en effet, que si des phénomènes de putréfaction se déclarent dans les tissus de cet organe, les sécrétions qui en proviennent soient très riches en microbes pathogènes et autres.

Plusieurs auteurs, parmi lesquels Wirchow, Frick et surtout Pansini, ont décrit plusieurs bactéries comme se rencontrant fréquemment dans les expectorations; nous en dirons quelques mots en insistant plus particulièrement sur une espèce pathogène, bien étudiée, le pneumobacille de Friedländer qui a passé, pendant quelque temps, pour être l'agent de la pneumonie.

Micrococcus subtilis.

Ce microbe, trouvé par Kirchner(1) dans les crachats des personnes atteintes d'influenza, se présente sous la forme de coccus isolés ou accouplés, pouvant également se grouper en streptocoques. Les éléments sphériques qui les constituent sont respectivement plus petits que les cellules des staphylocoques pyogènes et se rencontrent dans les expectorations entourés d'une capsule qui fait défaut dans les cultures artificielles.

Le *Micrococcus subtilis* se colore par la méthode de Gram, il ne

(1) Kirchner. *Zeitschrift für Hygiene*, 1890, IX, p. 528.

croît pas à la température ordinaire, mais donne sur les plaques d'*agar* abandonnées à l'étuve de petites colonies rondes, punctiformes et grisâtres.

Il croît de même aisément dans les *bouillons*.

Sarcina pulmonum.

Cette sarcine d'abord rencontrée dans les expectorations pathologiques par VIRCHOW (1), n'est vraisemblablement qu'une espèce banale qui attira successivement l'attention de CONHEIM (2), MAX HEIMER (3), FALKENHEIM (4), HAUSER (5), etc. L'opinion que cette espèce est inoffensive est étayée par le fait que son inoculation n'a jamais déterminé le moindre accident morbide.

La *Sarcina pulmonum* possède la forme classique des sarcines, c'est-à-dire que, dans son développement parfait, elle se montre par groupe de 8 cellules associées en cube par suite du cloisonnement dans trois dimensions. Chaque cellule possède individuellement un diamètre de 1 à 1,5 μ. Suivant son stade de développement, elle apparaît dans beaucoup de cultures sous l'aspect de coccus, diplocoques, mérismopodies et paquets cubiques.

D'après HAUSER, cette sarcine donnerait des spores capables de résister à 110°; quoi qu'il en soit, elle croît surtout bien à la température des appartements.

Semée dans la *gélatine*, on voit apparaître au bout de 3 jours de petites colonies blanches, punctiformes, d'un accroissement très lent ; les colonies superficielles s'élargissent notablement et donnent de petits boutons ovales et bombés. Les cultures en piqûre sont appréciables au bout de 24 heures ; il se forme au point de pénétration du fil de platine une colonie ronde, gris-perle, au-dessous de laquelle se montre un trait maigre formé d'un agrégat de petites sphérules ; la gélatine n'est pas liquéfiée.

La *Sarcina pulmonum* donne sur la *pomme de terre* des traînées chétives, brunâtres, s'éloignant peu de la strie d'ensemencement ; le *bouillon* où on la cultive ne se trouble pas, mais on observe la formation d'un sédiment grisâtre.

---

(1) VIRCHOW. *Archiv für pathologische Anatomie*, IX, p. 557.
(2) CONHEIM. *Virchow's Archiv*, XXXIII, p. 157.
(3) MAX HEIMER. Pneumomycosis sarcinica. Leipzig, 1877.
(4) FALKENHEIM. *Archiv für exper. Pathol. und Pharm.*, 1885, p. 359.
(5) HAUSER. *Deutsches Archiv für technische Medizin*, 1887, p. 127.

Cette espèce détermine, affirme-t-on, la fermentation des urines où on l'introduit. Cette faculté ne saurait la faire confondre avec l'*Urosarcina Hansenii* (p. 628) qui est d'une culture aisée et donne de belles végétations jaunes sur la gélatine et dans le bouillon non chargés d'urée.

Pneumobacille de Friedländer.

Syn. : *Bacillus Friedlaenderi* ; pneumocoque de Friedländer ; *Bacterium pneumonicum*.

Ce bacille découvert, en 1882, par Friedländer (1) dans les exsudats des malades atteints de pneumonie franche a été, comme nous l'avons dit plus haut, considéré, pendant quelque temps, comme l'agent figuré de la pneumonie. On s'accorde aujourd'hui à attribuer la cause de cette affection au pneumocoque de Fränkel et de Talamon.

Morphologie. — Ce pneumobacille se présente sous l'aspect de bâtonnets immobiles, asporogènes à extrémités arrondies 4 à 5 fois plus longs que larges, isolés, réunis deux à deux ou en courtes chaînes. Examiné dans les liquides de l'organisme (sang, crachats, sérosités), il se montre entouré d'une capsule gélatineuse, beaucoup plus difficile à distinguer dans les cultures artificielles. Cette capsule, qui résiste à l'action des acides, est aisément dissoute par les alcalis.

Le pneumobacille de Friedländer se colore facilement par les couleurs usuelles d'aniline, mais refuse le Gram, ce qui permet de le différencier du pneumocoque de Fränkel et de Talamon. On colore les capsules du pneumobacille en immergeant les préparations sèches dans une liqueur formée : d'eau, 100 ; d'alcool, 50 ; d'acide acétique, 12,5 ; saturée de violet de dahlia. Au bout d'une minute on retire la lamelle ; on enlève l'eau ; on la sèche et on monte dans le baume. Les pneumobacilles apparaissent en bleu foncé et les capsules en bleu clair.

Cultures. — Le bacille de Friedländer est aérobie et facultativement anaérobie ; il croît bien à la température des appartements dans la plupart des milieux usités en bactériologie.

Il fournit, au bout de 2 à 3 jours, dans les plaques de *gélatine* de petites colonies punctiformes d'un blanc sale qui, quand elles sont

(1) Friedländer. *Virchow's Archiv*, 1882, XXXII, p. 319. — *Fortschritte der Medizin*, 1883, I, p. 715 et 1885, III, p. 92.

superficielles, s'étalent en petits boutons brunâtres. Les cultures par piqûre donnent des clous à tête hémisphérique, grisâtres, dont la pointe se montre formée d'un agrégat de sphérules blanches. La gélatine n'est pas liquéfiée.

Les ensemencements en strie sur la *gélose* donnent des enduits grisâtres et gluants. Les cultures sur la *pomme de terre* sont abondantes et formées par un gazon jaunâtre et visqueux d'où se dégagent des bulles gazeuses.

Le *bouillon* est promptement troublé et abandonne ultérieurement un dépôt muqueux; le *lait* est lentement coagulé ; les liquides sucrés entrent en fermentation et produisent sous son action divers acides organiques.

Propriétés biologiques. — Le bacille de FRIEDLÄNDER peut croître entre 15 et 38° ; à 40° il cesse de se multiplier. D'après STERNBERG, la température humide de 56° prolongée pendant 10 minutes lui est fatale.

Ainsi que l'ont établi DENYS et MARTIN (1), FRANKLAND, STANLEY et FREW (2) et GRIMBERT (3) ce pneumobacille provoque la fermentation active des matières sucrées. Il peut déterminer dans les solutions chargées de divers sucres, la formation des acides lactiques, acétique, succinique et de faibles quantités d'alcool éthylique avec dégagement d'acide carbonique et d'hydrogène.

Dans son action sur la glucose, la galactose, l'arabinose, la mannite et la glycérine, on constate la production d'acide lactique droit sans traces d'acide succinique; dans son action sur la dulcite, la dextrine et la pomme de terre, il ne se forme que de l'acide succinique ; au contraire, dans son action sur la saccharose, la lactose, la maltose, il se fait à la fois de l'acide lactique gauche et de l'acide succinique.

Le pneumobacille sécrète, en outre, une diastase capable de transformer l'amidon de la pomme de terre en amylo-cellulose se convertissant elle-même en amidon soluble par l'ébullition dans l'eau.

D'après DENYS et MARTIN, il se formerait, également, dans les cultures de cette espèce une toxine pouvant provoquer, chez le chien et le lapin, des paralysies et des congestions viscérales, se manifestant quand on injecte ces cultures stérilisées dans le péritoine de ces animaux.

---

(1) DENYS et MARTIN. La Cellule, 1893, IX, p. 261.
(2) FRANKLAND, STANLEY et FREW. *Journal of chemical Society*, 1891, LIX, p. 253.
(3) GRIMBERT. *Annales de l'Institut Pasteur*, 1895, IX, p. 840 et 1896, X, p. 708.

Propriétés pathogéniques. — Les souris sont les animaux de laboratoire les plus sensibles au pneumobacille de FRIEDLÄNDER; il suffit d'inoculer une goutte de ses cultures dans le poumon de ces petits rongeurs pour les tuer en 2 ou 3 jours, à l'autopsie les poumons se montrent hépatisés et la cavité pleurale laisse échapper un exsudat liquide trouble.

L'injection sous-cutanée à la dose de 1 centimètre cube agit souvent plus promptement et les souris peuvent être tuées en moins de 24 heures; la marche de l'affection prend alors l'allure des septicémies.

Le chien résiste assez bien aux injections du pneumobacille; le cobaye beaucoup moins; le lapin, qu'on avait considéré comme réfractaire à ces inoculations, périt sous l'action de doses massives et, même, comme l'a établi ROGER (1), à la dose de 0,5 à 1 centimètre cube quand l'injection est pratiquée dans les vaisseaux sanguins ou dans le péritoine.

Ce pneumobacille serait également l'agent de lésions locales : de stomatites, rhinites, parotidites, otites, conjonctivites, etc., il pourrait produire seul des angines et compliquer parfois les angines diphtériques (2). Il déterminerait des broncho-pneumonies et même des infections générales de forme septicémique et pyohémique.

Habitat et diagnostic. — Le pneumobacille de FRIEDLÄNDER se rencontre dans le mucus bronchique et dans les sécrétions buccales de l'homme en bon état de santé, où NETTER (3) a démontré son existence dans la proportion de 4,5 p. 100 des examens pratiqués.

En dehors de l'organisme, EMMERICH (4) a signalé sa présence dans les poussières des habitations; JAKOWSKI prétend l'avoir découvert dans le sol; UFFELMANN (5) dans l'air; GRIMBERT (6) a eu l'occasion de le rencontrer fréquemment dans les eaux et les fonds vaseux des rivières.

Quant au diagnostic bactériologique de cette espèce, il peut se baser sur les faits suivants :

1° Elle tue facilement la souris par voie d'inoculation intrapulmonaire et se montre dans l'organisme animal entourée d'une capsule;

2° Elle ne se colore pas par le procédé de GRAM;

---

(1) ROGER. *Compt. rend. de la Société de Biologie*, 1894, sér. 10, I, p. 42.
(2) NICOLLE et HEBERT. *Annales de l'Institut Pasteur*, 1897, XI, p. 67.
(3) NETTER. *Compt. rend. de la Société de Biologie*, 1887, sér. 8, IV, p. 799.
(4) EMMERICH. *Fortschritte der Medizin*, 1884.
(5) UFFELMANN. *Berliner klinische Wochenschrift*, 1887, p. 726.
(6) GRIMBERT. *Annales de l'Institut Pasteur*, 1896, X, p. 708.

3° Elle produit avec les divers sucres des fermentations spéciales donnant naissance aux acides lactiques et succiniques ;

4° Elle fournit quelques caractères culturaux, par exemple, la croissance à basse température (15 à 20°), alors que le pneumocoque de FRÄNKEL et de TALAMON, avec lequel on pourrait la confondre, se développe mal ou pas du tout à la température moyenne des appartements.

Bacillus bronchitidis putridæ.

Ce bacille, retiré par LEMNITZER (1) des expectorations rendues par les malades atteints de bronchite fétide, est formé de bâtonnets à extrémités arrondies, de 1,5 à 2 μ de longueur, très mobiles, donnant des spores et prenant bien les couleurs d'aniline.

Cette espèce ne croît pas à la température de la chambre; elle se développe surtout bien entre 36 et 38° et cesse de se multiplier au delà de 42°.

Elle donne, au bout de trois jours, sur plaque d'*agar*, de petites colonies grises d'une croissance lente ; dès le 6e et 7e jour, la plaque exhale l'odeur putride des crachats de la bronchite fétide.

Le développement est nul sur la *pomme de terre.*

Sur le *sérum* de sang, on obtient des colonies plus volumineuses que sur agar ; elles sont grisâtres, brillantes, et également très mal odorantes.

Le *Bacillus bronchitidis putridæ* est pathogène pour les lapins. Inoculé directement dans le tissu pulmonaire de ces animaux, il entraîne la nécrose de ce tissu.

Rappelons ici que nous avons décrit parmi les bacilles chromogènes (pp. 684 et 685), les *Bacillus virescens* et *viridis pallescens* de FRICK également isolés des expectorations vertes des malades.

Bacillus aureus Pansini.

Ce bacille gros, très mobile, à extrémités arrondies, donnant des spores elliptiques, une seule ordinairement placée au centre des articles, a été retiré des expectorations par PANSINI (2).

---

(1) LEMNITZER. *Wien. med. Press.*, 1888, p. 666.

(2) PANSINI. *Virchow's Archiv*, 1890, CXXII, p. 436.

Cette espèce, qui croît facilement à la température des appartements et à l'étuve dans les milieux de cultures usuels, prend bien les couleurs d'aniline et reste colorée après l'application de la méthode de Gram.

Elle donne sur la *gélatine* des colonies et des cultures jaunes promptement liquéfiantes; il se produit à la surface du liquide formé des voiles et au fond du vase un dépôt orangé.

Sur l'*agar*, la culture obtenue est analogue à celle du *Bacillus subtilis;* sur la *pomme de terre*, on voit apparaître un enduit crémeux jaune d'or.

Ce bacille trouble fortement le *bouillon*, où il produit un voile grisâtre membraneux et un dépôt jaune.

Ces diverses cultures n'exhalent pas d'odeur désagréable.

Pansini a également décrit plusieurs espèces chromogènes isolées par lui des expectorations des personnes malades ou bien portantes, parmi lesquelles : le *Bacillus coccinus* qui donne sur la pomme de terre des gazons d'un beau rose pointillé de violet; le *Bacillus fluorescens non liquefaciens* et quelques autres microorganismes faisant partie des bacilles I à XVII du même auteur dont nous disons un mot à la page suivante.

Bacillus tenuis sputigenus.

Ce bacille mobile, à extrémités arrondies, tantôt long, tantôt micrococcoforme, a été retiré des crachats par Pansini (1). Il est colorable par le procédé de Gram et croît sur la *gélatine*, qu'il ne fluidifie pas, en y donnant des colonies et des cultures jaunes.

Porté sur la *gélose* et la *pomme de terre*, il y fournit des traînées également jaunes et humides.

Introduit dans le *bouillon*, il le trouble sans produire de voiles superficiels; il coagule le *lait* et communique à toutes ces cultures une odeur faiblement désagréable.

Enfin, le *Bacillus tenuis sputigenus* est pathogène pour les lapins qu'il tue au bout de 16 à 18 heures quand on injecte sous la peau de ces animaux 0,5 à 1 centimètre cube de culture récente.

---

(1) Pansini. *Virchow's Archiv*, 1890, CXXII.

Bacillus crassus sputigenus.

Ce bacille, découvert par KREIBOHM (1) dans la salive, est formé de bâtonnets courts, disposés en filaments, pouvant se montrer entourés d'une capsule hyaline.

Ce microorganisme croît facilement à la température des appartements, prend bien les couleurs d'aniline et conserve le GRAM.

Semé dans la *gélatine*, il y donne, dans la profondeur, de petites colonies ovalaires, jaunâtres, et, à la surface, des petits boutons grisâtres et bombés. La gélatine n'est pas liquéfiée.

Les cultures sur la *pomme de terre* consistent en un enduit gris, épais et visqueux.

Cette espèce est pathogène pour les souris et les lapins qu'elle tue en 48 heures.

Bacilles de Pansini I à XVII.

Ces bacilles, au nombre de 17, retirés des crachats par PANSINI, se différencient assez mal les uns des autres, ils semblent appartenir aux espèces vulgaires des poussières et du sol dont l'étude systématique offre assez peu d'intérêt.

La majeure partie des 17 microbes décrits par PANSINI ne jouissent d'aucune action pathogène sur les cobayes et les lapins ; ils donnent fort souvent des spores endogènes ; sont en général colorables par le procédé de GRAM ; croissent sur la *gélatine* qu'ils liquéfient avec plus ou moins de rapidité ; troublent le *bouillon* où ils produisent le plus souvent des voiles superficiels fréquemment ridés et membraneux ; communiquent des odeurs désagréables ou non aux cultures, etc.

Selon toute vraisemblance, PANSINI a eu plutôt affaire à des germes de bacilles atmosphériques, retenus dans les voies respiratoires, qu'à des espèces ayant une tendance quelconque à se faire héberger par l'économie animale et notamment par le poumon.

Spirillum sputigenum.

Cette espèce bactérienne, isolée des expectorations par BRIX (2) est formée d'articles courbes, asporogènes, ayant environ la dimension

(1) KREIBOHM. Voir FLÜGGE : Die Mikroorganismen, éd. 1887, p. 431.
(2) BRIX. *Hygienische Rundschau*, 1894, IV, p. 913.

du spirille du choléra indien; chaque élément est porteur, aux extrémités, d'un cil colorable par la méthode de LÖFFLER. Ce spirille prend bien les couleurs d'aniline, surtout la fuchsine phéniquée, mais il ne conserve pas le GRAM. Il croît dans les milieux habituels de culture à 22° et 37°.

Il donne sur la *gélatine* des colonies et des cultures liquéfiantes.

Sur *agar*, maintenu à 37°, il détermine la formation de traînées humides et grisâtres. Il croît plus lentement sur la *pomme de terre* que le bacille-virgule.

Semé dans le *bouillon* et l'eau de peptone, conservés à l'étuve, il vient former à la surface de ces milieux liquides des voiles superficiels, fragiles, comparables à ceux que produit le spirille du choléra asiatique.

Le *lait* est promptement coagulé.

Depuis déjà longtemps, LEWIS (1) avait décrit un *Spirillum sputigenum* retiré de la bouche et présentant, de même, les caractères généraux du vibrion cholérique.

Bactéries du tube digestif.

Le tube digestif reçoit une quantité innombrable de bactéries : d'abord, celles qui sont dégluties avec la salive et qui proviennent des sécrétions buccales et nasales; puis, la foule variées des microbes contenus dans les aliments et les eaux de boisson; ajoutons que l'intestin abrite lui-même plusieurs processus fermentaires et putréfactifs, pendant lesquels les bactéries se multiplient au point d'atteindre plusieurs centaines de millions par gramme de substance alvine excrétée.

Beaucoup des bactéries avalées périssent certainement dans l'estomac sous l'action du suc gastrique, quelques auteurs ont même prétendu que les liquides de cet organe n'épargnerait aucune des bactéries pathogènes asporulées. Cette hypothèse est en désaccord avec les données étiologiques de plusieurs affections dont la porte d'entrée de l'agent infectieux est manifestement le tube digestif comme, par exemple, dans la fièvre typhoïde et le choléra indien; il faut donc admettre que les germes de ces maladies résistent quelque temps à l'action des sécrétions acides de l'estomac, ou bien que les aliments liquides qui les contiennent séjournent trop peu de

(1) LEWIS. *The Lancet*, sept. 1884.

temps dans cet organe pour que ces bactéries virulentes puissent y être mortellement atteintes.

Beaucoup d'observateurs se sont occupés à déterminer la nature des bactéries contenues accidentellement ou d'une façon permanente dans le tube digestif de l'homme et des animaux; de ce nombre, on doit citer : ESCHERICH, ZOPF, KERN, LEMBKE, BIENSTOK, STERNBERG et KUTSCHER. En faisant, ici, abstraction des espèces pathogènes, déjà décrites, qui peuvent trouver asile dans le tube intestinal, on reste en présence de 200 espèces nouvelles. Nous parlerons seulement des espèces principales de ce véritable monde microbien en commençant par les bactéries de l'estomac pour terminer par les bactéries de l'intestin et des fèces.

Sarcina ventriculi.

SYN. : *Merismopedia Goodsiri; Merismopedia ventriculi; Sarcina fuscens.*

Cette espèce a été découverte en 1842 par GOODSIR (1) dans les liquides de l'estomac de l'homme; puis, ultérieurement, étudiée par HASSE (2), VIRCHOW (3), ROBIN (4), RABENHORST (5), FALKENHEIM (6) et DE BARY (7) qui l'ont trouvée dans l'estomac des animaux et dans d'autres parties du corps.

Cette sarcine est formée de cellules arrondies de 2,5 μ de diamètre réunies 4 à 4, 8 à 8, etc., sous forme de paquets plus ou moins volumineux. Dans les cultures artificielles, elle apparaît en coccus isolés, diplococcus ou tétrades.

Semée dans la *gélatine*, elle y donne, au bout de 36 à 48 heures, de petites colonies rondes, jaunes, non liquéfiantes d'un aspect peu caractéristique.

Les ensemencements en strie sur la *pomme de terre* déterminent l'apparition, le long du trait d'inoculation, de petites colonies rondes, incolores, sèches, qui contractent plus tard une teinte jaune-orangé.

Les cultures effectuées sur le *sérum* de sang coagulé offrent la même apparence.

Semée dans une *infusion* de foin, additionnée ou non de 1 à 2

---

(1) GOODSIR. *Edinburg med. and surg. Journal*, avril, 1842.
(2) HASSE. Beobactungen über die Sarcina ventriculi, 1847.
(3) VIRCHOW. *Virchow's Archiv*, 1847, I, p. 264.
(4) ROBIN. Histoire des végétaux parasites, 1853, p. 331.
(5) RABENHORST. Kryptogamenflora, 1881, I, p. 49.
(6) FALKENHEIM. *Archiv für exp. Pathol. und Pharm.*, 1885, XIX, p. 337.
(7) DE BARY. Vorlesungen über Bakterien, 1887.

p. 100 de glucose, la *Sarcina ventriculi* s'y développe en donnant, au bout de 24 heures, un voile superficiel mince, sec, brunâtre et un dépôt floconneux brun où se rencontrent des groupements cellulaires présentant la forme caractéristique des sarcines.

Micrococcus tetragenus mobilis ventriculi.

Ce microcoque a été trouvé par MENDOZA (1) dans le contenu de l'estomac. Il se montre en cellules associées en tétrades entourées d'une capsule hyaline.

Cette espèce, mobile et aérobie, croît bien à la température ordinaire dans les milieux de culture habituels.

Elle fournit à la surface de *gélatine* de petites colonies circulaires d'un blanc sale que le microscope montre finement granulées ; ensemencée par piqûre il se forme au point de pénétration de l'aiguille un disque épais, couleur de sucre (?) dégageant l'odeur du scatol. Le milieu n'est pas liquéfié.

Les végétations nées sur la *gélose* offrent le même aspect.

Bacillus ventriculi.

Ce bacille, trouvé par RACZYNSKY (2) dans l'estomac d'un chien exclusivement nourri avec de la viande, se présente sous la forme de bâtonnets de 1,5 μ à 3,4 μ de longueur sur 1 μ d'épaisseur, ordinairement unis par paires ou chaînettes de 4 articles.

Ce bacille mobile, asporogène, aérobie et facultativement anaérobie, croît lentement et volontiers à la température de la chambre.

Il donne sur la *gélatine* des colonies arrondies à centre opaque, entouré d'une auréole claire dont les bords sont de couleur foncée. Dans les cultures par piqûre, il se développe, le long du trajet suivi par l'aiguille, de petites colonies blanches punctiformes dépourvues de tout pouvoir liquéfiant.

Il se produit sur l'*agar* des traînées blanchâtres.

Enfin, le *Bacillus ventriculi* peptonise le *blanc d'œuf* cuit tant en milieu acide qu'en milieu alcalin.

---

(1) MENDOZA. *Boletin de med. y cir.*, mars 1888. — *Centralblatt für Bakteriologie*, 1889, VI, p. 566.

(2) RACZYNSKY. *Communication à l'Académie de médecine militaire de Saint-Pétersbourg*, 1888.

On doit au même auteur la description du *Bacillus carabiformis*, découvert également dans l'estomac d'un chien.

Bactéries de l'intestin.

Kern (1), qui s'est adonné à l'étude des bactéries du tube digestif des oiseaux, a décrit environ 80 espèces de microorganismes sur lesquelles nous ne pouvons insister. Nous ne ferons également que signaler : les recherches de Lembke (2) sur les microbes de l'intestin de l'homme ; de Dyar et Keith (3) sur les bactéries de l'intestin du cheval ; de Smith (4) sur les bacilles et les spirilles de l'intestin du porc. Le sujet ainsi déblayé, nous restons en présence de quelques microorganismes dont le chiffre devient très restreint si on en élimine les bacilles du côlon, le *Bacillus putrificus coli*, etc., qui ont trouvé une place ailleurs (voir pp. 435 et 645).

Streptococcus coli gracilis

Cette espèce, découverte par Escherich (5) dans le contenu intestinal des enfants, se montre formée de petites cellules de 0,2 à 0,4 μ de diamètre, unies habituellement en chaînes de 6 à 20 éléments ; ces chaînes, plus courtes dans les cultures sur agar, se rencontrent exceptionnellement sur la pomme de terre.

Le *Streptococcus coli gracilis* se montre aérobie et facultativement anaérobie ; il croît rapidement dans les milieux de culture habituels à la température des appartements.

Semé dans la *gélatine*, il y donne de petites colonies blanchâtres, liquéfiantes ; dans les cultures par piqûre, le développement se fait dans le trait suivi par l'aiguille ; la liquéfaction du milieu commence dès le 2e jour et est complète vers le 10e jour.

Les végétations obtenues sur la *gélose* sont très maigres ; sur le *sérum* de sang gélatinisé, elles consistent en un enduit brillant ; sur la *pomme de terre* jeune en un enduit blanc ; notons que les pommes de terre vieilles ne conviennent pas à la culture de ce streptocoque.

---

(1) Kern. *Arbeiten aus dem bakt. Inst. der Techn. Hochschule zu Karlsruhe*, 1896-1897.
(2) Lembke. *Archiv für Hygiene*, 1896, XXVI et 1897, XXIX.
(3) Dyar et Keith. *Technologie quaterly*, 1894, VI, n° 3.
(4) Smith. *Centralblatt für Bakteriologie*, 1891, IX, pp. 253, 307 et 339.
(5) Escherich. Dei Darmbakterien die Sattlings und ihre Beziehungen, etc., 1886, p. 77 et p. 86.

Le *lait* est coagulé sous son action et n'acquiert une réaction acide qu'au bout d'un temps très long.

Rappelons que Escherich a décrit également un *Streptococcus coli brevis* formé de cellules d'un diamètre voisin de celui du micrococque qui vient d'être décrit, associées en chaînes plus courtes et pareillement liquéfiantes.

Micrococcus aerogenes.

Ce micrococque, découvert par Miller (1) dans l'intestin, apparaît sous la forme de grosses cellules ovales, immobiles, présentant une grande résistance à l'action des acides.

Cette espèce, aérobie et facultativement anaérobie, croît aisément dans les milieux de culture habituels.

Elle donne dans la *gélatine* des colonies sphériques, brunâtres à surface unie ; les ensemencements par piqûres déterminent la production de clous brun-jaunâtre, tandis que la gélatine se liquéfie faiblement au bout de quelque temps.

Sur la *gélose*, on obtient des bandes d'un blanc-jaunâtre et sur la *pomme de terre* des végétations de même aspect.

Bacillus enteritidis sporogenes.

Ce bacille a été isolé par E. Klein (2) des selles provenant de malades atteints d'une épidémie de diarrhée qui éclata soudainement à l'hôpital Saint-Bartolomé de Londres.

Ce microbe faiblement mobile, anaérobie, est formé de bâtonnets de 1,4 μ à 4,8 μ de longueur sur 0,8 μ d'épaisseur, munis de nombreux cils souvent spiralés ; il produit des spores ovales de 1,6 μ de grand axe sur 0,8 à 1 μ de petit axe.

Semé dans la *gélatine*, il y fournit des colonies profondes, liquéfiantes déterminant un dégagement de bulles gazeuses. Le même bacille croît bien dans la *gélose* sucrée où il provoque une production de gaz beaucoup plus abondante.

Porté dans le *lait* maintenu à 37°, il ne l'altère pas encore visiblement au bout de 24 heures, mais, après 36 à 48 heures, ce liquide acquiert une certaine translucidité et on constate la présence de

---

(1) Miller. *Deutsche medizinische Wochenschrift*, 1886, n° 8.
(2) E. Klein. *Centralblatt für Bakteriologie*, 1895, XVIII, p. 737.

nombreuses bulles dans la crème. Plus tard, la caséine coagulée gagne le fond et la surface du lait en laissant apercevoir dans la partie moyenne du liquide un sérum aqueux transparent. Ces cultures exhalent une odeur butyrique.

Cette espèce est pathogène pour le cobaye qu'une injection sous-cutanée ou intra-péritonéale de 0,5 à 1 centimètre cube de culture tue généralement en 24 heures, en déterminant la formation d'œdèmes gazeux.

Le *Bacillus enteritidis sporogenes* possède plusieurs des caractères du *Bacillus butyricus* de Botkin, mais en diffère cependant par ses propriétés pathogènes.

Bacillus intestinus motilis.

Ce bacille a été isolé par Sternberg (1) du contenu intestinal de malades ayant succombé à la fièvre jaune.

Il se rapproche, par sa morphologie, du *Bacterium coli commune* dont il diffère, cependant, par de nombreux caractères macroscopiques. Comme lui, il se montre formé d'articles très mobiles, asporogènes, aérobies et facultativement anaérobies, qui croissent bien dans les milieux usuels de culture à la température de la chambre.

Semé sur plaque de *gélatine*, il y donne, au bout de 24 heures dans la profondeur, des colonies sphériques, homogènes et à la surface des colonies d'un brun pâle semblables à des goutelettes d'eau. Dans les ensemencements par piqûre il se forme des sphérules le long du trajet suivi par l'aiguille et une légère tache blanchâtre au point piqué. La gélatine n'est pas liquéfiée.

Sur la *pomme de terre*, on voit se produire des traînées minces de couleur jaune pâle s'éloignant peu de la strie d'inoculation.

Le *Bacillus intestinus motilis* se développe dans les liqueurs sucrées sans provoquer de dégagement gazeux ; il n'est pas pathogène pour les cobayes.

Signalons encore : le *Bacillus intestinus liquefaciens*, du même auteur (1), mobile, liquéfiant, se rapprochant par ses caractères morphologiques du groupe des protées, et le *Bacillus asteriformis* de de Klecki (2).

---

(1) Sternberg. *Report of the Etiology and Prevention of Yellow fever*, p. 205, 1890.
(2) De Klecki. *Annales de l'Institut Pasteur*, 1895, IX, p. 735.

Bacillus vaculosis.

Ce microorganisme a été isolé par Sternberg (1) de l'intestin et de l'estomac de malades ayant succombé à la fièvre jaune.

Il se montre formé de bâtonnets à extrémités arrondies, faiblement mobiles, droits ou légèrement incurvés, de longueur variable, mais mesurant en moyenne 1 μ de largeur sur 1,5 μ à 5 μ de longueur. Ces articles se colorent bien par les couleurs usuelles d'aniline, toutefois ils montrent par place des espaces non teintés (vacuoles ?).

Cette espèce aérobie donne de grosses spores ovales; elle croît aisément à la température des appartements dans les milieux habituels de culture.

Ensemencée par piqûre dans la *gélatine*, elle la liquéfie lentement en donnant un liquide visqueux recouvert par une couche couleur crème; le développement est chétif sur l'*agar;* sur la *pomme de terre* il se forme une traînée mince d'un blanc-crème.

Le *Bacillus vaculosis* n'est pas pathogène pour les lapins.

Bactéries des fèces.

On rencontre habituellement, en plus ou moins grandes quantités, les mêmes bactéries dans les excréments que dans le contenu intestinal des animaux; aussi, à moins de vouloir faire l'étude des localisations des divers microorganismes dans les diverses parties du tube digestif (iléon, jéjunum, cæcum), on peut évidemment décrire dans le même groupe les bactéries des fèces et celles qu'on peut recueillir à l'autopsie dans l'intestin.

Les espèces de la putréfaction dominent dans le gros intestin par la raison que commencent, déjà, dans cette partie du tube digestif, les fermentations complexes qui ont pour but la destruction de la matière organique en éléments simples, facilement assimilables par les végétaux qui croissent à la surface du sol. Après avoir absorbé pour leur propre compte les éléments nutritifs contenus dans les aliments, les animaux restituent, sous forme d'excréta utilisables par les plantes, les déchets qui sont devenus inassimilables pour leur organisme.

---

(1) Sternberg. *Report of the Etiology and prevention of Yellow fever*, p. 218, 1890.

Parmi les bactéries des fèces beaucoup sont inoffensives, d'autres sont au contraire pathogènes; au nombre de ces dernières, il en est plusieurs qui sont introduites avec les aliments sous forme de spores durables et sortent intactes sans avoir eu l'occasion de se développer; plusieurs de ces bactéries nocives peuvent, par contre, se cultiver dans l'intestin et le motif de leur inocuité tient à ce que dans leur lutte contre les cellules de l'organisme, elles n'ont pu se frayer victorieusement un passage dans les tissus ou s'établir solidement dans un point faible de l'économie d'où elles auraient pu, en se multipliant librement, empoisonner l'organisme. Mais, que survienne la mort, ces bactéries maintenues dans l'impossibilité de nuire à l'animal vivant envahissent aisément le cadavre et on peut alors constater que les microbes qui émigrent de l'intestin sont souvent d'une extrême virulence.

Les bactéries les plus dangereuses sont évidemment celles qui proviennent des évacuations alvines des malades et des organes où elles peuvent se multiplier en nombre incalculable (fièvre typhoïde, choléra). Dans ce dernier cas, il est superflu de faire observer que ces excréta, éminemment dangereux, doivent être désinfectés avec soin et qu'aucune précaution ne doit être épargnée pour les empêcher d'aller souiller les cours d'eau ou les sources dont les populations peuvent faire usage.

Micrococcus ovalis.

Cette espèce a été retirée par Escherich (1) du méconium et des fèces d'enfants en lactation. Elle se montre formée de petites cellules ovales de 0,2 à 0,3 μ de diamètre, quelquefois unies en courtes chaînes.

Ce microcoque, aérobie et anaérobie, croît aisément à la température des appartements dans les milieux habituels de culture. Les végétations qu'il fournit sur la *gélatine* n'ont rien de caractéristique et sont dénuées de tout pouvoir liquéfiant.

Sur la *pomme de terre* on obtient un enduit blanc. Sous son action, le *lait* est rendu acide et coagulé au bout de quelques jours.

Kern (2) a donné, également, le nom de *Micrococcus ovalis* à un microcoque liquéfiant trouvé dans le contenu de l'estomac d'une colombe.

(1) Escherich. Dei Darmbakterien des Saülings, p. 90, Stuttgard, 1886.
(2) Kern. *Arbeiten aus dem bakt. Inst. d. Techn. Hochschule zu Karlsruhe*, 1897, I, p. 500.

Bactéries de Miller.

Nous avons donné, un peu plus haut, page 821, la description succincte du *Micrococcus aerogenes*, découvert par MILLER, dans le tube digestif; nous signalerons ici trois autres bactéries isolées par le même auteur (1) des excréments de personnes bien portantes :

Le *Bacterium aerogenes* formé d'articles très courts, mobiles, asporogènes, aérobies et facultativement anaérobies, non liquéfiants.

L'*Helicobacterium aerogenes* formé d'articles grêles pouvant croître en longs filaments ondulés ou spiralés, mobiles, aérobies, asporogènes, incapable de liquéfier la gélatine.

Le *Bacillus aerogenes* constitué par des articles mobiles, de longueur variable, aérobies, asporogènes et de même non liquéfiants.

Bacillus coprogenes fetidus.

Ce bacille a, d'abord, été trouvé par LYDTIN et SCHOTILLIUS (2) dans le contenu intestinal des animaux atteints du rouget, puis dans l'intestin des animaux sains.

Ce bacille ressemble beaucoup, au point de vue morphologique, au *Bacillus subtilis*, à cela près que ses articles sont plus petits.

Il est mobile, aérobie et fournit, au contact de l'air, de grosses spores ovales. Il croît facilement à la température ordinaire et donne dans la *gélatine* de petites colonies jaunâtres; dans les cultures par piqûre, on voit apparaître des sphérules jaune pâle dans le trait d'ensemencement, et au point piqué une tache mince transparente et grisâtre. La gélatine n'est pas liquéfiée.

Sur la *pomme de terre*, il se forme des enduits gris qui peuvent acquérir un demi-millimètre d'épaisseur.

Ces diverses cultures dégagent une odeur putride très intense.

Bacillus coprogenes parvus.

Cette espèce, découverte par BIENSTOK (3) dans les excréments humains, serait fort voisine, d'après EISENBERG, du bacille de la septicémie des souris.

---

(1) MILLER. *Deutsche medizinische Wochenschrift*, 1886, n° 8.
(2) LYDTIN et SCHOTELLIUS. Der Rothlauf der Schweine. Wiesbaden, 1885.
(3) BIENSTOK. *Zeitschrift für klinische Medizin*, VIII.

Elle se présente sous l'aspect de bâtonnets immobiles, très courts, à peine plus longs que larges, pouvant être confondus avec les microcoques.

Ce bacille croît lentement dans la *gélatine* nutritive, où il donne des traînées à peine visibles sur le trajet des stries d'ensemencement.

Il est très pathogène pour les souris qu'il tue en 36 heures en provoquant déjà, vers la 10e ou 12e heure, au point d'inoculation, la formation d'un œdème volumineux. Les lapins sont tués au bout de 8 jours et les inoculations pratiquées à l'oreille provoquent une inflammation locale érysipélateuse.

Bacillus cavicida.

Ce bacille, très voisin du *Bacillus coli communis*, a été retiré par BRIEGER (1) des excréments humains.

Il est formé de bâtonnets immobiles, asporogènes, deux fois plus longs que larges, aérobies et facultativement anaérobies, croissant aisément mais lentement à la température des appartements.

Sur la *gélatine*, il fournit des colonies superficielles non liquéfiantes, dont la contexture rappelle les écailles d'huîtres ; sur la *pomme de terre*, il donne rapidement à la température de l'étuve un enduit humide, jaune sale. Sous son action, les liqueurs sucrées se chargent d'acide propionique et d'acide acétique.

Les cultures du *Bacillus cavicida* sont très virulentes pour le cobaye qu'elles tuent, en injections sous-cutanées, en moins de 24 heures.

STERNBERG (2) a désigné sous le nom de *Bacillus cavicida havaniensis* une espèce se rapprochant du bacille du côlon, trouvée dans le contenu intestinal des malades ayant succombé à la fièvre jaune, consistant en bâtonnets très mobiles, aérobies et facultativement anaérobies, non liquéfiants, pathogènes pour le cobaye et même pour le lapin.

De son côté, PETRUSCHKI (3) a isolé de la bière altérée et, plus tard, des fèces un bacille semblable au bacille d'EBERTH, qu'il a nommé *Bacillus fæcalis alcaligenes*.

---

(1) BRIEGER. *Berliner klinische Wochenschrift*, 1884, n° 14.
(2) STERNBERG. *Report of the Ætiology and prevention of Yellow fever*, p. 202, 1890.
(3) PETRUSCHKI. *Centralblatt für Bakteriologie*, 1896, XIX, p. 187.

Bacilles de Bienstock.

Bienstok (1) a signalé, comme se trouvant fréquemment, sinon constamment, dans les excréments humains à côté du *Bacillus putrificus coli* (p. 645), deux bacilles I et II possédant les mêmes caractères morphologiques, formés de bâtonnets immobiles d'une longueur moyenne de 5 μ, souvent joints en longs filaments, donnant des spores elliptiques brillantes, non pathogènes et se rapprochant beaucoup du *Bacillus subtilis*.

Le Bacille I, appelé aussi *Bacillus fæcalis subtiliformis* ou *subtilis simulans*, donne sur *agar*, à la température de 37°, un enduit membraneux plissé d'un blanc-jaunâtre.

Le Bacille II, autrement nommé *Bacillus similis*, végète sur l'*agar* en produisant d'abord un enduit blanc, brillant, lisse, qui devient inégal et adopte la forme de grappe; la totalité de la surface peut être envahie en une douzaine d'heures.

Bacille de Bovet.

Cette espèce a été trouvée par Bovet (2) dans le contenu intestinal d'une femme ayant succombé à une entérite aiguë avec des symptômes cholériformes.

Ce bacille se montre formé de bâtonnets mobiles, asporogènes, isolés ou associés par paire, de 1 à 1,5 μ de largeur sur 2 à 4 μ de longueur, aisément colorables par la fuchsine phéniquée.

Ce microorganisme peut croître à la température de la chambre dans la plupart des milieux de culture, mais son développement est surtout rapide vers 37°.

Semé en stries sur la *gélatine*, il y donne des bandes blanches, translucides, à bords irréguliers, non liquéfiantes.

Les cultures sur l'*agar* offrent le même aspect et la surface de ce milieu ne tarde pas à être entièrement recouverte. Dans l'*agar* sucré ou glycériné, on voit se produire des bulles gazeuses lenticulaires.

Sur la *pomme de terre*, on voit se former des enduits semblables à la purée de pois, de teinte cependant moins jaunâtre; dans les vieilles cultures, ces enduits deviennent gris pâle.

---

(1) Bienstok. *Zeitschrift für klinische Medizin*, VIII.
(2) Bovet. *Annales de micrographie*, 1891, III, p. 161.

Le bacille de Bovet, qui a plusieurs caractères communs avec le bacille du côlon, injecté dans le péritoine du lapin, peut provoquer une péritonite mortelle.

Nous n'insisterons pas plus longuement sur les microorganismes des matières excrémentielles, car on a pu voir que les auteurs qui les ont étudiés ont eu beaucoup de peine à différencier les plus intéressants d'entre eux des bacilles du côlon, des bacilles pseudo-typhiques et des bacilles subtils.

Bactéries des voies génito-urinaires.

Ici encore, les bactéries qui peuvent se rencontrer dans les urines, les écoulements uréthraux, les mucosités de la vessie, du vagin, etc., sont purement accidentelles et ne paraissent jouer aucun rôle intéressant à côté du gonocoque et des bactéries infectieuses qui s'y montrent parfois.

C'est surtout à Bumm, Turro, Bosc, Legrain qu'on doit la description de ces espèces vulgaires, souvent chromogènes, qui n'ont de particulier et d'intéressant que leur habitat et qui, pour cette raison, devaient attirer l'attention de syphiligraphes.

Micrococcus albus amplus.

Ce microcoque, découvert par Bumm (1) dans le mucus vaginal normal se montre formé de cellules unies 2 à 2, rappelant le gonocoque dont il diffère : d'abord, par la faculté qu'il possède d'être coloré par la méthode de Gram; ensuite, par la propriété de croître aisément dans les milieux habituels de culture et, enfin, par son défaut de pathogénité.

Semé par strie sur la *gélatine*, il y fournit des bandes grisâtres et visqueuses non liquéfiantes. Les cultures sur l'*agar*, maintenu à 35°, sont rapides et consistent également en un enduit blanchâtre devenant ultérieurement visqueux. Les cultures sur la *pomme de terre* sont blanches.

Le *bouillon* se trouble sous son action et abandonne un dépôt blanc.

---

(1) Bumm. Der Mikroorganismus der gonorrhoischen Schleimhauterkrankung, 1887.

Micrococcus albicans tardissimus.

Cette espèce bactérienne a été découverte par Bumm dans les sécrétions vaginales des femmes en puerpéralité. Elle possède, comme la précédente, l'aspect du gonocoque, se montre aérobie et facultativement anaérobie, refuse le Gram et peut croître à la température de la chambre dans les milieux usuels de culture.

Elle donne sur la *gélatine* des colonies punctiformes qui, au bout de deux semaines, peuvent mesurer 2 millimètres de diamètre. Dans les ensemencements en piqûre, on obtient sur le trajet de l'aiguille de petites colonies grisâtres et, à son point de pénétration, une tache ayant l'aspect de la stéarine, à bords irrégulièrement dentés. La gélatine n'est pas liquéfiée.

Sur la *gélose* et le *sérum* de sang coagulé, le développement est lent et consiste en bandes blanchâtres à bords également découpés.

Streptococcus giganteus urethræ.

Ce streptocoque, découvert par Lustgarten (1) dans l'urèthre normal de l'homme, consiste en cellules sphériques de 0,8 à 1 μ de diamètre, unies en chaînes pouvant comprendre plusieurs centaines d'éléments.

Ce microcoque aérobie ne croît pas à la température de la chambre ; il pousse lentement sur l'*agar* nutritif, maintenu à 37°, où il donne des colonies plates, semblables à des gouttelettes d'eau, irisées et peu confluentes, qui atteignent leur développement maximum au bout d'une semaine.

Le repiquage de ces colonies est souvent infructueux.

Streptococcus rugosus ureæ.

Cette espèce, aérobie et facultativement anaérobie, a été trouvée par Rovsing (2) dans l'urine fortement ammoniacale d'un malade atteint de cystite.

---

(1) Lustgarten. *Vierteljahresbericht für Dermatologie und Syphilis*, 1887, p. 918.

(2) Rovsing. Die Blasenentzündungen, ihre Ætiologie, Pathogenese und Behandlung, 1890, p. 40.

Elle est formée de grosses cellules de 1,9 µ de diamètre, souvent associées en très longues chaînes.

Semée dans la *gélatine*, elle donne naissance à de petites colonies rondes d'un blanc mat et le milieu commence à se liquéfier au bout de 10 à 14 jours.

Le développement est plus rapide sur l'*agar* placé à l'étuve à 37°, qui se recouvre d'enduits épais et blanchâtres.

Sur la *pomme de terre* on obtient des colonies grisâtres.

Le *bouillon* est troublé diffusément et abandonne un dépôt blanchâtre. L'*urine* maintenue à 37° est fortement altérée, elle devient manifestement ammoniacale au bout de 12 heures.

Micrococcus vesicæ.

Heim (1) a découvert cette espèce microscopique dans l'urine acide d'un malade atteint de cystite, elle adopte une forme voisine du gonocoque.

Semée sur la *gélatine*, elle y produit des colonies brillantes d'aspect porcelané pouvant atteindre 2 millimètres de diamètre et dépourvues de tout pouvoir liquéfiant. Le *bouillon* et l'*urine* se troublent sous son action ; le *lait* n'est pas modifié dans son aspect extérieur.

Micrococcus lacteus faviformis.

D'après Bumm (2), ce micrococque serait l'hôte fréquent des sécrétions vaginales normales. Il se montre formé de cellules unies 2 à 2 ou en tétrade offrant un aspect voisin du gonocoque. Ces éléments se teignent aisément par les couleurs d'aniline et gardent le Gram.

Le *Micrococcus lacteus faviformis* croît faiblement dans les milieux usuels de culture à la température des appartements et à 37°. Il donne sur la *gélatine* de petites colonies grises, circulaires, montrant une structure réticulée et alvéolée. Dans les ensemencements par strie, on voit d'abord apparaître un semis de fines colonies qui fusionnent et produisent un enduit blanc de lait ; la gélatine n'est pas liquéfiée.

(1) Heim. Lehrbuch der Bakteriologie, 1898, p. 297.
(2) Bumm. *Archiv für Gynæcologie*, 1884, XXII, p. 327.

Les cultures sur la *gélose* et la *pomme de terre* sont grisâtres et possèdent le même aspect. Le *bouillon* est rapidement troublé.

Cette espèce n'est pas pathogène.

Micrococcus subflavus.

Cette espèce, fort voisine de forme du gonocoque de NEISSER, a été isolée par BUMM des sécrétions normales du vagin et des lochies. Sa longueur en diplocoque atteint 1,4 à 1,6 μ.

Ces cellules immobiles, aérobies, colorables par la méthode de GRAM, croissent à la température de la chambre, mais plus rapidement vers 37°.

Semées dans la *gélatine* ordinaire, elles y donnent, au bout d'une semaine, des colonies punctiformes d'une couleur jaune de soufre, liquéfiant lentement le substratum.

Les cultures sur l'*agar* maintenu à 37° fournissent, au bout de 24 heures, des végétations grisâtres passant ultérieurement au jaune. Les cultures sur la *pomme de terre* marchent avec beaucoup de lenteur et sont formées par des traînées grisâtres, qui, à la fin de 15 jours, mesurent 3 millimètres de largeur. Le *sérum* de sang coagulé serait liquéfié.

Cette espèce injectée sous la peau des cobayes provoque la formation d'abcès.

Avant de passer à la description des espèces bacillaires qui se rencontrent dans les mêmes sécrétions, rappelons : qu'à côté du *Micrococcus subflavus*, PROVE a trouvé dans le pus d'uréthrite le *Micrococcus ochroleucus*, et BUMM, le *Micrococcus citreus conglomeratus*, deux espèces chromogènes décrites aux pages 656 et 657 de cet ouvrage ; que le LEGRAIN (2) a signalé l'existence, dans des écoulements de même nature, de microcoques blancs, grisâtres, blanc-grisâtre, jaunâtres, etc., et qu'enfin TURRO (3) a décrit un microcoque analogue sous le nom de *Diplococcus commensalis*.

Bacillus smegmatis.

Ce bacille, distingué par TAVEL et ALVAREZ (4) dans le smegma préputial, présente les caractères morphologiques du bacille de la

(1) BUMM. Der Mikroorganismen der gonorrhoischen Schleimhauterkrankung, 1887, p. 20.
(2) LEGRAIN. Les microbes des écoulements de l'urèthre, Nancy, 1888.
(3) TURRO. *Centralblatt für Bakteriologie*, 1894, XVI, p. 1.
(4) TAVEL et ALVAREZ. *Bulletin de l'Académie de médecine*, 1885.

tuberculose; comme lui, il se colore aisément par le procédé d'Ehrlich, mais se montre dépourvu de toute propriété infectieuse et pathogène.

Le *Bacillus smegmatis* n'a pu être jusqu'ici cultivé sur des milieux nutritifs artificiels, il paraît devoir être confondu avec le bacille que Lustgarten suppose être l'agent virulent de la syphilis (voir p. 538); on trouvera l'histoire plus complète de ce bacille dans les travaux publiés par Tavel (1), Matterstock (2), Ritter (3) et Grethe (4).

Bacillus vaginæ.

Ce bacille, immobile, de grosseur moyenne, peut, d'après Döderlein (5), être rencontré à l'état de culture pure dans les sécrétions vaginales dont il détermine l'acidité anormale.

Cette espèce bactérienne est difficile à cultiver dans les milieux usuels de culture ; cependant, quand les sécrétions vaginales qui le contiennent à l'état de pureté sont portées dans du bouillon sucré à 1 p. 100, qu'on maintient pendant 24 heures à 37°, les ensemencements faits avec ce liquide sur *gélose* glycérinée déterminent l'apparition de colonies délicates, fragiles, semblables à des gouttes de rosée.

Le *Bacillus vaginæ* est aérobie et facultativement anaérobie; sa température optimum de croissance est voisine de 27° ; il produit de l'acide lactique dans les milieux sucrés.

Bacillus cystiformis.

Ce microbe, trouvé par Clado (6) dans l'urine d'un malade atteint de cystite, se montre sous la forme de bâtonnets courts et grêles, sporogènes, aérobies, mobiles, capables de croître lentement à la température de la chambre.

Porté sur la *gélatine*, il y fournit de petites colonies transparentes, rondes ou ovalaires. Les cultures obtenues par piqûre sont très

---

(1) Tavel. *Centralblatt für Bakteriologie*, 1887, I, p. 673.
(2) Matterstock. *Sitzungberichte der Physik. med. Gesellschaft*, 1885.
(3) Ritter. *Virchow's Archiv*, 1886, CIII.
(4) Grethe. *Fortschritte der Medizin*, 1886, n° 9.
(5) Döderlein. Das Scheidensemet und seine Bedeutung für das Puerperalfieber, 1892.
(6) Clado. *Bulletin de la Société anatomique de Paris*, 1887, p. 339.

maigres; elles consistent en des taches blanchâtres au point piqué, au-dessous desquelles se distingue à peine un mince trait.

Sur la *gélose*, on voit apparaître des bandes d'un blanc-jaunâtre.

Le *Bacillus cystiformis* n'est pas pathogène pour les animaux de laboratoire. Nous avons déjà décrit (p. 448) le *Bacillus septicus vesicæ* du même auteur (1) sur lequel nous n'avons pas à revenir.

Enfin, on doit à SCHOW (2) la description d'un bacille trouvé également dans un cas de cystite et appelé, pour ce motif, *Bacillus cystitidis*.

Bacillus pedonculatus.

Ce bacille a encore été trouvé par CLADO (3) dans l'urine de malades atteints d'affections vésicales; il apparaît sous la forme de bâtonnets courts, à extrémités arrondies, mobiles, sporogènes, croissant lentement à la température ordinaire sur la *gélatine* où il donne des colonies rondes et des cultures n'ayant rien de caractéristique.

Semé en stries sur *agar*, il y produit des bandes jaunâtres.

Injecté sous la peau des cochons d'Inde, il détermine la formation d'abcès.

Bacillus gliscrogenes.

Cette espèce microscopique asporogène a été trouvée par MALERBA et SANNA SALARIS (4) dans une urine visqueuse et acide. Elle est formée par des bâtonnets mobiles de 0,6 à 1,2 μ de longueur sur 0,4 μ d'épaisseur, croissant bien à la température de la chambre et mieux entre 30 et 37°, dans les milieux de culture habituels.

Semée dans la *gélatine*, elle y donne, au bout de deux jours, des colonies punctiformes, rondes, granuleuses et des cultures en épingles non liquéfiantes.

Sur *agar* abandonné à 18-20°, on obtient, au bout de 3 à 5 jours, une traînée opalescente et granuleuse; le développement est beaucoup plus rapide à 37°, il se forme en 24 heures une bande blanche et visqueuse.

---

(1) CLADO. Sur une bactérie septique de la vessie. Paris, 1887.
(2) SCHOW. *Centralblatt für Bakteriologie*, 1892, XII, p. 745.
(3) CLADO. *Bulletin de la Société anatomique*, 1887.
(4) MALERBA et RONNA SALARIS. Giornale internazionale della Scienze mediche, 1883, n° 2.

Les cultures nées sur la *pomme de terre* sont visqueuses, jaunes ou jaune-brunâtre; on voit s'en dégager des bulles gazeuses.

Sous son action, le *bouillon* est troublé et rendu visqueux en 24 heures; à la fin du 4e ou 5e jour, il se forme un voile blanc à sa surface.

Les cultures liquides, l'urine, le lait, les bouillons sont toujours rendus visqueux.

Nous clorons la liste des bacilles trouvés dans les urines en rappelant que Karplus (1) a décrit un *Bacillus urinæ* possédant entre autres propriétés celle de donner naissance à de l'hydrogène sulfuré.

Bacillus nodosus parvus.

Ce bacille, mobile, asporogène, trouvé dans l'urèthre de l'homme par Lustgarten (2), est constitué par des bâtonnets de 1,2 μ à 1,4 μ de longueur sur 0,4 μ de largeur, possédant parfois un renflement terminal irrégulier.

Cette espèce, aérobie et facultativement anaérobie, d'une croissance lente, se développe à la température des appartements et mieux à l'étuve.

Elle donne sur la *gélatine* des cultures chétives sans caractères spéciaux.

Sur l'*agar*, maintenu à 37°, on voit se produire, le long du trait d'inoculation, une traînée blanche qui, quelques jours plus tard, se montre formée d'une partie centrale d'apparence calcaire, poreuse et mate, limitée latéralement par des zones grisâtres, unies et brillantes.

Le *Bacillus nodosus parvus* n'est pas pathogène.

On doit à Wolff l'étude d'un spirille trouvé dans les sécrétions de l'utérus dans un cas d'endométrite chronique.

Bactéries diverses de l'économie animale.

Il n'entre pas dans les limites que nous nous sommes fixées de décrire le nombre assez élevé de bactéries trouvées dans les organes des cadavres de l'homme et des animaux, soit dans le foie, les reins,

(1) Karplus. *Virchow's Archiv*, 1893, CXXXI, p. 211.
(2) Lustgarten. *Virteljahresschrift für Dermatologie und Syphilis*, 1887, p. 914.

le péritoine, les épanchements pleurétiques, ascitiques, arthritiques, dans la bile, le pus, etc. Pour ceux que ces sujets intéressent, nous indiquerons les recherches : de TAVEL (1) sur le *Bacillus strumitis ;* de STERNBERG (2) sur les *Bacillus acidiformans*, *hepaticus fortuitus*, *caviæ fortuitus*, *filiformis*, *cadaveris*, *cadaveris grandis*, *renalis fortuitus*, *Martinez*, *gracilis*, etc. ; de FERCHEMIN (3) sur le *Bacillus pyocinnabareus ;* de STERN (4) sur le *Bacillus chologenes ;* de NAUNYN (5) sur le *Bacillus coli colorabilis ;* de MAUREA (6) sur la *Sarcina mobilis* trouvé dans un liquide d'ascite ; de DE KLECKI (7) sur le *Bacillus largus ;* de LANZ (8) sur le *Bacillus pyogenes fetidus liquefaciens* retiré d'une arthrite suppurée ; de GOTSCHLICH (9) sur les vibrions I, II, III, semblables au spirille du choléra asiatique.

Si, passant aux bactéries trouvées dans le corps des animaux, on veut s'en tenir à celles qui se montrent capables de produire des désordres plus ou moins graves, on consultera avec fruit les travaux : d'ARLOING (10) sur le *Bacillus heminecrobiophilus ;* de GALTIER (11) sur le *Bacillus chromo-aromaticus ;* de HAMBURGER (12) sur le *Streptococcus peritonidis equi ;* de NOVY (13) sur le *Bacillus œdematis thermophilus*, nouvelle espèce anaérobie de l'œdème malin ; d'ESMARCH (14) sur le *Spirillum rubrum ;* d'EMMERICH et WEIBEL (15) sur le *Bacillus salmonicida ;* de DU BOIS SAINT-SÉVRIN (16) sur le *Bacillus ruber sardinæ ;* de SIEBER (17) sur le *Bacillus piscicidus agilis ;* de CANESTRINI (18) sur le *Bacillus apicum ;* de WATSON-CHEYNE et CHESHIRE (19) sur le *Bacillus alvei ;* de KOUBASSOFF (20) sur le *Bacillus canceris* trouvé dans l'estomac d'écrevisses mortes ; de PASTEUR (21) sur les maladies des vers à soie ;

(1) TAVEL. Ueber die Ætiologie der Strumitis, p. 81. Bâle, 1892.

(2) STERNBERG. *Report of the Etiology and prevention of Yellow fever.* Washington, 1890. — A manual of Bacteriology. New-York, 1892.

(3) FERCHEMIN. *Centralblatt für Bakteriologie*, 1893, XIII, p. 103.

(4) STERN. *Deutsche med. Wochenschrift*, 1893, p. 613.

(5) NAUNYN. *Deutsche med. Zeitschrift*, 1891, p. 193.

(6) MAUREA. *Centralblatt für Bakteriologie*, 1892, XI, p. 228.

(7) DE KLECKI. *Annales de l'Institut Pasteur*, 1898, IX, p. 728.

(8) LANZ. *Centralblatt für Bakteriologie*, 1893, XIV, p. 269.

(9) GOTSCHLICH. *Zeitschrift für Hygiene*, 1895, XX, p. 494.

(10) ARLOING. *Comptes rendus de l'Académie des Sciences*, 1888, CVI, p. 1365 et 1889, CVIII, pp. 458 et 532.

(11) GALTIER. *Comptes rendus de l'Académie des Sciences*, 1888, CVI, p. 1368.

(12) HAMBURGER. *Centralblatt für Bakteriologie*, 1896, XIX, p. 882.

(13) NOVY. *Zeitschrift für Hygiene*, 1894, XVII, p. 209.

(14) ESMARCK. *Centralblatt für Bakteriologie*, 1887, I, p. 225.

(15) EMMERICH et WEIBEL. *Archiv für Hygiene*, 1894, XXI, p. 1.

(16) ST-SÉVRIN. *Annales de l'Institut Pasteur*, 1894, VIII, p. 152.

(17) SIEBER. *Gazeta Lekarska*, 1895, nos 13 et 17, et *Centralblatt für Bakteriologie*, 1895, XVII, p. 888.

(18) CANESTRINI. *Atti della Soc. Ven. Trent. Science nat.*, 1891.

(19) WATSON-CHEYNE et CHESHIRE. *Journal of the Royal microscopical Society*, 1885.

(20) KOUBASSOFF. *Westnik Obotschestwenoi Gigeani*, 1889, II, 65.

(21) PASTEUR. Étude sur les maladies des vers à soie. Paris, 1870.

de HOFMANN (1) sur un bacille agent présumé de la flacherie des chenilles; de KRASSILSCHTSCHIK (2) sur le *Micrococcus lardarius* présumé également la cause de la flacherie et de la grasserie des vers à soie; de GUIGNARD et SAUVAGEAU (3) sur le *Bacillus chlororaphis*, espèce chromogène remarquable, isolée des cadavres des vers blancs, etc.

Les études bactériologiques ne se sont pas seulement étendues aux germes trouvés dans l'économie animale, plusieurs auteurs se sont donné la tâche de rechercher ceux que le contact de l'homme pouvait accumuler sur les objets les plus divers; sur les vêtements de dessus et de dessous [HOBEIN (4), OTTO ROTH (5)], sur les billets de banque, les pièces de monnaie de diverse nature (TEÏSI MATZUSCHITA (6)], etc., il est certain que dans cette voie les recherches microbiologiques peuvent prendre un développement excessif et fournir des résultats curieux sinon utiles.

Enfin signalons, en terminant, le travail étendu de ZÖRKENDÖRFER (7) qui a soigneusement décrit une quinzaine de bactéries trouvées dans les œufs.

VI. — MICROORGANISMES DES VÉGÉTAUX.

La liste des bactéries capables de s'attaquer aux espèces végétales d'une organisation élevée s'accroît rapidement tous les jours; mais soit que les expériences de pathologie végétale offrent des difficultés plus grandes que celles de pathologie animale, soit que les auteurs qui les ont abordées aient ignoré les ressources multiples qu'offre aujourd'hui la bactériologie, beaucoup des espèces signalées sont à étudier de nouveau, leur monographie offrant des lacunes regrettables. A côté de quelques travaux fructueux et bien conduits, on en compte, malheureusement, beaucoup trop qui sont entièrement à refaire.

---

(1) HOFMANN. *Wochenschrift für Forstwirsch*, 1891.
(2) KRASSILSCHTSCHIK. *Comp. rend. de l'Académie des Sciences*, 1896, CXXIII, p. 428.
(3) GUIGNARD et SAUVAGEAU. *Compte rendu de la Société de biologie*, 1894, 10e série I, p. 841.
(4) HOBEIN. *Zeitschrift für Hygiene*, 1890, IX, p. 218.
(5) OTTO ROTH. *Zeitschrift für Hygiene*, 1890, VII, p. 287.
(6) TEÏSI MATZUSCHITA. *Centralblatt für Bakteriologie*, 1901, XXIX, p. 386.
(7) ZÖRKENDÖRFER. *Archiv für Hygiene*, 1893, XVI, p. 385.

Bacillus betæ.

Cette espèce microscopique trouvée par Kramer (1) sur des betteraves malades se présente sous la forme de bâtonnets de longueur variable possédant en moyenne 1,3 à 2 μ de longueur sur 0,7 à 1 μ d'épaisseur; ces articles, isolés ou par paires, unis parfois en chaînes, se teignent aisément par les couleurs d'aniline.

Le *Bacillus betæ* donne sur la *gélatine* des colonies rondes et blanches; les végétations sur la *gélose* offrent le même aspect. Sur la *rave*, il se forme un enduit brunâtre, gluant, accusant une forte réaction acide; l'enduit obtenu sur les tranches de *carotte* est blanc.

Bacille de Busse.

Busse (2) a retiré des betteraves, atteintes de la maladie connue sous le nom de gomme, deux bacilles qu'il a désignés par les lettres grecques α et β.

Le bacille α ou *Bacillus laurans* (Mig.) est formé par de courts bâtonnets, très mobiles, d'environ 2 μ de longueur sur 0,9 μ de largeur, isolés, quelquefois unis 2 à 2, aisément colorables par les couleurs d'aniline.

Semé sur la *gélatine*, il y donne à la température de la chambre de petites colonies rondes, incolores, pouvant atteindre 3 millimètres de diamètre; les colonies profondes sont beaucoup plus petites et jaunâtres.

Le développement dans l'*agar* sucré est plus rapide et s'accompagne d'un dégagement gazeux dilacérant le substratum.

Les cultures de ce bacille dans le *bouillon* de peptone sont peu apparentes; si ce milieu est sucré, le trouble survient en 24 heures; on voit apparaître des voiles superficiels; on constate la production de gaz et la réaction du liquide devient fortement acide.

Le Bacille β ou *Bacillus Bussei* (Mig.) apparaît sous la forme de bâtonnets, très mobiles, à extrémités arrondies de 1,7 μ de longueur sur 0,8 μ de largeur, devenant filamenteux dans les cultures âgées sur agar. Il ne paraît pas donner de spores.

---

(1) Kramer. *Œsterreichisches Landwirschaftliches Centralblatt*, 1891.
(2) Busse. *Zeitschrift für Pflanzenkrankheiten*, III, p. 72.

Ensemencé sur la *gélatine*, il y donne des colonies rondes, faiblement jaunâtres, non liquéfiantes.

Sur l'*agar* contenant 8 p. 100 de saccharose, on obtient un enduit copieux blanchâtre et gluant.

Dans l'*eau de peptone* chargée de 5 p. 100 de glucose ou de 8 p. 100 de sucre de canne, le développement est très abondant ; en 48 heures, on voit survenir une fermentation énergique accompagnée de la production d'une forte acidité.

Les cultures sur *agar* sont rapides, blanches et gluantes.

Les bacilles α et β de BUSSE ne sont pas pathogènes pour les animaux de laboratoire.

Mentionnons encore le *Bacillus Arthuri*, découvert par ARTHUR et GOLDEN (1) dans une des maladies de la betterave, et le *Bacillus vascularum*, trouvé par COBB (2) dans une maladie de la canne à sucre.

Bacillus apii.

Ce bacille, qui serait d'après BRIZI (3) la cause d'une maladie du céleri, est formé de bâtonnets mobiles, à extrémités amincies, de 2 à 2,5 μ de longueur ; croissant bien, à 20-22°, sur la *gélatine* où il donne, au bout de 18 à 24 heures, des colonies déjà visibles qui, après 5 à 6 jours d'attente, se présentent sous la forme caractéristique de grosses gouttes hémisphériques, transparentes, hyalines, rappelant l'aspect des gouttes de glycérine.

Les colonies obtenues sur l'*agar* restent petites.

Sur la *pomme de terre*, leurs dimensions sont également exiguës, mais elles acquièrent bientôt une teinte jaunâtre.

Bacillus compestris.

D'après PAMMEL (4) et SMITH (5), ce bacille asporogène serait l'agent d'une maladie s'attaquant aux crucifères.

Il s'offre sous l'aspect de petits bâtonnets de 0,7 à 3 μ de longueur sur 0,4 à 0,5 μ de largeur, munis de cils polaires.

---

(1) ARTHUR et GOLDEN. *American Naturalist*, 1896, p. 723.
(2) COBB. *New South Walles Department of Agriculture*, p. 1. Sydney, 1893.
(3) BRIZI. *Centralblatt für Bakteriologie*, 2e section, 1897, III, p. 575.
(4) PAMMEL. *Iowa Agricult. Experiment. Station*, 1895.
(5) SMITH. *Centralblatt für Bakteriologie*, 2e section, 1897, III, p. 284.

Il croît surtout bien sur la *gélatine* légèrement alcalinisée en la liquéfiant.

Il se multiplie beaucoup plus rapidement sur l'*agar* où il donne des colonies rondes, jaune pâle, humides et brillantes; dans les cultures par piqûre, il détermine la production de gros cristaux de phosphate ammoniaco-magnésien.

Les végétations obtenues sur la *pomme de terre* ont la couleur de la cire jaune.

Bacillus solanacearum.

Cette espèce bactérienne, trouvée par Smith (1) dans une affection microbienne des tomates, se montre constituée par des bâtonnets de grosseur moyenne, asporogènes, à extrémités arrondies, trois fois plus longs que larges, mesurant 1,5 μ sur 0,5 μ et pourvus de cils.

Semée dans la *gélatine*, elle y fournit des colonies sphériques jaunâtres ou brunâtres, qui restent petites dans la profondeur et s'étalent à la surface en taches minces, humides et brillantes. Dans les cultures par piqûre, le développement se fait principalement au point de pénétration de l'aiguille. La gélatine n'est pas liquéfiée.

Les cultures sur la *gélose* consistent en enduits blanc sale, humides, devenant ultérieurement jaunâtres ou brunâtres.

Les végétations nées sur la *pomme de terre* sont blanches et grises, puis deviennent brunâtres ou noires.

La croissance du *Bacillus solanacearum* dans le *bouillon* est luxuriante entre 20 et 30°. Sous son action, le *lait* est rendu savonneux et fortement alcalin. La caséine n'est pas précipitée.

On doit à Erwin F. Smith (2) la découverte du *Bacillus tracheiphilus*, cause de la flétrissure de quelques cucurbitacées, et à Smith, celle du *Bacillus phaseoli* formé de courts bâtonnets mobiles, pathogènes pour les haricots.

Bacillus hyacinthi septicus.

D'après Heinz (4), ce bacille, cause de la maladie appelée morve des plantes, a pu être observé dans des fragments de jacinthes

---

(1) Smith. *Depart. of Agric. Division of the vegetable Physiology and Pathologie*, 1896, n° 12.

(2) Erwin F. Smith. *Centralblatt für Bakteriologie*, 2e section, 1895, I, p. 364.

(3) Smith. *Proceedings of the American Assoc. for the advancement of science*, 1897, XLVI, p. 288.

(4) Heinz. *Centralblatt für Bakteriologie*, 1889, V, p. 535.

malades. Il est formé par des bâtonnets asporogènes, mobiles, à extrémités arrondies, toujours isolés, de 4 à 6 μ de longueur sur 1 μ de largeur.

Ce bacille, aérobie et facultativement anaérobie, croît à la température des appartements et donne dans la *gélatine* des colonies superficielles, brillantes, blanc-bleuâtre, foncées au centre, dont le diamètre peut acquérir 2 millimètres. Les colonies profondes sont ovales et jaunâtres. Les ensemencements par piqûre donnent des clous bien fournis ; la gélatine n'est pas liquéfiée.

Les cultures obtenues sur *agar* consistent en végétations jaunâtres.

Les ensemencements sur la *pomme de terre* fournissent, au bout de 36 heures, des bandes visqueuses d'un jaune sale.

Le *bouillon* est troublé uniformément.

Ces diverses cultures exhalent une odeur désagréable.

Wakker (1) a décrit, sous le nom de *Bacterium hyacinthi*, un bacille mobile peut-être identique à celui qui vient d'être décrit.

Bacilles de Gonnermann.

Sous les noms de *Bacillus tuberigenus* I, II, III, IV, V, VI et VII, Gonnermann (2) a étudié sept bacilles trouvés dans les racines des légumineuses malades, et notamment du lupin.

Bacillus tuberigenus I. — Cette espèce est formée par des bâtonnets mobiles, de 0,3 μ d'épaisseur sur 0,8 à 1 μ de longueur, presque toujours unis par paire.

Elle donne sur la *gélatine* de grosses colonies incolores, finement granuleuses, liquéfiantes.

Sur la *pomme de terre*, des traînées d'un gris sale.

Bacillus tuberigenus II. — Ce bacille est formé par des bâtonnets mobiles, mesurant 2 μ de longueur sur 0,7 μ de largeur.

Il fournit sur la *gélatine* des colonies incolores ou verdâtres lentement liquéfiantes.

Bacillus tuberigenus III. — Ce microorganisme se présente sous l'aspect de bâtonnets mobiles de 0,6 μ de longueur sur 0,3 μ de largeur.

---

(1) Wakker. *Botanische Centralblatt*, 1883, XIV, p. 315.
(2) Gonnermann. *Landwirtsch. Jahrbücher*, 1894, XXIII, p. 656.

Il donne sur la *gélatine* des colonies promptement liquéfiantes.

Les cultures obtenues sur la *pomme de terre* sont brun-rouge.

Bacillus tuberigenus IV. — Ce bacille mobile apparaît sous la forme d'articles cylindriques de 1,5 μ de longueur sur 0,5 μ d'épaisseur.

Il fournit sur la *gélatine* des cultures d'un rouge-jaunâtre très lentement liquéfiantes.

Sur la *pomme de terre*, les végétations sont humides et de même couleur.

Bacillus tuberigenus V. — Cette espèce est formée de bâtonnets immobiles mesurant 2 μ de longueur sur 0,25 μ d'épaisseur.

Il croît sur la *gélatine* en y donnant des végétations blanches, liquéfiantes, offrant l'aspect de celles du *Bacillus anthracis*.

Les cultures sur la *pomme de terre* consistent en enduits jaunes et humides.

Bacillus tuberigenus VI. — Cette espèce s'offre sous la forme de bâtonnets immobiles, de 1,7 à 4 μ de longueur sur 0,5 μ de largeur.

Elle produit sur la *gélatine* des végétations légèrement jaunâtres, en forme de feuilles de fougère, non liquéfiantes.

Celles qui peuvent naître sur la *pomme de terre* sont incolores et à peine visibles.

Bacillus tuberigenus VII. — Ce bacille mobile se montre formé de courts bâtonnets de 1 μ de longueur sur 0,5 μ de largeur.

Il fournit sur la *gélatine* des colonies ovales et des cultures d'un jaune-brun, non liquéfiantes.

Les végétations nées sur la *pomme de terre* sont d'un rose pâle devenant, plus tard, rose-jaunâtre.

Bacillus radicicola.

Syn. : *Rhizobium leguminosarum*.

Ce bacille, étudié par Beyerinck (1), Franck (2), Nobre, Hiltner et Schmidt (3), s'attaque aussi aux racines des papilionacées et des légumineuses.

Il se montre formé de bâtonnets à extrémités arrondies, de 3 à 4 μ de longueur sur 0,9 μ d'épaisseur, lentement mobiles dans les sucs végétaux, complètement immobiles dans les cultures artificielles.

(1) Beyerinck. *Botanische Zeitung*, 1888, p. 725.
(2) Franck. Ueber die Pilzsymbiose des Leguminosen. Berlin, 1890.
(3) Nobre, Hiltner et Schmidt. *Landwirtsch. Versuchsstationen*, 1894, LXV.

Le *Bacillus radicicola* croît mal sur la *gélatine* ordinaire, mieux sur une gélatine fabriquée avec des décoctions de pois, de haricots, etc., où il se développe en donnant de grosses colonies blanches, humides, peu caractéristiques.

L'étude de cette espèce microscopique serait intéressante à reprendre et à compléter.

Bacillus maïdis.

Cette bactérie a été découverte par Paltauf et Heider (1) dans une macération, âgée de 8 heures, de maïs dans de l'eau maintenue à 30°. On l'aurait également rencontrée dans les fèces de pellagreux, ce qui a fait penser que le *Bacillus maïdis* était l'agent infectieux de la pellagre, supposition qui ne paraît pas justifiée.

Quoi qu'il en soit, le microorganisme en question se montre sous l'aspect de bâtonnets de 2 à 3 μ de longueur, très mobiles, strictement aérobies, à extrémités carrées, isolés, unis par paires et quelquefois joints en 3 articles. Ce bacille produit des spores ovales, localisées au centre ou aux extrémités des articles; il croît bien à la température de la chambre, mais mieux entre 26 et 30°.

Semé sur la *gélatine*, il y donne au bout de 36 à 48 heures des colonies punctiformes, grisâtres et jaunâtres quand elles sont superficielles; dans les cultures par piqûre, la gélatine est promptement liquéfiée.

Sur l'*agar* placé à l'étuve entre 34 et 36°, il se forme au bout de 24 heures un enduit blanc, mince, sec, membraneux et non adhérent qui devient ultérieurement blanc-jaunâtre.

Les cultures obtenues sur la *pomme de terre* possèdent le même aspect, mais sont jaune-brunâtre.

Le *Bacillus maïdis* détermine au sein des liquides sucrés la production des acides butyrique et acétique; par ses caractères morphologiques et biologiques, il se rapproche beaucoup du *Bacillus mesentericus fuscus* (p. 763).

Bacillus Stewarti.

Stewart (2) attribue une des maladies du maïs à un bacille formé de bâtonnets, à extrémités arrondies, de 0,5 à 0,9 μ de largeur sur 1 à 2 μ de longueur, munis de cils terminaux.

(1) Paltauf et Heider. *Medizinische Jahrbücher*, 1889, n° 8.
(2) Stewart. A bacterial disease of sweet corn. New-York, 1897.

Cette espèce croît dans les divers milieux nutritifs en y donnant des colonies et des cultures dont la couleur varie du jaune de chrome à l'ocre jaune. La *gélatine* n'est pas liquéfiée. De plus, elle peut prendre un grand développement dans les milieux contenant du sucre de canne, du raisin et de la galactose.

Nous pouvons rappeler ici qu'un bacille, étudié par BURRILL, sous le nom de *Bacillus zeæ*, et par BILLINGS (1), serait à la fois l'agent d'une maladie du maïs et d'une septicémie hémorrhagique chez le bœuf, décrite à la page 234 de cet ouvrage.

Bacillus solaniperda.

Cette espèce a été trouvée par KRAMER et ERNST (2) dans les lésions causées par la gangrène humide chez la pomme de terre. Elle est formée de bâtonnets à extrémités arrondies, de 2,5 à 4 μ de longueur sur 0,7 μ de largeur, variables de dimension selon les milieux culturaux.

Ce bacille mobile, sporogène, donne sur la *gélatine* des colonies punctiformes et des cultures qui peuvent entraîner en 48 heures la liquéfaction totale du milieu, quand ce dernier est maintenu vers 25°. Les ensemencements en strie donnent, au bout de 12 heures, des traits blancs qui, sitôt apparus, commencent à fluidifier la gélatine.

Les colonies obtenues sur *agar* consistent en petites gouttelettes gluantes et d'un blanc sale. Les enduits formés sur la *pomme de terre* sont blanchâtres et grisâtres ; d'abord, ils offrent une réaction acide et plus tard une réaction fortement alcaline.

Micrococcus nuclei.

Ce microcoque ovale, de 0,3 sur 0,5 μ, a été trouvé par ROZE (1) dans des pommes de terre malades. Cet auteur a décrit avec soin les lésions dont ce microbe détermine la formation dans ce tubercule, mais il a négligé de donner les caractères macroscopiques des cultures de cette espèce, ce qui pourrait permettre de la faire reconnaître en dehors de son habitat accidentel.

On doit de même à ROZE (3) l'étude du *Micrococcus imperatoris*, qui fait également partie du groupe des bactéries qui s'attaquent à la pomme de terre.

---

(1) BILLINGS. The Corn-stalk disease in cattle, 1889.
(2) KRAMER et ERNST. *Œsterreich. Landwirtschaftl. Centralblatt*, 1891, p. 11.
(3) ROZE. *Comptes rendus de l'Académie des Sciences*, 1896, CXXII, p. 543.

Bacillus sorghi.

Ce bacille, découvert par Burrill (1) dans une maladie du *Sorghum saccharatum*, est constitué par des cellules ovales ou cylindriques d'environ 1,5 µ de longueur sur 0,7 µ d'épaisseur, mobiles, unies le plus souvent en courtes chaînes et possédant des spores au centre des bâtonnets.

Le *Bacillus sorghi* croît sur la *gélatine* sans la liquéfier, sur l'*agar*, dans les *bouillons* et dans les *infusions* de pommes de terre.

Bacillus gummis.

Ce bacille, d'abord étudié par Comes (2), puis par Baccarini (3) et Macchiati (4), serait l'agent d'une maladie de la vigne. Il se montre formé de cellules ovales, mobiles, isolées, par paires ou associées en longs filaments. Ces articles, de 1 à 2 µ de longueur sur 0,75 µ de largeur, se colorent bien par la fuchsine et le violet de gentiane; l'existence d'endospores paraît douteuse.

Il donne, au bout de 4 à 5 jours, sur la *gélatine*, des colonies irrégulières et par piqûre un trait épais et noduleux.

Sur la *pomme de terre* exposée entre 12 et 16°, on voit se produire, au bout de 3 jours, un enduit gélatineux, jaune pâle, à bords sinueux.

Citons encore le *Bacillus ampelosporæ*, étudié par Cuboni (5), désigné également sous le nom de *Bacillus uvæ* par Cugini et Macchiati, et capable de produire une affection connue sous le nom de *tuberculose* de la vigne.

Ce bacille, formé de bâtonnets cylindriques grêles, de 1 à 1,5 µ de longueur sur 0,3 µ de largeur, se montre aussi parfois en filaments. Il donne sur la *gélatine* des colonies superficielles liquéfiantes, et sur la *pomme de terre* des colonies jaune de miel.

Plusieurs bactéries, capables d'engendrer des maladies chez les végétaux, ont également attiré l'attention des botanistes. Citons :

---

(1) Burrill. *Proceedings of the Amer. Soc. of Micoscopists*, 1888.
(2) Comes. Il marciume dello radici et la gommosi della vita. Naples, 1884.
(3) Baccarini. *Malpighia*, 1892, VI.
(4) Macchiati. Ricerche sulla biologia der *Bacillus Baccarini*. Modène, 1897.
(5) Cuboni. *Rendi-conti, Accad. dei Lincei*,, 1889, série 4, V, p. 571.

Le bacille de la tuberculose ou des tumeurs de l'olivier, étudié par SAVASTANO (1) et PRILLIEUX (2), appelé par ARCANGELI *Bacillus oleæ* et par TRÉVISAN *Bacillus Prillieuxianus*;

Le *Bacillus pini*, de VUILLEMIN (3), des tumeurs bacillaires du pin d'Alep;

Le *Bacterium mori* de la maladie du mûrier étudié par ROGER et LAMBERT (4);

Le *Leuconostoc Langerheimi* trouvé par LUDWIG (5) dans la gomme des chênes;

Le *Spirillum endoparagogicum* observé par SOROKINE (6) dans le suc visqueux s'échappant d'une partie vermoulue d'un peuplier;

Le *Micrococcus amylovorus* considéré par ARTHUR (7) comme la cause des maladies de certains fruits.

On peut, encore, à la rigueur, admettre au nombre des bactéries nuisibles aux espèces végétales le *Bacterium lini* de WINOGADSKI (8), agent microbien du rouissage, et le *Bacterium cellulosis* d'OMELIANSKI (9) capable de provoquer la fermentation de la cellulose; mais, il semble qu'on soit bien moins autorisé à ranger dans la classe des bactéries pathogènes pour les végétaux, le *Bacillus carotarum* de A. KOCH (10), et le *Bacillus brassicæ* de PAMMER (11) qui ont été trouvés dans des décoctions de carottes et de choux.

VII. — MICROORGANISMES DU LAIT, DU BEURRE, DES FROMAGES ET DE LA MARGARINE.

Le nombre des espèces bactériennes trouvées dans le lait et le beurre est fort élevé : les unes font partie de la classe des microbes vulgaires chromogènes et zymogènes, les autres du groupe des bactéries pathogènes (bacille de Koch, du côlon, etc.); mais, quel que soit le nombre des bactéries ayant pu être observées accidentellement dans le lait, il est loin de dépasser le chiffre des micro-

---

(1) SAVASTANO. *Comptes rendus de l'Académie des Sciences*, 1886, CIII, pp. 1144 et 1278.
(2) PRILLIEUX. *Comptes rendus de l'Académie des Sciences*, 1889, CVIII, p. 249.
(3) VUILLEMIN. *Comptes rendus de l'Académie des Sciences*, 1886, CVII, p. 874.
(4) ROGER et LAMBERT. *Comptes rendus de l'Académie des Sciences*, 1893, CXVII, p. 342.
(5) LUDWIG. *Bericht der deutschen botanischen Gesellschaft*, 1886, XXV.
(6) SOROKIN. *Centralblatt für Bakteriologie*, 1887, I, p. 465 et 1890, VII, p. 123.
(7) ARTHUR. *Proceedings of the Philadelphia Acad. of nat. science*, 1886.
(8) WINOGADSKI. *Comptes rendus de l'Académie des Sciences*, 1893, CXXI, p. 742.
(9) OMELIANSKI. *Comptes rendus de l'Académie des Sciences*, 1895, CXXX, p. 635.
(10) A. KOCH. *Botanisches Zeitung*, 1888, p. 2.
(11) PAMMER. *Mitth. der botanischen, Inst. zu Gratz*, 1886, I, p. 95.

organismes décrits comme les agents des maladies et de la maturation des fromages.

Parmi les auteurs qui se sont particulièrement occupés de la flore bactérienne du lait nous citerons : DE FREUDENREICH, WEIGMANN, GUILLEBEAU, ADAMETZ et FLÜGGE; DE KLECKI a surtout étudié les bactéries du beurre; JOLLES et WINKER, celles de la margarine; DUCLAUX, DE FREUDENRIECH, HENRICI, ADAMETZ, etc., celles des fromages.

Nous allons passer rapidement en revue les schizophytes rencontrés dans ces diverses substances en omettant de décrire les ferments lactiques, butyriques, les tyrothrix et plusieurs autres espèces dont les monographies se trouvent dans d'autres chapitres.

Micrococcus casei amari.

Ce micrococcus, trouvé par DE FREUDENREICH (1) dans un fromage devenu amer, est formé de cellules ovalaires, aérobies et facultativement anaérobies, de 1 μ environ de diamètre, croissant bien dans la plupart des milieux nutritifs.

Il donne sur la *gélatine* des colonies granuleuses, jaune pâle, émettant souvent des prolongements dans le milieu environnant. La gélatine ne tarde pas à se liquéfier. Dans les cultures par piqûre, la liquéfaction se produit en entonnoir.

On voit apparaître à la surface de l'*agar* des colonies grises, plates et luisantes; dans les ensemencements par strie il se forme un gazon léger et grisâtre; si l'agar est additionné de sucre de lait le développement a surtout lieu dans la profondenr des cultures en piqûre.

Les végétations obtenues sur la *pomme de terre* sont maigres et consistent en bandes blanchâtres dont les bords acquièrent une teinte jaunâtre.

Le *Micrococcus casei amari* trouble en 24 heures le *bouillon* maintenu à 35°; il le rend acide quand il renferme de la lactose.

Cultivé dans le *lait*, il l'acidifie d'abord, puis le caille et lui communique en même temps un goût amer, déjà très marqué au bout de 24 heures, si le lait est maintenu à 37°. Cette amertume ne peut être constatée dans les cultures en bouillon.

Ce microcoque doit être considéré comme un ferment lactique, il peut produire jusqu'à 4 grammes d'acide lactique par litre.

---

(1) DE FREUDENREICH. *Landwirtsch. Jahrbüch der Schweiz*, 1894, VIII, p. 136.

Il ne survit pas à l'exposition, pendant 5 minutes, à la température de 70°; le sublimé à 1 : 2000 le tue en 15 minutes, l'acide phénique à 1 : 40 en 1 minute.

Micrococcus amarificans.

Conn (1) avait décrit, quelques années avant de Freudenreich, un microcoque formé de cellules isolées, associées par paires et en courtes chaînes.

Cette espèce, liquéfiante comme la précédente, donne sur la *gélose* des enduits blancs et sur la *pomme de terre* des gazons blancs et brillants.

Semée dans le *lait*, elle le coagule, le rend acide en même temps qu'elle le rend gluant, faculté que ne possède pas le *Micrococcus casei amari*.

Bacillus liquefaciens lactis amari.

Ce bacille, isolé par de Freudenreich (2) d'une crème devenue amère, se montre formé de bâtonnets de longueur variable, mesurant en moyenne 1 à 15 μ de longueur sur 0,5 μ de largeur.

Ce bacille croît bien à la température des appartements et mieux encore à l'étuve.

Il donne sur la gélatine des colonies rondes, jaunes, granuleuses, promptement liquéfiantes.

Il croît sur l'*agar* en déterminant la production d'un gazon gris et épais. Il fournit sur la *pomme de terre* un enduit épais, jaune sale devenant ultérieurement blanchâtre.

Il trouble le *bouillon*, coagule le *lait* sans l'acidifier et le rend amer au bout de deux jours.

Une température de 60-65° tue cette espèce au bout de 5 minutes; le sublimé à 1 : 2000 et l'acide phénique à 1 : 40 le font périr en une demi-minute.

Bacillus amarificans.

Ce second bacille, capable d'engendrer également l'amertume, a été décrit par Bleich (3) dans du lait devenu spontanément amer.

Il est formé de gros bâtonnets, mobiles, sporogènes, à bouts

(1) Conn. *Centralblatt für Bakteriologie*, 1891, IX, p. 653.
(2) De Freudenreich. *Annales de Micrographie*, 1895, VII, p. 12.
(3) Bleich. *Zeitschrift für Hygiene*, 1893, XIII, p. 81.

arrondis, pourvus de cils, aisé à teindre par les couleurs d'aniline et conservant le GRAM. Ce bacille peut croître entre 14 et 40°; la température qui favorise le mieux son développement est voisine de 34°.

Semée sur la *gélatine* au bouillon de viande peptoné, il donne des colonies promptement liquéfiantes.

Les cultures sur l'*agar* consistent en bandes d'un gris-blanchâtre; les cultures sur *sérum* de sang coagulé ont un aspect identique, la liquéfaction de ce milieu commence au bout de 48 heures et la masse se transforme en un liquide présentant la réaction du biuret.

Le *bouillon* se trouble sous son action et se recouvre plus tard d'un voile, tandis qu'il s'accumule au fond du vase un précipité jaune-blanchâtre.

Micrococcus mucilaginosus.

Cette espèce, isolée par SCHUTZ et RATZ (1) d'un lait devenu gluant, est formée de coccus ovales, aérobies, immobiles, de 1,4 μ de largeur sur 2,1 μ de longueur, le plus souvent groupés en diplocoques. Dans les cultures dans le lait ce microorganisme apparaît entouré d'une capsule gélatineuse.

Ensemencé dans la *gélatine*, il y fournit au bout de 24 heures de petites colonies blanches, punctiformes, pouvant atteindre l'épaisseur d'une tête d'épingle et dépourvues de tout pouvoir liquéfiant.

Les cultures sur la *gélose* et la *pomme de terre* consistent en traînées transparentes donnant une réaction acide très prononcée.

Sous l'action de ce micrococque, le *lait* stérilisé devient acide et sa caséine est précipitée au bout de 30 à 48 heures, si le liquide est maintenu à 20-22° ; à 10° et à 35°, ce phénomène est plus lent à se manifester.

Le nom de *Bacillus mucilaginosus* a été, de même, donné par MIGULA à un bacille trapu découvert par HAP (2) dans les fermentations visqueuses.

Micrococcus Freudenreichii.

Ce microbe a été trouvé par GUILLEBEAU (3) dans une laiterie des environs de Berne dont le lait devenait filant.

Il apparaît sous la forme d'un gros micrococque sphérique, immo-

(1) SCHUTZ et RATZ. *Archiv für wissenschafliche und praktische Thierheilkunde*, XV, p. 100.
(2) HAP. Dissertation inaugurale, p. 28. Berlin, 1893.
(3) GUILLEBEAU. *Landwirtsch. Jahrbuch der Schweiz*, 1891, V, p. 133.

bile, de près de 2 μ de diamètre, souvent disposé en chaînettes dans les cultures sur la pomme de terre.

Cette espèce, aérobie et anaérobie, facile à cultiver dans les milieux usuels à la température de 20°, peut aussi se développer à 12 et à 35°, mais beaucoup plus lentement.

Au bout de 36 heures, elle donne sur la *gélatine* de petites colonies granuleuses, s'étirant en fils quand on cherche à les prélever ; puis, le milieu se fluidifie en un liquide visqueux.

Le *Micrococcus Freudenreichii* se développe, de même, dans la *gélose* au sérum de lait et sur la *pomme de terre* où ses cultures consistent en enduits, plus ou moins épais, dont la couleur peut varier du jaune-soufre au brun clair.

Cultivé dans le *lait* stérilisé, il le rend tellement visqueux que ce liquide peut s'étirer en fils d'un mètre et davantage.

Cette espèce ne paraît pas pathogène.

Bacterium Hessii.

Cette bactérie, découverte et décrite par Guillebeau (1), est formée de bâtonnets mobiles, aérobies, de 3 à 5 μ de largeur sur 1,2 μ environ d'épaisseur ; elle croît aisément et rapidement entre 20 et 36°.

Elle donne sur la *gélatine* au sérum de lait des colonies punctiformes s'entourant d'un chevelu de fins filaments ; bientôt le milieu se liquéfie et la colonie, représentée par un gros flocon, nage dans une sphère de liquide visqueux.

Semée dans le *lait* stérilisé, elle le rend manifestement filant après 24 heures d'exposition à 20° ; à la 36e heure, il peut déjà s'étirer en longs fils.

Le *Bacterium Hessii* croît sur la *pomme de terre* en donnant un enduit très mince ; semé dans le *bouillon*, il le rend fortement visqueux.

Cette espèce n'est pas pathogène.

Bacterium lactis viscosus.

Ce bacille, signalé par Adametz (2) dans du lait devenu visqueux, est peut-être identique à celui que Zimmermann (3) a découvert dans

(1) Guillebeau. *Annales de Micrographie*, 1892, IV, p. 233.
(2) Adametz. *Landwirthschaft. Jahrbucher*, 1891.
(3) Zimmermann. Die Bakterien unserer Trink- und Nutzwässer, 1894, p. 40.

les eaux, et qui offre, de même, la faculté de rendre gluants les milieux de cultures.

Ce bacille se montre formé de courts bâtonnets elliptiques, parfois filamenteux, de 1 μ d'épaisseur sur 1,5 μ à 4,8 μ de largeur. Sa température optimum de croissance se trouve située vers 30°.

Semé dans la *gélatine*, il y donne des colonies rondes, grisâtres, non liquéfiantes; porté sur la *gélose* il y forme de belles traînées jaunâtres et brillantes; le gazon obtenu sur la *pomme de terre* est humide et grisâtre.

Il trouble rapidement le *bouillon*, donne lieu à la formation d'un voile et à la production d'un dépôt blanchâtre.

Bacilles de Weigmann.

On doit à Weigmann (1) l'étude de 4 à 5 bactéries pouvant donner au lait une certaine viscosité et un goût savonneux, l'espèce la plus importante, la seule que nous décrirons ici, a reçu le nom de *Bacillus lactis saponacei*.

Elle consiste en bâtonnets à extrémités arrondies mesurant 0,5 μ de largeur sur 1 à 1,5 μ de longueur.

Elle donne sur la *gélatine* des colonies liquéfiantes, à centre jaunâtre, pouvant atteindre 2 à 3 millimètres de diamètre.

Sur l'*agar* on obtient, déjà au bout de 24 heures, des traînées blanches parcourues par un filet jaunâtre; plus tard cette teinte gagne la totalité de la culture.

Les végétations nées sur la *pomme de terre* sont jaunes et gluantes.

Le *bouillon* est troublé, mais ne se recouvre pas de voiles.

Semé dans le *lait*, le *Bacillus lactis saponacei* n'y détermine d'abord aucun signe extérieur d'altération, mais, au bout de quelques jours, ce liquide est devenu gluant et sa saveur est celle du savon.

Weigmann pense que ce microorganisme est originaire des litières de paille humide.

Bacillus glacialis.

Migula a donné ce nom à un bacille trouvé par Vaughan et Perkins (2) dans une crème glacée et dans du fromage dont l'ingestion

(1) Weigmann. *Milchzeitung*, 1893, p. 35. — Weigmann et Zirn. *Centralblatt für Bakteriologie*, 1894, XV, p. 464.

(2) Vaughan et Perkins. *Archiv für Hygiene*, 1896, XXVI, p. 318.

avait, à deux époques différentes, déterminé l'intoxication d'une cinquantaine de personnes.

Ce microbe, mobile, asporogène, se montre sous la forme de bâtonnets de 1,7 μ de longueur sur 0,8 μ de largeur ; parfois il est plus long, parfois microcoforme.

Ce bacille, aérobie et facultativement anaérobie, facile à colorer par la fuchsine phéniquée ne prend pas le Gram. Il croît aisément dans la plupart des milieux nutritifs; la température qui semble la plus favorable à son développement paraît située vers 38°. Au-dessous de 25°, les ensemencements restent souvent inféconds.

Semé dans la *gélatine*, il y donne des colonies rondes ou ovales et quelquefois irrégulières. Les colonies superficielles sont granuleuses et offrent un centre foncé. Dans les cultures par piqûre, on voit se développer, le long du trajet suivi par le fil de platine, un trait de grosseur uniforme.

Les enduits obtenus sur l'*agar* sont étendus, blancs et vitreux ; si l'agar est sucré, on voit apparaître des bulles gazeuses.

Sur les *pommes de terre*, acides ou alcalinisées, il se forme des enduits jaunâtres, épais et visqueux.

Le *lait*, maintenu à 37°, est coagulé en 12 à 14 heures et exhale une odeur butyrique éthérée ; la fermentation du sucre de lait se complète au bout d'un mois.

Enfin, les solutions de sucre de raisin, de saccharose, de maltose, l'amidon et la dextrine fermentent aussi sous son action.

Le *Bacillus glacialis* porté dans le *bouillon* le trouble au bout de 12 heures en déterminant, ultérieurement, la formation d'un dépôt floconneux d'où s'échappent des bulles gazeuses, si le bouillon est sucré ce dégagement est beaucoup plus actif.

Ce même bacille, qui supporte bien l'action du froid, est tué au bout de 8 minutes par la température humide de 54° ; la chaleur de l'eau bouillante le fait périr en 60 secondes.

Le sublimé à 1 : 1000 le détruit en 8 minutes ; l'acide phénique à 1 : 50 en 2 minutes ; la même substance à 1 : 100 en 10 minutes.

Cette espèce bactérienne présente, comme on peut en juger, une très grande parenté avec le *Bacillus coli communis ;* toutefois, il s'en sépare, d'après Vaughan et Perkins, en ce qu'il ne donne pas d'indol; en ce qu'il caille très rapidement le lait en lui communiquant une odeur butyrique éthérée ; en ce qu'enfin, contrairement aux bacilles du côlon, il se multiplie promptement et plantureusement sur les tranches de rave.

Le *Bacillus glacialis* est pathogène pour le chien, le chat, le lapin, le cobaye et la souris. Les cultures obtenus dans le lait sont les plus virulentes ; les animaux inoculés avec 1 : 50 de cmc. de ces cultures ajouté à 1 cmc. de culture en bouillon, sont régulièrement tués en 24 heures. L'intoxication se manifeste chez eux par des vomissements, de la diarrhée et, à l'autopsie, les bacilles se trouvent dans les organes enflammés.

Bacilles de Flügge.

On doit à Flügge (1) l'étude attentive des bactéries contenues dans les échantillons commerciaux de lait insuffisamment stérilisés. Cet auteur a trouvé dans ces sortes de lait seize bacilles sporulés : quatre d'anaérobies et douze d'aérobies.

L'anaérobie I paraît identique au *Bacillus butyricus* de Botkin. Les anaérobies I et II se sont montrés inoffensifs à l'égard des animaux d'expérience, tandis que les anaérobies III et IV ont pu, dans certains cas, déterminer au bout de 3 à 15 heures, la mort de ces animaux accompagnée d'une hyperémie totale de la muqueuse intestinale.

Parmi les douze bacilles aérobies, proches parents des bacilles du foin et des tyrothrix de Duclaux, pour la plupart capables de peptoniser la caséine et de communiquer au lait un mauvais goût ou de l'amertume, neuf bacilles furent trouvés inoffensifs et trois seulement, les aérobies I, III et VIII, capables de produire des effets toxiques et souvent même la mort.

De ces observations, il résulte : que pour être privé de toute action nocive, le lait soumis à l'action de la chaleur et destiné à être conservé et utilisé ultérieurement, doit être parfaitement purgé de germes ; que cette stérilisation ne peut être constatée par un simple examen à l'œil nu, plusieurs de ces bactéries pouvant s'y multiplier sans en modifier l'aspect extérieur, et qu'enfin, comme l'a dit depuis 30 ans Pasteur, le lait ne peut être sûrement stérilisé que par un chauffage de 15 à 20 minutes au delà de 110°.

Bactéries du beurre.

On doit à de Klecki (2) l'étude de quelques bactéries qui, au nombre de 5 à 6, peuvent déterminer la rancidité du beurre ou du

(1) Flügge. *Zeitschrift für Hygiene*, 1894, XVII, p. 272.
(2) De Klecki. *Centralblatt für Bakteriologie*, 1894, XV, p. 358.

moins qui se rencontrent souvent dans cette substance alimentaire altérée. LAFAR a également décrit un bacille possédant le même habitat.

Diplococcus butyri.

D'après DE KLECKI, cette bactérie apparaît sous la forme d'un diplocoque, parfois associé en chaînes, dont le diamètre individuel des cellules mesure 1 μ.

Cette espèce croît très lentement dans la *gélatine* où elle donne au bout de 6 jours des colonies rondes, punctiformes, jaunâtres, fluidifiant ce milieu avec lenteur. Sur la gélatine au sérum de lait ensemencée par piqûre, il se développe au bout de 8 à 10 jours un gros trait blanc entraînant de même la liquéfaction du substratum.

Les cultures sur la *gélose* consistent en des traînées blanches qui se transforment en couche épaisse jaunâtre. Sur la *pomme de terre*, il se produit un enduit blanc et mat.

Le *bouillon* se trouble dès le jour suivant ; le *lait* stérilisé ne paraît pas altéré.

Tetracoccus butyri.

Cette espèce, signalée, de même, par DE KLECKI dans le beurre rance, se présente sous l'aspect d'un diplocoque ou d'un tétracoque dont la longueur d'une paire de cellules mesure 1,5 μ sur 1 μ de largeur.

Semée dans la *gélatine* ordinaire, elle y détermine, au bout de 4 à 5 jours, l'apparition d'un pointillé blanc et gluant dont les colonies mesurent au bout de 10 jours 1 : 5 de millimètres ; la gélatine n'est pas liquéfiée ; sur la gélatine au sérum de lait, le développement est également lent et consiste en traits blancs.

Les cultures sur la *pomme de terre* s'accusent par un semis de petites colonies ocre-jaune ; les cultures sur l'*agar* s'offrent en traits blancs.

Le *bouillon* se trouble faiblement. Le *lait* peut cultiver cette espèce sans se coaguler.

Bacillus limbatus butyri.

Ce bacille du beurre rance apparaît sous la forme de bâtonnets de 2 μ de longueur sur 0,8 à 1 μ d'épaisseur et parfois en filaments mesurant 10 μ.

Semé dans la *gélatine* ordinaire, il y donne au bout de 4 à 6 jours des colonies punctiformes, jaunâtres, non liquéfiantes ; les colonies superficielles sont grisâtres ; sur la gélatine au sérum de lait, les ensemencements par inoculation accusent déjà au bout de 24 heures une faible croissance, par la formation de traits blancs ou jaunâtres.

Les cultures sur l'*agar* sont blanches ; sur la *pomme de terre*, elles consistent en des enduits épais, humides et blanc sale.

Le *bouillon* se trouble fortement sans se recouvrir de voiles : le même bacille croît dans le *lait* stérilisé sans y déterminer une réaction acide.

Bacillus butyri I et II.

Le *Bacillus butyri I* de DE KLECKI se présente sous la forme de bâtonnets à extrémités arrondies de 0,4 μ sur 2 μ.

Il croît sur la *gélatine* ordinaire où il donne des colonies punctiformes d'aspect porcelané ; il se développe plus abondamment sur la gélatine au sérum de lait où il fournit des cultures blanches non liquéfiantes.

Sur l'*agar* il se forme des enduits blanc-bleuâtre, opalescents.

Le *bouillon* est fortement troublé au bout de 4 jours d'exposition à 35° et laisse déposer un sédiment blanchâtre.

Le *lait* stérilisé est acidifié mais non coagulé.

Le *Bacillus butyri II*, beaucoup plus gros que le précédent, mesure 1,2 μ de largeur sur 3 à 6 μ de longueur, il est formé de bâtonnets à extrémités arrondies pouvant croître sur la *gélatine* ordinaire où ils donnent, au bout de quelques jours, des colonies rondes, blanchâtres, à contours irréguliers ; les colonies profondes sont jaunes.

Il produit sur l'*agar* des cultures blanches ; sur la *pomme de terre* des enduits de la couleur et de la consistance du beurre. Ces cultures sont inodores.

Le *bouillon* est faiblement troublé au bout de quelques jours ; le *lait* n'est pas visiblement altéré.

Bacillus butyri fluorescens.

Ce bacille, hôte du beurre d'après LAFAR (1), se montre formé de bâtonnets de 0,5 μ de largeur sur 1 μ environ de longueur, à extré-

(1) LAFAR. *Archiv für Hygiene*, 1891, XIII, p. 19.

mités faiblement arrondies; il donne dans quelques milieux des formes involutives et se montre aérobie et facultativement anaérobie.

Il croît sur la *gélatine* en y formant des colonies grisâtres rappelant celles du *Bacillus subtilis*. Ensemencé par piqûre, il produit des cultures entraînant rapidement la liquéfaction du milieu, qui se transforme d'abord en un liquide très trouble, qui se clarifie ensuite en donnant un sédiment blanchâtre et en contractant une fluorescence verte, intense.

Les cultures sur l'*agar* fournissent des traînées blanchâtres n'ayant rien de caractéristique.

Les cultures sur la *pomme de terre* consistent en enduits brunâtres, épais et gluants.

Microorganismes de la margarine.

Jolles et Winkler (1) sont les observateurs les mieux connus qui se soient occupés d'analyser au point de vue bactériologique le produit alimentaire désigné sous le nom de margarine.

Il résulte de leurs recherches : que la margarine renferme beaucoup moins de microbes que le beurre naturel ; que durant sa fabrication leur nombre va en diminant, puis en augmentant avec l'âge. Cette substance n'a pu leur montrer de bactéries pathogènes ; le bacille de la tuberculose, notamment, y a été vainement cherché, tandis que les espèces saprogènes y sont fréquentes, principalement celles qui déterminent le rancissement des corps gras.

Parmi les microorganismes qu'on peut isoler de la margarine, Jolles et Winkler ont décrit les suivants :

Le *Diplococcus capsulatus margarineus* formé de cellules ovales, aérobies, entourées d'une capsule gélatineuse, pouvant croître sur la *gélatine* en donnant naissance à des colonies rondes et à des cultures liquéfiant lentement ce milieu.

Ce microcoque donne sur la *gélose* des traînées épaisses et jaunâtres ; sur la *pomme de terre* un gazon de même couleur capable d'envahir la totalité de ce substratum.

Le *Bacillus viscosus margarineus* consiste en petits bâtonnets immobiles, asporogènes, ressemblant à ceux de la tuberculose, susceptibles de croître à la température des appartements et de donner

(1) Jolles et Winkler. *Zeitschrift für Hygiene*, 1895, XX, p. 60.

sur la *gélatine*, au bout de 24 heures, des colonies rondes, granuleuses fluidifiant ce milieu en un liquide visqueux.

Les cultures sur la *gélose* et la *pomme de terre* apparaissent sous l'aspect d'enduits épais et gluants.

Le *Bacillus rhizopodicus margarineus* se montre formé de petits bâtonnets mobiles, aérobies, asporogènes, isolés ou unis en chaînes. Il peut croître à la température ordinaire de la chambre et donne, au bout de 24 heures, sur la *gélatine* des colonies irrégulières offrant des expansions filamenteuses; ce milieu est liquéfié.

Semée à la surface de la *gélose* cette bactérie y produit un enduit superficiel blanc-jaunâtre; cet enduit est beaucoup plus mince et plus chétif sur la *pomme de terre.*

Le *Bacillus rosaceus margarineus* s'offre en bâtonnets asporogènes, aérobies, très mobiles, de la grosseur du bacille-virgule. Il croît bien à la température de la chambre et donne naissance sur la *gélatine* à des colonies rondes et à des cultures en épingles, rosées, non liquéfiantes.

Ensemencé à la surface de la *gélose* et de la *pomme de terre*, il y forme de beaux enduits rosés.

Microorganismes des fromages.

Dans un travail déjà ancien, Duclaux (1) s'est occupé, non pas des bactéries banales qui peuvent se rencontrer plus ou moins accidentellement dans les fromages, mais de celles qui paraissent être les agents de leur maturation. De Freudenreich (2), Adametz (3), Weigmann (4), Denecke, Burri (5), Henrici (6) ont abordé le même sujet, mais à des points de vue différents.

Il est certain que si l'on désire simplement cataloguer, comme l'ont fait Henrici et Adametz, les bactéries qui peuvent se trouver dans les fromages, ces recherches sont d'un médiocre intérêt, car on doit y rencontrer sûrement avec les tyrothrix de Duclaux et les ferments lactiques, les agents du boursouflement, de l'amertume,

(1) Duclaux. *Annales de l'Institut agronomique*, 1882.
(2) De Freudenreich. *Annales de Micrographie*, 1888, I, p. 534. — 1889, II, p. 257. — 1897, IX, p. 285. — 1898, p. 279. — *Centralblatt für Bakteriologie*, 2ᵉ section, 1900, VI, pp. 332 et 685.
(3) Adametz. *Landwirtschaftliche Jahrbüker*, 1889, XVIII.
(4) Weigmann. *Centralblatt für Bakteriologie*, 2ᵉ section, 1898, IV, p. 593. — 1900, VI, p. 630.
(5) Burri. *Centralblatt für Bakteriologie*, 2ᵉ section, 1897, III, p. 609.
(6) Henrici. *Arbeiten aus dem bakter. Inst. d. Techn. Hochschule zu Karlsruhe*, 1894, n° 1.

des fromages, etc., décrits par de Freudenreich (1), toutes les bactéries introduites dans le lait depuis le moment où il est trait jusqu'à celui où il est, par des opérations d'ordinaire peu aseptiques, transformé en fromage.

Henrici a décrit 60 de ces bactéries vulgaires, Adametz 20, sur lesquelles nous n'insisterons pas. Quant à nous prononcer sur les vrais agents de la maturation des fromages, question qui divise encore les meilleurs esprits, nous jugeons le moment peu opportun et nous attendrons de nouvelles recherches pouvant permettre de se prononcer sur un sujet aussi délicat. De Freudenreich, qui a fait de longues recherches sur le fromage de l'Emmenthal, est porté à attribuer, à cet égard, un rôle important aux ferments lactiques qui préexistent longtemps dans les fromages ; Duclaux et ses élèves (2) pensent que ce rôle est plus particulièrement dévolu aux tyrothrix.

VIII. — Microorganismes des liqueurs sucrées et des boissons alcooliques

La liste des espèces microscopiques qui peuvent vivre et prospérer dans les liqueurs sucrées et alcooliques est très étendue. A côté des levures de vin, de bière, de cidre, d'hydromel, des levures sauvages, des torules, mycolevures, etc., et des moisissures pour lesquelles les solutions sucrées sont des milieux de prédilection, on compte plusieurs groupes de bactéries qui déterminent dans ces mêmes milieux des fermentations importantes (lactique, butyrique) au nombre desquelles la fermentation visqueuse, encore mal connue, peut devenir la cause de pertes importantes pour l'industrie sucrière.

D'autre part, les boissons fermentées, une fois obtenues, peuvent être à leur tour envahies : par des mycodermes qui brûlent l'alcool comme le *Mycoderma vini;* par d'autres espèces analogues et par des bactéries qui déterminent dans ces boissons les maladies connues sous le nom de l'acescence, de la graisse, de la tourne, etc., dont l'étude entreprise par Pasteur, en 1865, a été poursuivie par Hansen, H. Van Laer, Kramer et plusieurs autres savants.

Notre désir est de passer rapidement en revue dans ce paragra-

---

(1) De Freudenreich. *Annales de Micrographie*, 1889, II, p. 353. — 1891, III, p. 161. — 1895, VII, p. 1.

(2) Chodat et Hofman-Bang. *Annales de l'Institut Pasteur*, 1901, XV, p. 36.

phe les bactéries non déjà mentionnées, capables de provoquer au sein des liqueurs sucrées et alcooliques des altérations, plus ou moins profondes, capables d'en compromettre la valeur commerciale parfois si élevée.

Leuconostoc mesenteroides.

SYN. : *Ascococcus mesenteroides; Streptococcus mesenteroides.*

Cette espèce microscopique étudiée, d'abord, par CIENKOWSKY, puis par VAN TIEGHEM (1), LIESENBERG et ZOPF (2), est constituée par des cellules rondes, de 0,9 à 1,2 μ de diamètre, unies en chapelets entourés d'une gaine gélatineuse. Ces éléments associés en grand nombre donnent naissance à une production irrégulière, lobée, offrant l'apparence d'une masse gommeuse; cet aspect particulier a fait donner à ces végétations les noms de *gomme des sucreries* ou de *frai de grenouille.*

Le *Leuconostoc mesenteroides* donnerait des spores durables; on devrait considérer comme telles les grosses cellules de 1,8 μ à 2 μ naissant sur le parcours des chapelets.

Cette espèce, isolée à l'état de pureté par LIESENBERG et ZOPF, croît aisément dans les milieux chargés de saccharose et sur les tranches de fruits sucrés.

Semée en strie sur la *gélatine,* additionnée de 6 p. 100 de sucre, elle y donne, au bout de 10 à 15 jours, des traînées épaisses, irrégulières, transparentes, d'aspect gélatineux. Ce substratum n'est pas liquéfié. Ensemencée par piqûre, on voit se produire au sein de la gélatine des colonies verruqueuses.

Les végétations obtenues sur les tranches de *navets* et de *betteraves* prennent un aspect cartilagineux; on obtient surtout de belles végétations dans les solutions peptonées à 1 p. 100 contenant 10 p. 100 de sucre ou de mélasse. Dans les jus sucrés naturels, la végétation peut marcher avec une extrême rapidité et les convertir en 12 heures en une masse compacte gélatineuse.

Le *Leuconostoc mesenteroides* sécrète de l'invertine; quant à la substance gélatineuse qu'il produit, on est même mal fixé sur sa nature. SCHÜBLER y voit une substance tertiaire voisine de la dextrine.

---

(1) VAN TIEGHEM. *Annales des Sciences naturelles, Botanique,* 1878, série 6, VII, p. 180.
(2) LIESENBERG et ZOPF. *Zopf's Beiträge zur Physiologie und Morphologie nideren Organismen,* 1892, I, Leipzig.

Bacterium gelatinosum betæ.

Cette espèce, découverte par Glaser (1) dans du suc de betterave devenu gélatineux, est formée de courts bâtonnets, se mouvant avec une extrême rapidité dans les cultures jeunes et aisément colorables par le bleu de méthylène.

Ce bactérium croît facilement à une haute température, il peut, par exemple, infecter les jus de betterave maintenus entre 40 et 45°. Il doit vraisemblablement fournir des spores, car il peut résister pendant quelque temps à 100°.

Le *Bacterium gelatinosum betæ* se cultive bien dans la *gélatine* au jus de betterave où il donne, déjà au bout de 24 heures, des colonies blanches, laiteuses qui liquéfient promptement le milieu.

Ce microorganisme peut également, comme le leuconostoc, vivre dans les solutions de sucre et de mélasse, mais au lieu d'y donner naissance à de l'acide lactique, il y produit de l'alcool.

Koch et Hoasens (2) ont, de même, découvert dans les jus sucrés ayant subi cette sorte de fermentation gélatineuse, une espèce bactérienne appelée par eux *Bacterium pediculatum* constituée par des bâtonnets se colorant bien au bleu de méthylène et, chose assez curieuse dans la tribu des Schizophytes, pourvus d'un pédicule analogue au thalle de Gomphonémées et d'autres genres de Diatomacées.

Bacillus viscosus sacchari.

Ce bacille immobile, asporogène, découvert par Kramer (3) dans les liquides sucrés devenus visqueux, se montre formé de bâtonnets à extrémités légèrement arrondies, de 1 μ de largeur sur 2,5 à 4 μ de longueur, parfois réunis en chaînes de plus de 50 éléments.

Semé sur la *gélatine* sucrée, il y donne des colonies rondes, blanchâtres, liquéfiantes ; sur tranche de *betterave*, on voit se produire un enduit hyalin ; sur la *pomme de terre*, un gazon blanc sale. Ce bacille peut également se cultiver dans les liqueurs sucrées neutres

(1) Glaser. *Centralblatt für Bakteriologie*, 2e section, 1895, I, p. 879.
(2) Koch et Hoasens. *Centralblatt für Bakteriologie*, 1894, XVI, p. 215.
(3) Kramer. *Sitzungberichte der Kais. Akad. der Wissenschaft in Vien*, 1889, X, p. 467.

ou légèrement alcalines; il refuse de se multiplier dans les milieux acides.

Son optimum de température est voisin de 22°.

La substance gélatineuse dont il provoque la formation est un hydrate de carbone dont la formule est $C^6H^{10}O^5$.

Micrococus gummosus.

Ce microcoque a été trouvé par HAPP (1) dans des infusions végétales devenues gluantes.

Il apparaît formé de cellules immobiles de 0,4 μ de diamètre le plus souvent associées en diplocoques.

Cette espèce, aérobie et facultativement anaérobie, croît aisément entre 15 et 20°.

Semée dans la *gélatine*, elle y donne de petites colonies jaunâtres, non liquéfiantes, pouvant atteindre 0,6 millimètres; sur les milieux sucrés les colonies sont plus volumineuses et les cultures présentent une consistance gommeuse.

Le développement sur l'*agar* est chétif; les ensemencements par stries donnent des traînées non colorées visibles seulement vers le 10° ou 12° jour.

Les cultures sur la *pomme de terre* et les tranches de *betterave* sont beaucoup plus rapides et beaucoup plus luxuriantes. Au bout de 24 heures, les tranches de betterave montrent un enduit humide, et, à la fin du 3° jour, la surface est à peu près complètement recouverte par un gazon blanchâtre, gluant et brillant, comme si du sirop avait été versé sur la culture.

Les végétations sur la *pomme de terre* ont un aspect identique, mais sont beaucoup moins abondantes.

Bacterium gummosum.

Cette espèce, encore mal connue, a été observée par RITSERT (2) dans des infusions devenues gluantes.

Elle se montre à l'observateur sous la forme de bâtonnets mo-

---

(1) HAPP. Bakteriologische und chemische Untersuchungen über die schleimige Gärung, p. 31, thèse inaugurale. Berlin, 1893.

(2) RITSERT. *Berichte der pharmazeutischen Gesellschaft*, 1891, I, p. 339 et *Centralblatt für Bakteriologie*, 1892, XI, p. 730.

biles, de longueur très variable, dont les dimensions varient de celles d'un microcoque à celles de la bactéridie charbonneuse ; elle donne à 20-25° des spores ovales colorables par la méthode de Gram, tandis que les bâtonnets adultes sont décolorés.

Semée sur l'*agar*, cette bactérie y produit des enduits humides, blanchâtres et brillants, déjà visibles au bout d'un jour; plus tard ces enduits se montrent formés de deux zones : l'une intérieure est blanche et ridée, l'autre extérieure est unie et d'un blanc-bleuâtre.

Saccharobacillus Pastorianus.

Syn. : *Bacille des bières tournées.*

Cette espèce filamenteuse, qui paraît être identique à la bactérie filiforme considérée par Pasteur (1) comme l'agent de la tourne des bières, a été étudiée avec soin par Van Laer (2).

Elle consiste en un bacille, aérobie et facultativement anaérobie, ne pouvant se développer visiblement dans les milieux nutritifs habituellement employés en bactériologie. La gélatine et la gélose au moût de bière ne sont guère plus favorables à sa culture. Les milieux qui conviennent le mieux au *Saccharobacillus Pastorianus* sont la bière gélatinisée et le moût alcoolisé.

Semé en stries sur la *bière* gélatinisée, ce bacille y produit des bandes grisâtres possédant l'aspect du verre mat, atteignant au plus 2 millimètres de largeur; ces bandes examinées à la loupe se montrent formées par un semis dense de petites colonies indépendantes; dans les cultures par piqûre, le développement est plus fourni à l'abri de l'air.

Le *Saccharobacillus Pastorianus* meurt entre 55 et 60°; bien qu'il puisse vivre dans les milieux acides, il préfère les milieux neutres ou à réaction légèrement alcaline. Il joue très nettement le rôle d'un ferment des hydrates de carbone; il fait fermenter la saccharose sans inversion préalable et la dédouble en acide lactique, acide acétique et alcool.

Avec les cultures pures de cette espèce, on reproduit sur la bière les altérations de la tourne.

---

(1) Pasteur. Études sur le vin. Paris, 1866.
(2) Van Laer. *Mémoires de l'Académie royale de Belgique*, 1892, XLVII.

Bacillus viscosus vini.

Ce bacille décrit par KRAMER (1) est formé de bâtonnets anaérobies de 0,6 à 0,8 μ de longueur sur 2 à 6 μ de longueur, parfois filamenteux.

La température la plus favorable à son développement est voisine de 18°, il croît dans les milieux acides : dans la *gélatine* acidifiée additionnée de glucose et dans le *vin*. Ensemencé dans ce dernier liquide, il y détermine une fermentation visqueuse analogue à celle qui produit la maladie appelée *graisse*.

PASTEUR (2) avait autrefois annoncé que les maladies de la graisse du vin et de la bière et des vins filants étaient dues à un microcoque de 1 μ de diamètre, parfois unis 2 à 2, le plus souvent en longues chaînes.

Bacillus viscosus I et II.

D'après VAN LAER (3), le filage des bières est dû, habituellement, à plusieurs bactéries dont les principales sont les *Bacillus viscosus I* et *II*.

Ces deux bacilles aérobies sont formés par des bâtonnets grêles de 1,6 à 2 μ de longueur sur 0,8 μ de largeur, ils sont souvent accolés 2 à 2 dans une substance zoogloéiforme ; les chaînettes de plus de 2 à 3 articles sont rares.

Ces espèces se multiplient bien à la température des appartements. Semées dans la *gélatine* à l'infusion de viande, elles donnent au bout de 48 heures des colonies nettement visibles, rondes ou ovales, blanches ou légèrement jaunâtres, non liquéfiantes.

Leur développement sur la *gélose* au bouillon est surtout rapide à 33° ; au bout de 12 heures on voit déjà se produire, le long de la strie d'inoculation, une bande blanche qui va en s'élargissant rapidement et finit par envahir la surface du milieu.

Semés dans la *bière* stérilisée, ces deux bacilles la troublent et la rendent gluante.

Ces bacilles diffèrent entre eux par le degré de viscosité qu'ils

---

(1) KRAMER. Die Bakteriologische in ihren Beziehungen zur Landwirschaft, 1892, II, p. 144.
(2) PASTEUR. Études sur le vin. Paris, 1866.
(3) VAN LAER. *Comptes rendus de la station scientifique de Brasserie*, 1890, I, p. 40.

communiquent au moût de bière houblonné; de plus, le *Bacillus viscosus II* ne peut, comme le *Bacillus viscosus I*, se mouvoir dans des solutions acides de saccharose peptonée à 1 p. 100.

Bacillus caucasicus.

SYN. : *Dispora Caucasica.*

Ce bacille fait partie des microorganismes qu'on trouve dans les graines qui servent à fabriquer la boisson appelée Kéfir résultant des fermentations complexes produites à la fois dans le lait par des bactéries et des saccharomyces.

Le *Bacillus caucasicus* découvert par KERN (1) a fait l'objet de nouvelles recherches de la part de KRANNHALS (2), BEYERINCK (3), SCHUPPAN (4), ESSAULOFF (5) et DE FREUDENREICH (6). Il se montre formé par des bâtonnets droits, à extrémités arrondies, mesurant 5 à 6 μ de longueur sur 1 μ d'épaisseur; il peut croître en articles plus longs qui sont alors ordinairement recourbés.

Ces articles possèdent à leurs extrémités opposées deux points brillants qui ont été pris pour des spores, d'où le nom de *Dispora caucasica* donné à ce bacille.

Cette espèce se développe mal dans la *gélatine* ordinaire et sucrée.

Sur l'*agar* sucré elle donne de petites colonies grisâtres, plates, paraissant rondes à l'œil nu, mais dont le contour vu à un faible grossissement est irrégulier.

Les ensemencements sur la *pomme de terre* restent stériles.

Portée dans le *bouillon* ordinaire et sucré, sa croissance est lente à 22° et rien n'est encore visible au bout de 3 jours; à 35° le développement est plus rapide et la réaction du milieu devient acide.

Semée dans le *lait*, elle ne le caille pas mais l'acidifie légèrement.

Le *Bacillus caucasicus* ne paraît pas résister plus de 2 jours à la dessiccation; il est tué par l'action d'une température humide de 55° soutenue pendant 5 minutes; il succombe au bout de 30 secondes au contact d'une solution phéniquée à 1 : 40,

---

(1) KERN. *Bulletin de la Société impériale des naturalistes de Moscou*, 1881, n° 3.
(2) KRANNHALS. *Deutsches Archiv für Klinische Medizin*, 1884.
(3) BEYERINCK. *Archives néerlandaises des sciences exactes et naturelles*, 1889, XXIII, p. 428.
(4) SCHUPPAN. *Centralblatt für Bakteriologie*, 1893, XIII, p. 555.
(5) ESSAULOFF. *Molkereizeitung*, 1895, p. 283.
(6) DE FREUDENREICH. *Centralblatt für Bakteriologie*, 2° section, 1897, III, pp. 47, 87 et 135. — *Annales de Micrographie*, 1897, IX, p. 5.

KRAMER (1) a décrit, de son côté, cinq espèces de bactéries, les *Bacillus saprogenes vini I* à *V*, capables d'altérer les qualités des vins où elles végètent. Dans son traité magistral sur les vins, PASTEUR (2) avait déjà figuré ces divers microorganismes trouvés au sein des dépôts précipités au fond des vases contenant les vins malades. KRAMER a, cependant, eu le mérite d'isoler et de cultiver ces diverses bactéries dans les milieux artificiels.

Rappelons, en terminant ce paragraphe, que les liquides alcooliques sont aisément transformés en acide acétique par les ferments décrits page 602 et qu'on doit à HENNEBERG (3) l'étude de nouvelles bactéries acétifiantes : les *Bacterium industrium*, *acetosum*, *oxydans*, *acetigenum* et, à ZEIDLER (4), la description d'une thermobactérie capable de produire du vinaigre, le *Thermobacterium aceti*.

IX. — MICROORGANISMES DES SUBSTANCES ALIMENTAIRES

Il y aurait, au point de vue bactériologique, une longue étude à entreprendre sur les microbes qui peuplent les conserves alimentaires, trop souvent insuffisamment stérilisées, et de chercher à déterminer, comme l'a fait FLÜGGE pour le lait, les bactéries vulgaires et pathogènes qui peuvent s'y rencontrer. Ce travail serait grandement justifié : par les intoxications fréquentes qui s'observent chez les personnes qui font un usage fréquent des aliments conservés ; par les saisies et la destruction parfois très importante dont les conserves alimentaires font l'objet.

Mais ce ne sont pas seulement les substances alimentaires soumises au procédé de conservation imaginé par APPERT, qui peuvent être d'une ingestion dangereuse. Le pain, les salaisons et la charcuterie insuffisamment antiseptisée, la viande fraîche, etc., se montrent parfois capables de produire des intoxications graves sur toute une collectivité d'individus.

GRÜBER et PETERS ont étudié les bactéries que le levain peut introduire dans le pain au moment de sa fabrication, VOGEL celles du pain altéré ; GRÜBER, WOLFFIN les microbes des farines avariées ; DEETGEN, GAFFKY et PAAK ceux de la charcuterie ; GÄRTNER, KAENSCHE,

(1) KRAMER. Die Bakterien in ihren Beziehungen zur Landwirtschaft, 1892, II.
(2) PASTEUR. Étude sur les vins. Paris, 1866.
(3) HENNEBERG. *Centralblatt für Bakteriologie*, 2e section, 1897, III, p. 223 et 1898, IV, p. 14.
(4) ZEIDLER. *Centralblatt für Bakteriologie*, 2e section, 1896, II, p. 729.

POELS et DHONT, BASENAU, VAN ERMENGEN ceux des viandes reconnues toxiques.

Dans leurs recherches sur les farines et le levain, GRUBER (1), PETERS (2) et WOLFFIN (3) ont décrit une vingtaine d'espèces bactériennes dont on trouvera la description détaillée dans les mémoires originaux de ces observateurs.

Nous allons, au contraire, passer rapidement en revue les micro-organismes trouvés par VOGEL dans le pain devenu filant et, par d'autres auteurs, dans les viandes empoisonnées.

Bacillus mesentericus panis viscosi I et II.

Plusieurs bactériologistes se sont occupés des infections microbiennes à la suite desquelles le pain devient visqueux et filant; de ce nombre citons : LAURENT qui a étudié le *Bacillus panificans* auquel il attribue un rôle dans la panification; KRATSCHENER et NIEMILOWICZ, UFFELMANN et DE FREUDENRIECH. Il a été reconnu que cette maladie du pain était ordinairement due à une bactérie très répandue autour de nous, fort voisine sinon identique au *Bacillus mesentericus vulgatus* (page 762).

VOGEL (4) caractérise ainsi les espèces qu'il a isolées de son côté :

Bacillus mesentericus panis viscosi I. — Ce bacille se montre formé de bâtonnets épais, trapus, d'une longueur variant de 4 à 5 μ, immobiles, à extrémités arrondies, colorables par le GRAM; il donne des spores ovales et croît surtout bien entre 35 et 37°.

Semé dans la *gélatine*, il y donne des colonies et des cultures blanchâtres lentement liquéfiantes.

Sur l'*agar*, on voit se former des enduits bleuâtres qui deviennent ultérieurement grisâtres.

Le *bouillon* ordinaire est légèrement troublé, tandis que le bouillon sucré favorise une végétation luxuriante non accompagnée de dégagement gazeux.

Sous son action, le *lait* laisse dépose sa caséine qui est lentement peptonisée.

Bacillus mesentericus panis viscosi II. — Cette espèce est constituée par des bâtonnets grêles, très mobiles, aérobies et facultativement

(1) GRÜBER. *Inst. der Techn. Hochschule zu Karlsruhe*, 1895, n° 3, p. 275

(2) PETERS. *Botanische Zeitung*, 1889, XLVII.

(3) WOLFFIN. *Archiv für Hygiene*, 1894, XXI, p, 279.

(4) VOGEL. *Zeitschrift für Hygiene*, 1897, XXVI, p. 404.

anérobies, de 4 à 7 µ de longueur, pouvant se montrer unis en chaînes. Ces bâtonnets, également, colorables par le procédé de GRAM, donnent des spores ovales capables de résister pendant 15 minutes à la vapeur de l'eau bouillante.

La température eugénésique de ce bacille est comprise entre 30 et 40°; il croît facilement sur les divers milieux usités en bactériologie.

Il donne sur la *gélatine* des colonies d'un brun-jaunâtre; les cultures par piqûres déterminent rapidement la liquéfaction en entonnoir de ce milieu.

Sur l'*agar*, il se forme un gazon sec et grisâtre.

Sur la *pomme de terre*, des traînées grises et gluantes qui envahissent au bout de 48 heures la totalité de la surface.

Semé dans l'*eau de peptone*, il y forme au bout de 24 heures un voile superficiel, membraneux et tenace, au-dessous duquel le liquide apparaît limpide.

Dans le *bouillon* sucré, le développement est plus abondant et ne s'accompagne d'aucun dégagement gazeux.

La caséine du *lait* est précipitée, puis lentement redissoute.

VOGEL a également trouvé dans le pain devenu filant un troisième bacille qu'il paraît difficile de différencier du bacille rouge de la pomme de terre (p. 764). ZOPF (1) a de même constaté l'existence d'un bacille sporulé, le *Bacillus dysodes* capable de rendre le pain gluant et de lui communiquer en même temps une odeur désagréable de térébenthine.

En résumé, il est très probable que ces divers bacilles sont introduits dans le pain par des levains impurs et que, grâce à leurs spores, ils peuvent résister à la chaleur du four qui ne se transmet jamais intégralement au centre des pains mis à cuire.

Bacillus mesenteroides.

Ce bacille, trouvé par DEETJEN (2) dans les saucisses, est formé de gros bâtonnets épais, mobiles, à extrémités arrondies donnant promptement de grosses spores ovales.

Cette espèce croît bien à la température ordinaire; elle donne au bout de 48 heures sur la *gélatine* des colonies et des cultures liquéfiantes.

---

(1) ZOPF. Die Spaltpilze, p. 82.
(2) DEETJEN. Uber Bakterien der Wurst. Wurtzbourg, 1893.

Sur *gélose*, elle forme des enduits minces, membraneux, peu adhérents ; sur la *pomme de terre*, on voit naître un gazon épais, blanc et sec, envahissant rapidement la totalité de la surface.

Le *bouillon* se recouvre au bout de deux jours d'une peau sèche, consistante, flottant au-dessus d'un liquide clair, la réaction du bouillon est alcaline.

Le *lait* est caillé en 48 heures et devient acide.

L'odeur de ces diverses cultures n'offre rien de spécial.

Bacillus plicatus.

Ce bacille trouvé, comme le précédent, par Deetjen dans des saucisses, est formé d'articles grêles, mobiles, sporogènes.

Il donne dans la *gélatine* des colonies irrégulières, jaunâtres, et par piqûre des cultures liquéfiantes rappelant celles du vibrion cholérique.

Sur l'*agar*, on obtient des traînées grises ; sur la *pomme de terre*, un enduit membraneux blanc-jaunâtre.

Le *bouillon* se recouvre d'un voile sec, consistant et grisâtre.

Le *lait* n'est pas coagulé, mais offre une réaction légèrement acide ; l'odeur de ces différentes cultures n'a rien, également, de particulier.

Bacillus Friedebergensis.

Cette espèce pathogène, qui avait intoxiqué un grand nombre de personnes, fut trouvée dans des saucisses fabriquées avec de la viande et du foie d'un cheval et étudiée par Gaffky et Paak (1).

Elle se montre sous l'aspect de bâtonnets mobiles, à extrémités arrondies, deux fois plus longs que larges, associés par paires, pouvant croître en filaments. Ces articles asporogènes prennent difficilement les couleurs d'aniline et refusent le Gram.

Semé sur la *gélatine*, ce bacille y donne des colonies et des cultures non liquéfiantes rappelant celles du bacille d'Eberth. Sur l'*agar* et le *sérum* de sang coagulé, on voit se produire des bandes blanchâtres, muqueuses, envahissantes.

Les cultures nées sur la *pomme de terre* sont peu visibles ; toutefois,

---

(1) Gaffky et Paak. *Arbeiten aus dem Kaiserl. Gesundheitsamte*, VI, p. 159.

l'enduit qui s'y forme peut devenir, ultérieurement, épais, gluant et rougeâtre.

Le *bouillon* est uniformément troublé et abandonne un dépôt léger et blanchâtre ; le *lait* n'est pas coagulé.

Le *Bacillus Friedebergensis* se montre pathogène pour les souris, les lapins et les cobayes ; il rappelle par ses principaux caractères le *Bacillus enteritidis* de Gärtner décrit page 451 et c'est, vraisemblablement, à des bacilles analogues que doivent être attribués les empoisonnements par les viandes signalés par Van Ermengen (1) et Karlinski (2).

Bacillus Breslaviensis.

Ce bacille fut isolé par Kaensche (3) d'une viande de vache ayant intoxiqué, à Breslau, près de 80 personnes dont aucune, heureusement, ne succomba.

Il est formé de bâtonnets asporogènes, courts, mobiles, à bouts arrondis, deux à trois fois plus longs que larges, prenant aisément les couleurs d'aniline, mais ne se teignant pas par le procédé de Gram.

Semé sur la *gélatine*, il y donne des colonies superficielles et des cultures ayant l'aspect de celles que produisent les bacilles pseudo-typhiques. La gélatine n'est pas liquéfiée.

Sur l'*agar* maintenu à 37°, le développement est très rapide et s'accuse par la formation d'une couche humide et grisâtre recouvrant en 22 heures la surface libre de ce milieu. Sur le *sérum* de sang gélatinisé on obtient des bandes blanchâtres, épaisses, s'éloignant peu de la strie d'inoculation.

Les végétations nées sur la *pomme de terre* sont assez fournies et consistent en un gazon épais, humide et jaunâtre.

Le *bouillon* est troublé en 24 heures et se recouvre d'un voile uni et grisâtre.

Ce bacille ne donne pas d'indol, il fait fermenter les solutions sucrées, notamment celles de sucre de raisin ; il croît dans le lait sans le coaguler.

Le *Bacillus Breslaviensis* se montre pathogène pour les souris, les lapins et les pigeons qui peuvent être tués tant par l'inoculation de

---

(1) Van Ermengen. *Bulletin de l'Académie royale de Belgique*, 1892.
(2) Karlinsky. *Centralblatt für Bakteriologie*, 1889, VI, p. 269.
(3) Kaensche. *Zeitschrift für Hygiene*, 1896, XXII, p. 53.

cultures que par l'ingestion d'aliments infestés. On peut considérer comme fort voisin de ce bacille, un microbe découvert dans la viande de veau qui, d'après HOLST (1), empoisonna 81 personnes au nombre desquelles 4 furent mortellement atteintes.

Bacillus bovis morbificans.

C'est dans une viande suspecte, présentée à BASENAU (2) par un inspecteur d'abattoir, que fut découvert le bacille pathogène qu'on a caractérisé de la façon suivante :

Le *Bacillus bovis morbificans*, aérobie et facultativement anaérobie, se présente sous l'aspect de bâtonnets asporogènes, mobiles, à extrémités arrondies, souvent associés par paires.

Il donne sur la *gélatine* des colonies jaunâtres, entourées d'une auréole blanche, humide, à bords échancrés ; dans les ensemencements par piqûre, on obtient un trait blanc-jaunâtre au-dessus duquel s'étend une tache blanchâtre à bords ondulés. Les cultures par strie ressemblent à celles que donnent les bacilles du côlon et d'EBERTH. La gélatine n'est pas liquéfiée.

Sur la gélose placée à l'étuve à 37°, il se produit un enduit blanc pouvant recouvrir, au bout de 24 heures, la totalité de la surface. La croissance est plus lente sur la *pomme de terre* et s'accuse par l'apparition d'un enduit jaune et juteux.

Le *lait* n'est pas coagulé.

Cette espèce est pathogène pour la souris, le cobaye, le veau et à un degré moindre pour le lapin ; le chien et le chat sont réfractaires. Les intoxications peuvent être déterminées par les inoculations et par les voies digestives.

Bacillus botulinus.

Ce bacille a été découvert par VAN ERMENGEN (3) dans un jambon ayant produit une série d'accidents graves et même mortels chez des personnes qui en avaient consommé.

Cette espèce, strictement anaérobie, faiblement mobile, est formée par des bâtonnets de 4 à 9 μ de longueur sur 0,9 à 1,2 μ

(1) HOLST. *Centralblatt für Bakteriologie*, 1895, XVIII, p. 717.
(2) BASENAU. *Archiv für Hygiene*, 1894, XX, p. 242.
(3) VAN ERMENGEN. *Annales de la Société de médecine de Gand*, LXXV, 1896. — *Zeitschrift für Hygiene*, 1897, XXVI, p. 1.

d'épaisseur, rarement isolés, souvent unis par paires ou en longues chaînes d'articles. Ces bâtonnets peuvent adopter les formes involutives du bacille de l'œdème malin, et donner des spores terminales ou centrales plus grosses que la largeur des articles.

Le *Bacillus botulinus* forme dans la *gélatine* sucrée des colonies rondes, contenant des granulations transparentes se déplaçant continuellement. Dans les cultures par piqûres dans la gélatine au sucre de raisin, on voit se produire à 2 ou 3 centimètres au-dessous de la surface de petites masses blanches dégageant des bulles gazeuses. Dans la gélatine ordinaire, il se forme à 1 centimètre, environ, dans la profondeur des végétations dendritiques. Ces divers milieux nutritifs sont liquéfiés.

Le *bouillon* glucosé se trouble et dégage une grande quantité de gaz, puis le liquide se clarifie et dégage une odeur de rance ou butyrique. Le *lait* n'est pas coagulé.

Le *Bacillus botulinus* sécrète une toxine très active, il est pathogène pour le chat, le pigeon, le cobaye, le lapin, le singe, faciles à intoxiquer *per os* et qui, entre autres symptômes morbides, offrent des troubles parétiques prononcés.

X. — Thermobactéries

Les Thermobactéries ont été découvertes en 1879 par Miquel (1), qui les isola d'abord de l'eau de la Seine, puis des eaux d'égout et de vidange. Une année plus tard, Van Tieghem (2) décrivit quelques espèces microscopiques pouvant également se multiplier entre 70 et 74°; enfin, six années plus tard, Globig (3) retira du sol de nombreuses bactéries capables de donner des cultures prospères entre 50 et 70°.

Depuis cette époque, ces microbes, surtout curieux par la faculté qu'ils possèdent de croître à une température mortelle pour la plupart des Schizophytes adultes, ont fait l'objet de nouvelles recherches de la part de Mac Fadyen et Blaxall, Rabinowitsch, Cambier, Oprescu et Tsiklinsky.

Miquel a mis en évidence l'existence des bactéries thermophiles

(1) Miquel. *Bulletin de la statistique municipale de la ville de Paris*, décembre, 1879. — *Annuaire de l'Observatoire de Montsouris*, pour 1881, p. 464. — *Annales de Micrographie*, 1888, I, p. 3.

(2) Van Tieghem. *Bulletin de la Société botanique de France*, janv., 1881, p. 35.

(3) Globig. *Zeitschrift für Hygiene*, 1887, III, p. 294.

(4) Mac-Fadyen et Blaxall. *Journal of Patho. and Bacteriology*, 1894, III.

en introduisant quelques centimètres d'eaux, de diverses provenances, dans des matras de bouillon neutralisé, tenus entre 65 et 70° au sein d'un bain-marie exactement réglé. On peut substituer aux eaux des parcelles de terre et des excréments de divers animaux. Leur addition à ces bouillons détermine, presque à coup sûr, un trouble intense en moins de 24 heures.

Les thermobactéries qui ont si rapidement altéré ce milieu nutritif se trouvent ordinairement à l'état de mélange, en tous cas souillées par les germes des espèces saprophytes qui résistent facilement à la chaleur de 80 et même de 100°, mais qui ne peuvent se développer au delà de 50 ou de 60°. Cinq à six cultures effectuées en séries dans de nouveaux bouillons, maintenus entre 65 et 70°, permettent d'éliminer aisément ces germes étrangers.

On procède alors à la séparation des thermobactéries mélangées, en fabriquant avec une goutte des cultures impures diluées, à 1 : 1000 ou à 1 : 100 000, des plaques de gélose ou mieux, comme cela nous a bien réussi, des plaques de sérum de sang stérile qu'on gélatinise immédiatement après l'addition d'une goutte de la culture diluée. Le sérum de sang permet de séparer, également, par la méthode de Koch, les espèces thermophiles vivant vers 70°. A ce degré de chaleur, la gélose est trop ramollie pour pouvoir être fructueusement utilisée ; du reste, on pourra toujours recourir, en pareil cas, au procédé de séparation par la méthode des stries pratiquée sur le sérum coagulé ou sur la pomme de terre. Il va sans dire que ces divers milieux nutritifs, très prompts à se dessécher, doivent être maintenus dans des enceintes saturées d'humidité.

Les thermobactéries peuvent être cultivées dans l'eau de peptone, les bouillons d'extrait de viande, le lait, les urines normales, les jus de viande, etc. Les terrains nutritifs neutres ou légèrement alcalins sont ceux qui favorisent le mieux leur prompte multiplication. Suivant les variétés auxquelles elles appartiennent, ces espèces donnent sur les substrata solides des colonies et des traînées blanches, grises, brunes, jaunâtres ou rougeâtres; quelques-unes d'entre elles liquéfient le sérum de sang coagulé qui se trouve rapidement transformé en un liquide, d'ordinaire, fortement chargé de butyrate d'ammoniaque et d'autres produits mal odorants.

La rapidité de la croissance des bactéries thermophiles dépend du degré de chaleur auquel on les cultive ; la température la plus favorable au développement du *Bacillus thermophilus*, qui peut être choisi comme type, est située vers 70°, d'autres espèces isolées par Globig et Rabinowitch croissent mieux à 65 et 60° qu'à 70°.

Habituellement, le développement des bactéries *réellement* thermophiles est lent et peu appréciable au-dessous de 40°. Cependant, tout porte à croire qu'elles peuvent se développer à la température des animaux à sang chaud et même plus bas, mais, dans ce cas, leur prolifération est très peu active.

Les espèces qui nous occupent sont en général formées par des bacilles immobiles, de longueur très variable, capables de produire des spores tantôt rondes, tantôt ovales. Ces semences résistent presque toutes à la chaleur de l'eau bouillante maintenue pendant quelques minutes; toutefois, beaucoup d'entre elles sont loin de présenter l'extrême résistance à la chaleur sèche et humide de plusieurs bacilles pouvant à peine croître à 45-50°. Les spores des thermobactéries peuvent, d'après Miquel, résister pendant 20 ans à la dessiccation.

Les bacilles thermophiles sont pour la plupart aérobies, plusieurs peuvent pourtant adopter la vie des espèces anaérobiennes et végéter indifféremment au contact ou à l'abri de l'oxygène de l'air.

Il serait inutile et peu instructif de donner la description détaillée de toutes les thermobactéries qui ont été étudiées ou entrevues. On en connaît une soixantaine d'espèces, nous ne signalerons que les plus importantes et les mieux connues.

Ces bactéries se montrent en abondance dans la moindre parcelle d'humus prélevé à la surface du sol (Globig); dans une fraction minime d'eau impure (Miquel); dans l'eau de mer (Mac Fadyen et Blaxall). Les excréments des mammifères et des oiseaux en renferment toujours de nombreuses variétés (Miquel). Inoculées aux animaux, ces bactéries se sont toujours montrées inoffensives (Miquel et Globig) : il en est de même des produits solubles que quelques-unes sécrètent à haute température (Miquel).

Cambier (1) a constaté que plusieurs bactéries thermophiles pouvaient revêtir le caractère de ferments très actifs et transformer rapidement la glucose en acide lactique, avec accompagnement d'un dégagement gazeux abondant, à une température où les ferments lactiques habituels sont irrévocablement détruits.

Il reste encore de nombreux faits à élucider sur la biologie des thermobactéries capables de végéter, comme cela vient d'être dit, à un degré de chaleur où le protoplasme des cellules vivantes subit ordinairement de profondes modifications. Les Schizophytes ne sont pas les seules espèces qui jouissent de cette singulière faculté, on con-

(1) Cambier. *Revue de physique et de chimie*, 1899, p. 223.

naît aujourd'hui plusieurs mucédinées et plusieurs algues qui s'accommodent très bien de ces températures élevées (Tsiklinsky).

Bacillus thermophilus.

Ce bacille, découvert en 1879 par Miquel, d'abord dans les eaux de Seine, puis d'égout, se trouve très répandu dans le sol et les excréments des mammifères et des oiseaux. Il est formé par des filaments immobiles de longueur très variable et d'une largeur voisine de 1 μ; à 50°, il s'offre en articles courts, le plus souvent porteurs d'une spore unique terminale, ovale et très réfringente. A 60°, ces articles s'allongent visiblement et les spores paraissent moins fréquentes; à 70°, les filaments longs sont toujours très nombreux, mais leur contenu paraît granuleux; à 71-72°, les articles sont déformés, rabougris et souvent réduits en amas de cellules courtes, arrondies et irrégulières; les spores ont alors beaucoup de peine à se former.

Le *Bacillus thermophilus* ne peut être cultivé dans la *gélatine* exposée à 20-22°. Il est également difficile d'observer des traces de culture sur la *gélose* maintenue à 35 et 40°. A 42-45°, les cultures obtenues par piqûre dans ce milieu nutritif consistent en clous chétifs à tête bombée. Les végétations obtenues à 50, 60 et 65° fournissent sur l'agar des colonies, des traînées et des enduits d'un blanc-grisâtre, bien nourris, brillants et d'aspect humide.

Ce bacille ne trouble pas visiblement le bouillon à 40°, même après un mois d'attente. A 42°, il fournit des cultures dont le trouble n'est appréciable qu'au bout de 3 à 4 jours; à 50°, le trouble est net au bout de 48 heures; à 60°, il est déjà intense après 24 heures; entre 65 et 70°, il apparaît en 12 heures et se montre accompagné de la formation de voiles aisément dissociables; à 71°, le liquide ne perd sa limpidité qu'au bout de 48 heures; enfin à 72°, la croissance est lente et faible et la végétation ne s'accuse souvent que par la formation d'un dépôt léger, floconneux.

Ce bacille inoculé aux animaux ne détermine aucun phénomène morbide appréciable, il en est de même des produits solubles qu'il sécrète dans le bouillon qui, sous son action, devient faiblement alcalin et contracte une odeur fade désagréable.

Bacillus thermophilus I à VIII.

Ces huit bacilles thermophiles ont été étudiés par LYDIA RABINOWITSCH (1) qui les a isolés du sol, des eaux et des substances excrémentitielles. Toutes ces espèces immobiles, aérobies et facultativement anaérobies, croissent mal au-dessous de 40° et donnent des spores pouvant résister pendant plusieurs heures à l'action de la vapeur de l'eau bouillante.

Bacillus thermophilus I. — Cette bactérie se montre formée par des filaments possédant des spores terminales ovales. Elle donne sur la *gélose* des colonies grisâtres granuleuses, à bords dentelés, et sur la *pomme de terre* des colonies blanches. Elle croît rapidement dans le *bouillon* qu'elle acidifie et y détermine la production d'un précipité floconneux. Elle se cultive facilement entre 60 et 70°. Elle a été trouvée dans le sol, la neige et les excréments.

Bacillus thermophilus II. — Ce microorganisme est constitué par de grands bâtonnets, à contenu granuleux, se colorant d'une façon irrégulière et montrant des spores rondes situées dans la partie médiane des articles. Il croît, également bien, entre 60 et 70° en donnant sur l'*agar* des colonies d'un gris-verdâtre à bords estompés et sur *pomme de terre* des taches d'un jaune sale. Le *bouillon* se trouble promptement sous son influence et devient alcalin. Cette thermobactérie a été trouvée dans le sol et dans la neige.

Bacillus thermophilus III. — Ce bacille, formé de bâtonnets épais à spores terminales, se développe volontiers entre 60 et 70°. Il croît sur la *gélose* en donnant des colonies grisâtres, à bords nets, très granuleuses dans leur partie centrale. Les colonies obtenues sur la *pomme de terre* sont brunes. Le *bouillon* se trouble et s'acidifie. Cette espèce a été isolée du sol et des matières excrémentitielles.

Bacillus thermophilus IV. — Cette bactérie croît surtout en longs filaments; elle présente des spores rondes placées ordinairement dans la partie médiane des articles. Elle se développe, surtout bien, entre 55 et 60° en donnant sur la *gélose* des colonies incolores et des colonies rouges sur la *pomme de terre*. Elle trouble le *bouillon* qu'elle rend légèrement alcalin. Elle a été découverte dans le sol et les excréments.

Bacillus thermophilus V. — Cette espèce s'offre en filaments très

---

(1) LYDIA RABINOWITSCH. *Zeitschrift für Hygiene*, 1895, XX, p. 161.

longs dont les spores ovales sont terminales. Elle croît facilement vers 60° en donnant sur les plaques de *gélose* des colonies incolores semblables à des gouttes d'eau ; sur la *pomme de terre*, on voit apparaître des colonies brunâtres qui restent chétives. Le *bouillon* est troublé et devient manifestement acide ; enfin cette thermobactérie a été isolée des excréments des animaux.

Bacillus thermophilus VI. — Ce bacille est formé de bâtonnets à spores terminales ovales, croissant surtout bien vers 60°. Il donne sur les plaques de *gélose* des colonies verdâtres fortement granuleuses dans leur partie centrale et dont les bords clairs sont transparents comme l'eau; les colonies nées sur la *pomme de terre* sont grises; le *bouillon* est troublé et rendu fortement alcalin. Il a été trouvé dans les excréments.

Bacillus thermophilus VII. — Ce thermobacille peut adopter la forme filamenteuse avec spores terminales ovales. Il croît bien à 60° en fournissant sur l'*agar* des colonies grisâtres à bords dentelés. Les colonies obtenues sur la *pomme de terre* ont le même aspect; le *bouillon* est troublé et rendu fortement alcalin. Ce microbe a été retiré des excréments de vache.

Bacillus thermophilus VIII. — Cette dernière espèce, étudiée par L. Rabinowitsch, trouvée dans les excréments et les eaux, croît à 60° en donnant des bâtonnets dont les spores sont médianes. Elle fournit sur *agar* des colonies rondes, nettement délimitées, à contour clair; les colonies obtenues sur la *pomme de terre* sont grises, brunâtres et humides. Le *bouillon* est légèrement acidifié.

Bacilles thermophiles d'Oprescu.

On doit à Oprescu (1) l'étude de plusieurs thermobactéries retirées de l'eau, de la terre, du fromage, etc., dont nous donnerons succinctement les principaux caractères.

Bacillus thermophilus liquefaciens aerobius. — Cette espèce, immobile, aérobie, isolée du sol, se montre constituée par des bâtonnets déliés, souvent en filaments, dont les spores se localisent au centre du bacille. Elle donne sur la *gélose* à 55° un gazon uni et grisâtre ; cet enduit est rougeâtre si l'agar a été additionné de sucre de raisin. Cette thermobactérie peut croître dans la *gélatine* à la température

(1) Oprescu. *Archiv für Hygiene*, 1898, XXXIII, p. 164.

ordinaire, mais elle ne donne de colonies visibles qu'après 4 jours d'attente, la liquéfaction ne commence qu'au bout de 8 jours. Elle sécrète une substance acide, mais ne donne pas d'indol. Elle ne fait fermenter ni le sucre de lait, ni le sucre de raisin. Elle peut croître dans les milieux placés dans une atmosphère d'hydrogène, dans ce cas les cultures sont maigres et ne paraissent pas contenir de spores.

Bacillus thermophilus aerobius. — Ce bacille sporulé, isolé de l'eau du canal de Berlin, est formé de bâtonnets minces, immobiles et un peu pointus, se transformant en longs filaments sur l'*agar* glycériné. On obtient, au bout de 24 heures, sur ce milieu solide, maintenu à 55°, des colonies de 7 à 10 millimètres de diamètre, transparentes, irisées, à bords nets, mais irréguliers.

Ce bacille ne croît pas sur la *pomme de terre;* il trouble, au contraire, rapidement le *bouillon*, sans donner, toutefois, de pellicules superficielles. Le *lait* n'est pas coagulé sous son action. Sa croissance est sensible, mais lente, à 35°.

Bacillus thermophilus aquatilis. — Cette espèce, immobile, isolée des eaux de la Sprée, est formée de bâtonnets minces, pointus, possédant des spores terminales. Elle est incultivable dans le *bouillon*, même additionné de sucre; elle croît au contraire très bien sur la *gélose*, où elle donne, à la température de 60°, des colonies transparentes, comparables à des gouttes de rosée; les cultures sur la *pomme de terre* consistent en un gazon épais, humide, un peu visqueux, d'une couleur jaune-brunâtre. Elle ne coagule pas le *lait;* semée dans la *gélatine* fondue, elle y détermine la formation de pellicules superficielles. A 35°, elle n'accuse pas de développement apparent.

Bacillus thermophilus reducens. — Ce microorganisme a été trouvé accidentellement dans du sérum de sang insuffisamment stérilisé. Il est formé de bâtonnets immobiles possesseurs de spores terminales, se multipliant aisément sur la *gélose* et dans la *gélatine* fondue maintenues à 60-62°. Il donne sur le premier milieu nutritif, après une attente de 48 heures, des colonies granuleuses d'un jaune-brun, à bords nets et réguliers, légèrement convexes, sèches et comme parcheminées. Le *bouillon* est troublé. Le *lait* n'est pas coagulé. Ce bacille produit un peu d'indol et jouit de propriétés réductrices.

Bacillus thermophilus liquefaciens tyrogenus. — Cette espèce, retirée d'un fromage de Roquefort, est formée par des bâtonnets immobiles, de longueur variable, à extrémités carrées, offrant des spores terminales. Sa croissance est suspendue à 70°. Elle trouble le *bouillon* en le recouvrant d'une pellicule, et acidifie le bouillon sucré. Elle peut se développer sur l'*agar* à 35°, où elle donne de petites colonies brun foncé, finement granuleuses. Sur la *pomme de terre*, elle fournit une membrane brune, jaunâtre et plissée. Son développement est très lent à la température des appartements ; la *gélatine* est liquéfiée.

Bactéries thermophiles de Tsiklinsky.

Les recherches les plus récentes sur les thermobactéries sont dues à Mlle P. Tsiklinski qui a étudié, après Certes et Garrigou (1) et Karlinski (2), les microorganismes vivant dans les eaux minérales, émergeant du sol à une température comprise entre 51 et 73°. P. Tsiklinsky (3) a pu isoler des sources thermales cinq microbes thermophiles, fort voisins par leurs caractères morphologiques et biologiques. Tous se montrent immobiles, prennent aisément les couleurs d'aniline et gardent le Gram ; tous sont aérobies ; la température la plus favorable au développement de la plupart d'entre eux est voisine de 60° ; mais on peut encore les voir croître à 70°. Le bacille V se montre seul capable de croître visiblement à 37° et même au-dessous de ce degré de chaleur.

Thermobacillus I ou *Bacillus thermophilus filiformis*. — Ce microorganisme isolé d'une source dont la température était voisine de 51°, est formé par de courts bâtonnets pouvant croître en filaments dans l'intérieur desquels on n'a pu voir se former de spores. Semé sur la *gélose* ordinaire ou glycérinée, il recouvre sa surface d'un enduit adhérent. Il ne pousse pas sur la *pomme de terre* et trouble, au contraire, fortement le *bouillon*.

Thermobacillus II. — Ce bacille, également trouvé dans la source qui vient d'être mentionnée, se montre constitué par de courts bâtonnets munis d'une spore terminale. Il croît bien sur les milieux nutritifs vulgaires, sauf sur la *pomme de terre*, où il n'accuse aucun développement.

---

(1) Certes et Garrigou. *Compt. rend. de l'Académie des Sciences*, 1886, CIII, p. 703.
(2) Karlinski. *Hygienische Rundschau*, 1898, n° 15.
(3) P. Tsiklinsky. *Annales de l'Institut Pasteur*, 1899, XIII, p. 788.

Thermobacillus III et *IV*. — Ces deux bacilles n'offrent pas de caractères bien saillants, l'un peut croître à 71°, fait qui n'a rien de bien remarquable étant considérées les espèces que nous étudions; tous deux altèrent le *bouillon* et le recouvrent d'une pellicule superficielle épaisse et glaireuse.

Thermobacillus V. — Cette bactérie se distingue des précédentes par la propriété qu'elle possède de croître à 37° et de sécréter un ferment protéolytique déterminant la liquéfaction de la gélatine ; elle ne donne pas de spores et ne peut se développer au delà de de 69°.

Une année avant la description de ces cinq espèces, P. Tsiklinsky (1) avait déjà signalé deux Bactériacées filamenteuses et ramifiées pouvant de même croître et prospérer au-dessus de 60°. Ces streptothrix ont été désignés sous les noms de *Thermoactinomyces I* et *II*, le second ne diffère du premier que par la largeur plus grande de ses filaments qui peut atteindre 1,2 à 1,5 μ.

Thermoactinomyces I ou *Thermoactinomyces vulgaris*. — Cette espèce aérobie, isolée du sol, est constituée par des filaments ramifiés droits ou ondulés de 0,5 μ de largeur ; elle donne aisément des spores dans tous les milieux où on la cultive et principalement sur la *pomme de terre*. Ces spores apparaissent à l'extrémité des filaments sous la forme de renflements ronds ou ovales, et peuvent résister pendant 20 minutes à la chaleur humide de 100°. Le *Thermoactinomyces vulgaris* est teint facilement par les diverses couleurs d'aniline et prend le Gram. Il croît bien entre 48 et 60°, la température la plus favorable à son développement est voisine de 50° ; aucune végétation n'est apparente à 37°.

Il donne dans le *bouillon*, déjà au bout de 16 heures, une culture abondante ; le liquide reste limpide et l'on voit se former un dépôt floconneux ; si ces colonies cotonneuses restent à la surface, il peut se produire des voiles.

La *gélose* se recouvre d'un enduit blanc poussiéreux. Le *lait* est acidifié et coagulé, puis le coagulum se redissout. La gélatine est liquéfiée par le ferment soluble sécrété par cette espèce qui n'offre aucun pouvoir pathogène vis-à-vis des animaux d'expérience.

---

(1) P. Tsiklinsky. *Annales de Micrographie*, 1898, X, p. 186. — *Annales de l'Institut Pasteur*, 1899, XIII, p. 500.

Rappelons que KEDZIOR (1) a, également, signalé l'existence d'un streptothrix thermophile : le *Cladothrix thermophile* et que P. TSILINSKY (2) a découvert une moisissure le *Thermomyces lanuginosus* croissant sur le pain blanc à une température comprise entre 42 et 63°.

XI. — PHOTOBACTÉRIES

De tous temps, les phénomènes de phosphorescence ont vivement attiré l'attention des observateurs. On sait que plusieurs d'entre eux sont dus à l'action de causes uniquement physiques ou chimiques dont l'explication rationnelle n'a pu être donnée jusqu'ici d'une manière satisfaisante. Certains corps deviennent phosphorescents après avoir été exposés à la lumière (sulfures métalliques, etc.), d'autres s'illuminent sous l'influence du choc (sucre, silex, etc.). Les phénomènes électriques peuvent, également, provoquer l'apparition de fluorescences diverses ; enfin, il suffit de mettre du phosphore blanc ou certaines de ses dissolutions au contact de l'air pour obtenir des radiations lumineuses qui étaient autrefois de véritables causes d'admiration.

Les phénomènes de phosphorescence peuvent, aussi, avoir pour origine la vie de quelques êtres organisés au nombre desquels on peut citer : les Lampyres ou vers luisants ; les Fulgures qui cessent de briller, ainsi que certaines cultures de Photobactéries, à 10° au-dessous de zéro et à 50° centigrades; les Noctiluques, etc.

On connaît, également, plusieurs champignons, l'agaric de l'olivier, entre autres, qui sont capables d'émettre de belles lueurs blanches pendant la nuit, ainsi que plusieurs variétés de bois mort et plusieurs bactéries dont l'existence a été mise en évidence par FLÜGER (3) en 1875. Trois ans plus tard, COHN (4) donna le nom de *Micrococcus phosphoreus* à une espèce bactérienne lumineuse trouvée sur du saumon cuit. Après ces deux savants, NUESCH (5) et LASSAR (6) étudièrent de plus près les bactéries photogènes dont l'histoire a

(1) KEDZIOR. *Archiv für Hygiene*, XXVII.
(2) TSILINSKY. *Annales de l'Institut Pasteur*, 1899. XIII, p. 500.
(3) FLÜGER. *Flüger's Archiv*, 1875, X.
(4) COHN. Kryptogamen flora von Schelesien, 1878, III, p. 146.
(5) NUESCH. Ueber leuchtende Bacterien, Bâle, 1885.
(6) LASSAR. *Archiv für die gesam. Physiologie*, 1880, XXI.

été depuis complétée par les travaux de FISCHER (1), FORSTER (2), LUDWIG (3), LEHMANN (4), BEYERINCK (5), KATZ (6), GIARD (7) et quelques autres auteurs.

Les photobactéries vivent le plus communément dans la mer et les lacs salés. On les rencontre quelquefois à l'état de cultures spontanées sur la chair des poissons, les viandes de boucherie et de charcuterie. On les cultive aisément dans les bouillons de peptone, sur les milieux gélatineux et solides à la condition qu'ils renferment une quantité de sel marin comprise entre 3 à 6 p. 100. Presque toutes vivent très bien à la température des appartements et quelques-unes d'entre elles, comme l'a établi FORSTER (voir p. 57), se multiplient même activement à 0°.

Les photobactéries sont constituées par des bâtonnets de grosseur moyenne, généralement courts, pouvant adopter des formes involutives; on ne leur connaît pas de spores. Plusieurs possèdent la faculté de fluidifier la gélatine. Toutes prennent aisément les couleurs d'aniline, mais refusent de se colorer par le procédé de GRAM.

Ces bactéries ne sont phosphorescentes qu'au contact de l'air et leur éclat persiste jusqu'à — 10 à — 15° ; pour certaines espèces cet éclat disparaît quand la température s'élève au-dessus de 40°. La phosphorescence produite est assez vive pour impressionner les plaques photographiques et fournir un spectre continu intéressant, à peu près, la totalité des radiations lumineuses.

L'acidification des milieux de culture fait disparaître la phosphorescence qui réapparaît après neutralisation par les bases alcalines. Il semblerait résulter des travaux de LEHMANN que la phosphorescence déterminée par les bactéries serait due à un phénomène intra-cellulaire intimement lié à la vie des cellules microscopiques et non à une substance sécrétée par elles. Cet observateur base son opinion sur ce que les antiseptiques font disparaître instantanément l'éclat lumineux des cultures et qu'on ne peut trouver de matières phosphorescente dans les liquides filtrés qui en proviennent. Ces arguments manquent de solidité, les antiseptiques et l'acidification pouvant très bien détruire promptement la substance photogène.

---

(1) FISCHER. *Zeitschrift für Hygiene*, 1886, I, p. 421 ; *id.*, 1887, II, p. 54. — *Physiologischer verein zu Kiel*, 1888. — *Centralblatt für Bakteriologie*, 1888, III, p. 105 ; *id.*, 1894, XV, p. 657.

(2) FORSTER. *Centralblatt für Bakteriologie*, 1887, II, p. 337.

(3) LUDWIG. *Botanische centralblatt*, XVIII, n° 11 et *Centralblatt für Bakteriologie*, 1887, II, pp. 372 et 401.

(4) LEHMANN. *Centralblatt für Bakteriologie*, 1889, V, p. 785.

(5) BEYERINCK. *Archives néerlandaises*, XXIII, pp. 401 et 416.

(6) KATZ. *Centralblatt für Bakteriologie*, 1891, IX, pp. 157, 199, 229, 258, 311 et 343.

(7) GIARD. *Comptes rendus de la Société de Biologie*, 1889 et 1890.

Dubois (1) pense au contraire que ce phénomène doit être attribué à une diastase (2), appelée par lui *luciférine*, qui en agissant sur certaines substances peut déterminer la production de radiations lumineuses.

Enfin, les photobactéries sont inoffensives à l'égard des animaux et vraisemblablement aussi de l'homme, puisque Tallhauser a pu ingérer, pendant plusieurs jours de suite, jusqu'à 25 centimètres cubes de bouillons de culture du *Photobacterium Fischeri* sans en être le moins du monde incommodé.

Voici, maintenant, avec leur synonymie, la description succincte des photobactéries les mieux étudiées. Nous estimons qu'on doit leur conserver les noms de photobactéries ou de photobacilles, dont le préfixe photo ou le qualificatif de phosphorescent indique clairement l'une de leur fonction physiologique les plus remarquables, et se garder, comme le fait Migula, de créer sans nécessité des dénominations nouvelles qui peuvent amener des confusions regrettables dans l'esprit des élèves.

Bacillus argenteo-phosphorescens.

Trois variétés de ce bacille ont été isolées et décrites par Katz (3). Toutes sont phosphorescentes en présence de l'eau de mer ou du chlorure de sodium ajouté aux cultures dans la proportion de 2,5 à 3 p. 100.

Le *Photobacillus I* a été trouvé dans la baie d'Élisabeth, à Sydney. Il est formé d'articles mobiles, de 2,5 μ de longueur sur 0,8 μ de large, tantôt solitaires ou par paires, rarement associés en longues chaînes. Cette espèce aérobie ne donne pas de spores. Elle ne peut se développer à 35°, mais croît bien à la température de 20-22° sur la *gélatine* salée où elle produit, déjà au bout de 20 heures, des colonies perceptibles jaunâtres et liquéfiantes. Sous son influence, le *bouillon* chloruré devient trouble et se recouvre de pellicules.

On peut, de même, cultiver ce bacille sur la *chair* de poisson et sur le *blanc d'œuf* cuit, mais non sur la *pomme de terre*.

---

(1) Dubois. *Comptes rendus de la Société de Biologie*, 1887, série 8, IV, p. 564.

(2) Dubois. *Comptes rendus de l'Académie des Sciences*, 1888, CVII, p. 502 et *Comptes rendus de la Société de Biologie*, 1893, série 9, V, p. 160.

(3) Katz. *Centralblatt für Bakteriologie*, 1891, IX, p. 159.

La lumière émise par les cultures du *photobacillus I* est blanc d'argent et assez forte pour permettre de discerner dans l'obscurité les aiguilles d'une montre.

Le *Photobacillus II* a été découvert sur un poisson au marché de Sydney. Il possède, à peu près, les dimensions du microbe précédent; comme lui, il est aérobie, croît sur la *gélatine* qu'il fluidifie, mais n'offre pas de mobilité appréciable.

Il trouble le *bouillon* d'une manière uniforme sans venir former à sa surface de voiles mycodermiques; sa phosphorescence est faible et d'un blanc argenté.

Le *Photobacillus III* est également originaire de l'Australie. KATZ l'a retiré d'une seiche à la surface de laquelle il végétait. Il possède les dimensions des bacilles précédents; se montre souvent en courts articles associés deux à deux, accidentellement en longues chaînes; il est mobile, aérobie et liquéfiant; ses colonies sur la *gélatine* sont d'un gris-bleuâtre; il trouble le *bouillon* et donne comme le *Photobacillus I* des voiles superficiels qui deviennent lumineux vers le 4e ou 5e jour.

Son éclat, d'un blanc-verdâtre argenté, est assez puissant pour permettre de lire l'heure dans l'obscurité.

KATZ a encore signalé l'existence du *Bacillus argenteo-phosphorescens liquefaciens*, plus promptement liquéfiant que les trois photobactéries qui viennent d'être mentionnées et qu'on trouve décrit un peu plus bas (page 884).

Bacillus cyaneo-phosphorescens.

SYN. : *Photobacterium cyaneum*.

Ce bacille, découvert par KATZ (1) dans l'eau de mer en Australie, s'offre sous l'aspect d'articles courts, de 2 à 3 μ de longueur sur 1 μ environ de largeur, qui sont tantôt isolés, tantôt réunis par paires. Ce bacille mobile, aérobie et facultativement anaérobie, ne paraît pas donner de spores. Il se cultive aisément dans les milieux salés, sur la *gélatine* qu'il liquéfie, sur la *gélose*, sur le *poisson* stérilisé et dans le *bouillon* qu'il trouble en donnant un voile. Il ne croît pas

(1) KATZ. *Centralblatt für Bakteriologie*, 1891, IX, p. 159.

sur la *pomme de terre*. S'il prend aisément les couleurs d'aniline, il refuse le GRAM.

Ses diverses cultures émettent une phosphorescence bleuâtre nuancée de vert.

Bacillus phosphorescens indigenus.

SYN. : *Photobacterium Fischeri*.

Cette espèce, découverte par FISCHER (1) dans l'eau de la mer au port de Kiel, est formée par des bâtonnets mobiles de 2 µ de longueur sur 0,6 µ de largeur, tantôt isolés, tantôt réunis par paires et parfois en chaînes filamenteuses.

Ce bacille, aérobie et asporogène, croît aisément dans la *gélatine* qu'il liquéfie lentement; mais on n'a pu le cultiver jusqu'ici dans le *lait*, le *bouillon*, la *viande*, le *sérum* de sang et sur la *pomme de terre*.

Il se multiplie sans peine entre 5 et 10°. Son développement est encore manifeste à 32°, mais alors ses cultures ne brillent plus d'aucun éclat.

Sa phosphorescence d'un blanc-bleuâtre est analogue, bien que moins intense, à celle du *Photobacterium indicum;* elle ne se manifeste qu'en présence du sel marin, de l'oxygène et aux températures comprises entre 5 et 25°. Les radiations lumineuses qu'il fournit donnent un spectre continu entre les lignes D et G. de FRAUNHOFER.

Bacillus phosphorescens Giardi.

SYN. : *Photobacterium Giardi*.

Cette photobactérie, isolée d'abord par GIARD et BILLET (2) des talitres et dont l'étude a été poursuivie par GIARD (3), peut être cultivée sur l'*agar* nutritif au bouillon de morue, l'agar ordinaire, la *gélatine* et même sur la *pomme de terre*, quand on prend la précaution de la saler.

Cette espèce s'offre sous l'aspect d'un diplobactérium de 2 µ en-

(1) FISCHER. *Centralblatt für Bakteriologie*, 1888, III, pp. 105 et 137.
(2) GIARD et BILLET. *Comptes rendus de la Société de Biologie*, 1889, série 9, I, p. 593.
(3) GIARD. *Comptes rendus de la Société de Biologie*, 1890, série 9, II, p. 188.

viron de longueur sur 1 μ de largeur, quelquefois en petits bâtonnets de 3 à 4 μ.

Ce microbe phosphorescent est pathogène pour les talitres et les orchesties qu'il rend malades et lumineux au bout de 2 à 3 jours.

Bacillus phosphorescens indicus.

SYN. : *Photobacterium indicum; Bacillus phosphorescens.*

Ce bacille, découvert dans l'eau de mer du golfe du Mexique par FISCHER (1), s'offre à l'observateur sous la forme de bâtonnets mobiles de 2 μ de longueur sur 0,6 à 0,8 μ d'épaisseur, isolés, réunis par paires, plus rarement disposés en chaînes filamenteuses. Il se colore aisément par les couleurs de l'aniline souvent plus fortement aux pôles que dans sa partie centrale; il refuse le GRAM. Ce photobacille est aérobie et ne paraît pas donner de spores.

Il croît aux températures comprises entre 20 et 30° sur la plupart des milieux nutritifs chlorurés : sur la *gélatine* qu'il liquéfie, sur la *chair de poisson* et le *blanc d'œuf* cuit; moins bien sur l'*agar*, les *pommes de terre* salées, etc., où il donne de petites colonies ou des enduits d'un blanc-grisâtre.

La phosphorescence produite par ces diverses cultures montre son maximum d'intensité entre 25 et 30°; elle est bleuâtre et assez forte pour impressionner facilement les plaques photographiques et, même, permettre la photographie des objets placés à côté des cultures, cela, évidemment, au prix d'une pose très prolongée.

Bacillus argenteo-phosphorescens liquefaciens.

SYN. : *Bacillus luminosus; Bacillus phosphoreus; Photobacterium luminosum.*

Ce photobacille, découvert par KATZ (2) dans les mers autraliennes et retrouvé par BEYERINCK dans la mer du Nord, se montre formé de bâtonnets mobiles à extrémités arrondies de 2 μ de longueur sur 0,6 μ de largeur, il croît, parfois, en filaments de longueur variable. Comme les microbes précédents il ne donne pas de spores.

---

(1) FISCHER. *Zeitschrift für Hygiene*, 1887, II, p. 54.
(2) KATZ. *Centralblatt für Bakteriologie*, 1891, IX, p. 161.

Cette espèce, aérobie et facultativement anaérobie, croît à la température des appartements dans la plupart des milieux nutritifs : il donne, sur la *gélatine* qu'il liquéfie, de petites colonies d'abord hyalines, puis jaunâtres ; ensemencé dans le *bouillon*, il le trouble en fournissant, au bout de quelques jours, une pellicule mycodermique ; il se cultive également sur la *chair de poisson* stérilisée, mais refuse de croître sur la *viande* ordinaire et sur la *pomme de terre.*

La phosphorescence de ses cultures est en général assez faible et d'un blanc d'argent tirant sur le jaune.

Bacterium phosphorescens Pflugeri.

Syn. : *Bacillus phosphorescens gelidus; Photobacterium Pflugeri.*

Cette espèce aérobie, trouvée par Forster (1) sur des poissons de mer, est formée de petits articles arrondis, immobiles, 2 à 3 fois plus longs que larges, souvent ovalaires.

Cette bactérie s'accommode des basses températures ; elle croît à 0° et meurt, en peu d'heures, quand on la soumet au degré de chaleur du corps humain.

Elle donne sur la *gélatine* des colonies punctiformes, jaunâtres, non liquéfiantes. Les cultures en stries réussissent également bien sur la *gélose* salée ; les végétations récentes qu'elle peut donner sur ces divers milieux exposées au contact de l'air, se montrent phosphorescentes entre 0 et 32°.

Bacillus smaragdino-phosphorescens.

Syn. : *Photobacterium phosphorescens ; Bacterium phosphorescens.*

Cette photobactérie, trouvée par Katz (2) à la surface d'un hareng, mis en vente au marché de Sydney, a beaucoup d'analogie avec l'espèce précédente ; comme elle, elle se montre en articles courts, arrondis, micrococformes, incapables de liquéfier la gélatine. Elle se développe aisément dans presque tous les milieux nutritifs salés : sur la *gélatine*, la *gélose*, les *œufs cuits*, dans le *bouillon*, le *lait*, etc.

---

(1) Forster. *Centralblatt für Bakteriologie*, II, 1887, p. 337.
(2) Katz. *Centralblatt für Bakteriologie*, 1891, IX, p. 160.

Ses cultures récentes émettent une phosphorescence vert-émeraude. C'est sur la gélatine que l'éclat de ses radiations lumineuses est le plus vif.

Dans son étude sur les bactéries de l'eau de mer, FISCHER (1) a décrit de nouvelles photobactéries, dont la description, du reste peu intéressante, nous entraînerait beaucoup trop loin; parmi elles nous citerons : le *Photobacterium annulare, caraibicum, coronatum, degenerans, delgadense, glutinosum, papillare, tuberosum*, auxquelles on peut joindre : le *Photobacterium luminosum* de BEYERINCK (2), formé de bâtonnets incurvés analogue à ceux du spirille du choléra asiatique, et le *Vibrio Dunbar* (3), (*Photospirillum Dunbari*), qui émet son plus bel éclat dans ses cultures, effectuées à 22°, sur la gélatine préparée au bouillon de viande peptoné. Ce spirille a été trouvé pathogène pour les cobayes.

---

(1) FISCHER. Die Bacterien des Meeres, 1894, pp. 37 à 41.
(2) BEYERINCK. *Archives néerlandaises*, 1889, XXIII, p. 104.
(3) DUNBAR. *Deutsche medizinische Wochenschrift*, 1893, p. 799.

QUATRIÈME PARTIE

APPLICATIONS DE LA BACTÉRIOLOGIE A L'HYGIÈNE

CHAPITRE PREMIER

ANALYSE MICROSCOPIQUE DE L'AIR

Analyser l'air au point de vue microscopique, c'est rechercher la *quantité* et la *nature* des particules légères et très ténues qu'il entraîne avec lui.

Plusieurs de ces particules sont d'origine *minérale*, comme le charbon, le silex, les sels de chaux, etc.; d'autres d'origine *organique*, comme les cellules animales provenant des desquamations de la peau, les dépouilles d'insectes, les débris des végétaux, etc.; d'autres, enfin, sont formées de cellules *vivantes* appartenant soit au règne animal, soit au règne végétal.

Les cellules cédées à l'air par la faune terrestre appartiennent ordinairement à l'ordre des Protozoaires, parmi lesquels se rencontrent, le plus fréquemment, les monadiens, les amibiens et très exceptionnellement les infusoires ciliés plus avancés en organisation.

Les cellules vivantes cédées à l'air par le règne végétal sont beaucoup plus nombreuses et plus variées. L'atmosphère extérieure charrie constamment d'innombrables semences de champignons, des algues, des spores d'algues à côté desquelles viennent se ranger naturellement les bactéries.

L'étude des schizophytes aériens est plus spécialement désignée sous le nom d'*Analyse bactériologique de l'air*.

Il y a trente à quarante ans, la détermination des germes des poussières tenues en suspension dans l'atmosphère était considérée comme très importante; de nos jours, on considère ces analyses comme devant fournir aux hygiénistes des indications beaucoup moins précieuses que les analyses bactériologiques du sol et des eaux. N'oublions pas, toutefois, que c'est en cherchant à étudier les organismes flottant dans l'air que furent créés, par étapes successives, les procédés d'investigation, d'analyse et de culture dont bénéficie et a sans cesse bénéficié la bactériologie.

I. — Historique

L'existence dans l'air d'une multitude de corpuscules errants n'avait pas échappé à l'attention des anciens. Lucrèce a décrit, en vers élégants, le spectacle curieux que produit un rayon de soleil en traversant une chambre obscure. En effet, on a dû voir de tout temps sur le trajet de cette vive lumière des myriades de grains de poussières voltiger en tout sens et disparaître instantanément à l'œil quand ce rayon était brusquement intercepté. Il faut, néanmoins, arriver à Leeuvenhoeck (1), Ehrenberg et Gaultier de Claubry pour trouver la trace de recherches intéressantes sur les organismes de l'air.

Dans ses nombreux mémoires publiés de 1822 à 1858, Ehrenberg (2) démontra que les poussières atmosphériques, déposées à l'intérieur des maisons, des hôpitaux, etc., sont toujours peuplées de spores cryptogamiques qui lui fut, également, aisé de rencontrer à l'air extérieur, sur les cimes de l'Altaï, des hautes Alpes, de l'Himalaya et dans les diverses contrées du globe qu'il visita.

En France, vers la même époque, Gaultier de Claubry (3) inaugura l'ère des recherches vraiment scientifiques sur les poussières atmosphériques; il est à regretter que les efforts isolés de ce savant soient restés stériles jusqu'au jour où Pasteur, en perfectionnant les procédés de Gaultier de Claubry, édifia solidement les bases de la panspermie.

---

(1) Leeuvenhoeck. Opera omnia. Anatomia et contemplationes, 1722, I, p. 31.

(2) Ehrenberg. Passatstaub und Blutregen. — Uebersicht der seit 1847 forgesetzen Untersuchungen über das ven Atmosphäre unrichtbar getragene reich organische Leben. — *Compte rendu mensuel de l'Académie de Berlin* de 1848 à 1858.

(3) Gaultier de Claubry. Communication à la Société Philomathique en 1832. — *Comptes rendus de l'Académie des Sciences*, 1855, XLI, p. 645.

En 1836, Hufty de la Jonquière annonça qu'une pluie de poussière tombée dans la vallée d'Aspe et prise par les habitants du pays pour une pluie de soufre était uniquement formée par des pollens de conifères venus des forêts voisines. Plusieurs faits de ce genre, observés vers 1840, eurent pour objet d'exciter la curiosité de quelques savants. Mais, il appartenait surtout à la seconde épidémie du choléra qui éprouva l'Europe en 1847 et 1848 de stimuler le zèle des micrographes.

Ehrenberg à Berlin, Swagne, Brittan et Budd en Angleterre, Robin et Pouchet en France se livrèrent à des recherches variées pour découvrir dans l'air des salles des hôpitaux et les déjections des cholériques les germes supposés la cause de cette maladie. Mais, la micrographie atmosphérique pas plus que la médecine ne purent tirer un grand profit de ces expériences hâtives entreprises sans méthodes bien arrêtées.

La troisième épidémie cholérique qui désola l'Europe en 1853 et 1854 donna lieu à des travaux plus suivis sur les organismes de l'atmosphère. Dundas Thompson (1) se livra à quelques recherches qui, bien qu'entachées de causes d'erreur nombreuses, méritent cependant d'être mentionnées.

En dirigeant de l'air dans de l'eau distillée contenue dans des flacons de Wolff, Dundas Thompson y vit croître des moisissures et des vibrions.

A l'exemple de Gaultier de Claubry et du précédent auteur, Baudrimont (2) étudia avec soin les corpuscules aériens retenus en faisant barboter l'air dans l'eau, ou en condensant au moyen du froid la vapeur d'eau atmosphérique suivant le procédé, déjà ancien, de Moscati et de Robiquet.

Les recherches d'Angus Smith (3), de Jabez Hogg (4), de Berkeley (5), exécutées vers la même époque, eurent toutes pour conclusion que l'air emporte à travers l'espace une quantité toujours notable de pollens, de semences cryptogamiques et une foule de détritus appartenant à tous les règnes de la nature.

Dans son *Traité sur la génération spontanée*, Pouchet (6) a dressé l'inventaire minutieux des débris de toutes sortes qui se trouvent

---

(1) Dundas Thompson. Appendix to Report of the Committee for scientific Inquiries in relation to the cholera Epidemic of 1854. *General Board of the Heal. med. Council*, 1855, p. 121.

(2) Baudrimont. *Compt. rend. de l'Académie des Sciences*, 1855, XLI, p. 542.

(3) Angus Smith. Memoirs of chemical Society. 184. — Air and Rain, 1872.

(4) Jabez Hogg. Le microscope, 1854.

(5) Berkeley. Introduction to cryptogamic Botany, 1857.

(6) Pouchet. Traité de la génération spontanée, 1859. — Aéroscopie, 1870. Rouen.

dans les poussières, mais, contrairement, aux affirmations de ses prédécesseurs, il nia la fréquence dans l'air, des spores des cryptogames, des germes de bactéries et des œufs d'infusoires.

Pasteur releva cette erreur d'observation dans une discussion restée célèbre, qui passionna beaucoup les savants, à l'époque où elle se produisit et qui eut pour résultat, immédiatement utile, de provoquer de nombreux travaux sur la question des germes atmosphériques.

« Il y a constamment dans l'air, dit Pasteur (1), un nombre variable de corpuscules dont la forme et la structure annoncent qu'ils sont organisés. Leurs dimensions s'élèvent depuis les plus petits diamètres jusqu'à 1 : 100 et davantage de millimètre. Les uns sont parfaitement sphériques, les autres ovoïdes ; leurs contours sont plus ou moins nettement accusés. Beaucoup sont tout à fait translucides, mais il y en a beaucoup d'opaques avec granulations à l'intérieur. Ceux qui sont translucides à contours nets ressemblent tellement aux spores des moisissures les plus communes que le plus habile micrographe ne pourrait y voir de la différence. »

Après ces savants, Duclaux, Reveil, Chalvet et Pigot se livrèrent de même à l'étude des organismes de l'air. Selmi, de Mantoue, et Balestra tentèrent de déterminer la nature des cellules organisées flottant au-dessus des marais. Eiselt, de Prague, examina les poussières des hôpitaux; enfin, Samuelson (2) fut conduit par de nombreuses observations à préciser, un peu mieux qu'on ne l'avait fait jusque-là, la nature des protozoaires atmosphériques.

Lemaire (3) étudia, de même, avec patience les microphytes de l'air de diverses régions, tandis qu'en Amérique, Salisbury (4) recherchait dans l'air circulant au-dessus des marais de l'Ohio et du Missisipi les germes de la fièvre intermittente.

Sous les auspices d'Angus Smith (5), Dancer se livra à l'analyse de l'air de la ville de Manchester dans lequel il trouva sous le volume d'un litre 15000 cellules cryptogamiques, chiffre évidemment fort exagéré qui montre combien on doit être sévère dans le choix des procédés de numération des spores aériennes.

Signalons également, vers la même époque, les recherches sur le même sujet de Lund, de Silvestri, de Catane, qui s'occupa surtout

---

(1) Pasteur. *Annales de chimie et de physique*, 1862, LXIV, p. 28.

(2) Samuelson. *Comptes rendus de l'Académie des Sciences*, 1863, LVII, p. 88.

(3) Lemaire. *Compt. rend. de l'Académie des Sciences*, 1863, LVII, pp. 57, 581, 625 ; LIX, pp. 317, 380 et 1867, LXV, p. 637.

(4) Salisbury. *American Journ. of med. scien.*, 1866, p. 51.

(5) Angus Smith. Air and Rain, p. 487, 1872.

des pluies météoriques tombées en Sicile; les travaux de Lionel Beale, de Parfitt, de Randsome, de Burdon Sanderson, de Sigerson, de Parkes, de Rindfleich, de Hyman, de Frank, de Chaumont et Devergie qui, tout bien examiné, n'apportèrent que de faibles contributions à la micrographie atmosphérique.

En 1871, Maddox (1) démontra, avec l'aide de planches dessinées sur des préparations microscopiques de poussières, que l'air est chargé d'une très grande variété de cellules vivantes et donna quelques indications précises sur l'action qu'exercent les conditions météorologiques régnantes sur le nombre et la nature de ces cellules.

Une année plus tard, en 1872, Douglas Cunningham (2) se livra à de semblables expériences sur l'atmosphère libre et l'air des égouts de Calcutta. De ses travaux il résulta : que l'air renferme peu d'œufs de Protozoaires; que le chiffre des spores cryptogamiques et des pollens y est très élevé et se montre indépendant de la vitesse et de la direction du vent; que l'humidité ne diminue pas la quantité des poussières organisées atmosphériques et qu'enfin l'air des égouts offre, à côté de nombreuses particules bactéroïdes, des spores cryptogamiques assez abondantes, mais dépourvues de la variété de forme qu'elles présentent dans les échantillons des poussières recueillies à l'air libre.

Pour récolter les spores aériennes, Maddox et Cunningham se servirent d'aéroscopes à girouette, tandis que Schœnauer (3) qui étudia en 1875 à l'observatoire de Montsouris les poussières de l'air, se servit d'un aéroscope à trompe ayant quelque analogie avec l'appareil imaginé, longtemps auparavant, par Pouchet. Rappelons encore les expériences exécutées en 1877 par G. Tissandier (4) et E. Yung (5) qui eurent également pour but le dosage des sédiments minéraux et la recherche des corpuscules de fer météorique.

Pendant ses recherches sur les corpuscules vivants de l'atmosphère, P. Miquel (6) s'efforça de résoudre le problème, peu abordé, en tout cas non résolu jusque-là, du dosage des bactéries aériennes. Après de nombreux essais, cet observateur (7) put, à partir d'octobre 1879, fournir les résultats statistiques de ce genre d'analyses, dont il poursuit la publication encore aujourd'hui.

---

(1) R. L. Maddox. *Monthly microscopical Journal*. Feb. 1871.

(2) Douglas Cunningham. Microscopic Examination of air 1872. Calcutta.

(3) Schœnauer. *Annuaire de l'Observatoire de Montsouris* pour 1877, p. 476.

(4) Tissandier. Les poussières de l'air, 1877.

(5) Yung. *Bulletin de la Société vaudoise des Sciences naturelles*, 1876, XIV, p. 493. et *Archives des Sciences physiques et naturelles*, 1880, IX, p. 573.

(6) Miquel. *Annuaires de l'Observatoire de Montsouris*, de 1879 à 1884.

(7) Miquel. *Annuaire de l'Observatoire de Montsouris* pour 1881 et suivants.

A partir de 1882, les analyses bactériologiques de l'air commencèrent à se généraliser.

En 1883, DE FREUDENREICH (1) analysa, au prix des plus grandes fatigues, l'air des hautes montagnes de la Suisse, de Berne et des localités environnant cette ville.

En 1884, MOREAU et MIQUEL (2) dosèrent en bactéries l'air marin de l'océan Atlantique dans plusieurs voyages effectués de Bordeaux au Rio-de-la-Plata et l'air de la Méditerranée pendant quelques traversées de Marseille à Odessa et à Alexandrie.

Citons encore les travaux de FODOR (3), de MIFFLET (4), de TYNDALL (5), de COHN (6), d'EMMERICH (7), de GIACOSA (8), de HESSE (9), de G. ROSTER (10) et, beaucoup plus près de l'époque actuelle, ceux de FRANKLAND (11), PETRI (12), FISCHER (13), STRAUS et WURTZ (14), WELZ (15), CRISTIANI (16), ARANTES PEREIRA (17), etc.

II. — GÉNÉRATIONS SPONTANÉES

La question des générations spontanées fut de nouveau soulevée vers 1860, précisément à l'époque où les observateurs multipliaient leurs études sur les agents présumés des maladies infectieuses, et où PASTEUR, guidé par ses belles recherches sur les fermentations, établissait sur des expériences précises les bases fondamentales de la bactériologie. Les lignes qui suivent n'ont plus, il est vrai, qu'un intérêt rétrospectif, mais elles montrent l'état des esprits au moment où la bactériologie, pour prendre rang parmi les sciences naturelles précises, devait d'abord démontrer par des preuves irrécusables que

---

(1) DE FREUDENREICH. *Sem. méd.*, sept. 1883. — *Arch. des Sc. phys. et nat.*, 1884, XII, p. 365.
(2) MOREAU et MIQUEL. *Semaine médicale*, mars, 1884. — *Annuaire de l'Observatoire de Montsouris* pour 1885, p. 514 et même publication, 1886, p. 535.
(3) FODOR. Hygienische Untersuchungen über Luft, Boden und Wasser, 1881, 1882.
(4) MIFFLET. *Beiträge zur Biologie der Pflanzen*, 1879.
(5) TYNDALL. Essays on the floating matter of the air in relation to putrefaction and infection. Londres, 1881.
(6) COHN. *Beiträge zur Biologie der Pflanzen*, 1879, III, p. 119.
(7) EMMERICH. *Archiv für Hygiene*, 1883, I.
(8) GIACOSA. *Rivista di chim. medica*, 1883, p. 41.
(9) HESSE. *Mitth. aus dem K. Gesundheitsamte*, 1884, II, p. 187.
(10) G. ROSTER. Il pulviscolo atmosferico ed i suoi microrganismi, 1885.
(11) FRANKLAND. *Proceed. of the Roy. Soc. London*, 1885.
(12) PETRI. *Zeitschrift für Hygiene*, 1888, et *Centralblatt für Bakteriologie*, 1887, II, p. 113 et 151.
(13) FISCHER. *Zeitschrift für Hygiene*, 1894, XVII, p. 130.
(14) STRAUS et WURTZ. *Annales de l'Institut Pasteur*, 1888, II, p. 171.
(15) WELZ. *Zeitschrift für Hygiene*, 1891, XI, p. 121.
(16) CRISTIANI. *Annales de l'Institut Pasteur*, 1893, VII, p. 665.
(17) ARANTES PEREIRA. Analyse microbiologica, 1894. Porto.

la genèse spontanée ne se produit pas dans les conditions habituelles d'expérimentation des laboratoires.

On donne le nom de *génération spontanée* à la création de toute pièce d'une cellule vivante en l'absence d'un germe primordial. D'après les hétérogénistes, cette création s'accomplirait sous l'action de forces inconnues, comparables à ces forces encore mystérieuses qui président à la nutrition des cellules, aux phénomènes vitaux, au groupement des molécules dans les cristaux, faits que la Science enregistre simplement sans pouvoir les expliquer, du moins actuellement.

Pour les homogénistes, au contraire, l'être vivant procède toujours d'un germe (*omne vivum ex ovo*) d'une cellule provenant elle-même d'un être adulte.

Pour étayer leur doctrine, les hétérogénistes ont eu recours à deux ordres de preuves : les unes tirées du domaine de la dialectique; les autres, de l'expérimentation. Bien que les premières paraissent les plus puissantes et les plus difficiles à réfuter, elles ne peuvent être exposées dans un livre où toutes les affirmations doivent reposer sur un ensemble d'observations justes et impartiales. Il faut, du reste, reconnaître que les hétérogénistes cherchèrent avant tout l'appui des faits.

En 1745, NEEDHAM publia à Londres un ouvrage sur cette question, où il a décrit les recherches qui l'amenèrent à proclamer la réalité de la genèse spontanée. En soumettant à la chaleur de l'eau bouillante des infusions végétales contenues dans des récipients hermétiquement clos, cet expérimentateur remarqua que la plupart de ces infusions se peuplaient, après plusieurs jours, d'une multitude d'organismes vivants. Ainsi, d'un côté, les germes étaient détruits par l'eau bouillante; d'un autre, les impuretés de l'air ne pouvaient pénétrer dans l'intérieur des vases scellés, et cependant la vie ne tardait pas à s'y déclarer. La théorie de l'hétérogenèse est donc en accord avec les données de l'expérience, écrivit NEEDHAM. Tout autre, il faut l'avouer, eût été à sa place fortement ébranlé, sinon convaincu.

Le célèbre physiologiste italien SPALANZANI (1) reprit les mêmes essais et trouva que les infusions végétales soumises pendant une heure à la température de 100° restaient pour la plupart stériles. La génération spontanée, objecta-t-il, n'est donc pas un fait démontré.

---

(1) SPALANZANI. Opuscules de physique animale et végétale, 1787.

NEEDHAM ne se tint pas pour battu et supposa alors l'existence d'une force créatrice, dite *force végétative*, qui s'affaiblissait et même finissait par être totalement détruite par l'action de la chaleur; l'air lui-même, ajoutait cet hétérogéniste, se corrompait et devenait absolument impropre à favoriser l'éclosion spontanée des êtres vivants.

En 1836, SCHULZE (1) imagina de faire barboter l'air, destiné à renouveler l'atmosphère des infusions chauffées, dans de l'acide sulfurique et des solutions de potasse caustique, afin de détruire tous les germes sans modifier le pouvoir vivificateur du mélange gazeux atmosphérique. Tantôt les infusions ainsi traitées restèrent inaltérées, tantôt elles se putrifièrent.

Une année plus tard, SCHWANN (2) proposa de priver l'air de ses organismes vivants en le dirigeant dans un tube métallique fortement chauffé. C'était un bien faible progrès, puisqu'il fallait, d'après les hétérogénistes, que l'air fécondant fût soustrait de près ou de loin à l'action du feu. Vers 1854, SCHRÖDER et VON DUSH (3) proposèrent d'arrêter les poussières atmosphériques par des tampons de coton, mais ils obtinrent également des résultats contradictoires.

Personne n'était encore fixé sur la question de l'hétérogenèse, quand POUCHET (4), prenant partie pour cette théorie, rouvrit un débat plus que séculaire. C'est à ce moment, vers 1860, que PASTEUR intervint dans cette discussion et porta à la doctrine de l'hétérogénie les coups nombreux et puissants dont elle n'a pu se relever. Par un ensemble d'expériences habilement et irréprochablement conduites, ce savant anéantit un à un les arguments de ses contradicteurs. L'air chauffé, l'air filtré, qui avait donné dans les expériences de SCHWANN, de SCHRÖDER et de VON DUSH des résultats inconstants, se montra dans ses essais incapable de provoquer le développement des bactéries et des moisissures au sein des liquides convenablement stérilisés, c'est-à-dire chauffés suivant leur nature entre 100 et 110°. L'air non filtré lui-même, parvenu aux infusions par des tubes sinueux et recourbés, se montra infécond par la raison qu'il laissait adhérents au col des ballons les germes dont il était peuplé. Enfin, répondant à une objection capitale des hétérogénistes, PASTEUR (5) démontra que le sang et l'urine, non soumis à l'action de la chaleur, amenés directement des artères et de la vessie dans

(1) SCHULZE. *Annales de Poggendorf*, 1836, XL.
(2) SCHWANN. *Annales de Poggendorf*, 1837, XLI.
(3) SCHRÖDER et VON DUSH. *Annalen der Chemie und Pharmacie*, 1854, LXXXIX, p. 232 et 1861, LXVII, p. 273.
(4) POUCHET. Traité de la génération spontanée, 1859.
(5) PASTEUR. *Comp. rend. de l'Académie des Sciences*, 1860, LVI, p. 734.

des vases privés de germes au préalable, restaient également inaltérés ou du moins ne donnaient jamais naissance à des organismes vivants. La *force végétative*, destructible par la chaleur, invoquée par NEEDHAM un siècle auparavant, était donc une pure invention de l'esprit.

POUCHET, JOLY et MUSSET (1) ne considérèrent pas cependant la question comme définitivement jugée ; ils prétendirent que le nombre des germes répandus dans l'air était en trop faible nombre pour expliquer les cas si fréquents d'altération dont les liquides bouillis devenaient le siège. TYNDALL (2) prétendit, au contraire, qu'ils y flottaient en quantité prodigieuse. L'expérience a démontré depuis que ces auteurs, auxquels on doit joindre CH. BASTIAN (3), ne stérilisaient pas complètement les liquides qu'ils mettaient en expérience.

FRÉMY, ROBIN et BÉCHAMP, sans admettre le fait brutal de la genèse spontanée, comme NEEDHAM, POUCHET et BASTIAN, supposèrent cependant que plusieurs liquides chargés de substances albuminoïdes (liqueurs sucrées, moûts, blastèmes, etc.) contenaient soit des substances *hémi-organisées*, soit des *granulations naissantes*, des *microzymas* pouvant s'organiser progressivement et se transformer en cellules diverses, en levures, en moisissures et en bactéries. Mais ces théories n'ont reçu aucune confirmation de l'expérience, et, bien qu'elles aient été émises depuis seulement une trentaine d'années, elles sont aujourd'hui à peu près oubliées.

III. — PROCÉDÉS D'ANALYSE MICROSCOPIQUE DE L'AIR

Les courants atmosphériques charrient deux genres de cellules. Les unes peuvent être aisément aperçues au microscope : ce sont les œufs d'infusoires, les spores des champignons, les algues et les utricules polliniques; les autres échappent par leur extrême petitesse à une détermination exacte avec les grossissements actuellement employés, ce sont les germes des bactéries.

D'où deux modes d'investigation différents : le premier basé sur la récolte des poussières aériennes au moyen d'instruments appelés *aéroscopes;* le second sur l'introduction des poussières dans les *milieux nutritifs*.

---

(1) POUCHET, JOLY et MUSSET. *Compt. rend. de l'Académie des Sciences*, 1860, LV, p. 488.
(2) TYNDALL. Essays on the matter floating in air, Londres, 1881.
(3) BASTIAN. *Compt. rend. de l'Académie des Sciences*, 1876, LXXXIII, pp. 159 et 488.

Aéroscopie.

La méthode la plus simple, mais aussi la plus défectueuse, de recueillir les corpuscules atmosphériques, consiste à exposer à l'air une lame porte-objet enduite d'un liquide gluant peu siccatif, comme la glycérine, le sirop de glucose, l'huile, etc. Les préparations ainsi obtenues ne sont jamais bien belles; de plus, elles se chargent souvent de sable, de débris de feuilles, de grosses impuretés et sont parfois visitées par les insectes. Malgré l'imperfection de ce procédé, Robin, Osborne, Wyman, Salisbury et Sanderson ont pu se faire une idée assez exacte de la nature des semences microscopiques répandues dans l'air, tandis que Joly et Musset (1) déclarèrent n'avoir absolument rien aperçu.

D'autres observateurs pensèrent avec raison qu'ils trouveraient dans la neige, le givre, la pluie, la vapeur d'eau condensée de l'atmosphère ces mêmes microorganismes. Effectivement, ces liquides, soigneusement examinés, montrent des bactéries et des spores de cryptogames. Mais, on peut objecter à ce mode d'investigation la fatigue excessive qu'il entraîne et la difficulté où l'on se trouve de saisir dans un volume de véhicule, relativement élevé, les espèces qui ne peuvent pas s'y multiplier.

Comme variante de ces procédés, on peut mentionner la fixation des poussières de l'air par son barbotement dans une faible quantité d'eau distillée et stérilisée placée dans des récipients de verre; méthode employée par Angus Smith, Gaultier de Claubry, Dundas Thompson, Dancer, de Manchester, etc. Cette manière d'opérer n'est pas également exempte d'objections; dans les expériences dont la durée dépasse quelques heures, certains auteurs les ont prolongées pendant plusieurs jours, les spores des mucédinées amenées au contact de l'eau se multiplient et il arrive alors que ce ne sont plus les véritables microbes de l'air qu'on place sous les yeux, mais les fructifications et les végétations variées auxquelles elles ont donné naissance.

Pour étudier les germes tels que l'air les transporte, il est indispensable de les recueillir dans des milieux où ils ne puissent ni croître ni se déformer. La glycérine étendue de la moitié de son poids d'eau ou une solution de glucose dans ce liquide sont des milieux très convenables.

(1) Joly et Musset. *Compt. rend. de l'Académie des Sciences*, 1862, LV, p. 491.

Autrefois, PASTEUR retint les poussières atmosphériques sur du coton-poudre, puis en dissolvant ce coton dans un mélange d'alcool et d'éther, il put, par une série de lavages et de décantations délicates, isoler les poussières arrêtées à leur passage par les fibres du fulmicoton. Ce procédé, que PASTEUR employa pour démontrer aux hétérogénistes que l'air contenait réellement des germes, cesse d'être pratique quand on veut l'appliquer à des recherches statistiques. On peut substituer au coton nitrique le sulfate de soude anhydre ou le sucre pulvérisé et desséché, ce qui simplifie beaucoup le procédé imaginé primitivement par PASTEUR.

Aux méthodes d'expérimentation qui précèdent, on a substitué, avec avantage, les procédés basés sur l'apport direct des poussières de l'air sur les lames porte-objets ou les lamelles minces au moyen d'appareils nommés *aéroscopes*.

Le premier de ces instruments, inventé par POUCHET (1), consistait en un gros tube cylindrique, muni à une de ses extrémités d'une tubulure par laquelle se faisait l'aspiration de l'air, et, du côté opposé, d'un diaphragme percé de trous au-dessous duquel se trouvait immédiatement placée une plaque de verre enduite d'une substance gluante.

MADDOX (2) modifia cet appareil de façon à rendre son fonctionnement automatique sous le simple effet des courants atmosphériques. DOUGLAS CUNNINGHAM (3) employa un aéroscope presque identique à celui de MADDOX ; MIQUEL (4), qui s'est également servi d'un appareil analogue, lui a donné la disposition représentée dans la figure 202. Cet instrument se compose d'un tube courbe A évasé en trompette, muni d'un diaphragme conique et d'un étrier porte-lamelle, se vissant à un second tube évasé B, lié à une girouette. Ce système, placé sur un axe vertical, s'oriente sous l'action des plus faibles courants. Sous l'effet de la pression et de l'aspiration qui

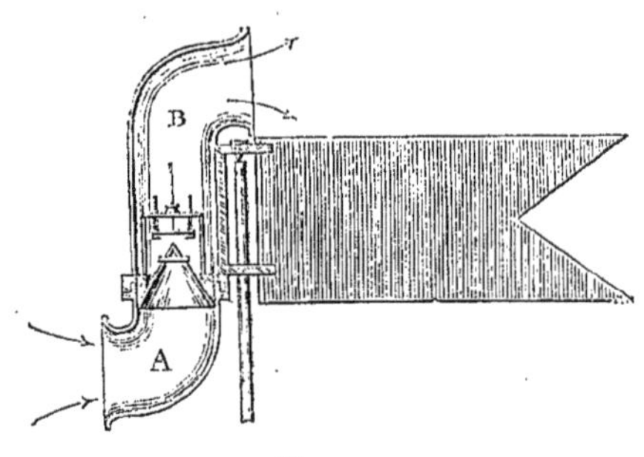

Fig. 202.
Aéroscope à girouette de MIQUEL.

(1) POUCHET. *Compt. rend. de l'Académie des Sciences*, 1860, L, p. 748.
(2) MADDOX. *Monthly microscopical Journal*, 1870, III, p. 283.
(3) D. CUNNINGHAM. Microscopic examination of air, 1872, Calcutta.
(4) MIQUEL. *Annuaire de l'Observatoire de Montsouris* pour 1879, p. 453.

s'exercent simultanément dans le même sens aux deux ouvertures opposées, le jet d'air produit par le diaphragme conique vient déposer ses poussières sur la lamelle soutenue par l'étrier. Cette lamelle, sur laquelle on a, au préalable, déposé une gouttelette de liquide gluant, est plus tard convertie en préparation microscopique permettant d'étudier à l'aise les cellules charriées par l'air atmosphérique.

Comme il est mal aisé d'apprécier le volume d'air, d'ailleurs très variable, qui traverse les aéroscopes à girouette, MIQUEL (1) fit construire l'aéroscope à aspiration dont le dessin est donné

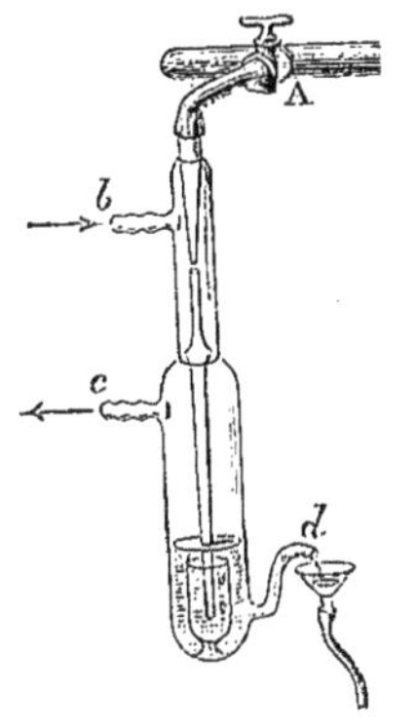

Fig. 203.
Trompe à eau.

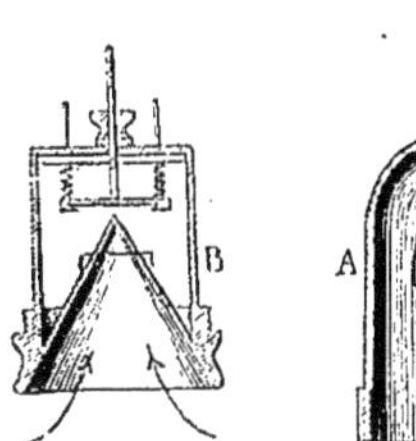

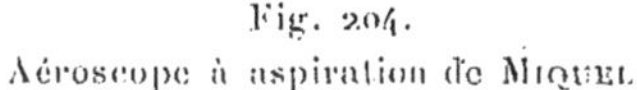

Fig. 204.
Aéroscope à aspiration de MIQUEL.

par la figure 204. Comme le précédent, il possède un diaphragme conique surmonté d'un petit étrier, et cette partie B, dont l'ouverture évasée est tournée vers le sol, se visse à une petite cloche métallique A, garnie d'une tubulure par laquelle on produit, au moyen d'une trompe (fig. 203), une aspiration régulière et continue. Le volume d'air connu, on détermine par une numération effectuée sous le microscope, le chiffre approximatif des cellules atmosphériques recueillies pendant l'expérience. Ces chiffres n'ont pas une valeur absolue, puisque toutes les poussières qui traversent l'aéroscope ne sont pas entièrement fixées, mais ils sont suffisamment comparables quand on opère dans les mêmes conditions.

Le tableau qui suit donne un exemple des résultats obtenus avec les aéroscopes à aspiration.

(1) MIQUEL. *Annuaire de l'Observatoire de Montsouris* pour 1879, p. 452.

Moyennes mensuelles des spores des moisissures récoltées à l'Observatoire de Montsouris, de l'année 1879 à l'année 1882.

(*Spores cryptogamiques par* 10 *litres d'air*).

Mois.	1879	1880	1881	1882	Moyen. génér.	
	—	—	—	—	Spores.	Temp.
Janvier	66	62	81	78	72	3°0
Février	56	71	82	65	71	4°3
Mars	43	30	45	102	55	6°6
Avril	80	76	72	73	75	10°6
Mai	113	47	87	121	92	13°4
Juin	340	545	226	225	334	17°1
Juillet	433	311	180	169	273	19°1
Août	247	313	237	233	233	18°6
Septembre	122	159	141	195	179	15°7
Octobre	118	144	125	231	155	11°2
Novembre	96	56	95	121	92	6°2
Décembre	85	62	96	60	76	3°1
Moyennes annuelles	149	156	123	140	142	10°7

On voit clairement par les documents numériques qui précèdent, que le chiffre des spores atmosphériques des moisissures croît et décroît assez exactement avec la température, et que le moment où il est le plus faible se trouve situé en mars, à la fin de l'hiver.

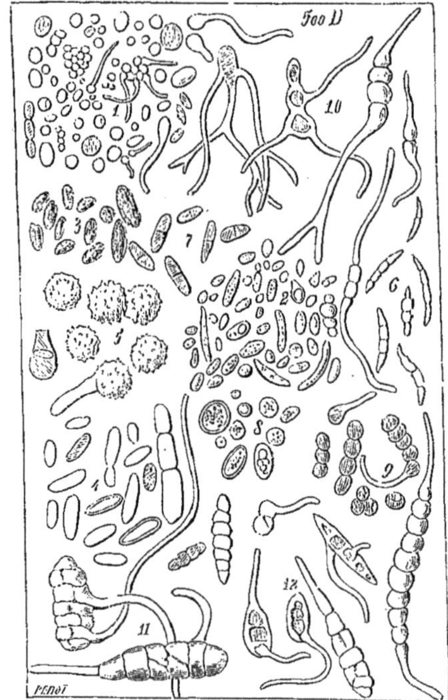

Fig. 205. — Spores cryptogamiques de l'air des égouts de Paris.

En rapprochant les chiffres des spores aériennes des moisissures des conditions météorologiques régnantes, on constate :

Que durant les périodes pendant lesquelles le sol reste mouillé et humide, ces semences sont plus abondantes que pendant les temps secs ; ce qui est exactement le contraire pour les germes des bactéries ;

Qu'en opérant comparativement avec l'air des villes et l'air de la campagne, les spores des moisissures sont, proportionnellement à la quantité des organismes recueillis, plus nombreuses et plus variées dans l'air des champs que dans l'atmosphère des agglomérations urbaines, où le charbon et les détritus solides sont toujours en quantité plus élevée;

Que dans l'air humide des égouts les particules solides sont rares et les spores cryptogamiques fréquentes, ce qui est dû, vraisemblablement, au degré hygrométrique très élevé qui y règne sans cesse (voir fig. 205).

Bien que les aéroscopes qui viennent d'être décrits soient incapables de fixer toutes les spores de l'air qu'on y dirige, le calcul des semences par l'examen direct des poussières (14 spores de champignons par litre d'air à l'Observatoire de Montsouris) est de beaucoup supérieur à celui que décèlent les cultures en milieux sucrés, minéralisés et légèrement acidulés, ce qui tient certainement à ce que la plupart des spores aperçues ont perdu leur vitalité, ou, plus souvent encore, à ce qu'elles ne peuvent se rajeunir dans les milieux nutritifs employés si différents de ceux qu'elles envahissent dans la nature, tels que les bois morts, les fruits gâtés, les substances humides d'origine animale ou végétale, etc. Nous ne pourrions, sans dépasser les limites que ce traité comporte, nous étendre plus longuement sur ces questions secondaires qu'on trouve exposées avec détail dans les mémoires, déjà cités, de MADDOX et de CUNNINGHAM, et dans les ouvrages de MIQUEL (1) et de G. ROSTER (2).

Numération des bactéries atmosphériques.

PASTEUR démontra, vers 1860, qu'en ouvrant dans diverses atmosphères des ballons vides d'air, contenant des liquides nutritifs stérilisés, propres à favoriser le développement des moisissures et des bactéries, une partie plus ou moins grande de ces ballons se peuplaient d'organismes vivants; que dans l'intérieur des appartements le nombre de cas d'infection observés était plus élevé qu'à l'air libre; que dans l'atmosphère tranquille des caves de l'Observatoire de Paris et dans l'air des montagnes les semences pouvant altérer le contenu des ballons étaient d'une très grande rareté. Ces expériences précises ont donc établi, depuis longtemps, que les germes des microphytes, voltigeant dans l'air, sont relativement espacés les uns des

(1) MIQUEL. Les organismes vivants de l'atmosphère, 1883 — *Annuaire de l'Observatoire de Montsouris* pour 1879 et les années suivantes.

(2) G. ROSTER. Il pulviscolo atmosferico ed i suoi microorganismi, 1885.

autres; puisque dans beaucoup de ces essais un volume d'air supérieur à 1 litre ne contient pas de semences capables de germer dans des liqueurs considérées comme très aptes à favoriser leur développement (fig. 206).

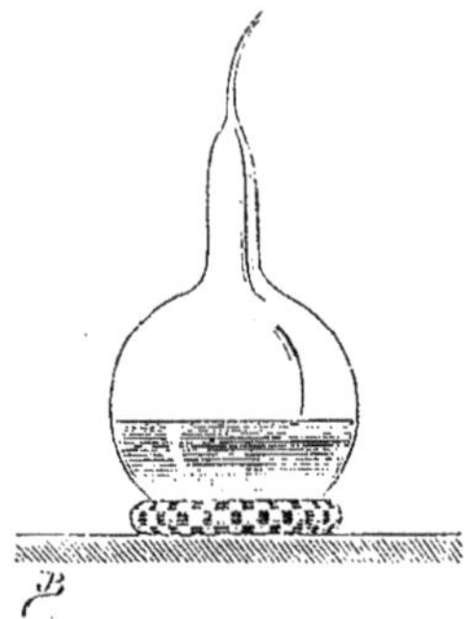

Fig. 206.
Ballons scellés de PASTEUR.

Pour compléter ces recherches de PASTEUR et résoudre le problème de la numération des bactéries, il restait à déterminer, aussi approximativement que possible, le nombre des germes présents dans l'unité de volume de telle ou telle atmosphère.

MIQUEL (1) étudia cette question de 1876 à 1878, et dès l'année 1879 il publia des statistiques sur la teneur de l'air en moisissures et en bactéries. Le procédé employé primitivement par cet auteur, pour le dosage des germes, consistait à diriger l'air à analyser, par fractions égales ou progressivement croissantes, dans des tubes à boules contenant des liquides nutritifs stérilisés; puis, à calculer, d'après le nombre de cas d'altération observés, le volume de l'air capable de produire l'infection du bouillon mis en expérience (fig. 207).

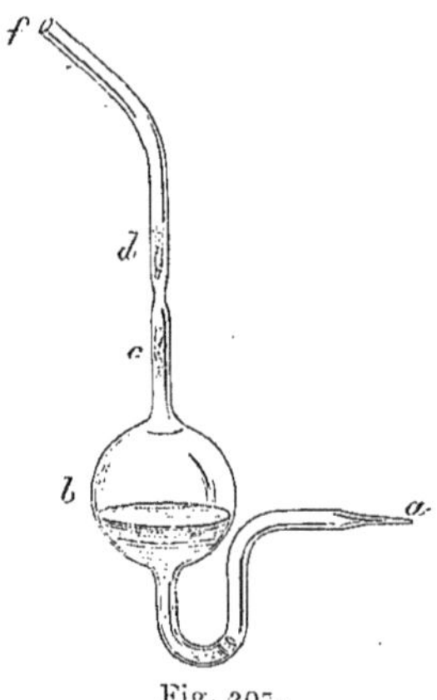

Fig. 207.
Tube à boule de MIQUEL.

En même temps, MIQUEL employait un second procédé consistant à fixer dans l'eau stérilisée les poussières d'un volume d'air exactement connu, ensuite à soumettre cette eau à un dosage bactériologique par la méthode du fractionnement. Les procédés d'analyse de l'air et des eaux, au moyen des milieux gélatineux, ne furent découverts et vulgarisés que cinq à six années plus tard, vers 1884.

Depuis ces premières expériences, on a multiplié beaucoup les dispositifs permettant de compter les bactéries atmosphériques; plusieurs d'entre eux n'étant que les variantes d'un même procédé, on peut sans peine les ranger en trois groupes :

Premier groupe. — Procédés de fixation des poussières de l'air par le barbotement dans l'eau stérile, les milieux nutritifs liquides ou gélatineux liquéfiés;

(1) MIQUEL. *Annuaire de l'Observatoire de Montsouris* pour 1881, p. 394.

Second groupe. — Procédés de fixation directe des poussières de l'air sur les milieux nutritifs solides ou semi-solides ;

Troisième groupe. — Procédé de captation des poussières atmosphériques au moyen des filtres insolubles ou solubles.

Procédés du premier groupe.

Quand on dirige lentement et bulle à bulle un courant d'air dans un peu d'eau, il arrive que la majeure partie des particules bactérifères sont fixées par ce liquide. Il serait loin d'en être ainsi si les bactéries se trouvaient répandues dans l'air que nous respirons en aussi grand nombre que les particules charbonneuses ou les poussières d'origine minérale. En tout cas, la fixation des germes est d'autant plus complète que l'air pénètre dans l'eau par une ouverture plus fine et la traverse par bulles de plus petites dimensions. Les bactéries étant, comme nous l'avons dit, en général assez peu rapprochées les unes des autres, en forçant l'air à parcourir des tubes étroits, à traverser des orifices capillaires, à se laver dans une colonne d'eau de quelques centimètres de hauteur, on retient, comme les contre-expériences le démontrent, la totalité des germes quand le volume d'air sur lequel on opère n'est pas trop élevé.

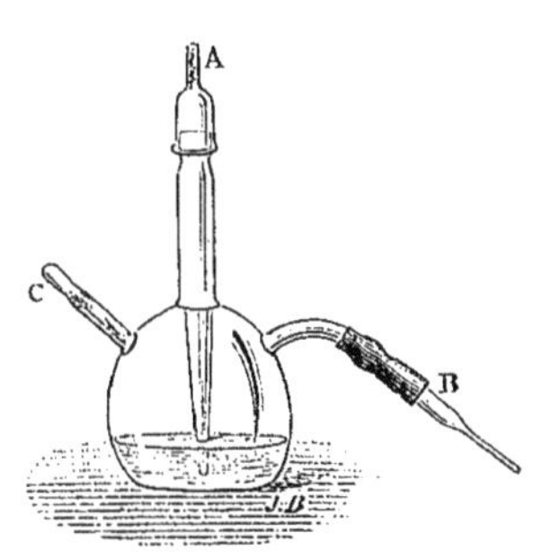

Fig. 208.
Matras barboteur de Miquel.

Les appareils employés à cet effet consistent en barboteurs de verre stérilisables de diverses formes dont on doit pouvoir utiliser aisément le contenu.

Miquel (1) s'est d'abord servi de tubes à boules, puis, ultérieurement, de l'appareil représenté par la fig. 208. Emmerich a imaginé dans le même but un appareil ingénieux, formé d'un récipient terminé par une pointe capillaire s'ouvrant dans l'intérieur et à la partie inférieure d'un serpentin possédant de nombreuses spires.

Quoi qu'il en soit du dispositif de ces appareils barboteurs, quand on a dirigé dans le liquide stérilisé qu'ils renferment un volume d'air exactement jaugé, ce liquide est analysé au point de vue du nombre

(1) Miquel. *Annuaire de l'Observatoire de Montsouris* pour 1880, p. 433 et pour 1886, p. 472.
(2) Emmerich. *Archiv für Hygiene*, 1885, I.

des bactéries par la méthode considérée comme la plus exacte, soit par fractionnement dans le bouillon, soit par fractionnement dans la gélatine nutritive.

Si, suivant le procédé de HUEPPE (1), de KRAMMER et de GIACOMI (2) repris par STRAUS et WURTZ (3), le barbotement a lieu dans la gélatine fondue, on peut couler cette gélatine en une ou plusieurs plaques et déduire plus tard la teneur de l'air en bactéries par la lecture des colonies écloses. Le passage de l'air à travers la gélatine liquéfiée offre quelques inconvénients par suite de la formation de bulles persistantes et surtout de la température relativement élevée, voisine de 30°, à laquelle les récipients doivent être maintenus pendant toute la durée de l'expérience; ces défauts viennent compromettre, en tout cas compliquer, l'opération du dénombrement des germes aériens.

Procédés du second groupe.

Dans le but de déterminer la nature des germes de l'air, KOCH (4) et FODOR (5) ont recueilli les sédiments atmosphériques sur des substances nutritives : tranches de pomme de terre, gelées diverses, etc., où les germes aériens en se déposant spontanément, par suite de leur densité, donnent naissance à des colonies variées. Mais, comme on le conçoit, il est difficile de déduire des résultats obtenus le chiffre, même approché, des bactéries tenues en suspension dans l'air au moment de l'exposition de ces divers substrata.

Pour doser les germes de l'air avec plus de précision, HESSE (6) a imaginé, en 1884, un appareil se composant d'un gros tube de verre d'environ 70 centimètres de longueur, de 5 centimètres de diamètre, bouché d'un côté par une membrane de caoutchouc et l'autre par un bouchon traversé par un tube muni d'un tampon d'ouate.

Ce gros tube chargé d'une quantité convenable de gélatine nutritive, on le stérilise, puis on répartit la gélatine encore chaude et fluide sur la paroi intérieure du tube d'après le procédé de ESMARCH, qui consiste à faire rouler horizontalement le tube pendant le refroidissement de la gélatine. Au moment de l'analyse, on pratique par

(1) HUEPPE. Methoden der Bacterien forschung, 3e éd., p. 138.
(2) KRAMMER et de GIACOMI. *Archiv für exp. Pathol. und Pharm.*, XXI, n° 15.
(3) STRAUS et WURTZ. *Annales de l'Institut Pasteur*, 1888, II, p. 171.
(4) KOCH. *Mittheilungen aus dem kaiserlichen Gesundhaitsamte*, 1881, I.
(5) FODOR Hygienische Untersuchungen über Luft, Boden und Wasser, 1882.
(6) HESSE. *Mittheilungen aus dem kaiserlichen Gesundheitsamte*, 1884, II, et *Deutsche med. Wochenschrift*, 1884, n° 2 et n° 51.

piqûre une fine ouverture au centre de la membrane de caoutchouc, puis on fait pénétrer lentement l'air extérieur dans le système au moyen d'un petit aspirateur s'adaptant au tube de verre garni d'un tampon de coton. L'expérience est considérée comme réussie quand les colonies se forment dans la première partie du cylindre enduit de gélatine. Si elles étaient nombreuses à l'extrémité opposée du trou de rentrée de l'air, il serait probable que plusieurs germes auraient pu s'échapper par le tube d'aspiration. Ce procédé d'analyse n'est guère employé aujourd'hui, le tube de HESSE étant encombrant et ne se prêtant qu'à l'examen d'un très faible volume d'air.

On doit à MIQUEL (1) un instrument beaucoup plus pratique, consistant en un vase conique à tubulure inférieure et latérale t', contenant de la gélatine nutritive solidifiée, traversée par une pointe de verre capillaire ou un gros fil de platine spiralé (voir fig. 209 en A). Au moment de l'analyse, on enlève cette pointe ou cette spirale et on dirige par aspiration un volume d'air connu dans le conduit capillaire moulé au sein du substratum nutritif (voir fig. 209 en B). A la fin de l'expérience, on ferme la tubulure latérale avec un petit bouchon de liège flambé, on fait fondre la gélatine, on agite doucement et l'on a ainsi une plaque fabriquée à l'abri de l'air où se développent les bactéries et les moisissures entraînées par le courant. Grâce à l'étroitesse et à l'humidité des parois de ce conduit, les poussières atmosphériques sont fixées, durant leur court trajet, dans la galerie cheminant dans la gélatine solidifiée.

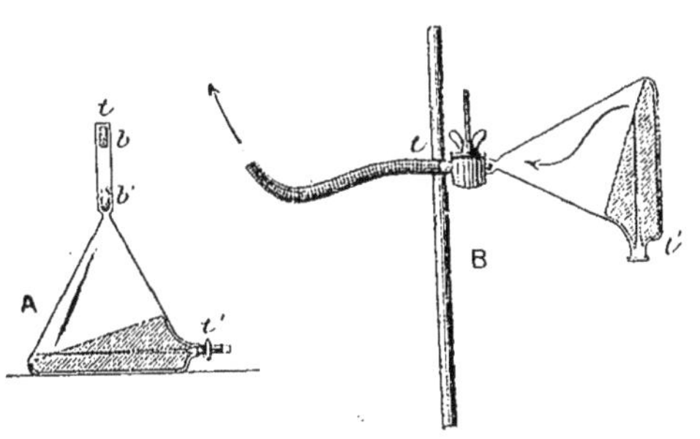

Fig. 209.
Flacon conique de MIQUEL pour l'analyse bactériologique de l'air.

Les procédés du premier et du second groupe n'ont pas la précision et les qualités des procédés qu'il nous reste à décrire ; la plupart d'entre eux doivent être appliqués dans le voisinage des laboratoires ; ils ne comportent pas l'analyse d'un volume d'air élevé et, par conséquent, ne peuvent donner la composition bactériologique de l'atmosphère que durant le temps, assez court, pendant lequel l'expérience est effectuée.

(1) MIQUEL. *Annuaire de l'Observatoire de Montsouris* pour 1896, p. 350, et *Annales de micrographie*, 1895, VII, p. 103.

Procédés du troisième groupe.

Ces méthodes sont basées sur la captation des poussières par les substances cotonneuses à fibres fines et enchevêtrées ou par des poudres à grains assez fins pour retenir les poussières de l'air et assez gros, cependant, pour permettre au même élément de traverser aisément la colonne filtrante sur laquelle on le dirige.

Les substances qui constituent ces filtres peuvent être *insolubles*, comme le coton, la laine de verre, l'amiante, le sable, le verre pilé, etc., ou *solubles* comme le sulfate de soude, le sel marin, le sucre, etc., d'où une subdivision des procédés de ce groupe, en méthode par filtres solubles et par filtres insolubles.

Méthode par les filtres insolubles. — Comme cela a déjà été dit, Von Dush, puis Pasteur se sont servis de tampons de coton pour retenir les poussières de l'air et préserver par là de l'infection les milieux nutritifs stérilisés. Mais cette substance par les inextricables lacis de ses fibres se prête mal à la séparation ultérieure des particules bactérifères qu'elle a retenues au moment de l'expérience.

Aussi, pour analyser plus commodément l'air des montagnes et de la mer, Miquel (1), de Freudenreich (2) et Moreau (1) ont-ils substitué au coton l'amiante et la laine de verre contenus dans des tubes de

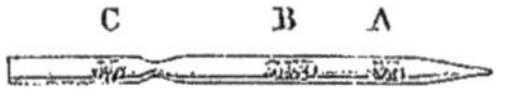

Fig. 210.
Tube à bourres de Miquel, de Freudenreich et Moreau.

verres scellés et stérilisés (fig. 210). A leur arrivée au laboratoire, ces substances, ayant souvent servi à filtrer plusieurs milliers de litres d'air, étaient broyées avec un agitateur de verre flambé, et la poudre obtenue émulsionnée avec de l'eau stérilisée et le tout dosé avec soin au point de vue bactériologique.

Frankland (3) a employé également le coton de verre, puis Petri (4)

---

(1) Miquel et Moreau. *Semaine médicale*, 6 mars 1884. — *Annuaire de l'Observatoire de Montsouris* pour 1884, p. 533 et pour 1885, p. 514.

(2) De Freudenreich. *Semaine médicale*, 11 septembre, 1883. — *Archives des Sciences physiques et naturelles*, 3e périod., XII, p. 365.

(3) Frankland. *Proceed. of the Royal Society London*, 1885, et *Zeitschrift für Hygiene*, 1887, III, p. 287.

(4) Petri. *Zeitschrift für Hygiene*, 1887, III, p. 1.

a substitué à cette substance du sable qu'on jette après le passage de l'air dans de la gélatine liquéfiée. Il nous paraît de beaucoup préférable d'introduire le sable, la poudre de verre, en un mot, les substances formant le filtre dans un volume connu d'eau stérilisée, de détacher par une vive agitation les particules bactérifères déposées sur ces substances et, enfin, de doser les bactéries contenues dans l'eau ainsi contaminée. Par ce *modus faciendi*, on obtient des plaques de gélatine où la distribution topographique des colonies est plus régulière, en tout cas exemptes d'impuretés, ce qui facilite les numérations et enlève aux plaques de gelée leur aspect malpropre.

Voici, brièvement, la technique d'une analyse de l'air par les filtres insolubles avec tous les détails essentiels, permettant de conduire à un bon résultat.

Le sable ou le verre pilé est passé au tamis Wolf; on garde la poudre granulée qui traverse la toile métallique n° 60 et on rejette celle beaucoup plus fine, qui passe sur les mailles de la toile n° 80. La poudre obtenue est lavée d'abord à l'acide chlorhydrique puis à l'eau, séchée et mise en tubes.

A l'Observatoire de Montsouris, on se sert de l'appareil représenté par la fig. 211 qui consiste en un simple tube de verre *jj' bb'*,

Fig. 211.
Filtre pour l'analyse de l'air à poudres solubles ou insolubles.

muni d'un capuchon rodé C. Le tampon *b'* s'oppose à la rentrée des poussières extérieures dans l'appareil, *b* est un second tampon de coton destiné à soutenir la substance filtrante *jj'*.

Les tubes munis de leur double bourre *b* et *b'*, on y verse par l'ouverture libre une quantité de poudre filtrante telle que la hauteur de la colonne *jj'* atteigne 8 à 10 centimètres, ensuite, après avoir mis en place le capuchon rodé C, on les stérilise au bain d'air en les chauffant entre 160 et 170° pendant 2 à 3 heures.

Au moment de l'analyse, le tube est placé dans la position verticale; on adapte à sa partie inférieure le tuyau de caoutchouc d'un aspirateur; on flambe le capuchon ; on l'enlève; puis, on produit une aspiration lente et, quand l'expérience est terminée, on replace le capuchon après l'avoir passé dans la flamme d'une lampe.

Le tube porté dans le laboratoire après le passage d'un volume d'air exactement déterminé, on verse son contenu dans un matras d'eau stérile. Alors, après une agitation assez prolongée, on prélève avec une pipette jaugée un demi ou un centimètre cube de cette eau qu'on porte dans une douzaine de flacons coniques contenant de la gélatine liquéfiée à une douce chaleur. Ultérieurement, le nombre de colonies écloses indique la teneur en germes de l'air analysé.

Si, par exemple, la quantité d'air filtré s'élève à 15 litres ; si le contenu des filtres est versé dans 50 centimètres d'eau stérilisée et si 12 centimètres cubes de cette eau distribuée dans 12 flacons coniques ont donné au total, naissance à 31 colonies bactériennes et à 14 moisissures, l'atmosphère sur laquelle on a opéré contenait par mètre cube :

$$\text{Bactéries} = \frac{31 \times 50 \times 1000}{12 \times 15} = 8.611$$

$$\text{Moisissures} = \frac{14 \times 50 \times 1000}{12 \times 15} = 3.888.$$

Ce calcul élémentaire ne réclame pas de plus amples explications.

Quand on veut opérer sur des quantités d'air considérables, aspiré pendant 12 à 24 heures, afin d'avoir exactement la moyenne des bactéries durant tout un jour, le mode opératoire reste le même, mais on emploie des tubes à capuchon rodés d'un plus fort diamètre et les aspirateurs de faible capacité sont remplacés par des aspirateurs de 200 à 300 litres, ou des trompes à eau, à débit constant, munies de compteurs à air très précis. La substance filtrante est jetée dans des volumes d'eau stérile plus considérable, 500 à 1 000 centimètres cubes, et pour le reste de l'analyse rien n'est changé.

Méthode par les filtres solubles. — Pasteur, nous l'avons déjà dit, a le premier employé les filtres solubles en fulmicoton pour rendre visible au microscope les corpuscules organisés de l'atmosphère. Mais ce procédé, qui peut donner de bons résultats quand il s'agit de démontrer que l'air charrie toujours avec lui de grosses fructifications cryptogamiques et des cellules d'origine diverse, n'est pas aisément applicable à l'étude des bactéries.

En 1885, H. Fol (1) préconisa, pour retenir les poussières de l'air, le sel marin convenablement pulvérisé. L'année suivante, A. Gautier (2) se servit dans le même but de sulfate de soude déshydraté.

(1) H. Fol. *La Nature*, 1er semestre, 1885.
(2) A. Gautier. *Revue scientifique*, mai 1886.

En 1888, MIQUEL (1) tenta de rendre pratique l'emploi des substances solubles dans ce genre d'analyses et essaya, en même temps que les deux sels qui viennent d'être désignés, les phosphates alcalins, le sulfate de magnésie et le sucre qui, vers la même époque, fut également utilisé par TUCKER (2) pour le dosage des bactéries aériennes.

Le *sel marin* serait d'un bon usage s'il était moins déliquescent et si on pouvait avoir la certitude que les germes arrêtés au passage n'eussent pas trop à souffrir de l'action caustique de l'humidité attirée et rapidement saturée par le chlorure de sodium.

Le *sucre* granulé se stérilise également bien au bain d'air chaud, mais, introduit plus tard dans les milieux nutritifs, il favorise trop bien le développement des mucédinées au détriment des bactéries.

Le *sulfate de magnésie* desséché présente la propriété inverse du sel marin ; il est efflorescent et ne garde pas le grain que lui a donné le tamisage ; sous l'influence de la vapeur d'eau atmosphérique, il se réduit en une poudre fine, impalpable, qui vient obturer les interstices du filtre et s'opposer par là au passage de l'air. Le sulfate de magnésie comme le *phosphate de soude*, privés de leur eau de cristallisation par la chaleur, sont d'ailleurs très lentement solubles.

Le *sulfate de soude* semble, au contraire, réunir toutes les qualités désirables : il n'est ni déliquescent, ni efflorescent ; à dose faible, il favorise au même degré le développement des bactéries et des moisissures ; il supporte très bien les températures requises pour les stérilisations à sec. Voici comment on doit le préparer pour les analyses d'air :

Dans un four pouvant être porté aisément à 200°, on place une cuvette de porcelaine remplie de sulfate de soude ordinaire. Sous l'influence d'une chaleur croissante, ce sel fond dans son eau de cristallisation, qu'il perd au bout de quelques heures sous l'action d'un température voisine de 200°. Quand le sel redevenu solide se montre desséché, on le laisse refroidir, on le triture avec ménagement, on le tamise de façon à le réduire en une poudre d'un grain convenable, c'est-à-dire passant aisément au tamis Wolf n° 40 et restant sur le tamis n° 60.

Les tubes chargés de sulfate de soude ainsi obtenus, sont stérilisés à 160-170°, et enfin mis en expérience au fur et à mesure du besoin.

Quant aux analyses bactériologiques, elles se conduisent comme

(1) MIQUEL. *Annuaire de l'Observatoire de Montsouris* pour 1888, p. 423, et *Annales de micrographie*, 1888-1889, I, p. 153.
(2) TUCKER. *Proceedings of the Society of Arts*, Boston, 1888.

si les filtres étaient insolubles ; le seul fait à signaler est la dissolution totale de la substance filtrante dans l'eau stérile où on la verse, qu'il ne reste plus qu'à doser bactériologiquement avec le secours de la gélatine ou de la gélose nutritives.

Il ressort de ce que nous venons d'exposer que des méthodes employées, actuellement, pour le dosage des bactéries atmosphériques, les procédés par les filtres solubles et insolubles doivent être considérés comme les plus exacts, jusqu'au jour où, à leur tour, ils devront disparaître devant des procédés plus simples et plus parfaits.

IV. — Résultats statistiques de l'analyse bactériologique de l'air.

En effectuant journellement avec le même procédé l'analyse bactériologique de l'air à une même station, on s'aperçoit bien vite que les résultats obtenus varient considérablement avec les mois, les semaines, les jours et même les heures de la journée, abstraction faite des causes accidentelles qui peuvent influencer la composition micrographique de l'atmosphère (pluie, neige, vent, etc.).

En transportant d'un endroit à un autre le lieu des prises d'air, on arrive, de même, à se convaincre que le chiffre des bactéries aériennes varie dans des limites très étendues. L'étude de ces variations n'étant pas dénuée d'intérêt, nous allons nous efforcer d'exposer succinctement, en quelques pages, les faits curieux et saillants que de longues recherches statistiques peuvent faire considérer comme acquis.

Atmosphères libres des villes et des campagnes.

L'air qui circule dans les rues des vastes agglomérations urbaines est ordinairement d'une grande impureté ; le fait a été établi par Miquel, qui a publié sur l'air puisé au centre de Paris des documents statistiques insérés depuis l'année 1882 dans les *Annuaires de l'Observatoire de Montsouris.*

Voici, pour l'édification du lecteur, les moyennes mensuelles des microbes récoltés pendant 10 ans, de 1889 à 1898, dans l'air, à la place Saint-Gervais, au voisinage de l'Hôtel de Ville de Paris :

Moyennes mensuelles des bactéries récoltées par mètre cube d'air à la place Saint-Gervais, de 1889 à 1898.

Mois.	1889	1890	1891	1892	1893	1894	1895	1896	1897	1898	Année moyenne.
Janvier...	4 540	7 285	8 705	4 870	1 380	5 430	4 975	740	3 155	1 985	3 805
Février..	3 345	5 250	4 665	3 420	3 255	4 330	3 210	1 665	2 460	1 935	3 355
Mars.....	6 140	4 210	8 815	3 620	5 000	6 995	3 870	3 340	4 525	2 525	4 905
Avril.....	7 770	2 640	6 230	6 120	15 615	17 200	9 790	3 835	9 070	8 585	8 685
Mai......	6 950	2 190	9 000	14 420	6 970	16 310	7 100	12 875	5 475	4 635	8 595
Juin.....	14 550	10 630	12 480	11 500	10 675	11 290	12 550	12 710	6 870	6 025	10 925
Juillet...	14 430	11 130	21 750	8 040	6 690	16 020	13 510	12 580	11 075	5 130	12 030
Août.....	14 140	16 100	13 940	15 430	11 560	7 580	5 465	4 390	8 780	6 760	10 410
Sept.....	15 400	11 980	10 240	6 800	17 965	7 980	10 085	3 920	9 340	7 315	10 100
Octobre..	9 300	7 120	8 830	2 910	11 830	7 125	12 550	1 980	5 605	5 240	7 250
Nov......	9 320	6 450	6 475	1 655	7 275	9 550	5 210	4 060	4 775	6 410	6 115
Décemb..	6 600	5 820	6 370	2 335	2 990	7 460	3 15c	2 845	3 310	5 860	4 670
Moy. ann.	9 780	8 180	9 375	6 760	8 435	9 775	7 615	5 410	6 205	5 200	7 570

D'où l'on déduit les moyennes saisonnières suivantes :

Moyennes saisonnières des bactéries trouvées par mètre cube d'air à la place Saint-Gervais, de l'année 1889 à l'année 1898.

Saisons.	1889	1890	1891	1892	1893	1894	1895	1896	1897	1898	Moyennes.
Hiver.....	4 675	5 580	5 730	3 970	3 210	5 585	4 020	1 915	3 380	2 150	4 020
Printemps.	9 755	5 155	9 235	10 680	11 085	14 935	9 815	9 805	7 140	6 415	9 400
Été........	16 290	15 510	15 310	10 090	12 070	10 525	9 685	6 965	9 730	6 400	10 845
Automne..	8 405	6 465	7 225	2 300	7 365	8 045	6 970	2 960	4 560	5 835	6 015
Moy. ann.	9 780	8 180	9 375	6 760	8 435	9 775	7 620	5 410	6 205	5 200	7 570

Il découle de l'examen de ces tableaux que dans notre climat l'impureté de l'air va en augmentant du mois de février au mois de juillet, et qu'à partir d'août cette impureté va en diminuant jusqu'au mois de janvier de l'année suivante.

Les mêmes documents numériques établissent que les variations mensuelles observées individuellement chaque année ne sont pas exactement semblables, mais, néanmoins, que l'influence qu'exerce la température et les autres conditions qui président aux recrudescences des bactéries aériennes se font sentir vers les mêmes époques dans le même sens.

En n'envisageant que les moyennes mensuelles découlant de ces 10 dernières années, on voit que l'air de Paris renferme en moyenne 7 à 8 bactéries par litre d'air, 3 à 4 en hiver et 10 à 12 en été. Le chiffre des spores des moisissures vulgaires, rajeunissables dans les mêmes milieux de culture, ne s'élève guère au-dessus de 2.

Si, quittant les centres habités, on se transporte à la campagne ou à la périphérie des villes, comme au parc de Montsouris, par exemple, situé au sud de Paris, on observe un abaissement brusque dans le chiffre des bactéries aériennes, ainsi qu'en font foi les tableaux qui suivent :

Moyennes mensuelles et saisonnières des bactéries récoltées par mètre cube d'air au parc de Montsouris de l'année 1886 à l'année 1895.

Mois.	1886	1887	1888	1889	1890	1891	1892	1893	1894	1895	Moyennes.
Janvier......	145	265	315	130	153	44	201	96	152	296	180
Février.....	230	250	80	168	193	76	123	111	70	30	130
Mars........	180	195	118	100	»	125	345	359	300	85	200
Avril........	220	370	135	270	176	82	280	800	205	880	340
Mai.........	560	215	180	»	148	121	270	374	364	60	255
Juin.........	385	175	315	»	245	132	556	390	215	233	295
Juillet......	490	530	325	»	242	485	450	245	96	250	345
Août........	330	275	625	»	305	432	395	212	355	280	355
Septembre..	»	290	250	»	»	318	145	275	405	660	335
Octobre.....	»	155	167	»	125	253	99	125	230	415	235
Novembre...	»	114	214	»	131	183	98	236	208	220	175
Décembre...	165	163	274	150	72	180	217	185	172	220	170
Moy. ann....	(350)	248	242	(170)	(180)	205	265	285	230	330	250

Moyennes saisonnières des bactéries trouvées par mètre cube d'air au parc de Montsouris de l'année 1886 à l'année 1895.

Hiver.......	185	230	171	»	173	80	223	190	175	135	170
Printemps...	388	253	210	»	190	110	368	520	260	390	295
Été..........	(475)	365	400	»	275	410	330	245	285	395	345
Automne.....	»	144	185	»	110	205	138	180	205	390	195
	(350)	248	242	(170)	(187)	200	265	285	230	330	250

D'où l'on conclut : qu'au parc de Montsouris l'atmosphère est environ 28 fois moins chargée de bactéries qu'au centre de Paris, et qu'on n'y rencontre en moyenne que 100 à 400 microbes par mètre cube d'air ; il suffit de jeter un simple coup d'œil sur ce dernier tableau pour se convaincre que les moyennes mensuelles et saisonnières accusent les mêmes variations à la campagne qu'au centre des vastes agglomérations urbaines.

Nous allons indiquer, un peu plus bas, l'influence exercée par les conditions météorologiques régnantes sur la composition bactériologique de l'atmosphère ; mais, avant, signalons un fait très curieux mis en évidence par MIQUEL (1) en 1883, et vérifié par DE FREUNDENREICH (2) à Berne et aux environs de cette ville. Nous voulons parler des variations horaires du chiffre des microbes aériens, observées en l'absence de météores qui, comme la pluie, les changements

(1) MIQUEL. *Annuaire de l'Observatoire de Montsouris* pour 1884, p. 482, pour 1885, p. 580 et pour 1886, p. 502.

(2) DE FREUDENREICH. *Archives des Sciences physiques et naturelles*, 3e pér., XVI, p. 572.

brusques de la direction du vent, peuvent dans la même journée augmenter ou diminuer très sensiblement le nombre des germes atmosphériques.

Si, par un temps beau et sec, on calcule la quantité des bactéries présentes dans l'atmosphère à toutes les heures du jour et de la nuit, on trouve que le chiffre de ces germes peut être exprimé par une

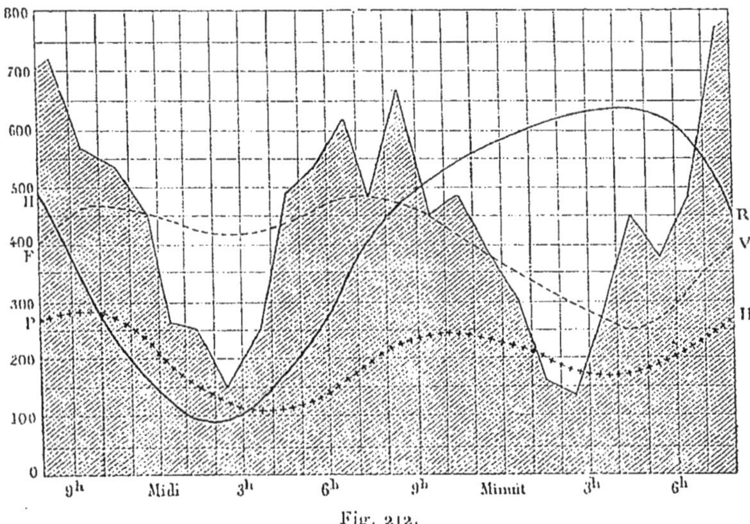

Fig. 212.

Variations horaires des bactéries à Paris; résultats moyens obtenus de 1882 à 1884.

Les espaces ombrés représentent les chiffres horaires moyens des bactéries de l'air; la courbe HR, les variations horaires de l'humidité relative; la ligne FV, la force élastique de la vapeur d'eau atmosphérique; la ligne formée d'une suite de petites croix PH, les variations diurnes de la pression atmosphérique.

courbe caractérisée par deux grandes oscillations indiquées par les espaces ombrés du diagramme représenté par la figure 212.

Généralement, le chiffre des bactéries élevé vers 6 à 8 heures du matin diminue jusqu'à 2 heures de l'après-midi; puis se relève, passe par un maximum vers 8 à 9 heures du soir, et décroît ensuite jusqu'à 2 heures du matin pour croître de nouveau jusque vers 6 heures.

Ce qu'on peut résumer en disant : que le nombre des bactéries atmosphériques offre, en dehors d'oscillations secondaires peu importantes, deux maxima compris entre 6 et 8 heures du matin et du soir et deux minima voisins de 2 heures du matin et du soir.

La cause de cette marée bactérienne n'est pas connue, MIQUEL la suppose liée à la formation de courants locaux qui se produiraient à la surface du sol à la suite de l'échauffement et du refroidissement provoqués par le lever et le coucher du soleil.

En tout cas, le fait que nous venons de signaler démontre qu'on ne peut pas espérer de connaître exactement la teneur moyenne de l'air en bactéries par une simple analyse effectuée à une heure quelconque de la journée, et qu'il faut, si on veut obtenir une moyenne diurne irréprochable, pratiquer une expérience d'une durée de 24 heures, ce qu'on réalise facilement en dirigeant à travers un filtre un courant d'air uniforme, produit par une trompe à eau ou un aspirateur de 200 à 300 litres disposé en vase de Mariotte.

Nous avons montré, tout à l'heure, qu'à Paris les teneurs mensuelles de l'air en bactéries oscillaient de 1 à 12 par litre ; si l'on compare les moyennes hebdomadaires d'où sont déduites ces teneurs mensuelles, on observe des variations allant de 1 à 80 et des écarts encore plus grands si on compare entre elles les moyennes diurnes. Toutefois, il est exceptionnel de trouver dans l'air des rues de Paris plus de 100 à 120 bactéries par litre. Cette teneur extraordinaire en microbes ne s'observe pas une fois tous les ans.

Au parc de Montsouris, il est rare que le chiffre des bactéries atteigne plus de 1 500 germes par mètre cube et celui des moisissures vulgaires plus de 1 000.

De Freudenriech a trouvé pour l'air de la ville de Berne des moyennes mensuelles pouvant dépasser 1 400 germes par mètre cube et, dans l'air des environs, une moyenne générale très voisine de 100 bactéries pour le même volume d'air.

G. Roster (1), en 1889, donne pour l'air de la ville de Florence une moyenne générale de 602 bactéries par mètre cube et pour l'air de l'île d'Elbe une moyenne de 3 mois égale à 135.

Dans son Bulletin d'analyse microscopique de l'air, publié en 1895, Arantes Pereira (2) donne comme moyenne générale en microbes de l'atmosphère circulant dans la rue Dom Pedro, à Porto (de janvier à août 1895), le chiffre de 5 750 bactéries et de 6 235 moisissures par mètre cube.

Tous ces résultats viennent donc démontrer que l'air des rues des grandes villes est toujours fortement chargé de microorganismes.

Il ne serait pas cependant conforme à la réalité des faits, de supposer que dans une ville, même peuplée de plusieurs millions d'habitants, l'atmosphère qui la baigne soit dans toutes ses parties également chargée de bactéries ; dès qu'un parc, un jardin public,

---

(1) G. Roster. *Lo sperimentale*, décembre 1889.

(2) Arantes Pereira. *Boletni mens. d'analy. microbiologica*. Porto, 1895.

voire même une nécropole d'une certaine étendue, chargée d'arbres et de verdure viennent établir une large brèche dans la continuité des habitations, l'air se purifie rapidement. MIQUEL (1) a établi, en 1881, que l'atmosphère du cimetière du Montparnasse, analysée simultanément avec celle du parc Montsouris et de la rue de Rivoli, était à peine deux fois plus chargée de microorganismes qu'à Montsouris et se montrait 6 à 7 fois plus pure que dans les rues de Paris.

Si, abandonnant les voies publiques, on se transporte dans les cours ou courettes des maisons, on constate avec regret que l'atmosphère y est plus impure que dans les rues, ainsi que le démontre le tableau suivant donnant les résultats moyens des analyses effectuées pendant deux ans au passage Saint-Pierre, au rez-de-chaussée et au 3e étage d'un immeuble avec l'air d'une cour enserrée dans un pâté de maisons de la rue Saint-Antoine.

Analyse de l'air au passage Saint-Pierre (Microorganismes par mètre cube d'air).

	Air puisé dans la cour.					
	Au rez-de-chaussée.		Au troisième étage.		Résultats moyens.	
Mois.	Bactéries.	Moisissures.	Bactéries.	Moisissures.	Bactéries.	Moisissures.
Janvier 1899	4 350	1 530	3 525	1 510	3 935	1 520
Février —	4 750	2 580	2 285	1 625	3 725	2 105
Mars —	5 885	2 835	3 885	1 765	4 870	2 300
Avril —	8 125	1 775	8 935	765	8 530	1 270
Mai —	12 675	2 395	11 720	1 435	12 200	1 915
Juin —	16 400	4 175	17 585	2 530	16 995	3 355
Juillet 1898	8 205	2 740	6 715	2 750	7 460	2 745
Août —	13 375	2 925	7 555	2 275	10 465	2 595
Sept. —	11 455	4 415	6 120	3 040	8 785	3 725
Octob. —	12 355	4 790	4 655	2 415	8 505	3 605
Nov. —	11 435	3 425	3 590	2 875	7 510	3 150
Déc. —	5 695	2 055	3 395	1 200	4 545	1 625
Moyennes annuelles.	9 560	2 970	6 665	2 015	8 125	2 490

Ces chiffres établissent que les habitants logés sur les cours, déjà déshérités au point de vue de l'air et de la lumière, inspirent autant et plus de microbes que ceux dont les appartements s'ouvrent sur la voie publique où la poussière est cependant violemment soulevée par les courants atmosphériques, après avoir été triturée et pulvérisée par le roulage.

(1) MIQUEL. *Rapport de la Commission d'assainissement des cimetières*, 1881. Annexe 6, p. 193.

Air des hautes altitudes et atmosphères marines.

Quand on s'élève au-dessus du sol, les analyses démontrent que le nombre des germes de l'air va promptement en diminuant; déjà il est plus faible au niveau du toit des maisons qu'à 1 ou 2 mètres au-dessus du sol des rues. Miquel (1) a établi que l'atmosphère qui circule au sommet du Panthéon de Paris est plus pure qu'au parc de Montsouris. Les expériences effectuées pendant six mois de l'année 1882 ont fourni en moyenne 198 à la hauteur de la lanterne du Panthéon, tandis qu'à Montsouris la moyenne correspondante s'élevait à 320 et à 3 220 à la rue de Rivoli. La hauteur du monument désigné n'excède pas cependant 82 mètres.

C'est surtout à de Freudenreich (2) qu'on doit le travail le plus complet sur la pauvreté en microbes de l'air des hautes altitudes. Après avoir établi que la teneur moyenne des germes des rues de Berne était voisine de 700 à 800 bactéries par mètre cube, cet habile observateur démontra qu'à 323 mètres au-dessus du niveau de cette ville, l'air puisé au sommet du Gurten renfermait seulement 8 bactéries par mètre cube. De plusieurs séries d'expériences exécutées en 1883 et 1884, pendant lesquelles de Freudenreich put aspirer plusieurs milliers de litres d'air : au passage de la Strahlegg (3 200^{m}), au sommet du Schilthorn (2 972^{m}), sur la calotte de glace qui termine l'Eiger (3 976^{m}), au col Théodule (3 322^{m}), au glacier d'Alesch (2 900^{m}), etc., il résulta : qu'à 4 000 mètres l'atmosphère paraît être d'une pureté absolue; que de 3 000 à 4 000 mètres on trouve 3 bactéries par 10 mètres cubes; que de 2 000 à 3 000 ce chiffre augmente sensiblement et devient égal à 16 bactéries par 10 mètres cubes.

Des recherches pratiquées en ballon en 1892 par Cristiani (3), il semblerait plutôt résulter que l'air va en s'infectant à partir du sol. Une analyse faite avant le départ de l'aérostat donnait une moyenne de 1 000 microbes par mètre cube, les expériences faites à 160 mètres ont accusé 33 000 bactéries ; à 240 mètres, 2 100 ; à 610 mètres, 4 900 ; au delà de 1 310, le ballon ayant été sans doute suffisamment lavé par l'air pur des hautes régions, on ne trouva plus de microorganismes dans 10 litres d'air. D'ailleurs Cristiani ne fait aucune difficulté

(1) Miquel. *Annuaire de l'Observatoire de Montsouris* pour 1883, p. 409, et Organismes vivants de l'atmosphère, p. 219. Paris, 1883.

(2) De Frendenreich. *Semaine médicale*, 11 septembre 1883. — *Archives des Sciences phys. et nat.*, 3e période, 1884, VII, p. 365.

(3) Cristiani. *Annales de l'Institut Pasteur*, 1893, VII, p. 665.

d'avouer que le puisage de l'air dans les conditions où il a opéré, laissait beaucoup à désirer au point de vue des résultats obtenus. C'est également notre opinion et des chiffres publiés, à cette occasion, les négatifs sont les seuls qui puissent inspirer quelque confiance.

L'air de la mer a été pour la première fois analysé au point de vue bactériologique par MIQUEL et MOREAU (1), dans de nombreux voyages effectués de Bordeaux au Rio-de-la-Plata et de Marseille à Alexandrie et à Odessa. De ces recherches qui durèrent plusieurs années et où la quantité d'air analysé a dépassé plus de 100 000 litres, ces auteurs ont pu conclure :

Que l'air marin puisé à une grande distance des côtes ou sur des plages, par un vent venant du large, est dans un état presque parfait de pureté ;

Qu'à proximité des continents les vents qui arrivent de terre chassent devant eux une atmosphère relativement impure, mais qu'à 100 kilomètres des côtes cette impureté a disparu, par conséquent que la mer est le tombeau des moisissures et des schizophytes aériens.

Des expériences des mêmes observateurs, on peut également déduire qu'en temps normal les océans ne cèdent pas à l'air les bactéries qu'ils renferment ; cependant, quand la mer est grosse et houleuse, l'air marin se charge de bactéries, mais dans une très faible proportion, d'environ une à deux bactéries par mètre cube. En pleine mer, quand on se soustrait autant que possible aux causes de contaminations provenant de la vie à bord, le chiffre des bactéries ne dépasse pas 4 à 5 par 10 mètres cubes, soit le nombre des bactéries trouvées par DE FREUDENREICH entre 2 000 et 3 000 mètres d'altitude.

B. FISCHER (2) a de même analysé, à deux reprises différentes, l'air marin. En 1886, dans l'océan Indien et loin des terres, il trouva environ un germe par 100 litres d'air ; en 1894, l'air fut seulement trouvé peuplé de 4 microbes par mètre cube. Nous pensons que si cet observateur avait pu, comme le commandant MOREAU, se soustraire, à peu près complètement, aux causes d'infection venues du navire, il aurait compté moins d'un germe par mètre cube ainsi que nous l'avions déjà établi, depuis plusieurs années, avant que FISCHER eût l'idée ou l'occasion de répéter nos expériences.

---

(1) MIQUEL et MOREAU. *Semaine médicale*, mars 1884. — *Annuaire de l'Observatoire de Montsouris* pour 1885, p. 514 et pour 1886, p. 538.

(2) FISCHER. *Zeitschrift für Hygiene*, 1886, I, p. 431 et 1894, XVII, p. 185.

On a vu plus haut, page 912, que le chiffre des bactéries atmosphériques variait avec les saisons et qu'il était, dans la même journée, soumis à des fluctuations assez régulières caractérisées par deux maxima et deux minima se produisant à des heures déterminées; il nous reste, maintenant, à dire un mot de l'influence de la pluie et de la sécheresse sur ces mêmes germes.

Il résulte des recherches statistiques poursuivies depuis 20 ans à l'observatoire de Montsouris :

1° Que le chiffre des bactéries de l'air est toujours faible durant

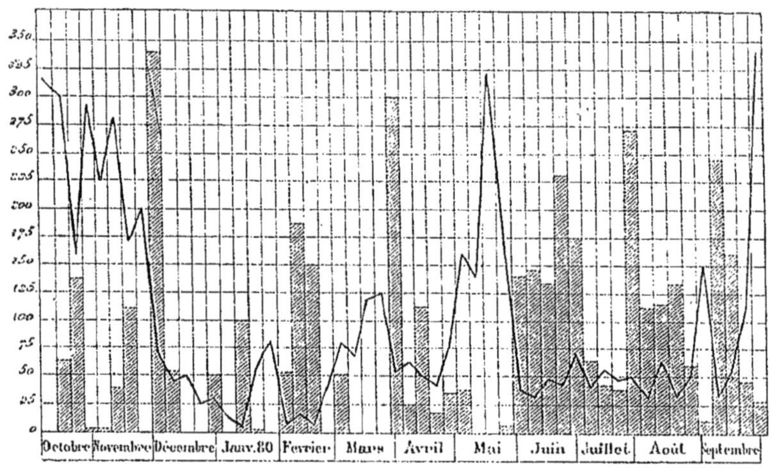

Fig. 213.

Pluie et bactéries atmosphériques au parc de Montsouris en 1880-1881.

La ligne brisée exprime le chiffre hebdomadaire moyen des bactéries; les espaces ombrés rectangulaires les tranches de pluie.

les périodes humides et pluvieuses et tant que le sol reste mouillé (consulter le diagramme, fig. 213);

2° Que ce chiffre s'élève quand le sol se dessèche, mais que durant les périodes d'une sécheresse prolongée pendant quelques semaines le nombre des bactéries décroît et va sans cesse en diminuant.

L'influence du vent est beaucoup moins nette, elle est souvent sous la dépendance de l'orientation du lieu où l'on expérimente. A Montsouris, ce sont les vents du nord, du nord-est et ceux qui ont traversé Paris qui fournissent le plus de germes; au sommet du Panthéon ce sont les vents du sud-ouest qui amènent le moins de microbes.

Atmosphères confinées.

Le raisonnement permet de concevoir que dans un espace clos et tranquille l'air ne doit contenir qu'un très faible nombre de bactéries. L'expérience justifie pleinement cette manière de voir; on sait effectivement, comme l'a établi Pasteur, que l'air des catacombes de Paris est, pour ainsi dire, vierge de microbes. Mais, il est loin d'en être de même dans les diverses pièces des maisons, où les courants d'air, le va-et-vient des habitants soulèvent d'une façon incessante les poussières des planchers, où les trépidations dues au roulage détachent des plafonds, des murs, etc., des particules solides plus ou moins ténues, où l'on compte toujours, comme on le verra un peu plus bas, des millions de bactéries par gramme.

Il n'est pas nécessaire de faire de grands efforts d'imagination pour deviner : que plus nombreux seront les habitants d'une pièce, d'un appartement, plus nombreuses seront les bactéries de l'air qui les baigne; que les frottages, les balayages, en un mot, toutes les causes d'agitation des poussières contribuent immédiatement à enrichir les atmosphères closes en bactéries.

Air des maisons. — Dans une série de recherches déjà anciennes, Miquel (1) a été conduit, par les résultats d'expériences exécutées au moyen d'appareils enregistreurs aux conclusions suivantes que l'on peut ainsi résumer :

1° En l'absence de toute personne l'air est toujours pur dans une pièce fermée ;

2° Il suffit qu'elle soit habitée pour que le chiffre des bactéries aériennes croisse rapidement et atteigne en une demi-heure le degré d'impureté que l'atmosphère gardera jusqu'au départ de l'habitant ;

3° A ce moment la pureté de l'air se rétablit promptement, au bout d'une heure le minimum des germes est atteint;

4° En dehors des balayages et des nettoyages qui provoquent la formation de maxima toutes les fois qu'ils sont renouvelés, l'impureté microbienne d'une atmosphère confinée, si elle n'est pas exactement proportionnelle au chiffre des habitants, croît avec leur nombre;

5° Le chauffage brusque d'une pièce, close et inhabitée, par un calorifère à air chaud, provoque une brusque recrudescence de

---

(1) Miquel. *Annuaire de l'Observatoire de Montsouris* pour 1886, p. 516.

germes, qui dure jusqu'à ce que la pièce soit chaude, fait qui paraît devoir être attribués aux tourbillonnements déterminés par l'accès de l'air chaud dans la pièce froide ;

6° A moins d'être hermétiquement clos, les courants d'air qui s'établissent par les cheminées, les fentes des portes et des fenêtres des appartements sont assez puissants pour rendre sensibles dans les atmosphères confinées les maxima et minima diurnes observés à l'intérieur et dont nous avons parlé page 912, MIQUEL (1).

Air des hôpitaux. — Dans les salles des hôpitaux, comme l'ont établi MIQUEL (2) en 1881 et 1882, et plus tard STRAUS (3), l'air est d'une extrême impureté. En comparant, pendant plusieurs années, l'air des rues et des salles de l'hôpital de la Pitié de Paris, le premier de ces observateurs est arrivé à déduire de ses analyses :

Qu'en hiver l'air des salles mal ventilées des hôpitaux est plus chargé en germes qu'en été, et que, lorsque dans les saisons chaudes les salles restent avec les fenêtres grandement ouvertes, l'air qu'on y respire est beaucoup plus pur ; c'est-à-dire le contraire de ce qui s'observe à l'extérieur où l'air des rues est plus pur en hiver que durant l'été.

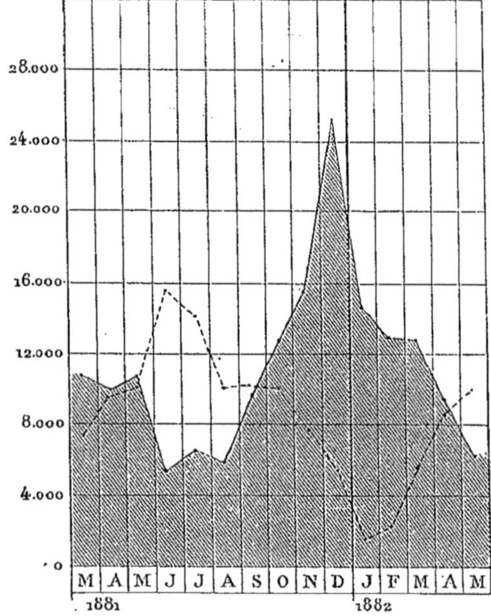

Fig. 214.
Bactéries des salles d'hôpital.
Les espaces ombrés représentent la distribution des bactéries dans l'air des salles de l'hôpital de la Pitié, et la ligne ponctuée les teneurs mensuelles en bactéries de l'air de la rue de Rivoli multipliées par le coefficient 10.

Le tableau qui suit, résultant de recherches statistiques effectuées en 1881 et 1882, donne les moyennes suivantes obtenues dans deux salles de la Pitié, et simultanément à la rue de Rivoli (mairie du IVe arrondissement) ; pour être comparables à

(1) MIQUEL. *Annuaire de l'Observatoire de Montsouris* pour 1891, p. 423.

(2) MIQUEL. *Annuaire de l'Observatoire de Montsouris* pour 1883, p. 414. — Les organismes vivants de l'atmosphère, p. 261. Paris, 1883.

(3) STRAUS. *Annales de l'Institut Pasteur*, 1888, II. p. 181.

ceux qui sont aujourd'hui publiés, tous ces chiffres obtenus avec le secours du bouillon LIEBIG doivent être multipliés par les coefficients 5 ou 6.

Bactéries récoltées par mètre cube d'air

Mois.	à l'hôpital de la Pitié. Salle MICHON (hommes).	Salle LISFRANC (femmes).	A la rue de Rivoli IVe arrond.
Mars 1881	11 100	10 700	750
Avril	10 000	10 200	970
Mai	10 000	11 400	1 000
Juin	4 500	5 700	1 540
Juillet	5 800	7 000	1 400
Août	5 540	6 600	960
Septembre	10 500	8 400	990
Octobre	12 400	12 700	1 070
Novembre	15 000	15 600	780
Décembre	21 300	28 900	530
Janvier 1882	16 100	12 800	160
Février	14 400	11 100	200
Mars	14 800	10 550	560
Avril	11 120	7 560	850
Mai	6 300	5 930	970
Moyennes générales	11 100		850

Ces expériences répétées aujourd'hui avec de la gélatine nutritive fourniraient, comme moyenne générale pour l'air des hôpitaux, 55,000 bactéries environ par mètre cube.

STRAUS, avec la gélatine, a trouvé des nombres variant de 33 500 à 55 500, ce qui confirme pleinement les résultats de MIQUEL obtenus avec la méthode de fractionnement dans les bouillons.

Ajoutons, également, que l'air des habitations des vastes agglomérations urbaines est beaucoup plus impur que l'air des maisons de la campagne [MIQUEL (1)], et surtout que l'air des salons des navires [MIQUEL (2)]; que l'air qu'on respire dans les maisons récemment édifiées est beaucoup plus pur que celui des maisons construites depuis plusieurs années [MIQUEL].

Air des égouts. — Déjà, vers 1872, on se préoccupait avec juste raison de connaître la nature des microorganismes tenus en suspension dans l'air des égouts. DOUGLAS CUNNINGHAM (3) fit suivre ses études sur l'air de la ville de Calcutta de recherches sur l'atmosphère des égouts de cette même ville, où il put découvrir des par-

(1) MIQUEL. *Annuaire de l'Observatoire de Montsouris* pour 1885, p. 497.
(2) MIQUEL. *Annuaire de l'Observatoire de Montsouris* pour 1885, p. 563.
(3) D. CUNNINGHAM. Microscopic examinations of air. Calcutta, 1873.

ticules *bactéroïdes* difficiles à rencontrer dans les poussières de l'air extérieur.

Huit années plus tard, Miquel (1) appliqua ses procédés d'analyse bactériologiques, basés sur les ensemencements fractionnés dans les milieux nutritifs, à l'atmosphère de ces galeries souterraines. En 1887, T. Carnelley et Haldane (2) apportèrent d'intéressantes contributions à l'étude chimique et micrographique du même air confiné; pour être justes, nous devons ajouter que, dès 1881, Albert-Lévy (3) avait commencé de doser systématiquement plusieurs éléments importants de l'air des égouts de Paris.

Nous donnons, ci-après, en moyennes générales mensuelles, le chiffre des bactéries et des moisissures, trouvées pendant huit ans, dans l'air de l'égout collecteur du boulevard Sébastopol, et, parallèlement, le chiffre moyen des mêmes microorganismes récoltés à la place Saint-Gervais, au voisinage de l'Hôtel de Ville, durant la même période de temps.

Moyennes générales mensuelles des microorganismes récoltés par mètre cube dans l'air

	du collecteur du boulevard Sébastopol.		de la place Saint-Gervais.	
Mois.	Bactéries.	Moisissures.	Bactéries.	Moisissures.
Janvier	2 630	4 345	3 805	1 755
Février	2 835	2 845	3 355	1 625
Mars	2 485	2 465	4 905	1 420
Avril	3 600	5 670	8 685	2 465
Mai	3 585	2 070	8 595	1 565
Juin	2 555	2 250	10 925	1 860
Juillet	4 320	3 470	12 030	2 610
Août	4 270	2 960	10 410	2 350
Septembre	3 365	1 865	10 100	2 475
Octobre	3 790	4 025	7 250	2 590
Novembre	3 660	5 390	6 115	2 250
Décembre	6 280	3 490	4 670	2 130
Moyennes annuelles	3 615	3 405	7 570	2 090

De ce tableau on déduit :

1° Que le chiffre des bactéries est environ deux fois plus faible dans les égouts que dans l'air des rues de Paris;

2° Que le nombre des bactéries aériennes des égouts ne paraît pas soumis à l'influence des saisons qui se fait si manifestement sentir sur les bactéries de l'air extérieur;

(1) P. Miquel. *Annuaire de l'Observatoire de Montsouris* pour 1880, p. 402 et pour 1882, p. 413.
(2) T. Carnelley et Haldane. *Proceedings of the Royal Society*, 1887, LXII, p. 501.
(3) Albert-Lévy. *Annuaire de l'Observatoire de Montsouris* pour 1883, p. 364.

3° Que le chiffre des bactéries se trouve dans l'air des égouts voisin de celui des moisissures ;

4° Que les spores des moisissures sont un tiers plus nombreuses dans l'atmosphère confinée des canalisations souterraines qu'à l'air extérieur.

De leur côté, T. Carnelley et Haldane ont trouvé qu'en représentant, par le chiffre 1, les bactéries de l'air des égouts, le nombre des microbes de l'air des habitations se montre voisin de 6, et celui des écoles en moyenne de 10.

Il résulte donc de ces observations concordantes, que dans les échanges gazeux qui peuvent se faire entre l'atmosphère des égouts et l'atmosphère extérieure, les bactéries venues des égouts ne peuvent augmenter le nombre de celles qu'entraîne l'air des rues. Il reste, maintenant, à déterminer si par leur nature les bactéries originaires des égouts sont plus nocives que les microbes circulant à l'air libre ; les quelques essais entrepris à cet égard ne peuvent permettre de répondre encore à cette importante question.

V. — De la nature des bactéries atmosphériques.

L'air peut évidemment tenir en suspension tous les germes qui vivent à la surface du sol, à l'exception toutefois des bactéries qui ne peuvent supporter pendant quelque temps la dessiccation. Nous avons établi par nos recherches statistiques et par l'expérience directe que les bactéries ne peuvent quitter la terre et les substances putréfiées que si la dessiccation les rend friables et permet, par suite, aux courants atmosphériques de les soulever momentanément à une certaine hauteur [Miquel (1)].

Quand on s'attache à l'étude systématique de la virulence des bactéries aériennes, on observe qu'à la campagne malgré la présence constante dans le sol du bacille du tétanos, du vibrion septique, des coccus pyogènes, etc., on éprouve la plus grande difficulté à infecter les animaux de laboratoire auxquels on injecte les poussières de 20, 50 et même 100 mètres cubes d'air. Les poussières de l'air des rues de Paris provoquent parfois, au point choisi pour l'inoculation, des indurations plus ou moins étendues qui se résolvent spontanément ou sont suivies d'abcès qui s'accompagnent ou non d'élimination d'eschares.

---

(1) Miquel. *Annuaire de l'Observatoire de Montsouris* pour 1881, p. 469.

Les poussières des atmosphères des salles des malades sont beaucoup plus malfaisantes ; MIQUEL (1) a établi, dès 1882, que leur inoculation peut déterminer la formation d'abcès très étendus et devenir le point de départ d'infections purulentes mortelles. Il s'agissait, dans la plupart des cas, d'infections produites par les microbes désignés aujourd'hui sous les noms de staphylocoques pyogènes.

WELTZ (2) a signalé, également, dans l'air des hôpitaux du staphylocoque doré, et plusieurs autres observateurs ont confirmé ces faits et trouvé dans l'air des cours des maisons, les laboratoires, les amphithéâtres, etc., des microcoques doués de propriétés phlogogènes. Il n'est pas jusqu'au bacille de la tuberculose qui n'ait été signalé dans les poussières atmosphériques. Nous nous permettrons, cependant, tout en déclarant la chose possible, de douter qu'on ait pu avec les particules de toute nature le plus habituellement contenues dans 50, 100 et même 200 litres d'air provoquer une affection aussi grave. La transmission de la tuberculose par un bacille isolé doit être une chose exceptionnelle, tandis qu'il n'en est pas de même si, comme l'a démontré CORNET (3), au lieu d'inoculer un bacille saisi au vol, on inocule une quantité notable de poussières déposées à la surface des objets dans une salle où a séjourné un phtisique.

D'après les recherches de ZELENEFF (4), la souillure des mobiliers des hôpitaux serait extrême ; le bacille de Koch, le pneumocoque, le spirille du choléra, le streptocoque pyogène, etc., s'y trouveraient en permanence. Il n'est certes pas étonnant de trouver une longue liste d'espèces pathogènes dans des salles où se succède toute espèce de malades ; toutefois, malgré l'existence de microbes virulents dans les poussières des hôpitaux, on ignore encore si c'est par voie atmosphérique que se produisent les cas fréquents de contagion qu'on peut y observer.

D'abord, nous ne pensons que les germes morbides venus d'un foyer d'infection, même étendu, puissent après un voyage dans l'air de quelque durée semer la contagion à une grande distance.

La transmission des maladies de ville en ville par la large voie de l'atmosphère est une vue de l'esprit qui ne repose sur aucun fait certain et qui a contre elle l'observation établissant que l'air venu des cités très peuplées s'épure rapidement en traversant les campagnes.

---

(1) MIQUEL. Les organismes vivants de l'atmosphère, p. 272. Paris, 1883.
(2) WELTZ. *Zeitschrift für Hygiene*, 1891, XI, p. 121.
(3) CORNET. *Zeitschrift für Hygiene*, 1889, V, p. 191.
(4) ZELENEFF. *Wratsch*, 1895, n° 13.

La transmission des germes d'un quartier à l'autre d'une ville est tout aussi problématique ; il suffit, pour apprécier le peu de solidité d'une pareille hypothèse, de réfléchir ce que deviennent 100,000 et même 1,000,000 de germes quand ils se trouvent brassés quelque temps par la masse d'air qui balaye incessamment les voies publiques ; au bout d'un parcours de quelques dizaines de mètres, la diffusion de ces germes est telle qu'un être humain n'a pour ainsi dire aucune chance d'en inspirer un seul.

La contagion par voie aérienne devient plus probable au fur et à mesure que la distance se raccourcit entre le foyer d'infection et le sujet apte à être infesté; ainsi, il ne saurait être surprenant que les poussières chassées d'un appartement et pénétrant dans un autre situé à côté ou au-dessous ne puissent transmettre la scarlatine, la variole, etc. De nombreuses observations paraissent justifier cette manière de penser.

Mais la transmission des maladies par l'air, de beaucoup la plus réelle, est celle qui s'opère à faible distance, de la personne malade à la personne saine, dans le commerce de la vie ordinaire. Pendant la conversation, les éternuments, les quintes de toux, il s'échappe de la bouche, comme l'a prouvé FLÜGGE (1), des particules liquides qui peuvent tomber sur les muqueuses et y semer l'infection. La transmission des maladies à l'école, à la caserne, etc., quand elle ne s'opère pas par contact immédiat, ne doit pas, vraisemblablement, s'effectuer d'une autre manière.

En un mot, l'air joue sans doute un rôle actif dans la transmission de quelques maladies, mais il est des plus limités; au contraire, les messagers les plus fidèles de plusieurs affections sont les mouches, les insectes qui émigrent des foyers infectés, emportent les germes malfaisants qu'ils vont déposer sur les objets ou inoculer aux personnes saines. Du reste, comme MIQUEL (2) l'a démontré en 1878, les germes des fermentations les mieux connus (alcoolique, acétique) de la putréfaction ne sont pas transportés d'une autre manière. Plus récemment, G. BERTRAND (3) a constaté que le microbe qui fixe l'oxygène sur la sorbite et la transforme en sorbose est apporté dans le jus de sorbes, exposé à l'air, par la mouche des vinaigreries. Le rôle des mouches dans la transmission du charbon est bien connu et, aujourd'hui, on est porté à attribuer, presque uniquement, au cousin la transmission des fièvres paludéennes.

(1) FLÜGGE. *Zeitschrift für Hygiene*, 1897, XXV, p. 179.
(2) MIQUEL. *Comptes rendus de l'Académie des Sciences*, 1878, LXXXVII, p. 759.
(3) G. BERTRAND, *Comptes rendus de l'Académie des Sciences*, 1898, CXXVI, p. 631.

Quand on étudie la nature des bactéries obtenues dans les opérations qui constituent l'analyse bactériologique de l'air, en les ensemençant dans des milieux nutritifs de composition variée, on constate parmi elles la présence :

D'espèces zymogènes diverses au nombre desquelles les organismes de fermentations lactiques, butyriques, ammoniacales, putrides, sont les plus fréquents ;

D'espèces chromogènes où les bactéries douées de la faculté de sécréter des pigments jaunes et rouges sont principalement en grand nombre ;

D'espèces saprogènes le plus souvent constituées par les bacilles subtils, de la pomme de terre, d'innombrables coccus, des bactéries thermophiles, des streptothrix, quelques bactéries décrites plus haut, et surtout beaucoup d'autres espèces qu'on ne connaît pas encore et qu'il est vulgaire de rencontrer dans les moindres parcelles de terre et de boue.

CHAPITRE II

ANALYSE BACTÉRIOLOGIQUE DES EAUX

L'analyse bactériologique des eaux n'est qu'un cas particulier du problème général consistant à séparer à l'état de cultures isolées les bactéries qui existent dans un milieu polymicrobien donné. Elle est dite *quantitative* quand elle a simplement pour but de faire connaître le nombre de germes qui existent dans un volume d'eau déterminé ; elle est dite *qualitative* quand elle se propose de déterminer la nature des espèces qui par leur réunion constituent la flore bactérienne de l'échantillon d'eau étudié.

Autant la première de ces opérations, autrement dit la numération des germes, est simple et facile à mettre en œuvre, pour ainsi dire par la première personne venue et avec un matériel rudimentaire, autant la seconde se présente hérissée de difficultés. L'analyse bactériologique qualitative complète d'une eau nécessite un outillage perfectionné ; elle ne peut être menée à bien que par des spécialistes ; hâtons-nous de dire que ce n'est qu'exceptionnellement qu'on devra déterminer toutes les espèces peuplant une eau donnée ; le plus souvent, l'on aura à se prononcer sur la présence, dans l'échantillon analysé, d'une, de deux, ou de trois espèces pathogènes au plus, telles que le bacille du côlon, le bacille typhique, le vibrion cholérique. Le problème s'en trouve d'autant simplifié tout en restant, il faut en convenir, très difficile à résoudre dans bien des cas.

L'analyse bactériologique des eaux constitue à l'heure actuelle un des chapitres les plus importants de la microbiologie. Il serait difficile d'indiquer, même sommairement, toutes les applications dont elle est capable, tous les progrès qu'elle a fait réaliser à l'hygiène, tous les services qu'elle rend journellement au savant, à l'ingénieur, au médecin, à l'industriel. C'est BURDON SANDERSON, en 1871, puis PASTEUR et JOUBERT (1) en 1877, qui attirèrent l'attention sur la teneur

(1) PASTEUR et JOUBERT, *Comptes rendus de l'Académie des Sciences*, 1877, LXXXIV, p. 206.

bactérienne des eaux, variable avec leur origine; qu'il nous soit permis de rappeler ici que le service micrographique de l'Observatoire de Montsouris comprit dès cette époque tout le fruit qu'on pouvait tirer de l'étude bactérienne systématique des eaux les plus diverses. Les premières méthodes exactes pour la numération des germes des eaux ont été créées par MIQUEL (1), et si les méthodes plus récentes de culture sur les milieux solides de KOCH sont plus faciles à employer, elles ne sont certes pas plus précises que la méthode des ensemencements fractionnés dans les bouillons nutritifs, primitivement employée.

§ I. — ANALYSE BACTÉRIOLOGIQUE QUANTITATIVE.

Comme nous l'avons dit au début, elle a pour but la numération des germes de bactéries contenus dans un échantillon. Les résultats qu'elle fournit, assez insignifiants quand ils ne portent que sur une seule analyse, acquièrent une réelle importance quand ils représentent la composition d'un grand nombre d'échantillons analysés systématiquement dans les conditions les plus diverses : telle eau de source, par exemple, exceptionnellement pauvre en bactéries pendant les périodes de sécheresse prolongée, voit souvent sa teneur bactérienne centuplée à la suite des saisons pluvieuses. La numération des germes pratiquée dans un grand nombre d'échantillons de l'eau d'une rivière, d'un fleuve, recueillis simultanément, fournira de précieuses indications sur la pollution de ces cours d'eau par les eaux résiduaires des villes qu'ils traversent, sur leur purification spontanée, etc... La numération des bactéries des eaux est le moyen d'investigation tout indiqué s'il s'agit d'établir l'efficacité d'un filtre, d'un système quelconque de stérilisation mécanique, physique ou chimique; les filtres à sable destinés à rendre potable l'eau des rivières, les champs d'épandage chargés d'épurer les eaux usées des villes, si répandus aujourd'hui, ne sauraient être contrôlés autrement que par des numérations de bactéries, etc. On voit tout l'intérêt que présentent ces numérations, ces statistiques microbiennes que certains esprits éminents qualifient d'au moins inutiles. Elles sont, à notre avis, nécessaires; il faut seulement se garder de leur demander la solution de questions qu'elles sont incapables de résoudre à elles seules.

---

(1) MIQUEL. *Annuaire de l'Observatoire de Montsouris* pour 1880, p. 492.

La numération des bactéries comprend diverses opérations :

1° Le prélèvement et transport des échantillons;

2° Les ensemencements dans les milieux nutritifs;

3° La lecture et l'interprétation des résultats.

Il serait à souhaiter que les bactériologistes s'entendissent sur une technique unique à adopter par tous pour rendre plus comparables les résultats obtenus.

Prélèvement des échantillons.

Lorsqu'on entreprend de faire l'analyse bactériologique d'un échantillon d'eau, il importe évidemment de ne soumettre à l'observation que les germes réellement contenus dans cet échantillon. La façon d'opérer le prélèvement doit donc être l'objet de toute la sollicitude de l'expérimentateur, et, lorsqu'il n'opère pas lui-même ce prélèvement, il ne saurait trop insister sur les précautions minutieuses à prendre, auprès de la personne chargée de ce soin.

La manière d'opérer la plus précise consiste à recueillir l'eau dans des vases de verre parfaitement stérilisés; les ballons à col effilé, scellés avant refroidissement, par conséquent en partie vidés d'air, sont très recommandables ; on en flambe la pointe, et on en brise l'extrémité à l'aide d'une pince flambée, au sein de l'eau à prélever ; cela fait, la pointe est de nouveau scellée à la lampe. Ce procédé est dans bien des cas impossible à mettre en pratique, soit que l'eau soit difficilement accessible, soit que la personne qui fait le prélèvement soit peu familiarisée avec toutes ces petites manipulations délicates. De plus, les ballons à longues pointes sont fragiles et difficiles à expédier au loin dans des caisses pleines de glace, comme nous le verrons plus bas.

Les tubes effilés et scellés, recommandés par certains auteurs, quoique un peu plus maniables, présentent à peu près les mêmes inconvénients et ne contiennent, du reste, que fort peu de liquide.

Pour toutes ces raisons, nous préférons l'emploi de simples flacons de verre dits *goulots* de 100 à 200 centimètres cubes de capacité, simplement bouchés au liège. Ces flacons, tout d'abord munis d'une bourre d'ouate, sont stérilisés au four PASTEUR à 165-170° pendant 2 heures; après refroidissement, on remplace la bourre d'ouate par un bouchon de liège neuf légèrement carbonisé à sa surface par passage dans la flamme d'un bec BUNSEN ; les flacons bouchés sont ensuite enveloppés dans une feuille de papier stérilisé, et cachetés dans cette enveloppe pour les préserver de la poussière. Un très grand nombre de prélèvements d'eaux stérilisées par la chaleur, effectués dans des flacons ainsi préparés, nous ont maintes fois démontré que ce mode d'opérer est à l'abri de toute critique; il n'y a pas plus à craindre avec lui une contamination fortuite de l'échantillon que par l'emploi des ballons à pointes ou des tubes effilés les mieux scellés.

En ce qui concerne le prélèvement, divers cas peuvent se présenter :

1° *L'eau est courante et accessible.* — On sort un flacon de son enveloppe de papier; le tenant d'une main, on le débouche et on le plonge brusquement à 10 ou 12 centimètres au-dessous de la surface libre de l'eau, en dirigeant son orifice vers l'amont du cours d'eau, de telle sorte que les souillures apportées par la main qui tient le flacon soient entraînées par le courant sans pouvoir avoir accès dans le flacon. Celui-ci, rempli jusqu'à la partie inférieure du goulot, est retiré de l'eau, puis rebouché sans que, pendant toute la manipulation qui précède, le bouchon tenu constamment au bout des doigts de la main inoccupée ait touché un objet quelconque, vêtements, sol, etc... Une étiquette, placée sur le flacon, indique l'heure, le lieu de la prise et les annotations spéciales au puisage; le flacon est enfin replacé dans son enveloppe de papier et dirigé sur le laboratoire.

Si le cours d'eau est large, le prélèvement se fera de la même manière, à peu près au milieu du lit. S'il est très peu profond on aura grand soin d'éviter, pendant l'opération, de soulever les limons, la vase ou le sable déposés au fond ;

2° *L'eau à puiser est inaccessible.* — Le flacon est lesté d'une masse de plomb et suspendu par son col à l'extrémité d'une ficelle ou mieux d'un fil métallique flexible. On le débouche et on le plonge brusquement, comme il est dit plus haut, à quelques centimètres au-dessous de la surface libre de l'eau à prélever. On a parfois intérêt à effectuer le prélèvement le plus loin possible des berges d'un cours d'eau, d'un étang; ce cas se présente notamment quand on étudie la composition micrographique d'une eau de source non captée; dans ce cas, on peut avantageusement attacher à l'extrémité d'une longue gaule le fil qui supporte le flacon et son lest ;

3° *L'eau à puiser est dans une canalisation.* — S'il s'agit de prélever l'eau à un robinet branché sur une canalisation distribuant l'eau à une ville, l'opération est des plus simples; mais il faut, avant d'emplir le flacon, laisser couler le robinet à plein canal pendant au moins 5 minutes; cette chasse énergique ayant pour but d'éliminer les dépôts qui ont pu se former dans le branchement, ainsi que l'eau qui a pu séjourner longtemps dans le cul-de-sac que termine le robinet.

Ces quelques exemples suffiront pour guider l'opérateur novice; du reste, toutes les méthodes sont bonnes quand elles sont appliquées avec discernement et avec la préoccupation constante de ne pas introduire de germes étrangers dans le flacon qui reçoit l'échantillon. C'est ainsi qu'on ne devra jamais se servir d'un récipient quelconque, seau, etc., pour puiser de l'eau dans un puits et en emplir ensuite le flacon destiné à l'analyse.

La cause de contamination dont on se défie généralement le plus, celle qui résulte de l'apport possible des germes atmosphériques dans le flacon pendant les opérations du prélèvement, est en réalité la moins redoutable; elle est presque absolument négligeable dans les villes et *a fortiori* à la campagne où l'atmosphère est généralement très pauvre en germes bactériens vivants.

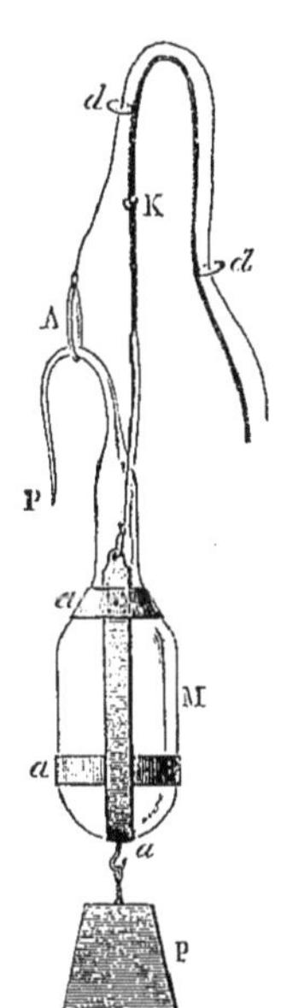

Fig. 215. Récipient pour puiser les eaux à diverses profondeurs.

Avant de décrire en détail la façon de conserver et de transporter les échantillons destinés à l'analyse bactériologique, disons un mot de la façon d'opérer les prélèvements à diverses profondeurs.

Prélèvements à diverses profondeurs. — Si l'on désire connaître la composition microbienne d'une eau à diverses profondeurs, il faut adopter pour le prélèvement un dispositif qui permette d'emplir le flacon à la profondeur choisie sans que pendant la descente ou pendant la montée du flacon à travers les couches sous-jacentes la moindre goutte d'eau puisse s'y introduire. On a inventé dans ce but un très grand nombre d'appareils dont aucun ne résout la question d'une manière absolument parfaite. Le plus simple, sinon le plus exact, est peut-être encore celui qui est en usage depuis plus de quatorze ans dans notre laboratoire (fig. 215). Il est formé d'un matras stérilisé, vide d'air, à pointe fragile effilée et scellée, d'environ 60 centimètres cubes de capacité, maintenu dans une

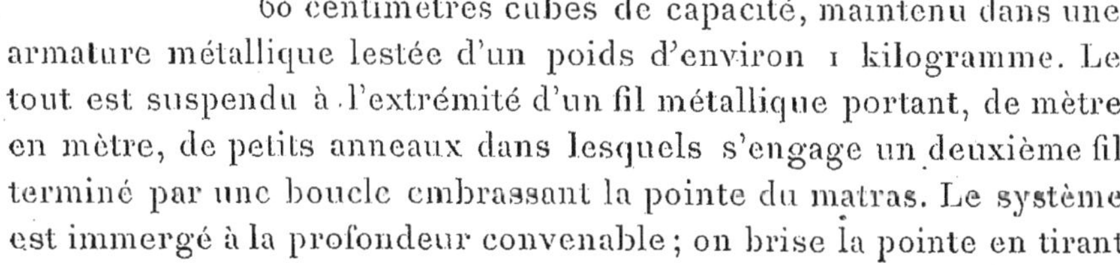

armature métallique lestée d'un poids d'environ 1 kilogramme. Le tout est suspendu à l'extrémité d'un fil métallique portant, de mètre en mètre, de petits anneaux dans lesquels s'engage un deuxième fil terminé par une boucle embrassant la pointe du matras. Le système est immergé à la profondeur convenable; on brise la pointe en tirant d'un coup sec le fil disposé à cet effet; l'eau se précipite dans le matras qu'on remonte rapidement à la surface et qu'on scelle de suite à la lampe.

Conservation et transport des échantillons.

Dès 1879, MIQUEL a insisté sur la nécessité de maintenir les échantillons dans un état de composition aussi constant que possible pendant le temps, souvent fort long, qui sépare le moment du puisage et celui où les ensemencements sur les milieux convenables peuvent être pratiqués. Il serait évidemment préférable, si la chose était possible, de faire ces ensemencements sur le lieu même du prélèvement; on trouve à cet effet dans le commerce des caisses-nécessaires contenant le matériel indispensable : flacons, pipettes graduées, vases à dilutions, plaques de gélatine, tubes de bouillon, lampe à alcool, etc...., tels par exemple ceux de MIQUEL, de POUCHET et BONJEAN, etc. Mais, ordinairement, ces manipulations sur place sont impraticables et l'on doit transporter les échantillons au laboratoire pour les mettre en œuvre. Si la température extérieure n'est pas trop élevée et si le trajet à effectuer peut être franchi en une ou deux heures au plus, on peut, si l'on ne recherche pas une précision absolue, se contenter de transporter les flacons contenus dans une petite caisse ordinaire, sans précautions spéciales. Mais, si le lieu de prélèvement est très éloigné du laboratoire, si les échantillons doivent parcourir une longue distance en voiture ou en chemin de fer, il importe, essentiellement, de maintenir ces échantillons à température aussi basse que possible, au voisinage de 0°, ce que l'on réalise assez aisément du reste par l'emploi des caisses-glacières que nous décrivons plus loin.

En effet, dès que l'on change la manière d'être d'une eau, sa teneur microbienne normale tend à varier. Les facteurs qui influent le plus sur cette variation sont la température, la durée de conservation de l'échantillon et la composition chimique de l'eau considérée. D'une façon générale, les bactéries tendent à pulluler, comme l'ont observé MIQUEL (1), puis KRAMER (2), MEADE BOLTON (3), WOLFFHÜGEL et

(1) MIQUEL. *Annuaire de l'Observatoire de Montsouris* pour 1880, p. 497.
(2) KRAMER. Die Wasserversargung von Zurich. Zurich, 1885.
(3) MEADE BOLTON. *Zeitschrift für Hygiene*, 1886, pp. 76-114.

RIEDEL (1). Un échantillon d'eau de Vanne contenant au moment du puisage 48 bactéries par centimètre cube, en fournit 25 000 après 26 heures de conservation, quoique pendant ce temps sa température n'ait varié que de 3°2. Un échantillon de même provenance, titrant 360 bactéries par centimètre cube et conservé à une température rigoureusement égale à celle qu'il présentait au moment du puisage, accusa 17 800 germes après 2 jours d'attente.

Les chiffres suivants mettent bien en évidence l'influence de la température. Une eau de Dhuis est ensemencée à midi, à 1 h. 30 et à 3 heures ; la température qui était au début de 16°6 s'élève progressivement à 19°5, puis à 20°9 ; les chiffres trouvés furent respectivement 57, 143 et 456 bactéries par centimètre cube.

Ces exemples pourraient être multipliés à l'infini : une eau de Vanne donnant 48 bactéries par centimètre cube au moment de son prélèvement et conservée, en été, à la température du laboratoire fournit 125 bactéries après 2 heures ; 38 000 après 1 jour ; 125 000 après 2 jours ; 590 000 après 3 jours ! Un échantillon contenant 71 germes au moment du puisage en accuse 1 070 000 après 4 jours de conservation dans l'étuve à 30°.

Presque toutes les eaux étudiées à ce point de vue fournissent des résultats analogues ; quelques-unes, même, que leur composition chimique (eau de mer, eaux minérales) rapproche des liqueurs nutritives artificielles se peuplent avec une rapidité inouïe dès qu'elles sont prélevées en bouteilles pour l'analyse, même si on a soin de les maintenir à basse température.

Cette *auto-infection* des eaux, contre laquelle l'analyste ne saurait trop être mis en garde, ne se traduit souvent du reste par aucun signe extérieur manifeste ; des eaux chargées de millions de germes ne sont pas plus louches parfois qu'au moment où elles ont été recueillies et où elles en étaient presque exemptes. La recrudescence des bactéries dans les échantillons conservés semble se produire aussi plus facilement dans les eaux très pures, normalement pauvres en germes, où la concurrence vitale est moins active, que dans les eaux sales, usées, chargées souvent de substances impropres à la vie microbienne.

Parmi les moyens que l'on peut employer pour conserver aux échantillons une composition constante, le plus pratique est encore de les maintenir à une température aussi basse que possible. La température de la glace fondante, facile à obtenir et à maintenir pen-

(1) WOLFFHÜGEL et RIEDEL. *Arbeiten aus dem kaiserl. Gesundheitsamte*, 1886.

dant longtemps, paraît ordinairement suffisante pour immobiliser les germes et les empêcher de pulluler ; voici à cet égard quelques chiffres dus à MIQUEL (1).

De l'eau de Vanne accusant 28 bactéries par centimètre cube n'en accuse encore que 30 après 26 heures de conservation à une température moyenne de 3°3. Une eau de source du Havre, contenant 8 bactéries, en fournit 7 après 48 heures de séjour à 0°. Une eau de la Loire, filtrée par le sable dans les puits LEFORT, accusant 55 bactéries par centimètre cube, placée dans la glacière pendant 2 jours, en fournit 90, etc...

Le même auteur a cherché à immobiliser les germes des eaux destinées à l'analyse, en y ajoutant des doses faibles d'éther, de chloroforme et autres substances anesthésiantes ; malheureusement, ces substances, bien plus faciles à employer que le froid, ont une action très irrégulière et ne semblent pas devoir jamais entrer dans la pratique.

Il ne faudrait pas croire, cependant, que les échantillons d'eaux conservés dans la glace voient leur flore microbienne rester rigoureusement constante. A la température de 0° et même au-dessous, un assez grand nombre d'espèces sont encore capables de se multiplier aisément ; mais, par contre, d'autres espèces plus fragiles disparaissent complètement. Il s'établit, en réalité, une sorte d'équilibre entre le chiffre des naissances et celui des décès (MIQUEL) pouvant donner l'illusion d'une invariabilité du nombre de germes particuliers à chaque espèce. Ces considérations prennent leur importance lorsque, indépendamment de la simple numération des germes, le bactériologiste doit se prononcer sur la nature des espèces contenues dans l'eau soumise à ses investigations. Le bacille de la fièvre typhoïde, les vibrions cholérigènes, pour peu que la conservation à 0° de l'échantillon qui les recèle soit par trop prolongée, peuvent fort bien disparaître de cet échantillon et l'on est amené, de très bonne foi, à qualifier de potables des eaux manifestement pathogènes. De telles erreurs pouvant mettre en jeu de nombreuses vies humaines, on ne devra jamais se départir de la plus grande prudence dans l'interprétation des résultats négatifs fournis par la recherche spéciale de ces microorganismes.

Parmi les caisses-glacières destinées au transport des eaux dans la glace, la suivante, que nous utilisons dans notre laboratoire, nous paraît la plus simple et la plus pratique toutes les fois que la distance

(1) MIQUEL. Manuel pratique d'analyse bactériologique des eaux, p. 21. Paris, 1891

à parcourir n'est pas très considérable et que le nombre des échantillons ne dépasse pas deux ou trois. Les flacons de verre étiquetés et entourés de leur enveloppe de papier stérilisé sont introduits dans des étuis de cuivre fermant hermétiquement, et ceux-ci sont à leur tour noyés au sein d'un mélange de sciure de bois et de glace en fragments de la grosseur du poing contenus dans une solide caisse de bois servant d'emballage.

Lorsqu'il s'agit de prélever et d'expédier au loin un grand nombre d'échantillons, nous préférons un modèle de glacière légèrement différent. Elle se compose d'une vaste caisse de bois garnie de feutre et doublée de zinc intérieurement. Au centre se trouve maintenue solidement une boîte de cuivre de forme parallélipipédique, fermée hermétiquement par un couvercle à charnière et contenant de 8 à 12 étuis de cuivre garnis chacun d'un flacon à prélèvement. Tout le vide de la grande caisse est rempli d'un mélange de sciure de bois et de glace (environ 20 kilogrammes) en gros blocs. Une partie de ce mélange est contenue dans un plateau métallique qu'on peut aisément enlever d'un coup pour avoir accès dans la caisse intérieure contenant les flacons et leurs étuis. Il nous est possible, par exemple, avec ce dispositif, de parcourir en voiture pendant un ou deux jours les régions sourceuses qui alimentent Paris et d'effectuer commodément, à un moment quelconque, les prélèvements jugés nécessaires. La provision de glace est suffisante pour 4 ou 5 jours, par les plus fortes chaleurs de l'été.

Ensemencements et numération des germes.

Le premier procédé préconisé par Miquel pour déterminer le nombre des germes existant dans un volume d'eau connu est très exact, mais il est d'une application longue et difficile et exige un matériel considérable. Il est basé sur ce fait que lorsque des tubes de bouillon sont ensemencés avec des doses égales d'un liquide bactérifère homogène, on peut admettre qu'*une seule* bactérie a été ensemencée dans chaque tube offrant une culture, lorsque 15 à 20 p. 100 seulement des tubes ensemencés présentent une altération (voir page 156). Rappelons-le brièvement pour mémoire :

Ancien procédé de Miquel. — On commence par déterminer approximativement, dans un examen préliminaire, le nombre des bactéries à compter ; pour cela, l'eau est distribuée par gouttes dans 4 à 5 tubes de bouillon, puis diluée à 1 : 100, 1 : 1 000,

1 : 10 000, etc., et répartie à la dose d'une goutte dans des séries de 12 tubes de bouillon. Les gouttes sont mesurées à l'aide de pipettes donnant 24 gouttes au centimètre cube et qu'il est facile de construire soi-même. Tous les tubes ensemencés sont placés à l'étuve à 30° et examinés dès le lendemain; au bout de ce temps d'incubation, on peut admettre que le quart des bactéries a manifesté sa présence par un trouble ou un simple louche dans le bouillon. Si donc, par exemple, deux des 12 tubes ayant reçu les gouttes diluées à 1 : 1 000 sont altérés, il est aisé de calculer que l'eau examinée contenait environ $\frac{2 \times 4 \times 1\,000}{0^{cc},5}$, soit 16 000 bactéries par centimètre cube. La dilution la plus convenable pour l'essai définitif devra donc être comprise entre 1 : 3 000 et 1 : 4 000; deux à trois flacons sur les 12 ensemencés avec une goutte d'une semblable dilution se montreront troubles après les 15 jours d'incubation à l'étuve à 30°.

On peut, du reste, éviter bien des mécomptes en pratiquant avec la même eau des dilutions à des titres divers et en ensemençant ces dilutions dans plusieurs séries de tubes de bouillon à la dose de 1, 2, 3 gouttes; de cette façon, on reste toujours maître de choisir la série de tubes ne présentant pas plus de 20 p. 100 de cas d'altération.

Cette méthode, dite *par dilution et ensemencements fractionnés dans le bouillon*, très précise et très générale, a, nous le répétons, à côté de grands avantages, de nombreux inconvénients; il faut, pour l'employer, posséder un matériel et une place considérables et, notamment, une étuve-glacière pour maintenir les échantillons à 0° pendant toute la durée des essais préliminaires.

Procédé des plaques de gélatine de KOCH. — La méthode des ensemencements sur plaques de gélatine a partout remplacé ce premier procédé. Elle consiste, en principe, comme cela a longuement été expliqué au début de cet ouvrage (voir page 157 et suivantes) à incorporer l'eau à analyser dans de la gélatine nutritive fondue, de façon aussi homogène que possible; on laisse solidifier ce milieu en couche mince et on l'abandonne à la température de 20°-22° pendant une quinzaine de jours, en comptant de temps en temps les colonies qui s'y développent. Ces opérations simples nécessitent, cependant, quelques explications théoriques et quelques indications pratiques.

La gélatine nutritive, contenue dans un tube à essais, est d'abord liquéfiée à une douce chaleur; au moyen d'une pipette graduée, stérilisée ou d'une simple pipette donnant un nombre connu de gouttes par centimètre cube on y introduit un volume convenable d'eau à analyser. Le mélange est rendu homogène en roulant le tube en différents sens, puis on le coule sur une glace de verre si l'on emploie la méthode originale de Koch. Il nous paraît préférable d'utiliser les plaques de Petri, d'y verser, en évitant bien entendu les contaminations accidentelles, la gélatine stérile, préalablement liquéfiée, et d'incorporer ensuite l'eau à analyser en volume connu à cette gélatine liquide contenue dans la plaque. De cette façon, la totalité de l'eau qui s'est écoulée de la pipette entre en expérience, tandis qu'avec les plaques de Koch, il en reste avec une portion de la gélatine, adhérant aux parois du tube; il est vrai qu'on peut en tenir compte. L'usage des plaques roulées d'Esmarch et de ces grands flacons plats en verre mince qu'on trouve actuellement dans le commerce à un prix abordable peut être aussi très avantageux pour ces numérations.

Deux difficultés se présentent, relatives au nombre et à la nature des colonies qui éclosent sur les plaques. La méthode, excellente pour les eaux très pures, donnant des colonies peu nombreuses, très espacées, faciles à compter, devient déplorable pour des eaux très riches en bactéries, qui fourniront des colonies très confluentes, liquéfiant souvent rapidement le *substratum;* toute lecture sera bientôt rendue impossible, même en employant les glaces quadrillées ou autres artifices. Il est vrai qu'on est un peu maître du nombre des colonies, proportionnel au volume d'eau ensemencé, mais on ne possède souvent aucun renseignement sur la teneur de l'eau examinée et, en définitive, l'accident signalé se produit fréquemment.

Il est vrai, également, qu'on peut effectuer la numération des colonies avant que les colonies liquéfiantes soient suffisamment étendues pour masquer les autres; mais ces numérations hâtives, faites de façon définitive 3, 4 ou 5 jours seulement après l'ensemencement, à une époque où la plupart des germes épars dans la gélatine n'ont pas encore eu le temps de former des colonies visibles, conduisent à des résultats de beaucoup inférieurs à la réalité. Cette pratique défectueuse et très répandue, surtout dans les laboratoires étrangers, doit expliquer pour une large part la pureté souvent très grande des eaux de sources ou de rivières filtrées, consommées en Angleterre, en Allemagne, etc., comparativement à celles que nous analysons en France et pour lesquelles nous avons l'habitude de n'effectuer les numérations qu'après 15 jours au moins d'incubation.

Le tableau suivant, basé sur l'observation de plus de 60000 plaques de gélatine, donne le pourcentage des colonies écloses sur ce milieu, à la température de 20°, jour par jour, jusqu'au 15e jour suivant l'ensemencement. Il sera, croyons-nous, de quelque utilité, si l'on veut connaître approximativement la teneur en microorganismes d'une eau dont on est obligé d'interrompre la culture, pour une raison quelconque, avant les 15 jours d'incubation indispensables.

De la durée d'incubation des bactéries des eaux dans la gélatine.

Durée d'incubation.	Colonies écloses °/₀₀.	Coefficient.
1 jour	20	50,000
2 jours	136	7,353
3 jours	254	3,937
4 jours	387	2,584
5 jours	530	1,887
6 jours	637	1,570
7 jours	725	1,379
8 jours	780	1,282
9 jours	821	1,224
10 jours	859	1,164
11 jours	892	1,121
12 jours	921	1,086
13 jours	951	1,052
14 jours	976	1,024
15 jours	1000	1,000

Une plaque de gélatine ayant fourni, par exemple, 128 colonies après 5 jours d'incubation en aurait vraisemblablement présenté 128 × 1,887, soit environ 241, si la lecture avait pu être effectuée le 15e jour.

Il est à remarquer que toutes les colonies n'ont pas encore fait leur apparition le 15e jour ; certaines espèces très longues à se rajeunir nécessitent, pour devenir visibles à l'œil nu ou même armé d'une loupe, jusqu'à 1, 2 et même 3 mois d'attente. Le désir d'être renseigné avec une approximation suffisante sur la composition de l'échantillon examiné ne permettra pas, le plus souvent, de conserver plus de 15 jours les plaques en incubation.

Procédé mixte. — Nous employons actuellement pour la numération des germes bactériens des eaux un procédé mixte présentant à la fois les avantages du procédé par dilution et ensemencement fractionné dans le bouillon et de la méthode de culture sur les plaques de gélatine.

Selon sa teneur présumée, l'eau à analyser est diluée à 1 : 10, 1 : 50, 1 : 100..., etc., et la dilution est répartie à dose connue et par petites fractions dans une série de plaques de gélatine, préalablement liquéfiée à une douce chaleur.

Les pipettes représentées ci-contre (fig. 216) sont très commodes pour effectuer ces dilutions et ces ensemencements ; nous utilisons celles de 1 centimètre cube graduées en 1/10e de centimètre cube et celles de 2 centimètres cubes graduées par tiers de centimètre cube. On les place la pointe en bas, noyée dans une épaisse couche d'ouate dans un récipient métallique ; le tout est stérilisé pendant 2 heures à 175-180° au four PASTEUR et conservé tel quel pour l'usage. Au moment de son emploi, chaque pipette est extraite du récipient et rapidement flambée dans la flamme du bec BUNSEN pour brûler les poussières qui ont pu venir s'y déposer.

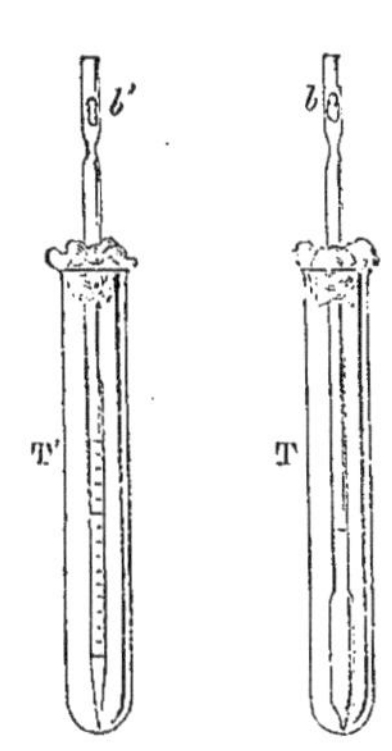

Fig. 216.
Pipettes graduées stérilisées.

Les dilutions s'opèrent dans des ballons à capuchon rodé ou plus simplement dans des fioles à fond plat, bouchées à l'ouate, contenant un volume connu d'eau qu'on stérilise à l'autoclave à 110° pendant un temps suffisant ; le vase employé doit avoir une capacité double du volume de liquide qu'il contient. On devra posséder à l'avance toute une série de ces vases à dilution, mais il n'est pas bon de les conserver trop longtemps, car l'évaporation changerait notablement le volume de l'eau stérilisée et les résultats de la numération seraient altérés d'autant.

Fig. 217.
Matras à dilution à capuchons rodés.

Les dilutions au 1 : 10, au 1 : 100, au 1 : 400, au 1 : 1 000 se feront directement en portant 1 centimètre cube de l'eau à analyser, au moyen d'une pipette de même volume, dans 9, 99, 399, 999 centimètres cubes d'eau stérilisée. Une dilution à un titre plus élevé, 1 : 100 000 par exemple, s'effectuera en 2 temps ; on fera une première dilution à 1 : 1 000, comme cela vient d'être indiqué ; puis, avec une nouvelle pipette on portera 1 centimètre cube de cette première dilution dans 99 centimètres cubes d'eau stérile. Cette façon d'opérer évite l'emploi de volumes par trop considérables d'eau stérilisée ; il serait même souvent matériellement impossible de faire autrement. Une dilution à 1 : 10 000 pourrait, à la rigueur, être obtenue en portant 1 : 10 de centimètre cube de l'eau à analyser dans un litre d'eau stérile, mais nous ne saurions recommander l'emploi d'aussi faibles quantités dont la mesure exacte est très délicate.

Que l'eau examinée soit très pure et ensemencée telle quelle, ou bien qu'elle soit plus ou moins chargée de germes et qu'elle ait été diluée à un titre en rapport avec son degré d'impureté, il s'agit maintenant de l'ensemencer dans la gélatine nutritive. Celle-ci est contenue à la dose de 10 centimètres cubes environ dans des plaques coniques à capuchon rodé ou simplement bouchées à l'ouate, représentées dans la figure 218. Ces plaques, qui ont environ 5 centimètres de diamètre à la base, se stérilisent à l'autoclave après avoir reçu le milieu nutritif. Nous prenons une pipette de 2 centimètres cubes divisée en tiers de centimètre cube, avec laquelle nous prélevons le liquide à ensemencer et que nous répartissons par doses égales de 1 tiers de centimètre cube dans une première série de 6 plaques de gélatine liquéfiée vers 30°. Puis, rechargeant la pipette, nous ensemençons de la même façon une série de 6 autres plaques. Les 12 plaques sont ensuite agitées doucement pour rendre le mélange homogène, puis portées dans une chambre-étuve dont la température est maintenue à 20°. Ces plaques sont observées de temps en temps et finalement supprimées après 15 jours d'incubation après qu'on a compté les colonies qui y sont écloses, noté toutes les particularités qu'elles présentent et repiqué sur des milieux de culture convenables toutes celles dont il semble nécessaire de faire une étude plus approfondie.

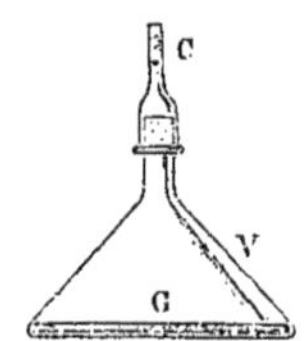

Fig. 218.
Flacon conique à fond plat.

Le point délicat de cette méthode de numération réside dans l'appréciation du titre de la dilution. Les eaux très pures devront être ensemencées sans dilution : quelques plaques recevront 1 : 10 de centimètre cube, d'autres 1 : 2 centimètre cube, d'autres enfin 1 ou 2 centimètres cubes. Si l'on analyse des eaux qu'une longue pratique antérieure a bien fait connaître, la dilution convenable sera vite appréciée d'après la saison, les conditions météorologiques, les circonstances du prélèvement, etc... Mais si l'échantillon est de nature tout à fait inconnue, il devient indispensable de recourir à un essai préliminaire, comme cela a été indiqué pour la méthode des ensemencements fractionnés sur bouillon, ou, ce qui est plus simple, de faire simultanément des ensemencements avec des dilutions de titre très différents.

Quelques plaques recevront de $0^{cc},1$ à 1 centimètre cube d'eau nature ; d'autres recevront une dilution à 1 : 50 ; à 1 : 1 000, à 1 : 100000, etc... Les résultats les plus précis seront tirés des plaques dans lesquelles se seront développées de 1 à 5 colonies.

Voici un exemple tiré de nos cahiers de laboratoire qui fera comprendre la marche de l'analyse :

Analyse du 24 octobre 1900

Source des Pâtures (vallée de la Vanne).
(Eau prélevée le 23 octobre, parvenue dans la glace). Dilution = 1 : 200.

	Colonies écloses.	
	Le 30 octobre.	Le 8 nov.
Plaque n° 1 ayant reçu 1/3 de ^{cmc} d'eau diluée......	2	6
— n° 2 — — —	1	4
— n° 3 — — —	1	2
— n° 4 — — —	1	2
— n° 5 — — —	0	2
— n° 6 — — —	0	1
— n° 7 — — —	0	1
— n° 8 — — —	1	3
— n° 9 — — —	3	Gélatine liquéfiée
— n° 10 — — —	0	1
— n° 11 — — —	0	2
— n° 12 — — —	2	Gélatine liquéfiée
Plaque de Petri ayant reçu 1/10^{cmc} d'eau naturelle.	Trop nombreuses pour être lues.	Gélatine liquéfiée totalement.

En résumé, 10 plaques ayant reçu en tout $\frac{10}{3}$ de centimètre cube d'eau diluée à 1 : 200 ont fourni 24 colonies après 15 jours d'incubation à 22°.

L'eau analysée contenait donc $\frac{24 \times 3 \times 200}{10} = 1440$ bactéries par centimètre cube.

En utilisant cette méthode mixte de dilution et d'ensemencement fractionné dans la gélatine, le titre de la dilution peut varier dans d'assez grandes limites sans que le résultat de l'analyse en soit sensiblement affecté. Telle eau donnant 3 colonies par plaque après dilution à 1/500e, en donnera 15 si la dilution n'a été portée qu'à 1/100e ; on aura un peu plus de peine à les compter, voilà tout. Il faut remarquer que cette méthode met l'observateur tout à fait à l'abri des liquéfactions hâtives, totales, si fréquemment observées avec la méthode des ensemencements d'eau non diluée sur plaque de gélatine unique. Si 2 ou 3 de nos plaques sur les 12 ensemencées se liquéfient, on n'a qu'à n'en pas tenir compte et à calculer le résultat d'après les 9 ou 10 restantes.

Quelques expérimentateurs ont proposé de remplacer par de la gélose la gélatine servant de terrain nutritif pour les numérations des bactéries dans l'eau. On a dit que cette substitution, permettant la culture à la température de 30 à 35°, rendait l'analyse plus rapide, et que l'on n'avait plus à craindre les liquéfactions si fâcheuses observées sur la gélatine. Il y a lieu de remarquer que les chiffres obtenus en ensemençant simultanément un même échantillon, à la même dilution, sur gélatine et sur gélose, sont parfois fort dissemblables. Bien des espèces croissant à basse température sur gélatine refusent de croître à 30° et inversement; la plupart des espèces chromogènes si fréquentes dans les eaux sont dans ce cas, et quand elles consentent à se développer à 30° sur la gélose, elles se montrent ordinairement privées de leurs pigments caractéristiques. Cependant, des études méritent d'être entreprises dans cette voie, car tout ce qui peut contribuer à rendre plus rapide l'analyse bactériologique des eaux ne doit pas être négligé. Ce qu'il importe avant tout, également, c'est que les divers analystes utilisent une même méthode, celle reconnue la meilleure, pour que les résultats qu'ils publient soient aussi comparables entre eux que possible.

On ne se préoccupe habituellement que de la numération des bactéries aérobies ou indifféremment anaérobies. Si l'on désire connaître le nombre de celles qui ne se développent que strictement à l'abri de l'oxygène, on employera des méthodes identiques à celles qui viennent d'être exposées, mais en se conformant aux indications contenues au début de cet ouvrage (voir page 142 et suivantes).

§ II. — Analyse bactériologique qualitative.

Si toutes les espèces microbiennes étaient capables de se développer sur la gélatine à la température de 20°, il suffirait théoriquement de reprendre une à une toutes les colonies écloses dans les plaques ayant servi aux numérations, et d'en déterminer la nature pour connaître la flore de l'échantillon d'eau considérée. Malheureusement, il est loin d'en être ainsi ; beaucoup d'espèces s'accommodent mal de la basse température à laquelle on est contraint de maintenir les plaques de gélatine ; d'autres voient leur croissance complètement empêchée par la présence d'espèces antagonistes ; d'autres ne se développent que sur des milieux spéciaux, ou à l'abri de l'air, etc... On ne doit pas perdre de vue, non plus, que les colonies qu'on a pu isoler sur la gélatine ne sont pas nécessairement des espèces pures, deux ou plusieurs espèces différentes peuvent y végéter concurremment et les caractères macroscopiques offerts par ces colonies seront, on le conçoit, très variables.

L'analyse qualitative des eaux nous apparaît, dès lors, comme une opération extrêmement complexe, nécessitant de la part de celui qui l'entreprend des notions étendues et précises en chimie, en médecine, et la parfaite connaissance des êtres microscopiques qu'il est appelé à diagnostiquer. Elle peut exiger des semaines et des mois d'un travail assidu, et encore, dans l'état actuel de nos connaissances, est-il parfois impossible de la compléter, par la raison que plusieurs des espèces bactériennes que l'on rencontre nous sont encore inconnues et demandent, pour être déterminées, des études auxquelles personne ne s'est encore livré.

La question est considérablement simplifiée s'il s'agit seulement de rechercher dans un échantillon la présence d'espèces déterminées, et c'est ainsi qu'elle se pose généralement. Elle est, alors, d'autant plus simple à résoudre que les espèces cherchées possèdent une ou plusieurs propriétés physiologiques bien nettes qui en facilitent l'isolement et la diagnose. On pourra faire porter la recherche sur un volume d'eau considérable en recourant, dès l'abord, aux milieux nutritifs et aux conditions de culture que l'on sait être les plus convenables au développement rapide ou exclusif de ces espèces. D'emblée, les cultures seront effectuées au large contact de l'air ou dans le vide, selon qu'il s'agira d'aérobies ou d'anaérobies.

Si l'espèce cherchée est sporulée, on peut espérer la débarrasser des espèces qui ne le sont pas par un emploi judicieux de la chaleur et des antiseptiques. Certains bacilles, même non sporulés, se développent encore dans des milieux chargés de faibles doses de substances antiseptiques ou maintenus à une température suffisamment élevée pour s'opposer à la croissance d'autres espèces plus fragiles. On a vu plus haut les méthodes d'isolement du bacille typhique basées sur ces principes.

Les cultures dans le bouillon ou sur la gélose à 55, 60 et 70° permettront d'isoler rapidement les espèces dites thermophiles.

L'isolement des bactéries zymogènes sera grandement facilité par l'emploi de milieux de culture liquides ou solides chargés d'une substance capable de fermenter nettement sous l'influence des bactéries cherchées ; l'urée servira à retrouver les ferments ammoniacaux ; les sucres seront utilisés pour la recherche des ferments butyriques ; certains bouillons chargés d'alcool et plus ou moins acidifiés seront précieux pour séparer le mycoderme du vinaigre, etc.

Certaines bactéries nettement pathogènes pour les petits animaux de laboratoire, dont on aura parfois à rechercher la présence dans des échantillons d'eaux, seront mises en évidence par l'inoculation directe de ces eaux dans le péritoine, sous la peau ou dans les veines des animaux particulièrement sensibles à l'action de ces bactéries.

Parmi les facteurs d'appréciation de la qualité d'une eau alimentaire, POUCHET et BONJEAN (1) attachent une grande importance à l'essai suivant qu'ils dénomment « essai physiologique ». On ensemence des flacons de PASTEUR contenant 10 centimètres cubes de bouillon peptonisé avec environ 30 centimètres cubes d'eau et on les abandonne 8 jours à l'étuve à 36°. A l'aide de ces cultures, on pratique sur le cobaye une injection intra-péritonéale de 0^cc^,3 à 0^cc^,5 par 100 grammes d'animal. Il est important de ne pas s'écarter de ces chiffres dont la fixation est le résultat de leurs très nombreuses expériences. On suit exactement les variations de la température rectale du cobaye, un quart d'heure, une demi-heure, une heure, puis d'heure en heure pendant 5 ou 6 heures après l'injection. Les jours suivants, on observe soigneusement l'animal, on note matin et soir, pendant 8 jours au moins, son poids et sa température. Selon ces auteurs, les cultures obtenues avec les eaux de bonne qualité n'influencent que fort peu la température initiale du cobaye ; quelques dixièmes de degrés dans un sens ou dans l'autre, plutôt en plus qu'en moins.

Les eaux de mauvaise qualité produisent, au contraire, de notables variations de la température ; on observe des modifications dans l'aspect de l'animal, des selles diarrhéiques, de l'hyperexcitabilité, de l'abattement, etc. Les grands écarts de température sont généralement suivis de la mort de l'animal dans un laps de temps variant de 24 à 36 heures.

On pratique l'autopsie des animaux aussitôt que possible après leur mort, on note les lésions et on fait des prélèvements des sérosités du péritoine, des plèvres du péricarde ; de la rate, du foie, de la bile, du sang du cœur, etc..., qu'on ensemence dans du bouillon et sur des milieux de culture variés et qu'on soumet à l'examen microscopique direct. Les cultures obtenues, généralement impures, sont purifiées par des séparations sur plaques de gélatine, et l'on étudie les différents germes ainsi isolés et purifiés. On peut ainsi reconnaître les bactéries pyogènes, staphylocoques, streptocoques, le mi-

(1) POUCHET et BONJEAN. *Annales d'hygiène publique et de médecine légale*, février 1897.

crocoque tétragène, le bacille du côlon, le bacille pyocyanique, etc... ; le bacille typhique n'est que rarement observé.

Cette méthode possède, suivant POUCHET et BONJEAN, une valeur indiscutable quand elle conduit à des résultats positifs. Mais il ne faudrait pas vouloir lui demander plus de précision qu'elle n'en comporte, et ne pas conclure notamment à la bonne qualité d'une eau qui, soumise à cet essai, n'aurait pas produit chez l'animal de désordres appréciables.

Le bactériologiste chargé de se prononcer sur la nature des espèces qui peuplent une eau destinée à l'alimentation devra surtout porter son attention sur les germes des maladies transmissibles par les eaux, notamment la fièvre typhoïde et les affections cholériformes. Les méthodes techniques usitées pour la recherche de ces bactéries ont été exposées en détail à propos de leur histoire individuelle. Nous n'y reviendrons pas ici.

Nous décrirons seulement une modification à la recherche du bacille d'EBERTH et du colibacille introduite par POUCHET et BONJEAN. Ces savants ensemencent avec l'eau à analyser deux séries de fioles PASTEUR : les unes renfermant 10 centimètres cubes de bouillon et 30 centimètres cubes d'eau ; les autres renfermant 100 centimètres cubes de bouillon et 150 centimètres cubes d'eau. On ajoute ensuite dans chaque fiole une quantité d'eau phéniquée à 5 p. 100, telle que les cultures renferment 1 p. 1000 d'acide phénique. On les place dans une étuve à 42° et l'on fait avec chaque fiole la série d'opérations suivantes. Après 48 heures d'étuve, on ensemence avec ces cultures :

1° Des fioles PASTEUR renfermant 15 centimètres cubes d'une solution de peptone à 2 p. 100 qu'on place à l'étuve à 36° ;

2° Des plaques de milieu d'ELSNER avec des dilutions convenables.

Les plaques d'ELSNER sont examinées après 2 ou 3 jours d'incubation à la température ambiante ; les colonies sont individuellement examinées au microscope et toutes celles qui paraissent suspectes sont ensemencées sur les milieux convenables et soumises à toutes les méthodes de différenciation longuement exposées plus haut à propos du bacille typhique et du colibacille (page 474).

Quant aux cultures dans le bouillon de peptone, on les abandonne 8 jours à l'étuve. Elles servent alors à effectuer, d'une part, la réaction de l'indol et, d'autre part, une inoculation intra-péritonéale à un cobaye, à la dose de $0^{cc},3$ par 100 grammes d'animal. Celui-ci reste bien portant si l'eau examinée ne renferme que des espèces banales pouvant croître sur le bouillon phéniqué. Quand au contraire il succombe, on pratique l'autopsie, on fait des examens microscopiques et des cultures avec les différents exsudats, le foie, la rate, le sang du cœur : c'est sur ce terrain que l'on rencontre le bacille d'Escherich ou le bacille d'Eberth possédant un certain degré de virulence et rendant par ce fait dangereuse l'eau qui les recèle.

Chantemesse (1) et Cambier (2) ont indiqué récemment deux procédés d'une très grande sensibilité pour la recherche du bacille typhique dans les eaux.

On ne négligera pas de rechercher non plus, indépendamment du bacille d'Escherich, du bacille d'Eberth et des vibrions cholériques, la présence de certaines espèces qui trouvent leur habitat normal et habituel dans le tube digestif de l'homme et des animaux. La constatation de ces espèces doit faire supposer une contamination de l'eau examinée par les infiltrations venant de la surface du sol, de fosses d'aisances ou de fosses à purin, etc.

Quel que soit, du reste, le soin apporté à ces recherches, il est toujours à craindre que des espèces dangereuses n'échappent à l'analyste, et nous devons insister encore sur la circonspection dont il ne devra jamais se départir dans l'interprétation des résultats obtenus. On ne saurait être trop prudent quand on doit formuler des conclusions d'où dépendent souvent des dépenses considérables et surtout des vies humaines.

§ III. — Résultats statistiques de l'analyse bactériologique des eaux.

Quelle que soit l'imperfection actuelle des méthodes d'appréciation du nombre et de la qualité des bactéries des eaux, il est cependant possible de tirer quelques conclusions des résultats qu'elles fournissent. Quelques lois générales se dégagent notamment des séries de numérations effectuées périodiquement, pendant de longues années et suivant une technique toujours identique à elle-même sur des échantillons d'eau de même provenance.

Eaux météoriques : pluie, neige et grêle.

Pour recueillir la pluie destinée à l'analyse, Miquel a préconisé l'emploi du petit udomètre, représenté ci-dessous, qu'il est inutile de décrire (fig. 219). On doit seulement faire observer que le poteau qui

(1) Chantemesse. *Bulletin de l'Académie de médecine*. 1901, 3e s. XLV, p 644. — *La Presse médicale*, 5 juin 1901.

(2) Cambier. *Comptes rendus de l'Académie des Sciences*. 1901, CXXXII, 1442.

le supporte doit être assez élevé au-dessus du sol et situé loin de toute habitation, arbres, etc., pour éviter que des gouttelettes de pluie ayant touché la terre ou ces obstacles ne puissent y rejaillir. Au moment d'une averse, on flambe fortement l'entonnoir de cuivre nickelé E et la capsule de platine P destinée à recueillir le météore. Si l'on désire récolter la pluie pendant une longue période, on remplace la capsule de platine par un tube de verre ou de métal stérilisé, qu'on maintient au voisinage de 0° en l'entourant de glace ou en la plongeant dans un manchon contenant du sulfure de carbone ou de l'éther, dont on active l'évaporation par un courant d'air qu'on y fait barboter, bulle à bulle, à l'aide d'une trompe ou d'un aspirateur quelconque.

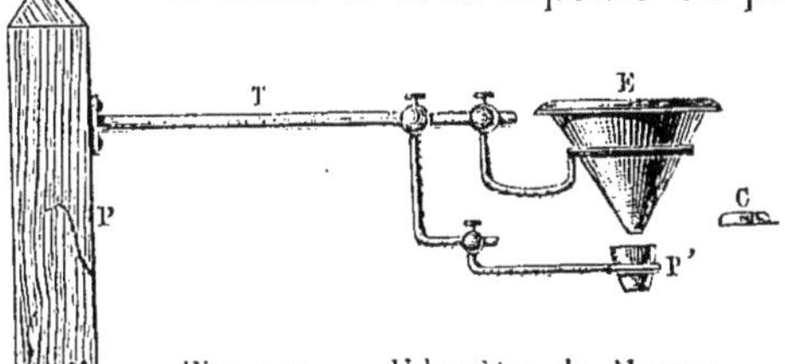

Fig. 219. — Udomètre de MIQUEL.

D'une façon générale, l'eau de pluie se montre peu chargée de germes bactériens. Ces bactéries sont plus abondantes quand les pluies se produisent à la suite d'une période de sécheresse. Dans les périodes humides ou de pluie continuelle, le chiffre des bactéries contenues dans les échantillons recueillis est très variable et semble se trouver sous la dépendance de la composition bactériologique des nuages eux-mêmes [MIQUEL (1)]. Voici quelques chiffres relatifs à la teneur microbienne *par litre* de l'eau de pluie recueillie à Montsouris en 1884 et 1885; ces chiffres ont été obtenus par la culture sur les milieux à base de bouillon Liebig, quatre fois moins nutritifs environ que les bouillons actuellement en usage.

Bactéries par litre d'eau de pluie recueillie en 1884 et 1885.

Mois.	1884.	1885.	Moyennes.
Janvier	»	8 000	8 000
Février	1 850	790	1 320
Mars	3 830	2 000	2 920
Avril	3 700	4 580	2 140
Mai	2 480	2 400	2 440
Juin	5 500	5 700	5 600
Juillet	»	»	»
Août	»	8 300	8 300
Septembre	6 980	4 560	5 770
Octobre	3 560	2 300	3 220
Novembre	5 500	»	3 250
Décembre	7 420	»	4 330
Moyennes annuelles	4 540	4 200	4 300

(1) MIQUEL. *Annuaire de l'Observatoire de Montsouris* pour 1885, p. 602, et pour 1886, p. 530.

La neige et la grêle, qu'on peut aisément recueillir dans une large capsule flambée, se montrent beaucoup plus riches en bactéries que la pluie ; de gros grêlons, bien lavés superficiellement à l'eau stérilisée, auraient montré 210 000 germes vivants par gramme d'après BUJWID (1) et 729 d'après FOUTIN (2). JANOWSKI (3) a trouvé dans l'eau de fusion de la neige récemment tombée, un nombre de bactéries variant de 34 à 463 par gramme.

L'étude de la glace recueillie aseptiquement dans les glaciers des hautes montagnes et des régions inhabitées offre un grand intérêt, en ce sens qu'elle nous démontre l'influence nocive du froid prolongé sur la vitalité des bactéries. Quant à la teneur microbienne de la glace à rafraîchir provenant des lacs, des rivières, etc., ou de la glace alimentaire artificielle, elle est, généralement, en rapport avec la teneur des eaux qui ont subi la congélation, sa température n'est pas assez basse pour en amener la purification sensible.

L'étude microbienne des eaux qui coulent à la surface du sol ou qui circulent dans sa profondeur est infiniment plus importante et plus féconde en résultats pratiques et immédiats. Étudions tout d'abord celles des rivières et des fleuves.

Eaux de rivières et de fleuves.

La teneur en bactéries des eaux qui coulent à la surface du sol est fonction de facteurs extrêmement nombreux et variables dont il est très difficile d'évaluer l'importance absolue ou relative.

Parmi ces facteurs, on peut, en gros, distinguer ceux qui sont naturels ou artificiels, ceux qui sont permanents ou temporaires, ceux qui interviennent pour augmenter ou pour diminuer le nombre des bactéries. L'influence des facteurs naturels est surtout mise en évidence par les moyennes annuelles, saisonnières et mensuelles :

Teneur en bactéries, par centimètre cube, de l'eau de la Seine prélevée en 1898.

	à Choisy-le-Roi.		à Ivry.		Au pont d'Austerlitz.		Chaillot.	
Saisons.	1898.	Année normale.	1898.	Année normale.	1898.	Année normale.	1898.	Année normale.
Hiver.........	28 960	31 340	23 750	78 140	46 250	114 150	39 375	214 850
Printemps....	16 350	23 335	8 125	41 765	26 350	63 480	18 540	150 350
Été...........	34 465	29 840	14 790	24 210	87 665	61 500	180 415	336 915
Automne......	36 145	63 270	51 665	71 525	125 580	116 235	64 165	193 915
Moyen^nes ann.	28 980	36 945	24 580	53 910	71 460	88 840	75 625	223 800

(1) BUJWID. *Annales de l'Institut Pasteur*, 1887, I, p. 592.
(2) FOUTIN. *Wratch*, 1889, n°s 49 et 50.
(3) JANOWSKI. *Centralblatt für Bakteriologie*, 1888, IV, p. 547.

On voit, à l'inspection de ce tableau qui représente les résultats des analyses que nous avons pratiquées, plusieurs fois par mois depuis 1886, sur l'eau de la Seine en amont de Paris et en trois points de la traversée de cette ville, que d'une façon générale, c'est pendant le printemps et l'été, alors que la température est élevée, que la teneur microbienne se montre le moins considérable.

Les eaux d'autres rivières fournissent des résultats analogues :

	Canal de l'Ourcq.		Marne à Neuilly.		Marne à Nogent.	
Saisons.	1898.	Année norm.	1898.	Année norm.	1898.	Ann. norm.
Hiver	16 665	102 460	36 290	45 055	37 200	87 835
Printemps	17 290	47 765	23 540	19 890	11 875	14 375
Été	6 665	18 350	12 080	10 015	9 580	9 760
Automne	27 500	93 150	8 540	54 090	13 125	60 025
Moyennes ann.	17 030	65 430	20 115	32 260	17 945	43 000

On doit remarquer pour expliquer ce fait, en apparence paradoxal, que pendant l'automne et l'hiver, les rivières reçoivent par ruissellement une fort grande quantité d'eau ayant lavé le sol et charriant des détritus de toutes sortes; durant ces saisons, les rivières sont généralement en crue, lavent leurs berges et transportent des limons que la violence du courant a détachés du lit. Ces causes de pollution sont réduites l'été au minimum; de plus, à cette époque, l'intensité de la lumière solaire est très considérable et l'on sait que cet agent physique est un puissant destructeur de germes.

Cependant, dans les parties des fleuves ou rivières fortement contaminées par l'apport d'eaux d'égout, de résidus de fabrique, ou par toute autre cause, il s'établit pendant l'été des putréfactions locales, très actives, d'autant plus manifestes que l'eau est plus basse. Pendant l'hiver, vu le volume des eaux de dilution et la plus basse température, l'influence de ces putréfactions se fait naturellement beaucoup moins sentir.

A l'appui de cette affirmation, voici la composition microbienne de la Seine, en amont et en aval du grand collecteur d'Asnières, à une époque où la pratique du tout à la Seine était encore florissante.

Teneur en bactéries, par centimètre cube, de l'eau de la Seine, durant les trimestres de l'année 1896.

	25 février.	24 mai.	25 août.	25 novembre.
Asnières	35 000	145 000	242 500	132 000
Saint-Ouen	150 000	275 000	4 500 000	300 000
Saint-Denis (rive droite)	125 000	700 000	6 248 000	250 000
Épinay (rive droite)	225 000	2 050 000	8 200 000	1 500 000
Bezons	275 000	1 550 000	6 825 000	250 000
Bougival	300 000	175 000	6 375 000	600 000
Conflans-Sainte-Honorine	580 000	90 000	200 000	462 000

L'influence de la traversée des villes sur la pollution des cours d'eaux superficiels est rendue des plus évidentes par les dosages bactériens. Les rivières et les fleuves sont, en effet, trop souvent utilisés pour évacuer au loin les eaux et les matières usées des agglomérations urbaines. Les mêmes dosages mettent, par contre, en évidence, de la manière la plus frappante, la purification spontanée que subissent les cours d'eau sous l'influence de la sédimentation, de l'oxygénation, de l'action stérilisante de la lumière, etc. Le tableau suivant donne la teneur bactérienne de l'eau de Seine en 27 points de son parcours ; les chiffres sont très comparables, étant donné que les prélèvements ont été effectués pour chaque analyse exactement dans les mêmes conditions et presque au même instant.

Teneur en bactéries, par centimètre cube, des eaux de la Seine, en divers points de son parcours, durant les années 1894-95-96-97-98.

	Nombre moyen annuel de bactéries par centimètre cube en					
Lieu des prélèvements.	1894.	1895.	1896.	1897.	1898.	Année moyenne.
Barrage de Varennes...	38665	59750	13800	28675	46875	37550
Barrage de Champagne.	20330	44900	11875	20655	7625	21080
Pont de Melun.........	11500	41490	17280	18185	5160	18725
Barrage du Coudray...	16000	49875	13310	29630	4475	22660
Barrage d'Évry.	84500	82295	42345	35440	65850	62085
Choisy-le-Roi..........	71000	47200	29750	57435	11810	42640
Pont National..........	81500	77940	17440	51875	45810	54915
Pont Royal.............	170000	158750	55000	52185	131675	113520
Point-du-Jour..........	197500	300875	70000	164375	88750	164300
Pont de Sèvres.........	242500	123125	51250	245250	69375	146300
Barrages de Suresnes..	250000	136875	78125	82500	189375	147375
Pont de Neuilly........	140000	144125	61875	110000	83750	107950
Pont d'Asnières........	255000	163125	136125	91875	90060	147240
Pont de Saint-Ouen....	1032500	1016000	1306000	554375	240900	829955
Saint-Denis (rive droite).	2512000	2418750	1830000	760000	1597000	1823550
Saint-Denis (rive gauche)	2216000	1283000	1480000	194775	1107000	1256075
Épinay (rive droite)....	3280000	2813300	2994000	1101250	950600	2827830
Épinay (rive gauche)...	2706000	1500000	750000	556250	926500	1287250
Amont de Bezons.......	5496000	2885250	2225000	1030000	1403000	2607850
Bougival................	3450000	2060000	1863000	350000	990625	1742725
Pont de Conflans.......	553300	414875	333300	143625	168750	322770
Pont de l'Oise..........	117000	56875	155750	55875	5625	78225
Meulan-Mézy...........	293300	274750	180625	144375	44375	187485
Mantes..................	277500	272500	175940	104685	43125	174750
Vernon..................	»	»	»	28750	34375	31560
Les Andelys............	»	»	»	13125	38750	25935
Rouen..................	»	»	»	15625	20000	17810

A l'inspection de ce tableau, on voit distinctement la teneur microbienne de la Seine, relativement faible en amont de Paris, subir une notable recrudescence pendant la traversée de cette ville; puis diminuer ou se maintenir à peu près constante jusqu'à Asnières où se déversait la masse d'eau infecte des grands égouts collecteurs. L'influence de ces égouts se fait nettement sentir jusqu'à Bougival, puis, la teneur bactérienne va sans cesse décroissant jusqu'à Rouen, où l'eau de la Seine récupère une pureté semblable à celle qu'elle présentait vers le pont de Melun. Il y a lieu d'espérer que la pratique de l'épandage et de l'utilisation agricole des eaux d'égouts, qui se généralise de plus en plus à Paris, fera disparaître dans un avenir prochain cette contamination profonde de la Seine ; nous avons déjà constaté à cet égard une sensible amélioration.

Indépendamment des microbes de l'atmosphère et du sol que charrient, bien entendu, les eaux des fleuves et des rivières, on peut dire que toutes les espèces bactériennes peuvent se rencontrer dans ces eaux, étant donnée la variété des causes de contamination qui peuvent les atteindre.

Aussi ces eaux ne sauraient-elles plus aujourd'hui être utilisées pour l'alimentation qu'après avoir subi une épuration très sérieuse ou, mieux encore, une stérilisation complète (voir page 979).

On préfère généralement pour cet important usage l'emploi des eaux de sources qui, indépendamment de leur origine moins suspecte et de leur pureté microbienne relative, ont sur les eaux superficielles le grand avantage d'être fraîches, limpides et de saveur agréable.

L'eau des lacs, prélevée près des bords, est au point de vue microbiologique assez comparable à l'eau des rivières et des fleuves, elle se montre même parfois beaucoup plus impure. Au contraire, les échantillons prélevés au large et à une grande profondeur se montrent ordinairement d'une assez grande pureté.

Voici quelques chiffres obtenus par Massol (1) sur l'eau du lac de Genève prélevée sur le Banc du Travers à une profondeur de 9 mètres :

Teneur en bactéries, par centimètre cube, de l'eau du lac Léman.

Mois.	1892.	1893.	Mois.	1892.	1893.
Janvier	»	745	Juillet	87	168
Février	»	445	Août	34	221
Mars	956	670	Septembre	242	144
Avril	510	413	Octobre	308	282
Mai	350	321	Novembre	100	837
Juin	261	135	Décembre	589	563

(1) Massol. Les eaux d'alimentation de la ville de Genève. Genève, 1894.

Cet auteur conclut de ses longues recherches sur les eaux du lac de Genève, que l'influence de la hauteur des eaux n'a que peu d'influence sur leur teneur microbienne ; il en est de même de la température et de la quantité de pluie tombée. Au contraire, les vents seraient le facteur principal de contamination, et la lumière l'agent le plus efficace de l'épuration naturelle des eaux du lac.

Eaux des nappes souterraines; sources et puits.

De tout temps, les propriétés organoleptiques des eaux des nappes souterraines, auxquelles on peut avoir accès par des puits plus ou moins profonds, les ont fait rechercher pour l'alimentation de l'homme. En présence de la contamination progressive des eaux des fleuves et des rivières, en rapport avec le développement des villes établies dans leur voisinage, avec le nombre toujours croissant des industries et des usines, etc., on tend de plus en plus, pour l'alimentation des grandes agglomérations humaines, à capter des sources parfois fort éloignées et à les amener à grands frais là où elles doivent être consommées. Il serait puéril d'insister sur l'intérêt qui s'attache aux analyses bactériologiques ayant pour but de renseigner sur la qualité de ces eaux.

Eaux de puits. — Les *puits* ordinaires sont généralement alimentés par l'eau des nappes les plus superficielles, dites aussi nappes phréatiques, reposant sur la première couche imperméable que l'on rencontre à partir de la surface du sol. Théoriquement, la composition microbienne de l'eau recueillie dans un puits devrait représenter celle de la nappe qui l'alimente ; pratiquement, cela est vrai pour les puits dits « à ru », mais il est loin d'en être toujours ainsi : les parois du puits laissent, dans leur partie moyenne dépourvue de maçonnerie, suinter de l'eau très superficielle n'ayant subi, par la filtration à travers une très faible couche de sol, qu'une épuration à peu près nulle, tandis que, dans leur partie inférieure, ces parois se trouvent colmatées par des limons, des végétations ; la circulation de l'eau de la nappe ne s'y fait plus normalement et les bactéries s'y multiplient en grand nombre. Il n'est pas rare de trouver plusieurs de ces puits exhalant une forte odeur d'hydrogène sulfuré; d'autres ont une odeur putride prononcée.

La composition microbienne des eaux des puits que nous avons analysés s'est montrée trop variable pour que nous puissions citer quelques chiffres, de l'ensemble desquels on puisse tirer quelque enseignement. Nous ferons seulement remarquer, relativement au prélèvement de l'eau des puits, sur la valeur desquels on est souvent appelé à donner un avis, qu'il est de toute nécessité que le puits considéré soit en état de fonctionnement normal et régulier, depuis au moins huit jours, au moment où ce prélèvement sera effectué.

Dans les campagnes, les puits sont généralement situés dans la cour des maisons et des fermes, à faible distance des tas de fumier ou des fosses à purin servant d'ordinaire de cabinets d'aisances ou de dépotoirs pour les matières fécales. Il est arrivé maintes fois que des matières typhiques, ayant été déversées sur ces fumiers ou dans ces fosses, ont contaminé gravement les puits voisins dont l'eau, servant à l'alimentation de tous les habitants d'une maison, voire de tout un village, s'est trouvée être le vecteur d'épidémies de fièvre typhoïde. Du reste, la contamination des eaux des puits peut reconnaître une origine bien plus éloignée, surtout lorsque ces puits sont alimentés par une nappe circulant non dans le sable, mais dans un terrain fissuré, comme la craie.

Eaux de source. — Les *sources* ne sont autre chose que les exutoires naturels, à la surface du sol, des eaux des nappes souterraines. L'eau qu'elles fournissent est bien plus comparable, au point de vue des bactéries qu'elle contient, à celle de la nappe souterraine qui les alimente que l'eau prélevée dans les puits de la même région et alimentés par la même nappe.

A une époque où la technique bactériologique ne possédait pas le degré de perfection qu'elle a atteint de nos jours, on pouvait supposer avec Pasteur et Joubert (1) que l'eau des sources devait être, d'ordinaire, exempte de germes vivants.

Ceci est du reste encore vrai, à l'heure actuelle, pour les sources bien captées qu'alimentent des nappes souterraines ayant circulé lentement, durant un long parcours, à travers des couches épaisses et continues de sable, ayant en un mot subi une véritable filtration capillaire.

Mais de telles sources ne fournissent forcément qu'une faible quantité d'eau absolument insuffisante pour l'alimentation des villes de quelque importance.

Aussi se trouve-t-on, dans la plupart des cas, obligé d'avoir recours aux sources à grand débit qu'alimentent les nappes qui circulent dans les roches fissurées, notamment dans la craie. Ces

(1) Pasteur et Joubert. *Comptes rendus de l'Académie des Sciences*, 1877, LXXXIV, p. 207.

sources, dites *vauclusiennes*, présentent une composition micrographique très variable, attendu que, dans la craie, par exemple, les eaux circulent dans un réseau de diaclases assez larges pour qu'elles n'y subissent qu'une filtration rudimentaire. Ces fissures vont, du reste, sans cesse en s'élargissant sous l'action dissolvante des eaux, chargées d'acide carbonique, qui y circulent.

Les sources captées dans les vallées de la Dhuis, de la Vanne et de l'Avre pour l'alimentation de la ville de Paris sont, pour la plupart, dans ce cas. Voici quelques chiffres relatifs à leur teneur microbienne moyenne pendant une période de dix années ; ces chiffres résultent de l'analyse d'échantillons prélevés deux fois par semaine à l'arrivée des eaux dans les réservoirs parisiens.

Teneur bactérienne, par centimètre cube, des eaux de sources distribuées à Paris en 1898.

	Vanne (réservoir).		Dhuis (réservoir).		Avre (réservoir).	
Saisons.	1898.	Année normale.	1898.	Année normale.	1898.	Année norm.
Hiver	350	1 530	3 285	5 465	1 055	2 410
Printemps	430	790	4 825	2 180	920	970
Été	245	600	460	1 045	520	1 170
Automne	215	1 040	300	5 760	380	1 725
Moyennes annuelles.	310	990	2 220	3 615	720	1 570

On doit remarquer que les recrudescences bactériennes observées dans les eaux de sources se produisent surtout à la suite des périodes de pluies prolongées ; elles seraient dues à la contamination de ces eaux par les eaux de pluie qui laveraient la surface du sol et pénétreraient dans les nappes souterraines, incomplètement épurées par la filtration à travers le sable ou l'humus. Le diagramme suivant (fig. 220) met en regard la composition microbienne de l'eau de Vanne puisée au réservoir de Montrouge en 1889, sa température et les hauteurs de pluie tombée pendant la même année.

La seule épuration que subissent les eaux qui émergent de roches fissurées est vraisemblablement produite, au début de leur cycle souterrain, par leur passage à travers les couches de terre végétale, de sable, etc., susjacentes à la roche fissurée qui constitue le gisement géologique de ces eaux.

Toute solution de continuité dans cette couche filtrante superficielle constituera, dès lors, une porte ouverte à l'infection de la nappe et par conséquent des sources qu'elle alimente. Duclaux cite l'épidémie de fièvre typhoïde observée à Lausen en 1882, qui est typique à cet égard.

Dans les terrains calcaires, découpés par un réseau de diaclases, qui vont sans cesse s'élargissant par suite de la dissolution de leurs parois par l'eau chargée d'acide carbonique, il se forme des cavernes souterraines de dimensions souvent considérables, lesquelles, lors-

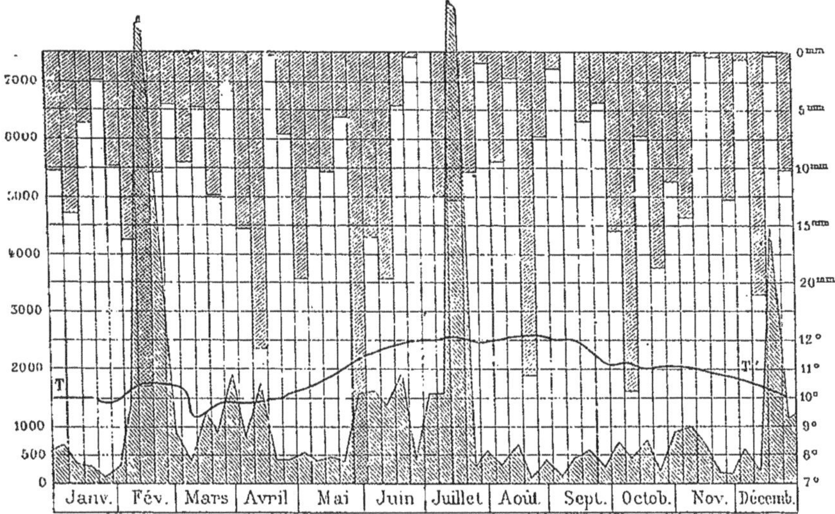

Fig. 220.

Teneur en bactéries de l'eau de la Vanne en 1889, comparée avec les chutes d'eau météorique. Les espaces rectangulaires surplombant représentent les tranches de pluie. La courbe TT', les températures de l'eau de la Vanne au réservoir de Montrouge.

qu'elles viennent tôt ou tard à s'effondrer, produisent à la surface du sol des entonnoirs dits *mardelles*, dans lesquels, suivant leur situation, viennent s'engouffrer des cours d'eau, des eaux d'irrigations, etc., et qui, même lorsqu'ils n'absorbent rien, n'en constituent pas moins une communication sans aucun obstacle entre la surface du sol et la nappe souterraine. Fréquemment aussi, on observe dans les lits des ruisseaux ou cours d'eau des parties absorbantes (*bétoires*, lits poreux) par lesquelles l'eau va rejoindre directement et sans filtration capillaire l'eau des nappes souterraines.

Les puits creusés de main d'homme constituent eux-mêmes, évidemment, des chemins tout tracés pour le passage des microbes de la surface au sous-sol.

Il importe donc, lorsqu'on veut être fixé sur la qualité d'une eau de source captée ou à capter, de déterminer avec soin, dans toute l'étendue du périmètre d'alimentation de cette source, lequel est parfois considérable, tous les points susceptibles de recevoir des eaux impures et de leur permettre de rejoindre la nappe souterraine sans filtration efficace. On notera soigneusement les cimetières, les lavoirs, les puisards, les fosses d'aisances, etc.; puis, par des expériences de coloration à la fluorescéine, par exemple, on cherchera si ces différents points suspects sont en relation avec la source considérée. Dans l'affirmative, par l'emploi de microbes inoffensifs faciles à caractériser, tels que les cellules de levure de bière et ferments acétiques [Miquel, Cambier et Mouchet (1)], ou le *Bacillus prodigiosus* [Abba, Orlandi et Rondelli (2)], etc., n'existant pas normalement dans les eaux de la région, on pourra en quelque sorte mesurer le pouvoir filtrant du sol entre ces points suspects et la source étudiée.

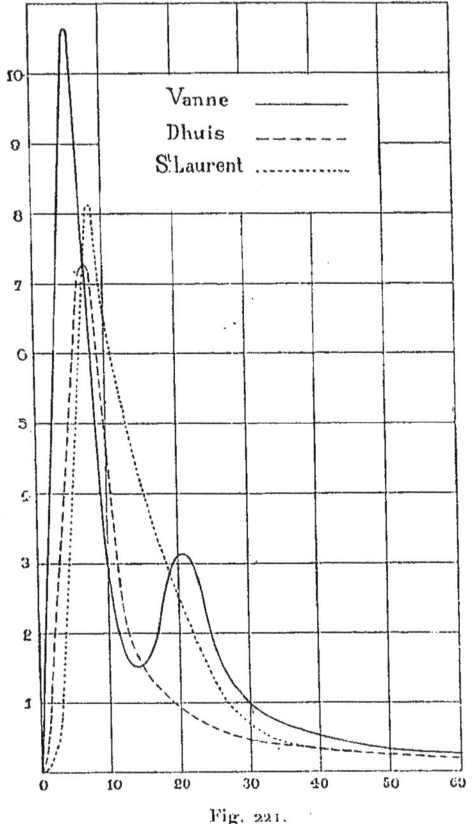

Fig. 221.

Auto-infection des eaux. Dans ce diagramme, les chiffres des ordonnées expriment les centaines de mille de bactéries par c.m.c.; les chiffres des abscisses, le nombre de jours pendant lesquels les eaux de source de la Vanne, de la Dhuis et de Saint-Laurent sont restées exposées à la température constante de 30°.

Ces expériences devront, du reste, être effectuées à plusieurs reprises et au cours de saisons sèches et pluvieuses, car il est possible que le régime de la circulation souterraine des eaux se montre fort différent à ces diverses époques.

La façon de se comporter des bactéries pathogènes dans les eaux de source a fait l'objet de nombreux travaux qui ont été pour la plupart indiqués à propos de chacune de ces bactéries. Nous dirons seulement ici quelques mots des microbes vulgaires. Si on dose à intervalles réguliers les bactéries contenues dans un échantillon

(1) Miquel, Cambier et Mouchet. Travaux des années 1899 et 1900 sur les eaux de l'Avre et de la Vanne, pp. 253 et 343.

(2) Abba, Orlandi et Rondelli. Relaz. de serv. batter. de Ufficio d'Igiene de Torino et *Zeitschrift für Hygiene*, 1899, XXXI, p. 66.

d'eau de source conservé à température constante, on constate tout d'abord une recrudescence rapide et parfois très considérable des germes originellement peu nombreux. Puis, on assiste à une diminution très brusque, suivie d'une diminution beaucoup plus lente. Le diagramme (figure 221) représente ce phénomène pour les eaux des sources de la Vanne, de la Dhuis et de Saint-Laurent (Seine-Inférieure).

Une eau de source paraît caractérisée par la propriété qu'elle possède de se charger d'abord rapidement de microorganismes, puis de les perdre facilement en vieillissant. Au contraire, les eaux de rivière, et, d'une façon générale, les eaux impures ou usées, celles qui ont nourri plusieurs générations d'organismes variés se caractérisent surtout par une infection lente mais tenace [Miquel (1)]. Cette différence peut s'expliquer en admettant que ces dernières se trouvent chargées de substances diastasiques ou autres qui s'opposent au développement de nouvelles générations. Par le chauffage à 100°, on peut facilement détruire ces substances et les bactéries peuvent dès lors se multiplier comme dans les eaux *neuves* de source. Par voie d'évaporation à très basse température, il est possible de concentrer sous un petit volume ces substances toxiques sécrétées par les bactéries dans 8 à 10 litres d'eau ; quelques gouttes du liquide concentré introduites dans une eau neuve sont capables de s'opposer à la recrudescence bactérienne dont il vient d'être parlé.

---

(1) Miquel. Manuel pratique d'analyse bactériologique des eaux. Paris, p. 146, 1891.

CHAPITRE III

ANALYSE BACTÉRIOLOGIQUE DU SOL

Nous parlerons dans ce chapitre de l'analyse bactériologique du sol, des poussières, des substances solides et plus ou moins consistantes (boues, vases, fèces, etc.) que l'expérimentateur peut avoir l'occasion de pratiquer. Comme on le verra, un peu plus bas, ces recherches sont d'une grande simplicité et peuvent toutes se ramener à la méthode générale indiquée page 156 pour la séparation des espèces microbiennes.

Les premières analyses bactériologiques du sol ont été publiées par MIQUEL (1) qui s'occupa plus spécialement, à cette époque, d'évaluer le nombre des germes peuplant la terre du parc de Montsouris et de Gennevilliers, où l'on étudiait l'utilisation agricole des eaux d'égout; le même auteur déterminait également, parallèlement à ces recherches, le chiffre des microbes contenus dans les poussières déposées à la surface des objets dans l'intérieur des habitations de Paris et des habitations de la campagne. Il trouva : que le sol, promptement desséché à 30-35° et pulvérisé aseptiquement, accusait à 20 centimètres de profondeur, 5 à 10 millions de bactéries sous l'unité de poids; que les boues des rues de Paris en montraient 100, 200, 300 millions et davantage et qu'enfin le chiffre des bactéries allait en diminuant rapidement avec la profondeur.

Depuis, de semblables recherches ont été également entreprises par BEUMER, FRÄNKEL, MAGGIORA, PAGLIANI, REIMERS, KRAMER, MANFREDI, etc., et ont donné lieu à quelques remarques intéressantes qui seront mentionnées plus loin.

---

(1) MIQUEL. *Bulletin de la Société botanique de France*, 1881, sér. 2, III, p. 44. — *Annuaire de l'Observatoire de Montsouris* pour 1882, p. 510.

1. — Procédés analytiques.

Les procédés usités pour compter les bactéries du sol et des poussières s'appliquent aussi à la détermination du chiffre des microorganismes contenu dans les substances dures, molles, semi-fluides, etc. ils ne diffèrent entre eux que par les tours de main employés pour émulsionner ces substances avec le véhicule destiné à les porter dans les milieux nutritifs; ce véhicule est, d'ordinaire, l'eau stérilisée.

Pour faciliter la comparaison entre les résultats obtenus, on peut rapporter les données numériques de l'expérience à un gramme de substance sèche; quelques auteurs ont proposé de prendre pour point de départ l'unité de volume, ce qui est beaucoup moins exact et peut présenter, parfois, de grandes difficultés pratiques quand il s'agit de fumiers, de gadoues, etc.

La substance à doser au point de vue des bactéries, prélevée aseptiquement et parvenue au laboratoire dans des boîtes métalliques ou dans des flacons secs et stérilisés, on en pèse une petite partie qu'on met immédiatement en expérience, car, de même que les eaux, les substances conservant une certaine quantité d'eau peuvent devenir le siège d'une auto-infection plus ou moins rapide. Les expériences relatives à la numération terminées, on pèse une quantité plus considérable de la matière examinée qu'on place à l'étuve jusqu'à ce qu'elle cesse de perdre de son poids. Un calcul élémentaire permet d'apprécier, très exactement, la quantité de terre, de boue, de sable, etc., privée d'eau sur laquelle a porté l'analyse.

Il serait peu précis de dessécher auparavant, même à basse température, la substance à doser au point de vue bactériologique, car on sait que la dessiccation et un degré de chaleur notablement supérieur à 40° peuvent détruire un grand nombre de bactéries.

Terre. — Prenons comme exemple le dosage bactériologique d'un échantillon quelconque de sol recueilli soit à la surface, soit dans un puits, une tranchée en voie d'être creusés, soit encore dans le sol, au moyen d'une sonde, à clapet mobile, semblable à l'appareil imaginé par Fränkel. Avec une spatule flambée, on prélève en divers points de l'échantillon un peu de terre qu'on dépose dans une petite nacelle de platine, portée au rouge au préalable et exactement tarée, l'augmentation de poids de la nacelle représente la quantité de substance sur laquelle va porter l'analyse.

La nacelle est alors saisie avec une petite pince flambée et jetée dans un matras contenant un volume connu d'eau purgée de tout germe ; on agite jusqu'à émulsion parfaite des particules insolubles avec l'eau.

Il arrive, le plus souvent, que la terre renferme des particules assez volumineuses (sable siliceux ou calcaire, brindilles d'origine végétale, etc.) qui nagent dans l'eau ou sont, par suite de leur densité, entraînées au fond du vase. Dans ce cas, on continue l'agitation jusqu'à ce qu'on ait lieu de croire que les bactéries qui se trouvent adhérentes à la surface de ces matières inémulsionnables ont été entraînées dans l'excipient liquide. Dix à quinze minutes de lavage par agitation nous paraissent suffisantes.

Cette dilution faite, si on la croit trop chargée de germes, on en puise à plusieurs reprises quelques centimètres cubes qu'on introduit dans un nouveau volume connu d'eau stérilisée, puis l'on procède comme s'il s'agissait de doser les bactéries d'une eau. C'est-à-dire que la première ou la seconde dilution servent à faire des plaques de gélatine, de gélose au contact et à l'abri de l'air de façon à déterminer, avec autant d'exactitude que possible, le nombre des espèces aérobies et anaérobies.

Finalement, au bout d'une quinzaine de jours d'attente, on peut obtenir, assez approximativement, le nombre des bactéries contenues dans l'échantillon considéré. L'étude individuelle des microorganismes développés jointe à l'application des méthodes propres à déceler rapidement les espèces pathogènes, zymogènes, etc., constituera la phase qualitative de l'analyse.

Poussières. — Les poussières déposées à la surface des objets sont, en général, assez divisées et assez ténues pour ne faire l'objet d'autre opération préalable que la pesée.

Ordinairement, les poussières des habitations qui renferment presque toujours des cheveux, des fibres textiles, des débris d'origine très variée, ont quelque difficulté à être mouillées par l'eau, mais une agitation énergique suffit pour produire en quelques minutes une émulsion très satisfaisante.

Mortiers, plâtras et autres matériaux. — Dans le cas où les microbes à dénombrer se trouvent contenus dans des substances poreuses, dures et sèches, on a recours au broyage dans des mortiers stérilisés, qu'on fait suivre, habituellement, du tamisage de façon à obtenir des poudres aussi fines que possible ; puis, ces poudres sont mises en suspension dans l'eau purgée de germes sous un poids déterminé et analysées comme les poussières sèches.

Boues, vase, fèces. — Ces substances, d'une consistance très variable, peuvent souvent être émulsionnées directement par agitation avec les eaux destinées aux dilutions. Parfois, il sera préférable de les délayer au mortier auparavant, comme on le fait pour certaines substances alimentaires, fromages cuits ou mous, que l'agitation seule serait impuissante à dissocier convenablement.

Tissus animaux et végétaux. — Quand il s'agit de déterminer le chiffre des germes contenus dans des substances fibreuses, même difficiles à diviser au mortier, on emploie, pour les broyer et les déchiqueter en particules très fines, un excipient stérilisé solide, dur comme le sable fin ou la poudre de verre à gros grains. Sous l'influence d'un pistage énergique on parvient à pulper d'une façon très satisfaisante les matières les plus tenaces, y compris le caoutchouc. Le tout, réduit en pâte homogène, est traité comme s'il s'agissait d'analyser un échantillon de terre ou de boue.

Engrais, fumiers, gadoues. — Quand les matériaux à soumettre à l'analyse sont très hétérogènes, comme les immondices, les fumiers et les ordures ménagères, on obtient, à notre avis, les meilleurs résultats en les broyant d'abord au mortier avec un peu d'eau stérilisée et en terminant l'opération avec une trituration énergique avec le sable ou le verre, le tout, jeté dans un matras d'eau stérile, fournit des dilutions qu'on traite par les méthodes habituelles.

Sable et substances compactes. — On n'a aucun intérêt à pulvériser ou broyer des corps ne recelant pas dans leur intérieur des micro-organismes tels, par exemple, que les sables quartzeux ou calcaires. Un simple lavage, après un trempage de quelques minutes, suffit ordinairement pour détacher la majeure partie des particules bactérifères déposées et plus ou moins adhérentes à leur surface. Pour aider à ce détachement, les substances introduites dans un petit tube à essai seront remuées au moyen d'un agitateur flambé avec faible quantité d'eau purgée de germes; le tout sera finalement introduit dans les vases à dilution.

L'observateur pourra d'ailleurs suppléer aux lacunes que présente ce court exposé en imaginant des procédés appropriés aux recherches analytiques qu'il voudra entreprendre; il devra se persuader que les résultats auxquels on arrive par ces méthodes, qu'on peut qualifier de grossières, ne sont qu'approximatifs et qu'on aurait tort de leur attribuer un degré d'exactitude qu'elles ne peuvent pas comporter.

II. — Résultats statistiques.

Suivant sa nature et son origine, le sol contient un nombre très variable de bactéries.

Miquel (1) a trouvé dans des échantillons de terre prélevés dans le parc de Montsouris, à 20 centimètres de profondeur, un chiffre moyen de 10000000 microbes par gramme ; Fränkel (2) 200000 à 500000 par centimètre cube; Kramer (3) 650000 par gramme; Adametz (4) 500000 par gramme ; Maggiora (5) jusqu'à 11000000 ; Reimers (6) 2560000 par centimètre cube, etc.

Quand les prélèvements sont effectués à des profondeurs de plus en plus grandes, le chiffre des bactéries va habituellement en diminuant dans les terrains non remués et ne recevant pas d'une façon par trop évidente des eaux impures insuffisamment filtrées.

Nous résumons dans le tableau suivant les chiffres obtenus par les principaux observateurs qui se sont adonnés à ces recherches.

Bactéries trouvées par gramme ou centimètre cube dans la terre.

	à Paris Champ-de-Mars (Miquel).	à Berlin terre de jardin (Fränkel).	dans un sol argileux (Kramer).	à Iéna terrain cultivé (Reimers).	à Turin sol de ville (Maggiora).
A la surface.	4000000	450000	650000	2564000	32200000
0,50.........	»	300000	500000	»	»
1,00.........	305000	150000	36000	»	82000
1,50.........	»	80000	700	»	»
2,00.........	7100	200000	»	23000	20000
2,50.........	»	700	»	»	»
3,00.........	»	100	»	6170	18000

Beumer (7), quoique avec des chiffres plus forts, est arrivé à des résultats à peu près identiques; donc la disparition progressive et rapide des bactéries à mesure que l'on s'éloigne de la surface d'un sol homogène et non pollué est un fait incontestable.

Dans le cas où le sous-sol a été infesté de date ancienne ou récente par l'apport de substances putrescibles, les résultats qu'on obtient sont tout à fait différents.

(1) Miquel. *Bulletin de la Société botanique de France*, 1881, sér. 3, p. 44.
(2) Fränkel. *Zeitschrift für Hygiene*, 1887, II, p. 521.
(3) Kramer. Die Bakteriologie in ihren Beziehungen zur Landwirthschaft, Vienne, 1890.
(4) Adametz. *Centralblatt für Bakteriologie*, 1887, I, p. 8.
(5) Maggiora. *Giornale della R. Academia de Medicina*, 1887, n° 3.
(6) Reimers. *Zeitschrift für Hygiene*, 1889, VII, p. 307.
(7) Beumer. *Deutsche medicinische Wochenschrift*, 1886, p. 464.

Les chiffres suivants ont été publiés, il y a quelques années, par MIQUEL (1) à la suite d'analyses de terre prélevée dans une ancienne nécropole (square des Innocents), et dans les cimetières du Père-Lachaise et du Montparnasse à Paris. Ces données numériques établissent que la loi de la disparition rapide et progressive des germes, quand on s'enfonce dans la profondeur du sol, n'est pas applicable aux terrains qui ont reçu ou reçoivent encore, de loin en loin, des matières putrescibles. A 2 mètres et même à $2^{m},50$ le chiffre des bactéries s'y montre très élevé.

Teneur en bactéries et par gramme de terres prélevées

	au square des Innocents (ancien cimetière).	au cimetière du	
		Père-Lachaise.	Montparnasse.
	—	—	—
A la surface	10 710 000	19 000 000	29 000 000
A $0^{m},50$	9 500 000	14 750 000	16 000 000
A 1 mètre	3 000 000	13 200 000	19 600 000
A $1^{m},50$	1 440 000	3 360 000	6 900 000
A 2 mètres	1 080 000	5 400 800	4 600 000
A $2^{m},50$	»	»	5 900 000

Ces constatations sont loin de confirmer une des conclusions de REIMERS dans laquelle cet expérimentateur affirme que les inhumations semblent n'exercer aucune influence notable sur des germes du sol.

On doit à MAGGIORA un travail intéressant sur la teneur en germes des sols de diverse nature. Nous résumons dans le tableau qui suit, les résultats moyens obtenus par ce savant.

Teneur en microbes, par gramme, de débris ou d'humus recueillis à la surface de :

Roches anciennes	2 800	à	10 600
Roche tertiaire	1 650	à	15 000
Roche volcanique	27 500	à	29 000
Terrain tourbeux	17 200	à	160 000
Terrain d'alluvion	45 000	à	128 000
Terrain cultivé	60 000	à	11 275 000
Terrain des villes (Turin)	1 390 000	à	78 000 000

FRÄNKEL a trouvé, de son côté, que du sable blanc prélevé aux environs de Potsdam accusait à la surface près de 100 000 germes par centimètre cube et, seulement, 100 à 2 mètres de profondeur.

Quant aux poussières atmosphériques recueillies à la surface des objets, MIQUEL (2) a donné, comme teneur moyenne de celles qu'il a

(1) MIQUEL. *Annales de Micrographie*, 1897, IX, p. 253.
(2) MIQUEL. *Bulletin de la Société botanique de France*, 1881, sér. 2, III, p. 49.

recueillies à l'observatoire de Montsouris et qui ont pu se rajeunir dans le bouillon Liebig, 750 000 bactéries par gramme et 2 100 000 pour les poussières récoltées dans les maisons placées dans le centre de Paris.

Les boues et la vase qu'on trouve sur les chaussées des rues et dans les ruisseaux qui bordent les voies urbaines accusent des chiffres de microbes s'élevant à des centaines de millions et même à des milliards par gramme.

Dans un travail intéressant publié par Manfredi (1) sur la contamination des rues de la ville de Naples, on lit qu'un gramme de balayures fraîches renferme, en moyenne, 716 000 000 de microbes et que, dans un cas, il a été trouvé 6 milliards de bactéries sous le même poids d'ordures ménagères.

Uffelmann (2) a trouvé dans les balayures de la ville de Rostock un chiffre moins élevé de germes, mais variant encore de 2 à 40 millions. Dans les boues des rues de Paris rejetées vers les ruisseaux par les balayeuses mécaniques, nous avons compté une moyenne de 225 000 000 de germes vivants avec des maxima s'élevant à 1 ou 2 milliards, toujours sous le poids d'un gramme de substance sèche (3).

Ces chiffres, si considérablement élevés, n'ont rien qui doive surprendre, car, pendant l'été, la Bièvre, qui étale encore ses eaux infectes dans plusieurs quartiers de Paris, accuse parfois 200 000 000 de bactéries par centimètre cube, ce qui correspond à 200 milliards de microbes par gramme de résidu sec de cette eau.

Les excréments ne sont pas constamment plus riches en bactéries que les boues et la vase des ruisseaux. Sucksdorff a obtenu une moyenne de 1 119 000 000 de germes par gramme de matière solide ; Manfredi 381 000 000, avec des écarts allant de 25 à 2 300 millions. Du reste, ces chiffres sont très variables et paraissent sous la dépendance de l'état de santé ou de maladie des sujets.

Nous ne parlerons pas des chiffres énormes de microbes qu'on rencontre dans les substances altérées spontanément, ou dans les processus de maturation qui, comme chez les fromages, sont dus à la multiplication et au travail de myriades d'êtres infiniment petits. Pour abréger, il nous suffira de rappeler que d'après Nægeli, 30 milliards de bactéries pèsent à peine 1 milligramme et que, par conséquent, quelque faible que soit la place qu'elles occupent dans

(1) Manfredi. *Atti della R. Accademia delle Scienze fis. mat. di Napoli*, 1891, IV.
(2) Uffelmann. *Centralblatt für Bakteriologie*, 1889, V, p. 497.
(3) Miquel. *Bulletin de la Société botanique de France*, 1881, sér. 2, III, p. 49.

la masse des substances altérables qu'elles ont envahi, on doit s'attendre à les y rencontrer sous des nombres peu usités dans le langage vulgaire.

III. — Microbes des poussières et du sol.

On pourrait, certainement, expliquer par la difficulté de résister à la dessiccation l'absence de certaines bactéries dans les poussières soulevées par les courants atmosphériques et retombées à la surface des objets, mais il ne saurait être admissible que le sol, d'où tout vient et où tout va, ne puisse à un moment donné être le véhicule de tous les microbes, il suffit pour cela que les conditions soient favorables à leur conservation ou à leur développement.

L'état de sécheresse et d'humidité, de la température, de la composition chimique des terrains, etc., ont une influence incontestable tant sur le nombre que sur la nature des bactéries présentes dans les couches superficielles de l'écorce terrestre. Ici, le sol est favorable pendant les périodes chaudes et humides au développement de la bactéridie charbonneuse; là, au bacille du charbon symptomatique; plus loin, à d'autres germes de microorganismes. Nous savons, en outre, que le bacille du tétanos, le vibrion septique, les staphylocoques des suppurations vastes et étendues se rencontrent dans la moindre parcelle de terre végétale ; que le bacille du côlon et, souvent, celui de la fièvre typhoïde peuvent être décelés dans les sols les plus divers. Il serait trop long de rappeler que la terre est le berceau des espèces si résistantes aux agents physiques et chimiques que nous avons décrites sous les noms de bacilles subtils, de la pomme de terre, thermophiles, de la putréfaction des substances animales ou végétales ; des fermentations lactiques, butyriques, ammoniacales, de la nitrification, etc.

De plus, rien ne nous autorise à nier que les espèces pathogènes le plus habituellement isolées du corps des animaux et considérées comme se perpétuant chez les êtres vivants ne puissent, à un moment donné, gagner le sol, s'y conserver et s'y multiplier ; puis, dans les occasions favorables, le quitter de nouveau pour produire des épidémies ou des épizooties et atteindre les individus vulnérables ou ceux qui, après un espace de temps plus ou moins long, ont perdu l'immunité que leur avait conférée des atteintes antérieures.

Cette théorie est d'ailleurs la seule probable par la raison qu'elle satisfait l'esprit ; sans doute, il restera à démontrer que ces espèces devenues saprogènes dans le sol qui leur donne asile peuvent, en passant par le corps des animaux, acquérir une malignité qui nous les fait distinguer de cette foule de microbes végétant autour de nous et que nous considérons comme inoffensifs. Pour appuyer cette manière de voir, il suffit de rappeler le fait, d'observation vulgaire en bactériologie, de la perte rapide de la virulence chez beaucoup de bactéries pathogènes par la culture au contact de l'air à une température plus ou moins élevée. Souvent, au bout de quelques générations, les microbes les plus actifs perdent leur pouvoir nocif et le plus habile observateur se trouve alors incapable de les différencier des microbes les plus communs. Réciproquement, on peut supposer, sans craindre de s'écarter de la vérité, que les espèces considérées comme saprogènes peuvent, dans des conditions qu'il sera très intéressant de déterminer, récupérer leur première virulence et créer, à un moment donné, des épidémies dont on constate souvent le réveil sans pouvoir en expliquer l'origine ou la cause.

CHAPITRE IV

ÉPURATION DES EAUX

L'épuration des eaux a pris de nos jours dans l'hygiène publique une place prépondérante, elle constitue l'un des facteurs principaux de l'assainissement des villes. Dans le cadre de cet ouvrage, nous ne pouvons bien entendu l'aborder que par son côté bactériologique, laissant volontairement à part les considérations d'ordre chimique, agricole ou économique qu'elle comporte.

I. — Épuration des eaux d'égout.

Les eaux usées des petites villes, où l'on ne pratique pas le tout à l'égout ne semblent pas être normalement très dangereuses. Les microbes pathogènes qu'elles peuvent contenir proviennent surtout de l'essangeage du linge ayant servi aux malades. Elles peuvent, en général, sans grand inconvénient être déversées, telles quelles, dans les cours d'eaux, à condition toutefois que ceux-ci aient un débit 10 à 15 fois supérieur au volume d'eau d'égout qu'ils reçoivent, que leur courant soit rapide et qu'ils ne traversent aucune agglomération humaine entre le point de déversement et le point où l'épuration spontanée est effective (Pettenkoffer).

Il ne saurait aujourd'hui en être ainsi pour les grandes villes dont les égouts, outre les eaux provenant du lavage des rues, les eaux ménagères et d'essangeage, les eaux usées industrielles, etc., charrient encore les matières de vidange. En 1897-98, les égouts de Paris notamment vomissaient journellement 430 000 mètres cubes d'eaux usées chargées du tiers environ de la totalité des matières fécales de 2 500 000 habitants. A cette époque, on se trouvait encore dans la nécessité de déverser en Seine, sans épuration, la moitié environ de ce liquide innomable contenant par centimètre cube plus de 16 millions de bactéries les plus variées. Nous avons vu plus haut l'influence néfaste qu'exerce ce déversement sur la teneur microbienne du fleuve en aval des grands collecteurs de Clichy et de Saint-Ouen.

Toutes les grandes villes offrent des inconvénients analogues; aussi a-t-on depuis longtemps cherché à épurer les eaux d'égout de toutes les substances nocives qu'elles tiennent en suspension ou en dissolution, avant de les évacuer dans les fleuves.

Procédés chimiques.

Nous ne parlerons pas des procédés de clarification ou d'épuration mécaniques ou chimiques basés sur la sédimentation, sur le collage des impuretés par la formation de laques insolubles à base d'alumine ou d'oxyde de fer, de la précipitation par la chaux, etc. Tous ces procédés exigent une place considérable et des dispositifs coûteux, ils ne fournissent, en définitive, qu'une épuration microbienne imparfaite et aléatoire ; cependant, quelques-uns peuvent, dans certains cas, être avantageusement employés pour l'épuration des eaux usées d'une usine ou d'une petite ville ou bien encore, comme pis aller, quand on ne peut, pour une raison majeure, recourir à l'épandage.

Ils ne sauraient, au moins jusqu'à présent, servir au traitement de très grandes masses d'eau d'égout. Un de leurs inconvénients, et non le moindre, réside dans le volume énorme des boues et résidus solides qu'ils produisent et dont on ne sait la plupart du temps que faire. On a proposé de distribuer ces résidus encombrants sur des terrains maigres pour les ameublir, mais on ne trouve pas toujours ces terrains au voisinage de l'installation et les frais de transport de ces boues, même fortement pressées, est trop onéreux. On a proposé, également, de les additionner au besoin de matières fertilisantes, mais les composts ainsi formés n'ont qu'une faible valeur agricole.

On en fait parfois, par la cuisson, un ciment peu estimé.

A Ealing et à Chicago, on incinère ces boues dans un four spécial en même temps que les ordures ménagères (1).

---

(1) J. Brix. *Centralblatt für allgemeine Gesundheitspflege*, 1898, p. 1.

Procédé par électrolyse.

Ce procédé, breveté par Hermite, consiste, d'après Lambert (1), à préparer par électrolyse des solutions de sel marin ou de l'eau de mer, des solutions chargées de produits analogues aux hypochlorites de chaux ou de soude, qu'on mélange ensuite avec les eaux résiduaires à épurer. Lorsque les eaux résiduaires ne sont pas chargées de matières solides, on peut, comme dans le procédé de Webster, se contenter d'y ajouter une suffisante quantité de sel ou d'eau de mer et faire passer le tout directement dans la cuve d'électrolyse. Les résultats très favorables trouvés tout d'abord par Piton n'ont pas été toujours confirmés par les travaux ultérieurs de Klein, ni par ceux de Du Bois-Saint-Séverin et Anché, Roscoë et Lund (2).

Épuration par le sol.

Le seul procédé d'épuration des eaux d'égout qui mérite de fixer l'attention par l'importance des applications qu'il a reçues et la perfection des résultats qu'il fournit est l'épuration par le sol avec ou sans utilisation agricole concomitante. Ce procédé, appliqué dès l'antiquité, a été surtout vulgarisé par le développement considérable qu'il reçut en Angleterre ; en 1881, on comptait 134 villes de ce pays épurant par le sol leurs eaux usées chargées de matières fécales [Cornil (3)].

Les recherches méthodiques depuis longtemps poursuivies à la station de Lawrence (Massachusetts) ont vivement éclairé le phénomène de l'épuration des eaux d'égout par le sol (4). Pour obtenir de bons résultats, il est indispensable que le sol ne soit jamais noyé, pour que l'oxygène nécessaire à la nitrification puisse y pénétrer toujours en quantité suffisante ; on devra donc recourir à la filtration intermittente sur un sol composé de matériaux très perméables, comme le sable en gros grains ; chaque déversement d'eau

---

(1) Lambert. *Bulletin de la Société chimique*, 1894, XI, p. 650.

(2) Roscoë et Lund. *Journ. of the chemical industry*, 1895, XIV, p. 224.

(3) Cornil. Rapport au Sénat sur l'utilisation agricole des eaux d'égout de Paris et l'assainissement de la Seine. Paris, 1888.

(4) *Annual Reports of the state board of heath of Massachusetts*. Boston, 1890 et *passim*. — *Revue d'Hygiène*, 1892, XIV, p. 350 ; 1893, XV, p. 390.

d'égout ne doit pas dépasser, autant que possible, le quart de la capacité d'absorption du sol et devra être séparé du suivant par un intervalle convenable. On peut ainsi, pour une même surface épuratrice, arriver à épurer convenablement un volume d'eau d'égout plus considérable s'il y est déversé par petites fractions, à intervalles réguliers, que s'il y est répandu d'un seul coup.

Quand, après un service prolongé, le sol filtrant se trouve colmaté, on peut lui rendre toute sa puissance épuratrice primitive en retournant et mélangeant les couches les plus superficielles.

On peut encore exalter l'activité d'un pareil filtre naturel en y produisant un constant appel d'air au moyen d'un aspirateur puissant.

Dès 1866, des recherches sur l'épuration par le sol des eaux d'égout de Paris furent entreprises, à Clichy, par MILLE, à la suite desquelles un premier essai en grand fut tenté, en 1869, à Gennevilliers. DURAND-CLAYE (1) consacra, quelques années plus tard, sa trop courte existence à l'étude de cet important problème.

Depuis cette époque, les résultats obtenus furent des plus satisfaisants ; la surface irriguée qui était de 50 hectares seulement en 1872, fut successivement portée à 295 en 1876, à 450 en 1880, à 616 en 1884, à 715 en 1889. Elle est actuellement de 900 hectares et, bien que la dose d'eau qui y est épurée s'élève en moyenne à 40 000 mètres cubes par hectare et par an (chiffre fixé par la loi du 4 avril 1889), on peut constater que l'eau de drainage qui s'en échappe et retourne à la Seine est toujours aussi bien privée de ses germes vivants qu'aux premiers jours.

Ce chiffre de 40 000 mètres cubes par hectare et par an a été choisi un peu arbitrairement. Si l'on n'envisage que l'épuration des eaux d'égout par le sol, il est de toute évidence qu'il est beaucoup trop faible. Des expériences, effectuées dès le début à Gennevilliers, prouvent que le sol siliceux des alluvions anciennes, peut, sans culture et simplement labouré, absorber et épurer en simple colmatage l'énorme volume de 1 200 000 mètres cubes par hectare et par an [S. VINCENT (2)]. Il résulte des expériences effectuées à la station de Lawrence, qu'on peut, sans inconvénient, porter à près de 500 000 mètres cubes la quantité d'eau d'égout à épurer par le sol, par an et par hectare, tout en conservant une épuration satisfaisante. Nous verrons, un peu plus loin, qu'en utilisant des sols artificielle-

(1) DURAND-CLAYE. *Revue d'Hygiène et de Police sanitaire*, 1884, VI, p. 858. — 1885, VII, pp. 58, 70, 214, 325.

(2) S. VINCENT. *Le Génie sanitaire*, 1896, p. 90. — *Revue d'Hygiène et de Police sanitaire*, 1896, XVIII, p. 590.

ment préparés, convenablement aérés et aménagés, on peut épurer efficacement près de 3 000 000 de mètres cubes par hectare et par an. Ces faits sont très importants à considérer, car ils permettent de réduire considérablement la surface des champs d'épuration qu'on ne trouve pas toujours, de nature convenable et suffisamment étendus, au voisinage des villes. Mais cette épuration intensive des eaux d'égout par le sol a, par contre, le grave défaut de laisser perdre une énorme quantité de matières fertilisantes qui s'y trouvent contenues à un état et à une dose éminemment convenables pour l'agriculture ; des richesses inestimables se trouvent ainsi jetées à la rivière par l'intermédiaire des eaux de drainage.

C'est pourquoi on a, généralement, recours au procédé d'épuration par le sol combiné avec l'utilisation agricole. Sous l'influence des microorganismes et, surtout, des ferments nitriques du sol, les matières azotées, albuminoïdes ou autres des eaux d'égout sont profondément modifiées, oxydées et, comme l'a montré SCHLŒSING, transformées, en fin de compte, en acide nitrique, en eau et acide carbonique. L'acide nitrique se combine avec les bases salifiables du sol, notamment la chaux qui s'y trouve contenue à l'état de calcaire et se retrouve en dissolution dans les eaux de drainage. On comprend, dès lors, que les terrains d'épandage soient merveilleusement fertilisés par cette nitrification intense et continue et puissent se prêter à des cultures très rémunératrices. Mais au point de vue de l'épuration des eaux d'égout avec utilisation agricole, il faut tenir compte, dans la quantité d'eau d'égout servant à irriguer les terres, de la quantité d'eau pure et de la quantité de matières fertilisantes contenues dans cette eau d'égout. La première agit au seul point de vue de l'arrosage, c'est-à-dire de l'humectation de la terre et de la récolte; la seconde agit comme élément nutritif de cette récolte [VINCEY (1)].

Or, si l'on admet, ce qui est à peu près conforme à l'expérience en grand réalisée depuis longtemps par les cultivateurs qui utilisent librement l'eau d'égout de la ville de Paris à Gennevilliers et à Achères, que la dose *moyenne* d'eau d'égout nécessaire et suffisante pour l'arrosage est d'environ 45 000 mètres cubes par hectare et par an, on voit, en faisant le compte de la quantité des principes fertilisants (acide nitrique, acide phosphorique, potasse) apportés par l'eau d'égout et de la quantité de ces principes fixés par les récoltes, que

(1) P. VINCEY. *Revue d'Hygiène et de Police sanitaire*, 1899, XXI, p. 992.

près des 9/10 de ces matières fertilisantes sont inutilisées et se perdent par les eaux de drainage. Il y aurait donc intérêt, pour profiter de la totalité des matières fertilisantes, à diluer considérablement, dans la proportion de 1 p. 10, les eaux d'égout avant de les diriger sur les champs d'irrigation cultivés; mais on conçoit alors que cette meilleure utilisation des matières fertilisantes conduirait à rechercher des surfaces irrigables environ 10 fois plus considérables (1).

A Gennevilliers, l'eau d'égout amenée sur les terrains filtrants provient du collecteur nord de Paris et s'y trouve répartie par un système de canalisations d'environ 55 kilomètres de développement. De distance en distance, des branchements fermés par des clapets à vis, au nombre de plus de 800, permettent de distribuer l'eau d'égout sur le sol. Celui-ci est disposé par raies et billons, de telle sorte que l'eau d'égout imbibe la terre et baigne les racines des plantes sans arriver à aucun moment à recouvrir le sol et à toucher les tiges. On y fait surtout de la culture maraîchère, les cultivateurs sont libres de recevoir l'eau d'irrigation quand bon leur semble.

Les eaux des égouts de Paris présentent la composition micrographique suivante.

Teneur en bactéries, par centimètre cube, des eaux d'égout de Paris.

Années.	Collecteur de Clichy.	Collecteur de St-Ouen.	Moyennes.
1889	24 227 000	8 850 000	16 538 000
1890	12 395 000	21 320 000	16 850 000
1891	29 454 000	18 500 000	23 977 000
1892	21 750 000	20 500 000	21 125 000
1893	30 416 000	17 125 000	23 770 000
1894	20 630 000	26 635 000	23 632 000
1895	13 150 000	16 870 000	15 010 000
1896	7 179 000	13 325 000	10 252 000
1897	5 630 000	9 680 000	7 655 000
1898	12 165 000	11 405 000	11 785 000

Voici maintenant quelques chiffres mettant en évidence la valeur de l'épuration de ces eaux d'égout par l'épandage sur le sol cultivé à Gennevilliers. Ces chiffres se rapportent à l'eau de drainage recueillie dans les quatre drains d'Asnières, d'Argenteuil, du Moulin-de-Cage et d'Épinay.

(1) Vincey. *Revue d'Hygiène et de Police sanitaire*, 1899, XXI, p. 992. — Vallin. *Revue d'Hygiène et de Police sanitaire*, 1896, XVIII, p. 89. — Voir aussi *Revue d'Hygiène et de Police sanitaire*, 1898, XX, pp. 177 et suiv.

Teneur en bactéries, par centimètre cube, de l'eau des drains de Gennevilliers.

Années.	Dr. d'Asnières.	Dr. d'Argenteuil.	Dr. du Moulin-de-Cage.	Dr. d'Épinay.
—	—	—	—	—
1892	3 110	19 390	11 580	20 160
1893	920	29 700	2 400	7 200
1894	1 225	4 920	15 640	11 430
1895	880	5 165	10 675	8 380
1896	1 180	5 580	12 320	8 710
1897	4 365	8 340	1 335	4 485
1898	1 175	5 325	4 510	4 095

Actuellement, la ville de Paris, indépendamment des 900 hectares de la presqu'île de Gennevilliers, utilise, pour l'épuration des 600 000 mètres cubes d'eaux usées qu'elle produit journellement, plus de 4 000 hectares de terrains de sa banlieue nord-ouest, à Achères, à Méry, à Carrières-sous-Poissy. Une partie de ces terrains appartient à des cultivateurs qui reçoivent librement, comme à Gennevilliers, l'eau d'égout à leur convenance, on y fait surtout de la culture maraîchère. Le reste, soit environ 1 600 hectares, fait partie du domaine municipal, la grande culture (prairies, betteraves, pommes de terre) y est surtout indiquée.

Les eaux qui parviennent sur ces terrains proviennent des trois grands collecteurs parisiens ; elles se trouvent aspirées et refoulées par des machines élévatoires installées à Clichy et à Colombes. Avant de s'engager dans les conduites, elles circulent lentement dans de vastes bassins dits de dégrossissage où elles se débarrassent des corps flottants, paille et fumier, et des impuretés les plus lourdes (corps solides, sables et particules terreuses, etc.) qu'elles charrient. Après avoir circulé dans un aqueduc entre Paris et Triel, elles sont dirigées par des conduites secondaires vers les points où elles doivent être utilisées. Sans insister ici sur ces divers champs d'épandage qui ne sont pas encore tous en fonctionnement normal, nous donnerons cependant la teneur microbienne comparée de l'eau d'égout déversée sur le sol et de l'eau de drainage recueillie dans les principaux drains des terrains irrigués du domaine d'Achères ; l'eau d'égout est distribuée sur 1 000 hectares à la dose moyenne de 40 000 mètres cubes par hectare et par an, par une canalisation de plus de 33 kilomètres de développement portant 292 bouches d'irrigation espacées de 75 à 100 mètres.

Teneur en bactéries, par centimètre cube, des eaux des drains d'Achères.

	1897.	1898.
	—	—
Collecteur d'Achères	15636000	12050000
Drain d'Herblay	1330	715
Drain de la Garenne	2680	2345
Drain des Noyers	1010	185
Drain des Fonceaux	»	3625

L'épuration des eaux d'égout par l'épandage est surtout produite, nous l'avons dit, par la nitrification intense qui se déclare dans les couches les plus superficielles du sol. Un champ d'épandage ne fonctionne bien que lorsque les ferments nitriques s'y trouvent dans de bonnes conditions de développement, c'est-à-dire quand le sol est assez poreux pour que l'oxygène puisse y affluer librement et quand la température est suffisamment élevée. A ce dernier point de vue, on pouvait craindre que pendant les hivers longs et rigoureux, l'épuration des eaux d'égout, par ce système, ne fût gravement compromise. Les expérimentateurs de la station de Lawrence ont constaté par exemple que, tandis que l'eau épurée par un bassin d'essai contenait de 1 à 4,28 d'azote nitrique au mois d'août, elle n'en renfermait plus que des traces en décembre. En même temps, on voyait le chiffre des bactéries, qui était voisin de 15000 en moyenne en été, s'élever à près du triple en hiver. Pendant la saison froide, donc, les bactéries des eaux d'égout, n'ayant plus à lutter contre la concurrence des ferments nitriques paralysés par le froid, ont plus de tendance à traverser les couches filtrantes du sol. Toutes les causes qui tendent à s'opposer au refroidissement du sol, tendent en même temps à augmenter la nitrification des matières azotées et à diminuer le nombre des bactéries de l'eau épurée : ainsi de simples tentes disposées au-dessus des champs, ou bien encore l'irrigation par des rigoles profondes et très étroites, n'ayant que le contact minimum avec l'atmosphère, agissent en ce sens. Il est à remarquer que l'eau d'égout possède toujours à son arrivée sur le terrain d'épandage une température relativement élevée, même par les froids les plus rigoureux. En février 1895, où la température moyenne fut de —4°, l'eau d'égout, dont la température oscille de 4°,9 à 7°,2, put sans inconvénient être distribuée journellement à la dose moyenne de 86149 mètres cubes sur 790 hectares de la presqu'île de Gennevilliers. Voici les teneurs bactériennes observées à cette époque pour les eaux d'égout et pour les eaux émergeant des drainages.

Teneur en bactéries, par centimètre cube, des eaux d'égout de Paris et des drains de Gennevilliers en février 1895.

Eau d'égout brute (collecteur de Clichy)...........	4 000 000
Eau d'égout brute (collecteur de Saint-Ouen).......	7 000 000
Drain d'Asnières..................................	200
Drain d'Argenteuil................................	500
Drain d'Épinay....................................	26 000

Il est à noter même que les eaux d'égout dont la température est toujours relativement élevée empêchent le sol irrigué de geler [LAUNAY (1), VALLIN (2)].

Les essais en grand de la station de Lawrence, les installations de Wolwerhampton [procédé LOWCOCK (3)] et de Newport [procédé WARING (4)] montrent, de leur côté, tout l'avantage qu'on peut retirer de l'aération forcée des sols filtrants destinés à l'épuration des eaux d'égout. TH. WEYL (5) ne pense pas qu'on puisse accuser les champs d'épandage des eaux d'égout d'être des foyers d'infection typhique ou autre; cette opinion est partagée par tous les hygiénistes qui se sont préoccupés de la question (LITTLEJOHN, BERTILLON, LISSAUER, SCHÖTTELIUS et BAÜMLER, VON COLER, etc.). D'après A. STUTZER (6), le bacille cholérique qui peut persister pendant plus de 6 jours dans la terre non irriguée serait absolument incapable de rester vivant plus de 48 heures dans le sol des champs d'irrigation; il explique ce fait par la concurrence vitale des autres microorganismes, vraisemblablement les ferments nitriques.

Procédés divers.

Toutes les fois qu'on ne trouve pas au voisinage des villes une étendue suffisante de terrains propres à recevoir l'eau d'égout et à en retenir les principes fertilisants, ou bien encore lorsque les municipalités ne peuvent engager les dépenses considérables nécessitées par cette épuration avec utilisation agricole, il faut avoir recours à d'autres procédés d'épuration. Nous avons dit que l'épuration chimique ou la simple clarification par l'alun, le sulfate de fer, la chaux, etc., étaient, pour ainsi dire, impraticables à cause de

(1) LAUNAY. *Revue d'Hygiène et de Police sanitaire*, 1895, XVII, p. 385.
(2) VALLIN. *Revue d'Hygiène et de Police sanitaire*, 1896, XVIII, p. 491.
(3) DOUGLAS GALTON. *Journal of the Sanitary Institute*, 1896, pp. 1-27.
(4) S.-E. WARING. *Journal of the Sanitary Institute*, 1896, pp. 75-82.
(5) WEYL. *Berlin. Klin. Wochenschrift*, 1895, n°s 50 et 51; 1896, n° 2.
(6) A. STUTZER. *Centralblatt für Bakteriologie*, 1896, XIX, p. 200.

l'énorme quantité de boues peu utilisables qu'on obtient comme résidus et dont on se trouve fort embarrassé.

La méthode Eichen expérimentée à la station de Pankow, près Berlin, par Brix, Vogel, Proskauer et Elsner (1), consiste à additionner les eaux brutes d'une première substance épurante, après quoi elles circulent lentement dans un système formé de 4 bassins garnis de cloisons verticales disposées en chicane où se dépose la majeure partie des boues. Après une grossière filtration sur une couche de gravier, les eaux sont additionnées d'environ 4 à 500 grammes de chaux par mètre cube; on les dirige dans des bassins de décantation analogues aux premiers et, enfin, sur un filtre où elles subissent une nitrification très active. Ce procédé, d'après Proskauer et Elsner ne serait pas, au point de vue des matières dissoutes, de beaucoup supérieur à ceux déjà connus; il fournirait, par contre, une épuration bactérienne à peu près totale; son prix de revient serait de 2 francs à 2 fr. 25 par habitant et par an.

A Heaton-Mersey on épure les eaux d'égout au moyen de filtres à l'oxyde de fer magnétique. Ces eaux subissent, tout d'abord, une précipitation par l'alun, puis passent successivement par 3 bassins filtrants. Le premier est formé d'une couche de sable fin supporté par une couche de gravier reposant lui-même sur un lit de briques perforées. De temps en temps, on doit faire passer un courant d'air à travers les couches filtrantes pour renouveler les surfaces. Quand ce premier filtre, destiné à retenir les impuretés les plus grosses, est par trop colmaté, on le nettoye en ratissant la surface du sable. L'eau est ensuite dirigée dans un second bassin analogue au premier, mais la couche de sable y est additionnée de magnétite. Le troisième filtre comprend de haut en bas une couche de sable, une couche formée d'un mélange de sable et de magnétite, une forte couche de gravier reposant sur des briques perforées.

A la sortie de ces filtres, l'eau est parfaitement limpide, incolore, absolument inodore. Elle se montre dépourvue de matières organiques et absolument comparable au point de vue chimique ou micrographique aux meilleures eaux de source. Cet heureux résultat serait dû à l'action oxydante énergique de la magnétite (2). Avec un filtre composé de 2 à 3 pouces de sable, un pied de magnétite mélangée à 6 pouces de cailloux et enfin 4 pouces de cailloux, le

---

(1) Proskauer et Elsner. *Vierteljahr. f. gerichtl, Med. v. öff. Sanitätswesen*, 1898, XVI.

(2) W. Darley. *Journal of the Sanitary Institute*, 1895, p. 678. — *Revue d'Hygiène et de Police sanitaire*, 1895, XVII, p. 558.

tout reposant sur des briques perforées on peut épurer 2000 gallons d'eau d'égout (tout à l'égout) par yard superficiel et par 24 heures.

SIDNEY BARWISE (1) rapporte que dans le comté de Derby on précipite les eaux d'égout par des blocs d'alumine ferrugineuse, une tonne, valant 70 francs, peut servir à précipiter en moyenne les impuretés en suspension dans 9000 mètres cubes. Les eaux, après ce traitement, sont envoyées sur un filtre formé de charbon et de polarite, sur lequel elles achèvent de se purifier sous l'influence d'une active nitrification. Ces filtres peuvent traiter de 500 à 1200 litres d'eau d'égout par yard superficiel et par 24 heures.

Le procédé HOWATSON, usité à Huddersfield pour le traitement des eaux d'égout, consiste à additionner ces eaux d'un produit appelé *ferozone* qui est en réalité formé par un mélange de sulfate de fer et d'alumine en proportions variables selon la teneur de l'eau à épurer. Les dépôts sont recueillis dans un filtre-presse et convertis en tourteaux pour l'agriculture. Les liquides sont alors envoyés dans un filtre spécial formé par deux couches de silex concassé entre lesquelles se trouve disposée une substance minérale, dite *polarite*, qui est constituée par de l'oxyde de fer magnétique 54 p., de la silice 25 p., de la chaux 2 p., de l'alumine 6 p., de la magnésie 7 p. et des alcalis 6 p. Ce filtre constitue un puissant support d'oxydation, la nitrification active qui s'y déclare achève l'épuration commencée par le ferozone. G. POUCHET (2) qui a expérimenté ce procédé, installé à l'essai à la maison municipale de Nanterre, en a constaté l'efficacité; le chiffre des bactéries, en particulier, serait parfois réduit dans le rapport de 1 : 220.

Procédés biologiques.

Depuis quelques années on a beaucoup vanté les résultats fournis par la méthode d'épuration des eaux d'égout et des eaux résiduaires industrielles connue sous le nom de *méthode biologique*, laquelle met en œuvre les microbes eux-mêmes que charrient ces eaux usées.

Cette méthode présente deux variantes principales : la première dite méthode de DIBDIN est basée sur l'action des microbes

---

(1) SIDNEY BARWISE. *Journal of the Sanitary Institute*, 1898, p. 545. — *Revue d'Hygiène et de police sanitaire*, 1898, XX, p. 667.

(2) G. POUCHET. Rapport au Comité consultatif d'hygiène publique de France, 29 juillet 1895.

aérobies, la seconde, dite méthode de la fosse septique ou de CAMERON, dont, il y a quelque dix ans, MOURAS a été le précurseur en France, repose sur les fermentations que peuvent déterminer les microbes anaérobies. La méthode d'épuration biologique des eaux d'égout aurait, surtout, l'immense avantage de ne pas produire de boues abondantes comme les nombreux procédés chimiques expérimentés un peu partout; de plus, elle se prêterait au traitement d'énormes quantités d'eaux sur des surfaces très restreintes et serait par conséquent très économique. Dès 1891, M. E. ADENEY (1) avait attiré l'attention sur le rôle des bactéries considérées comme agents naturels d'épuration des eaux d'égout; dans un premier stade, qu'il appelle improprement *bactériolyse*, ces bactéries liquéfieraient et oxyderaient les matières carbonées contenues en solution ou en suspension dans l'eau d'égout. Ultérieurement, dans un stade de nitrification, tous les matériaux azotés de ce liquide seraient à leur tour attaqués, mais plus lentement et oxydés à refus (KAYE PARRY) (2).

Les premiers essais en grand d'épuration biologique des eaux d'égout par oxydation ont été tentés en Angleterre, à Barking, Sutton, Exeter, etc., et étudiées par DIBDIN, SANTO CRIMP, ROECHLING, JONES, CAMERON, REID et RIDEAL. A Barking, par exemple, DIBDIN a reconnu qu'un filtre de 16 mètres carrés épurait très convenablement les eaux d'égout préalablement précipitées par le sulfate de fer et la chaux. Un filtre analogue d'un acre de surface, formé d'une couche de coke de 3 pieds d'épaisseur surmontée d'une couche de gravier de 3 pouces et convenablement drainé à sa partie inférieure, a fonctionné sans interruption, même pendant les périodes de froid rigoureux, avec plein succès, de la façon suivante : le filtre était rempli pendant deux périodes de 8 heures, laissé en repos pendant 8 heures (1 période), égoutté pendant 40 heures (5 périodes). Après 6 jours d'activité, le filtre était abandonné au repos pendant 1 journée (BECHMANN) (3).

Un essai de filtrage, à Sutton, d'eaux non traitées au préalable par la chaux et le sulfate de fer, a donné des résultats également parfaits, mais à condition de faire passer tout d'abord l'eau dans un premier filtre de dégrossissage formé de mâchefer.

Selon DIBDIN, cette méthode de *filtrage intermittent* sur des couches filtrantes, dont on reste toujours maître de choisir la nature et le

(1) W. E. ADENEY. *Proceeding's Roy. Society*. Dublin, 1895.
(2) W. KAYE PARRY. *Journal of the Sanitary Institute*, 1898, p. 531.
(3) BECHMANN. *Revue d'Hygiène et de Police sanitaire*, 1898, XX, p. 335.

degré de finesse les plus convenables pour obtenir le meilleur résultat, permettrait d'épurer régulièrement plus de 1 mètre cube d'eau d'égout par mètre carré de filtre et par jour, soit plus de 3 000 000 de mètres cubes par hectare et par an.

Dans une série de mémoires récents, DUNBAR (1) et ZIRN ont publié leurs observations sur l'épuration par la méthode DIBDIN des eaux résiduaires de Hambourg-Eppendorf, nous ne pouvons qu'y renvoyer le lecteur.

La méthode de la *fosse septique*, de CAMERON, a été surtout expérimentée en grand à Exeter, pour l'épuration des eaux d'égout d'un quartier de cette ville, comprenant environ 1 500 habitants. Elle consiste en principe à diriger l'eau d'égout, sans dégrossissage préliminaire, dans un réservoir où l'air et la lumière n'ont pas le moindre accès.

Dans ce réservoir (*septic tank*) les bactéries anaérobies, naturellement contenues dans l'eau d'égout, se multiplient abondamment ; elles sécrètent des diastases qui liquéfient la presque totalité des matières organiques en suspension, de telle sorte que les boues qui se déposent, réduites aux simples matières minérales, sable, etc., ont un volume aussi faible que possible et ne renferment plus de substances putrescibles. Au sortir du réservoir septique, l'eau d'égout, qui y a déjà subi une notable épuration par suite des diverses fermentations (forménique, butyrique, etc.) dont elle a fourni les matériaux, s'écoule en nappe mince, par une jauge, et se trouve répartie dans un système de cinq filtres dont quatre sont en fonctionnement tandis que le cinquième est en période de repos. On s'arrange pour que chacun des filtres reste en période de repos pendant une semaine chaque mois. Le débit de la fosse septique et les dimensions des filtres sont calculés pour que le liquide puisse séjourner environ 3 heures au contact des filtres. Lorsqu'un filtre est plein, le liquide y séjourne pendant que le suivant s'emplit, après quoi il est vidé et l'eau épurée est évacuée à la rivière.

Ces filtres, constitués par des grains de mâchefer d'environ 12 millimètres de diamètre, sont de simples supports d'oxydation, analogues à ceux du procédé DIBDIN ; ils ont pour but de compléter l'épuration commencée dans la fosse septique, mais cette fois, par l'oxydation énergique produite par la nitrification au contact d'une atmosphère facilement renouvelée.

---

(1) DUNBAR. *Deutsche Vierteljahrs. f. öff. Gesundh*, 1899, XXXI, p. 625. — *Revue d'Hygiène*, 1900, XXII, pp. 746, 748, 750.

Tandis que l'eau au sortir de la fosse septique possède une apparence laiteuse, elle est absolument limpide et, ce qui est surtout intéressant, tout à fait inaltérable au sortir des filtres nitrificateurs [CAMERON (1), RIDEAL (2)].

Le procédé CAMERON, modifié par SCHWEDER, a été expérimenté à Gross-Lichterfeld; on estimait qu'avec un hectare de filtre on pouvait épurer plus de 3000 mètres d'eau d'égout par jour; le chiffre des bactéries qui était de plusieurs millions dans l'eau brute s'élevait encore à 750000 et même 2 millions par centimètre cube dans l'eau épurée. D'après SCHUMBURG (3), l'eau épurée était claire, inodore, imputrescible; alors que l'eau brute était noirâtre, fétide et riche en matières organiques en suspension. Cet heureux résultat se trouvait obtenu de la façon suivante : les eaux vannes, après une décantation grossière dans un premier bassin, passaient dans la *fosse septique*, où elles étaient abandonnées pendant 24 heures à la putréfaction. Elles étaient ensuite aérées par des chutes en cascade et envoyées dans un filtre ou support d'oxydation. Tout semblait fonctionner au mieux, lorsque l'installation de Gross-Lichterfeld ayant été ultérieurement démolie, on a trouvé une énorme accumulation de boues, ne différant en rien des boues ordinaires des eaux d'égout dans cette fosse septique qui, théoriquement, devait les liquéfier totalement sans les laisser à aucun moment s'accumuler [SCHMITMANN, PROSKAUER et STAAF (4)].

II. — ÉPURATION DES EAUX POTABLES.

Il est parfaitement établi aujourd'hui que l'eau d'alimentation est le vecteur le plus habituel d'un certain nombre de maladies infectieuses, notamment la fièvre typhoïde. Les germes spécifiques de cette maladie existent en effet, pour ainsi dire en permanence, dans les eaux des rivières et des fleuves, qui reçoivent les eaux de ruissellement du sol, plus ou moins souillé, les eaux résiduaires des lavoirs, les eaux d'égout des villes, chargées elles-mêmes de matières fécales.

Les mêmes germes se rencontrent, aussi parfois, dans les eaux des nappes souterraines qui alimentent les puits et les sources. Dans les

(1) DONAL CAMERON. *Journal of the Sanitary Institute*, 1898, p. 563.
(2) S. RIDEAL. *Journal of the Sanitary Institute*, 1897, p. 59.
(3) SCHUMBURG. *Virteljahr. für gerichtl. Med, v. öff. Sanitätswesen*, 1899, XXII.
(4) SCHMIDTMANN, PROSKAUER et STAAF. *Vierteljahr. für gerichtl. Med. v. öff. Sanitätswesen*, 1900, XIX.

terrains fissurés, en effet, ces nappes ne subissent pas toujours une épuration suffisante de la part des couches géologiques qu'elles traversent; elles reçoivent en outre, pour la plupart, au moins temporairement et surtout à la suite des périodes pluvieuses, des apports directs d'eaux de surface suspectes; elles peuvent être de même gravement contaminées par des puisards, par des fosses d'aisances mal étanches, par des lavoirs dont les eaux usées se perdent dans les fissures du sol, par des cimetières, etc.

Il est possible de remédier à quelques-unes de ces causes multiples de contamination des eaux destinées à l'alimentation : on peut, dans bien des cas, supprimer les souillures les plus grossières et les plus immédiates par des captages soignés, allant chercher les eaux profondément, à l'abri des infiltrations superficielles, dans leur gisement géologique lui-même (Janet); on peut établir autour des puits et des sources des périmètres de protection où nulle souillure ne puisse être déposée; on peut, pour éviter la pollution des nappes souterraines, évacuer au loin les eaux des lavoirs ou les stériliser avant de les laisser perdre dans le sol; on peut drainer efficacement le sous-sol des cimetières, construire des lits cimentés étanches aux cours d'eau à pertes reconnus dangereux, etc... Mais, malheureusement, il est des causes de pollution qui échappent aux recherches les plus minutieuses; les nappes souterraines sont elles-mêmes alimentées par les eaux pluviales de territoires souvent très étendus, comprenant parfois plusieurs bassins superficiels distincts, et l'on ne possède que de vagues notions sur la façon dont ces nappes circulent dans le sous-sol. Aussi, est-il à craindre que ces mesures d'épuration, ou plutôt de prophylaxie, soient insuffisantes, et qu'après avoir dépensé des sommes considérables pour tâcher d'assurer de cette façon la pureté des nappes qui alimentent les sources et les puits, on n'ait laissé subsister de grosses causes de contamination de ces nappes.

La nécessité de faire subir aux eaux destinées à la boisson une épuration capable de les débarrasser des germes pathogènes qu'elles peuvent contenir normalement ou par accident, s'impose donc aussi bien pour les eaux de rivière ou de fleuve, toujours contaminées, que pour les eaux des nappes souterraines considérées jusqu'à ces dernières années comme étant au-dessus de tout soupçon et qu'à l'heure actuelle on incrimine de plus en plus. Les eaux des nappes souterraines sont à la vérité beaucoup moins polluées que les eaux superficielles, mais il est maintenant bien établi qu'elles sont, pour la plupart, toujours capables, à un moment donné, de le devenir également.

Parmi les procédés mis en œuvre pour éliminer les bactéries des eaux, les uns ne conduisent qu'à une solution approchée; ils diminuent, parfois, très notablement le nombre de ces bactéries, mais se montrent incapables de les éliminer toutes : tels sont les filtres à sable dont le coefficient d'épuration peut atteindre 99,7 p. 100. Comme les bactéries pathogènes sont beaucoup moins abondantes dans les eaux potables que les bactéries vulgaires, il y a probabilité, mais rien de plus, pour que les filtres les retiennent de préférence. Cette probabilité est encore accrue par ce fait que les bactéries pathogènes, notamment le bacille de la fièvre typhoïde, ne trouvent pas, d'ordinaire, dans les eaux potables une provision suffisante de matières nutritives convenables à leur développement; elles ont du reste à y soutenir la redoutable concurrence des saprophytes, beaucoup plus vivaces et résistants et mieux accoutumés au milieu; c'est pourquoi elles ne s'y multiplient guère et auraient plutôt tendance à disparaître spontanément.

D'autres procédés sont, au contraire, capables d'assurer une épuration microbienne totale; on doit leur réserver le nom de procédés de stérilisation. Ceux-là seuls fournissent toute garantie; mais ils sont rares, ceux qui sont pratiquement applicables au traitement de masses d'eaux un peu considérables.

Tous ces procédés peuvent se diviser en plusieurs catégories :

1° Les procédés mécaniques, tels que la sédimentation, la filtration simple sur pierres poreuses, sur porcelaine, la filtration par le sable;

2° Les procédés physiques, dont les seuls qui soient pratiques sont basés sur l'emploi de la chaleur;

3° Les procédés chimiques, extrêmement nombreux mais qui sont en général coûteux, difficiles à appliquer ou peu efficaces. Cependant, dans ces dernières années quelques procédés de ce genre ont été proposés, qui paraissent appelés à un grand avenir.

Nous allons passer en revue quelques types de chacune de ces catégories.

Pour juger la valeur d'un procédé d'épuration il suffira en général d'effectuer la numération comparative, aussi répétée que possible et avec toutes les précautions d'usage pour cette opération, des bactéries contenues dans l'eau brute et dans l'eau épurée. Si l'on désigne par N et par n ces teneurs respectives, le coefficient d'épuration propre au système considéré sera évidemment représenté par

$$c = 100 - \frac{100\,n}{N}$$

Il sera bon, également, si cela ne peut présenter aucun inconvénient, d'ensemencer les eaux brutes avec quelques espèces pathogènes (bacille du choléra, fièvre typhoïde), ou particulièrement résistantes (*Bacillus subtilis*, *megaterium*, *Bacillus anthracis* sporulé), ou faciles à retrouver et à caractériser par la méthode des plaques (*Bacillus prodigiosus*, *pyocyaneus*, *violaceus*, etc.), et de rechercher ces espèces variées dans le liquide épuré.

Si le procédé proposé a la prétention de stériliser radicalement l'eau, il ne faudra pas limiter les recherches à des numérations sur plaques de gélatine ; on devra pratiquer en outre, des ensemencements dans le bouillon, de volumes notables d'eau traitée; ces bouillons, mis à l'étuve à 30°, ne devront pas s'altérer ultérieurement. Il est, dans tous les cas, indispensable de s'assurer que le traitement épurateur n'a introduit dans l'eau traitée aucune substance étrangère capable de s'opposer au développement des bactéries dans les cultures.

Filtration des eaux sur bougies de porcelaine.

Le filtre Chamberland est suffisamment connu pour que nous n'ayons pas à le décrire ; nous avons eu déjà l'occasion d'en dire quelques mots dans le chapitre consacré à la stérilisation des milieux de culture employés dans les laboratoires de bactériologie (page 131). Il a été le prototype d'une foule d'appareils similaires ; on a remplacé la porcelaine dont il est formé par les substances les plus diverses : amiante plus ou moins mitigée (Maillé, Breyer) ; terre d'infusoires ou kieselghür (Berkefeld), etc... On a construit des éléments filtrants cylindriques, sphériques, lenticulaires, en forme de plaques ; on les a associés en nombre variable dans divers récipients, dans le but d'augmenter le débit de l'eau filtrée. En réalité, tous ces appareils sont comparables, aucun n'est supérieur à la bougie Chamberland. Avant de les utiliser, on s'assure qu'ils ne présentent aucune fêlure ou fissure ; on y parvient, s'il s'agit d'une bougie par exemple, en la plongeant dans l'eau et en y comprimant un peu d'air : aucune bulle gazeuse ne doit s'échapper de l'intérieur vers l'extérieur.

Au début de leur fonctionnement, le filtre Chamberland et ses congénères fournissent de l'eau parfaitement stérile. Cet état se maintient pendant un temps variable avec la nature de l'eau et des microbes qu'elle contient, avec la température, le degré de finesse des pores de la matière filtrante, peut-être aussi avec la pression qui force l'eau à traverser le filtre, etc. Pendant ce temps, les bactéries sont retenues par l'adhésion qu'elles contractent avec les parois des canaux capillaires de la substance filtrante (Duclaux). Les limons solides ainsi que les premières bactéries arrêtées à la surface du filtre lui forment un revêtement muqueux, qui constitue une sorte de filtre dégrossisseur, mais qui, d'autre part, allant constamment en augmentant d'épaisseur, finit par arrêter tout écoulement.

Mais d'ordinaire, bien avant que ce colmatage devienne total, les bactéries se multipliant de proche en proche dans les pores du filtre, finissent par gagner sa surface intérieure ; à partir de ce moment, elles vont peupler l'eau filtrée : d'abord peu élevé, leur nombre va sans cesse croissant. Dans les filtres de cette espèce, mal entretenus, que nous avons fréquemment l'occasion d'examiner sur la voie publique, dans les écoles, les maisons particulières, etc., nous constatons ordinairement 5 à 6 fois plus de microbes dans l'eau filtrée que dans l'eau brute, ceci pour montrer, une fois de plus, qu'un appareil excellent au laboratoire, entre des mains expérimentées, peut donner, livré au public, des résultats déplorables. On doit noter, toutefois, qu'il est absolument exceptionnel de rencontrer le *Bacillus coli communis* dans les eaux filtrées, même par des filtres mal conduits ; il semble bien que ce bacille, ainsi que celui de la fièvre typhoïde qui en est si voisin, cèdent le pas à des espèces plus vivaces, à des bactéries aquatiles trouvant dans l'eau filtrée des conditions de milieu plus appropriées à leur multiplication.

Kubler, Kirchner prétendent, il est vrai, que les organismes pathogènes se développent dans les filtres aussi bien que les germes vulgaires de l'eau. Par contre, Grüber soutient que ni le bacille du choléra, ni celui de la fièvre typhoïde ne sont capables de se multiplier dans les pores d'un bon filtre, même si les eaux traitées sont impures, comme l'eau d'égout. Cependant, l'addition à l'eau brute, d'une petite quantité de bouillon, de peptone ou autre substance fortement nutritive, c'est le cas des expériences de Kirchner, favorise le passage de ces germes pathogènes.

Cambier (1) a établi que plusieurs espèces bactériennes très mobiles, et notamment le bacille typhique, traversent aisément, en quelques heures, les parois des bougies filtrantes très poreuses ; mais il faut pour cela que la bougie contienne du bouillon et plonge

(1) Cambier. *Comptes rendus de l'Académie des Sciences*, 1901, CXXXII, p. 1442.

elle-même dans un récipient rempli de ce liquide et tenu à la température de 37°. Ce ne sont pas là, on en conviendra, les conditions d'une bougie servant à filtrer de l'eau destinée à être bue. Du reste, même dans ces conditions très favorables, les bougies à grain fin ne se laissent pas traverser, comme l'avaient déjà reconnu DE FREUDENRIECH, puis MIQUEL.

Le filtre CHAMBERLAND laisserait passer les bactéries vulgaires de l'eau, en moyenne en moins de 8 jours, d'après DE FREUDENREICH (1), en moins de 4 selon KUBLER (2), GILTAY et ABERSON (3).

MIQUEL (4) a constaté qu'on pouvait très notablement augmenter la durée d'action efficace d'un filtre CHAMBERLAND ou d'un appareil similaire, en dégrossissant, au préalable, l'eau à filtrer sur un petit filtre à sable ou à charbon qui arrête pendant très longtemps les dépôts muqueux qui, sans lui, viendraient se déposer sur la bougie. Aussi, tandis qu'une de ces bougies n'arrêtait que pendant 48 heures les bactéries de l'eau de l'Ourcq stagnante, elle se montrait capable de les retenir pendant plus de 11 jours si l'on opérait sur la même eau dégrossie.

Quand le débit des filtres est par trop diminué, il devient nécessaire de brosser énergiquement leur surface dans de l'eau 2 ou 3 fois renouvelée. Le brossage se fait à la main ou mécaniquement (système ANDRÉ). Dès que les bactéries apparaissent dans l'eau filtrée, il est indispensable de stériliser les éléments filtrants. On y parvient ordinairement en les faisant bouillir dans un récipient plein d'eau, ou mieux en les passant à l'autoclave, ou bien encore en les lavant dans une solution antiseptique de permanganate de potasse ou d'eau de Javel. Comme procédés à employer pour cette stérilisation, H. VINCENT (5) conseille surtout le flambage au four, à une température d'environ 280-300°, maintenue 30 minutes, ou bien le lavage des bougies dans une solution de permanganate à 5 p. 100 suivi d'un lavage au bisulfite de soude; ces divers moyens, outre leur sécurité, ont le grand avantage de restituer aux éléments filtrants leur débit primitif. Un procédé plus radical encore consiste, après avoir parfaitement lavé et séché les bougies, à les exposer dans un four à moufle à la température du rouge sombre pendant plusieurs

(1) DE FREUDENREICH. *Centralblatt für Bakteriologie*, 1892, XII, p. 240. — *Annales de Micrographie*, 1892, IV, p. 559.

(2) KUBLER. *Zeitschrift für Hygiene*, 1889, VIII, p. 48.

(3) GILTAY et ABERSON. *Centralblatt für Bakteriologie*, 1892, XII, p. 92.

(4) MIQUEL. *Annales de Micrographie*, 1893, V, pp. 138 et 185.

(5) H. VINCENT. *Archives de Médecine militaire*, 1897, p. 81. — Voir aussi : VALIN, *Revue d'Hygiène et de Police sanitaire*, 1894, XVI, p. 946.

heures. [A.-J. Martin (1), Sims Woodhead (2) et Plagge (3), Duclaux (4), Guinochet (5).]

Filtration par le sable.

Les eaux naturelles les plus pures au point de vue bactériologique sont celles des sources alimentées par les nappes ayant leur gisement géologique dans le sable. Il était donc logique de recourir à la filtration artificielle par le sable pour épurer l'eau plus ou moins polluée des cours d'eaux superficiels qu'un certain nombre de villes d'Europe et d'Amérique utilisent pour l'alimentation. Rappelons qu'il y a quelques années, Lefort avait expérimenté à Nantes un système de puits filtrants basés sur le pouvoir épurateur du sable; l'eau de la Loire contenant environ 10 000 bactéries par centimètre cube, filtrée dans ces puits à travers 12 mètres de sable ne contenait plus alors que 68 bactéries par centimètre cube (Miquel). Actuellement, les filtres à sable, habituellement en usage, ont la forme de bassins rectangulaires; on y dispose d'abord une première couche de fragments de roches, grès, gros cailloux ou briques, formant drainage; puis, une couche de gros gravier, de gravier plus fin, de gros sable et enfin une couche, de 60 centimètres au moins d'épaisseur, de sable de rivière fin, lavé et tamisé. L'eau à filtrer y est amenée sous une épaisseur de 1 mètre environ après avoir subi au préalable une décantation ou un premier filtrage rudimentaire destiné à la débarrasser de ses impuretés les plus grossières. La filtration s'opère de haut en bas.

P. Frankland (6), à qui l'on doit les premières recherches sur l'épuration microbienne des eaux par le sable, a établi les points suivants : la couche de sable fin doit avoir au moins 60 centimètres et la charge déterminant la filtration ne doit pas être trop forte, sinon les microbes ne sont pas retenus. Au début de leur fonctionnement, les filtres à sable débitent beaucoup d'eau, mais sont peu efficaces; plus tard, le débit diminue, mais l'épuration bactérienne devient de

---

(1) Dr A.-J. Martin. Rapport sur le concours pour l'épuration des eaux alimentaires. Paris, 1896.

(2) Sims Woodhead et G. E. Cartwright Wood. — *British med. journ.*, 10, 17 et 24 Nov.; 15 et 29 Déc. 1894. 2e *Mémoire*, 22 janvier 1898.

(3) Plagge. *Veröffentlichungen a. d Gebiete d. Mel-Sanitätswesens*, 1895, n° 9.

(4) Duclaux. Microbiologie, p. 546, Paris, 1898.

(5) Guinochet. Les eaux d'alimentation, épuration, filtration, stérilisation. Paris, 1894.

(6) P. Frankland. *Inst. of civil Engineers*, 1886. — *Journ. of Sanitary Institute*, 1886. — *Proceeding's of the Royal Society*, 1895, p. 379.

plus en plus parfaite; enfin, le filtre arrive presque à être imperméable à l'eau, il est alors nécessaire, soit d'augmenter la pression, soit, ce qu'il vaut mieux, de vider le filtre, d'enlever la couche superficielle colmatée et de le remettre en marche.

La période d'un filtre, c'est-à-dire le temps qui s'écoule entre deux nettoyages, dépend de facteurs multiples que nous étudierons plus loin.

Piefke (1) a reconnu que l'efficacité des filtres à sable est en rapport étroit avec le développement, à la surface de la couche filtrante, d'une pellicule muqueuse formée d'un feutrage de sédiments divers, d'algues vertes, de diatomées, de bactéries; dès que cette couche a acquis de l'épaisseur et de la continuité, le filtre est dit mûr et dès lors capable de fournir de l'eau bien épurée. Cette couche muqueuse constitue presque à elle seule tout le filtre; c'est un filtre vivant très fragile, auquel le sable sert presque uniquement de support. Le sable agit pourtant d'une autre façon ; il sert à amortir et à régulariser la vitesse du liquide qui filtre et l'on ne saurait, sans inconvénient, diminuer son épaisseur au-dessous de 60 centimètres.

Les couches de sable sous-jacentes recouvertes de la pellicule glaireuse dont nous venons de parler se montrent chargées d'un certain nombre de microbes qui vont, du reste, en diminuant à mesure que l'on s'éloigne de la surface. Ces microbes, simplement adhérents aux particules de sable, sont entraînés par l'eau filtrée d'autant plus facilement que la vitesse de la filtration est plus considérable. Ils proviennent en partie de la couche glaireuse; ce sont surtout ceux qui, trouvant dans l'eau épurée les conditions les plus favorables à leur développement, se sont multipliés de proche en proche dans les espaces lacunaires du sable et ont fini par infecter le filtre tout entier et l'eau filtrée elle-même. Ce sont, en général, des bactéries aquatiles banales; il est tout à fait exceptionnel de rencontrer des germes pathogènes, même le *Bacillus coli communis*, dans l'eau filtrée par le sable. Cependant des bactéries contenues dans l'eau brute et même des levures (Miquel) peuvent, dans certains cas, franchir directement la membrane glaireuse et la couche de sable et apparaître dans l'eau filtrée effluente. Fraenkel et Piefke (2) l'ont montré en infectant à dessein l'eau à filtrer avec un bacille chromogène facile à caractériser : le *Bacillus violaceus*.

(1) Piefke. *Schilling's Journal*, 1887. — *Zeitschrift für Hygiene*, 1889, VII, et 1894.

(2) Fraenkel et Piefke. *Zeitschrift für Hygiene*, 1890. — *Revue d'Hygiène et de Police sanitaire*, XV, p. 264.

Mais ils avaient opéré dans un filtre de laboratoire de très petite dimension, et leurs résultats n'étaient pas à l'abri de toutes critiques.

G. KRABREHL (1) a repris ces expériences en se plaçant dans des conditions plus comparables avec les opérations de filtrage en grand; son filtre d'essai, de $1^m,85$ de diamètre intérieur, était tapissé de sable sur ses parois internes et comprenait de bas en haut : $0^m,30$ de fragments de grès, $0^m,20$ de gravier, $0^m,30$ de gros sable et enfin $0^m,80$ de sable fin et siliceux. En ajoutant à l'eau brute des cultures de *Bacillus prodigiosus*, il a vu ce microorganisme, si facile à caractériser, apparaître dans l'eau filtrée d'autant plus vite et en nombre d'autant plus grand que l'eau brute en contenait davantage et que la vitesse de filtration était plus grande; cette vitesse a atteint jusqu'à 3 mètres par jour [DUCLAUX (2)].

Le passage direct des microbes de l'eau brute dans l'eau filtrée se produit naturellement aussi quand, pour une cause accidentelle quelconque, la continuité de la membrane glaireuse se trouve détruite. Les filtres à sable ne sont donc pas des appareils donnant toute sécurité; ils ne fournissent que de l'eau généralement assez bien épurée, mais jamais stérilisée, même pendant la meilleure période de la maturité du filtre.

En ce qui concerne la durée de fonctionnement d'un filtre, de grandes différences sont observées selon qu'ils sont largement exposés à la lumière, comme ceux de Hambourg ou de Paris, ou bien qu'ils sont recouverts de voûtes comme à Berlin et à Zurich. Dans le cas des filtres insolés, le développement des algues vertes est très abondant dans la couche glaireuse, qui augmente rapidement d'épaisseur et s'oppose, de plus en plus, au passage rapide de l'eau; les nettoyages doivent être plus fréquents que dans le cas des bassins couverts.

Les filtres à sable de Hambourg sont établis dans une île de l'Elbe et protégés des inondations par une digue. L'installation comprend 18 bassins filtrants de 8 000 mètres carrés chacun, exposés à ciel ouvert. Ils sont constitués par une couche de gravier de $0^m,60$, surmontée d'une couche de sable de 1 mètre.

L'eau de l'Elbe est d'abord abandonnée au repos, pendant 15 à 30 heures, dans 4 réservoirs d'une capacité totale de 80 000 mètres cubes; elle y subit une décantation qui la débarrasse de ses plus grossières impuretés; elle est ensuite amenée sur les filtres où elle

(1) G. KRABREHL. *Archiv für Hygiene*, 1895, n° 4, p. 323. — *Revue d'Hygiène et de Police sanitaire*, 1895, XVII, p. 561

(2) DUCLAUX. *Annales de l'Institut Pasteur*, 1890, IV, p. 41.

est maintenue constamment sous l'épaisseur de $0^m,70$ à l'aide de conduites et de robinets à flotteurs. La vitesse de filtration est d'environ $0^m,06$ à l'heure. Suivant l'état de l'Elbe, ces filtres peuvent fonctionner durant une période de temps variant de 8 jours à 3 mois. Une fois hors d'usage, ce qui est constaté par la perte de la perméabilité et par suite du débit, les bassins sont vidés, et la couche vaseuse superficielle est enlevée. Celle-ci est lavée à l'aide d'un fort jet d'eau qui entraîne le limon et laisse le sable parfaitement propre, qu'on répartit à nouveau sur les filtres. Pendant l'hiver, les bassins qui sont à ciel ouvert se recouvrent d'une couche plus ou moins épaisse de glace. Leur fonctionnement n'est pas entravé pour cela, mais le nettoyage en est un peu plus difficile. On le pratique au moyen d'une sorte de drague, imaginée par E. Mager, qu'on fait passer sous la croûte de glace, et qu'on manœuvre de l'extérieur, à l'aide de cordes et de treuils convenablement disposés. Les eaux filtrées fournies par les bassins de Hambourg sont considérées comme satisfaisantes quand elles ne fournissent pas plus de 100 colonies écloses dans la gélatine, après 3 jours d'incubation. D'ordinaire elles n'en donnent qu'environ 20 à 25, tandis que l'eau de l'Elbe brute en contient plusieurs milliers (J. Ritter v. Schoen) (1).

La ville de Berlin, où chaque habitant dispose de 95 litres d'eau potable par jour, est alimentée par deux établissements de filtration par le sable, situés l'un sur le lac de Tegel, l'autre à Friederichhagen au bord du lac Müggel.

Les filtres de Tegel, installés depuis 1888, comprennent 21 bassins voûtés d'une surface totale de 50 000 mètres carrés; ils peuvent fournir environ 85 000 mètres cubes d'eau filtrée par jour.

Ceux de Müggelsee, qui ont remplacé depuis 1893 l'ancien établissement de la porte Stralau, comprennent 34 bassins également voûtés ayant chacun 2 330 mètres carrés de surface et pouvant fournir un débit journalier de 100 000 mètres cubes. La vitesse de filtration adoptée est de $0^m,06$ par heure. Les filtres de Müggelsee sont formés d'une première couche inférieure de $0^m,30$ de cailloux, puis un lit de gravier de même épaisseur recouvert d'une couche de sable lavé de $0^m,60$ de hauteur.

Contrairement à la méthode suivie à Hambourg et à Paris, les eaux ne subissent avant filtration aucune épuration ou décantation préliminaire. Selon le degré d'impureté de ces eaux, la durée des filtres varie de 10 jours à 3 mois. Voici quelques chiffres moyens

(1) J. Ritter v. Schoen. *Monatsschrift für Gesundheitspflege*, 1896, n° 2.

observés par la méthode des plaques de gélatine après 3 jours d'incubation :

	Müggelsee.	Tegelsee.
	—	—
Eau brute..........	1 400 bactéries par cent. cube.	366 bactéries par cent. cube.
Eau filtrée..........	66 — — —	34 — — —

La proportion de 100 bactéries au maximum par centimètre cube que doivent fournir ces filtres est dépassée environ 12 fois sur 100 à Müggelsee et seulement 5, 6 fois sur 100 à Tegelsee [Reinsch (1)].

La ville de Paris possède actuellement deux établissements de filtration d'eau de rivière, qui lui fournissent l'appoint d'eau potable nécessité, à quelques moments de l'année, par le débit trop faible des sources de la Dhuis, de la Vanne, de l'Avre, du Loing et du Lunain.

Le premier de ces établissements, installé à Saint-Maur, filtre l'eau de Marne préalablement dégrossie par décantation et circulation lente dans une série de bassins et de canaux disposés en chicane. Les filtres eux-mêmes, au nombre de six, ont chacun 1 600 mètres carrés de surface.

Le second, situé à Ivry, peut fournir 35 000 mètres cubes d'eau par 24 heures. Il comprend 16 bassins de 900 mètres carrés chacun, répartis en 2 groupes, dont l'un filtre l'eau de Seine dégrossie, comme l'eau de Marne à Saint-Maur, par décantation, et dont l'autre filtre la même eau de Seine épurée au préalable par une filtration grossière dans un épurateur Puech [Bechmann (2)].

Nous étudions depuis leur établissement les eaux filtrées fournies par ces deux usines ; voici quelques moyennes des chiffres observés après 15 jours d'incubation :

Teneur en bactéries, par centimètre cube, de l'eau de la Marne brute et filtrée.

	Marne (Saint-Maur).	
Années.	Brute.	Filtrée.
—	—	—
1897..........................	29 020	410
1898..........................	21 380	305
1899..........................	27 445	410
1900..........................	79 010	630

Filtre Fischer. — Le filtre Fischer, employé à Worms, est intermédiaire entre les filtres analogues au Chamberland et les filtres à sable qui viennent d'être étudiés. Il se compose de plaques de sable

(1) Reinsch. *Centralblatt für Bakteriologie*, 1894, XVI, p. 881.
(2) Bechmann. Notice sur le service des eaux et de l'assainissement de Paris. Paris, 1900.

fin, agglutinées avec un ciment silicaté, cuites à température élevée et réunies deux à deux à l'aide du même ciment de façon à laisser entre elles un espace vide. L'espèce de caisse plate ainsi formée, plongée dans l'eau, se remplit par filtration de dehors en dedans; un tube mastiqué communiquant avec la cavité permet de recueillir l'eau filtrée. Dans un même réservoir, on peut placer un grand nombre de ces éléments disposés verticalement, et l'on obtient une surface filtrante et par suite un débit environ 8 fois plus considérable que si l'on avait disposé dans le même bassin une simple couche de sable. BESSEL-HAGEN et SCHAEFFER disent qu'il est supérieur comme efficacité aux filtres à sable ordinaires [J. SCHAEFFER (1)]. Ce filtre peut débiter environ 5 mètres cubes par jour et par mètre carré de surface filtrante, tandis qu'un filtre à sable laissant passer à l'heure une tranche liquide de $0^m,10$ ne débite que $2^{mc},4$ par jour et par mètre carré.

Stérilisation des eaux par la chaleur.

De tous les agents capables de détruire les bactéries des eaux, la chaleur est encore à l'heure actuelle le plus fidèle, malgré les promesses fournies par certains nouveaux procédés d'épuration chimique.

Quand on chauffe une eau commune jusqu'à l'ébullition, elle perd la majeure partie de ses microbes, mais non pas tous (PASTEUR, CHAMBERLAND, BREFELD).

MIQUEL (2) a établi que c'est surtout de 45 à 60° que cette diminution est surtout considérable; de 60 à 80, à part quelques espèces thermophiles, la plupart des bacilles adultes périssent, il ne reste que leurs spores; après 15 minutes d'ébullition, les eaux sur lesquelles il opéra ne renfermaient plus que 4 germes vivants par centimètre cube. WADA a confirmé ces résultats.

Les eaux débarrassées ainsi de leurs microbes par la chaleur récupèrent assez rapidement, quand on les abandonne au contact de l'air, une teneur bactérienne égale et même très supérieure à leur teneur primitive. Ce phénomène est surtout évident quand on opère sur des eaux de rivière.

C'est que, sous l'action de la chaleur, certaines substances dis-

(1) J. SCHAEFFER. *Monatschrift für Gesundheitspflege*, 1896, n° 3.
(2) MIQUEL. *Semaine médicale*, juillet 1884, n° 31.

soutes qui s'opposent à la pullulation des germes de l'eau naturelle se sont trouvées détruites; les eaux chauffées sont dès lors devenues très sujettes à l'auto-infection (voir p. 956). C'est pourquoi il n'est pas rare de trouver un nombre presque incalculable de bactéries dans une eau prélevée dans une école, un hôpital, etc., qu'on affirme avoir été récemment bouillie et même stérilisée dans des appareils permettant d'élever la température jusqu'à 110 et 130°; il suffit pour cela que l'eau stérilisée ait été en contact pendant un temps très court avec l'air ou un récipient non aseptique.

Il existe un grand nombre d'appareils permettant d'opérer la stérilisation de l'eau par la chaleur à des températures égales ou supérieures à 100°, avec une dépense de combustible aussi réduite que possible. On comprend sans peine, cependant, que cette opération qui peut être parfaitement applicable à l'eau d'un hôpital, d'une caserne, etc., ne saurait sans dépenses excessives servir au traitement des énormes quantités d'eau potable nécessaires à une ville de quelque importance. Selon le degré de perfection des appareils, il faut compter sur une dépense de charbon de 0 fr. 20 à 0 fr. 80 par mètre cube d'eau stérile produite.

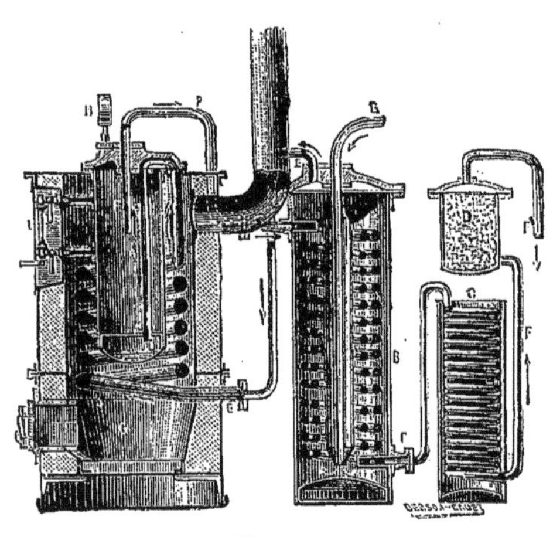

Fig. 222.
Appareil de Rouart et Geneste-Hercher.

Un des plus anciens appareils de ce genre, et dont nous avons pu à plusieurs reprises constater l'efficacité, est celui de Rouart et Geneste-Hercher représenté par la figure 222. Il se compose, comme on peut voir, d'une chaudière A prolongée par un tube serpentin permettant une utilisation plus complète de la chaleur, d'un échangeur de chaleur B, permettant de refroidir l'eau stérilisée au profit de l'eau brute qui sera tout à l'heure introduite dans la chaudière; si cet échangeur est insuffisant, on peut en adjoindre un second C. L'appareil est complété par un filtre clarificateur D formé d'un récipient métallique rempli de gravier et de gros sable, destiné à retenir le carbonate de chaux et les autres substances solides déposées sous l'action de la chaleur, et qui communiqueraient à l'eau stérilisée une apparence louche et laiteuse des moins engageantes pour le consommateur. Le débit du liquide à stériliser est réglé de façon telle que l'eau soit portée pendant 10 à 15 minutes à une température comprise entre 115 et 130°. Il suffit, en marche normale et continue, de 10 kilogrammes de charbon pour stériliser un mètre cube d'eau.

Tous les autres appareils (Kuhne, Leblanc, Vaillard, etc.), et ils sont nombreux, proposés ultérieurement, ne diffèrent de l'appareil Geneste-Herscher et Rouart que par des détails; les uns sont d'une conduite plus facile, les autres permettent de porter plus aisément ou plus économiquement l'eau à la température de 105, 110, 115 et même 130°, quelques-uns, dans lesquels l'eau est chauffée puis refroidie en vase clos, ont la prétention de ne pas changer la composition chimique de cette eau, notamment la teneur en oxygène dissous.

Ordinairement, l'appareil clarificateur qui termine ces instruments constitue pour l'eau traitée, devenue très altérable, une puissante cause d'infection. Il est de toute nécessité que cet appareil soit lui-même facilement stérilisable et puisse, par exemple, supporter sans inconvénient l'action stérilisante d'un courant prolongé de vapeur.

Procédés chimiques.

Chaux. — L'addition à l'eau brute d'une faible quantité de *chaux* et la précipitation exacte de cette substance par l'acide carbonique diminue la matière organique de près de moitié et fournit de l'eau à peu près stérile; ce résultat est dû sans doute à l'entraînement mécanique des bactéries par les particules du carbonate de chaux.

Procédés divers. — Certains appareils très répandus dans le public et même adoptés par des municipalités, ayant pour base l'emploi de la chaux, de l'alun et du carbonate de soude avec filtration ultérieure sur tissu d'amiante enduit de charbon en poudre, ou l'emploi de fer spongieux, d'oxyde de fer, de sulfate d'alumine, etc., ne stérilisent l'eau que tout à fait par hasard et y introduisent souvent des substances étrangères. Parfois, les eaux traitées en sortent plus chargées de germes qu'à l'entrée.

Oxydants. — L'emploi des substances oxydantes a donné, en général, d'assez bons résultats. On a expérimenté dans ce sens les halogènes, l'eau oxygénée, les permanganates alcalins ou alcalino-terreux.

Brome. — SCHUMBURG (1) a préconisé le brome à la dose de $0^{gr},06$ par litre pour stériliser radicalement l'eau la plus souillée. On emploie pratiquement $0^{cmc},2$ d'une solution contenant pour 100 centimètres cubes : brome 20 grammes ; bromure de potassium 20 grammes. Après 5 minutes d'action on neutralise le petit excès de brome par 0,2 centimètres cubes d'ammoniaque à 9 p. 100.

L'eau ainsi traitée n'aurait pas de goût désagréable ni même sensible.

A. PFUHL (2) a expérimenté cette méthode de SCHUMBURG et en a obtenu des résultats très satisfaisants. L'eau ainsi épurée peut être consommée sans influence fâcheuse sur la santé.

Iode. — ALAIN aurait obtenu de très bons résultats en additionnant l'eau à stériliser de quelques gouttes de teinture d'iode qu'il détruisait aussi, après contact suffisant par quelques gouttes d'ammoniaque étendue.

Hypochlorites. — TRAUBE (3), KARLINSKI ont proposé l'emploi de l'hypochlorite de chaux ou de soude pour la stérilisation de l'eau destinée à la boisson. D'après BASSENGE (4), il suffit d'environ 3 à 9 centigrammes de chlore par litre et d'un contact de 5 à 10 minutes pour tuer les bacilles typhiques ou cholériques ; on se débarrasse de l'excès de chlore par une petite quantité de sulfite ou de bisulfite de chaux. Selon LODE (5) le bacille typhique serait tué en une heure avec 1 milligramme de chlore actif par litre d'eau, en 10 minutes avec 2 milligrammes ; le bacille du choléra disparaîtrait en 20 minutes avec 1 ou 2 milligrammes de chlore actif par litre.

Permanganates. — GIRARD et BORDAS (6) préconisent le permanganate de chaux ; ce sel décomposé par l'acide carbonique du liquide, met de l'acide permanganique en liberté. Cet acide brûle la matière organique ; en même temps il se dépose des oxydes de manganèse ; après contact suffisant, on fait passer le liquide dans un filtre formé de charbon et de bioxyde de manganèse. L'eau traitée par ce procédé ne contient plus de matière organique dissoute ni de microbes vivants ; elle renferme par contre des traces d'eau oxygénée qui contribue à en assurer l'aseptie ultérieurement.

LAPEYRIÈRE (7) a imaginé un filtre spécial formé d'ouate de tourbe

(1) SCHUMBURG. *Deutsche militärarztl. Zeitschrift*, 1897, p. 289.
(2) A. PFUHL. *Zeitschrift für Hygiene*, 1900, XXIII, p. 53.
(3) TRAUBE. *Revue d'Hygiène et de Police sanitaire*, 1894, XVI, p. 547.
(4) BASSENGE. *Zeitschrift für Hygiene*, 1895, XX, 227.
(5) LODE. *Archiv für Hygiene*, 1895, XXIV, p. 236.
(6) GIRARD et BORDAS. *Comptes rendus de l'Académie des Sciences*, 1895, CXX, p. 689.
(7) LAPEYRIÈRE. *Revue d'Hygiène et de Police sanitaire*, 1900, XXII, p. 233.

dans lequel on fait passer l'eau à épurer préalablement additionnée de $0^{gr},25$ par litre d'une poudre ainsi composée :

Permanganate de potasse, 3 grammes; alun de soude sec, 10 grammes; carbonate de soude sec, 9 grammes; chaux du marbre éteinte, 3 grammes.

Les trois procédés suivants, par leur importance, méritent une description un peu plus détaillée.

Procédé Anderson.

Le procédé d'épuration des eaux potables dû à l'ingénieur anglais ANDERSON est basé sur l'action oxydante exercée par les sels de fer, en présence de l'air, sur les matières organiques contenues dans l'eau. Comme il produit, en même temps que la réduction de la matière organique dissoute, une très forte diminution des bactéries, on peut se demander si ce résultat est dû à une sorte de collage mécanique, à la filtration qui suit le traitement par le fer, ou bien, en partie du moins, à ce traitement oxydant lui-même.

Le procédé consiste à diriger l'eau brute à épurer dans de vastes cylindres tournants, en tôle, dits *revolvers*, à demi pleins de rognures de fer que des palettes, fixées à la paroi interne des cylindres, soulèvent et laissent retomber sans cesse dans l'eau; en même temps on injecte une grande quantité d'air pur, par l'intermédiaire des tourillons creux servant d'axes aux revolvers. Au sortir des cylindres, l'eau chargée des sels de fer est dirigée dans des rigoles d'où elle s'écoule en cascades au contact de l'air, ce qui achève l'oxydation commencée dans les revolvers. De là, l'eau chargée d'oxyde ferrique gélatineux se rend dans des bassins de clarification où elle abandonne par le repos 90 p. 100 de cet oxyde, puis elle est dirigée dans des bassins filtrants à sable, analogues à ceux dont il a été parlé plus haut. Ce procédé a été appliqué avec quelque succès à Anvers dès 1885. Il est actuellement en fonctionnement dans trois usines de la Compagnie des eaux de Paris [VALLIN (1), REGNARD (2)], où il est employé à épurer les eaux de Seine et de Marne que consomment les habitants de la banlieue parisienne.

---

(1) VALLIN. *Revue d'Hygiène et de Police sanitaire*, 1897, XIX, p. 1.
(2) REGNARD. *Génie civil*, 1894, p. 322.

Voici les moyennes des résultats que nous avons obtenus dans ces trois installations.

Eaux purifiées par le procédé Anderson.

Années.	Eau de Seine (Choisy-le-Roi). Brute.	Eau de Seine (Choisy-le-Roi). Épurée.	Marne (Neuilly-sur-Marne). Brute.	Marne (Neuilly-sur-Marne). Épurée.	Marne (Nogent-sur-Marne). Brute.	Marne (Nogent-sur-Marne). Épurée.
1896	47 910	1 405	55 960	3 100	57 690	2 200
1897	33 945	1 150	21 885	1 265	45 045	2 110
1898	28 980	550	20 115	245	17 945	200
1899	62 060	1 000	23 670	230	28 610	880
1900	76 195	755	61 355	570	111 365	»

L'épuration obtenue est, on le voit, très satisfaisante et va s'améliorant d'année en année.

Des expériences faites antérieurement à l'usine d'essais de Boulogne dans le traitement de l'eau de Seine nous avaient fourni, de 1892 à 1894, des coefficients d'épuration égaux respectivement à 99,5, 99,3 et 97,5. Il est à noter que l'eau de Seine brute prélevée à ce point situé en aval de Paris présente une composition microbienne très mauvaise.

Filtres Anderson *de Boulogne-sur-Seine. (Installation d'essai.)*

	Eau de Seine à Boulogne. Brute.	Eau de Seine à Boulogne. Épurée.	Vanne. Brute.
1892	396 000	1 702	1 110
1893	333 835	1 755	1 015
1894	213 000	3 350	985

Déjà à cette époque le procédé Anderson permettait d'apporter aux eaux infectées de la Seine une purification suffisante pour ramener, ainsi qu'on le voit, sa teneur bactérienne à une valeur assez voisine de celle des eaux des sources de la Vanne.

Stérilisation par le peroxyde de chlore.

Le chlorate de potassium traité avec ménagement par l'acide sulfurique donne naissance à un gaz jaune foncé, un peu verdâtre, d'une odeur forte et irritante.

$$3\,(ClO^3K) + 2\,SO^4H^2 = 2\,(SO^4KH) + ClO^4K + Cl^2O^4 + H^2O$$

(Peroxyde de chlore).

Ce gaz Cl^2O^4 (euchlorine, acide hypochloreux des auteurs) est assez soluble dans l'eau qui en dissout à la température ordinaire plusieurs fois son volume ; la solution est jaune, neutre, douée d'un pouvoir oxydant énergique et se décompose aisément en un mélange d'acides chloreux et chlorique.

D'après CALVERT et DAVIER (1) on l'obtient sans danger, mélangé seulement d'acide carbonique, en chauffant à 70° un mélange intime de chlorate de potassium et d'acide oxalique en excès.

Ce gaz, doué d'un pouvoir oxydant et microbicide énergique, a été proposé récemment par MM. H. et A. BERGÉ (2) pour la stérilisation des eaux alimentaires. D'après ces auteurs, il ne changerait que fort peu la composition chimique des eaux traitées ; il diminuerait un peu la matière organique, et, par contre, augmenterait la teneur en chlore et en oxygène dissous. Il détruirait la presque totalité des germes vivants, sauf quelques spécimens très résistants de *Bacillus subtilis* et de *Bacillus megaterium*.

Son mode d'emploi est des plus simples. Le gaz est produit automatiquement dans un récipient de plomb contenant la provision de chlorate et d'acide sulfurique nécessaire pour traiter un volume d'eau déterminé contenu dans un réservoir de taille appropriée. Un distributeur spécial amène, à intervalles réguliers, le chlorate par petites quantités au contact de l'acide, qu'il est bon d'étendre légèrement. Le gaz peroxyde de chlore produit est entraîné d'une façon continue par un courant d'air comprimé qui vient ensuite barboter en bulles fines dans l'appareil saturateur, formé d'une colonne verticale creuse, cloisonnée horizontalement par des disques métalliques percés de petits trous et contenant de l'eau.

Dès que cette eau est chargée de la quantité nécessaire de peroxyde de chlore, on la fait écouler dans le réservoir contenant la totalité de l'eau à stériliser. Il ne peut donc pas y avoir d'excès de peroxyde de chlore. Il faut, environ, 3 grammes de chlorate et 15 grammes d'acide sulfurique pour stériliser un mètre cube d'eau potable.

L'action stérilisante est très rapide, mais le peroxyde de chlore lui-même met un certain temps à se dénaturer ; on peut suivre, du reste, sa disparition progressive au moyen de l'empois d'amidon et de l'iodure de potassium.

---

(1) CALVERT et DAVIER. *Quat. journ. of the Chemical Society*, XI, p. 193. — Dictionnaire de chimie de WURTZ, I, p. 876.

(2) H. et A. BERGÉ. *Le mouvement hygiénique*, 1898, p. 135. — *Annales des travaux publics de Belgique*, juin 1898, p. 3.

Dès que l'eau cesse de colorer ce réactif en bleu, l'eau stérilisée peut être consommée sans inconvénient ; ce dernier point nécessiterait peut-être des recherches spéciales plus approfondies.

Pour plus de sûreté, on peut faire passer l'eau stérilisée sur un filtre à charbon qui détruit le petit excès de peroxyde de chlore non encore décomposé.

Le procédé Bergé a été appliqué en grand à Ostende (Belgique); les résultats bactériologiques obtenus par Van Ermengen, Molinari, Malvoz, de Richter et Remy ont été très satisfaisants. Une installation analogue fonctionne à Lectoure (France) pour la stérilisation de l'eau du Gers qui alimente cette ville. L'eau, préalablement filtrée sur des filtres de silex concassé pour la débarrasser de ses impuretés organiques les plus grossières et contenant encore plus de 21 000 bactéries par centimètre cube, n'a plus fourni que 2 à 16 bactéries par centimètre cube après l'action de doses moyennes de peroxyde de chlore (Ogier).

F. Schoofs (1), qui a fait de ce procédé de stérilisation une étude très soignée au point de vue chimique, pense, contrairement à Ogier, que l'eau traitée contient, même après filtrage sur charbon, des proportions appréciables d'acides chlorique et hypochloreux. Il insiste sur la grande quantité de peroxyde de chlore qu'il est nécessaire d'employer pour assurer une diminution notable de la matière organique, diminution qui ne se produirait qu'après un temps prolongé et sous l'influence de la lumière. Enfin, d'après le même auteur, les solutions même très diluées de peroxyde de chlore attaquent et dissolvent les métaux, notamment le plomb, avec beaucoup d'énergie; il y a donc lieu de craindre qu'une certaine quantité de plomb, empruntée aux diverses parties de l'appareil producteur de peroxyde de chlore ou aux canalisations, ne passe en solution dans l'eau épurée; ce fait pourrait avoir de graves conséquences pour la santé des consommateurs.

Il semble donc que le peroxyde de chlore ne soit pas, dans la pratique, d'une application aussi simple que l'on pourrait le croire *a priori*.

Stérilisation par l'ozone.

Dès 1891, le Dr Frolich (2) annonça qu'il était possible de stériliser par l'ozone les eaux de rivière destinées à l'alimentation.

---

(1) F. Schoofs. *Revue d'Hygiène et de Police sanitaire*, 1900, XXII, p. 680.

(2) Frolich. *Gesundheits Ingenieur*, 1891, n° 16. — *Electrotechnische Zeitung*, 1891, n° 26.

Un peu plus tard, OHLMÜLLER (1), après avoir constaté la presque impossibilité de stériliser les germes secs au moyen de l'air sec, chargé de 5,8 à 36,2 milligrammes d'ozone par litre, reconnut que l'ozone possède une action destructive puissante sur les bactéries en suspension dans l'eau. Dans ses expériences, de l'eau distillée, chargée de plus de 3 millions de spores charbonneuses par centimètre cube, fut stérilisée par un courant de 5 litres d'air à 15,2 mgr d'ozone par litre agissant pendant 10 minutes; il fallut de bien plus faibles doses encore pour stériliser des bacilles typhiques ou cholériques en suspension dans l'eau distillée. OHLMÜLLER établit, en outre, que le nombre des microbes contenus dans l'eau a peu d'influence sur la stérilisation; au contraire, celle-ci est d'autant plus difficile à réaliser, que l'eau est chargée d'une plus grande quantité de matière organique morte. Dans ce dernier cas, l'action oxydante de l'ozone se porte tout d'abord sur cette matière organique avant de toucher les bactéries.

A mesure que se sont perfectionnées les méthodes de production de grandes quantités d'ozone, les essais de stérilisation des eaux potables se sont multipliés. Les premiers, dignes d'attirer l'attention, sont ceux de TINDAL, à Oudshoorn, près de Leyde, pour l'épuration et la désinfection de l'eau du vieux Rhin pollué fortement par les égouts, les matières fécales, les eaux résiduaires industrielles, etc. Ces eaux très impures contenant beaucoup de bactéries, notamment des espèces sporulées très résistantes (*Bacillus megaterium*, *mesentericus*, *ramosus*, etc.) (N. VAN DER SLEEN), étaient, tout d'abord, décantées puis filtrées sur un filtre à sable. Elles en sortaient parfaitement claires, mais colorées en jaune et titrant encore de plusieurs centaines à plusieurs milliers de bactéries par centimètre cube.

VAN ERMENGEN (2) a fait une étude très complète des résultats obtenus par l'ozonisation de cette eau; ses essais ont porté sur plusieurs appareils de laboratoire et sur d'autres véritablement industriels; il conclut comme il suit :

« *a*) L'ozonisation des eaux de rivière souillées par d'abondantes matières organiques, d'origine végétale et colorées par des matières humiques, donne des résultats extrêmement satisfaisants au point de vue de leurs caractères physiques. Les propriétés organoleptiques de ces eaux deviennent parfaites après ce traitement.

---

(1) OHLMÜLLER. *Arb. aus dem Kaiserl. Gesundheitsamte*, 1893, VIII, p. 228.
(2) VAN ERMENGEN. *Annales de l'Institut Pasteur*, 1895, IX, p. 6-3.

« *b*) L'action épuratrice de l'ozone, qui se traduit par des modifications chimiques diverses, mais, surtout, par une réduction notable des substances qui réduisent le permanganate en milieu acide, est considérable sur les toxines et les produits divers de la vie microbienne. Une eau souillée par des infiltrations de fosses d'aisances, etc., peut être rendue inoffensive par une ozonisation convenable.

« *c*) Les eaux, même lorsqu'elles contiennent des microbes nombreux et des espèces très résistantes, sont sûrement stérilisées à condition que leur titre en permanganate ne dépasse pas certaine limite. Le degré de concentration de l'ozone et la durée du contact de l'air ozoné nécessaire pour obtenir une stérilisation certaine varient d'après les diverses eaux et d'après leur état de souillure.

« *d*) Il n'est pas douteux qu'on puisse obtenir au moyen du système employé à Oudshoorn des volumes considérables d'eau parfaitement stérilisée, et cela régulièrement et pendant une période de temps illimité. »

Cette installation d'Oudshoorn comprenait, en outre des générateurs d'ozone sur lesquels nous n'avons pas à insister, des appareils dits *stérilisateurs* dans lesquels s'effectuait le contact entre l'air ozoné et l'eau à stériliser. Dans un premier système, formé de cylindres en grès ou en fonte doublés de verre, dans lesquels l'eau arrive avec une vitesse donnée, l'air ozoné est injecté par un double fond perforé de trous petits et nombreux. Dans un système plus récent qui paraît être plus avantageux, l'air ozoné circule dans une grande boîte dans laquelle se trouve pulvérisée en fine poussière l'eau à stériliser.

Nous avons expérimenté en 1895, à l'usine de Saint-Maur, près de Paris, un appareil d'essai analogue, dans lequel l'eau de Marne, préalablement filtrée par le sable, était mise en contact intime avec l'air ozoné dans une colonne creuse cloisonnée par des disques horizontaux criblés de trous extrêmement fins et nombreux. Les résultats de nos analyses ne furent pas des plus satisfaisants, mais il est bon d'ajouter que la quantité d'ozone introduite dans les stérilisateurs paraissait extrêmement faible. En matière de stérilisation par l'ozone, outre la perfection des méthodes de production de ce gaz à un état suffisant de concentration, ce qui paraît surtout important, c'est la façon de mettre en contact intime le gaz microbicide et le liquide à traiter. Ce gaz est en effet fort peu soluble, vu la faible tension qu'il possède dans l'air qui le contient.

Dans le procédé OTTO (1), ce contact est réalisé par l'emploi d'*émulseurs* analogues à la trompe à eau bien connue dans les laboratoires, ou bien par des colonnes à plateaux perforés semblables à celles que nous venons de décrire, ou bien encore par des galeries de contact dans lesquelles l'eau circule en couche mince sur des gouttières en chicane, au contact de l'air ozoné qui les traverse.

Dans le procédé MARMIER et ABRAHAM (2), l'ozone rencontre l'eau à stériliser dans une colonne dont la disposition intérieure a pour but de diviser ce liquide en lames minces. L'air ozoné arrive par la partie inférieure de la colonne, l'eau à traiter circule en sens inverse.

Ce dernier procédé a été expérimenté à Lille pour la stérilisation des eaux alimentaires fournies par les sources d'Emmerin. Le résultat des essais exécutés à cette occasion par une commission dont faisaient partie les docteurs ROUX et CALMETTE (3) furent très favorables. Le procédé est, à leur avis, d'une efficacité incontestable, supérieure à celle de tous les procédés de stérilisation actuellement connus, susceptibles d'être appliqués à de grandes quantités d'eau. Tous les microbes pathogènes ou saprophytes des eaux étudiées ont été détruits, sauf quelques germes de *Bacillus subtilis*, par le passage de ces eaux dans la colonne ozonatrice.

Avec l'air ozoné à 6 mgr. par litre, il subsiste environ un germe de *Bacillus subtilis*, pour 15 centimètres cubes d'eau traitée. Avec une concentration de 9 mgr., le nombre de germes revivifiables par la culture en bouillon s'abaisse à moins de 1 pour 25 centimètres cubes d'eau traitée.

De plus, d'après les mêmes savants, l'ozonisation de l'eau n'apporte dans celle-ci aucun élément étranger, préjudiciable à la santé des personnes appelées à en faire usage. Au contraire, par suite de la non-augmentation de la teneur en nitrates et de la diminution considérable de la matière organique, les eaux soumises au traitement de l'ozone sont moins sujettes aux pollutions ultérieures.

Enfin, l'emploi de l'ozone présente l'avantage d'aérer énergiquement l'eau, de la rendre plus saine et plus agréable pour la consommation ; sans lui enlever aucun de ses éléments minéraux utiles.

TH. WEYL (4) se montre très partisan de la stérilisation des

(1) OTTO. *Bulletin de la Société des Ingénieurs civils de France*, février, 1900.

(2) MARMIER et ABRAHAM. *Revue d'Hygiène et de Police sanitaire*, 1899, XXI, p. 540.

(3) ROUX et CALMETTE. Rapport présenté à la municipalité de Lille, février 1899. — CALMETTE. *Annales de l'Institut Pasteur*, 1899, XIII, p. 356.

(4) TH. WEYL. *Centralblatt für Bakteriologie*, 1899, XXVI, p. 15.

eaux par l'ozone. Des essais en petit réalisés avec un ozoneur Siemens et Halske ont permis de réduire de 99 p. 100 les germes de l'eau du lac de Tegel, avec 6 mgr. 9 d'ozone par litre d'air et d'obtenir la stérilisation complète avec 9 à 12 mgr. L'emploi combiné de l'ozone et du fer sur l'eau serait particulièrement avantageux au point de vue de la stérilisation et de la réduction de la matière organique.

Une installation d'essai (Siemens et Halske) pour stériliser les eaux de la Sprée préalablement dégrossies (80 mètres cubes par jour) permet de penser qu'il suffirait de 1 à 2 gr. d'ozone pour stériliser 1 mètre cube d'eau si toutefois la totalité de ce gaz antiseptique pouvait être utilisée ; or, actuellement, il s'en perd près de 70 p. 100. Quoi qu'il en soit, d'après Weyl, l'ozone peut dès maintenant permettre de purifier l'eau de boisson plus efficacement et plus économiquement que les filtres à sable dont les frais de premier établissement et d'entretien sont très élevés.

CHAPITRE V

DE LA DÉSINFECTION

Dans son acception la plus générale, la *désinfection* peut être considérée comme une opération ayant pour but d'éloigner, d'immobiliser ou de détruire les bactéries et leurs germes.

La *désodorisation* est une opération tout à fait différente de la désinfection; elle a pour but de détruire les mauvaises odeurs dues au développement des microorganismes ou à des réactions chimiques spontanées.

Cependant, quelquefois ces deux opérations se confondent ou se superposent, en ce sens qu'on peut désodoriser en même temps qu'on désinfecte. L'emploi des hypochlorites, de l'eau oxygénée, de l'aldéhyde formique, du permanganate de potasse, de quelques combinaisons métalliques du mercure, du cuivre, du fer, etc., dans le traitement des déchets animaux putréfiés, démontre que les odeurs sont en grande partie détruites en même temps que les bactéries sont en majeure partie anéanties.

Mais faire disparaître une odeur n'est pas la masquer par une autre plus agréable ou plus forte et, pour beaucoup de personnes, souvent tout aussi peu tolérable que la première, telles, par exemple, que les odeurs dégagées par les goudrons de la houille et les produits résultant de la pyrogénation des substances organiques. La désodorisation véritable et réelle est la neutralisation parfaite des émanations qui peuvent impressionner désagréablement l'odorat; ce sujet n'a pas à nous préoccuper ici et, pour terminer ce que nous avons à dire à cet égard, nous ajouterons : que les vrais désodorisants sont aussi rares que précieux; qu'ils appartiennent, à peu près tous, à la classe des substances éminemment oxydantes; enfin, qu'il est heureux de rencontrer dans la pratique des antiseptiques agissant à la fois efficacement sur les bactéries et sur les produits plus ou moins infects dont elles déterminent la formation.

Les procédés de désinfection les plus habituellement mis en usage peuvent être rangés en trois catégories :

1° Ceux qui sont basés sur l'emploi des moyens mécaniques ;

2° Ceux qui s'adressent aux agents physiques ;

3° Ceux qui ont recours à l'emploi rationnel des substances toxiques.

Souvent, on facilite l'action d'un des moyens rentrant dans l'une de ces catégories par l'application d'un des agents d'une autre ; la chaleur, par exemple, exalte ordinairement le pouvoir bactéricide des corps chimiques.

I. — De la désinfection par les procédés mécaniques.

Puisqu'il est reconnu que les actions mécaniques, la pression, l'agitation, etc., n'ont, pour ainsi dire, aucune action efficace sur la destruction des microbes, les procédés de désinfection qui vont être passés en revue dans ce paragraphe ne peuvent avoir pour effet que de déplacer et de charrier les bactéries des lieux où elles se sont accumulées pour les amener dans d'autres où leur présence est jugée moins dangereuse.

C'est sur les actions mécaniques que sont basées les mesures les plus importantes de l'assainissement des villes et des habitations. Quand les bactéries dont on se débarrasse peuvent être conduites sûrement dans des régions où elles sont impuissantes à causer le moindre mal, les résultats qu'on s'est proposé d'atteindre sont évidemment des plus importants.

Les battages, les balayages, la ventilation et l'entraînement par l'eau ou par d'autres substances fixatrices sont les principaux moyens mécaniques usités; ils viennent tous concourir à une opération unique plus justement appelée *nettoyage* que désinfection.

Battage. — Le battage a surtout pour but d'expulser les poussières qui se sont accumulées dans les tissus divers, les tapis, les objets de corps, de literie, les rideaux, etc. Cette opération, effectuée à domicile ou sur la voie publique, est contraire à toutes les règles de l'hygiène; on ne saurait la tolérer que dans les conditions où les poussières de toutes sortes, inertes et vivantes, qu'elle soulève sont fixées et mises, à l'instant même, dans l'impossibilité absolue de nuire. Tel n'est pas le cas habituel et l'on doit, certainement, la transmission d'un bon nombre de maladies à ces poussières mal captées que les habitants des maisons s'envoient tour à tour au risque de contaminer réciproquement leurs appartements.

Si, industriellement, grâce aux mesures prescrites par les Pouvoirs publics, on arrive à pratiquer très convenablement les opérations du battage et à éloigner les dangers qui peuvent en résulter, en les effectuant dans des chambres closes et en fixant les poussières au moyen de l'eau, malheureusement, dans la vie ordinaire des familles, cette opération se fait toujours d'une façon défectueuse et constitue un danger constant tant pour ceux qui la pratiquent que pour les voisins qui la subissent sans pouvoir, dans la plupart des cas, en conjurer les déplorables effets.

On fait disparaître en grande partie les dangers du battage en le pratiquant, comme nous venons de le dire, dans des enceintes closes ou en désinfectant au préalable, par la chaleur, les effets et objets qui sont restés en contact avec des malades atteints d'affections contagieuses.

Balayage. — Le balayage et l'époussetage seraient d'excellentes opérations si on pouvait les accomplir par voie humide; si, par exemple, les parquets et les murs de nos habitations se prêtaient à des lavages capables d'entraîner directement les poussières à l'égout et de supprimer, par là, tout soulèvement mécanique de particules solides.

Or, il n'en est pas encore ainsi et il reste vivement à désirer que, d'ici à peu de temps, les architectes, suivant les conseils des hygiénistes, puissent parvenir à construire des habitations où le balayage pur et simple pût être remplacé par des lavages ou des essuyages avec des linges humides chargés ou non de substances antiseptiques.

Le balayage des chaussées et des trottoirs des rues à l'état sec est une opération tout aussi condamnable ; dans les villes pourvues d'une quantité d'eau suffisante, ces opérations de nettoiement devraient être, sans exception, remplacées par des lavages largement pratiqués. Heureusement, pour les habitants des villes, la pluie vient de temps en temps se charger d'accomplir cette œuvre d'assainissement.

On a appliqué en Allemagne, au moins pendant un certain temps, un procédé de nettoyage assez long et coûteux qui mérite d'être mentionné. Les murs des appartements désignés pour être désinfectés étaient frottés avec de la mie de pain qui fixe les poussières et leurs germes dans une grande proportion, ainsi que les analyses bactériologiques l'ont démontré.

Il faut évidemment préférer à cette opération minutieuse ne pouvant donner que des résultats incomplets, un procédé de stérilisation permettant d'atteindre les germes dans leur retraite la plus profonde et de supprimer les oublis ou les négligences des désinfecteurs ; les gaz microbicides semblent naturellement indiqués pour être substitués à ce procédé de fixation ; par la raison qu'ils peuvent aller partout, qu'ils n'épargnent aucun des points à désinfecter et qu'ils possèdent, en outre, l'avantage de tuer les germes que la mie de pain ne fait que déplacer et dont il faut se débarrasser par le feu.

Ventilation. — Quant à la ventilation qui a pour objet de renouveler, non seulement l'air des pièces habitées, des hôpitaux, des théâtres, etc., mais encore d'expulser les miasmes volatils et figurés qui peuvent s'y accumuler ou y prendre naissance, nous estimons qu'elle doit être appliquée de façon que les germes entraînés par l'air soient complètement retenus et ultérieurement détruits. En conformité avec les théories pastoriennes, les ventilateurs ne devraient aspirer qu'un air débarrassé de microbes et ne restituer à l'atmosphère extérieure qu'un air également purgé de tout germe.

Notre intention n'est pas d'envisager dans ce court paragraphe les poussières industrielles, charbonneuses, minérales, métalliques, organiques pouvant agir sur les organes de la respiration, de la vision, de la digestion, etc., dont on est encore loin de pouvoir se débarrasser d'une façon satisfaisante dans les fabriques de tissus, les mines, les minoteries, les ateliers de broyage, etc., et dont les dangers au point de vue de la transmission des affections contagieuses sont des plus limités ; mais il nous paraît indispensable de rappeler qu'il en est tout autrement quand ces poussières proviennent de dépouilles d'animaux morts d'affections virulentes, des chiffons, des papiers, laines, cotons, plumes, etc., souillés par des déjections diverses; de nombreux exemples de maladies contractées dans des atmosphères infestées par les poussières provenant de ces objets non désinfectés seraient faciles à citer.

Nettoyages par voie humide. — La désinfection par entraînement mécanique avec de l'eau purgée de germes au préalable est quelquefois pratiquée en bactériologie comme artifice de laboratoire. Par ce procédé, certaines sécrétions peuvent être débarrassées des microbes accidentels qui les souillent (crachats, produits actinomycosiques, etc.). La chirurgie tire également parti des irrigations et des lavages pratiqués avec l'eau stérilisée ; mais, au point de vue microbien, ces opérations ne garantissent jamais une désinfection absolue et ne sauraient être substituées à la stérilisation par la chaleur ou par les antiseptiques. Pratiquement, on peut arriver à se débarrasser par les lavages à l'eau pure de la majeure partie des germes, mais non de tous et si parmi eux il en existe de pathogènes, cette purification incomplète présente de grands dangers.

Parmi les applications les plus importantes de la désinfection par voie humide, on doit comprendre les opérations qui ont pour but d'entraîner loin de leurs foyers de production, les poussières, les substances altérables ou déjà altérées, les eaux ménagères, d'essangeage, les matières des vidanges, les eaux industrielles fermentescibles, les boues et les immondices répandus sur le sol des rues, etc. Pour rendre inoffensives, durant leur trajet, ces eaux si fortement chargées de microbes et de substances organiques, l'une des conditions essentielles est de faire usage de conduites d'une étanchéité absolue, de façon qu'il ne puisse se produire aucune infiltration capable de provoquer l'infection du sous-sol.

Plusieurs systèmes ont été préconisés dans ce but; les uns consistent à aspirer, au moyen de pompes pneumatiques, les substances résiduelles et les eaux usées amenées dans des conduites métalliques (BERLIER, LIERNUR); les autres consistent à diriger dans des égouts, de grande ou de petite section, munis de pentes convenables, ces mêmes substances mêlées au sable, aux boues, aux détritus de toutes sortes, en aidant au besoin à leur entraînement au moyen de chasses d'eau périodiques suffisantes.

Quel que soit le système choisi, les canalisations devront être souterraines et les substances qui y seront conduites ne devront subir aucune stagnation, surtout dans les égouts qui communiquent librement avec la voie publique, au moyen de bouches plus ou moins espacées.

Bien qu'on ait vu, un peu plus haut, page 920, que l'air qui peut s'échapper par ces ouvertures n'est pas plus chargé en microorganismes que l'air des rues, on semble, toutefois, d'accord pour considérer comme très préjudiciable à l'hygiène publique le bouleversement des égouts, des terrains des cimetières, des voiries, le curage des puisards, des étangs, des fosses fixes, etc. Au point de vue bactériologique, il importe que les microbes confiés aux canalisations souterraines ne puissent, dans aucun cas, quitter les véhicules impurs qui les charrient, soit pour aller contaminer les eaux de source, de puits, les nappes d'eau souterraines, soit le sol qui, ramené à la surface et desséché à l'air libre, peut, en gagnant l'atmosphère à l'état de poussière, devenir un danger pour les populations voisines.

Il n'importe pas moins d'éviter de diriger dans les cours d'eaux de n'importe quelle importance les eaux ménagères, de lavage et les résidus de la vie animale ou des opérations industrielles (féculeries, rouissage, papeteries, boyauderies, etc.), car, malgré le pouvoir microbicide manifeste de l'oxygénation, de la lumière et, peut-être, du mouvement, plusieurs germes de bactéries peuvent être transportés à une grande distance ou gagner le limon des rivières, puis, quand la température est favorable, se multiplier à profusion et devenir un danger réel pour les populations riveraines que le manque d'eau de source oblige de faire usage des eaux circulant à la surface du sol.

Le reproche d'infester les cours d'eau ne doit pas être seulement adressé aux cités très peuplées qui n'ont pas encore renoncé à la funeste pratique de déverser les égouts dans les rivières, les canaux, etc., mais, également, aux bourgs, villages ou hameaux qui considèrent comme un émonctoire naturel les ruisseaux qui traversent leurs districts et dans lesquels ils jettent les eaux sales avec les substances putrides dont ils veulent se débarrasser.

L'assainissement des locaux, des rues, etc., par voie humide, est une excellente mesure, à la condition que les eaux provenant de cette opération ne puissent aller plus loin causer des dommages à autrui et répandre l'infection.

On a vu, dans le chapitre IV de cette quatrième partie, les moyens usités, tant en France qu'à l'étranger, pour rendre les eaux vannes inoffensives, nous ne reviendrons pas sur ce sujet.

II. — De la désinfection par les agents physiques.

Les principaux agents employés pour détruire ou suspendre la vie des bactéries et, par suite, les fermentations qu'elles déterminent, sont la chaleur, le froid et l'électricité.

Disons, sans tarder, que l'électricité n'est pas encore devenue d'une application pratique dans la désinfection et qu'elle n'agit en microbicide que dans les états où elle se manifeste comme agent mécanique, calorifique ou électrochimique.

Dans quelques industries, on a cherché à fixer les poussières au moyen de l'électricité statique dirigée sur des conducteurs spéciaux; dans d'autres, on a tenté de détruire les poussières voltigeant dans l'atmosphère des ateliers au moyen de fils métalliques rendus incandescents par le passage d'un courant électrique. On a, de même, préconisé l'action stérilisante qu'exerce le même agent sur les eaux de boisson [Fermi (1)], d'égout [König et Rémelé (2)] additionnées de chlorures ou d'eau de mer [Hermitte (3)]; l'épuration manifeste dont ces eaux impures sont le siège est due à la mise en liberté du chlore qui agit secondairement comme antiseptique.

Les usages de l'électricité dans la pratique de la désinfection se bornent, à peu près, aux applications qui viennent d'être indiquées.

Du pouvoir désinfectant du froid.

On a vu, page 57, que les basses températures n'ont qu'une action destructive insignifiante sur les microbes; tout le parti qu'on peut en tirer se borne à préserver d'une altération ultérieure soit les aliments, soit les substances qui entrent plus ou moins rapidement en décomposition à la température ordinaire.

Le froid se montre, à cet égard, supérieur à quelques substances antiseptiques en ce sens qu'il dénature ou modifie très peu les aliments soumis à son action.

Mais le lait, les viandes diverses, etc., peuplés accidentellement d'espèces pathogènes (bacille de la tuberculose, du rouget, du charbon, d'Eberth, etc.), sont d'une ingestion aussi dangereuse au sortir qu'à l'entrée des appareils frigorifiques où on les conserve.

On ne désinfecte donc pas par le froid, on suspend simplement les fermentations et l'évolution des bactéries pendant toute la durée d'application de cet agent physique. Aussi, les cas d'intoxication par les aliments (viandes, crèmes, lait, glaces, etc.) conservés par le froid sont trop fréquents pour nous permettre de lui attribuer le moindre pouvoir microbicide.

Du pouvoir désinfectant de la chaleur.

Jusqu'ici la chaleur se montre l'agent physique de désinfection le plus pratique, le plus efficace et le plus fidèle. Il existe un grand nombre de moyens de l'appliquer. Nous passerons rapidement en revue les plus importants.

La chaleur peut être utilisée d'une façon brutale et d'une façon ménagée.

---

(1) Fermi. *Archiv für Hygiene*, 1891, XIII.
(2) König et Rémelé. *Archiv für Hygiene*, 1897, XXVII, p. 185.
(3) Hermitte. *Génie civil*, 1892, p. 387.

Dans le premier cas, son action est toujours d'une efficacité radicale ; dans le second, la stérilisation absolue peut être obtenue, mais au moyen de dispositifs convenables.

Incinération. — On a recours à l'incinération toutes les fois qu'il s'agit d'anéantir des objets difficiles à désinfecter, soit à cause de leur nature, soit à cause de leur grand volume ou de leur faible valeur.

Par exemple, on détruit par le feu : le corps des animaux ayant succombé à des maladies infectieuses ; les linges vieux, usés, ayant été souillés par les déjections des malades ; les vieux papiers et les chiffons de provenance suspecte ; les produits avariés de diverse nature ; les jouets d'enfants atteints de diphtérie ; les baraques ayant abrités des animaux atteints d'affections contagieuses, etc. La plupart des grandes cités étudient actuellement les moyens de se débarrasser par le feu des ordures ménagères, et les résultats obtenus aujourd'hui font espérer que le problème de l'incinération des gadoues sera dans un avenir prochain résolu d'une façon satisfaisante. [Rœcheling) (1), Schneider (2), Reinke et A. Meyer (3), Bohm et Grothn (4), Petsche (5), etc.]

Le flambage et le passage au four des objets métalliques ou incombustibles (lits de fer, crachoirs de fonte, vases en porcelaine, en faïence, etc.) constituent également des bons moyens de désinfection par les hautes températures.

Mais, nous devons déclarer qu'il est souvent inutile, comme on le fait parfois dans les familles aisées, de brûler sans distinction tous les objets ayant appartenu ou touché à un malade. Les procédés de désinfection par la chaleur ménagée sont suffisamment efficaces pour rendre inutiles la destruction de ces objets.

Grâce au progrès de nos moyens de désinfection par la vapeur d'eau, l'incinération de la lingerie et des tentures est une pratique qui doit disparaître de nos mœurs.

Air chaud. — Depuis que Miquel (6), Koch et Wolffhügel (7) ont démontré que la plupart des spores bactériennes résistent pendant longtemps à des températures sèches élevées, les procédés de désinfection par l'air chaud ont perdu beaucoup de la valeur qu'on était

(1) Rœcheling. *Gesundheits-Ingenieur*, 1893, n° 19.
(2) Schneider. *Gesundheits-Ingenieur*, 1894, p. 237.
(3) Reinke et A. Meyer. *Deutsche Vierteljahr. für öff. Gesundheitspflege*, 1895, p. 11.
(4) Bohm et Grothn. *Gesundheits-Ingenieur*, 1895.
(5) Petsche. *Le Génie sanitaire*, 1896, p. 9.
(6) Miquel. *Annuaire de l'Observatoire de Montsouris* pour 1881, p. 459.
(7) Koch et Wolffhügel. *Mittheilungen aus dem k. Gesundheitsamte*, 1881, I, p. 1.

porté à leur attribuer, il y a environ une vingtaine d'années. [HENRY (1), ROTH et LEX (2), MERKE (3), etc.]

Pour agir efficacement sur les germes très résistants, l'air chaud doit rester en contact avec les objets à stériliser pendant plusieurs heures, à une température voisine de 150° ou, comme l'a montré CAMBIER (4), si on diminue le temps d'exposition il faut considérablement élever la température (p. 56). A ces degrés élevés de chaleur, les fibres textiles, le bois, les peaux, les fourrures, etc., sont profondément altérés. Aussi, ce procédé a-t-il été abandonné après des essais louables mais infructueux pour le suivant [RANSOM (5), DE CHAUMONT (6), VALLIN (7), SCOTT (8), NELSON et SOMER (9), FRASER (10), PADDOCK (11), RUYSCH (12), VIDAL (13), HERSCHER (14), etc.].

Chaleur humide. — Comme l'a établi PASTEUR, la chaleur humide offre une action destructive radicale quand on la fait agir sur les bactéries à une température égale ou légèrement supérieure à 100°. On conçoit, du reste, que la stérilisation des liquides est d'autant plus aisée que les germes des microbes qu'ils renferment sont moins nombreux et moins tenaces (MIQUEL, WADA.). Il suffit donc, dans la plupart des cas, d'une simple ébullition pour tuer toutes les bactéries d'une eau potable ; mais, si l'eau est sale, souillée de terre, de boue, de vase, d'ordures, etc., sa stérilisation complète ne peut être obtenue qu'après un séjour de 15 à 20 minutes, à 110 et même à 115°.

Si les liquides ou substances à purger de germes ont une réaction légèrement alcaline, l'action de la température de 100°, prolongée même pendant plusieurs heures (PASTEUR), ne saurait être complètement efficace, tel est le cas du lait et de plusieurs sortes de conserves alimentaires dont on constate si souvent l'imparfaite stérilisation.

Le chauffage des liquides (lait, bouillon, vin, etc.) à une tempéra-

---

(1) HENRY. *Journal de pharmacie et des sciences accessoires*, 1832, XVIII, p. 229.

(2) ROTH et LEX. *Handbuch der militär. Gesundheitspflege*, 1872, p. 504.

(3) MERKE. *Virchow's Archiv*, 1879, p. 498.

(4) CAMBIER. *Annales de Micrographie*, 1896, VIII, p. 49.

(5) RANSOM. *The British medical Journal*, p. 274, 1873.

(6) DE CHAUMONT. *The Lancet*, décembre 1875.

(7) VALLIN. *Annales d'Hygiène et de Médecine légale*, 1877, XLVIII, p. 276. — *Revue d'Hygiène et de Police sanitaire*, 1879, I, p. 813.

(8) SCOTT. *The Sanitary Record*, 1881, pp. 285 et 331.

(9) NELSON et SOMER. *The Sanitary Record*, 1880, p. 207.

(10) FRASER. *The Sanitary Record*, 1880, p. 158.

(11) PADDOCK BATE. The disinfection of clothing and bedding. Londres, 1881.

(12) RUYSCH. *Militari Geheesskundig Archief*, 1881.

(13) VIDAL. *Revue d'Hygiène et de Police sanitaire*, 1881, III. p. 425.

(14) HERSCHER. *Revue d'Hygiène et de Police sanitaire*, 1881, III, p. 585.

ture insuffisante pour détruire toutes les spores bactériennes, mais capable de priver de vie les espèces adultes, a reçu le nom de *pasteurisation*.

Le vin et les liquides acides se pasteurisent aisément dans des appareils spéciaux à des températures comprises entre 50 et 60°; le lait à une température voisine de 100°; mais cette opération doit être recommencée, au moins, toutes les 24 heures en été, si on désire le maintenir à peu près exempt de microbes. Par la pasteurisation, on détruit la plupart des espèces pathogènes contenues dans le lait, du moins celles qui déterminent chez les nourrissons, allaités artificiellement, ces gastro-entérites si redoutables durant les saisons chaudes de l'année.

Si l'éducation des mères et des personnes chargées de nourrir les enfants au biberon était faite à cet égard, il est presque certain qu'on sauverait par an, à Paris, 5 à 6000 enfants enlevés par les affections microbiennes dues à l'impureté bactériologique de l'aliment unique ou le plus important qui leur est servi.

La non-pasteurisation du lait donné aux enfants en bas âge, que ce lait soit récemment trait ou conservé par la glace, constitue un danger social sur lequel on ne saurait revenir avec trop d'insistance. Aussi, le nombre des savants qui se sont occupés de ce sujet est-il très considérable; pour n'en citer que quelques-uns nous rappellerons les noms de Soxhlet (1), de Freudenreich (2), Chavanne (3), A. Rodet (4), P. Cazeneuve (5), Gorini (6), Johnstone (7), Budin (8), etc.

La pasteurisation du lait n'équivaut pas à une stérilisation radicale; elle a seulement pour but de tuer les espèces adultes et pathogènes (ferment lactique, bacille du côlon, etc.), et d'assurer la conservation de ce lait pendant 24 heures et parfois 48 heures. Peut-être est-il préférable de donner aux enfants un lait encore possesseur de quelques spores résistantes de bacilles subtils, etc., que du lait, prétendu stérilisé, dont il n'est pas à la portée de tous de vérifier la pureté absolue au point de vue des germes.

Comme Flügge et d'autres observateurs l'ont démontré, la stérilisation du lait livré au commerce n'est souvent qu'apparente et bien

---

(1) Soxhlet. *Deutsch Vierteljahr für öffen. Gesundheitspflege*, 1892, XXIV.
(2) De Freudenreich. *Annales de Micrographie*, 1888, I, p. 19.
(3) Chavanne. Du lait stérilisé, Paris 1893.
(4) A. Rodet. *Revue d'Hygiène et de Police sanitaire*, 1894, XVI, p. 1025.
(5) P. Cazeneuve. *Bulletin de l'Académie de médecine*, 1895, p. 313.
(6) Gorini. *Giornale della R. Societa italiana d'Igiene*, XVI, n° 1.
(7) Johnstone. *Campbell. British médical Journal*, 1896, p. 623.
(8) Budin. *Revue des Sciences*, 1896.

que ce liquide offre tous les caractères extérieurs du lait frais, il peut être ou avoir été le siège d'altérations profondes par des bactéries sporulées (voir page 852), ayant sécrété des substances toxiques capables de compromettre gravement la santé des nourrissons ou des personnes adultes soumises à un régime presque exclusivement lacté.

Il est donc des cas où une stérilisation incomplète, par un procédé de chauffage à la portée de tous, offre plus de garantie qu'une prétendue stérilisation dont on ne peut contrôler à tous les instants la réalité.

On doit, également, recommander la stérilisation par l'ébullition ou au moyen d'appareils efficaces [Rouart et Herscher (1), Vaillard (2), A.-J. Martin (3)], des eaux suspectes et par une cuisson prolongée la destruction des bactéries des aliments dont la fraîcheur est douteuse et l'origine suspecte.

Déjà, depuis longtemps, on a adopté pour la fabrication des engrais la cuisson des viandes, des déchets, des cadavres d'animaux, de débris de clos d'équarrissage ; c'est là encore une désinfection très réelle qui anéantit sûrement les microbes dangereux et des fermentations putrides. On a, de même, proposé la stérilisation à l'autoclave des expectorations et autres sécrétions présumées dangereuses, des linges de pansement, etc., des hôpitaux. On a été même plus loin, on a proposé de désinfecter en vase clos, les matières des vidanges [G. Roux (4)] et les ordures difficiles à détruire par le feu.

Enfin, la désinfection par l'eau bouillante, si facile à pratiquer en tout lieu, est à prescrire dans les localités où ne sont pas encore installées des stations de désinfection ; elle est efficace pour débarrasser de tout germe pathogène le linge de corps, les objets de literie et les sécrétions des malades atteints d'affections contagieuses ; ce procédé de désinfection est de beaucoup supérieur à ceux qui ont pour base l'application des antiseptiques, on doit donc le proclamer hautement et répéter aux populations des villes et des campagnes qu'elles ont toujours sous la main un bon procédé de désinfection, préférable, dans tous les cas, à l'application de tel ou tel produit chimique coûteux ou souvent difficile à se procurer.

---

(1) Rouart et Herscher. *Revue d'Hygiène et de Police sanitaire*, 1890, XII, p. 1154.
(2) Vaillard. *Annales de l'Institut Pasteur*, 1894, VIII, p. 833.
(3) A.-J. Martin. *Revue d'Hygiène et de Police sanitaire*, 1892, XIV, p. 597.
(4) Roux. *Lyon médical*, 1896, p. 32.

Vapeur d'eau. — Le mode de désinfection par la vapeur d'eau peut, également, être rangé au nombre des procédés par la chaleur humide, puisqu'on l'emploie surtout à son maximum de tension dans des enceintes purgées d'air au préalable ; bien que le principe sur lequel repose ce procédé de désinfection remonte à l'époque de la découverte des machines à vapeur, ce n'est guère que dans ces derniers temps qu'on l'a appliqué d'une façon rationnelle à la stérilisation des objets souillés par les bactéries.

Chamberland (1), Koch, Gaffky et Löffler (2), Paddock (3), Fraser (4), Rogers (5), Pasteur et Colin (6), Vallin (7), Rochefort (8), Redard (9), Herscher (10), Leduc (11), Salomonsen et Levison (12), Max Grüber (13), Overbeck de Meyer (14), Esmarch (15), Straus (16), Redard (17), Rohrbeck (18), Budenber (19), Senking (20), Krell (21), Sander et Clarenbach (22), Vaillard et Besson (23), Putzeys (24), Despagnet (25), Max Neisser (26), A.-J. Martin et Walkener (27), Rübner (28), et bien d'autres auteurs ont contribué pour une part importante soit à la construction d'appareils pratiques, soit à l'étude de la désinfection économique et efficace par la vapeur à une température variant entre 100 et 150° ; température à laquelle les objets les plus divers ne sont que peu ou pas détériorés ; exceptons-en, cependant, les cuirs, les peaux, les bois que la vapeur met rapidement hors d'usage.

---

(1) Chamberland. Thèse 1879.

(2) Koch, Gaffky et Löffler. *Mittheilungen aus dem kaiserl. Gesundheitsamte*, 1881, I, p. 301.

(3) Paddock Bate. *Medical Times and Gazette*, 1881, p. 686.

(4) Fraser. *Sanitary Record*, 1880, p. 208.

(5) Rogers. *Sanitary Record*, 1880, p. 208.

(6) Pasteur et Colin. *Comptes rendus des travaux du Conseil d'Hygiène publique*, 1881.

(7) Vallin. *Revue d'Hygiène et de Police sanitaire*, 1883, V, p. 974 et 1884, VI, p. 25.

(8) Rochefort. *Revue d'Hygiène et de Police sanitaire*, 1885, VII, p. 529.

(9) Redard. *Revue d'Hygiène et de Police sanitaire*, 1885, VII, p. 529.

(10) Herscher. *Revue d'Hygiène et de Police sanitaire*, 1885, VII, p. 731.

(11) Leduc. *Revue d'Hygiène et de Police sanitaire*, 1885, VII, p. 828.

(12) Salomonsen et Levison. *Zeitschrift für Hygiene*, 1888, IV, p. 94.

(13) Max Grüber. *Gesundheits-Ingenieur*, 1888, p. 281.

(14) Overbeck de Meyer. *Revue d'Hygiène et de Police sanitaire*, 1888, X, p. 677, et *Sanitary Record*, 1888, p. 498.

(15) Esmarch. *Zeitschrift für Hygiene*, 1888, III, p. 197.

(16) Straus. *Archives de médecine expérimentale*, 1890, II, p. 307.

(17) Redard. *Revue de chirurgie*, 1888.

(18) Rohrberg. *Gesundheits-Ingenieur*, 1889, p. 670 et 1893, nos 1 à 3.

(19) Budenberg. *Gesundheits-Ingenieur*, 1890, n° 8.

(20) Senking. *Gesundheits-Ingenieur*, 1891, p. 466.

(21) Krell. *Gesundheits-Ingenieur*, 1892, n° 16.

(22) Sander et Clarenbach. *Gesundheits-Ingenieur*, 1893, n° 20.

(23) Vaillard et Besson. *Annales de l'Institut Pasteur*, 1894, VIII, p. 833.

(24) Putzeys. *Mouvement hygiénique*, 1894, p. 401.

(25) Despagnet. *Revue d'Hygiène et de Police sanitaire*, 1895, XVII, p. 904.

(26) Max Neisser. *Zeitschrift für Hygiene*, 1895, XX, p. 301.

(27) A.-J. Martin et Walkener. *Revue d'Hygiène et de Police sanitaire*, 1898, XX, p. 680.

(28) Rübner. *Hygienische Rundschau*, 1898, n° 15 et 1899, n° 7.

Parmi les appareils imaginés, les uns sont destinés à recevoir de la vapeur à 100-102° et même 103° et n'ont pas évidemment à offrir une résistance aussi grande que ceux où la pression doit atteindre une demie ou trois quarts d'atmosphère ; les premiers, principalement employés en Allemagne, sont de forme parallélipipédique ; les seconds, utilisés surtout en France, ont une forme cylindrique (Geneste-Herscher, Dehaitre, J. Le Blanc, Lequeux, etc.), et sont timbrés comme les machines à vapeur.

Ajoutons que quelques-uns de ces appareils sont à vapeur fluente sous la pression atmosphérique, tandis que d'autres, tout en laissant échapper la vapeur, marquent de une demie à trois quarts d'atmosphère. (Vaillard et Besson, Putzeys.)

Quand l'air a été entièrement chassé de ces divers systèmes, nous ne saisissons pas très bien l'intérêt ou du moins les avantages qu'on retire d'un écoulement permanent de vapeur; au point de vue théorique et pratique, la répartition de la chaleur dans les enceintes n'y est pas plus parfaite que dans les étuves à vapeur statique.

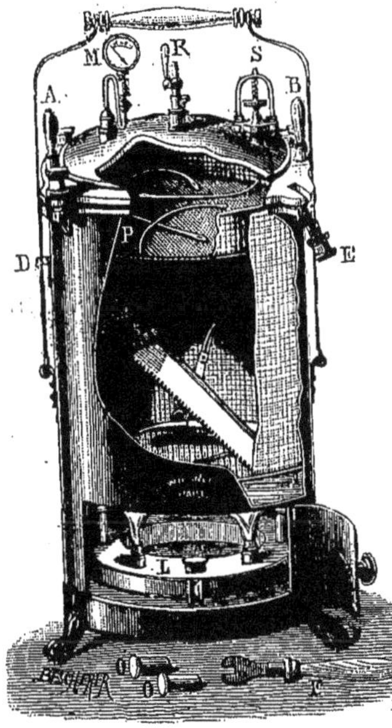

Fig. 223.
Autoclave portatif pour stériliser les objets et instruments de chirurgie.

Quoi qu'il en soit, les stations où se trouvent les appareils à désinfection sont divisées en deux parties distinctes qui ont chacune un personnel spécial; il existe, en un mot, le côté des objets contaminés et le côté des objets désinfectés; ces locaux différents et parfaitement séparés ne communiquent entre eux que par les étuves, qui reçoivent par une de leurs ouvertures les linges, objets de literie, tapis, etc., à désinfecter et les rendent stérilisés par la seconde ouverture; une fois séchés et pliés on les rapporte à domicile.

A Paris, les étuvées s'opèrent dans des appareils à vapeur statique; trois détentes complètes sont opérées toutes les 5 minutes; la durée d'une désinfection atteint près de 20 minutes ; des appareils enregistreurs donnent le détail des opérations et le temps qui y a été consacré.

Pour de plus amples explications, nous renvoyons le lecteur à la notice publiée par le Dr A.-J. MARTIN, directeur à Paris de cet important service (1).

Nous n'avons pas à faire remarquer que les objets doivent être disposés dans les étuves avec les soins les plus minutieux et les plus intelligents, soit pour les protéger contre l'action trop brusque de la vapeur, soit pour permettre à cette dernière de les pénétrer rapidement; à défaut de cette dernière précaution la température de 115 à 116° pourrait ne pas être atteinte dans tous les points, ce qui arrive quand les matelas et autres objets sont trop fortement tassés. [A.-J. MARTIN et WALKENER, CANALIS (2), ROUART (3), GAFFKY (4), etc.]

En dehors du linge et des effets ayant été en rapport avec les malades atteints d'affections contagieuses, la vapeur fluente ou sous pression est utilisée pour désinfecter les canalisations courtes et étroites, les réservoirs peu volumineux, etc. MAX NEISSER l'a même préconisée pour désinfecter les puits et les citernes.

Les objets, les instruments de chirurgie, linges de pansements d'un plus faible volume sont désinfectés efficacement, comme les appareils de bactériologie, au moyen d'autoclaves de plus petites dimensions (fig. 223).

III. — DE LA DÉSINFECTION PAR LES ANTISEPTIQUES

Dans la pratique de la désinfection, les antiseptiques peuvent être employés à l'état solide, liquide et gazeux; pour désinfecter les plaies on emploie souvent l'iodoforme pulvérisé ; pour préserver les peaux fraîches de la putréfaction on les saupoudre de sel marin, de naphtaline, etc. La désinfection des linges et des objets de faible volume s'opère le plus souvent en les immergeant dans des solutions microbicides. La désinfection des grandes surfaces peut s'obtenir au moyen de lavages et de spray bien appliqués ; la désinfection des appartements, des tentures et des vêtements par l'action, convenablement prolongée, d'antiseptiques gazeux.

Il semblerait dès lors naturel de traiter, dans des paragraphes spéciaux, des désinfectants employés à l'état solide, liquide et gazeux, tel n'est pas cependant notre avis, la même substance microbicide

(1) A.-J. MARTIN. *Revue d'Hygiène et de Police sanitaire*, 1896, XVIII, p. 107.
(2) CANALIS. *Giornale della R. Societa ital. d'Igiene*, 1889, p. 5.
(3) ROUART. *Revue d'Hygiène et de Police sanitaire*, 1890, XII, p. 1154.
(4) GAFFKY. *Deutsch Vierteljahr für öffen. Gesundheitspflege*, 1891, XXIII, p. 130.

pouvant, comme l'acide sulfureux, l'aldéhyde formique, etc., être utilisée sous différents états.

Il serait, peut-être, plus rationnel de passer en revue les procédés de désinfection réclamés par telle ou telle catégorie d'objets, telle nature de locaux, etc., ce serait sans doute la division que nous aurions adoptée si notre but était d'écrire un traité sur la désinfection, mais comme notre seul désir étant de passer brièvement en revue les substances antiseptiques pouvant être employées dans la pratique journalière, nous avons cru devoir réunir ces diverses substances en groupes aussi naturels que possible et indiquer leurs principales applications :

1er groupe : Métalloïdes et leurs dérivés;
2e groupe : Acides minéraux;
3e groupe : Combinaisons métalliques;
4e groupe : Acides organiques;
5e groupe : Dérivés des goudrons de houille et de bois;
6e groupe : Autres substances organiques.

Nous n'avons pas à revenir sur le pouvoir antiseptique de ces divers corps qui a été indiqué dans le chapitre IV, 1re partie, de cet ouvrage (page 67).

1er Groupe. — **Métalloïdes et leurs dérivés.**

A la tête de ce groupe viennent se placer : le chlore, le brome et l'iode; puis l'ozone et l'eau oxygénée et quelques autres combinaisons dont l'action désinfectante est, avec raison, discutée, parmi lesquelles l'ammoniaque et le sulfure de carbone.

Chlore. — Ceux qui ont étudié l'action destructive de ce corps sur les bactéries [Mehlhausen (1), Miquel (2), Sternberg (3), Idelson (4), etc.] ont pu apprécier combien il doit être considéré comme puissamment désinfectant. Employé à la dose de quelques grammes par mètre cube dans une atmosphère *humide*, il détruit, à peu près, tous les germes qu'il peut atteindre. En raison de ses propriétés décolorantes et de son pouvoir détériorant, on ne peut guère l'utiliser, à notre avis, que pour purifier les étables, les caves, les fosses d'aisances, les canalisations de faibles dimensions, qui redoutent peu les dégradations

(1) Mehlhausen. *Bericht. der Cholera Kommission*, 1879, 6e par., p. 335.
(2) Miquel. *Annuaire de l'Observatoire de Montsouris* pour 1883, p. 437.
(3) Sternberg. *National Board of Health*, p. 212. Washington, 1880-1881.
(4) Idelson. *Sanitary Record*, 1886, p. 422.

superficielles. D'autre part, ce gaz étant pénible et dangereux à manipuler, on doit forcément en restreindre l'emploi.

Les solutions de chlore sont justement délaissées, les *hypochlorites* alcalins et de chaux pouvant leur être substitués avec avantage [CHAMBERLAND et FERNBACH (1), COUTON et GASSER (2), BASSENGE (3), P. PETIT (4)].

Les liquides appelés : eau de Javel, liqueur Labarraque, sont à la fois des microbicides énergiques et de précieux désodorisants ; ils agissent par le chlore qu'ils retiennent assez faiblement en combinaison et trouvent leur emploi indiqué toutes les fois qu'il s'agit de désinfecter : des surfaces perméables et imperméables (sols pavés, cimentés, bitumés, carrelés, etc.) ; des matières fécales ; des ordures ; des déchets de substances organiques putrescibles ou putréfiées ; des linges et d'autres objets ne craignant pas trop le contact des chlorures décolorants. Enfin, il est bon d'ajouter que les hypochlorites se trouvent aisément partout à bas prix et peuvent être appliqués efficacement par les mains les moins expertes ; d'habitude, ces substances s'emploient étendues de 5, 10 et même de 20 fois leur volume d'eau.

Brome. — Le pouvoir désinfectant des vapeurs de *brome* est inférieur à celui du chlore, néanmoins, à la dose de quelques grammes par mètre cube d'air humide, ses vapeurs peuvent anéantir les germes les plus résistants des poussières [RÉVEIL (5), MIQUEL (6), FISCHER et PROSKAUER (7), SCHUMBURG (8)].

Bien que plus maniable que le chlore, il n'en reste pas moins un liquide très toxique et dangereux à employer. Si le chlore décolore les objets qu'il touche, le brome les rougit et attaque, de même, les métaux avec une grande violence. Son usage ne peut donc être que très limité. Cependant, SCHUMBURG l'a préconisé à faibles doses pour stériliser les eaux de boisson. Si l'on n'avait pas le choix dans les procédés pour purifier les eaux (chaleur, filtration, etc.), nous pourrions comprendre l'idée, au moins étrange, qui a pu guider SCHUMBURG dans ses recherches.

Iode. — L'iode, à l'état solide, possède, à la température ordinaire, une tension de vapeur assez forte pour pouvoir, en quelques jours, stériliser des poussières abandonnées dans une enceinte assez res-

(1) CHAMBERLAND et FERNBACH. *Revue scientifique*, 1893, p. 559.
(2) COUTON et GASSER. *Revue d'Hygiène et de Police sanitaire*, 1895, XVII, p. 316.
(3) BASSENGE. *Zeitschrift für Hygiene*, 1895, XX, p. 227.
(4) P. PETIT. *Archives de médecine navale*, 1899, p. 264.
(5) RÉVEIL. *Archives de médecine*, 1863, p. 5.
(6) MIQUEL. *Annuaire de l'Observatoire de Montsouris* pour 1883, p. 437.
(7) FISCHER et PROSKAUER. *Mitth. aus dem K. Gesundheitsamte*, 1884, II, p. 228.
(8) SCHUMBURG. *Deutsche med. Wochenschrift*, 1897.

treinte (Miquel) (1). En tout cas, son action microbicide s'exerce plus lentement que celle des deux métalloïdes précédents, et, s'il n'en possède pas la toxicité, comme eux il altère la couleur des objets, il teint en jaune et brun toutes les substances d'origine organique et attaque fortement les métaux. Les solutions alcooliques et iodurées du même corps peuvent rendre des services dans quelques cas particuliers, leur emploi est surtout fréquent en thérapeutique [Magendie (2), Davaine (3), Duroy (4), Boisset (5), Réveil (6), Podgorny (7)].

L'*iodoforme* est employé avec succès dans le pansement des plaies; dans le traitement de la tuberculose, son action curative est malheureusement des plus discutées [Chiaramelli (8), Égasse (9), Saltikoff (10)].

Eau oxygénée. — L'*eau oxygénée* commerciale, ordinairement acide et à 10 à 12 volumes, est d'un très bon usage dans la désinfection des objets et des linges qui n'ont pas à redouter son action oxydante ; on peut l'employer pure ou étendue de plusieurs fois son volume d'eau ; les essais qu'on en a fait dans les industries réputées les plus insalubres prouvent que son pouvoir antiseptique et désodorisant est des plus efficaces.

Sous son action, les déchets des substances animales les plus putrescibles ou déjà en putréfaction sont conservés et rendus à peu près inodores. On peut comparer l'eau oxygénée dans ses effets sur les bactéries aux hypochlorites alcalins; elle a sur eux l'avantage de ne posséder aucune odeur. Toutefois, et cela est un véritable défaut, elle se détruit assez aisément au contact de diverses substances. Son emploi en chirurgie aurait donné de bons résultats [Angus-Smith (11), Paul Bert et Regnard (12), Damaschino (13)].

Ozone. — Ce corps, mélangé à l'air, a été, comme on l'a vu plus haut (page 997), employé pour la stérilisation des eaux. On a pensé également que, dirigé dans des salles closes, il pourrait, en vertu de l'action antiseptique dont il fait preuve, détruire tous

(1) Miquel. *Annuaire de l'Observatoire de Montsouris* pour 1883, p. 437.
(2) Magendie. *Union médicale*, 1852, pp. 463 et 745.
(3) Davaine. *Gazette médicale*, 1874, p. 44.
(4) Duroy. *Bulletin de l'Académie de médecine*, 1854.
(5) Boinet. *Gazette hebdomadaire*, 1862, p. 626.
(6) Réveil. *Archives de médecine*, 1863, p. 5.
(7) Podgorny. Thèse de Saint-Pétersbourg, 1897.
(8) Chiaramelli. *Annali clinica*, 1882.
(9) Egasse. *Bulletin de thérapeutique*, 1890, p. 443.
(10) Saltikoff. *Journal de médecine militaire russe*, mai 1894.
(11) Angus Smith. Disinfectants and disinfection. Edinburg, 1869.
(12) Paul Bert et Regnard. *Gazette médicale de Paris*, 1880, p. 359 et *Comptes rendus de l'Académie des Sciences*, 1882, XCIV, p. 1383.
(13) Damaschino. *France médicale*, 1881, p. 5.

les germes des poussières [SCOUTTETEN (1), BOND (2), BOILLOT (3), CHAPUIS (4), DELAHOUSSE (5), DUCHESNE et MICHEL (6), LENDER (7), CARVALHO (8), THÉNARD (9), BARLOW (10), MIQUEL (11)]. Des expériences faites jusqu'à ce jour il ne paraît pas résulter que cette action sur les germes secs des bactéries soit aussi radicale qu'on le présumait; peut-être qu'en faisant agir l'ozone sur des objets mouillés au préalable, et dans des appartements saturés de vapeur d'eau, obtiendra-t-on des résultats plus satisfaisants.

De plus, il convient de ne pas perdre de vue que l'ozone se détruit encore plus aisément que l'eau oxygénée, et qu'il exerce, comme cette substance et les métalloïdes décrits dans ce groupe, une action dégradante de laquelle il faut tenir compte.

Ammoniaque. — Il y a quelques années, VON RIGLER (12) avait déclaré avoir obtenu un très bon résultat de l'emploi du *gaz ammoniac* dans la désinfection des salles des hôpitaux.

DE FREUDENREICH (13), qui chercha à contrôler ces essais, fut amené à déclarer que l'ammoniaque ne jouissait que d'un pouvoir microbicide assez faible, même sous des doses considérables. MIQUEL (14) est arrivé aux mêmes conclusions.

Quant au *sulfure de carbone*, son pouvoir antiseptique est encore plus faible, et il ne paraît pas très prudent de tenter en grand avec ce liquide très volatil des essais qui pourraient se terminer par des explosions meurtrières [CKIANDI-BEY (15)].

2e GROUPE. — Acides minéraux.

Acide sulfurique. — Ce corps rend de très grands services quand on l'applique à la destruction complète des matières organiques. On

(1) SCOUTTETEN. L'Ozone. Metz, 1856.
(2) BOND. *British medical Journal*, 1875, p. 239.
(3) BOILLOT. *Comptes rendus de l'Académie des Sciences*, 1875, LXXX, p. 1167.
(4) CHAPUIS. *Bulletin de la Société chimique*, 1881, p. 290.
(5) DELAHOUSSE. *Gazette des hôpitaux*, 1862, p. 137.
(6) DUCHESNE et MICHEL. *France médicale*, 1881, p. 592.
(7) LENDER. *Annales de Polli*, 1875.
(8) CARVALHO. *Comptes rendus de l'Académie des Sciences*, 1876, LXXXII, p. 157.
(9) THÉNARD. *Comptes rendus de l'Académie des Sciences*, 1876, LXXXII, p. 157.
(10) BARLOW. *Journal of Anatomie and Physiologie*, 1879.
(11) MIQUEL. *Annuaire de l'Observatoire de Montsouris* pour 1883, p. 437.
(12) VON RIGLER. *Centralblatt für Bakteriologie*, 1893, XIII, p. 651.
(13) DE FREUDENREICH. *Annales de Micrographie*, 1893, V, p. 493.
(14) MIQUEL. *Annuaire de l'Observatoire de Montsouris* pour 1883, p. 437, et *Annales de Micrographie*, 1894, VI, p. 338.
(15) CKIANDI-BEY. *Comptes rendus de l'Académie des Sciences*, 1884, XCIX, p. 509.

arrive industriellement à traiter par l'*acide sulfurique* des cadavres d'animaux entiers de forte taille, en tout cas des débris d'abattoirs, de clos d'équarrissage, de boucherie, etc. Les liquides ainsi obtenus servent à la fabrication des superphosphates [Dougall (1), Davaine (2), Erismann (3), Aimé Girard (4), Bouley (5), Stutzer (6)].

Un pareil traitement peut être comparé à l'incinération et offre un moyen radical pour se débarrasser des microbes. C'est, du reste, à ce procédé qu'on s'adresse, dans beaucoup de laboratoires, pour détruire les animaux d'expérience morts d'affections virulentes.

L'acide sulfurique, étendu de 10 fois son volume d'eau, est tout-puissant pour tuer les bacilles du choléra, du côlon, de la fièvre typhoïde et de beaucoup d'autres bactéries asporulées; nous avons, depuis longtemps, conseillé de l'ajouter, à la dose de 50 grammes par litre, aux solutions de sulfate de cuivre pour désinfecter les selles des malades et les cuvettes des cabinets d'aisances [Miquel (7)]. Stutzer l'a recommandé en solutions étendues pour purifier les conduites d'eau.

Là se bornent, à peu près, jusqu'ici, les usages de l'acide sulfurique concentré et dilué dans la pratique de la désinfection.

Acide nitrique. — Comme les substances fortement corrodantes, l'*acide nitrique* est un puissant bactéricide quand on le fait agir dans un état de concentration convenable. A la température ordinaire, il transforme les substances organiques et les altère profondément sans les brûler entièrement comme l'acide précédent [Dougall (8), Davaine (9)].

Guyton-Morveau (10) et Payen (11) considèrent les émanations nitriques comme capables de purifier l'air; nous ajoutons que ces vapeurs sont, effectivement, capables de détruire les germes des poussières, mais au prix de dégradations semblables à celles que font subir le brome ou le chlore et l'iode aux bois, aux métaux et aux tissus [Miquel (12)].

Pabst et Girard (13) ont préconisé le gaz sulfo-nitreux pour assainir

(1) Dougall. *Medical Times and Gazette*, 1872, p. 485.
(2) Davaine. *Société de Biologie*, janvier 1874.
(3) Erismann. *Zeitschrift für Biologie*, 1875, XI, 2e partie.
(4) Aimé Girard. *Comptes rendus de l'Académie des Sciences*, 1883, XCVII, pp. 74 et 736.
(5) Boulay. *Recueil de médecine vétérinaire*, 1884, p. 463.
(6) Stutzer. *Zeitschrift für Hygiene*, 1893, XIV, p. 116.
(7) Miquel. *Semaine médicale*, 1883.
(8) Dongall. *Medical Times and Gazette*, 1872, p. 485.
(9) Davaine. *Gazette médicale*, 1874, p. 44.
(10) Guyton-Morveau. Traité des moyens de désinfecter l'air. Paris, 1805.
(11) Payen. *Comptes rendus de l'Académie des Sciences*, 1871.
(12) Miquel. *Annuaire de l'Observatoire de Montsouris* pour 1884, p. 556
(13) Pabst et Girard. *La Nature*, 21 mai 1881.

les tuyaux de ventilation des cabinets d'aisances ; c'est en effet une des rares occasions où ce gaz puisse être utilisé.

Acide chromique. — L'*acide chromique*, même étendu, offre les mêmes inconvénients que les acides énergiques ; il brûle et détruit entièrement les germes et, avec eux, la matière organique qui leur sert de support. On peut l'employer pour stériliser à froid la verrerie de laboratoire ; en dehors de cet usage, il ne reçoit pas d'application comme désinfectant.

Les chromates solubles ont un pouvoir antiseptique assez élevé, mais le défaut qu'ils possèdent de colorer fortement les objets qu'ils imprègnent s'opposera, sans doute, longtemps à ce qu'ils soient utilisés [Davaine (1), Miquel (2)].

Acide chlorhydrique. — Cet acide présente, comme les précédents, la propriété de tuer, quand il est en solution concentrée, les bactéries les plus résistantes ; il respecte davantage les substances organiques, partant son action dégradante est moins grande sur le bois, le linge, etc., à la désinfection desquels on ne songe pas d'ailleurs à l'employer. Mais, nous le considérons comme pouvant rendre, à l'état gazeux, de grands services, par exemple, dans l'assainissement des étables, des caves, des égouts, des fosses fixes, etc., qui craignent médiocrement les détériorations superficielles.

En solutions étendues, l'acide chlorhydrique peut servir à purifier les vases qui ont contenu les déjections de malades, des crachats de phtisiques, de pneumoniques, etc. ; on les additionne, parfois, de chlorure cuivrique qui jouit, comme nous l'avons démontré, d'un pouvoir antiseptique plus élevé que le sulfate de cuivre [Miquel (3), Couton et Gasser (4)].

Acide sulfureux. — En solutions aqueuses, même très concentrées, l'*acide sulfureux* ne tue pas tous les microbes, même après plusieurs jours de contact, surtout les spores très résistantes de quelques bactéries ; cependant, si cet acide ne peut être rangé parmi les substances dont l'action est radicale, il peut prendre place parmi les antiseptiques énergiques.

On a pratiqué un grand nombre d'essais de désinfection avec l'acide sulfureux gazeux, produit soit par la combustion du soufre, soit par la volatilisation de ce gaz liquéfié dans des récipients résis-

---

(1) Davaine. *Gazette médicale*, 1874, p. 44.
(2) Miquel. *Annuaire de l'Observatoire de Montsouris* pour 1884, p. 560.
(3) Miquel. *Annuaire de l'Observatoire de Montsouris* pour 1884, p. 571.
(4) Couton et Gasser. *Revue d'Hygiène et de Police sanitaire*, 1895, XVII, p. 316.

tants [Czernicki (1), Sternberg (2, Gärtner et Schoth (3), Wolffhügel (4), Vallin (5), Sernberg (6), Richard (7), Dubief, Bruhl et Gaillard (8), Thoinot (9), Cassedebat (10), Kenwood (11), Miquel (12)].

Ces diverses expériences ont donné, certainement, des résultats dignes d'intérêt, beaucoup de microbes et de cultures ont été détruits, mais plusieurs races de germes ne sont pas ordinairement touchées. Doit-on pour cette raison rejeter ce procédé de désinfection des appartements? tel n'est pas notre sentiment et nous pensons qu'à défaut d'un procédé plus parfait et en l'absence d'un gaz plus énergiquement microbicide, l'acide sulfureux peut et doit être employé. Il possède la qualité d'être très diffusible, et il attaque la couleur des tissus et les métaux avec moins d'énergie que le chlore, l'acide hypoazotique et d'autres substances déjà signalées.

Pour produire son maximum d'action, le gaz acide sulfureux doit être dirigé dans des atmosphères déjà fortement chargées de vapeur d'eau.

Acide borique. — Cet acide et ses sels solubles sont employés dans le pansement des plaies, la désinfection des muqueuses et surtout pour la conservation des substances alimentaires; nous estimons que ce dernier usage ne peut être que préjudiciable à la santé publique; quant au premier, on trouverait aisément dans la liste des antiseptiques, convenablement actifs, plusieurs substances qui pourraient remplacer avantageusement l'acide borique et les borates [Béchamp (13), Giovanni Polli (14), Neumann (15), Boulay (16), Artimini (17), Forster et Schlenker (18)].

---

(1) Czernicki. *Recueil de mémoires de médecine et de pharmacie militaire*, 1880, XXXVI, p. 513.
(2) Sternberg. *National Board of Health*, 1880 et 1881. Washington.
(3) Gärtner et Schoth. *Deutsche Viertelj. für öff. Gesund.*, 1880, XIII, pp. 337-376.
(4) Wolffhügel. *Mittheilungen aus dem kais. Gesundheitsamte*, 1882, I, p. 224.
(5) Vallin. Traité des désinfectants, p. 482, Paris, 1882.
(6) Sternberg. *Medical news of Philadelphia*, 1885, p. 343.
(7) Richard. *Revue d'Hygiène et de Police sanitaire*, IX, 1887, p. 273.
(8) Dubief, Bruhl et Gaillard. *Bulletin général de thérapeutique*, 1889, p. 175.
(9) Thoinot. *Annales d'Hygiène publique et de médecine légale*, 1890, p. 337.
(10) Cassedebat. *Revue d'Hygiène et de Police sanitaire*, 1891, XIII, p. 1095.
(11) Kenwood. *British med. journal*, 1895, p. 439.
(12) Miquel. *Annuaire de l'Observatoire de Montsouris* pour 1883, p. 437, et *Annales de Micrographie*, 1894, VI, p. 321.
(13) Béchamp. *Comptes rendus de l'Académie des Sciences*, 1872, LXXV, p. 837.
(14) Giovanni Polli. Des propriétés antifermentatives de l'acide borique. Paris, 1877.
(15) Neumann. *Archiv für experimentelle Pathologie*, 1881, p. 148.
(16) Boulay. *Recueil des travaux du Comité consultatif d'Hygiène publique*, 1879, VIII, p. 350.
(17) Artimini. Sull Azione dell' acido borico nell economia animale e sulla conservazione degli alimenti. Fiorence, 1885.
(18) Forster et Schlenker. *Archiv für Hygiene*, 1884, II, p. 75.

3e Groupe. — Composés métalliques.

Parmi cette classe de substances, les plus employées comme désinfectants sont : les sels d'alumine, la chaux, les sels solubles de cuivre, du fer, du mercure, les carbonates de soude et de potasse, les savons, les sulfate et chlorure de zinc.

Sels d'alumine. — Les sulfates et acétate d'*alumine* ont un pouvoir antiseptique très manifeste [Burow (1), Blanc, Personne et Paulin (2), Wansklyn (3), O. Nial (4), Jalan de la Croix (5), Wernitz (6).] L'industrie les emploie sur une vaste échelle, en dehors du mordançage des tissus, pour le tannage des peaux et l'insolubilisation des albuminoïdes putrescibles. L'*alun* a été préconisé à faibles doses pour la purification des eaux potables [Werner (7) et Babès (8)] ; mais il ne semble pas que ces sels soient appelés à devenir d'un usage courant dans la pratique de la désinfection.

Chaux. — A l'état de lait, plus ou moins concentré, la *chaux* est considérée avec raison comme une substance capable d'assainir, par la voie des badigeonnages répétés, les étables, les dépôts de chiffons, les locaux où l'on manipule des substances organiques putrescibles. La chaux est également utilisée pour prévenir la putréfaction trop rapide des cadavres, pour purifier les sols des cimetières, pour neutraliser les émanations pestilentielles, désinfecter les eaux d'égout, les boues, les matières fécales, etc. La chaux et même le ciment ont été employés pour purifier les eaux destinées à l'alimentation [Vernois (9), Pettenkofer (10), Ligor (11), Liborius (12), Lapasset (13), Pfuhl (14), Brackebusch (15)].

L'hydrate de chaux en lait concentré, comme l'a établi de Giaxa (16),

(1) Burow. *Gazette médicale*, 1858, p. 472.
(2) Blanc, Personne et Paulin. *Union médicale*, 1873.
(3) Wansklyn. *British medical Journal*, 1873, p. 275.
(4) O. Nial. *Army medical Report*, 1873, p. 202.
(5) Jalan de la Croix. *Achiv für experimen. Pathologie*, 1881, XIII.
(6) Wernitz. Dissertation inaugurale, Dorpat, 1880.
(7) Werner. *Gazeta. Lekurksa*, fev., 1894.
(8) Babès. *Archiv für Hygiene*, 1893, XIX, p. 62.
(9) Vernois. Traité pratique d'hygiène industrielle, 1860.
(10) Pettenkofer. *Berichte der cholera Kommission.*
(11) Ligor. Fosses d'aisances, latrines, urinoirs et vidanges. Paris, 1875.
(12) Liborius. *Zeitschrift für Hygiene*, 1887, II.
(13) Lapasset. *Revue d'Hygiène et de Police sanitaire*, 1892, XIV, p. 481.
(14) Pfuhl. *Zeitschrift für Hygiene*, 1889, VI, p. 97 et VII, p. 363. — *Deutsche med. Wochenschrift*, 1892, n° 39. — *Zeitschrift für Hygiene*, 1892, VII, p. 509.
(15) Brackebusch. *Gesundheits-Ingenieur*, 1892.
(16) De Giaxa. *Annales de Micrographie*, 1889, II, p. 306.

exerce une action bactéricide très nette sur la plupart des microbes. Toutefois, beaucoup de spores peuvent résister à son action destructive. Cette considération ne doit cependant pas faire rejeter cette substance désinfectante, peu coûteuse, à la portée de tous, et qu'on devra employer en l'absence de composés chimiques plus activement microbicides.

Sels de cuivre. — Les chlorure et sulfate de *cuivre* sont tous désignés pour désinfecter les conduites d'eaux ménagères, les cuvettes des cabinets d'aisances, les eaux sales, les déjections des malades (selles et vomissements). Quand cela sera possible, on devra les additionner de 2 à 5 p. 100 d'acide chlorhydrique ou d'acide sulfurique qui augmente beaucoup leur pouvoir destructeur vis-à-vis des germes résistants des microbes. Dans les solutions cupriques non acidifiées, certaines spores peuvent résister pendant de longs mois [Miquel (1), Green (2)].

Charpentier (3) a utilisé les dissolutions faibles des sels de cuivre en obstétrique et leur usage aurait, peut-être, pu trouver une application dans la désinfection du linge si leur couleur et leur propriété de les tacher n'y mettaient un très sérieux obstacle. Au contraire, les sols, les planchers qui ne craignent pas les effets dégradants de ces sels, peuvent être largement lavés et nettoyés au moyen de leurs solutions plus ou moins concentrées.

Sels de fer. — Le sulfate de fer employé depuis longtemps pour désinfecter les fosses d'aisances est beaucoup moins antiseptique que le sulfate de cuivre, il désodorise surtout en s'emparant de l'hydrogène sulfuré et en détruisant le sulfhydrate d'ammoniaque des fermentations putrides. Riecke (4), avec plusieurs autres observateurs, a étudié son application qui se trouve indiquée dans la désinfection des eaux vannes et d'autres eaux impures sur lesquelles il agit en déterminant, comme l'alun, une sorte de collage qui entraîne avec lui une partie de la matière organique et un bon nombre de bactéries.

Sels de mercure. — Malgré leur prix relativement élevé, les sels de *mercure* sont d'un usage très fréquent dans la désinfection. Le sublimé en solution acide ou mieux chlorurée est employé journellement en thérapeutique, dans le pansement des plaies, dans la désin-

---

(1) Miquel. *Annuaire de l'Observatoire de Montsouris*, 1883, p. 429 et 1884, p. 559 et *Semaine médicale*, 1884.

(2) Green. *Zeitschrift für Hygiene*, 1893, XIII, p. 495.

(3) Charpentier. *Bulletin de l'Académie de médecine*, 4 mars, 1884.

(4) Riecke. *Zeitschrift für Hygiene*, 1897, XXIV, p. 303.

fection des linges, des appartements, etc., à des degrés de concentration variant de 1 : 4000 à 1 : 500. Quand il s'agit de désinfecter des planchers toujours chargés de poussières riches en matières organiques, on emploiera les solutions fortes et les lavages seront répétés plusieurs fois, par la raison que le mercure peut être insolubilisé en assez forte proportion par certaines natures de poussières, comme on observe le même phénomène avec les tissus de diverses origines.

A Paris, le sublimé est employé en pulvérisations pour désinfecter les appartements et les objets qui ne peuvent être soumis à l'action de la vapeur sous pression. En l'absence d'étuves, le linge, les habits peuvent être presque complètement stérilisés par leur immersion complète dans des bains de sublimé.

Les déjections des malades, les crachats des tuberculeux, les vases qui les renferment peuvent, aussi, être désinfectés par les mercuriaux à la condition que la quantité de sel marin ajoutée au sublimé soit toujours 10 fois plus forte que le chlorure mercurique. Les solutions de sublimé à 1 : 1000 devront être salées à 1 : 100; celles à 1 : 200 devront être salées à 1 : 20, etc.; dans de semblables conditions, le mercure est difficilement fixé par la matière organique et peut rester dissous, actif, même pendant 6 mois et un an (Miquel).

On a, il est vrai, adressé quelques reproches aux mercuriaux; on est même arrivé à nier leur action destructive à l'égard des bactéries, mais que peuvent ces affirmations gratuites contre l'ensemble des travaux si concluants publiés depuis Koch (1), Sternberg (2), Miquel (3), etc. Les solutions de sublimé n'ont qu'un défaut, c'est d'être toxiques et, par là, de ne pouvoir être confiées à la première personne venue; entre les mains d'agents habitués à les manipuler, elles constituent un des antiseptiques les plus puissants, les plus prompts et les plus efficaces. [Wernitz (4), Davaine (5), Tarnier (6), Laplace (7), Geppert (8), Monot et Macaigne (9), P. Chavigny (10), Bonkhof (11)].

Potasse, soude et savons. — Les lessives fortement alcalines exer-

---

(1) Koch. *Mitteilungen aus dem K. Gesundheitsamte*, I.

(2) Sternberg. *American journ. medical Science*, 1883, LXXXIV, pp. 321-343.

(3) Miquel. *Annuaire de l'Observatoire de Montsouris* pour 1883, p. 429 et pour 1884, p. 562. — *Annales de Micrographie*, 1894, VI, p. 531.

(4) Wernitz. Dissertation inaugurale, Dorpat, 1880.

(5) Davaine. *Bulletin de l'Académie de médecine*, 1880.

(6) Tarnier. *Progrès médical*, 1882, p. 511.

(7) Laplace. *Deutsche medizin Wochenschrift*, 1887.

(8) Geppert. *Berliner klinische Wochenschrift*, 1889 et 1890.

(9) Monod et Macaigne. *Presse médicale*, 1895, p. 454.

(10) P. Chavigny. *Annales de l'Institut Pasteur*, 1896, X, p. 351.

(11) Bonkhof. *Journal de pharmacie et de chimie*, 1897, p. 205.

cent une action microbicide indéniable, surtout si leur température atteint ou dépasse 50°. Aussi, le linge passé au vulgaire cuvier du blanchisseur est-il entièrement désinfecté. Les carbonates alcalins sont rarement employés à froid pour le lessivage [MONTEFUSCO et CARO (1), ARNOULD (2)].

De nombreux bactériologistes ont étudié avec soin le pouvoir antiseptique des savons qui a été trouvé très réel bien qu'ils laissent subsister les spores résistantes de plusieurs races de bacilles [JOLLES (3), BEYER (4), REITHOFFER (5), SERAFINI (6), TONZIG (7)]. Sur le conseil des hygiénistes et des médecins, plusieurs substances microbicides ont été incorporées aux savons et on a vu paraître dans le commerce des savons au crésyl, au phénol, au sublimé, etc., dont l'usage n'est certainement pas à déconseiller aux personnes appelées à panser les plaies ou à manier des substances plus ou moins virulentes.

Parmi les sels de potasse doués d'un pouvoir antiseptique très marqué, l'on compte le *permanganate de potassium*, dont l'action microbicide, connue depuis longtemps, a dès l'origine paru précieuse à de nombreux observateurs [CONDY (8), DEMARQUAY (9), REVEIL (10), JALAN DE LA CROIX (11), DELORME (12)]. Le permanganate de potasse est employé dans l'industrie comme désodorisant, on l'a appliqué à la purification des eaux potables et des eaux de puits.

Au nombre des sels de soude que l'expérience démontre généralement peu antiseptiques, le *silicate de soude* a joui, il y a 18 à 20 ans, d'une réputation qui nous paraît usurpée [RABUTEAU et PAPILLON (13), PICOT (14), GUBLER et BORDIER (15)].

Le *sel marin* employé à doses massives préserve les substances alimentaires d'une altération profonde, mais se montre dans bien des cas impuissant à tuer les germes préexistants dans les aliments (charbon, tuberculose, rouget, etc.). Il n'en sera pas moins vraisem-

---

(1) MONTEFUSCO et CARO. *Rivista internazionale d'Igiene*, 1891, n°s 10 et 11.
(2) E. ARNOULD. *Revue d'Hygiène et de Police sanitaire*, 1895, XVII, p. 985.
(3) JOLLES. *Zeitschrift für Hygiene*, 1895, XIX, p. 130.
(4) T. BEYER. *Zeitschrift für Hygiene*, 1896, XXII, p. 228.
(5) REITHOFFER. *Archiv für Hygiene*, 1896, XXVII, p. 350.
(6) SERAFINI. *Annali d'Igiene sperimentale*, 1898, p. 199.
(7) C. TONZIG. *Gazetta degli ospedali e della cliniche*, 1900, n° 6.
(8) CONDY. *Bulletin de l'Académie de médecine*, 1861.
(9) DEMARQUAY. *Comptes rendus de l'Académie des Sciences*, LVI, p. 852, 1863.
(10) REVEIL. Formulaire raisonné des médicaments nouveaux, p. 516. Paris, 1865.
(11) JALAN DE LA CROIX. *Archiv für experimen. Pathologie*, 1881, XIII.
(12) DELORME. *Bulletin de l'Académie de médecine*, 1900, p. 641.
(13) RABUTEAU et PAPILLON. *Comptes rendus de l'Académie des Sciences*, LXXV, p. 755 et 1030, 1872.
(14) PICOT. *Comptes rendus de l'Académie des Sciences*, 1872, LXXV, p. 1124 et 1516 et LXXVI, p. 99, 1873.
(15) GUBLER et BORDIER. *Bulletin de thérapeutique*, 1873, LXXXIV, p. 265.

blablement employé, encore longtemps, dans l'industrie pour la conservation des viandes, des poissons, des dépouilles d'animaux, à titre d'infertilisant.

Sels de zinc. — Les sels de zinc sont moins microbicides que les sels de cuivre, bien que les solutions zinciques soient ordinairement acides, mais leur grande solubilité et leur défaut de couleur les rendent précieux dans bien des cas. Depuis longtemps, le *sulfate de zinc* a été employé à la conservation des pièces anatomiques. Miquel (1), Miquel et Crinon (2) ont établi que le *chlorure de zinc* en solution aqueuse à 5 p. 100 s'oppose efficacement à la putréfaction des déchets de boucherie, fait confirmé ultérieurement par Nocard (3); mais les sels de zinc ont une action assez faible sur les spores des bactéries, ce qui, sans faire renoncer à leur emploi, en limite l'usage. Toutefois, en les additionnant d'une assez forte proportion d'acides minéraux, on en augmente beaucoup le pouvoir bactéricide.

4e Groupe. — Acides organiques.

Plusieurs acides organiques possèdent un pouvoir antiseptique digne d'attirer l'attention des médecins ; les acides salicylique et benzoïque employés à faible dose l'emportent sur le pouvoir microbicide des acides minéraux les plus énergiques; les acides picrique, pyrogallique, tannique, citrique, acétique, possèdent une action bactéricide très manifeste dont on peut profiter le cas échéant.

Acide salicylique. — Cet acide organique offre un pouvoir antiseptique voisin de celui des combinaisons cupriques et a depuis longtemps été préconisé par les thérapeutes soit à l'état d'acide salicylique, de salicylate de méthyle (essence de Wintergreen, de *Gaulteria procumbens*) ou encore de salicylate de soude [Kolbe (4), Heckel (5), Hallopeau (6), Vallin (7), etc.]. Malheureusement, l'acide salicylique, qui est de tous ces corps le plus actif à l'égard des microorganismes, est d'un prix élevé et peu soluble dans l'eau, ce qui limite beaucoup

(1) Miquel. *Annuaire de l'Observatoire de Montsouris* pour 1884, p. 560.
(2) Miquel et Crinon. *Comptes rendus de la Commission d'Hygiène du IIIe arrondissement.* Mars 1892.
(3) Nocard. *Conseil d'Hygiène publique et de salubrité du département de la Seine*, 1892.
(4) Kolbe. *Journal für prakt. Chemie*, 1874, X, p. 89.
(5) Heckel. *Comptes rendus de l'Académie des Sciences*, 1878, LXXXVII, p. 613.
(6) Hallopeau. *Union médicale*, 1881.
(7) Vallin. *Revue d'Hygiène et de Police sanitaire*, 1881, III, p. 265.

son emploi. Contrairement aux lois de l'hygiène, il est encore, trop fréquemment, utilisé pour prévenir les fermentations spontanées du lait, des vins doux et l'altération d'autres substances alimentaires.

Acide benzoïque. — L'*acide benzoïque* peut offrir les mêmes avantages que l'acide précité bien qu'il jouisse vis-à-vis des bactéries d'une activité un peu plus faible, mais il est, par contre, plus soluble dans l'eau [Schuller (1), Reinstadler (2), Miquel (3), Heckel (4)].

Acides acétique, citrique et tartrique. — Les *acide acétique* et *pyroligneux* peuvent, dans certains cas, permettre de lutter avec avantages contre plusieurs microbes infectieux. En l'absence des moyens de désinfection plus puissants, il serait imprudent de dédaigner leur emploi [Bovet (1), Neisser (2), Miquel (3)].

On a vanté, également, les *acides citrique* et *tartrique* pour débarrasser, en peu de temps, les eaux potables des vibrions cholériques et d'autres microbes asporogènes [Schulz (8), J. de Christmas (9)].

Acide picrique. — L'*acide picrique*, dont le pouvoir bactéricide rappelle celui de l'acide benzoïque, ne pourrait se maintenir longtemps dans la pratique de la désinfection à cause de sa propriété de teindre fortement en jaune les linges et les téguments. On l'avait, autrefois, introduit en thérapeutique avec l'espoir d'en faire un succédané de la quinine, mais le seul point qui le rapproche de ce précieux médicament est une amertume insupportable qu'on retrouve, encore, chez les sulfo-urées et plusieurs autres corps de la chimie dépourvus de toute action antithermique ou fébrifuge [Chéron (10)].

Acides pyrogallique et tannique. — L'*acide pyrogallique* est peu employé. Le *tannin* ou acide tannique a des usages industriels et quelques applications médicales qui n'ont pas à nous occuper ici [Gubler et Bordier (11), Raymond et Arthaud (12), Walliczek (13), Goegg (14)].

---

(1) Schuller. *Archiv für experimentelle Pathologie*, 1879.
(2) Reinstadler. *Archiv für experimentelle Pathologie*, 1879, p. 203.
(3) Miquel. *Annuaire de l'Observatoire de Montsouris* pour 1884, pp. 559 et 572.
(4) Heckel. *Comptes rendus de l'Académie des Sciences*, 1887, CV., p. 896.
(5) Bovet. *Lyon médical*, p. 37, 1879.
(6) Neisser. *Zeitschrift für klin. Medizin*, 1879, I, p. 88.
(7) Miquel. *Annales de Micrographie*, 1894, VI, p. 306.
(8) Schulz. *Deutsche medicinische Wochenschrift*, 1883.
(9) J.-O. de Christmas. *Médecine moderne*, 1892, p. 577.
(10) Chéron. *Journal de Thérapeutique de Gubler*, 1880, p. 121.
(11) Gubler et Bordier. *Bulletin de Thérapeutique*, 1873, LXXXIV, p. 265.
(12) Raymond et Arthaud. *Comptes rendus de la Société de Biologie*, 1886, sér. 8, III, p. 489.
(13) Walliczek. *Centralblatt für Bakteriologie*, 1894, XV, p. 891.
(14) H. Goegg. *Annales de Micrographie*, 1897, IX, p. 49.

5e Groupe. — Dérivés des goudrons de bois et de la houille.

Les substances extraites des goudrons obtenus en distillant le bois ou la houille, et dont l'odeur est d'ordinaire si forte et si désagréable, offrent toute une série d'antiseptiques journellement employés dans la désinfection des locaux, des plaies et même de l'organisme humain. Ce sont : la créosote, les phénols, les crésols, les naphtols, etc., dans un état plus ou moins grand de pureté.

L'analyse chimique ayant démontré dans la fumée l'existence de quelques-uns de ces corps, il paraissait rationnel d'étudier le pouvoir antiseptique de ce produit de combustion incomplète, qui, grâce à sa force élastique, peut aisément se répandre dans toutes les parties d'une pièce à désinfecter.

Fumées. — Serafini et Ungaro (1), qui ont étudié l'action de la fumée sur les microbes, sont arrivés à cet égard à des résultats peu encourageants. Tassinari (3) a plus spécialement étudié le pouvoir microbicide de la fumée de tabac sur les bactéries et cette fumée est loin de pouvoir être considérée comme un antiseptique radical. Les expériences de Palozzi (4), exécutées dans de vastes pièces, sont beaucoup moins mauvaises et portent leur auteur à conclure que la fumée de copeaux de bois humide, à raison de 6 kilog. de copeaux par 50 mètres cubes, exerce une action énergique sur les microorganismes, comparable à celle des vapeurs d'aldéhyde formique, quand cette fumée agit pendant 36 heures, est renouvelée toutes les 12 heures et dirigée dans des locaux hermétiquement clos. C'est, peut-être, à la présence de l'aldéhyde formique dans la fumée du bois que sont dus les résultats satisfaisants constatés par Palozzi.

Goudrons. — Les *goudrons* bruts, qui ont la réputation méritée de s'opposer à la putréfaction des substances organiques altérables, ont été fortement vantés dans le traitement de quelques affections [Velpeau (5), Dusart (6), Emery (7)], et pour la désinfection des déjections et des crachats des tuberculeux [Oleinikoff (8), Gorianski (9)].

(1) Serafini et Ungaro. *Annali dell' Istituto d'Igiene experimentale*, 1890, II, p. 99.
(2) Tassinari. *Centralblatt für Bakteriologie*, 1888, V, p. 449.
(3) Tassinari. *Ann. dell' Istituto d'Igiene della R. Universita di Roma*, nouv. sér., 1891, I, p. 155.
(4) Palozzi. *Annali d'Igiene sperimentale*, 1895, V, p. 309.
(5) Velpeau. *Bulletin de l'Académie de médecine*, 1859, XXV, p. 430.
(6) Dusart. *Comptes rendus de l'Académie des Sciences*, 1874, LXXIX, p. 229.
(7) Emery-Desbrousses. *Revue d'Hygiène et de Police sanitaire*, 1880, II, p. 505.
(8) Oleinikoff. *Congrès des médecins russes*, 1893.
(9) Goriansky. Thèse de Pétersbourg, 1894.

Phénol. — L'*acide phénique*, dont l'action désinfectante peut être comparée à celle des sels de zinc avec cette différence qu'il agit plus énergiquement sur les spores, est d'un usage journalier trop fréquent pour que nous ayons à énumérer les occasions multiples où on peut l'employer. Toutefois, depuis ces dernières années il a beaucoup perdu de sa réputation et on lui substitue, avec de grands avantages, le sublimé et les solutions formolées d'une activité infiniment plus grande.

L'acide phénique s'utilise : à l'état de solutions aqueuses variant de 1 : 20 à 1 : 200 et même 1 : 400 pour le pansement des plaies d'après la méthode de Lister; en spray; en lavages pour la désinfection des murs et des planchers; mais l'odeur tenace et désagréable de cette substance est cause que dans un grand nombre de cas on doit en rejeter l'usage [Lister (1), Bechamps (2), Watson-Cheyne (3), Perrin (4), Schotte et Gärtner (5), Gärtner et Kuemell (6), Remonchamps et Sugg (7)]. Beckman (8) a proposé pour exalter l'activité de ce désinfectant le sel marin ajouté à ses solutions dans des proportions variant de 1 à 24 %.

Créosote. — La *créosote* brute est surtout employée, concurremment avec les sels de fer et de cuivre, à la conservation du bois; son action sur les microbes est comparable à celle qu'exerce l'acide phénique; son prix élevé, quand elle est pure, ne permet pas de l'utiliser dans les désinfections courantes, mais elle a été préconisée pour combattre dans l'économie les ravages causés par la tuberculose; malheureusement, on a constaté que ce traitement se montre inefficace dans la majorité des cas [Albu et Weyl (9)].

Divers dérivés de la houille. — Quant à la *naphtaline* qui ne peut guère être utilisée qu'à l'état solide, l'industrie en use largement pour la conservation des peaux, des fourrures, des plumes, etc.; son pouvoir bactéricide est relativement faible, aussi n'agit-elle efficacement qu'à doses massives comme, d'ailleurs, les substances insolubles [Fischer (10), Grasset (11)].

---

(1) Lister. Chirurgie antiseptique et Théorie des germes. Trad. franç. Paris, 1881.
(2) Bechamps. *Montpellier médical*, 1875-1876.
(3) Watson-Cheyne, *Medical Times and Gazette*, 1879, p. 561.
(4) Perrin. *Bulletin de la Société de Chirurgie*, 1879, V, p. 153.
(5) Schotte et Gärtner. *Deutsche Viertelj. für öffentliche Gesundheitpflege*, 1880, XII, p. 337.
(6) Gärtner et Kuemell. *Semaine médicale*, 1885, p. 146-196.
(7) Remonchamps et Sugg. *Mouvement hygiénique*, 1890. Bruxelles.
(8) Beckman. *Centralblatt für Bakteriologie*, 1896, XX, p. 577.
(9) Albu et Weyl. *Zeitschrift für Hygiene*, 1893, XIII, p. 39.
(10) Fischer. *Berliner Klin. Wochenschrift*, 1881.
(11) Grasset. *Semaine médicale*, 1885, p. 112.

La *tourbe* dont on a constaté les bienfaits dans quelques pansements et qui désinfecterait, d'après GÄRTNER (1), les matières fécales mérite, de même, d'être mentionnée.

Enfin, il existe dans le commerce une grande variété de produits connus sous les noms de *créolines*, *crésyls*, *crésols*, *phénols*, *naphtols*, etc., résultant des émulsions des goudrons avec des solutions alcalines ou de mélanges de ces divers corps entre eux, qui peuvent rendre des services pour désinfecter le sol des tueries, des étables, des halles, des marchés, etc., souillés par des substances organiques; mais la plupart de ces antiseptiques pourvus d'odeurs désagréables ne peuvent être que difficilement tolérés dans l'intérieur des appartements [VAN ERMENGEN (2), BAUMGARTEN (3), REMONCHAMPS et SUGG (4), DELPLANQUE (5), FRÄNKEL (6), HANS HAMMER (7), BOUCHARD (8), MAXIMOVITCH (9), DE CHRISTMAS (10)].

6e GROUPE. — **Substances diverses d'origine organique.**

Dans ce groupe nous plaçons quelques substances appartenant à plusieurs séries de la chimie organique faisant partie, pour la plupart, des composés ternaires non azotés, tels que : les alcools, les éthers, les aldéhydes, les essences, etc.

Alcools. — Les *alcools* appartenant à la série grasse sont en général des antiseptiques peu puissants; ils détruisent rarement les spores bactériennes, mais, dans beaucoup de cas, ils exercent une action néfaste sur les bactéries adultes quand leur degré de concentration ou leur état de dilution reste voisin de 50 à 70 °/₀. A un titre plus élevé, leur pouvoir microbicide devient plus faible et, fait depuis déjà longtemps constaté, l'alcool éthylique diminue le degré d'antiseptie du sublimé et de l'acide phénique [WERNITZ (11)].

Le pouvoir désinfectant des alcools de la série grasse augmente avec leur poids moléculaire, l'alcool amylique se montre, par exem-

(1) GÄRTNER. *Zeitschrift für Hygiene*, 1894, XVIII, p. 263.
(2) VAN ERMENGEN. *Bulletin de l'Académie royale de Belgique*, 1889, III, p. 60.
(3) BAUMGARTEN. *Centralblatt für Bakteriologie*, 1889, V, p. 113.
(4) REMONCHAMPS et SUGG. *Mouvement hygiénique*, 1890, Bruxelles.
(5) DELPLANQUE. *Bulletin de Thérapeutique*, 1888, p. 124.
(6) FRÄNKEL. *Zeitschrift für Hygiene*, 1889, VI, p. 521.
(7) HANS HAMMER. *Archiv für Hygiene*, 1892, XV, p. 341 et 1894, XXI, p. 198.
(8) BOUCHARD. *Comptes rendus de l'Académie des Sciences*, 1887, CV, p. 702.
(9) MAXIMOVITCH. *Comptes rendus de l'Académie des Sciences*, 1888, CVI, pp. 366 et 1441.
(10) DE CHRISTMAS. *Annales de l'Institut Pasteur*, 1893, XII, p. 776.
(11) WERNITZ. Dissertation inaugurale, 1880.

ple, plus fortement microbicide que l'alcool butylique et ce dernier plus bactéricide que l'alcool propionique; mais, avec la condensation du carbone diminue la solubilité des alcools dans les véhicules vulgaires d'où l'impossibilité d'en faire un usage fréquent dans la pratique journalière ; du reste, beaucoup de ces alcools ont une odeur désagréable qui en restreint l'emploi [MIQUEL (1)].

En remontant à une vingtaine d'années, on constate que l'alcool étendu était souvent employé pour le pansement des plaies et l'alcool fort pour stériliser les instruments de chirurgie. Si cette pratique est tombée, avec raison, en désuétude, ce liquide n'en reste pas moins un véhicule difficile à remplacer pour dissoudre les essences et fabriquer des alcoolés dont les services ne doivent pas être dédaignés pour les désinfections locales. Les solutions alcooliques d'essence de thym, de menthe, de cannelle, de girofle, etc., offrent un pouvoir microbicide s'étendant à de nombreuses races de bactéries, or tout ce qui peut nous aider à nous débarrasser d'elles, sous une forme ou sous une autre, doit être noté avec soin.

REPIN (2) a constaté que la meilleure manière de stériliser le catgut consiste à le chauffer à 120° en présence de l'alcool.

Éthers. — Les *éthers* sont en général moins actifs que les alcools dont ils dérivent, faisons toutefois exception pour les éthers sulfurés, sulfocyanogénés (sulfocyanate d'allyle, etc.), cyanhydriques, etc., dont l'action est très puissante sur les bactéries.

Il fut, jadis, beaucoup question de l'azotite d'éthyle [PEYRUSSON (3), PABST (4)], dont les vapeurs, même à faible dose, devaient pouvoir désinfecter les salles des hôpitaux, les effets des malades, les plaies, etc.; mais quelques essais, convenablement conduits, ont montré, depuis, que les produits volatils résultant de l'action à froid de l'acide nitrique sur l'alcool n'exerce sur les germes qu'un très médiocre effet.

Hydrate de chloral. — L'*hydrate de chloral* qui a jouit, autrefois, d'une certaine vogue pour la désinfection des plaies et fut même substitué en obstétrique au sublimé et à l'acide phénique, n'a donné lieu qu'à des déboires; son usage malencontreux, imposé par quelques accoucheurs de talent, n'a jamais empêché les cliniques d'accouchements d'être décimées par l'infection puerpérale; dans l'intérêt de

---

(1) MIQUEL. *Annuaire de l'Observatoire de Montsouris* pour 1884, p. 561.
(2) REPIN. *Annales de l'Institut Pasteur*, 1894, VIII, p. 570.
(3) PEYRUSSON. *Comptes rendus de l'Académie des Sciences*, 1880, XCI, p. 338.
(4) PABST. Cité dans le Traité des désinfections de VALLIN, p. 412, 1882.

l'humanité on dût rapidement s'abstenir de son emploi [Dujardin-Beaumetz (1), Personne (2)].

Huiles essentielles. — Nous avons peu de chose à dire des *huiles essentielles* dont nous avons passé en revue le pouvoir antiseptique des vapeurs (page 111); incorporées à des corps gras, dissoutes dans l'alcool, elles peuvent certainement rendre des services, soit en médecine humaine, soit en médecine vétérinaire [Lucas-Championnière (3)], mais nous ne pensons pas qu'elles puissent être prônées, ainsi que le *camphre*, le *menthol* [Macdonald (4)], le *thymol* [Paquet (5), Wernitz (6), Heckel (7)], etc., au même titre que beaucoup des antiseptiques puissants passés en revue dans les pages qui précèdent. Ces corps, pour la plupart, très peu solubles dans l'eau, n'ont pas d'action bien sensible sur les spores bactériennes.

Aldéhyde formique.

L'*aldéhyde formique* dont les propriétés antiseptiques, fixatrices et durcissantes ont été signalées en 1888 par Lœw (8), et ensuite étudiées par Blum (9), Buchner et Segall (10), Trillat (11), Aronson (12), Trillat et Berlioz (13), Vanderlinden et de Buck (14), Stahl (15), Lehmann (16), Miquel (17), Van Ermengen et Sugg (18), Cambier et Brochet (19), Bardet (20), etc., a fait l'objet de nombreuses recherches soit dans sa forme gazeuse, soit à l'état de solutions aqueuses à titres divers. Il existe encore quelques incertitudes dans la façon

---

(1) Dujardin-Beaumetz et Hirne. *Bulletin de la Société médicale des hôpitaux*, 1873, p. 134.

(2) Personne. *Bulletin de l'Académie de médecine*, 1874.

(3) Lucas-Championnière. *Semaine médicale*, 1893, p. 235.

(4) Macdonald. *Edinburg medical Journal*, 1880, p. 121.

(5) Paquet. *Bulletin général de Thérapeutique*, 1868.

(6) Wernitz. Dissertation inaugurale. Dorpat, 1880.

(7) Heckel. *Comptes rendus de l'Académie des Sciences*, 1878, LXXXVII, p. 613.

(8) Lœw. *Münchner med. Wochenschrift*, 1888, n° 24.

(9) Blum. *Münchner med. Wochenschrift*, 1893.

(10) Buchner et Segall. *Münchner medicinische Wochenschrift*, 1889, n° 20.

(11) Trillat. *Comptes rendus de l'Académie des Sciences*, 1892, CXIV, p. 1278.

(12) Aronson. *Berliner klinische Wochenschrift*, 1892, n° 30.

(13) Trillat et Berlioz. *Comptes rendus de l'Académie des Sciences*, 1892, CXV, p. 290.

(14) Vanderlinden et de Buck. *Annales et Bulletin de la Société médicale de Gand*, 1892. *Archives de Médecine expérimentale*, 1895, p. 76.

(15) Stahl. *Pharmaceutischen Zeitung*, 1893, n° 22.

(16) Lehmann. *Münchner medicinische Wochenschrift*.

(17) Miquel. *Annales de Micrographie*, 1894, VI, pp. 353, 370 et 588.

(18) Van Ermengen et Sugg. *Archives de Pharmacodynamique*, 1894, I, n° 243.

(19) Cambier et Brochet. *Revue d'Hygiène et de Police sanitaire*, 1895. XVII, p. 120, et *Annales de Micrographie*, 1895, VII, p. 89.

(20) Bardet. *Bulletin de Thérapeutique*, 1895, p. 293.

d'appliquer ce microbicide à l'état de gaz et l'on doit regretter que l'industrie se soit emparé de cette substance antiseptique avant qu'on ait suffisamment précisé les conditions où son efficacité est complète et indiscutable.

Les facteurs d'une bonne désinfection par la formaldéhyde gazeuse sont sous la dépendance de la quantité de substance employée, de la température et du temps pendant lequel on la fait agir, or, ces conditions importantes ne sont pas encore entièrement connues.

Nous ne parlerons que pour mémoire des tentatives faites dans l'art de guérir avec les inhalations des vapeurs d'aldéhyde formique [Vanderlinden et de Buck (7), Bardet (13)]; de la conservation réprouvable des aliments par cette substance et de l'embaumement satisfaisant des cadavres obtenu soit au moyen d'injections de solutions formaldéhydiques, soit par l'immersion des corps dans des atmosphères sans cesse saturée par des vapeurs humides d'aldéhyde formique [Gratia (1), G. de Rechter (2)].

Miquel (10) a établi que les solutions commerciales d'aldéhyde formique sont, à titre égal, aussi désinfectantes, sinon davantage, que le sublimé dissout dans l'eau salée; une solution de formaldéhyde est d'ordinaire infertilisante à 1:1500. A 1:500 et 1:100, ces solutions deviennent sporicides à l'égard des bacilles pouvant résister à la température humide de 100°; mais, même à cet état de concentration, il faut plusieurs heures, plus rarement plusieurs jours, pour que la destruction des germes des bacilles du sol soit assurée.

A l'état de solution variant de 1:1000 à 1:100 et même à 1:50 et 1:20, la formaldéhyde trouve une foule d'emploi pour la désinfection des plaies, des linges, des déjections de toute nature; des planchers, des sols contaminés, des parois murales infectées, dans ces derniers cas on l'utilise en pulvérisations, en lavages réitérés 2 à 3 fois; puis, après dessiccation, si les produits de polymérisation de l'aldéhyde formique déposés à la surface des objets répandent une odeur piquante désagréable, un lavage avec une solution ammoniacale neutralise et fait disparaître aisément toute émanation odorante.

Devant l'inefficacité habituelle des désinfectants gazeux non dégradants, l'aldéhyde formique a vivement attiré l'attention d'un grand nombre d'observateurs et fait l'objet de recherches très intéressantes.

Tout d'abord, Cambier et Brochet (3) se sont servis pour désin-

(1) Gratia. *Le Mouvement hygiénique*, 1898, p. 212.

(2) G. de Rechter. *Annales de l'Institut Pasteur*, 1898, III, p. 447.

(3) Cambier et Brochet. *Annales de Micrographie*, 1895, VII, p. 89 et *Revue d'Hygiène et de Police sanitaire*, 1895, XVII, p. 620.

fecter les locaux de lampes formogènes, basées sur l'oxydation incomplète de l'alcool méthylique par le platine incandescent.

D'après ces expérimentateurs, l'aldéhyde formique dégagée par ces lampes est capable de stériliser radicalement tous les germes des poussières y compris ceux de la bactéridie charbonneuse, à la condition que les enceintes où ces appareils sont placés soient hermétiquement closes. Dans les salles d'un grand volume, les résultats sont moins décisifs; toutefois, les vapeurs résultant de la combustion incomplète du méthylène peuvent agir à travers une couche de poussière de 1 centimètre d'épaisseur.

Trillat (1) a ultérieurement confirmé ces résultats, mais attribue aux lampes formogènes, brûlant dans les vastes salles des hôpitaux, une action beaucoup trop radicale.

Après avoir reconnu que la production de l'aldéhyde formique par les lampes présentait quelques inconvénients, Brochet a étudié l'action de l'aldéhyde gazeuse obtenue par la dépolymérisation dans un courant d'air rapide du trioxyméthylène porté vers 180 à 200°. Ce procédé a donné de bons résultats toutes les fois que les objets à désinfecter étaient étalés en surface.

Miquel (10) a utilisé pour désinfecter les vêtements, les objets fragiles, livres, etc., placés dans des enceintes de faible étendue, les vapeurs dégagées par des toiles imprégnées d'une solution commerciale d'aldéhyde formique (36 pour 100) additionnée d'une forte proportion de chlorure de calcium.

Trillat a appliqué sous le nom de formochlorol, les mêmes solutions chlorurées à la désinfection des pièces d'une vaste étendue. Dans son procédé, le mélange formé de solution commerciale d'aldéhyde formique et de chlorure de calcium est introduit dans des autoclaves résistants, dépolymérisé sous quelques atmosphères et les vapeurs obtenues lancées par une petite ouverture dans les locaux à désinfecter qu'on a soin de bien calfeutrer au préalable (fig. 224).

G. Roux et Trillat (2) déclarent que la stérilisation de poussières au moyen de l'autoclave dit formogène, peut être considérée comme absolue. Bosc (3) qui a effectué vers la même époque de semblables expériences dans des salles d'hôpital, affirme que les vapeurs d'aldéhyde formique détruisent les spores et les microbes des poussières même sous une certaine épaisseur.

---

(1) Trillat. *Revue d'Hygiène et de Police sanitaire*, 1895, XVII, p. 714.
(2) G. Roux et Trillat. *Annales de l'Institut Pasteur*, 1896, X, p. 283.
(3) Bosc. *Annales de l'Institut Pasteur*, 1896, X, p. 299.

Vaillard et Lemoine (1) prétendent que l'aldéhyde formique obtenue par ce procédé doit être uniquement considérée comme un désinfectant de surface, n'agissant que sur les souillures superficielles librement exposées au contact des vapeurs et que les souillures abritées par un pli d'étoffe ne sont pas désinfectées.

Nous avons, depuis cette époque, suivi de nombreux essais et fourni plusieurs rapports sur la désinfection des appartements au

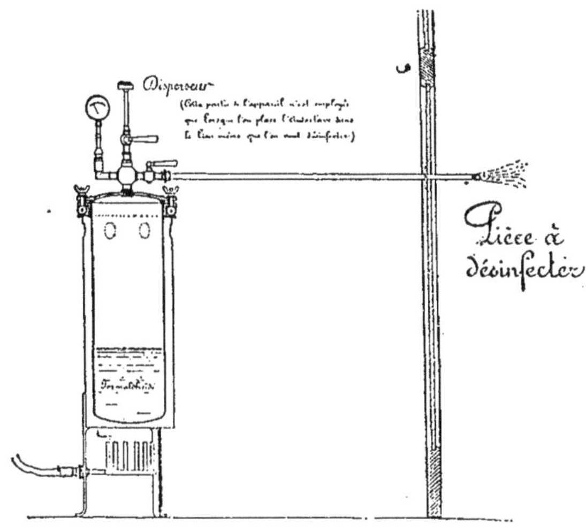

Fig. 224.
Autoclave formogène. (Système Trillat.)

moyen de l'aldéhyde formique pure, obtenue par la dépolymérisation du trioxyméthylène (Brochet), des pastilles de Schering, du trioxyméthylène incorporé à des substances fusantes, etc., sur la désinfection par l'autoclave formochlorogène de Trillat, formacétonogène de Fournier et nous avons pu, à cet égard, nous faire une opinion assez nette sur l'état actuel de cette question.

Pour agir efficacement à l'état gazeux, l'aldéhyde formique doit être mélangée à l'air atmosphérique à la dose de 10 à 20 grammes par mètre cube d'air, et le contact de ces vapeurs prolongé pendant 3 ou 4 jours. Il est de beaucoup préférable de charger l'air d'aldéhyde formique toutes les 24 heures, c'est-à-dire de faire plusieurs désinfections successives avec 5 à 6 gr. d'aldéhyde par mètre cube, que de le charger en une seule fois de vapeurs formaldéhydiques ; un

(1) Vaillard et Lemoine. *Annales de l'Institut Pasteur*, 1896, X, p. 481.

degré d'humidité élevé et une température voisine de 20 à 30° favorisent puissamment l'action de ce désinfectant.

Nous avons acquis la conviction qu'avec les procédés actuellement en usage, les vapeurs aldéhydiques peuvent pénétrer profondément dans les couches de poussières sèches, mais aussi qu'elles sont, aisément, arrêtées par les tissus, les matières organiques coloïdales; ces vapeurs pénètrent très lentement les crachats desséchés, la laine des matelas, les oreillers de plume, etc., et nous estimons que les linges, les habits, les objets de literie doivent rester justiciables des étuves jusqu'au jour où l'on aura trouvé le moyen d'augmenter la force de pénétration du gaz qui nous occupe.

Quant aux poussières répandues dans l'intérieur des appartements et déposées spontanément à la surface des objets, l'aldéhyde formique gazeuse peut en détruire aisément les germes au bout de quelques jours de contact.

Nous ne rapporterons pas les essais et les formes diverses sous lesquelles on a tenté d'employer l'aldéhyde formique, il suffira au lecteur de consulter les mémoires de Dieudonné (1), K. Walter (2), Oehmichen (3), Pfuhl (4), Piton (5), Abba et Rondelli (6 et 16), Aronson (7), Strüver (8), Harrington (9), Fairbanks (10), Czaplewski (11), Rubner (12), Flügge (13), Von Brunn (14), F. Gorini (15), pour se faire une idée exacte des efforts multiples dirigés dans le but de rendre pratique et efficace la désinfection par la formaldéhyde; ce problème, qui a fixé l'attention de savants si compétents, ne saurait donc rester longtemps irrésolu ; en attendant, comme le fait remarquer, si judicieusement, A.-J. Martin (17), il serait inconsidéré d'abandonner les moyens précieux de désinfection dont nous sommes en possession et d'y substituer des procédés qui n'ont pas encore fait leur preuve. Effectivement, là

---

(1) Dieudonné. *Arbeiten aus dem Kais. Gesundheitsamte*, 1895, XI.
(2) K. Walter. *Zeitschrift für Hygiene*, 1896, XXI, p. 421.
(3) Oehmichen. *Arbeiten aus dem Kais. Gesundheitsamte*, 1895, XI.
(4) Pfuhl. *Zeitschrift für Hygiene*, XII, p. 339 et XXIV, p. 289.
(5) Piton. *Archives de médecine navale*, 1897, p. 414.
(6) Abba et Rondelli. *Rivista d'Igiene e Sanita pubblica*, 1897, VIII, p. 541.
(7) Aronson. *Aerztl. Polytechnik*, n° 8.
(8) Strüver. *Zeitschrift für Hygiene*, 1897, XXV, p. 357.
(9) Harrington. *The american Journal of medical sciences*, 1898, p. 56.
(10) Fairbanks. *Centralblatt für Bakteriologie*, 1898, XXIII, p.
(11) Czaplweski. *Münchner med. Wochenschrift*, 1898, n° 4.
(12) Rubner. *Vierteljahr für gericht. med. und Sanitatsw.*, 1898, XVI.
(13) Flügge. *Zeitschrift für Hygiene*, 1898, XXIX. p. 276.
(14) Von Brunn. *Zeitschrift für Hygiene*, 1899, XXX, p. 201.
(15) C. Gorini. *Il Policlinico*, 1900, p. 129.
(16) Abba et Rondelli. *Giornale de la Reale Societa italiana d'Igiene*, 1900, n° 2.
(17) A.-J. Martin. *Revue d'Hygiène et de Police sanitaire*, 1899, XXI, p. 613.

où la chaleur humide est applicable, il serait certainement imprudent de la délaisser pour l'aldéhyde formique.

En jetant un coup d'œil rapide sur les faits nombreux que nous avons rapportés dans ce dernier chapitre et le chapitre réservé à l'étude théorique des antiseptiques (p. 67), on remarque : que parmi les moyens de purification des objets contaminés, la chaleur sous la forme sèche et la forme humide est l'agent de désinfection le plus fidèle ; que les substances chimiques en solutions se prêtent à une foule de désinfections graduées ou rapides dont l'efficacité ne saurait être contestée ; que les désinfections par les substances gazeuses sont beaucoup plus délicates par la raison qu'elles réclament dans la majorité des cas l'usage de substances non dégradantes ; or, si nous considérons les gaz, actuellement connus, capables d'agir très énergiquement sur les microbes, le nombre de ceux qui jouissent de la propriété de respecter le bois, les étoffes, les matériaux divers, est des plus restreints ; autrefois, on avait beaucoup compté sur l'emploi du gaz acide sulfureux ; aujourd'hui, on fonde les plus belles espérances sur la formaldéhyde dépourvue de corrosité, de pouvoir décolorant ; elle sera à tous les points de vue bien indiquée dès que les études dont elle est l'objet seront achevées, concluantes, et nous donneront un moyen pratique de l'appliquer.

INDEX ALPHABÉTIQUE

A

B

C

D

G

H

I

N

O

P

Q

R

T

U

Paris. — Imp. E. Capiomont et Cie, rue de Seine, 57.

ERRATA

Page 3, ligne 18, *lire :* desmobactéries.
Page 346, ligne 30, *lire :* variété asporogène.

www.ingramcontent.com/pod-product-compliance
Ingram Content Group UK Ltd.
Pitfield, Milton Keynes, MK11 3LW, UK
UKHW012135240726
13966UKWH00001B/3